新型纳米光催化材料

——制备、表征、理论及应用

潘春旭　黎德龙　江旭东　等　著

科学出版社

北　京

内 容 简 介

随着工业社会的不断发展，环境污染和能源短缺成为21世纪首先需要解决的问题。在众多环境污染治理方法中，基于纳米氧化物的光催化技术被认为是未来环境净化的主流技术。它具有节能、高效、绿色环保的优势，在去除空气中有害物质、废水中有机污染物的光催化降解，以及除臭、杀菌和防霉等方面都有重要应用前景。本书是依据作者所在课题组近10年来在科技部国家重大科学研究计划（973）项目的支持下在纳米光催化材料领域的研究成果撰写而成的一本专著。本书较为全面系统地介绍了纳米光催化材料的制备、表征、机理、理论计算、性能和应用等内容。第1章主要介绍了纳米 TiO_2 的结构、制备、性能和应用；第2章简要介绍了微弧氧化技术及其在 TiO_2 薄膜制备和光催化领域的应用；第3章至第32章按照纳米光催化材料的制备、性能、表征和理论顺序撰写。附录一综述了目前发展的先进光催化表征和测试技术。

本书对从事纳米光催化材料研究的科研工作者具有参考价值，也对从事纳米光催化技术应用与开发的工程技术人员具有指导意义。

图书在版编目(CIP)数据

新型纳米光催化材料：制备、表征、理论及应用/潘春旭等著. —北京：科学出版社，2017.9

ISBN 978-7-03-054455-1

Ⅰ.①新…　Ⅱ.①潘…　Ⅲ.①光催化-纳米材料　Ⅳ.①TB383

中国版本图书馆 CIP 数据核字(2017) 第 222026 号

责任编辑：钱　俊／责任校对：邹慧卿
责任印制：张　伟／封面设计：无极书装

科 学 出 版 社 出版
北京东黄城根北街 16 号
邮政编码：100717
http://www.sciencep.com

北京虎彩文化传播有限公司 印刷
科学出版社发行　各地新华书店经销

*

2017 年 9 月第 一 版　开本：720 × 1000 B5
2021 年 5 月第五次印刷　印张：39 1/2
字数：776 000

定价：249.00 元

(如有印装质量问题，我社负责调换)

前 言

随着工业文明的长足发展与社会的日益进步，环境能源问题成为 21 世纪首待解决的问题，严重制约了人类文明的可持续发展。其中发展中国家的环境污染日益严重，危害着人民群众的身体健康和正常生活，治理和控制各种污染已刻不容缓。传统的治理手段，诸如焚烧、掩埋、吸附等具有一定效果，但也存在效率低、容易造成二次污染等严重缺陷，且对于水污染、大气污染效果不大，亟待研究开发新型高效的治理手段。

光催化是指利用半导体吸收太阳能并将其转化成化学能的特性来降解有机物，这种方式效率高且不会造成二次污染，是环境治理的新方向，引起了研究者的关注，而光催化技术的关键是合适的催化剂的选择与制备。在众多光催化材料中，过渡金属氧化物 TiO_2 基纳米光催化材料具有生产工艺简单、成本低廉、无二次污染、无毒、无刺激性、能广谱净化有机污染物和杀灭各种有害细菌等突出特点，在光催化、光电转换、气敏传感等领域具有广泛的应用前景，成为当前国际热门研究领域。但在其应用过程中仍存在以下突出问题：①量子效率较低；②TiO_2 半导体的能带结构(E_g=3.2 eV)决定其只能吸收利用紫外线，难以采用可见光驱动光催化；③光催化反应机理尚不十分明确，使得改进和开发新型高效特别是可见光敏感光催化材料的研究工作盲目性较大。目前，纳米光催化材料的主要发展趋势是：通过调控体相、界面的化学组成和微结构，探索提高光催化效率的新途径，实现多功能集成和开发新型可见光敏感的光催化材料及光催化技术。

本书作者所在研究团队，包括教授、副教授、高级工程师、博士后、博士研究生等 20 多人，长期从事纳米光催化材料的研究，特别是在国家重大科学研究计划项目“纳米材料与结构在环境气体污染物检测与治理中的应用基础研究”(项目编号：2009CB939700)的资助下，经过 5 年多以及后续的研究，取得一批具有创新性的研究成果，在国内外学术刊物上发表了近百篇学术论文。其中，有 3 篇进入 ESI 高引用率论文排序，总他引 2000 多次；还有 150 多篇(次)论文被国际科技媒体 *Vertical News* 和(或)*High Beam Research* 等撰文进行了报道，也曾被 *Chemical Reviews* 等刊物引用与评述。作为该项目课题 4 和课题 5 的重要研究骨干(其中潘春旭教授为课题 5 负责人)，我们认为有必要对该项目的研究内容进行总结和梳理，写成具有系统性的专著，让更多人了解我们的研究工作，并使这些研究成果为社会服务，产生更大的社会效益和经济效益，而这是单篇学术论文所不能达到的效果。

本书的内容涉及纳米光催化材料的制备、表征、机理、理论计算、性能和应用等，还全面地介绍了一些最新的研究成果，内容完整、全面、丰富，涵盖新型纳米光催化材料的制备、表征、光催化过程与机理的研究(理论和实验)，以及光催化材料的评价方法和表征平台等。本书内容新颖，主要部分是基于作者多年的研究成果。在多年研究工作中，作者提出并发现了一系列具有重要科研价值的理论和方法，无论是在纳米光催化材料的制备方法、表征手段还是机理解释上都有独到的见解。这些研究成果也在同行中得到了广泛认可和高度评价。本书所涉及的光催化领域是近年来国际上的关注热点，每年都有大量的文章发表。我们研究团队也一直持续地在开展这方面的研究工作，就在本书截稿时还发现了一些新的现象，取得了一些新的成果，而没有被收录进来，例如我们目前正在进行的激光与纳米光催化材料相互作用的机理、微结构转变与光催化性能等方面的研究，以及氢化 TiO_2 纳米材料在微波吸收领域的应用等。

本书的编写基于完整的科研思路，从材料的制备到表征，再延伸到性能评价、机理解释等。无论是领域专家还是初学者都能从中获取知识，受到启发。本书力求做到理论严谨、结构合理、文字精练和图片清晰，按照纳米光催化材料的制备、性能、表征和理论顺序撰写。为了便于读者查阅，在本书的最后列出了已经发表的与本书内容相关的刊物论文。

本书共 32 章，由潘春旭、黎德龙和江旭东统筹整理和编排。具体的贡献如下：黎德龙(第 1，15 章)、黎德龙和罗成志(第 16 章)、江旭东(第 2，4，5 章)、江旭东和王永钱(第 3 章)、江旭东和吴文惠(第 25 章)、魏建红(第 6 章)、吴俊(第 7 章)、张峻(第 8～10 章，第 26 章)、黄祥平(第 11,12 章)、罗成志(第 13 章)、刘曰利(第 14 章)、吴伟(第 17 章)、杨涵(第 18～20 章)、张豫鹏(第 21, 22, 24 章)、田芳和张豫鹏(第 23 章)、祁祥和任龙(第 27 章)、祁祥和韩卫家(第 28,29 章)、刘华忠(第 30,31 章)和刘亮亮(第 32 章)。每章的参考文献由黎德龙和吴俊整理。

由于作者水平有限，书中难免有不妥之处，恳请读者批评指正。

潘春旭

2017 年 8 月于珞珈山

目　　录

第1章 绪 论

1.1 引 言

基于纳米氧化物的光催化技术是20世纪70年代发现并逐渐发展起来的一种通过光催化降解污染物的节能、高效、绿色环保新技术。它在去除空气中有害物质、废水中有机污染物的光催化降解、废水中重金属污染物的降解、饮用水的深度处理，以及除臭、杀菌和防霉等方面都有重要应用。国内外大量研究表明，有上百种有机或无机污染物都可以通过光催化过程进行降解。光催化技术完全可以发展成为未来环境净化的主流技术。

在众多的环境污染治理方案中，以纳米 TiO_2 和 ZnO 材料等为基础的光催化技术提供了一种价廉(不使用贵金属)、无毒、节能、高效的降解空气和水中有机污染物的方法，受到了人们的广泛重视，成为当前国际热门研究领域。纳米光催化材料的主要发展趋势是：通过调控体相、界面的化学组成和微结构，探索提高光催化效率的新途径，实现多功能集成和开发新型可见光敏感的光催化材料及光催化技术。

在众多光催化材料中，对 TiO_2 的研究最为深入，其光催化技术工艺简单、成本低廉、无二次污染、无毒、无刺激性，对有毒、有害气体及细菌都有良好的降解作用，工程化和实用化技术较为成熟。自从1972年 Fujishima 和 Honda[1]首次利用 TiO_2 电极成功地进行光催化分解水以来，人们在 TiO_2 材料的制备工艺[2-4]和光催化性能[5,6]等研究方面取得了丰硕的成果。1997年 Wang 等[7]研究了 TiO_2 多晶薄膜亲水亲油的双亲特性，利用这一特性，可将它运用到汽车玻璃或眼镜上使其具有良好的防雾和自清洁功能。另外，由于 TiO_2 具有较好的光催化性能，还可以充分发挥其抗菌、除臭与防污的功能，作为一种新型无机抗菌剂而广泛地应用于医疗卫生场所[8]。在污水处理方面，TiO_2 可以将一般情况下难以自动降解的有机污染物和农药残留物降解为 CO_2 和 H_2O 等无机物小分子，从而实现污水净化的功能[9]。TiO_2 的光催化降解功能还可以用来净化空气以除去其中的有害气体成分[10]，清除异味[11]，以及将金属离子还原为金属单质微粒，实现贵金属的回收利用。

光催化领域的科学研究和技术开发经历了 40 余年的发展和积累，正孕育着重大突破。美国、日本和德国分别投入巨资开展光催化技术研发，并已开始实现产业化。我国也已将光催化列入国家当前优先发展的高科技产业化重点目录。据中国工程院预估，光催化在我国每年有100亿元人民币的市场容量，并且到2020年每年将以15%的增长速度发展。因此，光催化技术在我国具备广泛的应用前景。然而，目前光催化应用过程中仍存在以下突出问题：①量子效率较低；②TiO_2半导体的能带结构决定其只能吸收利用紫外线，难以采用可见光驱动光催化；③光催化反应机理尚不十分明确，使得改进和发展新型高效特别是可见光敏感光催化材料的研究工作盲目性较大。

围绕这些关键问题，国内外研究者开展了广泛的研究，取得了一些进展，例如，①在高光催化活性纳米结构 TiO_2 的研制方面取得了一系列成果；②成功研制可见光敏感 TiO_2 基光催化材料(如氮或碳、硼等掺杂 TiO_2)；③光催化反应机理的研究取得进展，初步阐明光诱导界面电荷转移机理。上述重要突破为解决可见光光催化材料、光催化反应机理和光催化反应效率等关键难题奠定了很好的基础，大大促进了纳米 TiO_2 光催化技术的发展。随着其成形技术、固载技术和分离技术的不断发展，纳米 TiO_2 光催化材料在室内空气净化、饮用水的净化，以及自洁净玻璃和陶瓷等方面得到越来越广泛的应用。但基于纳米 TiO_2 光催化环境净化技术要得到更大规模和更广泛的工业应用，还必须在深入研究光催化机理、光催化材料构效关系、长效化机制、失效机理和再生方法基础上，研制光催化活性高、吸附容量大、寿命长、可再生、可见光响应等多功能集成的纳米 TiO_2 复合光催化材料，解决基于纳米 TiO_2 的光催化材料在大规模应用中所遇到的基础科学和关键技术问题。

本章主要介绍 TiO_2 等光催化材料的一些基本原理和知识，为后续章节的阅读打下基础。

1.2　TiO_2 的结构特征与光催化原理

1.2.1　TiO_2 的结构特征

自然界中常见的 TiO_2 主要有三种晶型，分别是板钛矿(brookite)、锐钛矿(anatase)及金红石(rutile)。板钛矿 TiO_2 的光催化活性极低，且其热稳定性最差，在光催化领域的研究很少。目前对 TiO_2 在光催化领域的研究主要集中在锐钛矿和金红石晶型上。对锐钛矿 TiO_2 主要研究其光催化降解有机污染物性能，而对金红石 TiO_2 主要研究其光解水的能力。

对于锐钛矿 TiO_2 与金红石 TiO_2 的晶体结构，可以通过 TiO_2 的基本单元来说明[12]。图 1-1 为锐钛矿 TiO_2 与金红石 TiO_2 单元的晶格结构。从图中可以看出，TiO_2 基本单元空间分布及其组装结构的不同是其晶体结构差异的主要原因。金红石 TiO_2 呈不规则的正八面体结构，略呈斜方晶型的分布。锐钛矿中 TiO_2 的八面体结构有明显的斜方晶型特征，因此其对称性也明显低于金红石。

在金红石 TiO_2 结构中，Ti—O 键的键长大于锐钛矿结构，而 Ti—Ti 键的键长小于锐钛矿 TiO_2 结构。锐钛矿 TiO_2 结构中的 TiO_6 周围有 8 个 TiO_6 构成排列，而金红石 TiO_2 结构中的 TiO_6 周围有 10 个 TiO_6 构成紧密排列。这种锐钛矿与金红石 TiO_2 在晶体结构上的差异，导致它们电子能带结构与质量密度不同，从而导致其具有不同的表面结构以及物理化学等性质。例如，金红石 TiO_2 材料的热稳定性比锐钛矿 TiO_2 高，也就是说，在 400～600℃的高温下锐钛矿结构会转变为金红石结构。相变温度与晶体颗粒大小和掺杂情况等因素有关。

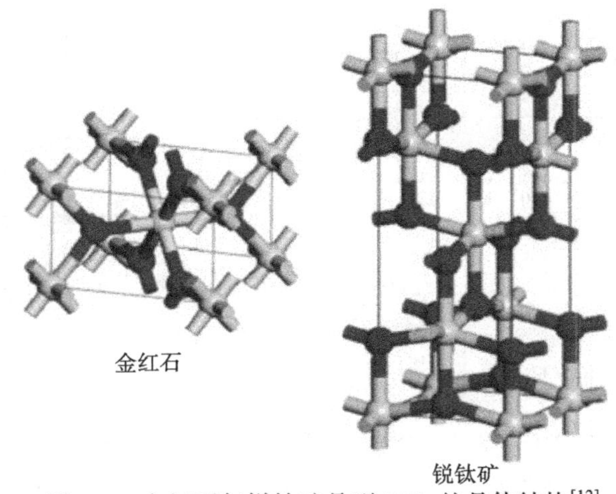

图 1-1　金红石与锐钛矿晶型 TiO_2 的晶体结构[12]

TiO_2 作为一种间接半导体材料，具有典型的半导体能带特征。能带由充满了电子轨道的价带(valence band, VB)和未填充电子的空轨道导带(conduction band, CB)，以及价带与导带之间的禁带(band gap, E_g)组成。图 1-2 为 TiO_2 的能带结构图[13]。一般来说，锐钛矿 TiO_2 的 E_g 为 3.2 eV，金红石 TiO_2 的 E_g 在 3.0 eV 左右[13]。TiO_2 在未受激发时，价带中的电子不会自发跃迁到导带；但当其受到光子激发的能量大于 E_g 时，价带中的电子吸收光子能量跃迁到导带，并在价带产生空穴，即形成所谓的光生“电子–空穴对”(e^--h^+)。

一般认为，锐钛矿 TiO_2 材料的光催化活性高于金红石 TiO_2，这也与它们的晶体结构、能带特征有关。从晶体结构上看，金红石 TiO_2 比锐钛矿 TiO_2 更稳定，导致其在光催化吸附有机分子时，表面发生晶格畸变所需的能量势垒更高，不利于光催化过程的进行。另外，从能带结构上看，因为金红石 TiO_2 的导带顶高于锐钛矿 TiO_2，且金红石 TiO_2 的 E_g 比锐钛矿 TiO_2 小，因此金红石 TiO_2 中空穴的氧化性要弱于锐钛

矿 TiO_2，不利于光催化过程中的氧化还原反应。另外，金红石 TiO_2 的结晶度远高于锐钛矿 TiO_2，晶粒尺寸往往大于锐钛矿 TiO_2，造成其比表面积减小，这也是光催化效率低的另一原因。

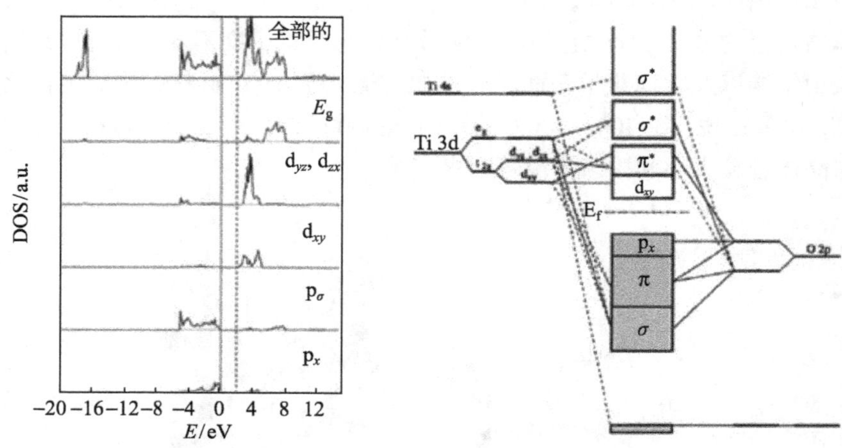

图 1-2　TiO_2 的能带结构示意图[13]

1.2.2　TiO_2 的光催化原理

目前，一般认为 TiO_2 的光催化机理可以表述如下：当 TiO_2 受到能量大于或者等于其 E_g 能量光子的激发时，其价带中的电子会吸收光子能量跃迁至导带，同时在价带产生一个空穴，形成光生"电子–空穴对"。也就是说，当锐钛矿 TiO_2 材料受到能量大于 3.2 eV(波长小于 387 nm)的紫外线激发时，会在价带和导带产生光生"电子–空穴对"。其中，光生空穴具有很强的氧化性，能够将有机物或者水以及 OH^-等氧化成为羟基自由基(OH·)；光生电子具有很强的还原性，可以直接还原有机物，也可以与 TiO_2 晶体表面吸附的氧气分子(O_2)反应，形成负氧离子(O_2^-)，然后 O_2^-与氢离子(H^+)结合生成羟基自由基(OH·)。OH·的标准氧化还原电极电势为 2.8 eV，几乎可以降解所有的有机物。具体的光催化氧化还原过程可以用如下反应式表示[14]：

$$TiO_2 + h\nu(UV) \longrightarrow TiO_2(e^-) + TiO_2(h^+)$$

$$TiO_2(h^+) + H_2O \longrightarrow TiO_2 + H^+ + OH\cdot$$

$$TiO_2(h^+) + OH^- \longrightarrow TiO_2 + OH\cdot$$

$$TiO_2(e^-) + O_2 \longrightarrow TiO_2 + O_2^-$$

$$O_2^- + H^+ \longrightarrow OH\cdot$$

$$Dye + OH\cdot \longrightarrow 降解产物$$

$$Dye + h^{+} \longrightarrow \text{氧化产物}$$

$$Dye + e^{-} \longrightarrow \text{还原产物}$$

图 1-3 为 TiO_2 中的光生载流子在光催化过程的迁移路径示意图[15]，即首先在紫外线的激发下，TiO_2 晶格中产生光生“电子–空穴对”；然后光生电子和空穴分别转移至 TiO_2 晶格表面，并参与上述的光催化反应。值得注意的是，在产生光生“电子–空穴对”的同时，也会产生光生电子与空穴的复合，这个过程非常迅速，通常在纳秒甚至皮秒的时间内发生；另外，在光生载流子转移到 TiO_2 晶格表面的过程中，甚至在其转移到 TiO_2 晶格表面后，都会存在光生电子与空穴的复合。因此，光催化反应与光生载流子的复合是相互竞争的。根据这个光生电子与空穴的迁移原理，可以从以下两个方面提高 TiO_2 的光催化效率：①提高光生“电子–空穴对”的产生效率；②降低光生“电子–空穴对”的复合效率。例如，通过在 TiO_2 表面吸附电子受体或者供体的方法，来促进界面电荷的迁移与俘获过程，减少光生电子与空穴的复合，其中将 TiO_2 与其他半导体材料进行复合就是常见的手段。再如，为了提高 TiO_2 晶体对光子的吸收效率，以及提高光生“电子–空穴对”的产生效率，对 TiO_2 进行非金属掺杂是一种有效的方法。

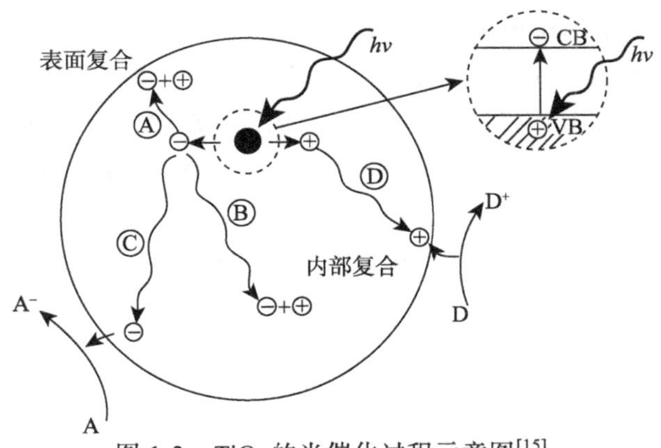

图 1-3　TiO_2 的光催化过程示意图[15]

1.3　TiO_2 基纳米材料的制备方法

有关 TiO_2 基纳米材料的研究主要包括材料制备、微观形貌结构控制、宏观性质测试表征以及材料的应用研究四个方面。材料制备方法通常决定了材料的结构和性质。对于 TiO_2 基纳米材料而言，其制备方法多种多样。除了传统的制备方法之外，由于技术的发展，很多新的金属氧化物制备方法被提出来。除此之外，传统制备方法和现在新兴的微波技术、超声波技术、激光技术、冷冻干燥技术等新技术、新方法相结合，使得传统方法在精细制备不同形貌、结构、性能的金属氧化物材料方面应用越来越广。按照制备过程中涉及的物理化学过程可以分为物理法和化学法两大类。常用的物理或化学制备方法包括溶胶–凝胶(sol-gel)法、水热法、静电纺丝法、物理气相沉积(PVD)法、微弧氧化法、化学气相沉积(CVD)法、电沉积法等。本节对部分常用的制备方法作简单介绍。

1.3.1　溶胶–凝胶法

利用该方法能够制备出纯度高、大小均匀、活性高的纳米 TiO_2 粉末。该方法通常以钛醇盐($Ti(O\text{-}Bu)_4$)，如钛酸丁酯($C_{16}H_{36}O_4Ti$)或者钛酸异丁酯为前驱体，将其溶于有机溶剂(如乙醇、丙醇和丁醇等)中形成均相溶液，并进行水解；同时进行失水与失醇的缩合反应，得到稳定、透明的溶胶体系。溶胶经陈化，形成空间网络结构的凝胶，再对其进行干燥和研磨，得到纳米 TiO_2 粉末。但此时得到的 TiO_2 粉末为非晶态，需要经过不同温度的煅烧，才能得到锐钛矿、金红石或混晶的 TiO_2 粉体。其反应过程如下[16]：

$$Ti(O\text{-}Bu)_4+H_2O \longrightarrow Ti(O\text{-}Bu)_3(OH)+ C_4H_9OH$$

$$Ti(O\text{-}Bu)_3(OH)+H_2O \longrightarrow Ti(O\text{-}Bu)_2(OH)_2+C_4H_9OH$$

$$Ti(O\text{-}Bu)_2(OH)_2+H_2O \longrightarrow Ti(O\text{-}Bu)(OH)_3+C_4H_9OH$$

$$Ti(O\text{-}Bu)(OH)_3+H_2O \longrightarrow Ti(OH)_4+C_4H_9OH$$

该方法具有反应温度低(常温下进行)、过程可控、设备简单、重复性好、纯度高等特点。但是需要原料成本高，制备的 TiO_2 为非晶态，且为除去化学吸附基团，必须增加煅烧工序。

1.3.2　水热法

水热法又称水热合成法，是制备纳米 TiO_2 的重要方法之一。该方法通常在特定的高压密闭容器中(高压反应釜)，以水溶液为溶剂，加入 TiO_2 前驱体，利用反应釜中的高温高压将体系加热至临界温度，使前驱体溶解、成核、生长；最后卸压，再经过洗涤和干燥即得到纳米级的 TiO_2 粉末。在制备过程中，高温高压可以促进 TiO_2 晶粒的成核与结晶，因此制得的 TiO_2 具有良好的结晶性，无须再进行热处理。另外，该方法还具有纯度高、晶型好、分布均匀、大小可控，并且可以通过调节实验参数制备不同晶型的纳米 TiO_2 粉体等优点。但是该方法对设备的要求较高，过程复杂，能耗较大，因此生产成本较高。

1.3.3 化学气相沉积法

化学气相沉积(chemical vapor deposition, CVD)是在气态条件下发生化学反应，在加热的固态基体表面沉积固态物质的一种工艺技术。目前，CVD 法已广泛应用于各种形态的氧化物材料和碳材料的制备。用 CVD 法制备纳米 TiO_2 时，一般采用 $TiCl_4$ 为 Ti 源，以氧气(O_2)为 O 源，以氮气(N_2)为载气，在 900～1400℃的高温下，使 $TiCl_4$ 与 O_2 进行化学反应，生成纳米 TiO_2 粉体。反应方程式为

$$TiCl_4(g) + O_2(g) \longrightarrow TiO_2(s) + Cl_2(g)$$

该方法具有自动化程度高、制备出的 TiO_2 粉末粒径小、尺寸均匀等特点。但反应所需的温度较高、产量较低，并且会伴有有毒气体 Cl_2 的产生。

1.3.4 化学气相水解法

化学气相水解法相对于 CVD 法的区别在于，在气相条件发生的化学反应过程中，存在类似于前驱体水解的过程。该方法的制备过程为：以气相 $TiCl_4$ 为前驱体，通入高温的氢氧火焰中 (700～1000℃)，使前驱体发生气相水解反应，最终生成混晶型的纳米 TiO_2 粉体。反应方程式为[17]

$$TiCl_4\ (g) + 2H_2\ (g) + O_2\ (g) = TiO_2 + 4HCl\ (g)$$

该方法制备的 TiO_2 粉体一般是锐钛矿和金红石的混晶型，具有纯度高(可达 99.5%)、粒径小(20 nm 左右，且大小均匀)、表面活性大、分散性好、不易团聚等优点，在工业生产中已被广泛应用。目前，在众多光催化研究中使用的德固赛(Degussa)公司生产的 P25 就是利用该方法制得的。

1.3.5 粉末固定化 TiO_2 薄膜的制备

粉末固定化 TiO_2 薄膜的制备是在纳米 TiO_2 粉末制备方法的基础上，将粉末态的 TiO_2 固定到目标基体上，从而制备出 TiO_2 薄膜。最为常见的就是溶胶-凝胶法。TiO_2 溶胶的制备方法与上文介绍的一致，然后采用旋涂法或者提拉法，使溶胶附着在石英玻璃或者载玻片上，再通过干燥去除凝胶中的水分和有机物，得到非晶态的 TiO_2 薄膜，最后经过不同温度的热处理，即可得到不同晶型的 TiO_2 薄膜[18]。通过改变旋涂转速或者提拉次数，可以控制薄膜的厚度；通过调整热处理温度和时间，可以控制 TiO_2 薄膜的晶型。溶胶–凝胶法是目前相对成熟的制备 TiO_2 薄膜的方法，具有设备简单、操作方便、薄膜纯度高、均匀性强等优点。但是薄膜与基体之间仅通过分子力结合，薄膜的附着力较差，不适合在环境复杂条件下使用，也不适合长期使用。

1.3.6　TiO_2 沉积薄膜的制备

TiO_2 沉积薄膜主要通过液相沉积(liquid phase deposition, LPD)、化学气相沉积和物理气相沉积(physical vapor deposition, PVD)等技术，将 TiO_2 薄膜沉积在目标基体上，下面分别进行介绍。

1. *液相沉积法*

液相沉积法是在湿化学法基础上发展而来的一种制备薄膜的方法。其基本原理是采用金属氟化物的水溶液作为反应液，将基片浸入溶液中，使溶液中的金属氟代络离子跟氟离子消耗剂之间进行配位体置换，让金属氟化物的水解平衡，从而在基体表面沉积出金属氧化物。在制备 TiO_2 薄膜时，可以采用 $(NH_4)_2TiF_6$ 水溶液作为反应液，在其中加入 H_3BO_3 来捕获 F^-，实现 TiO_2 的沉积[19, 20]。

液相沉积法制备的 TiO_2 薄膜具有操作过程简单，不需要进行热处理，可以在形状复杂的基片上成膜等优点。但由于前驱体成本比较高，不适合大面积制膜。

2. *化学气相沉积法*

与上述制备纳米 TiO_2 粉末的方法一致，只是在样品室中放入特定的基体，使反应产物沉积在基体表面，形成稳定的 TiO_2 薄膜。通过控制气体流量、沉积时间以及沉积温度等条件可以制备出不同性能的 TiO_2 膜层。该方法制得的薄膜具有膜层均匀且与基体的结合力较溶胶–凝胶法更强，不受基体的形状和大小限制，以及可以通过改变气流组分改变薄膜的组成等特点。但是该方法对设备要求较高，反应过程的高温也限制了基体的选取。

3. *物理气相沉积法*[21, 22]

物理气相沉积(PVD)是在真空条件下，利用各种物理方法，如电子束蒸发、磁控溅射、激光沉积等，将固态靶材转化为原子、分子或离子态，并沉积于基体表面形成固体薄膜。磁控溅射是最常见的物理气相沉积法。用磁控溅射制备 TiO_2 薄膜的原理是：以 Ti 或者 TiO_2 为靶材，以 Ar 或 O_2 为溅射气体，在交变磁场和电场的作用下，使气体中等离子体加速成高能粒子，并轰击靶材表面，使靶材原子脱离晶格，转移到基体表面形成无定形的 TiO_2 薄膜。而采用电子束蒸发方法制备 TiO_2 薄膜的原理是：以 TiO_2 为靶材，利用电子束蒸发，使其沉积在目标基体上，可以制得一层无定形的 TiO_2 薄膜。

PVD 法的特点是轰击靶材的粒子或者电子的能量较高，因此 TiO_2 薄膜与基板之间的附着性好，致密度高。但一般只能得到无定形的非晶态 TiO_2 薄膜，须通过进一步的热处理将其晶化。另外，一般来说 PVD 设备比较昂贵，成膜的成本较高，不利于工业化应用。

1.3.7 “原位”TiO_2薄膜的制备

“原位” TiO_2 薄膜的制备方法是指在 Ti 基体表面，通过热氧化[23]或者电化学氧化的方法，“原位”生长出 TiO_2 薄膜。该方法所制备的 TiO_2 薄膜与基体之间的结合力很强，大大高于上述方法。另外，该方法还具有不受基体形状和大小限制，通过改变氧化环境，或者对 Ti 基体的预处理就可以制备出各种掺杂的 TiO_2 薄膜等特点。

一般来说，热氧化法的工艺比较简单，只要将特定的基体在空气中或者 O_2 气氛下进行热处理，即可获得“原位” TiO_2 薄膜。例如，Zhu 等[23]利用磁控溅射，将 TiN_x 薄膜沉积在 Ti 基体和玻璃基体上，然后将其在空气中进行 450℃两小时的热处理，获得了 N 掺杂的 TiO_2 薄膜。电化学氧化法是最常用的“原位” TiO_2 薄膜制备方法，常见的有阳极氧化法，以及在此基础上发展而来的微弧氧化法。

1. 阳极氧化法

阳极氧化法是一种生长多孔薄膜材料的方法，最早用于制备 Al_2O_3 多孔膜。后来在 Al[24]、Ti、Zr[25]、W[26]、Hf[27]、Nb[28]、Ta[29]、Fe[30]等金属及其合金上都可以制备出对应的氧化物纳米多孔膜，或者纳米管阵列。利用阳极氧化在 Ti 基体表面制备 TiO_2 纳米管阵列的基本原理是：将纯 Ti 金属片或 Ti 合金片作为阳极，置于含氟离子的电解液中，对 Ti 基体进行阳极氧化，最后在 Ti 基体表面上能够“原位”生长出排列有序的 TiO_2 纳米管阵列。图 1-4 为阳极氧化的实验示意图[31]。图 1-5 为阳极氧化法制备的 TiO_2 纳米管阵列的典型形貌图[31]。可以看到，TiO_2 纳米管阵列是从 Ti 基体表面“原位”生长出来的，因此与基体的结合非常牢固，便于光催化的回收与再利用。但由于纳米管的管壁很薄，薄膜的耐磨性较差，在超声或者外力的作用下，管状结构容易破裂和脱离。

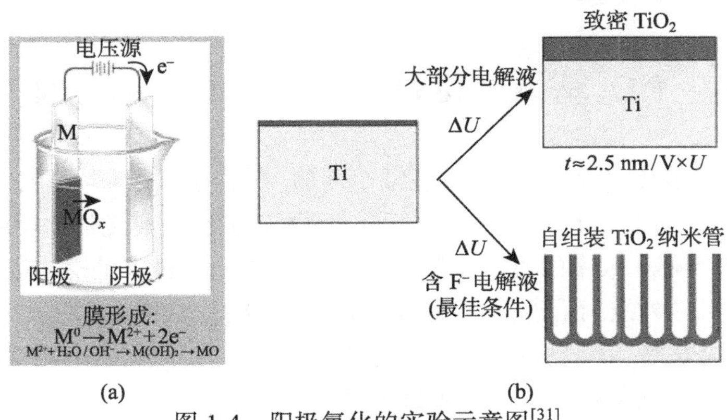

图 1-4　阳极氧化的实验示意图[31]

图 1-5 阳极氧化法制备的 TiO_2 纳米管阵列的典型形貌[31]

2. 微弧氧化法

微弧氧化(micro-arc oxidation, MAO)，又称微等离子体氧化(microplasma oxidation, MPO)，是通过电解液与相应电参数的组合，在阀金属铝、镁、钛及其合金表面依靠弧光放电产生的瞬时高温高压作用，生长出以基体金属氧化物为主的陶瓷薄膜的技术。该方法工艺简单，对基体形状无特殊要求。利用 MAO 技术在 Ti 或者其合金表面可以制备出与基体结合力牢固的纳米晶 TiO_2 薄膜，薄膜的结晶良好，并可以通过控制电参数和电解液等工艺，制备出各种复合、掺杂以及不同晶型比例的 TiO_2 薄膜；并且还具有薄膜硬度高，耐磨性、耐热性和抗腐蚀性好，以及有利于光催化的回收与再利用，适合在各种复杂的环境下使用等优点。在后面章节中还要更详细地介绍该方法的特点和我们的研究成果。

1.4 TiO_2 基纳米材料的掺杂与改性原理及方法

在 TiO_2 光催化过程中，主要存在两个问题：①光生电子–空穴在 TiO_2 晶格中产生的同时，大部分会在其内部和表面复合，而真正能够参与光催化反应的光生载流子很少。②有光催化效率的锐钛矿 TiO_2 的 E_g 为 3.2 eV，也就是说，它只能吸收波长小于 387 nm 的紫外线，而此部分仅占太阳能的 3%左右，如图 1-6 所示。因此，要提高 TiO_2 的光催化效率，一般从以上两个角度进行改进。常见的方法有：对 TiO_2 进行复合、对 TiO_2 进行元素掺杂，以及对 TiO_2 进行 H 化处理等。

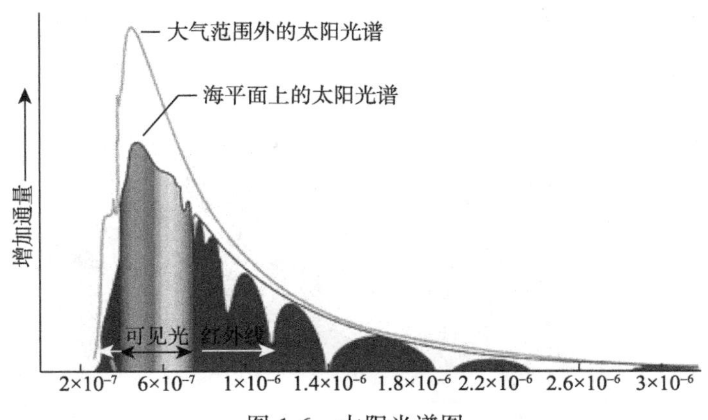

图 1-6 太阳光谱图

1.4.1 纳米 TiO_2 材料的复合改性

对 TiO_2 的复合一般可分为半导体复合、表面光敏化和表面贵金属沉积三种类型。复合作用促进 TiO_2 中光生电子–空穴的分离，同时复合物也能增加对可见光的吸收。

1. 半导体复合

将 TiO_2 与其他能带结构不同的半导体材料进行复合，称为半导体复合。一般来说，当两者的 E_g 匹配时，可以有效地促进 TiO_2 和半导体化合物中光生电子–空穴的分离，如图 1-7 所示[32]。半导体复合材料又可分为宽带隙复合和窄带隙复合。宽带隙复合是为了促使光催化剂的光生载流子的有效分离，从而抑制电子–空穴的复合，提高光催化效率。窄带隙复合在抑制电子–空穴复合的同时，还能够拓展光催化剂对光的响应，最终提高光的利用效率。

宽带隙复合是用与 TiO_2 的 E_g 相当的半导体材料对其进行修饰，两者的带隙可以相同，但两者导带价带的位置不能相同，这样能够使电子和空穴分别存在于复合半导体不同的相中。例如，SnO_2 修饰 TiO_2 时，TiO_2 中的电子迁移至 SnO_2 导带上，并与电子受体相互作用，而使其还原。SnO_2 价带中空穴迁移至 TiO_2 价带上，与 TiO_2 的给体反应而使其氧化[33]。上述例子中，修饰均是相互的，且该修饰可以更加有效地利用吸收的光能。

窄带隙复合是指用 E_g 小于 TiO_2 的半导体材料对其进行修饰。窄带隙复合可以有效地扩展光催化剂对光的响应，同时也抑制了电子–空穴的复合。其中，CdS 修饰 TiO_2 是最典型的例子[34]。虽然可见光辐照不能够激发 TiO_2，但能够激发 CdS，使电子从 CdS 的价带跃迁至导带，并迁移至 TiO_2 的导带中，但 CdS 的空穴仍留在 CdS 价带中，从而使电子–空穴得以分离，其可与表面吸附物质进行电子交换，最终提高光催化效率。

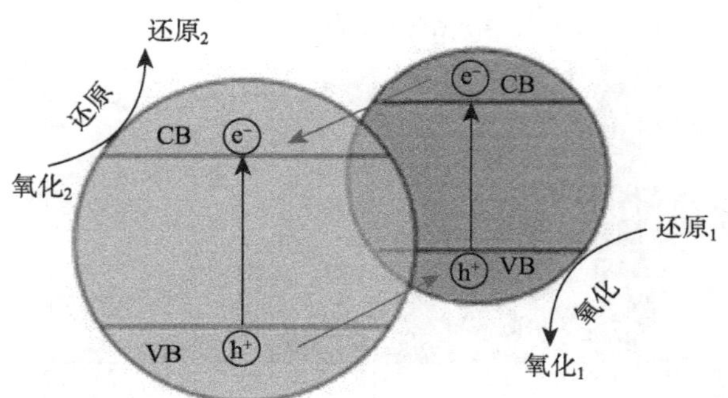

图 1-7　半导体/TiO_2复合体系载流子迁移示意图[32]

2. 表面光敏化

表面光敏化是指在TiO_2表面，以物理吸附或化学吸附方式，将具有可见光活性的有机化合物复合在其表面。图 1-8 为染料光敏化 TiO_2 的原理[32]。有机染料在可见光的激发下，价带电子跃迁至导带。如果染料的导带高于 TiO_2 的导带，则其中的电子就会迁移至 TiO_2 的导带，从而实现 TiO_2 对可见光的吸收，提高 TiO_2 的光催化效率。常用于 TiO_2 表面光敏化的染料有：罗丹明 B(rhodamine B)[35]、曙红(eosin)[36]和 N719[37]等。

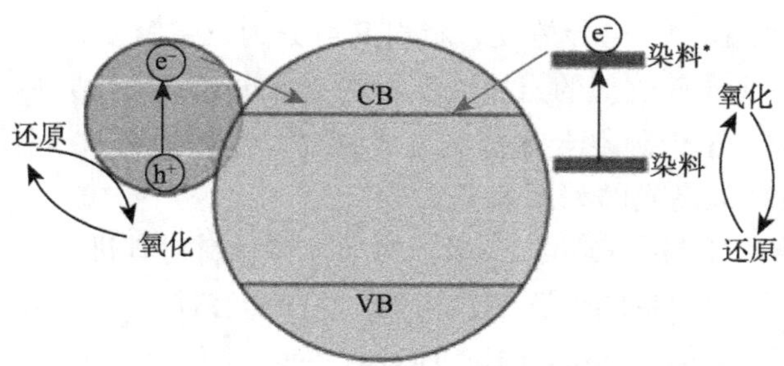

图 1-8　TiO_2表面光敏化示意图[32]

3. 表面贵金属沉积

表面贵金属沉积是指在 TiO_2 表面沉积某种贵金属形成颗粒或量子点，以改变体系中的电子分布结构，从而增强 TiO_2 的光催化活性。图 1-9 是 TiO_2 表面沉积贵金属的示意图[32]。一般来说，贵金属的费米能级较低，光生电子会从费米能级较高的 TiO_2迁移到贵金属表面，直至二者能级平衡，形成肖特基(Schotky)势垒来捕获电子，从而分离光生电子-空穴，进而提高 TiO_2 的光催化效率。另外，贵金属沉积还可以抑制锐钛矿 TiO_2 颗粒的长大，阻碍其向金红石 TiO_2 的转变，也有利于提高 TiO_2 的光催化效率[38]。常用于 TiO_2 表面贵金属沉积的元素有：Pt[39]、Ag[40,41]、Pd[42]、Ru[43]和 Rh[44]等。

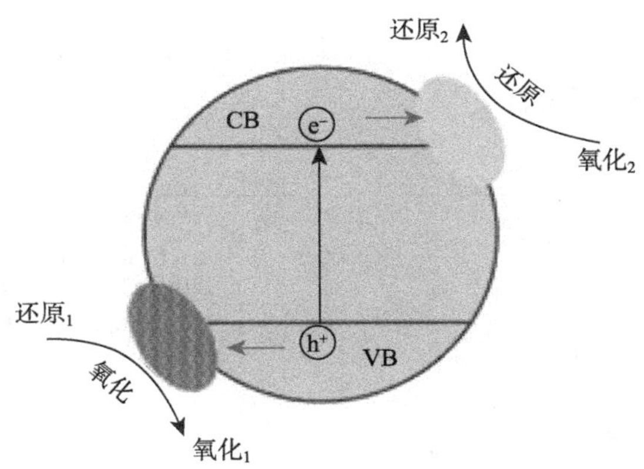

图 1-9 贵金属沉积体系载流子运输示意图[32]

1.4.2 纳米 TiO_2 材料的掺杂改性

由于 TiO_2 禁带宽度的限制，对可见光没有吸收，严重影响了对太阳光的利用。研究者尝试通过掺杂各种金属、非金属元素以减小 TiO_2 的禁带宽度，增加其对可见光的吸收。

1. 纳米 TiO_2 材料的金属掺杂

早在 1994 年, Hoffmann 等[45]系统地进行了 TiO_2 的金属掺杂研究，实验研究了 21 种金属掺杂对 TiO_2 的光电化学活性、光生载流子复合效率，以及电子在界面上传输速率的影响。结果发现掺杂元素为 Ru^{3+}、Os^{3+}、Fe^{3+}、Mo^{5+}、V^{4+}、Rh^{3+}、Re^{5+}并且掺杂量在 0.1%～0.5%时能显著增强 TiO_2 的光催化活性，而掺杂 Co^{3+}和 Al^{3+}则会降低其光催化活性。Wang 等[46]在水热法中控制 Fe^{3+}的掺杂量，特定合成条件下 Fe^{3+}能在 TiO_2 中均匀分布，并且其电学特征呈现典型的 pn 结特征，而掺杂元素为 Zn^{2+}、Cd^{2+}、La^{3+}、Nd^{3+}、Sm^{3+}、Co^{2+}、Pr^{3+}、Eu^{3+}、Cr^{3+}时，掺杂物变成 n 型半导体[47]。Anpo 等[48]用金属离子灌输(metal-ion-implantation technique)合成了 Cr、V 金属掺杂的 TiO_2，实现了 TiO_2 对可见光的吸收与光催化，并且随着 Cr 掺杂量的提高，其对可见光的吸收随之提升，如图 1-10 所示[48]。

Gonzalez-Elipe 等[49]通过离子束诱导化学气相沉积(ion beam induced CVD, IBICVD)的方法将过渡金属 Cr, V, Fe, Co 掺入 TiO_2，研究发现这种掺杂只改变 TiO_2 的相变温度并使其吸收光谱红移，但并不能相应地增强 TiO_2 的光催化活性，这个结果证实可见光的吸收并不一定能提升光催化活性，这还与掺杂元素种类以及掺杂位置有关。Li 等[50]用溶胶–

凝胶法合成 TiO_2 的过程中实现了 La^{3+}掺杂，结果证实 La^{3+}掺杂能抑制 TiO_2 的相转变，以此提高 TiO_2 的热稳定性；随着 La^{3+}掺杂量的提升，TiO_2 的颗粒尺寸随之减小，而由掺杂引起 Ti^{3+}含量逐渐升高，光催化活性也得到提高。他们认为光催化活性提升的原因不是掺杂提升了可见光吸收，而在于 La^{3+}掺杂能促进 TiO_2 的表面吸附能力，并且产生的 Ti^{3+}能抑制光生电子–空穴的复合。

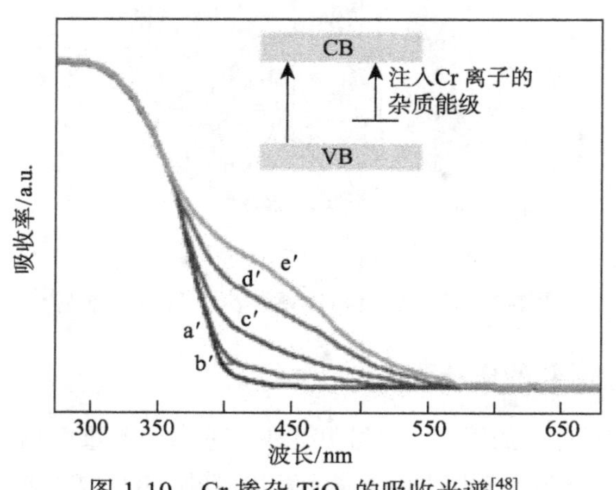

图 1-10　Cr 掺杂 TiO_2 的吸收光谱[48]

2. 纳米 TiO_2 材料的非金属掺杂

2001 年 Asahi 等[51]首次进行了非金属元素掺杂 TiO_2 光催化改性的研究，提出非金属掺杂使得 TiO_2 具有可见光催化活性的条件为：①掺杂元素可以在 TiO_2 的带隙中形成新的能级以便吸收可见光；②导带的最小能级(conduction band minimum, CBM)高于 TiO_2 的 CBM，即高于 H_2/H_2O 电位，从而保证其光还原活性；③掺杂形成的带隙能级能够与 TiO_2 能级重叠，从而保证光生载流子能够在其中迁移到达催化剂表面的活性位置。研究表明，氮元素掺杂是最有效的。Asahi 的工作开创了对非金属元素掺杂改性研究的先河。

1) 氮(N)掺杂 TiO_2

N 掺杂 TiO_2 的制备方法主要包括：溶胶–凝胶法[52-55]、NH_3 气氛下高温热处理[51, 56-59]、磁控溅射法[51, 60]、水热法[61]、溶剂热法[62, 63]、液相法[64, 65]和 TiN_x 氧化法[23]等。

N 元素在 TiO_2 中的掺杂形态一般可分为取代型和间隙型两种，如图 1-11 所示[66]。取代型 N 掺杂是指 N 原子取代了 TiO_2 晶格中 O 的位置，与周围的 Ti 原子之间成

Ti—N 键，因此 N 呈负价，在 XPS 表征中，N 的结合能一般低于 400 eV，这样的结构比较稳定。间隙型 N 掺杂是指 N 原子处于 TiO_2 晶格的间隙位置，与 O 形成 N—O 键，同时 NO 也与周围的 Ti 成 π 键，因此 N 呈正价，N 的结合能一般高于 400 eV，这样的结构不太稳定[54]。

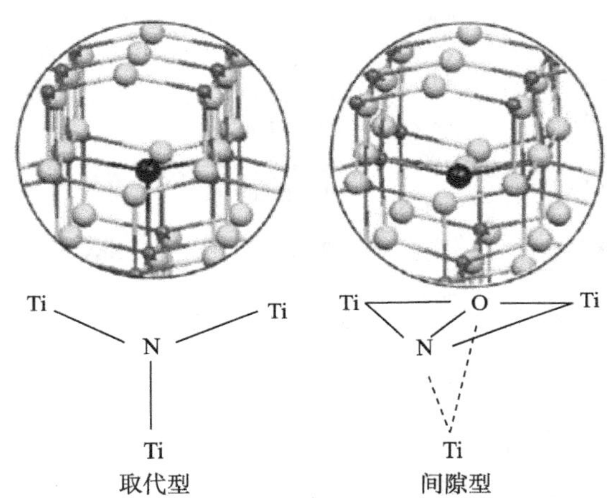

图 1-11　锐钛矿 TiO_2 中取代型和间隙型 N 掺杂原子结构示意图[66]

表 1-1 统计了各种制备 N 掺杂 TiO_2 光催化剂的方法。一般来说，溶胶–凝胶法[52-55]、水热法[61]、溶剂热法[62, 63]、液相法[64, 65]等是在制备未掺杂 TiO_2 纳米粉末的工艺基础上，添加含 N 前驱体，使 N 元素在 TiO_2 形核结晶过程中，掺杂到 TiO_2 晶格中，一般会形成取代型和间隙型并存的 N 掺杂 TiO_2。磁控溅射法[51, 60]是在 N_2 气氛下溅射 TiO_2 靶，或者在 N_2 和 O_2 的气氛下溅射 Ti 靶，形成 N 掺杂 TiO_2，一般也会形成取代型和间隙型并存的 N 掺杂 TiO_2。将无定形 TiO_2 或者锐钛矿 TiO_2 在 NH_3 气氛下经过 400～600℃热处理，也可以制备出 N 掺杂的 TiO_2 粉末或者薄膜[51, 56-59]。但由于 N 在进入 TiO_2 晶格前，Ti 与 O 已经成键，因此 N 难以取代 O 位形成取代型 N 掺杂，一般会形成间隙型 N 掺杂 TiO_2。在制备的 TiO_2 纳米晶粒较小的情况下(小于 10 nm)，N 的含量较高，在 $TiO_{2-x}N_x$ 中 x 可以高达 0.12～0.25。但在一般的 TiO_2 纳米粉末中，x 小于 0.02。

关于 N 掺杂 TiO_2 的光催化机理，目前文献报道存在很多争议。Asahi 等[51]通过理论计算得到 N 掺杂后，N 的 2p 轨道与 O 的 2p 轨道杂化，提高了 TiO_2 的价带，从而使 TiO_2 的 E_g 减小，拓展了 TiO_2 对可见光的响应范围，并在实验上得到验证，如图 1-12 所示。

表 1-1　不同 N 掺杂 TiO_2 的制备方法及其 N 掺杂类型和含量

制备方法	样品形态	N 1s (eV)	N 掺杂类型	N 掺杂含量 cite from paper	N 掺杂含量 x in $TiO_{2-x}N_x$	参考文献
溶胶–凝胶法	纳米颗粒 (10～30 nm)	396	Ti—N (substitutional)	0.18 at.%	0.0054	[52]
		400	N—N, N—C, N—O	0.17 at.%	0.0051	
	纳米颗粒 (4 nm)	401	chemisorbed NO_x or NH_x	5.2 at.%	0.15	[55]
		398.2	substituted b-N			
	纳米颗粒	～399.2	N/A	N/A	N/A	[54]
		～400.6	interstitial site N			
	纳米颗粒	400	Ti—O—N	N/A	N/A	[53]
NH_3 气氛热处理法	纳米颗粒 (4.8 nm)	397	Ti—N (substitutional)	0.50%	0.015	[58]
		400 402	chemisorbed N_2			
	纳米颗粒	399.5	interstitial site N	0.37%	0.011	[59]
	纳米颗粒	396	O—Ti—N (substitutional)	N/A	0.019	[56]
	薄膜	399.6	N—H	0.6 at.%	0.018	[57]
		396.7	substituted nitride state			
	纳米颗粒	N/A	N/A	～1 at.%	0.03	[51]
磁控溅射法	薄膜	396	substituted b-N	N/A	N/A	[51]
		400 402	chemisorbed			
	薄膜	396	Ti—N (substitutional)	N/A	0.016	[60]
		400	chemisorbed N_2			
TiN_x 氧化法	薄膜	400	N—N, N—C N—O	0.89 at.%	0.027	[23]
		395.8	substituted b-N			
溶剂热法	纳米颗粒 (10～30 nm)	399.5	O—Ti—N (substitutional)	N/Ti=2.0%	0.02	[62]
		395.3	absorbed NH_3			
	纳米颗粒 (10～13 nm)	399.7	Ti—O—N	N/A	N/A	[63]
水热法	纳米颗粒 (5 nm)	399.5	O—Ti—N (substitutional)	0.7 at.%	0.02	[61]
液相法	纳米颗粒 (10 nm)	401.3	O—Ti—N (substitutional)	4%～8%	0.12～0.24	[64]
	纳米颗粒	400	N/A	N/A	0.036	[65]

注：at.%表示原子数百分含量

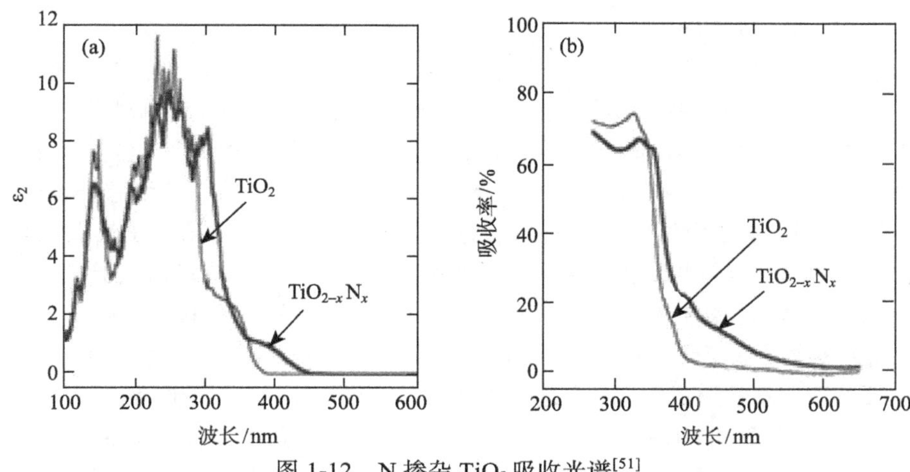

图 1-12 N 掺杂 TiO_2 吸收光谱[51]

但后来的研究也显示很多不同的观点。Irie 等[56]将锐钛矿 TiO_2 粉末在 NH_3 气氛下热处理，制备出 N 掺杂 TiO_2 粉末。通过 Kubelka-Munk 方程计算了 $TiO_{2-x}N_x$ 和 TiO_2 的带隙，发现两者都为 3.2 eV，如图 1-13 所示。他们认为 TiO_2 中 O 位被 N 取代后，形成了独立的 N 2p 能级，与 O 2p 构成的价带不重叠。因此 N 掺杂 TiO_2 的 E_g 并没有减小。独立的能级可吸收可见光，紫外线可以同时激发价带和窄带，而可见光只能激发窄带，因此，在紫外线下的光量子效率要高于可见光。同时，在掺杂量较低的情况下($x<0.02$)，只会形成孤立的 N 2p 能级，而在掺杂量较大($x>0.12$)时，N 2p 能级会与 O 2p 价带重叠，便与 Asahi 的观点一致。此外，N 掺杂也可能产生 O 空位，也是影响 TiO_2 光催化活性的另一原因。

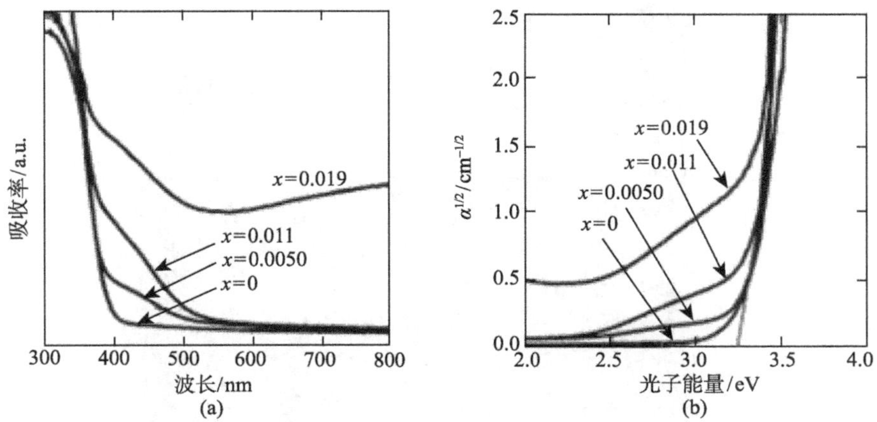

图 1-13 不同含量 N 掺杂 TiO_2 的吸收光谱(a)及 Kubelka-Munk 方程计算的能带图(b)[56]

2) 碳(C)掺杂 TiO_2

和其他常见的非金属相比，C 掺杂研究较少，主要是因为四价键的 C 难以取代 TiO_2 晶格中的 O 形成掺杂结构，并且很难制备出高含量 C 掺杂 TiO_2[67]。Irie 等[68]通过直接热氧化 TiC，制备出了 C 掺杂 TiO_2。研究发现 C 代替了 O 位，形成 Ti—C 键，但 C 掺杂量很低，仅有 0.32%， C 掺杂 TiO_2 的吸收光谱有一定红移。Shen 等[69]、Choi 等[70]同样用热氧化 TiC 的方法制备出 C 掺杂 TiO_2。前者研究了热氧化时间对掺杂 TiO_2 晶型、结晶度以及光催化活性的影响。Park 等[71]在光解水实验中证实，相比于 P25 薄膜，C 掺杂 TiO_2 纳米管电极的光电流密度提升了 20 倍。Ren 等[72]在水热合成中将葡萄糖与无定形 TiO_2 混合得到 C 掺杂 TiO_2，不同于之前的掺杂方法，其中 C 以 Ti—C 键的形式存在，在这种方法中，C 形成 Ti—C—O 键。Wu 等[73]在 CVD 法中用钛酸四丁酯作为原料，得到 C 掺杂的 TiO_2 微米球，C 掺杂将禁带宽度缩减到 2.72 eV。Wang 等[74]在 400℃下热处理 $TiCl_4$ 与乙醇的混合物，也得到 C 掺杂 TiO_2，这种方式得到的掺杂 TiO_2 吸收光谱大幅扩展到 900 nm。Xiao 等[75]在多孔树脂中水解钛酸四丁酯，之后热处理将树脂除去得到 C 掺杂 TiO_2。Lee 等[76]在加有聚合物和 HCl 的乙醇中水解钛酸四异丙醇得到 C 包裹的 C 掺杂 TiO_2。

3) 氢(H)化 TiO_2

H 化 TiO_2 是近几年发展起来的一种新型的 TiO_2 光催化改性方法。Chen 等[77]首先将自制的 TiO_2 纳米粉末在 H_2 气氛下加压至 20 个大气压，并加热到 200℃保持 5 天，得到黑色的 H 化 TiO_2。H 化 TiO_2 晶粒表面包裹一层无序(disorder)结构层，如图 1-14 所示。其 E_g 由原来的 3.3 eV 降低到 1.54 eV，吸收光谱的吸收边缘拓展到红

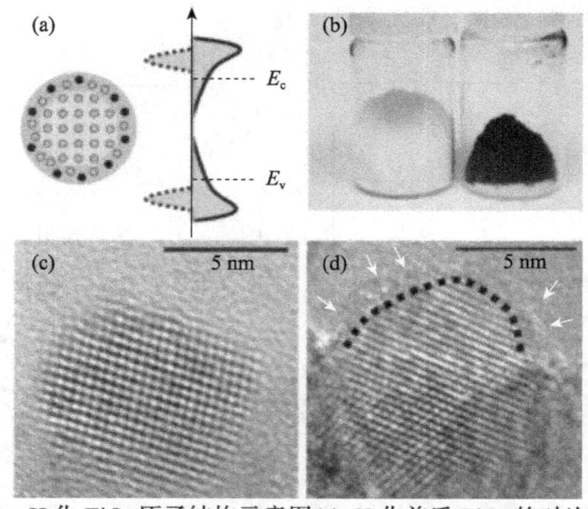

图 1-14　H 化 TiO_2 原子结构示意图(a)，H 化前后 TiO_2 的对比照片(b)和 H 化前后 TiO_2 的 HRTEM 形貌图(c)和(d)[77]

外附近，因此在紫外–可见光(UV-Vis)区表现为全吸收，呈现出黑色。他们通过理论计算，证明 H 化使 TiO_2 中产生了新的能级，大大降低了 TiO_2 的 E_g，从而大大提高 TiO_2 的光催化活性。

紧接着，Zhang[78]等利用等离子体电解法，对 Ti 基体进行阴极等离子放电，也制备出黑色的 TiO_2 纳米/微米颗粒。图 1-15 为等离子体电解法的实验示意图。黑色 TiO_2 颗粒中，存在较多的 O 空位，并通过 X 射线衍射仪(X-ray diffraction, XRD)检测出其中存在 $Ti_{10}O_{19}$, Ti_5O_9 或者 Ti_3O_5 的相。他们认为，O 空位的存在，使 TiO_2 在紫外–可见–近红外波段均有吸收光谱，从而呈现出黑色，如图 1-16 所示。

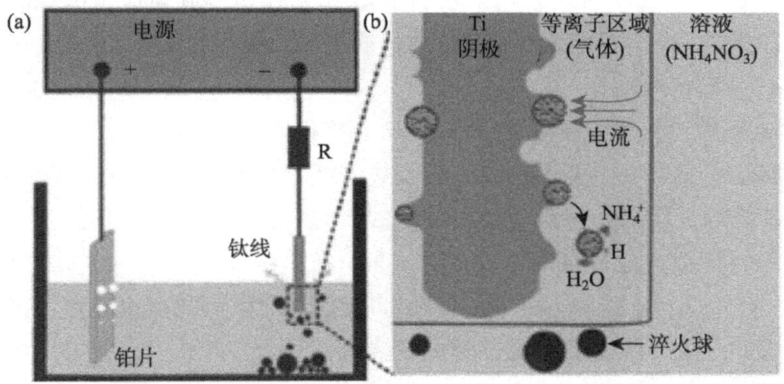

图 1-15　非对称电极装置(a)及 TiO_2 纳米/微球的形成机理示意图(b)[78]

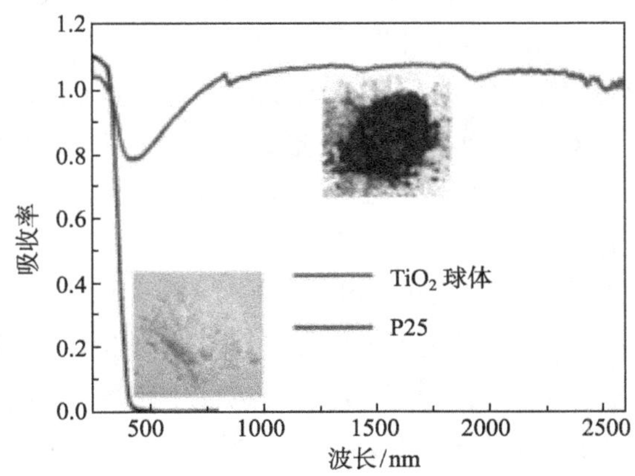

图 1-16　H 化 TiO_2 微纳米球及商用 P25 吸收光谱图[78]

Zhang 等[79]将自制的 TiO_2 纳米线微球在 H_2 气氛中热处理，制备出黑色的 H 化 TiO_2 纳米线微球。他们认为 H 化 TiO_2 中产生的 Ti—H 键及其紫外–可见吸收光谱的提高，是 H 化 TiO_2 光催化活性提高的原因。于此同时，Naldoni 等[80]也用 H_2 气氛热处理的办法，制备出内部结晶外部非晶的核壳结构的 TiO_2 纳米晶。他们认为，外部非晶层与 TiO_2 纳米晶中 O 空位的协同作用，使 TiO_2 带隙变窄并具有更好的光催化活性。

相对于普通的非金属元素掺杂，如 N、C 等，H 化 TiO_2 表现出更为优越的光催化活性。从能带角度讲，H 化可以在 TiO_2 中形成较宽的能级，将 TiO_2 的 E_g 降低到 1.52 eV 附近[77]，将 TiO_2 光谱的吸收边缘拓展到近红外附近，大大提高了对可见光的利用率。从 O 空位的角度来说，相对于 N、C 掺杂，H_2 具有更好的还原性，H 化也是产生 O 空位更为有效的办法。因此， 预计 H 化处理将成为最有前景的 TiO_2 光催化改性的方法之一。但目前对于 H 化 TiO_2 的机理及认识还需要进一步深入的研究。

4) 硫(S)掺杂 TiO_2

Umehara 等[81]利用高温氧化 TiS_2 方法合成以 TiO_2 为主的多晶体，S 在 TiO_2 中都是以阴离子形式存在，吸收光谱的吸收边有明显的红移现象，分析原因是 S 的 3p 状态与价带叠加，导致带隙变窄。在后来的研究中，Umebayashi 等[82]进一步探讨了掺 S 催化剂的特性。通过第一原理计算表明，在 S 掺杂的 TiO_2 中，S 3p 态发生了一定的离域，与 O 2p 和 Ti 3p 共同参与了价带的形成，S 3p 态与价带的混合使价带本身的宽度增加，因此导致带隙能量降低。

Asahi 认为[51]，S 原子的掺杂可以使 TiO_2 带隙变窄，但由于半径太大，很难掺入 TiO_2。但随后的研究表明，S 可以掺入 TiO_2，其焦点问题是 S 替代了 O 还是替代了 Ti，因为 Umebayashi 等用 TiS_2 氧化[81,82]和 S 离子注入法[83]制备了掺硫 TiO_2，认为 S 替代了 O 使 TiO_2 的带隙变窄，从而具有可见光活性。而 Ohno[84]用硫脲与异丙醇钛反应制备了 S 掺杂 TiO_2，认为 S 以 S^{6+} 的形式掺入 TiO_2。2004 年他们又做了更详细的报道[85]，认为 S 以 S^{4+} 的形式掺入 TiO_2，使带隙变窄，从而具有可见光活性，并且两种观点都通过理论计算得出带隙变窄的结论。

Umehara 等[81,82]采用氧化退火 TiS_2 的方法制备了 S 掺杂 TiO_2。他们认为残留的 S 占据 TiO_2 中晶格 O 位，形成 Ti—S 键，S 掺杂使得 TiO_2 的吸收边向可见光方向移动；并应用第一性原理计算分析掺杂 TiO_2 的能带结构，得出 S 3p 态与价带(O 2p 态)混合导致 TiO_2 价带向上变宽，从而使得禁带宽度变窄的结论。

图 1-17 为计算 S 掺杂后 TiO_2 的 DOS 图。与上面的两种元素相比，S 掺杂后带隙变化偏小。经过分析 O 的 PDOS 与 S 的 PDOS 发现(图 1-18 和图 1-19)，S 3p 轨道相对于 O 2p 轨道来说，只移动了 0.3～0.5eV，但仍对可见光催化活性有一定的作用。

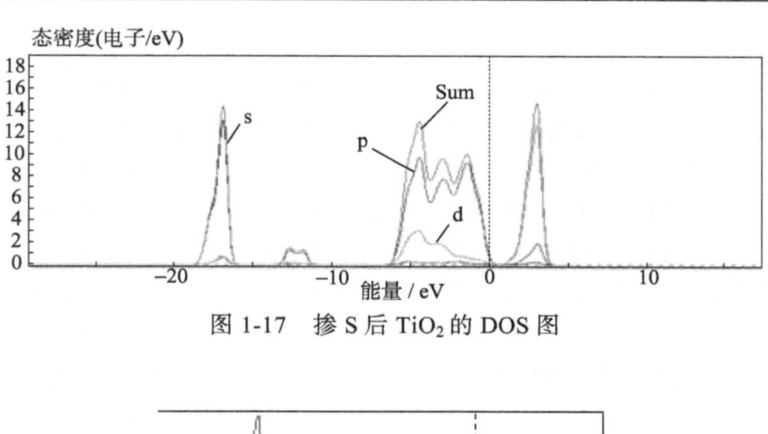

图 1-17 掺 S 后 TiO_2 的 DOS 图

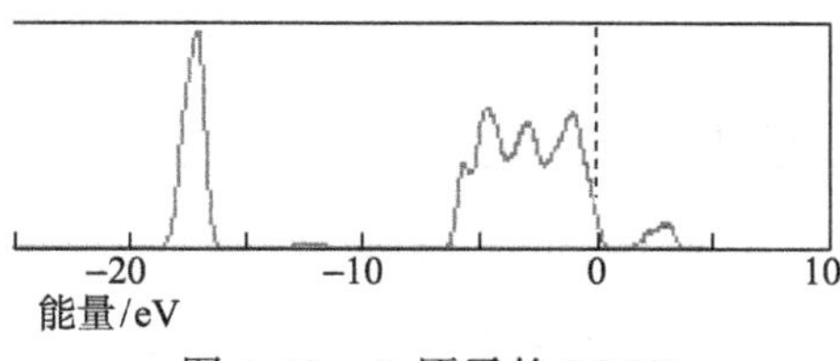

图 1-18 O 原子的 PDOS

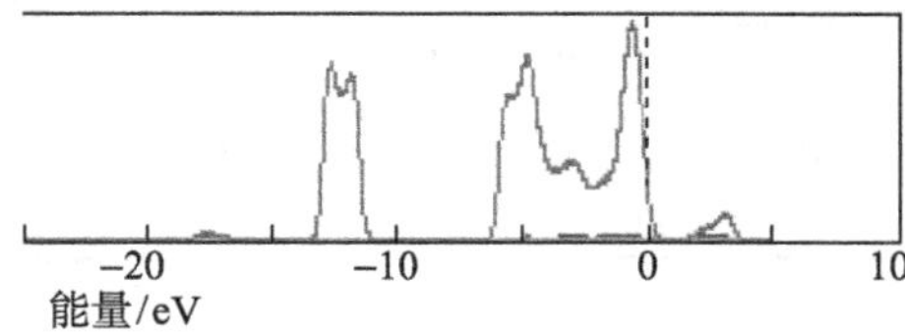

图 1-19 S 原子的 PDOS

5) 氟(F)掺杂 TiO_2

根据 R. Asahi 等[86]的计算结果, TiO_2 中掺 F 没有带来电子结构的显著变化。但作为一种在周期表中与 O 近邻的非金属元素, F 也引起了人们在 TiO_2 掺杂方面的兴趣。结果表明, F 掺杂后的 TiO_2 可见光催化活性也有一定的改善。

F 掺杂 TiO_2 的 UV-Vis 吸收谱没有观测到显著的可见光吸收, 这与 R.Asahi 的理论计算结果一致。但是, F 掺杂诱导 TiO_2 具有明显的可见光催化活性。在另一篇文献[87]中, D. Li 等通过对光致发光(PL)谱详细分析, 提出了 F/N 共掺 TiO_2 的能带结构模型, 即在 TiO_2 带隙中, F/N 共掺诱导了 4 个新的电子占据态: 导带下 0.53eV 处的 F 中心、0.84eV 处的 F^+中心、2.0eV 处一个未知态、2.6eV 处掺 N 带来的杂质态。掺 N 诱导的杂质态促进了可见光吸收并诱导了 TiO_2 的可见光催化活性。同时, 掺 N 也导致表面产生 O 空位, O 空位也可以诱导 TiO_2 的可见光催化活性。而 F 掺杂则具有以下作用: ①显著促进了 O 空位的形成, 适量的 O 空位也有助于降低光生载流子复合速率; ② F 掺入促进了 TiO_2 表面酸性位点(site)的形成, 而酸性位点有助于提高光催化剂对反应物的吸附能力，且表面强酸性位点也起到电子捕获体的作用，而促进光生载流子分离。这些因素共同导致 F/N 共掺样品高的可见光催化活性。

图 1-20～图 1-22 为 F 掺杂后 TiO_2 的 DOS 图，结果显示掺 F 后带隙相比纯 TiO_2 变化甚微。PDOS 图也说明了 F 元素在改变带隙宽度方面作用不大，没有参与带隙变窄的作用。X 射线光电子能谱仪(X-ray photoelectron spectroscopy, XPS)测试显示，F 替位取代 O，形成了 $TiO_{2-x}F_x$。Yu 等[88]报道 F 掺杂锐钛矿 TiO_2 的带隙跃迁红移，在紫外–可见光区具有更强的吸收。报道指出，F 掺杂使得锐钛矿 TiO_2 的结晶度提高。Di 等[89]指出 F 掺杂 TiO_2 的可见光催化活性是由于表面 O 空位的形成得到的。文中将 F 掺杂 TiO_2 的高催化活性归因于表面酸性的提高，以及 O 空位的产生和活性位的增加。

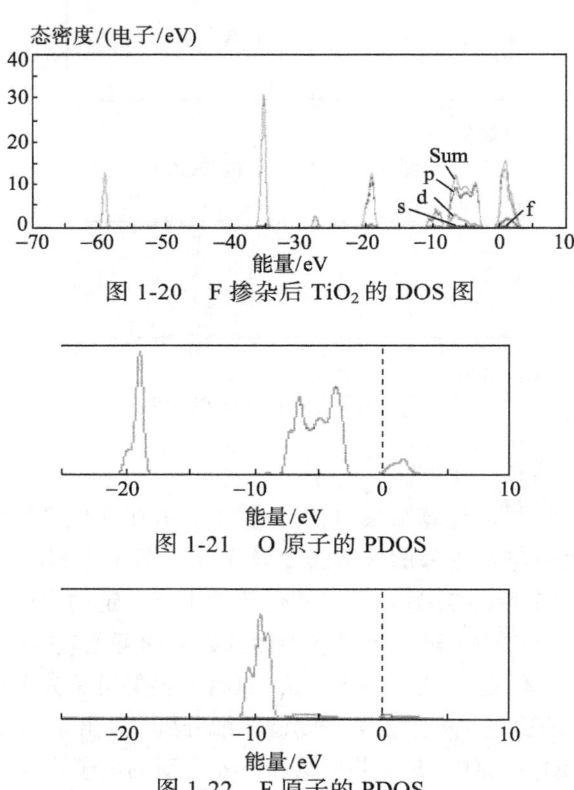

图 1-20　F 掺杂后 TiO_2 的 DOS 图

图 1-21　O 原子的 PDOS

图 1-22　F 原子的 PDOS

1.5　TiO_2 光催化机理的研究现状与进展

如上节所述，目前关于 TiO_2 的研究重点主要集中于通过各种方法提高其光催化性能，而关于光催化过程及机理的研究不是很多。下面对一些主要的理论和研究结果进行简介。

1.5.1 通过“原位”傅里叶变换红外光谱研究 TiO_2 光催化的反应路径

傅里叶变换红外光谱(Fourier transform infrared spectroscopy, FTIR)能反映待测物表面基团的信息。通过“原位”FTIR 检测 TiO_2 在降解有机物或者光解水时，其表面的基团变化，就能够间接地推测出这种有机物被 TiO_2 光催化降解的化学路径。早在 1999 年，McQuillan 等[90]利用“原位”FTIR 技术检测了 TiO_2 降解乙醛酸(glyoxylic acid)。实验中的 TiO_2 为颗粒组成的薄膜，沉积在 ZnSe 薄膜上；为了增强光谱信号，采用内在反射技术。实验发现乙醛酸分子的两个 O 原子与 TiO_2 表面的 Ti 原子成键，之后两个 H 原子被还原脱去，最后 C—C 键被断开，同时变成两个 CO_2 分子并脱离 TiO_2 表面。应用相似的方法，其他一些较简单的有机物，如丙酮(acetone)[91]、乙酸(acetic acid)[92]、乙醇(ethanol)[93]、乙二醇酸(glycolic acid)[94]、环己烷(cyclohexane)[95]、三氯乙烯(trichloroethylene)[96]、乙醇胺(2-ethanolamine)[97] 以及赖氨酸(lysine peptide)和多熔素(polylysine)[98]被 TiO_2 光催化降解的化学路径也先后被推测出来。

另外，水分子在 TiO_2 表面的吸附与光催化分裂反应也用“原位”FTIR 技术进行了研究。2001 年，Sato 等[99]用表面增强红外吸收光谱(surface-enhanced IR absorption spectroscopy)研究了水分子在 TiO_2 上的吸附行为。后来，Nakato 小组在 TiO_2 光催化还原 O_2、氧化 H_2O 方面也进行了细致的研究[100, 101]。Nakato 等采用的是多次反射红外光谱(multiple internal reflection infrared spectroscopy)，装置如图 1-23 所示。这种多次反射的 FTIR 能大大增强微弱的信号，能检测到细微的基团变化信息。TiO_2 纳米晶在水溶液环境中还原 O_2 的反应得被检测研究，通过比较反应不同阶段的 FTIR 信号发现，O_2 分子和水分子首先在光生电子的参与下与 TiO_2 表面的 Ti 原子成键形成 Ti—OO•，之后再被一个光生电子还原为 $Ti(O_2)$，生成的 $Ti(O_2)$与 H^+作用最终生成 TiOOH。

此外，金红石 TiO_2 在紫外光照下将水氧化成 O_2 的路径也被研究。Nakato 认为反应的第一步是由光生空穴和水分子作用断开表面 Ti—O 键，而不是氧化表面—OH 基团，之后 Ti—OH 与 Ti—O 成键成为 Ti—O—O—Ti，Ti—O—O—Ti 在一个水分子与两个空穴作用下得到 O_2 与 Ti—O—Ti，将氧原子氧化出来，如图 1-24 所示。

由于传统红外制样为透射法，而 TiO_2 透光性较差，针对这种情况，衰减全反射红外光谱(attenuated total reflection infrared spectroscopy, ATR-IR)被用以研究固–液界面的光催化反应，其反应装置如图 1-25 所示[102]。利用这种“原位”FTIR 研究了 TiO_2 光催化降解二羧基酸(dicarboxylic acid)的反应路径。

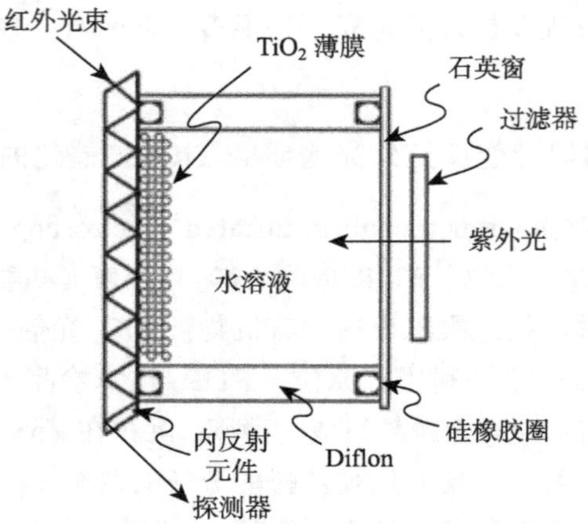

图 1-23　多次反射红外光谱示意图[101]

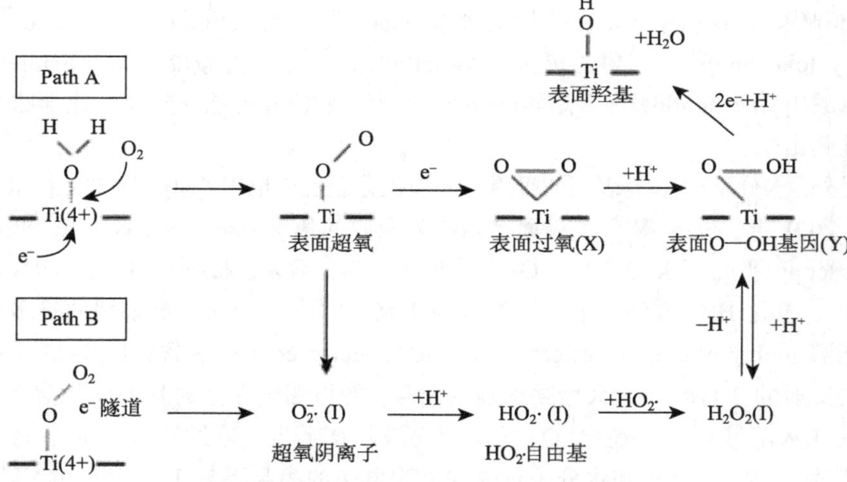

图 1-24　氧气被 TiO_2 还原反应图[101]

值得一提的是 TiO_2 降解亚甲基蓝(methylene blue, MB)化学路径的发现。Chuang 等[103]利用“原位”FTIR 发现 TiO_2 光催化降解亚甲基蓝的路径为：亚甲基蓝两侧苯环上的 N—CH_3 键先被切断，之后 C—N 键也被切断，—$N(CH_3)_2$ 基团被完全分解，接着是 C—H 以及 C═N 被切断，之后中间的环被打开，最终降解为 CO_2、H_2O、NH_4^+、SO_4^{2-}，如图 1-26 所示。

一些气相光催化的化学路径也得到了研究，例如，Anderson 等[104]研究了 TiO_2 光催化降解 H_2S，发现 H_2S 被直接氧化成为 SO_4^{2-}，中间没有生成 SO_2 等气体产物，因此采用光催化的方法比直接氧化的方法更加洁净环保。“原位”FTIR 技术还被用来研究贵金属沉积 TiO_2 体系的光催化反应路径，例如，Au/TiO_2 和 Au/TiO_2/SiO_2 选择环氧化丙烯(propene)[105]；SO_2 抑制 CO 在 Au/TiO_2 表面的氧化，因为 SO_2 增加了 CO 与 Au 量子点的吸附强度，催化剂边界形成的硫酸盐是 CO 不能被氧化的原因[106]；甲醇(methanol)被 Pt/TiO_2 还原产生 H_2 [107]；Pt/TiO_2 降解蚁酸(formic acid)产生 H_2，其中蚁酸先转化成甲酸盐后又转化成为碳酸盐[108]；CO 在 Ru/TiO_2 上的甲烷化[109]。

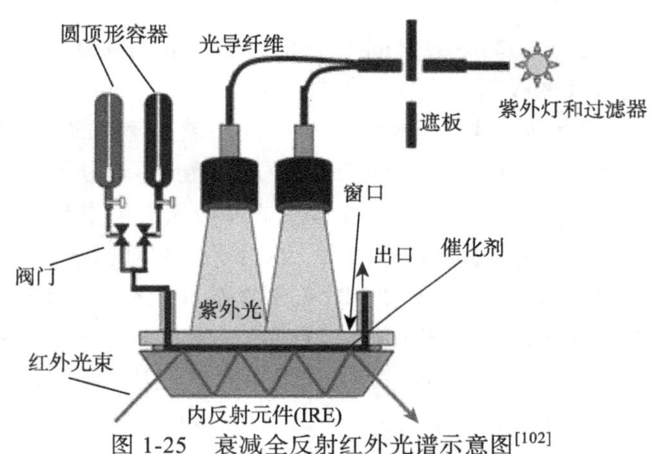

图 1-25　衰减全反射红外光谱示意图[102]

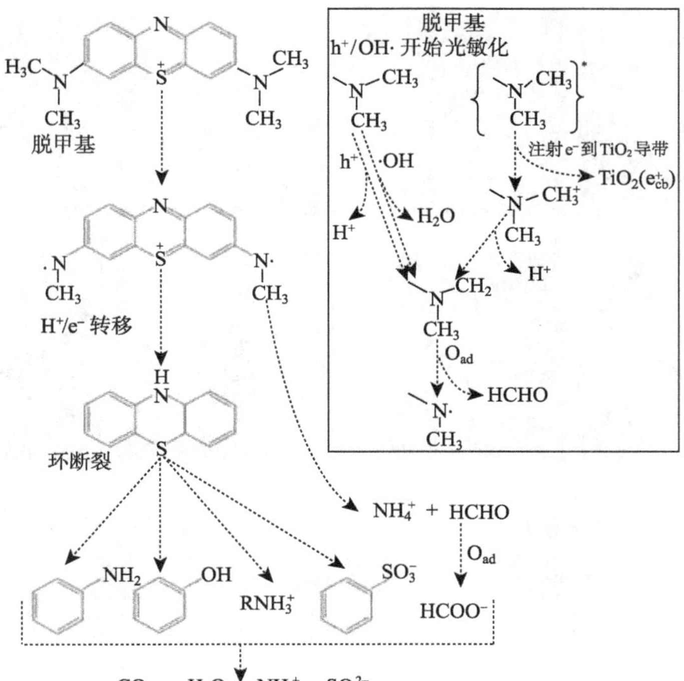

图 1-26　亚甲基蓝被 TiO_2 降解反应图[103]

"原位" FTIR 技术能通过基团变化间接推测出特定物质的光催化反应路径，但这无助于认识一般性的 TiO_2 光催化机理，并无法在原子尺度解释 TiO_2 光催化机理与本质。

1.5.2　利用扫描隧道显微镜在原子尺度研究物质在 TiO_2 表面的吸附作用

超高真空扫描隧道显微镜(STM)能够观察到 TiO_2 表面的原子像，可以用来研究物质在 TiO_2 特定表面的吸附及排列，并进一步研究其与 TiO_2 表面原子以及空位缺陷的相互作用，从而有助于从原子尺度了解 TiO_2 与被降解物的相互行为。

Thornton 等[110]利用超高真空 STM "原位" 观察光照下水分子在金红石 TiO_2(110)面上的吸附降解行为，发现该晶面上的氧空位在水分子裂解中起到了关键作用。也就是说，(110)面上的氧空位会吸附水分子，水分子中的氧原子填充在氧空位里面，并形成牢固的化学键，之后水分子 H—O 键被裂解，H_2 被释放出来，其裂解过程如图 1-27 所示。Lyubinetsky 等[111]用 STM 观察水分子在金红石 TiO_2(110) 面上的裂解作用，发现 TiO_2 上吸附的氧能够促使水分子裂解或使其再结合，而这取决于水分子与吸附氧是处在同一个 Ti 原子列上，还是相邻的列上。

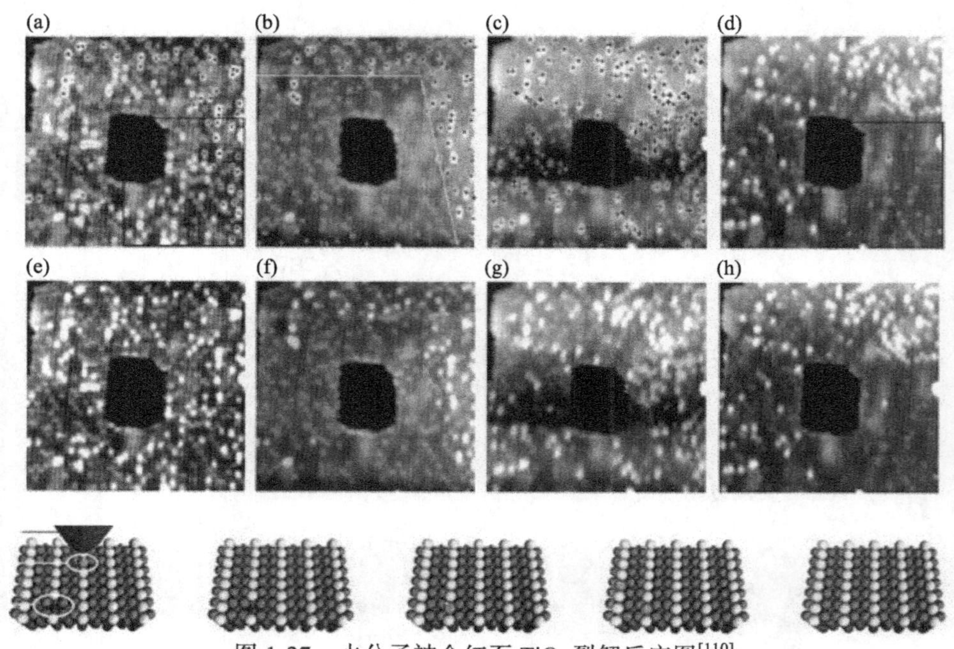

图 1-27　水分子被金红石 TiO_2 裂解反应图[110]

其他一些有机物在金红石 TiO_2(110)面上的行为也得到了研究。Tekiel 等[112, 113]观察了对苯二酸(terephthalic acid)在金红石 TiO_2(110)面上的吸附与降解行为，发现对苯二酸分子沿着金红石 TiO_2(110)面的[001]方向形成(2 × 1)结构排列，如图 1-28 所示。而当对苯二酸分子在其表面的覆盖达到饱和时，其分子状态由平躺变成垂直[114]。另外，还发现有机物蒽(anthracene)和对溴联苯(4-bromobiphenyl)分子在金红石 TiO_2(110)表面形成(1×5)结构排列且沿着[001]方向运动[115]，乙酸分子在金红石 TiO_2(110)面以及(011)面上的吸附分布也得以比较研究[116]。

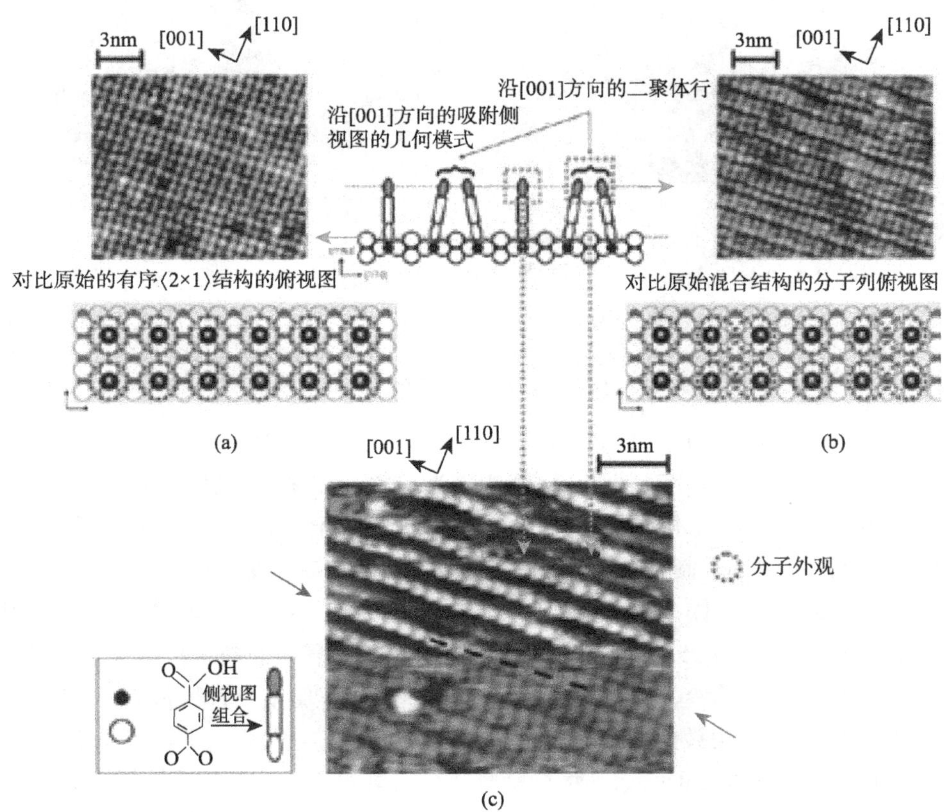

图 1-28　对苯二酸分子在金红石 TiO_2(110)面吸附的 STM 图[112]

相比于研究较多的金红石 TiO_2(110)面，锐钛矿 TiO_2 由于是主要的光催化剂，研究污染物与其表面的原子作用意义更大，但锐钛矿 TiO_2 结晶体一般很小，难以得到大的(101)表面。Diebold 等[117]克服了这个难题，利用 STM 观察了水分子在锐钛矿 TiO_2(101)表面的排列，发现水分子最终沿着[010]和[101]方向形成了(2×2)的超晶格排列，如图 1-29 所示，并通过模拟计算证实这种排列方式的表面结合能最低，因而最稳定；此外还发现锐钛矿 TiO_2(101)面的氧空位能增强水分子与 TiO_2 表面的吸附能[118]。

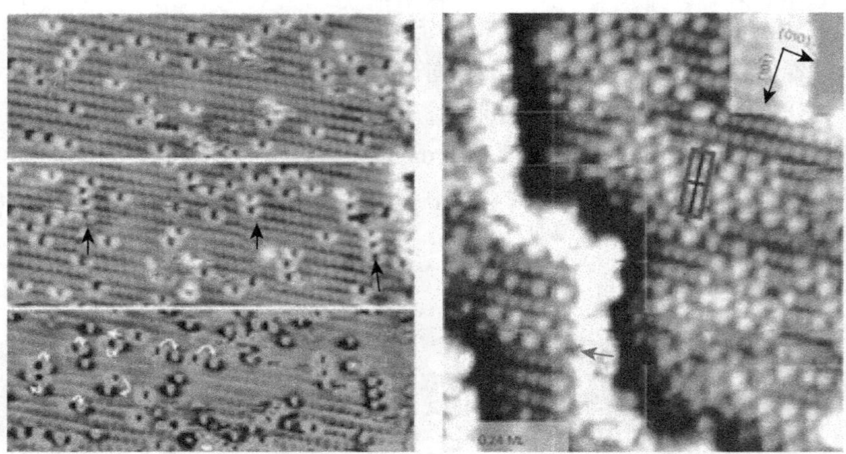

图 1-29 水分子在锐钛矿 TiO_2(101)面吸附的 STM 图[117]

“原位”STM 技术能在原子尺度解释了有机物在 TiO_2 表面的吸附行为与作用，但难以进行“原位”光催化观测，因而仍然难以认识了解 TiO_2 的光催化机理与本质。

1.5.3 利用高分辨透射电子显微镜在原子尺度研究光催化过程和机理

相比于 STM，高分辨透射电子显微镜(HRTEM)是一种能有效观察晶体超微结构的技术，且样品要求相对较低，一般的纳米材料很容易进行制样和观察。有研究报道了利用 HRTEM 技术研究 TiO_2 在制备反应中的相变过程，如 Daoud 等[119]利用 HRTEM 研究了水热法制备 TiO_2 纳米颗粒不同阶段的结构变化；但没有用 HRTEM 技术观察 TiO_2 光催化过程的研究。我们课题组的 Zhang 和 Pan 等[120]首次利用 HRTEM 技术研究了 P25 TiO_2 光催化降解亚甲基蓝过程中的微结构变化，分别观察了原始 P25、吸附亚甲基蓝、光催化降解亚甲基蓝、实验室条件下放置 30 天，以及循环降解 20 次之后失效的 TiO_2 样品的 HRTEM 图像，力求从原子尺度揭示 TiO_2 晶格结构的变化与光催化的关系，并与模拟计算结果相佐证，从全新角度认识 TiO_2 的光催化过程及机理。另外也用相同的方法研究了 TiO_2 降解罗丹明 B、甲基橙的光催化过程，并与亚甲基蓝的观察结果相比较，以得到普适性的光催化机制。该部分内容将在后面章节中详细论述。

1.5.4 其他关于 TiO_2 光催化机理的研究

Hashimoto 等[121]发现光照能调控 TiO_2 亲水疏水的性能变化，显然光照影响了 TiO_2 的表面基团及晶格排列。Nakato 等[122, 123]利用 AFM 研究了光解水时光照对金红石单晶 TiO_2 表面晶格的影响，发现光照能使金红石 TiO_2 表面变粗糙，并认为

TiO_2 的晶格变化是光催化的一个重要过程。此外，还有一些研究利用热解谱(thermal desorption spectroscopy, TDS)研究脯氨酸(DL-proline)在金红石 TiO_2(001)面的反应路径[124]，以及用气相质谱(gas chromatography mass-spectrometry, GC-MS)研究 TiO_2 降解溴虫腈(chlorfenapyr)的化学路径及中间产物[125]。

1.6 TiO_2 基纳米材料的应用

纳米 TiO_2 由于其具有的化学惰性、良好的生物兼容性、较强的抗氧化能力，以及抗化学腐蚀和光腐蚀的能力，在光催化领域有广泛的应用前景。利用纳米 TiO_2 光催化过程中产生的强氧化剂·OH，可以对有机物进行降解，被广泛应用于污水处理，去除污水中的有机污染物；空气净化，降解空气中的甲醛、NO_x 等有害气体。另外，·OH 还可以使微生物、细菌等分解，可以起到杀菌、除臭的功效。

1.6.1 污水处理

在污水处理时，使用纳米 TiO_2 光催化技术，可以有效地改善水质环境。Nakashima[126]等将纳米 TiO_2 负载在聚四氟乙烯的网片中用来处理北野污水处理工厂中的污水。未处理前，污水中的埃斯特纶(El)含量为 140 ng/L，在紫外光照下，10 min 内可以降解完 90%的 El，并且具有良好的循环降解能力，如图 1-30 所示。

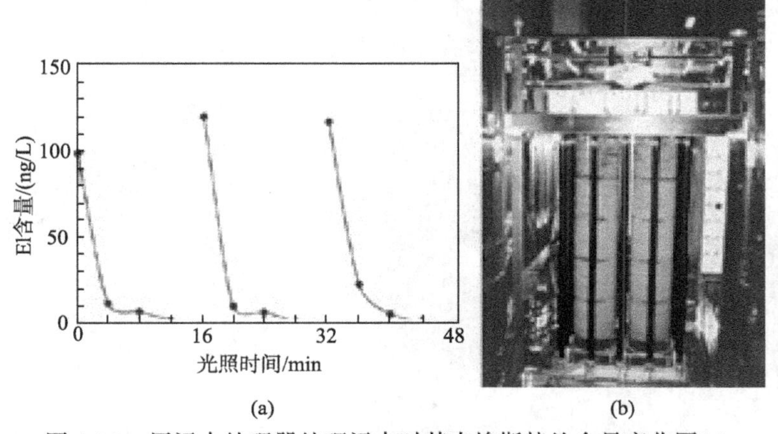

图 1-30 用污水处理器处理污水时其中埃斯特纶含量变化图(a)和污水处理器实物图(b)[126]

迄今为止，利用纳米 TiO_2，已可以降解 3000 多种难降解的有机化合物，当污水中有机污染物的含量很高或者在自然降解有限的情况下，这种技术的优势更加明显。德国已开发出利用太阳能的光催化装置，净化速度可达 100～150 L/h。尽管目前利用纳米 TiO_2 进行污水处理还没有实现广泛的应用，但其前景必定非常广阔。

1.6.2　空气净化

纳米 TiO_2 光催化的另一个重要应用就是空气净化，特别是对室内空气进行净化、除臭和消毒。密闭空间难免会产生很多有害气体，这些有害气体不仅具有刺激性，长时间存在还会产生恶臭，对身体健康造成严重威胁。此外，在公共场合设施中，通常含有细菌、真菌等，也会危害人体的健康。常见的含硫化合物，如硫化氢、二氧化硫、硫醇类、硫醚类等；含氮化合物，如胺类、酰胺等；卤素及其衍生物，如氯气、卤代烃等；烃类，如烷烃、烯烃、炔烃、芳香烃等；含氧的有机物，如醇、酚醛、酮、有机酸等[127]。经过长久以来的研究与探索，人们已经开始致力于将 TiO_2 应用于降解气相有害气体。

传统方法去除刺激性有害气体普遍采用活性炭吸附，其明显缺点是存在吸附饱和性，还有造成二次污染的风险。而采用 TiO_2 降解室内有害气体，能有效避免传统方法所遇到的瓶颈。室温下，纳米 TiO_2 通过吸收空气中的水分和氧气使它们成为光生电子受体，形成强氧化离子并可以将绝大部分的有机污染物氧化成为 CO_2[128]。通过吸附这些有害气体，经过紫外线照射光催化降解后又可恢复其原有表面，极大提高了利用率。这种高效廉价的方法为环境空气净化开辟了一条新途径。

图 1-31 为蜂窝状和三维多孔陶瓷的空气净化过滤网的形貌图[129]。纳米 TiO_2、活性炭和沸石等负载在过滤网上。利用活性炭和沸石将气体中的有害成分吸附在过滤器内，吸附物扩散到 TiO_2 表面，在紫外线光照下降解成 CO_2 和 H_2O。

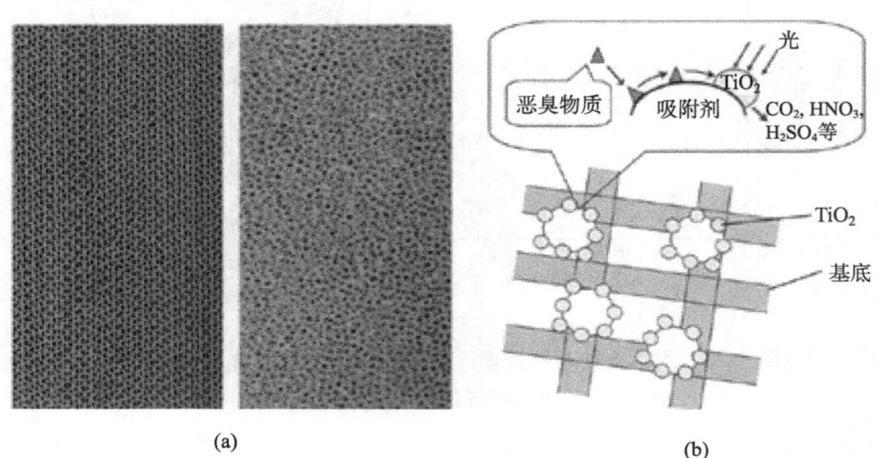

图 1-31　蜂窝状空气过滤器(左)和三维多孔陶瓷空气过滤器(右)图片(a)；空气过滤器微观结构示意图(b)[129]

目前，利用纳米TiO_2光催化治理空气污染已经得到广泛的应用，市面上出现了很多产品，如纳米空气净化器、光触媒涂料等，应用前景非常广阔。

1.6.3 杀菌消毒

人类的居住环境中除了有害气体还含有大量有害细菌，如长期潮湿，会导致有害微生物的繁殖，对人们的生活和健康产生不良影响。传统的杀菌方法是采用杀菌剂纳米银、纳米铜等。但传统杀菌方法存在一定弊端，比如当细菌失活后，可释放出致热和有毒的物质。这些遗留下的有毒物质(如内毒素)可通过血液循环导致内毒素血症并引发很多严重问题，如损伤心脏、肾脏、消化系统、呼吸系统、自动免疫等[130]。纳米TiO_2光催化材料则能够克服传统无机抗菌剂的缺陷。这是由于TiO_2光催化作用下产生的羟自由基的氧化势能远高于构成微生物细胞有机体的C—O、C—N、C—H等化学键键能，因而能使细胞内的有机物发生分解，达到杀菌效果。光催化作用下杀灭有害菌的机理主要包括：①破坏细胞膜/细胞壁；②促进辅酶A氧化；③破坏遗传物质DNA或RNA等[131]。

细胞壁和细胞膜作为限制各类物质进出细胞的屏障，是细胞外部最基本的保护层。TiO_2在光催化作用下产生的强氧化性物质会吸附于细胞表面并攻击细胞壁，在强氧化作用下使得细胞壁失去了半透性。细胞壁失去保护作用后强氧化物质会继续攻击细胞质膜，细胞质膜的破坏使得细胞内的钾离子等大分子泄露至胞外，致使细胞最终失活。Saito等[132]通过观察纳米TiO_2降解远缘链球菌的过程，利用实验对光催化降解有害细菌的机理进行了进一步的验证，如图1-32所示。

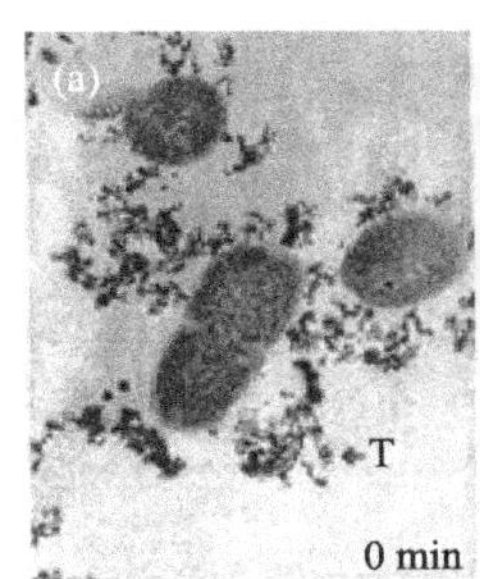

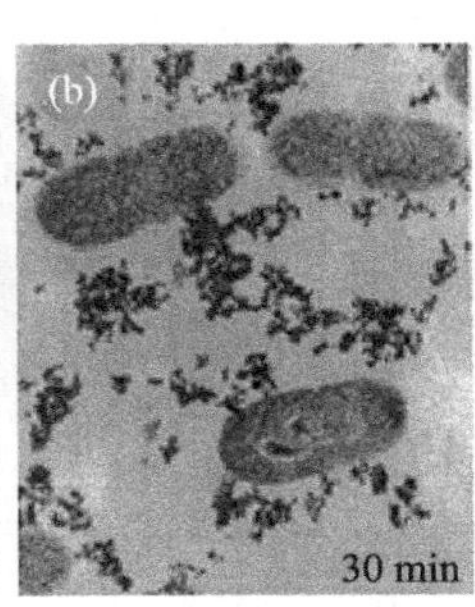

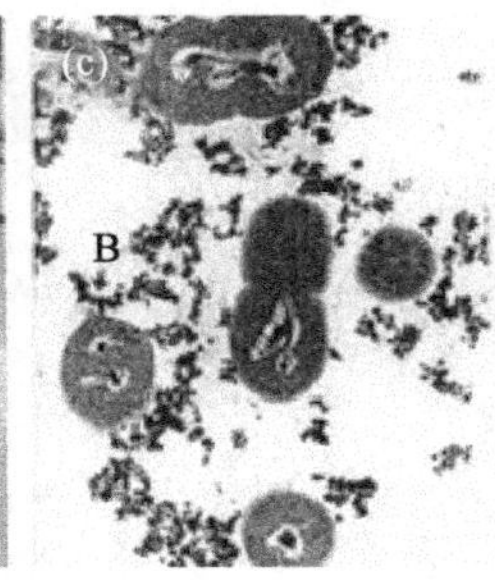

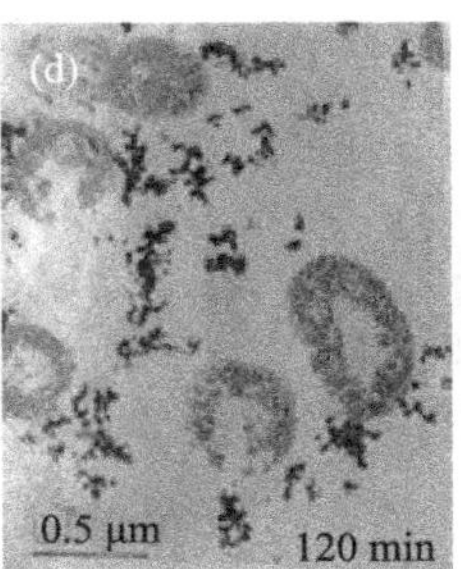

图1-32 TEM观察纳米TiO_2降解远缘链球菌

(a) 远缘链球菌细胞与纳米TiO_2的TEM图像；(b) 纳米TiO_2经30min紫外线照射后降解远缘链球菌细胞壁；(c) 纳米TiO_2经60min紫外线照射降解远缘链球菌细胞膜；(d) 纳米TiO_2经120min紫外线照射分解远缘链球菌细胞[132]

辅酶A作为体内产生乙酰化反应的代谢介质，对糖、脂肪及蛋白质的代谢起极其重要的作用。在TiO_2光催化反应中，光生空穴可以直接参与辅酶A的氧化反应，使辅酶 A 两两成键合成为二聚体辅酶 A，从而抑制其在细胞中的反应，一定程度上显著影响乙酰化反应进程，造成菌体的死亡。

DNA 是一种双链结构分子，由脱氧核糖及四种含氮碱基组成，可组成遗传指令，并引导生物发育与生命机能运作。RNA 即核糖核酸，由核糖核苷酸经磷酯键缩合而成长链状分子，是生物细胞以及部分病毒、类病毒中的遗传信息载体。研究发现，TiO_2 光催化产生的羟基自由基不仅能够使 DNA 双链结构解螺旋，同时还能破坏其主链骨架[133]。光催化作用下产生的羟基自由基同样能够通过改变蛋白质衣壳对 RNA 进行破坏。在纳米 TiO_2 存在的情况下，DNA/RNA 短时间内开始被降解，主链骨架首先分解，H_2O_2 与 $H_2PO_4^-$ 浓度骤然上升[134]，如图 1-33 所示。遗传物质的破坏致使细菌无法正常增殖，一定程度上加快了菌体的分解过程。

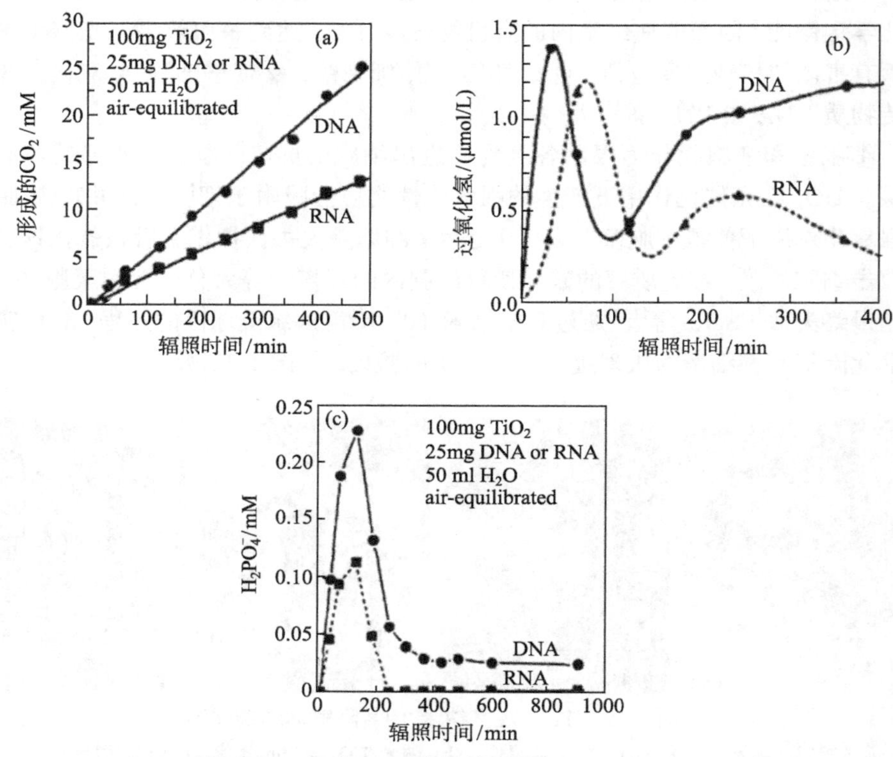

图 1-33　纳米 TiO_2 紫外线下降解 DNA/RNA

(a) 纳米 TiO_2 紫外线下降解 DNA/RNA；(b) 光解 DNA/RNA 后产生过氧化氢含量随光照时间的变化；(c) 光解 DNA/RNA 后生成 $H_2PO_4^-$ 含量随光照时间的变化[134]

纳米 TiO_2 在光照下产生的空穴和·OH 可以与细菌或者细菌内的组成成分产生化学反应，使细菌头单元失活，导致细菌细胞死亡，同时能使细菌死亡后释放的内毒素分解。常见的大肠杆菌、绿脓杆菌、黄金葡萄球菌等都可以被纳米 TiO_2 降解。近年来，纳米 TiO_2 的抗菌研究被持续地开发和利用，相继出现抗菌荧光灯、抗菌纤维、抗菌建材、抗菌涂料等。相信不久的将来，纳米 TiO_2 的抗菌性能将会得到更加广泛的应用。此外，纳米 TiO_2 还具有超亲水性，在自清洁涂层、防雾玻璃等领域也有广泛的应用[129]。

参 考 文 献

[1] Fujishima A, Honda K. Electrochemical photolysis of water at a semiconductor electrode. Nature, 1972, 238: 37, 38.

[2] Zhang W J, Li Y, Zhu S, et al. Surface modification of TiO_2 film by iron doping using reactive magnetron sputtering. Chem Phys Lett, 2003, 373 (3/4) : 333-337.

[3] Zhang W J, Li Y, Zhu S L, et al. Fe-doped photocatalytic TiO_2 film prepared by pulsed do reactive magnetron sputtering. J Vac Sci Tech A, 2003, 21(6): 1877-1882.

[4] Zhang W J, Li Y, Zhu S L, et al. Copper doping in titanium oxide catalyst film prepared by dc reactive magnetron sputtering. The 3rd Asia-Pacific Congress on Catalysis, Oct. 2003 (APCAT-3 in Dalian,China).

[5] Zhang W J, Li Y, Wang F H. Properties of TiO_2 thin films prepared by magnetron sputtering. J Mater Sci Tech, 2002, 18(2): 101-107.

[6] 张青红. 二氧化钛纳米晶的光催化活性研究. 无机材料学报, 2000, 15(3) : 556-560.

[7] Wang R, Hashimoto K, Fujishima A, et al. Light-induced amphiphilic Surfaces. Nature, 1997, 388: 431.

[8] 马铁成. 抗菌陶瓷釉面砖的制备及其性能研究. 中国陶瓷工业, 2002, 9(1): 1-4.

[9] 崔玉民，范少华.污水处理中光催化技术的研究现状及其发展趋势. 洛阳工学院学报，2002, 023 (002): 85-89.

[10] 蒋莉，张鑫. 纳米 TiO_2 光催化涂料的研究. 化学建材, 2003, 019(001): 7-9.

[11] Akira F, Kaznhito H, Toshiya W. TiO_2 photocatalysis Fundamentals and Applications. Published by BKC, Inc. 4-5-11.

[12] Thompson T L, Yates J T. Surface science studies of the photoactivation of TiO_2-new photochemical processes. Chemical Reviews, 2006, 106(10): 4428-4453.

[13] Asahi R, Taga Y, Mannstadt W, et al. Electronic and optical properties of anatase TiO_2. Physical Review B, 2000, 61(11): 7459.

[14] Konstantinou I K, Albanis T A. TiO_2-assisted photocatalytic degradation of azo dyes in aqueous solution: kinetic and mechanistic investigations: A review. Applied Catalysis B: Environmental, 2004, 49(1): 1-14.

[15] Linsebigler A L, Lu G, Yates Jr J T. Photocatalysis on TiO_2 surfaces: Principles, mechanisms, and selected results. Chemical Reviews, 1995, 95(3): 735-758.

[16] 孙怀宇，于立富，李彤彤. 纳米 TiO_2 制备的研究进展. 当代化工, 2012, (03): 295-297.

[17] Yan H H, Huang X C, Xi S X. Influence of hydrogen concentration on TiO_2 nanoparticles prepared by gaseous detonation//Materials Science Forum, 2011: 278-283.

[18] Yu J, Zhao X, Du J, et al. Preparation, microstructure and photocatalytic activity of the porous

TiO_2 anatase coating by sol-gel processing. Journal of sol-gel Science and Technology, 2000, 17(2): 163-171.

[19] Nagayama H, Honda H, Kawahara H. A new process for silica coating. Journal of the Electrochemical Society, 1988, 135(8): 2013-2016.

[20] Deki S, Aoi Y, Hiroi O, et al. Titanium (IV) oxide thin films prepared from aqueous solution. Chemistry Letters, 1996, (6): 433-434.

[21] Wu J M, Han C S, Wu W T. Electron field emission from single crystalline TiO_2 nanowires prepared by thermal evaporation. Chemical Physics Letters, 2005, 413(4): 490-494.

[22] Wu J M, Shih H C, Wu W T, et al. Thermal evaporation growth and the luminescence property of TiO_2 nanowires. Journal of Crystal Growth, 2005, 281(2): 384-390.

[23] Zhu L, Xie J, Cui X, et al. Photoelectrochemical and optical properties of N-doped TiO_2 thin films prepared by oxidation of sputtered TiN_x films. Vacuum, 2010, 84(6): 797-802.

[24] Mei Y, Wu X, Shao X, et al. Formation mechanism of alumina nanotube array. Physics Letters A, 2003, 309(1): 109-113.

[25] Tsuchiya H, Macak J M, Taveira L, et al. Fabrication and characterization of smooth high aspect ratio zirconia nanotubes. Chemical Physics Letters, 2005, 410(4): 188-191.

[26] Tsuchiya H, Macak J M, Sieber I, et al. Self-organized porous WO_3 formed in NaF electrolytes. Electrochemistry Communications, 2005, 7(3): 295-298.

[27] Tsuchiya H, Schmuki P. Self-organized high aspect ratio porous hafnium oxide prepared by electrochemical anodization. Electrochemistry Communications, 2005, 7(1): 49-52.

[28] Choi J, Lim J H, Lee J, et al. Porous niobium oxide films prepared by anodization-annealing-anodization. Nanotechnology, 2007, 18(5): 055603.

[29] Sieber I V, Schmuki P. Porous tantalum oxide prepared by electrochemical anodic oxidation. Journal of the Electrochemical Society, 2005, 152(9): C639-C644.

[30] Prakasam H E, Varghese O K, Paulose M, et al. Synthesis and photoelectrochemical properties of nanoporous iron (Ⅲ) oxide by potentiostatic anodization. Nanotechnology, 2006, 17(17): 4285.

[31] Macak J, Tsuchiya H, Ghicov A, et al. TiO_2 nanotubes: Self-organized electrochemical formation, properties and applications. Current Opinion in Solid State and Materials Science, 2007, 11(1): 3-18.

[32] Liu G, Wang L, Yang H G, et al. Titania-based photocatalysts-crystal growth, doping and heterostructuring. Journal of Materials Chemistry, 2010, 20(5): 831-843.

[33] Liu Z, Sun D D, Guo P, et al. An efficient bicomponent TiO_2/SnO_2 nanofiber photocatalyst fabricated by electrospinning with a side-by-side dual spinneret method. Nano Letters, 2007, 7(4): 1081-1085.

[34] Jang J S, Choi S H, Park H, et al. A composite photocatalyst of CdS nanoparticles deposited on TiO_2 nanosheets. Journal of Nanoscience and Nanotechnology, 2006, 6(11): 3642-3646.

[35] Wu T, Liu G, Zhao J, et al. Photoassisted degradation of dye pollutants. V. self-photosensitized oxidative transformation of rhodamine B under visible light irradiation in aqueous TiO_2 dispersions. The Journal of Physical Chemistry B, 1998, 102(30): 5845-5851.

[36] Kim S S, Yum J H, Sung Y E. Improved performance of a dye-sensitized solar cell using a TiO_2/ZnO/Eosin Y electrode. Solar Energy Materials and Solar Cells, 2003, 79(4): 495-505.

[37] Nazeeruddin M K, Splivallo R, Liska P, et al. A swift dye uptake procedure for dye sensitized

solar cells. Chemical Communications, 2003, (12): 1456-1457.

[38] Chao H, Yun Y, Hu X F, et al. Effect of silver doping on the phase transformation and grain growth of sol-gel titania powder. Journal of the European Ceramic Society, 2003, 23(9): 1457-1464.

[39] Li F, Li X. The enhancement of photodegradation efficiency using Pt-TiO_2 catalyst. Chemosphere, 2002, 48(10): 1103-1111.

[40] Yu J, Xiong J, Cheng B, et al. Fabrication and characterization of Ag-TiO_2 multiphase nanocomposite thin films with enhanced photocatalytic activity. Applied Catalysis B: Environmental, 2005, 60(3): 211-221.

[41] Rengaraj S, Li X. Enhanced photocatalytic activity of TiO_2 by doping with Ag for degradation of 2, 4, 6-trichlorophenol in aqueous suspension. Journal of Molecular Catalysis A: Chemical, 2006, 243(1): 60-67.

[42] Wang C M, Heller A, Gerischer H. Palladium catalysis of O_2 reduction by electrons accumulated on TiO_2 particles during photoassisted oxidation of organic compounds. Journal of the American Chemical Society, 1992, 114(13): 5230-5234.

[43] Macak J, Barczuk P, Tsuchiya H, et al. Self-organized nanotubular TiO_2 matrix as support for dispersed Pt/Ru nanoparticles: Enhancement of the electrocatalytic oxidation of methanol. Electrochemistry Communications, 2005, 7(12): 1417-1422.

[44] Berko A, Biro T, Solymosi F. Formation and migration of carbon produced in the dissociation of CO on Rh/TiO_2 (110)-(1×2) model catalyst: A scanning tunneling microscopy study. The Journal of Physical Chemistry B, 2000, 104(11): 2506-2510.

[45] Choi W, Termin A, Hoffmann M R. The role of metal ion dopants in quantum-sized TiO_2: Correlation between photoreactivity and charge carrier recombination dynamics. The Journal of Physical Chemistry, 1994, 98(51): 13669-13679.

[46] Wang Y, Cheng H, Hao Y, et al. Preparation, characterization and photoelectrochemical behaviors of Fe (III)-doped TiO_2 nanoparticles. Journal of Materials Science, 1999, 34(15): 3721-3729.

[47] Wang Y, Cheng H, Hao Y, et al. Photoelectrochemical properties of metal-ion-doped TiO_2 nanocrystalline electrodes. Thin Solid Films, 1999, 349(1): 120-125.

[48] Anpo M, Takeuchi M. Design and development of second-generation titanium oxide photocatalysts to better our environment-approaches in realizing the use of visible light. International Journal of Photoenergy, 2001, 3(2): 89-94.

[49] Gracia F, Holgado J, Caballero A, et al. Structural, optical, and photoelectrochemical properties of Mn^{+}-TiO_2 model thin film photocatalysts. The Journal of Physical Chemistry B, 2004, 108(45): 17466-17476.

[50] Li F, Li X, Hou M. Photocatalytic degradation of 2-mercaptobenzothiazole in aqueous La^{3+}-TiO_2 suspension for odor control. Applied Catalysis B: Environmental, 2004, 48(3): 185-194.

[51] Asahi R, Morikawa T, Ohwaki T, et al. Visible-light photocatalysis in nitrogen-doped titanium oxides. Science, 2001, 293(5528): 269-271.

[52] Nosaka Y, Matsushita M, Nishino J, et al. Nitrogen-doped titanium dioxide photocatalysts for visible response prepared by using organic compounds. Science and Technology of Advanced Materials, 2005, 6(2): 143-148.

[53] Joung S K, Amemiya T, Murabayashi M, et al. Mechanistic studies of the photocatalytic oxidation of trichloroethylene with visible-light-driven N-doped TiO_2 photocatalysts. Chemistry-A European Journal, 2006, 12(21): 5526-5534.

[54] Di Valentin C, Finazzi E, Pacchioni G, et al. N-doped TiO_2: Theory and experiment. Chemical Physics, 2007, 339(1): 44-56.

[55] Wu P, Xie R, Shang J K. Enhanced visible-light photocatalytic disinfection of bacterial spores by palladium-modified nitrogen-doped titanium oxide. Journal of the American Ceramic Society, 2008, 91(9): 2957-2962.

[56] Irie H, Watanabe Y, Hashimoto K. Nitrogen-concentration dependence on photocatalytic activity of $TiO_{2-x}N_x$ powders. The Journal of Physical Chemistry B, 2003, 107(23): 5483-5486.

[57] Diwald O, Thompson T L, Zubkov T, et al. Photochemical activity of nitrogen-doped rutile TiO_2(110) in visible light. The Journal of Physical Chemistry B, 2004, 108(19): 6004-6008.

[58] Wang Z, Cai W, Hong X, et al. Photocatalytic degradation of phenol in aqueous nitrogen-doped TiO_2 suspensions with various light sources. Applied Catalysis B: Environmental, 2005, 57(3): 223-231.

[59] Bu J, Fang J, Shi F C, et al. Photocatalytic activity of N-doped TiO_2 photocatalysts prepared from the molecular precursor $(NH_4)_2TiO(C_2O_4)_2$. Chinese Journal of Chemical Physics, 2010, 23(1): 95-101.

[60] Irie H, Washizuka S, Yoshino N, et al. Visible-light induced hydrophilicity on nitrogen-substituted titanium dioxide films. Chemical Communications, 2003, (11): 1298-1299.

[61] Hu S, Wang A, Li X, et al. Hydrothermal synthesis of well-dispersed ultrafine N-doped TiO_2 nanoparticles with enhanced photocatalytic activity under visible light. Journal of Physics and Chemistry of Solids, 2010, 71(3): 156-162.

[62] Li H, Li J, Huo Y. Highly active TiO_2N photocatalysts prepared by treating TiO_2 precursors in NH_3/ethanol fluid under supercritical conditions. The Journal of Physical Chemistry B, 2006, 110(4): 1559-1565.

[63] Jiang Z, Yang F, Luo N, et al. Solvothermal synthesis of N-doped TiO_2 nanotubes for visible-light-responsive photocatalysis. Chemical Communications, 2008, (47): 6372-6374.

[64] Burda C, Lou Y, Chen X, et al. Enhanced nitrogen doping in TiO_2 nanoparticles. Nano Letters, 2003, 3(8): 1049-1051.

[65] Sato S, Nakamura R, Abe S. Visible-light sensitization of TiO_2 photocatalysts by wet-method N doping. Applied Catalysis A: General, 2005, 284(1): 131-137.

[66] Di Valentin C, Pacchioni G, Selloni A, et al. Characterization of paramagnetic species in N-doped TiO_2 powders by EPR spectroscopy and DFT calculations. The Journal of Physical Chemistry B, 2005, 109(23): 11414-11419.

[67] Khan S U, Al-Shahry M, Ingler W B. Efficient photochemical water splitting by a chemically modified n-TiO_2. Science, 2002, 297(5590): 2243-2245.

[68] Irie H, Watanabe Y, Hashimoto K. Carbon-doped anatase TiO_2 powders as a visible-light sensitive photocatalyst. Chemistry Letters, 2003, (8): 772-773.

[69] Shen M, Wu Z, Huang H, et al. Carbon-doped anatase TiO_2 obtained from TiC for photocatalysis under visible light irradiation. Materials Letters, 2006, 60(5): 693-697.

[70] Choi Y, Umebayashi T, Yoshikawa M. Fabrication and characterization of C-doped anatase TiO_2

photocatalysts. Journal of Materials Science, 2004, 39(5): 1837-1839.
[71] Park J H, Kim S, Bard A J. Novel carbon-doped TiO_2 nanotube arrays with high aspect ratios for efficient solar water splitting. Nano Letters, 2006, 6(1): 24-28.
[72] Ren W, Ai Z, Jia F, et al. Low temperature preparation and visible light photocatalytic activity of mesoporous carbon-doped crystalline TiO_2. Applied Catalysis B: Environmental, 2007, 69(3): 138-144.
[73] Wu G, Nishikawa T, Ohtani B, et al. Synthesis and characterization of carbon-doped TiO_2 nanostructures with enhanced visible light response. Chemistry of Materials, 2007, 19(18): 4530-4537.
[74] Wang X, Meng S, Zhang X, et al. Multi-type carbon doping of TiO_2 photocatalyst. Chemical Physics Letters, 2007, 444(4): 292-296.
[75] He D, Meng X, Tao Y, et al. Synthesis of carbon-doped TiO_2 using porous resin and its excellent photocatalytic properties. Chinese Journal of Catalysis, 2009, 30(2): 83-85.
[76] Lee Y F, Chang K H, Hu C C, et al. Synthesis of activated carbon-surrounded and carbon-doped anatase TiO_2 nanocomposites. Journal of Materials Chemistry, 2010, 20(27): 5682-5688.
[77] Chen X, Liu L, Peter Y Y, et al. Increasing solar absorption for photocatalysis with black hydrogenated titanium dioxide nanocrystals. Science, 2011, 331(6018): 746-750.
[78] Zhang Z K, Bai M L, Guo D Z, et al. Plasma-electrolysis synthesis of TiO_2 nano/microspheres with optical absorption extended into the infra-red region. Chemical Communications, 2011, 47(29): 8439-8441.
[79] Zheng Z, Huang B, Lu J, et al. Hydrogenated titania: synergy of surface modification and morphology improvement for enhanced photocatalytic activity. Chemical Communications, 2012, 48(46): 5733-5735.
[80] Naldoni A, Allieta M, Santangelo S, et al. Effect of nature and location of defects on bandgap narrowing in black TiO_2 nanoparticles. Journal of the American Chemical Society, 2012, 134(18): 7600-7603.
[81] Umebayashi T, Yamaki T, Itoh H, et al. Band gap narrowing of titanium dioxide by sulfur doping. Applied Physics Letters, 2002, 81(3): 454-456.
[82] Umebayashi T, Yamaki T, Tanaka S, et al. Visible light-induced degradation of methylene blue on S-doped TiO_2. Chemical Letters, 2003, 32(4): 330-331.
[83] Ohno T, Mitsui T, Matsumura M, et al. Photocatalytic activity of S-doped TiO_2 photocatalyst under visible light. Chemistry Letters, 2003, 32 (4): 3642365.
[84] Ohno T, Akiyoshi M, Umebayashi T, et al . Preparation of S-doped TiO_2 photocatalyst s and their photocatalytic activities under visible light. Applied Catalysis A: General, 2004, 265(1): 115-121.
[85] Li D, Ohashi N, Hishita S, et al. Origin of visible-light-driven photocatalysis: a comparative study on N/F-doped and N–F-codoped TiO_2 powders by means of experimental characterizations and theoretical calculations. Journal of Solid State Chemistry, 2005, 178(11): 3293-3302.
[86] Asahi R, Morikawa T, Ohwaki T, et al. Visible-light photocatalysis in nitrogen-doped titanium oxides. Science, 2001, 293(5528): 269-271.
[87] Irie H, Watanabe Y, Hashimoto K. Nitrogen-concentration dependence on photocatalytic activity of TiO_{2-x} N_x powders. Journal of Physical Chemistry B, 2003, 107(23): 5483-5486.

[88] Yu J C, Ho W, Yu J G, et al. Efficient visible-light-induced photocatalytic disinfection on sulfur-doped nanocrystalline titanic. Environmental Science and Technology, 2005, 39: 1175-1179.

[89] Di L, Hajime H, Shunichi H, et al. L. Fluorine-doped TiO_2 powders prepared by spray pyrolysis and their improved photocatalytic activity for de-composition of gas-phase acetaldehyde. Journal of Fluorine Chemistry, 2005, 126: 69-77.

[90] Ekstro G N, McQuillan A J. In situ infrared spectroscopy of glyoxylic acid adsorption and photocatalysis on TiO_2 in aqueous solution. The Journal of Physical Chemistry B, 1999, 103: 10562-10565.

[91] El-Maazawi M, Finken A N, Nair A B, et al. Adsorption and photocatalytic oxidation of acetone on TiO_2: An in situ transmission FT-IR study. Journal of Catalysis, 2000, 191: 138-146.

[92] Sato S, Ueda K, Kawasaki Y, et al. In situ IR observation of surface species during the photocatalytic decomposition of acetic acid over TiO_2 films. The Journal of Physical Chemistry B, 2002, 106: 9054-9058.

[93] Yu Z, Chuang S S C. In situ IR study of adsorbed species and photogenerated electrons during photocatalytic oxidation of ethanol on TiO_2. Journal of Catalysis, 2007, 246: 118-126.

[94] Ho C, Shieh C, Tseng C, et al. Decomposition pathways of glycolic acid on titanium dioxide. Journal of Catalysis, 2009, 261: 150-157.

[95] Almeida A R, Moulijn J A, Mul G. In situ ATR-FTIR study on the selective photo-oxidation of cyclohexane over anatase TiO_2. The Journal of Physical Chemistry C, 2008, 112: 1552-1561.

[96] Kang M, Lee J H, Lee S, et al. Preparation of TiO_2 film by the MOCVD method and analysis for decomposition of trichloroethylene using in situ FT-IR spectroscopy. Journal of Molecular Catalysis A: Chemical, 2003, 193: 273-283.

[97] Tseng C, Chen Y, Wang S, et al. 2-Ethanolamine on TiO_2 investigated by in situ infrared spectroscopy. Adsorption, photochemistry, and its interaction with CO_2. The Journal of Physical Chemistry C, 2010, 114: 11835-11843.

[98] Roddick-Lanzilotta A D, McQuillan A J. An in situ infrared spectroscopic investigation of lysine peptide and polylysine adsorption to TiO_2 from aqueous solutions. Journal of Colloid and Interface Science, 1999, 217: 194-202.

[99] Nakamura R, Ueda K, Sato S. In situ observation of the photoenhanced adsorption of water on TiO_2 films by surface-enhanced IR absorption spectroscopy. Langmuir, 2001, 17 (8): 2298-2300.

[100] Nakamura R, Imanishi A, Murakoshi K, et al. In situ FTIR studies of primary intermediates of photocatalytic reactions on nanocrystalline TiO_2 films in contact with aqueous solutions. Journal of the American Chemical Society, 2003, 125: 7443-7450.

[101] Nakamura R, Nakato Y. Primary intermediates of oxygen photoevolution reaction on TiO_2 (rutile) particles, revealed by in situ FTIR absorption and photoluminescence measurements. Journal of the American Chemical Society, 2004, 126: 1290-1298.

[102] Dolamic I, Bürgi T. Photocatalysis of dicarboxylic acids over TiO_2: An in situ ATR-IR study. Journal of Catalysis, 2007, 248: 268-276.

[103] Yu Z, Chuang S S C. Probing methylene blue photocatalytic degradation by adsorbed ethanol with in situ IR. The Journal of Physical Chemistry C, 2007, 111: 13813-13820.

[104] Kataoka S, Lee E, Tejedor-Tejedor M I, et al. Photocatalytic degradation of hydrogen sulfide

and in situ FT-IR analysis of reaction products on surface of TiO_2. Applied Catalysis B: Environmental, 2005, 61: 159-163.

[105] Mul G, Zwijnenburg A, Linden B, et al. Stability and selectivity of Au/TiO_2 and Au/TiO_2/SiO_2 catalysts in propene epoxidation: An in situ FT-IR study. Journal of Catalysis, 2001, 201: 128-137.

[106] Kim M R, Woo S I. Poisoning effect of SO_2 on the catalytic activity of Au/TiO_2 investigated with XPS and in situ FT-IR. Applied Catalysis A: General, 2006, 299: 52-57.

[107] Chen T, Feng Z, Wu G, et al. Mechanistic studies of photocatalytic reaction of methanol for hydrogen production on Pt/TiO_2 by in situ fourier transform IR and time-resolved IR spectroscopy. The Journal of Physical Chemistry C, 2007, 111: 8005-8014.

[108] Chen T, Wu G, Feng Z, et al. In situ FT-IR study of photocatalytic decomposition of formic acid to hydrogen on Pt/TiO_2 catalyst. Chinese Journal of Catalysis, 2008, 29 (2): 105-107.

[109] Panagiotopoulou P, Kondarides D I, Verykios X E. Mechanistic study of the selective methanation of CO over Ru/TiO_2 catalyst: Identification of active surface species and reaction pathways. The Journal of Physical Chemistry C, 2011, 115: 1220-1230.

[110] Bikondoa O, Pang C L, Ithnin R, et al. Direct visualization of defect-mediated dissociation of water on TiO_2(110). Nature Materials, 2006, 5: 189-192.

[111] Du Y, Deskins N A, Zhang Z, et al. Two pathways for water interaction with oxygen adatoms on TiO_2(110). Physical Review Letters, 2009, 102: 096102.

[112] Tekiel A, Prauzner-Bechcicki J S, Godlewski S, et al. Self-assembly of terephthalic acid on rutile TiO_2(110): Toward chemically functionalized metal oxide surfaces. The Journal of Physical Chemistry C, 2008, 112 (33): 12606-12609.

[113] Prauzner-Bechcicki J S, Godlewski S, Tekiel A, et al. High-resolution STM studies of terephthalic acid molecules on rutile TiO_2(110)-(1×1) surfaces. The Journal of Physical Chemistry C, 2009, 113: 9309-9315.

[114] Rahe P, Nimmrich M, Nefedov A, et al. Transition of molecule orientation during adsorption of terephthalic acid on rutile TiO_2(110). The Journal of Physical Chemistry C, 2009, 113: 17471-17478.

[115] Potapenko D V, Choi N J, Osgood R M. Adsorption geometry of anthracene and 4-bromobiphenyl on TiO_2(110) surfaces. The Journal of Physical Chemistry C, 2010, 114: 19419-19424.

[116] Tao J, Luttrell T, Bylsma J, et al. Adsorption of acetic acid on rutile TiO_2(110) vs (011)-2×1 Surfaces. The Journal of Physical Chemistry C, 2011, 115: 3434-3442.

[117] He Y, Tilocca A, Dulub O, et al. Local ordering and electronic signatures of submonolayer water on anatase TiO_2(101). Nature Maternials, 2009, 8: 585-589.

[118] Aschauer U, He Y, Cheng H, et al. Influence of subsurface defects on the surface reactivity of TiO_2: Water on anatase (101). The Journal of Physical Chemistry C, 2010, 114: 1278-1284.

[119] Daoud W A, Xin J H. Microstructural evolution of titania nanocrystallites by a hydrothermal treatment: A HRTEM study. Journal of the American Ceramic Society, 2005, 88 (2): 443-446.

[120] Zhang J, Zhang Y, Lei Y, et al. Photocatalytic and degradation mechanisms of anatase TiO_2: A HRTEM study, Catalysis Science & Technology, 2011, 1: 273-278.

[121] Sakai N, Fujishima A, Watanabe T, et al. Enhancement of the photoinduced hydrophilic

conversion rate of TiO_2 film electrode surfaces by anodic polarization. The Journal of Physical Chemistry B, 2001, 105: 3023-3026.

[122] Nakamura R, Okamura T, Ohashi N, et al. Molecular mechanisms of photoinduced oxygen evolution, PL emission, and surface roughening at atomically smooth (110) and (100) n-TiO_2 (rutile) surfaces in aqueous acidic solutions. Journal of the American Chemical Society, 2005, 127: 12975-12983.

[123] Imanishi A, Okamura T, Ohashi N, et al. Mechanism of water photooxidation reaction at atomically flat TiO_2 (rutile) (110) and (100) surfaces: Dependence on solution pH. Journal of the American Chemical Society, 2007, 129: 11569-11578.

[124] Fleming G J, Idriss H. Probing the reaction pathways of DL-proline on TiO_2 (001) single crystal surfaces. Langmuir, 2004, 20: 7540-7546.

[125] Cao Y, Yi L, Huang L, et al. Mechanism and pathways of chlorfenapyr photocatalytic degradation in aqueous suspension of TiO_2. Environmental Science & Technology, 2006, 40: 3373-3377.

[126] Nakashima T, Ohko Y, Kubota Y, et al. Photocatalytic decomposition of estrogens in aquatic environment by reciprocating immersion of TiO_2-modified polytetrafluoroethylene mesh sheets. Journal of Photochemistry and Photobiology A: Chemistry, 2003, 160(1): 115-120.

[127] 张洪彬，原霞，杨庆平．潜艇大气污染物采样和样品处理技术．舰船防化, 2007, 6：11-14.

[128] Ohko Y, Trykryk D A, Hashinmoto K, et al. Autoxidation of acetaldehyde initiated by TiO_2 photocatalysis under weak UV illumination. The Journal of Physical Chemistry B, 1998, 102(15): 2699-2704.

[129] Fujishima A, Zhang X, Tryk D A. TiO_2 photocatalysis and related surface phenomena. Surface Science Reports, 2008, 63(12): 515-582.

[130] 陈军，张淑华.细菌内毒素的危害性及防治．国外医药(抗生素分册), 2005, 26(01): 44-48.

[131] 朱玮．水中氧化锰颗粒物对 TiO_2 和 ZnO 光催化杀菌活性的影响．石家庄：河北师范大学, 2010.

[132] Saito T, Iwase T, Horie J, et al. Mode of photocatalytic bactericidal action of powdered semiconductor TiO_2 on mutans streptococci. Journal of Photochemistry and Photobiology B: Biology, 1992, 14(4): 369-379.

[133] Dunfor R, Salinaro A, Cai L, et al. Chemical oxidation and DNA damage catalysed by inorganic sunscreen ingredients. FEBS Letters, 1997, 418(1): 87-90.

[134] Hidaka H, Horikoshi S, Serpone N, et al. In vitro photochemical damage to DNA, RNA and their bases by an inorganic sunscreen agent on exposure to UVA and UVB radiation. Journal of Photochemistry and Photobiology A: Chemistry, 1997, 111(1): 205-213.

第 2 章　微弧氧化技术介绍

2.1　引　　言

微弧氧化(micro-arc oxidation, MAO)，又称微等离子体氧化(micro-plasma oxidation)、阳极火花电解(anode spark electrolysis)、等离子电解阳极处理(plasma electrolytic anode treatment)和等离子电极氧化(plasma electrolytic oxidation)，是从阳极氧化发展而来的一项较新颖的电化学工艺。它是将阀金属(valve meta)，如 Al、Mg、Ti、Zr、Ta、Nb 或其合金作为阳极，置于特定的电解液中，利用电化学方法，使材料表面产生火花放电，在热化学、电化学和等离子体化学的共同作用下，在金属表面“原位”生长陶瓷氧化膜的技术[1]。与其他工艺相比较，微弧氧化工艺以其技术简单、效率高、无污染、处理工件能力强等优点，而引起企业界的极大关注。

微弧氧化技术最早应用于 Al 及其合金表面处理[2]，后来发展到 Mg 合金和 Ti 合金。对 Ti 及其合金的表面微弧氧化处理研究较晚。Ti 合金由于其优良的综合性能而被广泛应用于航空航天和军事工业中，但 Ti 合金表面硬度低、耐磨性能差，因此利用微弧氧化技术对 Ti 合金进行表面改性处理备受关注。目前，利用该技术在 Ti 及其合金表面制备的 TiO_2 薄膜已广泛应用于航空航天、机械、医疗和光催化等领域。

在 Ti 金属表面进行微弧氧化处理，可得到与基体结合牢固的 TiO_2 薄膜。一方面 TiO_2 薄膜具有光催化降解有机污染物的作用；另一方面，在实际的治理环境污染过程中，可以有效地克服 TiO_2 粉末难于回收，传统的负载型 TiO_2 薄膜与基体的结合力不牢固、易脱落，不利于长期使用，且会造成二次污染，等等问题。已有研究表明，通过改变电参数[3,4]、电解液[5]和 pH[6]等条件，可以改变 TiO_2 薄膜的形貌、厚度、成分和相结构等，从而制备出性能优异的 TiO_2 光催化薄膜。另外，还可通过改变电解液的成分来实现对 TiO_2 薄膜的掺杂[7-9]、复合[10-13]，对微弧氧化 TiO_2 薄膜进行光催化改性。

在我们的研究中，针对微弧氧化 TiO_2 光催化薄膜，提出了一些新的制备与表征方法。例如，①通过在电解液中添加 YAG:Ce^{3+}或 Eu_2O_3 等半导体化合物颗粒，将其直接复合在 TiO_2 薄膜表面，以期获得具有特殊和高效光催化性能的复合薄膜[14,15]。②通过化学热处理+微弧氧化复合技术，即首先通过化学热处理将掺杂元素(N 或 C)渗入 Ti

基体表面，形成 TiM 层(M 代表非金属元素)，然后再对其进行微弧氧化处理。利用微弧氧化的极快速氧化过程将 Ti 氧化成 TiO_2，同时又最大限度地保留 Ti-M 结构，最终获得具有高含量取代型的非金属掺杂 TiO_2 薄膜[16]。③在微弧氧化薄膜微结构的表征方面，首次利用 HRTEM 技术，发现 TiO_2 薄膜的微结构特征为：最外表面是一层非晶膜，向内依次为纳米晶+非晶、纳米晶和正常微米级晶粒。也就是说，微弧氧化得到的是一个不均匀组织 TiO_2 薄膜，并且对光催化性能影响最大的外表面是一个非晶层。进一步通过热处理将非晶层态 TiO_2 晶化后，发现 TiO_2 薄膜的光催化效率得到大幅提高[17]。同时，对 Mg、Al 等阀金属表面微弧氧化薄膜进行 HRTEM 研究，也发现了同样的规律，证明微弧氧化还是一种“原位”生长金属氧化物纳米晶薄膜的技术[18]。

为了对后面章节进行更好的讨论和理解，本章对微弧氧化技术的发展历史、原理，以及微弧氧化薄膜的结构特征、性能及应用等进行简要的介绍。同时较全面地综述微弧氧化 TiO_2 薄膜及其在光催化领域的研究进展与现状。最后介绍本书中涉及的微弧氧化设备、工艺、材料和实验条件等内容，这些内容在后面具体章节中将不再赘述。

2.2　微弧氧化技术及其发展历程

早在 1875 年，Sluginov 等在研究高压电解过程中就发现在金属表面存在火花放电的现象[19]。20 世纪 30 年代，Günterschultze 和 Betz 对 Sluginov 的报道进行了详细的研究[20,21]，发现在高压下浸在电解液中金属表面会发生火花放电，但该火花破坏了金属表面的完整性，对氧化膜可能具有破坏作用，应该避免。因此，他们指出若想得到高质量的氧化膜，金属就不应该在高压下进行表面氧化，这为阳极氧化的发展提供了理论基础。直到 60 年代初，McNiell 和 Gruss 在含 Nb 的电解液中利用火花放电现象在金属镉表面沉积得到铌酸镉涂层，该技术的实际应用价值才得以发现[22]。随后，Markov 等研究了铝合金在高于火花电压条件下的反应，发现其表面形成了一层高质量的氧化膜，该膜层具有耐磨损、耐腐蚀等优良的机械性能，并把该技术命名为“微弧氧化”[23]。

在 20 世纪 80 年代，美国、德国、俄罗斯、日本等都加快了该技术的研究，俄罗斯科学家 Snezhko、Markov、Fyedorov 等[24-26]探讨了在不同金属上利用火花放电沉积氧化膜的可能性。同时，德国科学家 Kurze 等[27]对火花放电现象做了深入的研究，并成功地在纯铝表面制备出完整的氧化膜，经分析该膜层中含有大量的 $\alpha\text{-}Al_2O_3$，具有优良的性能，并将该技术引入到工业应用中。从此，微弧氧化技术进入快速发展的时期。

直到 20 世纪 90 年代，我国通过对俄罗斯微弧氧化技术的引进和吸收后，也开始对该技术的研究。其中最早的是北京师范大学的薛文斌等[28]，他们对铝合金和镁合金微弧氧化陶瓷层的制备过程、形貌结构、工艺参数和性能等方面都做了有益的探讨和系统的研究。另外，西安理工大学蒋百灵教授课题组[29]，除了对微弧氧化膜层的生长机理、工艺参数等进行研究外，还自行研制了大规模的自动化控制装备，并投入到工业实际应用中。目前，我国有多于 50 家单位从事铝、镁、钛及其合金的微弧氧化技术的研究，并取得一定的成果。

2.3　微弧氧化的原理

Al、Mg、Ti 及其合金在金属氧化物电解液体系中具有电解阀门的作用，因此称之为阀金属[3]。将这类金属作为阳极浸入电解液中后，金属表面立即生成很薄的一层氧化膜绝缘层，当阳极电压超过临界值时，绝缘膜上的薄弱环节首先被击穿，发生微弧放电现象，同时在样品表面产生游动的弧点或火花，电弧的寿命仅有 10^{-6}s，等离子体放电区瞬间温度和压强可达 2×10^4℃和 102GPa。火花附近区域内的金属及其氧化物在如此高温高压下发生熔化，并从放电通道喷发，在水溶液的“淬冷”作用下，冷却速度可达 10^8 K/s，将放电通道保留，形成多孔结构的金属氧化物陶瓷薄膜[1]。图 2-1 为微弧氧化电化学过程示意图。

一般认为微弧氧化过程分为四个阶段：阳极氧化、火花放电、微弧放电和弧光放电[1]，如图 2-2 所示。

阳极氧化阶段：当电压为 U_1 时，为初始氧化阶段，在阳极表面生成大量的氧气，在基体表面生成氧化膜，同时，电极系统符合法拉第定律。当电极之间的电压达到 U_2 时，最初形成的阳极表面上的钝化膜发生溶解，U_2 值近似于阳极材料的腐蚀电位，U_2～U_3 阶段，随着电压的上升，气体的析出使钝化膜产生多孔结构。

火花放电阶段：在 U_3 阶段，氧化膜表面会出现迅速移动的微弧，微弧的数量也随电压的增加而增加，这是因为电压超出了隧道击穿的临界值。这个阶段持续的时间很短。

微弧放电阶段：在 U_4 阶段，发生热电离作用，大面积的微弧放电在这一阶段发生，同时这一阶段也是膜层的生长阶段。在 U_4～U_5 阶段，随着膜层变厚，热电离作用放缓，氧化膜在微弧氧化的高温高压作用下发生熔融，同时电解液中的元素会渗入到膜层中，这一阶段还会发出尖锐的爆鸣声。

弧光放电阶段：当电压超过 U_5 时，将会产生局部较大的弧光放电，这种放电会对膜层产生很大的破坏，在膜表面形成大坑，损坏陶瓷膜的整体性能，因此尽可能回避这一过程的发生。

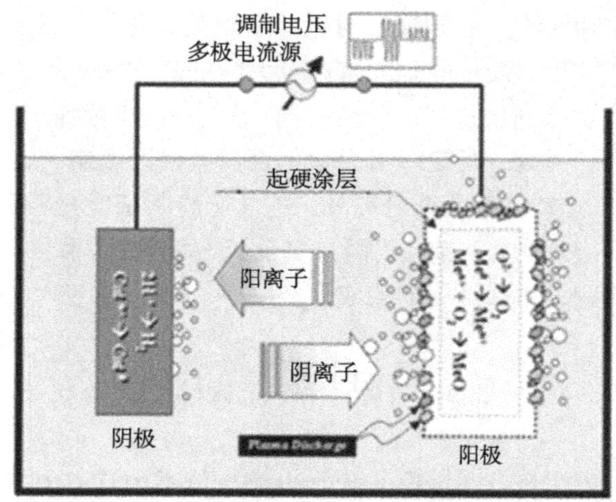

图 2-1　微弧氧化电化学过程示意图

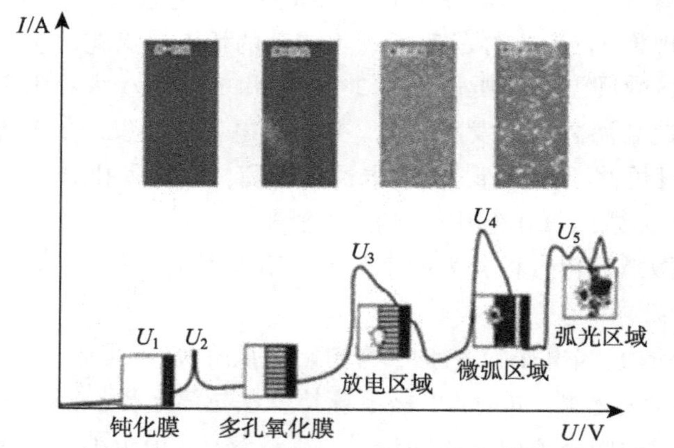

图 2-2　微弧氧化过程中电极表面绝缘氧化膜上的伏安曲线图[1]

2.4　微弧氧化薄膜的微结构特征

微弧氧化陶瓷层薄膜的生长过程发生在放电微区。开始阶段以对自然状态形成的低温氧化膜或成形过程形成的高温氧化皮进行“原位”结构转换与增厚生长为主。由于氧化物陶瓷层的绝缘特性，在相同电参数条件下，薄区总是优先被击穿而生长增厚，最终达到整个样品均匀增厚。

微弧氧化薄膜的厚度一般在几微米到几十微米不等，传统意义上，一般将膜层结构沿截面方向由内而外分为过渡层、致密层和疏松层[4]。过渡层处于基体和膜层的界面处，基底与膜层之间在微区范围内呈锯齿结合状态，因此膜层与基底的结合力牢固。致密层靠近过渡层，层内无大的气孔，因此比较致密。致密层是由高温致密物凝固而成，是微弧氧化薄膜的主体部分。最外面多孔的表面层为疏松层，膜层内晶粒粗大，组织疏松，存在许多孔洞，使氧化膜呈现出多孔形貌。各层之间没有明显的界限，因此膜层的结构相对稳定，与基体结合力牢固，具有优良的机械性能和耐腐蚀性能。

膜层的化学成分一般由基体材料和电解液中的元素组成，元素含量的分布遵循扩散理论，即由薄膜内层到外层，基体元素逐渐减少，而溶液元素逐渐增多。图 2-3 为 Ti 基体在 Na_3PO_4 电解液中微弧氧化处理 5 min，得到的 TiO_2 薄膜中 Ti, P 和 O 三种元素的含量线分布图。在图左侧的基体中，Ti 含量最高，没有 P 和 O；在膜层与基体结合的界面处, Ti 元素含量开始下降, P 和 O 元素出现，含量逐渐上升；到达薄膜外层, Ti 元素含量最低, P 和 O 元素含量最高。这一规律与前期的报道结论一致。

对于微弧氧化薄膜的微观结构特征，之前的研究一般仅限于利用扫描电子显微镜(scanning electron microscopy, SEM)在微米尺度范围内进行观察。本课题组利用 HRTEM 研究了微弧氧化制备的 TiO_2 薄膜在纳米尺度的微结构特征，研究发现：微弧氧化制备的 TiO_2 薄膜的微结构从表至内呈梯度变化[17]，并且是纳米级晶粒尺度。

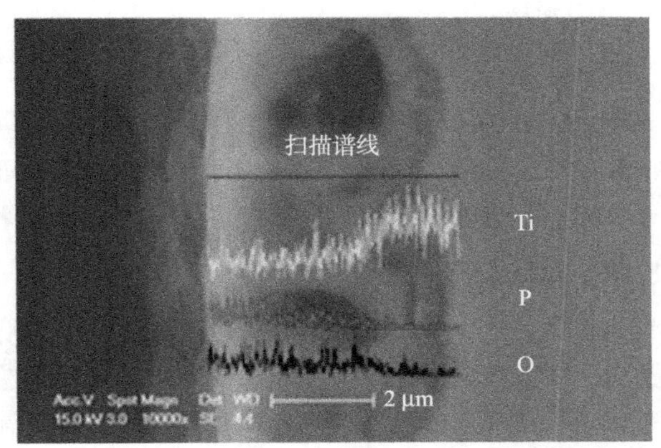

图 2-3　Ti 基体在 Na_3PO_4 电解液中微弧氧化处理后薄膜截面元素分布图

2.5　微弧氧化的特点

1. 优越的耐磨性能

Al、Mg、Ti 合金微弧氧化后产物的主要成分分别为 Al_2O_3、MgO、TiO_2。由于这些产物都是陶瓷相，所以微弧氧化陶瓷层具有很高的硬度，高达 2500HV，从而赋予其优良的耐磨性能，其耐磨性能优于传统阳极氧化和镀硬铬镀层。其优良的耐磨性还跟大量微孔含有的润滑油的自润滑特性有关。

2. 优越的耐腐蚀性能

尽管陶瓷层中存在大量的喷射口，但是这些喷射口对应的孔洞为盲孔；另外，陶瓷层具有明显的三层结构，即疏松层、致密层和过渡层，所以它对内部基体金属具有良好的保护作用，使得耐腐蚀性能大大提高。

3. 工序简单、生产效率高

微弧氧化技术还具有处理工序简单、速度快的优点。通常条件下，一个完整微弧氧化过程按以下工艺流程来完成：除油→清洗→氧化→清洗→封孔→烘干。与传统的阳极氧化和电镀相比，减少了四五道工序，完成整个工序仅需 10 min 左右，这不仅提高了生产效率，还降低了运行成本。

4. 厚度、颜色均匀

在微弧氧化时，与电源正极相接的工件浸在溶液里作阳极，与电源负极相连的不锈钢板作阴极。通电后，工件表面的电力线分布均匀，故最终陶瓷层厚度及色泽均匀。另外，采用微弧氧化强化技术，可在复杂铝制零件的表面均匀长出一层与基体结合良好的氧化铝陶瓷层。

5. 环保

由于溶液中的各种离子在微弧氧化过程中只起导电作用，基本上不消耗，所以其使用寿命长，排放率低。另外，微弧氧化溶液呈中性或碱性，而且溶液中不含重金属离子、铬离子和环保限制元素，所以微弧氧化技术环保、无污染。

6. 微弧氧化工艺的缺点

生产过程中能耗较大，电解液冷却困难，生产过程有一定的噪声以及在高压下的用电安全等。另外，加工完成后，后续处理比较麻烦；可能发生烧结能量过分集中而产生过烧或基体烧蚀现象。由于产物都是陶瓷相，所以微弧氧化陶瓷层脆性大，不能承受大的冲击载荷。

2.6　微弧氧化薄膜的性能及其应用

2.6.1　机械性能

张汀等[30]将 LY12 铝合金在氢氧化钠溶液中微弧氧化处理 10 min，在表面制备了陶瓷膜，并对陶瓷膜的力学性能进行了分析，结果表明：陶瓷膜的硬度和弹性模量最大可分别达到 25 GPa 和 300 GPa，而 LY12 铝合金基体的硬度和弹性模量分别仅为 2 GPa 和 80 GPa，陶瓷膜经 300～15℃热冲击循环 40 次均无裂纹、无膜层脱落现象。

蒋百灵等[31]对比了 LY12 铝合金表面微弧氧化薄膜和表面电镀硬铬涂层的耐磨性能，研究发现在磨损实验前 20 h 内，电镀硬铬层表现出较好的耐磨，磨损量略小于微弧氧化薄膜，但 20 h 后其磨损表面的镀铬层耗尽，磨损量迅速增加，而微弧氧化膜层依然保持原有的磨损量，证明在相同的摩擦条件下，铝合金微弧氧化陶瓷层的耐磨性能优于电镀硬铬涂层。对于不同基体，微弧氧化薄膜的力学性能也有明显差异。

吴振东等[32]研究了纯 Al、铝合金 LC9 和 LY12 在偏铝酸钠溶液中微弧氧化陶瓷膜层的相组成及其硬度，研究表明 Al 膜层由 α-Al_2O_3 组成，LC9 膜层由 γ-Al_2O_3 组成，LY12 膜层由大量 γ-Al_2O_3 和少量 α-Al_2O_3 组成，Al、LY12、LC9 膜层的最大硬度值分别为 33.4 GPa、22.15 GPa 和 16.8 GPa。α-Al_2O_3 的硬度比 γ-Al_2O_3 高，因此 Al 膜层的硬度最大，LY12 膜层的硬度次之，LC9 膜层的硬度最小。

微弧氧化薄膜以其优良的机械性能，目前已被 HTC 公司采用，作为新一代手机背盖的耐磨涂层。

2.6.2　耐腐蚀性

Mg、Al、Ti 等阀金属均有质量轻、密度小、比强度和比刚度高等优点，在航空航天、汽车、化工等领域有较大的应用潜力。但它们的化学活性较高、耐蚀性较差。微弧氧化技术目前已广泛应用于改善阀金属的耐蚀性。

王立世和潘春旭等[33]利用全浸和盐雾试验研究了镁合金在磷酸盐系和硅酸盐系的微弧氧化膜层的耐蚀性，研究表明微弧氧化薄膜对 Mg 合金基体可以提供有效的保护，使其耐腐蚀性有了极大的提高。同时，硅酸盐系膜层的耐蚀性优于磷酸盐系的膜层。

王志平[34]利用微弧氧化技术，在碱性硅酸盐电解液中对纯铝进行表面改性处理，制备均匀致密的陶瓷膜，利用 Tafel 曲线分别测量了铝基体和微弧氧化薄膜的耐腐蚀性能。研究表明，铝基体的腐蚀电势为–0.662 V，腐蚀电流密度为 4.4145×10^{-7} A/cm^2，而经过铝微弧氧化处理后，表面生成一层致密陶瓷膜，腐蚀电势明显得到提高，上升到–0.238 V，腐蚀电势提高了 0.4 V，极大地提高了样品的抗腐蚀能力，同时腐蚀电流密度也达到了 8.919×10^{-10} A/cm^2，腐蚀电流降低了 3 个数量级，进一步减少了样品被腐蚀的速度。

2.6.3　生物相容性

Ti 合金由于其良好的机械性能，被广泛用于制作人体硬组织的植入体，但由于其生物惰性，难以与骨结合，因此，需要在 Ti 合金表面制备结合力强、多孔的生物活性膜。对 Ti 及其合金表面进行微弧氧化处理，并在膜层中引入适量的钙、磷元素后，可以表现出很好的生物相容性。黄平等[35]将 TC4 在磷酸盐、钙盐的水溶液中进行微弧氧化处理，制备出一层含钙、磷的多孔状生物活性 TiO_2 膜，再对样品进行水热处理，使膜中钙的磷酸盐转变成羟基磷灰石。该膜多孔均匀，且生物活性高，有利于骨组织的吸附和生长。文士美等[36]采用直流稳压电源对 Ti 基体在含钙、磷的溶液中进行微弧氧化处理，制备出一层致密的、与基体结合良好的金属磷酸盐生物陶瓷膜 $CaTi_4(PO_4)_6$。

2.6.4　光催化性能

将微弧氧化法制备的 TiO_2 薄膜应用于光催化，可以克服粉末状 TiO_2 难以回收利用，易于造成二次污染等问题，受到广泛的关注。然而，TiO_2 由于其较大的禁带宽度和较高的光生载流子复合率，其光催化活性较低。因此需要通过掺杂、复合等手段提高微弧氧化 TiO_2 薄膜的光催化性能。

2.6.5　微弧氧化薄膜的应用

微弧氧化技术简单、生产效率高、对环境污染小，获得的膜层与基体结合力强，极大地改善了合金的耐磨、耐蚀、耐热冲击及绝缘性。作为表面处理领域的新技术其用途广泛，如图 2-4 所示，在航空航天、军工、机械、纺织、医疗、电子和装饰等领域具有广阔的应用前景，对提高国防装备性能和寿命将起到重要作用。因此，研究微弧氧化技术和工艺有着极其重要的军事价值和经济价值。

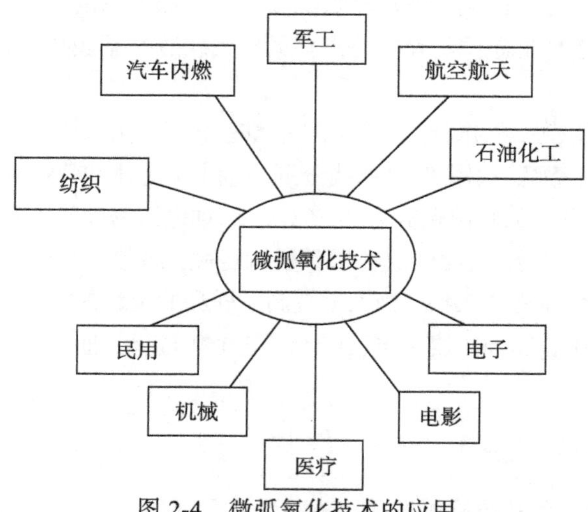

图 2-4　微弧氧化技术的应用

2.7　微弧氧化 TiO_2 薄膜及其在光催化领域的研究进展与现状

2.7.1　微弧氧化技术制备 TiO_2 薄膜的研究现状

Ti 金属及其合金具有比强度高、密度小、无磁性以及耐热性强的优点，被广泛应用于航空航天和军事工业中。但由于 Ti 合金的表面硬度较低、耐磨性差，自从微弧氧化技术出现以后，利用该技术对钛合金进行表面处理受到广泛的关注。微弧氧化过程中，OH^-会向阳极运动，与阳极基体表面产生的 Ti^{4+}发生如下反应[12]：$Ti^{4+} + 2OH^- + 2H_2O \longrightarrow TiO_2 + 2H_3O^+$。因此，在 Ti 金属及其合金表面进行微弧氧化后，其表面会生长出一层多孔的 TiO_2 薄膜。

目前，对 Ti 金属及其合金的微弧氧化研究主要以 TC4 钛合金为基体，在其表面制备出耐腐蚀、耐磨、生物相容性以及光催化性能的功能薄膜，这一部分与上文中的内容一致，因此不再赘述。本节主要从 Ti 金属及其合金表面微弧氧化工艺的影响因素及微弧氧化技术制备的 TiO_2 薄膜的应用角度进行描述。

1. 微弧氧化 TiO_2 薄膜制备的影响因素

1) 电参数

电参数对微弧氧化具有重要的影响[37-42]，如表 2-1 所示。

表 2-1　微弧氧化过程中的电参数对膜层的影响

影响因素	生长速度(v)	平均孔径(d)	微孔密度(n)	粗糙度(d/n)	相对含量(金红石/锐钛矿)
U	正比	正比	反比	正比	正比
J	正比	正比	反比	正比	正比
δ	正比	正比	反比	正比	正比
t	反比	正比	反比	正比	正比
f	反比	反比	正比	反比	无影响

(1) 电压(U)[39]。微弧氧化只有在电压超过临近值时才会发生，因此膜层的厚度受施加电压的直接影响。金属的性质、电解液的组分及其浓度直接影响击穿电压的大小，而击穿电压受电流密度、升压方式以及基体的形状影响不大。陶瓷膜层的厚度与击穿电压(指电池放电时，电压下降到电池不宜再继续放电的最低工作电压值)和最终成膜电压都有关，陶瓷层的厚度随最终成膜电压的升高线性增加。当电压增

大时，陶瓷层中微孔的数目增多，孔径变大，陶瓷颗粒也变大，同时放电通道形成物凝固后留下的孔径更大，陶瓷表面变得更加粗糙。同时，由于电压增大，放电火花的能量增加，促使 TiO_2 从锐钛矿相向金红石相转变。

(2) 电流密度(J)[40]。电流密度对陶瓷层的厚度、生长速率、成分和形貌都有重要的作用。研究表明，在恒电压方式下，电流密度逐渐降低，导致膜层的生长速率也降低；而在恒电流方式下，膜层厚度随时间呈线性关系。另外，正负电流密度不同时，膜层的特征也不相同。在钛合金表面制备微弧氧化膜时，随着电流密度的增大，膜层的形成速率增大，相同时间内形成的膜层更厚，终止电压也随着膜层厚度的增大而逐渐提高。

(3) 频率(f)和占空比(δ)[41]。频率和占空比都影响单个脉冲持续放电的时间，从而影响单个脉冲的放电能量。随占空比的增大，膜层的厚度呈指数关系增加，当占空比由10%增加到80%时，微孔的数目减少、孔径增大。膜层的厚度随频率的增加而呈指数关系衰减，即随着频率的增加，膜层的微孔孔径减小、数目增加，微孔的形状逐渐规则，分布越来越均匀。因此一般地认为，在其他条件不变时，频率降低，占空比增大，单个脉冲的放电能量都将增大，这有利于陶瓷层的增长，而陶瓷层因为孔径和颗粒都变大而变得粗糙；同时，对低温亚稳相向高温稳定相的转变有利。

(4) 氧化时间(t)[42]。起始阶段，阳极电压随氧化时间的增加而迅速增大，随后增加速度变缓，最后维持定值。随着氧化时间的延长，表面微孔数量逐渐减少，微孔孔径逐渐增大，氧化膜表面不平整程度逐渐增大；氧化膜的厚度逐渐增大，但氧化膜的生长速率却逐渐减小，且减小趋势由快到慢。氧化膜表面的平均硬度随着氧化时间的延长先增大后减小。

2) 电解液

不同的电解液体系，可以影响微弧氧化薄膜的表面成分、结构和性能。常见的电解液体系根据酸碱度可以分为中性电解液，包括硅酸盐、磷酸盐、碳酸盐和铝酸盐等；碱性电解液，包括氢氧化钠、氢氧化钾等；酸性电解液，通常为硫酸的水溶液。电解液的浓度、成分和 pH 及添加剂对微弧氧化薄膜的成分和性能均有重要的影响。

(1) 浓度[43]。电解液的浓度对微弧氧化薄膜的起弧电压、薄膜形貌、薄膜成分和薄膜性能均有明显的影响。对不同浓度的磷酸钠电解液体系下制备的薄膜性能进行研究，发现随电解液浓度的增大，微弧氧化的起弧电压明显降低，薄膜表面的 P 含量明显升高，氧化膜的厚度和表面孔径明显增大，薄膜的绝缘性能大大提高，膜层的显微硬度也随之提高。

(2) 成分。电解液的成分对微弧氧化薄膜的功能特性起着重要作用。Bulyshev 等[44]认为，陶瓷膜在电解液中对离子的吸附性按 CrO_4^{2-}、$B_4O_7^{2-}$、MoO_4^{2-}、VO_4^{3-}、PO_4^{3-}、SiO_3^{2-}顺序逐渐增强。吕宪义等[45]研究了磷酸盐、硅酸盐和氢氧化钠三种电解液体系对钛合金微弧氧化膜的相组成和微结构的影响。研究表明同样浓度的电解液中，临界击穿电压值在磷酸盐中最高，在氢氧化钠中最低。而微弧氧化过程的剧烈程度大小，薄膜的孔径大小和微孔的不规则度强弱依次为：磷酸盐、硅酸盐和氢氧化钠溶液。

(3) 溶液 pH。溶液的 pH 对微弧氧化薄膜的成分也有重要影响，高玉周等[46]认为对 Ti 金属进行微弧氧化处理，在碱性电解液中可获得单一的金红石相 TiO_2 的薄膜，在酸性电解液中可获得单一的锐钛矿相 TiO_2 薄膜，而在中性电解液中可制备出含有锐钛矿和金红石混晶型的 TiO_2 薄膜。

(4) 添加剂。为制备具有较好机械特性的膜层，可在溶液中添加氟化物、铬酸盐、钼酸盐和甘油等组分，可以提高膜层的生长速率，改善膜层的耐磨耐蚀性[47]。

传统的溶液添加剂一般均为可溶性溶剂，本课题组研究表明，在电解液中添加不溶于水的化合物颗粒，利用微弧氧化过程中氧化物薄膜被放电火花击穿、熔融，并快速凝固的过程，可以将溶液中悬浮的颗粒融合到薄膜表面。同时由于电解液的冷却效果，复合颗粒在边界部分与氧化物薄膜发生融合，并伴有界面扩散，形成具有异质结构的复合薄膜。该方法的优点在于微弧氧化过程对添加剂颗粒具有普适性，即大部分性能稳定的化合物颗粒都可以均匀地复合到微弧氧化薄膜表面。详细内容，将在本书第 3 章中描述。

2. 微弧氧化 TiO_2 薄膜的应用

Ti 基体及其合金表面制备的 TiO_2 薄膜可以用于生物医学、防腐、耐磨、绝缘、光学和环保等领域[48]。

(1) Ti 合金由于其密度小，在人体的牙、骨等硬组织中有广泛的应用。在 Ti 合金表面制备的微弧氧化薄膜中，存在大量微孔，微孔有利于硬组织的植入生长，从而使新生硬组织与它之间的机械啮合加固。同时，将电解液中的 Ca、P 等元素引入到薄膜中，可以促进骨组织的生长，加快组织的愈合进度。

(2) Ti 或者其合金表面的微弧氧化薄膜具有良好的热绝缘性能和耐腐蚀性能。汽车发动机盖等位置的隔热涂层经长期使用，容易脱落，使用微弧氧化薄膜可以有很好的保护作用；微弧氧化薄膜还可以在一些极端的条件下(如高温、重载、高压)使用。

(3) TiO_2 是一种高效的光催化剂，利用微弧氧化技术，在 Ti 或者其合金表面，可以制备出基体结合力牢固的纳米晶 TiO_2 薄膜。将微弧氧化法制备的 TiO_2 薄膜应用于光催化，可以克服粉末状 TiO_2 难以回收利用，易于造成二次污染等问题。因此，微弧氧化法制备的 TiO_2 薄膜在光催化领域也得到广泛的应用。微弧氧化技术制备的 TiO_2 光催化材料可应用于空气净化、污水处理、除臭抗菌等领域，在实际生活中有着广泛的应用前景。

2.7.2 微弧氧化 TiO_2 薄膜在光催化性能方面的研究

上文提到，利用微弧氧化技术，在 Ti 或者其合金表面，可以制备出基体结合力牢固的纳米晶 TiO_2 薄膜。将微弧氧化法制备的 TiO_2 薄膜应用于光催化，可以克服粉末状 TiO_2 难以回收利用，易于造成二次污染等问题。因此，微弧氧化法制备的 TiO_2 薄膜在光催化领域也受到广泛的应用。但由于未经修饰的 TiO_2 薄膜同样存在禁带宽度过宽，在可见光波段的吸收效率低，以及薄膜内光生电子–空穴的复合效率高的问题，因此，需要对原始的微弧氧化的 TiO_2 进行修饰，按照不同的修饰方法，一般可分为：稀土元素掺杂、无机非金属元素掺杂，以及半导体复合等。

1. 稀土元素掺杂

稀土元素由于原子序数高，其原子半价和离子半价较大。对 TiO_2 薄膜进行稀土元素掺杂时，稀土元素会使 TiO_2 晶格常数增大，从而增加 TiO_2 薄膜表面的结构缺陷。Wu 等[49]在 H_2SO_4 的酸性电解液体系中，制备 TiO_2 薄膜。通过在电解液中加入 $La(NO_3)_3$ 的方法，对 TiO_2 薄膜进行 La^{3+} 掺杂。掺杂之后的 TiO_2 薄膜的晶格产生了明显畸变，如图 2-5 所示。晶格畸变造成的晶格缺陷，可以抑制光生电子–空穴的复合，同时有助于吸收 O_2，产生 O_2^- 及·OH，从而提高 TiO_2 薄膜的光催化效率。Wu 等同时研究了对 TiO_2 薄膜进行 Eu^{3+}[50]掺杂和 Eu^{3+}+Si^{4+}[51]的共掺杂，发现了类似的规律。同时，我们也发现稀土元素由于电子轨道具有不饱和的 4f 轨道和空的 5d 轨道的特点，在 TiO_2 晶体生长过程中，可以有效抑制 TiO_2 晶粒的生长。因此，我们尝试用含有稀土元素的半导体材料对 TiO_2 薄膜进行复合[15]。详细内容将在后续章节论述。

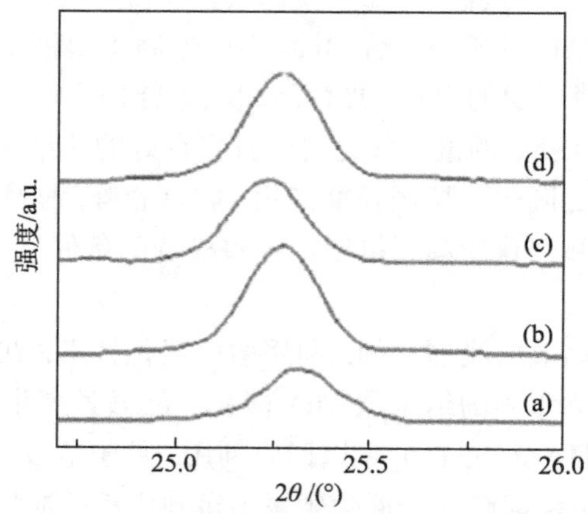

图 2-5　不同掺杂含量微弧氧化 TiO_2 薄膜 XRD 图谱

(a) 纯 TiO_2；(b) La/TiO_2 0.50 g/L；(c) La/TiO_2 0.75 g/L；(d) La/TiO_2 0.10 g/L[49]

2. 无机非金属元素掺杂

无机非金属元素的掺杂，可以有效降低 TiO_2 的禁带宽度，将 TiO_2 的吸光边缘拓展到可见光波段。清华大学的冯嘉猷课题组在此做了深入的研究，分别对微弧氧化法制备的 TiO_2 薄膜进行了 F[7]、N[8]、S[52]等非金属元素掺杂。首先，通过利用离子注入，在 Ti 表面获得一层 TiN，然后在此基础上进行微弧氧化，制备出 N 掺杂 TiO_2 薄膜。报道称 N 掺杂的 TiO_2 薄膜的 E_g 仅为 2.2 eV，如图 2-6 所示，大大降低了其带宽，并有效拓展了在可见光波段的吸收。但文章中并未对 N 掺杂的含量及 N 掺杂的类型进行深入的研究。

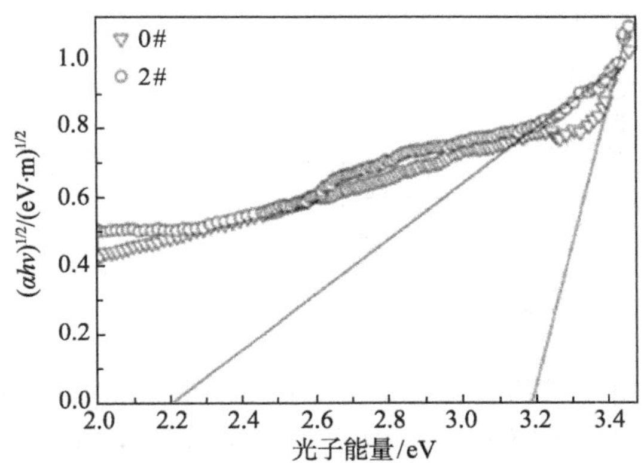

图 2-6　微弧氧化制备的 TiO_2 与 N 掺杂 TiO_2 薄膜$(\alpha h\nu)^{1/2}$与光子能量的关系图[8]

此外，冯嘉猷课题组[7]还利用在电解液中加入 NaF 的方法，制备了 F 掺杂的 TiO_2 薄膜。F 掺杂同样使 TiO_2 薄膜的紫外–可见吸收光谱产生红移，有效提高了 TiO_2 薄膜的光催化效率。但文章中，对于 F^-在 TiO_2 薄膜中的掺杂形态也没有做深入的研究。对此，我们利用基于化学热处理中离子渗 N 和气体渗 C 的微弧氧化方法，分别制备了高含量、取代型掺杂的 TiO_2 薄膜，并对其机理进行了深入的分析[16]，详细内容将在后面章节介绍。

3. 半导体复合

对 TiO_2 薄膜进行半导体复合，可以促进光生电子–空穴的有效分离，抑制光生电子–空穴的复合，从而有效提高其光催化效率。Bayati 等[53, 54]利用微弧氧化技术，在半导体复合 TiO_2 薄膜制备方面进行了深入的研究。首先，在 Na_3PO_4 电解液体系中，通过加入 $NaVO_3$，制备出 V_2O_5-TiO_2 的复合薄膜。其电化学过程为：

$$Na_3PO_4 \longrightarrow 3Na^+ + PO_4^{3-}$$
$$PO_4^{3-} + H_2O \longrightarrow HPO_4^{2-} + OH^-$$

$$NaVO_3 \longrightarrow Na^+ + VO_3^-$$

$$Ti \longrightarrow Ti^{4+} + 4e^-$$

$$Ti^{4+} + 4OH^- \longrightarrow TiO_2 + 2H_2O$$

$$Ti^{4+} + 4VO_3^- \longrightarrow TiO_2 + 2V_2O_5$$

V_2O_5-TiO_2复合薄膜的禁带宽度由原来的 3.39 eV 降低到 2.56 eV。复合薄膜禁带宽度的降低是由 V_2O_5复合引起的。V_2O_5的带宽一般为 2.8 eV，因此复合后薄膜的紫外–可见吸收光谱的吸收边缘会与 V_2O_5 的带宽匹配，由此计算的禁带带宽会与 V_2O_5的接近，如图 2-7 所示。V_2O_5-TiO_2复合薄膜表现出较好的光催化活性，作者认为这是由 V_2O_5-TiO_2复合薄膜可以有效促进光生电子–空穴的分离，抑制光生电子–空穴的复合引起的。

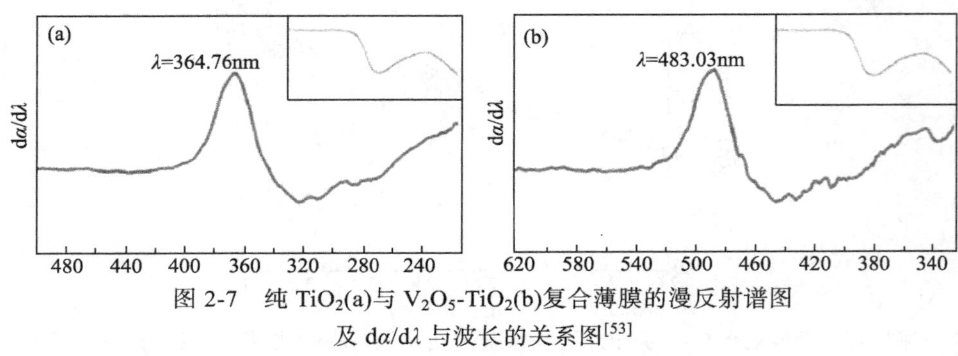

图 2-7　纯 TiO_2(a)与 V_2O_5-TiO_2(b)复合薄膜的漫反射谱图及 dα/dλ 与波长的关系图[53]

此外，Bayati 等[12]还通过在电解液中添加 Na_2WO_4的办法，制备出 WO_3-TiO_2的复合薄膜，也得到类似的结果。以上的研究证明，对于氧化物半导体材料的复合，可以在电解液中加入相应元素易溶于水的含氧酸盐(通常为 Na 盐或者 K 盐)，制备各种 XO_m-TiO_2 的复合薄膜。但是对于其他常见的半导体材料，如硫化物、磷化物等，利用该方法则无法实现对 TiO_2薄膜的复合。对此，我们在研究中发现，通过在电解液中直接添加不溶于电解液的半导体复合颗粒，利用微弧氧化过程 TiO_2 薄膜熔融–凝固的过程，半导体颗粒可以均匀地复合到 TiO_2 薄膜表面，形成结构稳定的半导体复合 TiO_2 薄膜。

2.8　微弧氧化金属氧化物薄膜的制备

2.8.1　实验材料与微弧氧化电源

实验所用的基体材料有 TC4 钛合金、TA2 纯钛、工业纯镁和 6061 铝合金等，其化学成分见表 2-2 和表 2-3。利用切割机将基体加工成需要的形状，试样依次经 400、800、1200、2000 号水砂纸打磨后，再用#3 与#1(粒径分别为 3 μm 和 1 μm)氧化铝抛光剂(武汉三灵公司)进行抛光处理，然后将抛光后的样品用超声波清洗机依次在丙酮、去离子水中清洗，最后烘干备用。实验中使用的药品列表如表 2-4。采用去离子水在室温下配制各种溶液和电解液，供微弧氧化、电化学测试和光催化降解使用。实验所用的微弧氧化电源是中南民族大学等离子研究所生产的 PN-III 型的微弧氧化电源，其主要技术指标如表 2-5 所示。

表 2-2　TC4 钛合金、TA2 纯钛的化学成分　(单位：wt.%)

基体	化学成分								
	Ti	Mg	Al	V	Fe	C	N	H	O
TC4 钛合金	余量	—	5.5～6.8	3.5～4.5	≤0.03	≤0.08	≤0.05	≤0.015	≤0.20
TA2 纯钛	余量	—	—	—	≤0.03	≤0.08	≤0.03	≤0.015	≤0.25

注：wt.%表示重量百分比

表 2-3　工业纯镁、6061 铝合金的化学成分　(单位：wt.%)

基体	化学成分									
	Ti	Mg	Al	Zn	Mn	Si	Cu	Cr	Ni	Fe
工业纯镁	—	余量	0.016	—	0.21	0.0057	0.0016	—	0.0005	0.0026
6061 铝合金	0.15	0.8～1.2	余量	0.25	0.15	0.4～0.8	0.15～0.4	0.04～0.35	—	0.7

表 2-4　实验使用药品

药品名称	等级	来源
Na_2CO_3	分析纯	上海国药
$Na_2SiO_3·9H_2O$	分析纯	上海国药
$Na_3PO_4·12H_2O$	分析纯	上海国药
$NaAlO_2$	分析纯	上海国药
NaF	分析纯	上海国药
KOH	分析纯	上海国药
Na_2SO_4	分析纯	上海国药

表 2-5　PN-III 型微弧氧化电源参数

指标	参数
正向电压	0～600 V
正向电流	0～60 A
频率	30～1500 Hz
占空比	6%～84%
延迟时间	5～18 μs
负向脉宽	12～95 μs
工作模式	恒压/恒流工作方式

2.8.2　微弧氧化装置与金属氧化物薄膜的制备过程

微弧氧化制备薄膜的实验装置示意图与实物图，分别如图 2-8 与图 2-9 所示，主要由微弧氧化电源、电解池、搅拌器、温度计和冷凝系统组成。实验过程如下：①将预处理完成的金属基体(Ti、Mg、Al)用夹具悬于电解液中为阳极，夹具与试样保持良好接触，其余部分用树枝绝缘处理，仅将需微弧氧化处理的表面与电解液接触，以不锈钢电解槽作为阴极；②将夹具与不锈钢电解槽分别接入电源的正极和负极，调节好频率、占空比、延迟时间、负向脉宽等电参数；③采用恒压模式，输入所需的电压，并记录时间；④实验过程中试样表面会出现微弧放电现象，表明微弧氧化过程正在发生，同时开启循环水冷却系统，用搅拌器带走样品表面的气泡和热量；使用温度计监控电解液的温度，使其保持在 15～40℃；⑤待反应到所需时间，关闭电源，取出样品；⑥样品处理后，由于微弧氧化薄膜由大量的微孔组成，其中容易残留一些电解液，因此，必须将样品在去离子水中反复超声清洗，去除残留的电解液；⑦最后将清洗后的样品烘干备用。

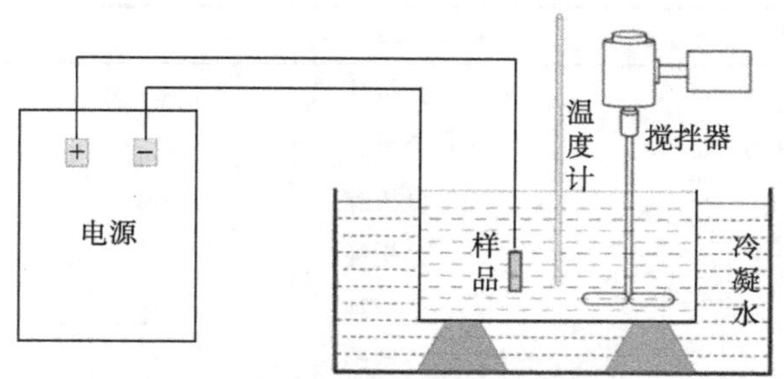

图 2-8　微弧氧化实验装置示意图

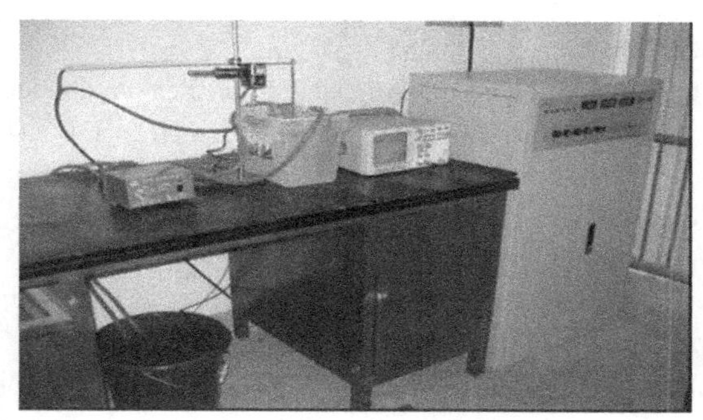

图 2-9　微弧氧化装置实物图

由于实验需要在一些极端条件下进行，需要采取安全措施来保证实验条件的稳定和实验人员的安全，具体如下。

(1) 不锈钢电解槽内的溶液温度问题。实验所加高压范围为 300～600 V，实验时间一般为 5～10 min。反应时间长、电压高于正常情况，这样会带来两个后果：一是电解液的温度较高，导致溶液蒸发，电解液浓度发生变化，实验条件不易控制；二是若瞬间加于材料表面的电压过高，且电解液内的循环系统做得不好，很容易造成溶液局部过热，引起实验条件的变化。为解决这个问题，需要一个良好的冷却循环系统。

(2) 实验对于电压的要求较高，功率较大，并且电极相对暴露，所以漏电与接触式触电是主要的安全隐患。首先电源本身的绝缘问题，一方面要做好绝缘的处理，比如在其表面涂一层绝缘漆；另一方面要做好接地连接。尽量对实验装置进行封闭处理，比如用绝缘罩来罩住整个电解槽，或者实验过程中实验操作者不要离开实验装置，以降低人员误触带电区的概率。

(3) 实验过程中需要采用搅拌器，来带走阳极基体表面产生的热量和气泡。搅拌器可以调节转速，在不同条件下要采用不同的转速。需要注意的是要保持该仪器转轴与仪器在同一轴线上，以防止可能出现的震荡现象。搅拌器最好固定在三脚架上，这种固定方法比较方便、稳定。

参 考 文 献

[1] Yerokhin A, Nie X, Leyland A, et al. Plasma electrolysis for surface engineering. Surface and Coatings Technology, 1999, 122(2): 73-93.

[2] Tomashov N, Tyukina M, Zalivalov F. Tolstosloinoe anodirovanie alyuminiya i ego splavov. Moscow: Mashinostroenie, 1968.

[3] Bayati M R, Golestani-Fard F, Moshfegh A Z. How photocatalytic activity of the MAO-grown TiO_2 nano/micro-porous films is influenced by growth parameters? Applied Surface Science,

2010, 256(13): 4253-4259.

[4] Wu X, Jiang Z, Liu H, et al. Photo-catalytic activity of titanium dioxide thin films prepared by micro-plasma oxidation method. Thin Solid Films, 2003, 441(1): 130-134.

[5] Shi X L, Wang Q L, Wang F S, et al. Effects of electrolytic concentration on properties of micro-arc film on Ti6Al4V alloy. Mining Science and Technology (China), 2009, 19(2): 220-224.

[6] 高玉周，严立，张世锋，等. 微等离子体氧化制备 TiO_2 薄膜的结构特性. 中国表面工程, 2003, (06): 35-37.

[7] Li J, Wan L, Feng J. Study on the preparation of titania films for photocatalytic application by micro-arc oxidation. Solar Energy Materials and Solar Cells, 2006, 90(15): 2449-2455.

[8] Wan L, Li J, Feng J, et al. Anatase TiO_2 films with 2.2 eV band gap prepared by micro-arc oxidation. Materials Science and Engineering: B, 2007, 139(2): 216-220.

[9] Wu X, Qin W, Ding X, et al. Photocatalytic activity of Eu-doped TiO_2 ceramic films prepared by microplasma oxidation method. Journal of Physics and Chemistry of Solids, 2007, 68(12): 2387-2393.

[10] Bayati M R, Golestani-Fard F, Moshfegh A Z. Photo-degradation of methelyne blue over V_2O_5-TiO_2 nano-porous layers synthesized by micro-arc oxidation. Catalysis Letters, 2010, 134(1-2): 162-168.

[11] Bayati M, Golestani-Fard F, Moshfegh A. Visible photodecomposition of methylene blue over micro arc oxidized WO_3-loaded TiO_2 nano-porous layers. Applied Catalysis A: General, 2010, 382(2): 322-331.

[12] Bayati M R, Golestani-Fard F, Moshfegh A Z, et al. A photocatalytic approach in micro-arc oxidation of WO_3-TiO_2 nano porous semiconductors under pulse current. Materials Chemistry and Physics, 2011, 128(3): 427-432.

[13] Bayati M R, Moshfegh A Z, Golestani-Fard F. Synthesis of narrow band gap $(V_2O_5)_{(x)}$-$(TiO_2)_{(1-x)}$ nano-structured layers via micro arc oxidation. Applied Surface Science, 2010, 256(9): 2903-2909.

[14] Jiang X, Wang Y, Pan C. Micro-arc oxidation of TC4 substrates to fabricate TiO_2/YAG:Ce^{3+} compound films with enhanced photocatalytic activity. Journal of Alloys and Compounds, 2011, 509(8): L137-L141.

[15] Wang Y, Jiang X, Pan C. "In-situ" preparation of a TiO_2/Eu_2O_3 composite film upon Ti alloy substrate by micro-arc oxidation and its photo-catalytic property. Journal of Alloys and Compounds, 2012, 538: 16-20.

[16] Jiang X, Wang Y, Pan C. High concentration substitutional N-doped TiO_2 film: Preparation, characterization, and photocatalytic property. Journal of the American Ceramic Society, 2011, 94(11): 4078-4083.

[17] Jiang X, Shi A, Wang Y, et al. Effect of surface microstructure of TiO_2 film from micro-arc oxidation on its photocatalytic activity: A HRTEM study. Nanoscale, 2011, 3(9): 3573-3577.

[18] Wang Y, Jiang X, Pan C. "In-situ" preparation of TiO_2 composite layer upon Ti alloy substrate using micro-arc oxidation and its photocatalytic property. Materials Science Forum, 2010, 663-665: 3-11.

[19] Sluginov N P. Electrical discharges in water. J. Russ. Phys. Chem., 1880, 12(1-2): 193.

[20] Günterschultze A, Betz H. Neue undersuchungen uber die electrolytische ventilwirkung. Z. Phys., 1932, 78: 196-210.

[21] Günterschultze A, Betz H. Die electronenstromung in isolatoren bei extremen feldstarken. Z. Phys., 1934, 91: 70-96.

[22] McNiell W, Gruss L L. Anodic spark reaction products in aluminate, tungstate and silicate solution. Electrochem. Technol., 1963, 1: 283-287.

[23] Markov G A, Terleeva O P, Shulepke E K. Micro-arc and arc methods of deposition of protective coatings//Enhancement of the Wear Resistance of Parts in Gas and Oil Industry Due to Realization of the Effect of Selective Transfer and Creation of Wear-Resistant Coationgs. Trudy MINKh and GP Im. I. M. Gubkina (in Russian), 1985, 185: 54-64.

[24] Snezhko L A, Tchnernenko V I, Udovenko Y E, et al. Sili-zeshch cate anodic sparking deposition with ac. Met (in Russion), 1991, 27(3): 425-428.

[25] Markov G A, Mironova M K, Potapova O G. Izvestiya akademiijnauk. neorganicheskie materally, 1983, 19(7): 1110.

[26] Fyedorov V A, Belozerov V V, Velikosel'skaya N D, et al. Composition and structure of hardened surface layer deposited by microarc oxidizing on aluminum alloys. Fiz. Khim. Obrab. Mater., 1988, 4: 92-97.

[27] Kurze P, Krysmann W, Schreckenbach J, et al. Coloured ANOF layer on aluminium. Cryst Res Technol, 1987, 22(1): 53-58.

[28] 薛文斌，蒋兴利，杨卓，等. 铝合金微弧氧化过程中能量转化的实验研究. 表面技术，1997, 26(3): 21-23.

[29] 蒋百灵，白力静，蒋永峰，等. 铝合金微弧氧化技术. 西安理工大学学报，2000, 16(2): 138-142.

[30] 张汀，袁航，颜余仁，等. 铝合金微弧氧化陶瓷膜的组织与性能研究. 科学技术与工程，2011, 11(001): 154-158.

[31] 蒋百灵，张先锋，朱静. 铝合金镁合金微弧氧化陶瓷层的形成机理及性能. 西安理工大学学报, 2003, 19(4): 297-302.

[32] 吴振东，姜兆华，姚忠平，等. 纯铝及其合金微弧氧化陶瓷膜性能分析. 稀有金属材料与工程, 2006, 35(A02): 148-151.

[33] 王立世，潘春旭，蔡启舟，等. 镁合金表面微弧氧化陶瓷膜的腐蚀失效机理. 中国腐蚀与防护学报, 2008, 28(4): 219-224.

[34] 王志平，孙宇博，丁坤英，等. 纯铝微弧氧化陶瓷膜组织及耐腐蚀性能. 焊接学报，2008, 29(12): 74-76.

[35] 黄平，徐可为，憨勇. 基于表面生物学改性的多孔状二氧化钛/磷灰石复合薄膜的制备. 硅酸盐学报, 2002, (03): 316-320.

[36] 文士美，赵中伟. 微弧氧化法直接合成 $CaTi_4(PO_4)_6$ 生物陶瓷膜. 粉末冶金材料科学与工程, 2005, 10(3): 191-194.

[37] 胡宗纯，谢发勤，吴向清. 电解液和电参数对钛合金微弧氧化的影响. 材料导报，2006, 20(Ⅶ): 373-375.

[38] 吴汉华，龙北红，龙北玉，等. 钛合金微弧氧化过程中电学参量的特性研究. 物理学报，2007, 56(11): 6537-6542.

[39] 郭宝刚，梁军，田军，等. 阳极电压对钛合金微弧氧化膜性能的影响. 电镀与精饰，2005,

27(3): 1-4.

[40] 刘忠德, 向正群, 张中元, 等. 电流密度对钛合金微弧氧化膜的影响. 轻金属, 2008, (01): 48-51.

[41] 陈宁, 赵晴, 章志友. 交流脉冲参数对 TC4 钛合金微弧氧化陶瓷膜的影响. 表面技术, 2007, 36(3): 43-45.

[42] 郭宝刚, 梁军, 陈建敏, 等. 氧化时间对 Ti-6Al-4V 微弧氧化膜结构与性能的影响. 中国有色金属学报, 2005, 15(6): 981-986.

[43] 张昱昕. 船用 Ti-75 合金表面微弧氧化研究. 材料开发与应用, 2006, 21(3): 26-29.

[44] Bulyshev S, Fedorov V. The kinetic of coating formation in microarc oxidation process. Fiz Khim Obrob Mater, 1993, 17(6): 93-95.

[45] 吕宪义, 吴汉华, 汪剑波, 等. 处理液参数对钛合金微弧氧化膜相组成和微结构的影响. 云南大学学报 (自然科学版), 2005, 27(5A): 583-586.

[46] 高玉周, 严立, 张世锋, 等. 微等离子体氧化制备 TiO_2 薄膜的结构特性. 中国表面工程, 2003, 6(63): 35-35.

[47] 王亚明, 蒋百灵, 雷廷权, 等. Ti-6Al-4V 表面微弧氧化陶瓷涂层的结构和摩擦学特性. 摩擦学学报, 2003, 23(5): 371-375.

[48] Tsai W C, Wan C C, Wang Y Y. Frequency effect of pulse plating on the uniformity of copper deposition in plated through holes. Journal of The Electrochemical Society, 2003, 150(5): C267-C272.

[49] Wu X, Ding X, Qin W, et al. Enhanced photo-catalytic activity of TiO_2 films with doped La prepared by micro-plasma oxidation method. Journal of Hazardous Materials, 2006, 137(1): 192-197.

[50] Wu X, Qin W, Ding X, et al. Photocatalytic activity of Eu-doped TiO_2 ceramic films prepared by microplasma oxidation method. Journal of Physics and Chemistry of Solids, 2007, 68(12): 2387-2393.

[51] Wu X, Qin W, Ding X, et al. Dopant influence on the photo-catalytic activity of TiO_2 films prepared by micro-plasma oxidation method. Journal of Molecular Catalysis A: Chemical, 2007, 268(1): 257-263.

[52] Li J, Wan L, Feng J. Micro arc oxidation of S-containing TiO_2 films by sulfur bearing electrolytes. Journal of Materials Processing Technology, 2009, 209(2): 762-766.

[53] Bayati M, Golestani-Fard F, Moshfegh A. Photo-degradation of methelyne blue over V_2O_5-TiO_2 nano-porous layers synthesized by micro-arc oxidation. Catalysis Letters, 2010, 134(1-2): 162-168.

[54] Bayati M, Moshfegh A, Golestani-Fard F. In situ growth of vanadia–titania nano/micro-porous layers with enhanced photocatalytic performance by micro-arc oxidation. Electrochimica Acta, 2010, 55(9): 3093-3102.

第 3 章　半导体复合微弧氧化 TiO_2 薄膜的制备及其光催化性能

3.1　引　言

微弧氧化是在阀金属及其合金表面用等离子体化学和电化学原理“原位”生长陶瓷质氧化膜的表面处理技术[1]。从其成膜过程和机理可知，氧化物薄膜是在电解液中经高温快速冷却形成的，并且薄膜在形成初期，其温度接近熔点处于一种熔融的状态。因此，如果在电解液中加入一些特殊的元素或材料，则有可能在制备过程中使其融入到氧化物薄膜中，形成一种具有特殊性能的复合微弧氧化薄膜。

TiO_2 由于其固有的光生电子与空穴的复合特性，光催化效率较低。将 TiO_2 与其他半导体材料进行复合，并形成异质结构，能够有效地促进光生电子–空穴的分离，提高光生载流子浓度，从而达到提高光催化性能的目的[2,3]。有研究表明，在微弧氧化电解液中加入一些易溶于水的含氧酸盐可以制备出各种 XO_m-TiO_2 复合薄膜[4-7]。但该方法也受到氧化物种类的限制，对于无含氧酸盐或者其他难溶于水的半导体化合物，该方法难以奏效。

YAG: Ce^{3+}是一种半导体复合物，YAG 又名钇铝石榴石，化学式为 $Y_3Al_5O_{12}$。YAG 中 Y 离子半径与三价稀土离子的半径相近，在其中掺杂少量 Ce^{3+}作为激活剂，对可见光波段有较强的吸收，是理想的光吸收半导体材料[8,9]。另外，Eu_2O_3 是一种常见的稀土氧化物，具有特殊的不饱和 4f 电子轨道和空 5d 轨道的特点[10]，与 TiO_2 复合后能够有效地分离光生电子和空穴，从而提高光生电流浓度，产生高效光催化性能的效果。本章将一定量的 YAG:Ce^{3+}和 Eu_2O_3 等半导体化合物颗粒分别加入到微弧氧化电解液中，获得 TiO_2 半导体复合薄膜，并进一步研究其微结构特征和光催化性能；期望开辟一个新的光催化薄膜制备领域，对今后的研究提供新的思路和方法。

3.2　TiO_2/YAG: Ce^{3+}复合薄膜及其光催化性能

3.2.1　TiO_2/YAG: Ce^{3+}复合薄膜的制备与表征

本实验通过在电解液中直接加入 YAG:Ce^{3+}半导体颗粒，利用微弧氧化过程中高温熔融和快速凝固的成膜特点，在基体表面制备出复合均匀的 $TiO_2/YAG:Ce^{3+}$复合薄膜。同时，在没有添加半导体复合物的电解液中制备出纯 TiO_2 薄膜作为对比。具体步骤如下：

(1) 配制 5L 微弧氧化电解液(Na_2CO_3 20 g/L，$Na_2SiO_3·9H_2O$ 8 g/L)，以 TC4 为基体，采用恒压模式，在 300 V 电压下，制备出 TiO_2 薄膜。

(2) 在同样的电解液中，加入 10 g $YAG:Ce^{3+}$粉末，并充分搅拌，用同样的实验条件，制备出 $TiO_2/YAG:Ce^{3+}$复合薄膜。具体实验条件如表 3-1 所示。

表 3-1　$TiO_2/YAG:Ce^{3+}$复合薄膜的制备条件

样品	电参数					电解液		
	电压/V		频率/kHz	占空比	时间	Na_2CO_3	$Na_2SiO_3·9H_2O$	$YAG:Ce^{3+}$
	正向	负向						
TiO_2	300	10	1	20%	10 min	20 g/L	8 g/L	无
$TiO_2/YAG:Ce^{3+}$	300	10	1	20%	10 min	20 g/L	8 g/L	2 g/L

样品的 SEM 形貌观察在荷兰 FEI 公司的 Sirion 型场发射枪扫描电子显微镜上进行。观察薄膜的截面形貌时，首先将样品用环氧导电树脂进行镶嵌，将待观察的截面暴露在外，通过打磨、抛光处理出需观察的截面，再利用 SEM 直接观察。SEM 的工作加速电压为 25 kV。使用其配备的能谱分析仪(energy-dispersive X-ray spectrometer, EDS)进行元素分析。XRD 晶体相结构测量在德国 Bruker AXS 公司生产的 D8 Advanced 型 X 射线衍射仪上进行。X 射线源为 Cu Kα 靶材，入射波长(λ)为 0.15406 nm。

实验中对掺杂、复合样品中微量元素的含量及其价态测试在英国 Thermo Scientific 公司的 VG Multilab 2000 型 X 射线光电子能谱仪(XPS)上进行。Raman 光谱测试在法国 HORIBA Jobin Yvon 公司的 LABRAM HR 型 Raman 光谱仪上进行，选用波长为 488 nm 的激光器作为激发光源，波数扫描范围为 100～1000 cm^{-1}，点分辨率为 0.5 cm^{-1}。

紫外可见吸收光谱测试：利用日本岛津公司的 UV-2550 型紫外可见分光光度计，采用漫反射谱(diffuse reflectance spectra, DRS)模式测量样品的吸收光谱，光催化过程中的染料剩余浓度也通过测试其吸收光谱来计算测定。光源为氙灯。荧光光谱测量在日本 Hitachi 公司的 F-4600 型荧光光度计上进行。光源为氙灯，激发波长为 300 nm，扫描速度为 240 nm/min。光催化过程中，对苯二甲酸溶液中·OH 的含量也通过测试其荧光光谱的强度来计算，激发波长为 320 nm，扫描速度为 240 nm/min。

光电性能测试：光电流测试可以反映样品中光生载流子的浓度。一般来说，光生电流越强，说明样品中光生载流子的浓度越高，也可以间接说明样品的光催化效率越高。本工作采用上海辰华公司的 CHI 660C 型电化学工作站进行光电性能测试。以饱和甘汞电极作为参比电极，将被测样品作为工作电极，对电极为 Pt 电极，将这三个电极同时置于电解液中。使用发光波长为 350～450 nm 的高压汞灯(飞利浦亚明照明有限公司)作为光源，水平照射工作电极。利用光控阀门的开关控制光源开启与关闭，电化学工作站选用电流–时间模式，记录光照时系统的光生电流强度。对于 TiO_2 薄膜样品，可直接作为工作电极进行测量。对于 TiO_2/YAG:Ce^{3+}、TiO_2/Eu_2O_3 复合薄膜和热处理的 TiO_2 薄膜，选择 1 M 的 NaOH 水溶液作为电解液，同时在高压汞灯与样品之间加入滤波片(λ>410 nm)。

光催化性能测试：主要通过样品对有机染料溶液的降解和测定样品表面羟基自由基(•OH)的含量反映样品的光催化效率。对于 TiO_2/YAG:Ce^{3+}复合薄膜，使用 160 W 高压汞灯作为光源，将 4 cm×4 cm 的样品置于 50 mL 的亚甲基蓝溶液(12 mg/L)中，每隔 60 min 取 2 mL 溶液用紫外可见光谱仪测试最大吸光率来判断其剩余浓度。

3.2.2　TiO_2/YAG: Ce^{3+}复合薄膜的形貌及其微结构特征

图 3-1 为原始 YAG: Ce^{3+}半导体颗粒的 SEM 形貌。可以看出，颗粒具有明显的棱角和边界，呈多面体形状。颗粒的尺寸为 1～3 μm。图 3-2 和图 3-3 分别为复合 YAG: Ce^{3+}前后微弧氧化 TiO_2 薄膜的形貌图。对于未复合的 TiO_2 薄膜呈现出典型的火山口结构，孔径为 1～4 μm。而在复合薄膜中，在 TiO_2 孔洞附近均匀分布有一些白色的颗粒物，且颗粒与薄膜之间没有明显的界面，说明颗粒与 TiO_2 薄膜具有良好的复合。对颗粒进行 EDS 成分测试，显示其含量最高的元素为 Al 和 Y，原子

图 3-1　YAG: Ce^{3+}半导体颗粒的 SEM 形貌图

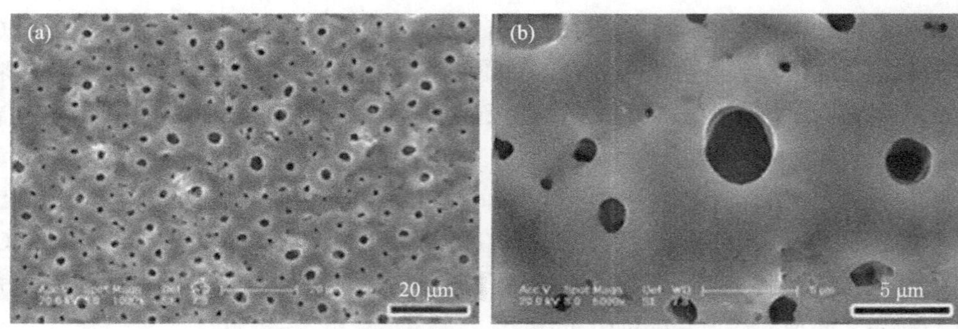

图 3-2　未复合 TiO_2 薄膜 SEM 形貌图

(a) 低倍；(b) 高倍

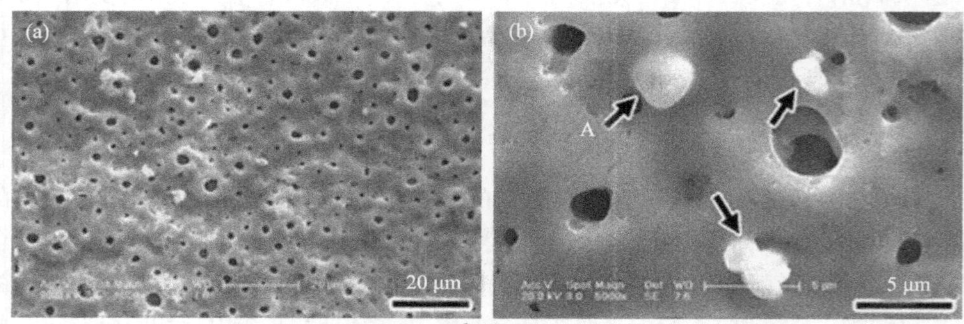

图 3-3　复合 YAG: Ce^{3+}的 TiO_2 薄膜 SEM 形貌图

(a) 低倍；(b) 高倍(箭头指示部分为 YAG: Ce^{3+}颗粒)

百分含量分别为 31.60 at.%和 22.65 at.%，如图 3-4 所示。其与原始添加物 YAG($Y_3Al_5O_{12}$)中 Al 与 Y 的原子比相近，并有少量的 Ce，表明该颗粒即为原始的 YAG: Ce^{3+}添加物。同时发现相对于原始的复合颗粒，复合薄膜中的 YAG: Ce^{3+}颗粒变得光滑，原来的棱角和边界基本消失。这是由于微弧氧化过程中，在 Ti 金属表面产生的高温使复合颗粒表面融入，并在颗粒与 TiO_2 薄膜的界面处产生扩散和融合。通过计算 YAG: Ce^{3+}与 TiO_2 薄膜的面积比，可知 YAG: Ce^{3+}的复合率约为 3%。

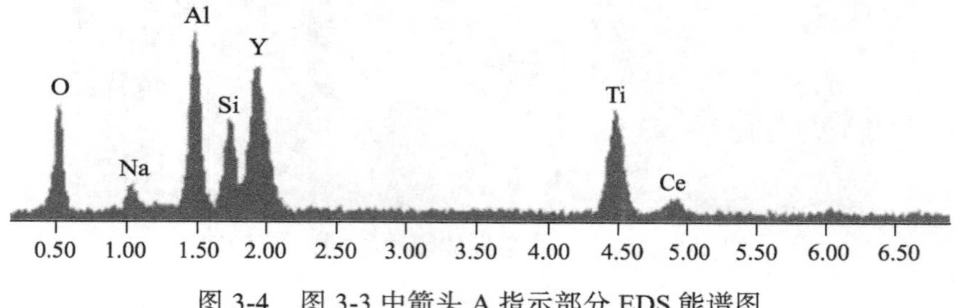

图 3-4　图 3-3 中箭头 A 指示部分 EDS 能谱图

图 3-5 为未复合的 TiO_2 薄膜与复合 TiO_2 薄膜的截面 SEM 形貌图。薄膜的厚度均为 6～8 μm。TiO_2 薄膜与基体之间无明显的界面，表明薄膜与基体结合牢固。在复合薄膜的截面中，同样可以观察到 YAG: Ce^{3+}颗粒嵌入在 TiO_2 薄膜中。

图 3-6 为未复合的 TiO_2 薄膜与复合后的 TiO_2 薄膜 XRD 谱。TiO_2 薄膜主要由大量的锐钛矿相和少量的金红石相组成。通过对比复合前后 TiO_2 薄膜中锐钛矿在 25.3°处主峰的半高宽可知，复合后的 TiO_2 明显变宽。利用谢乐公式计算出复合前 TiO_2 薄膜中锐钛矿的晶粒尺寸为 20～21 nm，而复合后为 13～14 nm。这表明 YAG: Ce^{3+} 在 TiO_2 成膜过程中，成为 TiO_2 的成核中心，抑制了 TiO_2 晶粒的生长，起到细化晶粒的作用。同时，由于 YAG: Ce^{3+}在 TiO_2 薄膜中的含量较少(仅为 3%)，因此没有获得明显的 YAG: Ce^{3+} XRD 峰。

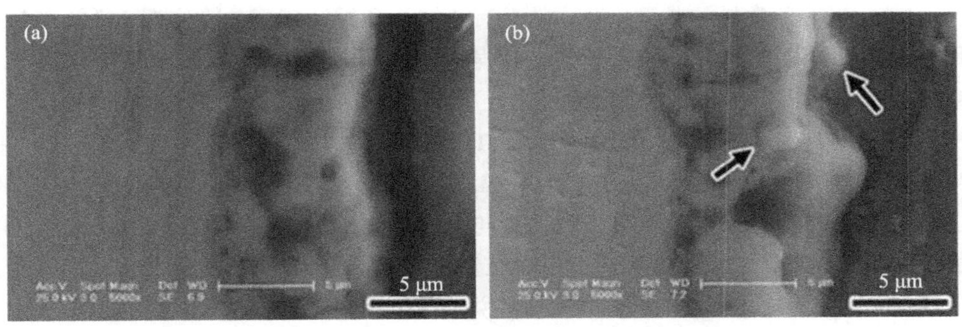

图 3-5　TiO_2 薄膜截面 SEM 形貌图

(a) 未复合；(b) 复合 YAG: Ce^{3+}颗粒(箭头指示为 YAG: Ce^{3+}颗粒)

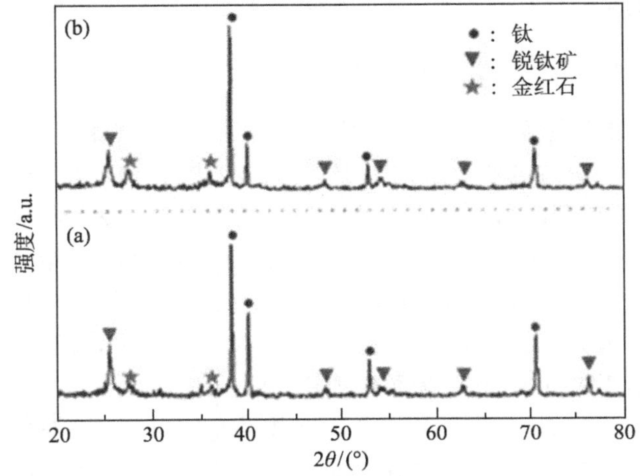

图 3-6　TiO_2 薄膜的 XRD 谱

(a) 未复合；(b) 复合 YAG: Ce^{3+}颗粒

3.2.3　TiO_2/YAG: Ce^{3+}复合薄膜的成膜机理

一般来说，利用微弧氧化技术在钛合金表面形成 TiO_2 薄膜主要经历如下过程。在微弧氧化前，电解液中 CO_3^{2-}会产生电离：

$$CO_3^{2-} + H_2O \longrightarrow HCO_3^- + OH^-$$

在微弧氧化的成膜过程中，OH^-会向阳极运动，与阳极基体表面产生的 Ti^{4+}发生反应[11]：

$$Ti^{4+} + 2OH^- + 2H_2O \longrightarrow TiO_2 + 2H_3O^+$$

即放电火花形成的瞬间高温高压，使阳极基体的 Ti^{4+}与溶液中的 OH^-结合，生成 TiO_2。同时，在弧光放电的高温高压下，TiO_2 以熔融态由放电通道中喷发出来，最后在电解液的“冷淬”(冷速可达 10^8 K/s)作用下形成典型的火山口形貌[12]。

TiO_2 有三种常见的晶型，即锐钛矿、金红石和板钛矿。一般认为，锐钛矿 TiO_2 具有较高的光催化活性。在微弧氧化过程中，已有实验表明可以通过改变电压、占空比和反应时间等电参数，来调控 TiO_2 薄膜的晶体结构[13, 14]。在本实验中通过调控实验参数获得了主要含有锐钛矿相的 TiO_2 薄膜，以保证得到最佳的光催化效果。当在电解液中掺入悬浮的 YAG: Ce^{3+}颗粒后，经充分地搅拌使其均匀分散。当 TiO_2 以熔融态由放电通道中喷发出来时，会与悬浮的 YAG: Ce^{3+}颗粒融合到一起。同时由于电解液的冷却效果，YAG: Ce^{3+}颗粒仅在边界部分与 TiO_2 发生融合，而其余部分还保持了原有的成分和形状。一般来说，稀土元素具有不饱和的 4f 电子轨道和空的 5d 轨道[10]，YAG: Ce^{3+}中稀土元素 Ce^{3+}在 TiO_2 成膜过程中可以抑制 TiO_2 晶粒的生长，因此使复合的 TiO_2 薄膜中锐钛矿的晶粒尺寸较小。在 YAG: Ce^{3+}与 TiO_2 薄膜之间形成的异质结构可能使 TiO_2 薄膜具有更好的光催化性能。

3.2.4　TiO_2/YAG: Ce^{3+}复合薄膜的光催化性能

图 3-7 为未复合与复合后 TiO_2 薄膜的漫反射谱。可以看出，它们在紫外光波段均有较高的吸收率，并在 400 nm 附近出现拐点，吸收率迅速下降。但是与未复合相比，复合的 TiO_2 薄膜在高于 400 nm 的可见光波段吸收率有显著的提高。也就是说，TiO_2 复合薄膜在可见光波段具有更高的吸收利用率，这可能与复合物 YAG: Ce^{3+}的加入有关。YAG: Ce^{3+}是一种重要的发光材料基质，Ce^{3+}激活的 YAG 对可见光波段内波长范围最宽的蓝光有明显吸收[9]。当 YAG: Ce^{3+}复合到 TiO_2 薄膜表面后，它可以有效地提高 TiO_2 薄膜在可见光波段的吸收率。

为了进一步研究 TiO_2/YAG: Ce^{3+}复合薄膜的光催化效率，获得薄膜中光生载流子浓度的大小，我们利用电化学工作站对其在紫外可见光照射下的光生电流进行测量，如图 3-8 所示。其原理是：在光照瞬间(ON)，在光激发下，TiO_2 薄膜中产生光生电子和空穴；当电子和空穴分离后，分别向 TiO_2 半导体表面移动，形成表面俘获电子和表面俘获空穴，从而迅速产生光生电流。而在避光瞬间(OFF)，光激发作用消失，光电流迅速下降[15]。图 3-8 显示出复合 TiO_2 薄膜的光生电流强度比未复合薄膜提高了 1.5 倍左右，这说明 YAG: Ce^{3+}的复合加入对于光生电子和空穴浓度有明显的作用。这是由于 YAG: Ce^{3+}半导体复合物的存在，在 TiO_2 薄膜表面形成了载流子俘获陷阱，有效地抑制了电子和空穴的复合速率，提高了光生载流子的浓度，也提高了光生电流强度。而在未复合 TiO_2 表面，由于电子和空穴的复合，其光生载流子的浓度相对较低。

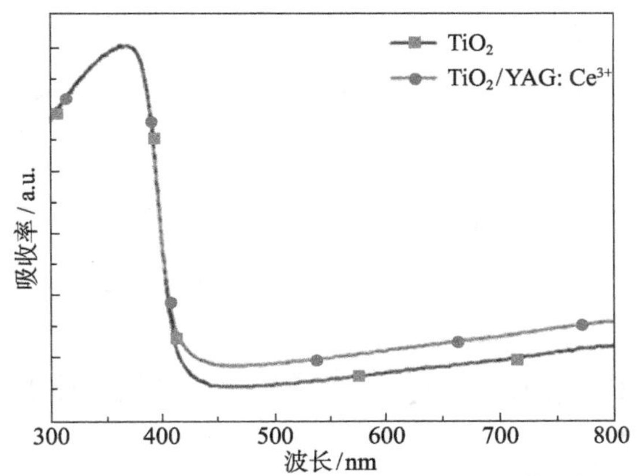

图 3-7　TiO_2 和 TiO_2/YAG: Ce^{3+}薄膜的紫外可见漫反射谱

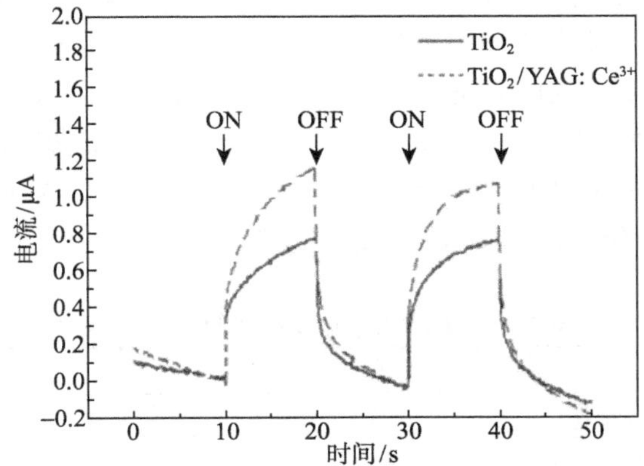

图 3-8　TiO_2 和 TiO_2/YAG: Ce^{3+}薄膜的光生电流对比图

图 3-9 为 TiO_2/YAG: Ce^{3+}复合薄膜对亚甲基蓝的光降解曲线。实验结果显示在可见光照射 180 min 以后，空白参比样中甲基蓝的浓度略有下降，TiO_2 薄膜降解的

亚甲基蓝的浓度较参比样有明显降低；而 TiO_2/YAG: Ce^{3+}复合薄膜降解的甲基蓝的浓度则要比纯的 TiO_2 薄膜更低，说明复合 TiO_2 薄膜的光催化效率较未复合 TiO_2 薄膜有明显提高。

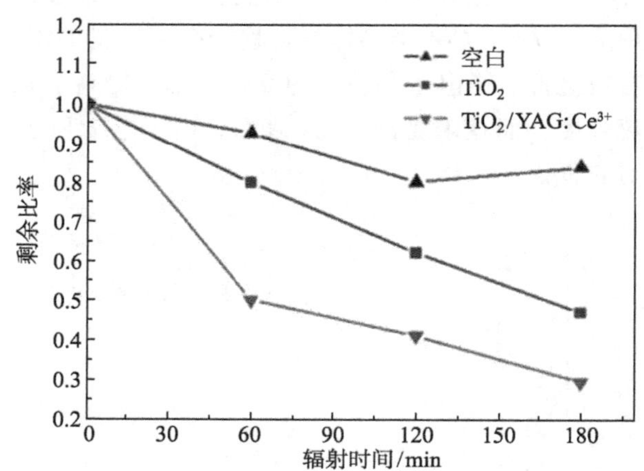

图 3-9　TiO_2 和 TiO_2/YAG: Ce^{3+}薄膜降解亚甲基蓝对比图

3.3　TiO_2/Eu_2O_3 复合薄膜及其光催化性能研究

3.3.1　TiO_2/Eu_2O_3 复合薄膜的制备与表征

与 3.2.1 节中的方法类似，本实验通过在电解液中直接加入 Eu_2O_3 颗粒，在不同的电压下，制备出复合均匀的 TiO_2/Eu_2O_3 复合薄膜。同时，在没有添加复合物的电解液中，制备出纯 TiO_2 薄膜作为对比。具体步骤如下：①采用上述电解液，以 TC4 为基体，采用恒压模式，在 400 V 电压下，制备出 TiO_2 薄膜；②在同样的电解液中，加入 10 g 的 Eu_2O_3 粉末，并充分搅拌，在 300 V、350 V 和 400 V 电压下，制备出 TiO_2/Eu_2O_3 复合薄膜。具体实验条件如表 3-2 所示。

表 3-2　TiO_2/Eu_2O_3 复合薄膜的制备条件

样品	电参数					电解液		
	电压		频率	占空比	时间	Na_2CO_3	$Na_2SiO_3\cdot 9H_2O$	Eu_2O_3
	正向	负向						
TiO_2	300 V	10 V	1 kHz	20%	10 min	20 g/L	8 g/L	无
TiO_2/Eu_2O_3	300 V	10 V	1 kHz	20%	10 min	20 g/L	8 g/L	2 g/L
TiO_2/Eu_2O_3	350 V	10 V	1 kHz	20%	10 min	20 g/L	8 g/L	2 g/L
TiO_2/Eu_2O_3	400 V	10 V	1 kHz	20%	10 min	20 g/L	8 g/L	2 g/L

另外，样品的形貌观察和微结构表征等也与 3.2.1 节相同。对于光催化性能测试，使用 160 W 高压汞灯作为光源，将 4 cm×4 cm 的样品置于 100 mL 的亚甲基蓝溶液(15 mg/L)中，每隔 30 min 取出 2 mL 溶液，通过紫外可见光谱仪测试最大吸光率来判断其剩余浓度。

3.3.2　TiO_2/Eu_2O_3 复合薄膜的形貌及其微结构特征和成膜机理

图 3-10 为不同电压下制备的 TiO_2/Eu_2O_3 复合薄膜的 SEM 形貌图。可以看出，在 300 V 和 350 V 电压下制备的 TiO_2/Eu_2O_3 薄膜表面，与普通的微弧氧化薄膜一样，表面呈微孔结构。而在 400 V 电压下制备的 TiO_2/Eu_2O_3 薄膜形貌却发生了变化，即在微孔附近均匀分布着许多一维纳米线结构，如图 3-10(c)所示。进一步在不同倍率下仔细观察发现，这种纳米线材料不仅出现在微孔附近，在微孔内部也有，如图 3-11 所示。对一维纳米线材料的尺寸统计分析显示其平均长度为 1.26 μm，平均宽度为 87.5 nm，如图 3-12 所示。对纳米线的 EDS 成分测量表明，除了基体的 Ti 元素、电解液中的 Na 元素，以及样品制备中的喷 Au 元素以外，主要为 Eu 和 O 元素，如图 3-13 所示。这表明该纳米线实际为电解液中添加的 Eu_2O_3 颗粒转变而来的。

为了进一步证明复合薄膜中 Eu_2O_3 的存在，我们对样品又进行 XPS 分析，如图 3-14 所示。从 XPS 图谱中，可以看出有 Ti 2p, O 1s, C1s 和 Eu $3d^5$ 存在。Eu $3d^5$ 峰的出现，进一步证明 Eu_2O_3 已复合到 TiO_2 薄膜中。但薄膜中 Eu 的含量较低，仅为 1.02%。

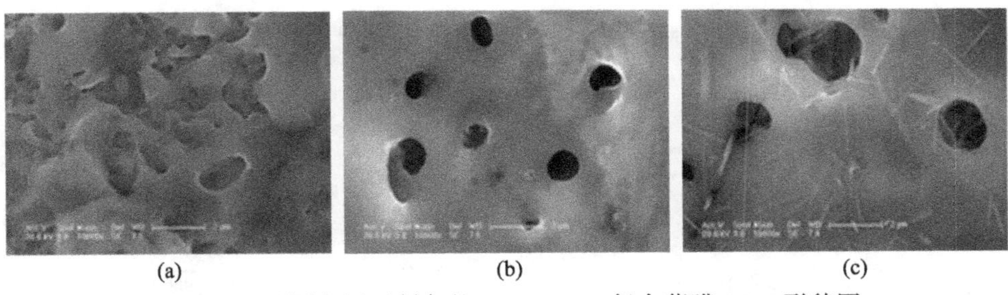

(a)　(b)　(c)

图 3-10　不同电压下制备的 TiO_2/Eu_2O_3 复合薄膜 SEM 形貌图

(a) 300 V；(b) 350 V；(c) 400 V

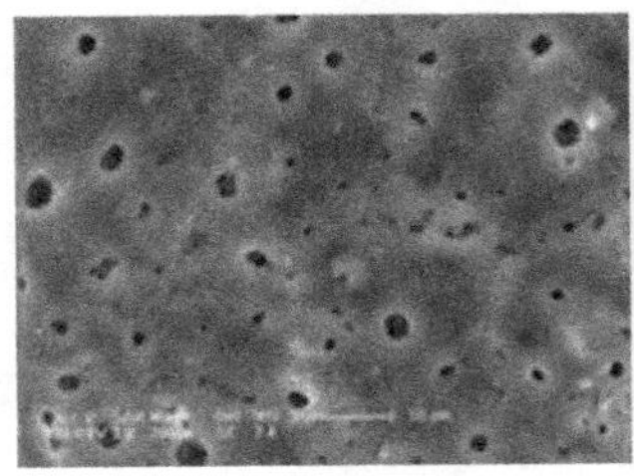
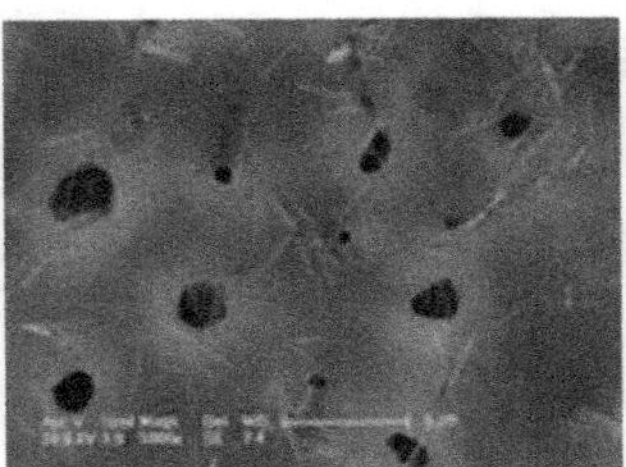
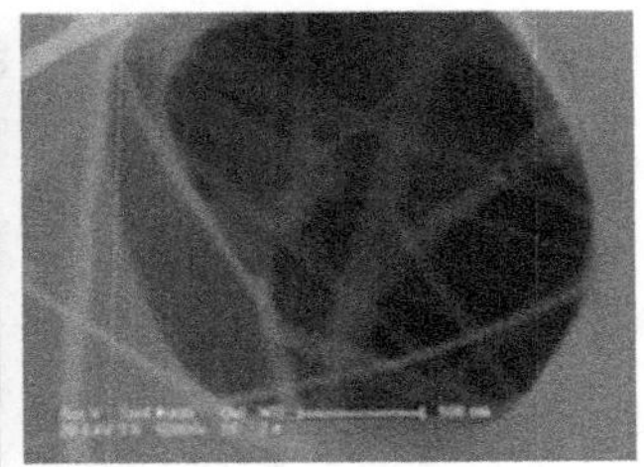

图 3-11　400 V 电压下制备的 TiO_2/Eu_2O_3 复合薄膜的 SEM 形貌图

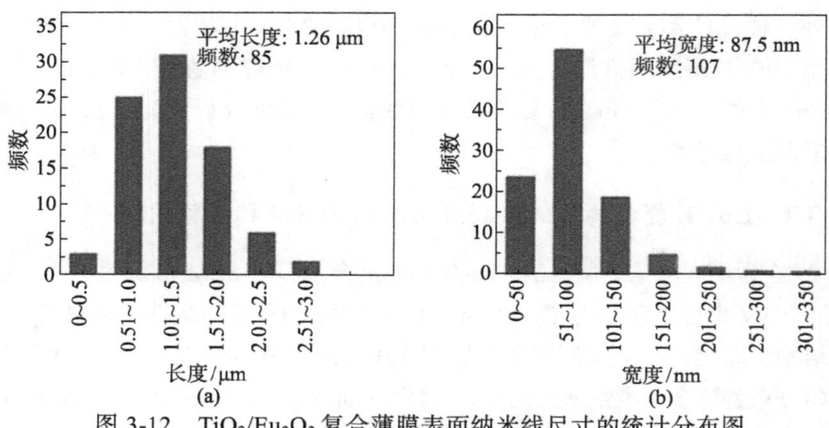

图 3-12　TiO_2/Eu_2O_3 复合薄膜表面纳米线尺寸的统计分布图

(a) 长度; (b) 宽度

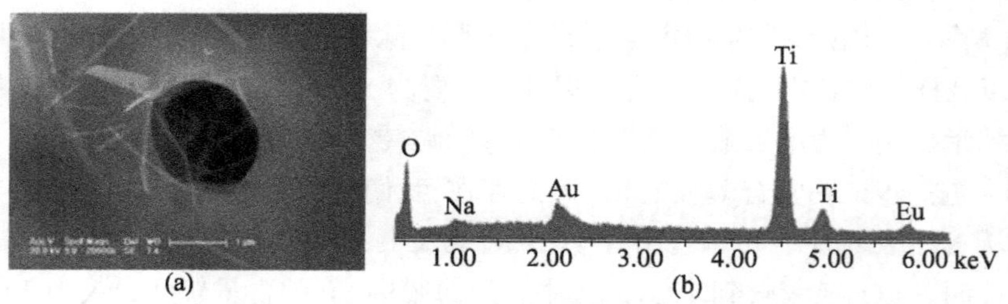

图 3-13　TiO_2/Eu_2O_3 复合薄膜的 EDS 成分能谱图

Survey Al300WPE 100eV

6.00E+05 5.00E+05 4.00E+05 3.00E+05 2.00E+05 1.00E+05 0.00E+00

频数

1000 800 600 400 200

结合能/eV

Ti 2p Al300W PE25eV

6.00E+04 5.00E+04 4.00E+04 3.00E+04 2.00E+04 1.00E+04 0.00E+00

频数

468 466 464 462 460 458 456 454 452 450

结合能/eV

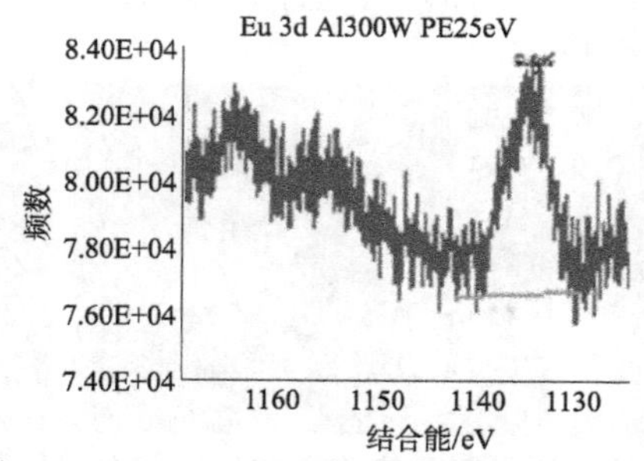

图 3-14　TiO_2/Eu_2O_3 复合薄膜的 XPS 图谱

图 3-15 为 TiO_2 薄膜和 400 V 电压下制备的 TiO_2/Eu_2O_3 复合薄膜 XRD 谱。可以看出，TiO_2 薄膜主要由大量的锐钛矿相和少量的金红石相组成。由于 Eu_2O_3 在 TiO_2 薄膜中的含量较少，在复合后的 TiO_2 薄膜中并未发现明显的 Eu_2O_3 的 XRD 峰。进一步对 25.3° 处锐钛矿(101)面主峰进行高分辨扫描分析发现，Eu_2O_3 复合后半高宽(FWHM)有展宽的现象，即复合前 TiO_2 薄膜的 FWHM 为 0.24，而复合后为 0.28。利用谢乐公式计算出未复合 TiO_2 薄膜中锐钛矿的晶粒尺寸为 33～34 nm，而复合后 TiO_2 薄膜则为 28～29 nm。也就是说，Eu_2O_3 的复合使 TiO_2 薄膜中锐钛矿相的晶粒尺寸明显减小，与上一节的规律一致。其原因是稀土元素具有不饱和的 4f 电子轨道和空的 5d 轨道，Eu_2O_3 中的稀土元素 Eu^{3+}在 TiO_2 成膜过程中可以抑制 TiO_2 晶粒的生长，因此复合的 TiO_2 薄膜中锐钛矿的晶粒尺寸较小[10]。

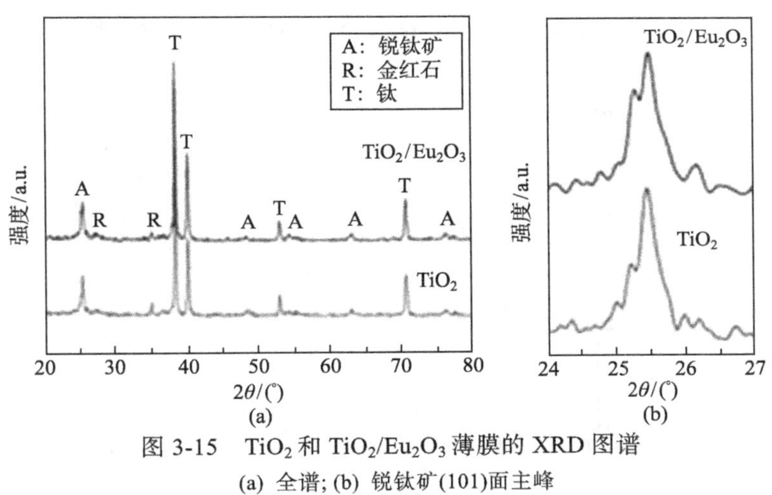

图 3-15　TiO_2 和 TiO_2/Eu_2O_3 薄膜的 XRD 图谱

(a) 全谱; (b) 锐钛矿(101)面主峰

3.3.3　TiO_2/Eu_2O_3 复合薄膜的光催化性能

图 3-16 为普通 TiO_2 薄膜和 TiO_2/Eu_2O_3 复合薄膜的漫反射谱。可以看出，普通未复合的 TiO_2 薄膜保持原有的 TiO_2 紫外可见吸收光谱的特征，在紫外光波段均有较高的吸收率，并在 400 nm 附近出现拐点，吸收率迅速下降。而 TiO_2/Eu_2O_3 复合薄膜在紫外光区和可见光区的吸收光谱均有明显提高，说明 Eu_2O_3 的加入对紫外和可见光能够产生较强的吸收，使 TiO_2/Eu_2O_3 复合薄膜的吸收光谱整体提高。图 3-17 为在紫外可见光照射下的光生电流对比图。可见 TiO_2/Eu_2O_3 复合薄膜的光生电流强度相对未复合 TiO_2 薄膜提高了近两倍。这是由于 Eu^{3+}具有不饱和的 4f 电子轨道和空的 5d 轨道，因此产生多电子结构[10]，与 TiO_2 薄膜复合后，能够有效地分离光生电子和空穴，从而提高光生电流的强度。图 3-18 为普通 TiO_2 薄膜与 TiO_2/Eu_2O_3

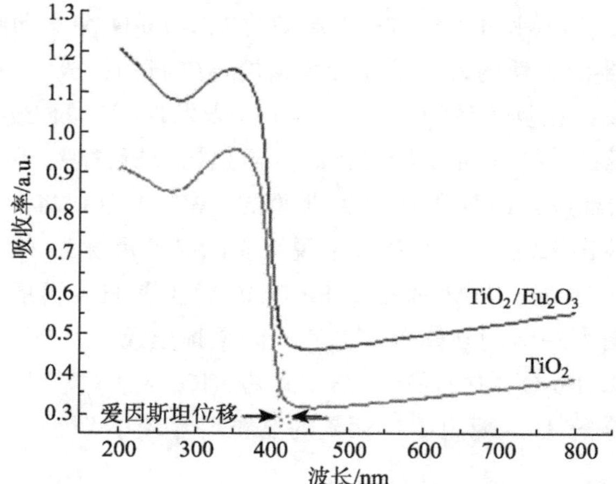

图 3-16　TiO_2 和 TiO_2/Eu_2O_3 复合薄膜的紫外可见漫反射谱

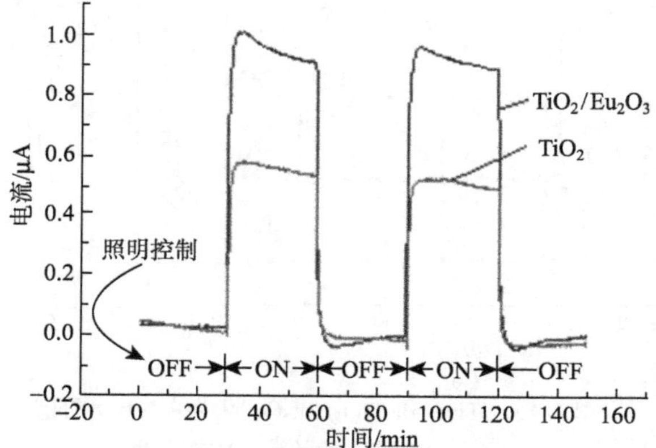

图 3-17　TiO_2 和 TiO_2/Eu_2O_3 复合薄膜的光生电流对比图

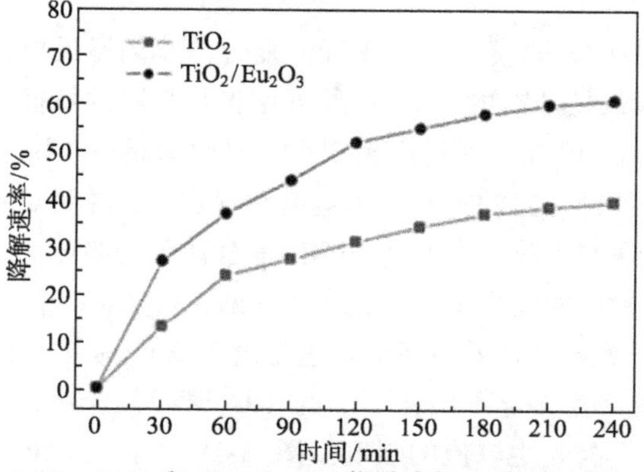

图 3-18　TiO_2 和 TiO_2/Eu_2O_3 薄膜降解亚甲基蓝对比图

复合薄膜在紫外可见光照下对亚甲基蓝的降解结果。经过 4 h 光照后，TiO_2/Eu_2O_3 复合薄膜降解率达到 60%，而普通未复合的 TiO_2 薄膜降解率仅为 40%。这是由于复合 Eu_2O_3 后，有效提高了 TiO_2 薄膜对紫外可见光的吸收率，同时 Eu_2O_3 有效地分离了 TiO_2 薄膜中的光生电子和空穴，提高了光生载流子的浓度，因而有效地提高其光催化性能。

通过以上研究可以认为在微弧氧化过程中，利用其电火花发电的高温特性，在电解液中添加某些材料或元素改变电解液的组成，是获得 TiO_2 复合薄膜的有效方法。这不仅可以应用于光催化领域，对于其他，如耐磨、耐腐蚀以及生物相容性等领域也具有重要的参考和启发。另外，特别需要指出的是利用微弧氧化技术，能够制备出稀土材料与 TiO_2 的复合光催化薄膜，这是其他方法较难实现的。稀土元素所具有的不饱和的 4f 电子轨道和空的 5d 轨道的电子结构，不仅能够抑制 TiO_2 晶粒的生长，并且能有效地分离 TiO_2 薄膜中的光生电子和空穴，显著提高了其光生载流子的浓度，从而达到提高 TiO_2 薄膜的光催化性能的目的。

参 考 文 献

[1] Yerokhin A, Nie X, Leyland A, et al. Plasma electrolysis for surface engineering. Surface and Coatings Technology, 1999, 122(2): 73-93.

[2] Liu G, Wang L, Yang H G, et al. Titania-based photocatalysts-crystal growth, doping and heterostructuring. Journal of Materials Chemistry, 2010, 20(5): 831-843.

[3] Fu X, Clark L A, Yang Q, et al. Enhanced photocatalytic performance of titania-based binary metal oxides: TiO_2/SiO_2 and TiO_2/ZrO_2. Environmental Science & Technology, 1996, 30(2): 647-653.

[4] Bayati M, Golestani-Fard F, Moshfegh A. Visible photodecomposition of methylene blue over micro arc oxidized WO_3-loaded TiO_2 nano-porous layers. Applied Catalysis A: General, 2010, 382(2): 322-331.

[5] Bayati M, Golestani-Fard F, Moshfegh A. Photo-degradation of methelyne blue over V_2O_5-TiO_2 nano-porous layers synthesized by micro-arc oxidation. Catalysis Letters, 2010, 134(1-2): 162-168.

[6] Bayati M, Moshfegh A, Golestani-Fard F. In situ growth of vanadia–titania nano/micro-porous layers with enhanced photocatalytic performance by micro-arc oxidation. Electrochimica Acta, 2010, 55(9): 3093-3102.

[7] He J, Cai Q, Ji Y, et al. Influence of fluorine on the structure and photocatalytic activity of TiO_2 film prepared in tungstate-electrolyte via micro-arc oxidation. Journal of Alloys and Compounds, 2009, 482(1): 476-481.

[8] 丁建红，李许波，倪海勇，等. 白光 LED 用 YAG: Ce^{3+}荧光粉的性能研究. 广东有色金属学报, 2006, 16(1): 8-11.

[9] Zhou Y, Lin J, Yu M, et al. Synthesis-dependent luminescence properties of $Y_3Al_5O_{12}$: Re^{3+}(Re=Ce, Sm, Tb) phosphors. Materials Letters, 2002, 56(5): 628-636.

[10] Xiaohong W, Wei Q, Xianbo D, et al. Photocatalytic activity of Eu-doped TiO_2 ceramic films prepared by microplasma oxidation method. Journal of Physics and Chemistry of Solids, 2007, 68(12): 2387-2393.

[11] Yerokhin A, Leyland A, Matthews A. Kinetic aspects of aluminium titanate layer formation on titanium alloys by plasma electrolytic oxidation. Applied Surface Science, 2002, 200(1): 172-184.

[12] 王亚明，蒋百灵，郭立新，等. 磷酸盐系溶液中钛合金微弧氧化涂层生长与组织结构. 中国有色金属学报, 2004, 144.

[13] Bayati M R, Golestani-Fard F, Moshfegh A Z. How photocatalytic activity of the MAO-grown TiO_2 nano/micro-porous films is influenced by growth parameters? Applied Surface Science, 2010, 256(13): 4253-4259.

[14] Wu X, Jiang Z, Liu H, et al. Photo-catalytic activity of titanium dioxide thin films prepared by micro-plasma oxidation method. Thin Solid Films, 2003, 441(1): 130-134.

[15] 尹峰，林原，林瑞峰，等. 强度调制光电流谱研究 TiO_2 悬浮体系光催化机理. 物理化学学报, 2002, 18(1): 21-25.

第4章　基于化学热处理的微弧氧化法制备高含量取代型非金属掺杂 TiO_2 光催化薄膜

4.1　引　　言

在众多用于提高 TiO_2 光催化性能的方法中，非金属元素掺杂，特别是 C 和 N 掺杂是常用且非常有效的方法。这是由于这些非金属元素在 TiO_2 结构中，通过替代 O 元素与 Ti 成键，在 TiO_2 带隙中形成新的能级。掺杂后形成的带隙能级能够与 TiO_2 能级重叠，从而提高了 TiO_2 的价带高度，缩小禁带宽度，使吸收光红移，增加可见光的利用率[1]。C 和 N 的掺杂已经被证明是一种最有效的降低 TiO_2 带宽的方法。

目前，对 TiO_2 进行 C 或 N 掺杂的方法很多，主要基于两种思路：①将 C 或 N 原子直接合并入 TiO_2 晶格中($N\rightarrow TiO_2$)，例如，溶胶–凝胶法[2-5]、NH_3 气氛下高温热处理[1, 6-9]、磁控溅射法[1, 10]、水热法[11]、溶剂热法[12, 13]、液相法[14, 15]。②对 Ti 的碳化物或者氮化物进行氧化处理($O\rightarrow TiC_x$ 或 $O\rightarrow TiN_x$)，常见的有 TiC 氧化法[16]、TiN_x 氧化法[17]以及微弧氧化法[18]等。

在第一种方法中($N\rightarrow TiO_2$)，由于 Ti—O 键很难被 N 原子打开，常常需要很高的能量。因此，C 和 N 主要以间隙原子的形式存在于 TiO_2 中，也就是说，替代 O 原子与 Ti 成键的机会较少。这些间隙 C 或 N 原子的稳定性较差，很快就会从 TiO_2 中扩散出去。这也就是为什么我们一般测到 C 或 N 的掺杂含量都较低。例如，Sato 等[15]将 $Ti(OCH(CH_3)_2)_4$ (titanium tetra-isopropoxide)或 $TiCl_4$ (titanium tetrachloride) 与氨水($NH_3{\cdot}H_2O$)制成溶液，然后在 330 ℃通氧气煅烧来获得 N-TiO_2。然而 XPS 测量显示 N1s 峰位于 400 eV 处，表示 N 原子主要以间隙原子的形式存在于 TiO_2 晶格内，且 N 原子在 TiO_2 中的掺杂含量小于 1.3 at.%，即 $x < 0.036$($TiO_{2-x}N_x$)。Irie 等[6] 通过在不同温度下的氨气中处理锐钛矿型 TiO_2 粉末来获得具有不同 N 掺杂浓度的 N-TiO_2 粉末，但是其 x 最大为 0.019($TiO_{2-x}N_x$)。

与第一种方法相比，直接氧化处理 Ti 的碳化物或氮化物($O\rightarrow TiN_x$)，来获得 C 或 N 掺杂的 TiO_2 显得更为直接和有效，因为 O 原子更容易打开 Ti—N 键。已有研究表明通过氧化处理后，C-TiO_2 或 N-TiO_2 的能带变窄，其光吸收范围可扩展到可见光[16-18]。也就是说，这种方法更有利于获得取代型的元素掺杂。但是，总的来说 C 或 N 的掺杂量还是不高。例如，在 N 掺杂($TiO_{2-x}N_x$)中，x 值一般在 0.005～

0.04[1,2,6,12,15]。也有少量工作获得了较高的掺杂量，例如 Burda 等[14]对 10 nm 的 TiO_2 纳米颗粒进行 N 掺杂，x 值达到了 0.12。因此，在 TiO_2 非金属元素掺杂中需要解决的主要问题有三个：①掺杂浓度；②掺杂的键合方式；③掺杂稳定性问题。

另外，化学热处理是一种常见的表面处理技术，在工业上已经长期应用在实际的工件处理中。它是利用化学反应，有时兼用物理方法来改变材料表层化学成分及组织结构，以便得到比均质材料更好的具有经济效益的材料表面热处理工艺，主要用于提高零件的耐磨性、疲劳强度以及抗蚀性与抗高温氧化性等。化学热处理的方法繁多，多以渗入元素或形成的化合物来命名，例如，渗碳、渗氮、渗硼、渗硫、渗铝、渗铬、渗硅、碳氮共渗、氧氮化、硫氰共渗，以及碳、氮、硫、氧、硼五元共渗和碳(氮)化钛覆盖等。化学热处理包括以下三个基本过程，①化学渗剂分解为活性原子或离子的分解过程；②活性原子或离子被钢件表面吸收和固溶的吸收过程；③被渗元素原子不断向内部扩散的扩散过程。化学热处理工艺包括：渗剂的化学组成和配比，渗剂分解反应过程的控制和参数测定，渗入温度和时间，工件的准备，渗后的冷却规程及热处理，处理后工件的清理以及装炉量等。无论何种化学热处理工艺，若按其渗剂在化学热处理炉内的物理状态分类，则可分为固体渗、气体渗、液体渗、膏糊体渗、液体电解渗、等离子体渗和气相沉积等工艺。

本研究提出采用两步法来获得具有高掺杂量的取代型非金属掺杂 TiO_2 光催化薄膜，即首先采用化学热处理方法，在 Ti(或 Ti 合金)表面形成一个渗 C 或渗 N 层；然后再对其进行微弧氧化处理，获得具有取代型的 C 或 N 掺杂 TiO_2 薄膜。一般来说，利用化学热处理在 Ti 合金表面形成的扩散层中，C 或 N 主要以两种形式存在：①以间隙原子形式位于 TiO_2 的间隙中；②形成 Ti 的碳化物或者氮化物。当对这个表面扩散层进行微弧氧化处理时，在高温和快速冷却形成 TiO_2 薄膜的过程中，这些 C 或 N 元素有可能来不及跑出，而保留在 TiO_2 薄膜中；同时它们也可以取代 O 原子，与 Ti 原子成健，形成取代型的非金属掺杂 TiO_2 薄膜。

本章着重介绍利用基于离子渗 N 和气相渗 C 的化学热处理，进行微弧氧化。期望利用微弧氧化过程中快速的氧化过程，将非金属掺杂元素最大限度地保留在 TiO_2 薄膜中，制备出高含量、取代(O)型的 TiO_2 掺杂薄膜，最终达到提高 TiO_2 薄膜的光催化性能的目的。实际上，根据这个原理，我们还可以进一步开展非金属元素共掺杂、金属元素掺杂，以及金属和非金属元素共掺杂等研究工作。

4.2　高含量取代型 N 掺杂 TiO_2 薄膜及其光催化性能

4.2.1　Ti 基体表面离子渗氮处理及 N 掺杂 TiO_2 薄膜的制备与表征

本工作通过离子渗氮(plasma-nitriding)，首先在 Ti 基体表面制备一层 TiN_x，再对其进行微弧氧化，制备出 N 掺杂 TiO_2 薄膜。同时对未经离子渗氮处理的 Ti 基体用同样的条件进行微弧氧化处理，制备出纯 TiO_2 薄膜作为对比。具体步骤如下：

(1) 以工业纯钛 TA2 为基体，在 LD-70 型离子渗氮炉(武汉材料保护研究所)中对 Ti 基体进行离子渗氮处理。图 4-1 为离子渗氮炉的装置示意图。在氨气的负压和 540℃条件下，对 Ti 基体进行离子渗氮 10 h，最后在 Ti 基体表面制备出 TiN_x 膜层。

(2) 将离子渗氮处理后的 Ti 基体作为阳极置于 5 L 微弧氧化电解液(Na_2CO_3 20 g/L，$Na_2SiO_3·9H_2O$ 8 g/L)中，进行微弧氧化处理。采用恒压模式，在 280 V 电压下，制备出 N 掺杂 TiO_2($TiO_{2-x}N_x$)薄膜。同时，对未经离子渗氮处理的 Ti 基体在同样的实验条件下进行微弧氧化处理，制备出纯 TiO_2 薄膜作为对比。具体实验条件如表 4-1 所示。

另外，对于样品的形貌观察和微结构表征等与 3.2.1 节相同。对于光催化性能测试，使用加有滤波片(λ>410 nm)的 250 W 高压汞灯作为光源，将 1 cm×1 cm 的样品置于装有 3 mL 的亚甲基蓝溶液(20 mg/L)的石英比色皿中，每隔 30 min 将比色皿直接置于紫外可见光谱仪进行测试。

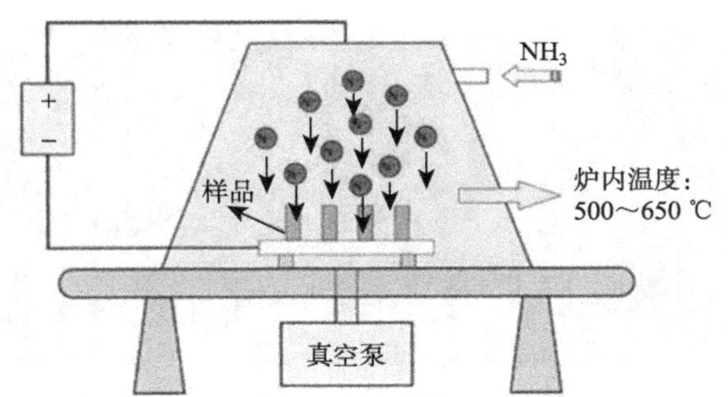

图 4-1　Ti 金属的离子渗氮实验装置示意图

表 4-1　$TiO_{2-x}N_x$ 微弧氧化薄膜制备条件

样品	基体	电参数					电解液	
		电压		频率	占空比	时间	Na_2CO_3	$Na_2SiO_3·9H_2O$
		正向	负向					
TiO_2	Ti	280 V	10 V	1 kHz	20%	5 min	20 g/L	8 g/L
$TiO_{2-x}N_x$	TiN_x	280 V	10 V	1 kHz	20%	5 min	20 g/L	8 g/L

4.2.2　化学热处理渗 N 层的微结构特征

图 4-2 为 Ti 基体表面离子渗氮后的 SEM 形貌和 EDS 化学成分图。从正面观察发现离子渗氮后，Ti 基体表面由分布松散的亚微米颗粒组成，成分测量也仅有 Ti

和 N 两种元素，Ti 的含量为 63.33 at.%，而 N 约为 36.67 at.%，Ti 与 N 的原子含量比约为 2:1。图 4-3 为 TiN_x 层的横截面 SEM 形貌。可以看出，TiN_x 层厚度约 2 μm，与基体之间没有明显界限，EDS 线扫描元素含量显示，渗层由表向内，N 元素逐渐减少，Ti 元素逐渐增加，呈梯度分布。图 4-4 为 TiN_x 层的 XRD 测试结果。除了 Ti 基底外，渗层中主要由 Ti_2N 和少量的 $Ti_2N_{0.8}H_{0.42}$ 相组成，Ti 与 N 的原子含量比

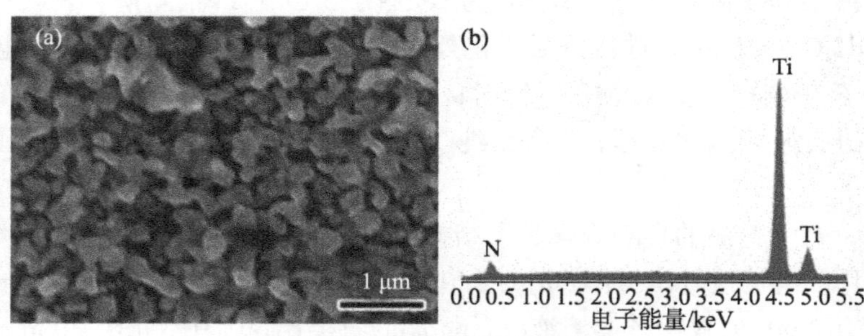

图 4-2　样品表面 TiN_x 的表征

(a) SEM 形貌图；(b) EDS 能谱分析

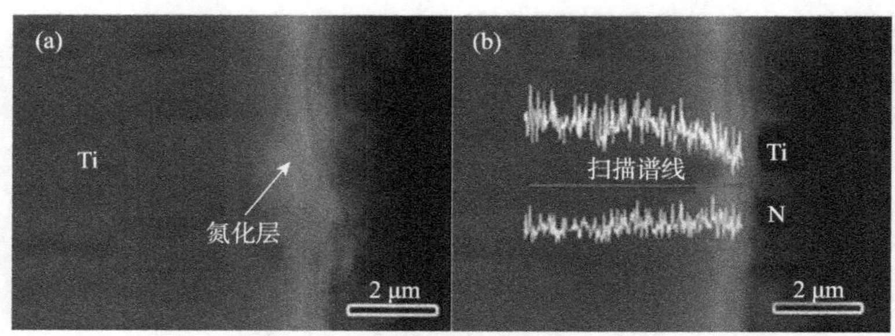

图 4-3　样品截面 TiN_x 的表征

(a) SEM 形貌图；(b) EDS 线扫描元素分布图

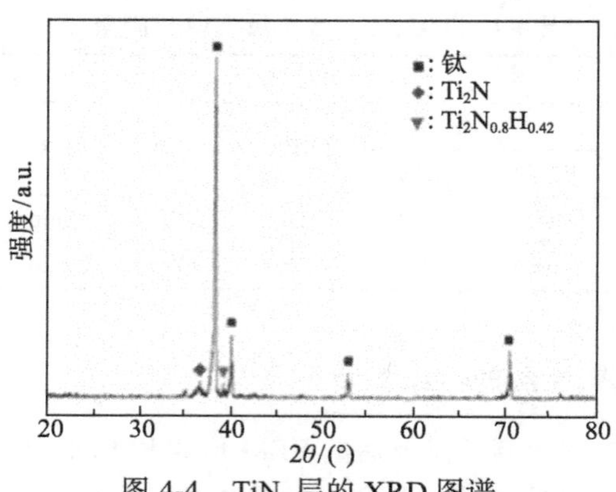

图 4-4　TiN_x 层的 XRD 图谱

约为 2:1，这与 EDS 测量的结果一致。其中少量 H 可能来自于离子渗氮气氛中的 NH_3。

4.2.3　高含量取代型 N 掺杂 TiO_2 微弧氧化薄膜的微结构特征

图 4-5 与图 4-6 分别为未掺杂普通 TiO_2 薄膜和 $TiO_{2-x}N_x$ 薄膜正面的 SEM 形貌图。与一般的微弧氧化薄膜具有相同的特征，均具有火山口特征的多孔结构。值得注意的是，两薄膜虽然均在相同实验条件下制备，但明显看出，$TiO_{2-x}N_x$ 薄膜的孔隙率较 TiO_2 薄膜大，但孔径比 TiO_2 薄膜小。图 4-7 为未掺杂 TiO_2 薄膜和 $TiO_{2-x}N_x$ 薄膜截面的形貌图。薄膜的厚度均为 6～7 μm，薄膜与基体之间没有明显的边界，证明薄膜与基体结合牢固。

图 4-8 为未掺杂 TiO_2 薄膜和 $TiO_{2-x}N_x$ 薄膜的 XRD 图谱。可以看出未掺杂的 TiO_2 薄膜主要由锐钛矿相和少量的金红石相组成。另外，由于薄膜的厚度较薄，因此 Ti 基底中 Ti 的峰也被检测出来。$TiO_{2-x}N_x$ 薄膜主要有由锐钛矿相和金红石相组成。但是值得注意的是，金红石的峰有所增强，说明金红石相的含量有所提高。在 $TiO_{2-x}N_x$ 薄膜 XRD 图谱中并没有观测到 Ti_2N 相，表明 Ti_2N 在微弧氧化过程中被完全氧化，生成了 N 掺杂的 TiO_2 薄膜。

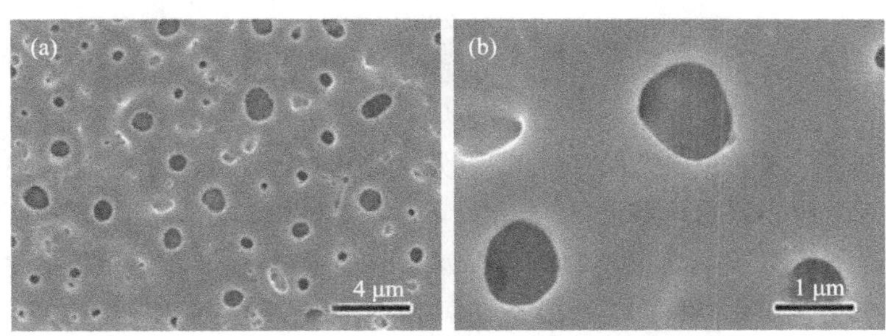

图 4-5　TiO_2 薄膜的 SEM 形貌图

(a) 低倍；(b) 高倍

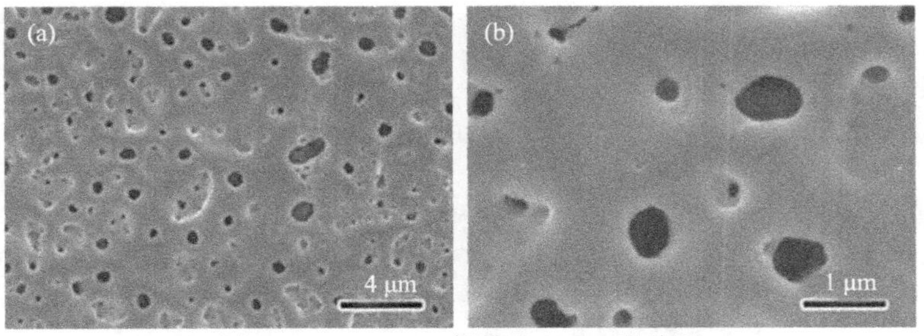

图 4-6　$TiO_{2-x}N_x$ 薄膜的 SEM 形貌图

(a) 低倍；(b) 高倍

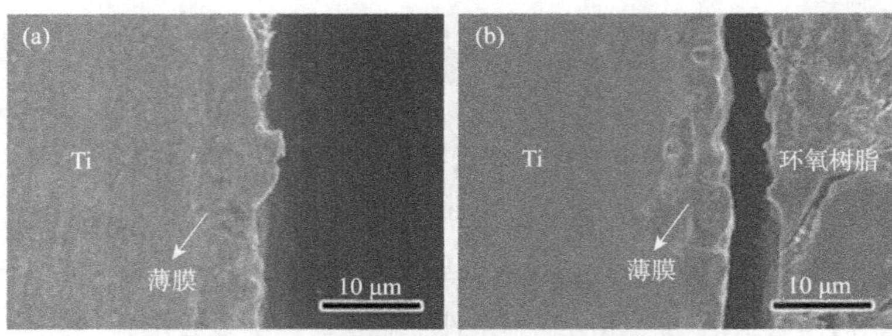

图 4-7　TiO_2 薄膜的横截面 SEM 形貌图

(a) TiO_2 薄膜；(b) $TiO_{2-x}N_x$ 薄膜

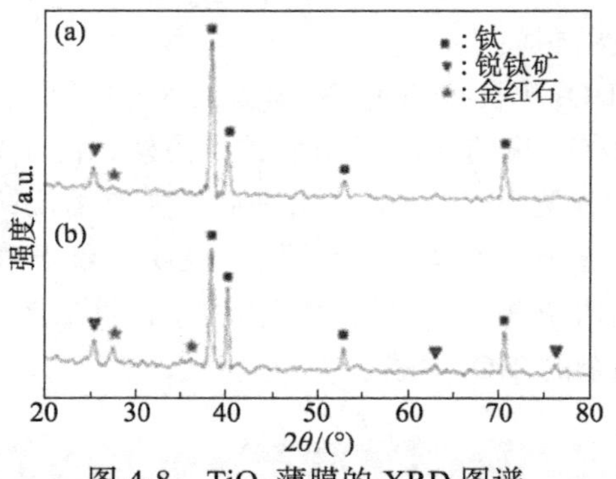

图 4-8　TiO_2 薄膜的 XRD 图谱

(a) 纯 TiO_2 薄膜；(b) $TiO_{2-x}N_x$ 薄膜

为了研究 $TiO_{2-x}N_x$ 薄膜的中化学组分，对其进行了光电子能谱(XPS)测试，如图 4-9 所示。除了来自电解液的 C、Si、Na 等元素外，可以清楚地看到 Ti、O、N 的存在。N 1s 的结合能为 401.2 eV 和 398.9 eV。通过 XPS 图谱可以测量出 N 与 O 的含量分别为 3.21at.%和 54.77at.%。也就是说，在 $TiO_{2-x}N_x$ 中，x=0.11，远高于传统的方法制备的 N 掺杂 TiO_2(x<0.04)。

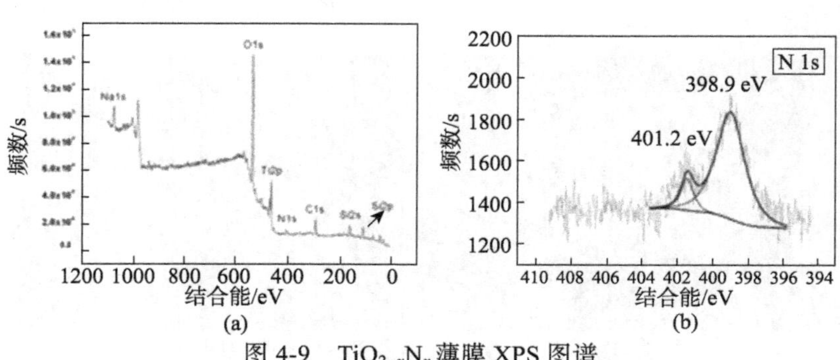

图 4-9　$TiO_{2-x}N_x$ 薄膜 XPS 图谱

(a) 全谱；(b) N 1s 谱

4.2.4　高含量取代型 N 掺杂 TiO_2 微弧氧化薄膜的成膜机理

目前，对于 N 掺杂 TiO_2 已经有很多的报道，但仍存在很多的争议[19-21]。一般来说，N 掺杂的形态可以分为取代型掺杂(O—Ti—N)和间隙型掺杂(Ti—O—N)。前者，N 原子在晶格中取代 O 原子的位置，与周围 3 个 Ti 原子成键；后者，N 原子位于 TiO_2 的晶格间隙，与 O 原子成键[4]。

Asahi 等[22]首先报道 N 掺杂 TiO_2，通过 XPS 测量出取代型 N 的结合能为 396 eV，低于 TiN 中 Ti—N 的结合能(397 eV)。然而，Wu 等[5]在其制备的 N 掺杂 TiO_2 中观察到 N 1s 的结合能在 401 eV 和 398.2 eV，并且认为 398.2 eV 为取代型 N 原子。Chen 等[23]同样认为在 O—Ti—N 环境下，Ti—N 的结合能要明显大于 TiN 中的 Ti—N。这种 N 1s 结合能的正偏移是由于 O 的氧化性明显强于 N，导致 O—Ti—N 中的电子云向 O 偏移，从而导致 N 的电负性降低，结合能提高，如图 4-10 所示。因此，在本实验中，N 1s 在 398.9 eV 处的主峰认为是取代型 N，而 401.2 eV 的次峰属于间隙型 N 掺杂。前面提到，在 $TiO_{2-x}N_x$ 中，x=0.11，远高于传统方法制备的 N 掺杂 TiO_2(x<0.04)。这证明本研究提出的基于离子渗氮+微弧氧化的方法，是一种全新的制备高含量取代型 N 掺杂 TiO_2 薄膜的方法，即首先利用离子渗氮，在 Ti 基体表面形成一层由 Ti—N 组成的 TiN_x 膜；然后利用微弧氧化极快速的氧化过程(10^{-5} s)将 Ti 氧化成 TiO_2，同时又最大限度地保留 Ti—N 结构，从而制备出高含量取代型的 N 掺杂 TiO_2 薄膜。

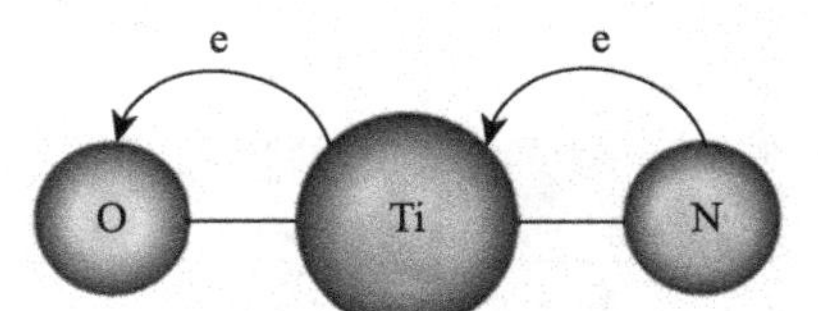

图 4-10　O—Ti—N 中电子转移的示意图

在实验阶段，尽管实验参数完全一致，但我们仍观察到制备 $TiO_{2-x}N_x$ 薄膜过程中，其电流密度明显高于未掺杂的 TiO_2 薄膜制备过程，如图 4-11 所示。这是由于不同基体表面的微观形貌造成的。在纯的 Ti 基体表面，其在微弧氧化前经过抛光处理，表面相对比较平整。但经过离子渗氮处理后的 Ti 基体，其表面则由分布松散的亚微米颗粒组成。微弧氧化是高电压击穿阻挡层薄弱区域，产生微孔形貌的过程，而 TiN_x 的表面粗糙，其表面生成的阻挡层比在纯 Ti 基底上生成的阻挡层疏松，其薄弱区域比纯 Ti 基的更密集、更小，即 $TiO_{2-x}N_x$ 薄膜表面的微孔更密集、更小，这与图 4-5 和图 4-6 中观察到的 SEM 形貌一致。每一个微孔，代表一个放电通道，$TiO_{2-x}N_x$ 薄膜的微孔密度增多，因此在制备 $TiO_{2-x}N_x$ 薄膜时的电流密度较未掺杂的

TiO_2薄膜有明显提高。同时，较高的电流密度，导致放电能量提到，从而部分锐钛矿相向金红石相转变，使金红石相有少量的增加，这与图 4-8 结果完全一致。

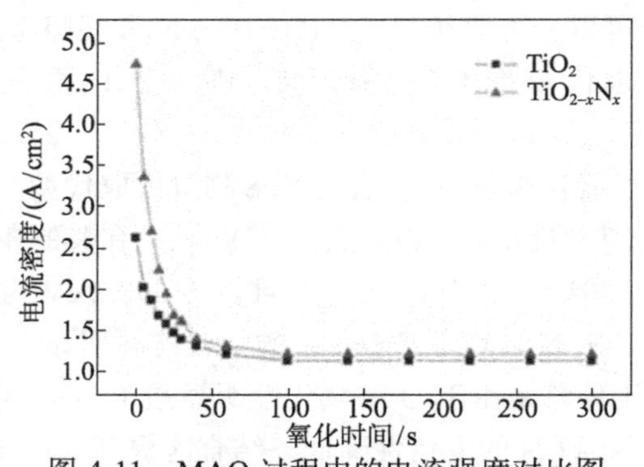

图 4-11　MAO 过程中的电流强度对比图

4.2.5　高含量取代型 N 掺杂 TiO_2 微弧氧化薄膜的光催化性能

图 4-12(a)描述了 TiO_2 薄膜和 $TiO_{2-x}N_x$ 薄膜的漫反射谱(DRS)。未掺杂 TiO_2 薄膜的 DRS 谱显示出在紫外光区的高吸收和吸收边缘在波长为 413 nm 的光波处。在 N 掺杂 TiO_2 薄膜中，N 掺杂引起禁带跃迁中的红移，并且使得薄膜响应光的波长范围明显拓展到可见光区。也就是说，$TiO_{2-x}N_x$ 薄膜的吸收边缘由 413 nm 光波处，红移到了波长为 476 nm 的光波处。N 掺杂 TiO_2 薄膜在紫外光区和可见光区(200～700nm)的吸收都比普通未掺杂 TiO_2 较高。根据 Kubelka-Munk 公式[24]，可以确定$(ahn)^{1/2}$与薄膜光量子能量之间的关系，如图 4-12(b)所示。通过计算获得 TiO_2 薄膜和 $TiO_{2-x}N_x$ 薄膜的带宽分别为 3.0 eV 和 2.6 eV，表明 N 掺杂使 TiO_2 的禁带宽度显著减小。

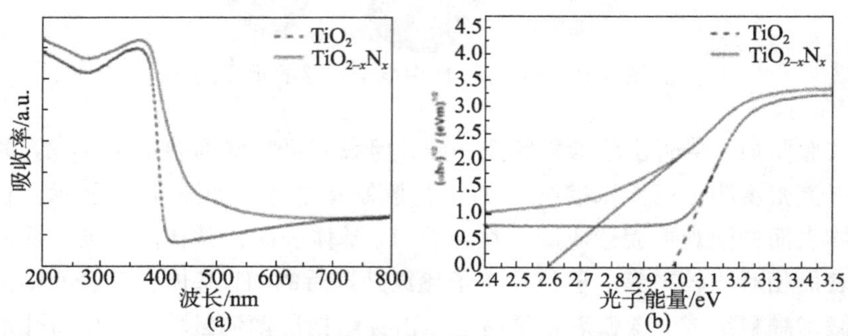

图 4-12　TiO_2 薄膜与 $TiO_{2-x}N_x$ 薄膜的紫外可见漫反射谱图(a)和能带图(b)

在 N 掺杂过程中，相应的处于价带顶边的 N 2p 轨道和 O 2p 轨道发生强烈的相互作用,结果使得在吸收边缘的主要跃迁是从 N 2pπ到 Ti d_{xy}，而不是在 TiO_2 中发生的从 O 2pπ到 Ti d_{xy}[1]。从而，$TiO_{2-x}N_x$ 的带宽从 3.0 eV 减小到 2.6 eV(图 4-12(b))，而且在漫反射谱中有红移发生(图 4-12(a))。因此，在可见光的激发下，$TiO_{2-x}N_x$ 薄膜表现出更高的光催化活性。

图 4-13 为通过光电流测试获得的 TiO_2 薄膜的光电特性。从图中可以看出，$TiO_{2-x}N_x$ 薄膜的光电流(0.64 μA)明显高于未掺杂的 TiO_2 薄膜的光电流(0.4 μA)。更大的光电流意味着由于可见光的激发，更多的光生电子可以通过外回路高效率地从 $TiO_{2-x}N_x$ 薄膜迁移到对电极。TiO_2 的光催化活性很大程度上依赖于光生电子–空穴对的迁移能力。可以预计 N 掺杂 TiO_2 具有更高的光催化活性。

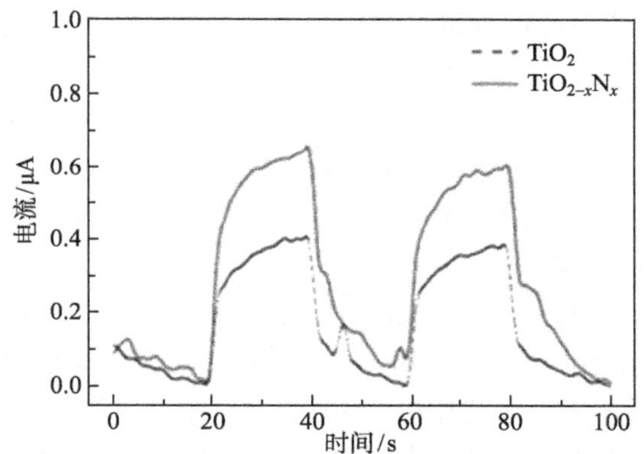

图 4-13　TiO_2 薄膜与 $TiO_{2-x}N_x$ 薄膜的光生电流图

图 4-14 给出了未掺杂 TiO_2 和 N 掺杂 TiO_2 薄膜对亚甲基蓝的降解结果。普通 TiO_2 薄膜降解亚甲基蓝的浓度在 2.5 h 内降到接近 50%，而 $TiO_{2-x}N_x$ 薄膜对亚甲基蓝的降解表现出更大的降解速率，使得亚甲基蓝的浓度在 2.5 h 内降到 30%。这些结果更进一步证明由于禁带变窄和对可见光的响应范围的扩大，$TiO_{2-x}N_x$ 薄膜比未掺杂的 TiO_2 有更好的光催化活性。

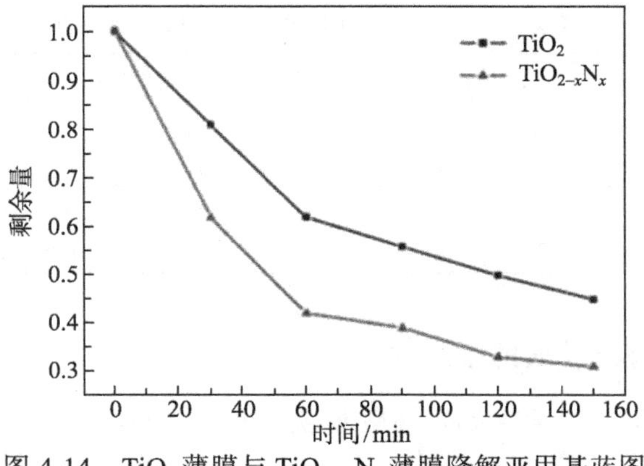

图 4-14　TiO_2 薄膜与 $TiO_{2-x}N_x$ 薄膜降解亚甲基蓝图

4.3　高含量取代型 C 掺杂 TiO_2 薄膜及其光催化性能

4.3.1　Ti 基体表面气相渗碳及 C 掺杂 TiO_2 薄膜的制备与表征

与 4.2.1 节中的方法类似，我们工作通过气相渗碳，首先在 Ti 基体表面制备一层 TiC_x，再对其进行微弧氧化，制备出 C 掺杂 TiO_2 薄膜。同时对未经离子渗氮处理的 Ti 基体用同样的条件进行微弧氧化处理，制备出纯 TiO_2 薄膜作为对比。具体步骤如下：

(1) 以工业纯钛 TA2 为基体，采用自制的管式气氛炉对 Ti 基体进行气相渗碳处理。将 Ti 基体置于 Ar 气氛保护的 CVD 炉中，加热至 600 ℃，通入 C_2H_2(30 sccm)和 Ar 气(200 sccm)并保持 20 h 后，关闭 C_2H_2，在 600℃保温 10 h，随炉降至室温取出样品，制得 TiC_x 膜层。

(2) 由于本工作是制备 C 掺杂 TiO_2 薄膜，为避免原来使用电解液中 Na_2CO_3 的 C 元素的干扰，在下面的实验中，均采用 Na_3PO_4 体系的电解液，因此电参数也有所改变。将气相渗碳处理后的 Ti 基体作为阳极置于 5 L 微弧氧化电解液($Na_3PO_4 \cdot 12H_2O$ 10 g/L)中作为阳极，进行微弧氧化处理。采用恒压模式，在 400 V 电压下，制备出 C 掺杂 TiO_2($TiO_{2-x}C_x$)薄膜。同时，对未经气相渗碳处理的 Ti 基体在同样的实验条件下进行微弧氧化处理，制备出纯 TiO_2 薄膜作为对比。具体实验条件如表 4-2 所示。

另外，对于样品的形貌观察和微结构表征等与 3.2.1 节相同。对于光催化性能测试，使用 450 W 高压汞灯作为光源，将 1 cm×1 cm 的样品置于装有 2 mL 的对苯二甲酸溶液(0.01 M NaOH 和 3 mM 对苯二甲酸)的石英比色皿中，每隔 60 min 将比色皿直接置于荧光分光光度计中测量 2 羟基–对苯二甲酸的含量。

表 4-2　$TiO_{2-x}C_x$ 微弧氧化薄膜的制备条件

样品	基体	电参数					电解液
		电压		频率	占空比	时间	$Na_3PO_4 \cdot 12H_2O$
		正向	负向				
TiO_2	Ti	400 V	0 V	1 kHz	20%	3 min	10 g/L
$TiO_{2-x}C_x$	TiC_x	400 V	0 V	1 kHz	20%	3 min	10 g/L

4.3.2　化学热处理渗碳层的微结构特征

图 4-15 为渗碳 TiC_x 层的表面 SEM 形貌和 EDS 化学成分图。可以看出 TiC_x 层表

面疏松且由很多亚微颗粒组成。EDS 测量显示 TiC_x 层除 Ti 元素外，还出现了明显的 C 峰，说明 Ti 基体中渗入了 C 原子。渗碳 TiC_x 层横截面的 EDS 线扫描化学成分分布，如图 4-16 所示。测量显示 TiC_x 层与基体之间没有明显界限，且由内到外化学元素呈梯度分布，Ti 含量逐渐减少，而 C 含量逐渐增加，渗碳层厚度约为 1 μm。TiC_x 层的 XRD 测试结果，如图 4-17 所示，除了 Ti 基体外，膜层中主要由 TiC 相组成。

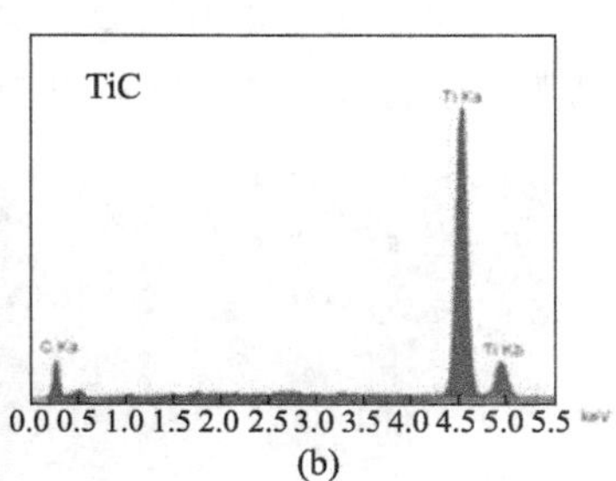

(a)　(b)

图 4-15　TiC_x 层的微结构特征

(a) SEM 表面形貌；(b) 表面 EDS 能谱图

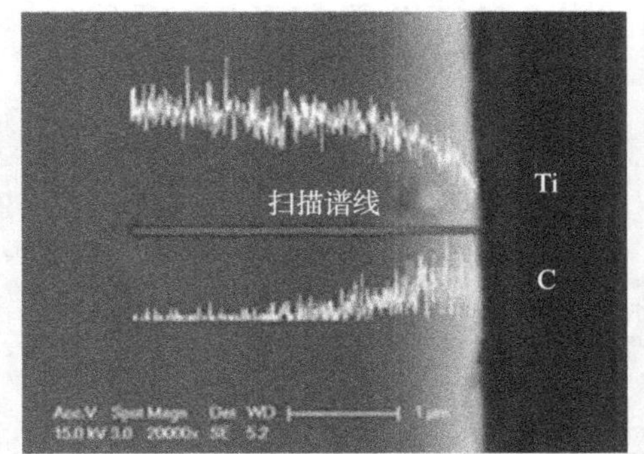

图 4-16　TiC_x 层横截面 EDS 线扫描化学成分分布

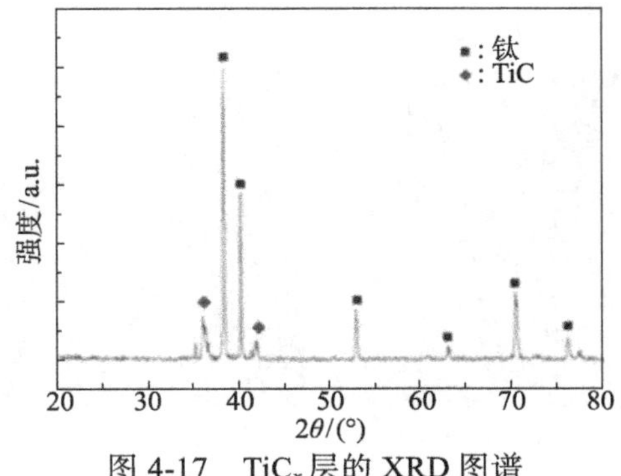

图 4-17　TiC_x 层的 XRD 图谱

4.3.3 高含量取代型 C 掺杂微弧氧化薄膜的微结构特征

图 4-18 与图 4-19 分别为未掺杂 TiO_2 薄膜与 $TiO_{2-x}C_x$ 薄膜表面的 SEM 形貌图。可以看出，未掺杂 TiO_2 薄膜与 $TiO_{2-x}C_x$ 薄膜的形貌并无明显区别，所有的孔在薄膜表面分布均匀，孔径在 0.2～1 μm 的范围内。图 4-20 为未掺杂的 TiO_2 薄膜和 $TiO_{2-x}C_x$ 薄膜横截面的 SEM 形貌图。两个样品的薄膜厚度均为 3～4 μm，并且膜层与基体之间无明显界面，表明膜与基体的结合力很好。图 4-21 是未掺杂 TiO_2 薄膜和 $TiO_{2-x}C_x$ 薄膜的 XRD 图谱。两种薄膜主要由锐钛矿相组成，没有因为掺杂而生成新相。不同的是，$TiO_{2-x}C_x$ 薄膜中还含有少量未氧化的 TiC 相。

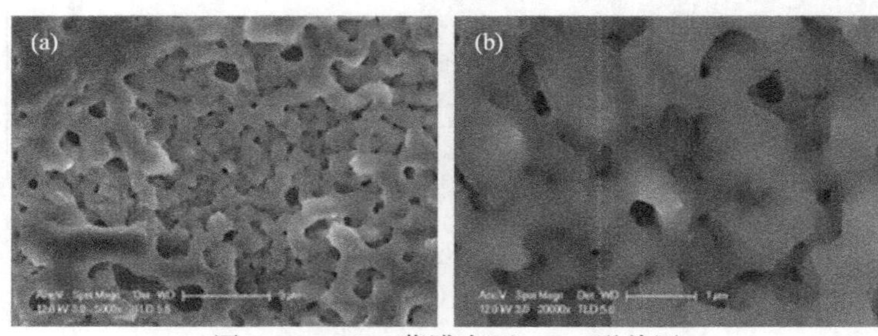

图 4-18　TiO_2 薄膜表面 SEM 形貌图

(a) 低倍；(b) 高倍

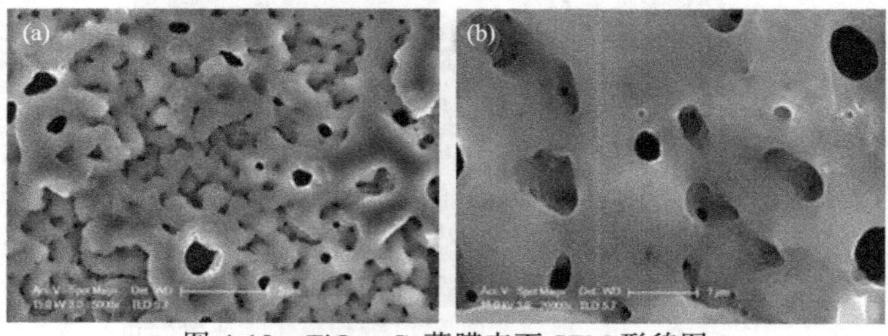

图 4-19　$TiO_{2-x}C_x$ 薄膜表面 SEM 形貌图

(a) 低倍；(b) 高倍

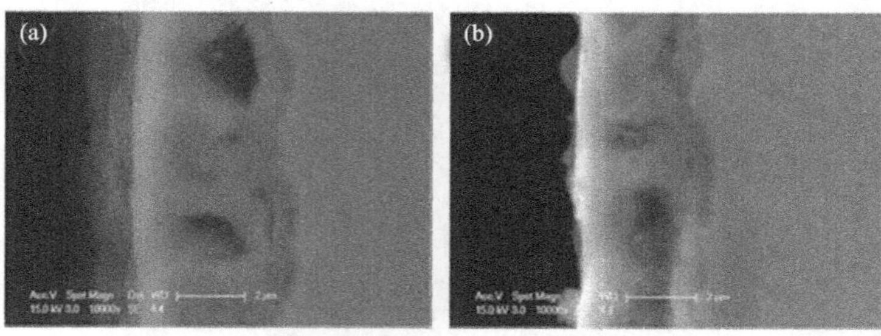

图 4-20　截面 SEM 形貌图

(a) TiO_2 薄膜；(b) $TiO_{2-x}C_x$ 薄膜

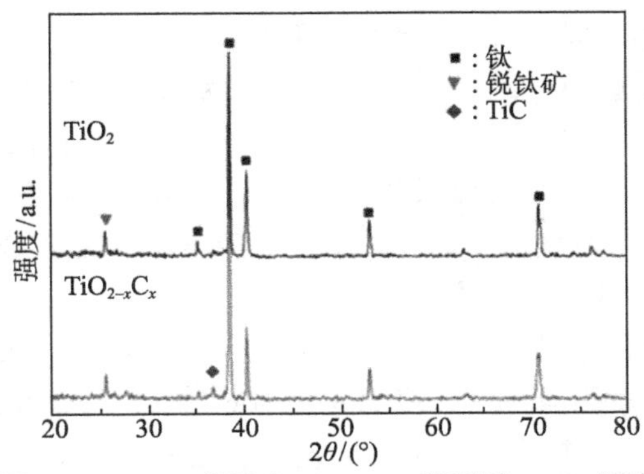

图 4-21　TiO_2 薄膜和 $TiO_{2-x}C_x$ 薄膜的 XRD 图谱

为了研究 $TiO_{2-x}C_x$ 薄膜的化学组分，对其进行 XPS 测试，测试结果如图 4-22 所示。除了来自电解液的 P 等元素外，可以清楚地看到 C 的存在。高分辨率扫描 C 1s 峰区域发现 C 1s 峰由结合能为 284.8 eV 与 282.3 eV 的两个峰组成。根据 XPS 的结果，可以计算出 O 含量为 44.94 at.%，C 含量为 44.10 at.%。因为在 XPS 测试过程中，会引入单质 C，故测量结果中 284.8 eV 处的 C—C 峰很强，只有 282.3 eV 处对应的 Ti—C 峰才是掺杂到 $TiO_{2-x}C_x$ 薄膜中的部分。C—C 峰面积与 Ti—C 峰面积比为 6.27:1。由此可以计算出 Ti—C 含量为 6.07 at.%，再由通式 $TiO_{2-x}C_x$ 算得 $x = 0.24$，远高于传统的方法(例如，高温氧化法，即在氧气流中高温加热 TiC 粉末，使其氧化为 $TiO_{2-x}C_x$)制备的 C 掺杂 TiO_2 材料[25, 26]。

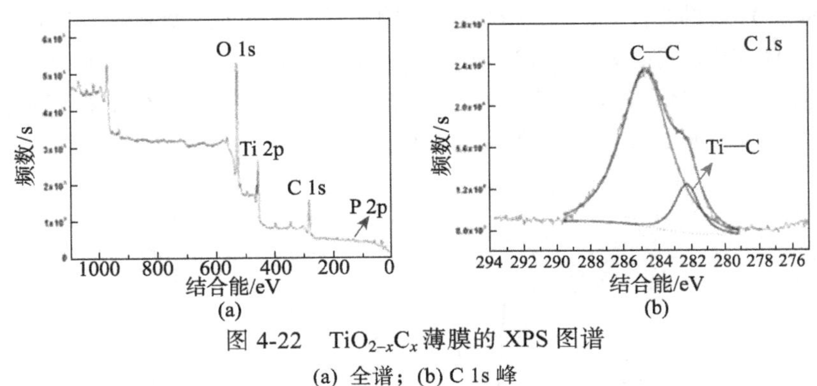

图 4-22　$TiO_{2-x}C_x$ 薄膜的 XPS 图谱

(a) 全谱；(b) C 1s 峰

4.3.4　高含量取代型 C 掺杂微弧氧化薄膜的成膜机理

一般认为，掺杂的 C 在 TiO_2 晶格中有两种存在方式：① C 取代 O 的位置形成 O—Ti—C 结构；② C 进入晶格中的间隙位并稳定存在[27]。在以上实验结果中，根据通常认定的 C—C(285.3 eV)和 Ti—C(281.9 eV)的键能[28,29]，我们认为 C 1s 区域的两个峰分别来自于 C—C 键和 Ti—C 键，即结合能为 284.8 eV 的 C—C 峰是 XPS 实验仪器用于标定的 C 峰，并非样品中的 C 峰，其含量很高。因此可以判定实验中 C 掺杂主要以取代 O 位置的形式存在于 TiO_2 晶格中。再者，当 C 取代 O 的位置后，C 原子周围的电子浓度减少。也就是说，Ti—C 键能比 C—C 键能要低，这也佐证了我们对 C 1s 区域两个峰认定的正确性。

根据 XPS 的结果，可以测量出 O 原子的含量为 44.94 at.%，C 原子的含量为 44.10 at.%, C—C 峰面积与 Ti—C 峰面积比为 6.27:1，可计算的 Ti—C 含量为 6.07 at.%，再由通式 $TiO_{2-x}C_x$ 算得 $x = 0.24$，高于传统的方法。很显然这种取代型的 C 掺杂 TiO_2 薄膜的高 C 含量是由本实验独特的制备方法决定的：首先是掺 C 方式的独特性，不同于传统的在高温下让 C 扩散进 TiO_2 中，而是于热处理前在 Ti 基体表面形成一层由 Ti—C 组成的 TiC_x 膜；然后是微弧氧化这种热处理方式的独特优点，即利用其极快速的氧化过程(10^{-5} s)将 Ti 氧化成 TiO_2，同时又最大限度地保留 Ti—C 结构。这与上一节提到的制备高含量取代型 N 掺杂 TiO_2 薄膜的结论完全一致。

4.3.5　高含量取代型 C 掺杂 TiO_2 薄膜的光催化性能

图 4-23 为 TiO_2 薄膜和 $TiO_{2-x}C_x$ 薄膜的漫反射谱。未掺杂 TiO_2 薄膜的漫反射谱显示出紫外光区具有高吸收，其吸收边缘在波长为 400nm 的光波处。在 C 掺杂 TiO_2 薄膜(用 $TiO_{2-x}C_x$ 薄膜表示)中，C 掺杂引起在禁带跃迁中的红移，并且使得薄膜响应光的波长范围向可见光区拓展。也就是说，$TiO_{2-x}C_x$ 薄膜的吸收边缘由 400 nm 光波处红移到波长为 410 nm 的光波处。$TiO_{2-x}C_x$ 薄膜在紫外光区和可见光区(200～700 nm)的吸收都较 TiO_2 薄膜高。根据 Kubelka-Munk 公式[24]，$(ahn)^{1/2}$ 与薄膜光量子能量之间的关系可以确定。如图 4-24 所示，通过计算，TiO_2 薄膜和 $TiO_{2-x}C_x$ 薄膜的带宽分别为 3.02 eV 和 2.77 eV，这说明 C 掺杂明显使 TiO_2 的禁带宽度变窄。

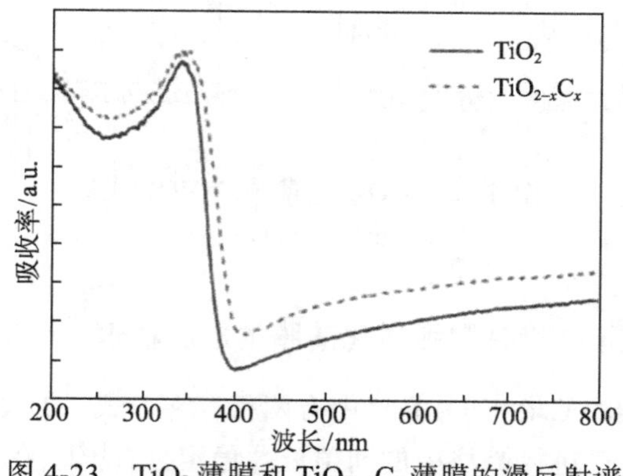

图 4-23　TiO_2 薄膜和 $TiO_{2-x}C_x$ 薄膜的漫反射谱

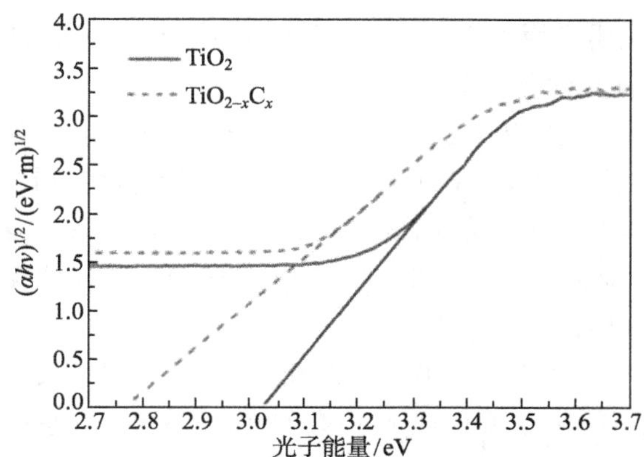

图 4-24　TiO_2 薄膜和 $TiO_{2-x}C_x$ 薄膜的$(\alpha h\upsilon)^{1/2}$与薄膜光量子能量之间的关系曲线

一般认为，C 原子掺入 TiO_2 晶格，TiO_2 的带隙中会出现若干杂质能级。这些能级主要由 C 2p 轨道上的电子构成，而且它们是相互独立的。价带上的电子可以吸收一定能量的光子跃迁到杂质能级，而杂质能级上的电子吸收一定能量的光子后可以跃迁到导带上，并且价带上的电子通过此两次跃迁的途径跃迁到导带比直接跃迁到导带所需吸收的能量少[30]。因此，通过 C 原子掺杂的 TiO_2 光催化薄膜的光吸收范围向可见光波段得到拓展，即在漫反射谱中表现为红移现象，根据 Kubelka-Munk 公式，再由作图法得出禁带宽度减小。这种变化使得在可见光激发下，$TiO_{2-x}C_x$ 薄膜表现出更高的光催化活性。

通过测量·OH 的含量可反映热处理前后 TiO_2 薄膜的光催化性能。因为对苯二甲酸(TA)可与·OH 结合，生成的 2 羟基–对苯二甲酸(TAOH)在 426 nm 处有很强的荧光发射峰，因此可用作荧光的探测剂。图 4-25 为不同时间的光照下，TiO_2 薄膜和 $TiO_{2-x}C_x$ 薄膜表面溶液的荧光强度。$TiO_{2-x}C_x$ 薄膜产生的·OH 含量大约是 TiO_2 薄膜

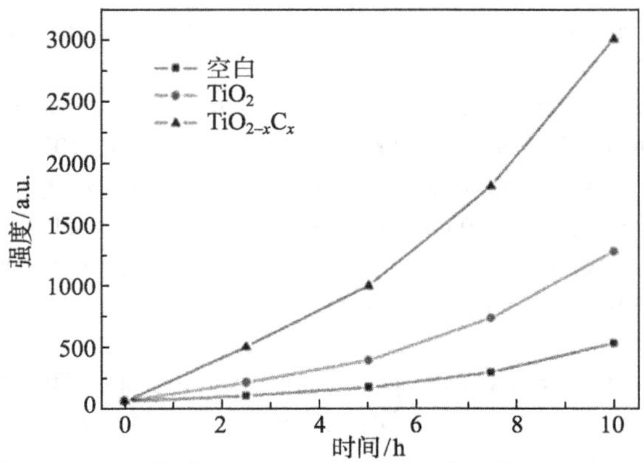

图 4-25　持续光照下 TiO_2 薄膜和 $TiO_{2-x}C_x$ 薄膜的表面荧光强度随时间的变化关系

的三倍。这进一步说明了用本实验方法进行的 C 掺杂使 TiO_2 薄膜的禁带宽度减少，并且很好地提高了其光催化性能。

总结以上两节的研究结果，可以得到以下的结论：通过化学热处理+微弧氧化复合工艺，可以获得高含量的取代型 C 或 N 掺杂 TiO_2 薄膜。其中，①$TiO_{2-x}N_x$ 薄膜中 N 掺杂量(x)高达 0.11，紫外可见漫反射谱明显红移，禁带宽度减小到 2.6 eV，具有更高的光生载流子浓度和更强的光催化活性。②$TiO_{2-x}C_x$ 薄膜中 C 掺杂量(x)高达 0.24，紫外可见漫反射谱明显红移，禁带宽度减小到 2.77 eV，光催化性能进一步提高。

另外，从以上两节的研究结果还可以看出，利用化学热处理+微弧氧化的方法不仅可以获得取代型的非金属 C 或 N 掺杂的 TiO_2 薄膜，并且具有高的掺杂量，从而可以预测这种掺杂的稳定性应该很高。也就是说，这种复合技术给我们提供了一种新的制备掺杂 TiO_2 的方法和思路。实际上，在化学热处理中，除了普通的渗碳、渗氮工艺以外，还有渗碳+氮复合渗，以及渗金属和非金属与金属共渗等工艺。如果按照这个原理和思路，我们还可以在更广泛的范围内进行掺杂 TiO_2 的研究。

参考文献

[1] Asahi R, Morikawa T, Ohwaki T, et al. Visible-light photocatalysis in nitrogen-doped titanium oxides. Science, 2001, 293(5528): 269-271.

[2] Nosaka Y, Matsushita M, Nishino J, et al. Nitrogen-doped titanium dioxide photocatalysts for visible response prepared by using organic compounds. Science and Technology of Advanced Materials, 2005, 6(2): 143-148.

[3] Joung S K, Amemiya T, Murabayashi M, et al. Mechanistic studies of the photocatalytic oxidation of trichloroethylene with visible-light driven N-doped TiO_2 photocatalysts. Chemistry-A European Journal, 2006, 12(21): 5526-5534.

[4] Di Valentin C, Finazzi E, Pacchioni G, et al. N-doped TiO_2: Theory and experiment. Chemical Physics, 2007, 339(1): 44-56.

[5] Wu P, Xie R, Shang J K. Enhanced visible-light photocatalytic disinfection of bacterial spores by palladium-modified nitrogen-doped titanium oxide. Journal of the American Ceramic Society, 2008, 91(9): 2957-2962.

[6] Irie H, Watanabe Y, Hashimoto K. Nitrogen-concentration dependence on photocatalytic activity of $TiO_{2-x}N_x$ powders. The Journal of Physical Chemistry B, 2003, 107(23): 5483-5486.

[7] Diwald O, Thompson T L, Zubkov T, et al. Photochemical activity of nitrogen-doped rutile TiO_2(110) in visible light. The Journal of Physical Chemistry B, 2004, 108(19): 6004-6008.

[8] Wang Z, Cai W, Hong X, et al. Photocatalytic degradation of phenol in aqueous nitrogen-doped TiO_2 suspensions with various light sources. Applied Catalysis B: Environmental, 2005, 57(3): 223-231.

[9] Bu J, Fang J, Shi F C, et al. Photocatalytic activity of N-doped TiO_2 photocatalysts prepared from the molecular precursor $(NH_4)_2TiO(C_2O_4)_2$. Chinese Journal of Chemical Physics, 2010, 23(1): 95-101.

[10] Irie H, Washizuka S, Yoshino N, et al. Visible-light induced hydrophilicity on nitrogen-substituted titanium dioxide films. Chemical Communications, 2003, (11): 1298-1299.

[11] Hu S, Wang A, Li X, et al. Hydrothermal synthesis of well-dispersed ultrafine N-doped TiO_2 nanoparticles with enhanced photocatalytic activity under visible light. Journal of Physics and Chemistry of Solids, 2010, 71(3): 156-162.

[12] Li H, Li J, Huo Y. Highly active TiO_2N photocatalysts prepared by treating TiO_2 precursors in NH_3/ethanol fluid under supercritical conditions. The Journal of Physical Chemistry B, 2006, 110(4): 1559-1565.

[13] Jiang Z, Yang F, Luo N, et al. Solvothermal synthesis of N-doped TiO_2 nanotubes for visible-light-responsive photocatalysis. Chemical Communications, 2008, (47): 6372-6374.

[14] Burda C, Lou Y, Chen X, et al. Enhanced nitrogen doping in TiO_2 nanoparticles. Nano Letters, 2003, 3(8): 1049-1051.

[15] Sato S, Nakamura R, Abe S. Visible-light sensitization of TiO_2 photocatalysts by wet-method N doping. Applied Catalysis A: General, 2005, 284(1): 131-137.

[16] Zhang J, Pan C, Fang P, et al. Mo+C codoped TiO_2 using thermal oxidation for enhancing visible-light photocatalytic activity. ACS Applied Materials & Interfaces, 2010, 2(4): 1173-1176.

[17] Zhu L, Xie J, Cui X, et al. Photoelectrochemical and optical properties of N-doped TiO_2 thin films prepared by oxidation of sputtered TiN_x films. Vacuum, 2010, 84(6): 797-802.

[18] Wan L, Li J, Feng J, et al. Anatase TiO_2 films with 2.2 eV band gap prepared by micro-arc oxidation. Mater. Sci. Eng. B, 2007, 139: 216-220.

[19] Park J H, Kim S, Bard A J. Novel carbon-doped TiO_2 nanotube arrays with high aspect ratios for efficient solar water splitting. Nano Letters, 2006, 6(1): 24-28.

[20] He D, Meng X, Tao Y, et al. Synthesis of carbon-doped TiO_2 using porous resin and its excellent photocatalytic properties. Chinese Journal of Catalysis, 2009, 30(2): 83-85.

[21] Liu X, Zhou K, Wang L, et al. Oxygen vacancy clusters promoting reducibility and activity of ceria nanorods. Journal of the American Chemical Society, 2009, 131(9): 3140-3141.

[22] Saha N C, Tompkins H G. Titanium nitride oxidation chemistry: An X-ray photoelectron spectroscopy study. Journal of Applied Physics, 1992, 72(7): 3072-3079.

[23] Chen X, Burda C. Photoelectron spectroscopic investigation of nitrogen-doped titania nanoparticles. The Journal of Physical Chemistry B, 2004, 108(40): 15446-15449.

[24] Serpone N, Lawless D, Khairutdinov R. Size effects on the photophysical properties of colloidal anatase TiO_2 particles: Size quantization versus direct transitions in this indirect semiconductor? The Journal of Physical Chemistry, 1995, 99(45): 16646-16654.

[25] Irie H, Watanabe Y, Hashimoto K. Carbon-doped anatase TiO_2 powders as a visible-light sensitive photocatalyst. Chemistry Letters, 2003, (8): 772-773.

[26] Bagwasi S, Tian B, Chen F, et al. Synthesis, characterization and application of iodine modified titanium dioxide in phototcatalytical reactions under visible light irradiation. Applied Surface Science, 2012, 258(8): 3927-3935.

[27] Di V C, Pacchioni G, Selloni A. Theory of carbon doping of titanium dioxide. Chemistry of Materials, 2005, 17(26): 6656-6665.

[28] Baba K, Hatada R. Synthesis and properties of TiO_2 thin films by plasma source ion implantation. Surface and Coatings Technology, 2001, 136(1): 241-243.

[29] Santerre F, El K M, Chaker M, et al. Properties of TiC thin films grown by pulsed laser deposition. Applied Surface Science, 1999, 148(1): 24-33.

[30] Lee J Y, Park J, Cho J H. Electronic properties of N- and C-doped TiO_2 . Applied Physics Letters, 2005, 87(1): 011904-011904-3.

第 5 章　微弧氧化薄膜的微结构特征：一种纳米晶金属氧化物薄膜

5.1 引　言

微弧氧化是一种金属表面“原位”生长陶瓷氧化膜的技术。氧化物薄膜在形成过程中，是从熔融状态急速冷却固化，具有很高的冷却速率。有研究认为微弧氧化薄膜的冷却速度高达 10^8 K/s。从凝固和相变理论来看，如此高的冷却速度必然会产生特殊的组织结构，以及非稳态的相结构。微弧氧化薄膜的厚度一般在几微米到几十微米不等，且组织结构为不均匀分布，沿截面方向由内而外分为过渡层、致密层和疏松层[1]。另外，各层之间没有明显的界限，膜层结构稳定，与基体结合牢固，具有优良的机械性能和耐腐蚀性能。

目前，在常规分析中，一般采用金相腐蚀方法进行微弧氧化薄膜的显微组织观察和相变过程研究。但是由于受腐蚀剂的影响，以及光学显微镜分辨率和放大倍数的限制，很难准确鉴别复杂组织、细小析出相及微缺陷等。透射电子显微镜(TEM)以及高分辨透射电子显微镜(HRTEM)是研究材料内部显微组织结构及其相变过程的理想工具。有少量的 TEM 观察发现薄膜内部存在非晶态组织[2]。然而由于样品制备和设备使用方面的原因，这方面的研究很少。

本章主要介绍采用 HRTEM 系统观察 Ti、Al、Mg 等金属与合金表面微弧氧化薄膜的横截面组织变化特征，同时还研究了热处理对微弧氧化薄膜微结构转变的影响，及其与性能的关系。这对深入理解微弧氧化机理，以及进一步改善微弧氧化薄膜的性能具有重要的理论和实际应用意义。

5.2 微弧氧化纳米晶薄膜制备及热处理工艺

实验所用的基体材料有 TC4 钛合金、TA2 纯钛、工业纯镁和 6061 铝合金等，其化学成分见表 5-1 和表 5-2。利用切割机将基体材料加工成 $10\times10\times6$ mm^3 板块，然后依次经 400、800、1200、2000 号水砂纸打磨，再用#3 与#1(粒径分别为 3 μm 和 1 μm)氧化铝抛光剂(武汉三灵公司)进行抛光处理，最后将抛光后的样品用超声波在丙酮或去离子水中清洗，并烘干备用。实验中使用的药品列表如表 5-3 所示。采用去离子水在室温下配制各种溶液和电解液，供微弧氧化、电化学测试和光催化降解使用。实验所用为 PN-III 型微弧氧化电源(中南民族大学等离子研究所)，主要技术指标如表 5-4 所示，设备图见前面章节描述。

表 5-1　TC4 钛合金、TA2 纯钛化学成分　(单位：wt.%)

基体	化学成分								
	Ti	Mg	Al	V	Fe	C	N	H	O
TC4 钛合金	余量	—	5.5～6.8	3.5～4.5	≤0.03	≤0.08	≤0.05	≤0.015	≤0.20
TA2 纯钛	余量	—	—	—	≤0.03	≤0.08	≤0.03	≤0.015	≤0.25

表 5-2　工业纯镁、6061 铝合金化学成分　(单位：wt.%)

基体	化学成分									
	Ti	Mg	Al	Zn	Mn	Si	Cu	Cr	Ni	Fe
工业纯镁	—	余量	0.016	—	0.21	0.0057	0.0016	—	0.0005	0.0026
6061 铝合金	0.15	0.8～1.2	余量	0.25	0.15	0.4～0.8	0.15～0.4	0.04～0.35	—	0.7

表 5-3　实验使用药品

药品名称	等级	来源
Na_2CO_3	分析纯	上海国药
$Na_2SiO_3\cdot 9H_2O$	分析纯	上海国药
$Na_3PO_4\cdot 12H_2O$	分析纯	上海国药
$NaAlO_2$	分析纯	上海国药
NaF	分析纯	上海国药
KOH	分析纯	上海国药
Na_2SO_4	分析纯	上海国药

表 5-4　PN-III 型微弧氧化电源参数

指标	参数
正向电压	0～600 V
正向电流	0～60 A
频率	30～1500 Hz
占空比	6%～84%
延迟时间	5～18 μs
负向脉宽	12～95 μs
工作模式	恒压/恒流工作方式

TEM 样品制备：采用超声剥离法，即利用超声波振荡仪在水中直接将微弧氧化薄膜剥离下来；然后将薄膜碎片收集在铜网微栅上。与常规的机械减薄法相比，其优点是可以保持薄膜的完整性，不被破坏。为了观察薄膜的表层显微组织，选择具有平直边缘的碎片作为薄膜的外表面。观察所用的电子显微镜为 TEM(JEM-2010，JEOL，Japan)和 HRTEM(JEM-2010FEF，JEOL，Japan)。

不同微弧氧化薄膜的制备工艺参数，如表 5-5 所示。为了研究温度对微弧氧化薄膜显微组织转变的影响，对制得的 TiO_2、MgO 和 Al_2O_3 薄膜分别在空气中进行 450 ℃保温 12 h、500 ℃保温 2 h 和 900 ℃保温 2 h 的热处理，然后再进行相关性能的对比测试。

表 5-5　不同微弧氧化薄膜的制备条件

样品	基体	电参数					电解液
		电压		频率	占空比	时间	
		正向	负向				
TiO_2	Ti	280 V	10 V	1 kHz	20%	5 min	$Na_3PO_4 \cdot 12H_2O$ 10 g/L
MgO	Mg	400 V	10 V	500 Hz	10%	10 min	Na_3PO_4 10 g/L，NaF 5 g/L Na_2CO_3 10 g/L，KOH 1 g/L
Al_2O_3	Al	500 V	10 V	1 kHz	20%	60 min	$NaAlO_2$ 0.1 M

5.3　微弧氧化 TiO_2 薄膜的微结构特征及其光催化性能

5.3.1　微弧氧化 TiO_2 薄膜的微结构特征及其形成机理

图 5-1 为热处理前 TiO_2 薄膜的 SEM 形貌。薄膜表面呈多孔的火山口结构，孔径在 0.3～1 μm。从横截面观察，薄膜的平均厚度为 4 μm，薄膜与基体之间没有明显的界限，表明薄膜与基体之间结合牢固。图 5-2 为热处理前 TiO_2 薄膜的 HRTEM 高倍晶格像。可以明显看出，薄膜表面覆盖一层 10～20 nm 厚的 TiO_2 非晶层。非晶层下面是一个非晶态 TiO_2 与晶态 TiO_2 的混合区，混合区中主要为锐钛矿相和少量的金红石相，如图 5-2(c)所示。混合区的选区电子衍射(SAED)花样证明该区是由纳米晶组成的多晶结构。测量得到 1～6 衍射环的晶面间距(d)分别为 0.351 nm、0.237 nm、0.190 nm、0.167 nm、0.148 nm 和 0.133 nm，查阅 JCPDS 的 89-4203 号卡片，其分别对应于锐钛矿的(101)、(004)、(200)、(211)、(204)和(220) 晶面，如图 5-2(d)所示。统计混合区的晶粒尺寸约为 12 nm，如图 5-3 所示。实际上，在 Han 等[3]的早期研究中也得到过同样的晶粒尺寸分布。

图 5-4(a)为热处理前 TiO_2 薄膜的 XRD 图谱。实验结果进一步确认薄膜主要由

锐钛矿相和少量金红石相组成。图中来自于 Ti 基体的强衍射峰说明 X 射线完全穿透了 TiO_2 薄膜。通过 Scherrer 公式计算出薄膜中锐钛矿相的晶粒尺寸为 20 nm，这说明薄膜内部锐钛矿相的平均晶粒尺寸大于用 HRTEM 观察到的混合区中的晶粒尺寸(12 nm)，如图 5-2 和图 5-3 所示。

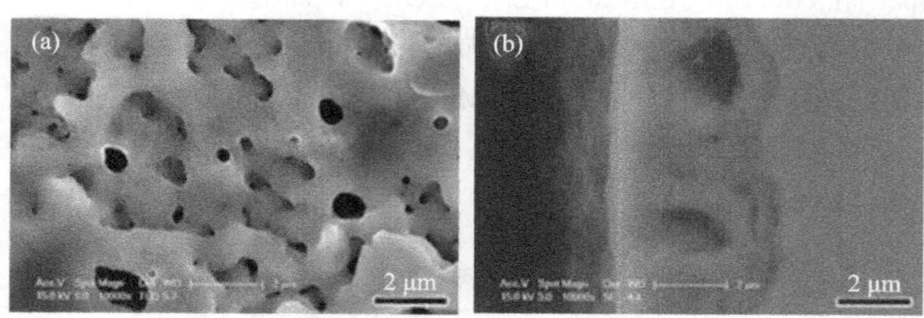

图 5-1　热处理前 TiO_2 薄膜的 SEM 形貌图

(a) 正面；(b) 截面

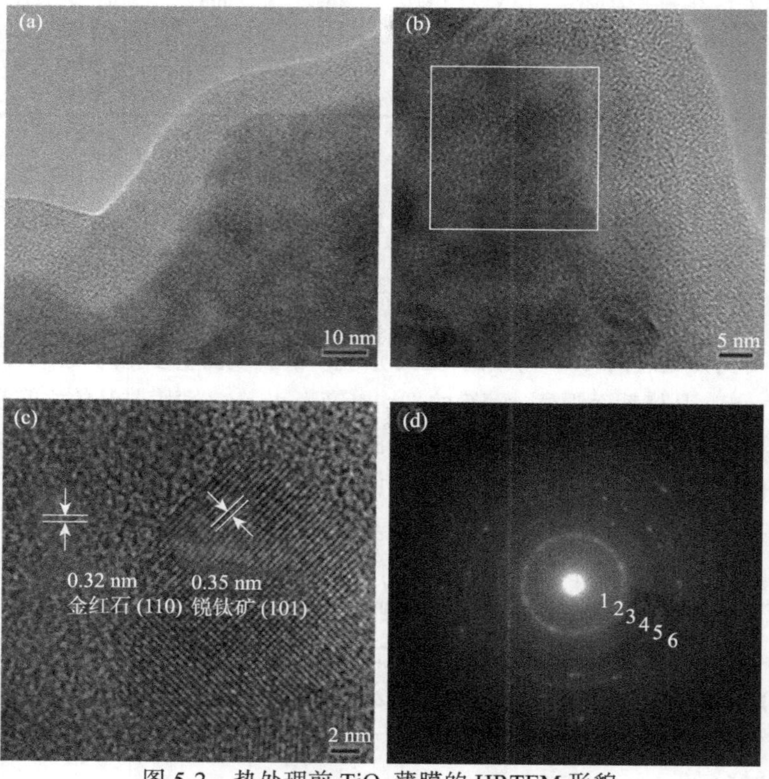

图 5-2　热处理前 TiO_2 薄膜的 HRTEM 形貌

(a) 低倍；(b) 高倍；(c) TiO_2 晶格条纹；(d) 锐钛矿相的选区电子衍射花样

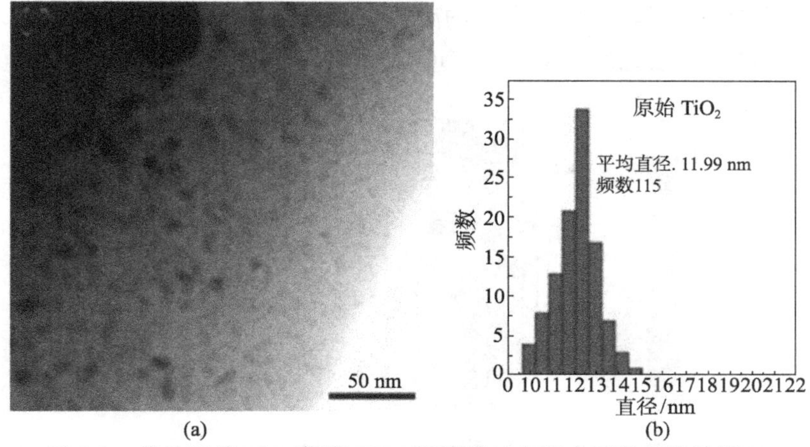

图 5-3　热处理前 TiO_2 薄膜 TEM 形貌图(a)和混合区粒径统计图(b)

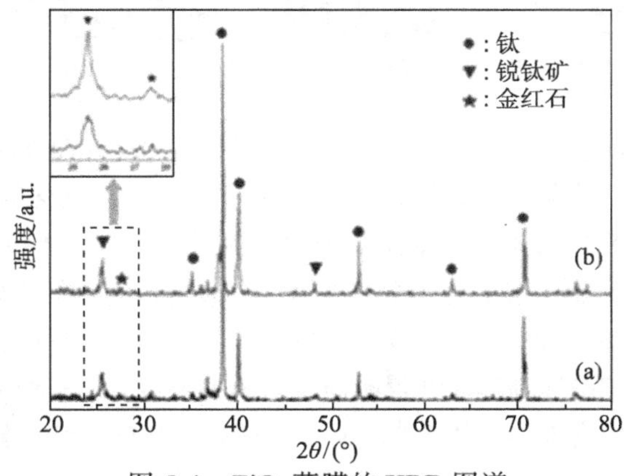

图 5-4　TiO_2 薄膜的 XRD 图谱

(a) 热处理前；(b) 热处理后

对比传统的通过溶胶–凝胶法、水热法和阳极氧化法制备的 TiO_2 纳米晶、纳米管和纳米棒，以上结果表明微弧氧化法制备的 TiO_2 薄膜为一种特殊的非均匀显微组织结构，特别是由表面到内部是一个渐变的微观结构。事实上，这种变化是与微弧氧化特殊的成膜过程有关。已有报道表明，在微弧氧化过程中，火花放电通道中的温度和压强可以达到 2×10^4 K 和 10^2 MPa[4]，并将 Ti 基体瞬间氧化成熔融态的 TiO_2。随后，熔融态的 TiO_2 从放电通道中喷发出来，并在电解液中快速冷凝固，形成火山口状的多孔形貌。由于这种“淬冷”的绝热效应，使得在微弧氧化过程中，熔融状态 TiO_2 薄膜的凝固组织，随着温度梯度而发生变化。

图 5-5 为利用 Maxwell 2D 模拟程序(Maxwell SV, Ansoft Corp.)模拟计算的微弧氧化成膜过程中薄膜表面的温度分布图。建模方式为：①顶部和底部边界分别代表

薄膜的外层和内层，假设近邻电解液的温度为 20 ℃，熔融态 TiO_2 的温度为 2000 ℃；②左右两个边界分别绝热状态；③ TiO_2 的热传导率设置为 1.809×10^{-3} W/(m·K)。

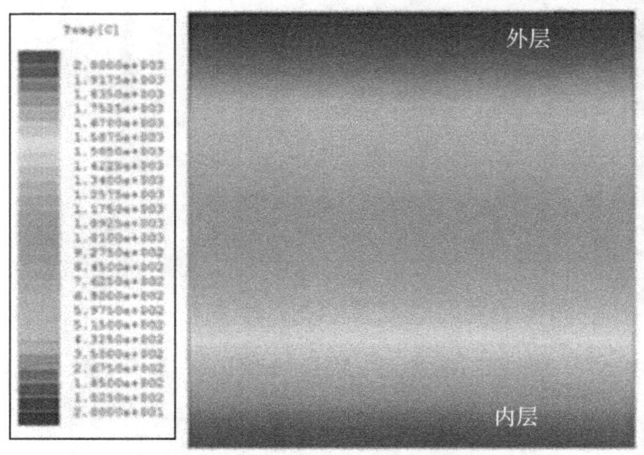

图 5-5　微弧氧化成膜过程的温度暂态分布图

很显然，TiO_2 薄膜表面的非晶层是由于外层最高的冷却速度(10^8 K/s)引起的[5]。随着冷却速度的减小，对应于温度梯度，逐步形成了一个组织变化的微结构，即非晶态+少量较小的纳米晶粒(12 nm)TiO_2 混合组成的过渡区，然后是全部较小纳米晶+少量较大纳米晶粒(20 nm)混合组成的另一个过渡区。在薄膜内部由于冷却速度最慢，全部为尺寸较大的纳米晶(20 nm)，这种组织结构的逐步变化与温度梯度相对应。总而言之，微弧氧化过程，极快的冷却速度使得所制备的薄膜整体上是一种纳米晶薄膜。另外，虽然微弧氧化产生的高温达到 2×10^4 K，远高于锐钛矿相向金红石相的转变温度(约 600 ℃)，但由于快速晶化过程，其更倾向于形成锐钛矿相，而只有少量的金红石相[6]。

5.3.2　高温处理对 TiO_2 纳米晶薄膜微结构和光催化性能的影响

1. 热处理后(post-annealing)TiO_2 薄膜的形貌特征

非晶态 TiO_2 由于含有大量的缺陷，容易形成光生电子和空穴的复合中心，不利于光催化的进行[7]。因此，如果能够通过热处理使这层表面非晶态 TiO_2 消失或者转变成所需要的组织，将有利于其光催化性能的提高。

图 5-6 为热处理后 TiO_2 薄膜表面的 HRTEM 形貌特征。可以发现，经过 450 ℃热处理后，薄膜表面的非晶态 TiO_2 基本消失，被晶化成晶粒直径仅为数纳米(约 3 nm)的锐钛矿结构[6]。同时，混合区的晶粒尺寸也由原来的 12 nm 增加到约 18 nm，如图 5-7 所示。由图 5-4(b)的 XRD 图谱，通过 Scherrer 公式可以计算出热处理后薄膜内部锐钛矿相的平均粒径也由原来的 20 nm 增加到约 30 nm。表 5-6 对比列出了热

处理前后 TiO_2 薄膜不同部位显微组织的粒径分布。可以明显看出热处理后，薄膜不同部分的晶粒尺寸均有明显的增大。但是值得注意的是，整个薄膜在热处理后的平均晶粒度仍然保持在 30 nm 以内的纳米尺度，而没有长大到微米尺度，这可能是由于来自电解质的晶界相在较低温度下阻止了锐钛矿相晶粒的长大。光催化过程主要发生在材料的表面，这种消除了表面非晶态组织的 TiO_2 纳米薄膜将对其光催化性能的提高产生重要的影响。

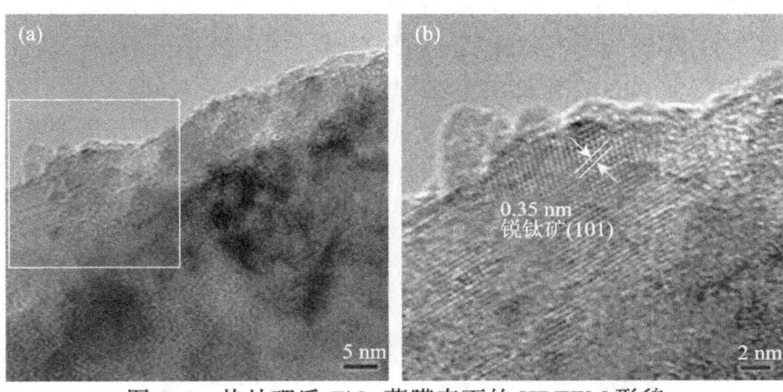

图 5-6　热处理后 TiO_2 薄膜表面的 HRTEM 形貌

(a) 低倍；(b) 高倍

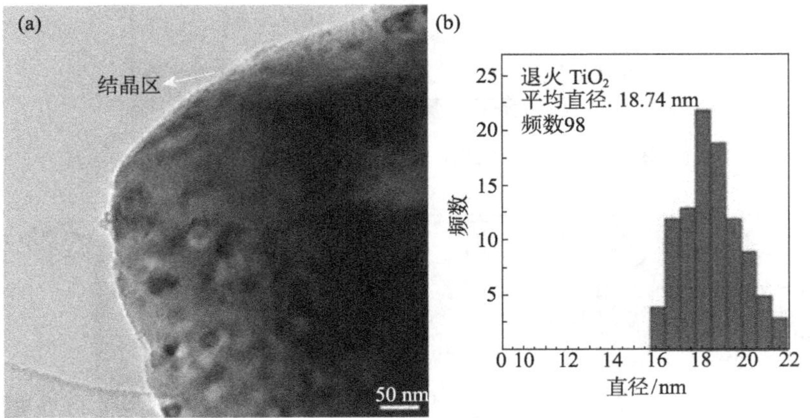

图 5-7　热处理后 TiO_2 薄膜 TEM 形貌图(a)和混合区粒径统计图(b)

表 5-6　热处理前后 TiO_2 薄膜各区域晶粒尺寸

TiO_2 薄膜	最表层	过渡区	内部基体
热处理前	非晶态	12 nm	20 nm
热处理后	3 nm	18 nm	30 nm

2. TiO_2 薄膜表面微观结构对光催化性能的影响

图 5-8 为热处理前后 TiO_2 薄膜的光生电流曲线。通过对比明显发现，热处理后，TiO_2 薄膜光生电流较热处理前提高了约 2 倍。这是因为热处理前，TiO_2 薄膜表面的非晶层中存在较多缺陷，容易形成电子–空穴复合中心，降低了光生载流子的浓度；而热处理后，表面的非晶层消失转变为纳米晶，降低了 TiO_2 薄膜中的缺陷浓度，从而有效地提高了其光生电流强度。

另外，通过 UV-Vis 光辐照，测量溶液中光催化活性物质·OH 的含量也能反映热处理前后 TiO_2 薄膜的光催化性能。因为对苯二甲酸(TA)可与·OH 结合，生成的 2 羟基–对苯二甲酸(TAOH)在波长 426 nm 处有很强的荧光发射峰，因此可用作荧光的探测剂[8,9]。图 5-9(a)为不同时间光照下，热处理后 TiO_2 薄膜表面溶液的荧光强度。光照时间与荧光强度之间良好的线性关系证明了微弧氧化 TiO_2 薄膜稳定的光催

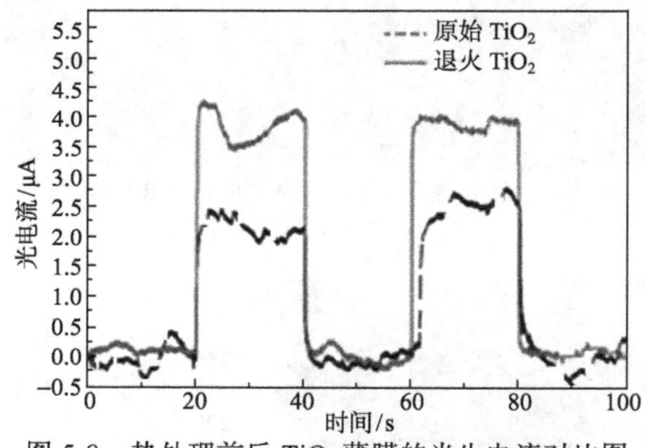

图 5-8　热处理前后 TiO_2 薄膜的光生电流对比图

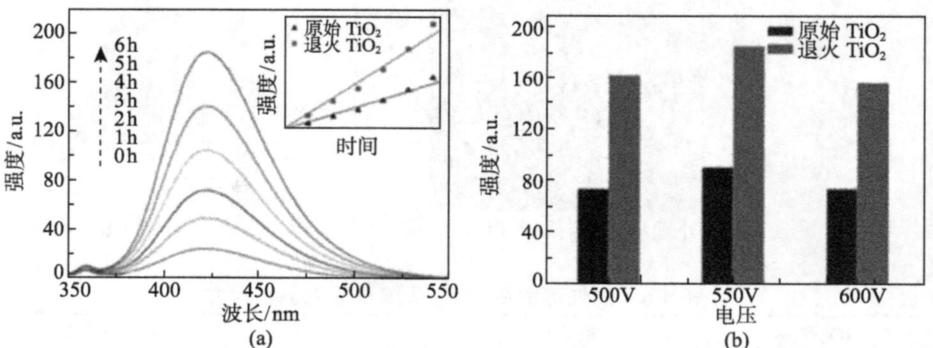

图 5-9　热处理后 TiO_2 薄膜在不同光照时间下激发的 TAOH 荧光强度

插图为热处理前 TiO_2 薄膜的荧光强度随时间变化关系图(a)；

不同电压条件制备的 TiO_2 薄膜热处理前后荧光强度对比图(b)

化效率。热处理后 TiO_2 薄膜产生的·OH 含量是热处理前的两倍以上。同时，在不同电压下制备的 TiO_2 薄膜热处理后也有类似的规律，如图 5-9(b)所示。也就是说，由于热处理可以有效地将微弧氧化 TiO_2 薄膜表面的非晶层晶化，其光催化效率得以显著提高。

5.4　微弧氧化 MgO 纳米晶薄膜的微结构特征及其腐蚀性能

5.4.1　Mg 基体表面微弧氧化 MgO 薄膜的微结构特征

图 5-10 为 Mg 基体表面微弧氧化制备的 MgO 薄膜的 SEM 形貌图。MgO 薄膜呈多孔的火山口结构，孔径为 1～3 μm。但由于基体的差异，其与 Ti 基体表面的 TiO_2 薄膜形貌有明显的差异。图 5-11 为 MgO 薄膜的 HRTEM 形貌。可以明显看出，薄膜表面覆盖有一层约 10 nm 厚的非晶层，如图 5-11(a)所示。非晶层下面是非晶态 MgO 与 MgO 晶粒的混合区，如图 5-11(b) 所示。图 5-11(c)和(d)分别对应图 5-11(b)中的方框部分，为 MgO 纳米晶粒 (111)面和(200)面的晶格条纹像。MgO 晶粒在 5 nm 左右。

图 5-12(a)为原始 MgO 薄膜的 XRD 图谱。可以看出除了 Mg 基体外，有明显的 MgO 衍射峰存在，表明薄膜主要由 MgO 组成。实验能够测到明显的 Mg 基体 XRD 峰，说明 MgO 薄膜较薄，可以被 X 射线完全穿透。图 5-13 为对 MgO 薄膜(200)晶面在 43.07°的主峰进行慢速扫描的 XRD 曲线，扫描速度为 1°/min，扫描范围为 41°～43°。实验测得 MgO 薄膜(200)晶面峰呈对称高斯分布，半高宽(FWHM)约为 0.313°，利用通过 Scherrer 公式计算出 MgO 薄膜中纳米晶的平均粒径为 26 nm。这证明 MgO 薄膜内部组织结构也为纳米晶，其平均粒径大于混合区中 MgO 的粒径(3 nm)。

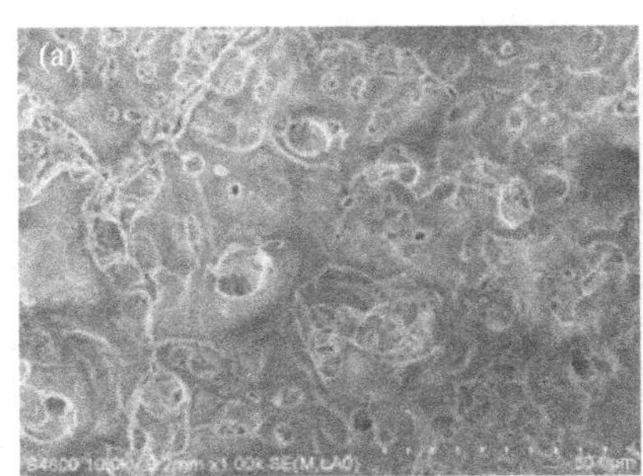

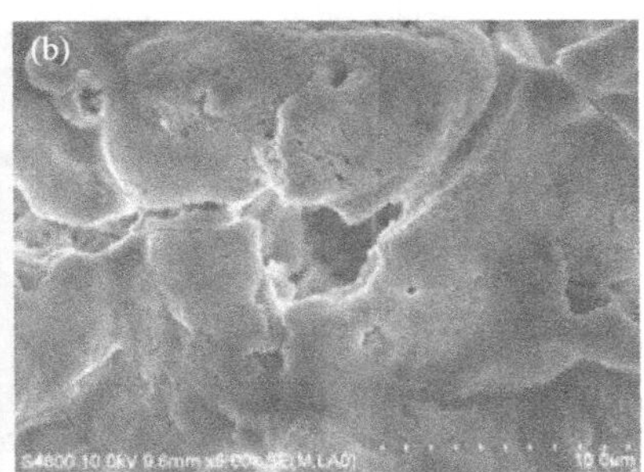

图 5-10　微弧氧化 MgO 薄膜的 SEM 形貌图

(a) 低倍；(b) 高倍

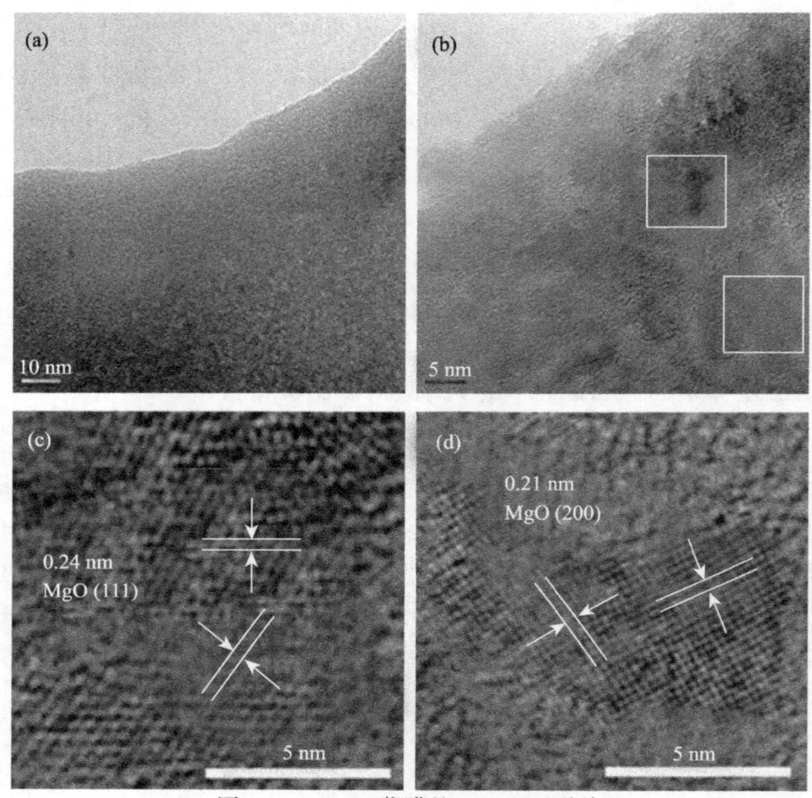

图 5-11　MgO 薄膜的 HRTEM 形貌

(a) 低倍；(b) 高倍；(c) (111)面晶格条纹；(d) (200)面晶格条纹

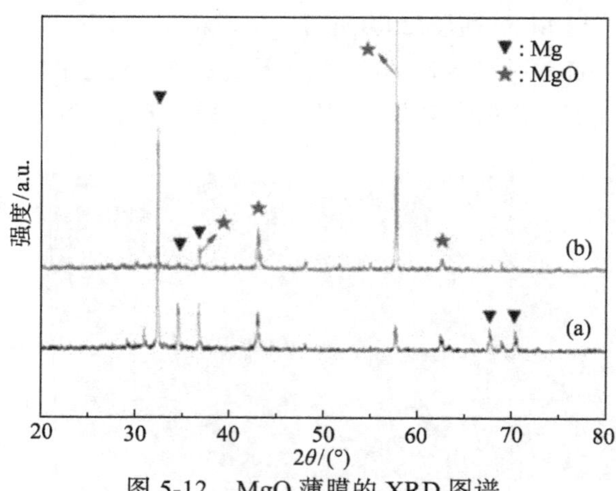

图 5-12　MgO 薄膜的 XRD 图谱

(a) 热处理前；(b) 热处理后

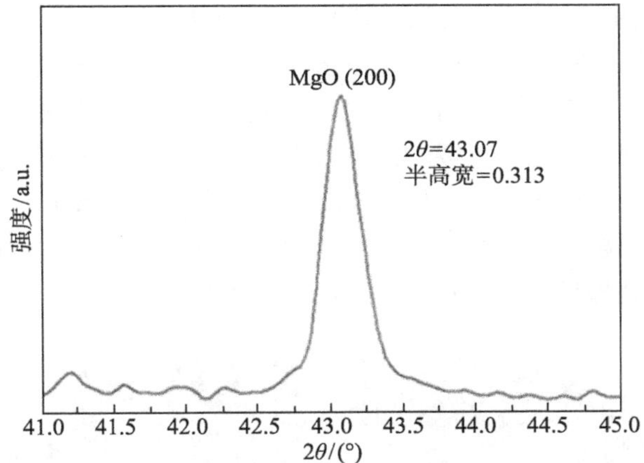

图 5-13　MgO 薄膜在 43° 附近的 XRD 慢速扫描图谱

由以上表征结构可知，微弧氧化 MgO 薄膜具有与 TiO_2 薄膜同样的呈梯度分布的微观结构，并且也是一种纳米晶结构。其组织变化规律为：薄膜最表面为一层厚度约 10 nm 的非晶层，然后是非晶态 MgO 与 MgO 纳米晶组成的混合区，MgO 纳米晶粒径约 3 nm，而薄膜内部为粒径约 26 nm 的 MgO 纳米晶。形成这一结构的原因是微弧氧化 MgO 薄膜特殊的成膜过程[1]，正如 5.2.1 节中描述。尽管金属基体和电解液有所变化，但微弧氧化过程中的火花放电、快速氧化、熔融和电解液的淬冷作用仍会发生，因此在 MgO 薄膜中，同样会呈现梯度分布的微观结构。但由于基体和电解液的差异，MgO 薄膜与 TiO_2 薄膜中纳米晶的粒径有所不同。

5.4.2　高温处理对 MgO 纳米晶薄膜微结构和腐蚀性能的影响

图 5-12(b)为经过 500 ℃热处理后的 MgO 薄膜 XRD 图谱。可以看出经过热处理以后，MgO 在 57.2° 附近的 XRD 峰有显著增强，而其他晶面的 XRD 峰并无明显变化，同时 Mg 基体的峰相对下降。图 5-14 为热处理后 MgO 薄膜的 HRTEM 形貌图。我们发现原来 MgO 薄膜中梯度分布的结构完全消失，薄膜由众多长条形的晶粒组成。长条晶的长度约 100 nm，宽度约 10 nm。同时，薄膜并不连续，中间存在较多的空洞。这说明经过热处理，原来 MgO 薄膜中，由非晶态和纳米晶组成的致密结构被破坏，形成了疏松的膜层。这可能会造成 MgO 耐腐蚀性能的下降。

图 5-15 为热处理前后 MgO 薄膜的开路电势(open circuit potential, OCP)对比曲线。实验显示原始 MgO 薄膜的开路电势曲线相对比较平稳，开路电势为−1.34 V。而热处理后 MgO 薄膜的开路电势曲线波动较大，开路电势为−1.33 V。热处理前较热处理后的 MgO 薄膜开路电势正移了约 10 mV。一般来说，开路电势越正，说明电化学腐蚀的驱动力越小，也就是说薄膜的耐腐蚀性能越好[10]。因此，该实验结果说明热处理对

Mg 基体表面微弧氧化 MgO 薄膜的耐腐蚀性能具有破坏作用。

图 5-16 为热处理前后 MgO 薄膜的极化曲线(Tafel)对比图。原始 MgO 薄膜的腐蚀电势为−1.37 V，腐蚀电流密度为 1.33×10^{-7} A/cm^2。热处理后 MgO 薄膜的腐蚀电势为−1.38 V，腐蚀电流密度为 3.66×10^{-7} A/cm^2。热处理前较热处理后的 MgO 薄膜腐蚀电势正移了 10 mV，这也与开路电势测量的结果一致；同时腐蚀电流增加了约 3 倍。腐蚀电势越正，腐蚀电流越小，都说明样品的耐腐蚀性能越好[10]。因此，该结果说明了热处理后的 MgO 薄膜的耐腐蚀性能不如原始的 MgO 薄膜。

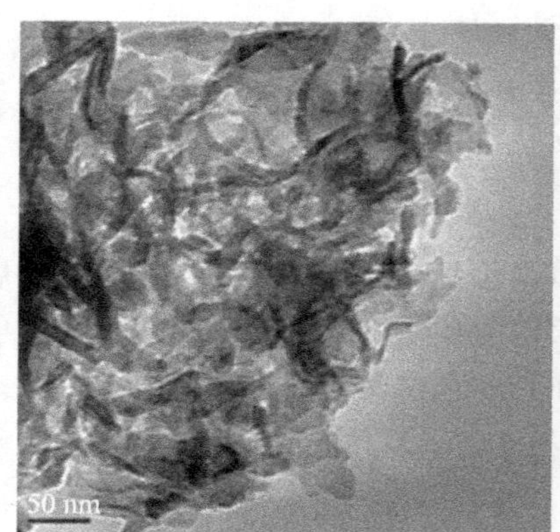

图 5-14　热处理后 MgO 薄膜的 HRTEM 形貌

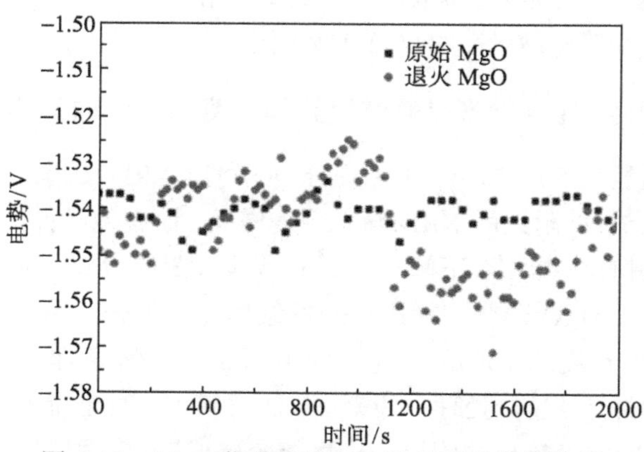

图 5-15　MgO 薄膜热处理前后的开路电势曲线

对以上实验结果分析认为，原始 MgO 薄膜表面为连续的梯度分布，表面非晶层形成一层阻挡层，非晶层与中间的过渡区之间没有明显的界限，MgO 纳米晶之间充满非晶态 MgO，因此是一种致密的结构，可以对 Mg 基体起到耐腐蚀的作用。但经热处理之后，表面非晶层消失，原始 MgO 纳米晶成为形核中心，生长成长条状的 MgO 晶体，同时非晶态 MgO 基本消失。长条状的 MgO 晶体在生长过程相互竞争，破坏了原有的致密结构，同时出现不连续的空洞，对薄膜的耐腐蚀性能也有明显的破坏作用。因此在电化学测试中，表现为开路电势和腐蚀电势的负移，同时腐蚀电流密度显著增长。总的来说，高温的作用会造成微弧氧化 MgO 纳米薄膜的微结构转变，最终导致其抗腐蚀性能下降。这个现象需要在实际应用中加以注意。

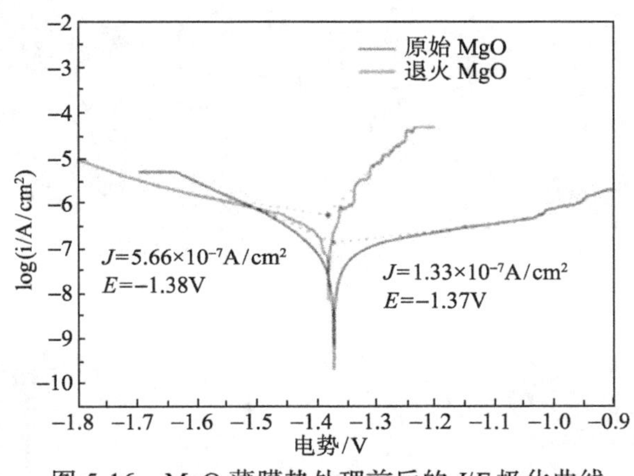

图 5-16 MgO 薄膜热处理前后的 I/E 极化曲线

5.5 微弧氧化 Al_2O_3 纳米晶薄膜的微结构特征及其腐蚀性能

5.5.1 Al 基体表面微弧氧化 Al_2O_3 薄膜的微结构特征

图 5-17 为纯 Al 基体表面微弧氧化制备的 Al_2O_3 薄膜的 SEM 形貌图。Al_2O_3 薄膜同样呈多孔的火山口结构，孔径为 3～10 μm。但形貌与 TiO_2 薄膜和 MgO 薄膜均有明显的不同，这是由于基体差异造成的。图 5-18 为 Al_2O_3 薄膜的 HRTEM 形貌。发现在 Al_2O_3 薄膜表面也覆盖了一层 10 nm 厚的非晶层，如图 5-18(a)所示。在非晶层下面可以观察到 α-Al_2O_3 的晶格条纹像，如图 5-18(c)所示。与 TiO_2 和 MgO 相比，α-Al_2O_3 的粒径较大，约 20 nm 左右，如图 5-18(d)所示。

图 5-19(a)为原始 Al_2O_3 薄膜的 XRD 图谱。可以看出除了 Al 基体外，有明显的 α-Al_2O_3 的 XRD 峰存在，表明薄膜主要由 α-Al_2O_3 组成。同样由于 α-Al_2O_3 薄膜较薄，X 射线完全可以穿透，并可获得 Al 基体的衍射峰。对 α-Al_2O_3 的(012)晶面在 23.6° 的主峰进行 XRD 慢速扫描分析，扫描速度为 1° /min，扫描范围为 23° ～28° ，

如图 5-20 所示。其半高宽约为 0.18°，根据 Scherrer 公式计算出 α-Al_2O_3 薄膜中纳米晶的平均粒径为 43 nm。同样说明了 Al_2O_3 薄膜是一种纳米晶薄膜，并且内部纳米晶的平均粒径远大于混合区中的粒径(20 nm)。

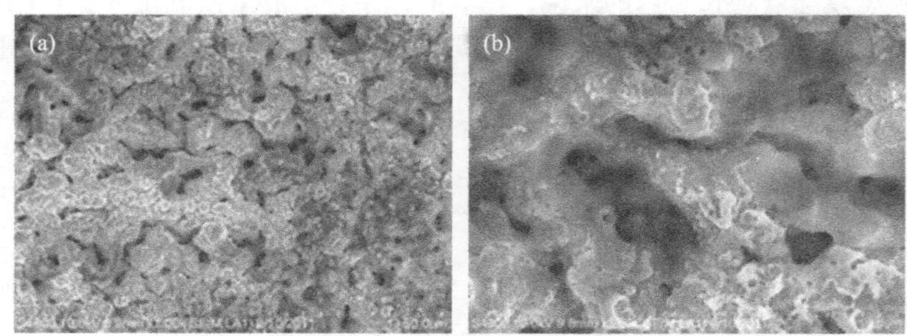

图 5-17 微弧氧化 Al_2O_3 薄膜的 SEM 形貌图

(a) 低倍；(b) 高倍

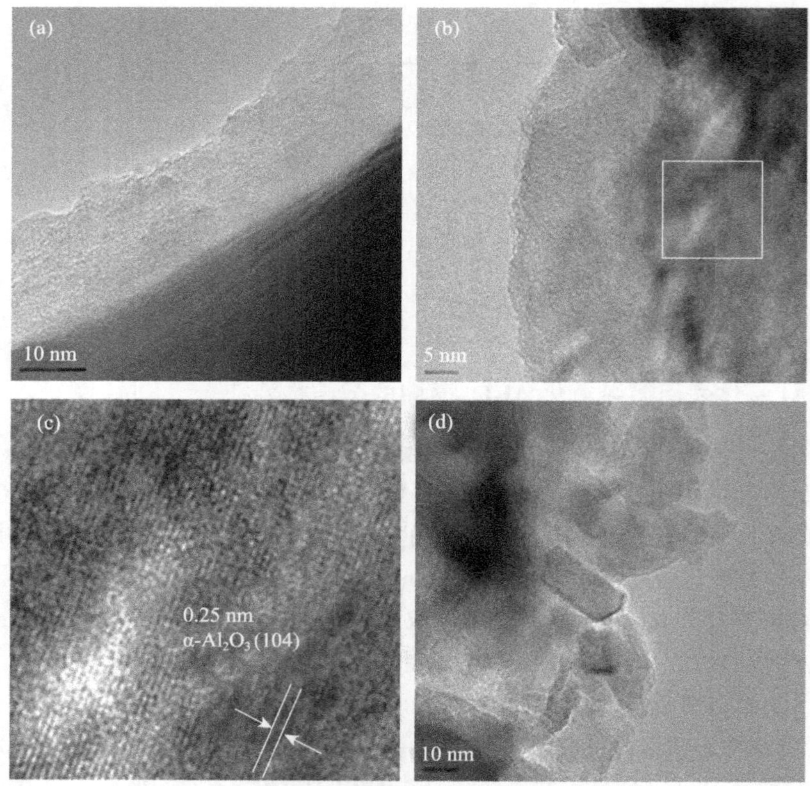

图 5-18 Al_2O_3 薄膜的 HRTEM 形貌

(a) 低倍；(b) 高倍；(c) α-Al_2O_3(104)面晶格条纹；(d) Al_2O_3 晶粒

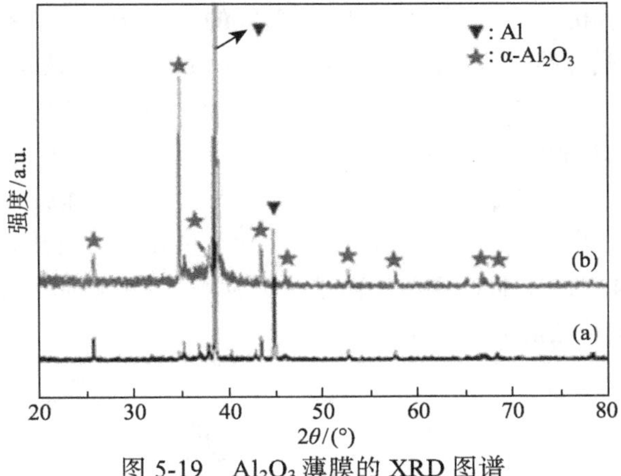

图 5-19　Al_2O_3 薄膜的 XRD 图谱

(a) 热处理前；(b) 热处理后

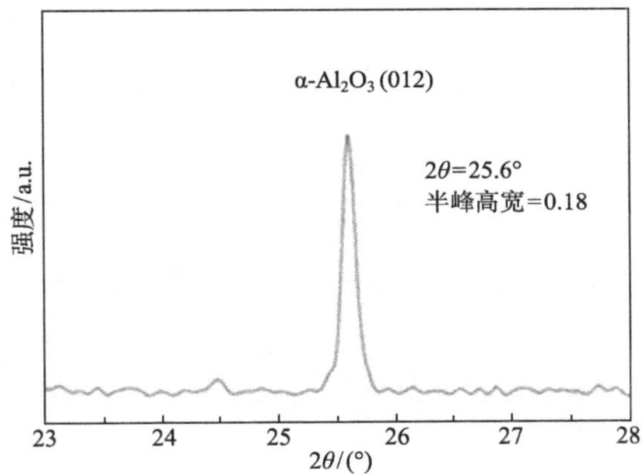

图 5-20　Al_2O_3 薄膜在 23° 附近的 XRD 慢速扫描图谱

通过对 Al_2O_3 纳米晶薄膜微观结构的分析可知，微弧氧化 Al_2O_3 薄膜是一种纳米晶薄膜，其微观结构同样呈梯度分布。自表面到内部的分布规律为：薄膜最表面为一层厚度约 10 nm 的非晶层，然后是非晶态与 Al_2O_3 纳米晶组成的混合区，Al_2O_3 纳米晶的粒径约 20 nm；薄膜内部为粒径约 43 nm 的 Al_2O_3 纳米晶。

5.5.2　高温处理对 Al_2O_3 纳米晶薄膜微结构和腐蚀性能的影响

图 5-19(b)为经过 900℃热处理 Al_2O_3 薄膜的 XRD 图谱。可以看出，热处理后 Al_2O_3 薄膜的 XRD 峰有显著增强，说明 Al_2O_3 薄膜中的纳米晶生长成更大的晶粒。这可能会破坏原始薄膜中致密的结构，导致 Al_2O_3 薄膜耐腐蚀性能的下降。

图 5-21 为热处理前后 Al_2O_3 薄膜的开路电势对比曲线。实验显示原始 Al_2O_3 薄

膜的开路电势约为–0.72 V，热处理后 Al_2O_3 薄膜的开路电势为–0.81 V。热处理前较热处理后的 MgO 薄膜开路电势正移了约 90 mV，表明原始 Al_2O_3 薄膜的耐腐蚀性能较好，也就是说热处理对 Al 基体表面微弧氧化 Al_2O_3 薄膜的耐腐蚀性能具有破坏作用。

图 5-22 为热处理前后 Al_2O_3 薄膜的极化曲线对比图。热处理前 Al_2O_3 薄膜的腐蚀电势为–0.74 V，腐蚀电流密度为 9.42×10^{-8} A/cm^2。热处理后 Al_2O_3 薄膜的腐蚀电势为–0.78 V，腐蚀电流密度为 1.19×10^{-7} A/cm^2。热处理前较热处理后的 MgO 薄膜腐蚀电势正移了 40 mV，同时腐蚀电流也有明显增加，也说明了热处理后的 Al_2O_3 薄膜的耐腐蚀性能较原始的 Al_2O_3 薄膜差。

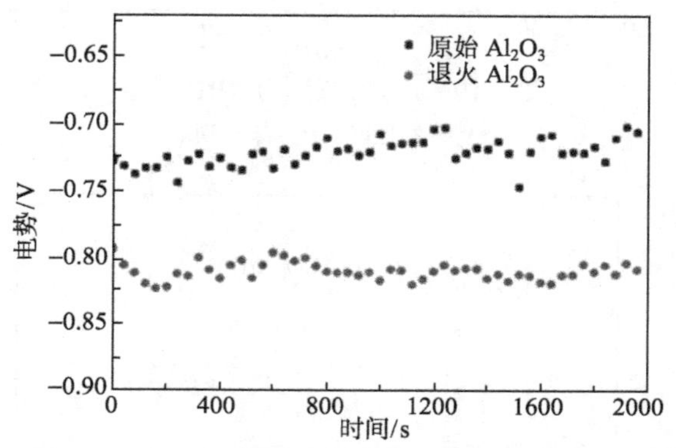

图 5-21　Al_2O_3 薄膜热处理前后的开路电势曲线

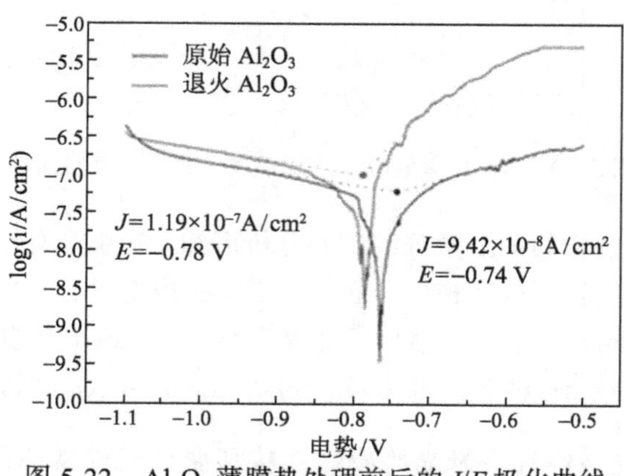

图 5-22　Al_2O_3 薄膜热处理前后的 I/E 极化曲线

表 5-7 统计了微弧氧化 TiO_2、MgO 和 Al_2O_3 纳米晶薄膜各区域的粒径分布情况。可以看出，无论在何种基体上制备的微弧氧化薄膜，其微观结构都是呈梯度分布：表面为一层非晶态膜，厚度约 10 nm；非晶态膜下面是粒径较小的金属氧化物纳米

晶；薄膜内部的平均粒径较大，从而证明了微弧氧化技术制备的薄膜是一种表面微观结构呈梯度分布的纳米晶薄膜。形成这一结构的原因是微弧氧化过程火花放电使氧化物熔融，在电解液的淬冷作用下快速凝固结晶。但由于基体和电解液的差异，因此薄膜中纳米晶的粒径大小均有所不同。

表 5-7　微弧氧化纳米晶薄膜各区域粒径分布

MAO 薄膜	TiO_2	MgO	Al_2O_3
最表层	非晶态	非晶态	非晶态
过渡层	12 nm	3 nm	20 nm
内部基体	20 nm	26 nm	43 nm

参 考 文 献

[1] 王立世，潘春旭，蔡启舟，等. 镁合金表面微弧氧化陶瓷膜的腐蚀失效机理. 中国腐蚀与防护学报, 2008, 28(4): 219-224.

[2] Wang L S, Pan C X. Characterization of micro-discharge evolution and coating morphology transition in plasma electrolytic oxidation of magnesium alloy. Surface Engineering, 2007, 23(5): 324-328.

[3] Han Y, Chen D H, Zhang L. Nanocrystallized SrHA/SrHA–$SrTiO_3$/$SrTiO_3$—TiO_2 multilayer coatings formed by micro-arc oxidation for photocatalytic application. Nanotechnology, 2008, 19: 335705.

[4] Chen X B, Mao S S. Titanium dioxide nanomaterials: Synthesis, properties, modifications, and applications. Chem. Rev., 2007, 107(7): 2891-2959.

[5] Yerokhin A L, Nie X, Leyland A, et al. Plasma electrolysis for surface engineering. Surf. Coat. Technol., 1999, 122: 73-93.

[6] Hanaor D A, Sorrell C C. Review of the anatase to rutile phase transformation. Journal of Materials science, 2011, 46(4): 855-874.

[7] Gao L, Zhang Q. Effects of amorphous contents and particle size on the photocatalytic properties of TiO_2 nanoparticles. Scripta Materialia, 2001, 44(8): 1195-1198.

[8] Ishibashi K I, Fujishima A, Watanabe T, et al. Detection of active oxidative species in TiO_2 photocatalysis using the fluorescence technique. Electrochemistry Communications, 2000, 2(3): 207-210.

[9] Hirakawa T, Nosaka Y. Properties of O^{2-} and OH formed in TiO_2 aqueous suspensions by photocatalytic reaction and the influence of H_2O_2 and some ions. Langmuir, 2002, 18(8): 3247-3254.

[10] 马颖，冯君艳，马跃洲，等. 镁合金微弧氧化膜耐蚀性表征方法的对比研究. 中国腐蚀与防护学报, 2010, 30(6): 442-448.

第 6 章　导电高分子敏化的 TiO_2 光催化材料及其光催化性能

6.1　引　　言

大量的研究表明可用作光催化的材料主要有：TiO_2、ZnO、$SrTiO_3$、CeO_2、WO_3、Fe_2O_3、GaN、Bi_2S_3、CdS、ZnS 等[1-2]，其中，研究得最多的是 TiO_2。相比其他的光催化材料，TiO_2 的主要优点表现在稳定、无毒、活性高、耐光腐蚀，而且能够利用廉价、清洁的太阳能将几乎所有的有机污染物氧化降解为 CO_2 和 H_2O。目前，一些基于 TiO_2 的光催化技术在环保领域的应用研究和工业生产技术已制备开发，如光催化空气净化器、光催化钛晶玻璃、光催化自清洁瓷砖等。不过，尽管对 TiO_2 光催化剂的研究和应用已卓有成效，然而，TiO_2 的一些缺点限制了它的广泛应用，如①TiO_2 的禁带宽度较大，例如，金红石型 TiO_2 的带隙为 3 eV，锐钛矿型 TiO_2 的带隙为 3.2 eV，吸收范围都在紫外区，可见光利用率低；②量子产率低，电子空穴复合率高；③难以回收再利用[3-4]。

为了拓展 TiO_2 光催化剂的光谱吸收范围，以及提高它的光催化效率，科学家尝试了多种方法，如金属掺杂、非金属掺杂、半导体复合、染料敏化等，对其进行改性[5-8]，目前已取得一定进展，但也依然存在着一些问题，亟待解决。一般来说，金属或非金属掺杂可以通过轨道杂化有效地改变半导体的能带位置。不过，通常金属或金属离子掺杂体系不稳定，不利于光生电荷的迁移，且掺杂的金属离子也常常是光生电荷的俘获中心；而通过非金属离子掺杂一般拓展可见光响应范围有限，且在光化学反应过程中存在催化材料不稳定问题。染料光敏化也可有效地拓展可见光响应范围，但是大多数敏化剂在近红外区吸收很弱，吸收谱与太阳光谱不能很好匹配。另外，敏化剂自身也可能发生光降解，随着敏化剂不断被降解，可见光活性逐渐降低。半导体复合本质上是一种颗粒对另一种颗粒的修饰，利用窄带隙半导体敏化设计复合半导体的异质结构能拓展宽带隙半导体的响应波长，同时降低电子–空穴对复合，是提高光催化效率的一个有效途径。在过去几十年里，人们围绕 TiO_2 光催化材料制备了一系列的异质结光催化材料，主要有 CdS / TiO_2、CdSe / TiO_2、SnO_2 / TiO_2、WO_3 / TiO_2 等。

导电聚合物是一类具有半导体能带结构，且导电性能介于半导体和金属导体之间的特殊聚合物，它们可掺杂成为 p 型或 n 型半导体。它们与 TiO_2 或 ABO_3 类材料结合后，有望形成具有异质结结构的新颖复合材料。导电高分子具有以下一些显著特征：①导电聚合物带隙在 1.5～3 eV，在可见光及近红外线下都有明显的吸收[9-10]。例如，p 型掺杂的聚苯胺和聚吡咯在可见和近红外区有很强的吸收，在红外线的激发下能产生光电流。②导电高分子激发态电位与半导体导带位匹配较好，可实现电子的有效转移，有利于电子–空穴对的分离，使光催化性能提高[11-13]。③导电高分子具有良好的吸附性能，而对污染物的吸附是进行光催化降解的第一步，因此这一点对光催化材料而言非常重要。④导电高分子一般是化学惰性的，具有难溶、难熔、耐光腐蚀的特点，可保证材料本身的稳定性，这一特点使导电高分子材料广泛用于太阳能电池及抗腐蚀材料方面。本章将介绍几种导电高分子敏化 TiO_2 光催化材料的制备、光催化机理、光催化性能以及应用。

6.2　聚苯胺改性 TiO_2 光催化材料及其光催化性能

聚苯胺(PANI)是一种典型的导电聚合物，优点是制备方法简单，对环境无害，易于掺杂/脱掺杂。聚苯胺的禁带宽度只有 2.8eV，比 TiO_2 的禁带宽度窄，比较适合作为敏化剂修饰 TiO_2。到目前为止，已有不少关于聚苯胺与 TiO_2 复合材料的研究，制备出诸如 PANI-TiO_2 纳米颗粒和纳米管等材料，在可见光照射下对有机污染物有较好的降解效果。例如，Gao 等[14]合成的 PANI-TiO_2 薄膜在催化降解罗丹明 B 实验研究中表现出良好的可见光催化活性。Li 等[15]制备出的 PANI-TiO_2 复合材料在可见光下降解苯酚效果良好。我们利用水热法制备出了微球型 PANI-TiO_2 纳米复合光催化材料，并对其性能和结构进行了系统的研究，下面进行详细介绍。

6.2.1　聚苯胺改性 TiO_2 的结构与形貌

聚苯胺用原位化学合成法制备。在此基础上通过控制 pH、$TiCl_4$ 用量以及热处理时间和温度，获得微球形状的 TiO_2 及 PANI-TiO_2 纳米复合光催化材料[16]。图 6-1 为 PANI、TiO_2、PANI-TiO_2 的 XRD 图谱。其中曲线(a)由 HCl 掺杂形成的聚苯胺是非晶态，基本没有明显的衍射峰出现。从曲线(b)中可以看出，TiO_2 为金红石相。图谱上未出现锐钛矿相和板钛矿相的衍射峰，说明样品是较纯的金红石相 TiO_2。曲线(c)与曲线(b)比较差异不大，证明复合材料中的 TiO_2 与纯 TiO_2 纳米粒子的晶相是一致的，也就是说复合材料制备过程中聚苯胺表面沉积对 TiO_2 晶型并无明显影响。

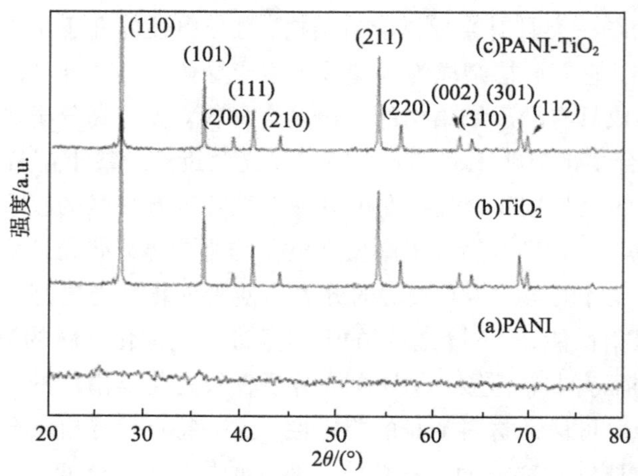

图 6-1　样品的 XRD 图谱

(a) PANI；(b) TiO_2；(c) PANI-TiO_2

图 6-2 是样品的 XPS 谱。其中曲线(a)中显示的是纯 TiO_2 的吸收峰；在曲线(b)中同时具有代表 TiO_2 的 O 1s 和 Ti 2p 的吸收峰，以及代表聚苯胺的 C 1s 和 N 1s 的吸收峰，说明所制备材料是由 TiO_2 和聚苯胺组成。与曲线(c)相比，曲线(b)中的 C 1s 和 N 1s 吸收峰强度明显减弱，说明 TiO_2 覆盖在了聚苯胺表面。

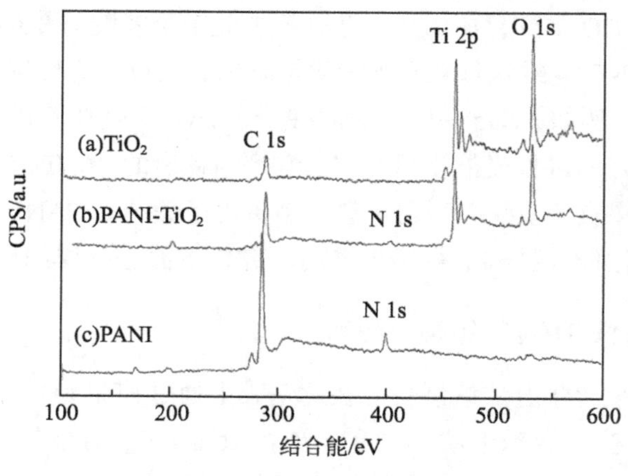

图 6-2　样品的 XPS 谱

(a)TiO_2；(b) PANI-TiO_2；(c) PANI

图 6-3 为制备的 TiO_2 和 PANI-TiO_2 颗粒的 TEM 形貌。图 6-3(a)为一维 TiO_2 纳米棒，直径为 10～15 nm，长度为 100～120 nm，右下角插图是纳米棒选区电子衍射得到的多晶衍射环。在 160 ℃热处理下仅形成 TiO_2 纳米棒。图 6-3(b)为 160 ℃下处理 2 h 后形成的 TiO_2 纳米微球，微球直径为 400～500 nm。图 6-3(c)为 PANI-TiO_2

纳米微球的 TEM 图像，插图为该照片的放大图像。复合材料微球直径在 800 nm 左右，图中暗区为聚苯胺，刺状物为 TiO_2 纳米棒，纳米棒分散在整个聚苯胺周围，棒的一端固定在聚苯胺表面。图 6-4 为控制 PANI-TiO_2 复合材料制备过程中的水热时间后的 TEM 形貌特征。图 6-4(a)为 160 ℃热处理制备的聚苯胺颗粒。从图 6-4(b)中可以看出，160 ℃水热处理 0.5 h 后，聚苯胺粒子表面已经开始有无定形 TiO_2 附着；而将水热时间调整至 1 h 时便出现如图 6-4(c)所示的样品形貌。图中样品已形成微球，但是由于没有足够多的 TiO_2 纳米棒形成并在聚苯胺表面附着，微球表面的刺状结构不是十分密集。水热时间延长至 4 h 和 12 h 时样品形成了表面附着密集 TiO_2 纳米棒的微球结构，如图 6-4(d)和图 6-4(e)所示，但由于热处理时间延长，聚苯胺产生热挥发，微球出现部分塌缩。

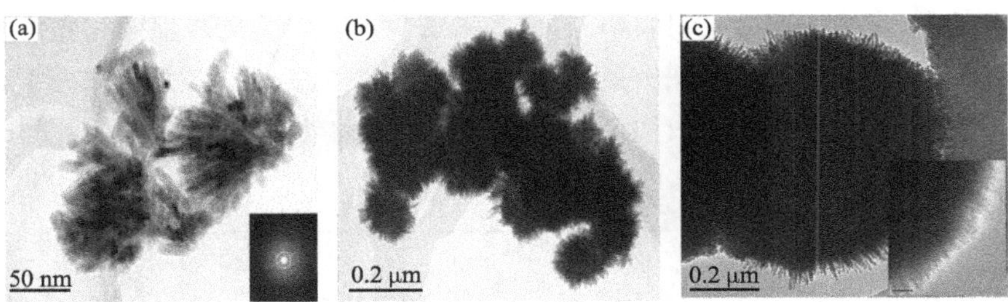

图 6-3　样品的 TEM 照片

(a) TiO_2 纳米棒；(b) TiO_2 微球；(c)PANI-TiO_2 微球

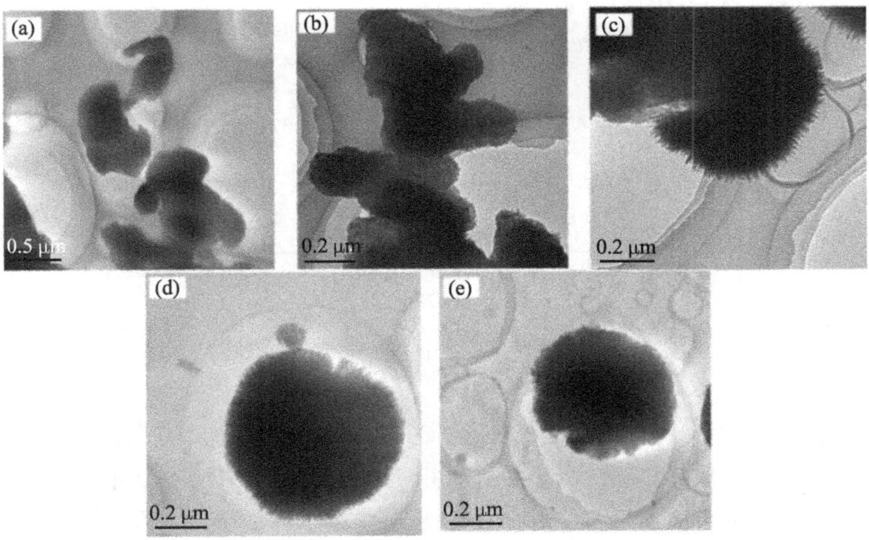

图 6-4　经 160 ℃水热处理不同时间后 PANI-TiO_2 复合材料的 TEM 照片

(a)原始 PANI；(b) 0.5 h；(c) 1 h；　(d) 4 h；(e) 12 h

图 6-5 是 PANI 和 PANI-TiO_2 复合材料的傅里叶变换红外(FT-IR)图谱。从图中可以看出，PANI 的红外吸收峰主要出现在 3428 cm^{-1}、3210 cm^{-1}、2918 cm^{-1}、1568 cm^{-1}、1478 cm^{-1}、1300 cm^{-1}、1111 cm^{-1} 等处，其中 3428 cm^{-1} 和 3210 cm^{-1} 吸收峰分别由自由 N—H 键和胺与亚胺间 N—H 键的伸缩振动引起[17]；位于 1568 cm^{-1} 和 1478 cm^{-1} 间的特征吸收峰对应的是醌环的 C═N 键和 C═C 键伸缩振动模式；1300 cm^{-1} 处的特征吸收峰是由苯环中 C═N 键的伸缩振动导致的；1111 cm^{-1} 则对应聚苯胺中醌类化学键的振动。在 PANI-TiO_2 复合材料的红外图谱中出现在 1575 cm^{-1}、1492 cm^{-1}、1305 cm^{-1} 处的特征峰与 PANI 在 1568 cm^{-1}、1478 cm^{-1}、1300 cm^{-1} 的特征峰大致吻合但有所偏移，对应着聚苯胺 N—H 键伸缩振动模式的 3428 cm^{-1} 处的特征吸收峰在复合材料的红外谱中偏移到 3398 cm^{-1} 处，而复合材料在 3210 cm^{-1} 处的特征峰有所增强。这些现象表明复合材料中 TiO_2 与聚苯胺之间存在着较强的相互作用，这种作用来自于钛离子与聚苯胺中氮原子的相互作用。钛是一种过渡金属元素，易于与聚苯胺分子中的氮原子形成稳定的化学键[18, 19]。此外，聚苯胺与 TiO_2 间的氢键作用也会导致吸收峰的偏移。

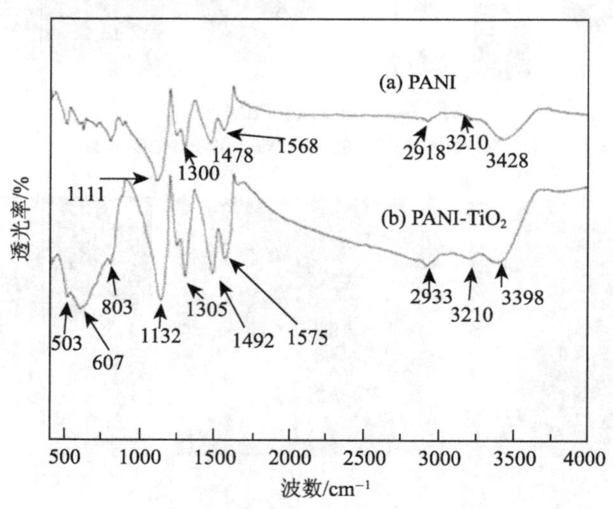

图 6-5　样品的 FT-IR 图谱

(a) PANI；(b) PANI-TiO_2

根据以上结果，我们提出了 PANI-TiO_2 微球的形成机理。首先，在溶液中过饱和的 $TiCl_4$ 水解形成 TiO_2 核，由于金红石相 TiO_2 在强酸条件下易于形成线状或棒状结晶，因此 TiO_2 核对氯离子的吸收有利于一维纳米棒的形成。在过饱和溶液的带动下，形成的 TiO_2 纳米棒越来越多地并聚集在一起形成微球的核心，如图 6-3(a)所示。在水热处理过程中，纳米棒继续生长并聚集自组装为微球，如图 6-3(b)所示。

制备过程中涉及的化学反应如下：

$$Ti^{4+} + nH_2O \longrightarrow Ti(OH)_n^{4-n} + nH^+ \tag{6-2-1}$$

$$Ti(OH)_n^{4-n} \longrightarrow Ti(IV)oxo\ species \longrightarrow TiO_2 \tag{6-2-2}$$

其中，Ti(IV)oxo species 包括钛的氢氧化物，被认为是 TiO^{2+}和 TiO_2 的中间体。

聚苯胺并不能溶于四氯化钛、水、氯化钠溶液、盐酸。在 PANI-TiO_2 微球形成过程中，聚苯胺粒子以固体颗粒状态悬浮在溶液中具有充当反应发生点和提供酸性环境的作用。因此，在 PANI-TiO_2 微球形成过程中，影响 TiO_2 微球形成的有关因素同样影响着复合材料微球的形成。

根据以上分析，关于 PANI-TiO_2 微球形成演化机制的推想有以下几步：首先，$TiCl_4$ 在高温下水解形成 TiO_2 纳米粒子；然后 TiO_2 和聚苯胺间的相互作用使 TiO_2 纳米粒子吸附在聚苯胺表面；TiO_2 在聚苯胺表面稳定后便开始沿一维方向生长成纳米棒；最后 TiO_2 纳米棒沿层次结构一致的方向自组装以减少表面能，最后形成如图 6-3(c)所示的复合材料微球。

6.2.2　聚苯胺改性 TiO_2 的光电性能

图 6-6 为样品的 UV-Vis 吸收光谱。可以看出纯 TiO_2 只能吸收波长小于 400nm 的光波，而聚苯胺和 PANI-TiO_2 在全光谱范围内的吸收强度都大大强于纯 TiO_2，说明聚苯胺的复合使复合材料的光谱吸收范围得到扩展，光谱吸收强度得到增强。聚苯胺在 320 nm 处的吸收峰是由苯环中 π—π*电子跃迁所致，415 nm 和 630 nm 处出现的吸收峰是醌环中 π—π*电子跃迁引起的[20]。另外，从图中还可以看出，聚苯胺

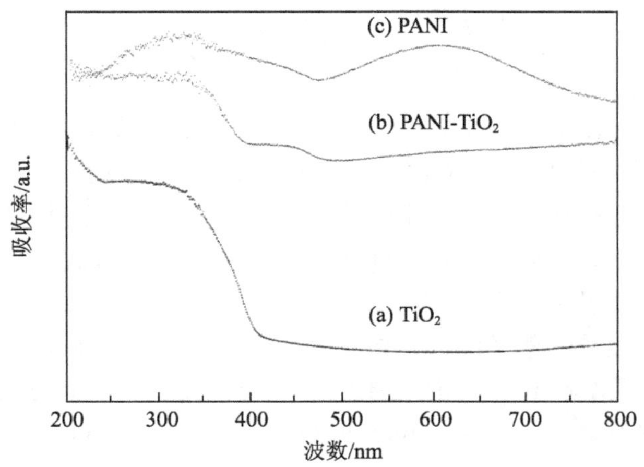

图 6-6　样品的 UV-Vis 吸收光谱

(a) TiO_2；(b) PANI-TiO_2；(c) PANI

在紫外和可见光区都有很强的吸收能力。图 6-6(b)中 PANI-TiO_2 在 330 nm 和 427 nm 处出现吸收峰，与聚苯胺相比出现红移，在 630 nm 处及附近均未出现吸收峰，取而代之的是出现了尾型吸收带，这是聚苯胺中共轭链中输送电子的表现[21]。由此可见，PANI-TiO_2 复合材料能在可见光下受激产生载流子，这将对复合材料的可见光催化活性的增强起推动作用。

6.2.3　聚苯胺改性 TiO_2 的光催化性能及机理

图 6-7 为样品 P25、TiO_2、PANI-TiO_2 的等温吸附脱附曲线。图中 PANI-TiO_2 的比表面积为 115.2 m^2/g，远高于 TiO_2 的比表面积(48.5 m^2/g)和 P25 的比表面积(50.7 m^2/g)，说明聚苯胺与 TiO_2 复合后能提高材料的比表面积，有利于光催化活性的提高。

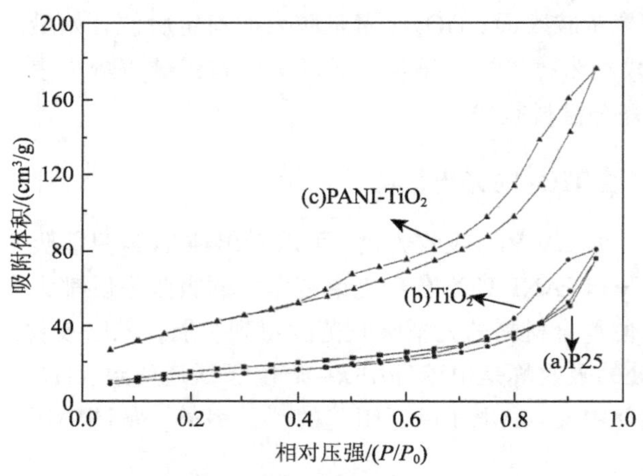

图 6-7　样品的等温吸附脱附曲线

(a) P25；(b) TiO_2；(c) PANI-TiO_2

图 6-8 为样品在紫外和可见光下催化降解丙酮的实验结果。实验以不同样品在相同光照条件下、相同时间内对丙酮的降解情况来评价催化剂的催化活性。为了区分样品对丙酮的吸附作用效果和催化作用效果，在进行光照之前将催化剂和丙酮气体在无光条件下吸附 60 min 以达到吸附平衡。经检测，经过 PANI-TiO_2 复合材料 60 min 的吸附，丙酮的含量仅下降 1%，表明在 PANI-TiO_2 复合材料光催化丙酮气体实验中，丙酮气体含量的降低主要是由 PANI-TiO_2 复合材料的光催化作用造成的。从图 6-8 中可以看出，不同样品催化的气态丙酮的降解率与光照时间均呈线性关系。在紫外线照射下 PANI-TiO_2 复合材料表现出比 P25 和 TiO_2 更高的光催化活性，其降解速率 K 值是 P25 的 1.39 倍，TiO_2 的 2.52 倍。在可见光下，P25 和 TiO_2 几乎没有催化活性，而 PANI-TiO_2 复合材料则呈现远高于 P25 和 TiO_2 的可见光光

催化活性。这表明在紫外和可见光照射下，PANI-TiO_2 复合材料能产生更多有效分离的电子–空穴对。

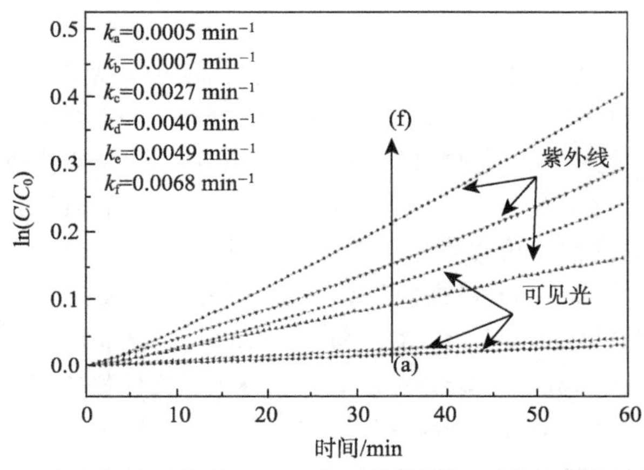

图 6-8　各样品紫外和可见光下催化降解丙酮的实验结果

图 6-9 解释了 PANI-TiO_2 复合材料在光照下的光催化降解机制。在紫外线照射下，PANI 和 TiO_2 均能吸收光子生成载流子，由于能带间的差值，PANI 和 TiO_2 形成了协同作用[22]。光生空穴迁移到聚苯胺的 HOMO 能级，光生电子迁移到 TiO_2 导带，这种协同作用使电子与空穴能够有效地分离开来，从而使光催化活性有了显著提高。在可见光照射下，只有聚苯胺能吸收光能量产生和转移载流子，由于聚苯胺与 TiO_2 的协同作用，空穴留在聚苯胺 HOMO 能级，电子迁移到 TiO_2 导带中，然后电子与空穴分别迁至材料表面与表面吸附物质发生反应。

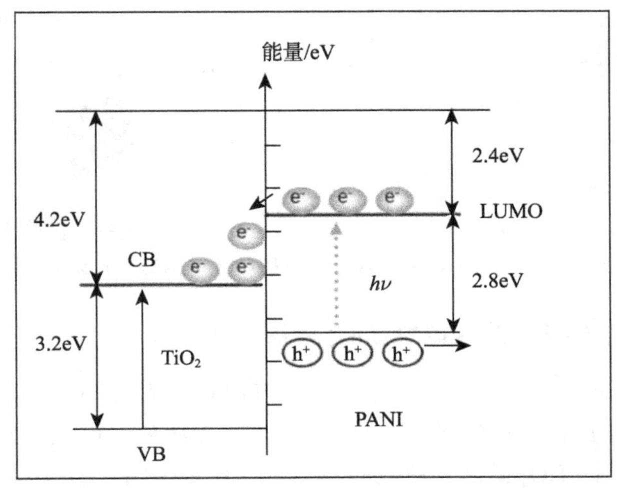

图 6-9　PANI-TiO_2 复合材料光催化机制模拟示意图

6.3 聚苯胺改性的磁性 TiO_2 纳米光催化材料及其光催化性能

近年来，半导体光催化剂在环境污染治理方面由于其无毒、低成本及环境友好的特性吸引了人们的广泛关注。不过在污水治理方面，如何从大量的废水中去除微小的光催化剂颗粒是亟待解决的问题。本节主要介绍一种聚苯胺和铁酸钴($CoFe_2O_4$)共修饰的 TiO_2 纳米光催化材料。这种复合材料不仅具有明显的可见光光催化活性，而且还具有良好的磁性，可以通过磁场使光催化颗粒方便地从水中分离。其中，$CoFe_2O_4$、TiO_2 以及 $CoFe_2O_4$ 修饰的 TiO_2 纳米催化材料($CoFe_2O_4$-TiO_2，CT)分别通过共沉淀法以及水热法制备，PANI 和 $CoFe_2O_4$ 共修饰的 TiO_2 纳米催化材料(PANI-$CoFe_2O_4$-TiO_2，PCT)在 $CoFe_2O_4$-TiO_2 纳米光催化材料的基础上通过原位聚合获得，如图 6-10 所示。详细制备过程可参照文献[23]和[24]。

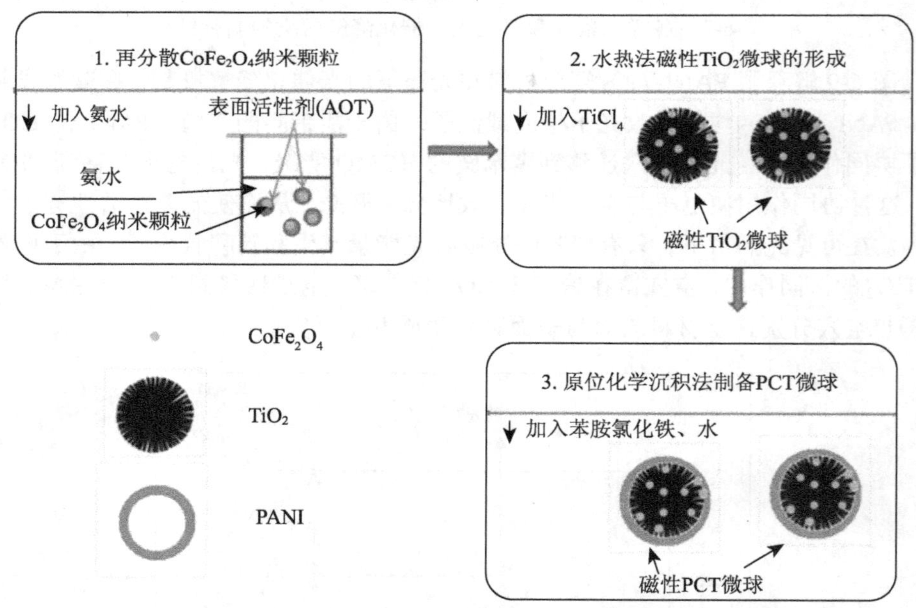

图 6-10　PANI-$CoFe_2O_4$-TiO_2 纳米光催化材料制备示意图

6.3.1 聚苯胺与 $CoFe_2O_4$ 共改性 TiO_2 的结构与形貌

图 6-11 为 TiO_2、CT 和 PCT 复合材料的 TEM 形貌。图 6-11(a)为 TiO_2 微球的典型 TEM 形貌，显示 TiO_2 颗粒同时具有纳米级和微米级的结构，直径为 400～500 nm。插图中显示宏观上 TiO_2 微球是白色的。图 6-11(b)插图中的 CT 微球为棕色，其直径为 420～600 nm。在这项工作中，CT 颗粒是通过在铁酸钴纳米粒子的存在下，通

过水热法制备的，制备过程与 TiO_2 微球制备过程类似。由于 AOT 的保护，铁酸钴纳米颗粒易于在 TiO_2 前驱体中均匀地分开，最后导致 CT 微球与 TiO_2 微球具有相似的外观。图 6-11(c)为 CT 微球的 HRTEM 晶格条纹照片，其中 0.35 晶面间距对应于 TiO_2 的(101)面，而 0.25 的晶面间距则对应于 $CoFe_2O_4$ 的(311)晶面。该结果表明 TiO_2 和铁酸钴共存于 CT 微球中，与 XRD 结果一致。由此我们推断微球表面的刺状结构是 TiO_2 纳米棒，$CoFe_2O_4$ 纳米颗粒可能固定在 TiO_2 纳米棒的表面，也可能包裹在 TiO_2 纳米棒的中间。

图 6-11(d)给出了 PCT 微球的典型 TEM 形貌。暗绿色的 PCT 微球(见图 6-11(d)右下插图)具有与 CT 微球类似的形貌，只是表层有 20 nm 左右的薄壳层。这个薄层我们认为是聚苯胺，其厚度可以通过改变苯胺单体量，以及反应时间进行控制。PCT 微球的能谱(EDS)成分测量显示了三元纳米复合材料的组成，如图 6-11(e)插图所示。其中 Cu 元素来自于 TEM 铜网；Ti 元素来自于 TiO_2；Fe 和 Co 元素则来自于 $CoFe_2O_4$；O 可以归因于 TiO_2 或 $CoFe_2O_4$；而 C 信号可以归因于聚苯胺材料。EDS 谱图证明了 $CoFe_2O_4$、TiO_2 和 PANI 同时存在于 PCT 三元纳米复合材料中。

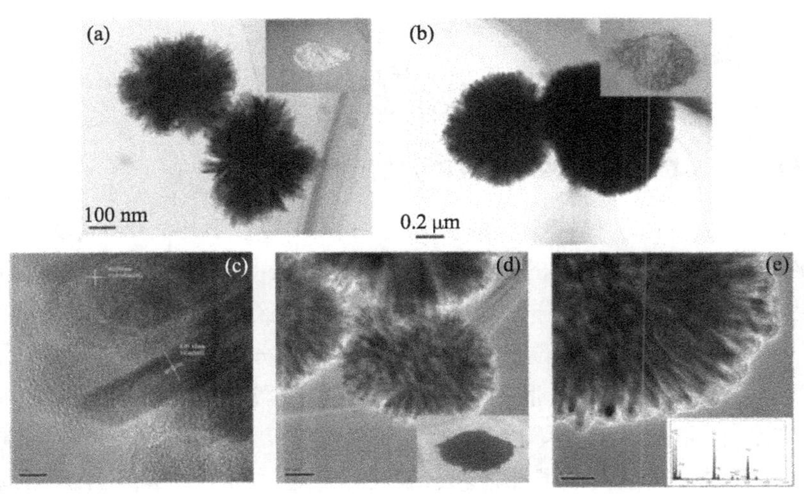

图 6-11　样品的 TEM 形貌照片

(a) TiO_2(插图是 TiO_2 粉末数码照片)；(b) $CoFe_2O_4$-TiO_2(插图是 $CoFe_2O_4$ 粉末数码照片)；(c) $CoFe_2O_4$-TiO_2 粉末的 HRTEM 照片；(d)和(e)PANI-$CoFe_2O_4$-TiO_2((d)插图是 PANI-$CoFe_2O_4$-TiO_2 粉末数码照片，(e) 插图是 PANI-$CoFe_2O_4$-TiO_2 粉末的 EDS 谱图)

图 6-12(a)为制备的纯 TiO_2 样品的 XRD 图谱，其衍射峰位于 25.3°、37.8°、48°、55°和 62.7°等位置，对应于 TiO_2 的锐钛矿相 (JCDPS 卡片 21-1272)。图 6-12(b)为 $CoFe_2O_4$ 样品的 XRD 图，与 $CoFe_2O_4$ 的标准图 (JCDPS 卡片 22-1086) 完全吻合。图 6-12(c)为 $CoFe_2O_4$-TiO_2 复合材料的 XRD 图谱，对比曲线(c)与曲线(a)和(b)，在

复合材料样品中，可以同时观察到锐钛矿型 TiO_2 和 $CoFe_2O_4$ 的特征峰。而对于 PCT 样品，除了 $CoFe_2O_4$ 和 TiO_2 的特征峰，还观察到一个宽峰中心在 $2\theta=22°$ 的衍射峰，这是聚苯胺的无定形结构的衍射峰。由于聚苯胺的包覆，$CoFe_2O_4$ 和 TiO_2 衍射峰的相对强度在三元复合材料中被进一步削弱。

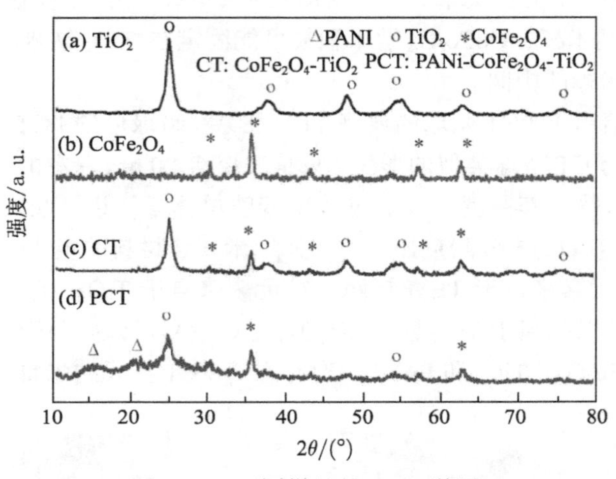

图 6-12　不同样品的 XRD 谱图

(a) TiO_2; (b) $CoFe_2O_4$; (c) CT; (d) PCT

6.3.2　聚苯胺与 $CoFe_2O_4$ 共改性 TiO_2 的光电性能

图 6-13 为样品的 UV-Vis 吸收光谱。从图中可以看出，$CoFe_2O_4$ 纳米颗粒在 200～800 nm 范围内没有明显的光吸收。TiO_2 和 $CoFe_2O_4/TiO_2$ 复合微球都显示出 TiO_2 的特征吸收光谱，而 PANI 样品则在红外与可见光区域均有强吸收。PANI 样品在 430 nm 位置和 680 nm 附近位置有吸收峰，这二者分别对应 PANI 上的 π^* 极化和 π 极化。因此，可以认为聚苯胺在紫外及可见光区域均具有高的光吸收特性。与 $CoFe_2O_4/TiO_2$ 样品比较，包覆 PANI 的三元复合样品在整个光谱范围的光吸收均有增强，同时吸收带边也发生了红移。这表明在复合样品中，不但 PANI 具有全光谱吸收能力，TiO_2 在 PANI 作用下，本身的吸收带宽也变宽了，更容易发生光激发电子跃迁。同时随着 PANI 含量的上升，样品的光吸收也不断增强。这一结果说明，PANI 将三元复合材料的光吸收范围拓展到可见光区域。样品可在可见光照射下产生更多的电子–空穴对，增强其在可见光范围内的光催化效应。纯 PANI 样品在 680 nm 附近有个吸收峰，但在三元复合样品中，这个吸收峰消失了，取而代之的是在近红外区域的一个逐渐增强的吸收带，同时 PANI 在 430 nm 位置的吸收峰也发生了红移。这说明 PANI 和 TiO_2 之间存在着相互作用，它们之间可能存在着电荷载流子的相互传递[25]。

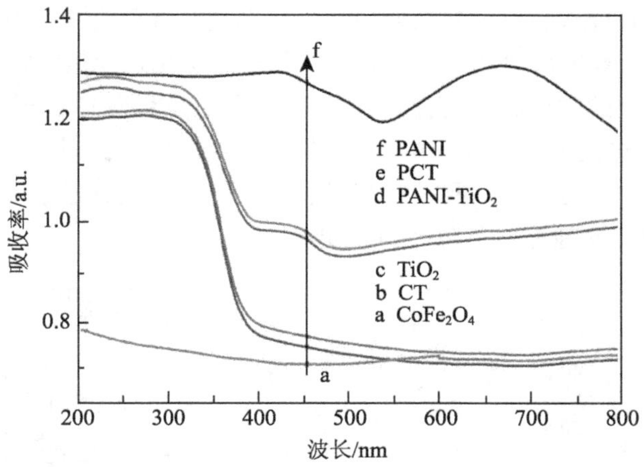

图 6-13　不同样品的 UV-Vis 吸收光谱

6.3.3　聚苯胺与 $CoFe_2O_4$ 共改性 TiO_2 的光催化性能及光催化机理

图 6-14 为不同样品的吸附–脱附等温曲线。根据 BDT(Brunauer, Deming, and Teller)分类法，它们均为 I 和 IV 型的结合[26]。吸附–脱附等温曲线有两个明显的区间：①当 P/P_0 处于 0.1～0.4 的范围时，样品显示出高的吸附性，显示出微孔的存在(I 型)；②当 P/P_0 处于 0.4～1.0 的范围时，可以观察到脱吸附滞后环的存在。这表明样品存在介孔(2～50 nm)结构。BET 比表面积的顺序为：PCT(79.4 m^2/g) >PANI-TiO_2 (72.5 m^2/g) > CT (62.3 m^2/g) >TiO_2 (48.5 m^2/g)。高的比表面积和多孔结构，都被认为有利于提高光催化剂的光催化性能，因为这种结构能提供更多的活性位点和吸附更多的反应性物质，更有效地促进光催化过程。因此，我们期待 PCT 样品具有更高的光催化性能。

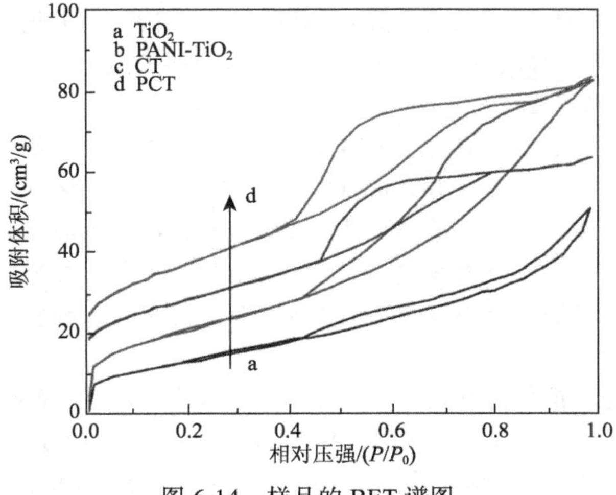

图 6-14　样品的 BET 谱图

磁特性对磁性光催化剂的有效回收和再利用是非常重要的。图 6-15 显示了不同样品的磁化曲线。聚苯胺为典型的顺磁性，其饱和磁化强度值(M_S)几乎为零。CT 和 PCT 样品则有典型的磁滞回线，它们的饱和磁化强度分别为 13.3 emu/g 和 11.4 emu/g。尽管它们的饱和磁化强度比相应的纯 $CoFe_2O_4$ 要低很多，因为在它们的组成中，$CoFe_2O_4$ 含量只占大约 20%，但是它们仍然具有一定的铁磁性能。所以，CT 和 PCT 光催化剂可以很容易地通过外磁场进行分离。

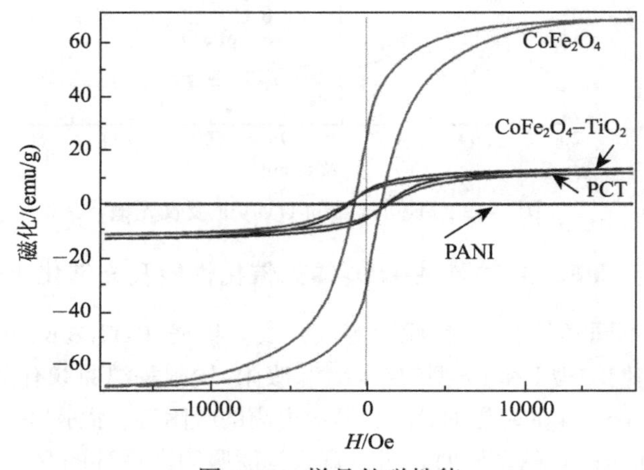

图 6-15　样品的磁性能

图 6-16 为不同样品在紫外和可见光辐照下催化降解 MB 的实验结果。催化活性根据不同样品在相同光照条件下，以及相同时间内对 MB 的降解情况进行评价。为了区分样品对 MB 的吸附效果和催化效果，在进行光照之前将催化剂和 MB 水溶液体在无光条件下吸附 60 min 以达到吸附平衡。图 6-16(a)为不同样品在紫外线辐照下催化降解 MB 的实验结果。从图中可以看出，不同样品催化降解 MB 的光降解效率与光照时间均呈线性关系。其中 PCT 复合材料表现出比其他样品更高的光催化活性，降解速率 $K=0.0962\ min^{-1}$，分别为 PANI-$CoFe_2O_4$、$CoFe_2O_4$-TiO_2、P25 和 PANI-TiO_2 光催化材料的 5.56 倍、2.26 倍、1.61 倍和 1.26 倍。不同样品的光降解效率遵循如下的顺序：K(PANI-$CoFe_2O_4$)<K($CoFe_2O_4$-TiO_2)<K(P25)<K(PANI-TiO_2)<K(PCT)。PANI-$CoFe_2O_4$ 对 MB 的光降解效率最低，这可能是由于 MB 表面带正电荷与表面带正电荷的 PANI 骨架之间，互相排斥的缘故[27]。PCT 对 MB 的光降解效率最高，这是因为其表面有更多的活性位点，以及三元复合材料中各组分的协同催化作用的结果。

图 6-16(b)为不同样品在可见光辐照下催化降解 MB 的实验结果。可以看出 $CoFe_2O_4$-TiO_2 和 P25 (TiO_2) 样品无明显的光降解活性，这与 TiO_2 本身不具有可见光吸附活性有关。PCT 复合材料则仍然表现出比其他样品更高的光催化活性，其降解速率

K=0.011 min^{-1}，分别为 PANI-$CoFe_2O_4$ 降解效率的 3.33 倍，以及 PANI-TiO_2 光降解效率的 1.59 倍。不同样品的光降解效率遵循如下的顺序：$K(CoFe_2O_4\text{-}TiO_2) \approx K(P25) < K(PANI\text{-}CoFe_2O_4) < K(PANI\text{-}TiO_2) < K(PCT)$。

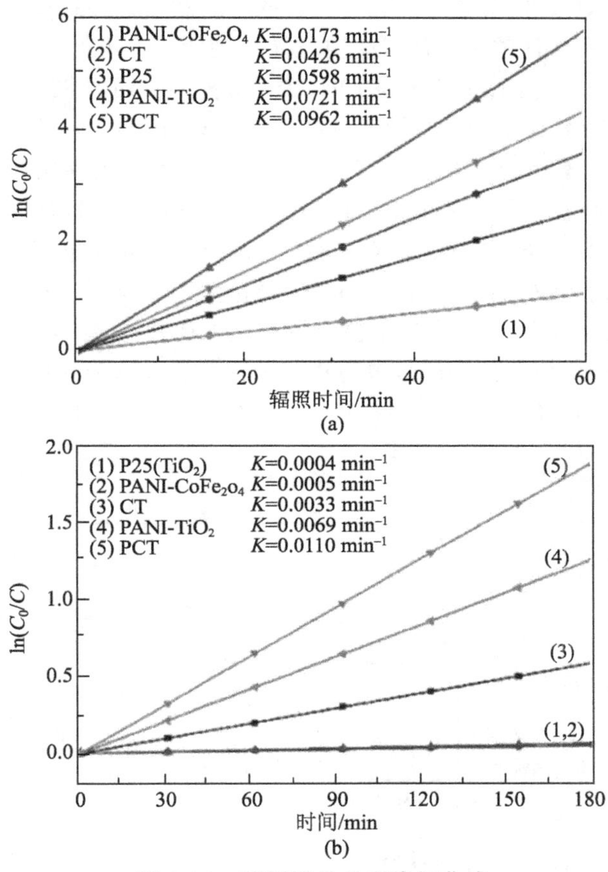

图 6-16　不同样品的光降解曲线

(a)紫外线；(b)可见光

根据以上结果和讨论，我们提出了 PCT 复合微球的降解规律，如图 6-17 所示，即①对于 $CoFe_2O_4$-TiO_2 纳米复合材料，$CoFe_2O_4$ 纳米颗粒可能在 TiO_2 纳米棒形成过程中被封装在其中，也可能吸附在 TiO_2 纳米棒表面，两种类型的电荷转移过程均可能发生。②$CoFe_2O_4$ 是一种窄带隙的半导体($E_g = 2.2eV$)，导带(CB)的位置比 TiO_2 低，而价带(VB)位置比 TiO_2 的高。因此，光生电子易于被转移到 $CoFe_2O_4$ 的 CB，而空穴易于被转移到 $CoFe_2O_4$ 的 VB 上[28]。也即是说，$CoFe_2O_4$-TiO_2 纳米复合材料中，$CoFe_2O_4$ 纳米颗粒倾向于成为光生电子和空穴的复合中心，从而导致光催化活性的下降。聚苯胺是一种具有窄带隙的有机半导体。它的 π*轨道的位置比 TiO_2 和

$CoFe_2O_4$的 CB 位置高，同时，其 π 轨道位置也比 TiO_2和 $CoFe_2O_4$的 VB 位置高[29]。

当紫外线照射到 PCT 三元复合材料时，TiO_2、PANI 和 $CoFe_2O_4$均可吸收光子产生电子–空穴对，由此产生了协同作用。对于类型 1 情况(图 6-17(a))，在聚苯胺最低空轨道(LUMO)上的光生电子注入 TiO_2的 CB，然后转移到 $CoFe_2O_4$的 CB 轨道。与此同时，TiO_2的 VB 轨道中的光生空穴能直接传送到聚苯胺的 HOMO 轨道。对于类型 2 情况(图 6-17(b))，在 TiO_2的 VB 中的光生空穴可以很容易地注入 $CoFe_2O_4$的 VB 中，然后转移到 PANI 的最高占据分子轨道(HOMO)。这两个过程均可导致电荷的有效分离，减缓光生电子–空穴的重组进程，使得光催化性能显著提高。

PCT 复合材料在可见光照射下，PANI 及 $CoFe_2O_4$均可吸收光子产生电子–空穴对，对于类型 1(图 6-17(a))，在聚苯胺的 LUMO 的光生电子可以很容易地注入 TiO_2的 CB 轨道，然后转移到 $CoFe_2O_4$的 CB 轨道。对于类型 2(图 6-17(b))，$CoFe_2O_4$中的 VB 中的光生空穴可以很容易地注入 TiO_2的 VB 中，然后转移到 PANI 的 HOMO 轨道。结果快速的电荷分离和缓慢电荷重组过程发生在这两种情况下，从而导致更高的光催化活性。由于 TiO_2、PANI 及 $CoFe_2O_4$的三元协同效应，使得 PCT 微球

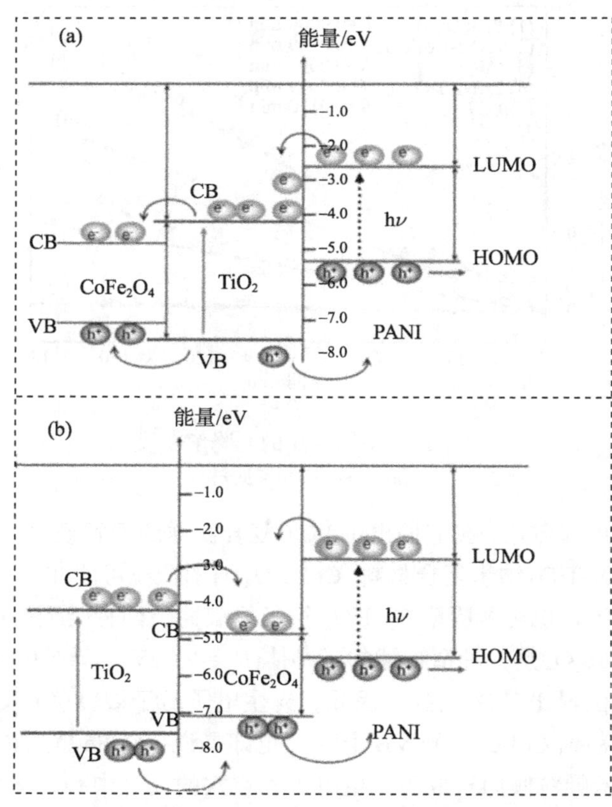

图 6-17　PCT 三元复合材料的光催化降解机理

显示出最佳的光催化性能。

6.3.4　PCT 三元复合材料的回收实验

为了更好地确认光催化剂的稳定性，我们进行了光催化循环实验。通过回收用过的 PCT 催化剂样品，再次进行循环降解 MB 实验，所得到的循环曲线如图 6-18(a)所示。每一个循环降解的 MB 的量与催化剂的使用量的比值保持一致，降解时间均为 80 min，每次降解完后用乙醇和水清洗后再将催化剂在烘箱中加热处理，再在下次的降解中使用。同时，我们对回收的催化剂进行了 BET，FT-IR 和 TEM 表征。通过图 6-18 可以发现，经过 5 次的循环降解后，催化剂的催化效率降低 10%左右。同时，其比表面积从最初的 79.4 m^2/g 降低到 63.5 m^2/g。同时还发现经过 5 次循环降解后，回收的 PCT 的 FT-IR 光谱与未降解前的 PCT 的 FT-IR 光谱没有明显变化，如图 6-18(b)所示，说明其结构基本保持稳定。这可能是因为聚苯胺是化学惰性的，不能溶于 $TiCl_4$、NaCl、MB、HCl 和 H_2O 等溶剂中。所以，聚苯胺膜紧贴于 $CoFe_2O_4$-TiO_2 颗粒的表面，可以保护 $CoFe_2O_4$-TiO_2 颗粒免于光化学溶解。图 6-18(c)为回收的 PCT 样品的 TEM 图像，与新鲜的 PCT 样品对比，发现有一些附加的材料沉积到所述颗粒的表面上。这可能表明一些反应产物，如 NH_4^+和 NO_3^-很难从 PCT 颗粒多次洗涤后删除，这些物质的积累可能是回收的 PCT 催化剂的表面积减小的原因。

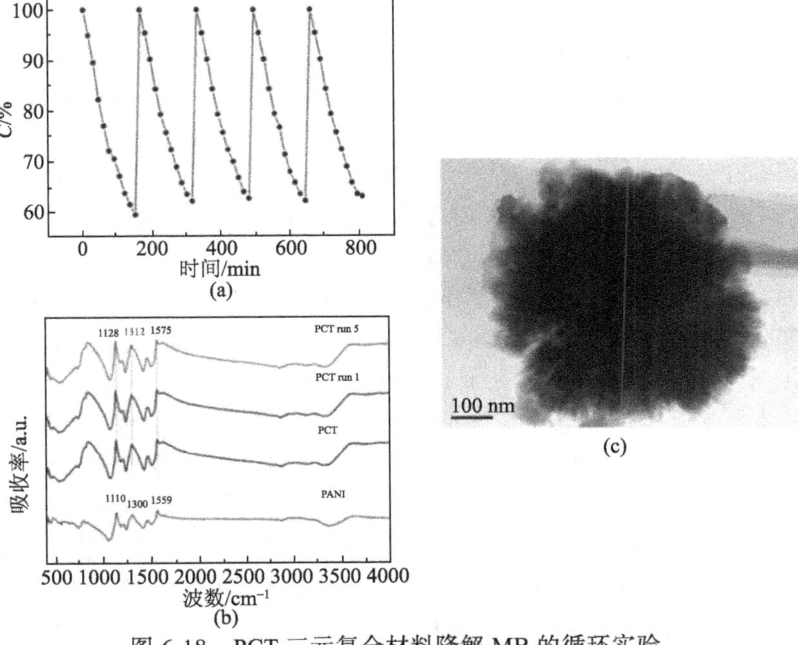

图 6-18　PCT 三元复合材料降解 MB 的循环实验

(a)循环曲线；(b) FT-IR 光谱；(c) TEM 形貌

综上所述，我们认为每次的降解效率都比上一次的要略低一点，可能是由于催化剂的表面吸附了部分污染物，而在清洗的过程并没有完全地除去，因而占据了一些催化剂表面的活性反应位，导致反应的活性位点减少，光催化活性降低。但是经过 5 次的循环实验，PCT 依然能保持 90%左右的降解率，而且其结构依然稳定，这说明本实验制备的光催化剂具有良好的稳定性。

6.4　聚吡咯改性的 Ag 复合 TiO_2 纳米纤维光催化材料及其光催化性能

本节介绍我们提出的一种多组分的光催化体系，其组分包含导电高分子聚吡咯(PPy)、TiO_2 纳米纤维和贵金属 Ag。基本结构是：Ag 纳米颗粒附着在 TiO_2 纳米纤维上形成 Ag/TiO_2 复合材料，然后最外层包覆一层导电聚合物，最终形成一个双层的纤维状芯层/壳层结构。由于等离子共振效应，沉积 Ag 纳米颗粒有助于增强光吸收，增加量子效率，抑制电子–空穴的复合，从而提高光催化效率[30]。采用导电聚合物敏化的光催化剂能有效地促进光生电子–空穴对的分离，使得光生电子–空穴在形成异质结的两种材料中输运，提高量子效率，增强光催化活性。

6.4.1　PPy-Ag-TiO_2 复合光催化材料的制备与表征

我们使用静电纺丝技术结合“原位”聚合法制备聚吡咯修饰的 Ag-TiO_2 纳米纤维复合光催化材料。静电纺丝技术主要是利用表面电荷间的排斥力来减小黏稠的喷射流的直径，得到纳米级的纤维，其最突出的特点是设备简单、经济，纤维直径、比表面积和孔径尺寸易于控制等[31-32]。基体步骤是：首先利用静电纺丝技术制备出 Ag-TiO_2 纳米纤维，然后利用原位聚合法制备具有核-壳结构的 PPy-Ag-TiO_2 复合纳米纤维材料，具体制备过程可参见文献[33]。

图 6-19 是不同样品的 XRD 图。可以看出，在 2θ=24°附近有一个较弱但是很宽的衍射峰，其对应于掺杂的聚吡咯[34]。因为在试验中使用的 $FeCl_3·6H_2O$ 中的 Fe^{3+} 作为氧化剂，其中的 Cl^- 作为掺杂剂，所以合成聚吡咯实际上是经过 Cl^- 掺杂的。前述提到的本征聚吡咯的导电性能是不理想的，经过掺杂能显著地提高聚吡咯的导电性能，促进光催化效果的提升。经过与 JCPDS (粉末衍射标准卡片：21-1272)对比，可以发现电纺制备的 TiO_2 纳米纤维是纯的锐钛矿相，图中清晰明显的锐钛矿 TiO_2 衍射峰与准样峰位能够一一对应。对比曲线 c 和曲线 d, 我们发现 Ag-TiO_2 与 PPy-Ag-TiO_2 两个样品的衍射图是非常相似的，它们都同时存在贵金属 Ag(JCPDS 标准卡片：89-3722)和锐钛矿相 TiO_2 的衍射峰，不过 PPy-Ag-TiO_2 中 Ag 金属相的衍射峰强度比 Ag-TiO_2 中相应的 Ag 金属相的衍射峰强度要低，这是由于聚吡咯包

覆在了 Ag-TiO_2 复合纳米纤维的表面。

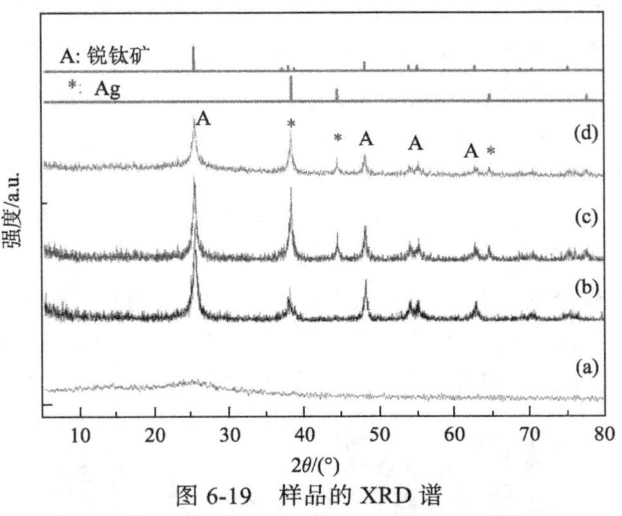

图 6-19　样品的 XRD 谱

(a) PPy；(b) TiO_2；(c) Ag-TiO_2；(d) PPy-Ag-TiO_2

FT-IR 光谱的测试结果更进一步地证实了 PPy 的存在，如图 6-20 所示。从图 6-20(a) 中可以发现，1541 cm^{-1} 处峰位对应于环的伸缩振动模式，1154 cm^{-1} 处的强峰表示的是聚吡咯的掺杂态，1032 cm^{-1}，1357 cm^{-1} 处的振动来自于 C—H 键的形变振动和 C—N 键的伸缩振动，这与前人的报道是一致的。在图 6-20 中，曲线(b)和(c)代表的两个样品的峰型很相似，说明两样品主要由无机物组成。在 500 cm^{-1} 附近处有一个

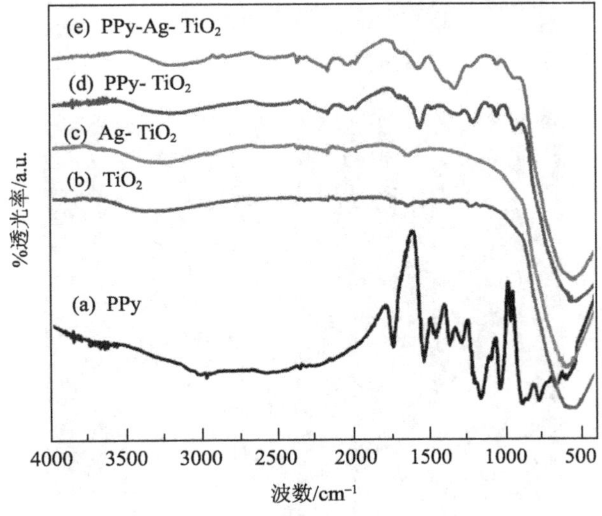

图 6-20　样品的 FT-IR 光谱

(a) PPy；(b) TiO_2；(c) Ag-TiO_2；(d) PPy-TiO_2；(e) PPy-Ag-TiO_2

明显的宽的吸收峰来自于金属与氧键(M—O)的伸长振动，在样品中能够和 Ti—O 键、Ag—O 键对应起来，同时 Ti—O—Ti 的桥接键的伸缩振动模式是图中 500 cm^{-1} 附近宽吸收谱的主要来源；另外在 1635 cm^{-1} 附近存在的小尖峰对应于吸附的分子水引起的振动。上述这些特征吸收峰也同样出现在 PPy-Ag-TiO_2 样品的 FT-IR 的图谱中，曲线(e)中出现的 1554 cm^{-1}、1320 cm^{-1}、1056 cm^{-1} 和 921cm^{-1} 四个峰暗示聚吡咯主链的形成。但是在后面几个含有聚吡咯的复合样品中这四个峰都有变弱，同时也向更低波数的方向移动，这可能是由 Ag-TiO_2 与 PPy 相互排斥而导致的低浓度的聚吡咯造成的。

催化剂的形貌对光催化性能有较大影响。实验采用高压静电纺丝制备的 TiO_2 纳米纤维，能够控制直径等参数。图 6-21 是纯 TiO_2 热处理前的 SEM 形貌照片，图 6-22 是热处理后的 SEM 形貌照片。可以看出没有进行热处理的电纺样品长度达

图 6-21　未热处理的电纺 TiO_2 的 SEM 形貌照片

图 6-22　热处理后的电纺 TiO_2 的 SEM 形貌照片

几微米，甚至几十至几百微米，直径分布比较均匀，同时表面干净光滑，每根纤维之间没有相互粘连。而热处理后的纤维直径略有变小，同时纤维的长度减小得非常大，放大局部可以看出，其表面还是比较平整干净，而且断裂处清晰可见。这是由于高温退火过程中，残留在纤维中的水分及有机物被除去，导致直径的收缩，同时有机增稠剂 PVP 也被高温除去导致纤维断裂，所以不再有原来的长度与直径。后续的实验都是在热处理后的电纺 TiO_2 纳米纤维的基础上展开的。

图 6-23(a)是电纺 TiO_2 纳米纤维的 SEM 形貌图，图 6-23(b)是 TiO_2 的 TEM 内部结构图。可以清楚地看见在电纺的过程中由钛酸丁酯水解后经热处理形成的 TiO_2 纳米颗粒，这些颗粒规则地聚集在一起形成了 TiO_2 纳米纤维。选取电子衍射(SEAD)环可以判断出纳米纤维是由多晶锐钛矿相 TiO_2 聚集而成。图 6-23(c)是 Ag-TiO_2 的 TEM 形貌图，可以看到 Ag 颗粒附着在 TiO_2 纳米纤维上。从图 6-23(d)的 HRTEM 可以得到 Ag 颗粒的晶格条纹。图 6-24 为同一批次样品通过计数测量的 Ag 颗粒大小分布图。可知大部分 Ag 颗粒的直径在 10～25 nm，基本呈正态分布，说明 Ag 颗粒大小的分布是随机的。图 6-25 是 PPy-Ag-TiO_2 复合纳米纤维的 TEM 形貌照片。可以看出在 TiO_2 表面有一层厚度均匀光滑的 PPy 层，并形成了核–壳结构。在含有 PPy 和不含 PPy 的两个不同的催化剂体系中，表面活性剂十二烷基硫酸钠(SDS)起到了关键作用。在聚合的过程中，SDS 分子吸附在 TiO_2(或是 Ag-TiO_2)纤维的表面，这样在其表面就包裹了一层软性的分子层，当加入了吡咯单体以及氧化剂 $FeCl_3$ 后，

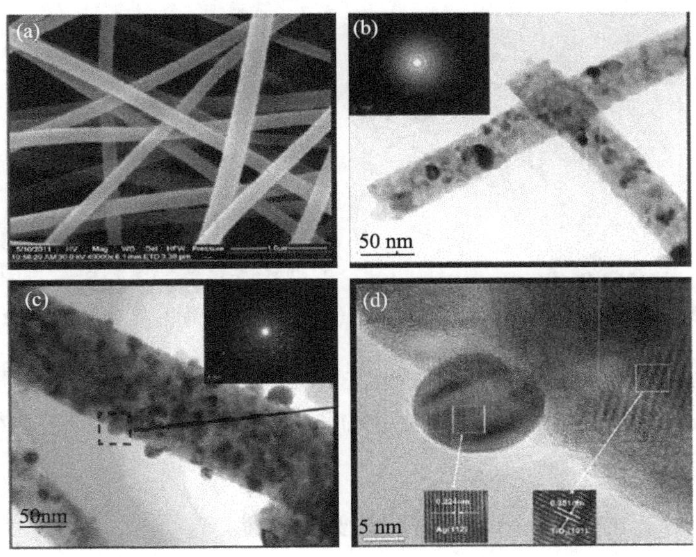

图 6-23　样品的微结构和形貌表征

(a) TiO_2 纳米纤维的 SEM 形貌；(b) TiO_2 纳米纤维的 TEM 形貌及选取电子衍射谱；(c) Ag-TiO_2 的 TEM 形貌及选取电子衍射谱；(d) Ag-TiO_2 的 HRTEM 晶格

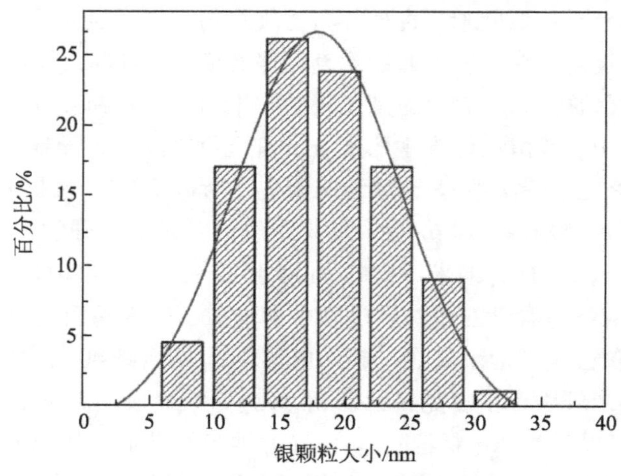

图 6-24　Ag 颗粒直径分布图

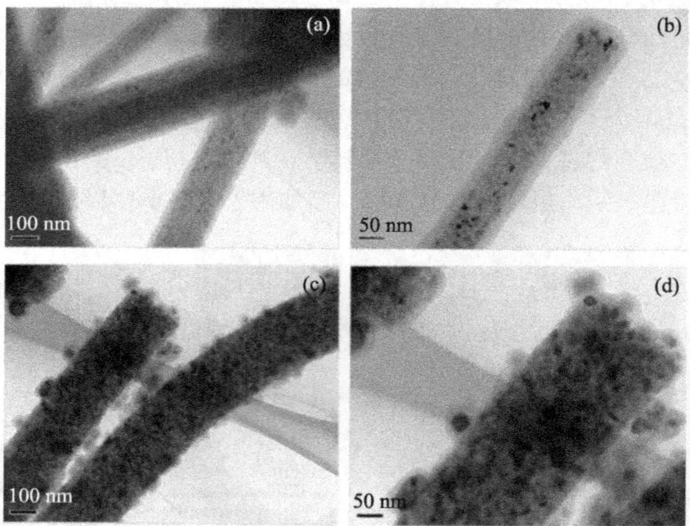

图 6-25　TEM 形貌照片 PPy-TiO_2(a)和(b)，PPy-Ag-TiO_2 复合纳米纤维(c)和(d)

聚合反应就在表面发生，吡咯就逐渐地在纤维的表面慢慢聚合，最终形成均匀的薄膜层。同时这个薄膜层也能保护小尺寸的 Ag 颗粒不被氧化或损失，在机械性能和化学性质上都是有利的。

6.4.2　PPy-Ag-TiO_2 复合光催化材料的光电性能

图 6-26 是不同样品的紫外-可见漫反射吸收谱(DRS)。可以看出所有样品都表现出半导体吸收特性，吸收强度在某个波长处明显地减弱。其中 TiO_2 的吸收谱在

紫外区域有强烈的吸收，在约 380 nm 附近迅速下降，然后保持平衡，这和锐钛矿相 TiO_2 的吸收特性是一致的。TiO_2 禁带宽度为 3.2 eV，导致其只能吸收高能量部分的紫外线，将低能波段的可见光区域绝大部分反射，这是限制 TiO_2 光催化效率的最大的问题。样品 Ag-TiO_2 的吸收谱图有 TiO_2 的特征吸收图的形状，同时在 400～600 nm 的可见光范围也有非常明显的吸收增强，其主要是来源于 Ag 纳米颗粒的表面等离子共振的贡献，同时禁带宽度的减小也显而易见，这与其他研究者的报道一致[35]。这种禁带宽度的减小是因为金属 Ag 纳米颗粒在 TiO_2 禁带中引入了局域能级，因此低能量的光子能从价带将电子激发到这些局域能级而不是激发到半导体导带。对于样品 PPy-TiO_2 和 PPy-Ag-TiO_2，从吸收图可以看出 PPy 的引入明显改变了 TiO_2 和 Ag-TiO_2 的光吸收性能，光吸收强度随着 PPy 含量增加而逐渐增强，这可以归因于 PPy 在紫外和可见光波段都有非常强的吸收，并且在可见光波段 400～800 nm 也是连续增强的。从样品的外观颜色观察也可以发现它们是逐渐加深的，从浅色逐渐加深至深色。此外，样品 PPy-Ag-TiO_2 的吸收强度相比于 PPy-TiO_2 及 Ag-TiO_2 有明显的增强，说明 PPy 和 Ag 对于 TiO_2 的光吸收增强具有协同增进的作用。

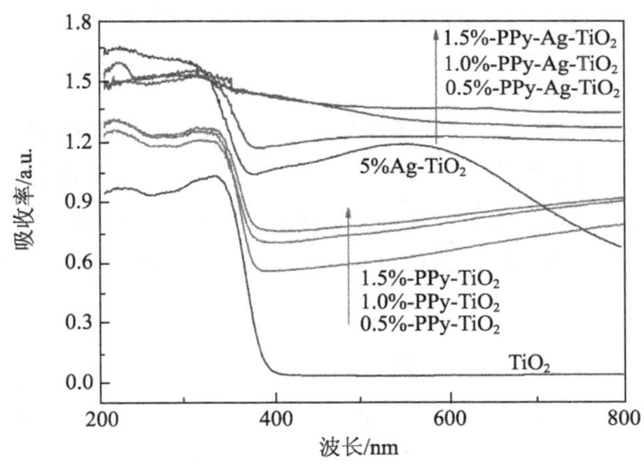

图 6-26　不同组分与体系的样品的紫外–可见漫反射吸收谱图

一般认为，荧光是由激发态电子和空穴的复合而产生的，更低的荧光强度预示着更少的电子–空穴对的复合，即更高的电子–空穴对的分离效率[36]。图 6-27 是样品在激发波长为 325 nm 的荧光光谱。可以看出所有样品在 380 nm 处都有一个强的发射峰，这个峰是由于激发至导带的电子从导带底部跃迁至复合中心恢复到基态而发射的，380 nm 波长的光能量近似与 TiO_2 的禁带宽度(3.2eV)一致。另外，在 390～450 nm 还有三个荧光峰，它们来源于 TiO_2 表面的氧空穴及缺陷带来的电子–空穴对的复合[37]。相较于纯的 TiO_2，所有复合样品的 PL 强度都有明显降低，这说明这些样品在高能量的紫外线的激发下产生的光生载流子复合率比纯 TiO_2 的光生载流子复合率要低。其中 PPy-Ag-TiO_2 的荧光强度最低，说明 PPy-Ag-TiO_2 的光生电子-空穴的复合率最低。

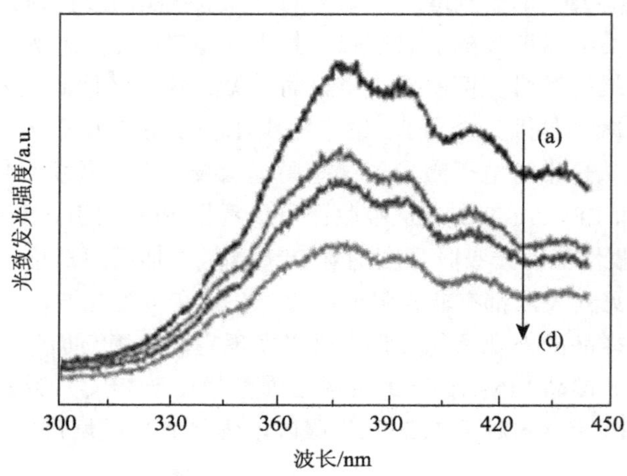

图 6-27　不同样品的荧光光谱(激发波长 325nm)

(a) TiO_2；(b) Ag-TiO_2；(c) PPy-TiO_2；(d) PPy-Ag-TiO_2

图 6-28 是样品的瞬态光电流(I-t)曲线。样品的瞬态光电流响应特性能进一步反映其光生载流子的输运状态，为更好地解释光生电子-空穴的输运机理提供证据。从图中可以看出，在每个光源打开的瞬间光电流出现一个尖峰，然后慢慢地略有下降后趋于平稳。在光辐射的初始阶段，光生电子和空穴分别迁移至半导体的表面，

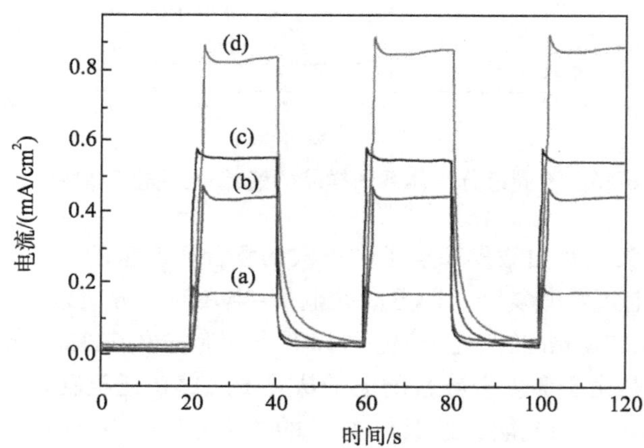

图 6-28　样品的瞬态光电流(I-t)曲线

(a) PPy-Ag-TiO_2；(b) PPy-TiO_2；(c) Ag-TiO_2；(d)纯 TiO_2

然后光生电子通过 ITO 导电玻璃输运，光生空穴则在电解质中被消耗而减少，当这种消耗连续达到平衡后，光电流基本趋于稳定。纯 TiO_2、PPy-TiO_2、Ag-TiO_2 和 PPy-Ag-TiO_2 作为光阳极测到的光电流分别为 0.18、0.43、0.54 和 0.83 mA/cm^2，其中 Ag-TiO_2 和 PPy-TiO_2 作为光阳极的光电流分别是 TiO_2 的 2～3 倍，而 PPy-Ag-TiO_2 的光电流则是 TiO_2 的 4.5 倍多。按光电流的大小排列依次是：PPy-Ag-TiO_2>PPy-TiO_2>Ag-TiO_2>纯 TiO_2。PPy-Ag-TiO_2 的光电流的大幅提升意味着更少的光生载流子的复合，以及更有效的光生电子–空穴的分离，此结果与 PL 测试结果相互印证。

6.4.3　PPy-Ag-TiO_2 复合光催化材料的光催化性能及光催化机理

样品的可见光催化活性是通过在可见光辐照下气相丙酮的降解来进行评价，结果如图 6-29 所示。从图中可见，纯 TiO_2 纳米纤维在可见光下对丙酮几乎没有催化效果，而在相同条件下，Ag-TiO_2 的降解速率 $k = 0.023\ min^{-1}$，这是由于沉积在 TiO_2 表面的 Ag 纳米颗粒作为了电子的捕获剂，有利于在半导体与金属之间进行电荷传输，增强了光催化活性。在包覆了 1.0 wt.%聚吡咯以后，PPy-TiO_2 和 PPy-Ag-TiO_2 的光催化活性都有明显的增强，PPy-TiO_2 的降解速率 $k = 0.048\ min^{-1}$，这个降解速率是 TiO_2 的 5 倍左右，是 Ag-TiO_2 降解速率的 2 倍。PPy-Ag-TiO_2 在降解气相丙酮的实验中表现出来的光催化活性比其他样品的都好，其降解速率达到 $k = 0.087\ min^{-1}$，分别是 TiO_2、Ag-TiO_2、和 PPy-TiO_2 降解速率的 10 倍、4 倍及 2 倍左右。进一步实验发现，PPy 的含量对光催化性能具有极大的影响。由图 6-29(b)可见，随 PPy 含量从 0.5 wt.%到 2.0 wt.%，PPy-TiO_2 和 PPy-Ag-TiO_2 样品的光催化活性先增加，随后降低，当 PPy 含量为 1.0 wt.%时，PPy-TiO_2 和 PPy-Ag-TiO_2 表现出最佳的光催化活性。表 6-1 是不同样品降解丙酮气体的动力学数据。

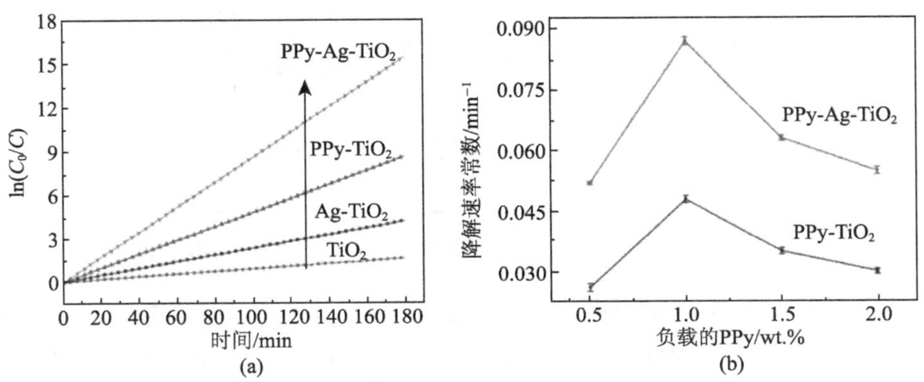

图 6-29　不同样品的可见光活性(a)；降解速率与引入 PPy 量的关系(b)

表 6-1　不同样品降解气相丙酮的动力学数据

光催化剂	K/min^{-1}	R
TiO_2	0.009	0.9958
5%-Ag-TiO_2	0.023	0.9903
0.5%-PPy-TiO_2	0.026	0.9943
1.0%-Ppy-TiO_2	0.048	0.9970
1.5%-PPy-TiO_2	0.035	0.9920
2.0%-PPy-TiO_2	0.030	0.9926
0.5%-PPy-Ag/TiO_2	0.052	0.9984
1.0%-PPy-Ag/TiO_2	0.087	0.9995
1.5%-PPy-Ag/TiO_2	0.063	0.9964
2.0%-PPy-Ag/TiO_2	0.055	0.9986

在光催化反应过程中，光生电子–空穴被激发后，参与氧化还原反应或是复合的状态将决定催化剂的活性。我们对纳米复合材料 PPy-Ag-TiO_2 降解气相丙酮的机理示意进行了研究，如图 6-30 所示，主要通过光生载流子在复合体系中的转移过程来进行解释。对于 PPy-TiO_2 体系，当外层的 PPy 吸收可见光时，吸收一个光子的能量足够在聚吡咯基态激发一个电子，随后这个电子转移至 TiO_2 的导带，聚吡咯的 π 轨道就成为这个复合体系的 HUMO(最高未占据态：相当于半导体的价带)，而聚吡咯的 LOMO(最低已占据轨道)的能量比 TiO_2 的导带要高。因此光生载流子能够快速地分离，导致量子效率提高，光催化活性增强。

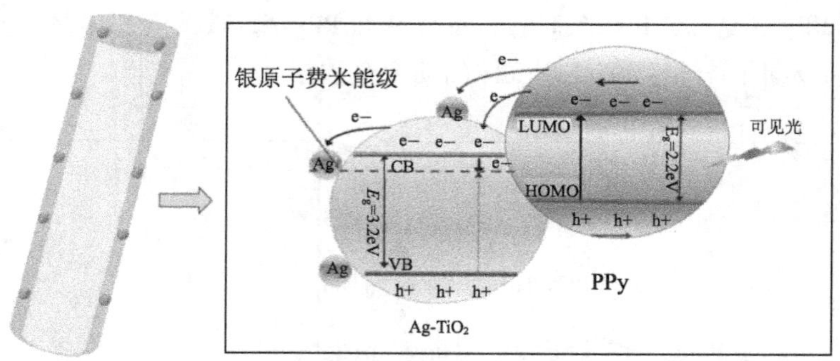

图 6-30　纳米复合材料 PPy-Ag-TiO_2 降解气相丙酮的机理示意图

而对于三元复合材料 PPy-Ag-TiO_2 体系，当可见光照射时，聚吡咯的 HOMO 上的电子被激发至 LUMO 上，空穴则留在 PPy 的 HOMO 上，处于激发态的电子会快速地转移到 TiO_2 的导带，随后注入 Ag 的费米能级，或者在 PPy 与 Ag 直接接触的部分不经过 TiO_2 的导带激发态的电子直接注入 Ag 的费米能级。金属 Ag 纳米颗粒在此处的作用相当于电子“海”，能大量地接收来自激发态半导体的光生电子，对分子氧的还原非常有利。因此，PPy-Ag-TiO_2 有更快的电荷分离效率，同时有更慢的复合过程，所以 PPy-Ag-TiO_2 体系比 PPy-TiO_2 体系具有更好的光催化活性。但是当聚吡咯的复合量超过 1wt.%时，过量的 PPy 会在 Ag-TiO_2 的表面形成较厚的膜层，阻碍外层 PPy 被激发的电子转移到内层的 TiO_2 的导带上，结果就会导致·OH 明显减少，而·OH 的减少使得光催化活性显著降低。

为了更好地确认光催化剂的稳定性，我们进行了降解丙酮的循环实验。图 6-31 为使用 1%-PPy-Ag-TiO_2 循环的降解丙酮实验结果。实验中每一个循环降解的丙酮量与催化剂的量之间的比值保持一致，降解时间均为 160 min，每次降解完用乙醇和水清洗后，将催化剂在烘箱中加热处理，再在下次的降解中使用。从图中可以发现经过 5 次循环降解后，催化剂的活性略有降低，且每次降解效率都比上一次要略低一点，这可能是由于催化剂的表面吸附了污染物，在清洗的过程并没有完全地除去，占据了催化剂表面的活性反应位，导致能反应的点减少，从而活性降低。虽然 5 次循环中，每次的都略有降低，但是 1%-PPy-Ag-TiO_2 依然能保持 80%以上的降解率，说明这种复合光催化剂是稳定的，能有效地降解有机污染物。

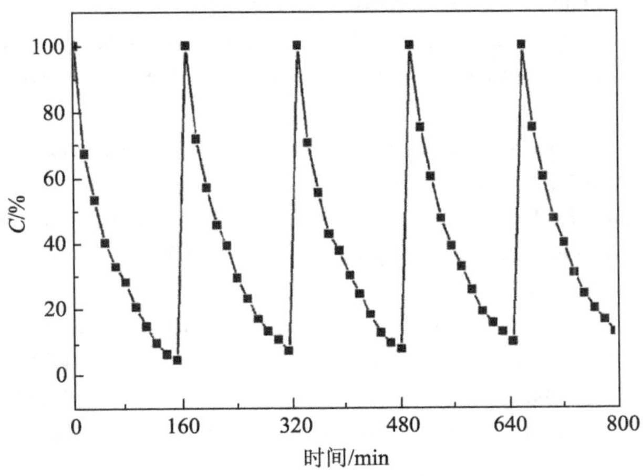

图 6-31　使用 1%-PPy-Ag-TiO_2 降解丙酮的循环实验

参 考 文 献

[1] 邹志刚. 光催化材料与太阳能转化和环境净化. 功能材料信息, 2008, 5(4): 17-19.

[2] Colon G, Belver C, Fernandez-García M. Nanostructured Oxides in Photo-Catalysis. In synthesis, properties and applications of solid oxides. Wiley: New York, 2007.

[3] Liu G, Wang L Z, Yang H G, et al. Titania-based photocatalysts-crystal growth, doping and

heterostructuring. J. Mater. Chem., 2010, 20: 831-843.

[4] Fujishim A, Zhang X T, Trykc D A. TiO_2photocatalysis and related surface phenomena. Surf. Sci. Rep., 2008: 63: 515-582.

[5] Asahi R, Morikawa T, Ohwaki T, et al. Visible-light photocatalysis in nitrogen-doped titanium oxides. Science, 2001, 293: 269-271.

[6] Chen X, Burda C. The electronic origin of the visible-light absorption properties of C-, N and S-doped TiO_2nanomaterials. J. Am. Chem. Soc., 2008, 130: 5018-5019.

[7] Ganesh V A, Raut H K, Nair A S, et al. A review on self-cleaning coatings. J. Mater. Chem., 2011, 21: 16304.

[8] Mohamed A E R, Rohani S. Modified TiO_2 nanotube arrays (TNTAs): Progressive strategies towards visible light responsive photoanode. Energy Environ. Sci., 2011, 4: 1065.

[9] Wei H T, Sun H Z, Zhang H, et al. An effective method to prepare polymer/nanocrystal composites with tunable emission over the whole visible light range. Nano Res., 2010, 3: 496-505.

[10] Inzelt G. Conducting Polymer. Berlin Heidelberg: Springer-Verlag, 2008.

[11] Kandiel T A, Dillert R, Bahnemann D W. Enhanced photocatalytic production of molecular hydrogen on TiO_2modified with Pt–polypyrrolenanocomposites. Photochem. Photobiol. Sci., 2009, 8: 683-690.

[12] Liang H C, Li X Z. Visible-induced photocatalytic reactivity of polymer–sensitized titania nanotube films. Appl. Catal. B: Environ, 2009, 86: 8-17.

[13] Xu S B, Zhu Y F, Jiang L, et al. Visible light induced photocatalytic degradation of methyl orange by polythiophene/TiO_2 composite particles. Water Air Soil Pollut, 2010, 213: 151-159.

[14] Gao J Z, Li S Y, Yang W, et al. Song Preparation and photocatalytic activity of PANI-TiO_2 composite film. Rare Met, 2007, 26: 1-7.

[15] Li X Y, Wang D S, Cheng G X, et al. Preparation of polyaniline-modified TiO_2 nanoparticlesand their photocatalytic activity under visible light illu-mination. Appl Catal B Environ, 2008, 81: 267-273.

[16] Wei J H, Zhang Q, Liu Y, et al. Synthesis and photocatalytic activity of polyaniline-TiO_2 composite with bionic nanopapilla structure. J. Nanopart. Res, 2011,13: 3157-3165.

[17] Nabid M R, Golbabaee M, Moghaddam A B, et al. Polyaniline/TiO_2 nanocomposite: Enzymatic synthesis and electrochemical properties. Int. J. Electrochem. Sci., 2008, 3: 1117-1126.

[18] Li X W, Chen W, Bian C Q, et al. Surface modification of TiO_2 nanoparticles by polyaniline. Appl. Surf. Sci., 2003, 217: 16-22.

[19] Somani P R, Marimuthu R, Mulik U P, et al. Highpiezoresistivity and its origin in conducting polyaniline/TiO_2 composites. Synth. Met., 1999, 106: 45-52.

[20] Niu Z W, Yang Z Z, Hu Z B, et al. Polyaniline-silica composite conductive capsules and hollowspheres. Adv. Funct. Mater., 2003, 13: 949-954.

[21] Xia H S, Wang Q. Ultrasonic irradiation: a novel approachto prepare conductive polyaniline nanocrystalline-titaniumoxide composites. Chem. Mater., 2002, 14: 2158-2165.

[22] Shang M, Wang W Z, Sun S M, et al. Efficient visible light-induced photocatalytic

degradation of contaminant by spindle-like PANI/$BiVO_4$. J. Phys.Chem. C, 2009, 113: 20228-20233.

[23] Leng C J, Wei J H, Liu Z Y, et al. Influence of imidazolium-based ionic liquids on the performance of polyaniline-$CoFe_2O_4$ nanocomposites. J. Alloys Compd., 2011, 509: 3052-3056.

[24] Leng C J, Wei J H, Liu Z Y, et al. Facile synthesis of PANI-modified $CoFe_2O_4$-TiO_2 hierarchical flower-like nanoarchitectures with high photocatalytic activity. J.Nanopart. Res., 2013, 15: 1643-1653.

[25] Xia H S, Wang Q. Ultrasonic irradiation: A novel approach to prepare conductive polyaniline/nanocrystalline titania oxide composites. Chem. Mater., 2002, 14: 2158-2165.

[26] Sing K S W, Everett D H, Haul R A W, et al. Reporting physisorption data for gas-solid systems with special referenceto the determination of surface area and porosity.Pure Appl. Chem., 1985, 57: 603-607.

[27] Xiong P, Chen Q, He M Y, et al. Cobalt ferrite–polyaniline heteroarchitecture: A magnetically recyclable photocatalyst with highly enhanced performances. J. Mater. Chem., 2012, 22: 17485-17493.

[28] Buonsanti R, Grillo V, Carlino E, et al. Architectural control of seeded-grown magnetic semicondutoriron oxide TiO_2 nanorod heterostructures: The role of seeds in topology selection. J. Am. Chem. Soc., 2010, 132: 2437-2464.

[29] Zhang H, Zong R L, Zhao J C, et al. Dramatic visible photocatalytic degradation performances due to synergetic effect of TiO_2 with PANI. Environ.Sci.Technol., 2008, 42: 3803-3807.

[30] Kamat P V. Manipulation of charge transfer across semiconductor interface. A criterion that cannot be ignored in photocatalyst design. J. Phys. Chem. Lett., 2012, 3: 663-672.

[31] Li D, Xia Y N. Electrospinning of nanofibers: Reinventing of wheel? Adv. Mater., 2004, 16: 1151-1170.

[32] Li D, McCann J T, Xia Y N. Electrospinning: A simple and versatile technique for producing ceramic nanofibers and nanotubes. J. Am. Ceram. Soc., 2006, 89: 1861-1869.

[33] Yang Y C, Wen J W, Wei J H, et al. Polypyrrole-decorated Ag-TiO_2 nanofibers exhibiting enhanced photocatalytic activity under visible-light illumination. ACS Appl. Mater. Interfaces, 2013, 5: 6201-6207.

[34] Wang B, Li C, Pang J F, et al. Novel polypyrrole-sensitized hollow TiO_2/fly ash cenospheres: Synthesis, characterization, and photocatalytic ability under visible light. Appl. Surf. Sci., 2012, 258: 9989-9996.

[35] Melian E P, Diaz O G, Rodriguez J M D, et al. Effect of deposition of silver on structural characteristics and photoactivity of TiO_2-based photocatalysts. Appl. Catal. B., 2012, 127: 112-120.

[36] Ishibashi K, Fujishima A, Watanabe T, et al. Detection of active oxidative species in TiO_2 photocatalysis using the fluorescence technique. Electrochem. Commun., 2000, 2: 207-210.

[37] Yu J G, Xiang Q J, Zhou M H. Preparation, characterization and visible-light-driven photocatalytic activity of Fe-doped titaniananorods and first-principles study for electronic structures. Appl. Catal., B, 2009, 90: 595-602.

[38] Wang D S, Wang Y H, Li X Y, et al. Sunlight photocatalytic activity of polypyrrole-TiO_2 nanocomposites prepared by ‘in situ’ method. Catal. Commun., 2008, 9: 1162-1166.
[39] Murakoshi K, Kogure R, Wada Y, et al. Solid state dye-sensitized TiO_2 solar cell with polypyrrole as hole transport layer. Chem. Lett.,1997, 26: 471-472.
[40] Liu R, Wang P, Wang X F, et al. UV- and visible-light photocatalytic activity of simultaneously deposited and doped Ag/Ag(I)-TiO_2 photocatalyst. J. Phys. Chem.C., 2012, 116: 17721-17728.

第7章 非溶液法制备Au纳米颗粒修饰的ZnO/NiO异质结构及其优异的光催化性能

7.1 引　言

自1972年Fujishima等[1]首次发现TiO_2单晶电极光催化分解水以来，利用光催化分解水中有机污染物的研究一直备受关注。光催化作为一种新型的水污染处理技术，能够有效地分解水中难以降解的各类有机污染物，降解效率高且无二次污染[2]。近年来，各种关于此类半导体金属氧化物光催化剂的研究层出不穷。ZnO作为被普遍研究的光催化剂之一，其禁带宽度与TiO_2类似，同时又具有比TiO_2更高的量子效率及光催化效率，是一种拥有许多优异性能的直接带隙宽禁带半导体材料，有望替代TiO_2在光催化方面得到更好的应用[3,4]。

然而，在实际应用中，由于光能利用率低以及光生电子和空穴的复合问题，目前光催化材料的光催化效率不高，严重阻碍了其经济化和实用化。为了提高其光催化效率，一般采用半导体表面沉积贵金属[5]、金属离子掺杂[6,7]、非金属离子掺杂[8]、复合半导体[9]、半导体表面光敏化[10]等技术来对其进行改性。其中，在半导体表面沉积一定量贵金属被认为是一种可以捕获光生电子，降低光生电子和空穴复合几率的有效改性方法[5]。对于ZnO领域，在ZnO表面沉积各种贵金属，如Au、Ag和Pt等的方法被相继报道。例如，Lu等[11]用水热法通过控制$HAuCl_4·4H_2O$溶液的浓度在ZnO纳米棒上修饰了一定量的Au纳米颗粒，其中0.75Au/ZnO纳米棒的光催化性能最佳。实验结果显示Au纳米颗粒的表面修饰不仅使Au/ZnO纳米棒具有更快的降解速率，而且一定程度上有效地抑制了Au/ZnO纳米棒的光腐蚀作用，使Au/ZnO纳米棒具有更好的循环稳定性。Lu等[12]通过酪氨酸用简易的一步水热法成功制备了Ag/ZnO金属–半导体纳米复合材料，实验结果显示Ag负载明显地增强了ZnO的光催化性能，当Ag含量为1.20 at.%时光催化性能表现最佳。Yu等[13]用$Zn(CH_3COO)_2·2H_2O$和$HPtCl_4$作为前体化合物，聚乙二醇-6000和乙二醇作为还原剂和溶剂，在一个温和的溶剂热条件下制备出了分层结构凹陷的Pt-ZnO纳米微球。Pt的存在有效地提高了样品的光催化性能，最佳Pt含量下Pt(2%)-ZnO样品的光催化活性为纯ZnO的2.1倍。

目前，关于 ZnO 的制备以及在 ZnO 表面沉积贵金属进行修饰的方法有很多。其中，用化学法制备 ZnO 粉末光催化剂居多。粉末光催化剂易凝聚、难分离、易失活和难以回收利用等缺点，一定程度上也使光催化氧化技术的实用化受到了限制。另外，大部分研究是采用水热法以及溶剂热法将贵金属与 ZnO 复合。一般来说，基于溶液体系制备的复合体系较难形成紧密接触的异质结构，会在界面处形成“带隙”或者“虚连接”等问题，阻碍电子在 ZnO 与贵金属之间的传输，并且对复合材料的稳定性和使用寿命也有影响[14]。

采用物理法，如磁控溅射、真空蒸发、离子溅射等，也是进行贵金属纳米颗粒沉积的一种有效方法，具有简单易行、纯度高、容易控制、适合大规模制备等特点。一般来说，这些沉积方法主要用于各种纳米薄膜的制备，但是如果能够控制沉积时间，也可以得到纳米颗粒的弥散分布，实现对各种材料的修饰作用。例如，Tan 等[15]用 RF 磁控溅射法在 T-ZnO 表面溅射沉积了一定量的贵金属 Ag 合成了 Ag/T-ZnO 异质结构。实验结果表明，经 Ag 修饰后的异质结构比纯的 T-ZnO 具有更好的光催化活性，并且可以通过控制溅射时间和溅射功率得到最佳的 Ag 修饰量。Gingrey 等[16]用热蒸镀方法直接在未处理的 CNTs 表面沉积了一定量的 Au 纳米颗粒。通过探究得知 Au 纳米颗粒的大小及分布密度仅仅只受名义上沉积薄膜的厚度影响，也就是说，通过控制沉积量可以得到不同大小及分布密度的 Au 纳米颗粒，实现其弥散分布。

在前期工作中[17]，我们以泡沫镍为基体，利用脉冲电镀的方法在泡沫镍上面沉积一层纯 Zn 纳米晶薄膜，然后通过热氧化处理获得了 ZnO 纳米针+NiO 多孔复合光催化材料，由于在热处理过程中 Zn 和 Ni 同时转变为 ZnO 和 NiO，并在界面处形成了一个短程元素扩散层结合紧密的异质结，大大提高了电子-空穴的分离效率，其光催化性能比纯 ZnO 有了显著的提高。

本章我们在上述工作的基础上，进一步利用离子溅射在 ZnO 纳米针表面沉积少量的贵金属 Au 纳米颗粒进行修饰，成功制备出了 Au/ZnO/NiO 异质结构复合光催化材料。实验结果表明，其光催化性能得到了进一步的提高。这是由于沉积 Au 后该复合结构具有如下优点：①Au 的沉积会引起表面等离子体共振效应，提高光催化材料对光的吸收效率；②当半导体表面和 Au 接触时，载流子重新分布。电子从费米能级较高的 ZnO 转移到费米能级较低的金属 Au,直到它们的费米能级相同，形成了肖特基势垒。而肖特基势垒成为俘获光生电子的有效陷阱，光生载流子被分离，从而抑制了电子和空穴的复合，提高了光催化效率。利用离子溅射等物理方法在光催化材料表面进行贵金属纳米颗粒沉积和修饰具有纯度高、杂质少、快速、方便、界面结合牢固、适合大规模制备等特点，在光催化和太阳能电池等能源利用方面具有重要的应用前景。

7.2　实验材料与方法

首先通过数控双脉冲电镀电源(GKDM 30-15，Xin Du，中国)完成 Zn 纳米晶的制备。电镀过程中，阳极为标准的 Zn 电极，纯度大于 99%，大小为 5 cm×5 cm，阴极为 1 cm×2 cm 的泡沫镍基底，电镀液为标准的 $ZnCl_2$ 溶液。电镀时间控制在 45 s。然后将电镀得到的 Zn/Ni 样品以 10 ℃/min 的升温速率加热至 500 ℃，保温 5 h，炉冷至室温，获得 ZnO纳米针加 NiO 多孔复合材料，整个过程在大气中完成。最后 Au 纳米颗粒在 ZnO 纳米针上的沉积通过离子溅射仪(SBC-12，KYKY，中国)完成。样品与靶材间距为 5 cm，溅射电流控制为 6 mA。通过溅射一定量(10～50 s)的贵金属 Au，得到 Au/ZnO/NiO 复合光催化材料。其中以未溅射 Au 的纯的 ZnO/NiO 样品作为对比实验。

样品的形貌和成分在扫描电子显微镜(SEM)、能谱仪(EDS)，以及高分辨透射电子显微镜(HRTEM)上进行观察和成分测定。样品的相结构在 X 射线粉末衍射仪(D8 Advanced，Bruker AXS，Germany)上测定。化学成分在 X 射线光电子谱(XPS) AXIS-UItra instrument，Kratos Analytical 上进行，单色光源为 Al Kα(225 W，15 Ma，15 kV)。

紫外-可见吸收光谱(UV-Vis)在紫外可见分光光度计(UV-2550)上测定。光催化实验装置由圆柱形石英外管和石英玻璃套环绕的内置光源构成，使用 450 W 的高压汞灯作为光催化的光源。光降解物为罗丹明 B(5 mg/L)。先将放入催化剂的罗丹明 B 溶液在黑暗中放置 30 min，使催化剂在降解液中达到吸附平衡。实验过程中每隔 30 min 取样一次，使用 UV-Vis 分光光度计在 λ=553 nm 波长处测吸光度的变化，以监测罗丹明 B 光催化降解的程度。

7.3　Au 纳米颗粒修饰 ZnO/NiO 异质结构的微结构特征及其光催化性能

根据我们前期的工作，ZnO/NiO 异质结构通过两步法制备得到，即脉冲电沉积法和热氧化法[17]。图 7-1 为最佳条件下制备得到的 ZnO/NiO 异质结构的 SEM 形貌图。很明显，原始的泡沫 Ni 呈多孔结构，ZnO 纳米针均一地分布在 NiO 及泡沫 Ni 基底上，直径在 20～100 nm，长度在 1～3 μm。

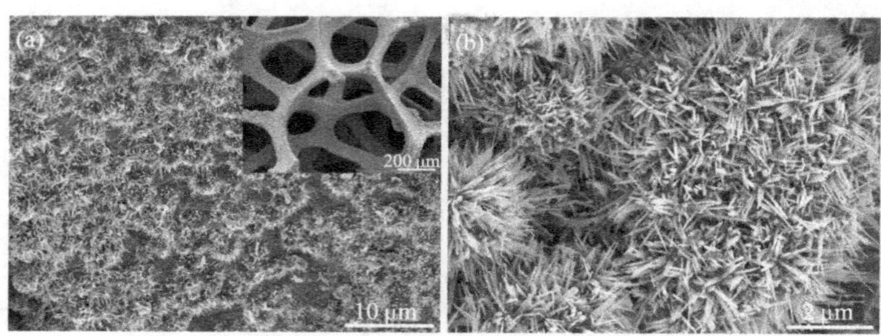

图 7-1　ZnO/NiO 异质结构的 SEM 形貌图

(a)低倍(插图：原始泡沫镍)；(b)高倍

图 7-2 和图 7-3 分别显示了沉积 Au 纳米颗粒前后 ZnO 的高倍 SEM 形貌和对应的 TEM 与 HRTEM 晶格像。可以看出表面沉积的 Au 纳米颗粒呈弥散分布，大小在 1～5 nm，并没有在 ZnO 表面形成一层致密薄膜。说明通过控制离子溅射的溅射时间可以使得 Au 纳米颗粒弥散均匀地沉积在 ZnO 表面，对 ZnO 起到修饰作用。HRTEM 晶格像清楚地显示出了晶面间距为 0.28 nm 的 ZnO(100)晶面和 Au 纳米颗粒晶面间距为 0.24 nm 的 Au(111)晶面。

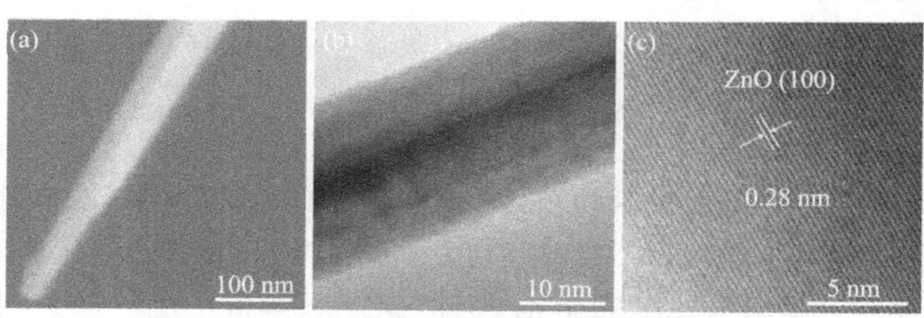

图 7-2　ZnO/NiO 异质结构的电子显微镜观察图像

(a) SEM；(b) TEM；(c) HRTEM

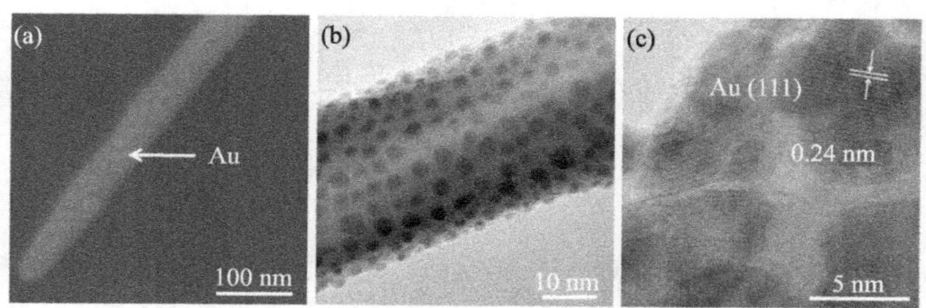

图 7-3　Au/ZnO/NiO 异质结构的电子显微镜观察

(a) SEM；(b) TEM；(c) HRTEM

图 7-4 为样品的 XRD 图谱。很明显，在泡沫镍上电镀的 Zn 纳米晶薄膜样品，

经过热氧化处理后转变为 ZnO 和 NiO 结构，其中的 Ni 峰来自于未被氧化转变的泡沫镍基底[17]。而在图 7-4(c)中可以明显看到 2θ=38°处的 Au(111)衍射峰，但是由于 Au 纳米颗粒的含量很少且颗粒很小，所以衍射峰的强度较小。另外，从 XRD 谱中没有看到杂质相，说明非溶液法能够避免杂质的引入。EDS 测定也显示在 Au/ZnO/NiO 样品中，仅存在 Zn、Ni、Au 和 O 元素，如图 7-5 所示。EDS 谱中的 C 元素来自于样品台上的导电材料。

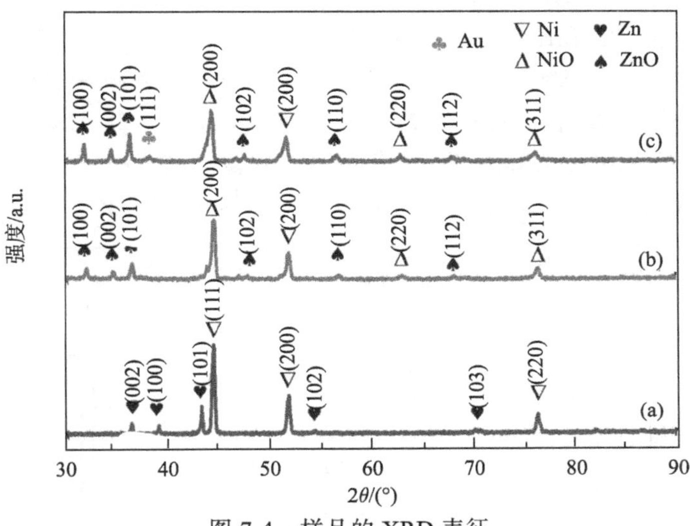

图 7-4　样品的 XRD 表征

(a) Ni/Zn；(b) ZnO/NiO；(c) Au/ZnO/NiO 复合材料

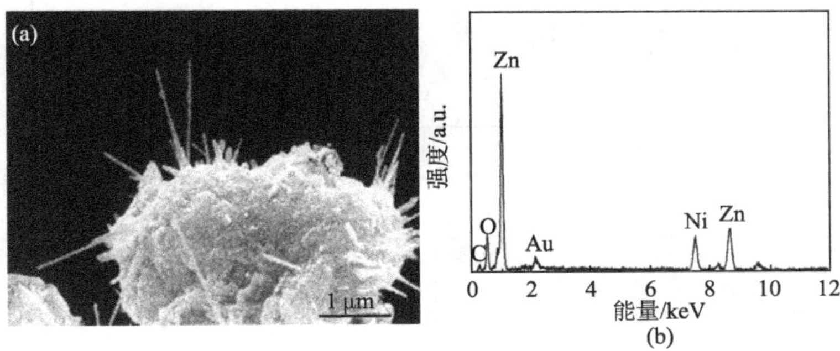

图 7-5　Au/ZnO/NiO 的 EDS 表征

(a) SEM 形貌图；(b)对应图(a)的 EDS 谱图

为了进一步确定 Au/ZnO/NiO 复合结构的化学成分，我们进行了 XPS 分析，如图 7-6 所示。图 7-6(a)为 0～1200 eV 的全谱分析数据，分别对应于 Au、O、Zn、Ni 的结合能峰位。图 7-6(b)为 Au 4f 的精细谱，结合能在 83.6 eV 和 87.3 eV 处的两峰位分别为 Au $4f_{7/2}$ 和 Au $4f_{5/2}$，结合能差值为 3.7 eV，与标准值 3.67 eV 吻合，表明在 Au/ZnO/NiO 复合材料中 Au 以金属单质形式存在[18]。同时，相比体相中 Au $4f_{7/2}$ 标准峰 84.1 eV，该复合材料中的 Au $4f_{7/2}$ 峰位向负方向偏移 0.5 eV，另外，Zn 3p 的作用在 Au $4f_{5/2}$ 旁边也存在着两干扰峰，这是由于复合材料中 ZnO 与 Au 单质之间具有强相互作用。有人研究表明这种强烈的金属间相互作用可大大提升样品的光催化性能[19-21]。在图 7-6(c)中 O 1s 谱的宽化和不对称性表明 O 有多种价态，在 530.1 eV 和 530.6 eV 处的峰分别表示 NiO 和 ZnO 的存在[22,23]，在 531.8 eV 处的峰为样品表面吸附氧的峰位[24]。在图 7-6(d) Zn 2p 图谱中可以看出位于 1021.5 eV 和 1044.5 eV 处有两个对称峰，分别对应 Zn $2p_{3/2}$ 和 Zn $2p_{1/2}$，表明在 ZnO 中 Zn^{2+}为正常价[25]。Zn 2p 两个对称峰的结合能之差为 23 eV[26]。图 7-6(e)为 Ni 2p 图谱，位于 855.1 eV、861.3 eV 和 873.5 eV 处的峰为 Ni—O 键的特征峰，在 852.1 eV、859.4 eV 和 869.4 eV 处的峰表明样品中还存在未氧化的单质 Ni[27-30]，这与 XRD 的结果一致。

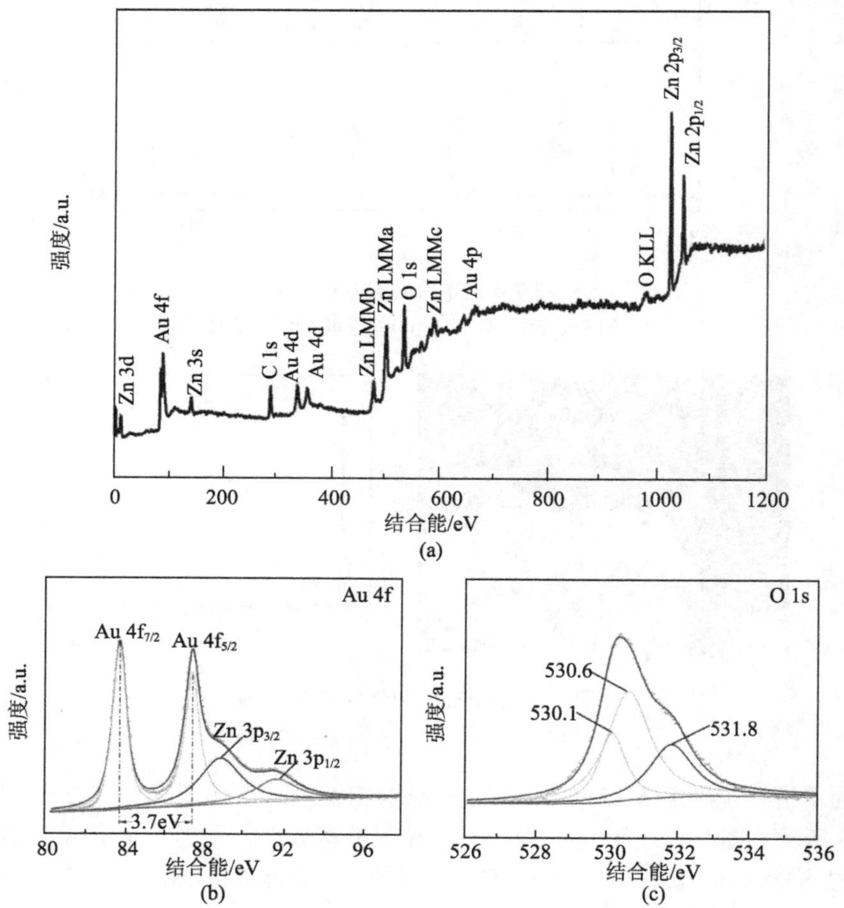

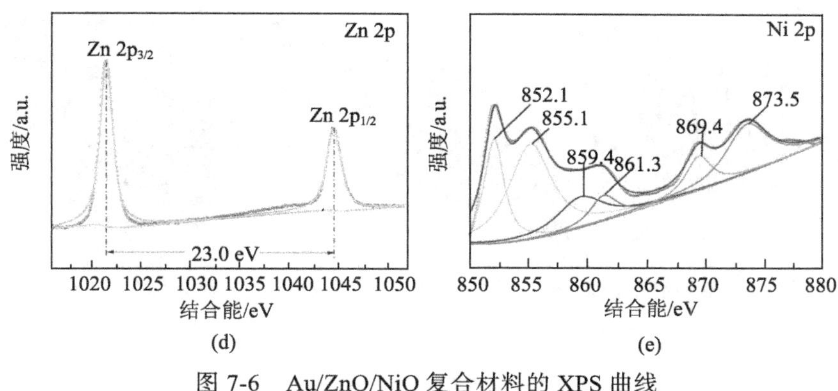

图 7-6　Au/ZnO/NiO 复合材料的 XPS 曲线

(a)全谱；(b) Au 4f；(c) O 1s；(d) Zn 2p；(e) Ni 2p

Au 纳米颗粒会引起表面等离子体共振(SPR)的产生，有助于提高光催化材料的光吸收效率[11,31]。另外，Au 纳米颗粒的沉积还能有效地捕获光生电子，促进载流子分离，抑制光生电子–空穴对的复合，从而提高 ZnO 光催化材料的光催化效率[11,18,31]。然而过量的贵金属沉积又会使得金属成为光生电子和空穴的复合中心[32]。因此，需要严格控制贵金属的沉积量以达到量子效率的最优化。

在本实验中，为了得到最佳的 Au 纳米颗粒沉积量，我们通过调节溅射时间(10～50 s)进行控制。图 7-7 显示在不同溅射时间下 Au 纳米颗粒在 ZnO 纳米针上分布的 TEM 形貌。从图中可以明显地看到，Au 纳米颗粒均匀弥散分布于 ZnO 表面，没有形成致密的 Au 膜。但是由于溅射的不稳定性，Au 纳米颗粒的大小不均匀，颗粒直径在 1～10 nm，较小的颗粒呈菱形，较大的颗粒呈圆形。表 7-1 列举了不同样品的统计数据。结果发现随着溅射时间的增加，沉积于 ZnO 纳米针表面的 Au 纳米颗粒的密度在逐渐增大。然而，Au 纳米颗粒的直径却没有明显的变化趋势[33]。大部分 Au 纳米颗粒的大小在 1～4 nm，较大颗粒应该是小颗粒聚集的结果。观察发现，当溅射时间为 40 s 时，Au 纳米颗粒的密度最适中，颗粒的大小相对一致稳定，没有表现出明显的聚集现象。

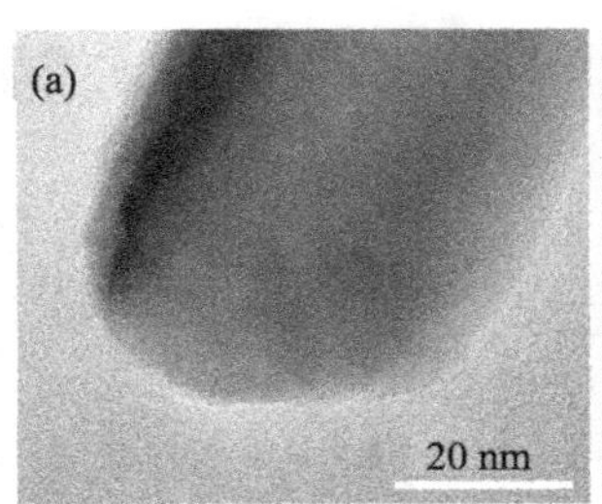

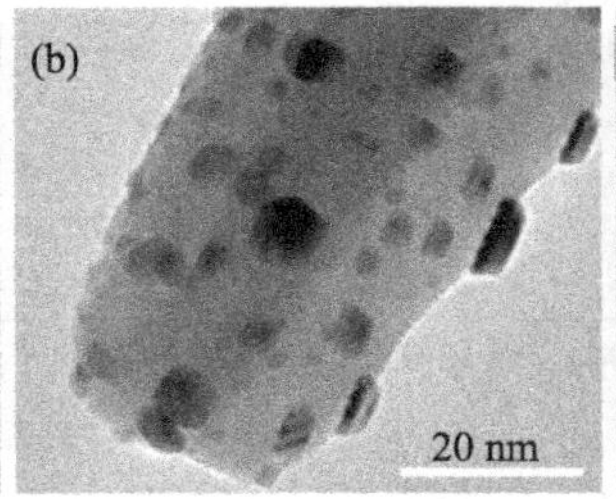

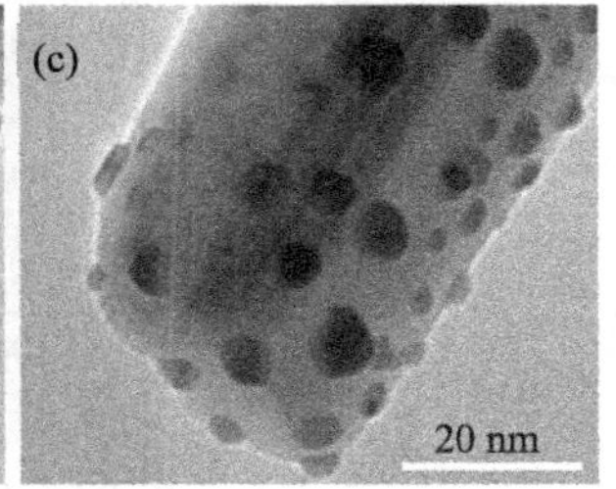

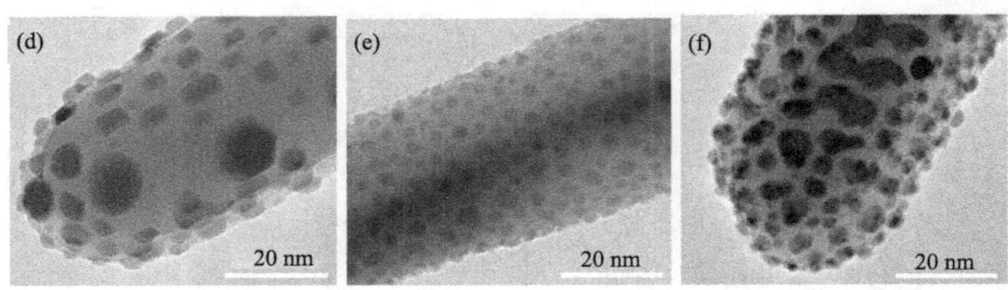

图 7-7　不同溅射时间下 Au 纳米颗粒沉积在 ZnO 纳米针表面的 TEM 图

(a) 0 s；(b) 10 s；(c) 20 s；(d) 30 s；(e) 40 s；(f) 50 s

表 7-1　不同样品的统计数据

Sample	Size of the most Au NPs/nm	Au NPs density (mean ZnO coverage)/%	Au NPs inter-particle spacing /nm	Photocatalytic activities order
10s Au/ZnO/NiO	1～4	18	4～5	5 (weakest)
20s Au/ZnO/NiO	1～3	23	4～5	4
30s Au/ZnO/NiO	1～5	28	3～4	2
40s Au/ZnO/NiO	1～3	32	2～3	1 (strongest)
50s Au/ZnO/NiO	1～4	37	1～2	3

紫外-可见光吸收测试显示，在波长低于 430 nm 的紫外-可见光范围内所有样品均有较强吸收，而在波长大于 430 nm 的可见光部分，沉积了 Au 纳米颗粒的 Au/ZnO/NiO 样品吸收明显，如图 7-8 所示。其中在波长为 530 nm 处有一较宽的吸收峰，这实际上就是由于 Au 纳米颗粒的 SPR 效应引起的吸收峰[11]。另外，随着 Au 沉积量的增加，该吸收峰逐渐增强，并出现显著红移现象，文献表明这是由于

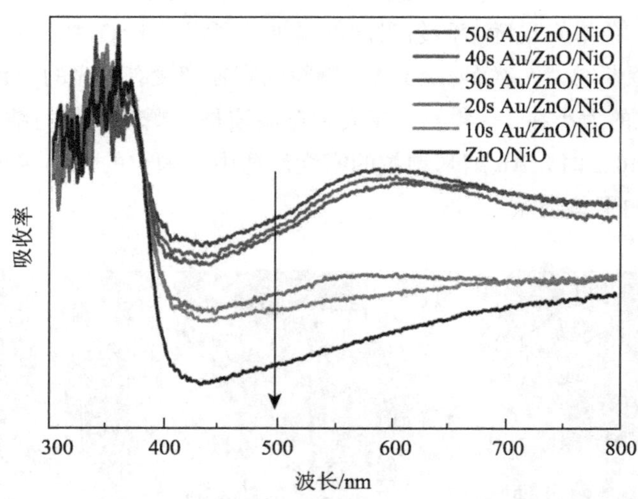

图 7-8　ZnO/NiO 和不同 Au 含量的 Au/ZnO/NiO 复合材料的紫外-可见光吸收谱

ZnO 与 Au 之间存在相互作用力[34]。从图中可以看出，Au 纳米颗粒沉积时间在 30～50 s 时，均表现出较强的可见光吸收。也就是说，较多弥散分布的 Au 纳米颗粒，由于 SPR 效应提高了可见光的吸收效率。

图 7-9 为 Au 纳米颗粒不同沉积时间对 Au/ZnO/NiO 复合材料降解污染物罗丹明 B(RB)的影响。通过监测 RB 溶液对紫外可见光吸收峰强的变化来表征其浓度，降解效率用$(C_0-C)/C_0$表示，其中 C_0 和 C 分别代表 RB 降解前和降解后的浓度[35]。在测试和对比 Au/ZnO/NiO 复合材料的光催化效率之前，我们进行了两组控制实验：①在黑暗条件下有光催化剂的参与；②在光照条件下没有光催化剂的参与，如图 7-9(a)所示。两组实验结果表明：无论是缺乏光照还是缺少光催化材料，RB 都不会被降解。

图 7-9(b)为不同 Au 纳米颗粒沉积时间的 Au/ZnO/NiO 复合材料对 RB 的降解曲线。很显然，不同量 Au 纳米颗粒的沉积对 ZnO/NiO 样品的光催化性能均有明显提高；并且，随着复合材料中 Au 溅射时间的增加，Au/ZnO/NiO 复合材料的光催化性能出现先增大后减小的规律，当溅射时间为 40 s 时光催化性能达到最佳。通过计算可知，120 min 后，无 Au 沉积样品 ZnO/NiO 的降解效率为 48%，而 40 s 沉积的 Au/ZnO/NiO 样品中的 RB 基本被完全降解，降解效率达到 100%，即降解效率提高了两倍多。此结果表明，Au 纳米颗粒在 ZnO 纳米针上有一个最佳的沉积量，过多或过少都会影响到光催化降解效率的提高。Au/ZnO/NiO 复合材料降解 RB 的光催化性能取决于 Au 纳米颗粒的直径和密度[36]。正是由于 Au 纳米颗粒在 ZnO 表面沉积的大小更一致，覆盖率更适中，40 s Au/ZnO/NiO 复合材料才在所有样品中表现出最好的性能。如果溅射时间过短，少量的 Au 纳米颗粒将不足以引起明显的 SPR 效应。SPR 效应具有有效提高光催化材料对可见光的吸收效率以及促进光生电子–空穴对分离的功能[37]。另外，如果 Au 纳米颗粒的密度高于最佳量，覆盖的 Au 纳米颗粒将会减少 RB 和 ZnO 纳米针之间的接触面积。在这种情况下，Au 纳米颗粒将会充当电子–空穴对的复合中心[32]，从而降低 Au/ZnO/NiO 复合材料的光催化活性。

当被降解溶液的原始浓度较低(本实验中为 5 mg/L)时，光催化降解 RB 的动力学曲线可以简写为 $\ln(C/C_0)=-kKt=-k_{app}t$，其中 t 为光照时间(min)，k 为反应速率常数(mg/(L·min))，K 为吸附系数(L/mg)，k_{app} 为常数(min^{-1})[29]。图 7-9(c)显示 ZnO/NiO 及不同 Au/ZnO/NiO 样品的反应动力学曲线。所有的反应都符合准一级反应动力学，通过比较不同光催化剂的 k_{app} 便可得出其光催化活性的差异。因此，从图中可以看出这些样品的光催化活性大小顺序为纯 ZnO/NiO<10 s Au/ZnO/NiO<20 s Au/ZnO/NiO<50 s Au/ZnO/NiO<30 s Au/ZnO/NiO<40 s Au/ZnO/NiO。结果表明，40s Au/ZnO/NiO 样品具有最高的光降解速率，Au 纳米颗粒的最佳溅射时间为 40 s。当溅射时间过长时，光催化活性将会随着 Au 沉积量的增加而降低。另外，光催化的稳定性也是评价光

催化材料的一个重要指标[38]。从图 7-9(d)可以看出，经过三次降解后，有 Au 纳米颗粒修饰的 Au/ZnO/NiO 复合材料具有更好的稳定性。

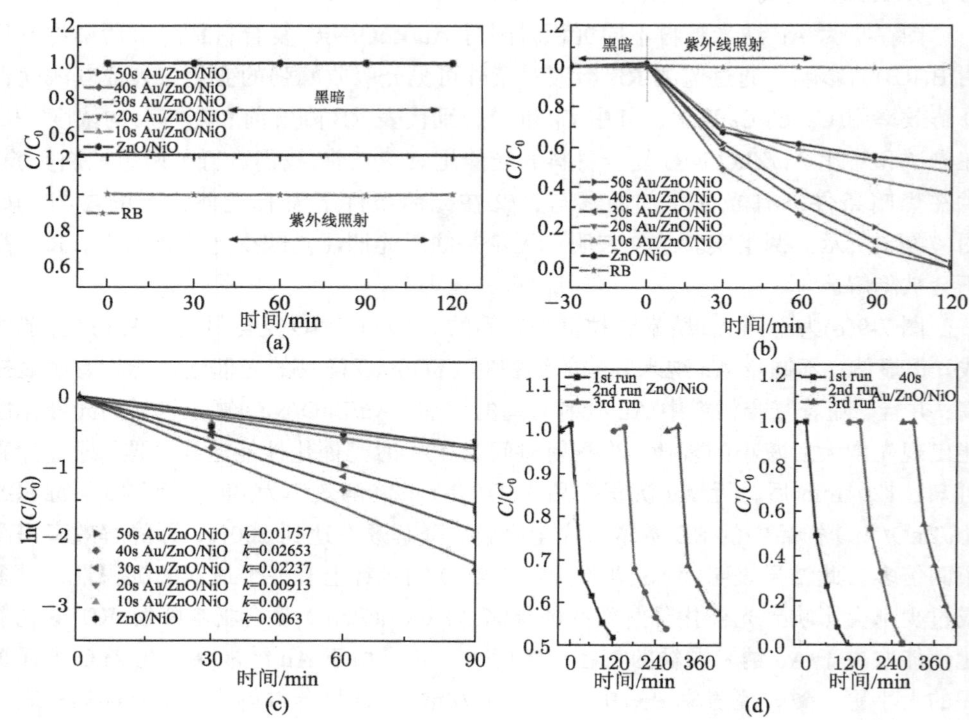

图 7-9 复合材料降解 RB 的光催化性能

(a)在黑暗下有光催化剂和在光照下没有光催化剂的 RB 降解图；(b) 不同样品的光催化降解曲线；(c) 不同样品的动力学线性曲线；(d) 三次循环降解 RB 的光催化活性图

基于以上实验结果，我们提出了一种机理来解释 Au 纳米颗粒修饰的 Au/ZnO/NiO 复合材料的优异光催化性能，如图 7-10 所示[11-13,17,18,29,31]，即①当 Au/ZnO/NiO 复合材料暴露于紫外可见光时，电子在 ZnO 和 NiO 两相的价带上同时被激发。②由于 NiO 导带的能级比 ZnO 导带的能级低，一部分光生电子会从 ZnO 的导带迁移至 NiO；与此同时，由于 Au/ZnO/NiO 材料形成新的费米能级也低于 ZnO 导带的能级，所以还有一部分光生电子会从 ZnO 的导带迁移至贵金属 Au 纳米颗粒上，NiO 上剩下的光生空穴则迁移至 ZnO 表面。③迁移至 ZnO 表面的光生空穴将与 H_2O 或 OH^-反应生成 OH·；同时，迁移至 NiO 和 Au 表面的光生电子则与 O_2 反应生成 $O_2\cdot^-$。④由于 Au 纳米颗粒的 SPR 效应，增强了 ZnO/NiO 对光的吸收效率，Au/ZnO/NiO 在光催化反应过程中产生更多的电子–空穴对；同时，SPR 效应也会有效提高其电子捕获能力，进一步提高了光生电子–空穴对的分离效率。

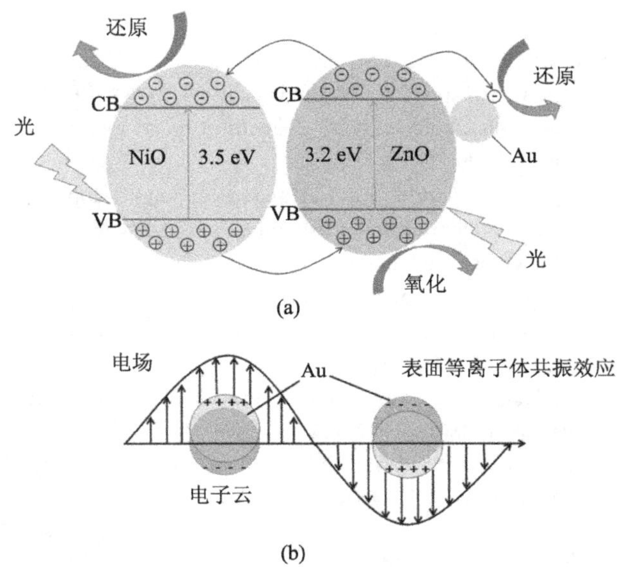

图 7-10　Au/ZnO/NiO 复合材料的光催化机理图(a)；Au 纳米颗粒的 SPR 效应(b)

综上所述，可以知道 Au 纳米颗粒的沉积使得 Au/ZnO/NiO 材料比 ZnO/NiO 具有更高的光生电子–空穴分离效率，很大程度上降低了光生载流子的复合，提高了其在固–液界面参加光催化反应的利用率，从而使得 Au/ZnO/NiO 复合材料表现出比纯 ZnO/NiO 更优异的光催化活性。

由以上分析可以得出结论如下：利用非溶液法或称物理法成功制备了 Au 纳米颗粒修饰的 Au/ZnO/NiO 复合光催化材料。其中 Au 纳米颗粒是通过简单的离子溅射方法弥散沉积在 ZnO 表面。在此复合材料中，ZnO 纳米针与 NiO 薄膜及 Au 纳米颗粒形成了紧密结合的异质结构，大大提高了其光生电子–空穴对的分离效率和复合材料的结构稳定性。该物理方法具有简单易行、纯度高、容易控制、适合大规模制备等特点。利用此原理还可以制备不同体系的贵金属纳米颗粒修饰的光催化材料，在太阳能电池、制氢和光催化环境污染处理等领域具有重要的应用前景。

参 考 文 献

[1] Fujishima A, Honda K. Electrochemical photolysis of water at a semiconductor electrode. Nature, 1972, 238: 37-38.

[2] Hoffmann MR, Martin ST, Choi W, et al. Environmental applications of semiconductor photocatalysis. Chem Rev, 1995, 95: 69-96.

[3] Yang LY, Dong SY, Sun JH, et al. Microwave-assisted preparation, characterization and photocatalytic properties of a dumbbell-shaped ZnO photocatalyst. J Hazard Mater, 2010,

179: 438-443.
[4] Akyol A, Yatmaz HC, Bayramoglu M. Photocatalytic decolorization of Remazol Red RR in aqueous ZnO suspensions. Appl Catal B-Environ, 2004, 54(1): 19-24.
[5] Litter MI. Heterogeneous photocatalysis: Transition metal ions in photocatalytic systems. Appl Catal B-Environ, 1999, 23:89-114.
[6] Zhang DF, Zeng FB. Visible light-activated cadmium-doped ZnO nanostructured photocatalyst for the treatment of methylene blue dye. J Mater Sci, 2012, 47(5): 2155-2161.
[7] Karakitsou KE, Verykios XE. Effects of altervalent cation doping of titania on its performance as a photocatalyst for water cleavage. J Phys Chem, 1993, 97(6): 1184.
[8] Asahi RT, Morikawa T, Ohwaki T, et al. Visible-light photocatalysis in nitrogen-doped titanium oxides. Science, 2001, 293(5528): 269.
[9] Li DL, Jiang XD, Zhang YP, et al. A novel route to ZnO/TiO_2 heterojunction composite fibers. J Mater Res, 2013, 28(03): 507-512.
[10] Oregan B, Gratzel M. A low-cost, high-efficiency solar cell based on dye-sensitized colloidal TiO_2 films. Nature, 1991, 353(6346): 737.
[11] Lu J, Wang HH, Peng DL, et al. Synthesis and properties of Au/ZnO nanorods as a plasmonic photocatalyst. Phys E, 2016, 78: 41-48.
[12] Lu WW, Liu GS, Gao SY, et al. Tyrosine-assisted preparation of Ag/ZnO nanocomposites with enhanced photocatalytic performance and synergistic antibacterial activities. Nanotechnology, 2008, 19(44): 82-85.
[13] Yu CL, Yang K, Xie Y, et al. Novel hollow Pt-ZnO nanocomposite microspheres with hierarchical structure and enhanced photocatalytic activity and stability. Nanoscale, 2013, 5(5): 2142-2151.
[14] Eder D. Carbon nanotube-inorganic hybrids. Chem Rev, 2010, 110(3): 1348-1385.
[15] Tan T, Li Y, Liu Y, et al. Two-step preparation of Ag/tetrapod-like ZnO with photocatalytic activity by thermal evaporation and sputtering. Mater Chem Phys, 2008, 111(2): 305-308.
[16] Gingery D, Bühlmann P. Formation of gold nanoparticles on multiwalled carbon nanotubes by thermal evaporation. Carbon, 2008, 46(14): 1966-1972.
[17] Luo CZ, Li DL, Wu WH, et al. Preparation of porous micronano-structure NiO/ZnO heterojunction and its photocatalytic Property. RSC Adv, 2014, 4:3090-3095.
[18] Chen PK, Lee GJ, Anandan S, et al. Synthesis of ZnO and Au tethered ZnO pyramid-like microflower for photocatalytic degradation of orange II. Mater Sci Eng B, 2012, 177(2): 190-196.
[19] Zhang J, Liu XH, Wang LW, et al. Au-functionalized hematite hybrid nanospindles: General synthesis, gas sensing and catalytic properties. J Phys Chem C, 2011, 115(13): 5352-5357.
[20] Ahmad M, Yingying S, Nisar A, et al. Synthesis of hierarchical flower-like ZnO nanostructures and their functionalization by Au nanoparticles for improved photocatalytic and high performance Li-ion battery anodes. J Mater Chem, 2011, 21(21): 7723-7729.
[21] Yu K, Wu ZC, Zhao QR, et al. High-temperature-stable Au@SnO_2 core/shell supported catalyst for CO oxidation. J Phys Chem C, 2008, 112(7): 2244-2247.
[22] Rodríguez JL, Valenzuela MA, Poznyak T, et al. Reactivity of NiO for 2, 4-D degradation with ozone: XPS studies. J Hazard Mater, 2013, 262: 472-481.

[23] Liu JW, Li XJ, Dai LM. Water-assisted growth of aligned carbon nanotube-ZnO heterojunction arrays. Adv Mater, 2006, 18(13): 1740-1744.

[24] Zheng YH, Zheng LR, Zhan YY, et al. Ag/ZnO heterostructure nanocrystals: Synthesis, characterization, and photocatalysis. Inorg Chem, 2007, 46(17): 6980-6986.

[25] Martha S, Parida KM. Fabrication of nano N-doped $In_2Ga_2ZnO_7$ for photocatalytic hydrogen production under visible light. Int J Hydrogen Energ, 2012, 37(23): 17936-17946.

[26] Al-Gaashani R, Radiman S, Daud AR, et al. XPS and optical studies of different morphologies of ZnO nanostructures prepared by microwave methods. Ceram Int, 2013, 39(3): 2283-2292.

[27] Wang W, Guo HT, Gao JP, et al. XPS, UPS and ESR studies on the interfacial interaction in Ni-ZrO_2 composite plating. J Mater Sci, 2000, 35(6): 1495-1499.

[28] Cui E, Lu GX. Enhanced surface electron transfer by fabricating a core/shell Ni@NiO cluster on TiO_2 and its role on high efficient hydrogen generation under visible light irradiation. Int J Hydrogen Energ, 2014, 39(17): 8959-8968.

[29] Luo CZ, Li DL, Wu WH, et al. Preparation of 3D reticulated ZnO/CNF/NiO heteroarchitecture for high-performance photocatalysis. Appl Catal B-Environ, 2015, 166: 217-223.

[30] Natile MM, Glisenti A. New NiO/Co_3O_4 and Fe_2O_3/Co_3O_4 nanocomposite catalysts: Synthesis and characterization. Chem Mater, 2003, 15(13): 2502-2510.

[31] Yin HH, Yu K, Song CQ, et al. Synthesis of Au-decorated V_2O_5@ZnO heteronanostructures and enhanced plasmonic photocatalytic activity. ACS Appl Mater Inter, 2014, 6(17): 14851-14860.

[32] Sun LL, Zhao DX, Song ZM, et al. Gold nanoparticles modified ZnO nanorods with improved photocatalytic activity. J Colloid Interface Sci, 2011, 363(1): 175-181.

[33] Wender H, de Oliveira LF, Migowski P, et al. Ionic liquid surface composition controls the size of gold nanoparticles prepared by sputtering deposition. J Phys Chem C, 2010, 114(27): 11764-11768.

[34] Li P, Wei Z, Wu T, et al. Au-ZnO hybrid nanopyramids and their photocatalytic properties. J Am Chem Soc, 2011, 133(15): 5660-5663.

[35] Mu JB, Shao CL, Guo ZC, et al. High photocatalytic activity of ZnO- carbon nanofiber heteroarchitectures. ACS Appl Mater Inter, 2011, 3(2): 590-596.

[36] Wu JJ, Tseng CH. Photocatalytic properties of nc-Au/ZnO nanorod composites. Appl Catal B-Environ, 2006, 66(1): 51-57.

[37] Kim J, Yong K. A facile, coverage controlled deposition of Au nanoparticles on ZnO nanorods by sonochemical reaction for enhancement of photocatalytic activity. J Nanopart Res, 2012, 14(8): 1-10.

[38] Song GS, Luo CZ, Fu Q, et al. Hydrothermal synthesis of the novel rutile-mixed anatase TiO_2 nanosheets with dominant {001} facets for high photocatalytic activity. RSC Adv, 2016, 6: 84035-84041.

第8章 纳米Cu_2O复合电纺TiO_2亚微米纤维及其光催化性能研究

8.1 引　　言

一般认为，虽然TiO_2的光催化性能优于大多数金属氧化物，但进一步解决或改善其固有的两个缺陷可以使光催化性能得到提升：①锐钛矿TiO_2的宽带隙(3.20 eV)使得其只能吸收波长小于387 nm的紫外线，这造成了对自然界太阳光利用率的低下；②极高的光生电子–空穴复合效率，使得光生电子–空穴很大一部分不能参与光催化反应[1]。将TiO_2与其他半导体材料复合并形成异质结构已被证明是一种解决上述两个问题的有效办法。当TiO_2与宽禁带半导体(如ZnO和SnO_2)复合时，光生电子–空穴可以在两种半导体的能级之间相互传输，从而达到增加光生电子–空穴分离时间、抑制其复合的目的[2-4]。而当TiO_2与窄禁带半导体(如CdS和Cu_2O)复合时，不仅可以提高光生电子–空穴的分离效率，还可以达到吸收可见光的目的[5-13]，可见这种复合方式能在两方面同时提高TiO_2的光催化性能。但要达到这种效果，与TiO_2复合的半导体的能级必须满足如下两个要求：①禁带宽度要小于TiO_2，能吸收可见光；②导带和价带必须高于TiO_2。这时复合物半导体与TiO_2之间才能够发生协同作用，即复合物半导体吸收可见光、产生光生电子–空穴对，光生电子能够从复合物半导体的导带注入TiO_2的导带；同时TiO_2产生的光生空穴从其价带注入复合物半导体价带，以此达到分离光生电子–空穴的目的，提高光催化效率。

在所有半导体金属氧化物中，Cu_2O是一种理想的与TiO_2能级匹配的半导体金属氧化物。一方面由于Cu_2O禁带宽度为2.0 eV，构成异质结的TiO_2/Cu_2O复合物将能够吸收波长达到620 nm的可见光；另一方面Cu_2O的导带和价带都比TiO_2高[14]，它们之间的协同作用能够有效进行。到目前为止，一些基于不同体系TiO_2/Cu_2O复合物见于报道，其中纳米粒子形成的复合物比较常见[8-12]，还有薄膜[13, 14]和纳米管[15]体系。

电纺法是一种制备TiO_2多晶亚微米纤维的有效方法，具有多孔疏松结构，其大比表面积及可固定性很适合光催化应用，并且提供了一个很好的框架用于半导体复合。目前已有不少与半导体复合增强光催化性能的报道，但并没有TiO_2与Cu_2O复合的研究工作[16-18]。在本章中，结合电纺法及基于酒精水溶液的化学沉淀法，成

功地制备出了纳米 Cu_2O/TiO_2 亚微米纤维复合物。与之前的复合工作不同，我们注意到 Cu_2O 的颗粒尺寸对复合物的协同效果有较大的影响，通过调节 Cu_2O 的复合量最终得到纳米 Cu_2O 颗粒与 TiO_2 亚微米纤维复合物。与原始 TiO_2 亚微米纤维相比，这个复合纤维具有更高的光催化活性，证实只有纳米级 Cu_2O 颗粒才能与 TiO_2 发生协同作用，并提高其光催化活性。

8.2　Cu_2O 复合电纺 TiO_2 亚微米纤维的制备

实验中的电纺系统如图 8-1 所示，由推液器、高压电源、封闭橱柜、转动系统、接收器以及注射器组成。接收器为圆筒状可以转动，以使 TiO_2 电纺丝能够均匀地喷洒到其表面，接收器转速为 450 转/min。实验时在接收器上蒙一层锡箔纸，待 TiO_2 接收完毕后将其取下。

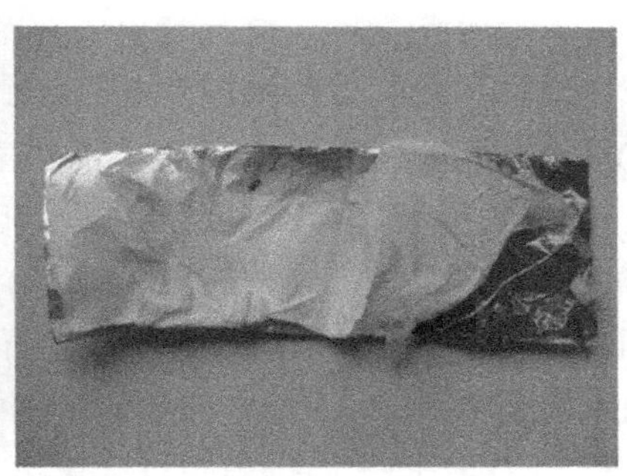

图 8-1　电纺系统及 TiO_2 电纺膜

电纺 TiO_2 亚微米纤维的制备：实验中选取的电纺前驱体为质量分数为 7%的 PVP 聚合物和质量分数为 20%的 $Ti(OBu)_4$，将其溶解在 40 mL 乙醇和 10 mL 乙酸混合液中，搅拌 2 h 得到淡黄色黏稠状液体。PVP 的分子量在 130W，$Ti(OBu)_4$、乙醇及乙酸皆为分析纯(Advanced Technology & Industrial Co., LTD)。将搅拌均匀的前躯液注入 5 mL 注射器中，并用内径为 0.4 mm 的针头作为喷嘴。喷嘴离接收器 97 mm，外加电压为 9.7 kV，前躯体注入速率为 30 L/min，TiO_2 电纺纤维在锡箔纸上形成一层白色有韧性的薄膜，如图 8-1 所示，薄膜的韧性来自于 PVP。待电纺结束后，将锡箔纸取下，在电炉中以 500 ℃热处理 12 h，最后在 600 ℃再加热 10 min 以提高其结晶度。

纳米 Cu_2O 颗粒复合电纺 TiO_2 亚微米纤维的制备：纳米 Cu_2O 颗粒通过化学电镀方法沉积在 TiO_2 纤维表面。具体步骤：选取适量的 $Cu(CH_3COO)_2·H_2O$ 溶解于 20 mL

乙醇溶液中，然后加入 80 mg 电纺 TiO_2 纤维，混合液被不断搅拌，并水浴加热到 60 ℃。为了还原 Cu^{2+}，加入 18 mL 浓度为 0.1 mol/L 的葡萄糖水溶液，几分钟之后加入 25 mL 浓度为 0.1 mol/L 的 NaOH 的乙醇水混合液(15 mL 乙醇和 10 mL 去离子水)，待混合溶液从蓝色变为红棕色后，将其离心 15 min，以除去 CH_3COO^-、葡萄糖和 NaOH，最后用红外灯烘干。实验所用材料和试剂 $Cu(CH_3COO)_2·H_2O$、葡萄糖、NaOH 皆为分析纯(Advanced Technology & Industrial Co., LTD)。纳米 Cu_2O 颗粒复合的摩尔比例分别为 2.5、5.0、7.5、10.0，样品分别记为 TC-2.5、TC-5、TC-7.5、TC-10。为了进行比较，用同样方法在不加 TiO_2 情况下得到纯 Cu_2O 粉末。

8.3　不同比例纳米 Cu_2O/TiO_2 亚微米纤维复合产物的形貌与微结构表征

图 8-2 为所有样品(原始 TiO_2 电纺纤维，Cu_2O 及四组复合样品 TC-2.5、TC-5、TC-7.5、TC-10)的 XRD 谱图。可以看出所有样品都具有良好的结晶度，并且发现原始 TiO_2 电纺纤维在 600 ℃加热后具有锐钛矿/金红石的混晶结构，依照 XRD 谱中锐钛矿 TiO_2 (101)峰与金红石 TiO_2 (110)峰的强度可以算出其中金红石所占的比值约为 30%[19]。一般认为混晶 TiO_2 由于锐钛矿相与金红石相的能级匹配而发生协同作用能够提高光生电子–空穴的分离效率，具有比纯锐钛矿相或者纯金红石相 TiO_2 更高的光催化效率[20]，并且混晶 TiO_2 中金红石相所占比例为 30%左右时光催化效率最好[21]。由此看出通过 600 ℃加热能得到一种光催化效率最高的 TiO_2 电纺纤维。纯 Cu_2O 颗粒的 XRD 谱有一个明锐的(111)峰，对比 Ti_2O/Cu_2O 复合物中的 Cu_2O(111)

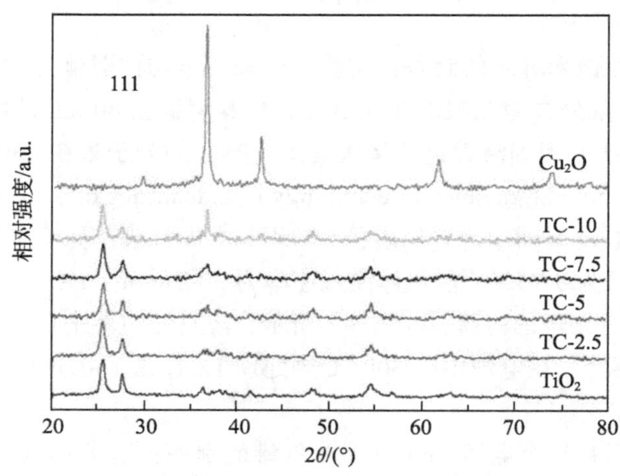

图 8-2　样品的 XRD 谱

峰，可以判断 Cu_2O 是否成功复合以及大致的复合量。四个复合样品中都发现了 Cu_2O(111)峰，并且其强度随着 Cu_2O 复合量的增加而升高，说明 Cu_2O 的复合量随 Cu 增加而提高。

图 8-3 为样品的 SEM 形貌照片。从中可以看出原始 TiO_2 电纺纤维表面平滑，没有颗粒吸附，直径在 200～500 nm，为亚微米纤维，有个别纤维的直径小于 100 nm。相对于热处理之前，电纺 TiO_2 纤维由于 PVP 被分解，韧性有所下降，在外力下容易折断，但大部分纤维仍然保留完整结构。而对于样品 TC-2.5、TC-5、TC-7.5、TC-10，纳米 Cu_2O 颗粒都很好地附着在 TiO_2 亚微米纤维上，且分散性较好、没有团聚，说明 Cu_2O 成功与 TiO_2 亚微米纤维复合。此外我们还注意到，随着 Cu_2O 含量的升高，

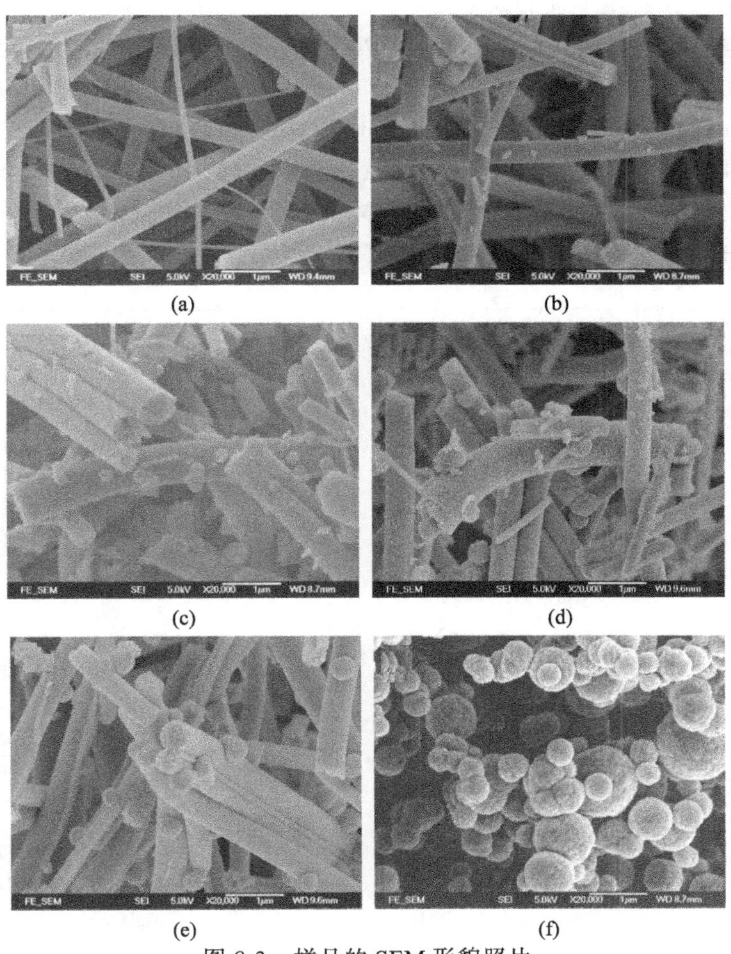

(a)　(b)　(c)　(d)　(e)　(f)

图 8-3　样品的 SEM 形貌照片

(a)原始电纺 TiO_2 纤维；(b) TC-2.5；(c) TC-5；(d) TC-7.5；(e) TC-10；(f) Cu_2O

Cu_2O颗粒的尺寸逐渐增大，样品 TC-2.5 中的Cu_2O颗粒尺寸为 50～100 nm，而 TC-10 中的 Cu_2O 尺寸达到了 500 nm，这说明通过一个简单的控制添加量的方法可以很有效地控制复合物中 Cu_2O 颗粒的尺寸。

Cu_2O 的颗粒尺寸随其含量增加而增大的原因是 Cu_2O 颗粒容易团聚。Cu_2O 结晶成纳米级单晶后在溶液中自由生长容易团聚，最终生长成大小为 500 nm 的球形大颗粒，如图 8-3(f)所示。但当 TiO_2 亚微米纤维存在时，TiO_2 会阻止 Cu_2O 的团聚，且 TiO_2 相对含量越多，Cu_2O 越不易团聚，形成的颗粒尺寸越小。由于制备复合物时 TiO_2 亚微米纤维在溶液中不断搅拌，所以长纤维容易折断，这种短纤维则有利于 TiO_2 电纺亚微米纤维的分散，并在一定程度上提高了比表面积，有利于 Cu_2O 颗粒在 TiO_2 亚微米纤维上面的附着。

为了定量分析 Cu_2O 的复合量，对四个复合样品进行能谱(EDS)元素分析，如图 8-4 所示。结果表明，在样品 TC-2.5、TC-5、TC-7.5、TC-10 中 Cu 的元素含量分别为 1.19 at.%、3.29 at.%、5.17 at.%、6.56 at.%，对应的 Cu_2O 的分子比例应该为 2.5%、5%、7.5%、10%，理论上 Cu_2O 中 Cu 元素含量应该分别为 1.67 at.%、3.33 at.%、5 at.%、6.67 at.%，可以看出理论与实验结果基本一致。只有在 1%比例时差别较大，这是由于 EDS 的测量精确度大概在 1%，故有较大误差。另外，还注意到 O 元素比例普

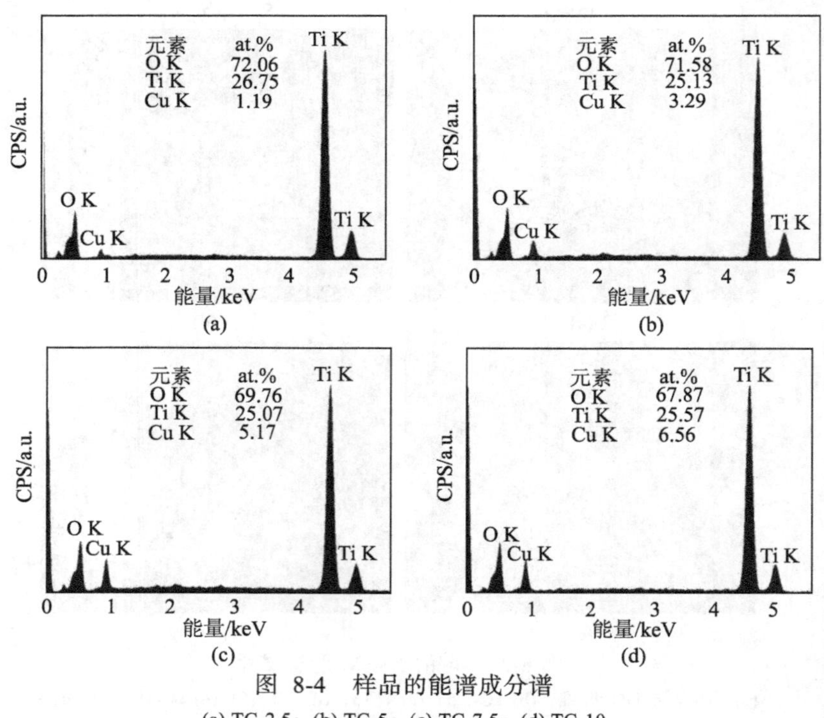

图 8-4　样品的能谱成分谱

(a) TC-2.5；(b) TC-5；(c) TC-7.5；(d) TC-10

遍高于 Ti 元素比例的两倍，这是因为 TiO_2 表面容易形成–OH 基团，EDS 测量时加速电压在为 5 kV，在样品上的穿透深度大概在 10 nm。在这种浅深度的测试中，表面的影响较大，而–OH 基团中的 H 原子在 EDS 测试中没有信号，故造成 O 元素比例高于 Ti 元素比例的两倍，但这对元素含量相对较小的 Cu 元素影响不大。

由于 TC-2.5 样品中的 Cu_2O 颗粒尺寸在纳米级，复合效果比较理想，对其进行了 HRTEM 表征，以研究 Cu_2O 纳米颗粒与 TiO_2 亚微米纤维的界面接触，如图 8-5 所示。可以看出 TiO_2 亚微米纤维的直径在 300 nm 左右，其由许多大小在 10～20 nm 的 TiO_2 纳米晶组成，整根 TiO_2 呈多孔疏松结构，与之前的报道相吻合。而 TiO_2 亚微米纤维表面附着了大量直径在 30 nm 左右的 Cu_2O 纳米颗粒，并与 TiO_2 有良好的界面接触，可以认为其形成了一个异质结构，即 pn 结。也就是说较小的纳米级 Cu_2O 颗粒能与 TiO_2 亚微米纤维形成良好的异质结接触。

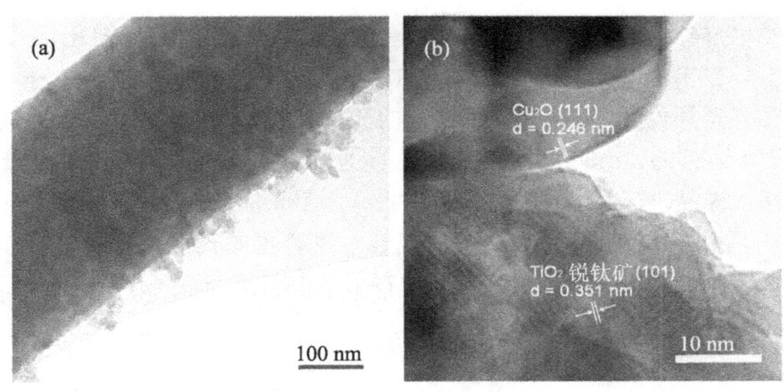

图 8-5　样品 TC-1.2 的 HRTEM 图

(a)低倍；(b)高倍

8.4　不同比例纳米 Cu_2O/TiO_2 亚微米纤维复合产物的光催化性能

图 8-6 为不同样品的紫外–可见吸收光谱。原始 TiO_2 亚微米纤维由于是混晶结构，其截止频率在 410 nm，与其他混晶 TiO_2 一致，在可见光波段基本无吸收。纯 Cu_2O 的截止频率在 620 nm，并且在超过截止频率波段也有一定吸收，说明 Cu_2O 对可见光有很好的吸收。复合 Cu_2O 之后，复合物在可见光都有一定吸收，且吸收强度随着 Cu_2O 含量的增加而升高，同时在紫外波段的吸收强度并没有下降，说明 Cu_2O 与 TiO_2 的复合实现了对可见光的吸收。

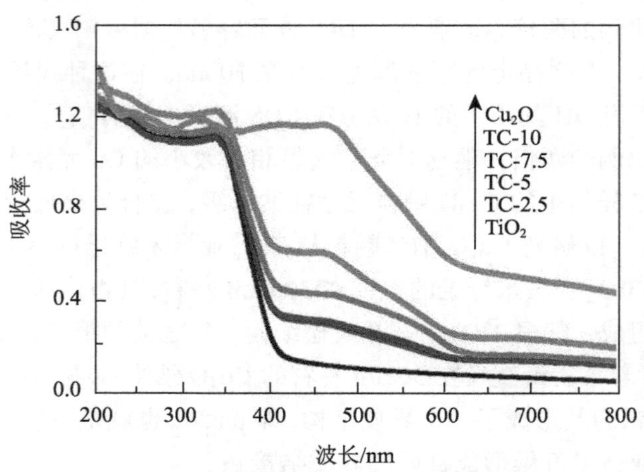

图 8-6　所有样品的紫外-可见吸收光谱图

图 8-7 为样品对亚甲基蓝废水的降解实验结果。得到光催化活性依次为：TC-2.5>TC-5>TiO_2 亚微米纤维>TC-7.5>TC-10>Cu_2O 颗粒。从中可以看出纯 Cu_2O 颗粒基本没有光催化性能；样品 TC-2.5 的光催化性能近似于原始 TiO_2 亚微米纤维的两倍，证实适量的 Cu_2O 复合确实能与 TiO_2 发生协同作用，提高复合物的光催化性能；另外，样品 TC-10 虽然能吸收可见光，但光催化性能相比于纯 TiO_2 亚微米纤维却下降了将近一半，说明 Cu_2O 的复合对复合物的光催化影响具有双面性，也就是说只有适量的 Cu_2O 复合量才具有提高其光催化性能的作用。

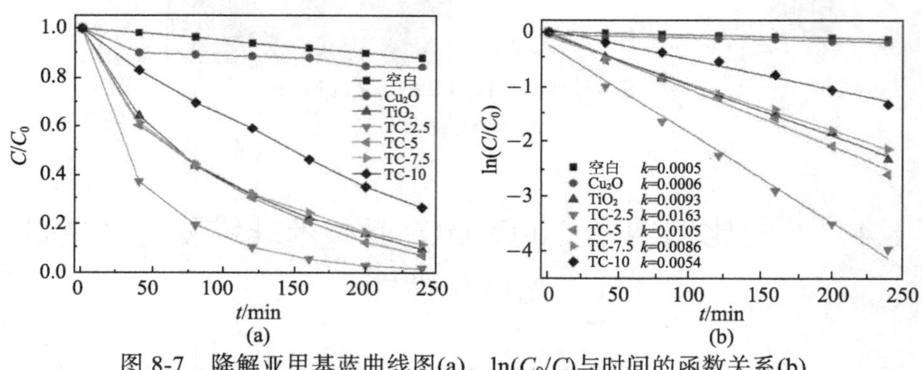

图 8-7　降解亚甲基蓝曲线图(a)，$\ln(C_0/C)$与时间的函数关系(b)

8.5　纳米 Cu_2O 颗粒尺寸与复合物电子传输及光催化性能的关系

如前所述，Cu_2O 的禁带宽度为 2.0 eV，Cu_2O 与 TiO_2 的复合物能吸收 620 nm

以内的可见光，但 Cu_2O 与 TiO_2 之间的光生电子–空穴转移的协同作用能否发生，则取决于 Cu_2O 的颗粒尺寸。也就是说，Cu_2O 的颗粒尺寸对 TiO_2/Cu_2O 复合物的光催化性能有很大的影响。

对于纯 Cu_2O 颗粒来说，过大的颗粒尺寸使光生电子–空穴难以转移到表面，造成分离效率以及光催化活性的低下。同样地，颗粒尺寸在 500 nm 的 Cu_2O 颗粒与 TiO_2 复合，其吸收可见光产生的电子–空穴很难转移到表面而注入 TiO_2 能带中，使 Cu_2O 与 TiO_2 之间的协同作用不能有效进行，如图 8-8(a)所示，并且过多的 Cu_2O 大颗粒附着在 TiO_2 表面会阻碍 TiO_2 对光子的吸收，造成复合物光催化性能的下降，这点可以从样品 TC-7.5 及 TC-10 的光催化表现看出来。当 Cu_2O 的含量比例达到 5%时，光生电子–空穴能够在 TiO_2/Cu_2O 之间转移，即光催化性能有所提高。而当 Cu_2O 的含量比例减少至 2.5%时，Cu_2O 的颗粒尺寸减小至 50～100 nm，这时 Cu_2O 与 TiO_2 间形成了一个异质结构，有利于光生载流子的传输，并且使光催化性能得到大幅度的提高。其原因是：Cu_2O 的价带和能带都高于 TiO_2，Cu_2O 价带中被光子激发到导带的电子能够注入 TiO_2 导带中，同时 TiO_2 价带上的空穴能转移到 Cu_2O 价带上，如图 8-8(b)所示，以此分离光生电子–空穴提高其分离效率，增强光催化，这点可以从样品 TC-2.5 的光催化性能中得到证实。结论就是只有纳米级的 Cu_2O 纳米颗粒与 TiO_2 复合才能起到增强光催化的作用。

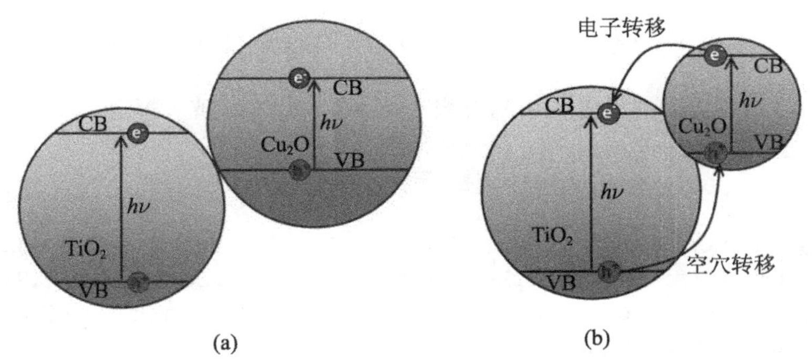

图 8-8　不同结构 Cu_2O/TiO_2 的电子结构

(a)微米级 Cu_2O 与 TiO_2 复合时载流子传输受阻；(b)纳米 Cu_2O/TiO_2 异质结之间载流子可以传输

荧光光谱能反映半导体物质中载流子的捕获、迁移、转换及分离等信息，并可以用来测试光生电子–空穴的分离情况[22, 23]。为了进一步验证样品 TC-2.5 中的 Cu_2O 能与 TiO_2 发生协同作用，提高复合物的光生电子–空穴的分离效率，对其进行了荧光测试，如图 8-9 所示。为了对比复合对光生电子–空穴分离效率的影响，还选取了原始 TiO_2 亚微米纤维作为对比测试。实验结果显示两种样品的峰位形状基本相似，其中三个主要的特征峰出现在 398 nm、451 nm 以及 468 nm，对应三个能级 3.12 eV、

2.75 eV 和 2.65 eV。其中最强峰 398 nm 对应于 TiO_2 中光电子从导带跃迁至价带放出的光子，与锐钛矿 TiO_2 的吸收截止频率 387 nm 接近，其 12 nm 的位移来自于斯托克位移。特征峰 451 nm 和 468 nm 与 TiO_2 带隙中的能级激发有关，而出现在 470～500 nm 中的几个特征峰主要来自 TiO_2 表面氧空位及缺陷的光生反应。Cu_2O 的特征峰应该在 620～640 nm，但由于其所占比例太小，荧光光谱中难以分别，图中并没有给出。对比两种样品的荧光发射强度，可以发现复合样品 TC-2.5 只有原始 TiO_2 亚微米纤维的一半左右，荧光光谱中的发射光谱信号主要来自于光生电子-空穴复合。这说明复合 Cu_2O 之后复合物的光生电子-空穴的复合被明显抑制，从而佐证了 Cu_2O 与 TiO_2 发生协同作用，提高了光催化效率。

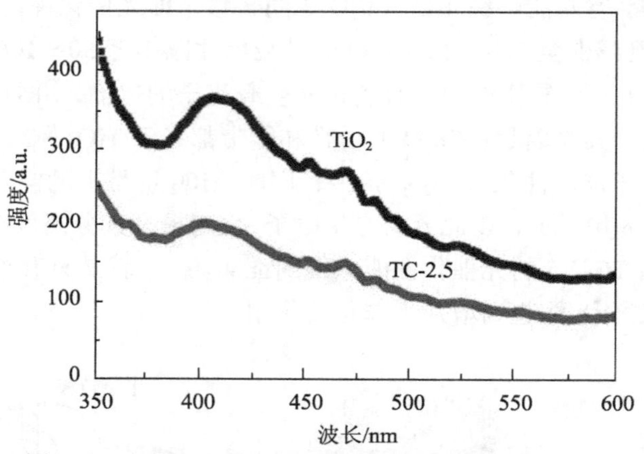

图 8-9　电纺 TiO_2 纤维与样品 TC-2.5 的荧光发射谱

参 考 文 献

[1] Zhang J, Pan C, Fang P, et al. Mo + C codoped TiO_2 using thermal oxidation for enhancing photocatalytic activity. ACS Applied Materials & Interfaces, 2010, 2: 1173-1176.

[2] Zhang Q, Fan W, Gao L. Anatase TiO_2 nanoparticles immobilized on ZnO tetrapods as a highly efficient and easily recyclable photocatalyst. Applied Catalysis B: Environmental, 2007, 76: 168-173.

[3] Tada H, Hattori A, Tokihisa Y, et al. A patterned-TiO_2/SnO_2 bilayer type photocatalyst. The Journal Physical Chemistry B, 2000, 104: 4585-4587.

[4] Wang C, Shao C, Zhang X, et al. SnO_2 nanostructures-TiO_2 nanofibersheterostructures: Controlled fabrication and high photocatalytic properties. Inorganic Chemistry, 2009, 48: 7261-7268.

[5] Ostermann R, Li D, Yin Y, et al. V_2O_5 nanorods on TiO_2 nanofibers: A new class of hierarchical nanostructures enabled by electrospinning and calcinations. Nano Letters, 2006, 6 (6): 1297-1302.

[6] Liu Z, Sun D D, Guo P, et al. An efficient bicomponent TiO_2/SnO_2 nanofiberphotocatalyst fabricated by electrospinning with a side-by-side dual spinneret method. Nano Letters, 2007,

7 (4): 1081-1085.

[7] Banerjee S, Mohapatra S K, Das P P, et al. Synthesis of coupled semiconductor by filling 1D TiO_2 nanotubes with CdS. Chemistry of Materials, 2008, 20: 6784-6791.

[8] Li J, Liu L, Yu Y, et al. Preparation of highly photocatalytic active nano-size TiO_2-Cu_2O particle composites with a novel electrochemical method. Electrochemistry Communications, 2004, 6: 940-943.

[9] Bessekhouad Y, Robert D, Weber J V. Photocatalytic activity of Cu_2O/TiO_2, Bi_2O_3/TiO_2 and $ZnMn_2O_4/TiO_2$ heterojunctions. Catalysis Today, 2005, 101: 315-321.

[10] Huang L, Peng F, Wang H, et al. Preparation and characterization of Cu_2O/TiO_2 nano-nanoheterostructure photocatalysts. Catalysis Communication, 2009, 10: 1839-1843.

[11] Xiu F R, Zhang F S. Preparation of nano-Cu_2O/TiO_2 photocatalyst from waste printed circuit boards by electrokinetic process. Journal of Hazardous Materials, 2009, 172: 1458-1463.

[12] Han C, Li Z, Shen J. Photocatalytic degradation of dodecyl-benzenesulfonate over TiO_2-Cu_2O under visible irradiation. Journal of Hazardous Materials, 2009, 168: 215-219.

[13] Yong G, Li L, Jia L, et al. In situ fenton reagent generated from TiO_2/Cu_2O composite film: A new way to utilize TiO_2 under visible light irradiation. Environmental Science & Technology, 2007, 41: 6264-6269.

[14] Zhang J, Zhu H, Zheng S, et al. TiO_2 film/Cu_2O microgrid heterojunction with photocatalytic activity under solar light irradiation. ACS Applied Materials & Interfaces 2009, 1: 2111-2114.

[15] Hou Y, Li X Y, Zhao Q D, et al. Fabrication of Cu_2O/TiO_2 nanotube heterojunction arrays and investigation of its photoelectrochemical behavior. Applied Physics Letters, 2009, 95: 093108.

[16] Doh S J, Kim C, Lee S G, et al. Development of photocatalytic TiO_2 nanofibers by electrospinning and its application to degradation of dye pollutants. Journal of Hazardous Materials, 2008, 154: 118-127.

[17] Alves A K, Berutti F A, Clemens F J, et al. Photocatalytic activity of titania fibers obtained by electrospinning. Materials Research Bulletin, 2009, 44: 312-317.

[18] Li D, McCann J T, Xia Y, et al. Electrospinning: a simple and versatile technique for producing ceramic nanofibers and nanotubes. Journal of the American Ceramic Society, 2006, 89: 1861-1869.

[19] Spurr R A, Myers H. Quantitative analysis of anatase-rutile mixtures with an X-Ray diffractometer. Analytical Chemistry, 1957, 29: 760-762.

[20] Bickley R I, Gonzalez-Carrenob T, Lee J S, et al. A structural investigation of titanium dioxide photocatalysts. Journal of Solid State Chemistry, 1991, 92 (1): 178-190.

[21] Bacsa R R, Kiwi J. Effect of rutile phase on the photocatalytic properties of nanocrystalline titania during the degradation of p-coumaric acid. Applied Catalysis B: Environmental, 1998, 16 (1): 19-29.

[22] Yu J C, Yu J, Ho W, et al. Effects of F- doping on the photocatalytic activity and microstructures of nanocrystalline TiO_2 powders. Chemistry of Materials, 2002, 14 (9): 3808-3816.

[23] Zhang W F, Zhang M S, Yin Z, et al. Photoluminescence in anatase titanium dioxide nanocrystals. Applied Physics B: Lasers and Optics, 2000, 70: 261-265.

第 9 章　(001)活性面暴露锐钛矿+金红石混晶纳米 TiO_2 的制备与光催化性能研究

9.1　引　　言

作为一种优异的光电材料，TiO_2 在光催化降解污染物、太阳能染料敏化电池、光解水方面都有潜在应用并得到广泛研究[1-4]。但在实际应用之前，TiO_2 的光催化性能需要得到进一步提升。目前提高 TiO_2 的光催化性能的方法主要有非金属掺杂、金属掺杂、半导体复合以及染料敏化等[5-7]。这些方法或者通过提高 TiO_2 对可见光的吸收，或者提高光生电子–空穴的复合效率来提高光催化性能。但是众所周知，TiO_2 的光催化活性主要取决于它的晶格结构、结晶性和表面能。

一般认为，催化剂的不同晶面由于表面能以及原子结构的差别，催化能力会表现出很大的不同，锐钛矿 TiO_2 的三个晶面的表面能分别为：(001)0.90 J/m^2>(100) 0.53 J/m^2>(101)0.44 J/m^2[8, 9]，也就是说，(001)面的光催化能力高于(100)及(101)面。因此，在制备锐钛矿 TiO_2 光催化剂时，如果能得到(001)面大量暴露的晶体，其光催化性能将得到很大的提高。然而，在一般情况下由于(001)面表面能高于(101)面，锐钛矿 TiO_2 在结晶生长时，高表面能的(001)面容易被掩盖而不易暴露出来，得到的颗粒 94%都是(101)面暴露在外面[10]。2008 年 *Nature* 报道了 Yang 等[11]通过在水热反应前躯体中加入 HF 首次成功地制备出了(001)面大量暴露的微米级锐钛矿 TiO_2 颗粒。其机理是在水热反应过程中，HF 能使 TiO_2 表面氟化，而氟化的(001)面表面能低于(101)面表面能，从而能够使(001)面保留下来。另外，通过改变 Ti 无机盐的种类还能很容易地对其进行各种掺杂[12-16]。一般来说，微米级 TiO_2 并不适合用于光催化，进一步的研究发现通过水热水解 $Ti(OC_4H_9)_4$ 时加入 HF 可以获得边长在 20～50 nm，厚度在 10 nm 以内的(001)面大量暴露锐钛矿的 TiO_2 纳米薄片[17, 18]，并且这种 TiO_2 纳米薄片具有比(101)面暴露的 TiO_2 颗粒更高的光催化性能[19, 20]。

然而，(001)面暴露的锐钛矿 TiO_2 纳米材料的光生电子–空穴的复合率也与普通的 TiO_2 一样高，这在很大程度上限制了其光催化活性。解决这个问题的一个简单途径是制备锐钛矿+金红石的混晶 TiO_2 纳米颗粒，通过其协同作用和两种相之间的能级匹配，来提高光生电子–空穴的分离效率[21]。但是一步法制备锐钛矿+金红石混晶纳米 TiO_2 具有一定挑战性，因为其他离子的引入会影响 TiO_2 表面的氟化，进而影响(001)面的暴露。

本章首先介绍(001)活性面暴露 TiO_2 的研究现状与进展，然后介绍以 $Ti(OC_4H_9)_4$、HF 水溶液、NH_4F 为前躯体，经过水热过程成功一步制备出锐钛矿+金红石混晶纳米 TiO_2 的方法，以及 HF 的添加量对(001)面暴露比例、光催化性能的影响等内容。实验发现通过加入 NH_4F，在最佳参数条件下，混晶纳米 TiO_2 光催化性能是 P25 的四倍。

9.2 (001)活性面暴露 TiO_2 的研究现状与进展

9.2.1 (001)活性面暴露 TiO_2 的制备

催化剂的不同晶面由于表面能及原子结构的差别，催化能力会表现出很大的不同，对于锐钛矿 TiO_2，典型的三个晶面的表面能分别为(001) 0.90 J/m^2>(100) 0.53 J/m^2 > (101) 0.44 J/m^2，故而一般认为(001)面的催化能力高于(100)及(101)面。在制备锐钛矿 TiO_2 光催化剂时，如果能得到(001)面大量暴露的晶体，其光催化性能将得到很大的提高。但一般情况下锐钛矿 TiO_2 由于(001)的表面能高于(101)面，在结晶生长的时候高能的(001)面容易被掩盖而不易暴露出来，早期 Stucky 等[22]用苯甲基乙醇(benzyl alcohol)、油胺(oleylamine)以及异丙醇钛(titanium isopropoxide)为原料，用水热法分别在无水和有水的环境中得到(001)面、(010)面暴露的锐钛矿 TiO_2 纳米片，并比较两者的光催化性能，发现(010)面暴露的纳米片光催化性能优于(001)面，(001)面的表面能高于(010)面，这个结果可能与比表面积不同有关。类似的还有用钛酸四丁酯(titanium (IV) butoxide)、油酸(oleic acid)、油胺以及乙醇溶剂作为配方，用水热法制备 TiO_2 纳米晶，并通过改变配方配比来控制产物的微观形态[23]。但该结果重复性差，且反应过程难以控制。Lu 小组[24]通过模拟计算研究了 H、S、C、N、O、F 等 12 种非金属在锐钛矿(101)和(001)面吸附时对表面能的影响，最后发现只有 F 离子的吸附能使(001)面的表面能低于(101)面，从而通过吸附 F 离子有可能将原本高能的(001)面保留下来。之后利用 TiF_4 中加入 HF 水热的方法成功得到 (001)面大量暴露的锐钛矿 TiO_2 微米晶体，并发现 HF 的加入量越大，(001)面的暴露比例越高，其结果如图 9-1 所示。

Selloni 等[25]认为锐钛矿 TiO_2(101)面具有化学惰性，水或者有机分子吸附在上面不会发生分裂；而锐钛矿 TiO_2(001)面十分不稳定，化学性质活泼，因为其表面的化学键具有很大的内应力和化学活性，水分子如果吸附在锐钛矿 TiO_2(001)面能发生自发分裂。接着 Lu 小组[26]测试了(001)面暴露比例为 64%锐钛矿 TiO_2 微米片的光催化性能，发现产生自由羟基的量是 P25 的 5 倍，间接证实(001)面的高催化活性。之后其他研究者发展了其他方法合成这种新型的高催化材料。如 Yu 等[27]用

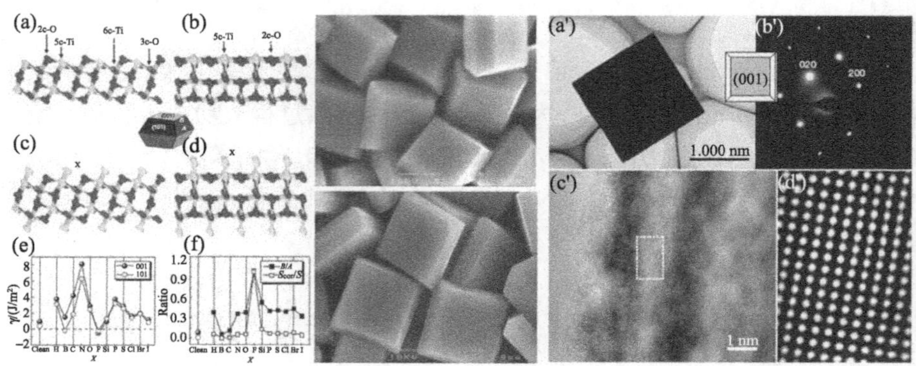

图 9-1　(001)面大量暴露的锐钛矿 TiO_2[24]

四氟化钛(titanium tetrafluoride)及一种四氟硼酸基离子酸(tetrafluoroborate-based ionic liquid)通过微波水热法(microwave-assisted hydrothermal route)制得(001)面暴露比例达 80%的微米级 TiO_2 片，并与颗粒 TiO_2 比较了光催化性能，证实其具有更好的光催化性能，即锐钛矿 TiO_2(001)面所具备的高催化活性；后来又用四氟化钛及一种四氟硼酸基离子酸(1-methyl-imidazolium tetrafluoroborate)通过微波水热法制得(001)面大量暴露的微米级 TiO_2 片，(001)面暴露比例可由离子酸的浓度来控制，变化范围为 27%～50%，并降解了气相 NO 和有机废水，证实其具有很好的光催化性能[28]。Lu 小组[29]用 TiF_4、乙二胺四乙酸二钠(disodium ethylene diamine tetraacetate aqueous solution, EDTA)加入水通过水热法得到花状多晶的 (001)面大量暴露的锐钛矿 TiO_2 亚微米颗粒，该配方不用 HF，通过 TiF_4 里面的 F 离子来实现。类似的形貌也有用纯 Ti 粉、HF，以水为溶剂通过水热法得到，(001)面暴露比例为 10%～30%的锐钛矿 TiO_2 亚微米颗粒，如图 9-2 所示，并发现其具有优于 P25 的光催化性能[30]。

图 9-2　花状多晶的(001)面大量暴露的锐钛矿 TiO_2[30]

Huang 等[31]以 ZrO_2 为模板基体，用硝酸活化其表面后，浸入 $(NH_4)_2TiF_6$ 水溶液中，之后水热制得由(001)面大量暴露的锐钛矿 TiO_2 微米片组成的 TiO_2 管。Li 等[32]用 $TiCl_4$ 与 NH_4F 以乙醇为溶剂经过水热得到 NH_4TiOF_3，产物经过烧结后得到(001)面暴露的介晶 TiO_2 微米片，发现其中有大量空洞，证实 HF 一方面利于(001)面的暴露，另一方面会对 TiO_2 进行腐蚀。

上述制得的皆为微米尺寸的 TiO_2 颗粒，微米颗粒由于比表面积小在光催化上具有很大劣势，人们不断试图发展新配方合成纳米尺寸的(001)面暴露的锐钛矿 TiO_2 颗粒。Lu 小组[33]用 $Ti(SO_4)_2$ 与 HF 作为反应剂，水热得到(001)面暴露比例约为 18%的锐钛矿 TiO_2 纳米颗粒，但是这种方法难以得到高暴露比例的(001)面颗粒。将阳极氧化制得的 TiO_2 无定形纳米管阵列在 F_2 气氛中热处理结晶，也能制得(001)面暴露的棱形锐钛矿 TiO_2 纳米颗粒[34]，该方法由于需要 F_2 参与，过于危险。也有将电纺得到的 TiO_2 原始纤维溶解于乙酸溶液，再通过水热结晶得到极小的 TiO_2 纳米颗粒，并有一定量的(001)面暴露，作者认为电纺条件下钛酸四丁酯在空气中缓慢水解是导致微小结晶的原因，这种方法有可能实现不用剧毒的 HF 来制备(001)面暴露的锐钛矿 TiO_2[35]，问题是制得的纳米颗粒(001)面暴露比例不高。之后 Huang 等[36]用钛酸四丁酯、乙醇和 HF 经过乙醇水热制得由 TiO_2 纳米片组成的微米空心球，并具有很高的光催化性能。Xie 等[37]改进了这种配方，用钛酸四丁酯直接与 HF 混合制得(001)面大量暴露的锐钛矿 TiO_2 纳米片，研究了 HF 添加量与(001)面暴露比例的关系，发现(001)面的暴露比例随着 HF 量的增加而增加，并测试了其光催化性能，发现与 P25 相比，其循环降解催化能力几乎不变，其产物如图 9-3 所示。这种方法配方简单，制得的 TiO_2 纳米薄片比表面积高，可控性与可重复性好，且光催化能力高，多为研究者采用。

随后，Yu 等[38]采用一样的配方制得(001)面大量暴露的锐钛矿 TiO_2 纳米片，通过降解丙酮(acetone)研究了(001)面暴露比例与光催化性能的关系，发现过高的(001)面暴露比例会导致催化性能下降，作者认为这是由于光催化的氧化还原反应发生在不同的晶面上，而合适的晶面比例才能保证光催化氧化还原之间的平衡。另外还观察到表面吸附 F^+的(001)面大量暴露的锐钛矿 TiO_2 纳米片(制备时自然吸附)比除去 F^+之后的纳米片光催化性能要好。Lv 等[39]同样用钛酸四丁酯与 HF 合成(001)面大量暴露的锐钛矿 TiO_2 纳米片，通过荧光测试产生自由羟基的含量来研究 HF 添加量与产物光催化的关系，发现 HF 含量越高，(001)面暴露比例越大，光催化性能越强。但 HF 添加量过多时，会腐蚀 TiO_2 产生 $TiOF_2$，从而使光催化性能骤降。还有研究表面氟化对光催化选择性的报道：Yu 等[40]制备出(001)面暴露比例为 20%的锐钛矿 TiO_2 纳米颗粒组成的微米空心球，并发现表面氟化对降解物具有选择作用，表面氟化时更倾向于降解亚甲基橙(methyl orange, MO)，而除去 F 后更倾向于降解亚甲基蓝(methyl blue, MB)。

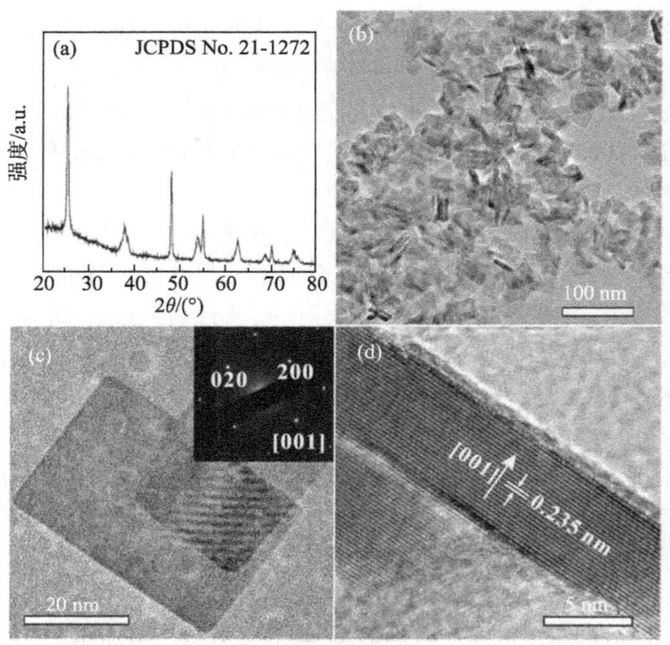

图 9-3　(001)面大量暴露的锐钛矿 TiO_2 纳米薄层[37]

除了(001)面，还有合成其他晶面暴露 TiO_2 的研究陆续见诸报道：Wang 等[41]用 Ti 粉末、水、H_2O_2 及 HF 为原料水热合成了(001)面大量暴露、同时微量(110)面暴露的锐钛矿 TiO_2 微米颗粒，作者认为 H_2O_2 的加入是(110)面形成的关键。Xu 等[42]先将 P25 与高浓度的 NaOH 水溶液水热得到钛酸钠纳米管初始物，之后将钛酸钠初始产物水热处理得到(100)面大量暴露的锐钛矿 TiO_2 纳米杆，如图 9-4 所示。之后将钛酸钠纳米管初始物通过水热法在加入 HF 与不加入 HF 的时候分别得到(001)与

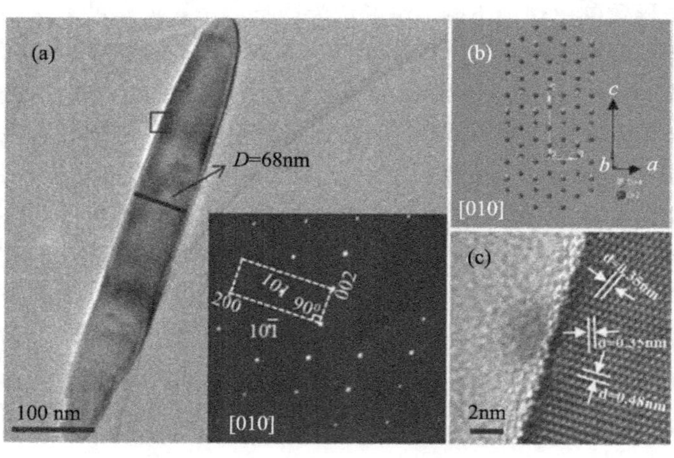

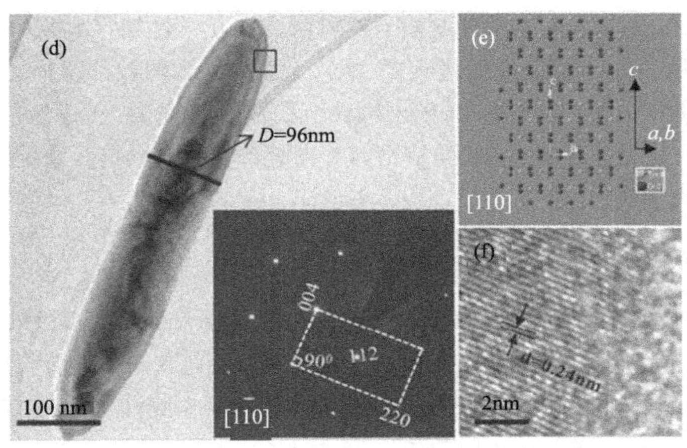

图 9-4 (100)面大量暴露的锐钛矿 TiO_2 纳米杆[42]

(100)面大量暴露的锐钛矿 TiO_2 纳米颗粒，并比较了两者之间的光催化性能，发现(100)面的暴露高于(001)面，但(100)面的表面能比(001)面低，作者认为是由于表面氟化的缘故[43]。而 Liu 等[44]通过电磁加热氧化沉积 Ti 的方法制得(001)和(101)面暴露的金红石 TiO_2 纳米片，并证实其相比于普通(110)面暴露的金红石 TiO_2 光催化活性得到提高。

9.2.2 (001)活性面暴露 TiO_2 的改性研究

和其他形态的 TiO_2 一样，(001) 面暴露的锐钛矿 TiO_2 也存在不能吸收可见光和光生电子–空穴复合率高等缺点，故对其进行掺杂复合的改性研究是有必要的。而在形成(001) 面暴露的锐钛矿 TiO_2 的水热过程中，由于引入其他离子会影响 F^+ 对 TiO_2 的吸附从而影响(001) 面的暴露，故对其掺杂具有一定的难度，现有的研究都是通过使用钛的非金属化合物为原料，使其自掺杂来达到非金属掺杂的目的。Lu 小组[45]用 TiN 与 HF 作为反应剂，水热制得 N 掺杂的(001)面大量暴露锐钛矿 TiO_2 微米片，产物吸收光谱大量红移。类似的研究还有使用 TiB_2 与 HF 制得 B 掺杂的(001)面暴露锐钛矿 TiO_2 微米片[46]、用 TiS_2 与 HF 制得 S 掺杂的(001)面暴露锐钛矿 TiO_2 微米片[47]，以及用 TiC 与 HNO_3-HF 混合酸经过水热过程制备出 C 掺杂的(001)面暴露锐钛矿 TiO_2 微米片[48]。目前对于(001) 面暴露的锐钛矿 TiO_2 掺杂的报道仅有上述几篇，并且产物都在微米级，应用于光催化其性能将还很不理想，关键在于其他掺杂所需化学剂的引入会带来额外的化学基团而影响(001)面的暴露形成。也有用制备好的(001)面暴露锐钛矿 TiO_2 进行复合的研究：用纯 Ti 薄片与 HF 经过水热过程在 Ti 表面形成一层(001)面大量暴露的锐钛矿 TiO_2 纳米颗粒组成的 TiO_2 层，再在上面包裹一层 CdS 纳米颗粒，使其具有良好的光电化学性能[49]；用电弧放电技术制备出 Mo 为核、(001)面暴露的锐钛矿 TiO_2 为壳的纳米颗粒，这种复合物具有很好的光催化性能[50]；Yu 等[51]将 Pt 纳米颗粒沉积在(001)面大量暴露的锐钛矿 TiO_2 纳米薄层上面，比较了不同的 Pt 沉积比例对光解水性能的影响，发现沉积 Pt 之后性能得到了很大提高。

9.2.3　(001)活性面暴露 TiO_2 的其他应用

(001)活性面暴露的 TiO_2 除了在光催化方面具有很好的表现以外，研究者将其应用于锂离子电池、染料敏化太阳能电池等方面，发现其同样具有很好的性能。Lou 等[52]用二乙撑三胺(diethylenetriamine)、异丙醇(isopropyl alcohol)和异丙氧基钛(titanium(IV) isopropoxide)作为反应物，水热制得(001)面暴露比例接近 100%的锐钛矿纳米薄层组成的微米球，用这种微米空心球为模板，复合 SnO_2，发现其具有很高的锂离子电容量[53]，之后将这种微米空心球直接应用于锂离子电池，发现其电容量在循环充放电时损失很小，并具备极快的充电时间[54]。Zhao 等[55]将(001)面暴露的 TiO_2 微米球用于染料敏化太阳能电池，发现具有很好的性能，推测是由于(001)面对光的晶面反射增加了对光的吸收利用。Xu 等[56]将(001)面大量暴露的锐钛矿 TiO_2 纳米薄层组成的微米空心球用于染料敏化太阳能电池，也具有很好的效果。

现有的研究表明在合成过程中加入其他添加剂一步合成(001)面大量暴露的 TiO_2 是一项有挑战的工作，本章通过加入 NH_4F 成功制备出(001)面大量暴露锐钛矿与金红石混晶纳米 TiO_2，并发现其与单相(001)面大量暴露锐钛矿 TiO_2 相比，光催化性能提升了 2～3 倍。

9.3　(001)活性面暴露锐钛矿+金红石混晶纳米 TiO_2 的制备

本工作分别在不加入 NH_4F 与加入 NH_4F 的情况下，得到了(001)面大量暴露单相锐钛矿 TiO_2 纳米片，以及(001)面大量暴露锐钛矿+金红石混晶 TiO_2 纳米片，并可以通过调节 HF 及 NH_4F 用量来调控(001)面的暴露比例，以及混晶的比例。

(001)面大量暴露单相锐钛矿 TiO_2 纳米片的制备：采用水热法，将 15 mL $Ti(OC_4H_9)_4$ 以及适量的 HF(质量分数为 40%)放置于容量为 60 mL 的聚四氟乙烯水热釜内胆中，密闭后加热至 180 °C 反应 24 h。然后将产物离心 10 min，为了除去 HF，用乙醇洗涤并离心 3 次，最后用红外灯烘干。HF 添加量分别为 0.6 mL、1.2 mL、1.8 mL、2.4 mL，得到的样品分别记为 TF1、TF2、TF3、TF4。为了比较，制备了普通(101)面暴露的锐钛矿 TiO_2 纳米颗粒，即在 15 mL $Ti(OC_4H_9)_4$ 中加 0.6 mL 去离子水，其他过程相同。

(001)面大量暴露锐钛矿+金红石混晶 TiO_2 纳米片的制备：同样采取水热法，将 15 mL $Ti(OC_4H_9)_4$、1.2 mL 的 HF(质量分数为 40%)以及适量的 NH_4F 放置于容量为 60 mL 的聚四氟乙烯水热釜内胆中，密闭后加热至 180 ℃反应 24 h。然后产物离心，再用乙醇洗涤离心 3 次，最后用红外灯烘干。NH_4F 添加量分别为 0.1 g、0.2 g、0.3 g、0.4 g，所得样品记为 TN1、TN2、TN3、TN4。

光催化性能测试：通过对亚甲基蓝废水的降解率来研究 TiO_2 的光催化性能。光源距液面 8 cm。50 mg 光催化样品放入 100 mL 浓度为 12 mg/L 的亚甲基蓝溶液中。混合液不断搅拌，每隔 5 min 取 3 mL 溶液用紫外可见光谱仪测试最大吸光率来判断其剩余浓度。

紫外–可见吸收光谱测试：TiO_2 的吸收光谱在日本岛津公司的 UV-2550 型号紫外可见分光光度计(Shimadzu UV-2550, Japan)上完成，光源为氙灯，固体的测试采用漫反射谱模式，光催化过程中的染料剩余浓度也通过测试其吸收光谱来计算判定。

荧光光谱测试：用日本 Hitachi 公司的 F-4600 型荧光光度计(fluorescence spectrophotometer, Hitachi F-4600, Japan)测试，光源为氙灯，激发波长为 325 nm。

9.4　HF 含量与纳米锐钛矿 TiO_2(001)面暴露比例的关系

实验第一步首先研究不同 HF 掺杂量对 TiO_2 结晶、尺寸以及(001)面暴露比例的影响。图 9-5 为样品的 XRD 图谱。从中可以看出，所有 TF 样品都是纯锐钛矿结构，且结晶性良好。相对于不加 HF 得到的样品 TF0，添加 HF 之后 TiO_2 的结晶度得到了提高，这点可以从特征峰(101)和(200)的锐化程度看出。随着 HF 添加量的增加，TiO_2(200)特征峰的强度升高、峰变尖锐、半高宽减少，这说明与特征峰相对应的 TiO_2 纳米片[100]方向的边长随 HF 增加而增长；相反，TiO_2 的(004)特征峰强度降低，同时峰不断宽泛、半高宽增加，这说明与特征峰相对应的 TiO_2 纳米片的[001]方向边长随 HF 的增加而减少。根据(200)和(004)两个特征峰可以算出锐钛矿 TiO_2 在[100]方向的边长和[001]方向的厚度，进而可以计算出(001)面所占的比例，见表 9-1。表中显示，随着 HF 添加量 0.6～2.4 mL，TiO_2 纳米薄片的边长从 20 nm 增加到 48 nm，厚度从 9 nm 减少到 6 nm，相应地，(001)面暴露比例从 43%增加到 77%，这个结果与文献报道相符[17, 18]。另外，还注意到(001)面暴露比例与 HF 添加量不呈线性关系。

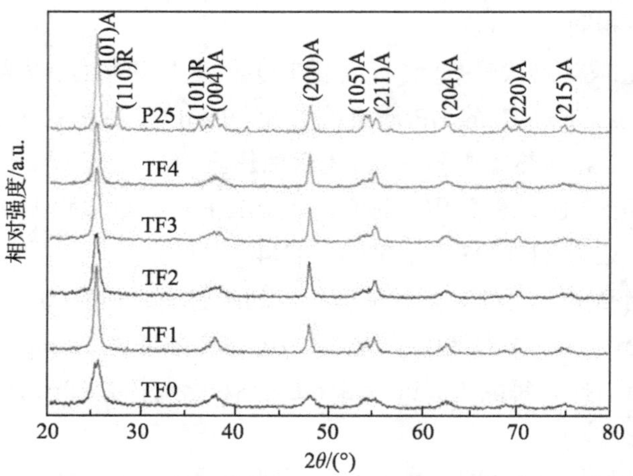

图 9-5　所有锐钛矿 TiO_2 样品的 XRD 谱

表 9-1　所有锐钛矿 TiO_2 样品的结构信息

样品	平均厚度/nm	平均长度/nm	(001) 面暴露比例
TF1	9	20	43%
TF2	7	30	63%
TF3	6	40	74%
TF4	6	48	77%

图 9-6 为样品 TF2 的 HRTEM 图像。从低倍图像可以看出样品 TF2 的形貌为纳米薄片，且没有团聚，分散性良好，这主要是由其表面氟化所致。其平均边长在 30 nm 左右，与 XRD 结果相一致。在高倍图像中选取一个纳米片的侧面观察，能分辨出晶面间距为 0.235 nm，证实其为(001)面的晶面间距，说明纳米片的正面(正方形面)为锐钛矿 TiO_2 的(001)面，此外还可以测量出样品 TF2 纳米片的厚度在 7 nm 左右，也与 XRD 结果一致。

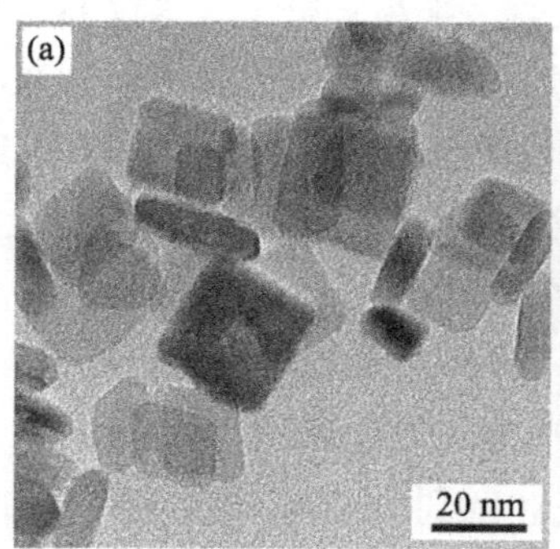

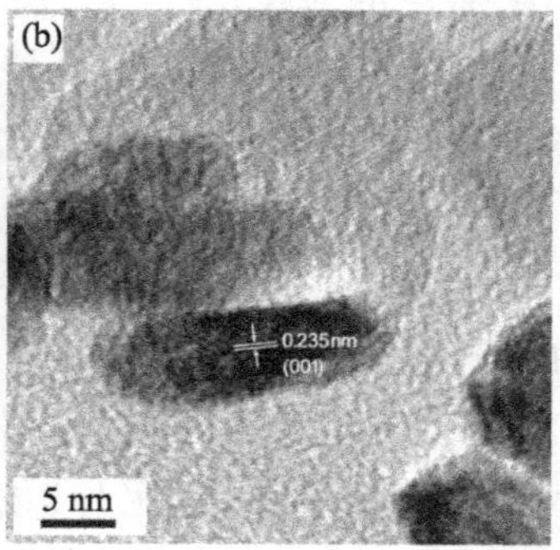

图 9-6　样品 TF2 的 HRTEM 图像

(a)低倍；(b)高倍

9.5 不同(001)面暴露比例纳米锐钛矿 TiO_2 的光催化性能

所有纯锐钛矿 TF 样品对亚甲基蓝废水进行光催化降解以测试其光催化性能，作为对比加入了 P25 参照样品，实验结果如图 9-7 所示。可以看出不添加 HF 的样品 TF0 具有最差的光催化活性，这是由其较低的结晶度和纯锐钛矿相所导致；而(001)面暴露样品的光催化性能则得到了极大增强。仔细分析(001)面暴露比例与光催化的关系，可以发现：①当(001)面暴露比例处于 43%～63%时，其光催化性能与其暴露比例的关系不大，性能略高于 P25；②当(001)面暴露比例为 63%时，其具有最高光催化活性；③当(001)面暴露比例进一步提高至 74%～77%时，光催化性能反而下降。这说明(001)面暴露有一个最佳比例，过高的(001)面暴露比例并不一定能提高光催化性能。这是因为光催化氧化还原反应分别在锐钛矿的(001)与(101)面上进行，两种晶面的暴露比例需要达到一个平衡才能使光催化反应顺利得以进行[10]。这种现象与其他报道类似[18]，不同的是(001)面最佳暴露比例有所差别，这可以理解为(001)面暴露比例在 40%～60%时对光催化影响不大，因此造成测量误差较大。另外，降解不同有机物的最佳(001)面暴露比例也会有所差别。

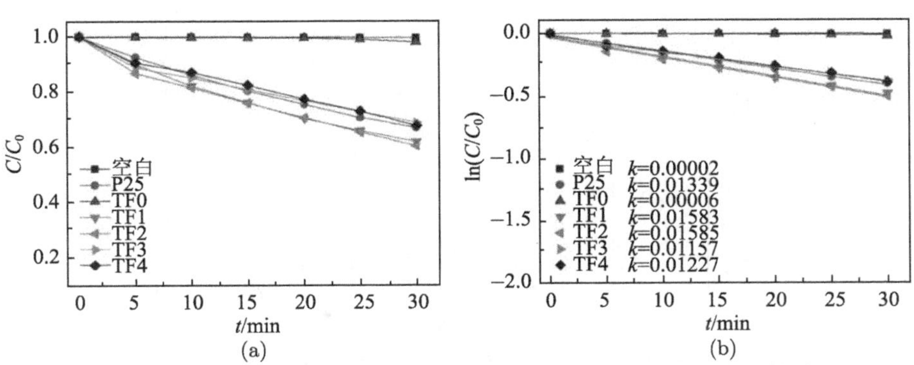

图 9-7 锐钛矿 TiO_2 的降解亚甲基蓝曲线(a)，$\ln(C_0/C)$与时间的函数关系(b)

9.6 NH_4F 添加量与混晶纳米 TiO_2 晶型比例及纳米锐钛矿 TiO_2(001)面暴露比例的关系

因为样品 TF2 具有最高的光催化活性，在实验的第二步，我们在 TF2 配方中加入不同量的 NH_4F 进行水热反应。图 9-8 为所有样品的 XRD 图谱。可以看出加入 NH_4F 之后，所有 TN 样品结晶性良好，且都是锐钛矿+金红石混晶结构。相对于不

加 NH_4F 得到的样品 TF2，添加 NH_4F 之后 TiO_2 的结晶度在逐渐降低，这点可以从特征峰(101)和(200)看出。随着 NH_4F 添加量的增加，锐钛矿 TiO_2 的(200)特征峰的强度降低，同时峰变宽泛、半高宽增加，这说明与特征峰相对应的锐钛矿 TiO_2 纳米片[100]方向的边长随 NH_4F 的增加而减小；相反，锐钛矿 TiO_2(004)特征峰的强度增高，同时峰不断变尖锐、半高宽减小，说明与特征峰相对应的锐钛矿 TiO_2 纳米片的[001]方向的边长随 NH_4F 的增加而增加。另外，金红石 TiO_2 的(110)特征峰也在升高，说明金红石 TiO_2 的含量在增加。根据(200)和(004)两个特征峰可以算出锐钛矿 TiO_2 在[100]方向的边长和[001]方向的厚度，进而可以计算出(001)面所占的比例；而根据锐钛矿 TiO_2 (101)峰与金红石 TiO_2 (110)峰的强度可以算出其中金红石 TiO_2 所占的比例，结果见于表 9-2 所列。具体来说，随着 NH_4F 添加量从 0.1 g 增加到 0.4 g，水热产物混晶 TiO_2 中的金红石 TiO_2 的比例从 14.1%增加到 21.4%，同时锐钛矿 TiO_2 (001)面的暴露比例从 58%降低至 34%。这说明 NH_4F 的添加所引入的 NH_4^+ 会影响水热过程的化学环境，以及(001)面的形成，同时还会降低 TiO_2 的结晶度。

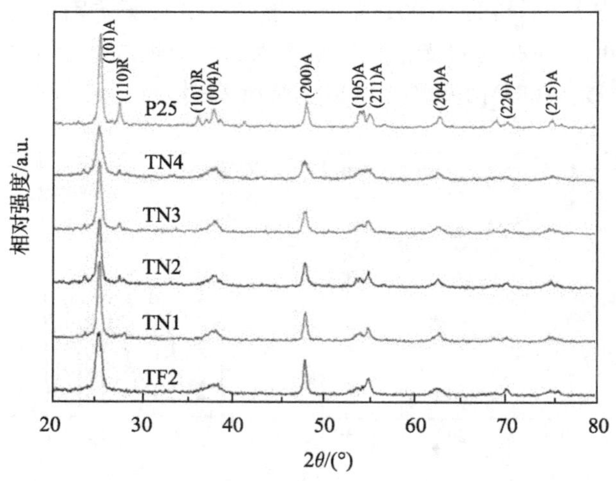

图 9-8 所有样品的的 XRD 谱

表 9-2 所有锐钛矿+金红石混晶 TiO_2 的结构信息

样品	平均厚度/nm	平均长度/nm	(001) 面暴露比例	金红石比例
TN1	7	25	58%	14.1%
TN2	7	21	53%	16.7%
TN3	8	18	44%	19.6%
TN4	9	15	34%	21.4%

图 9-9 为 TN3 样品的 HRTEM 图像。在低倍下观察，样品 TN3 的形貌也为纳

米薄片，且没有团聚，分散性良好。但相比于样品 TF2，其平均边长减小至 20 nm 左右，与 XRD 结果相一致。在高倍图像中选取一个纳米片的侧面观察，同样能分辨出晶面间距为 0.235 nm，证实其为(001)面的晶面间距，厚度在 8 nm 左右，与 XRD 结果一致。

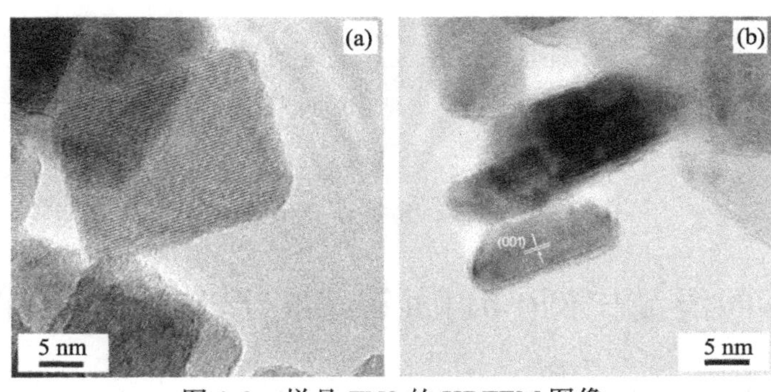

图 9-9　样品 TN3 的 HRTEM 图像

(a)低倍；(b)高倍

图 9-10 为样品 TN3 的 XPS 表征结果。样品中包含有 Ti、O、F 和 N 四种元素，其中 Ti $2p_{3/2}$ 的结合能为 458.6 eV，O 1s 的结合能为 532.0 eV，F 1s 的结合能为 684.3 eV，N 1s 的结合能为 401.6 eV。其中 C1s 的 284.7 eV 特征峰为外来碳元素造成的影响，与样品无关。选取元素 F、N 进行分析，如图 9-10(b)和(c)所示。F 1s 在 684.3 eV 的特征峰说明 F 元素以 Ti-F 形式存在于 TiO_2 的表面，证实 HF 对 TiO_2 表面的氟化作用。而 N 1s 的特征峰出现在 401.6 eV，说明 N 原子存在于 TiO_2 的原子空隙中，并没有与 Ti 成键，对 N 元素的峰进行积分以得到面积并乘以元素因子，再与总的面积相比可以算出 N 元素的含量为 1.91%。XPS 结果表明 NH_4F 的加入没有在 TiO_2 中掺入 N 元素。

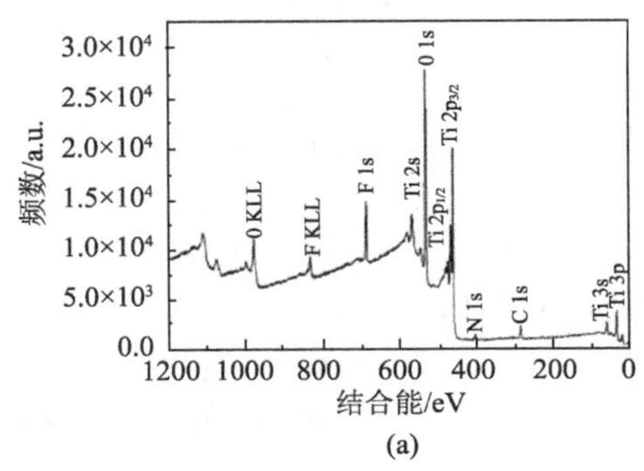

(a)

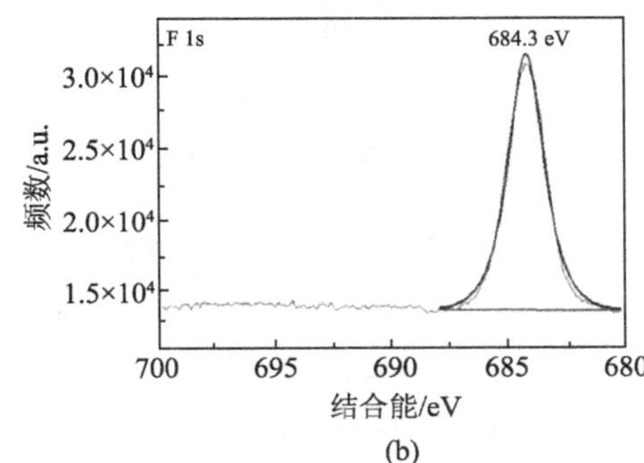

(b)

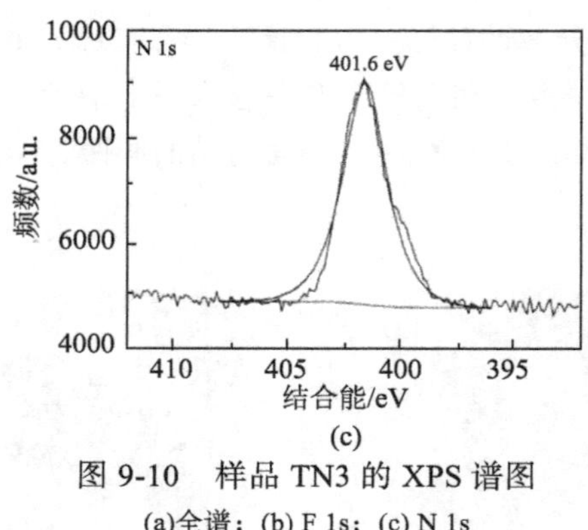

(c)

图 9-10　样品 TN3 的 XPS 谱图

(a)全谱；(b) F 1s；(c) N 1s

9.7　不同混晶比例(001)面暴露纳米 TiO_2 的光催化性能

将所有锐钛矿+金红石混晶 TN 样品对亚甲基蓝废水进行光催化降解以测试其光催化性能，作为对比加入 TF2 及 P25 参照样品，实验结果如图 9-11 所示。光催化活性从高到低依次为 TN3>TN4>TN2>TN1>TF2>P25。也就是说，添加 NH_4F 后样品 TN 的光催化活性得到了很大的提升，大大高于样品 TF2 及 P25，可见混晶结构对光催化活性有很好的促进作用。其中样品 TN3 具有最高的光催化活性，降解的动力学因子 $k = 0.05331$，约是 P25 的 4 倍(k=0.1339)，如图 9-11(b)所示。

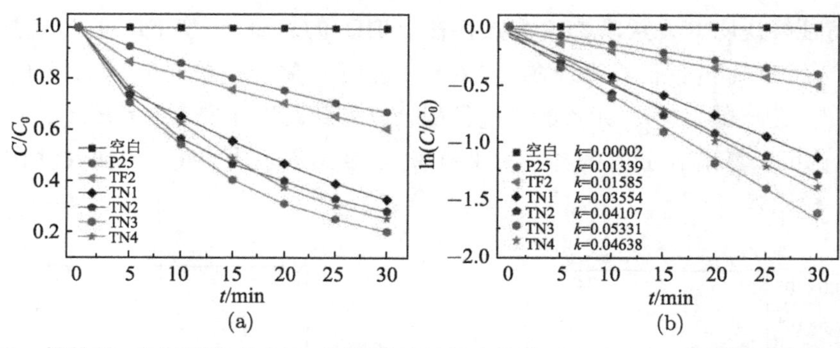

(a)　(b)

图 9-11　锐钛矿+金红石混晶 TiO_2 的降解亚甲基蓝曲线(a)，$\ln(C_0/C)$与时间的函数关系(b)

仔细分析样品 TN3 结构因素中的(001)面暴露比例，以及金红石所占的比例，可以推测其高光催化活性的原因。样品 TN3 的(001)面暴露比例为 44%，与样品 TF1 相当，前面的结果证实锐钛矿 TiO_2(001)面暴露比例在 43%～63%时对光催化影响不大，且这个比例区域的样品都具有最高的光催化活性。而当(001)面的暴露比例低于 40%，达到 34%时，光催化性能出现明显的下滑，这就可以理解为何样品 TN4 的光催化性能弱于样品 TN3。此外样品 TN3 中金红石 TiO_2 的比例为 19.6%，接近于锐钛矿+金红石混晶 TiO_2 的最佳比例 30%[57]，即混晶能使光催化性能得到极大的提升。此外，由于混晶中锐钛矿 TiO_2 为纳米片结构，相比于锐钛矿 TiO_2 纳米颗粒，纳米片更容易与金红石颗粒发生接触，在锐钛矿 TiO_2 纳米片+金红石颗 TiO_2 粒体系中，金红石 TiO_2 相对较低的比例就有可能达到最佳的协同效果，样品 TN3 中的金红石 TiO_2 比例也处于最佳位置附近。相比于样品 TN3，继续添加 NH_4F 得到的样品 TN4 虽然金红石 TiO_2 比例(21.4%)高于样品 TN3，但锐钛矿 TiO_2 (001)面的暴露比例以及结晶性都差于后者，导致其光催化性能下降。因此，一个合适的 NH_4F 添加量才能有效提升光催化性能。

荧光光谱可以用来反映半导体物质中载流子的捕获、迁移、转换及分离等信息，并可以用来测试光生电子–空穴的分离情况。为了验证锐钛矿+金红石混晶结构能有效抑制 TiO_2 中光生电子–空穴的复合，对所有混晶样品 TN 以及参照样品 TF2 进行了荧光测试，如图 9-12 所示。实验结果显示，与其他 TiO_2 一样，所有样品的荧光光谱中均出现了 398 nm、451 nm 以及 468 nm 三个主要的特征峰，且三个峰的强度都随着金红石 TiO_2 比例的增加而降低，说明混晶中的金红石 TiO_2 确实与锐钛矿 TiO_2 发生了协同作用，有效地抑制了光生电子–空穴的复合，抑制效果与金红石 TiO_2 的量成正比关系。

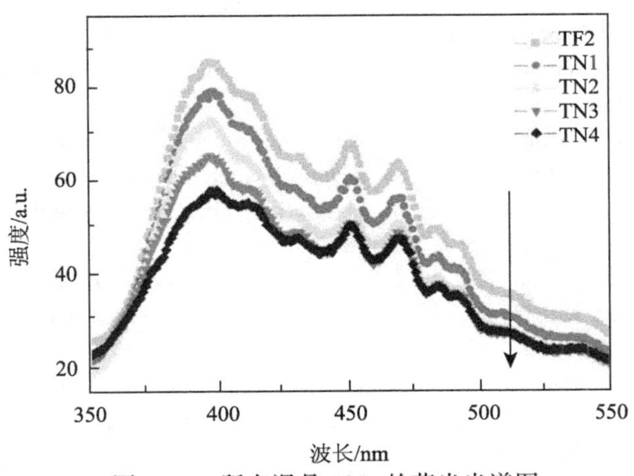

图 9-12　所有混晶 TiO_2 的荧光光谱图

综上所述，我们通过加入 NH_4F，经过水热过程成功地一步制备出锐钛矿+金红石混晶纳米 TiO_2，并且系统研究了 HF 的添加量对(001)面暴露比例、光催化性能的影响；NH_4F 添加量对混晶中金红石 TiO_2 所占比例、(001)面所占比例以及光催化性能的影响；在一个最佳参数条件下，制备的锐钛矿+金红石混晶纳米 TiO_2 光催化性能可达到 P25 的 4 倍。本研究的意义在于结合锐钛矿 TiO_2 (001)活性面制备与混晶两种手段，通过简单的一步水热法制得一种极其高效的光催化剂，为新型催化剂的设计、制备与应用提供了一个新的思路。

参 考 文 献

[1] Fujishima A, Honda K. Electrochemical photocataslysis of water at a semiconductor electrode. Nature, 1972, 238 (5358): 37-38.

[2] Wijnhoven E G J, Vos W L. Preparation of photonic crystals made of air spheres in titania. Science, 1998, 281: 802-804.

[3] Thompson T L, Yates J T. Surface science studies of the photoactivation of TiO_2—new photochemical processes. Chemical Reviews, 2006, 106: 4428-4453.

[4] Chen X, Mao S S. Titanium dioxide nanomaterials: Synthesis, properties, modifications, and applications. Chemical Reviews, 2007, 107: 2891-2959.

[5] Khan S U M, Shahry M A, InglerJr W B. Efficient photochemical water splitting by a chemically modified n-TiO_2. Science, 2002, 297: 2243-2245.

[6] Zhang J, Pan C, Fang P, et al. Mo + C codoped TiO_2 using thermal oxidation for enhancing photocatalytic activity. ACS Applied Materials & Interfaces, 2010, 2: 1173-1176.

[7] Liu Z, Sun D D, Guo P, et al. An efficient bicomponent TiO_2/SnO_2 nanofiberphotocatalyst fabricated by electrospinning with a side-by-side dual spinneret method. Nano Letters, 2007, 7(4): 1081-1085.

[8] Fujishima A, Zhang X, Tryk D A. TiO_2 photocatalysis and related surface phenomena. Surface Science Reports, 2008, 63: 515-582.

[9] Lazzeri M, Vittadini A, Selloni A. Structure and energetics of stoichiometric TiO_2 anatase surfaces. Physical Review B, 2002, 65: 119901.

[10] Wu B, Guo C, Zheng N, et al. Nonaqueous production of nanostructured anatase with high-energy facets. Journal of the American Chemical Society, 2008, 130: 17563-17567.

[11] Yang H G, Sun C H, Qiao S Z, et al. Anatase TiO_2 single crystals with a large percentage of reactive facets. Nature, 2008, 453: 638-641.

[12] Yang H G, Liu G, Qiao S Z, et al. Solvothermal synthesis and photoreactivity of anatase TiO_2 nanosheets with dominant {001} facets. Journal of the American Chemical Society, 2009, 131: 4078-4083.

[13] Zhang D, Li G, Yang X, et al. A micrometer-size TiO_2 single-crystal photocatalyst with remarkable 80% level of reactive facets. Chemical Communications, 2009, 4381-4383.

[14] Zhang D, Li G, Wang H, et al. Biocompatible anatase single-crystal photocatalysts with tunable percentage of reactive facets. Crystal Growth & Design, 2010, 10 (3): 1130-1137.

[15] Liu G, Yang H G, Wang X, et al. Visible light responsive nitrogen doped anatase TiO_2 sheets with dominant {001} facets derived from TiN. Journal of the American Chemical Society, 2009, 131: 12868-12869.

[16] Liu G, Sun C, Smith S C, et al. Sulfur doped anatase TiO_2 single crystals with a high percentage of {001} facets. Journal of Colloid and Interface Science, 2010, 349: 477-483.

[17] Han X, Kuang Q, Jin M, et al. Synthesis of titania nanosheets with a high percentage of

exposed (001) facets and related photocatalytic properties. Journal of the American Chemical Society, 2009, 131: 3152-3153.

[18] Xiang Q, Lv K, Yu J. Pivotal role of fluorine in enhanced photocatalytic activity of anatase TiO_2 nanosheets with dominant (001) facets for the photocatalytic degradation of acetone in air. Applied Catalysis B: Environmental, 2010, 96: 557-564.

[19] Selloni A. Anatase shows its reactive side. Nature Materials, 2008, 7: 614-615.

[20] Zheng Z, Huang B, Qin X, et al. Highly efficient photocatalyst: TiO_2 microspheres produced from TiO_2 nanosheets with a high percentage of reactive {001} facets. Chemistry-A European Journal, 2009, 15: 12576-12579.

[21] Bickley R I, Gonzalez-Carrenob T, Lee J S, et al. A structural investigation of titanium dioxide photocatalysts. Journal of Solid State Chemistry, 1991, 92 (1): 178-190.

[22] Wu B, Guo C, Zheng N, et al. Nonaqueous production of nanostructured anatase with high-energy facets. Journal of the American Chemical Society, 2008, 130: 17563-17567.

[23] Dinh C T, Nguyen T D, Kleitz F, et al. Shape-controlled synthesis of highly crystalline titania nanocrystals. ACS Nano, 3 (11): 3737-3743.

[24] Yang H G, Sun C H, Qiao S Z, et al. Anatase TiO_2 single crystals with a large percentage of reactive facets. Nature, 2008, 453: 638-641.

[25] Selloni A. Anatase shows its reactive side. Nature Materials, 2008, 7: 614-615.

[26] Yang H G, Liu G, Qiao S Z, et al. Solvothermal synthesis and photoreactivity of anatase TiO_2 nanosheets with dominant {001} facets. Journal of the American Chemical Society, 2009, 131: 4078-4083.

[27] Zhang D, Li G, Yang X, et al. A micrometer-size TiO_2 single-crystal photocatalyst with remarkable 80% level of reactive facets. Chemical Communications, 2009, 29(29): 4381-4383.

[28] Zhang D, Li G, Wang H, et al. Biocompatible anatase single-crystal photocatalysts with tunable percentage of reactive facets. Crystal Growth & Design, 2010, 10 (3): 1130-1137.

[29] Ma X Y, Chen Z G, Hartono S B, et al. Fabrication of uniform anatase TiO_2 particles exposed by {001} facetsw. Chemical Communications, 2010, 46: 6608-6610.

[30] Liu M, Piao L, Lu W, et al. Flower-like TiO_2 nanostructures with exposed {001} facets: Facile synthesis and enhanced photocatalysis. Nanoscale, 2010, 2: 1115-1117.

[31] Wang X, Huang B, Wang Z, et al. Synthesis of anatase TiO_2 tubular structures microcrystallites with a high percentage of {001} facets by a simple one-step hydrothermal template process. Chemistry-A European Journal, 2010, 16: 7106-7109.

[32] Feng J, Yin M, Wang Z, et al. Facile synthesis of anatase TiO_2 mesocrystal sheets with dominant {001} facets based on topochemical conversion. Cryst Eng Comm, 2010, 12: 3425-3429.

[33] Liu G, Sun C, Yang H G, et al. Nanosized anatase TiO_2 single crystals for enhanced photocatalytic activity. Chemical Communications, 2010, 46: 755-757.

[34] Alivov Y, Fan Z Y. A method for fabrication of pyramid-shaped TiO_2 nanoparticles with a high {001} facet percentage. The Journal of Physical Chemistry C, 2009, 113 (30): 12954-12957.

[35] Dai Y, Cobley C M, Zeng J, et al. Synthesis of anatase TiO_2 nanocrystals with exposed {001}

facets. Nano Letters, 2009, 9 (6): 2455-2459.
[36] Zheng Z, Huang B, Qin X, et al. Highly efficient photocatalyst: TiO_2 microspheres produced from TiO_2 nanosheets with a high percentage of reactive {001} facets. Chemistry-A European Journal, 2009, 15: 12576-12579.
[37] Han X, Kuang Q, Jin M, et al. Synthesis of Titania nanosheets with a high percentage of exposed (001) facets and related photocatalytic properties. Journal of the American Chemical Society, 2009, 131: 3152-3153.
[38] Xiang Q, Lv K, Yu J. Pivotal role of fluorine in enhanced photocatalytic activity of anatase TiO_2 nanosheets with dominant (001) facets for the photocatalytic degradation of acetone in air. Applied Catalysis B: Environmental, 2010, 96: 557-564.
[39] Wang Z, Lv K, Wang G, et al. Study on the shape control and photocatalytic activity of high-energy anatase titania. Applied Catalysis B: Environmental, 2010, 100: 378-385.
[40] Liu S, Yu J, Jaroniec M. Tunable photocatalytic selectivity of hollow TiO_2 microspheres composed of anatase polyhedral with exposed {001} facets. Journal of the American Chemical Society, 2010, 132: 11914-11916.
[41] Liu M, Piao Li, Zhao L, et al. Anatase TiO_2 single crystals with exposed {001} and {110} facets: facile synthesis and enhanced photocatalysis. Chemical Communications, 2010, 46: 1664-1666.
[42] Li J, Xu D. Tetragonal faceted-nanorods of anatase TiO_2 single crystals with a large percentage of active {100} facets. Chemical Communications, 2010, 46: 2301-2303.
[43] Li J, Yu Y, Chen Q, et al. Controllable synthesis of TiO_2 single crystals with tunable shapes using ammonium-exchanged titanate nanowires as precursors. Crystal Growth & Design, 2010, 10 (5): 2111-2115.
[44] Sosnowchik B D, Chiamori H C, Ding Y, et al. Titanium dioxide nanoswords with highly reactive, photocatalytic facets. Nanotechnology, 2010, 21: 485601.
[45] Liu G, Yang H G, Wang X, et al. Visible light responsive nitrogen doped anatase TiO_2 sheets with dominant {001} facets derived from TiN. Journal of the American Chemical Society, 2009, 131: 12868-12869.
[46] Liu G, Yang H G, Wang X, et al. Enhanced photoactivity of oxygen-deficient anatase TiO_2 sheets with dominant {001} facets. The Journal of Physical Chemistry C, 2009, 113: 21784-21788.
[47] Liu G, Sun C, Smith S C, et al. Sulfur doped anatase TiO_2 single crystals with a high percentage of {001} facets. Journal of Colloid and Interface Science, 2010, 349: 477-483.
[48] Yu J, Dai G, Xiang Q, et al. Fabrication and enhanced visible-light photocatalytic activity of carbon self-doped TiO_2 sheets with exposed {001} facets. Journal of Materials Chemistry, 2011, 21: 1049-1057.
[49] Wang X, Liu G, Wang L, et al. TiO_2 films with oriented anatase {001} facets and their photoelectrochemical behavior as CdS nanoparticle sensitized photoanodes. Journal of Materials Chemistry, 2011, 21: 869-873.
[50] Liu X, Geng D, Wang X, et al. Enhanced photocatalytic activity of Mo-{001}TiO_2 core-shell nanoparticles under visible light. Chemical Communications, 2010, 46: 6956-6958.

[51] Yu J, Qi L, Jaroniec M. Hydrogen production by photocatalytic water splitting over Pt/TiO_2 nanosheets with exposed (001) facets. The Journal of Physical Chemistry C, 2010, 114: 13118-13125.

[52] Chen J S, Tan Y L, Li C M, et al. Constructing hierarchical spheres from large ultrathin anatase TiO_2 nanosheets with nearly 100% exposed (001) facets for fast reversible lithium storage. Journal of the American Chemical Society, 2010, 132: 6124-6130.

[53] Chen J S, Luan D, Li C M, et al. TiO_2 and SnO_2@TiO_2 hollow spheres assembled from anatase TiO_2 nanosheets with enhanced lithium storage properties. Chemical Communications, 2010, 46: 8252-8254.

[54] Ding S, Chen J S, Wang Z, et al. TiO_2 hollow spheres with large amount of exposed (001) facets for fast reversible lithium storage. Journal of Materials Chemistry, 2011, 21: 1677-1680.

[55] Zhang H, Han Y, Liu X, et al. Anatase TiO_2 micro-spheres with exposed mirror-like plane {001} facets for high performance dye-sensitized solar cells (DSSCs). Chemical Communications, 2010, 46: 8395-8397.

[56] Yang W, Li J, Wang Y, et al. A facile synthesis of anatase TiO_2 nanosheets-based hierarchical spheres with over 90% {001} facets for dye-sensitized solar cells. Chemical Communications, 2011, 47: 1809-1811.

[57] Bacsa R R, Kiwi J. Effect of rutile phase on the photocatalytic properties of nanocrystallinetitania during the degradation of p-coumaric acid. Applied Catalysis B: Environmental, 1998, 16 (1): 19-29.

第10章　热氧化法制备Mo+C共掺杂TiO_2及其光催化性能研究

10.1　引　　言

TiO_2是一种优良高效的半导体光催化材料，但是主要起光催化作用的锐钛矿相禁带宽度为3.2 eV，只能吸收波长小于387 nm的紫外线，对太阳光的利用率很低。目前，用于 TiO_2 可见光效应改性的方法主要有非金属原子掺杂、金属离子掺杂、半导体复合和染料敏化等。其中，非金属原子掺杂是通过非金属原子取代部分氧原子，达到提升 TiO_2 的价带高度，缩小禁带宽度，使吸收光红移，从而提高可见光的利用率；而金属离子掺杂则是通过掺杂过渡金属离子，形成深层能级，使能量较小的光子也能激发产生电子和空穴，从而提高光的利用率。

目前，常见的非金属元素以及金属元素，如N[1, 2]，S[3, 4]，C[5-11]，Fe[12]，以及Mo[13]等都被成功地用以TiO_2掺杂。其中，Irie等[14]通过简单地在空气中低温(350℃)热氧化TiC制得C掺杂的TiO_2，并测得其吸收光谱有一定红移。Shen等[6]系统研究了工艺参数对热氧化TiC制备TiO_2的影响，并证实其可见光光催化性能相对于纯锐钛矿型TiO_2有所提高。但是有研究表明，单独的非金属阴离子掺杂会在TiO_2内部形成复合中心，不利于光生载流子到达TiO_2表面参与催化作用[15, 16]，而非金属阴离子与金属阳离子的共掺杂则能减少复合中心的形成，更加有效地提高光生载流子的转移效率，提高TiO_2的光催化能力[17]。

Gai等[16]认为非金属掺杂主要提升TiO_2的价带高度，而金属掺杂主要降低TiO_2的导带高度，两种掺杂都会缩小TiO_2的禁带宽度，但TiO_2的导带位置只比H^+的还原电势高一点，过低的导带位置将不能将H^+还原。他们通过理论计算表明：钼(Mo)+碳(C)共掺杂TiO_2体系一方面能有效地提升价带位置，减小禁带宽度，实现TiO_2的可见光吸收；另一方面又能在对导带影响很小的情况下，保持较高的还原电极电势及较强还原能力，以保持TiO_2的强降解能力；同时，该共掺杂体系又能减少TiO_2内部复合中心的形成，提高光生载流子的转移效率，作者认为这是一种到目前为止最佳的掺杂方式。

本章首先介绍掺杂 TiO_2 提高光催化性能的研究现状与进展，然后以文献[16]的Mo+C共掺杂设计思想为指导，通过热氧化TiC与MoO_3的混合物的方法制备出了 Mo+C 共掺杂 TiO_2，并深入研究了单质 C 和 Mo 掺杂，以及 Mo+C 共掺杂对 TiO_2 的能带以及光催化性能的影响，在验证理论预测的同时，也拟从实验上得到一种新的高效光催化材料。

10.2　掺杂 TiO_2 提高光催化性能的研究现状与进展

TiO_2 由于禁带宽度的限制，对可见光没有吸收，严重影响了对太阳光的利用。研究者尝试通过掺杂各种金属、非金属元素以减小 TiO_2 的禁带宽度，从而增加可见光吸收，以及减少光生电子–空穴的复合效率。

10.2.1　金属掺杂 TiO_2 的研究现状与进展

在 1994 年，Hoffmann 等[18]系统研究了掺杂 21 种金属对 TiO_2 的光电活性、载流子复合速率、界面电子传输速率的影响。发现当 Fe^{3+}、Mo^{5+}、Ru^{3+}、Os^{3+}、Re^{5+}、V^{4+}、Rh^{3+}的掺杂量在 0.1%～0.5 %时能增强 TiO_2 的光催化活性，而 Co^{3+}和 Al^{3+}的掺杂会降低光催化活性。随后 Cheng 等[19,20]在水热法中通过调节反应液的 pH 来控制 Fe^{3+}掺杂量，Fe^{3+}在 pH = 6 的环境中能在 TiO_2 中均匀分布，且掺杂物有典型的 pn 结电信号，而用 La^{3+}、Nd^{3+}、Pr^{3+}、Sm^{3+}、 Eu^{3+}、Zn^{2+}、Cd^{2+}、Cr^{3+}、Co^{2+}掺杂则形成 n 型半导体。Anpo 等[21-26]用金属离子灌输的方法(metal-ion-implantation technique)将 Cr、V 金属掺入 TiO_2，随着 Cr 掺杂量的提高，掺杂 TiO_2 对可见光的吸收也不断提升，如图 10-1 所示，以此实现了 TiO_2 的可见光吸收与催化。Gonzalez-Elipe 等[27]将过渡金属 Cr、V、Fe、Co 通过离子束诱导化学气相沉积法(ion beam induced CVD, IBICVD)掺杂至 TiO_2，研究发现掺杂对 TiO_2 的相变温度有影响，并且能使 TiO_2 的吸收光谱红移，但并不能有效增强 TiO_2 的光催化性能，结果显示并不是吸收光谱的红移一定带来光催化性能的提升，还与掺杂元素以及掺杂位置有关。Li 等[28]通过溶胶-凝胶过程实现了 TiO_2 的 La^{3+}掺杂，La^{3+}掺杂能抑制 TiO_2 从锐钛矿向金红石的相转变，提高 TiO_2 的热稳定性，且随着掺杂量的提升，TiO_2 颗粒尺寸逐渐减小、Ti^{3+}的含量逐渐升高，光催化能力也得到提高。作者认为光催化性能提升的原因在于 La^{3+}掺杂能促进 TiO_2 的吸附能力，而带来的 Ti^{3+}能抑制光生电子–空穴的复合。Robert 等[29]用溶胶-凝胶和注入(impregnation)两种方法对 TiO_2 掺杂碱金属 Li、Na、K，比较发现碱金属的掺杂种类及其含量能影响 TiO_2 的结晶度以及光催化能力，不同的掺杂方法、掺杂效果也有很大区别。相对而言，注入法制备的 Li 掺杂 TiO_2 具有最好的结晶度以及光催化性能。Madras 等[30]用一种溶液煅烧法(solution combustion method)将金属 W、V、Ce、Zr、Fe、Cu 与 TiO_2 掺杂，研究发现掺杂后的 TiO_2 光催化性能减弱，这与金属离子在其中形成了光生电子–空穴复合中心有关。Yue 等[31]在 PECVD 中将 Sn^{4+}掺入 TiO_2，掺杂比例达到了 7%，表征与测试结果证实 Sn^{4+}掺杂有效地抑制了光生电子-空穴的复合，且能在 TiO_2 表面带来大量缺陷，这都有利于其光催化性能的提升。Palmisano 等[32]通过注入法将过渡金属 Co、Cr、Cu、Fe、Mo、V、W 掺入 TiO_2，表征结果发现过渡金属的掺杂在 TiO_2 内部形成了光生电子-空穴复合中心，除 W 外的其他金属掺杂都降低了 TiO_2 的光催化效率。

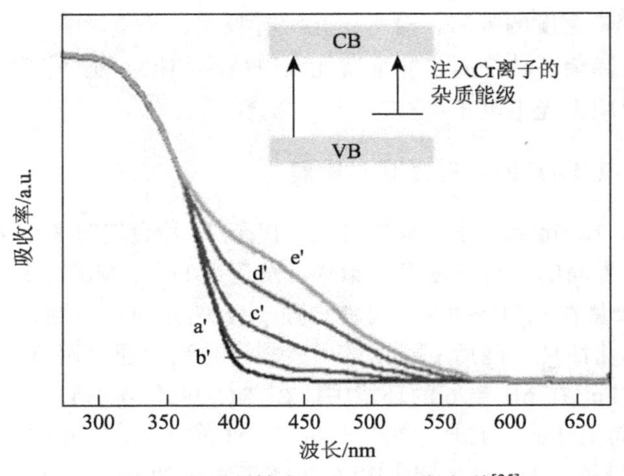

图 10-1　Cr 掺杂 TiO_2 的吸收光谱[25]

Mo 的掺杂效果也被一些研究者关注。例如，Li 等[33]通过溶胶-凝胶法将 Mo^{6+} 掺入 TiO_2，证实 Mo 的掺杂使 TiO_2 对可见光有所吸收，并且减小了 TiO_2 的界面阻抗，其光催化性能也有所提升。Murthy 等[34]也通过溶胶-凝胶法将 Mo^{6+}掺入 TiO_2，Mo 的掺杂能促使 TiO_2 吸收可见光，掺杂 TiO_2 在紫外波段的光催化性能弱于未掺杂的 TiO_2，而在可见光波段的光催化性能得到了增强。Haber 等[35]在 Ti 基底的 TiO_2 电极上通过电化学方法掺杂了 V 和 Mo。Devi 等[36]通过溶胶-凝胶法比较研究了 p 型 Mn^{2+}和 n 型 Mo^{6+}掺杂对 TiO_2 结构性能的影响，发现 Mo^{6+}掺杂得到纯锐钛矿相的 TiO_2，而 Mn^{2+}掺杂得到混晶 TiO_2。Mo^{6+}掺杂的 TiO_2 光谱吸收红移高于 Mn^{2+}掺杂，而后者表现出更高的光催化性能。

10.2.2　非金属掺杂 TiO_2 的研究现状与进展

和其他元素相比，N 的掺杂研究最多。2001 年 Asahi 等[37]用溅射的方法将 N 掺入 TiO_2 薄膜，首次实现了 TiO_2 的 N 掺杂，通过 N 掺杂缩小了 TiO_2 的禁带宽度，实现了 TiO_2 的可见光吸收与催化，如图 10-2 所示。Burda 等[38]将异丙氧基钛与胺的混合加水解，获得掺杂量高达 8%的 N 掺杂 TiO_2，其可见光吸收截止频率延长至 600 nm。Hashimoto 等[39]将 TiO_2 纳米颗粒在 NH_3 气氛中进行热处理，获得了 N 掺

杂 TiO_2，其掺杂量小于 2%，此外还发现 N 掺杂会成为电子–空穴的复合中心而降低量子分离效率。Burda 等[40]及 Gole 等[41]用胺处理 TiO_2 溶胶得到 N 掺杂 TiO_2。Kisch 等[42]通过水解四异丙氧基钛(titanium tetraisopropoxide)、四氯化钛(titanium tetrachloride)和硫脲(thiourea)的混和物得到 N 掺杂 TiO_2。S 的掺杂也有报道，Ohno 等[43]混合水解钛酸异丙酯(titanium isopropoxide)与硫脲得到 S 掺杂的 TiO_2，热处理结晶后其掺杂物对可见光的吸收大大增强。而 Yu 等[44, 45]将四异丙氧基钛在 NH_4F 水溶液中水解获得 F 掺杂的 TiO_2，F 掺杂能抑制 TiO_2 从锐钛矿向金红石相变，提高其可见光吸收以及光催化性能。

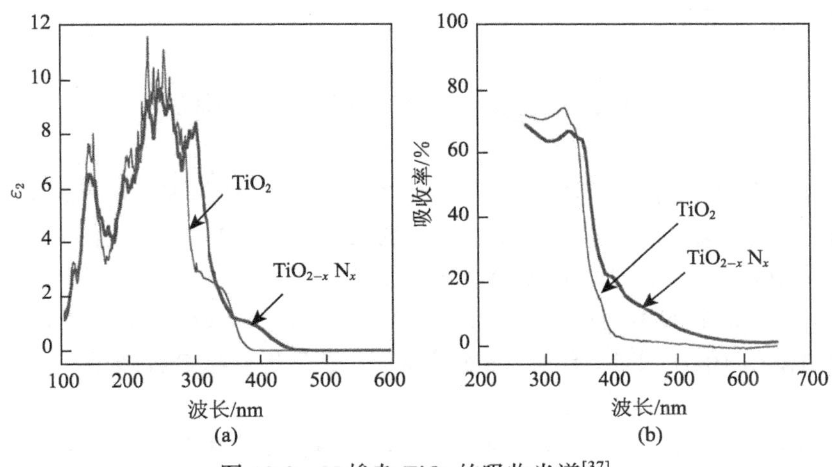

图 10-2 N 掺杂 TiO_2 的吸收光谱[37]

和其他非金属相比，C 掺杂研究较少，这与 C 的四价键位难以取代 TiO_2 中的 O 而形成掺杂有关。Khan 等[46]将纯 Ti 板在火焰中烧结得到一层 C 掺杂的 n 型 TiO_2 薄膜，XPS 谱发现 C 代替了部分 O 原子形成 Ti—C 键，掺杂物能级大幅降低至 2.32 eV，相应地可见光吸收截止频率红移至 535 nm，掺杂物在光解水的催化实验中表现出很好的性能。之后 Hashimoto 等[47]在 350 ℃热氧化 TiC 得到 C 掺杂 TiO_2，C 原子代替氧原子形成 Ti—C 键，这种方法得到的 C 掺杂量在 0.32%，吸收光谱有一定红移。Choi 等[48]与 Yang 等[49]同样用热氧化 TiC 的方法制备 C 掺杂 TiO_2，后者研究了不同热氧化时间对掺杂物晶型、结晶度以及光催化的影响。Bard 等[50]将 C 掺杂 TiO_2 纳米管电极用于光解水，相比于 P25 薄膜，光电流密度提升了 20 倍。Zou 等[51]将无定形 TiO_2 与葡萄糖混合通过水热过程得到 C 掺杂 TiO_2，与之前的掺杂方法中 C 以 Ti—C 键存在的方式不同，这种方法的 C 形成了 Ti—C—O 键。Chen 等[52]用钛酸四丁酯作为原料，通过 CVD 法得到 C 掺杂的 TiO_2 微米球，其禁带宽度缩减到 2.72 eV。Du 等[53]将 $TiCl_4$ 加入乙醇，之后 400 ℃下热处理得到 C 掺杂 TiO_2，这种

C 掺杂 TiO_2 吸收光谱大幅扩展到 900 nm。Kang 等[54]在乙醇中球磨 TiO_2 得到 C 掺杂 TiO_2。Xiao 等[55]将钛酸四丁酯放置于多孔树脂中水解，之后在 N_2 气氛中将树脂除去得到 C 掺杂 TiO_2。Hu 等[56]将钛酸四异丙醇在加有 HCl 和聚合物的乙醇中水解得到 C 包裹的 C 掺杂 TiO_2。

单掺杂元素一方面可能缩小 TiO_2 禁带宽度，实现 TiO_2 对可见光的吸收；另一方面，单掺杂元素容易在 TiO_2 内部形成光生电子–空穴复合中心，影响 TiO_2 的量子分离效率。解决这一问题的有效方法是对 TiO_2 进行非金属金属阴阳离子共掺杂，本章试图对 TiO_2 进行 Mo+C 共掺杂，在不形成光生电子–空穴复合中心的情况下缩小 TiO_2 的禁带宽度。

10.3　掺杂 TiO_2 的制备与测试

C 单掺杂 TiO_2 采用热氧化 TiC 获得。实验时将 TiC 粉末平铺于石英片上，然后放置于加热炉中，在空气环境中进行热氧化。温度为 350 ℃，持续 20 h。最后，将产物在 600 ℃煅烧 10 min，得到微黄色的粉末。

Mo+C 共掺杂 TiO_2 通过热氧化 TiC 与 MoO_3 混合物制得。实验时将 TiC 与 MoO_3 粉末按重量比 100:1 混合，球磨 4 h 混合均匀，然后进行与 C 掺杂 TiO_2 一样的处理过程。

实验中的纯锐钛矿 TiO_2 购买于合肥科晶材料技术有限公司，以作对比。

紫外–可见吸收光谱测试：TiO_2 的吸收光谱在日本岛津公司的 UV-2550 型紫外可见分光光度计(Shimadzu UV-2550, Japan)上完成，光源为氙灯，固体的测试采用漫反射谱模式，光催化过程中的染料剩余浓度也通过测试其吸收光谱来计算判定。

光电性能测试：不同掺杂类型 TiO_2 的光电流性能用上海辰华公司的 CHI 1660C 型电化学工作站(CHI 1600C, CH Instruments Co.)测试。测试采用三电极体系：将 TiO_2 粉末分散于乙醇中涂覆在 ITO 导电玻璃上作为工作电极，Pt 电极作为对电极，饱和甘汞电极作为参比电极。实验中的照射光源为 160 W 的高压汞灯(飞利浦亚明照明有限公司)，光源距离工作电极 15 cm，电解液为 0.5 M 的 Na_2SO_4 水溶液。电化学工作站采用电流–时间模式控制光阀门的开关来测试其对光的电流反应信号。

光催化性能测试：通过对亚甲基蓝废水的降解率来研究掺杂对 TiO_2 光催化性能的影响。反应使用 250 W 高压汞灯作为光源(飞利浦亚明照明有限公司)，其波长大于 410 nm，距液面 25 cm。100 mg 掺杂 TiO_2 光催化样品放入 100 mL 浓度为 12 mg/L 的亚甲基蓝溶液中。混合液不断搅拌，每隔 90 min 取 3 mL 溶液用紫外可见光谱仪测试最大吸光率以判断其剩余浓度。

10.4 Mo+C 共掺杂 TiO_2 的结构特征及吸收光谱

相比于 N 掺杂，对 TiO_2 进行 C 掺杂的报道较少，因为 N 原子半径和 O 相似(相差 7%)，N 容易取代 O 原子的位置形成取代型掺杂，而 C 原子半径比 O 原子大了约 30%，故使用溶胶凝胶法等掺杂 N 的方法很难将 C 原子掺入。Irie 等[14]、Choi 等[57]、Shen 等[6]都通过简单地在空气中低温热氧化 TiC 的方法制得了 C 掺杂 TiO_2。这种方法简单易行，掺杂效果较好，故本研究也通过热氧化 TiC 的方法来实现 C 掺杂。而相对于较难掺入的 C 与 Mo 原子通过简单的混合加热、依靠其热扩散即可掺入，故实验通过热氧化 TiC 与 MoO_3 混合物的方法制得 Mo+C 共掺杂的 TiO_2。

对所有样品进行 XRD 测试，图 10-3 为纯锐钛矿型 TiO_2、C 掺杂 TiO_2 和 Mo+C 共掺杂 TiO_2 的 XRD 谱。可以看出三者的 XRD 谱基本一致，结晶性良好，且均为纯锐钛矿 TiO_2 相结构，没有发现金红石相的特征峰。此外，也没有观察到 TiC 及 MoO_3 的衍射峰，说明 TiC 被完全氧化，且 MoO_3 全部掺入到 TiO_2 中。此外还能注意到 C 掺杂 TiO_2 和 Mo+C 共掺杂 TiO_2 的 XRD 谱结晶性高于纯锐钛矿相 TiO_2，但前两者的结晶性几乎一致，说明结晶性不影响两者的光催化性能对比。

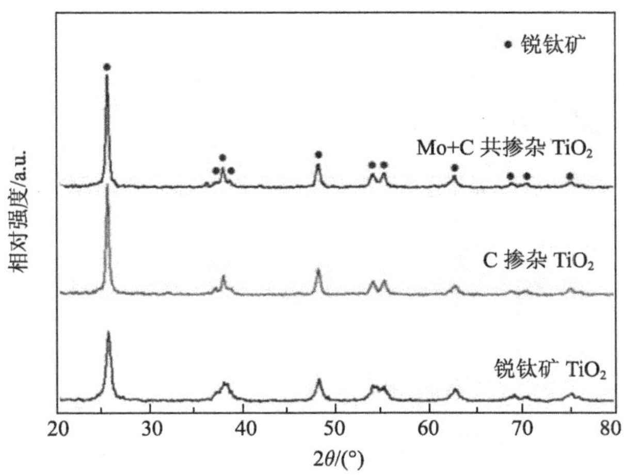

图 10-3 Mo+C 共掺杂 TiO_2、C 掺杂 TiO_2 及纯锐钛矿 TiO_2 的 XRD 谱

为了研究 Mo 以及 C 在 TiO_2 中的存在状态，对 Mo+C 共掺杂 TiO_2 进行 XPS 测试，如图 10-4 所示。从 XPS 谱中可以看出，样品中包含有 Ti、O、C 和 Mo 四种元素，其中 Ti $2p_{3/2}$ 的结合能为 458.6 eV，O 1s 的结合能为 532.0 eV，C 1s 的结合能为 284.7 eV，Mo 3d 的结合能为 232.5 eV，如图 10-4(a)所示。为了研究 C 元素在

TiO_2中的存在情况，选择 C 1s 附近进行测试，如图 10-4(b)所示。发现有两个特征峰分别在 284.7 eV 和 288.1 eV 处，其中 284.7 eV 特征峰为外来碳元素造成的影响，这与其他报道类似[14]。而 288.1 eV 特征峰则表明 TiO_2 中存在着 C—O 键，对 288.1 eV 特征峰进行积分得到面积并乘以元素因子，再与总的面积相比可以算出 C 的含量为 2.56%。这个结果说明 C 取代了 Ti 晶格位置形成了 Ti—O—C 结构。对 Mo 3d 附近的测试显示 Mo 元素以 Mo^{6+}形式存在，如图 10-4(c)所示。与其他报道类似[58]，用相似的方法可以算出 Mo 的原子含量为 1.66%，结合 C 的 2.56%的原子含量，可以发现两者正好可以达到电中性，结合 XRD 谱中没有 MoO_3 的特征峰，可以认为 Mo 元素已以 Mo^{6+}形式掺入到 TiO_2 中。但依靠加热 MoO_3 使其热扩散产生的掺杂，Mo 原子难以取代 Ti 原子的位置，主要存在其间隙中，而 Mo 原子的作用是中和 C 掺杂带来的电荷中心，使 TiO_2 体系总体呈电中性，消除复合中心对光生电子–空穴的影响，所以 Mo 原子的掺杂位置对共掺杂的影响不大。

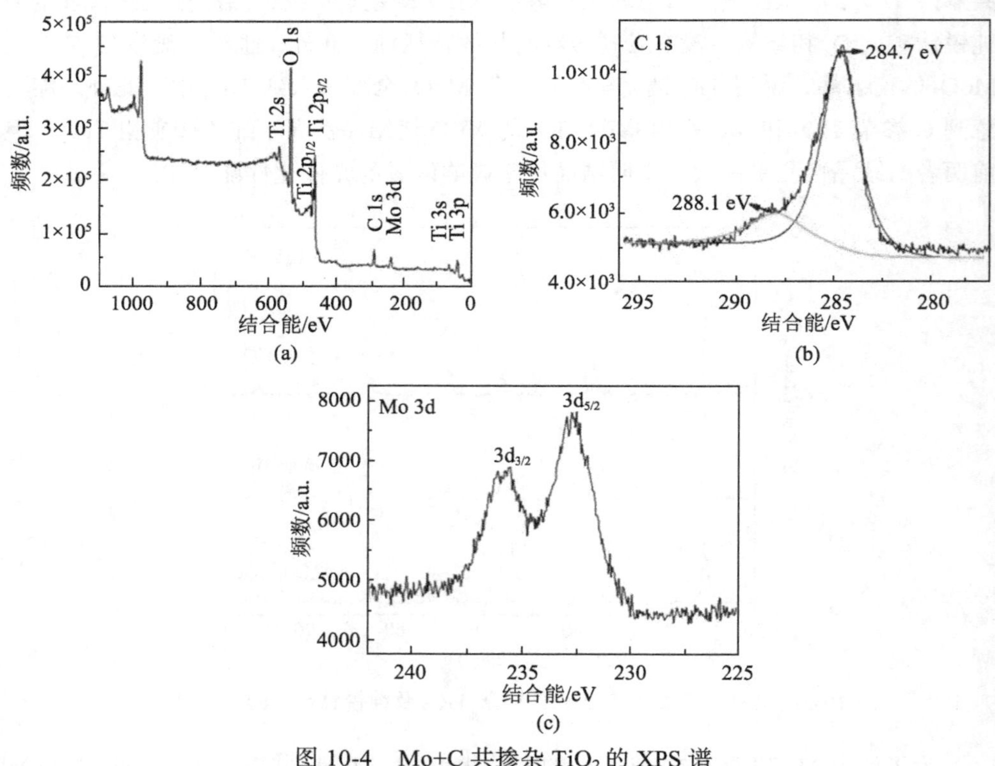

图 10-4　Mo+C 共掺杂 TiO_2 的 XPS 谱

(a)纵览谱；(b) C 1s；(c) Mo 3d

紫外–可见光吸收光谱测量结果显示 Mo+C 共掺杂 TiO_2 与单独 C 掺杂 TiO_2 的谱线很接近，但相对于纯锐钛矿型 TiO_2 有红移，并且可见光范围内(波长大于 400 nm)

光吸收强度有所提升，如图 10-5(a)所示。从局部放大的光吸收谱(图 10-5(b))可以看到，纯锐钛矿 TiO_2 的吸收谱线截止于 385 nm，对应于 3.2 eV 的禁带宽度；C 掺杂 TiO_2 的吸收谱线截止于 413 nm，相对于纯锐钛矿 TiO_2 有 28 nm 的红移，由禁带公式($\lambda = 1240/E_g$)计算得到的禁带宽度为 3.0 eV，这与文献报道的结果一致[6, 14, 57]，但高于 Gai 等[16]的理论计算值 2.27 eV，这可能是由于实际的 C 掺杂量要小于理论计算时的假设掺杂量。实际上，与化学方法进行的 C 掺杂 TiO_2 相比，热氧化 TiC 进行 C 掺杂的掺杂量不能控制，只能靠其自然残余。此外 C 掺杂 TiO_2 表面有 N_2 吸附，对实验也有很大影响，但模拟计算却没有考虑在内[16]。Mo+C 共掺杂 TiO_2 的光吸收谱线截止于 417 nm，较 C 掺杂 TiO_2 红移很少(4 nm)，禁带宽度减小到 2.97 eV，说明 Mo 掺杂对 TiO_2 的能带影响不大，与理论计算结果一致。

Gai 等[16]的理论计算认为 C 掺杂的目的是提升 TiO_2 的价带高度，缩小禁带宽度；Mo 掺杂的目的是在不对导带造成影响并保持 TiO_2 还原电势的情况下，与 C 形成共掺杂，以减少因 C 阴离子掺杂带来的光生载流子复合中心。图 10-5 的实验结果显示 Mo+C 共掺杂对 TiO_2 能带的影响与 Gai 等[16]的理论计算在趋势上基本相符，即 C 掺杂能缩小 TiO_2 的禁带宽度，而 Mo 掺杂对能级的影响很小。但实验与理论计算也有所区别，表现在 C 掺杂对禁带的影响没有计算结果大，这可能是掺杂量与计算模型不一致的缘故，以及理论计算没有把表面的 N_2 吸附、表面–OH 基团成键等因素考虑在内。

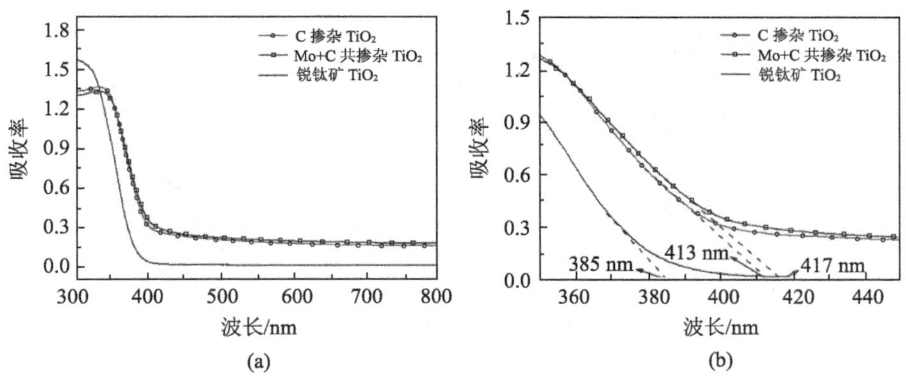

图 10-5 Mo+C 共掺杂 TiO_2、C 掺杂 TiO_2 及纯锐钛矿 TiO_2 的紫外–可见光吸收光谱

(a)纵览谱；(b)局域放大

10.5 Mo+C 共掺杂 TiO_2 的性能

10.5.1 C 单掺杂 TiO_2 与 Mo+C 共掺杂 TiO_2 的光电性能

关于 Mo+C 共掺杂对光生载流子的影响，Gai 等[16]认为 C 掺杂会在 TiO_2 内部

形成复合中心，抑制光生载流子到达 TiO_2 表面，而 Mo+C 阴阳离子共掺杂则能有效地减少复合中心的形成。为了验证 Mo+C 共掺杂对光生载流子的影响，光电化学实验的结果如图 10-6 所示。工作电极与 Pt 对电极之间的电势差设为 0 V。三种 TiO_2 工作电极都能产生响应一致的光电流强度，其中纯锐钛矿 TiO_2 的光电流强度约为 0.03 A，C 掺杂 TiO_2 的光电流强度为 0.08 A，而 Mo+C 共掺杂 TiO_2 的光电流强度约为 0.11 A。结合图 10-5 的紫外–可见光结果，C 掺杂 TiO_2 较纯锐钛矿 TiO_2 的光电流强度提高了近 2 倍，可以认为是由于 C 掺杂产生的红移，以及可见光吸收率提高的缘故；而进一步的 Mo 掺杂又使光电流强度提高了 1 倍。因此，Mo+C 共掺杂 TiO_2 的光电流强度比未掺杂的纯锐钛矿 TiO_2 的光电流强度总共提高了 3 倍之多。这说明相对于对单独阴离子掺杂的 TiO_2，阴阳离子共掺杂能够消除单掺杂带来的电荷聚集，实现电中性，从而起到减少复合中心形成的作用，这能够有效地提高光生载流子到达表面参与光催化的效率，与 Gai 等[16]的观点相符合。此外还可以看到，外界光源熄灭后，C 掺杂以及 Mo+C 共掺杂的 TiO_2 光电流还存在了一段时间，这与其赝电容有关，能在一定程度上延长光生电子–空穴的分离时间。

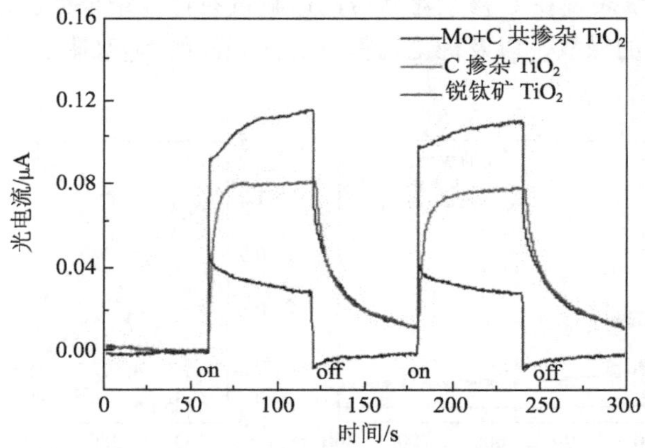

图 10-6　Mo+C 共掺杂 TiO_2、C 掺杂 TiO_2 及纯锐钛矿 TiO_2 的光电化学响应

10.5.2　C 单掺杂 TiO_2 与 Mo+C 共掺杂 TiO_2 的光催化性能

图 10-7 为掺杂 TiO_2 在可见光下对亚甲基蓝的降解实验结果。结果显示 C 掺杂使吸收光谱红移，提升了可见光波段的吸收率，其可见光降解能力有了较大的提高；而 Mo+C 共掺杂 TiO_2 对可见光光催化性能的进一步提高，达到了纯锐钛矿 TiO_2 的 4 倍。这是 Mo+C 共掺杂提高光生载流子转移效率的结果，与光电流结果一致，说明 Mo+C 共掺杂能进一步提高 TiO_2 的光催化效率。

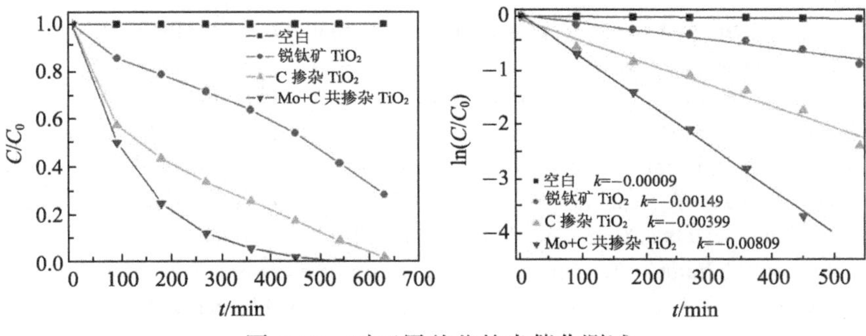

图 10-7　对亚甲基蓝的光催化测试

参 考 文 献

[1] Asahi R, Morikawa T, Ohwaki T, et al. Visible-light photocatalysis in nitrogen-doped titanium oxides. Science, 2001, 293: 269-271.

[2] Nagaveni K, Hegde M S, Madras G. Structure and photocatalytic activity of $Ti_{1-x}M_xO^{2\pm}$ (M=W, V, Ce, Zr, Fe, and Cu) synthesized by solution combustion method. The Journal of Physical Chemistry C, 2004, 108: 20204-20212.

[3] Umebayashi T, Yamaki T, Itoh H, et al. Band gap narrowing of titanium dioxide by sulfur doping. Applied Physics Letters, 2002, 81: 454-456.

[4] Ohno T, Akiyoshi M, Umebayashi T, et al. Preparation of S-doped TiO_2 photocatalysts and their photocatalytic activities under visible light. Applied Catalysis A: General, 2004, 265:115-121.

[5] Khan S U M, Shahry M A, InglerJr W B. Efficient photochemical water splitting by a chemically modified n-TiO_2. Science, 2002, 297: 2243-2245.

[6] Shen M, Wu Z, Huang H, et al. Carbon-doped anatase TiO_2 obtained from TiC for photocatalysis under visible light irradiation. Materials Letters, 2006, 60: 693-697.

[7] Park J H, Kim S, Bard A J. Novel carbon-doped TiO_2 nanotube arrays with high aspect ratios for efficient solar water splitting. Nano Letters, 2006, 6 (1): 24-28.

[8] Ren W, Ai Z, Jia F, et al. Low temperature preparation and visible light photocatalytic activity of mesoporous carbon-doped crystalline TiO_2. Applied Catalysis B: Environmental, 2007, 69: 138-144.

[9] Wu G, Nishikawa T, Ohtani B, et al. Synthesis and characterization of carbon-doped TiO_2 nanostructures with enhanced visible light response. Chemistry of Materials, 2007, 19 (18), 4530-4537.

[10] Wang X, Meng S, Zhang X, et al. Multi-type carbon doping of TiO_2 photocatalyst. Chemical Physics Letters, 2007, 444: 292-296.

[11] Janus M, Tryba B, Inagaki M, et al. New preparation of a carbon-TiO_2 photocatalyst by carbonization of n-hexane deposited on TiO_2. Applied Catalysis B: Environmental, 2004, 52: 61-67.

[12] Yu J, Xiang Q, Zhou M. Preparation, characterization and visible-light-driven photocatalytic

activity of Fe-doped titania nanorods and first-principles study for electronic structures. Applied Catalysis B: Environmental, 2009, 90: 595-602.

[13] Devi G L, Kumar G S, Murthy N B, et al. Influence of Mn^{2+} and Mo^{6+} dopants on the phase transformations of TiO_2 lattice and its photo catalytic activity under solar illumination. Catalysis Communications, 2009, 10: 794-798.

[14] Irie H, Watanabe Y, Hashimoto K. Carbon-doped anatase TiO_2 powders as a visible-light sensitive photocatalyst. Chemistry Letters, 2003, 32 (8): 772-773.

[15] Umebayashi T, Yamaki T, Itoh H, et al. Analysis of electronic structures of 3d transition metal-doped TiO_2 based on band calculations. Journal of Physics and Chemistry of Solids, 2002, 63: 1909-1920.

[16] Du Y, Deskins N A, Zhang Z, et al. Two pathways for water interaction with oxygen adatoms on TiO_2(110). Physical Review Letters, 2009, 102: 096102.

[17] Teruhisa O, Zenta M, Kazumoto N, et al. Sensitization of photocatalytic activity of S- or N-doped TiO_2 particles by adsorbing Fe^{3+} cations. Applied Catalysis A: General, 2006, 302: 62-68.

[18] Choi W, Termin A, Hoffmann M R. The role of metal ion dopants in quantum-sized TiO_2: Correlation between photoreactivity and charge carrier recombination dynamics. The Journal of Physical Chemistry, 1994, 98: 13669-13679.

[19] Wang Y, Cheng H, Hao Y, et al. Preparation, characterization and photoelectrochemical behaviors of Fe(III)-doped TiO_2 nanoparticles. Journal of Materials Science, 1999, 34: 3721-3729.

[20] Wang Y, Cheng H, Hao Y, et al. Photoelectrochemical properties of metal-ion-doped TiO_2 nanocrystalline electrodes. Thin Solid Films, 1999, 349: 120-125.

[21] Takeuchi M, Yamashita H, Matsuoka M, et al. Photocatalytic decomposition of NO under visible light irradiation on the Cr-ion-implanted TiO_2 thin film photocatalyst. Catalysis Letters, 2000, 67: 135-137.

[22] Anpo M. Utilization of TiO_2 photocatalysts in green chemistry. Pure and Applied Chemistry, 2009, 72 (7): 1265-1270.

[23] Anpo M. Use of visible light. Second-generation titanium oxide photocatalysts prepared by the application of an advanced metal ion-implantation method. Pure and Applied Chemistry, 72 (9): 1787-1792.

[24] Anpo M, Kishiguchi S, Ichihashi Y, et al. The design and development of second-generation titanium oxide photocatalysts able to operate under visible light irradiation by applying a metal ion-implantation method. Research on Chemical Intermediates, 2001, 27(4-5): 459-467.

[25] Anpo M, Takeuchi M. Design and development of second-generation titanium oxide photocatalysts to better our environment-approaches in realizing the use of visible light. International Journal of Photoenergy, 2001, 3: 89-94.

[26] Anpo M, Takeuchi M. The design and development of highly reactive titanium oxide photocatalysts operating under visible light irradiation. Journal of Catalysis, 2003, 216: 505-516.

[27] Gracia F, Holgado J P, Caballero A, et al. Structural, optical, and photoelectrochemical properties of Mn^{+}-TiO_2 model thin film photocatalysts. The Journal of Physical Chemistry

C, 2004, 108: 17466-17476.

[28] Li F B, Li X Z, Hou M F. Photocatalytic degradation of 2-mercaptobenzothiazole in aqueous La^{3+}–TiO_2 suspension for odor control. Applied Catalysis B: Environmental, 2004, 48: 185-194.

[29] Bessekhouad Y, Robert D, Weber J V, et al. Effect of alkaline-doped TiO_2 on photocatalytic efficiency. Journal of Photochemistry and Photobiology A: Chemistry, 2004, 167: 49-57.

[30] Nagaveni K, Hegde M S, Madras G. Structure and photocatalytic activity of $Ti_{1-x}M_xO^{2\pm}$ (M=W, V, Ce, Zr, Fe, and Cu) synthesized by solution combustion method. The Journal of Physical Chemistry C, 2004, 108: 20204-20212.

[31] Cao Y, Yang W, Zhang W, et al. Improved photocatalytic activity of Sn^{4+} doped TiO_2 nanoparticulate films prepared by plasma-enhanced chemical vapor deposition. New Journal of Chemistry, 2004, 28: 218-222.

[32] Paola A D, Marc G, Palmisano L, et al. Preparation of polycrystalline TiO_2 photocatalysts impregnated with various transition metal ions: characterization and photocatalytic activity for the degradation of 4-nitrophenol. The Journal of Physical Chemistry C, 2002, 106: 637-645.

[33] Yang Y, Li X, Chen J, et al. Effect of doping mode on the photocatalytic activities of Mo/TiO_2. Journal of Photochemistry and Photobiology A: Chemistry, 2004, 163: 517-522.

[34] Devi L G, Murthy B N. Characterization of Mo doped TiO_2 and its enhanced photo catalytic activity under visible light. Catalysis Letters, 2008, 125: 320-330.

[35] Haber J, Nowak P, Zurek P. Charge transfer in photocatalytic systems: V and Mo doped TiO_2/Ti electrodes. Catalysis Letters, 2008, 126: 43-48.

[36] Devi L G, Kumar S G, Murthy B N, et al. Influence of Mn^{2+} and Mo^{6+} dopants on the phase transformations of TiO_2 lattice and its photo catalytic activity under solar illumination. Catalysis Communications, 2009, 10: 794-798.

[37] Asahi R, Morikawa T, Ohwaki T, et al. Visible-light photocatalysis in nitrogen-doped titanium oxides. Science, 2001, 293: 269-271.

[38] Burda C, Lou Y, Chen X, et al. Enhanced nitrogen doping in TiO_2 nanoparticles. Nano Letters, 2003, 3 (8): 1049-1051.

[39] Irie H, Watanabe Y, Hashimoto K. Nitrogen-concentration dependence on photocatalytic activity of $TiO_{2-x}N_x$ powders. The Journal of Physical Chemistry B, 2003, 107: 5483-5486.

[40] Gole J L, Stout J D, Burda C, et al. Highly efficient formation of visible light tunable $TiO_{2-x}N_x$ photocatalysts and their transformation at the nanoscale. The Journal of Physical Chemistry B, 2004, 108: 1230-1240.

[41] Chen X B, Lou Y B, Samia A C S, et al. Formation of oxynitride as the photocatalytic enhancing site in nitrogen-doped titania nanocatalysts: Comparison to a commercial nanopowder. Advanced Functional Materials, 2005, 15 (1): 41-49.

[42] Sakthivel S, Janczarek M, Kisch H. Visible light activity and photoelectrochemical properties of nitrogen-doped TiO_2. The Journal of Physical Chemistry B, 2004, 108: 19384-19387.

[43] Ohno T, Akiyoshi M, Umebayashi T, et al. Preparation of S-doped TiO_2 photocatalysts and their photocatalytic activities under visible light. Applied Catalysis A: General, 2004,

265:115-121.

[44] Yu J C, Yu J, Ho W, et al. Effects of F-doping on the photocatalytic activity and microstructures of nanocrystalline TiO_2 powders. Chemistry of Materials, 2002, 14: 3808-3816.

[45] Yu J G, Yu J C, Cheng B, et al. The effect of F-doping and temperature on the structural and textural evolution of mesoporous TiO_2 powders. Journal of Solid State Chemistry, 2003, 174: 372-380.

[46] Khan S U M, Shahry M A, Ingler Jr W B. Efficient photochemical water splitting by a chemically modified n-TiO_2. Science, 2002, 297: 2243-2245.

[47] Irie H, Watanabe Y, Hashimoto K. Carbon-doped anatase TiO_2 powders as a visible-light sensitive photocatalyst. Chemistry Letters, 2003, 32 (8): 772-773.

[48] Choi Y, Umenayashi T, Yoshikawa M. Fabrication and characterization of C-doped anatase TiO_2 photocatalysts. Journal of Materials Science, 2004, 39: 1837-1839.

[49] Shen M, Wu Z, Huang H, et al. Carbon-doped anatase TiO_2 obtained from TiC for photocatalysis under visible light irradiation. Materials Letters, 2006, 60: 693-697.

[50] Park J H, Kim S, Bard A J. Novel carbon-doped TiO_2 nanotube arrays with high aspect ratios for efficient solar water splitting. Nano Letters, 2006, 6 (1): 24-28.

[51] Ren W, Ai Z, Jia F, et al. Low temperature preparation and visible light photocatalytic activity of mesoporous carbon-doped crystalline TiO_2. Applied Catalysis B: Environmental, 2007, 69: 138-144.

[52] Wu G, Nishikawa T, Ohtani B, et al. Synthesis and characterization of carbon-doped TiO_2 nanostructures with enhanced visible light response. Chemistry of Materials, 2007, 19 (18), 4530-4537.

[53] Wang X, Meng S, Zhang X, et al. Multi-type carbon doping of TiO_2 photocatalyst. Chemical Physics Letters, 2007, 444: 292-296.

[54] Kang I C, Zhang Q, Yin S, et al. Preparation of a visible sensitive carbon doped TiO_2 photo-catalyst by grinding TiO_2 with ethanol and heating treatment. Applied Catalysis B: Environmental, 2008, 80: 81-87.

[55] He D, Meng X, Tao Y, et al. Synthesis of carbon-doped TiO_2 using porous resin and its excellent photocatalytic properties. Chinese Journal of Catalysis, 2009, 30 (2): 83-85.

[56] Lee Y F, Chang K H, Hu C C, et al. Synthesis of activated carbon-surrounded and carbon-doped anatase TiO_2 nanocomposites. Journal of Materials Chemistry, 2010, 20: 5682-5688.

[57] Choi Y, Umenayashi T, Yoshikawa M. Fabrication and characterization of C-doped anatase TiO_2 photocatalysts. Journal of Materials Science, 2004, 39: 1837-1839.

[58] Yan J, Zhang Y, Huang W, et al. Effect of Mo-W Co-doping on semiconductor metal phase transition temperature of vanadium dioxide film. Thin Solid Films, 2008, 516: 8554-8558.

第 11 章 TiO_2 金红石单晶纳米棒的合成及其性质

11.1 引　　言

近年来，由于 TiO_2 在光催化材料[1]、化妆品材料[2]、太阳能电池[3-10]、生物材料[11]和气敏材料[12]等领域的广泛应用从而受到极大的关注。在 TiO_2 纳米材料的合成方面，已经涌现出了很多新的方法，如溶胶-凝胶电泳沉积方法[13]，甩胶法(spin-on process)[14]，溶胶-凝胶模板法[15]，金属有机物化学气相沉积法[16]，阳极氧化水解法[17]，超声化学合成法[18]，微乳法[19]，熔盐辅助水解法[20]和水热法[21]等。在这些方法中，水热法是最常用的方法，具有制备简单，操作方便，产量较高，更接近实际生产等特点。

最近 Yu 等[22]采用 TiF_4 和 H_3BO_3 成功在 TiO_2 纳米棒表面吸附了一层锐钛矿 TiO_2 纳米颗粒，从而极大地提高了纳米棒的光催化降解性能，如图 11-1 所示。

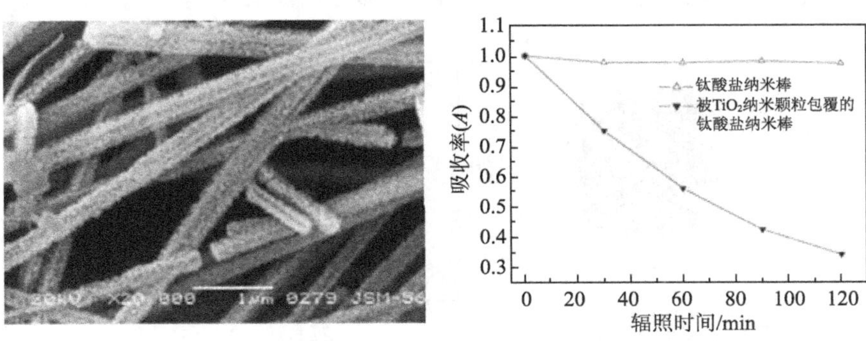

图 11-1　TiO_2 纳米棒吸附 TiO_2 纳米颗粒后的 SEM 照片及光催化动力学曲线

TiO_2 有三种常见晶型：板钛矿型、金红石型和锐钛矿型。锐钛矿结构是由 TiO_6 八面体共边组成，可以看作一种四面体结构；金红石和板钛矿结构则是由 TiO_6 八面体共顶点且共边组成，晶格稍有畸变。而每一种晶型的 TiO_2 具有不同的性质[23]。因此寻找一种能够控制产物晶型、形貌和大小的方法非常重要[24]。由于金红石型 TiO_2 具有电介质常数、反射系数和紫外吸收率，因此表现出优异的物理和化学性能[25,26]。但通常所采用的方法在低温下得到的产物大部分是锐钛矿型 TiO_2，所以在低温下合成金红石型 TiO_2 是一个具有挑战性的课题。目前，很多课题组都致力于探寻一种

低温制备金红石型 TiO_2 的方法，而 $TiCl_4$ 经常被用作起始材料，并且找出了很多制备金红石型 TiO_2 的方法[27-29]。但由于 $TiCl_4$ 非常容易水解，即使在空气中也有相当部分 $TiCl_4$ 发生了水解反应，所以 $TiCl_4$ 是很难控制的一种材料。由于上述原因，实验中要采用冰水浴来控制其反应的速度。Huang 等[30]所采用的方法中需要使用硝酸，这有可能对环境造成污染；Pedraza 等[31]采用在室温下直接氧化 $TiCl_3$ 的方法，但产物中存在锐钛矿 TiO_2 颗粒；Wang 等[32]采用 $TiCl_4$ 的酸醇混合溶液在 40～90 ℃热水解，制备出单晶金红石 TiO_2 纳米晶；Cheng 等[28]利用 $SnCl_4$ 和 NaCl 作为矿化剂制备出了金红石 TiO_2 纳米晶，但是当浓度升高到 1.4 M 时，棒状纳米晶出现团聚现象，并且这些矿化剂会污染最终的产物；Zaban 等[33]发现在金红石 TiO_2 纳米晶制备过程中，搅拌对产物晶型、大小及分散都有影响；Zhang 等[34]在 50 ℃时制备出一种具有良好可见光催化性能的金红石 TiO_2 纳米棒超结构，在可见光下其催化性能优于 P25，如图 11-2 所示。

图 11-2　TiO_2 超结构 SEM 和 TEM 照片及其光催化性能

11.2　TiO_2 物相及形貌特性

图 11-3 是纳米棒的 XRD 和金红石 TiO_2 的标准谱图，可以看出，所有的峰均与金红石 TiO_2 的峰吻合(JCPDS，CARD No. 21-1276)，没有其他的峰出现，其强峰位于(110)、(211)、(101)和(111)。由 XRD 图谱，可以确定纳米棒属于四方晶系，晶胞常数为 a=4.593 Å, b=2.958 Å。(110)和(001)晶面的 d 值分别为 3.24 Å 和 2.95 Å。

图中＊号所示峰(002)，样品的 XRD 与标准谱图比较有明显的增强，说明该纳米棒是沿(001)方向生长的。

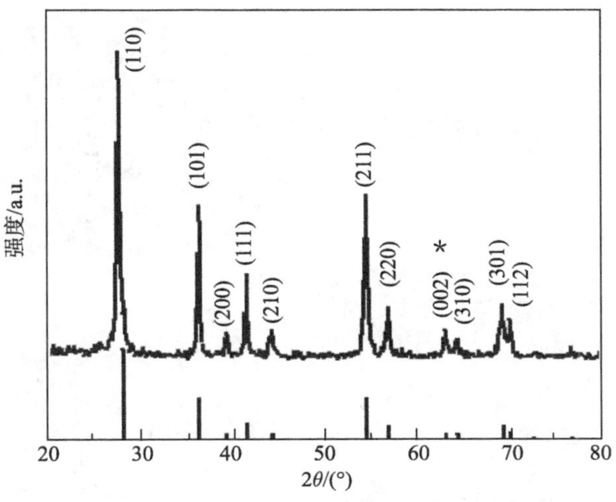

图 11-3　纳米棒的 XRD 图谱

图 11-4 是样品的透射电镜(TEM)照片和多晶选区电子衍射(SAED)照片。图 11-4(a)显示样品为均匀的棒状结构，直径约为 35 nm，棒的端部呈三角形。除了棒状结构外，在样品中还存在纳米颗粒，粒径在 5 nm 左右。图 11-4(b)为纳米棒的多晶环，分析得出纳米棒和纳米颗粒均为金红石型 TiO_2，这个结果与样品的 XRD 结果是一致的，从另一个角度说明了样品是单晶金红石纳米结构。

图 11-4　样品的 TEM 照片和多晶 SAED 环

图 11-5 为单根纳米棒的 TEM 照片及选区电子衍射照片。如图 11-5(a)所示，单根纳米棒的末端呈三角形，表面光滑；图 11-5(b)是纳米棒的 SAED 照片，分析得出，纳米棒的生长方向是沿平行于 c 轴方向。如图 11-5(c)所示，有部分纳米棒表面吸附有直径约 5 nm 的颗粒物质，由 XRD 和多晶衍射环的分析可知，此种颗粒状物质仍然是金红石型 TiO_2。图 11-5(d)是纳米棒的高分辨透射电镜(HRTEM)照片，两

种相互垂直的晶面的面间距分别标定为 0.296 nm 和 0.332 nm，这与金红石型 TiO_2 (001)和(110)晶面的面间距符合，也可以进一步说明纳米棒是沿[001]方向生长的。

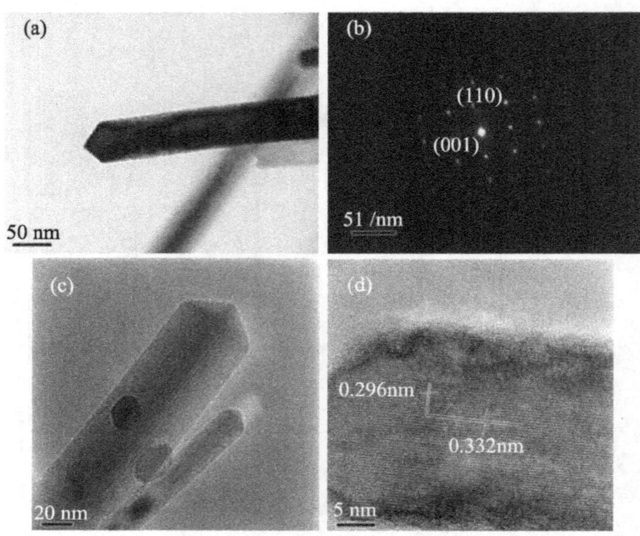

图 11-5　单根纳米棒的 TEM 照片(a)，纳米棒的 SAED 照片(b)，吸附有纳米颗粒的纳米棒(c)，纳米棒的 HRTEM 照片(d)

图 11-6 是样品的 SEM 照片。图 11-6(a)是样品的全景照片，可见样品的分散性很好，样品直径约为 35 nm，与 TEM 照片的结果一致。图 11-6(b)显示了一根纳米棒的端部，可以清楚显示其为四面锥形。图 11-6(c)为样品的局部照片，这部分的纳米棒明显较其他纳米棒粗，直径为 100 nm 左右(与图 11-6(d)比较)。

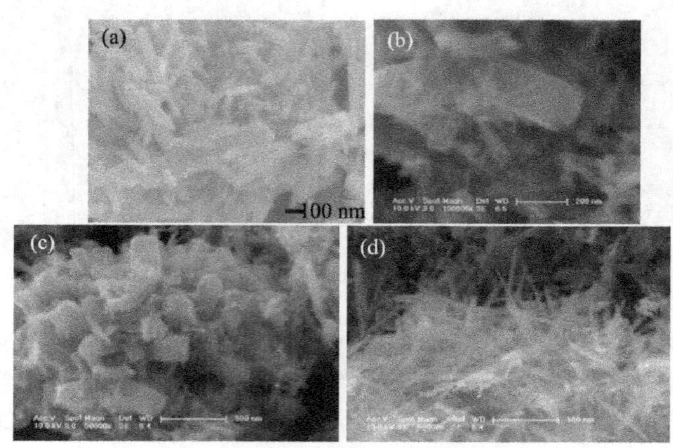

图 11-6　纳米棒的扫描照片

(a)全景照片；(b)单根纳米棒的尖端；(c)形貌规则且相对较粗的纳米棒；(d)直径较细的纳米棒

11.3 乙醇和 pH 值对产物形貌及晶型的影响

为了考查乙醇和 pH 值对纳米棒生长的影响，做了以下实验：分别用不同体积比的 $TiCl_3/C_2H_5OH/H_2O$ 和 $TiCl_3$ C_2H_5OH /HCl/H_2O 做水热处理，然后检测所得产物的形貌和晶型。图 11-7 显示的是不同比例的乙醇对产物的影响，采用的体积比为：$TiCl_3/C_2H_5OH$ /H_2O (a) 0:0:30; (b) 1:1:15; (c) 1:2:15; (d) 1:3:10。由图 11-7(a)可见，当没有乙醇加入的时候，产物中只有极少的纳米棒出现，产物中的颗粒团聚在一起；随着乙醇量的增加，产物的颗粒逐渐长大，且其中的纳米棒的数量逐渐增多，团聚程度逐渐降低，最后形成分散性很好的产物。图 11-7(b)为加入 1 mL 酒精的产物形貌，微粒的长度明显比没有乙醇参与反应的产物的微粒要长，棒状产物增多。图 11-7(c)显示产物中棒状微粒已占绝大部分，分散性较好。图 11-7(d)显示产物的分散性很好，主要由棒状物组成。由此可见，乙醇对 TiO_2 纳米棒的形成和分散起着至关重要的作用。可能的原因是酒精分解后的 H^+有利于金红石型 TiO_2 的形成，这与文献的报道是一致的[28, 34]；另外的原因可能是乙醇具有较低的沸点，当反应釜的温度升高后，有利于增加釜内压力，这也对纳米粒子的形貌有影响[35]。

图 11-7 不同乙醇比例下的 SEM 照片

$TiCl_3/C_2H_5OH/H_2O$: (a) 0:0:30; (b) 1:1:15; (c) 1:2:15; (d) 1:3:10

样品的 XRD 图谱如图 11-8 所示，图中 1～4 分别对应图 11-7 (a)～(d)。可以看出，样品的晶型从锐钛矿/金红石混晶逐渐转变成金红石单晶，由此可见，乙醇在 TiO_2 单晶金红石型纳米棒的制备中起着相当重要的作用。

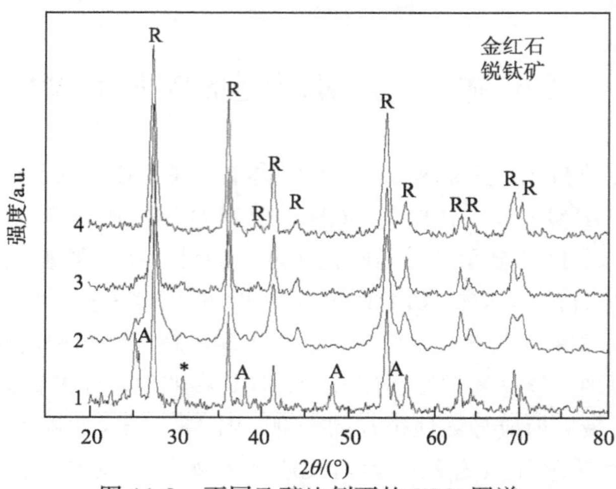

图 11-8　不同乙醇比例下的 XRD 图谱

图 11-9 显示的是不同比例的 HCl 对产物的影响，采用的体积比为：$TiCl_3$/C_2H_5OH/HCl/H_2O (a) 1:8:1:15; (b) 1:8:2:15; (c) 1:8:3:15; (d) 1:8:4:15。由图 11-7 的 SEM 照片可以看出，产物的形貌均为花状结构，其尺寸约为 2 μm。所有的花状结构由直径为几十纳米的棒组装而成。随着 HCl 量的增加，组成微米花的纳米棒有变细的趋势，而且棒与棒之间变得更为紧密。由 XRD 可以看出，所有产物的晶型均为金红石型 TiO_2，没有其他的峰出现。由此可见，产物为纯金红石 TiO_2。综合以上讨论，乙醇对单晶 TiO_2 纳米棒的形成起着至关重要的作用，而溶液的 pH 值有利于三维结构 TiO_2 的形成。

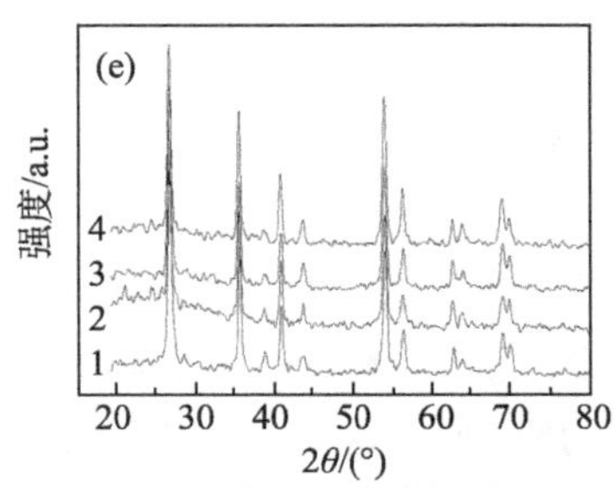

图 11-9　不同 HCl 比例下的 SEM 照片

$TiCl_3/C_2H_5OH/HCl/H_2O$：(a) 1∶8∶1∶15; (b) 1∶8∶2∶15; (c) 1∶8∶3∶15; (d) 1∶8∶4∶15; (e) XRD 衍射图谱

11.4　反应温度的影响

产物随温度的变化如图 11-10 所示。SEM 观察显示，在低于 150 ℃时，粒子主要团聚在一起，很少有纳米棒出现，在 150 ℃时，即出现大量分散较好的纳米棒。由此可见，反应温度对纳米棒的形成是至关重要的。

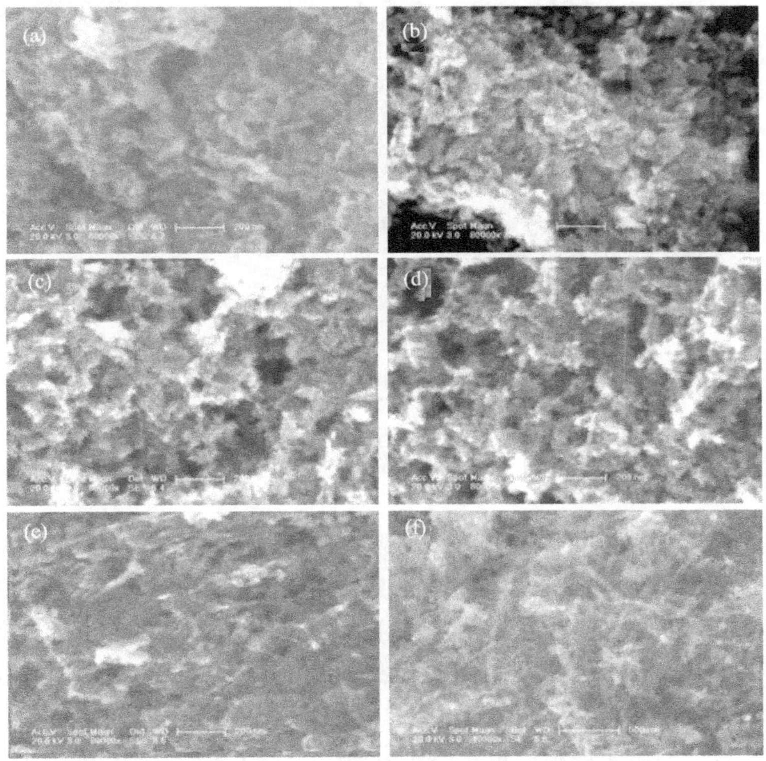

图 11-10　反应温度对产物形貌的影响

(a) 50℃；(b) 70℃；(c) 90℃；(d) 110℃；(e) 130℃；(f) 150℃

11.5　反应时间的影响

从反应时间对产物形貌影响来看(图 11-11)，只要时间达到 10 h，即可制备出纳米棒，但随着时间的延长，除了纳米棒之外，还有团聚颗粒出现。时间继续延长，团聚颗粒逐渐消失，只有纳米棒生成。这与晶体生长的 Ostwald 理论是一致的，粒子在生长的过程中，相对较小的粒子逐渐消融，而晶化程度较高的大尺寸的粒子继续长大。

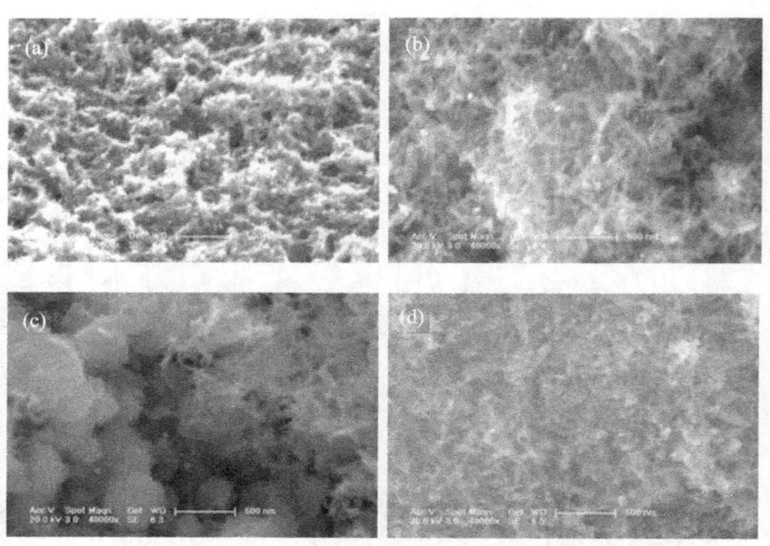

图 11-11　产物形貌受反应时间的影响

(a) 8 h；(b) 10 h；(c) 12 h；(d) 14 h

11.6　TiO_2纳米棒的紫外-可见光吸收谱特性

图 11-12 为金红石 TiO_2 纳米棒的紫外–可见光吸收谱图。先将 TiO_2 纳米粉末倒入水中制成浓度约为 0.1 mg/mL 的悬浊液，然后再做测试。很显然在 328 nm 处有一个 TiO_2 纳米晶的特征吸收峰[27, 29]，并且对可见光(400～220 nm)[29]也有较好的吸收。图 11-12 中的插图是由紫外–可见光吸收谱计算出的 TiO_2 纳米棒的能隙 E_g。E_g 由下面的公式计算：$\alpha E_{photon}=A(E_{photon}-E_g)^{1/2}$，$\alpha$ 和 E_{photon} 分别代表吸收常数和离散能；A 是一个常数，E_g 就是能隙能量。E_g 可以由 $(\alpha E_{photon})^2 \propto E_{photon}$ 在 $\alpha=0$ 计算出吸收边的能量 E_g=3.0 eV。

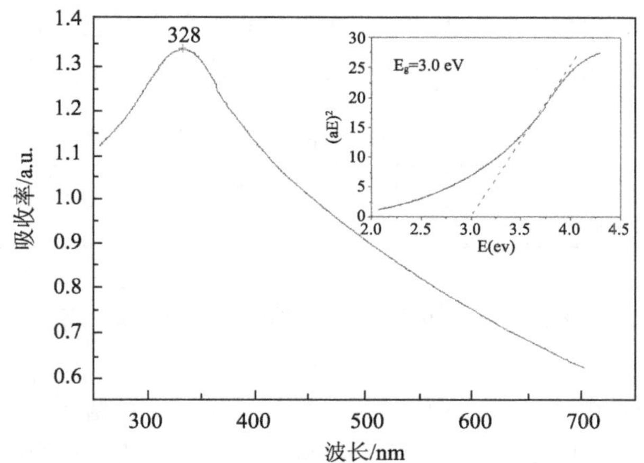

图 11-12 室温下 TiO_2 纳米棒的紫外–可见光吸收谱及能隙

11.7 TiO_2纳米棒的 N_2 吸附解附特性

N_2 吸附解附等温线如图 11-13 所示。曲线对应于 BDDT 分类中的 type IV 等温曲线和 type H_3 滞后回线[36]，显示存在介孔(20～50 nm)。另外，纳米棒滞后回线 Relative Pressure (P/P_0)接近 1，由此说明有大孔存在。

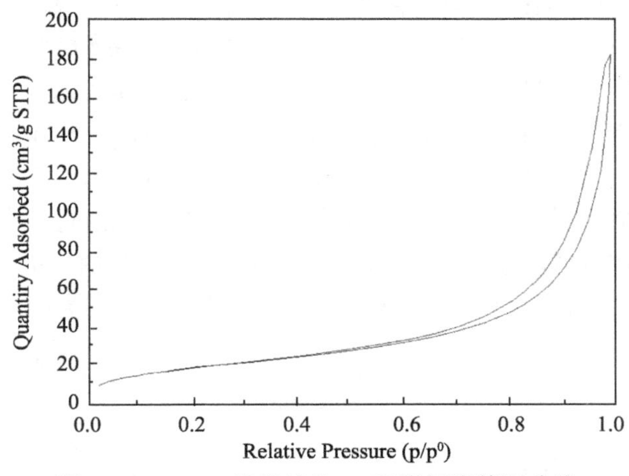

图 11-13 TiO_2 纳米棒的 N_2 吸附解附等温曲线

纳米棒的结构参数由 N_2 吸附解附等温线计算，见表 11-1，S_{BET} = 65.2852 m²/g，孔体积为 0.283243 cm³/g，孔径大小为 15.3053 nm。由于纳米棒的直径变小，其比表面积相应变大，略小于文献报道中纳米棒包覆 TiO_2 纳米颗粒的比表面积(77.2 m²/g)，然而孔体积是其两倍多[22]。一般来说，大的比表面积有可能使更多的反应物吸附到纳米棒表面，而较大的孔体积可以导致反应物和催化剂更快的分散。

表 11-1　纳米棒的 BET 比表面积和孔参数

BET 比表面积	孔体积	孔径
65.2852 m^2/g	0.283243 cm^3/g	15.3053 nm

11.8　TiO_2纳米棒的生长机理

金红石结构是由 TiO_6 八面体共顶点且共边组成，晶格稍有畸变，四方晶系，a=4.593 Å，c=2.958 Å，Z=2。金红石型结构，为 AX_2 型化合物的典型结构。O^{2-}作近似六方最紧密堆积，Ti^{4+}填充其半数的八面体空隙。Ti^{4+}占据晶胞的角顶和中心，Ti 与 O 分别为 6 次和 3 次配位，[TiO_6]八面体共棱联结成平行于 c 轴的链，链间八面体共角顶[23]。另外，钛化合物的形成依赖于溶液的酸性和配位体[28]。在本研究中，联结[TiO_6] 单元的配位体被认为是 OH。强酸性来源于 $TiCl_3$ 的水解和盐酸对配位体的 OH 还原，这抑制了共边键的形成，同时促进了共角键的形成[34]，从而得到金红石型 TiO_2。

一般来说，在晶体生长的过程中，高能量的面逐渐被消除，这种选择行为最终导致了晶体的形貌。总能量第一性原理的计算结果显示，金红石型 TiO_2 的(110)面是能量最低的晶面，而(111)面具有稍高于(110)面的能量[37, 38]。依据这些理论计算结果，金红石结构(110)面是最稳定的晶面，具有 0.82 J/m^2 最低的表面能。对于各向异性晶体来说，处于共角原子的晶面方向具有最快的生长速度，而共边的晶面具有第二快生成速度[16]；而且，晶体的生长习惯和生长环境也是影响晶体生长的因素[39]。在我们的实验中，棒状纳米棒的生长示意图如图 11-14 所示。棒的底面为(001)面，棒体四面为(110)，$(\bar{1}10)$，$(\bar{1}\bar{1}0)$和$(1\bar{1}0)$，尖端四面锥由(111)$(\bar{1}11)$$(1\bar{1}1)$$(\bar{1}\bar{1}1)$围成。我们认为各向异性的棒状晶体是沿着[001]方向生长的，各个晶面的生长速度为 $R_{(001)}>R_{(110)}>R_{(111)}$，由于上述的各种因素，最终形成末端为四面锥形的四面体纳米棒。

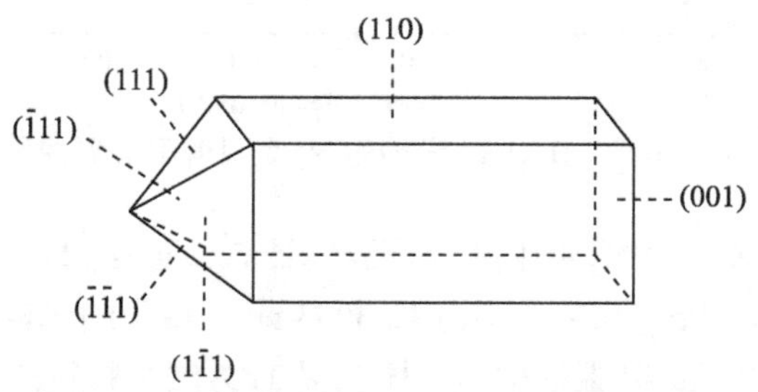

图 11-14　金红石型 TiO_2 纳米棒生长示意图

11.9　TiO_2纳米棒的光催化性能

11.9.1　棒状纳米 TiO_2 在可见光下对 RB 的降解特性

罗明丹 B (RB)随反应时间的不同，其可见光吸收光谱不同(图 11-15)，可以看出：随着反应的进行，其最大吸收波长 554 nm 的吸光度值降低，并伴随着明显的蓝移(554 nm→550 nm)。这说明在可见光纳米棒催化体系下，主要发生脱乙基反应，同时有部分降解反应发生，因此吸收光谱发生位移且峰强度降低。

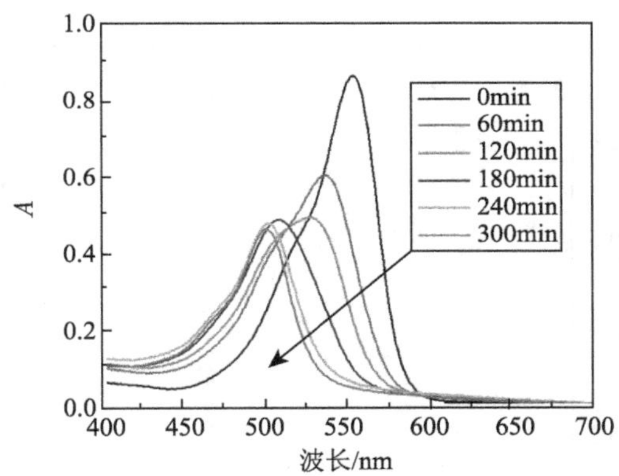

图 11-15　可见光照射下的扫描曲线

pH=3.0，C_{RB}=2.25×10^{-5} mol/L，催化剂质量=50 mg

11.9.2　RB 在紫外线下的降解特性

RB 随反应时间的不同，其紫外-可见光吸收光谱不同(图 11-16)。可以看出，

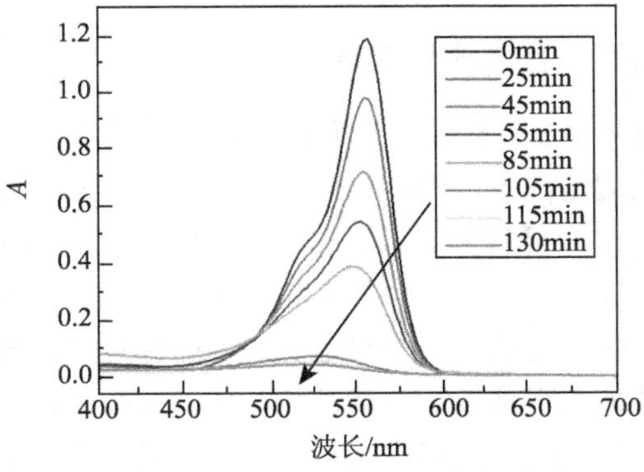

图 11-16　紫外线照射下的扫描曲线

pH=3.0，C_{RB}=2.25×10^{-5} mol/L，催化剂质量=10 mg

随着光反应的进行，其最大吸收波长 554nm 的吸光度值迅速降低，在反应 130min 时，在可见光区的吸收完全消失，脱色率达到 98%。

11.9.3　不同光源下 RB 的降解动力学特性

图 11-17 比较了不同光源反应体系中 RB 的降解情况，在没有光照的暗反应中(曲线 dark)，RB 在反应开始有吸附，吸附平衡后基本没有降解。然而在可见光和紫外线的照射下 RB 明显地脱色，可见光下(曲线 Vis)照射 420 min RB 的脱色率达到 95%以上，在紫外光源的照射下(曲线 UV)180 min RB 的脱色率达到 98%。由此表明此催化剂能够有效地利用光实现对染料 RB 的降解。

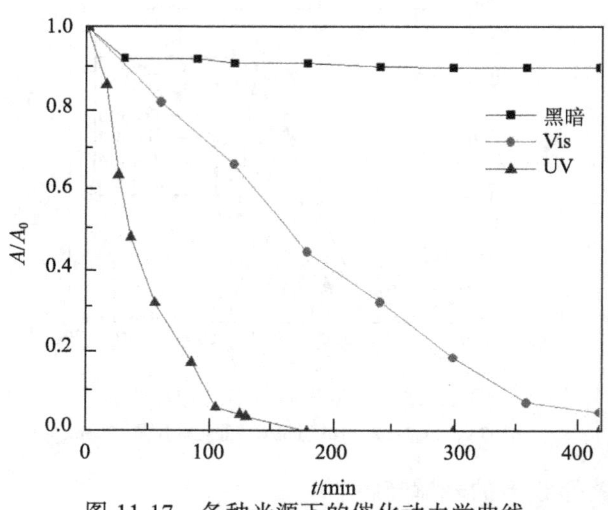

图 11-17　各种光源下的催化动力学曲线

pH=3.0，$C_{RB}=2.25\times10^{-5}$ mol/L，催化剂：m_{Vis}=50 mg，m_{UV}=10 mg

11.9.4　在不同光源下催化性能与 P25 的比较

由图 11-18(a)可见，RB 在没有光源照射时几乎是稳定的，没有分解，在紫外线照射且没有催化剂的情况下，RB 有微量降解。在紫外线照射下(图 11-18(a))，纳米棒的催化能力比 P25 要低得多，约为 50%，然而在可见光照射下(图 11-18(b))，纳米棒的催化能力要高于 P25，P25 约为其 80%。目前，寻找一种在可见光下能够催化降解有机物的催化剂正成为一个难题，因为现在的催化剂在可见光下的催化能力都不好，即使在紫外线下降解能力优越的 P25，在可见光下的降解能力也十分有限。由这种方法合成出来的纳米棒在可见光下的降解相对于 P25 来说，有所提高，这给我们提供了一种新的思路。

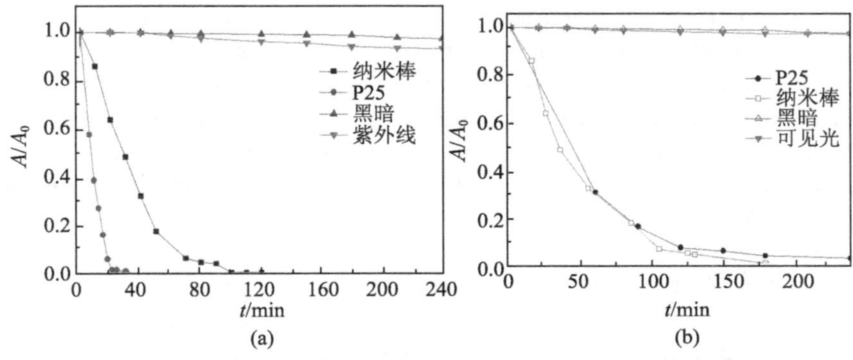

图 11-18　不同光源下催化性能与 P25 的比较

(a)紫外线；(b)可见光

参 考 文 献

[1] Andersson M, Osterlund L, Ljungstrom S, et al, Preparation of nanosizeanatase and rutile TiO_2 by hydrothermal treatment of microemulsions and their activity for photocatalytic wet oxidation of phenol. Journal of Physical Chemistry B, 2002, 106: 10674.

[2] Ramakrishna G, Ghosh H N. Emission from the charge transfer state of xanthene dye-sensitized TiO_2 nanoparticles: A new approach to determining back electron transfer rate and verifying the marcus inverted regime. Journal of Physical Chemistry B, 2001, 105: 7000.

[3] Nazeeruddin M K. Engineering of efficient panchromatic sensitizers for nanocrystalline TiO_2-based solar cells. Journal of the American Chemical Society, 2001, 123: 1613.

[4] Quintana M, Edvinsson T, Hagfeldt A, et al. Boschloo, Comparison of dye-sensitized ZnO and TiO_2 solar cells: Studies of charge transport and carrier lifetime. Journal of Physical Chemistry C, 2007, 111: 1035.

[5] Pan K, Zhang Q L, Wang Q, et al, The photoelectrochemical properties of dye-sensitized solar cells made with TiO_2 nanoribbons and nanorods. Thin Solid Films, 2007, 515: 4085.

[6] O'Hayre R, Nanu M, Schoonman J, et al. A parametric study of TiO_2/$CuInS_2$ nanocomposite solar cells: how cell thickness, buffer layer thickness, and TiO_2 particle size affect performance. Nanotechnology, 2007, 18(5): 2341.

[7] O'Hayre R, Nanu M, Schoonman J, et al. The influence of TiO_2 particle size in TiO_2/$CuInS_2$ nanocomposite solar cells. Advanced Functional Materials, 2006, 16: 1566.

[8] Park N G, van de Lagemaat J, Frank A J. Comparison of dye-sensitized rutile- and anatase-based TiO_2 solar cells. Journal of Physical Chemistry B, 2000, 104: 8989.

[9] van de Lagemaat J, Park N G, Frank A J. Influence of electrical potential distribution, charge transport, and recombination on the photopotential and photocurrent conversion efficiency of dye-sensitized nanocrystalline TiO_2 solar cells: A study by electrical impedance and optical modulation techniques. Journal of Physical Chemistry B, 2000, 104: 2044.

[10] Schlichthorl G, Park N G, Frank A J. Evaluation of the charge-collection efficiency of dye-sensitized nanocrystalline TiO_2 solar cells. J. Phys. Chem. B, 1999, 103: 782.
[11] Wu J M, Hayakawa S, Tsuru K, et al. In vitro bioactivity of anatase film obtained by direct deposition from aqueous titanium tetrafluoridesolutions. Thin Solid Films, 2002, 414: 275.
[12] Zakrzewska K. Mixed oxides as gas sensors. Thin Solid Films, 2001, 391: 229.
[13] Limmer S J, Cao G Z. Sol-gel electrophoretic deposition for the growth of oxide nanorods. Advanced Materials, 2003, 15: 427.
[14] Yi D K, Yoo S J, Kim D Y. Spin-on-based fabrication of titania nanowires using a sol-gel process. Nano Letters, 2002, 2: 1101.
[15] Miao Z, Xu D S, Ouyang J H, et al. Electrochemically induced sol-gel preparation of single-crystalline TiO_2 nanowires. Nano Letters, 2002, 2: 717.
[16] Wu J J, Yu C C. Aligned TiO_2 nanorods and nanowalls. Journal of Physical Chemistry B, 2004, 108: 3377.
[17] Lei Y, Zhang L D, Fan J C. Fabrication, characterization and Raman study of TiO_2 nanowire arrays prepared by anodic oxidative hydrolysis of $TiCl_3$. Chemical Physics Letters, 2001, 338: 231.
[18] Zeng J H, Yang J, Zhu Y, et al. Nanocomposite of CdS particles in polymer rods fabricated by a novel hydrothermal polymerization and simultaneous sulfidationtechnique. Chemical Communications, 2001, 1332.
[19] Wang G, Li G. Titania from nanoclusters to nanowires and nanoforks. European Physical Journal D, 2003, 24: 355.
[20] Xu C K, Zhan Y J, Hong K Q, et al. Growth and mechanism of titaniananowires. Solid State Communications, 2003, 126: 545.
[21] Kolen'ko Y V, Kovnir K A, Gavrilov A I, et al. Hydrothermal synthesis and characterization of nanorods of various titanates and titanium dioxide. Journal of Physical Chemistry B, 2006, 110: 4030.
[22] Yu H G, Yu J G, Cheng B. Preparation, characterization and photocatalytic activity of novel TiO_2 nanoparticle-coated titanatenanorods. Journal of Molecular Catalysis A Chemical, 2006, 253: 99.
[23] Grant F A. Properties of rutile (titanium dioxide). Reviews of Modern Physics, 1959, 31: 646.
[24] Diebold U. The surface science of titanium dioxide. Surface Science Reports, 2003, 48: 53.
[25] Park N G, Schlichthorl G, van de Lagemaat J, et al. Dye-sensitized TiO_2 solar cells: Structural and photoelectrochemical characterization of nanocrystalline electrodes formed from the hydrolysis of $TiCl_4$. Journal of Physical Chemistry B, 1999, 103: 3308.
[26] Kumar K N P, Keizer K, Burggraaf A J. Stabilization of the porous texture of nanostructured titanic by avoiding a phase transformation. Journal of Materials Science Letters, 1994, 13: 59.
[27] Tahir M N, Theato P, Oberle P, et al. Facile synthesis and characterization of functionalized. monocrystalline rutile TiO_2 nanorods. Langmuir the Acs Journal of Surfaces & Colloids, 2006, 22: 5209.
[28] Cheng H, Ma J, Zhao Z, et al. Hydrothermal preparation of uniform nanosize rutile and

anatase particles. Chemistry of Materials, 1995, 7: 663.

[29] Li Y Z, Fan Y, Chen Y. A novel method for preparation of nanocrystalline rutile TiO_2 powders by liquid hydrolysis of $TiCl_4$. Journal of Materials Chemistry, 2002, 12: 1387.

[30] Huang Q, Gao L. A simple route for the synthesis of rutile TiO_2 nanorods. Chemistry Letters, 2003, 32: 638.

[31] Pedraza L F, Vazquez A. Obtention of TiO_2 rutile at room temperature through direct oxidation of $TiCl_3$. Journal of Physics and Chemistry of Solids, 60(4): 445-448.

[32] Wang W, Gu B H, Liang L Y, et al. Synthesis of rutile (alpha-TiO_2) nanocrystals with controlled size and shape by low-temperature hydrolysis: Effects of solvent composition. Journal of Physical Chemistry, 2004, B 108: 14789.

[33] Aruna S T, Tirosh S, Zaban A. Nanosize rutile titania particle synthesis via a hydrothermal method without mineralizers. Journal of Materials Chemistry, 2000, 10: 2388.

[34] Wang Y, Zhang L, Deng K, et al. Low temperature synthesis and photocatalytic activity of rutile TiO_2 nanorod superstructures. Journal of Physical Chemistry C, 2007, 111: 2709.

[35] 高濂, 郑珊, 张青红. 纳米氧化钛光催化材料及应用. 北京: 化学工业出版社, 2002.

[36] Sing K S W, Everett D H, Haul R A W, et al. Reporting physisorption data for gas/solid systems with special reference to the determination of surface area and porosity. Pure Appl. Chem, 1985, 57: 603.

[37] Vittadini A, Selloni A, Rotzinger F P, et al. Structure and energetics of water adsorbed at TiO_2 anatase 101 and 001 surfaces. Physical Review Letters, 1998, 81: 2954.

[38] Ramamoorthy M, Vanderbilt D, King-Smith R D. First-principles calculations of the energetics of stoichiometric TiO_2 surfaces. Physical Review B, 1994, 49: 16721.

[39] Li W, Shi E W, Zhong W Z, et al. Growth mechanism and growth habit of oxide crystals. Journal of Crystal Growth, 1999, 203: 186.

第 12 章　TiO_2 三维结构的合成及其光催化性质

12.1　引　　言

12.1.1　TiO_2 多维结构材料的制备现状

具有特殊形貌的纳米材料，如纳米管[1-6]、纳米纤维[7]、纳米/微米球[8-11]等，由于具有各向异性、大的比表面积，以及特殊的光学、电学、磁学及催化特性，已经受到人们的重视。而自组装多维结构也逐渐受到了人们的关注，因为这种多维结构具有低密度、高比表面积以及表面渗透性等优点。对于光催化材料来说，构建这种复杂结构材料可以提高能量转化效率和光吸收率。Zhang 等[31]在 50 ℃制备出了所谓 TiO_2 超结构，即由纳米棒组成的三维结构，这种结构在可见光下有较好的催化效果(图 12-1 所示)；Xie 等[10]在 60 ℃用泡沫模板法制备出由纳米棒组装成的金红石型 TiO_2 空心球，这种空心结构具有较大的比表面积，并且极大地提高了其光催化降解性能，如图 12-2 所示。Nakashima 等[11]采用乙腈和乙醇混合溶剂作为反应体系，在低温条件下以钛酸四丁酯为原料，制备高单分散的 TiO_2 球形胶体颗粒(图 12-3)。最近，Jiang 等[12]采用了一种多溶液喷射电旋转技术成功制备出可控多通道微米 TiO_2 管，这种仿生材料具有极好的应用前景，例如，超轻纺织材料、微小机械导管、多成分药物运输，以及高效催化剂等(图 12-4)。

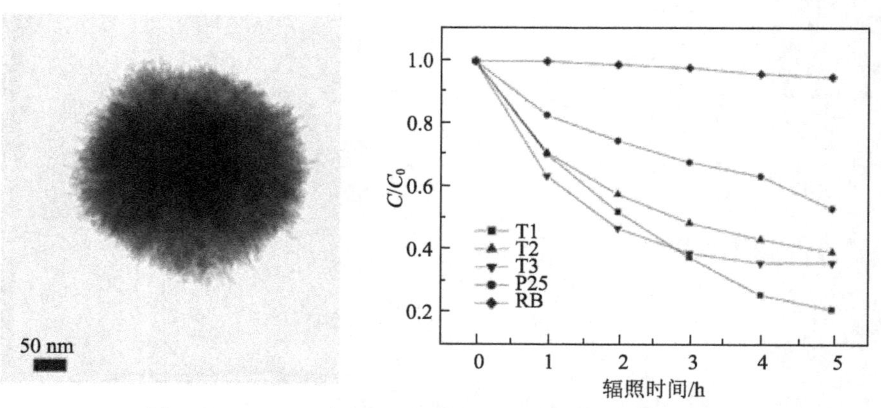

图 12-1　TiO_2 球的 SEM 照片和光催化性能曲线

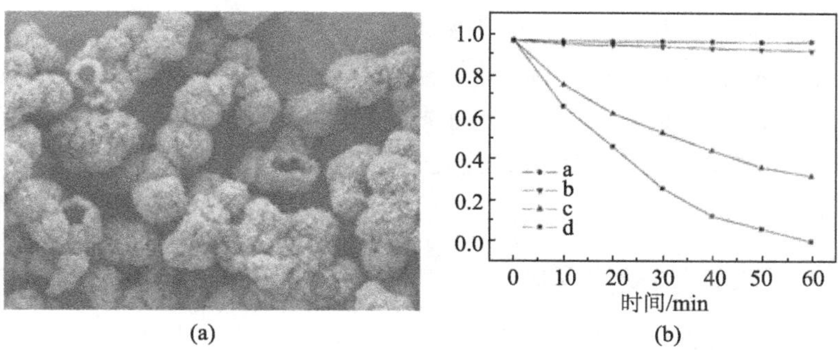

图 12-2　TiO_2空心球的 SEM 照片和光催化性能曲线

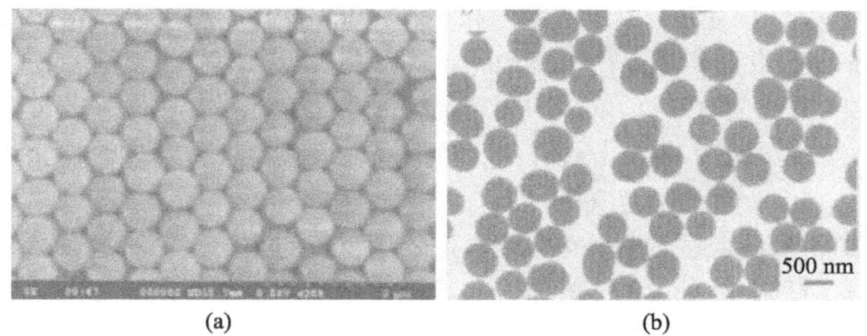

图 12-3　单分散 TiO_2球的扫描和透射照片

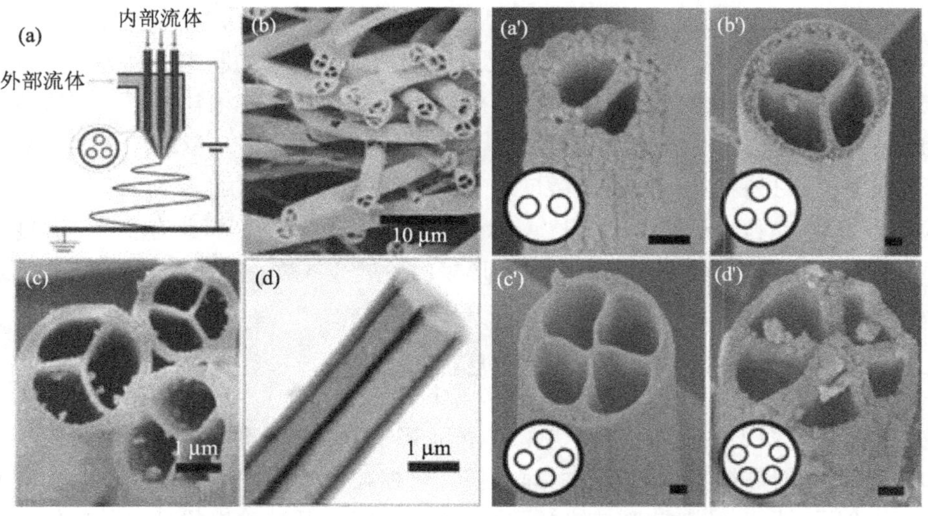

图 12-4　可控多通道微米 TiO_2管及制备示意图

TiO_2是一种在光催化、太阳能电池及生物材料[13-15]等领域有着广泛应用前景的半导体材料。近年来，以 TiO_2 为催化剂降解有机污染物受到了普遍关注，但在光催化效果上，金红石型 TiO_2 不太理想，受其微粒尺寸的影响，当尺寸为几个纳米时，其催化效果与锐钛矿 TiO_2 接近[16]。金红石型 TiO_2 通常由锐钛矿型 TiO_2 高温煅烧得到，用较低的温度合成且具有较好光催化性能的金红石型 TiO_2 仍然值得研究。对于 TiO_2 微米球来说，由于其具有较大的粒径，且易于回收和重复使用等优点[17]，也受到了普遍的关注。

12.1.2　粉末粒度和形貌的控制

对于超细粉末的制备[18]，粉末的高性能正是生产的经济效益所在；而粉末的性能很大程度上取决于粉末的粒度和形貌等特征。粉末的粒度及其分布是最基本的形态特征，它基本上决定了粉末的整体和表面特性；此外，粉末的结构形貌特征还包括粉末的形状、化学组成、内外表面积、体积和表面缺陷等，它们一起决定了粉末的综合物化性能[19]。在目前众多粉末产品应用中，都有粒度和形貌等方面的特殊要求。因此，在超细粉末的制备过程中，根据其应用需要进行粉末的粒度和形貌等特征的控制具有十分重要的意义[20-24]。

在超细粉末制备过程中，对粒度和形貌加以控制是相当困难的，这主要是由制备过程本身的复杂性造成的。液相沉淀是最普遍采用的湿法制粉方法之一，它以制粉质量优良、方法简便、成本低、容易扩大生产等优点得到广泛的应用。该法的沉淀反应是湿法制粉中非常关键的步骤之一，对最终粉末粒子的粒度和形貌等具有决定性的影响。一般地讲，沉淀反应过程包括成核、生长、聚集、老化等现象，均受溶液过饱和度的影响。综合分析化学反应工程和结晶化学的基本原理，依据粒数衡算理论[25]，针对普通的沉淀反应体系，将以上各种现象对粉末粒度与形貌等特征的影响关系绘成图 12-5 所示的示意图。该图显示了下述关系：反应沉淀器内的溶液过饱和度 S 由进料速率 Q_i、进料浓度 C 及溶液中悬浮粒子的总界面面积 A_T 所决定。成核速率 N、晶粒生长速率 G、聚集速率 B 和消失速率 D 等都是溶液过饱和度的函数，它们是确定产品粒子的粒度分布和形貌的关键性参数。根据 N、G、B、D，通过动态粒数衡算式可决定产品的粒度及其分布。

$$\frac{\partial n}{\partial t}+\frac{\partial (Gn)}{\partial L}+\frac{Q}{V}n=B-D \tag{12-1}$$

上式以晶浆体积 V 为基准，n 为单位体积晶浆中粒度为 L 的晶粒数目，B、D 分别是粒度为 L 的晶粒生成和消失的速率值。根据粒数衡算理论的处理方法，粒度分布的二阶距可用以确定悬浮晶粒总界面面积 A_T；沉淀系统输出的粒度分布信息经过图 12-5 下侧的反馈回路可使溶液的过饱和度发生变化。粒度分布的三阶距可确定单位体积晶浆中晶粒的总质量，即晶浆密度 M_T。根据二次成核机理，输出的粒度分布信息通过图 12-5 上侧的反馈回路影响成核速率。而要用式(12-1) 进行关于形貌的讨论时，需在式中的一些参数表达中引入形状因子。

图 12-5 可视作沉淀粒子粒度和形貌控制的物理模型，从图中可以看出，这个模型十分复杂，产品与过程之间存在着耦合互动关系，在实际应用过程中必须充分利用体系的边界条件、限制条件或者某些特殊条件对其中的某些项进行简化，才能比较方便、合理地计算求解和讨论，而这个求解过程本身就是十分烦琐的。下面一些公式、法则、理论可用于描述湿法沉淀制粉过程中粒子粒度和形貌的变化。

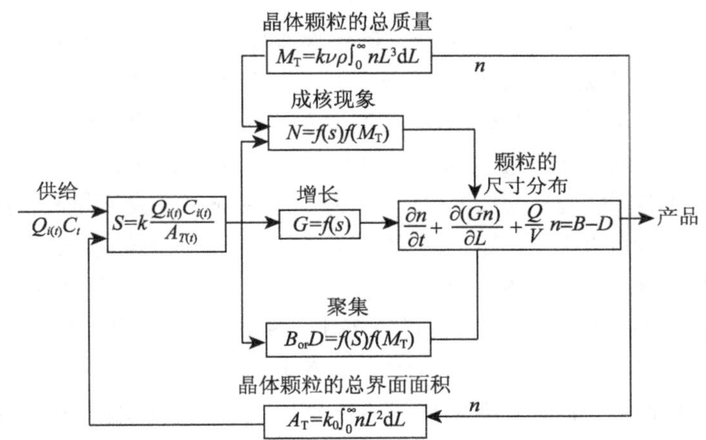

图 12-5　反应沉淀过程中各种作用与粒子粒度和形貌的关联示意图

12.1.3　热力学平衡态下对晶体生长的控制

热力学平衡态下对晶体生长控制的基本思想是从晶体内部结构和热力学的基本原理出发，导出晶体的平衡生长形态[26]。先后发展出的几种代表性的理论描述[27]如下：①Bravais 法则认为晶体的最终形态应该被面网密度最大的晶面所包围，晶面的法向生长速率反比于面间距，生长快的晶面族在晶体最终形态中消失；②Gibbs-Wulff 定律认为晶体在生长过程中能自我调整形态，使其总表面能达到最小；③Frank 运动学理论提出了 2 条基本定律，根据法向生长速率与晶面取向的关系来计算预测晶体的生长形态；④PBC (periodic bond chain) 理论认为晶体中存在由一系列强键不间断地连贯成的键链并呈周期性重复，根据 PBC 理论，可以将晶体中出现的晶面分为 3 种类型，即 F 面、S 面、K 面，分别对应不同的生长速度，并可以此作为晶体形态计算预测的基础。

这些理论基本不考虑外部因素(环境相和生长条件)变化对晶体生长的影响，无法解释晶体生长形态的多样性。为此，仲维卓等[28]提出负离子配位多面体生长基元模型。该模型将晶体的生长形态、晶体的内部结构和晶体生长条件及缺陷作为统一体加以研究，开辟了晶体生长理论研究的新途径，并主要用于低受限度晶体生长体系，如水溶液体系、热液体系、高温溶液体系等。与其他晶体生长理论或模型相比，该模型具有以下的特点：①晶体内部结构因素对晶体生长的影响有机地体现于生长基元的结构以及界面叠合过程；②利用生长基元的维度以及空间结构形式的不同来体现生长条件对晶体生长的影响；③所建立的界面模型便于考虑溶液生长体系中的离子吸附、生长基元叠合过程对晶体生长的影响，从而使该模型考虑的晶体生长影响因素更为完全，更接近生长实际。利用这个模型，较为成功地揭示了一些晶体(如 $BaTiO_3$，α-Al_2O_3，ZnO，ZnS，SiO_2）的生长习性。该模型目前还处于定性描述阶段，要发展成为一个完整的晶体生长理论，尚有许多工作要做，如溶液、熔体结构的研究、生长基元在界面的叠合过程研究以及生长形态的定量计算。

(1) 阴离子影响粒子形状的可能机制是与金属离子形成配合物，改变了沉淀固体物溶质分子的结构状态、组成，从而因为不同成分而形成不同形状的粒子；也可能是阴离子的吸附作用影响了生长粒子的表面电势，从而影响溶质分子(簇) 往晶核各晶面上的叠加速度或一次粒子的聚集行为，导致不同形状粒子的形成[32]。Cheng[30]和 Zhang[31]的实验说明在纳米 TiO_2 的制备中，SO_4^{2-}、NO_3^-及 Cl^-对 TiO_2形貌都有影响。可见阴离子确实参与了粒子的成核、生长过程。

(2) 离子型表面活性剂在溶液中发生离解后，其长链一端带电，带电电性受溶液 pH 的影响。由于晶粒表面的电荷分布有正负之别，因此，在不同的 pH 下，离子性添加剂会吸附到不同的晶面上去，从而得到不同的粒子形状[32]。

(3) 在沉淀过程中，成核会造成大量的细小晶核，这些晶核数目密度和界面能都很高，容易发生剧烈聚集，同时，搅拌引起的剪切力会促进聚集体变得密实。加入非离子型表面活性剂，其可吸附在这些粒子的界面上，降低界面能，稳定这些细小粒子，从而得到分维数不同的粒子聚集体[32]。另外有机类分散剂会与粒子表面的某些基团连接，从而影响粒子界面的生长情况，导致不同的粒子形状；还会明显提高悬浮液的黏度，从而影响粒子的生长或聚集过程[32]。

12.1.4 晶体生长的主要理论

一般来说，不同形貌的晶体在性能上也是不同的，因此对各种形貌的纳米或微米粒子生长机理的研究，有助于了解晶体生长的微观机制，从而在宏观上对其生长进行控制，在应用上根据不同的性能得到想要的形貌。由金属或金属氧化物组成的具有不同功能的三维纳米或微米结构机理的研究在过去几年中受到了特别关注[34-43]。例如，由 TiO_2 和 ZnO 各自零维纳米晶形成的一维纳米棒[44, 45]；由纳米棒或纳米带通过晶面范德瓦耳斯力自吸附堆积“放大”而成的[47]或通过后期“晶面熔合”而成的一维或二维片状晶体等机理的研究[48]。近期的研究将这种晶体生长机制用来解释由二维晶带构建三维结构的生长机理[34, 48](图 12-6)。

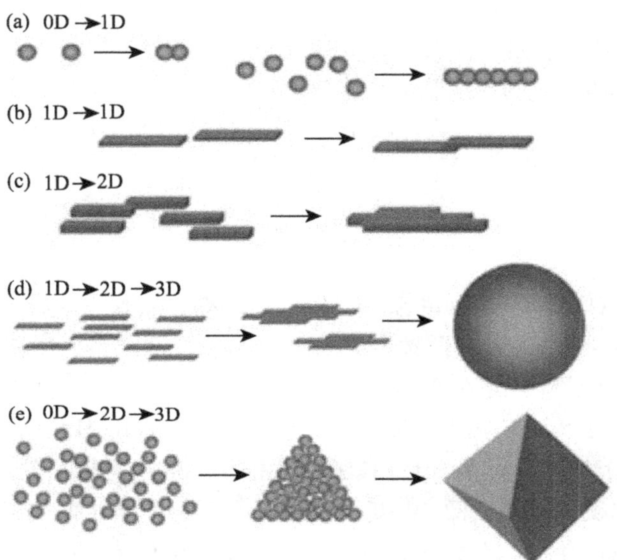

图 12-6　纳米晶定向附生自组装各种形貌纳米结构示意图

奥斯特华尔德熟化理论(Ostwald ripening theory)[49, 50]是较早用于解释晶体生长的理论之一，并且仍然是目前解释晶体生长的主要理论。Ostwald 陈化现象是指在沉淀产生之后，固液悬浮体系会向使总界面能趋于最小的方向变化，变化的结果是具有较高界面能的小颗粒溶解，而大颗粒得以生长，从而使得颗粒粒度分布趋向均一。当沉淀颗粒粒度小于 1 μm 时，Ostwald 陈化作用不可忽视。温度升高，陈化作用明显。也就是说，相变时，热力学上某一稳定相应该出现的条件下，实际上往往首先出现的并不是稳定相，而是不稳定相作为亚稳定相而出现和发展，到一定条件下再转变为稳定相；并且当粉末粒度达到某一特定数值时，发生亚稳相向稳定相的转变，人们又将后一现象称为“粒度效应”或“尺寸效应”[51]。相变的 Ostwald 规则以及粒度效应可以用图 12-7 所示的形核相变体系自由能变化解释[18, 25]。在相变成核以及超细粉末制备时，体系自由能的变化 ΔG 总等于体积自由能的减少与核胚以及微粒形成时与母相接触表面自由能的增加之和:

$$\Delta G_{总} = -\Delta G_v + \Delta G_{表} = -n\Delta g_n + \eta n^{2/3}\sigma \tag{12-2}$$

式中，Δg_n 为每原子(分子) 体积自由能的变化；η 为核胚的形状因子；n 为核胚的原子(分子)数；σ 为表面自由能。

$$\eta n^{2/3}\sigma = A \tag{12-3}$$

A 为核胚的表面积，设核胚(核心)为球体，半径为 r 时，式(12-2)变为

$$\frac{\partial n}{\partial t}+\frac{\partial (Gn)}{\partial L}+\frac{Q}{V}n=B-D \quad \Delta G_{总}=-\frac{4}{3}\pi r^3\Delta g_v+4\pi r^2\sigma \tag{12-4}$$

式中，Δg_v 为单位体积自由能的变化。

令 $\partial\Delta G/\partial r=0$，得到形成临界大小核胚(核心) n^* (或 r^*) 所需的形核总功 ΔG^*

$$\Delta G^*_{总}=\frac{-32\pi\sigma^3}{3\Delta g_v^2}+\frac{16\pi\sigma^3}{\Delta g_v^2}=\frac{1}{3}\left(\frac{16\pi\sigma^3}{\Delta g_v^2}\right)=\frac{1}{3}\sigma A^* \tag{12-5}$$

$$r^*=\frac{2\sigma}{\Delta g_v} \tag{12-6}$$

一般情况下(低温)，亚稳相与稳定相相比，单位晶胞原子(分子)数较少，相应地形成临界晶核所需原子(分子)数 n^*(图 12-7 中 n_β，γ_β)要小，形核所需克服的形核功 $\Delta G_{总}$也要小，因此亚稳定相更易成核，并且其核胚的浓度远高于稳定相的核胚浓度，生长推动力更大，首先出现亚稳定相。当亚稳定相出现以后，当其粒度尺寸较小时，体积自由能对整个体系总自由能的作用较小，起决定作用的仍是表面自由能，尽管稳定相的体积自由能位低，但新相(亚稳定相) 的总自由能仍低于稳定相，因而亚稳定相仍能稳定存在。上面的分析是建立在亚稳定相单位晶胞原子(分子)数小于稳定相单位晶胞原子(分子)数这一假设之上的，实际上很多事例满足这一假设. 例如，ZrO_2，低温稳定相单斜晶型单位晶胞中 ZrO_2 分子数 Z=4，而常出现的亚稳定相正方(斜方)晶型(高温稳定相) 单位晶胞中 ZrO_2 分子数 Z=2。“粒度效应”的相转变临界粒度还与制备条件有关，另外由于亚稳定相向稳定相转变还必须克服原子移动(此处相转变机理一般为局部规整)能垒，若外界不能提供足够的能量，亚稳定相就不能实现向稳定相的转变而一直稳定存在，如在室温及大气压下的金刚石和红磷。按 AO 熟化理论生长的晶体一般呈球形，这是由于球形的表面能最低从而使其热动力学更加稳定。

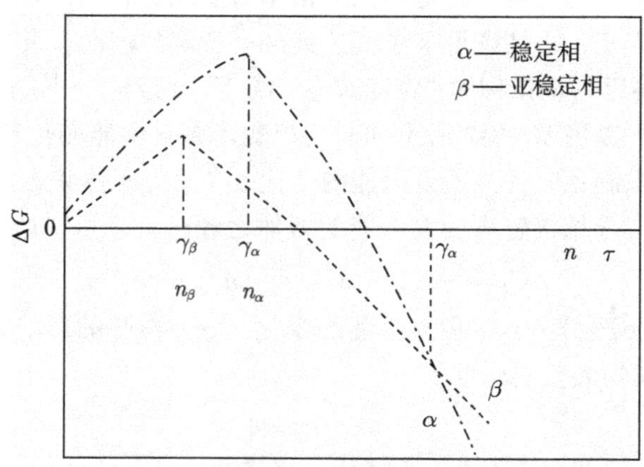

图 12-7　形核相变体系自由能变化示意图

解释晶体生长且得到众多试验验证的另一个重要理论是“定向附生”(oriented attachment)[44, 45, 52]，是由 Pen 和 Bandfield 发现的，他们的理论认为溶液中单个粒子的浓度的增加会抑制这种小粒径粒子被消化掉，从而使溶液呈再过饱和状态，此时粒子在高能量晶面上的沉积形成各向异性的晶体。在水热条件下，尺寸为几个纳米的氧化铁颗粒通过所谓的“定向附生”连接在一起。按这种方式生长的聚集体，相邻粒子接合区域的晶面仍然排列完好或者发生错位，这就有可能在最终晶体中形成缺陷。他们给出强有力的证据证明矿物就是按这种方式长期形成的。

其他人也同样提出了相似的理论，如 TiO_2 晶体生长[53]和由 ZnO 微米粒子形成棒状微米晶[54]。粒子的各向异性排列生长显示定向附生包含以下两个过程之一：①溶液中排列的纳米晶间的相互碰撞，或者②非定向排列纳米晶旋转以使能量最低的面连接在一起(图 12-8)。根据这些假设，通过严格控制某种特定的结晶方向上的吸附过程可以得到各向异性的晶体[55]。

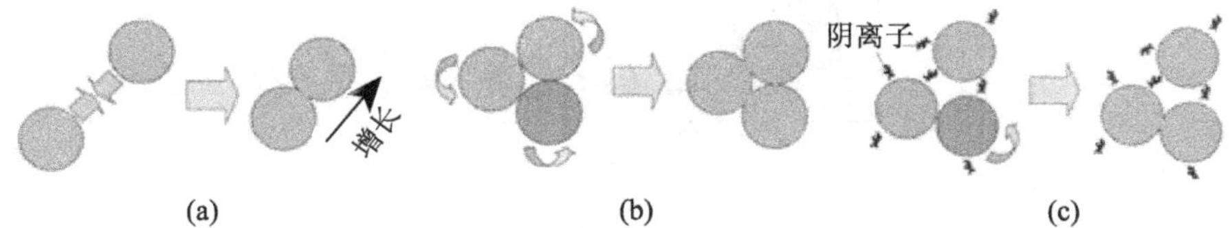

图 12-8　单分散体系中颗粒间的相互碰撞(a)；聚集系统中粒子在多点先择最优的晶化方向(b)；多粒子系统中粒子表面阴粒子对取向的影响(c)

12.2　三维结构的微结构特征

12.2.1　产物的物相特征

样品的 XRD 图谱如图 12-9 所示(检索号：JCPDS，CARD No. 21-1276；JCPDS，CARD No. 21-1272)，D1～4 最强峰为(110)，(211)和(101)，没有锐钛矿和板钛矿的峰出现，由此可知样品为纯金红石结构(图 12-9(a))。D5 是以锐钛矿相为主相的锐钛/金红石混晶(图 12-9(b))。D6～8 样品的物相有一个从锐钛矿/金红石混相到纯金红石相变的过程，D6、D7 均为混相，而 D8 为纯金红石相(图 12-9(c))。由谢乐公式 $D = K\lambda / B_{1/2}\cos\theta$ 计算出样品 D1～4、D5 和 D6～8 粒子的平均粒径分别为 22.1 nm、27.5 nm、28.9 nm、35.2 nm，16.2 nm 和 47.8 nm、34.2 nm、16.2 nm。在所有的 XRD 谱图中，均出现了(002)异常增强的现象，这说明晶体的生长方向是沿[002]，与第 11 章红金石纳米棒的生长方向是一致的。

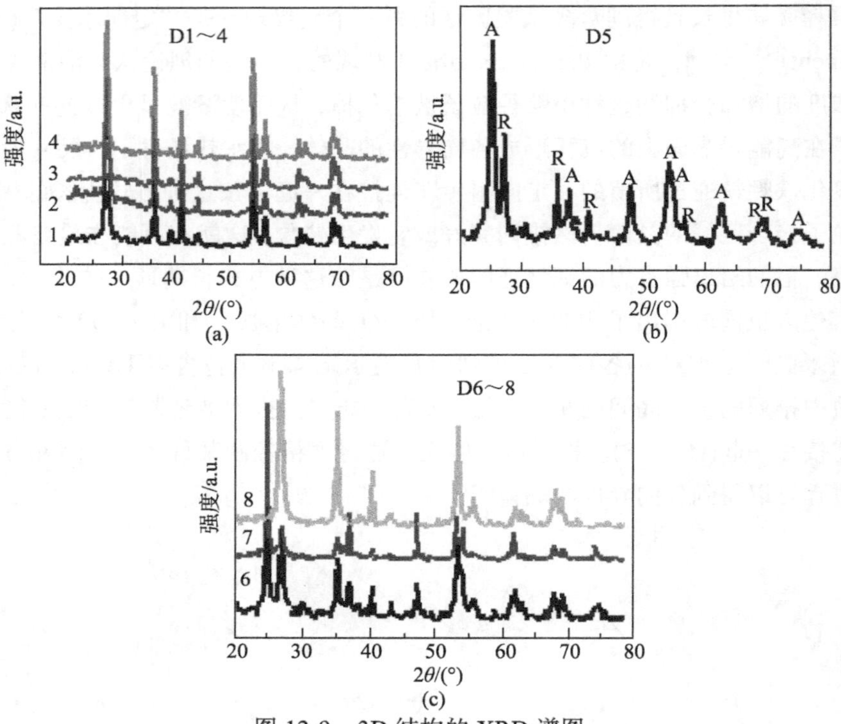

图 12-9　3D 结构的 XRD 谱图

12.2.2　产物的微观形貌特征

图 12-10 为样品 D1～4 的扫描电镜照片，可以看出，产物的形貌均为花状结构，尺寸约为 2 μm。所有的花状结构由直径几十纳米的棒组装而成。随着 HCl 量的增加，组成微米花的纳米棒有变细的趋势，而且棒与棒之间的变得更为紧密，可看出

图 12-10　样品 D1～4 的 SEM 照片

单根纳米棒呈针状，末端稍尖，直径约为几十纳米。

图 12-11 为样品 D5 的 SEM 照片，D5 主要由两种形貌的颗粒组成，一种是球状亚微米颗粒，另一种是由纳米棒组装而成的球状微米颗粒。图 12-11(a)显示颗粒有较好的分散；图 12-11(b)亚微米球与微米球共存。图 12-11(c)显示在样品中仍存在一些没有组装成球状的纳米棒存在，其直径为 30 nm 左右。图 12-11(d)显示亚微米颗粒是由更小的纳米粒子组成的，而组装微米球的纳米棒在某些区域存在较大的直径，可能是由于反应前驱物没有充分分散，致使其产物粒径较大。这些纳米棒的直径为 80 nm 左右，外形呈四面体。

图 12-11 样品 D5 的 SEM 照片

样品 D6 的微观形貌如图 12-12 所示。图 12-12(a)显示粉末具有很好的分散性，其粒径超过 1 μm。由图 12-12(b)可以看出 D6 呈花状或者菠萝状，在团聚而成的球状物上定向生长有纳米棒，似乎是纳米棒从纳米颗粒堆中长出。而这些纳米棒均有一个特点，即末端稍尖，呈放射状，如图 12-12(c)所示。

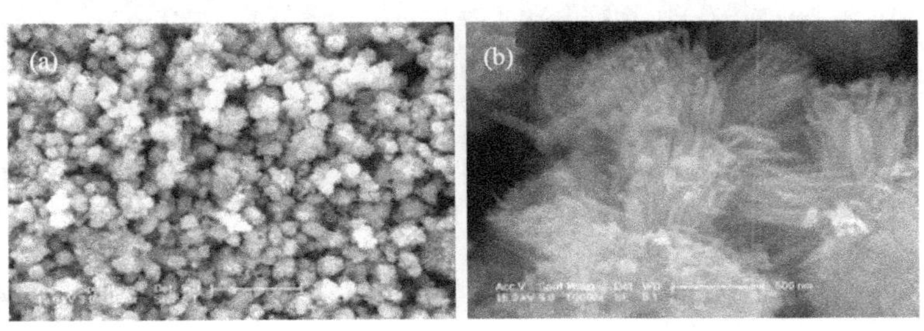

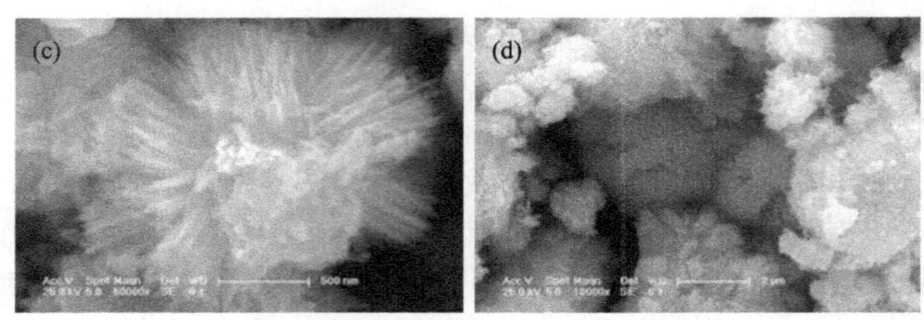

图 12-12　样品 D6 的 SEM 照片

图 12-12(d)显示，在 D6 样品中也有纳米棒组装成的球状颗粒存在，三种微粒共存，即亚微米颗粒(由纳米粒子组成)，纳米花和纳米球(由纳米棒组成)。

图 12-13 为样品 D7 的 SEM 照片。在这些照片中，我们看出只有两种形貌的颗粒存在，即花状和颗粒状。而这两种颗粒不是独立存在的，类似于 D6，纳米棒定向生长在微米颗粒之上。图 12-13(a)给出整体形貌，分散性很好，粒径大约为 2 μm。图 12-13(b)放大了微米颗粒，可以清晰地看出两种纳米花的构造特点，即纳米棒生长于微米颗粒之上。图 12-13(c)和(d)显示了微米花的基本结构，其棒的直径约为 15 nm，呈放射状，棒的尖端约为几个纳米。

图 12-13　样品 D7 的 SEM 照片

D8 的 SEM 照片如图 12-14 所示，结果显示其为分散均匀的球状结构，没有其他的颗粒存在。图 12-14(a)显示了球状颗粒的均匀分散性，没有团聚现象，球的直径在 2.5 μm 左右(图 12-14(b))。进一步放大观察，发现微米球还有内部结构，是由纳米棒团簇组装而成的，棒与棒之间的空间很小，棒的直径在 20 nm 左右(图 12-14(c)和(d))。

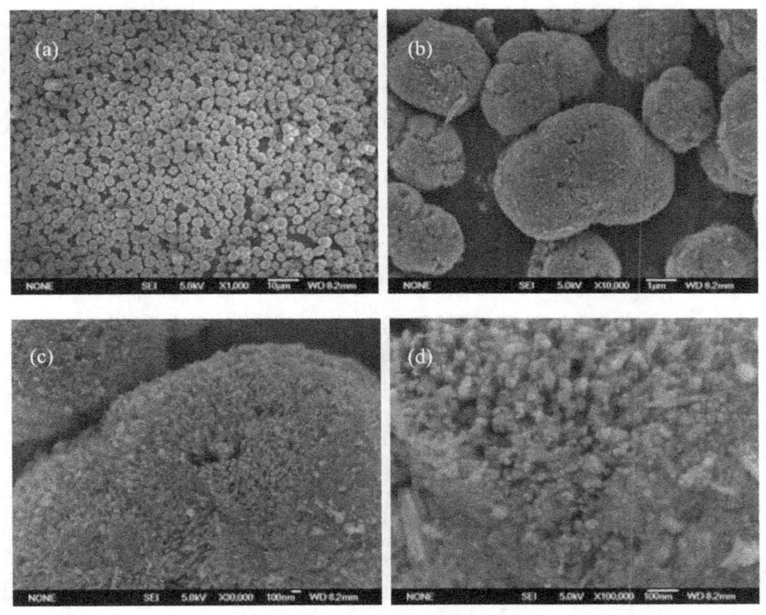

图 12-14　D8 的 SEM 照片

样品的微观结构的 TEM 照片如图 12-15 所示。图 12-15(a)和(b)为样品 D6 的微观结构照片，生长于纳米颗粒之上的纳米棒的直径为 15 nm，尖端略细约为 10 nm。图 12-15(c)为 D8 的透射电镜照片，组成微米球的纳米棒同样为 15 nm 左右；由图 12-15(d)可见纳米颗粒为四方形，约为 40 nm，另外一种颗粒为四角锥形，在图中分别标出了这两种形貌。图 12-15(e)和(f)分别为 D8、纳米颗粒的多晶电子衍射花样，分析认为 D8 为金红石型，而纳米颗粒为锐钛矿 TiO_2。

综合 XRD 和微观结构分析，可以作出这样的结论：①三维纳微米结构的形成与盐酸的浓度有直接的关系，当盐酸的浓度较小的时候，只有纳米棒或者纳米颗粒生成；当盐酸达到一定浓度的时候，就会出现三维结构——微米花或者微米球；②在水溶液中，盐酸的浓度达到 0.04M 的时候，产物就为金红石三维结构；③在无水醇溶液中，没有盐酸存在，就可以制备出三维结构，这可能与起始原料中的盐酸有关。当盐酸的浓度达到 0.01M 的时候，即出现金红石微米球。另外，从产物的晶型来看，当纳米颗粒和纳米棒共存时，表现出混晶结构，由此可以说明，这两种微粒的晶型是不一样的；而当只有纳米棒组装成微米球生成的时候，结果为纯金红石结构。考虑到前一章纳米棒的晶型与多晶电子衍射的结果，由此可以判定，纳米颗粒为锐钛矿相，而纳米棒则为金红石相。

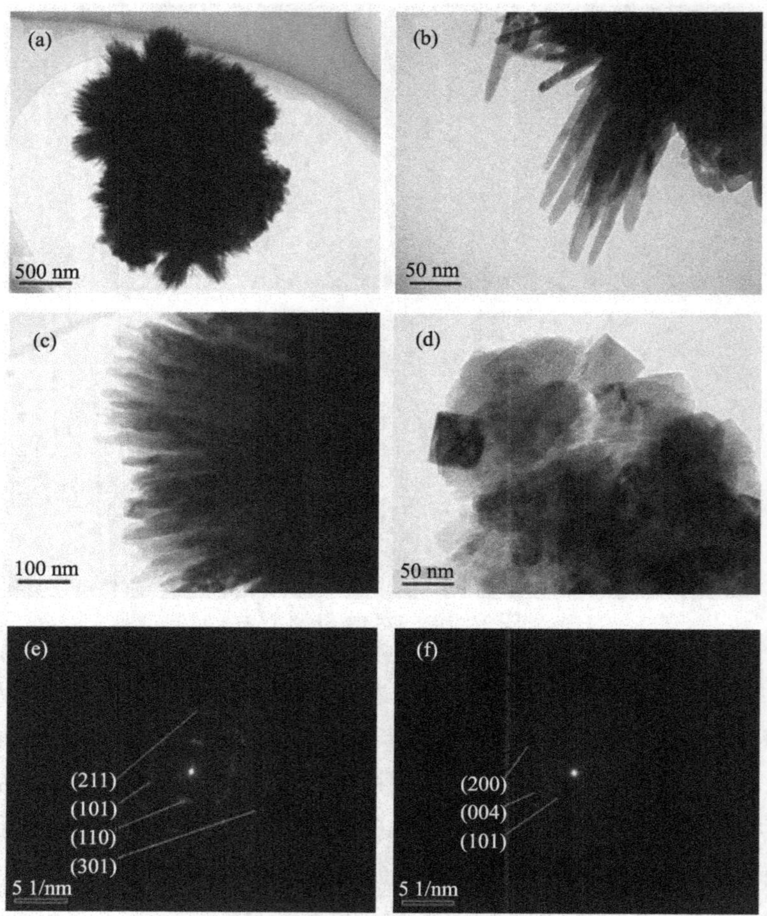

图 12-15　三维结构的 TEM 照片与电子衍射花样

12.3　三维结构氮气的吸附特性

图 12-16 为微米球的氮气吸附脱附等温曲线和 Barret-Joyner-Halenda (BJH)孔径分布曲线(图 12-16 插图)。图中显示为典型的介孔材料，这些介孔是由纳米棒本身具有

的孔和自组装后聚集在一起的纳米棒间形成的孔组成的。对于 D1 来说，脱附滞后段只由一部分构成，即 $0.25<P/P_0<0.95$，这主要是由棒上的空隙组成的；对于 D8 来说，在脱附曲线上有明显的两个滞后段，一部分是 $0.45<P/P_0<0.75$，这部分是由纳米棒上的孔引起的；另一部分是 $0.75<P/P_0<1$，这一部分是由组装成微米球后，棒与棒之间的空隙形成的。其比表面积与孔参数见表 12-1。一个值得注意的地方是，D1 的比表面积是单纯的纳米棒的比表面积的 1/2，从 D1 的 XRD 分析可知，其为纯金红石结构，也即这些花完全是由纳米棒组装而成，但棒的直径只是略小于单纯纳米棒的直径(35 nm)。然而从 SEM 照片来看，棒与棒之间的空隙非常微小，这不仅使得对比表面积有贡献的纳米棒本身的微孔被遮掩，而且棒与棒之间的空隙对比表面积的贡献也很小，这就导致了其比表面积较小。而对于 D8 来说，由于棒与棒之间的距离相对较大，其比表面积就包含了纳米棒本身的微孔和棒与棒之间的空隙两个部分，所以相对较大，由于上述的“屏蔽”效应，其比表面积仍然小于纳米棒本身的比表面积。

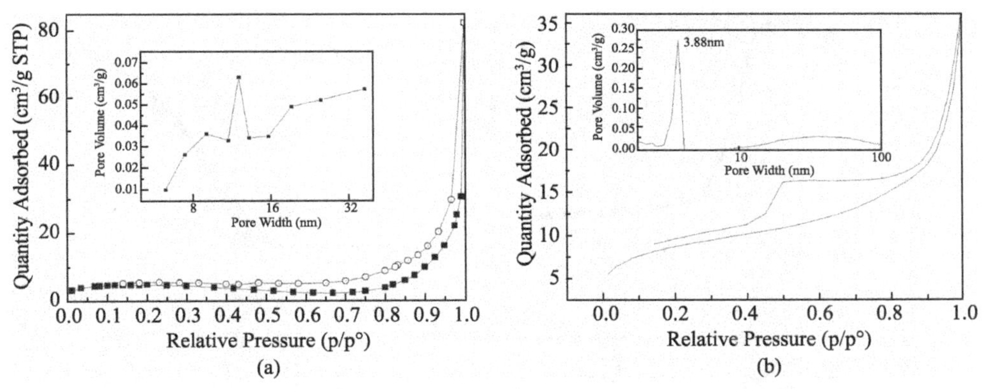

图 12-16 D1 和 D8 的氮气吸附解附实验

表 12-1 样品 D1 和 D8 的比表面积与孔参数

样品名称	BET 比表面积	孔体积	孔径
D1	16.5707 m²/g	0.127752 cm³/g	18.1280 nm
D8	31.1227 m²/g	0.053184 cm³/g	7.8185 nm

12.4 三维结构的紫外–可见光吸收谱特征

样品 D1～8 的紫外–可见光吸收谱显示(图 12-17)，在 190～430 nm 范围均有一个较强的吸收带，这说明三维结构对紫外线有很好的吸收；另外，在可见光波段，也有一定的吸收。三维结构相对于纳米棒来说，其在可见光区域的吸收强度均有所增加，可能是组成三维结构的纳米棒在尺寸上小于单分散的纳米棒，导致了吸收边的红移，也即带隙发生了蓝移，相对波长较长的波就能够激发电子跃迁，从而有利于吸收可见光。而对于 D7 和 D8 两个样品，能带有进一步减小的趋势，也是由于上述原因。对于各样品的具体参数见表 12-2。

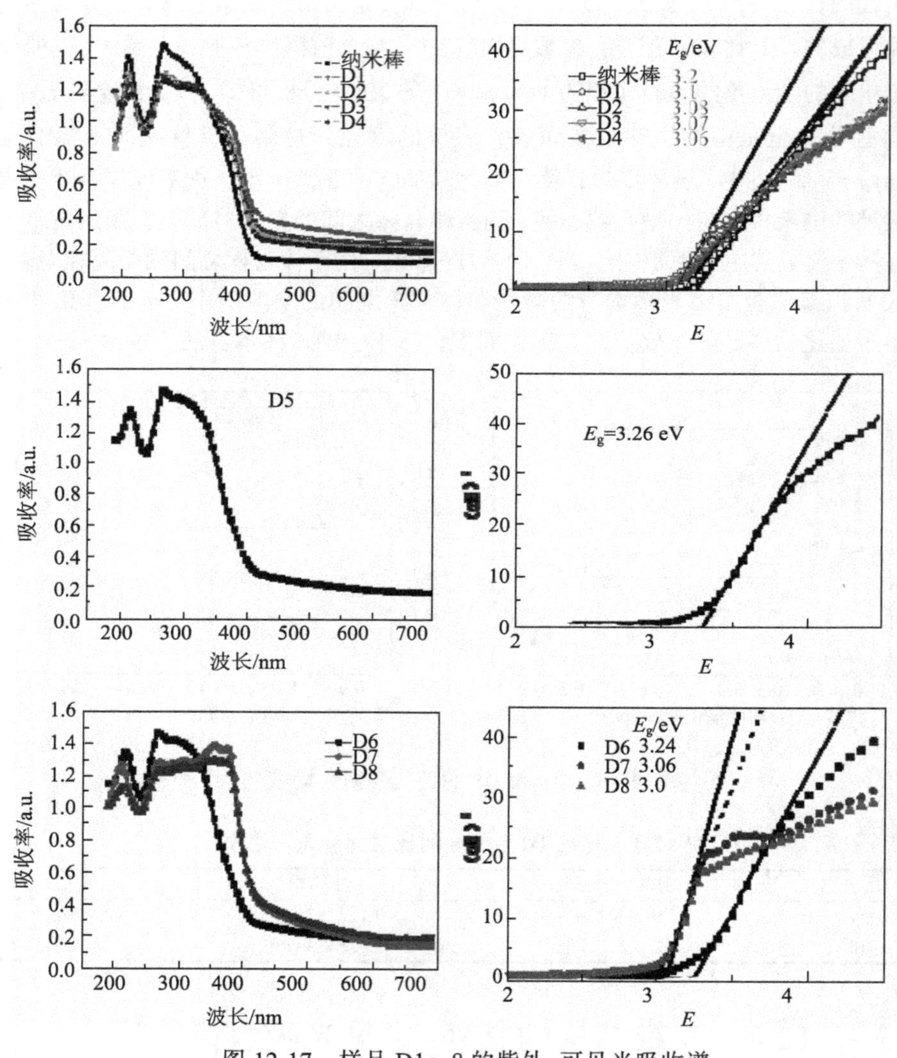

图 12-17　样品 D1～8 的紫外-可见光吸收谱

表 12-2　各样品的带隙能量

样品名称	E_g/eV
D1	3.1
D2	3.09

续表

样品名称	E_g/eV
D3	3.07
D4	3.06
D5	3.26
D6	3.24
D7	3.06
D8	3.0

12.5　各因素对生长形貌晶型的影响

12.5.1　水乙醇混合溶液

在水乙醇混合溶液中，随着盐酸浓度的增加，最初纳米棒团聚成花状(图 12-18(a))，纳米棒有逐渐变细的趋势，当增加到一定浓度(大于 5 mL，体积比)的时候，纳米棒团聚成球状颗粒，但仍然保持花状外形，如图 12-18(b)所示。

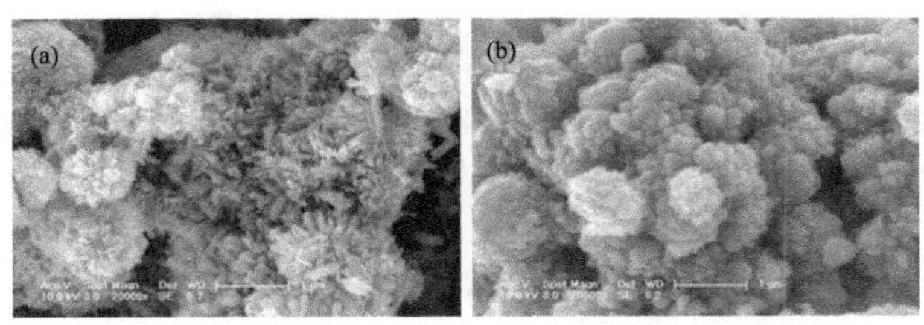

图 12-18　在水乙醇混合溶液中盐酸浓度对样品形貌的影响

12.5.2　无水乙醇溶液

在无水乙醇溶剂中，随着盐酸浓度的增加，产物的形貌经历了几个阶段的变化。没有盐酸(没有额外加入盐酸，但 $TiCl_3$ 是以浓盐酸为溶剂存在的)加入时，其形貌为颗粒与棒组装微米球单独存在(图 12-19(a))；但随着盐酸的加入，纳米棒与纳米颗粒结合，棒生长于纳米颗粒之上，最后纳米颗粒消失，只有分形结构的棒组装纳米微球存在，但浓度太强又抑制了纳米棒的形成，有部分颗粒形成(图 12-19(d))。在这个过程中，伴随着 TiO_2 晶相的变化，从锐钛矿/金红石混合相到纯金红石相逐渐过渡。由此可见，盐酸在 TiO_2 生长过程中起着至关重要的作用。钛化合物的形成依赖于溶液的酸性和配位体。在本研究中，联结[TiO_6] 单元的配位体被认为是 OH。

强酸性来源于乙醇与 $TiCl_3$ 的水解，而盐酸对配位体 OH 的还原，抑制了共边键的形成，同时加强了共角键的形成，从而得到金红石型 TiO_2。

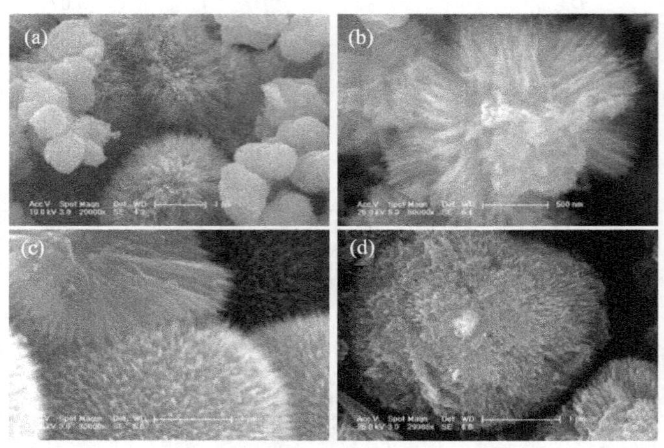

图 12-19　在无水乙醇溶液中盐酸浓度对样品形貌的影响

在水热条件下生成 TiO_2 的过程可用以下方程式[56]表示。Ti(IV) oxo species 是介于 TiO^{2+} 和 TiO_2 之间的一种中间体。在 $TiCl_3$ 水溶液中最终会生成 TiO_2 晶体，但如果溶液中含有氧，$TiOH^{2+}$ 也会按方程(12-9)被氧化为 TiO_2，所以在低浓度的情况下溶液中的氧气量充足，反应彻底，有利于晶体的生成及发育。研究表明水分子可以加速晶体化，且 Cl^- 可以加速锐钛矿成核。

$$Ti^{3+} + H_2O \longrightarrow TiOH^{2+} + H^+ \tag{12-7}$$

$$TiOH^{2+} \longrightarrow e^- + \text{Ti(IV)oxo species} \longrightarrow TiO_2 \tag{12-8}$$

$$TiOH^{2+} + O_2 \longrightarrow \text{Ti(IV)oxo species} \longrightarrow TiO_2 \tag{12-9}$$

$TiCl_3$ 在不同溶液环境中生成 TiO_2 的流程，如图 12-20 所示。在水醇溶液中，

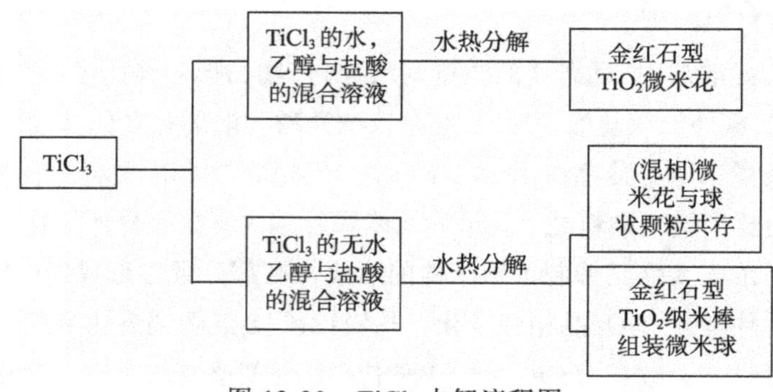

图 12-20　$TiCl_3$ 水解流程图

当酸性增强时，金红石纳米棒容易团聚成花状。但在乙醇溶液中，当酸性增强时，产物的形貌逐渐由颗粒/球演变成球状。可见不仅溶液的酸性能影响 TiO_2 形貌，而且溶剂也能影响 TiO_2 的形貌。

12.5.3　模板上沉积微米球的形貌特征

在 D8 水合反应开始之前，将导电玻璃(ITO)转入反应釜中，让 TiO_2 在 ITO 上沉积成一层膜，从图 12-21 可以看出膜的微观形貌。微米球均匀分布于 ITO 上，其直径约 2 μm。可见基板的加入，有助于微米球的分散。另外，一步制成的基板为其性能的测试提供了一个可行的途径。

图 12-21　TiO_2 微米球沉积于 ITO 模板上的 SEM 形貌

12.6　生长机理探讨

在水热法密封的压力容器中，在一定温度和压力条件下(大于 0. 1 MPa 直至几十到几百 MPa)，原料的反应和结晶，具备了在常压条件下无法得到的特殊的物理化学环境，使前驱物在反应系统中得到充分的溶解(形成原子或分子生长基元)，成核结晶[28, 57]。水热法制备出的纳米晶，晶粒发育完整、粒度分布均匀、颗粒之间少团聚，原料较便宜，可以得到理想的化学计量组成材料，颗粒度可以控制，生产成本低。水热法制备纳米晶粒的经历可以初步概括为几个阶段：①结晶中心的形成。水解开始先从澄清的钛液中析出一批极微细的颗粒作为晶核(由生长基元发展而成)

的结晶中心，晶核是可以测出来的最小粒子，大小取决于晶种浓度，其数量、性质、结构、组成为最后水解产物一氧化钛的性质和组成奠定了基础。②晶核的成长与水合二氧化钛开始析出。钛以水合二氧化钛的形式在已经形成的晶核上逐渐长大成为水合二氧化钛颗粒，但还不足以沉淀下来，形成一次聚集体。③水合二氧化钛的凝聚沉析，水合二氧化钛颗粒逐步凝聚长大而沉淀下来，在这个阶段中由于从溶液中析出了固体偏钛酸颗粒，打破了原来溶液中的水解平衡，水解以较大的速度进行，液相中的二氧化钛组分不断地转为固相偏钛酸的沉淀，这期间也可能同时发生沉淀粒子的局部溶解和重新析出新的沉淀。

在微米球的 SEM 照片中，寻找一些在合成过程中破损的球，用以分析微米球的内部结构和生长机理。图 12-22(a)显示，纳米棒组装而成的微米球为实心结构，纳米棒从球心开始，向外辐射生长，内部棒与棒之间结合紧密，靠近球体表面棒与棒之间逐渐稀疏(图 12-22(b))，从而形成毛刺状的分形结构。在水热条件下制备纳米晶，当粒度小于 10 nm 时，主要特点是高指数晶面的显露，晶粒的表面能增大，容易在晶粒之间出现取向连生。晶粒之间的联结通常是生长速率快的晶面互相联结，所以联结方向是固定的。由 11.8 节纳米棒的生长机理分析，在纳米棒的生长过程中，其生长速率为 $R_{(001)}>R_{(110)}>R_{(111)}$，而对于纳米棒来说，$R_{(110)}$具有最低的能量，因此也是最稳定的面。因此在初期纳米最先生长起来，然后在盐酸等的作用下，纳米棒明显细化，纳米棒的(001)面相互联结，形成一种两端尖的棒；晶粒的配向附生是晶粒之间按一定的几何结晶学取向相互联结在一起[57]。二氧化钛纳米棒是{110}

图 12-22　破损球的扫描照片及其放大照片

面簇配向联结，形成了这种球状分开结构。图 12-22(c)和(d)是另外一种生长不充分的球的低倍和高倍照片，由图 12-22(d)可以看出，棒的末端是一种锥形结构，其形成机理与第 3 章纳米棒的尖端形成机理是一致的。图 12-23 为各种结构的生长示意图。

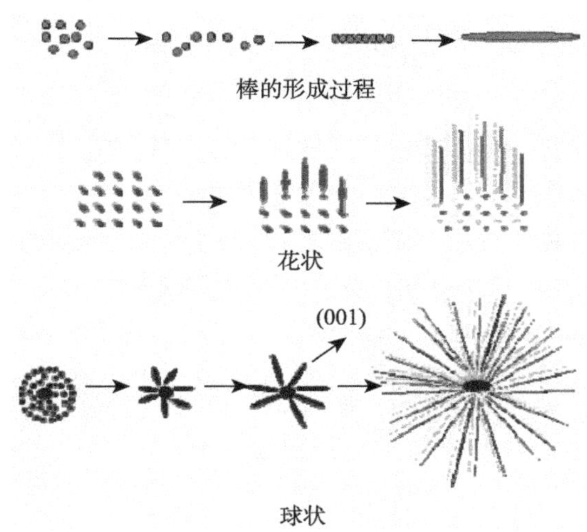

图 12-23　微米花和微米球的生长示意图

综上讨论，无论是在水/乙醇溶液中，还是乙醇溶液中，盐酸的浓度升高，容易形成三维结构，这可能有两方面的因素影响，即H^-和Cl^-。为了考察不同酸根阴离子的影响，我们做如下对比实验：将实验中采用的 HCl 分别替换为 HNO_3(图 12-24(a))和 H_2SO_4(图 12-24(b))，所用浓度及比例与 HCl 一致。从所得样品的形貌来看，没有盐酸存在时，均没有棒状和球状产物出现。样品的 XRD 显示(图 12-24(c))，当加入硝酸时，产物晶型是以锐钛矿为主的锐钛矿/金红石混相；当加入硫酸时，产物为锐钛矿相二氧化钛。由此可以说明，酸性溶液环境影响产物的晶体结构，而且阴离子也是影响产物晶体结构的重要因素，同时也影响最终产物的形貌。$TiCl_3$溶于盐酸和乙醇的混合溶液中，先溶于乙醇中形成一种六重复合物体系$[TiCl_m(OC_2H_5)_{6-m}]^{2-}$，然后与水反应生成$[Ti(OH)_nCl_m(OC_2H_5)_{6-n-m}]^{2-}$，其与溶液中的 H^+和 Cl^-的浓度有

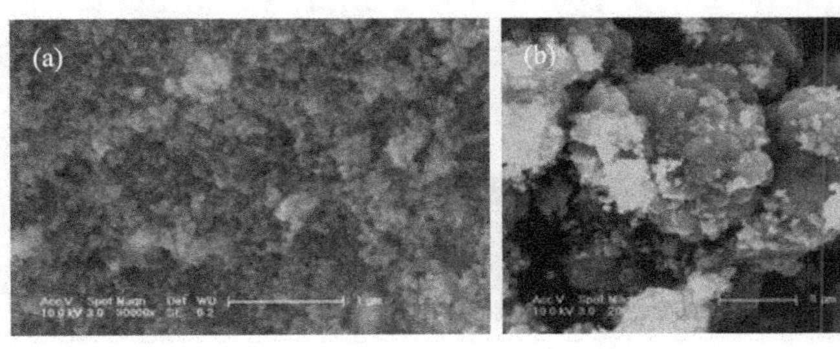

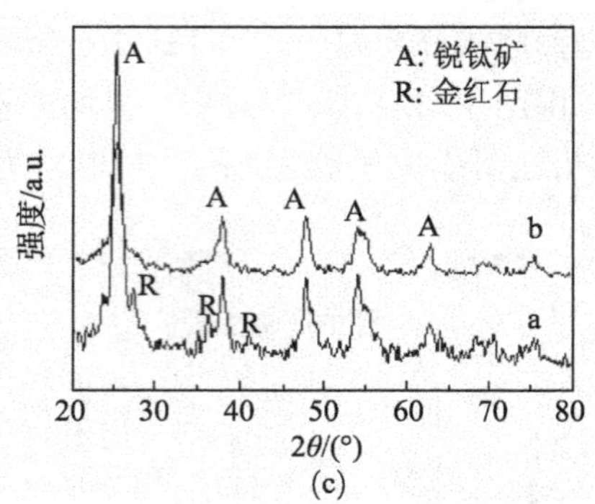

(c)

图 12-24　不同酸根对 TiO_2 形貌和晶型的影响

(a) HNO_3；(b) H_2SO_4；(c) XRD 图谱

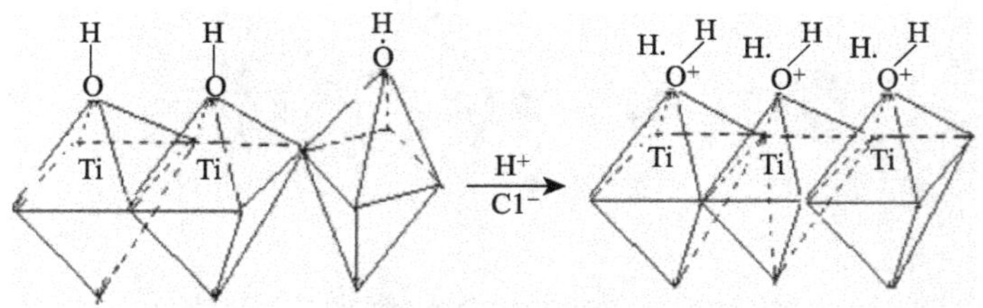

图 12-25　强酸性乙醇溶液环境中金红石型二氧化钛的形成过程

关系，当 H^+和 Cl^-的浓度超高，则 $[Ti(OH)_nCl_m(OC_2H_5)_{6-n-m}]^{2-}$ 中的 OH 配位体就少，这就抑制了共边连接而加强了共顶点连接的形成[127]，从而所得产物为金红石型二氧化钛，如图 12-25 所示。

12.7　光催化行为评估

12.7.1　在可见光下对 RhB 的降解曲线

RhB 随不同的反应时间的可见吸收光谱变化而变化，如图 12-26(a)和(b)所示，可以看出：随光反应的进行，其最大吸收波长 554 nm 的吸光度值降低，并伴随着明显的蓝移(554 nm→550 nm)。这说明在可见光催化体系下，主要发生脱乙基反应，同时有部分降解反应的发生，因此吸收光谱发生位移且峰强度降低，但 D1～4 对可见光几乎没有响应。

12.7.2　在紫外线下对 RhB 的降解曲线

RhB 随不同的反应时间的紫外–可见光吸收光谱变化而变化，如图 12-26(c)和(d)所示。可以看出：随光反应的进行，其最大吸收波长 554 nm 的吸光度值迅速降低，

D6 在反应 70 min 时，在可见区的吸收完全消失，脱色率达到 98%；而 D8 降解了 90%，但与 P25 相比还有一定差距。

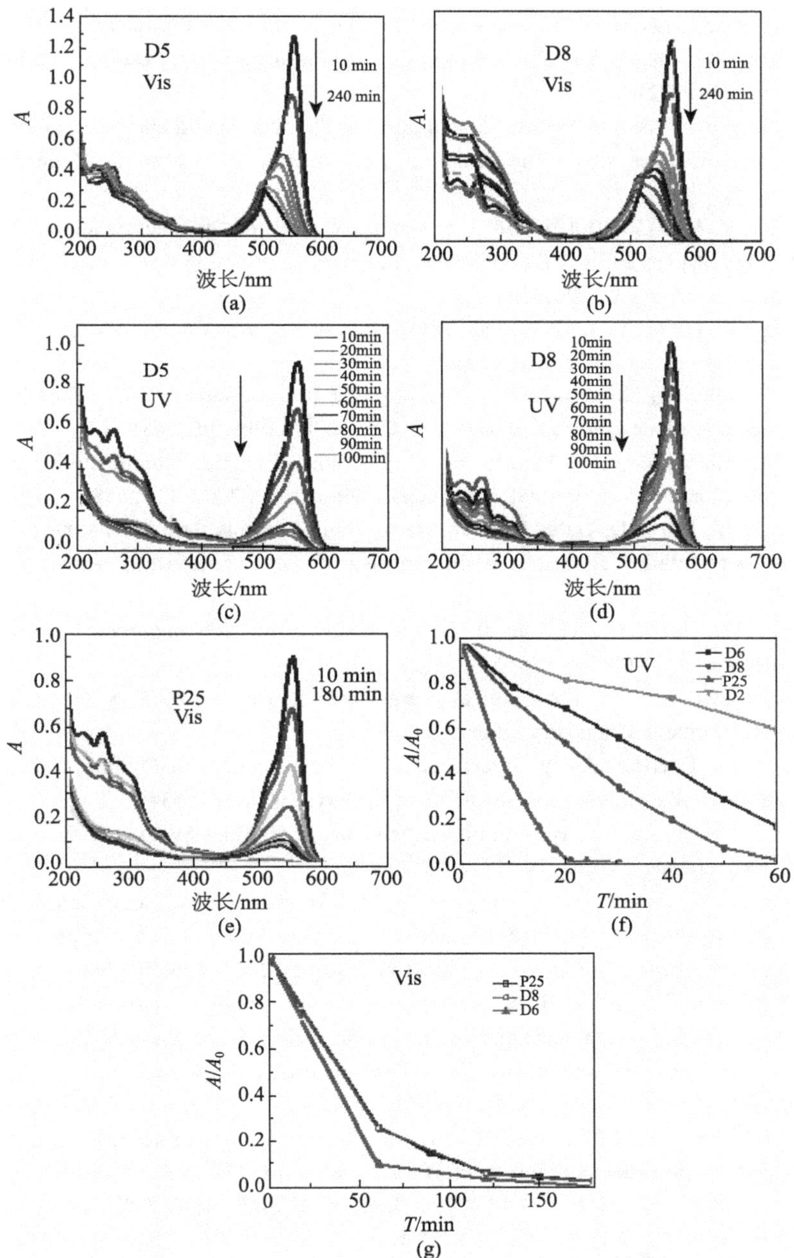

图 12-26　三维结构在可见光和紫外线下的催化降解行为

pH=3.0，$C_{RhB}=2.25\times10^{-5}$ mol/L，(UV)催化剂=10 mg，(Vis)催化剂=50 mg

参 考 文 献

[1] Bavykin D V, Parmon V N, Lapkin A A, et al. The effect of hydrothermal conditions on the mesoporous structure of TiO_2 nanotubes. Journal of Materials Chemistry, 2004, 14: 3370.

[2] Seo D S, Lee J K, Kim H. Preparation of nanotube-shaped TiO_2 powder. Journal of Crystal Growth, 2001, 229: 428.

[3] Maiyalagan T, Viswanathan B, Varadaraju U V. Fabrication and characterization of uniform TiO_2 nanotube arrays by sol-gel template method. Bulletin of Materials Science, 2006, 29: 705.

[4] Shankar K, Mor G K, Fitzgerald A, et al. Cation effect on the electrochemical formation of very high aspect ratio TiO_2 nanotube arrays in formamide-water mixtures. Journal of Physical Chemistry C, 2007, 111: 21.

[5] Zhang J W, Guo X Y, Jin Z S, et al. TEM study on the formation process of TiO_2 nanotubes. Chinese Chemical Letters, 2003, 14: 419.

[6] Imai H, Takei Y, Shimizu K, et al. Direct preparation of anatase TiO_2 nanotubes in porous alumina membranes. Journal of Materials Chemistry, 1999, 9: 2971.

[7] Jin M, Zhang X T, Nishimoto S, et al. Light-stimulated composition conversion in TiO_2-based nanofibers. Journal of Physical Chemistry C, 2007, 111: 658.

[8] Zhong Z Y, Yin Y D, Gates B, et al. Preparation of mesoscale hollow spheres of TiO_2 and SnO_2 by templating against crystalline arrays of polystyrene beads. Advanced Materials, 2007, 12: 206.

[9] Liu L, Zhao Y P, Liu H J, et al. Directed growth of TiO_2 nanorods into microspheres. Nanotechnology, 2006, 17: 5046.

[10] Li X X, Xiong Y J, Li Z Q, et al. Large-scale fabrication of TiO_2 hierarchical hollow spheres. Inorganic Chemistry, 2006, 45: 3493.

[11] Nakashima T, Kimizuka N. Interfacial synthesis of hollow TiO_2 microspheres in ionic liquids. Journal of the American Chemical Society, 2003, 125: 6386.

[12] Zhao Y, Cao X, Jiang L. Bio-mimic multichannel microtubes by a facile method. Journal of American Chemistry SOC, 2007, 129: 764.

[13] Andersson M, Osterlund L, Ljungstrom S, et al. Preparation of nanosizeanatase and rutile TiO_2 by hydrothermal treatment of microemulsions and their activity for photocatalytic wet oxidation of phenol. Journal of Physical Chemistry B, 2002, 106: 10674.

[14] Ramakrishna G, Ghosh H N. Emission from the charge transfer state of xanthene dye-sensitized TiO_2 nanoparticles: A new approach to determining back electron transfer rate and verifying the marcus inverted regime. Journal of Physical Chemistry B, 2001, 105: 7000.

[15] Wu J M, Hayakawa S, Tsuru K, et al. In vitro bioactivity of anatase film obtained by direct deposition from aqueous titanium tetrafluoridesolutions. Thin Solid Films, 2002, 414: 275.

[16] 张青红，高濂．金红石相二氧化钛纳米晶的光催化活性．化学学报, 2001, 59: 1909.

[17] 吕幼军，石可瑜，郭先芝，等．含 Sr 纳米晶粒二氧化钛多孔微球的制备与表征．高等学校化学学报, 2006, 27: 346.

[18] 黄凯，郭学益，张多默．超细粉末湿法制备过程中粒子粒度和形貌控制的基础理论．粉

末冶金材料科学与工程, 2005, 10: 6.
[19] 胡黎明, 古宏晨. 化学工程的前沿——超细粉末制备. 化工进展, 2006, 2: 8.
[20] Nara S. Shape dependence of the Kubo effect and polyhedral shapes. Phys. Stat. Sol., 1985, 129: 287.
[21] Girka O I, Girka V O, Girka I O, et al. Effect of the shape of the cross section of a plasma-dielectric interface on the dispersion properties of azimuthal surface modes. Plasma Physics Reports, 2007, 33: 91.
[22] Karaky K, Billon L, Pouchan C, et al. Amphiphilic gradient copolymers shape composition influence on the surface/bulk properties. Macromolecules, 2007, 40: 458.
[23] Zeng T, Dong X L, Mao C L, et al. Effects of pore shape and porosity on the properties of porous PZT 95/5 ceramics. Journal of the European Ceramic Society, 2007, 27: 2025.
[24] Rioux R M, Song H, Grass M, et al. Monodisperse platinum nanoparticles of well-defined shape: Synthesise characterization, catalytic properties and future prospects. Topics in Catalysis, 2006, 39: 167.
[25] 丁绪淮, 谈遒. 工业结晶. 北京: 化学工业出版社, 1985.
[26] Rawlings J B, Miller S M, Witkowski W R. Model identification and control of solution crystallization processes: A review. Industrial& Engineering Chemistry Research, 1993, 32: 1275.
[27] 华素坤, 仲维卓. 晶体生长形态学. 北京, 科学出版社, 1999.
[28] 仲维卓, 华素坤. 纳米材料及其水热法制备(下). 上海化工, 1998, 23: 25.
[29] Rawlings J B, Miller S M, Witkowski W R. Model identification and control of solution crystallization processes: A review. Industrial& Engineering Chemistry Research, 1993, 32: 1275.
[30] Cheng H, Ma J, Zhao Z, et al. Hydrothermal preparation of uniform nanosize rutile and anatase particles. Chemistry of Materials, 1995, 7: 663.
[31] Wang Y, Zhang L, Deng K, et al. Low temperature synthesis and photocatalytic activity of rutile TiO_2 nanorod superstructures. Journal of Physical Chemistry C, 2007, 111: 2709.
[32] Rawlings J B, Miller S M, Witkowski W R. Model identification and control of solution crystallization processes: A review. Industrial& Engineering Chemistry Research, 1993, 32: 1275.
[33] 华素坤, 仲维卓. 晶体生长形态学. 北京, 科学出版社, 1999.
[34] Yang H G, Zeng H C. Self-construction of hollow SnO_2 octahedra based on two-dimensional aggregation of nanocrystallites. Angewandte Chemie-International Edition, 2004, 43: 5930.
[35] Yang Y, Zeng C C, Lee L J. Three-dimensional assembly of polymer microstructures at low temperatures. Advanced Materials, 2004, 16: 560.
[36] Yano K, Nakamura T. Synthesis of highly monodispersed core/shell mesoporous silica spheres. Chemistry Letters, 2006, 35: 1014.
[37] Hou Y L, Kondoh H, Ohta T. Self-assembly of Co nanoplatelets into spheres: Synthesis and characterization. Chemistry of Materials, 2005, 17: 3994.
[38] Li B X, Rong G X, Xie Y, et al. Low-temperature synthesis of alpha-MnO_2 hollow urchins and their application in rechargeable Li^+ batteries. Inorganic Chemistry, 2006, 45: 6404.
[39] Zhang Y G, Wang S T, Li X B, et al. CuO shuttle-like nanocrystals synthesized by oriented

attachment. Journal of Crystal Growth, 2006, 291: 196.
[40] Yang H G, Zeng H C. Preparation of hollow anatase TiO_2 nanospheres via Ostwald ripening. Journal of Physical Chemistry B, 2004, 108: 3492.
[41] Zhang Q, Chen X Y, Zhou Y X, et al. Synthesis of $ZnWO_4$@MWO_4 (M=Mn, Fe) core-shell nanorods with optical and antiferromagnetic property by oriented attachment mechanism. Journal of Physical Chemistry C, 2007, 111: 3927.
[42] Chu R H, Yan J C, Lian S Y, et al. Shape-controlled synthesis of nanocrystallinetitania at low temperature. Solid State Communications, 2004, 130: 789.
[43] Yang R, Gao L. Preparation and capacitances of oriented attachment CuO nanosheets and the MWNT/CuO nanocomposites. Solid State Communications, 2005, 134: 729.
[44] Penn R L. Imperfect oriented attachment: Dislocation generation in defect-free nanocrystals. Science, 1998, 281: 969.
[45] Pacholski C, Kornowski A, Weller H. Self-assembly of ZnO: From nanodots to nanorods. Angewandte Chemie (International ed. Print), 2002, 41: 1188.
[46] Lou X W, Zeng H C. Complex alpha-MoO_3 nanostructures with external bonding capacity for self-assembly. Journal of the American Chemical Society, 2003, 125: 2697.
[47] Liu B, Zeng H C. Hydrothermal synthesis of ZnO nanorods in the diameter regime of 50 nm. Journal of the American Chemical Society, 2003, 125: 4430.
[48] Liu B, Zeng H C. Mesoscale organization of CuO nanoribbons: Formation of "dandelions". Journal of the American Chemical Society, 2004, 126: 8124.
[49] Voorhees P W. Ostwald ripening of two-phase mixtures. Annual Review of Materials Science, 1992, 22: 197.
[50] Voorhees P W. The theory of Ostwald ripening. Journal of Statistical Physics, 1985, 38: 231.
[51] 张多默，肖松文. Ostwald 规则与湿法锑白晶型控制. 中南工业大学学报, 2000, 31: 121.
[52] Zhang H Z, Banfield J F. Kinetics of crystallization and crystal growth of nanocrystalline anatase in nanometer-sized amorphous titania. Chemistry of Materials, 2002, 14: 4145.
[53] Chemseddine A, Moritz T. Nanostructuring titania: Control over nanocrystal structure, size, shape. and organization. European Journal of Inorganic Chemistry, 1999, 1999: 235.
[54] Verges M A, Mifsud A, Serna C J. Formation of rod-like zinc oxide microcrystals in homogeneous solutions. J. Chem. Soc. Faraday Trans, 1990, 86: 959.
[55] Lee E J H, Ribeiro C, Longo E, et al. Oriented attachment: An effective mechanism in the formation of anisotropic nanocrystals. Journal of Physical Chemistry B, 2005, 109: 20842.
[56] E. Hosono, S. Fujihara, K. Kakiuchi, and H. Imai, Growth of submicrometer-scale rectangular parallelepiped rutile TiO_2 films in aqueous $TiCl_3$ solutions under hydrothermal conditions, Journal of the American Chemical Society, 2004, 126: 7790.
[57] 李竟先，吴基球. 纳米颗粒的水热法制备. 中国陶瓷, 2002, 38: 36.

第 13 章　三维网络状 ZnO/CNFs/NiO 异质结构的制备及其优异光催化性能

13.1　引　　言

随着现代化工业的飞速发展，工业废水、有机污染等问题日益严重。光催化技术作为一种新型的水处理技术能有效地破坏许多结构稳定的难降解污染物，具有降解效率高和污染物降解彻底等优点，引起了广泛的关注[1]。目前研究较多的光催化材料为半导体金属氧化物，如 TiO_2[2]、ZnO[3]、Bi_2O_3[4]、CdS[5]等。其中，TiO_2 和 ZnO 具有良好的化学稳定性、热稳定性以及高效、无毒、成本低等优点，得到了广泛的研究[6, 7]。与 TiO_2 相比，ZnO 属于直接带隙宽禁带半导体材料，其室温下禁带宽度达 3.2 eV，有研究表明，ZnO 比 TiO_2 具有更高的量子效率和光催化效率，有望替代 TiO_2 成为更有前途的光催化剂[8]。

然而，在实际应用中由于光生电子–空穴的快速复合会造成较低的量子产率，ZnO 的光催化活性降低，因此如何提高 ZnO 的光催化性能仍然是个挑战[9]。为了促使电子向 ZnO 表面输运、减少载流子的复合，提高其光催化效率，一般采用金属离子掺杂[10]、非金属离子掺杂[11]、贵金属沉积[12]、复合氧化物半导体[13]等改性技术来修饰 ZnO。其中复合氧化物半导体改性是一种简单有效的方法，通过在两种不同氧化物半导体之间形成异质结可以提高光生电子和空穴的分离效率。在不同的复合体系中 ZnO-NiO 复合光催化材料研究较多[14]。NiO 是一种优良的催化剂，Ni^{2+} 具有 3d 轨道，对多电子氧具有择优吸附的倾向，对还原气体有活化作用，在水分解制氢、有机物降解、汽油氢化裂化、甲烷氧化重整、乙烯的二聚作用等过程中都表现出良好的催化活性[15]。另外，泡沫镍具有多孔均相结构、大的比表面积和良好的加工性能，作为载体能够明显增加催化剂的负载量，以泡沫 NiO 为模板制备多孔 ZnO-NiO 复合光催化材料能够进一步提高光能利用率。我们在前期实验中以泡沫镍为模板获得具有微纳结构的 ZnO/NiO 多孔复合光催化材料，实验结果显示由 ZnO 纳米针与多孔泡沫 NiO 组成的复合系统的光催化性能比纯 ZnO 有明显提高 [14]。

另外，一维碳纳米材料如碳纳米管(CNTs)、碳纳米纤维(CNFs)等具有独特的一维结构、高的比表面积(>150 m^2/g)、超强的机械性能、高的化学和热稳定性以及良好的导电能力，作为催化剂和催化剂载体受到了广泛关注[16]。有研究表明，由于

CNFs 具有高的电子转移效率，在光催化过程中长的 CNFs 能够有效地捕获和转移光生电子，从而提高电子–空穴分离效率[17]。Mu 等[18]结合静电纺丝技术和水热法制备了 ZnO-CNFs 异质结构，观测显示 ZnO 均匀分布在 CNFs 表面，实验证明这种异质结构在光催化过程中显示非常优异的性能。Kim 等[19]利用静电纺丝技术和水热法制备了 TiO_2/CNFs 核壳结构复合材料，相比纯的 TiO_2 和 CNFs，复合材料的光催化效果得到了明显的提升。目前 CNFs 与氧化物半导体复合大多都是利用水热法。然而利用水热法制备的复合体系较难形成紧密接触的异质结构，阻碍了电子在氧化物半导体和 CNFs 中的传输，而且对复合材料的稳定性也有影响[20]。

为了进一步提高 ZnO-NiO 复合光催化材料的电子–空穴分离效率、促进电子在界面处的传输效率、提高光能利用率，我们将 ZnO/CNFs 与 ZnO/NiO 复合光催化材料结合，提出一种简单的两步化学气相沉积(CVD)法制备三维网络状 ZnO/CNFs/NiO 异质结构复合光催化材料。实验结果显示 CNFs 直接从多孔泡沫 Ni 表面生长出来，ZnO 在 CNFs 表面均匀分布。相比于没有 CNFs 连接的 ZnO/NiO，ZnO/CNFs/NiO 异质结构的光催化性能和稳定性均得到很大提高。这是由于此异质结构具有如下优点：①CNFs 的三维网络结构为 ZnO 提供更多的附着位点，光在其中能经过多次反射，从而提高了光能利用率；②在两步化学气相沉积过程中，NiO 与 CNFs、CNFs 与 ZnO 都能形成紧密结合，增加了电子在界面处的迁移率；③在光催化过程中，CNFs 成为电子与空穴在 ZnO 与 NiO 之间迁移的桥梁，进一步提高了电子与空穴的分离效率。

13.2 三维网络状 ZnO/CNFs/NiO 异质结构的制备及表征方法

首先在泡沫镍上直接生长 CNFs。将装载泡沫镍基板的石英舟放在 CVD 炉的石英玻璃管中间，持续通入 200 sccm 的氩气排尽空气。在氩气保护下，将石英玻璃管加热到 700 ℃，并通入 40 sccm H_2 和 10 sccm C_2H_2 并持续 10 min。待 CVD 炉冷却至室温后在石英玻璃管中间放入装载 Zn 粉的石英舟，将制备的 CNFs/Ni 前驱体和纯泡沫镍放入距离 Zn 粉 7 cm 的气流下游处。持续通入 100 sccm 的氩气并加热至 600 ℃，保温 60 min 后冷却至室温。高温下 Zn 粉会蒸发并沉积至 CNFs 表面，石英管中残余的氧气会将 Zn、Ni 氧化成 ZnO 和 NiO。其中以泡沫镍为基板热蒸发 Zn 而制备的 ZnO/NiO 异质结构作为对比实验。

样品的形貌在扫描电子显微镜(SEM)上进行观察。样品的相结构在 X 射线粉末衍射仪(XRD)上测定。X 射线光电子谱(XPS)在 AXIS-Ultra Instrument, Kratos

Analytical 上进行，单色光源为 Al Kα (225 W, 15 Ma, 15 kV)。光电流在电化学工作站(CHI 660C, China)中测定，测试溶液为 0.1 M Na_2SO_4，光发生装置由圆柱形石英外管和石英玻璃套环绕的内置光源构成，使用 150 W 的高压汞灯作为光源。紫外可见吸收光谱(UV-Vis)在紫外可见分光光度计(UV-2550 型)上测定，光源为氙灯。

光催化实验装置由圆柱形石英外管和石英玻璃套环绕的内置光源构成，使用 450 W 高压汞灯作为光催化的光源。光降解物为罗丹明 B(100 mL，10 mg/L)。先将放入催化剂的罗丹明 B 溶液在黑暗中放置 30 min，使催化剂在降解液中达到吸附平衡。实验过程中每隔 20 min 取样一次，使用日本 Shimadzu 公司 UV-2550 型紫外可见分光光度计在 λ=553 nm 波长处测吸光度的变化，以监测罗丹明 B 光催化降解的程度。

13.3　三维网络状 ZnO/CNFs/NiO 异质结构的微结构特征

图 13-1 为泡沫镍表面生长的 CNFs 以及制备的 ZnO/CNFs/NiO 的 SEM 照片。从图 13-1(a)的插图中可以看出原始泡沫镍为多孔结构，孔径在 1 μm 左右。从图 13-1(a)和(b)中可以看出用 CVD 法制备的 CNFs 密集均匀地覆盖在泡沫镍表面，CNFs 之间相互交错形成三维网络结构。CNFs 的表面比较光滑，直径为 100 nm 左右，长度为 20～50 μm。由于 CNFs 直接从泡沫镍表面生长出来，CNFs 与泡沫镍之间将形成紧密结合。将所制备的 Ni/CNFs 再次在 CVD 炉中作为基板热蒸发 Zn 并氧化，得到的 ZnO/CNFs/NiO 样品如图 13-1(c)和(d)所示。ZnO 呈典型的六方杆状结构，且形貌均一，直径在 50～100 nm，长度在 200 nm 左右。值得指出的是，CNFs 具有大的比表面积，能为 ZnO 提供更多的附着位点。而且在本实验中大部分 ZnO 纳米杆都直立均匀地包裹在 CNFs 表面，形成了 CNFs 与 ZnO 的紧密连接。

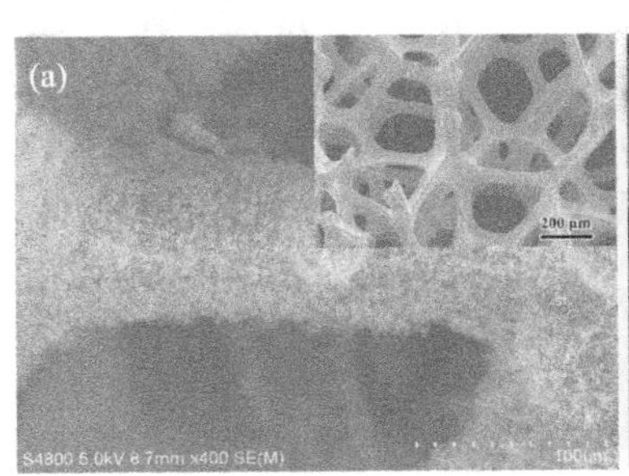

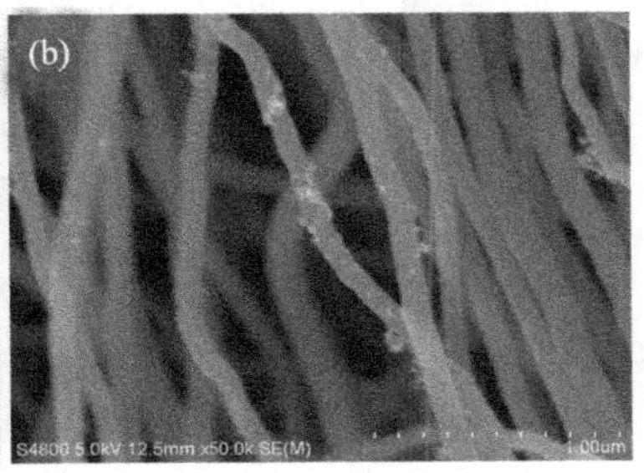

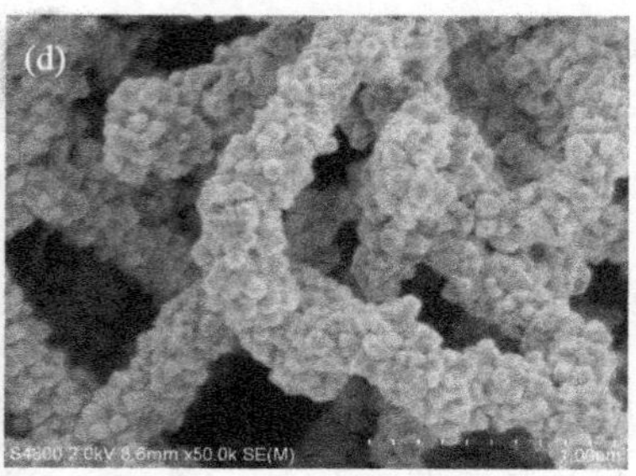

图 13-1　CNFs/Ni 和 ZnO/CNFs/NiO 复合材料的 SEM 形貌图
(a) CNFs/Ni，插图显示泡沫镍的多孔结构；(b) CNFs/Ni (高倍)；(c) ZnO/CNFs/NiO；(d) ZnO/CNFs/NiO (高倍)

图 13-2 为所制备样品的 XRD 谱线。所分析的样品有 ZnO/CNFs/NiO 异质结构和 CNFs/Ni 基板。其中，曲线(a)中 $2\theta=26°$ 处为 CNFs 的特征峰，其余的峰为 Ni 的衍射峰，说明在第一步化学气相沉积过程中没有生成杂质相。相比于曲线(a)，曲线(b)中出现了 NiO 的峰，表明在第二步气相沉积过程中泡沫镍能够被氧化成 NiO。曲线(b)中没有 Zn 的峰，表明在热蒸发的过程中 Zn 已经完全氧化成 ZnO，曲线(b)中也可观察到 Ni 的衍射峰，这是由于泡沫镍基底太厚，无法氧化完全。

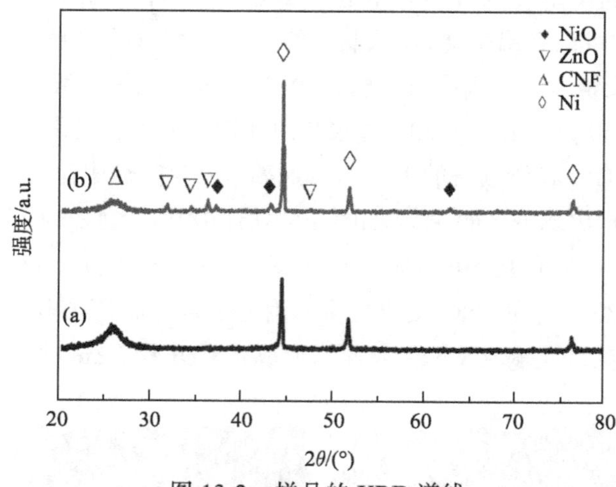

图 13-2　样品的 XRD 谱线
(a) CNFs/Ni；(b) ZnO/CNFs/NiO 复合材料

为了进一步确定 ZnO/CNFs/NiO 异质结构的化学成分，我们进行了 XPS 分析，如图 13-3 所示。图 13-3(a)为 0～1200 eV 的全谱图，图中除 C、O、Zn、Ni 外没有其他杂质元素存在。图 13-3(b)为 C 1s 的精细谱，图中结合能在 284.6 eV 处的峰对应广泛的非定域化的交替烃，在 285.6 eV 处的峰为 C—C 键的特征峰[18]，283.9 eV 处的峰是由于在 CVD 生长 CNFs 的过程中 Ni 与 C 生成了少量 Ni_3C[21]。图 13-3(c)

中 O 1s 谱的宽阔和不对称性表明，O 有多种价态，在 529.7 eV 和 530.6 eV 处的峰分别表示 NiO 和 ZnO 的存在[22,23]，在 528.1 eV 处的峰为表面的羟基(O—H)官能团。Zn 2p 谱图如图 13-3(e)所示，图中位于 1021.9 eV 和 1044.9 eV 处有两个对称峰，分别对应 Zn $2p_{3/2}$ 和 Zn $2p_{1/2}$，表明在 ZnO 中 Zn^{2+}为正常价[18]。Ni 2p 谱图如图 13-3(d)所示，位于 854.7 eV 和 860.4 eV 处的两个峰为 Ni—O 键的特征峰，在 852.8 eV 和 859.4 eV 处的两个峰表明样品中还存在未氧化的单质 Ni[22]，与 XRD 的结果一致。所有的测试结果都表明所制备的样品为 ZnO/CNFs/NiO 异质结构复合材料。

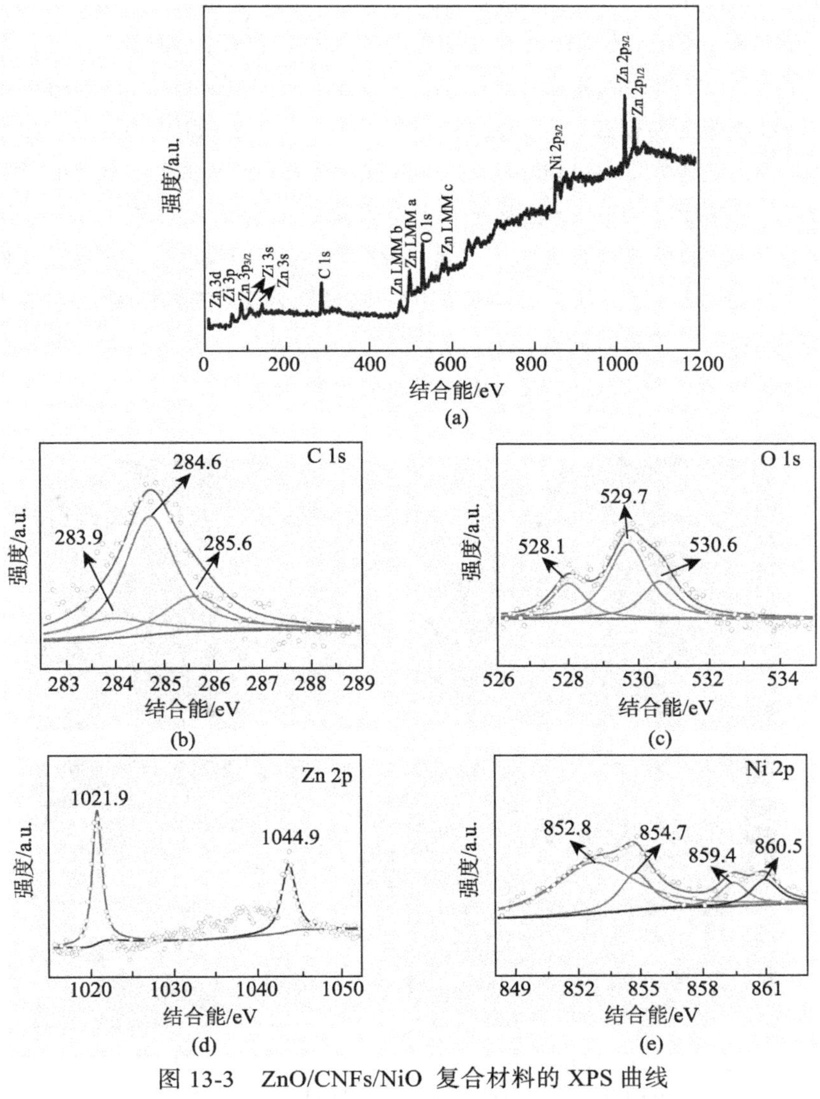

图 13-3　ZnO/CNFs/NiO 复合材料的 XPS 曲线

(a)全谱；(b) C 1s；(c) O 1s；(d) Ni 2p；(e) Zn 2p

13.4　三维网络状 ZnO/CNFs/NiO 异质结构的生长过程

关于 CNFs 在泡沫镍上的生长过程前人研究较多，本章不作赘述[24]。为了更好地阐述 ZnO/CNFs/NiO 异质结构的生长过程，我们改变了第二步化学气相沉积的时间，得到 ZnO/CNFs/NiO 异质结构的 SEM 形貌与时间的关系，如图 13-4 所示。从图 13-4(a)和(b)中可以看出，当热蒸发 Zn 的时间为 20 min 时，CNFs 表面只覆盖少量 ZnO 纳米杆。ZnO 纳米杆的六方结构清晰可见，直径为 60 nm 左右，而且 ZnO 纳米杆与 CNFs 之间接触紧密。延长热蒸发 Zn 的时间到 40 min，CNFs 表面的绝大部分被 ZnO 纳米杆所覆盖，且 ZnO 的直径在 60～80 nm，如图 13-4(c)和(d)所示。图 13-1(c)和(d)为热蒸发 Zn 60 min 的 SEM 形貌，图中 CNFs 已完全被 ZnO 覆盖，ZnO 纳米杆的直径在 50～100 nm。基于以上结果我们提出了 ZnO 在 CNFs 上生长的可能模型，即晶粒的形核与长大机制：首先 Zn 粉在高温下蒸发，Zn 蒸气在温度稍低的 CNFs 表面形成少量晶核，石英玻璃管中的氧气将 Zn 核氧化为 ZnO 并形成特有的六方杆状结构；随着时间的延长，形成的 ZnO 晶核将逐渐长大，同时越来越多的 ZnO 晶核形成，直至 ZnO 将 CNFs 表面完全覆盖。

图 13-4　不同热蒸发时间下制备的 ZnO/CNFs/NiO 的 SEM 形貌

(a) 20 min；(b) 20 min (高倍)；(c) 40 min；(d) 40 min (高倍)

13.5 三维网络状 ZnO/CNFs/NiO 异质结构的光催化性能

为了测试 ZnO/CNFs/NiO 异质结构的光吸收性能，我们进行了紫外可见光吸收实验。图 13-5 为 ZnO/CNFs/NiO 和 ZnO/NiO 的紫外可见光吸收光谱。从图中可见 ZnO/NiO 在波长低于 430 nm 的紫外可见光范围内有较强吸收，当波长大于 430 nm 时吸收不明显。不同于 ZnO/NiO，ZnO/CNFs/NiO 异质结构从紫外到可见光范围都有较强的吸收。值得指出的是 CNFs 的三维网络结构，为 ZnO 提供了更多的附着位点，而且光在三维网络结构中能多次反射，从而提高了复合材料对光的吸收性能，同时 CNFs 在可见光区有一定的吸收，从而提高其吸光率。

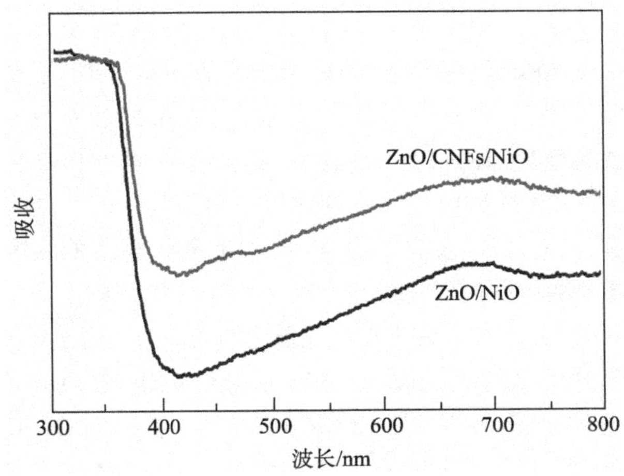

图 13-5 ZnO/CNFs/NiO 和 ZnO/NiO 样品的紫外可见光吸收光谱

实际上，本研究的目的就是期望在光催化过程中 CNFs 成为光生电子与空穴在 ZnO 与 NiO 之间迁移的桥梁，从而提高电子与空穴的分离效率。为了进一步验证这种 ZnO/CNFs/NiO 异质结构对电子–空穴分离的促进作用，我们进行了光电流测试，结果如图 13-6 所示。通过挡光–照光循环测得 ZnO/CNFs/NiO、CNFs/Ni 和 ZnO/NiO 三种样品的瞬时光电流响应，光电流的上升和下降对应于入射光的开启和关闭。很明显，三种样品的光响应都很迅速，而且是可逆的。对于 CNFs/Ni 样品，基本不能观测到光电流。而 ZnO/CNFs/NiO 异质结构的光电流达到 3.0 μA，是 ZnO/NiO 的两倍，说明在 CNFs 的作用下，电子与空穴能够更好地在 ZnO 与 NiO 之间分离，电子与空穴的高效分离将在光催化过程中起到重要作用。

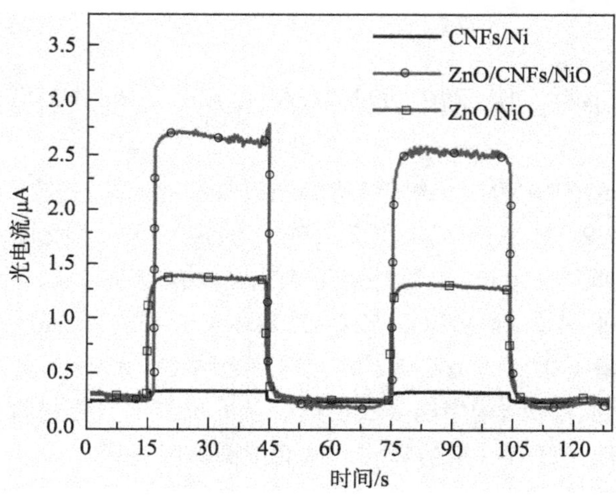

图 13-6　ZnO/CNFs/NiO, CNFs/Ni 和 ZnO/NiO 电极的光电流图

为了证实 ZnO/CNFs/NiO 异质结构对污染物的降解作用，我们进行了光催化降解罗丹明 B(RB)的实验，实验中的对照样品有 CNFs/Ni、ZnO/NiO 以及 NiO 和 CNFs/ZnO 的机械混合物(NiO+CNFs/ZnO)，实验结果如图 13-7 所示。通过监测罗丹明 B 溶液对紫外可见光的吸收峰强的变化来表征其浓度，降解效率用$(C_0-C)/C_0$表示，其中 C_0 和 C 分别代表罗丹明 B 降解前和降解后的浓度。在测试和对比 ZnO/CNFs/NiO 异质结构的光催化效率之前进行了两组控制实验：①在黑暗条件下有光催化剂的参与；②在光照条件下没有光催化剂的参与。两组实验结果如图 13-7(a)所示，表明罗丹明 B 的吸附–脱附在 30 min 内达到平衡，在没有光催化剂的情况下罗丹明 B 不会被降解。图 13-7(b)为 ZnO/CNFs/NiO、ZnO/NiO、NiO+CNFs/ZnO 和 CNFs/Ni 的降解曲线，很显然 CNFs/Ni 基本没有光催化活性，ZnO/CNFs/NiO 异质结构具有最高的光催化活性，120 min 后四个样品的降解效率分别为 98%、85%、68%和 14%。

当被降解溶液的原始浓度较低(本实验中为 10 mg/L)时，光催化降解罗丹明 B 的动力学曲线可以简写为[25]

$$\ln C/C_0=-kKt=-k_{\text{app}}t$$

其中，t 为光照时间(min)，k 为反应速率常数(mg/(L·min))，K 为吸附系数(L/mg)，k_{app} 为常数(min^{-1})。通过比较不同光催化剂的 k_{app} 便可得出其光催化活性差异，图 13-7(c)为不同样品的 k_{app} 对比，从图中可以看出光催化活性大小顺序为 ZnO/CNFs/NiO>ZnO/NiO>NiO+CNFs/ZnO>CNFs/Ni。除光催化活性，稳定性也是评价光催化剂优劣的指标，图 13-7(d)为 ZnO/CNFs/NiO 异质结构三次循环降解罗丹明 B 的降解曲线，从中可以看出经过三次降解后 ZnO/CNFs/NiO 异质结构依然具有优异的催化活性，表明其稳定性良好。

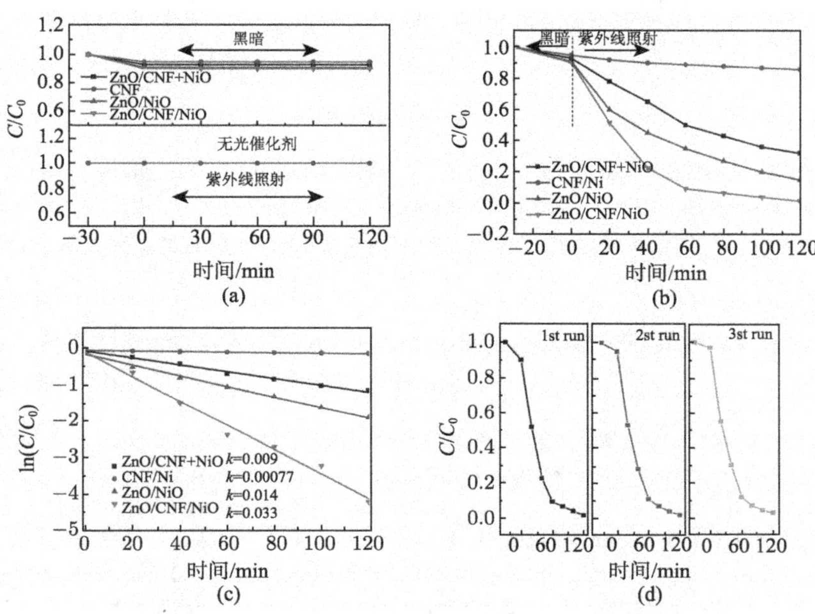

图 13-7 在黑暗下有光催化剂和在光照下没有光催化剂的 RB 降解图(a)，ZnO/CNFs/NiO, CNFs/Ni, ZnO/NiO 和 NiO+CNFs/ZnO 的光催化降解图(b)，上述样品降解 RB 的线性动力学模拟曲线(c)，ZnO/CNFs/NiO 三次循环降解 RB 的光催化活性图(d)

ZnO/CNFs/NiO 异质结构复合光催化材料之所以具有如此优异的光催化性能，主要是因为以下几方面优点：第一，在 CNFs 上沉积半导体氧化物不仅使其具有更大的比表面积，而且 CNFs 的三维网络结构能促使光多次反射吸收，从而提高光能利用率；第二，我们提出的两步化学气相沉积法能使 NiO 与 CNFs、CNFs 与 ZnO 之间形成紧密结合，紧密结合的异质结构能有效抑制电子与空穴的复合，提高光催化性能。如图 13-7(c)所示，紧密结合的 ZnO/CNFs/NiO 异质结构比机械混合的 NiO+ZnO/CNFs 光催化效率提高近 3.5 倍；第三，有研究表明，CNFs 具有高的电子转移效率，在光催化过程中 CNFs 能够有效地捕获和转移光生电子[17]，相比于传统的 ZnO/NiO 异质结构，ZnO/CNFs/NiO 异质结构的优异光催化性能主要归功于 CNFs 能成为电子与空穴在 ZnO 与 NiO 之间迁移的桥梁，进一步提高了电子与空穴的分离效率。

综上所述，我们利用两步化学气相沉积法成功制备了三维网络状 ZnO/CNFs/NiO 异质结构复合光催化材料，该材料的光催化性能比单纯的 ZnO/NiO 异质结构有很大提高，而且还具有很好的结构稳定性，能够延长复合材料的使用寿命。该方法简单易行，可以用于各种异质结体系。进一步的工作可以考虑将 CNFs 制备成阵列，然后再在上面生长半导体纳米材料或者半导体与贵金属和 CNFs 三者的结合，完全有可能得到光催化性能更好和应用范围更广的催化剂，这方面的研究工作还比较少，值得努力去发掘。

参考文献

[1] Hoffmann M R, Martin S T, Choi W. Environmental applications of semiconductor photocatalysis. Chem. Rev., 1995, 95: 69-96.

[2] Wu Q, Krol R. Selective photoreduction of nitric oxide to nitrogen by nanostructured TiO_2 photocatalysts: role of oxygen vacancies and iron dopant. J. Am. Chem. Soc., 2012, 134(22): 9369-9375.

[3] Tian C, Zhang Q, Wu A, et al. Cost-effective large-scale synthesis of ZnO photocatalyst with excellent performance for dye photodegradation. Chem. Commun., 2012, 48: 2858-2860.

[4] Zhang L, Wang W, Yang J, et al. Sonochemical synthesis of nanocrystallite Bi_2O_3 as a visible-light-driven photocatalyst. Appl. Catal. A, 2006, 308, 105-110.

[5] Yao W, Song X, Huang C, et al. Enhancing solar hydrogen production via modified photochemical treatment of Pt/CdS photocatalyst. Catalysis Today, 2013, 199: 42-47.

[6] Yu J, Zhang L, Cheng B, et al. Hydrothermal preparation and photocatalytic activity of hierarchically sponge-like macro-/mesoporous titania. J. Phys. Chem. C, 2007, 111: 10582-10589.

[7] Xie J, Wang J, Duan M, et al. Synthesis and photocatalysis properties of ZnO structures with different morphologies via hydrothermal method. Applied Surface Science, 2011, 257(15): 6358-6363.

[8] Yanga L, Dong S, Sun J, et al. Microwave-assisted preparation, characterization and photocatalytic properties of a dumbbell-shaped ZnO photocatalyst. J. Hazard. Mater., 2010, 179: 438-443.

[9] Zhang Z, Shao C, Li X, et al. Electrospun nanofibers of ZnO-SnO_2 heterojunction with high photocatalytic activity. J. Phys. Chem. C, 2010, 114: 7920-7925.

[10] Zhang D, Zeng F. Visible light-activated cadmium-doped ZnO nanostructured photocatalyst for the treatment of methylene blue dye. J. Mater. Sci., 2012, 47(5): 2155-2161.

[11] Bhirud A P, Sathaye S D, Waichal R P, et al. An eco-friendly, highly stable and efficient nanostructured p-type N-doped ZnO photocatalyst for environmentally benign solar hydrogen production. Green Chem., 2012, 14: 2790-2798.

[12] Georgekutty R, Seery M K, Pillai S C. A highly efficient Ag-ZnO photocatalyst: Synthesis, properties, and mechanism. J. Phys. Chem. C, 2008, 112(35): 13563-13570 .

[13] Li D, Jiang X, Zhang Y, et al. A novel route to ZnO/TiO_2 heterojunction composite fibers. J. Mater. Res., 2012, 177: 1-6.

[14] Luo C, Li D, Wu W, et al. Preparation of porous micro-nano-structure NiO/ZnO heterojunction and its photocatalytic property. RSC Adv., 2014, 4: 3090-3095.

[15] Hameed A, Montini T, Gombaca V, Fornasiero P. Photocatalytic decolourization of dyes on NiO-ZnO nano-composites. Photochem. Photobiol. Sci., 2009, 8: 677-682.

[16] Zhang W, Xu B, Jiang L. Functional hybrid materials based on carbon nanotubes and metal oxides. J. Mater. Chem., 2010, 20: 6383-6391.

[17] Zhang M, Shao C, Mu J, et al. Hierarchical heterostructures of Bi_2MoO_6 on carbon nanofibers: Controllable solvothermal fabrication and enhanced visible photocatalytic properties. J. Mater. Chem., 2012, 22: 577-584.

[18] Mu J, Shao C, Guo Z, et al. High photocatalytic activity of ZnO-carbon nanofiber heteroarchitectures. ACS Appl. Mater. Interfaces, 2011, 3: 590-596.

[19] Kim S, Kim M, Kim Y K, et al. Core-shell-structured carbon nanofiber-titanate nanotubes withenhanced photocatalytic activity. Appl. Catal. B: Environmental, 2014, 148-149: 170-176.

[20] Eder D. Carbon nanotube-inorganic hybrids. Chem. Rev., 2010, 110: 1348-1385.

[21] Sinharoy S, Levenson L L. The formation and decomposition of nickel carbide in evaporated nickel films on graphite. Thin Solid Films, 1978, 53: 31-36.

[22] Caffio M, Cortigiani B, Rovida G, et al. Early stages of NiO growth on Ag(001): A study by LEIS, XPS, and LEED. J. Phys. Chem. B, 2004, 108 (28): 9919-9926.

[23] Liu J, Li X, Dai L. Water-assisted growth of aligned carbon nanotube-ZnO heterojunction arrays. Adv. Mater., 2006, 18: 1740-1744.

[24] Chinthaginjala J K, Thakur D B, Seshan K, et al. How carbon-nano-fibers attach to Ni foam. Carbon, 2008, 46: 1638-1647.

[25] Lee M S, Park S S, Lee G D, et al. Synthesis of TiO_2 particles by reverse microemulsion method using nonionic surfactants with different hydrophilic and hydrophobic group and their photocatalytic activity. Catalysis Today, 2005, 101: 283-290.

第 14 章　一维钛酸纳米带材料的结构调控与光催化性能研究

14.1　引　　言

一维钛酸盐纳米材料及其衍生物是一种新的纳米材料，具有特殊的结构和性质，在电致发光、蓄电池电极、吸附和离子交换材料方面有着广泛的应用前景。1962 年，Andersson [1]就通过将 $NaCO_3$ 和 TiO_2(锐钛矿) 按照不同的物质的量比混合，然后在 950～1300 ℃的高温下加热，制得隧道状 $Na_2Ti_6O_{13}$ 和弯折状 $Na_2Ti_3O_7$。1975 年，Lunch 等[2]将 NaOH 与$(i\text{-}C_3H_7O)_4Ti$ 甲醇溶液混合，然后加水沉淀制备出一种新型的钛酸钠，并认定其分子式为 $NaTi_2O_5H$。1988 年 Clearfield 和 Lehto 等[3]将一定量浓度为 10 mol/L 的 NaOH 加入到 TiO_2(锐钛矿)浆料中，搅拌下煮沸 2～3 h，然后再在 200～300 ℃下水热处理 20 h，得到了一种层状的 $Na_4Ti_9O_{20}\cdot xH_2O$。1998 年，Kasuga 等[4]在 110 ℃下用 5～10 mol/L 的 NaOH 溶液处理锐钛矿型 TiO_2 粉末 20 h，得到了一种纳米管状材料。2004 年 Yuan 等[5]用水热法制备了 TiO_2 纳米管、纳米线和纳米片，他们认为不同的水热反应温度和 TiO_2 前驱体结晶是造成 TiO_2 形貌不同的原因。

14.1.1　一维钛酸盐纳米材料的组成和结构

目前多数报道认为这种纳米管材料是钛酸钠或钛酸，而不是锐钛矿或金红石结构的 TiO_2，但是不同研究者认定的钛酸钠或钛酸的晶体结构不同。Yang 等[6]参照层状结构的 $Li_2Ti_2O_5\cdot H_2O$ 和 $H_2Ti_2O_5\cdot H_2O$ 的 XRD 谱，认为纳米管 $Na_2Ti_2O_4(OH)_2$ 的晶型属正交晶系，纳米管 $H_2Ti_2O_4(OH)_2$ 的晶型与纳米管 $Na_2Ti_2O_4(OH)_2$ 的相似，也属正交晶系结构，只是有些峰的强度和形状有所改变，特别是(600)峰，这可能与 H^+将纳米管 $Na_2Ti_2O_4(OH)_2$ 的中 Na^+取代有关。采用原子吸收、比色法、热失重和灼烧等方法分析，认为在纳米管中含有两结构水，其组成为 $Na_2Ti_2O_4(OH)_2$。Na/Ti 原子比与 pH 的关系，如图 14-1 所示。它相当于 HCl 滴定钠盐的滴定曲线，从图中可以看到有两个平台，相当于两个 pH 突跃，由此可以知道这种纳米管为二价盐，即$(Ti_2O_5)^{2-}$或$(Ti_2O_4(OH)_2)^{2-}$。对纳米管钛酸的灼烧失重分析结果表明，由纳米管钛酸钠转化而来的纳米管钛酸中的 H_2O 和 TiO_2 的物质的量比接近于 1。而 Sun 等[7]

认定的组成为 $Na_xH_{2-x}Ti_3O_7$，其中，x=0.75。Ma 等[8]也在 2003 年报道了组成为 $H_xTi_{2-x/4}\square_{x/4}O_4$ (x～017，□表示空位) 的纤铁矿型纳米管钛酸。2004 年，Nakahira 等[9]报道了 $H_2Ti_4O_9 \cdot H_2O$ 结构的纳米管。

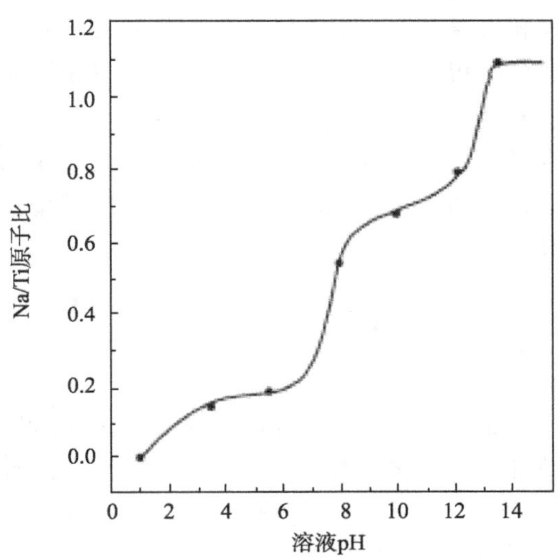

图 14-1　Na/Ti 原子比与溶液 pH 的关系

14.1.2　一维钛酸盐纳米材料的形成机理与假设

到目前为止，对该纳米管的组成、结构和形成机理还没有一个统一的看法，甚至还存在激烈的争论。1998 年 Kasuga 等[4]认为这种纳米管的形成是在后处理阶段，即 TiO_2 与 NaOH 反应后并不生成纳米管，而用 0.11 mol/L 的 HCl 处理后纳米管才得以形成。2001 年 Zhu 等[10]也得出同样的结论，不同的是他们用的是 0.1 mol/L 的 HNO_3 溶液进行后处理。2003 年 Ma 等[8]认为在最初的水热反应阶段(即 TiO_2 与 NaOH 溶液反应)，首先形成了纤铁矿型钛酸钠，在接下来的酸洗和水洗过程中，H^+将 Na^+取代形成 $H_xTi_{2-x/4}\square_{x/4}O_4$，同时卷曲成纳米管。陈清等[11]认为该纳米管是由具有单斜结构钛酸形成的，钛酸的(110)面沿[001]方向卷曲形成管轴平行[010]的纳米管。Yang 等[6]认为纳米管 $Na_2Ti_2O_4(OH)_2$ 的管状形貌在 TiO_2 与 NaOH 反应阶段就已经形成，而并非是再用 0.11 mol/L 的 HCl 或 0.11 mol/L 的 HNO_3 进行后处理才能得到。在不同反应时间他们观察了 TiO_2 与 NaOH 中间产物的形貌，TEM 图像显示，在反应 2 min 时，TiO_2 颗粒发生膨胀，12 min 时有碎片剥落，30 min 就已经有纳米管形成。

众所周知，锐钛矿型 TiO_2 组成结构的基本单位是 TiO_6 八面体，1 个 Ti^{4+}被 6 个 O^{2-}包围，其中有两个 Ti—O 键较长(0.11980 nm)，另外 4 个较短(0.11934 nm)，

O^{2-}对 Ti^{4+}的配位数为 3。当用浓的 NaOH 溶液处理时，较长的 Ti—O 与 OH^-发生反应而断裂，而较短的不会断裂。因此，TiO_2 颗粒发生有规则的膨胀，形成线状溶解碎片，从 TiO_2 晶粒上剥落。然后这些线状溶解碎片通过 O^{2-}—Na^+—O^-离子键连接起来形成片状溶解碎片，这些片状溶解碎片中的(—Ti—O—Ti—O—Ti—O—)链由于柔性发生弯曲，通过共价键围成热力学上稳定的固态纳米管 $Na_2Ti_2O_4(OH)_2$。单层纳米管可作为多层纳米管的模板，层间通过 Na^+基团和 OH^-基团连接起来。整个形成过程可描述为：锐钛矿 TiO_2 纳米颗粒→片状溶解碎片→固态纳米管 $Na_2Ti_2O_4$ $(OH)_2$，如此形成的多层纳米管具有同心圆结构。最近，Kukovecz 等[12]通过高分辨透射电镜、拉曼光谱和 N_2 吸附数据的分析，提出了定向晶体生成模型，认为不是同心圆管而是片层卷曲形成的纳米管。

14.1.3　一维钛酸盐纳米材料的物性研究

1. 热稳定性

外观上，纳米管 $Na_2Ti_2O_4(OH)_2$ 和纳米管 $H_2Ti_2O_4(OH)_2$ 均为白色固体粉末，但它们的热稳定性存在很大的差异。纳米管 $Na_2Ti_2O_4(OH)_2$ 具有较好的热稳定性，经 600 ℃以下的温度处理，结构不变，仍保持正交晶系的晶型，如图 14-2(a)所示。但是经过 pH=1 的盐酸溶液处理后形成的纳米管 $H_2Ti_2O_4(OH)_2$，热稳定性较差，当处理温度 $T > 300$℃时，会转变为锐钛矿结构，如图 14-2(b)所示。它们热稳定性的差异，主要是由于它们的结构组成不同。对于纳米管 $H_2Ti_2O_4(OH)_2$，在常压下，当处理温度 $T \leqslant 300$ ℃时易发生层内 OH 基团脱水；当 $T > 300$℃，会进一步发生层间 OH 基团脱水，正交晶型完全被破坏，逐渐转变为锐钛矿 TiO_2。对于纳米管 $Na_2Ti_2O_4(OH)_2$，当 $T > 500$℃时，才发生层间 OH 基团脱水，形成稳定的 $Na_2Ti_2O_5$。纳米管 $Na_2Ti_2O_4(OH)_2$ 和纳米管 $H_2Ti_2O_4(OH)_2$ 在热稳定性上的差异直接影响到它们的其他性能。

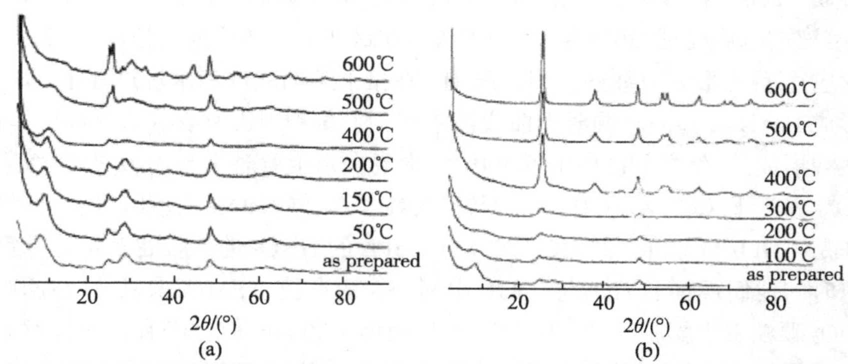

图 14-2　不同温度处理的纳米管 $Na_2Ti_2O_4(OH)_2$(a)及纳米管 $H_2Ti_2O_4(OH)_2$ 的 XRD 谱(b)

2. 吸光性质、发光性质、特殊能级结构及其电致发光增强作用

虽然纳米管 $H_2Ti_2O_4(OH)_2$ 的热稳定性劣于纳米管 $Na_2Ti_2O_4(OH)_2$，但其经过升温脱水，表现出了良好的对可见光吸收的性质。图 14-3 是脱水纳米管 $H_2Ti_2O_4(OH)_2$(简称 DNTA)、纳米管 $H_2Ti_2O_4(OH)_2$ 以及 P25(TiO_2)的漫反射谱(DRS)，可以看到 DNTA 在大于 420 nm 的可见光区有明显吸收。

对于纳米管 $Na_2Ti_2O_4(OH)_2$ 而言，在经过不同温度处理后，ESR 性质基本不变，没有 ESR 峰出现。DNTA 就明显不同，在经过不同温度处理后，ESR 性质变化较大，在 g =2.003 出现 ESR 峰，并且随着处理温度的升高，峰强增强。g =2.003 的 ESR 峰表明有捕获单电子的氧空位(SETOV)存在。不仅温度处理对 ESR 性质有影响，在 100 ℃真空下处理，ESR 峰高随处理时间增大，如图 14-4 所示。

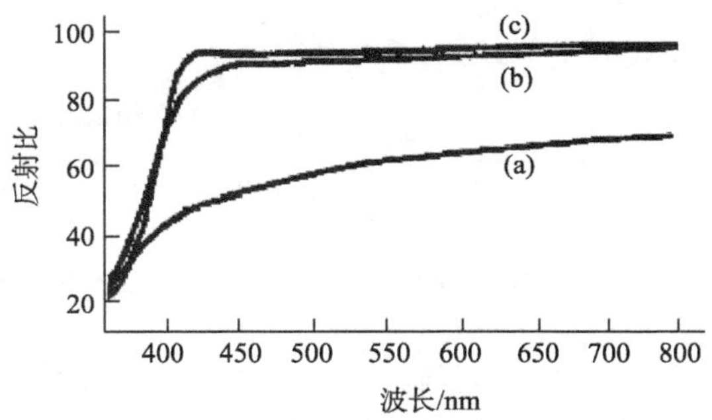

图 14-3　不同材料的 DRS 谱

(a) DNTA; (b)纳米管 $H_2Ti_2O_4(OH)_2$; (c) P25 (TiO_2)

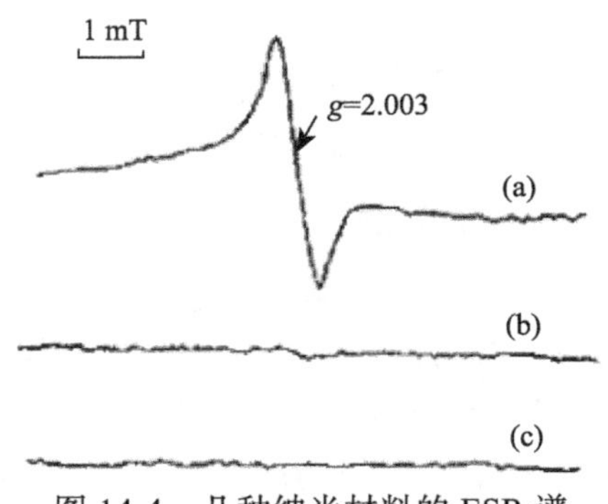

图 14-4　几种纳米材料的 ESR 谱

(a) DNTA；(b) 纳米管 $H_2Ti_2O_4(OH)_2$；(c)P25(TiO_2)

很多文献报道了 TiO_2(多晶粉末、单晶、薄膜等)的紫外线激发荧光发光光谱，但还没有关于含有单电子氧空位的 TiO_2 可见光激发荧光发光光谱(PL)的报道。

图 14-5 是不同激发波长(λ_{ex}=360～650 nm)激发 DNTA 的荧光发射光谱，在 λ_{ex}=360～420 nm 范围内，最强发射带的位置不变，只是峰强有所变化；在 λ_{ex}=420～650 nm 范围内，荧光发射带的位置随激发波长的增加而红移，这种吸光性质和发光性质都与 DNTA 的特殊能级结构有关。

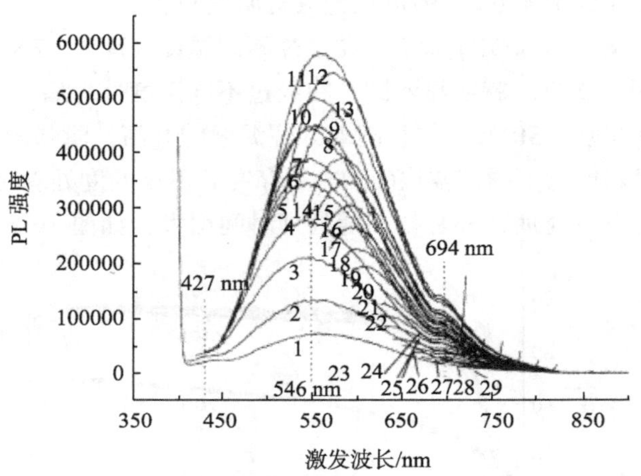

图 14-5 DNTA 的荧光发射光谱(150℃真空恒重)

纳米管 $H_2Ti_2O_4(OH)_2$ 在≤300℃脱水后，产生了特殊的半导体能级结构(即在禁带中存在子能带)。由荧光光谱可以解析出这些子能带在禁带中的位置。图 14-6 是 DNTA 的能级结构示意图。从图中可以看出子能带顶部距价带(E_v) 2.27 eV，距导带(E_c) 0.68 eV，底部距 E_v 1.79 eV，子能带宽 0.48 eV。子能带是由高浓度的束缚单电子氧空位(SETOV)形成的。

在氧化物半导体中，一个氧空位是带有两个正电荷的中心，它能够捕获两个电子。Cronemeyer 提出了一个 E_{d1} 与 N_d 的关系式[13]:

$$E_c - E_{d1} = 0.75 - 2.88\times10^{-9} N_d^{1/3}$$

式中，E_c 是导带能量(eV)，E_{d1} 是第一个电子的电离能(eV) (E_g=2.95eV，子能带宽为 0.48 eV)，而 N_d 是氧空位中捕获的第一个电子的浓度(m^{-3})。当 $N_d=1.8\times10^{25}$, E_c-E_{d1}= 0 时，就意味着 E_{d1} 与导带重合，此情况下，一个氧空位只能捕获一个电子。当 N_d 大于一定数值后，一个氧空位在禁带内只有一个电子能级，因而只能接收一个电子，生成一个 SETOV。许多 SETOV 就会在半导体的禁带(E_g)内扩展成一个子能带。SETOV 可由 g =2.003 的 ESR 信号证明(图 14-4)。这种理论推测与图 14-6 所示能级结构示意图以及图 14-5 的结果相一致。

DNTA 是一种 p 型半导体，钱磊等[14, 15]将 DNTA 掺入到聚乙烯基咔唑(PVK)

中，使空穴器件(ITO/PVK: DNTA/Al)的空穴注入和传输能力显著提高。在有机发光二极管(OLEDs)中，用 DNTA-聚合物复合材料作为空穴传输层，提高了发光效率，并且降低了启动电压。

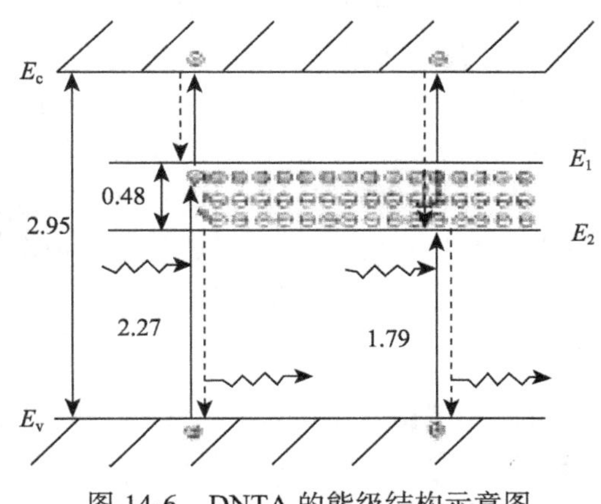

图 14-6　DNTA 的能级结构示意图

3. 离子交换性质

在水溶液中，这种纳米管钛酸钠(或钛酸)可以与 H^+、Na^+、Li^+和过渡金属等离子进行交换，形成相应的钛酸盐。Yang 等[16]用 1 mol/L 的 HCl 溶液与纳米管 $Na_2Ti_2O_4(OH)_2$ 作用，Na^+被 H^+取代，得到纳米管 $H_2Ti_2O_4(OH)_2$。Yoshida 等[17]用 HCl 溶液处理 TiO_2 衍生的纳米管，得到了部分离子交换的 $H_{1.5}Na_{0.5}Ti_3O_7$ 纳米管。Ma 等[18]在室温下将 $H_{0.7}Ti_{1.825}\square_{0.175}O_4 \cdot H_2O$ 纳米管分别浸入到 Li、Na、K、Rb、Cs 的氢氧化物水溶液中 3 天，制备了碱金属离子交换的纳米管 $A_xH_{0.7-x}Ti_{1.825}\square_{0.175}O_4 \cdot H_2O$(A 代表 Li^+、Na^+、K^+、Rb^+、Cs^+)。Li 等[19]以钛酸纳米管/纳米线为前驱体，与 0.2 mol/L 的 LiOH 水溶液进水热锂离子交换反应，制备了一种新的尖晶石型的纳米管/纳米线状 $Li_4Ti_5O_{12}$。Sun 等[7]以 $Na_xH_{2-x}Ti_3O_7$ 与 Cd^{2+}、Zn^{2+}、Co^{2+}、Ni^{2+}、Cu^{2+}和 Ag^+这些过渡金属离子交换，制备了过渡金属离子取代的纳米管钛酸盐。过渡金属离子的取代增大了纳米管的 BET 比表面，并赋予纳米管以功能性。如 Co^{2+}取代的纳米管表现出磁性质，而 Co^{2+}、Cu^{2+}、Ni^{2+}、Ag^+取代的纳米管在可见光区显示出强的吸收带。Hodos 等[20]以纳米管钛酸与 $Cd(CH_3COO)_2$ 作用，通过离子交换反应将部分 Cd^{2+}引入到纳米管壁内，然后通入 H_2S 制备了 CdSP 钛酸纳米管复合材料，可见光下，这种材料显示出光催化氧化甲基橙溶液的活性。

4. 锂离子电池的电极材料

目前，国际上报道了大量的针对于改善锂离子电池，尤其是将钛酸锂作为阳极材料的研究。现在已经普遍证明，锂离子电池充/放电速率的限制主要是由 Li^+在电极材料中的固态扩散较慢造成的。由于具有特殊层状结构有利于锂离子的嵌入和脱嵌，近年来钛酸钠/钛酸纳米管开始受到关注。Li 等[21]将钛酸纳米管加入到锂离子电池阳极材料中，表现出巨大的嵌入锂的能力、高放电/充电性能和卓越的循环稳定性。在 0.24 A/g 的电流密度下，初始放电容量为 282.2 mA·h/g，在 0.24 A/g, 1.0 A/g 和 2.0 A/g 的电流密度下，分别保持稳定的 210 mA·h/g, 185.7 mA·h/g 和 165.9 mA·h/g 的循环放电能力。此外，他们又以钛酸纳米管/纳米线为前驱体，与 0.2 mol/L 的 LiOH 水溶液进水热锂离子交换反应，制备了一种新的尖晶石型纳米管/纳米线状的 $Li_4Ti_5O_{12}$，并将其作为电极材料，增强了锂嵌入的电化学动力学特性[19]。随着研究工作的深入，在未来的几年，这种基于钛酸盐的锂离子电池电极材料，有望替代目前的钴酸锂和锰酸锂，成为新一代锂离子电池电极材料。

5. 催化性能

文献[22, 23]中以丙烯的光催化去除作为指标反应，评价了 $Na_2Ti_2O_4(OH)_2$ 以及纳米管 $H_2Ti_2O_4(OH)_2$ 在主波长为 365 nm 紫外线下的活性。结果表明，刚制备的纳米管 $H_2Ti_2O_4(OH)_2$ 的活性非常低，经 T< 300 ℃处理后，脱水形成 $H_2Ti_2O_5$，活性仍然很低。但是当 T > 300℃时，逐渐转变为锐钛矿，活性明显提高，在 T = 500 ℃达到峰值。纳米管 $Na_2Ti_2O_4(OH)_2$，以及焙烧脱水后形成的 $Na_2Ti_2O_5$ 均没有活性。需要指出的是，500℃处理纳米管 $Na_2Ti_2O_4(OH)_2$ 得到的 TiO_2，其光催化活性只有原料 TiO_2 的 60%。为了解释这种现象，Zhang 等[24]做了不同温度处理的纳米管 $Na_2Ti_2O_4(OH)_2$ 的 ESR 谱。随着处理温度的升高，ESR 信号由对称峰(g=2.003)变为不对称峰($g_{\perp}$= 2.005, $g_{\parallel}$=1.985)。ESR 信号的转变温度与晶型转变温度及形貌变化温度相一致。当 T < 300℃，纳米管 $Na_2Ti_2O_4(OH)_2$ 发生第一步脱水，捕获单电子的氧空位(SETOV)形成；当 T > 300℃，随着第二步脱水，发生由正交晶型至锐钛矿型的转变，同时纳米管破坏，SETOV 大大增加并相互发生作用，在 ESR 上表现为不对称峰($g_{\perp}$= 2.005, $g_{\parallel}$=1.985)。SETOV 可起光生电荷复合中心的作用，因此，由 500 ℃处理纳米管 $Na_2Ti_2O_4(OH)_2$ 得到的 TiO_2，光催化活性低于原料 TiO_2。实验证明，在光催化去除丙烯的反应中，它没有可见光催化活性，这可能是因为光生电子不能及时转移到表面参与反应，而以荧光和无辐射跃迁的形式将能量耗散掉。但是经过担载的纳米管钛酸钠表现出了明显的可见光催化活性。2004 年，Hodos 等[20]报道了担载有 CdS 的纳米管钛酸钠光催化氧化甲基橙的液相反应。结果显示，与纳米管钛酸钠相比，担载有 CdS 的纳米管钛酸钠有明显的活性，其光催化氧化反应符合一级反应动力学。

虽然单一纳米管用作光催化剂不很理想，但它却可以作为一种良好的热催化剂。2005 年，Tang 等[25]将苯装入这种纳米管中，研究了受限制的苯在纳米管中的分子动力学和相转变。张纪伟等[26]研究了纳米管钛酸对丙酮液相缩聚反应的选择催化性能，他们发现，以纳米管钛酸为催化剂，丙酮液相缩聚反应在室温条件下主产物为双丙酮醇和异亚丙基丙酮，反应温度提高到 56 ℃后，主产物为异亚丙基丙酮。从(25±2) ℃下存在的诱导期现象推测，钛酸纳米管有可能在丙酮液相缩聚反应中起微型催化反应器的作用。因此，基于该纳米管特殊的管状结构，它很有可能被用作某些催化反应的微反应器。

6. C_3H_6 在类纳米管 $AgHTi_2O_4(OH)_2$ 上的交替吸附/脱附

为了能将纳米管 $H_2Ti_2O_4(OH)_2$ 用作可见光催化剂，Wang 等[27]采用离子交换的方法，将 Ag^+ 与纳米管 $H_2Ti_2O_4(OH)_2$ 中的 H^+ 交换，制备了一种类纳米管钛酸银(NST)，并考察其在可见光下对丙烯的光催化性能。实验证明，它对丙烯没有可见光催化活性，但是在暗态和可见光照射下，丙烯会在 NST 表面产生一种有趣的交替吸附/脱附现象，如图 14-7 所示。这种现象的产生主要是因为在 NST 表面存在两种不同的活性吸附位。由于 NST 的特殊能带结构，如图 14-8 所示，在暗态和可见光($\lambda \geqslant 420$ nm)照射下 NST 表面的正负电荷中心交替转换，丙烯在一种活性位上吸附的同时在另一活性位上脱附，由于吸附和脱附的速率不同，就表现出如图 14-7 所示的吸附/脱附曲线。

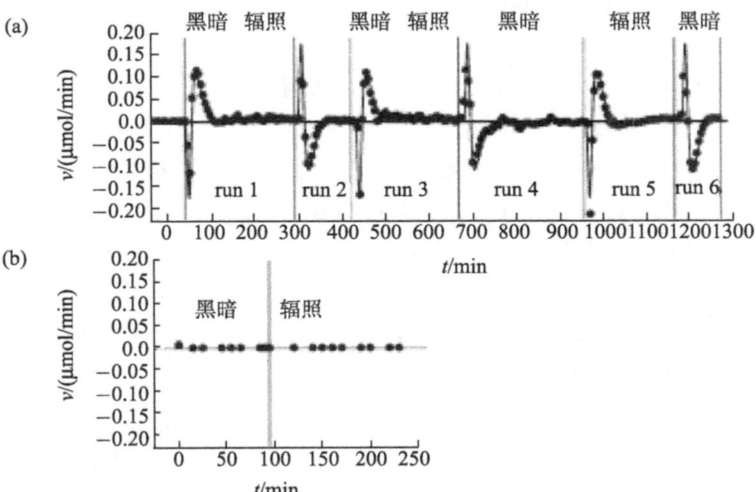

图 14-7　暗态和可见光照下 C_3H_6 在类纳米管 $AgHTi_2O_4(OH)_2$ 上循环吸附/脱附曲线(a)；C_3H_6 在纳米管 $H_2Ti_2O_4(OH)_2$ 上无吸附和脱附(b)

值得注意的是，亲核物质(如烯烃)在 NST 表面的交替吸附/脱附很可能会导致 NST 表面某些物理性质(如光电性质、磁性质、阻抗、容抗等)的改变。所以，NST 有可能应用到一些物理领域，例如，开发一种类似于计算机原理的光电开关器件等。此外，针对这种纳米管具有高的比表面积和孔体积这一特点，将纳米管

$H_2Ti_2O_4(OH)_2$用作气固吸附色谱石英毛细管柱的固定相，不仅对 C_1～C_4烷烃具有较强的吸附性、较好的峰对称性和较高的分离度，而且能够分离 CO 和 CO_2以及空气和 SF_6 等永久性气体组分。与目前分析低碳烃最为理想的吸附剂 γ-Al_2O_3 PLOT 色谱柱相比，其对甲烷和乙烷的分离比在 γ-Al_2O_3 PLOT(未用无机盐钝化)色谱柱要好。

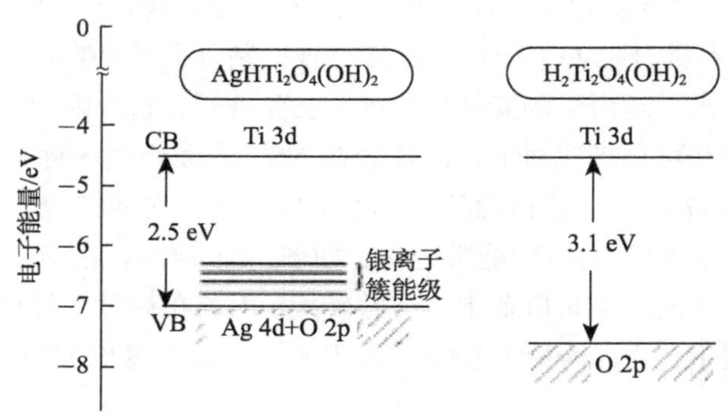

图 14-8　类纳米管 $AgHTi_2O_4(OH)_2$ 与纳米管 $H_2Ti_2O_4(OH)_2$ 的能带结构

14.2　一维钛酸纳米带的组成与结构分析

图 14-9 为合成产物的 XRD 曲线，2θ 值位于～8.86°，17.87°， 27.23°，47.8°，54.2° 的峰位可以归属为 $H_2Ti_5O_{11}\cdot 3H_2O$ 的(200), (203), (310), (020)和(316)晶面指数(JCPDS No. 44-0131)。其中，基本衍射峰(0*k*0) (如(020))以及源于层间的衍射峰(*h*00) (*h*=2*n*)的存在表明该单斜结构的 $H_2Ti_5O_{11}\cdot 3H_2O$ 钛酸盐物相中存在以 *n* 个 TiO_6 八面体间距为周期的层状结构。这与 $H_2Ti_3O_7$, $H_xTi_{2-x}/\square_{x/4}O_4$ (x=0.7; □为空位)或 $H_4O_6Ti_2$ ($H_4Ti_2O_5\cdot H_2O$)等物相都有所不同。

透射电镜(TEM)照片，如图 14-10(a)所示，存在大量表面光滑、单一结构组成的带状物质。进一步的放大电镜照片，如图 14-10 (b) 所示，可以发现其宽度为 30～50 nm，厚度为 1～2 nm，长度约为几微米。高分辨透射电镜(HRTEM)观察表明该物质存在平直晶格的典型层状结构，如图 14-10 (c) 所示，可以看到晶格条纹为 1.039 nm，这与单斜结构的 $H_2Ti_5O_{11}\cdot 3H_2O$ (200)晶面的晶面间距 1.041 nm 相吻合。一般来说，在 10° 附近的衍射峰对应的晶面间距与层间距大体相当。

综上结果，可以发现本实验制备出了一种新型的 $H_2Ti_5O_{11}\cdot 3H_2O$ 纳米带。据我们所知，这是首次合成出该类型材料的一维纳米结构。

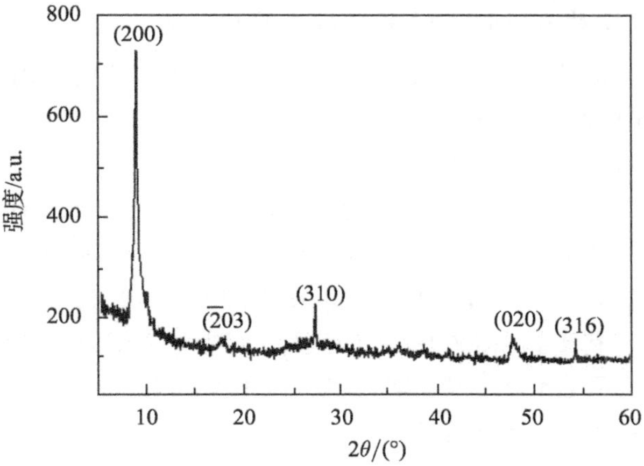

图 14-9　水热法合成产物的 XRD 图谱

图 14-10　一维 $H_2Ti_5O_{11}\cdot 3H_2O$ 纳米带的显微结构表征

(a)低倍 TEM 图像；(b)高倍 TEM 图像；(c)HRTEM 图像

14.2.1　合成工艺对产物结构的影响

热碱水热合成技术操作方便简单，但是合成工艺对产物的形貌和微观结构有很大的影响，合理控制合成工艺是很重要的因素。在合成过程中，影响较大的参数主要包括：反应物浓度、反应时间、水热温度、后处理 pH 等。

1. 反应物浓度对一维钛酸纳米带微观结构的影响

反应物 NaOH 的浓度对产物结构和形貌起着至关重要的作用[5]。控制其他条件不变(即水热时间为 2 D，水热温度为 180 ℃，后处理 pH 调节 7 左右)，改变碱浓度分别为 2 M、10 M、15 M、20 M，所得产物的 XRD 图谱，如图 14-11 所示。当碱浓度为 2 M 时，产物的衍射峰显示为锐钛矿物相，没有出现 $H_2Ti_5O_{11}\cdot 3H_2O$ 相的衍射峰；当碱浓度分别为 5 M、10 M 和 15 M 时，均可得到 $H_2Ti_5O_{11}\cdot 3H_2O$ 相。碱浓度为 5 M 的产物 8.9° 处对应的晶面(200)的衍射峰要比 10 M 和 15 M 强，说明当碱浓度为 5 M 时有利于晶面沿(200)方向生长。而当碱浓度为 10 M 时，衍射峰宽化，可能的原因是产物尺寸减小；当碱浓度为 15 M 时，(200)晶面对应的衍射峰向高角度偏移，说明产物的结构受到了破坏。

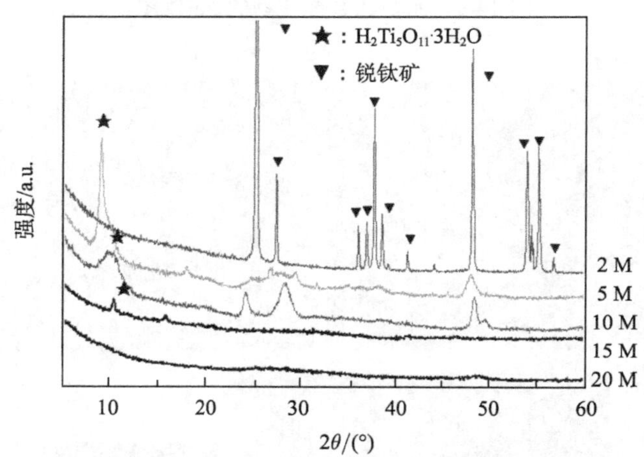

图 14-11　不同热碱浓度水热反应制备一维钛酸纳米带的 XRD 图谱

图 14-12 分别为碱浓度 5 M、10 M 和 15 M 时的产物的 SEM 形貌像。从图中可以看出，当碱浓度为 5 M 时，产物尺寸不均匀，有较短(长度为 2～3 μm)和宽度为 200～300 nm 的纳米带，以及厚度为 1～2 nm 和长度为十几微米的纳米线。当碱浓度为 10 M 时，尺寸明显减小，厚度均匀，长为十几微米。当碱浓度为 15 M 时，产物为无定形的絮状物质和纳米带共存产物，其一维形貌受到破坏。说明适当地提高碱浓度有利于产物的结晶、尺寸减小和均匀化。

2. 反应时间对一维钛酸纳米带微观结构的影响

反应时间对制备均匀形貌的钛酸盐纳米材料同样起着重要的作用[28]。控制其他条件不变(即热碱浓度为 10 M，水热温度为 180 ℃，后处理 pH 调节 7 左右)，改变反应时间分别为 1 D、2 D、3 D、4 D 所得产物的 XRD 图谱，如图 14-13 所示。反应时间为 1 D 时产物有 $H_2Ti_5O_{11}\cdot 3H_2O$ 物相的生成，也存在未反应完全的锐钛矿；当反应时间为 2 D 与 3 D 时，都可得到 $H_2Ti_5O_{11}\cdot 3H_2O$ 相；而当反应时间为 4 D 时，出现了 $H_2Ti_5O_{11}\cdot H_2O$ 相，即此时 $H_2Ti_5O_{11}\cdot 3H_2O$ 相和 $H_2Ti_5O_{11}\cdot H_2O$ 相共存。

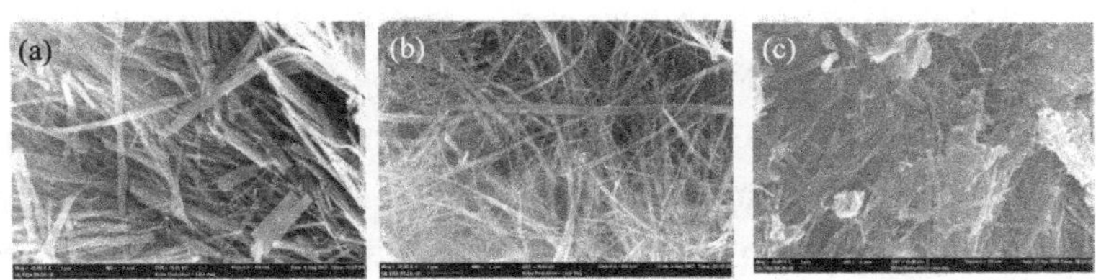

图 14-12　不同热碱浓度水热反应制备一维钛酸纳米带 SEM 形貌

(a) 5 M；(b) 10 M；(c) 15 M

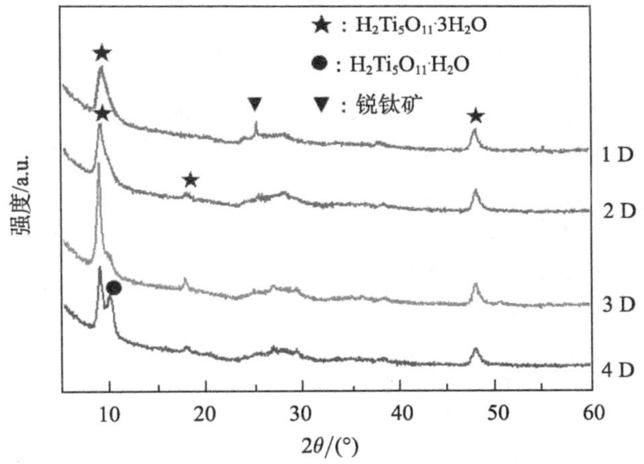

图 14-13　不同水热反应时间制备一维钛酸纳米带的 XRD 图谱

图 14-14 为反应时间分别为 1 D、2 D、4 D 的 SEM 形貌。从图中可以看出，当反应时间为 1 D 时，产物中存在不规则的无定形絮状物质，同时也存在一维纳米结构；当反应时间为 2 D 时，产物尺寸不均匀，有较短(长度为 2～3 μm)、宽度为 50～100 nm 和厚度为 1～2 nm 的纳米带，同时也有长度为十几微米的纳米带；当

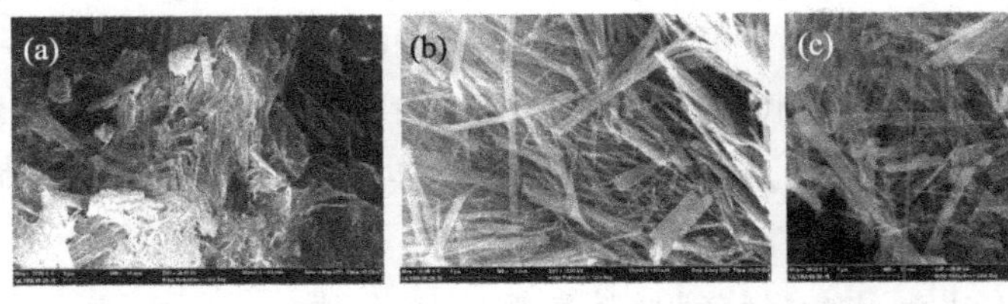

图 14-14　不同水热反应时间制备一维钛酸纳米带的 SEM 形貌

(a)1 D；(b)2 D；(c)4 D

反应时间为 4 D 时，产物宽度变大，长度缩小。也就是说，反应时间过长，会导致产物断裂，并且宽度变大，不符合对形貌的要求。

3. 反应温度对一维钛酸纳米带微观结构的影响

反应温度对制备形貌均一的钛酸盐纳米材料有极其重要的作用。控制其他条件不变(即热碱浓度为 5 M，后处理 pH 调节 7 左右，水热反应时间为 2 D)，反应温度分别为 100 ℃、120 ℃、140 ℃、180 ℃、200 ℃ 所得产物的 XRD 图谱，如图 14-15 所示。可以看出：①反应温度为 100℃时，产物为 $H_2Ti_5O_{11}·3H_2O$ 相和未反应完全的锐钛矿共同存在；②当温度升至 120 ℃和 140 ℃时，锐钛矿消失，但 $H_2Ti_5O_{11}·3H_2O$ 相的衍射峰强度较低，产物结晶不好；③当反应温度为 180 ℃时，可得到 $H_2Ti_5O_{11}·3H_2O$ 物相，并且衍射峰强度增强，结晶较好；④温度为 200 ℃时，出现了 $H_2Ti_5O_{11}·H_2O$ 相，此时 $H_2Ti_5O_{11}·H_2O$ 和 $H_2Ti_5O_{11}·3H_2O$ 相共存。

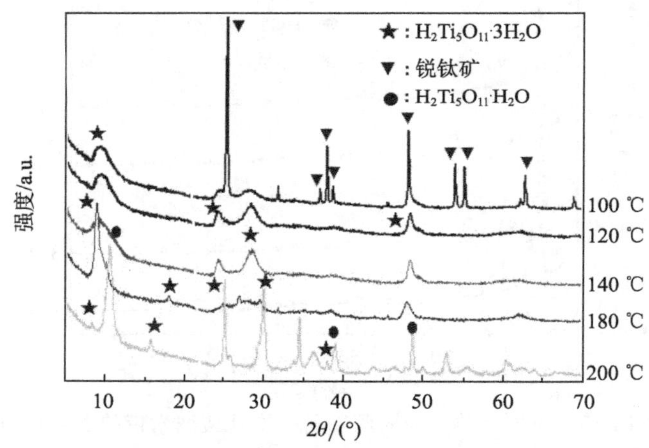

图 14-15　不同水热反应温度制备一维钛酸纳米带的 XRD 图谱

图 14-16 为不同水热反应温度制备一维钛酸纳米带的 SEM 形貌。可以看出：①当反应温度为 100 ℃和 140 ℃时，有不规则的片状物质存在，也存在宽度为 100～200 nm 的一维亚微米带；②当温度为 100 ℃时，未反应完全的锐钛矿颗粒清晰存在；③当温度为 180 ℃时，存在宽度为 50～100 nm，厚度为 1～2 nm 且尺寸均匀、表面平整光滑的纳米带；④当温度为 200 ℃时，存在宽度为 100～200 nm，厚度为 1～2 nm，长为几个微米的纳米带，同时也存在断裂的带状组织。综上可知，适当提高水热反应温度，有利于反应产物的生成，但温度过高，会导致出现新的物相，并且纳米带断裂。

4. 后处理 pH 对于一维钛酸纳米带微观结构的影响

后处理过程对于一维钛酸盐的微观结构具有重要的影响[29]。控制其他条件不变

(即热碱浓度为 10 M，水热反应时间为 2 D，水热反应温度为 180 ℃)，改变后处理的 pH，所得产物的 XRD 图谱如图 14-17 所示。可以看出，当后处理的 pH 为 3.0 和 4.0 时，产物中均有 $H_2Ti_3O_7$ 物相；但是当 pH 高于 5.6 时产物均为 $H_2Ti_5O_{11}\cdot 3H_2O$，并且衍射峰强相似。说明 pH 在 3.0～4.0 有利于 $H_2Ti_3O_7$ 的生成，pH 在 5.6～10.0 有利于 $H_2Ti_5O_{11}\cdot 3H_2O$ 的生成。

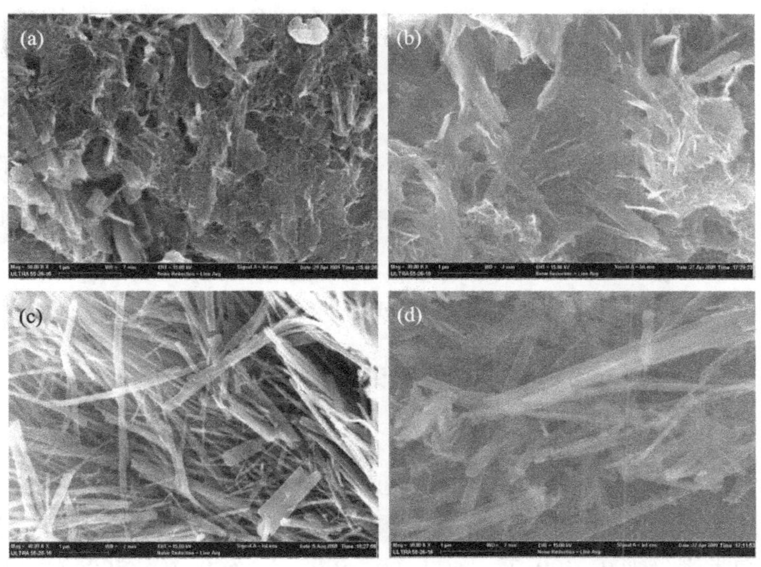

图 14-16　不同水热反应温度制备一维钛酸纳米带的 SEM 形貌

(a) 100 ℃；(b) 140 ℃；(c) 180 ℃；(d) 200 ℃

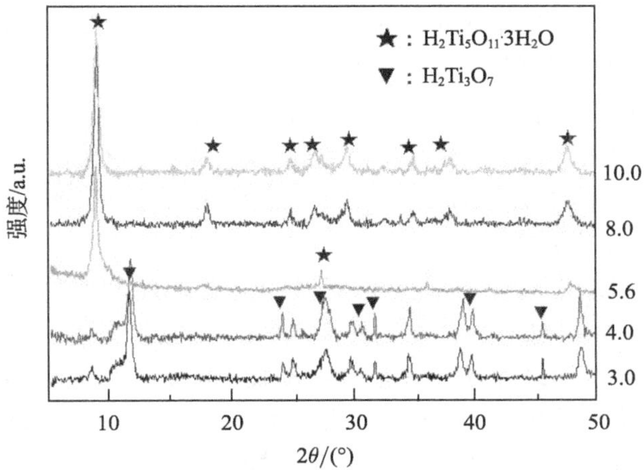

图 14-17　不同 pH 处理下一维钛酸纳米带的 XRD 图谱

图 14-18 是不同 pH 处理得到的一维钛酸纳米带的 TEM 图像。从图中可以看出：① pH 为 3.0，得到的是宽度约为 100 nm 的一维 $H_2Ti_3O_7$ 纳米带；②当 pH 为 5.6 时，得到一维 $H_2Ti_5O_{11}\cdot 3H_2O$ 纳米带，宽度 30～50 nm，厚 1～2 nm，长度为几微米，表面比较光滑；③当 pH 为 10.0 时，一维 $H_2Ti_5O_{11}\cdot 3H_2O$ 纳米带的宽度约为 100 nm，但是表面有花纹样，粗糙、不光滑。

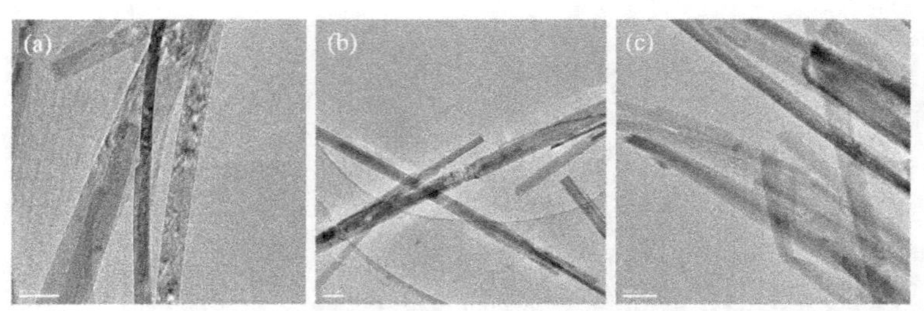

图 14-18　不同 pH 处理下一维钛酸纳米带的 TEM 图像

(a) pH 为 10.0；(b) pH 为 5.6；(c) pH 为 3.0

14.2.2　一维钛酸纳米带的物理性能研究

1. 一维钛酸纳米带的热稳定性

研究表明，一维钛酸纳米材料的热稳定性与其化学组成和结构有关系[17, 30]。研究一维钛酸纳米带的热稳定性为一维钛酸纳米带的进一步使用提供热力学参数。将一维钛酸纳米带分别在 300 ℃、400 ℃、500 ℃、600 ℃、700 ℃、800 ℃进行热处理，所得产物的 XRD 图谱和 SEM 形貌，如图 14-19 和图 14-20 所示。

从 XRD 图谱中可以看出：①钛酸的特征衍射峰在 500 ℃消失，说明钛酸在低于 500 ℃下能稳定存在；②在 400 ℃锐钛矿相开始出现，随着热处理温度的升高，衍射峰的强度增加；③ 600 ℃时出现金红石相，此时金红石和锐钛矿同时存在；④ 700 ℃时锐钛矿相消失，此时出现 $Na_2Ti_6O_{13}$ 相，这主要是因为 Na^+的存在，说明了钛酸的钠盐较之于钛酸的热稳定性要好。结合 SEM 形貌，可以看到在 300 ℃、400 ℃时钛酸纳米带的形貌稳定存在；500 ℃时出现部分不平整且尺寸为 200～400 nm 的亚微米带，部分形貌未变化。

一般认为含 Na 较高的一维钛酸纳米管，由于在热处理时主要为层间羟基(—OH)缩合脱水作用，从而层间距减小，但仍保留尺寸较小纳米带形状。而含 Na 较低的一维钛酸纳米管，则同时存在层内羟基和层间羟基脱水作用。所以在 500 ℃时含 Na^+ 较高区域的钛酸纳米带没被破坏，含 Na^+较低区域钛酸纳米带被破坏，500 ℃是一个由尺寸较小纳米带向尺寸较大纳米带形成的过渡温度点。在 600 ℃时，由于外界能量高，Na^+ 较高的钛酸纳米带也被破坏，物相发生了转变。同时从图 14-20 中可以看出纳米带的尺寸发生了明显的变化，还观察到在热处理过程破裂的碎片；700℃的SEM 图像显示尺寸变大的纳米带发生断裂，原来大量薄的宽片少了，纳米带收缩变窄、变厚，有些窄片收缩成细的长条状，同时这种厚片烧断、烧结形成颗粒，物相此时也转变成 $Na_2Ti_6O_{13}$。由 800 ℃的 SEM 图像可以看到，在 700 ℃短棒的基础上长了很多，并且颗粒减少，表面光滑。

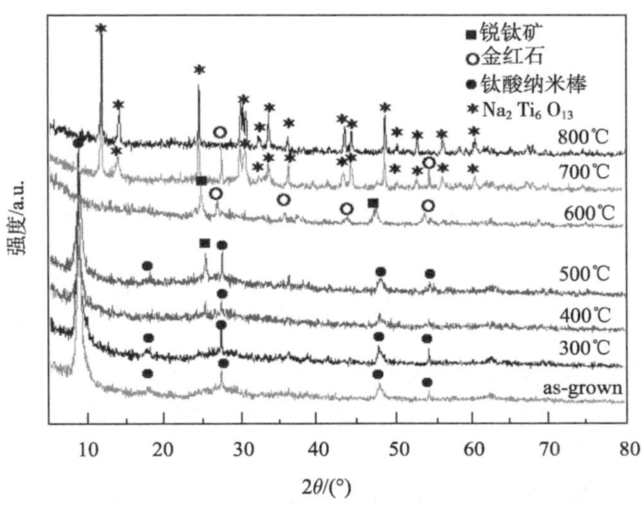

图 14-19　热处理一维钛酸纳米带的 XRD 图谱

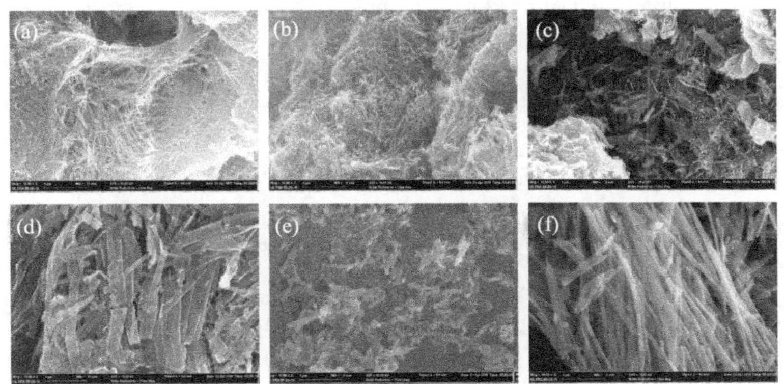

图 14-20　热处理一维 $H_2Ti_5O_{11}\cdot 3H_2O$ 纳米带的 SEM 形貌

(a) 300 ℃；(b) 400 ℃；(c) 500 ℃；(d) 600 ℃；(e) 700 ℃；(f) 800 ℃

图 14-21 为 300 ℃热处理后的样品 EDS 成分图。可以看出所制备的钛酸纳米带的元素成分包含了 O，Cl，Ti，Na 这四种元素。其中，尽管经过了多次反复的酸和水洗，Na 的含量会有所下降，但是依然会或多或少地存在 Na^+，并且钛酸纳米带

因为具有较大比例的宽度长度和层状结构，其具有吸收 Na 元素的特性。

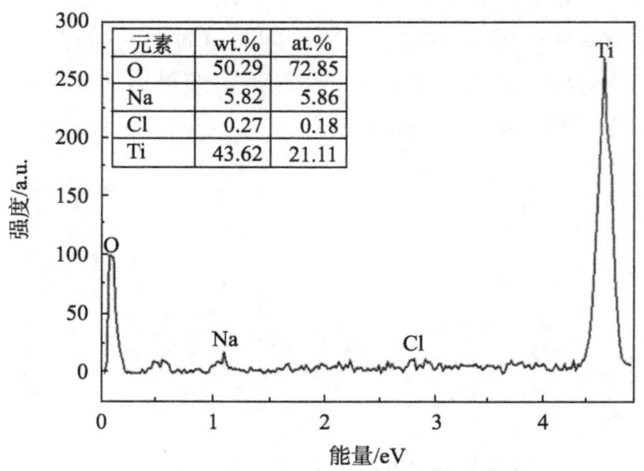

元素	wt.%	at.%
O	50.29	72.85
Na	5.82	5.86
Cl	0.27	0.18
Ti	43.62	21.11

图 14-21　一维钛酸纳米带 300 ℃热处理后的 EDS 成分图

图 14-22 所示为红外(FTIR)光谱。图中证实了各个温度热处理后样品中化学键的变化。3550～3200 cm^{-1} 的吸收峰为 H_2O 分子中 O—H 的伸缩振动，1626 cm^{-1} 的吸收峰为 O—H 的弯曲振动。这两个峰随着温度的升高而减弱，说明钛酸纳米带中的结合水分子逐渐失去。897 cm^{-1} 的吸收峰为 Ti—O 吸收峰，在 Ti—O—Ti 吸收峰(700～900 cm^{-1})范围内，在光谱的低波数部分，500 cm^{-1} 出现峰位 Ti—O。当温度超过 700 ℃时，897 cm^{-1} 处的峰向高波数偏移至 979 cm^{-1}，这主要是因为晶格中 Na^+取代了 H^+的位置，导致了 Ti—O 的不正常吸收。

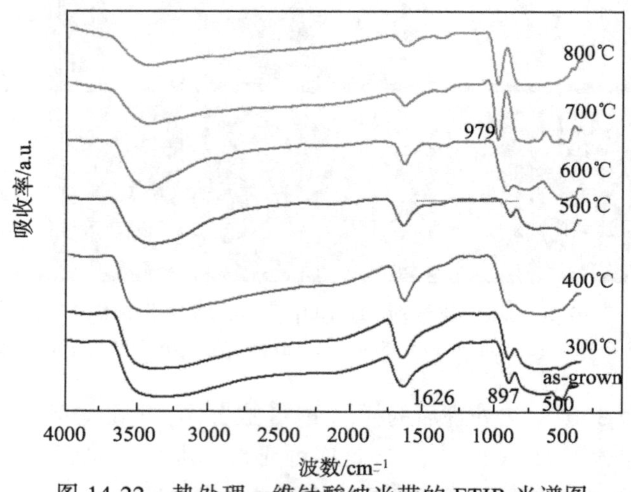

图 14-22　热处理一维钛酸纳米带的 FTIR 光谱图

综上可知：在较低热处理温度下，层内羟基脱水导致纳米带长度发生微小变化；但在较高热处理温度下层间脱水导致晶相变化，纳米带尺寸被破坏。500 ℃是本实验所制备的材料物相和结构发生转变很关键的温度点。低于 500 ℃时，钛酸的物相和形貌保持不变，但从 FTIR 光谱中可以看出层间的 O—H 脱水。从 500 ℃到 600 ℃，晶格结构中 O—H 开始脱水，同时锐钛矿和金红石出现，此时纳米带发生断裂并重新烧结在一起，超过 700 ℃ 出现 $Na_2Ti_6O_{13}$ 纳米线，800 ℃这种纳米线生长成几微米长并且稳定存在，Na^+对于钛酸纳米材料的热稳定性有很大的影响作用。

2. 一维钛酸纳米带的光学性能

TiO_2 基催化剂的光催化效应源于在可见光或者紫外线照射下光生电子和光生空穴对的产生，但是在实际应用中，光催化剂的活性与很多因素都有关系，如催化剂的羟基浓度、比表面积、氧空位等，并且这些因素对光催化效应有很大的影响。较大的羟基浓度、比表面积和较多氧空位有利于光催化效应的增强。

Zhang 等[31]通过电子自旋共振 (ESR) 谱实验初步判定一维钛酸纳米材料具有对可见光的吸收。这种特殊的光学性质来源于一种特殊的捕获了一个电子的“氧空位”，这种氧空位处于钛酸纳米材料的禁带宽度之间，使得电子可以借助氧空位由价带跃迁到导带，这个跃迁仅需波长较长的可见光可完成。这种“氧空位”是在纳米材料制备过程中形成的，一般情况下在空气中具有稳定的形态，纳米材料中氧空位浓度的大小影响其光学性质。另外，纳米材料表面存在着大量的缺陷和氧空位，可使电子极易发生跃迁，这也是一维钛酸纳米材料增强光催化效应的原因。

图 14-23 为一维 $H_2Ti_5O_{11}\cdot 3H_2O$ 纳米带的红外光谱。其中从 800 cm^{-1} 到 400 cm^{-1} 为 Ti—O 或者 Ti—O—Ti 骨架的吸收峰，3330 cm^{-1} 和 1648 cm^{-1} 的吸收峰为羟基峰。由前面所述的光催化机理可以得知，催化剂表面的羟基数量对催化效应有很大的影响。一般来说，羟基数量越多，催化效应越强，因此大的羟基吸收峰预示着催化剂有较大的光催化效应，故一维钛酸纳米带具有较强的光催化效应。

图 14-24 为一维 $H_2Ti_5O_{11}\cdot 3H_2O$ 纳米带的紫外可见吸收光谱。从图中可以看出，一维 $H_2Ti_5O_{11}\cdot 3H_2O$ 纳米带在 280 nm 和 380 nm 附近各有一个吸收峰，其中 280 nm 处的吸收峰较强，380 nm 处的吸收峰较弱，280 nm 处的吸收峰主要来自于非骨架钛。这种非骨架钛部分是来自于 Ti 的六配位体，包含了 Ti—O—Ti 键[32]，380 nm 的宽吸收峰主要来自于聚合的钛酸纳米带。这种一维钛酸纳米带的最大吸收波长边界为 448 nm，其吸收波长边界相对于普通 TiO_2(P25)(387 nm)有一定的红移，这表示吸收太阳光的能力较 P25 强，从理论上催化效应会有所增强。

图 14-25 为一维钛酸纳米带分别在紫外可见光和可见光作为光源照射下的光催化降解产率曲线。从图中可以看到，在紫外可见光照射下，一维钛酸纳米带的光催

化降解产率为 67%，而在可见光的照射下，光催化降解产率仅为 6%。由此表明一维钛酸纳米带主要是对紫外线有吸收，在紫外线照射下，其导带上的电子吸收能量后跃迁到价带上，被激发的电子与溶液中的 O_2 反应生成羟基自由基(·OH)，从而将有机物降解。但是对可见光的响应却十分微弱，光催化降解产率很低，这是由于可见光的能量过低，无法使一维钛酸纳米带中导带上的电子跃迁到价带上。但是由于一维钛酸本身的结构因素，如表面具有较多的羟基，存在氧空位、一维结构等，对其进行进一步的研究很有必要。

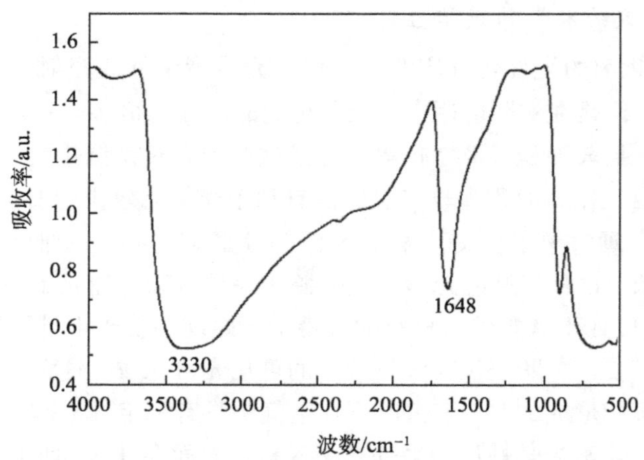

图 14-23　一维钛酸纳米带的 FTIR 光谱图

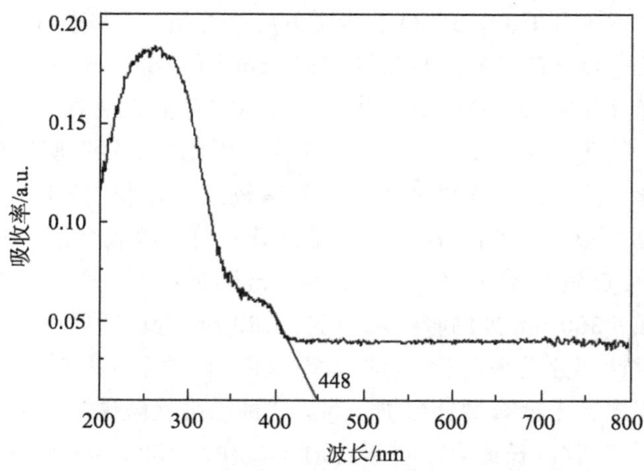

图 14-24　一维钛酸纳米带的紫外可见吸收光谱图

3. 一维钛酸纳米带的电学性能

以一维钛酸($H_2Ti_5O_{11}·3H_2O$)纳米带为负极材料组装锂二次电池，图 14-26 (a)是钛酸纳米带电极的第一次充放电的电压曲线。无论是放电曲线还是充电电压曲线，都很平滑，并没有像锐钛矿或金红石 TiO_2 那样出现一个特定的电压平台。这种情况表明锂离子嵌入钛酸纳米带和脱嵌的时候并不存在富锂和贫锂的两相界面，在整个嵌锂或脱嵌的过程中都保持了均匀的结构相。这种特性与无定形 MnO_2 的情况相类似[33]。这主要是由电极材料的纳米效应决定的，也就是当材料的尺度减小到一定程度后，离子或电荷扩散的距离足够短，具有了类似于液体的性质，因此，在嵌锂和脱嵌的过程没有出现两相界面效应。图 14-26(b)是钛酸纳米带电极的恒流充放电循环性能。电化学储锂性能表明首次充放电容量分别为 190 mA·h/g 和 155 mA·h/g，循环 20 次，充放电容量依然保持为 108 mA·h/g 和 106 mA·h/g，表明该材料具有良好的充放电可逆性。因此，钛酸纳米带的容量大大高于普通 TiO_2 粉体，也与其他类型钛酸纳米材料的循环容量相比拟。

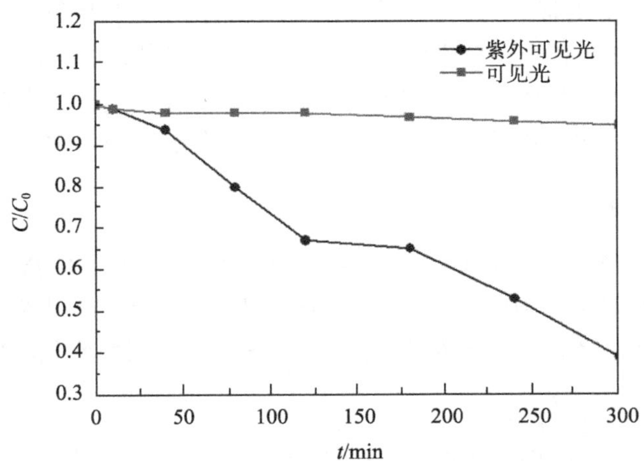

图 14-25　一维钛酸纳米带光催化降解产率曲线

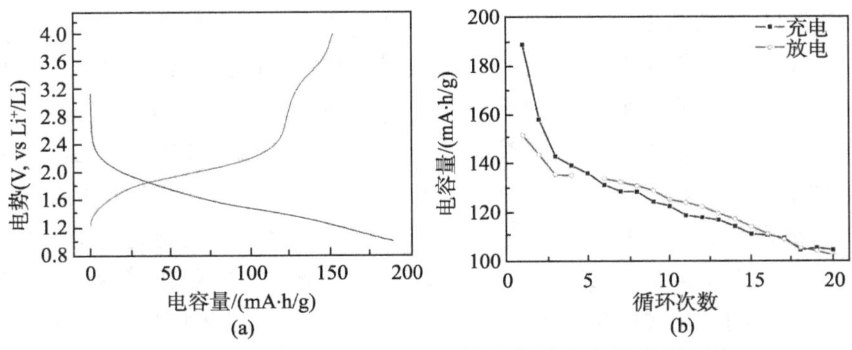

图 14-26　一维 $H_2Ti_5O_{11}\cdot 3H_2O$ 纳米带的电化学嵌锂行为

(a) 首次充放电曲线；(b) 恒流充放电循环性能

一维钛酸纳米带是从 TiO_2 经强碱水热法制备，其横截面为层层堆积的层状结构，间距达 1.041 nm，具有开放的结构。因此，钛酸纳米带的开放式结构和纳米尺寸的宽度可能是造成其特殊电化学性能的主要因素。$H_2Ti_5O_{11}\cdot 3H_2O$ 钛酸的层状结构具有较大的层间距离，几乎比 Li^+ 半径(约 0.68 Å)大一个数量级，为锂离子的快速扩散提供了一个天然的通道。其次，钛酸纳米带的厚度较小，处于纳米尺寸量级，这样就相当于把锂离子扩散的距离限制在距离较短的纳米带壁上，从而大大缩小了锂离子在固相的扩散距离。因此，锂离子在纳米带中的扩散和传输具有"纳米离子"效应，导致锂离子在钛酸盐纳米带内部的扩散具有类似在液相中传输的特性，其嵌锂/储锂行为具有赝电容法拉第过程的动力学特性。这种作用方式类似于一些无定形材料的嵌锂特性，而无定形材料作为嵌锂材料具有良好的循环稳定性和结构稳定性，有助于钛酸盐纳米材料经充放电循环后能够保持结构稳定性。另外，钛酸纳米带的比表面积很大，极大地提高了钛酸纳米带与液态电解质的接触面积，改善了锂离子在固液两相界面之间的传质特性，从而改善了电极的动力学特征。因此，一维 $H_2Ti_5O_{11}\cdot 3H_2O$ 钛酸纳米带被认为具有优异的离子交换性能，有希望用于锂二次电池的负极材料，可以提高电极的安全性和快速充放电性能。

14.2.3　一维钛酸纳米带材料的形成过程

一般来说，当二氧化钛和氢氧化钠水热反应的温度低于 100℃时无法得到一维纳米结构；当温度超过 100℃时，产物含钠、钛和氧，目前认为将钛酸钠纳米材料酸洗可得到钛酸纳米材料。下面首先给出以 TiO_2 为原材料水热反应生成钛酸纳米带的反应方程式：

$$5TiO_2+2NaOH+2H_2O \longrightarrow Na_2Ti_5O_{11}\cdot 3H_2O$$

$$Na_2Ti_5O_{11}\cdot 3H_2O+2H^+ \longrightarrow H_2Ti_5O_{11}\cdot 3H_2O+2Na^+$$

TiO_2 的基本结构由 TiO_6 八面体构成，其中两个 Ti—O 键较长，四个 Ti—O 键较短，在高温高压和 NaOH 作用下，键长较长的 Ti—O 易断裂，键长较短的 Ti—O 不易断裂，形成了高度无序的中间产物——一种六配位的 $[Ti(OH)_6]^{2-}$ 前驱体，这种前驱体在水热条件下不稳定，能够通过桥氧形成稳定的层状结构单元 $[Ti_5O_{11}]$ 纳米晶。这种纳米晶不稳定，多余的 Na^+ 进入层间，单层的 $[Ti_5O_{11}]$ 结构从纳米晶上剥落，并且逐渐长大，形成晶核。当晶核超过临界尺寸时形成稳定的纳米片，纳米片取向生长，就形成了一维纳米带状或线状结构。图 14-27 给出了钛酸纳米带结构形成过程示意图。在酸性条件下，Na^+ 被 H^+ 置换出来，钛酸盐纳米带变成了一维钛酸纳米带。

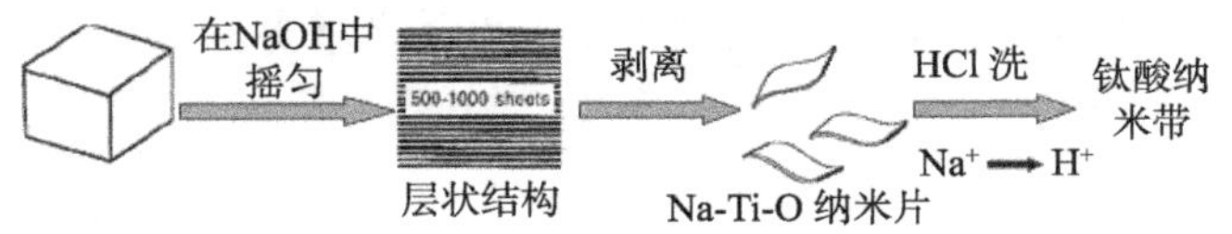

图 14-27　一维钛酸纳米带的形成过程示意图

14.3　一维钛酸纳米带的贵金属纳米晶表面修饰及其光催化效应

近几十年来，人们对光催化剂的电荷传输进行了广泛的研究。目前存在的主要问题是半导体材料的禁带宽度较大，大部分只能对紫外线有吸收，对于可见光的响应很弱，怎样提高对可见光的响应是目前光催化剂亟需解决的问题。众多研究表明有很多方法可以用来提高光催化剂对可见光的响应。一般来说，金属离子掺杂和非金属离子掺杂主要是降低半导体材料的禁带宽度，而贵金属沉积和半导体复合主要是阻止电子-空穴对的复合。本节重点介绍在半导体材料表面沉积贵金属形成异质结结构。由于半导体材料的费米能级比贵金属高，电子会从半导体材料流向贵金属颗粒中，并在交界处形成肖特基势垒，从而减小电子-空穴对的复合，提高光催化效应。也就是说，在一维钛酸纳米带表面分别沉积贵金属 Au 和 Pt 纳米颗粒，其形成的异质结材料分别记为 Pt/钛酸纳米带异质结和 Au/钛酸纳米带异质结，以期达到增强一维钛酸纳米材料的光催化效应。

14.3.1　Pt 沉积一维钛酸纳米材料的结构及光催化效应

1. 晶相结构分析

图 14-28 为不同含量 Pt/钛酸纳米带异质结材料的 XRD 图谱。从图中可以看出，在 2θ 为 8.9° 处的特征峰依然存在，说明此材料仍然是层状结构的钛酸($H_2Ti_5O_{11}\cdot 3H_2O$)，在其表面沉积贵金属 Pt 后未发现 Pt 的衍射峰；同时，当 Pt 含量超过 2.8 wt.%时，该特征峰向高角度偏移，如图中的插图所示。这是由于 Pt 含量过少，低于仪器测试所需含量(5 wt.%)，故无法检测到 Pt 的存在，但是 Pt 沉积在一维钛酸表面导致了其向高角度偏移。

2. 微结构特征分析

图 14-29 为不同含量 Pt/钛酸纳米带异质结材料的场发射扫描电镜(FE-SEM)形貌。可以很清晰地看到纳米带的形貌没有因为纳米颗粒沉积而发生变化，宽度仍为 30～100 nm，厚度为 1～2 nm、长度为几微米，表面有很多纳米颗粒沉积，直径约为 16 nm，均匀地分散在一维钛酸纳米带的表面，几乎没有团聚。随着 Pt 前驱体的

增多，沉积在一维钛酸纳米带表面的纳米颗粒也随之增多。

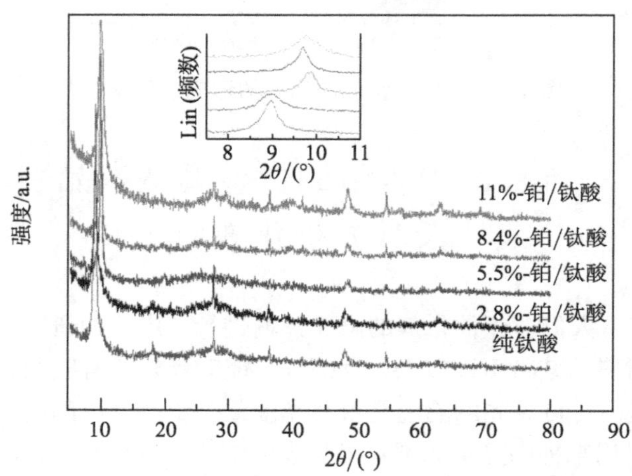

图 14-28　不同含量 Pt/钛酸纳米带异质结材料的 XRD 图谱

图 14-29　不同含量 Pt/钛酸纳米带异质结材料的 FE-SEM 图像

(a) 2.8%; (b) 5.4%; (c) 8.2%; (d) 11.2%

图 14-30 为 EDS 能谱测量的化学成分曲线。可以看出材料中存在 Ti、O 和 Pt 元素，因此可以推测沉积在表面的纳米颗粒含有 Pt 元素。EDS 中 Na 元素的存在是因为制备过程中 Na 元素很难被完全清洗掉。不同 Pt/钛酸纳米带异质结材料中 Pt

的含量，如表 14-1 所示。产物中 Pt 含量是由前驱体氯铂酸含量决定的，并随着氯铂酸含量的增加而增加，与 SEM 图像是一致的。

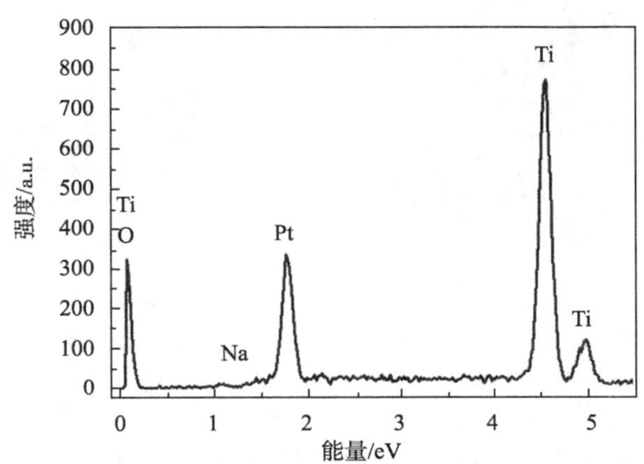

图 14-30　Pt/钛酸纳米带异质结材料的 EDS 能谱图

表 14-1　不同含量 Pt/钛酸纳米带异质结材料的元素含量

样品＼含量	Pt-wt.% (A%)	Ti-wt.% (A%)	O-wt.% (A%)	Na-wt.% (A%)
Pt-1.40%	1.02 (0.11)	42.62 (20.91)	51.49 (73.55)	4.87 (5.43)
Pt-2.80%	2.63 (0.28)	41.93 (20.42)	49.46 (74.07)	4.78 (5.33)
Pt-5.60%	5.12 (1.10)	40.85 (19.90)	49.39 (73.81)	4.64 (5.19)
Pt-8.20%	8.03 (1.76)	39.60 (14.92)	47.88 (78.29)	4.49 (5.03)
Pt-11.0%	10.12 (2.24)	38.70 (14.58)	46.80 (78.80)	4.38 (4.91)

图 14-31(a)为 11wt.%-Pt/钛酸纳米带异质结的 TEM 图像，从图中可以看出 Pt 纳米颗粒分布均匀，颗粒尺寸小，没有团聚，并且与一维钛酸纳米带附着力强。图 14-31(a)中插图为纳米颗粒的高分辨透射(HRTEM)晶格像，显示了晶格条纹间距是 0.194 nm，对应着 Pt 的(200)晶面。从图 14-31(b)中可以看出 Pt 纳米颗粒的尺寸大部分在 2.8 nm，并且在 2～5 nm 范围内分布均衡。

3. 光电子能谱成分分析

一般认为沉积 Pt 后，催化剂的催化效应与其表面沉积的 Pt 纳米尺寸和物相有很大关系。为了进一步确定负载 Pt 后一维钛酸纳米带以及表面纳米颗粒的成分，采用光电子能谱(XPS)对 Pt/钛酸纳米带异质结材料中的 Ti、O 和 Pt 的价态进行定性分析。图 14-32(a)是 Pt/钛酸纳米带异质结材料和纯钛酸纳米带在 0～1100 eV 范围内的 XPS 全谱图。图中两种材料在位于 282 eV、455 eV 和 526 eV 的峰分别对应 C 1s、Ti 2p 和 O 1s 的光电子峰，说明两种材料中均存在 C、Ti 和 O 元素，其中 C

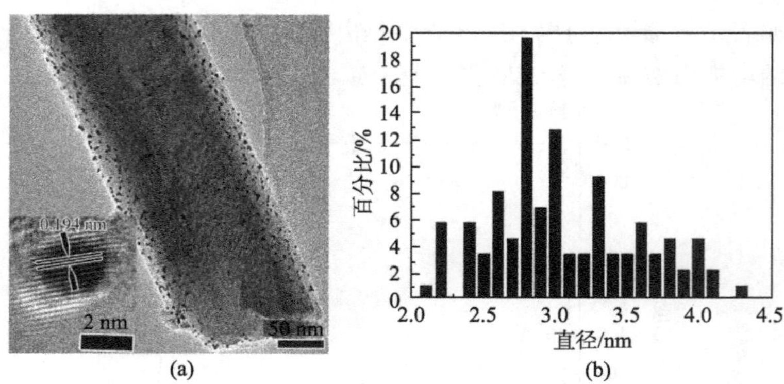

图 14-31　钛酸纳米带异质结材料

(a) 11wt.%-Pt/钛酸纳米带异质结材料的 TEM 图像；(b) 图(a)中纳米晶粒的尺寸分布

元素来源于制备过程气氛中的 C 吸附以及 XPS 测试中仪器带来的表面 C 污染，在此不予讨论。而在 Pt/钛酸纳米带异质结材料中在 72 eV 处有一个峰，对应于 Pt 4f 的光电子峰。

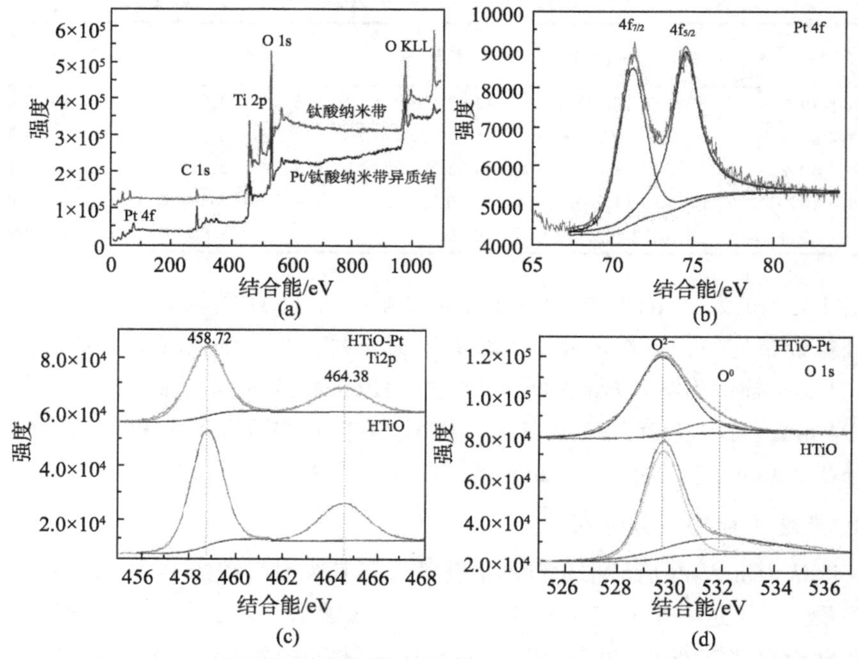

图 14-32　Pt/钛酸纳米带异质结材料和钛酸纳米带 XPS 能谱图

(a) XPS 全谱图；(b) Pt 4f 的 XPS 能谱图；(c) Ti^{4+} 2p 的 XPS 能谱图；(d) O1s 的 XPS 能谱图

Pt/钛酸纳米带异质结材料中 Pt 的光电子峰可分裂为位于 71.18 eV 和 74.49 eV

的 Pt $4f_{5/2}$ 和 Pt $4f_{7/2}$ 两个光电子峰，如图 14-32(b)所示。这两个峰都对应单质 Pt 元素，说明钛酸表面纳米颗粒是 Pt 单质纳米颗粒。图 14-32(c)为 Pt/钛酸纳米带异质结材料和纯钛酸纳米带中 Ti 2p 的 XPS 图谱。可以看到钛酸纳米带的 Ti 2p 光电子峰分裂为位于 458.19 eV 和 463.9 eV 两个光电子峰，这表明样品中 Ti 以 Ti^{4+}形式存在[34]，分别对应于 $Ti^{4+}2p_{3/2}$ 和 $Ti^{4+}2p_{5/2}$。Pt/钛酸纳米带的 Ti 2p 光电子峰分裂为位于 458.65 eV 和 463.9 eV 两个光电子峰，分别对应于 $Ti^{4+}2p_{3/2}$ 和 $Ti^{4+}2p_{5/2}$。由此可见，沉积 Pt 纳米颗粒后 Ti^{4+} 2p 的峰有所偏移，但是在仪器误差(0.47 eV)范围内。所以沉积 Pt 纳米颗粒后 Ti 的化学价态没有影响。图 14-32(d)显示 O 存在两种化学状态，即 529.74 eV 光电子峰属于 Ti—O—Ti 键中的 O^{2-}，531.88 eV 光电子峰对应于 O^0 态，其来自于物理吸附空气中的氧。这是由于一维钛酸纳米材料具有独特的带状结构和高比例的长宽比，很容易吸附空气中的氧。比较沉积 Pt 纳米颗粒前后，这两个光电子峰没有明显的偏移，但是 O^0 和 O^{2-}的峰强在 Au/钛酸纳米带异质结材料和纯钛酸中比分别为 1:2.58 和 1:8.90。吸附氧在光催化过程中起了很大的作用，它能在捕获光电子后形成有利于降解有机物的·OH。因此，不同含量 Pt/钛酸纳米带异质结材料能提高对氧的吸附，从而可提高光生电子-空穴对分离效率，进而增强光催化效应。

4. 紫外可见漫反射光谱分析

图 14-33 为不同含量 Pt/钛酸纳米带异质结材料在 200～800 nm 范围内的紫外可见光吸收谱。从图中可以看到沉积 Pt 纳米颗粒前后，材料的吸收边没有变化，270～280 nm 处的吸收峰主要为非骨架钛，这种非骨架钛部分是来自于 Ti 的六配位体，包含了 Ti—O—Ti 键；而 230～320 nm 的宽吸收峰则主要来自于聚合的钛酸纳米带。

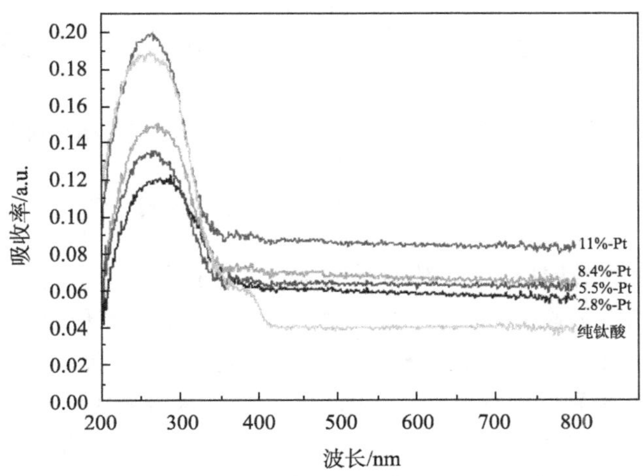

图 14-33　不同含量 Pt/钛酸纳米带异质结材料的紫外可见光谱图

在紫外区，所有样品的吸收峰均高于相同条件处理(300 ℃热处理)后的纯相一维钛酸纳米带的吸收峰。这是因为在水热合成过程中材料表面形成了氧空位，这种氧空位的浓度对紫外线的吸收有很大的影响；而在 300 ℃热处理后，氧空位浓度降低，但是异质结的形成则有利于氧空位的稳定。在可见光区，相对于纯的一维钛酸纳米带，由于 Pt 纳米颗粒的存在，Pt/钛酸纳米带异质结材料对 300～700 nm 范围内可见光的吸收强度提高了很多，然而，在这些区域没有出现明显的吸收峰。实际上，虽然有研究表明贵金属 Pt 能吸收可见光并且能提高对可见光的吸收，然而更多的能量来自于 Pt/钛酸纳米带异质结材料中一维钛酸纳米带的带隙，这种带隙主要是由于贵金属 Pt 纳米颗粒分散在钛酸基体中产生的。也就是说，Pt 纳米颗粒和钛酸基体之间形成的界面改变了钛酸的带隙，在降低电子跃迁所需能量方面起到了很大的作用。

5. Pt/钛酸纳米带异质结材料的光催化效应

图 14-34 为不同含量 Pt/钛酸纳米带异质结材料对结晶紫的光催化产率曲线。为排除 Pt 纳米颗粒对光催化效应的影响，同时采用相同的制备方法制备了贵金属 Pt 纳米颗粒，并采用相同的光催化实验来研究贵金属 Pt 的光催化效应。从图 14-34(a) 可以看到 300 min 后 Pt 纳米颗粒的光催化产率约为 28%。

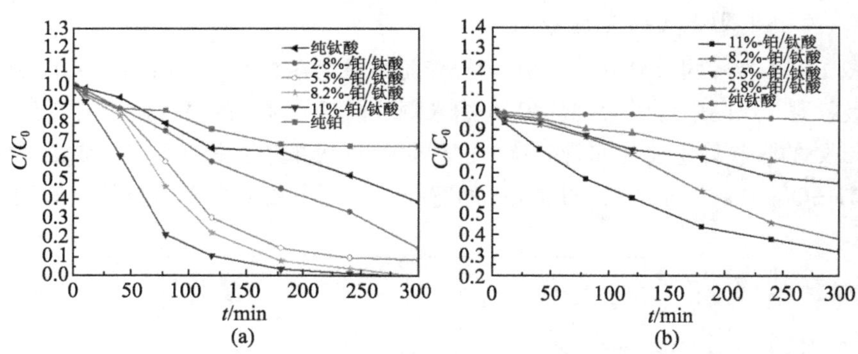

图 14-34　不同入射光条件下不同含量 Pt/钛酸纳米带异质结材料对结晶紫的光催化产率曲线

(a) 紫外可见光照射; (b) 可见光照射

在紫外可见光的照射下，一维钛酸纳米带的光催化产率约为 67%，Pt/钛酸纳米带异质结材料光催化效应有了很大的增强，即①300 min 照射后，2.8 wt%-Pt/钛酸纳米带异质结材料和 5.5 wt%-Pt/钛酸异质结材料分别增加到 85%和 91%；②而 8.2 wt%-Pt/钛酸纳米带异质结材料和 11 wt%-Pt/钛酸纳米带异质结材料几乎完全降解；③11 wt%-Pt/钛酸纳米带异质结材料在 240 min 光照射后降解将近 98%，如图 14-34(a) 所示。参比贵金属 Pt 的催化产率可知，光催化效应的增强主要是由于 Pt 沉积在一维钛酸纳米带表面形成的协同效应。

Pt/钛酸纳米带异质结材料在可见光照射下对结晶紫的降解也有了很大的提高。例如，300 min 照射后，一维钛酸纳米带对结晶紫的降解为 5%，而 11 wt%-Pt/钛酸纳米带异质结材料的降解效率则提高到了 68.2%，如图 14-34(b)所示。也就是说，Pt 纳米颗粒沉积在一维钛酸纳米带表面能有效地增强在可见光照射下的光催化效应。

6. 光致发光分析

光致发光发射谱，又称 PL 谱，通常用来研究带电电荷的捕获、迁移和传输情况。在半导体材料中，对于研究电子-空穴对的复合非常有用。众所周知，光催化剂在光激发下产生的光生电子(e^-)和空穴(h^+)复合对光催化效率十分不利，所以提高载流子在光催化剂表面上有效地迁移和分离是提高催化效应的有效方法。一般来说，催化剂受到光激发后，会产生大量的光生电子(e^-)和空穴(h^+)，其中有部分光电子和空穴会发生复合，其能量以发出荧光的形式释放出来，所以从原理上说，较低的荧光发射强度意味较低的电子-空穴复合率。

图 14-35 为纯钛酸及不同含量 Pt/钛酸纳米带异质结材料中的光致发光谱。其中，①325 nm 和 400 nm 处的峰主要是电子从导带跃迁到价带导致的；②图中出现的一些小峰主要是由 Pt 纳米颗粒的存在引起的；③在 440 nm、452 nm 和 468 nm 处的峰，主要是在合成过程中形成的氧空位造成的发射峰[35]。从图中可以看出，不同含量 Pt/钛酸纳米带异质结材料的 PL 发射谱的大部分峰，其峰位置相同但强度不同。其中纯钛酸的峰比 Pt/钛酸纳米带异质结材料的峰要强，并且随着 Pt 纳米颗粒含量的增加而降低。原因主要是 PL 谱显示的主要是光生电子-空穴的复合，PL 谱峰强度表示在光照射下材料中电子和空穴的复合率。综上所述，沉积在一维钛酸纳

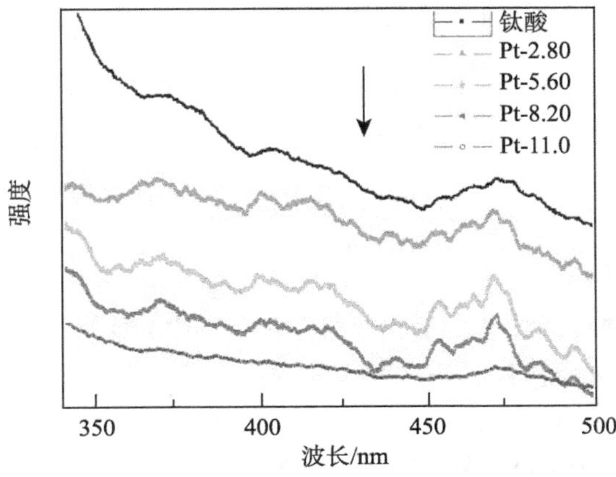

图 14-35　不同含量 Pt/钛酸纳米带异质结材料的光致发光谱

米材料表面的 Pt 纳米颗粒没有改变钛酸的禁带宽度，但是能降低 PL 谱峰的强度，即降低电子-空穴的复合，这有利于光催化效应的增强。

7. Pt/钛酸纳米带异质结材料的形成机理

本研究主要采用的是醇还原制备金属胶体，醇是使用稳定剂制备金属胶体常用的弱还原剂。Pt 胶体主要是用乙醇将 Pt^{2+}还原成单质 Pt，并且采用聚乙烯吡咯烷酮(PVP)作为稳定剂形成稳定的金属溶胶。主要的反应方程式如下

$$H_2PtCl_6 + 3C_2H_5OH \longrightarrow Pt^0 + 6HCl + 3CH_3CHO$$

其中，PVP 作为保护剂对 Pt 纳米颗粒的尺寸有很大影响。一般认为小于 10 nm 的金属粒子具有强烈地保持电中性的倾向，如果选用水溶液中带电荷的保护剂，其保护作用难以发挥。相比而言，PVP 作为一种中性保护剂，更容易吸附到纳米 Pt 表面，进而影响纳米 Pt 晶面的生长，将 Pt 纳米颗粒控制在更小的尺寸内。

羟基乙酸(TGA)主要是作为耦合剂连接一维钛酸纳米带和 Pt 纳米颗粒，羟基乙酸中的—COOH 很容易和钛酸纳米带表面的—OH 发生脱水反应，失去一个水分子，同时羟基乙酸键合在钛酸纳米带表面，使钛酸钠纳米管表面含有—SH，羟基乙酸中的 S 原子能与 Pt 原子在一起形成很强的 S 金属结合，这样 Pt 和钛酸可以通过 TGA 这个连接体较好地连接在一起。图 14-36 显示了 Pt/钛酸纳米带异质结材料的化学键模型。

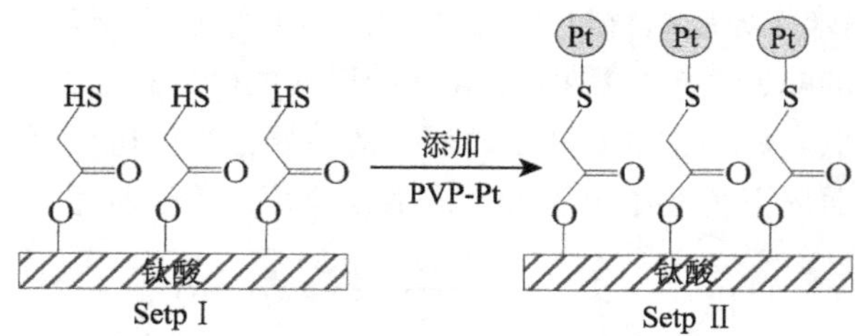

图 14-36　Pt/钛酸纳米带异质结材料化学键模型

Step Ⅰ一维钛酸纳米带和 TGA 分子连接模型；Step Ⅱ Pt 和 TGA 分子连接模型

14.3.2　Au/钛酸纳米带异质结材料的结构及光催化效应

1. 显微结构分析

图 14-37(a)为 Au/钛酸纳米带异质结材料的 SEM 形貌。可以很清晰地看到纳米带的形貌没有因为纳米颗粒沉积在其表面发生变化，其表面有很多 Au 纳米颗粒沉积，颗粒大小为 10～20 nm，并且均匀地分散在一维钛酸纳米带表面。图 14-37(b)为 Au/钛酸纳米带异质结材料的 TEM 图像。从图中可以看出，部分区域的钛酸表

面沉积着高密度的 Au 纳米颗粒，部分区域没有 Au 纳米颗粒。相比于 Pt/钛酸纳米带异质结材料，Au 纳米颗粒尺寸比 Pt 纳米颗粒大。这主要是因为在制备过程中采用了氯金酸作为前驱体，引进了 Cl^-，在水洗过程中很难将 Cl^-清洗干净，残留的 Cl^-能增强 Au 在载体上的流动性，导致了 Au 纳米颗粒的长大。

图 14-38 为 Au/钛酸纳米带异质结材料的 EDS 能谱。可以看出材料中存在 Ti、Na、O 和 Au 元素，其中 Na 元素的存在是因为制备过程中 Na 元素很难完全清洗掉，具体原因前面已解释，Si 元素主要是由测试过程仪器的因素导致。不同 Au/钛酸纳米带异质结材料中 Au 的含量，如表 14-2 所示，产物中 Au 的含量是由前驱体氯金酸含量决定的，并随着氯金酸含量增加而增加。同时理论计算 Au 元素的含量和实际 Au 元素含量有差别，这主要是因为在制备过程中部分 Au 元素有所损失。其形成机理类似于 Pt/钛酸纳米带异质结，在此不再重复分析。

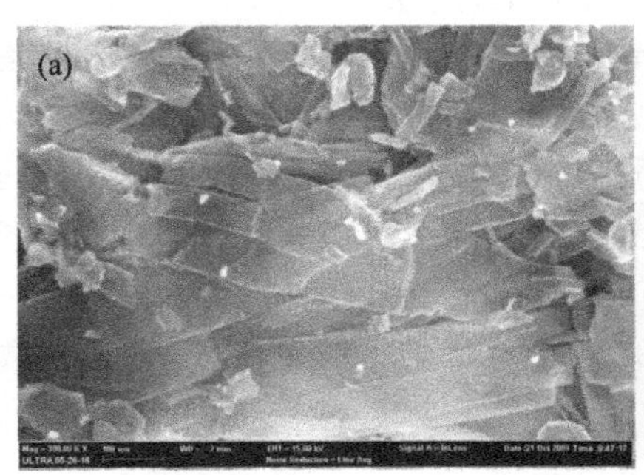

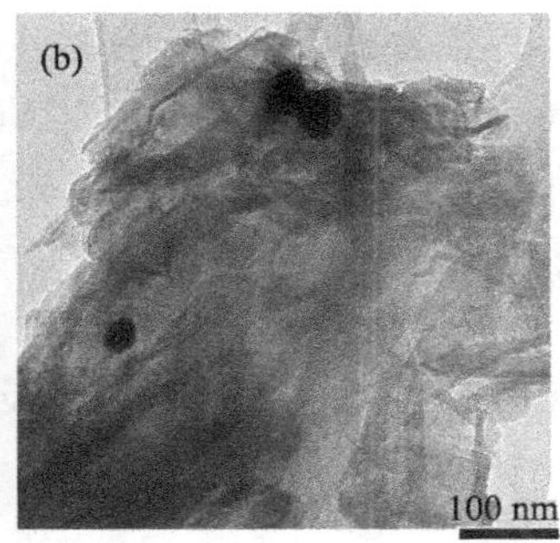

图 14-37　Au/钛酸纳米带异质结材料

(a) SEM 图像; (b) TEM 图像

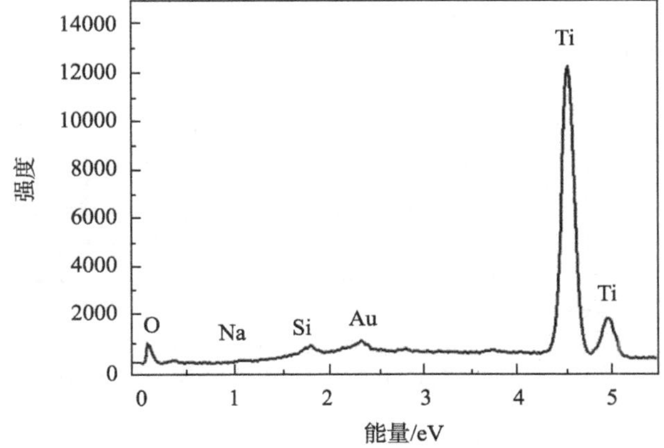

图 14-38　Au/钛酸纳米带异质结材料的 EDS 能谱图

表 14-2　不同含量 Au/钛酸纳米带异质结材料的元素含量

样品 \ 成分	Au-wt.% (A%)	Ti-wt.% (A%)	O-wt.% (A%)	Na-wt.% (A%)
Au-1%	0.93 (0.19)	42.66 (20.93)	51.53 (73.44)	4.88 (5.44)
Au-3%	2.88 (0.65)	41.82 (20.51)	50.52 (73.51)	4.78 (5.33)
Au-5%	4.92 (1.12)	40.94 (20.08)	49.47 (73.59)	4.67 (5.21)
Au-7%	6.83 (1.56)	40.12 (19.68)	48.47 (73.65)	4.58 (5.11)
Au-9%	8.94 (2.04)	39.21 (19.23)	47.91 (73.74)	4.48 (4.99)

2. 紫外可见光谱分析

图 14-39 为不同含量 Au/钛酸纳米带异质结材料在 200～800 nm 范围内的紫外可见吸收光谱。从图中可以看到，Au/钛酸纳米带异质结材料的最大吸收边长没有发生变化，这种解释和 Pt/钛酸纳米带异质结材料的紫外可见的原因相似，这里不再分析。另外，我们分析认为虽然在紫外区的吸收峰没有发生偏移，但是其吸收强度相对于纯一维钛酸纳米带提高了约 5 倍。这主要是因为纯钛酸 300 ℃热处理后降低了氧空位浓度，而 Au/钛酸纳米带异质结材料有利于氧空位的稳定。同时在可见光区的吸收强度也有很大的提高，并且吸收强度与沉积的量有关系。从图中还可以看到，Au 的含量存在一个最佳值，即起初随着沉积量的增大，吸收强度也在增大，当 Au 的含量从 1%增加到 5%时，吸收强度在增大；但是当 Au 含量继续增大时，吸收强度相反有所下降。也就是说，当 Au 的含量为 5%时，吸收强度达到最大值。

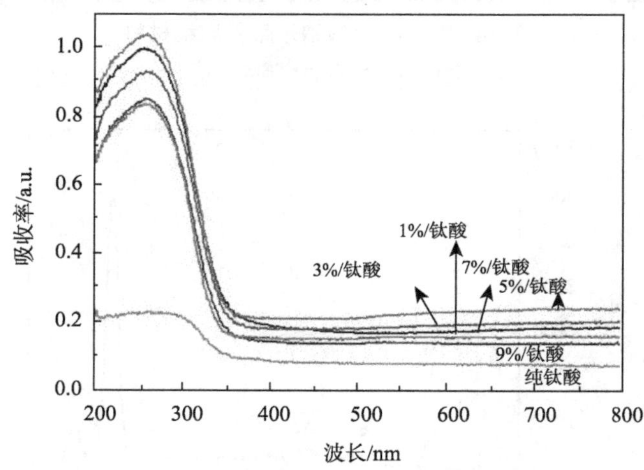

图 14-39　不同含量 Au/钛酸纳米带异质结材料的紫外可见光谱图

3. 光电子能谱成分分析

为了进一步确定负载 Au 的一维钛酸纳米带成分与价态，我们利用光电子能谱

(XPS)对 Au/钛酸纳米带异质结材料中的 Ti、O 和 Au 的价态进行了定性分析。图 14-40(a)是 Au/钛酸纳米带异质结材料和纯钛酸纳米带表面在 0～1100 eV 范围内的 XPS 全谱图。图中两种材料在位于 282 eV、455 eV 和 526 eV 的峰分别对应 C 1s、Ti 2p 和 O 1s 的光电子峰，说明两种材料中均存在 C、O 和 Ti 元素，其中 C 元素来源于制备过程气氛中的 C 吸附以及 XPS 测试中仪器带来的表面 C 污染，在此不予讨论。在 Au/钛酸纳米带异质结材料中在 85 eV 处有一个峰，对应于 Au 4f 的光电子峰，结合显微结构观察表明其为 Au 单质纳米颗粒。Au/钛酸纳米带异质结材料中 Au 的光电子峰可分裂为位于 83.5 eV 和 87.2 eV 的 Au $4f_{5/2}$ 和 Au $4f_{7/2}$ 两个光电子峰，如图 14-40(b)所示。这两个峰都对应单质 Au；其他元素的分析与上一节中分析类似。

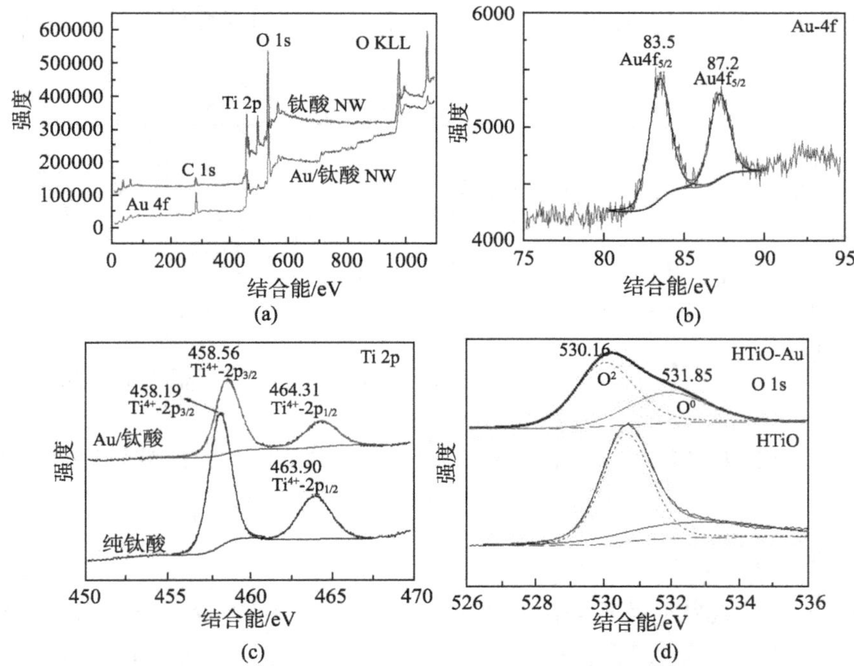

图 14-40　Au /钛酸纳米带异质结材料和钛酸纳米带 XPS 能谱图

(a) XPS 全谱图；(b) Pt 4f 的 XPS 能谱图；(c) Ti^{4+} 2p 的 XPS 能谱图；(d) O 1s 的 XPS 能谱图

4. Au/钛酸纳米带异质结材料光催化效应

图 14-41 为不同含量 Pt/钛酸纳米带异质结材料对结晶紫的光催化产率曲线。实验表明，在一维钛酸表面沉积的 Au 含量分别为 1 wt.%、3 wt.%、5 wt.%、7 wt.%、9wt.%时，在 120 min 时降解产率分别为 70%、98%、99.8%、82%和 20%。光催化

产率最高的 Au 含量为 5 wt.%，然后按顺序是 3 wt.%、7 wt.%、1 wt.%和 9 wt.%，这与紫外可见图谱是一致的。光催化产率先随着浓度的升高而提高，超过一定含量光催化产率随着浓度的提高而降低。图 14-41(b)是在可见光照射下对结晶紫的光催化产率。可以看出，在照射 180 min 后，Au 含量为 5 wt.%的催化产率为 99.5%。由光催化产率可以看出 Au 纳米颗粒沉积存在一个最佳浓度，在此浓度下，Au/钛酸纳米带异质结材料具有最佳光催化效应。

光催化产率通常受到很多因素的共同影响，如比表面积、结晶度、氧空位、羟基浓度等。钛酸表面沉积 Au 纳米颗粒后会导致其表面性质发生变化，也就是说，当 Au 纳米颗粒沉积在钛酸表面后，由于 Au 纳米颗粒和钛酸的交互作用，电子从钛酸内转移到 Au 纳米颗粒上形成肖特基(Schottky)电势，从而使光生电子和空穴对有效地分离。但沉积过多的 Au 会增大粒径，减少催化剂的比表面积，降低对结晶紫的吸附，还可能形成光生电子-空穴对的复合中心，从而降低光催化效率。

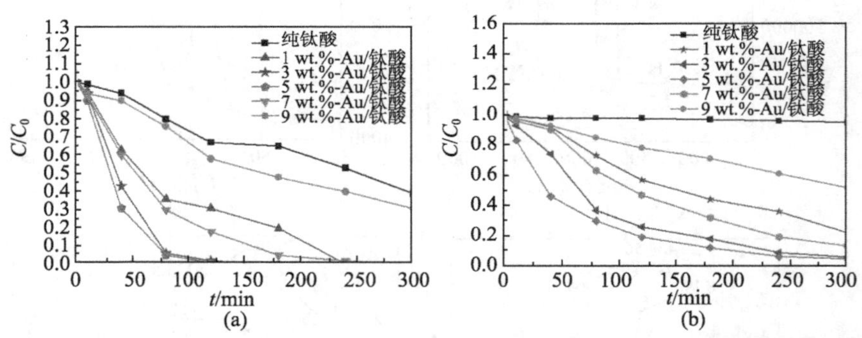

图 14-41　不同入射光条件下不同含量 Au/钛酸纳米带异质结材料对结晶紫的光催化产率曲线
(a) 紫外可见光照射；(b) 可见光照射

5. 光致发光分析

图 14-42 为纯钛酸及不同含量 Au/钛酸纳米带异质结材料中的光致发光谱。从图中可以看出，随着 Au 含量的增加，光致发光谱的峰强降低，光催化降解产率也随之提高，但这与光催化产率曲线并不吻合。光催化活性的结果是当 Au 纳米颗粒含量超过某个值后，其光催化效应会降低。这主要是因为光催化产率与比表面积有重要的联系，Au 纳米颗粒含量的增加降低了 Au/钛酸纳米带异质结材料的比表面积，减少了对结晶紫的吸附量；同时由于 Au 纳米颗粒存在吸收屏蔽效应，当纳米晶沉积量较多时，占据较大的面积，会阻挡钛酸基底材料对光的吸收，从而引起催化效率降低[36]。

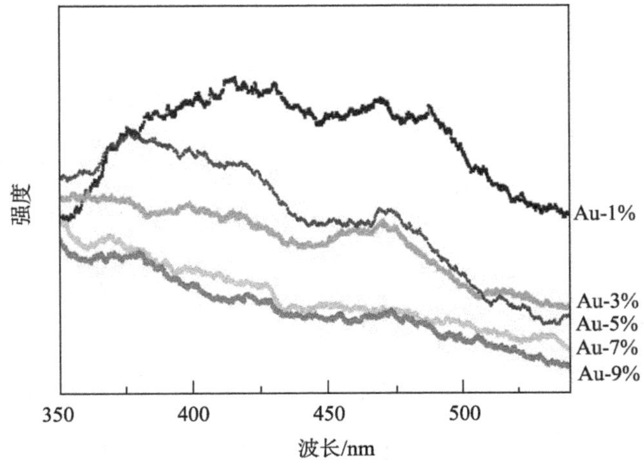

图 14-42　不同含量 Pt/钛酸纳米带异质结材料的光致发光谱

14.3.3　贵金属沉积在一维钛酸纳米带表面的光催化机理

从贵金属 Pt 和 Au 沉积在一维钛酸纳米带表面的光催化结果可以得出，一维钛酸纳米带沉积贵金属后，光催化产率有很大的提高。这是因为贵金属是惰性金属，在高温下能保持金属单质形态，金属内部的自由电子能自由迁移，相比于半导体，不需要激发就能自由迁移，因此其费米能级比半导体费米能级低。一维钛酸纳米带作为半导体材料，当受光照激发时，钛酸内部导带上的电子激发到价带上，空穴留在价带，形成电子-空穴对。由于钛酸费米能级比贵金属费米能级高，钛酸内的光生电子流向贵金属进而富集在贵金属表面，从而抑制了电子-空穴对的复合。这些光生电子与钛酸表面吸附的结晶紫发生氧化还原反应，具体过程，如图 14-43 所示。发生的化学反应如下：

$$O_2+e^- \longrightarrow \cdot O^{2-}$$

$$H_2O+\cdot O^{2-} \longrightarrow \cdot OOH+OH^-$$

$$2\cdot OOH \longrightarrow H_2O_2+OH^-$$

$$H_2O_2+e^- \longrightarrow \cdot OH+OH^-$$

$$\text{结晶紫}+\cdot OH+O_2 \longrightarrow CO_2+H_2O+\text{其他}$$

对比 Pt 和 Au 在最佳沉积量时的光催化效应可以得知：Pt 沉积量为 11 wt.%时光催化效果最好，Au 沉积量为 5 wt.%时光催化效果最好，但是沉积 5 wt.%的 Au 比沉积 11 wt.%的 Pt 具有更好的光催化效应，这一现象可以用金属的费米能级来解释。金属的费米能级与原子的价电子数和原子体积有关，两者的关系可以通过下面的关系式表示：

$$E_f = 5.78\times10^{-18}(n_0/v_0)^{2/3}$$

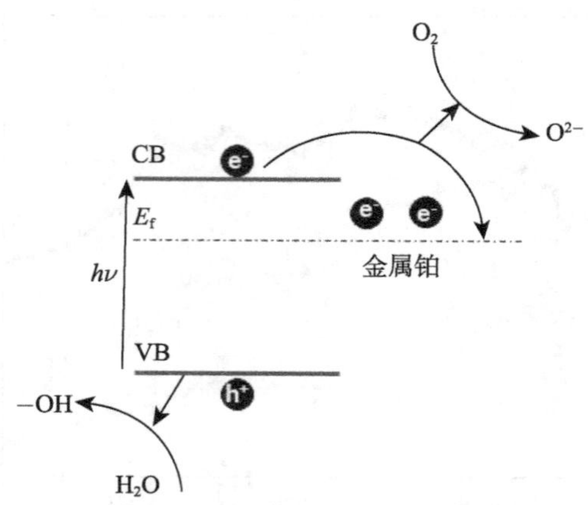

图 14-43　贵金属沉积在钛酸表面形成异质结材料的光催化机理示意图

其中，E_f 为金属的费米能级，n_0 为原子的价电子数，v_0 为原子体积。通过上式可以得出，金属的费米能级与原子的价电子数和原子体积的比例成正比关系。通过计算不同金属原子的价电子数和原子体积的比例来比较不同金属费米能级的大小，其结果如表 14-3 所示。

表 14-3　贵金属费米能级的计算

贵金属	原子的价电子数	原子体积	原子的价电子数和原子体积的比例
Pt	4	9.1	0.43
Au	3	10.2	0.294

当金属与半导体材料接触时，金属的费米能级与半导体的费米能级相差越大，半导体导带上的光生电子越容易转移到金属粒子上，通过计算可知贵金属 Au 的费米能级比贵金属 Pt 的费米能级低，因此光生电子更容易转移到 Au 的金属颗粒上。故

$$E_f\,(Au) < E_f\,(Pt)$$

沉积贵金属的一维钛酸钠米材料的光催化效应不仅与沉积表面的贵金属的费米能级有关，还与贵金属中电子从内部迁移到表面的能级，即功函数的大小有关。金属的功函数是指一个电子从能级上升到金属表面静止状态，即真空能级所需的能量。功函数越小表明电子由金属内部迁移到金属表面所需要的能量越少，也就是说电子越容易由内部迁移到表面。Au 的功函数为 5.1 eV，Pt 的功函数为 5.64 eV。由于 Au 的功函数比 Pt 的功函数小，所以在获得相同能量时，迁移到 Au 粒子表面的电子较 Pt 要多。

综上所述，Au 纳米粒子费米能级较低，故其富集电子的能力较强，催化剂的光生电子-空穴对的复合率较低。同时 Au 的功函数较小，电子由粒子内部迁移到粒子表面所需能量也较少，因此沉积贵金属 Au 具有更强的光催化效应。

14.4　一维钛酸纳米带的 Mo+C 共掺杂及其光催化效应

14.4.1　水热法合成掺杂改性的一维钛酸纳米带

1. 制备产物的 XRD 测试结果

根据 Mo 和 Ti 原子比(0.125 at.%、0.33 at.%、0.64 at.%、1.29 at.%和 5.15 at.%)，将样品分别编号为 Mo-1、Mo-2、Mo-3、Mo-4 和 Mo-5，相应的 MO+C 共掺杂样品编号为 Mo-1+C, Mo-2+C, Mo-3+C, Mo-4+C 和 Mo-5+C。图 14-44 为 Mo 掺杂和 Mo+C 共掺杂一维钛酸纳米带的 XRD 图谱。从图中可以看到，所得产物均为 $H_2Ti_5O_{11}\cdot 3H_2O$，其中 8.9° 对应的峰位对应于 $H_2Ti_5O_{11}\cdot 3H_2O$(200)的特征峰，说明掺杂后钛酸的物相没有发生改变，即 Mo 的掺杂量对物相没有影响。

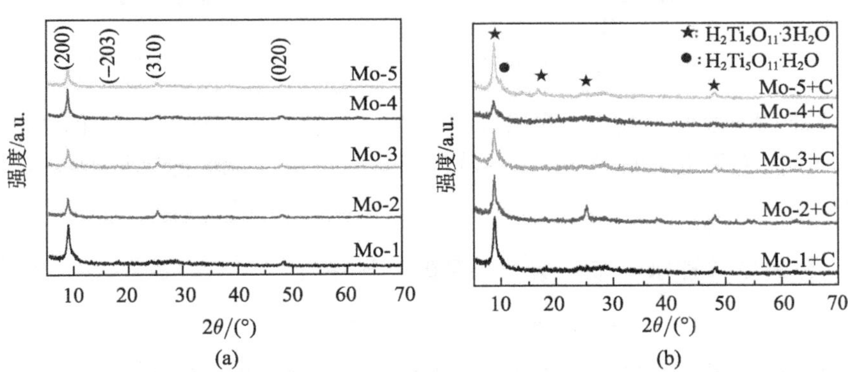

图 14-44　Mo 掺杂一维钛酸纳米带的 XRD 图谱(a)；Mo+C 共掺杂一维钛酸纳米带的 XRD 图谱(b)

2. 制备的产物 SEM 和 TEM 的表征结果

图 14-45 为不同掺杂样品的 SEM 形貌。从图中可以发现：各个含量均存在宽度在 200 nm 左右，长度有几微米的纳米带，同时存在一些较小的团簇，尺寸在几个

图 14-45 不同掺杂样品的 SEM 形貌
(a) Mo-2; (b) Mo-2+C; (c) Mo-3; (d) Mo-3+C; (e) Mo-4; (f) Mo-4+C

微米到几十微米之间。其中含量为 0.33 at.% 的纳米带表面存在大量的纳米颗粒。另外，Mo 的不同含量没有影响钛酸的形貌形成，都为一维带状结构与一些较小的团簇的共存。

14.4.2 Mo+C 共掺杂一维钛酸纳米带的光学特性

1. Mo+C 共掺杂的一维钛酸纳米带的光催化增强效应

图 14-46 为不同含量掺杂的钛酸纳米带材料对苯的光催化产率曲线。实验采用 GC9560 气相色谱仪测试，由于在测试苯的溶度中材料的形貌及比表面积的不同会导致对苯的吸附率不同，因此同时使用 CO_2 增量来一起表征材料的光催化效率。图 14-46 分别为不同含量 Mo 掺杂一维钛酸纳米带降解苯后苯的下降量和对应的 CO_2 含量的增量。从图可以看出，当 Mo/Ti 为 0.33 at.%左右时，其催化效率达到最佳值，此时在 80 min 紫外可见光光照后苯完全降解，并且降解苯得到的 CO_2 含量为 1000 ppm 左右。

图 14-47 为不同含量 Mo+C 掺杂的一维钛酸纳米带降解苯后苯的下降量和对应的 CO_2 含量的增量。从图中可以看出，当 Mo/Ti 为 0.33 at.%左右时其催化效率达到最佳值，此时在 60 min 紫外可见光光照后苯完全降解，并且降解苯得到的 CO_2 含量为 1200 ppm 左右。

所以当浓度高于 0.33 at.%或者低于 0.33 at.%时，其催化效应均要降低。一般认为，适中的表面势垒会加速光生电子与空穴的复合，从而使催化剂的活性降低。像

Mo^{6+} 这样的高价态阳离子，如进入 TiO_2 晶格，会尽可能地分布于晶格的体相内以减少表面的不平衡力。这样就可能导致在催化剂表面分布的 Mo^{6+}与掺杂的质量分数并不相同。Mo^{6+}在晶格体相与表面的重新分配，可能会使 Mo^{6+}掺杂浓度不同的催化剂形成相近的表面势垒，在光催化反应中造成光生电子和空穴快速复合，降低反应的光量子效率，这可能是 Mo 质量分数较低和较高均导致 Mo 掺杂以及 Mo+C 共掺杂的一维钛酸纳米带光催化活性降低的另一原因。

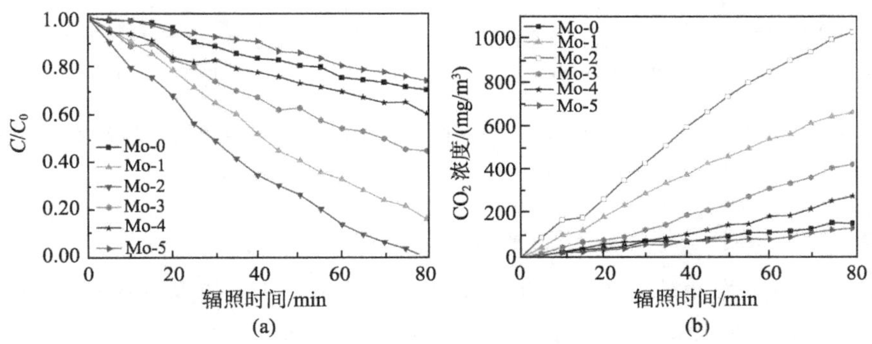

图 14-46　不同掺杂浓度 Mo 的光催化苯的降解度(a)；不同掺杂浓度 Mo 光催化 CO_2 的增量(b)

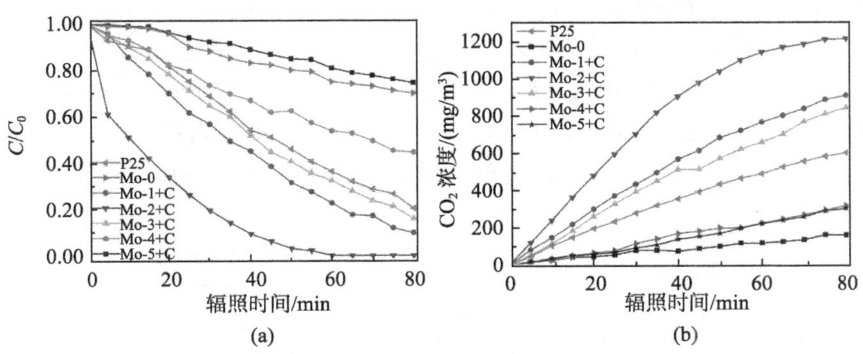

图 14-47　不同掺杂浓度 Mo+C 光催化苯的降解度(a)；
不同掺杂浓度 Mo+C 光催化 CO_2 的增量(b)

图 14-48 为 C 掺杂、0.33 at.%的 Mo 和 Mo+C 共掺杂的一维钛酸纳米线降解苯后苯含量的变化曲线及对应 CO_2 含量增加曲线。可以很清晰地看出，C 掺杂的一维钛酸纳米带在 80 min 紫外可见光光照后，其苯的相对含量下降为 0.25，对应的 CO_2 含量增加约为 200 ppm，其催化活性有一定的提高，但效果不是很明显。但是 Mo 掺杂的一维钛酸纳米带相对于纯一维钛酸纳米带，其光催化活性有了很大的提高，并且 Mo+C 共掺杂的催化活性比单一 Mo 掺杂更好，所以 Mo+C 共掺杂对于提高其

光催化效应有很大的作用。

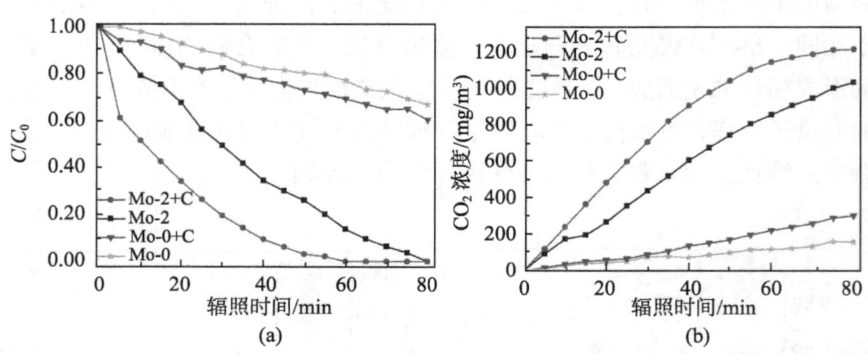

图 14-48　C 掺杂、0.33 at.%的 Mo 和 Mo+C 共掺杂的一维钛酸纳米带降解苯后苯含量的变化曲线(a)及对应 CO_2 含量增加曲线(b)

2. Mo+C 共掺杂一维钛酸纳米带的紫外可见光谱分析

图 14-49(a)为针对最优条件 0.33 at.%掺杂浓度下 Mo 以及 Mo+C 共掺杂一维 $H_2Ti_5O_{11}\cdot 3H_2O$ 纳米带材料的紫外可见吸收光谱。从图中可以看出，Mo 掺杂和 Mo+C 共掺杂在紫外区和可见光区的吸收强度均增强了很多,其中 Mo+C 共掺杂比 Mo 单独掺杂的吸收强度要强，且其吸收波长边界有一定的红移。这表示 Mo+C 共掺杂的吸收可见光能力较 Mo 掺杂的能力要强，从理论上催化效应会有所增强，但是在这些区域没有明显的吸收峰。然而，更多的能量来自于掺杂钛酸纳米带材料中一维钛酸纳米带的带隙，这种带隙主要是由于掺杂离子占据了一定钛酸晶体中的钛格点或氧位产生的，从而改变钛酸带隙，表明降低电子跃迁所需能量起了很大的作用。

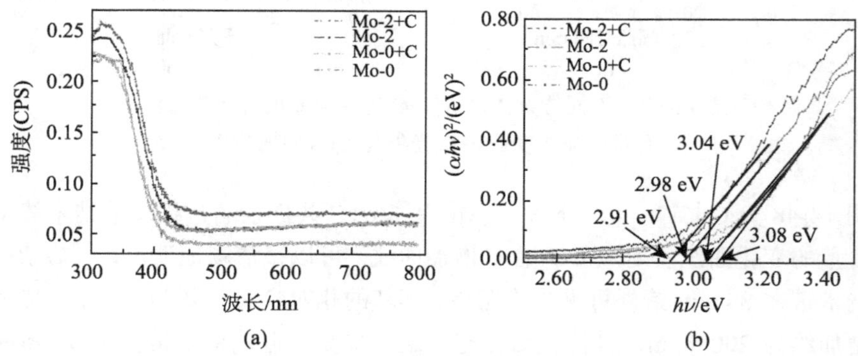

图 14-49　0.33 at.%掺杂浓度下 Mo 以及 Mo+C 共掺杂一维 $H_2Ti_5O_{11}\cdot 3H_2O$ 纳米带材料的紫外可见吸收光谱(a)，禁带宽度(b)

在室温条件下，在 200～800 nm 的波长范围内测定了上述粉末样品的紫外可见光漫反射谱；并根据 Tauc 方程 $\alpha h\nu=A(h\nu-E_g)n/2$($\alpha$ 为吸收率，ν为光频率，A 为比例系数，E_g 为禁带宽度，直接跃迁取 $n=1$)，处理数据得到粉末的光学直接禁带宽度，如图 14-49(b)所示。从图中可以看出，通过计算，纯一维钛酸钠米袋的禁带宽度约 3.04 eV，Mo 掺杂一维钛酸纳米带的禁带宽度为 2.98 eV，Mo+C 共掺杂一维钛酸纳米带的禁带宽度为 2.91 eV。所以掺杂后钛酸纳米带的禁带宽度有了较大的降低，有利于对可见光的吸收，与光催化降解试验是一致的。

14.4.3　Mo+C 共掺杂一维钛酸纳米带材料的光催化机理研究

要实现光催化的高效率，光催化剂的禁带宽度最好约为 2.0 eV。在过去的几年里，研究人员为此作出了巨大的努力来改变二氧化钛能带结构以改变其对可见光的吸收力，使其能带在适当的位置，从而提高其光催化效率。我们使用 Mo+C 掺杂的一维钛酸可作为光催化剂的强有力候选，因为它对导带底能量影响不大，但能有效地增强价带顶的能量。也就是说，它不仅将带隙减少了约 1.1 eV，创建了吸收可见光理想的带隙，同时对导带边缘的扰动也十分微小。我们之所以选用 Mo+C 共掺杂，是因为金属离子不论是作为填隙原子，还是置换晶格原子掺杂都增加了光生电子-空穴对的复合点位。同时由于金属离子取代 TiO_2 中的 Ti 点，会严重影响其导带的结构，通常使导带电子的还原活性和移动性都显著降低，从而阻碍了导带电子和氧等氧化剂的反应，促进了电荷的复合。因此，掺杂过渡金属离子使催化剂的光反应光谱扩展到可见光的尝试大都结果不太理想。而非金属掺杂，如 TiO_2 与氮置换后，会得到受主能级大约在价带最高能带上。实验研究也表明对这种掺杂模式，光生电流低，因为部分被占领的杂质带可作为复合中心，从而减少光生电流。

上述掺杂体系创建部分占领杂质带，可以促进形成重组中心，从而降低导体光催化效率。为了避免这个问题，二氧化钛掺杂使用成分为给受体对如(N+V)，(Nb+N)，(Cr+C)和(Mo+C)。在这种情况下，施主的价电子数量和受主的空穴数量相等，所以系统仍然保持半导体性质。对于这几种掺杂体系，对于掺杂后的 TiO_2 价带顶有较大的增加，而且导带底的变化不大。通过态密度计算，理论上 Mo+C 共掺杂体系可以将能带减小 1.1 eV，对比于实验结果，我们所得 0.33 at.%的 Mo 掺杂浓度下 Mo+C 共掺杂的禁带宽度为 2.91 eV，如图 14-50 所示。因此，掺杂存在一个最佳浓度，不管浓度过大还是过小都不利于其光催化效率的提高。不过从实验结果可知，Mo+C 共掺杂确实能够增强一维钛酸的光催化能力，且其效果要比 Mo、C 单独掺杂要高出许多。

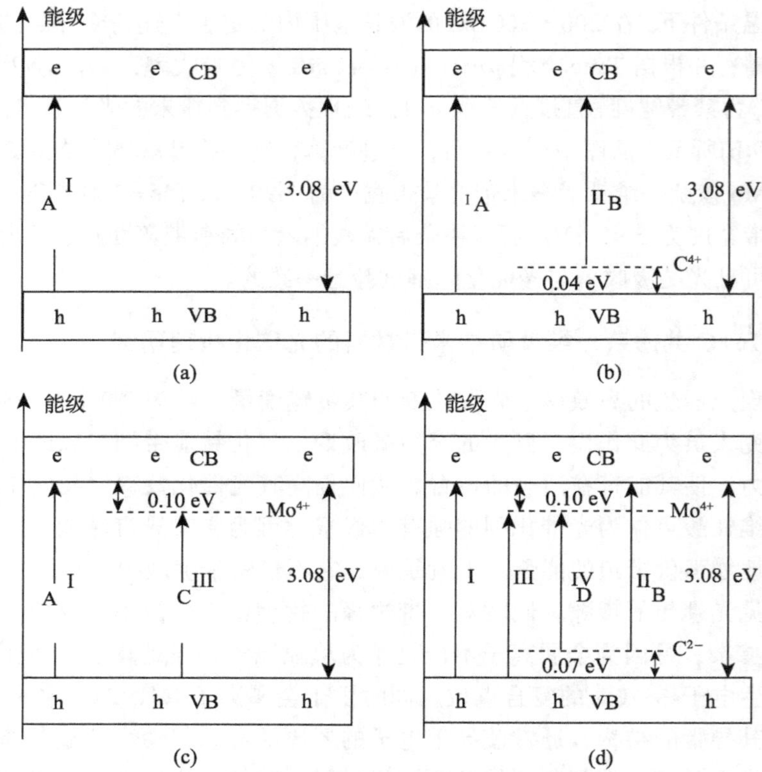

图 14-50　不同掺杂钛酸纳米带的能级结构示意图

(a) Mo-0 钛酸纳米带; (b) Mo-0+C 钛酸纳米带; (c) Mo-2 钛酸纳米带; (d) Mo-2+C 钛酸纳米带

参 考 文 献

[1] Andersson S, Wadsley A D. The structures of $Na_2Ti_6O_{13}$ and $Rb_2Ti_6O_{13}$ and the alkali metal titanates. Acta Crystallographica, 1962, 15(3): 194-201.

[2] Lunch R W, Dosch R G, Kenna B T, et al. International Atomic Energy Agency. SM2207P75, Vienna, 1975.

[3] Clearfield A, Lehto J. Preparation, structure, and ion-exchange properties of $Na_4Ti_9O_{20}·xH_2O$. Journal of Solid State Chemistry, 1988, 73(1): 98-106.

[4] Kasuga T, Hiramatsu M, Hoson A, et al. Formation of titanium oxide nanotube. Langmuir, 1998, 14(12): 3160-3163.

[5] Yuan Z Y, Su B L. Titanium oxide nanotubes, nanofibers and nanowires. Colloids and Surfaces A: Physicochemical and Engineering Aspects, 2004, 241(1): 173-183.

[6] Yang J, Jin Z, Wang X, et al. Study on composition, structure and formation process of nanotube $Na_2Ti_2O_4(OH)_2$. Dalton Transactions, 2003 (20): 3898-3901.

[7] Sun X, Li Y. Synthesis and characterization of ion-exchangeable titanate nanotubes. Chemistry-A European Journal, 2003, 9(10): 2229-2238.

[8] Ma R, Bando Y, Sasaki T. Nanotubes of lepidocrocite titanates. Chemical Physics Letters, 2003, 380(5): 577-582.

[9] Nakahira A, Kato W, Tamai M, et al. Synthesis of nanotube from a layered $H_2Ti_4O_9\cdot H_2O$ in a hydrothermal treatment using various titania sources. Journal of Materials Science, 2004, 39(13): 4239-4245.

[10] Zhu Y, Li H, Koltypin Y, et al. Sonochemical synthesis of titania whiskers and nanotubes. Chemical Communications, 2001 (24): 2616-2617.

[11] 陈清, 杜高辉, 彭练矛. 层状钛酸 ($H_2Ti_3O_7$) 形成的纳米管. 电子显微学报, 2002, 21(3): 265-269.

[12] Kukovecz Á, Hodos M, Horvath E, et al. Oriented crystal growth model explains the formation of titania nanotubes. The Journal of Physical Chemistry B, 2005, 109(38): 17781-17783.

[13] Cronemeyer D C. Infrared absorption of reduced rutile TiO_2 single crystals. Physical Review, 1959, 113(5): 1222.

[14] Qian L, Teng F, Jin Z S, et al. Improved optoelectronic characteristics of light-emitting diodes by using a dehydrated nanotube titanic acid (DNTA)-polymer nanocomposite. The Journal of Physical Chemistry B, 2004, 108(37): 13928-13931.

[15] Qian L, Yang S Y, Jin Z S, et al. Enhanced performance of light-emitting diodes based on a nanocomposite of dehydrated nanotube titanic acid and poly (vinylcarbazole) (PVK). Physics Letters A, 2005, 335(1): 56-60.

[16] Yang J, Jin Z, Wang X, et al. Study on composition, structure and formation process of nanotube $Na_2Ti_2O_4(OH)_2$. Dalton Transactions, 2003 (20): 3898-3901.

[17] Yoshida R, Suzuki Y, Yoshikawa S. Effects of synthetic conditions and heat-treatment on the structure of partially ion-exchanged titanate nanotubes. Materials Chemistry and Physics, 2005, 91(2): 409-416.

[18] Ma R, Sasaki T, Bando Y. Alkali metal cation intercalation properties of titanate nanotubes. Chem. Commun., 2005 (7): 948-950.

[19] Li J, Tang Z, Zhang Z. Controllable formation and electrochemical properties of one-dimensional nanostructured spinel $Li_4Ti_5O_{12}$. Electrochemistry Communications, 2005, 7(9): 894-899.

[20] Hodos M, Horváth E, Haspel H, et al. Photosensitization of ion-exchangeable titanate nanotubes by CdS nanoparticles. Chemical Physics Letters, 2004, 399(4): 512-515.

[21] Hao Y, Lai Q, Liu D, et al. Synthesis by citric acid sol–gel method and electrochemical properties of $Li_4Ti_5O_{12}$ anode material for lithium-ion battery. Materials Chemistry and Physics, 2005, 94(2): 382-387.

[22] Burdett J K, Hughbanks T, Miller G J, et al. Structural-electronic relationships in inorganic solids: powder neutron diffraction studies of the rutile and anatase polymorphs of titanium dioxide at 15 and 295 K. Journal of the American Chemical Society, 1987, 109(12): 3639-3646.

[23] Fahmi A, Minot C, Silvi B, et al. Theoretical analysis of the structures of titanium dioxide crystals. Physical Review B, 1993, 47(18): 11717.

[24] Zhang M, Jin Z, Zhang J, et al. Effect of annealing temperature on morphology, structure

and photocatalytic behavior of nanotube $H_2Ti_2O_4$ $(OH)_2$. Journal of Molecular Catalysis A: Chemical, 2004, 217(1): 203-210.

[25] Tang X P, Wang J C, Cary L W, et al. A 13C NMR study of the molecular dynamics and phase transition of confined benzene inside titanate nanotubes. Journal of the American Chemical Society, 2005, 127(25): 9255-9259.

[26] 张纪伟，冯彩霞，张顺利，等. 纳米管钛酸催化丙酮液相缩聚反应. 石油化工，2006, 35(4): 346-349.

[27] Wang X, Jin Z, Feng C, et al. Alternative adsorption-desorption of C_3H_6 on nanotube-like silver titanate. Journal of Solid State Chemistry, 2005, 178(3): 638-644.

[28] Nakahira A, Kato W, Tamai M, et al. Synthesis of nanotube from a layered $H_2Ti_4O_9{\cdot}H_2O$ in a hydrothermal treatment using various titania sources. Journal of Materials Science, 2004, 39(13): 4239-4245.

[29] Bavykin D V, Parmon V N, Lapkin A A, et al. The effect of hydrothermal conditions on the mesoporous structure of TiO_2 nanotubes. Journal of Materials Chemistry, 2004, 14(22): 3370-3377.

[30] Sasaki T, Watanabe M. Osmotic swelling to exfoliation. Exceptionally high degrees of hydration of a layered titanate. Journal of the American Chemical Society, 1998, 120(19): 4682-4689.

[31] Zhang M, Jin Z, Zhang J, et al. Effect of annealing temperature on morphology, structure and photocatalytic behavior of nanotubed $H_2Ti_2O_4(OH)_2$. Journal of Molecular Catalysis A: Chemical, 2004, 217(1): 203-210.

[32] Camblor M A, Constantini M, Corma A, et al. A new highly efficient method for the synthesis of Ti-Beta zeolite oxidation catalyst. Applied Catalysis A: General, 1995, 133(2): L185-L189.

[33] Xu J J, Jain G, Yang J. Amorphous manganese oxides as lithium intercalation hosts prepared by oxidation of Mn (II) precursors. Electrochemical and Solid-state Letters, 2002, 5(7): A152-A155.

[34] Reddy B M, Rao K N, Reddy G K, et al. Characterization and catalytic activity of V_2O_5/Al_2O_3-TiO_2 for selective oxidation of 4-methylanisole. Journal of Molecular Catalysis A: Chemical, 2006, 253(1): 44-51.

[35] Kubo R. Electronic properties of metallic fine particles. Journal of the Physical Society of Japan, 1962, 17(6): 975-986.

[36] 吴湘江，蒋耀辉，彭振山，等. Au/TiO_2催化剂的制备及低级醇类的光催化消除. 中国有色金属学报, 2009, 19(1): 139-147.

第 15 章　电纺 TiO_2/CuS 微-纳复合纤维的制备及其微结构与性能表征

15.1　引　　言

静电纺丝是聚合物溶液或熔体在高压静电场的作用下产生高速喷射流，射流在运行到接收板的过程中固化、拉长、沉积在接收板上形成纤维毡的过程，在复合纤维的制备中应用广泛[1, 2]。二氧化钛(TiO_2)是一种广泛研究和应用的半导体材料，例如，在空气净化、生物医药污水处理等诸多领域获得广泛应用。但是由于 TiO_2 存在禁带过宽以及光生载流子分离效率低等固有缺陷，一般需要对其进行掺杂和复合等改性处理以改善其性能[3, 4]。目前，利用静电纺丝法制备 TiO_2 微米级和纳米级复合纤维的报道很多，例如，与 V_2O_5[5]、ZnO[6]、WO_3[7]、CdS[8]等进行复合。硫化铜(CuS)是一种窄禁带半导体材料，具有良好的催化活性，以及可见光吸收和光致发光等性能[9]。将 CuS 与 TiO_2 进行复合一方面可以增加可见光的吸收，另一方面还可以对光生载流子的分离效率产生影响，从而改善 TiO_2 的光催化性能。

本章以聚乙烯吡咯烷酮(PVP)为基体、乙醇和乙酸为溶剂，采用静电纺丝技术制备 TiO_2/ CuS 微-纳复合纤维，并对其微结构特征和光电性能进行了系统的表征与分析，为其进一步在光催化、超级电容器和太阳能电池等领域的应用提供实验和理论基础。

15.2　制备与表征

15.2.1　CuS/TiO_2 微-纳复合纤维的制备

采用静电纺丝技术制备 CuS/TiO_2 微-纳复合纤维的步骤为：①取 40 mL 无水乙醇和 20 mL 冰醋酸充分混合，然后加入 11.524 mL 钛酸四正丁酯和 0.2416 g 二水氯化铜，搅拌 0.5 h 使其充分混合均匀；②缓慢加入 4.034 g 的 PVP，搅拌 2 h 得到电纺前驱体溶液；③将前驱体溶液装入注射器中，溶液输送速率为 30 μL/min，注射器的针尖到铝箔的间距设置为 12 cm，高压电源输出电压为 12 kV，电纺得到 PVP/TiO_2/$CuCl_2$ 纤维，将其在 80 ℃干燥箱中放置 4 h；④将电纺纤维在 400 ℃的马弗炉中煅烧 10 h，PVP 完全分解得到 $TiO_2/CuCl_2$ 纤维；⑤用适量的 0.1 mol/L 的硫代乙酰胺溶液处理 $TiO_2/CuCl_2$ 纤维 2 h，高速离心后弃其上层清液，沉淀经水洗后在 120 ℃干燥箱中烘干，得到 TiO_2/CuS 微-纳复合纤维。

15.2.2　CuS/TiO_2 微-纳复合纤维的表征

所制备的 TiO_2/ CuS 复合纤维的形貌、相结构和紫外-可见吸收光谱(UV-Vis)、荧光光谱和红外光谱(FT-IR)表征分别在场发射枪扫描电子显微镜(SEM，Sirion 型，荷兰 FEI 公司)、X 射线衍射仪(XRD，D8Advanced 型，德国 Bruker AXS 公司，管电压为 40 kV，管电流为 40 mA，X 射线源为 CuKα 靶材，入射波长为 λ=0.15406 nm)、紫外可见分光光度计(UV-2550 型，日本 Shimadzu 公司，光源为氙灯)、荧光光度计(F-4600 型，日本 Hitachi 公司，光源为氙灯，激发波长为 300 nm)和傅里叶变换红外光谱仪(Nicolet is10 型，美国 Necolt 仪器公司)等仪器上进行。

15.3　微结构特征与机理

图 15-1 为电纺 TiO_2 纤维与 TiO_2/CuS 微-纳复合纤维的 SEM 形貌。可以看出，热处理后，由于 PVP 分解，纤维直径减小了约 30%。电纺纤维的直径不均匀，在 50～300nm 范围。TiO_2/CuS 复合纤维由于经过了溶液浸泡，纤维断裂比较明显，并且纤维表面比纯 TiO_2 纤维更加粗糙。XRD 结果显示，400 ℃、10 h 煅烧以后，

图 15-1　电纺纤维的 SEM 形貌

(a) PVP/TiO_2; (b) TiO_2; (c) TiO_2/CuS; (d) TiO_2/CuS

TiO_2 以锐钛矿和金红石混晶结构存在，其中 $2\theta=25.4°$ 和 $2\theta=27.5°$ 分别为锐钛矿和金红石的(101)面和(110)面衍射峰，如图 15-2 所示。FT-IR 测试表明，与纯的 TiO_2 光谱曲线相比，TiO_2/CuS 微-纳复合纤维在 3100 cm^{-1} 附近有较强的吸收谱，在 1118.89 cm^{-1} 处有一尖锐的吸收峰，均是 CuS 的特征吸收峰，如图 15-3 所示。由此可以证明 CuS 和 TiO_2 纤维成功地实现了复合。

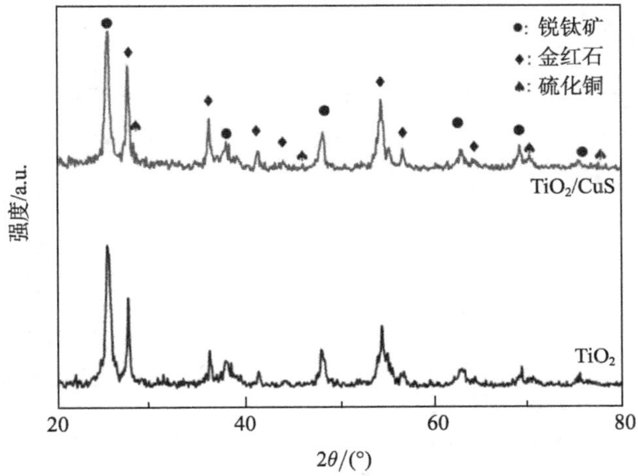

图 15-2　电纺 TiO_2 和 TiO_2/CuS 纤维的 XRD 谱

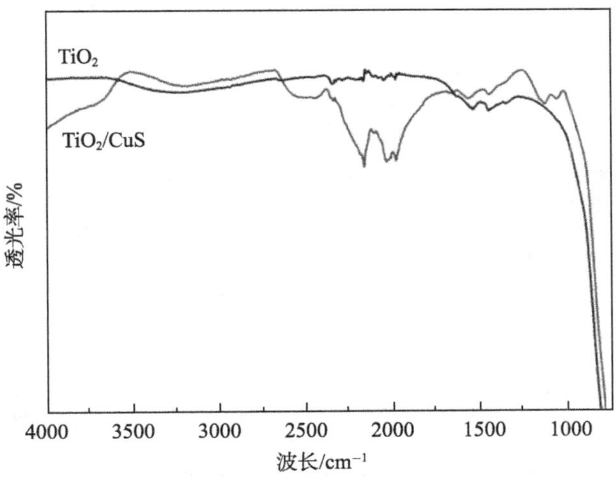

图 15-3　电纺 TiO_2 和 TiO_2/CuS 纤维的 FT-IR 光谱

进一步将电纺纤维样品磨成粉末，压片后进行紫外-可见吸收光谱(UV-Vis)测试。结果发现，当 CuS 的复合量为 5%时，TiO_2/CuS 微-纳复合纤维在可见光部分有很强的吸收，如图 15-4(a)所示。同时从其能带宽度的变化可以看出，由金红石和锐钛矿混晶结构组成的纯 TiO_2 纤维的吸收截止波长为 413 nm，禁带宽度为 3.03 eV；而对 TiO_2/CuS 复合纤维，由于 CuS 的存在，其禁带宽度减小到 2.02eV，如图 15-4(b)所示，从而大大增加了其吸收截止波长到可见光范围。另外，荧光光谱测试还发现，TiO_2/CuS 微-纳复合纤维的荧光强度低于纯 TiO_2 纤维，如图 15-5 所示。这表明了由于 CuS 和 TiO_2 进行复合后可以产生协同作用，降低了光生电子-空穴的复合率，有利于提高其光电转换效率。

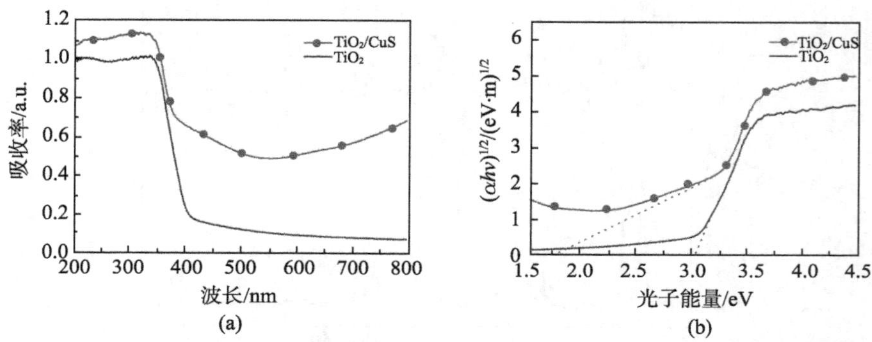

图 15-4 (a) 电纺 TiO_2 和 TiO_2/CuS 纤维的紫外-可见吸收光谱；(b) 电纺纤维的$(\alpha h\nu)^{1/2}$与禁带函数关系

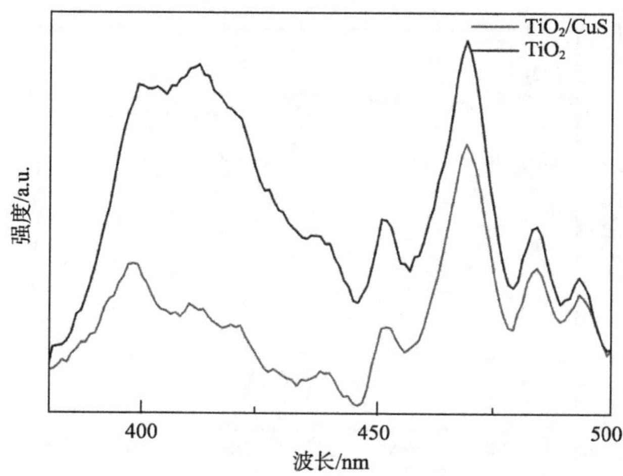

图 15-5 电纺 TiO_2 和 TiO_2/CuS 纤维的荧光发射谱

图 15-6 为 TiO_2 和 CuS 复合体的能带结构和电子-空穴迁移示意图。可以看出，TiO_2 的 E_{CB}= −4.21 eV，CuS 的 E_{CB}= −5.27 eV。由于 CuS 的禁带宽度为 2.0 eV，因此可以吸收波长小于 620 nm 的光波。另外，由于 CuS 的导带和价带都比 TiO_2 低，

当光照射产生电子-空穴对以后，电子倾向于向 CuS 的导带迁移，空穴倾向于向 TiO_2 的价带迁移，这样就实现了光生载流子的有效分离，降低了它们的复合效率，同时也就提高了材料的光电转换效率。

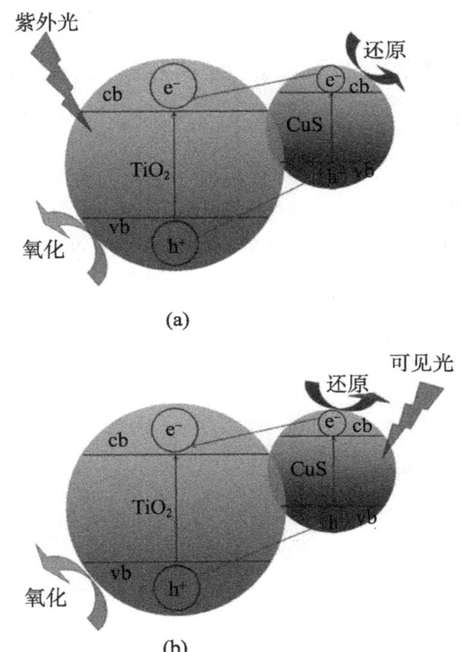

图 15-6　TiO_2/CuS 复合体的能带结构和电子-空穴迁移示意图
(a) 紫外光模式；(b) 可见光模式

综上所述，本实验以静电纺丝法为主，结合化学法成功制备出了一种新型的 TiO_2/CuS 微-纳复合纤维。实验结果显示，与纯 TiO_2 纤维相比，TiO_2/CuS 微-纳复合纤维将光吸收范围提高到了可见光范围，同时有效地改善了光生载流子，即电子-空穴的分离效率。这种复合体系有望在太阳能电池、超级电容器和光催化等领域具有广泛的应用前景。

参 考 文 献

[1] Wang H, Wang M. An investigation into the influence of electrospinning parameters on the diameter and alignment of poly (hydroxybutyrate-co-hydroxyvalerate) fibers. J. Appl. Polym. Sci, 2011, 120(3): 1694-1706.
[2] Li D, McCann J T, Xia Y N. Electrospinning: A simple and versatile technique for producing ceramic nanofibers nanotubes. J. Am. Ceram. Soc, 2006, 89(6): 1861-1869.
[3] Liu G, Wang L Z, Lu G Q. Titania-based photocatalysts-crystal growth, doping and

heterostructuring. J. Mater. Chem, 2010, 20(5): 831-843.

[4] Fujishima A, Zhang X T, Tryk D A. TiO_2 photocatalysis and related surface phenomena. Sur. Sci. Rep., 2008, 63(12): 515-582.

[5] Ostermann R, Li D, Xia Y N, et al. V_2O_5 nanorods on TiO_2 nanofibers: A new class of hierarchical nanostructures enabled by electrospinning and calcination. Nano Lett, 2006, 6(6): 1297-1302.

[6] Liu R L, Ye H Y, Liu H Q, et al. Fabrication of TiO_2/ZnO composite nanofibers by electrospinning and their photocatalytic property. Mater. Chem. Phys, 2010, 121(3): 432-439.

[7] Pan J H, Lee W I. Preparation of highly ordered cubic mesoporous WO_3/TiO_2 films and their photocatalytic properties. Chem. Mater, 2006, 18(3): 847-853.

[8] Cao H M, Zhu Y H, Li C Z, et al. Fabrication of TiO_2/CdS composite fiber via an electrospinning method. New J. Chem, 2010, 34(6): 1116-1119.

[9] Xu J, Cui X J, Li J F, et al. Preparation of CuS nanoparticles embedded in poly(vinyl alcohol) nanofibre via electrospinning. Bull. Mater. Sci, 2008, 31(2): 189-192.

第 16 章　基于高温原子短程热扩散机制的异质结复合光催化材料的制备

16.1　引　　言

以二氧化钛(TiO_2)为代表的半导体光催化剂由于其优异的光电性能、稳定性以及安全性，在光催化、太阳能电池等领域受到了广泛的关注[1]。但是这些单一的半导体光催化剂仍然存在诸多问题。例如，TiO_2(锐钛矿型)的禁带宽度为 3.2 eV，只能吸收并利用太阳光能量的 3%～5%；另外，TiO_2 光生载流子的高复合效率也限制了其光催化性能的提高[1,2]。为了扩展 TiO_2 的光吸收范围以及有效降低光生载流子的复合效率，研究者采用了很多方法来对 TiO_2 进行改性，例如，金属和非金属离子掺杂[3-5]，半导体复合[6-10]等。半导体复合是改善 TiO_2 光催化性能最简单有效的方法之一。

实际上，在半导体复合体系中，两种半导体材料之间能否形成异质结，或者说能否形成具有致密接触的异质结连接，是决定其性能能否得到提高，以及稳定性好坏和使用寿命长短的重要原因。这是因为如果在半导体材料之间形成了具有致密接触的异质结连接，则能够保证二者之间光生载流子(电子-空穴)的通畅传输，以及调节它们共同的能带结构，提高其物理和化学性能；同时，它还能够保证这种复合体系在长期使用过程中的稳定性。一般来说，利用化学法在低温下制备的半导体复合体系，除了外延生长以外，较难形成致密接触的异质结，或者仅仅是机械的接触，在界面处存在“gaps”；并且复合结构长期使用后还存在稳定性问题，影响其使用寿命。

异质结复合材料在光催化领域具有非常广泛的应用。但是通过化学法在低温或常温条件下制备异质结通常稳定性较差，两相结合较弱，使其使用性能受到限制。为了克服已报道方法存在的部分缺陷，我们提出了一种“基于高温热扩散机制”的异质结光催化复合材料制备方法。

16.2　“基于高温热扩散机制”异质结光催化复合材料的制备

16.2.1　“基于高温热扩散机制”异质结制备的基本原理与工艺

“基于高温热扩散机制”的异质结光催化复合材料制备的基本流程示意图如图 16-1 所示。具体原理与步骤包括：①利用某种方法制备“AO_x”半导体氧化物；②在“AO_x”表面通过脉冲电沉积技术沉积一层“B”纯金属纳米晶薄膜；③利用热氧化法，在一定温度下使得“B”纯金属转化为“BO_y”半导体氧化物；④得到“AO_x-BO_y”半导体氧化物异质结复合材料。

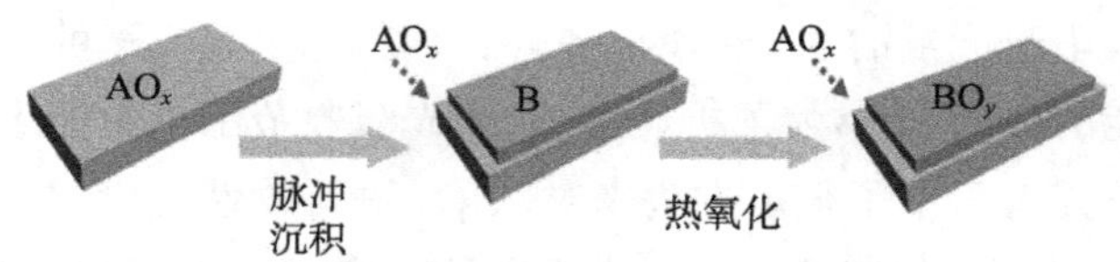

图 16-1　“基于高温热扩散机制”制备异质结光催化复合材料的流程示意图

“基于高温热扩散机制”制备异质结光催化复合材料的基本方法是结合脉冲电沉积和热氧化技术，利用高温下的原子互扩散制备高效稳定的紧密结合异质结复合材料，其核心步骤在于高温热处理过程。在高温热处理过程中，在半导体氧化物生成的同时，由于原子短程扩散，在两相之间形成了一个扩散层(或者中间相)，也就是致密的异质结界面，该界面大大提高了电子-空穴传输效率。除此之外，异质结界面紧密结合，也大大提高了复合材料的稳定性。

本章提出的这种“基于高温热扩散机制”异质结光催化复合材料制备方法能够利用相对简单的方法制备高效率、高稳定性的复合光催化材料，为复合光催化材料的制备提供了一种新的思路。

16.2.2　ZnO/TiO_2 复合纤维的制备

ZnO/TiO_2 复合纤维的制备流程示意图如图 16-2 所示，包括以下步骤：①静电纺丝制备 TiO_2/PVP 纤维，取 40 mL 无水乙醇和 20 mL 冰乙酸充分混合，加入 11.524 mL 钛酸四丁酯搅拌 0.5 h 使其充分混合均匀。缓慢加入 4.034 g 的 PVP，搅拌 2h 得到前驱体溶液。将前驱体溶液装入注射器中，溶液输送速率为 30 μL/min，注射器的针尖到铝箔的间距设置为 12 cm，高压电源输出电压为 12 kV，电纺得到 TiO_2/PVP

纤维，将其在 80 ℃干燥箱中放置 4 h 烘干。② $Zn/TiO_2/PVP$ 复合纤维制备。在含有 $ZnCl_2$ 的电镀液中，以标准锌板为阳极，TiO_2/PVP 纤维毡为阴极，在 TiO_2/PVP 纤维毡上电沉积 Zn。③ ZnO/TiO_2 复合纤维制备，在 400 ℃下热氧化处理 2 h，得到 ZnO/TiO_2 复合纤维。

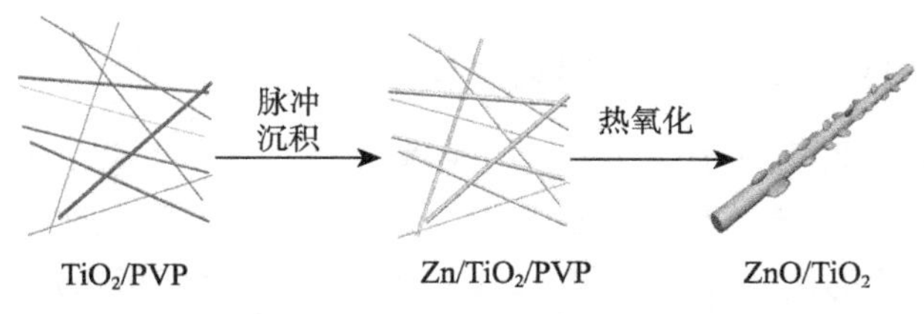

图 16-2　ZnO/TiO_2 复合纤维制备流程示意图

作为对比，在上述相同条件下用静电纺丝制备 TiO_2/PVP 纤维，在 400 ℃下热处理 2 h 得到 TiO_2 纳米纤维。ZnO 纳米材料利用上述相同的电镀条件和热氧化条件制备。

16.2.3　ZnO 纳米针/TiO_2 纳米薄膜复合材料的制备

如图 16-3 所示是复合材料制备流程示意图。ZnO 纳米针/TiO_2 纳米薄膜复合材料的制备包括两个主要步骤。

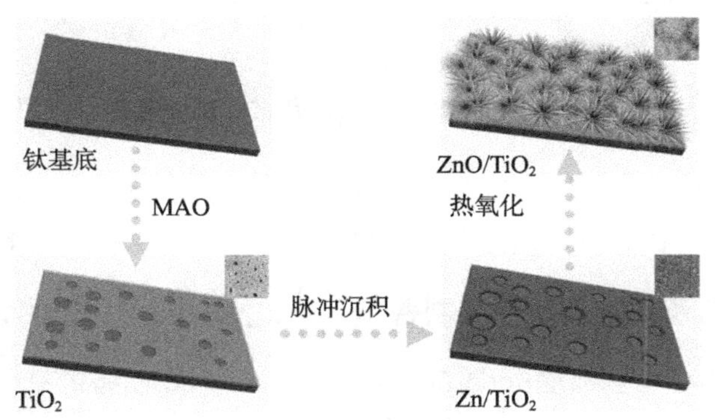

图 16-3　ZnO 纳米针/TiO_2 纳米薄膜复合材料制备流程示意图

(1) TiO_2 薄膜的制备：取尺寸为 10 mm×10 mm×6 mm 的钛板作为微弧氧化的基板。钛板用砂纸打磨成表面为镜面并清洗干净。钛板作为微弧氧化的阳极，不锈钢板作为阴极。电解液是 10 g/L 的磷酸钠(Na_3PO_4)溶液，电流通过高压电源提供。微弧氧化过程中正向电压是 550 V，反向电压是 0 V，频率是 1200 Hz，占空比是 40%，时间是 5 min。微弧氧化过程中，电解液的温度通过冷凝水控制在 25 ℃以下。

(2) ZnO/TiO_2复合材料的制备：在含有$ZnCl_2$的电镀液中，以标准锌板为阳极，以制备好的微弧氧化TiO_2薄膜作为阴极，在TiO_2薄膜上电沉积Zn薄膜，电沉积时间是20 s。然后，在380 ℃下热氧化处理4 h就得到ZnO/TiO_2异质结复合材料。

作为对比，在钛金属板表面直接电镀Zn并热氧化得到ZnO纳米针。电镀和热氧化条件同上。

16.2.4　ZnO/NiO异质结多孔材料的制备

将泡沫镍依次用去离子水、乙醇、稀盐酸、乙醇、去离子水洗净并烘干，切割成1 cm×1 cm大小方片作为电镀基板。在含有$ZnCl_2$的电镀液中，以标准锌板为阳极，以切割好的泡沫镍作为阴极，在泡沫镍表面电沉积Zn薄膜，电沉积时间是15～60 s。电沉积后将镀有Zn纳米晶薄膜的泡沫镍用去离子水反复洗净，烘干。然后，在400 ℃下热氧化处理2 h就得到ZnO/NiO异质结多孔材料。流程示意图如图16-4所示。

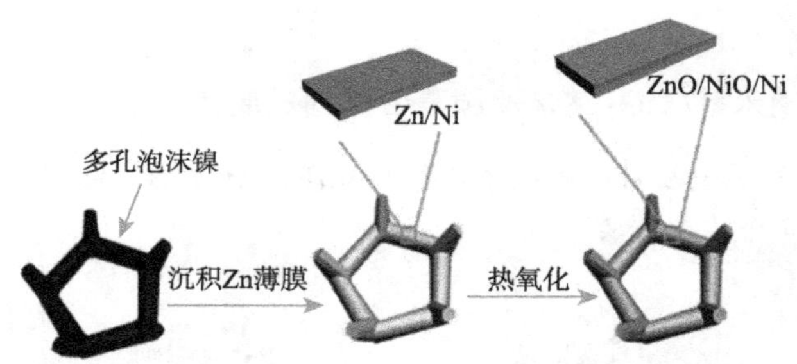

图16-4　ZnO /NiO异质结多孔材料制备流程示意图

作为对比，泡沫镍直接在400 ℃下热处理2 h得到NiO。以ITO作为阴极在上述相同条件下电镀，在ITO表面电镀Zn薄膜。在400 ℃下热处理2 h得到ZnO材料。

16.2.5　ZnO/石墨烯复合材料的制备

取适量的用化学剥离法(modified Hummers method)制备的氧化石墨烯，分散到适量的蒸馏水中，保持氧化石墨烯水溶液的溶度为1 mg/mL。用循环伏安法通过三电极系统(铂片作为对电极，HgI作为参比电极，导电玻璃作为工作电极)在导电玻璃上沉积石墨烯。制备石墨烯的电极后，利用脉冲电沉积技术在石墨烯表面沉积一层Zn薄膜。在含有$ZnCl_2$的电镀液中，以标准锌板为阳极，沉积有石墨烯的导电玻璃为阴极，脉冲电沉积的时间为10 s。将电沉积了Zn/石墨烯的导电玻璃清洗干净。在350 ℃下热氧化处理Zn/石墨烯2 h，得到ZnO/石墨烯复合材料。制备流程示意图如图16-5所示。

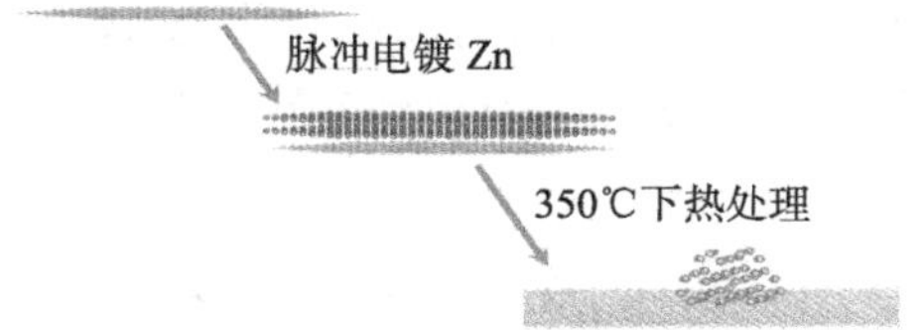

图 16-5 ZnO/石墨烯复合材料制备流程示意图

作为对比，在相同的实验条件下，在 ITO 表面直接电镀 Zn 纳米晶薄膜，并在相同的热氧化条件下生长 ZnO 纳米材料。

16.2.6 光电流测试

光电流测试可以表征样品中光生载流子的浓度大小。一般来说，光生电流越强，说明样品中光生载流子的浓度越高，也可以间接证明样品具有更高的光催化效率。在本章中，利用上海辰华仪器有限公司的 CHI660C 型电化学工作站进行光电流测试。测试体系采用三电极体系，其中负载有待测试样品的电极作为工作电极，饱和甘汞电极作为参比电极，铂丝电极作为对电极。使用高压汞灯(飞利浦亚明照明有限公司)作为光源，发光波长为 350～450 nm。在光电流测试的过程中，利用电流-时间模式测试样品在光照时的光电流强度。光源开启与关闭利用光控阀门的开关进行控制。工作电极的制备方法如下：①粉末样品和少量无水乙醇混合，充分研磨后涂覆在导电玻璃上并烘干作为工作电极，电解液为 0.5 M(1 M=1 mol/dm^3)的 Na_2SO_4 水溶液；②薄膜或块状样品直接作为工作电极进行测量，电解液是 0.5 M 的 Na_2SO_4 水溶液。

16.2.7 光催化性能测试

本章中涉及的光催化材料由于在形态性质上的不同，光催化性能存在一定的差异，因此光催化性能测试表征方法也分为两大类：①通过测定对苯二甲酸溶液中羟基自由基(•OH)的浓度变化来表征光催化效率；②通过光催化剂对有机染料溶液的降解速度和效率表征光催化性能。

对于 ZnO/TiO_2 复合纤维、NiO/TiO_2 多孔材料、ZnO/石墨烯复合薄膜，使用 250 W 高压汞灯作为光源，将样品置于装有 2 mL 对苯二甲酸溶液(0.01 M NaOH 和 3 mM 对苯二甲酸)的石英比色皿中，每隔一定时间将比色皿直接置于荧光分光光度计中测量二羟基对苯二甲酸的含量。

对于 ZnO 纳米针/TiO_2 薄膜复合材料，使用 250 W 高压汞灯作为光源，将 100 mg 样品置于 100 mL 的浓度为 12 mg/L 亚甲基蓝溶液中。在暗处避光放置 1 h 后开始进行光催化降解实验。在光照条件下，对溶液进行持续搅拌保证光催化剂在溶液中均匀分散。每隔一定时间取 2 mL 溶液用紫外可见光谱仪测试最大吸光率来判断其剩余浓度。根据朗伯-比尔定律(Beer-Lambert law)计算溶液中有机物的含量。

16.3　ZnO/TiO_2 复合纤维的微结构表征及其光催化性能

16.3.1　ZnO/TiO_2 复合纤维的微结构特征

本节利用静电纺丝技术、脉冲电沉积技术和热氧化技术相结合制备 ZnO/TiO_2 复合纤维。自从静电纺丝法由 Li 等[11]首次用于 TiO_2 纤维的制备以来，由于其独特的优势，在 TiO_2 复合纤维的制备领域有广泛的应用[12]。脉冲电沉积采用高频脉冲电流作为电镀电源。脉冲电沉积相比普通电镀具有明显的优势[13]，可以很容易地控制电流等参数，镀层的物理化学性能优越。

图 16-6 是三种样品(TiO_2/PVP、Zn/TiO_2/PVP 和 ZnO/TiO_2)的 SEM 形貌图。如图 16-6 所示，对于 TiO_2/PVP 纤维，表面光滑。电镀锌之后，TiO_2 纤维表面包覆有一层明显的 Zn 薄膜。当其在空气中热处理之后，纤维表面的 Zn 薄膜转变为 ZnO 颗粒，同时原来电纺得到的非晶 TiO_2 纤维转变为锐钛矿型的 TiO_2 结构。在纤维分布较均匀的区域，ZnO 颗粒分布较为均匀，颗粒大小约为 200 nm。

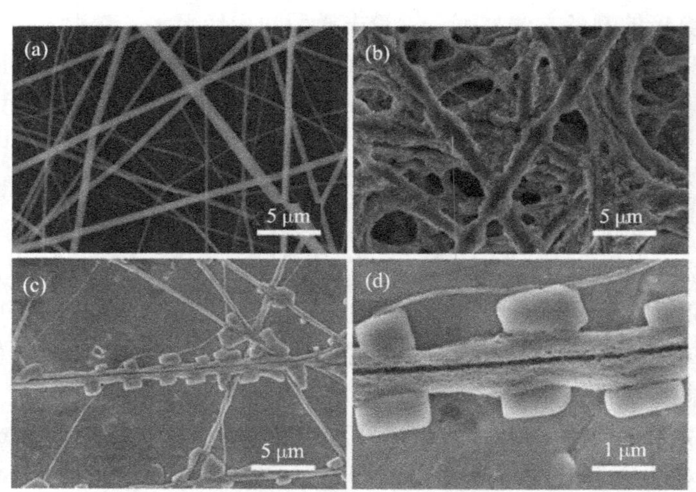

图 16-6　纳米纤维的 SEM 形貌

(a) TiO_2/PVP; (b) TiO_2/Zn/PVP; (c) TiO_2/ZnO; (d) TiO_2/ZnO

图 16-7 是四种样品(TiO_2/PVP、纯 TiO_2、Zn/TiO_2/PVP 和 ZnO/TiO_2)以及基板 ITO 导电玻璃的 XRD 图谱。曲线(a)是基板导电玻璃(ITO)的 XRD 图，除了其本征的衍射峰之外，没有 TiO_2 和 ZnO 的衍射峰。曲线(b)是 TiO_2/PVP 复合纤维的 XRD 图。

由于 PVP 是高分子有机物，并且样品没有经过热处理，TiO_2 还是非晶态的，所以曲线(b)中只能检测到 ITO 导电玻璃的衍射峰。经过电镀处理后，明显可以检测到 Zn 的衍射峰，如曲线(c)所示。样品 TiO_2/PVP 和 Zn/TiO_2/PVP 经过热处理后，PVP 分解，Zn 被氧化形成 ZnO，所以 TiO_2 和 ZnO 的峰都能被检测到，如曲线(d)和(e)所示。

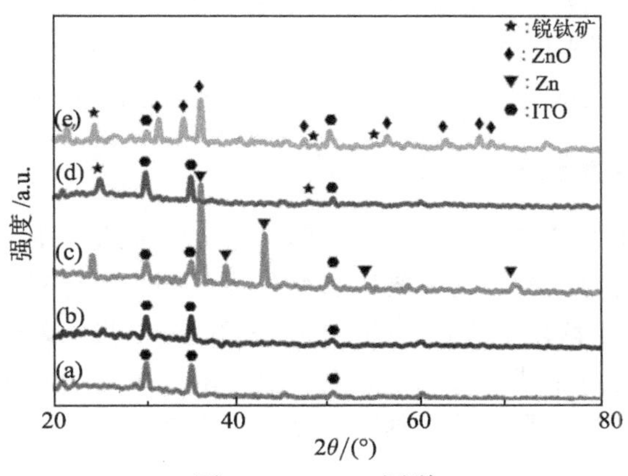

图 16-7　XRD 图谱

(a) ITO; (b) TiO_2/PVP/ITO; (c) TiO_2/PVP/Zn/ITO; (d) TiO_2/ITO; (e) TiO_2/ ZnO/ITO

图 16-8 是 ZnO/TiO_2 复合纤维中 ZnO 和 TiO_2 之间形成异质结的高分辨透射电镜(HRTEM)图像。由于 ZnO 颗粒和 TiO_2 纤维的尺寸较大，利用高分辨透射电镜很

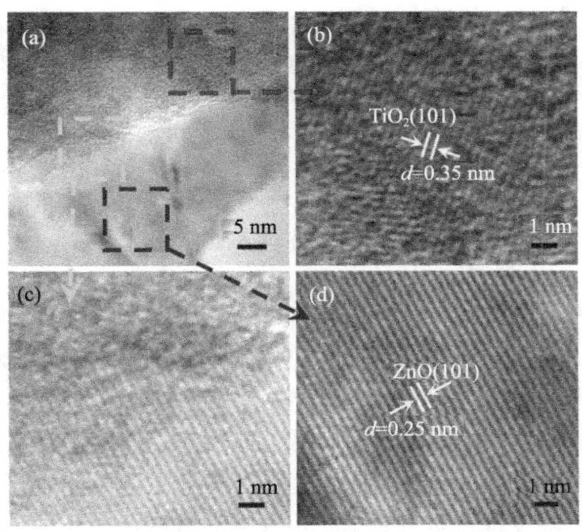

图 16-8　ZnO/TiO_2 复合纤维的 HRTEM 图像

(a) 低倍；(b) ZnO；(c) 界面；(d) TiO_2

难直接观察到清晰的 ZnO 和 TiO_2 的异质结界面，但是经过我们的努力，仍然可以找到部分 ZnO 和 TiO_2 的异质结界面，其 HRTEM 形貌图如图 16-8 所示。可以看出，ZnO 颗粒与 TiO_2 纤维之间结合紧密，形成了理想的异质结结构。图 16-8(c)和(d)分别显示了 ZnO 和 TiO_2 的晶格像。在热处理过程中，PVP 在高温下分解，Zn 纳米晶薄膜转变为 ZnO 纳米颗粒，非晶 TiO_2 转变为锐钛矿型 TiO_2。与此同时，在 ZnO 和 TiO_2 的界面，由于短程原子互扩散，在 ZnO 和 TiO_2 的界面会形成共格或半共格的异质结界面。如图 16-8(c)所示，可以清晰地观察到 ZnO 和 TiO_2 界面的图像。

16.3.2 ZnO/TiO_2 复合纤维的光催化性能

图 16-9(a)描述了 TiO_2 纤维和 ZnO/TiO_2 复合纤维的紫外-可见吸收光谱。可以看出，ZnO/TiO_2 复合纤维在可见光区和紫外光区的吸收量有一定增强，并且由于 ZnO 的复合，其吸收截止波长发生约 30 nm 的红移。根据 Kubelka-Munk 公式[14]，$(\alpha\eta\upsilon)^{1/2}$ 和样品的光量子能量之间的关系可以确定。如图 16-9(b)所示，通过计算，TiO_2 纤维和 ZnO/TiO_2 复合纤维的禁带宽度分别为 2.9 eV 和 3.2 eV。

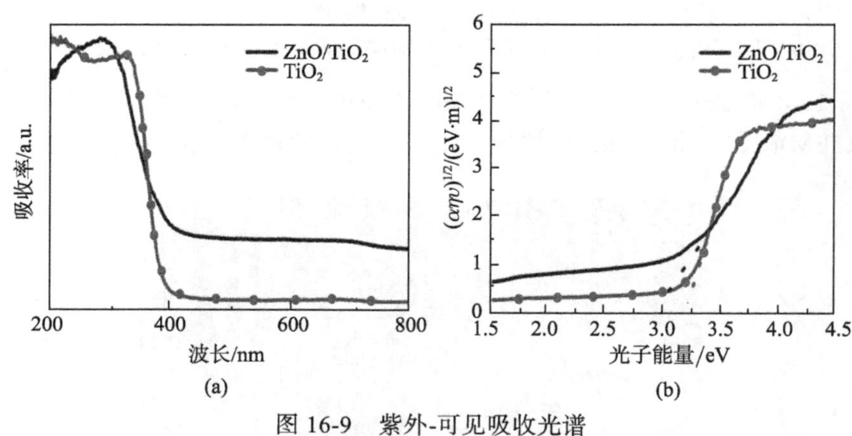

图 16-9　紫外-可见吸收光谱

另外，利用羟基自由基(•OH)在紫外-可见光照射下的变化也是表征材料光催化性能的有效方法。对苯二甲酸溶液(TA)中羟基自由基(•OH)与对苯二甲酸结合以后，会形成一种二羟基对苯二甲酸酯(TAOH)物质。当受到紫外-可见光的照射时，其只在 426 nm 处有一个吸收峰，因此很容易通过荧光强度的变化，来测量羟基自由基的浓度变化[15]。TiO_2 纤维和 ZnO/TiO_2 复合纤维的光催化性能利用光催化降解羟基自由基来表征。实验发现，当将对苯二甲酸溶液降解 3 h 以后，ZnO/TiO_2 复合纤维降解的对苯二甲酸溶液的荧光强度为纯 TiO_2 纤维降解溶液的两倍，如图 16-10 所示。由此可以证明，复合纤维大大增强了其光催化性能。

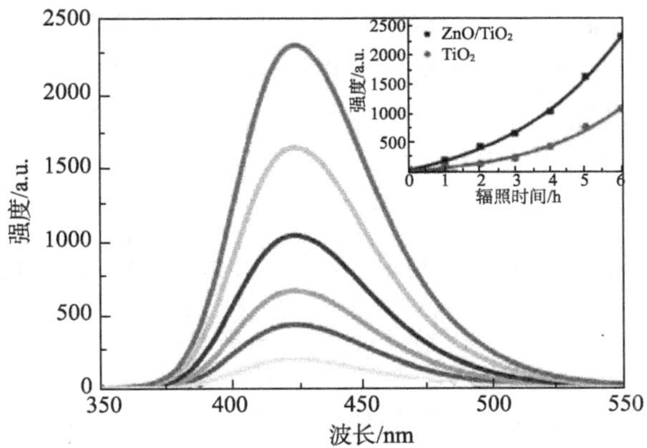

图 16-10　ZnO/TiO_2 纤维光催化荧光强度随时间变化图

插图是 ZnO/TiO_2 和纯 TiO_2 光催化性能比较

16.3.3　ZnO/TiO_2 复合纤维的光催化降解机理

众所周知，TiO_2 是间接带隙半导体，其能带的导带位置 E_{CB}=−4.21 V，ZnO 是典型的直接带隙半导体，能带结构的导带位置 E_{CB}=−4.19 V。TiO_2 和 ZnO 的能带示意图如图 16-11(a)所示，当二者通过有效复合形成异质结界面后，其能带结构相互匹配。一般认为，这种能带结构在提高光生载流子分离效率等方面具有重要的作用，其光催化效果也有明显加强。实际上，这种光催化性能的提高主要来自于光生电子-空穴分离效率的提高。或者说，光生电子-空穴的复合效率降低。这与图 16-11(a)中 TiO_2 和 ZnO 的复合能带结构有关。图 16-11(b)给出了光照下光生载流子的迁移状态的示意图。在光照条件下，电子从 ZnO 的导带运动到 TiO_2 的导带，而空穴则从 TiO_2 的价带运动到 ZnO 的价带，使其分离效率得到了提升。

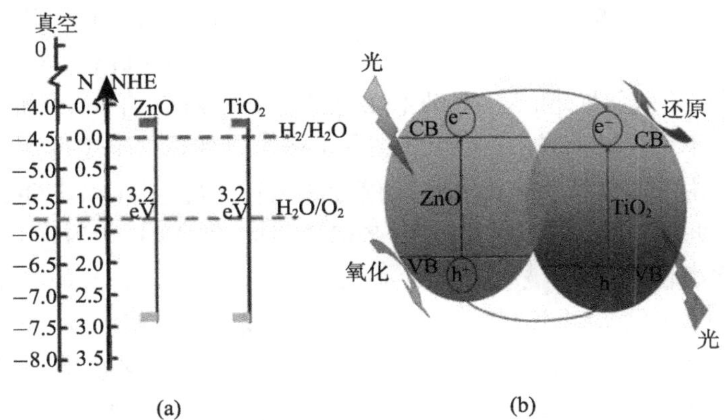

图 16-11　(a) TiO_2 和 ZnO 的能级图；(b) 光生载流子在 ZnO 和 TiO_2 的传输示意图

对于 ZnO/TiO_2 复合纤维，ZnO 以颗粒形式附着于 TiO_2 纤维表面，两种半导体均暴露在纤维的表面，能够和大分子有机物充分接触。并且 ZnO 和 TiO_2 能级相互匹配，其光生电子和空穴的复合效率也大大降低，使得复合材料的光催化效率得到显著提升。

16.4　ZnO 纳米针/TiO_2 纳米薄膜复合材料的微结构表征及其光催化性能

16.4.1　ZnO 纳米针/TiO_2 纳米薄膜复合材料的微结构特征

目前半导体光催化的研究主要包括粉体悬浮体系和薄膜体系。粉体悬浮体系具有比表面积大，与降解物质接触充分，接受光照充分等特点，其光催化效率也较高[16]。其缺点在于反应过程中需要搅拌，并且反应完成之后还需要进行固-液分离。而光催化薄膜则不需要进行分离，更加适合于大规模使用，薄膜光催化材料受到广泛的关注[16, 17]。目前有很多方法用于 TiO_2 薄膜的制备，如溶胶-凝胶法[18]、磁控溅射[19]、阳极氧化[20]等。但是这些方法都存在明显的缺陷，即薄膜与基体材料的结合疏松，易脱落，不适合大量制备和使用。微弧氧化(MAO)技术是一种简单、经济、快捷的氧化物薄膜制备技术，能够在阀金属(铝、镁、钛及其合金)表面原位制备陶瓷氧化物。在金属表面通过 MAO 制备的氧化物薄膜具有许多优良性质，例如，与基板附着力好，高化学稳定性，高耐磨性，高耐热性等[21]。若是把钛板作为基板，就可以利用 MAO“原位”制备 TiO_2 薄膜。这种薄膜的表面形貌、厚度、相结构能够通过调节包括电解液、电压等各种试验参数来简单、方便地进行调节和控制，从而改善其性质[21, 22]。

ZnO/TiO_2 异质结复合材料的制备包括三个主要过程，首先在钛基板表面通过微弧氧化技术制备一层 TiO_2 薄膜；其次在其表面通过脉冲电沉积电镀一层 Zn 纳米晶薄膜；最后通过热氧化处理，使 Zn 纳米晶薄膜转变为 ZnO 纳米针，如图 16-3 所示。图 16-12 是在不同阶段的样品的 XRD 图。由图可以发现：①经过微弧氧化过程，在钛金属表面生成了锐钛矿型的 TiO_2；②经过电镀之后，Zn 和 TiO_2 的 XRD 衍射峰都能够被检测到；③经过热氧化过程，ZnO 和 TiO_2 的 XRD 衍射峰都能被检测到。证明在热氧化过程中，Zn 被氧化转变为 ZnO，与此同时，TiO_2 的晶体结构没有发生变化，仍然是锐钛矿型 TiO_2。

图 16-13 是不同阶段的样品 SEM 形貌特征图。图 16-13(a)是典型的微弧氧化 TiO_2 薄膜表面形貌图，可以看到微弧氧化 TiO_2 薄膜表面呈现类似火山口的多孔形态。图 16-13(b)是在 TiO_2 表面电沉积 Zn 之后的形貌。在 TiO_2 薄膜表面覆盖了一层

Zn 纳米晶薄膜，图中仍可以看到 TiO_2 微弧氧化薄膜的多孔结构。在热氧化过程中，在多种因素的共同作用下，Zn 膜在 TiO_2 表面生长形成密集的 ZnO 纳米针结构。如图 16-13(c)和(d)所示，ZnO 和 TiO_2 紧密结合的一端直径较大，纳米针的尖端直径最小仅约为 10 nm。ZnO 纳米针的生长认为是基于“底部生长机制”，即在热氧化过程中，ZnO 表面形成微弱的分子电场，从而使 ZnO 具有择优生长趋势，形成纳米针结构[23]。

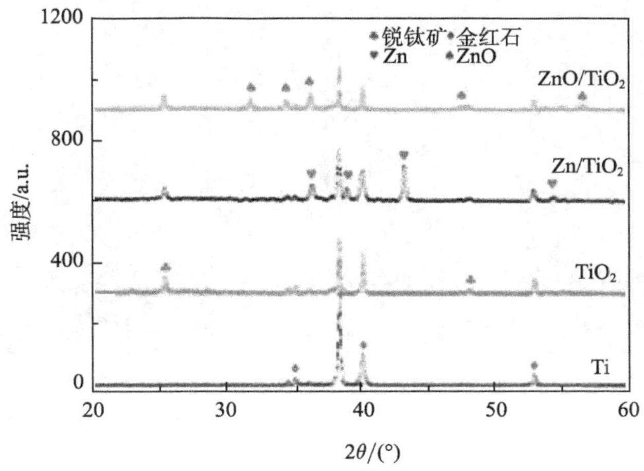

图 16-12　不同阶段的样品的 XRD 图谱

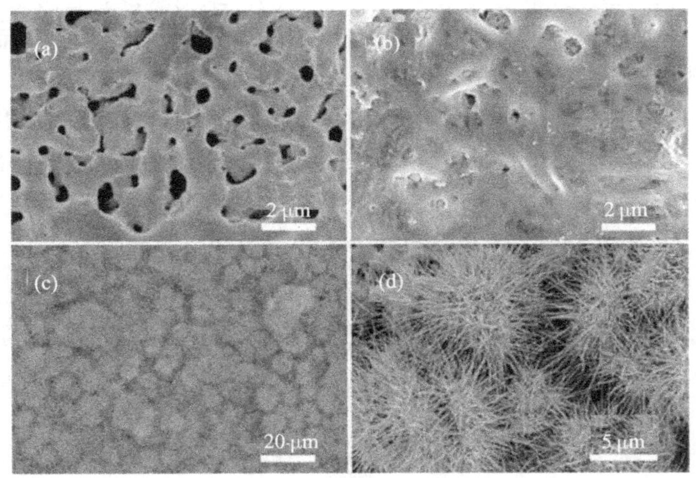

图 16-13　不同阶段的样品 SEM 形貌

(a) TiO_2；(b) Zn/TiO_2；(c) ZnO/TiO_2 低倍；(d) ZnO/TiO_2 高倍

图 16-14 是对 ZnO/TiO_2 异质结复合材料进行的 EDS 能谱测试。通过对样品进行面扫描可以证明在 TiO_2 薄膜表面，ZnO 是均匀分布的。

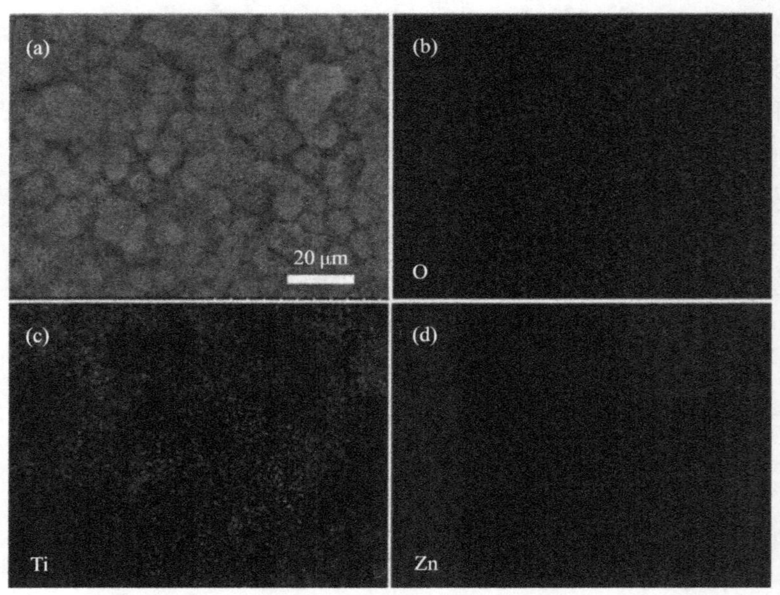

图 16-14　对 ZnO/TiO_2 异质结复合材料进行的能谱测试

(a) ZnO/TiO_2 的 SEM 形貌；元素面分布图：(b) O，(c) Ti，(d) Zn

我们在前期工作中已对热氧化法制备 ZnO 纳米针有较多的研究[23]。它是根部直径较大(约 50 nm)，尖端直径最小(约 10 nm)的一维纳米线。它的生长属于“底部生长机制”，即在热氧化过程中，ZnO 表面形成微弱的分子电场，从而使 ZnO 具有择优生长趋势，形成纳米针结构。

由于高温下 Zn 薄膜向 ZnO 纳米针的转变发生在 TiO_2 薄膜表面，即 ZnO 纳米针直接从 TiO_2 薄膜表面生长出来，因此在 ZnO 与 TiO_2 之间不仅能够形成强的异质界面连接，并且在界面处还会发生元素的短程互扩散以进一步加强界面的连接强度和致密度。在热氧化过程中，Zn 向 ZnO 转变的过程发生在 TiO_2 表面，即 ZnO 纳米针直接生长在 TiO_2 表面。在热氧化过程中，ZnO 和 TiO_2 在界面处会发生短程的原子互扩散，两相之间形成了稳定的异质结结构。而这这种扩散型异质结界面可以作为光生电子-空穴的传输通道，有利于光生电子-空穴的传输与分离，对复合材料的光催化效果有促进作用。

为了研究 ZnO 纳米针和 TiO_2 薄膜之间的异质结界面，利用超声波长时间处理复合材料。经过长时间超声波处理后，样品的表面形貌如图 16-15 所示。可以发现，经过长时间超声处理，大部分 ZnO 纳米针已经折断，但是 ZnO 纳米针的根部和 TiO_2 薄膜仍然紧密结合，附着在钛金属表面。由此证明：① 微弧氧化制备的 TiO_2 薄膜与基体具有超强的附着性和稳定性；② ZnO 和 TiO_2 的异质结界面具有超强稳定性。

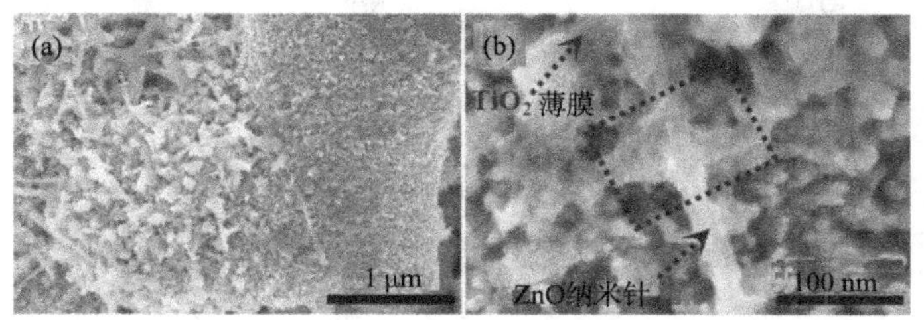

图 16-15　ZnO/TiO_2超声波处理后的 SEM 形貌

(a) 低倍；(b) 高倍

为了能够直接观察 ZnO 纳米针和 TiO_2 薄膜的异质结界面，我们减少了电镀 Zn 的时间(10 s)制备了一组新的 ZnO/TiO_2 薄膜复合材料。图 16-16 所示为复合材料的 SEM 形貌。随着电镀时间的减少，ZnO 纳米针的数量急剧减少，但是纳米针的直径显著增大，这使得我们可以通过扫描电子显微镜直接观察 ZnO 纳米针和 TiO_2 薄膜的异质结界面。据图可以看到，ZnO 纳米针是直接生长在 TiO_2 薄膜表面。

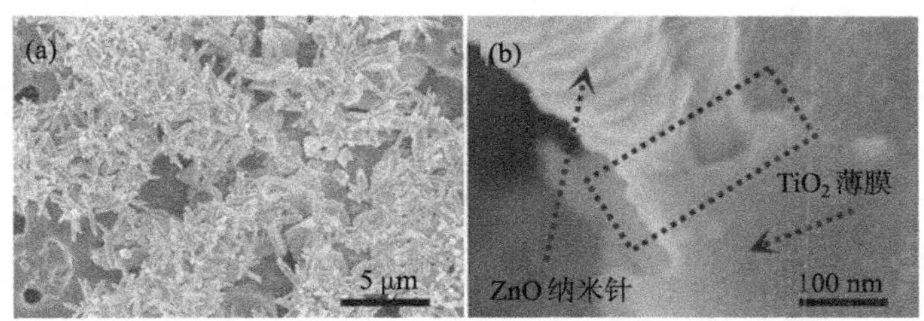

图 16-16　减少电镀时间制备的 ZnO/TiO_2 的 SEM 形貌

(a) 低倍；(b) 高倍

16.4.2　ZnO 纳米针/TiO_2 纳米薄膜复合材料的光催化性能

图 16-17 分别是三种样品(ZnO、TiO_2和 ZnO/TiO_2复合薄膜)的紫外-可见吸收光谱。显然，在可见光区域，由于钛基板的影响，三种材料都显示出非常强的可见光吸收，但是这部分吸收的光子并不能激发 ZnO 或 TiO_2能带电子，对光催化促进作用有限。由于 ZnO 和 TiO_2能带十分接近，三种样品的吸收谱线截止波长都在 400 nm 左右。

光电流是表征半导体光催化剂的光生电子-空穴分离效率最有效的一种方法。光照强度、材料的组成以及结构都会对光电流曲线产生巨大的影响。图 16-18 是在相同条件下对三种样品(ZnO、TiO_2 和 ZnO/TiO_2 复合薄膜)进行光电流测试的结果。可以发现，相比纯的 ZnO 以及 TiO_2 薄膜，ZnO/TiO_2 异质结复合材料的光电流强度有明显的提升。这就证明了在光照条件下，ZnO/TiO_2 异质结复合材料的光生载流子的分离效率更高，据此可以预测其光催化效果将有显著的提升。

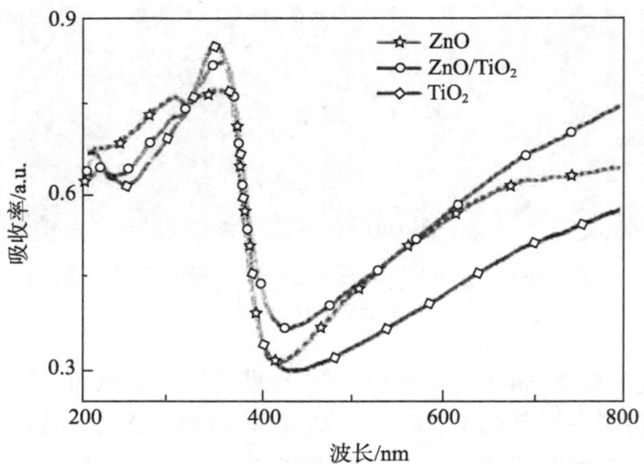

图 16-17　ZnO、TiO_2 和 ZnO/TiO_2 的紫外-可见吸收光谱

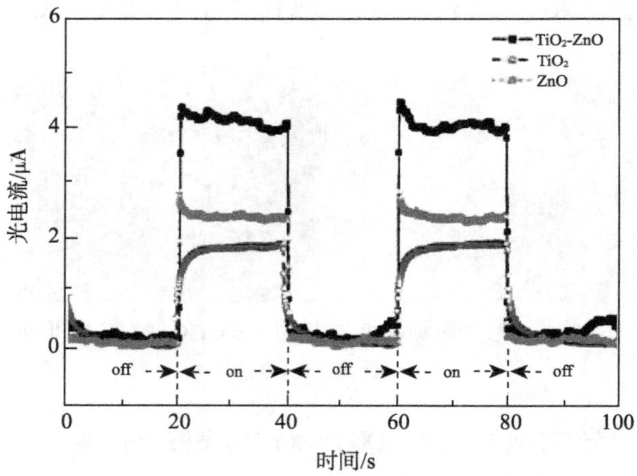

图 16-18　ZnO、TiO_2 和 ZnO/TiO_2 的光电流曲线

利用羟基自由基(•OH)在紫外-可见光照射下的浓度变化是表征材料光催化性能的有效方法之一。对苯二甲酸溶液(TA)中羟基自由基(•OH)与对苯二甲酸结合以后，会形成一种二羟基对苯二甲酸酯(TAOH)物质。在 325 nm 的激发光照射下，这种物质只在 426 nm 处有一个激发峰，峰强度的变化和浓度变化是一致的。

图 16-19 显示的是 ZnO/TiO_2 异质结复合材料光催化对苯二甲酸的荧光强度随时间的变化曲线，随着光催化降解时间增长，荧光强度快速增大。图 16-19 中插图是 ZnO/TiO_2、ZnO 及 TiO_2 的光催化降解对苯二甲酸溶液的荧光强度随时间的变化曲线。据图可以看到，TiO_2 薄膜光催化性能最差，ZnO 薄膜的光催化性能次之，ZnO/TiO_2 复合材料光催化性能最好。在相同的条件下，光催化降解 3 h 后，ZnO/TiO_2

异质结复合材料光催化降解对苯二甲酸溶液的荧光强度是 ZnO 和 TiO_2 薄膜的 2～3 倍。

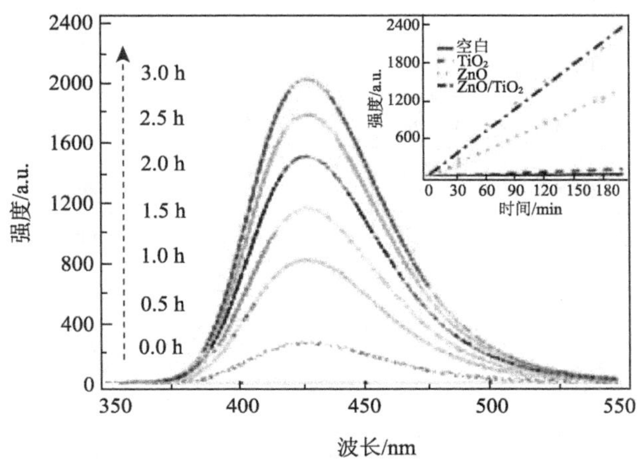

图 16-19　ZnO/TiO_2 异质结复合材料光催化对苯二甲酸的荧光强度随时间变化图
插图是 ZnO/TiO_2、ZnO 和 TiO_2 光催化性能比较

图 16-20(a)是三种样品(ZnO、TiO_2 和 ZnO/TiO_2 复合薄膜)光催化降解甲基蓝溶液浓度的对数随时间变化曲线。据图可以得到三种样品的光催化反应速度常数依次为 k(ZnO)=0.17383 h^{-1}, k(TiO_2)=0.07141 h^{-1}, k(ZnO/TiO_2)=0.3775 h^{-1}。光催化降解甲基蓝的结果显示，ZnO/TiO_2 复合材料的光催化效果相比纯的 ZnO 和 TiO_2 分别提高了 1.17 倍和 4.29 倍。光催化剂的稳定性利用循环光催化降解有机物来表征。图 16-20(b)是用 ZnO/TiO_2 复合薄膜循环降解甲基蓝六次的光催化降解图。可以看到，经过六次循环降解，光催化剂的光催化性能几乎没有降低，这也显示了复合薄膜优异的稳定性。

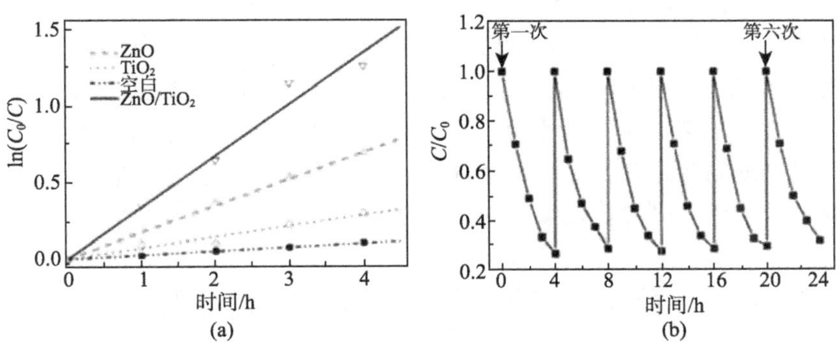

图 16-20　(a) ZnO、TiO_2 和 ZnO/TiO_2 光催化降解亚甲基蓝 $\ln(C_0/C)$随时间变化曲线；(b)循环降解曲线

对于亚甲基蓝溶液的光催化降解也得到了同样的结果，ZnO/TiO_2 复合材料的光

催化效果明显提高。如图 16-21 所示，其相应的光催化反应速度常数依次为 $k(ZnO)=0.05868\ h^{-1}$, $k(TiO_2)=0.03194\ h^{-1}$, $k(ZnO/TiO_2)=0.07132\ h^{-1}$。

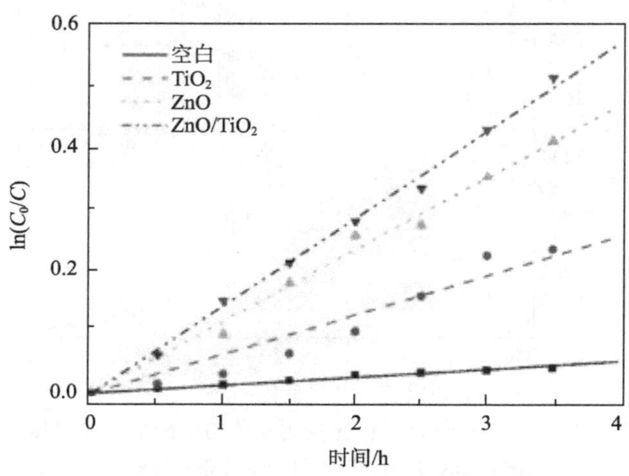

图 16-21 ZnO、TiO_2 和 ZnO/TiO_2 的降解甲基蓝 $\ln(C_0/C)$ 随时间变化曲线

16.4.3 ZnO 纳米针/TiO_2 纳米薄膜复合材料的光催化降解机理

ZnO 纳米针和 TiO_2 薄膜复合材料的光催化性能的提高被认为主要是由于 TiO_2 和 ZnO 的协同作用提高了光生载流子的分离效率，这也从光电流测试数据得到证实。根据我们之前的研究，在高温热氧化的过程中，一方面，Zn 膜被氧化生成 ZnO 结构，另一方面，Zn 和 TiO_2 由于晶格匹配良好，在二者界面处发生短程原子互扩散，形成共格或半共格异质结结构。这种基于高温下原子扩散形成的紧密结合异质结不同于化学法制备的相对“松散”异质结，这种高效异质结对光生载流子的迁移具有非常重要的作用。由于 TiO_2 和 ZnO 能带结构的差异，在光照时产生的光生电子从 ZnO 的导带运动到 TiO_2 的导带，而空穴则从 TiO_2 的价带运动到 ZnO 的价带，使电子-空穴有效分离。在光生载流子的迁移过程中，我们认为 ZnO 纳米针和 TiO_2 薄膜之间的异质结界面充当了电荷传输的桥梁，明显提高了光生电子-空穴的分离效率，复合半导体的光催化效果得到明显提升。

16.5 ZnO/NiO 异质结多孔材料的微结构表征及其光催化性能

16.5.1 ZnO/NiO 异质结多孔材料的微结构特征

三种样品(Zn/Ni、ZnO 和 ZnO/NiO)的相结构利用 XRD 进行表征。图 16-22 为在泡沫镍基板上电沉积 Zn 纳米晶，并进行热氧化处理前后样品的 XRD 图谱。可以看出，热氧化处理前，Zn/Ni 样品的组成成分分别是 Ni 和 Zn；而经过热氧化处理后，样品的组成成分是 NiO 和 ZnO 物相。图 16-22(c)中也可观察到微弱的 Ni 衍射峰，这是由于泡沫镍基底太厚，无法氧化完全，但图中已经没有 Zn 的衍射峰，表明 Zn 已全部氧化成 ZnO。

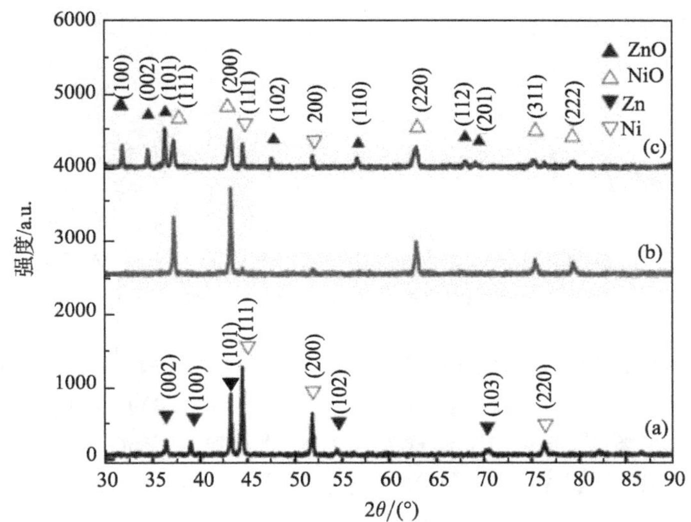

图 16-22　不同样品的 XRD 图像

(a) Zn/Ni 样品；(b) ZnO 样品；(c) ZnO/NiO 样品

样品的形貌利用 SEM 进行观察。图 16-23 为原始泡沫镍(Ni)基板，以及在泡沫镍上电沉积 Zn 不同时间后的 SEM 形貌。据图 16-23(a)可以看出，原始泡沫镍为多孔结构，孔径在 1 μm 左右。当电沉积时间较短(5 s 和 15 s)时，沉积的 Zn 纳米晶薄膜为片层状结构，片层密集且均一，呈枫树叶形状，片层厚度约为 10 nm，如图 16-23(b)和(c)所示。而当电沉积时间较长(60 s)时，沉积的 Zn 薄膜主要由颗粒组成，颗粒大小均匀，直径为 60～100 nm，如图 16-23(d)所示。电沉积 Zn 薄膜形貌变化的原因是：①在电沉积 Zn 的开始阶段，沉积层的生长形式为外延生长。外延的程度取决于基体金属与沉积金属的晶格类型和晶格常数，也就是说，电沉积 Zn 趋向于保持泡沫镍的多孔片层结构，呈片层状。②在外延生长过程结束后，会形成一定数量的孪晶，镀层最后变成随机取向的多晶体沉积。在多晶生长的后期，镀层会显示出择优生长取向。因此电沉积 60 s 的 Zn 呈现典型的颗粒状。这种不同形貌的电沉积 Zn 薄膜，对在随后热氧化过程中生成的 ZnO 形貌有影响。

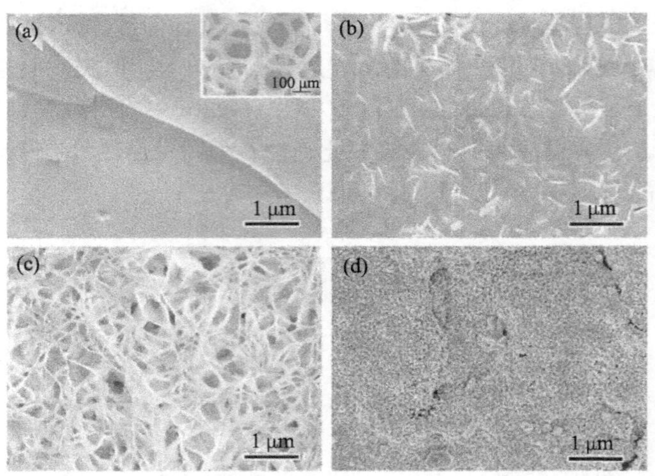

图 16-23　泡沫镍表面电沉积 Zn 不同时间后的 SEM 形貌

(a) 纯泡沫镍; (b) 5 s; (c) 15 s; (d) 60 s

图 16-24 为电沉积 Zn 纳米晶薄膜在 400 ℃热氧化 2 h 后生成的 ZnO 的形貌特征。很明显，对应于外延生长的 Zn 纳米晶薄膜，热氧化后生成的 ZnO 仍为片层状结构，与图 16-23(c)形貌类似。而对应于颗粒状的 Zn 纳米晶薄膜，ZnO 为纳米针状结构。ZnO 纳米针分布均匀密集，直径为 50～100 nm，长度为 5～10 μm。有关热氧化法制备 ZnO 的生长机理，在我们的前期工作中已有较详细的描述，其属于“底部生长机制”，即在热氧化过程中，Zn 和 ZnO 表面形成微弱的分子电场，Zn^{2+}沿着〈0001〉晶向扩散，并与 O^{2-}发生反应生成 ZnO，从而使 ZnO 具有择优生长趋势，形成纳米针结构[23]。

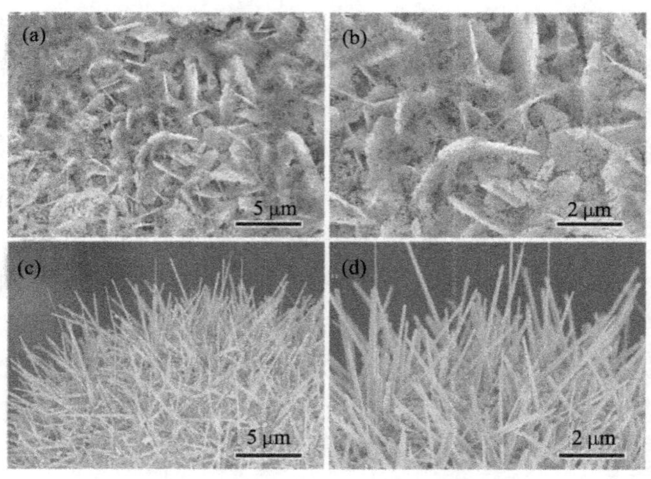

图 16-24　NiO/ZnO 的 SEM 形貌

(a)和(b)片层状；(c)和(d)针状

实际上，本研究的目的就是期望在 ZnO 纳米针与多孔泡沫 NiO 之间形成一个具有致密连接的异质结，保证二者之间光生载流子(电子-空穴)的通畅传输，以及调节它们共同的能带结构，提高其物理和化学性能，以及提高这种复合体系在长期使用过程中的稳定性。一般来说，利用化学法在低温下制备的 ZnO/NiO 复合体系，虽有外延生长，但较难形成致密接触的异质结，或者仅仅是机械的接触，在界面处存在“gaps”，这对复合材料的性能和稳定性都有影响。本实验中，在高温下，Zn 薄膜向 ZnO 纳米针的转变与 Ni 向 NiO 的转变同时发生，也就是说，ZnO 纳米针是直接从多孔泡沫镍或者 NiO 表面生长出来的，同时在 ZnO 与 NiO 之间的界面处还会伴随元素的短程互扩散。因此，这种相变和元素扩散过程有利于形成一个具有较高界面连接强度和致密度的异质界面。

为了进一步证实这种异质结的存在，我们利用拉曼(Raman)光谱测试间接地证明了 ZnO 和 NiO 之间异质结扩散界面的存在。如图 16-25 所示为样品(纯 NiO 和 ZnO/NiO)的 Raman 光谱。根据 Raman 图谱，ZnO 和 NiO 的特征峰同时存在，这和 XRD 测试结果匹配。在两个样品中，在 548.9 cm^{-1} 和 1099.6 cm^{-1} 附近都可以观测到 NiO 的 Raman 特征峰。但是深入分析可以发现，相比于纯 NiO，ZnO/NiO 样品中的 NiO 的特征峰都发生了一定程度的向高波数的移动。这种特征峰位置移动正是 NiO 和 ZnO 相互作用的结果。在高温热处理的过程中，Zn 向 NiO 中扩散，NiO 中部分 Ni 元素被 Zn 元素所取代，从而导致 NiO 的 Raman 特征峰发生移动。

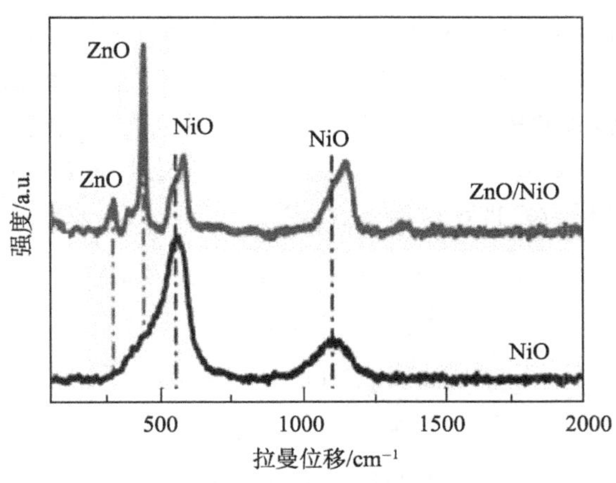

图 16-25　纯 NiO 和 NiO/ZnO 复合材料的 Raman 光谱

除了利用 Raman 光谱表征，我们还利用 SEM 直接观测了 ZnO 和 NiO 的异质结界面。图 16-26 所示是 ZnO 纳米针和 NiO 的异质结界面的 SEM 形貌，显然在 ZnO 纳米针和 NiO 之间形成了一个紧密结合的异质结界面。由于制样方面的困难，实验上不可能利用高分辨透射电镜(HRTEM)直接观察到这个异质结界面的原子像。但是，我们利用简单的模型和 Fick 扩散公式的计算显示，在 400 ℃热处理 2 h 后，Zn 在 Ni 中的扩散距离为 5.64 μm。另外，在前期研究中，我们利用同样的原理发现在 ZnO 与 TiO_2 之间能够形成致密的异质结。

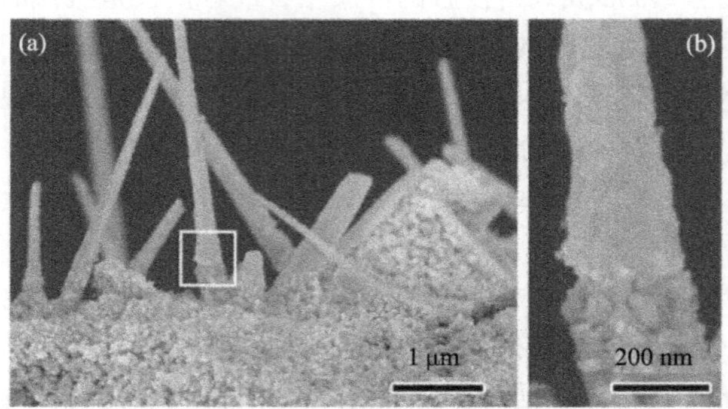

图 16-26 ZnO 纳米针和 NiO 的异质结界面的 SEM 形貌

(a) 低倍；(b) 高倍

16.5.2 ZnO/NiO 异质结多孔材料的光催化性能

为了验证这种 ZnO/NiO 多孔微纳异质结构对性能提高的效果，我们进行了光催化性能的测试，即通过检测样品对苯二甲酸酯的荧光峰强度来表征其光催化性能。其原理是：在紫外-可见光照射下，ZnO/NiO 样品与水的表面产生羟基自由基(•OH)，对苯二甲酸(TA)分子探针可以与•OH 反应生成高度敏感的荧光产物，即 2-羟基对苯二甲酸酯(TAOH)。2-羟基对苯二甲酸酯的荧光峰强度与水中产生的•OH 自由基数量成正比。也就是说，对苯二甲酸酯的荧光峰强度可以间接地表征样品的光催化性能。具体的反应机理可以由下式表述：

$$(\mathrm{NiO\text{-}ZnO}) + h\nu \longrightarrow \mathrm{NiOe_{cb}^{-}} + \mathrm{ZnOh_{vb}^{+}}$$

$$\mathrm{NiOe_{cb}^{-}} + \mathrm{O_2} \longrightarrow \mathrm{NiO} + \mathrm{O^{2-}}$$

$$\mathrm{ZnOh_{vb}^{+}} + \mathrm{OH^{-}} \longrightarrow \mathrm{OH}$$

$$\mathrm{O^{2-}} + \mathrm{H_2O} \longrightarrow \mathrm{HO_2^{\bullet}} + \mathrm{OH^{-}}$$

$$\mathrm{HO_2^{\bullet}} + \mathrm{H_2O} \longrightarrow \mathrm{HO^{\bullet}} + \mathrm{H_2O_2}$$

$$\mathrm{H_2O_2^{\bullet}} \longrightarrow 2\mathrm{OH^{\bullet}}$$

图 16-27 分别为片层状 ZnO 和针状 ZnO 与多孔泡沫 NiO 复合异质结构光催化对苯二甲酸溶液的荧光强度-时间关系图。在 425 nm 处有一个明显的荧光峰，并且随着时间延长，荧光强度有不同程度的增加。

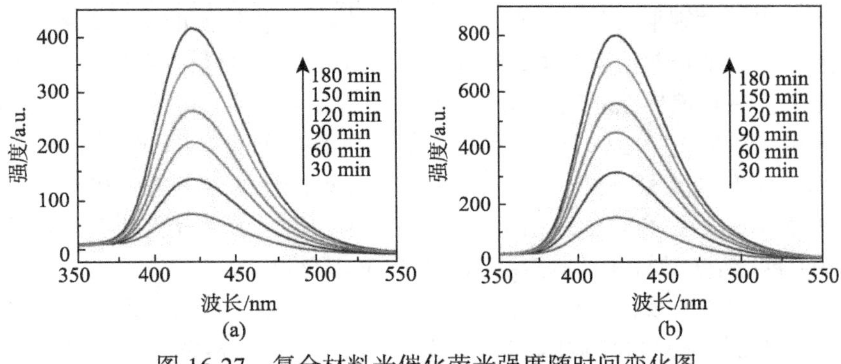

图 16-27　复合材料光催化荧光强度随时间变化图

(a) 片层状 ZnO；(b) 针状 ZnO

图 16-28 为不同样品的荧光峰强度-时间关系图。样品还包括了纯 NiO、热氧化前沉积了 Zn 纳米晶薄膜的泡沫镍，以及在相同条件下制备的导电玻璃(ITO)与 ZnO 的复合材料。可以看出，荧光峰的强度与时间之间呈线性关系，表明制备的光催化剂具有很好的稳定性。另外，从图中可以看出 NiO 几乎不具有光催化性，直接电沉积了 Zn 的泡沫镍复合结构的光催化性能很弱，而针状 ZnO 与泡沫 NiO 之间形成了微纳异质结结构的样品的光催化活性最强，分别为片层状 ZnO/NiO 和 ITO/ZnO 的 2 倍和 2.5 倍。

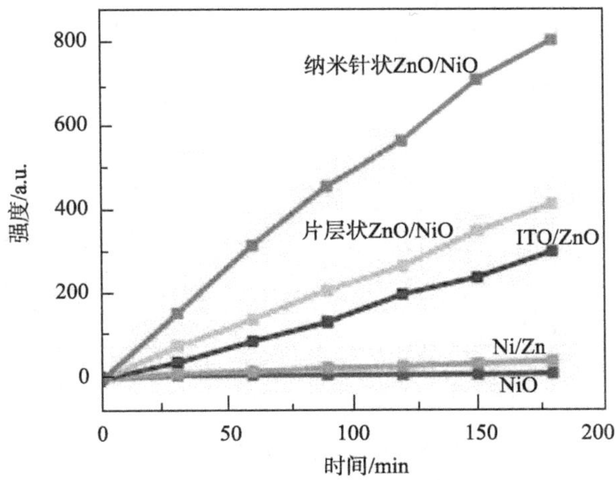

图 16-28　不同样品光催化荧光强度随时间变化曲线

16.5.3　ZnO/NiO 异质结多孔材料的光催化降解机理

复合材料的光催化性能提升有多方面的原因，样品半导体能带结构、光生载流子的分离效率、微观形貌都是影响光催化材料的光催化性能的重要因素。

众所周知，在光催化反应中，只有当半导体颗粒能够氧化所吸附的 OH^-或 H_2O 时，才能引发氧化反应，这就意味着半导体价带的电势要低于−6.77 eV。ZnO 的价带电位为−7.50 eV，它是一个很好的氧化剂。而 NiO 的只有−4.95 eV，也就是说，Ni 没有任何光催化活性。纯 ZnO 受到紫外光照射产生的光生电子和空穴，在迁移的过程中很容易发生体相或者表面复合，难于参与到后续的光催化氧化-还原反应。因此，纯 ZnO 纳米材料并不能表现出优异的光催化性能。

为了更加直观地表征复合体系的光催化能力，直接检测光生载流子的浓度是最简单直接的方法。我们利用电化学工作站，对样品在紫外-可见光照射下的光生电流进行了测量。图 16-29 是 ZnO 和 ZnO/NiO 复合体系的光电流曲线。在光照的瞬间，在紫外-可见光的激发下，光催化材料产生光生电子-空穴对，光生电子和空穴分离后向光催化材料表面迁移，形成表面俘获电子和空穴，从而产生光电流。在避光瞬间，光激发过程中断，光电流强度迅速下降。黑暗条件下几乎没有光电流。通过光电流的数据图可以看到，纳米针状的 ZnO/NiO 复合材料的光电流最强，约为纯 ZnO 的光电流强度的 3 倍，片层状 ZnO/NiO 复合材料的光电流较弱，约为纯 ZnO 的光电流强度的 1.5 倍。光电流强度增大也证明了复合材料中光生电子-空穴的分离效率提高，复合材料可能有更好的光催化性能。

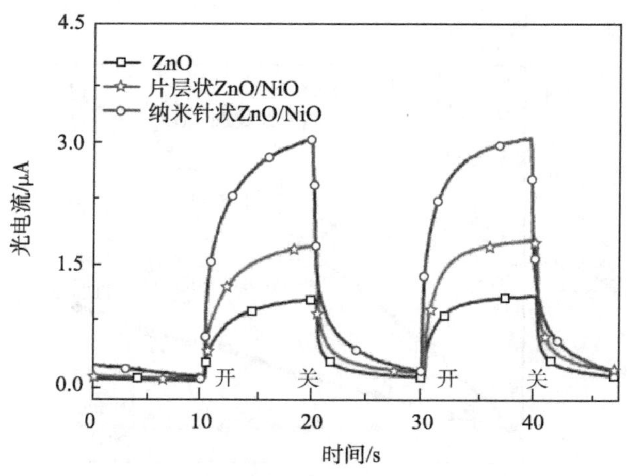

图 16-29　样品的光电流曲线

当 ZnO 与 NiO 形成半导体异质结复合材料以后，它们之间能够产生较为匹配的能带结构，如图 16-30 所示。当 ZnO/NiO 复合材料暴露于紫外光下时，电子在 ZnO 和 NiO 两相的价带上同时被激发，一部分被激发到 ZnO 导带上的光生电子会直接迁移到颗粒表面参与光催化反应，还有一部分电子会从 ZnO 的导带跃迁进入 NiO 的导带；同时，由于 NiO 价带的能级比 ZnO 价带的能级低，NiO 价带上的光生空穴可以自由转移到 ZnO 价带上。这种光生电子-空穴对的有效分离，很大程度上降低了光生载流子的复合效率，提高了其在固-液界面参加光催化反应的利用率，从而使得 ZnO/NiO 复合材料表现出比单纯 ZnO 更优异的光催化活性。

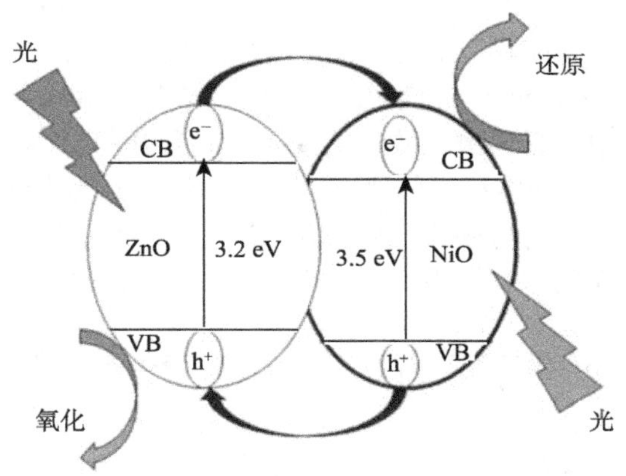

图 16-30　ZnO 和 NiO 异质结能带结构示意图

另外，通过对比纳米针状 ZnO 与片层状 ZnO 的 NiO 复合材料的光催化性能可知，针状 ZnO/NiO 复合材料具有更高的光催化效率。这是因为：片层状 ZnO 由细小的多晶颗粒组成，晶粒间存在大量间隙，如图 16-31(a)所示。这些间隙给 ZnO 纳米薄膜带来较高的内阻或能垒，使得光生电子与空穴容易在间隙处发生聚集或复合，造成其分离效率低，也就是说，片层状 ZnO/NiO 复合材料的光催化性能较差。而对于纳米针状 ZnO/NiO 复合材料，热处理生长出的 ZnO 纳米针状为单晶结构，如图 16-31(b)所示。电子与空穴在 ZnO 纳米针内部迁移的过程中受到的阻力较小，能够快速及时地转移到 ZnO 与 NiO 的界面，这种具有异质结构的界面使得电子与空穴的分离效率极大地提高，因此针状 ZnO/NiO 复合材料具有更高的光催化效率。

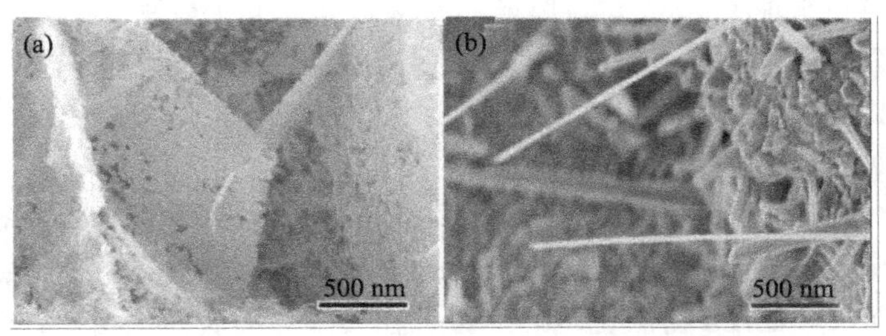

图 16-31　片层状 ZnO(a)和针状 ZnO(b)的高倍 SEM 形貌

16.6 ZnO/石墨烯复合材料的微结构表征及其光催化性能

16.6.1 ZnO/石墨烯复合材料的微结构特征

复合材料的组成以及相结构、结晶度等可以通过 Raman 光谱和 XRD 图谱来表征。Raman 光谱也是表征石墨烯的一种很常用的技术手段。为了证明复合材料中石墨烯的存在，我们利用 Raman 光谱对样品进行了表征。Raman 光谱表征结果显示，循环伏安法制备的原始石墨烯由于缺陷较多，G 峰很强，2D 峰强度比较微弱。而通过热氧化之后，石墨烯的特征峰仍然存在，并且在 434 cm^{-1} 和 587 cm^{-1} 处还观测到了 ZnO 的 E_2 和 E_1 模式的特征峰，如图 16-32 所示，说明这是一个 ZnO 与石墨烯的复合薄膜，证明了在复合材料中 ZnO 和石墨烯是同时存在的。

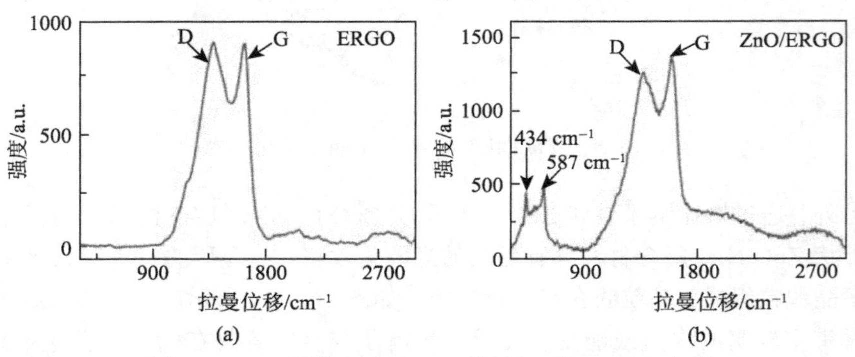

图 16-32　石墨烯(a)和 ZnO/石墨烯(b)的 Raman 光谱

图 16-33 为 XRD 测试结果。可以看出，除了热氧化使得 Zn 转变成了 ZnO 以外，还发现了 $ZnCO_3$ 的衍射峰。这表明在高温热氧化过程中，由于 Zn 和石墨烯具有很好的晶格匹配，当 Zn 在大气中氧化向 ZnO 转变时，Zn 原子与石墨烯中 C 原子在界面处会发生原子互扩散，并发生反应，形成了一个过渡的中间产物 $ZnCO_3$ 相。这个中间相实现了 ZnO 与石墨烯的紧密结合。也就是说，在 ZnO 与石墨烯之间形成了一个异质结。这对于 ZnO 与石墨烯之间的电子的传输具有重要意义，也有利于大大提高光生电子-空穴的分离效率。由于石墨烯的含量很少，一般很难测到石墨烯的 XRD 衍射峰。

图 16-34 为 ZnO/石墨烯复合体系在制备的不同阶段的 SEM 形貌特征。可以看出石墨烯被平整地分布在导电玻璃上。通过电沉积后，石墨烯薄膜已经被完全覆盖，在石墨烯表面形成的 Zn 薄膜也均匀地覆盖在石墨烯的表面。当 Zn 膜在 350 ℃下加热 2 h 以后，原来的 Zn 膜收缩成颗粒状的物质。

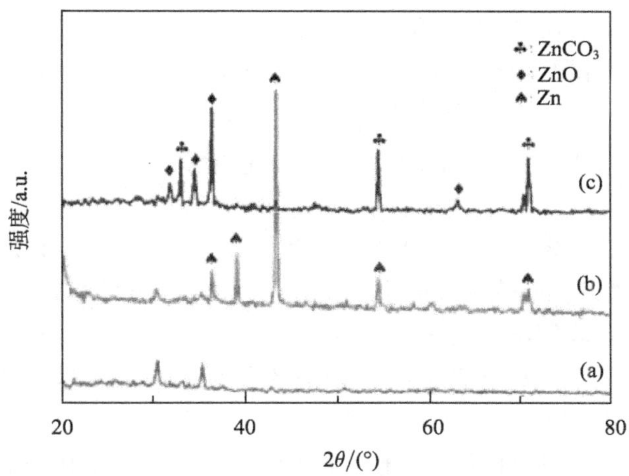

图 16-33　ITO 导电玻璃表面的石墨烯(a)，Zn/石墨烯(b)，ZnO/石墨烯(c)的 XRD 图谱

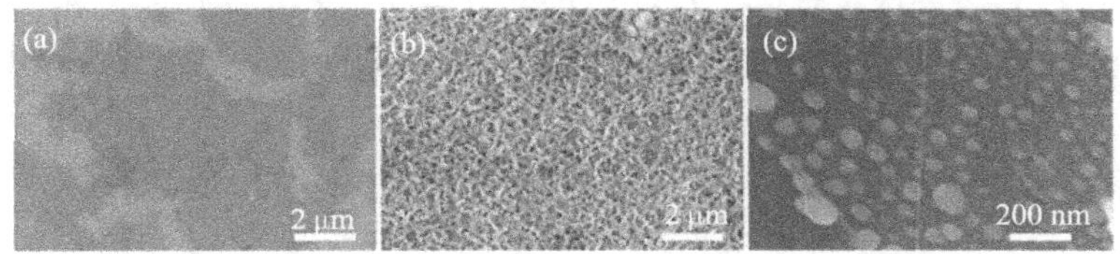

图 16-34　石墨烯(a)，电沉积后 Zn/石墨烯(b)，热氧化后 ZnO/石墨烯(c)的 SEM 形貌图

根据前期的工作可以发现，电沉积的 Zn 薄膜在热氧化过程中会形成 ZnO 纳米针结构。在脉冲电沉积时间达到 2 min 的情况下，在镀层起伏不平的部位会有利于纳米针的生长。但是在本实验中，Zn 薄膜的电沉积时间只有 10 s，Zn 相对比较均匀地分布在基底的表面，厚度也仅为几微米。在热氧化过程中，类似于“底部生长机制”，在 Zn 膜表面形成微弱的分子电场，ZnO 的生长会有一定的择优取向。同时 Zn 膜向液态转变，具有较大的表面张力，二者共同的作用下，ZnO 的择优生长受到抑制，最终生长形成不规则的 ZnO 颗粒。同时石墨烯的表面能大，Zn 在石墨烯表面收缩，也有利于形成颗粒。如图 16-34(c)所示，ZnO 以颗粒的形式分布在石墨烯表面。显然 ZnO 颗粒的生长形状和典型的六角结构的 ZnO 有差异，这种类似的情况也在文献中有过报道[24]。

16.6.2　ZnO/石墨烯复合材料的光催化性能

利用羟基自由基(•OH)在紫外-可见光照射下的变化是表征材料光催化性能的有效方法。对苯二甲酸溶液(TA)中羟基自由基(•OH)与对苯二甲酸结合以后，会形成一种二羟基对苯二甲酸酯(TAOH)物质。在 325 nm 的激发光照射下，这种物质只在 426nm 处有一个激发峰，峰强度的变化和浓度变化是一致的。因此可以通过溶液荧光强度的变化，来测量羟基自由基(•OH)的浓度变化。具体的过程如下：

$$ZnO+h_{vb} \longrightarrow e^{-}+h_{vb}(1)$$

$$OH^{-}+h_{vb} \longrightarrow OH^{\bullet}(2)$$

$$TA+OH^{\bullet} \longrightarrow TAOH(3)$$

ZnO/石墨烯复合薄膜的光催化性能就是通过紫外-可见光催化对苯二甲酸来表征的。通过测试表明，光降解 3 h 后，ZnO/石墨烯光催化降解的对苯二甲酸的荧光强度为 ZnO 光催化降解溶液的 3 倍左右。图 16-35 显示的是 ZnO/石墨烯光降解的荧光强度变化曲线，图 16-35 的插图是 ZnO/石墨烯、ZnO、石墨烯光催化降解曲线。随着光照时间增长，溶液荧光强度快速增强，显示了 ZnO/石墨烯样品较好的光催化效率。根据插图中不同样品光催化速率曲线的比较可以发现，石墨烯几乎没有光催化效果，光照 3 h 后溶液的荧光强度几乎没有变化。ZnO 显示了较强的光催化能力，ZnO 与石墨烯进行复合后，ZnO/石墨烯复合体系的光催化能力相比纯 ZnO 提升了 3 倍。

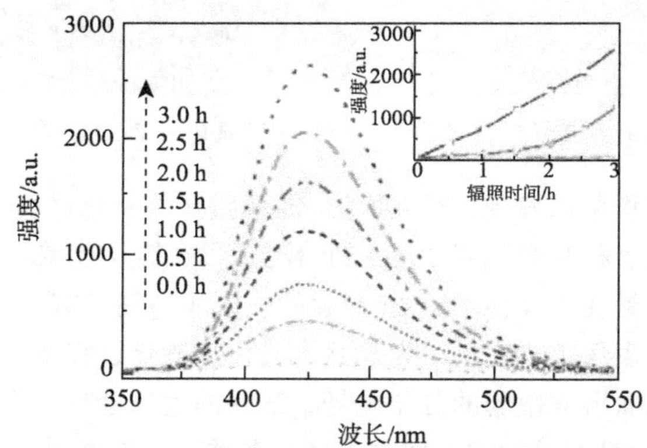

图 16-35　ZnO/石墨烯光降解 TA 的荧光强度随时间变化曲线

插图是 ZnO/石墨烯、ZnO 以及石墨烯光催化降解 TA 溶液的荧光强度随时间变化曲线

16.6.3　ZnO/石墨烯复合材料的光催化降解机理

实际上，这种光催化性能的提高主要来自于光生电子-空穴的分离效率的提高。图 16-36 给出了 ZnO 和 ZnO/石墨烯复合体系的荧光曲线。众所周知，ZnO 具有非常好的荧光性能，图 16-36 显示热氧化制备的 ZnO 具有很强的荧光强度，由于在大气环境中进行热处理，ZnO 的缺陷峰也比较明显。通过与石墨烯进行复合后可以发现，复合体系的荧光强度明显降低，如图 16-36 中 ZnO/ERGO 荧光曲线所示，这证明了在激发光照射下产生的光生载流子的复合效率明显减低。光生载流子的复合效

率的降低使复合体系的光催化性能得到明显的提升。

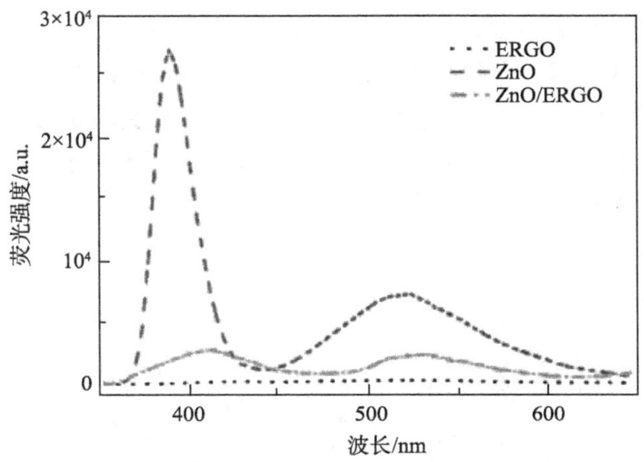

图 16-36　ZnO 和 ZnO/石墨烯复合体系的荧光强度曲线

为了进一步研究 ZnO/ERGO 复合体系的光催化效率提升机理，我们利用电化学工作站，对样品在紫外-可见光照射下的光生电流进行了测量。图 16-37 是 ZnO 和 ZnO/ERGO 复合体系的光电流曲线。在光照的瞬间，在紫外-可见光的激发下，光催化材料产生光生电子-空穴对，光生电子和空穴分离后向光催化材料表面迁移，形成表面俘获电子和空穴，从而产生光电流。在避光瞬间，光激发过程中断，光电流强度迅速下降，黑暗条件下几乎没有光电流。通过光电流的数据图可以看到，

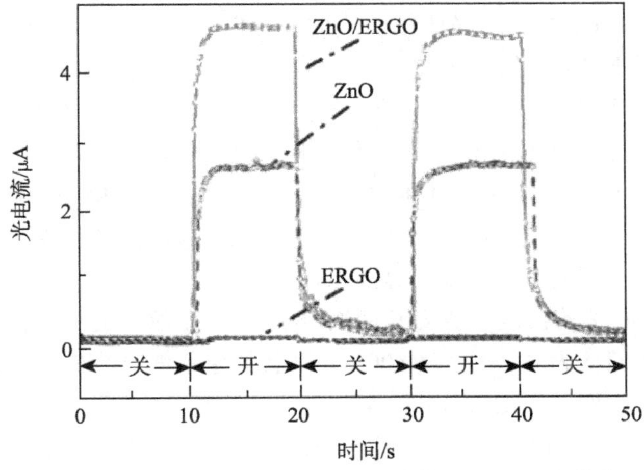

图 16-37　ZnO 和 ZnO/ERGO 复合体系的光电流曲线

ZnO/ERGO 复合体系的光电流强度是 ZnO 光电流的约 2 倍。相比于复合体系的荧光强度，光电流可以更加直观地表征复合体系的光催化能力。

图 16-38 为 ZnO 和石墨烯的能级示意图，ZnO 的导带位置比石墨烯高，在光照时，产生的光生电子倾向于向石墨烯迁移。由于 ZnO 和石墨烯有效形成异质结并且石墨烯具有非常优异的电子迁移率，光生电子通过石墨烯导出，空穴和电子有效分离导致复合效率降低，更多的光生空穴和羟基自由基(•OH)发生复合参与到光催化过程，复合体系的光催化效果明显增强。

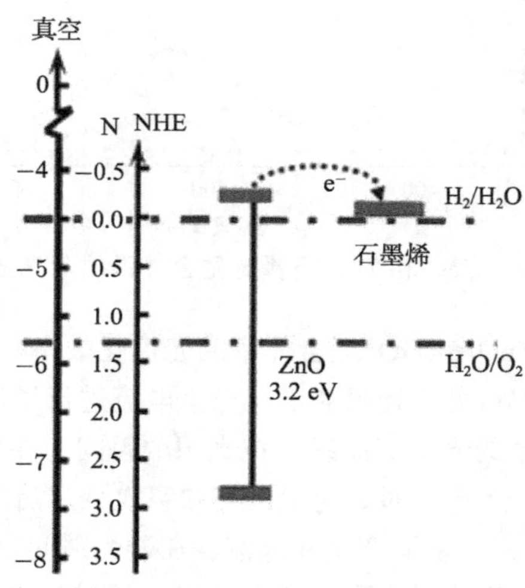

图 16-38　ZnO 和石墨烯的能级示意图

对于 ZnO 和石墨烯之间异质结的形成，我们认为是在热处理过程中，C 向 Zn 扩散形成的。根据 Fick 第二定律，可以对扩散层的厚度进行简单的计算。在高温处理的过程中，我们认为 C 和 Zn 的互扩散是异质结形成的重要因素。在 C 和 Zn 的接触表面，高温提供了足够的能量使 C 能够向 Zn 镀层扩散。在高温条件下，C 转变为活性碳原子，活性碳原子不断被 Zn 层吸附进入 Zn 的层中形成相应的固溶体。与此同时，炉子内的气氛中富余的 O_2 和 Zn 镀层发生氧化反应，Zn 转变为 ZnO，Zn 和 C 扩散层捕获 O_2 转变为 $ZnCO_3$ 过渡层。

对于 C 在 Zn 中的扩散，我们利用 Fick 定律进行简单的一维模型的模拟计算。扩散进行前，我们认为 C 浓度为 100%，并且假定扩散结束时 C、Zn 的比例符合 $ZnCO_3$ 中的原子比例，即 C%=15.58%。

初始条件 $t=0$，$C=C_0$，其中 C_0 是 Zn 镀层中原始 C 浓度，可以认为 $C_0=0$。

边界条件 $t>0$，$x=0$，$C=C_s=1$

$x=\infty$，$C=15.58\%$

根据 Fick 定律可以计算得到

$$C=C_s-(C_s-C_0)\mathrm{erf}(x/2(Dt)^{1/2}) \tag{16-1}$$

由上述条件可以得到误差函数 $\mathrm{erf}(x/2(Dt)^{1/2})=\mathrm{erf}(\beta)=84.42\%$，查表得$\beta=1$。

C 在 Zn 中的扩散深度

$$x=2(Dt)^{1/2} \tag{16-2}$$

C 在 Zn 中为间隙扩散，扩散系数为 $D=D_0\exp(-Q/RT)$，据文献有 $D_0=1\times10^{-5}\ \mathrm{cm^2/s}$，$Q$=50200 $\mathrm{cm^2/s}$。图 16-39 所示为不同温度下碳原子扩散深度随时间的变化规律。

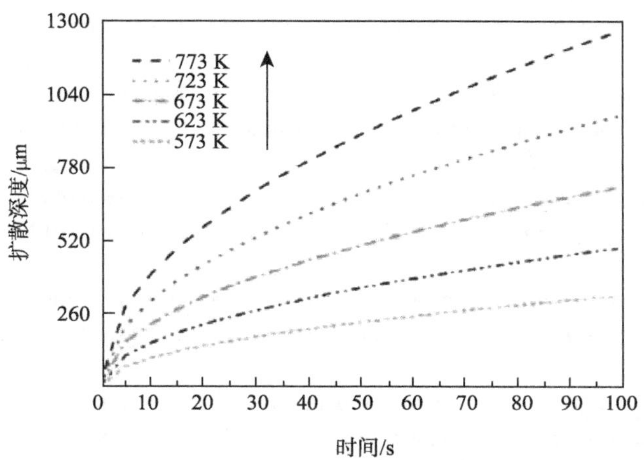

图 16-39 不同温度下扩散深度随时间的变化规律

在本章我们提出了一种新的“基于高温热扩散机制”的异质结复合光催化材料的制备方法：首先利用脉冲电沉积在基体上沉积一层纯金属纳米晶薄膜，然后进行热氧化处理使纯金属纳米晶薄膜或基体金属转化为金属氧化物(纳米针或者纳米颗粒等)，同时在高温下由于界面处的原子短程扩散，可以形成一个具有紧密结合的异质结。基于这种方法制备出了四种复合体系：ZnO/TiO_2 复合纤维、ZnO/TiO_2 复合薄膜、ZnO/NiO、ZnO/石墨烯。研究发现，高温热氧化处理使得在异质结界面产生了原子互扩散，界面结合紧密，促进了光生电子-空穴的传输和分离，大大提高了材料的光催化性能。同时，与常规的化学法和机械复合法相比，这种异质结结构具有更高的服役稳定性。

参 考 文 献

[1] Liu G, Wang L Z, Yang H G, et al. Titania-based photocatalysts—Crystal growth, doping and heterostructuring. J. Mater. Chem., 2010, 20: 831-843.

[2] Hanaor D A H, Sorrell C C. Review of the anatase to rutile phase transformation. J. Mater. Sci., 2011, 46: 855-874.

[3] Nam S H, Shim H S, Kim Y S, et al. Ag or Au nanoparticle-embedded one-dimensional composite TiO_2 nanofibers prepared via electrospinning for use in lithium-ion batteries. Appl. Mater. Interfaces, 2010, 2: 2046-2052.
[4] Archana P S, Jose R, Jin T M, et al. Structural and electrical properties of Nb-doped anatase TiO_2 nanowires by electrospinning. J. Am. Ceram. Soc., 2010, 93 (12): 4096-4102.
[5] Jiang X D, Wang Y Q, Pan C X. High concentration substitutional N-doped TiO_2 film: Preparation,characterization, and photocatalytic property. J. Am. Ceram. Soc., 2011, 94 (11): 4078-4083.
[6] Ostermann R, Li D, Yin Y D, et al. V_2O_5 nanorods on TiO_2 nanofibers: A new class of hierarchical nanostructures enabled by electrospinning and calcination. Nano Lett., 2006, 6: 1297-1302.
[7] Liu Z Y, Sun D D, Guo P, et al. An efficient bicomponent TiO_2/SnO_2 nanofiber photocatalyst fabricated by electrospinning with a side-by-side dual spinneret method. Nano Lett., 2007, 7: 1081-1085.
[8] Akurati K K, Vital A, Hany R, et al. One-step flame synthesis of SnO_2/TiO_2 composite nanoparticles for photocatalytic applications. International Journal of Photoenergy, 2007, 7: 153-161.
[9] Kanjwal M A, Barakat N A M, Sheikh F A, et al. Electronic characterization and photocatalytic properties of TiO_2/CdO electrospun nanofibers. J. Mater. Sci., 2010, 45: 1272-1279.
[10] Wang H Y, Yang Y, Li X, et al. Preparation and characterization of porous TiO_2/ZnO composite nanofibers via electrospinning. Chinese Chemical Letters, 2010, 21: 1119-1123.
[11] Li D, Xia Y. Fabrication of titania nanofibers by electrospinning. Nano Letters, 2003, 3(4): 555-560.
[12] Teo W E, Inai R, Ramakrishna S. Technological advances in electrospinning of nanofibers. Science and Technology of Advanced Materials, 2011, 12(1): 013002.
[13] Mohan S, Ravindran V, Subramanian B, et al. Electrodeposition of zinc-nickel alloy by pulse plating using non-cyanide bath. Transactions of the IMF, 2009, 87(2): 85-89.
[14] Butler M A. Photoelectrolysis and physical properties of the semiconducting electrode WO_2. Journal of Applied Physics, 1977, 48(5): 1914-1920.
[15] Hirakawa T, Nosaka Y. Properties of O_2-and OH formed in TiO_2 aqueous suspensions by photocatalytic reaction and the influence of H_2O_2 and some ions. Langmuir, 2002, 18(8): 3247-3254.
[16] Wang Y, Jiang X, Pan C. "In situ" preparation of a TiO_2/Eu_2O_3 composite film upon Ti alloy substrate by micro-arc oxidation and its photo-catalytic property. Journal of Alloys and Compounds, 2012, 538: 16-20.
[17] Han Y, Chen D H, Zhang L. Nanocrystallized SrHA/SrHA-$SrTiO_3$/$SrTiO_3$-TiO_2 multilayer coatings formed by micro-arc oxidation for photocatalytic application. Nanotechnology, 2008, 19(33): 335705.
[18] Jung K Y, Park S B. Enhanced photoactivity of silica-embedded titania particles prepared by sol-gel process for the decomposition of trichloroethylene. Applied Catalysis B: Environmental, 2000, 25(4): 249-256.

[19] Liu B, Wen L, Zhao X. The structure and photocatalytic studies of N-doped TiO_2 films prepared by radio frequency reactive magnetron sputtering. Solar energy materials and solar cells, 2008, 92(1): 1-10.

[20] Yang H, Pan C. Diameter-controlled growth of TiO_2 nanotube arrays by anodization and its photoelectric property. Journal of Alloys and Compounds, 2010, 492(1): L33-L35.

[21] Jiang X, Wang Y, Pan C. Micro-arc oxidation of TC4 substrates to fabricate TiO_2/YAG: Ce^{3+} compound films with enhanced photocatalytic activity. Journal of Alloys and Compounds, 2011, 509(8): L137-L141.

[22] Jiang X, Shi A, Wang Y, et al. Effect of surface microstructure of TiO_2 film from micro-arc oxidation on its photocatalytic activity: A HRTEM study. Nanoscale, 2011, 3(9): 3573-3577.

[23] Yu W, Pan C. Low temperature thermal oxidation synthesis of ZnO nanoneedles and the growth mechanism. Materials Chemistry and Physics, 2009, 115(1): 74-79.

[24] Li B, Cao H. ZnO@graphene composite with enhanced performance for the removal of dye from water [J]. Journal of materials chemistry , 2011, 21 (10): 3346-3349.

第 17 章　磁性铁氧体-半导体复合纳米材料的制备与光催化应用研究进展

17.1　引　　言

随着环境污染的日益严重，人们的环保意识逐渐加强，而用传统的化学方法处理环境污染已不能满足现代环境保护的要求。有毒难降解有机污染物(如卤代物、二噁英、农药、染料等)引起的环境问题已成为 21 世纪影响人类生存与健康的重大问题。用现有环境技术很难处理这些污染物，因此研究新的有效地控制有毒难降解有机污染物的方法已成为国际上十分关注的重大课题。利用半导体纳米材料光催化方法降解这些有机污染物已成为国际上最有应用潜力、研究最活跃的领域之一[1-3]。因此，大量的光催化反应被应用于固液反应环境中，尤其是对有毒废水的处理。

目前制约半导体光催化剂大量实用化的主要原因是：①电子-空穴的复合率太高，导致单一组分的半导体光催化剂量子产率低。例如，TiO_2 的量子效率最多不高于 20%，因此太阳能的利用效率仅在 1%左右，大大限制了对太阳能的利用。②较低的可见光利用率。一般能进行光催化的半导体为宽带隙半导体，例如，锐钛矿型 TiO_2 的禁带宽度为 3.2 eV，其对应的吸收波长为 387.5 nm，光吸收仅局限于紫外区。③半导体光催化剂选择吸附性差。例如，在气固光催化反应中，催化降解形成的反应产物 CO_2 和 H_2O 极易吸附在催化剂表面(如 TiO_2 表面存在部分碱性中心，同时又具有超亲水性)，极大地降低了光催化反应的速率和选择性[4]。④有机污染物降解中间产物的复杂性。光催化技术在处理高浓度有机污染物和难降解环境污染物方面的光催化效果不明显，催化剂常常存在失活或中毒现象。另外，单一的光催化剂难以从产物或反应体系中分离出来，对其恢复活性造成了极大的困难。⑤工业化成本较高。这使得光催化在工业上的应用受到限制，研究和开发低成本可回收的高性能光催化剂是目前的重要课题[5, 6]。

此外，单一的均相催化体系难以商业化，其主要原因之一也是难以从产物中分离并且不利于节约稀有资源[7]。考虑到资源节约和回收再利用的需要，如何研制一种结构可控的、可见光响应、催化效率高、易回收和可再利用的光催化剂成为近年来光催化研究的热点和难点。由此可见，发展一种可简易回收的光催化剂不但可防止光催化剂过度使用，还可对失活光催化剂进行回收，进而降低使用成本，进一步从整体上降低光催化剂材料的使用量。

针对这一问题，当前一种简单而有效的方法是将价格较低的磁性铁氧体纳米材料和具有光催化性能的半导体进行有效整合，实现磁性铁氧体-半导体复合光催化材料的制备。在铁氧体-半导体体系中，铁氧体纳米材料是物理和化学性质可控、低成本及高生物相容性的磁性纳米材料，不但起着磁分离回收光催化剂的作用，自身还对有机污染物存在降解作用[8,9]。而常见的 n 型宽带隙半导体材料(如常见的ZnO，TiO_2，SnO_2)本身具有较强的有机染料光降解能力，不但可破坏有机污染物分子中的共轭发色体系，而且可破坏其分子结构，最终将有机污染物分解成对环境无害的 CO_2 和 H_2O。鉴于该复合体系在催化领域的巨大应用前景，以及基于稀有资源回收利用、环境保护、避免光催化剂的过度使用和浪费等方面的考虑，将磁学性质、可见光吸收等性能引入现有光催化体系中，并重点研究磁分离回收后光催化剂的失活机理和活化机理，将对磁回收光催化剂(magnetic recover photocatalysts, MRPs)的发展起着巨大的推动作用。

17.2　磁性铁氧体-半导体复合纳米材料概述

17.2.1　磁性铁氧体

铁氧体作为一种常见的化合物，广泛分布在自然界中并在实验室中被大量合成。磁性铁氧体材料已经为人类服务了近一个世纪，举例来说，将细小的铁氧体纳米颗粒应用于体内诊断已近 60 余年[10]。在过去的几十年中，各种形貌及结构的磁性铁氧体纳米颗粒被广泛地合成，一方面是由于其基础研究的重要性；另一方面则基于其在应用研究中发挥的重要作用。例如，靶向药物输运(targeted drug delivery)，磁共振成像(magnetic resonance imaging，MRI)，生物传感器(biosensor)，催化剂，颜料等[9,11,12]。这些领域应用均要求磁性铁氧体颗粒具有易制备，物理和化学性质稳定，对环境无害等特点。铁氧体主要由 Fe 和 O 或 OH 组成，根据已有文献报道，主要存在 16 种铁氧体材料[13]，其中，α-Fe_2O_3，Fe_3O_4 和 γ-Fe_2O_3 是最常见和研究最广的铁氧体材料。由于铁氧体本身所固有的高各向异性和表面活性所带来的独特的物理化学性质，一维铁氧体纳米结构一直是纳米材料研究的热点。

在铁氧体中，α-Fe_2O_3 呈现出弱磁性，在室温下，其饱和磁化强度一般小于 1 emu/g。而 γ-Fe_2O_3 和 Fe_3O_4 为铁磁性，其饱和磁化强度可达 92 emu/g [14]。一般来说，铁氧体纳米材料的磁性往往与其尺寸大小和形状有关。例如，Levy 等[15]研究了不同尺寸(6～18 nm)铁氧体纳米颗粒的磁学性质，结果表明颗粒尺寸大于 13 nm 时，在磁热疗法中表现出明显的磁无序(magnetic disorder)特征。最近，我们对单个和管状团簇的 Fe_3O_4 纳米颗粒的磁学性质进行了比较，结果发现形状导致的退磁能(demagnetization energy)和细小纳米颗粒导致的磁晶各向异性能(magnetocrystalline anisotropy energy)的相互竞争将导致其矫顽力显著升高，Fe_3O_4 纳米晶的磁学性质受到其形貌特征的强烈影响[16]。一般来说，铁氧体纳米颗粒在室温时，当尺寸小于 15 nm 时表现出超顺磁性，这意味着其热能可以克服单个纳米颗粒的各向异性能垒。若在铁氧体纳米颗粒上包覆半导体材料，则将导致其饱和磁化强度降低。铁氧体或半导体功能化后的铁氧体的基本磁学性能可以通过磁滞回线(*M-H* 曲线，如图 17-1 所示)和 ZFC/FC 曲线(*M-H*)进行判定，获得其基本的磁学信息，如饱和磁化强度值、剩磁、矫顽力、磁阻温度、磁性等。

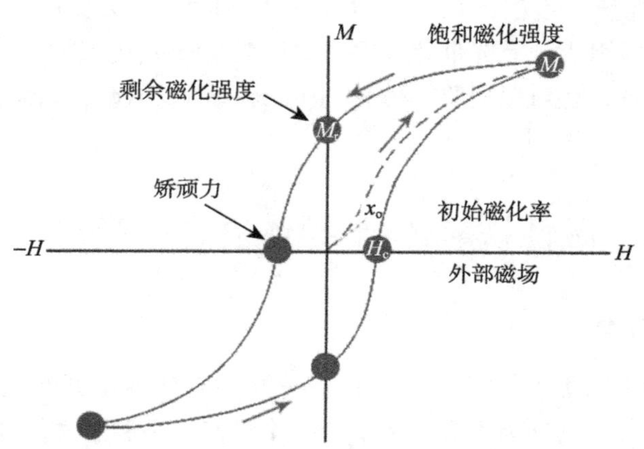

图 17-1　铁氧体纳米颗粒的代表性磁滞回线示意图

当前，铁氧体的制备方法非常多，主要包括共沉淀法[17-19]，高温热分解法[20-22]，水热法及溶剂热法[23-25]，溶胶-凝胶法和多元醇法[26-28]，微乳液法[29-31]，超声化学法[32-36]，微波法[37-40]和生物合成[41-43]。此外，还有许多其他的物理或化学方法可用来制备磁性铁氧体纳米颗粒，如电化学方法[44-46]，流动注射合成[47]，气溶胶/气相沉积方法[48-50]等。已有大量的文献对铁氧体的制备进行了报道或综述，这里不再赘述。

17.2.2　半导体光催化材料

许多金属氧化物(TiO_2，ZnO，MoO_3，ZrO_2，WO_3，α-Fe_2O_3，SnO_2)和金属硫化物(ZnS，CdS，CdSe，WS_2，MoS_2)均被应用于光催化领域[51-56]。当这些半导体光催化材料所吸收光子的能量大于或等于其带隙值($h\nu \geqslant E_{BG}$)时，将在价带中产生空穴(h^+)，导带中产生电子(e^-)。当光生电子和光生空穴在半导体表面被俘获之后，分别与表面的电子受体和电子给体发生电荷转移的表面反应，即光催化还原与氧化反应。空穴将形成羟基自由基并氧化有机化合物，而电子将形成超氧自由基负离子，最终经过一系列反应后转化为羟基自由基。

然而，从热动力学的角度出发，半导体材料要具有光催化性能，其价带和导带位置至少应与能产生羟基自由基的氧化电位($E_0(H_2O/{\bullet}OH)$=2.8 V vs NHE)和产生过氧自由基的还原电位($E_0(O_2/{\bullet}O_2^-)$=−0.28 V vs NHE)有交集。图 17-2 中给出了常见半导体材料的能带结构和对应的氧化还原电位位置。显然，TiO_2，ZnO，SnO_2，Fe_2O_3，WO_3，ZrO_2 等的带隙与其他材料相比有较好的位置。

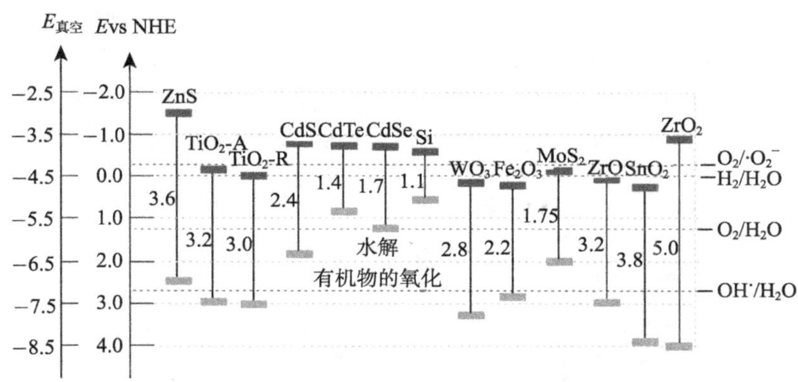

图 17-2　常见半导体的价带和导带位置及带隙值及其氧化还原电位位置

当然，如何选择半导体材料还需要考虑材料的抗光腐蚀性(photocorrosion)。例如，ZnO 和 CdS 仅有一种稳定的价态(+2)，因此容易被价带所产生的空穴分解。另外，ZnO 容易发生非全等溶解(incongruous dissolution)，将在其表面生成 $Zn(OH)_2$，导致其中经过一段时间后会发生失活[5]。目前，已有许多手段可以拟制半导体光催化材料由光腐蚀引起的失活，常用的方法就是与其他材料进行复合[57, 58]。相比之下，TiO_2 中的 Ti 的价态(+4 和+3)可发生可逆变化，因此相比其他材料，TiO_2 要更稳定，更适合于光催化应用[59]。

17.2.3　铁氧体-半导体复合纳米材料的结构类型

为了增大铁氧体纳米颗粒的应用范围，一些功能性材料被引入并形成复合纳米结构，在此基础上利用功能材料的特性以及结合磁性铁氧体本身所具有的性能来实现新型功能性复合材料的制备。当前，利用宽带隙半导体的光催化特性，并将其与铁氧体进行复合，一方面，可利用铁氧体的磁性，实现磁回收光催化材料的制备，以对催化失活进行再生处理；另一方面，由于铁氧体中 α-Fe_2O_3 和 γ-Fe_2O_3 均为窄带隙半导体，这样可实现窄/宽带隙半导体复合纳米材料的制备，促进半导体材料中电子与空穴对的分离，提高其可见光利用效率，实现光催化效率的提高。若始终将铁氧体纳米颗粒假定为核(core)，那么就可将半导体功能化的铁氧体复合纳米材料简单地分为 4 种结构类型：核-壳(core-shell)结构，基体分散结构(matrix-dispersed structure)，Janus 结构和壳-核-壳($shell_a$-core-$shell_b$)结构，如图 17-3 所示。用半导体材料将整个铁氧体纳米颗粒包覆起来才产生核-壳结构。在这种结构中，核可以是任意一种铁氧体纳米颗粒；同样的，组成壳材料也可以是任何光敏半导体材料中的一种。相对而言，壳-核结构与核-壳结构相反，其核由功能性的半导体材料构成，而磁性铁氧体纳米颗粒则形成外层的壳。基体分散结构是指大量的磁性铁氧体纳米颗粒被包覆在功能半导体材料里面。对壳-核-壳结构，一般由两种不同功能的有机物形成壳，形成此种结构往往借助层层自组装技术实现。Janus 结构是一种新型结构，其一边是铁氧体，另一边是半导体材料，两种材料均参与反应。另外，多组分的半导体功能化的铁氧体纳米颗粒能获得除传统光学、磁学以外的其他性能，如电学、力学性能等。

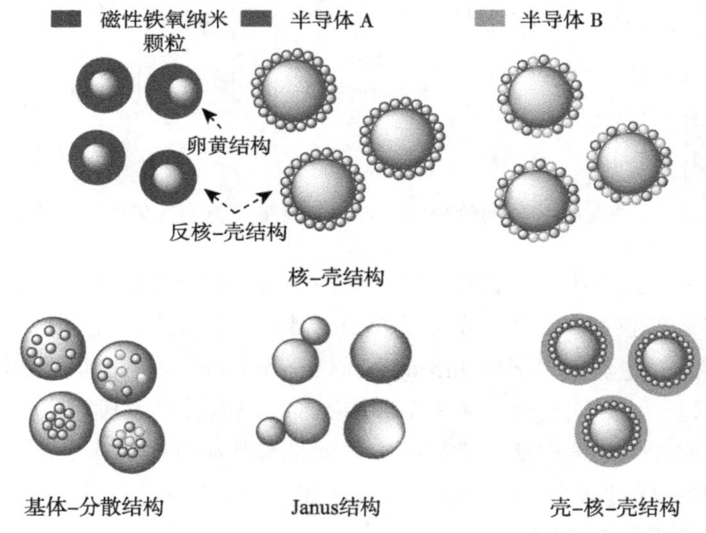

图 17-3　半导体材料功能化铁氧体纳米颗粒的主要结构(假定铁氧体纳米颗粒为核)

17.2.4　磁性铁氧体-半导体复合体系的电荷转移机制

热力学容许光催化氧化-还原反应能够发生的要求是：受体电势比半导体导带电势低，供体电势比半导体价带电势高。这样，半导体被激发产生的光生电子和空穴才能转移给基态的吸附分子。而对于宽带隙半导体，受光激发形成的空穴和电子易于复合，降低了光量子效率，另外，其只能利用波长较短的太阳光能，对可见光区域基本无光敏性质，导致太阳能利用率很低，再一次导致光量子效率降低。光催化反应的量子效率取决于载流子的产率和复合几率，而载流子复合过程则主要取决于两个因素：载流子在催化剂表面的俘获过程和表面电荷迁移过程。因此，增加载流子的俘获或提高表面电荷迁移速率能够有效抑制载流子复合，提高光催化反应的量子效率。二元半导体的复合，尤其是 p 型半导体和 n 型半导体复合或者窄带隙半导体和宽带隙半导体复合，可以使光生载流子在不同能级半导体之间转移从而得到分离，显著提高量子效率，扩展光谱的响应范围。

在铁氧体中，Fe_2O_3 为较常见的窄带隙半导体材料，禁带宽度为 2.2 eV 左右，在可见光区域有较明显的吸收。以 α-Fe_2O_3 为例，其功函数(ϕ)为 5.88 eV，高于常见的宽禁带半导体的功函数值。尽管 α-Fe_2O_3 十分稳定，但其容易发生光腐蚀，并且对有机染料进行光催化降解的效率也有待提高。因此，在铁氧体与宽带隙半导体体系中，在紫外和可见光照射下，如图 17-4 所示，铁氧体导带中的光生电子可能跃迁到宽带隙半导体导带上，以降低势能。异质结结构可有效降低电子-空穴的复合率并增强电子的移动，在铁氧体与半导体界面处将实现光生电子空穴的分离。随后，电子和空穴将转移到铁氧体与半导体的表面，最终形成羟基自由基(•OH)，在半导体表面将在氧气参与下形成过氧自由基(•O_2)。作为强有效的氧化剂，羟基自由基能对有机染料进行分解[60]。

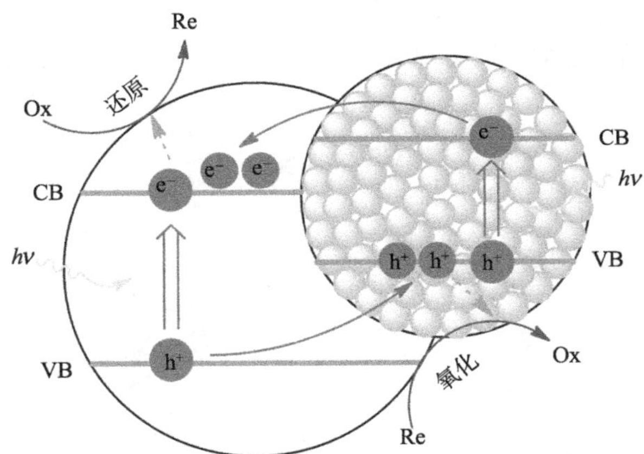

图 17-4　传统的窄禁带半导体与宽禁带半导体复合的电荷转移机制示意图

17.3　磁性铁氧体-半导体复合纳米材料的制备

17.3.1　种子生长法

种子生长法(seed-mediated growth strategy)是制备铁氧体-半导体复合材料，尤其是制备核-壳结构异质结复合光催化材料最常见的方法，如图 17-5(a)所示。作为还原法的一种，主要是将制备好的磁性铁氧体纳米颗粒作为种子，再加入半导体前驱体，在还原剂的作用下，在铁氧体表面还原生成半导体纳米晶。利用这种原理，可采用多种液相路线形成铁氧体-半导体复合纳米结构，如共沉淀法、水热法、溶剂热法等[61-64]。例如，Chiu 等[65]以球状 Fe_3O_4 为种子，在非水解条件下热解醋酸锌，在 Fe_3O_4 种子表面生成了 ZnO 层，合成了核-壳结构的 Fe_3O_4/ZnO 复合纳米颗粒。我们分别以纺锤状 α-Fe_2O_3、超细 Fe_3O_4 和空心 Fe_3O_4 为种子，通过氨基硅烷(APTES)对其进行修饰，使其表面存在大量的氨基官能团，然后使其与钛前驱物发生配位化学作用，最终形成三种不同形貌的、磁可回收的 iron oxide/TiO_2 核-壳结构复合纳米颗粒，结果表明其光催化性能较纯 TiO_2 有所增强[66]。最近，Li 等[67]以纺锤状 α-Fe_2O_3 为种子，通过对钛酸四丁酯的水解动力学和浓度进行控制，实现了多孔壳层厚度可控的 α-Fe_2O_3/TiO_2 核-壳结构复合纳米颗粒的制备。

除常规的以磁性铁氧体纳米颗粒为种子外，还可以以半导体纳米颗粒为种子，实现铁氧体-半导体复合纳米材料的制备，用此种方法往往可以制备具有 Janus 结构的铁氧体-半导体复合纳米材料，如图 17-5(b)所示。例如，Buonsanti 等[68, 69]以板钛矿 TiO_2 纳米杆为种子，以五羰基铁为铁源，通过高温分解法合成了 iron oxide/TiO_2 复合纳米杆，TiO_2 纳米杆和连接上的铁氧体的尺寸大小均能控制。最近，Zeng 等[70]合成了具有 Janus 结构的 Fe_3O_4/TiO_2 复合纳米颗粒，在合成过程中先制备了 TiO_2 纳米颗粒，再以乙酰丙酮铁为前驱物，通过溶剂热法实现了 Fe_3O_4/TiO_2 复合纳米颗粒的制备。

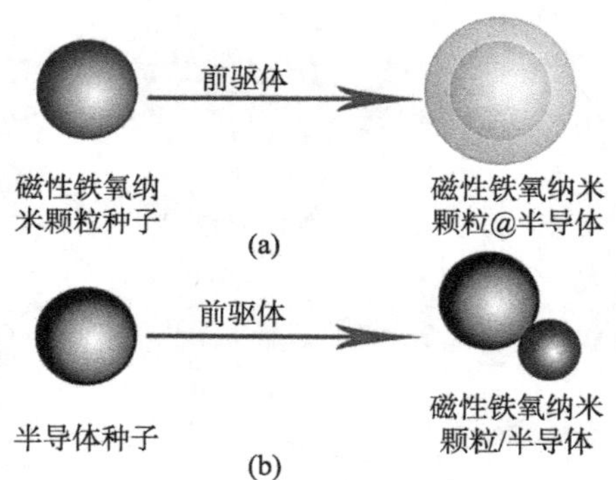

图 17-5　种子生长法合成铁氧体-半导体复合纳米材料示意图

17.3.2　层层沉积法

层层沉积法(layer-by-layer deposition strategy)主要是用于一些非规则形状的半导体纳米材料或多壳层复合光催化材料的制备[71-73]。例如，Liu 和 Gao[74]通过水热处理 TiO_2 纳米颗粒获得了 TiO_2 纳米片，然后通过水热法将硝酸铁和羟胺反应生产

α-Fe_2O_3 纳米颗粒并沉积到 TiO_2 纳米片上，实现了 α-Fe_2O_3/TiO_2 复合纳米片的制备。

此外，为保护铁氧体不在制备过程中被反应，往往还需在其表面沉积一层起保护作用的中间层，如 SiO_2、C 等材料，然后再进一步包覆上半导体光催化材料，如图 17-6 所示[75-77]。例如，Qi 等[78]以 Fe_3O_4 为种子，通过与葡聚糖发生水热反应在其表面沉积上一层 C，然后又以锡酸钾为前驱体，通过水热反应在其 Fe_3O_4/C 表面沉积上一层 SnO_2，最终实现了 Fe_3O_4/C/SnO_2 复合纳米颗粒的制备。Sarkar 等[79]首先通过共沉淀法合成了 20～40 nm 的 Fe_3O_4 纳米颗粒，然后通过经典的 Stöber 方法在其表面沉积上一层 SiO_2 中间层，最后再还原 $ZrOCl_2$ 前驱体，实现了 $Fe_3O_4/SiO_2/ZrO_2$ 复合纳米颗粒的制备，ZrO_2 壳层厚度为 8～10 nm。实际上，包覆上的中间层也可以通过化学腐蚀或者煅烧等手段去除[80]。

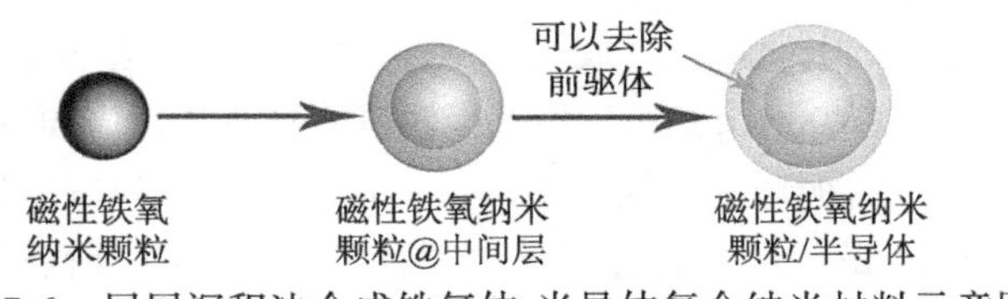

图 17-6　层层沉积法合成铁氧体-半导体复合纳米材料示意图

17.3.3　其他方法

除以上两种常规的方法外，近来一些新的合成或制备方法也被用来制备铁氧体-半导体复合纳米材料，如离子注入法、喷雾热解法、微波法、超声化学法等[81-83]，这些方法也常被用来制备具有比较新颖结构的铁氧体-半导体复合纳米材料。

如图 17-7 所示，我们以纺锤状铁氧体纳米颗粒为基础，将其平铺到衬度材料上，然后采用离子注入法将钛离子注入到 α-Fe_2O_3 中，实现了二氧化钛内嵌的铁氧体/TiO_2 复合纳米颗粒的制备 [84]。并且研究了不同注入能量对复合纳米颗粒磁学性质的影响，结果表明，离子注入有利于获得高饱和磁化强度的 α-Fe_2O_3/TiO_2 复合纳米颗粒 [85]。Li 等[86]以硝酸铁和四氯化锡制备了 Fe/Sn 前驱体，随后利用相偏析原理，采用火焰辅助喷雾热解法制备了具有核-壳结构的 α-Fe_2O_3/SnO_2 复合纳米颗粒，该方法为一步反应，较为方便。

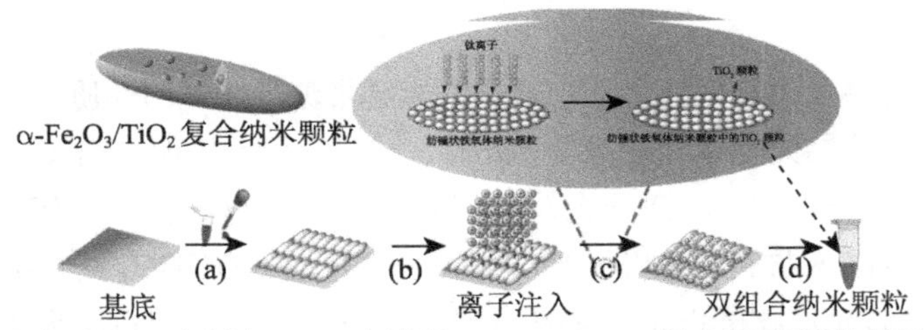

图 17-7　离子注入法制备 TiO_2 内嵌的 α-Fe_2O_3/TiO_2 复合纳米颗粒的示意图[84]

17.4　磁性铁氧体-半导体复合纳米材料在光催化领域的应用

17.4.1　磁性铁氧体-金属氧化物半导体复合光催化剂

1. 磁性铁氧体-TiO_2复合光催化剂

由于二氧化钛自身具有优异的光催化降解能力，将铁氧体与二氧化钛复合并将其应用于光催化一直是光催化研究的热点之一。在 MIONPs-TiO_2复合型光催化剂的相关研究中，一方面是利用铁氧体的磁学性质，以获得磁回收的光催化剂[87-90]。例如，Wang 等[91]通过湿化学路线合成了 $Fe_3O_4/SiO_2/TiO_2$复合纳米颗粒，在紫外光照射下，50 min 左右可将 0.01 g/L 的亚甲基橙溶液降解完毕，该颗粒在外加磁场作用下可方便地分离，分离后循环测试结果表明，6 次循环后其降解率仍可达 90%左右。Chalasani 和 Vasudevan[92]最近通过两步法制备了羧甲基-β-环糊精(CMCD)功能化的 Fe_3O_4/TiO_2核-壳结构复合纳米颗粒，如图 17-8 所示。该复合纳米颗粒有较好的水溶性，对水中的双酚 A(bisphenol A)和邻苯二甲酸二丁酯(dibutyl phthalate)两种环境激素有较好的降解作用。该复合纳米颗粒可在外加磁场下分离并被循环利用，在 60 min 内 10 次循环对环境激素(endocrine-disrupting chemicals)的降解率仍可达 90%左右。在制备磁回收的光催化剂方面，主要使用磁性较强的 Fe_3O_4和 γ-Fe_2O_3。

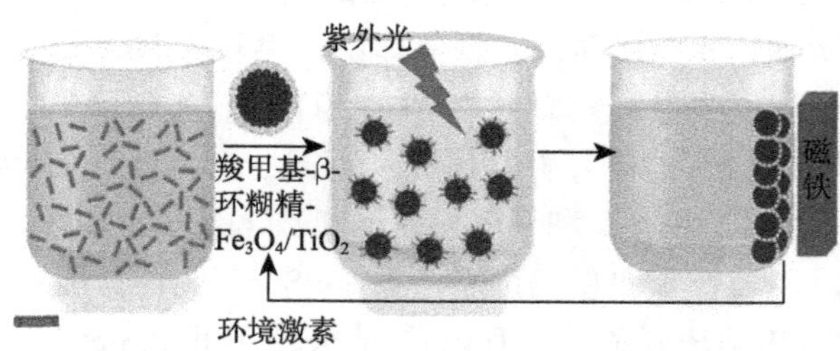

图 17-8　通过环糊精功能化的 Fe_3O_4/TiO_2核-壳结构功能化磁回收光催化剂光催化降解环境激素示意图[92]

另一方面，主要是利用铁氧体中氧化铁为窄带隙半导体的性质，以实现窄/宽带隙复合半导体或异质结光催化剂的制备，此时，一般使用铁氧体中的 α-Fe_2O_3[74, 93-95]。例如，Wang 等[96]先在 TiO_2微杆上浸渍 Fe^{3+}然后再通过在 300 ℃ 下退火获得了 Fe_2O_3/TiO_2复合纳米材料，在可见光(λ>420 nm)下，Fe_2O_3/TiO_2复合纳米材料对橙黄Ⅱ(Orange Ⅱ)的光催化降解能力要明显高于纯 Fe_2O_3和纯 TiO_2。研究结果表明，这种窄/宽带隙半导体复合可有效地阻止光生电子和空穴的复合。最近，Palanisamy 等[97]通过溶胶-凝胶法合成了介孔的 Fe_2O_3/TiO_2(10 wt%，30 wt%，50 wt%，70 wt% 和 90 wt% Fe_2O_3)复合纳米颗粒，研究结果表明，含有 30 wt% Fe_2O_3 的 Fe_2O_3/TiO_2 复合纳米材料对 4-氯苯酚(4-chlorophenol)具有最佳的太阳光催化降解能力。作者认为 Fe_2O_3/TiO_2 光催化能力较任一单组分物质均有明显增强主要是由于复合光催化体系中激发电子可使 Fe^{3+} 还原成 Fe^{2+}，从而促进了光生电子与空穴的分离。

2. 磁性铁氧体-SnO_2 复合光催化剂

尽管在光催化方面对 TiO_2 的研究十分火热，但其他宽带隙半导体也成为研究的热点。例如，SnO_2 由于带隙范围较宽，容易调控，近年来也被广泛应用于光催化中，尤其是基于 SnO_2 的复合光催化材料。将铁氧体引入 SnO_2 半导体中，目的与 MIONPs-TiO_2 复合型光催化剂的出发点大致相同，若是 Fe_2O_3/SnO_2 体系，一般是利用两种不同带隙的半导体构成异质结，以实现光催化性能的增强。例如，Niu 等[98]通过水热方法将 SnO_2 外延生长在 α-Fe_2O_3 纳米纺锤体和立方体上，实现了 SnO_2/α-Fe_2O_3 半导体异质结的制备(图 17-9)。研究结果表明，由于在 SnO_2/α-Fe_2O_3 界面处电子-空穴对有效分离，其对亚甲基蓝的可见光催化降解效率显著高于单一组分的 α-Fe_2O_3。最近，Zhang 等[99]报道了采用与前面类似的方法将 SnO_2 外延生长在花状 α-Fe_2O_3 颗粒上，实现了 α-Fe_2O_3/SnO_2 复合纳米材料。在此体系中，α-Fe_2O_3 作为吸收在可将光激发下产生的声子并将其转变为光生载流子，而 SnO_2 主要起收集光生电荷的作用。该体系在可见光下对亚甲基蓝(MB)有极佳的光催化活性，归功于 α-Fe_2O_3 与 SnO_2 之间的电子和空穴复合得到有效抑制。Zhu 等[100]通过溶剂热法合成了梭状 α-Fe_2O_3/SnO_2 核-壳结构复合纳米颗粒。该复合纳米颗粒在紫外光照射下对罗丹明 B 的光催化降解能力要高于单一组分的 α-Fe_2O_3 和 SnO_2 纳米颗粒，以及 α-Fe_2O_3 和 SnO_2 混合纳米粉体，作者认为其光催化效率的提高是由于 α-Fe_2O_3/SnO_2 核-壳结构复合纳米颗粒中异质结结构及 α-Fe_2O_3 和 SnO_2 之间的协调效应。

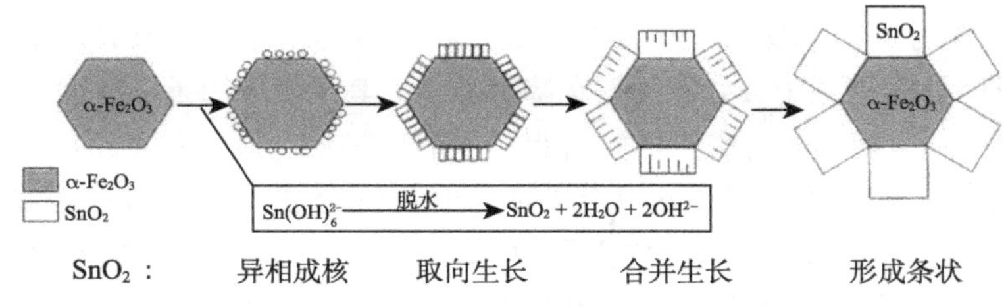

图 17-9　SnO_2/α-Fe_2O_3 半导体异质结形成原理示意图[98]

利用铁氧体的磁可回收性能，制备 MIONPs-SnO_2 磁回收光催化剂的研究也是热点之一。最近，我们通过基于种子生长法的水热路线先后实现了纺锤体(图 17-10)

和球状磁性 iron oxides-SnO_2 复合纳米颗粒的制备，通过对有机染料罗丹明 B 的光催化降解测试发现，复合纳米颗粒的光催化性能要优于单一组分材料。同时，利用外加磁场可方便地将催化完毕的复合纳米颗粒进行回收，实现其再利用[101, 102]。Zhang 等[103]通过模板法制备了以超顺磁性铁氧纳米颗粒(SPIO)为核，介孔 SnO_2 为壳层的 yolk-shell 结构的复合纳米颗粒，壳层厚度及空腔大小均可以调控。SPIO/SnO_2 复合纳米颗粒对有机染料罗丹明 B 有着较好的光催化降解能力，在 60 min 的紫外光照射下，可以降解约 75%的罗丹明 B。复合纳米颗粒可通过外加磁场进行回收，5 次循环测试结果表明其性能相当稳定。

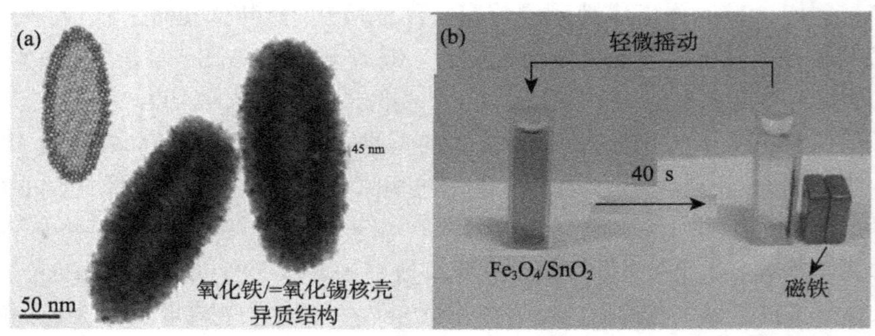

图 17-10　纺锤状铁氧体-SnO_2 二元复合体系的 TEM(a)和磁分离响应性(b)照片[101]

3. 磁性铁氧体-ZnO 复合光催化剂

单一组分 ZnO 对有机染料的光降解性能并不弱于 TiO_2，但相对于 TiO_2 材料，只是其耐酸稳定性较弱，因此应用领域有一定的局限性。鉴于 ZnO 所具有的优异的光催化特性，近年来针对 ZnO 的光催化应用研究也是光催化领域的重点之一。对于 MIONPs-ZnO 复合型光催化材料，研究也十分常见[104-106]。最近，我们通过种子生长路线和随后的退火处理成功合成了核-壳结构的介孔 α-Fe_2O_3/ZnO 复合纳米颗粒，如图 17-11 所示。ZnO 壳层的厚度和最终产物的形貌取决于所使用 Zn 前驱物的浓度。探讨推测了 α-Fe_2O_3/ZnO 核-壳结构复合纳米颗粒的形成机制，所获得的产物对罗丹明 B 展现了较好的光催化降解能力。其主要原因是一方面 α-Fe_2O_3/ZnO 核-壳异质结界面处电子与空穴的复合得到了有效抑制，另一方面 α-Fe_2O_3 增强了对可见光区域的光吸收[107]。Liu 等[108]通过模板法合成了具有双壳层的空心网状 γ-Fe_2O_3/ZnO 复合纳米颗粒，其内壳层为 Fe_2O_3，外壳层为 ZnO 纳米片。该复合纳米颗粒对有机染料亚甲基蓝(50 min 降解 95.2%)，罗丹明 B(50 min 降解 91.1%)和甲基橙(80 min 降解 82.5%)均表现出非常高的可见光催化降解能力，均高于商业化的 ZnO 纳米颗粒产品的光催化降解能力。研究结果表明，其高光催化性能主要是源于其所具有的高比表面积。另外，该复合纳米颗粒可以经过磁分离实现重复使用，6

次循环后其光催化性能未发生明显变化。

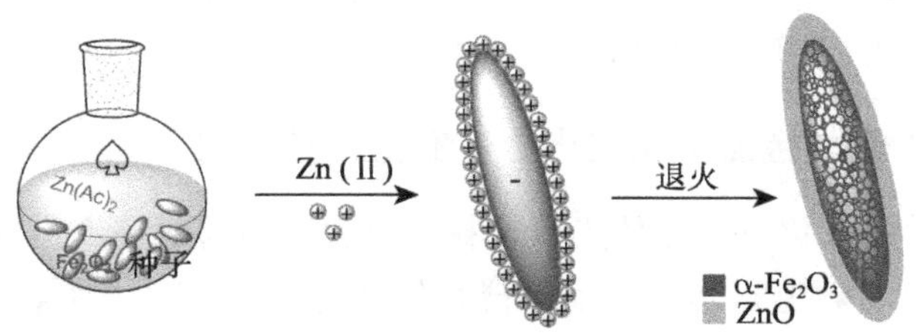

图 17-11　介孔结构 α-Fe_2O_3/ZnO 复合纳米颗粒的制备原理示意图[107]

4. 磁性铁氧体-其他金属氧化物半导体复合光催化剂

除传统的 TiO_2、SnO_2、ZnO 三种常见的半导体氧化物被用于制备铁氧体-半导体复合光催化材料外，其他的半导体氧化物材料也被发展并与铁氧体复合，实现复合光催化材料的制备，包括 WO_3，ZrO_2，Cu_2O，Bi_2O_3 等[109, 110]。Xi 等[111]通过溶剂热法和后续退火制备了多级核-壳结构的 Fe_3O_4/WO_3 复合纳米颗粒，如图 17-12 所示。该复合纳米颗粒可见光降解有机染料罗丹明 B 和 MB 的能力要明显优于商业化的 WO_3 和空心 WO_3 微球，另外，该复合纳米颗粒可通过磁分离进行回收利用，在对 MB 光催化降解 4 次循环后其性能依然保持稳定。Li 等[112]通过溶剂热法和水热法合成了豆荚状 Fe_3O_4/C/Cu_2O 核-壳结构复合纳米颗粒，该复合纳米颗粒在可见光条件下对罗丹明 B 的光催化降解能力是商业化 Cu_2O 的 5 倍，P25 的 8 倍，表现出极高的光催化能力，另外，该复合纳米颗粒可以通过外加磁场进行回收，6 次循环后其光催化降解能力高于 95%。Wang 等[113]通过溶剂热法合成了花状 Fe_3O_4/Bi_2O_3 复合纳米颗粒，其在可见光条件下对罗丹明 B 的光催化降解能力是商业化 Bi_2O_3 产品的 7～10 倍。另外，在经过 6 次循环后，其光催化降解能力依然十分稳定。

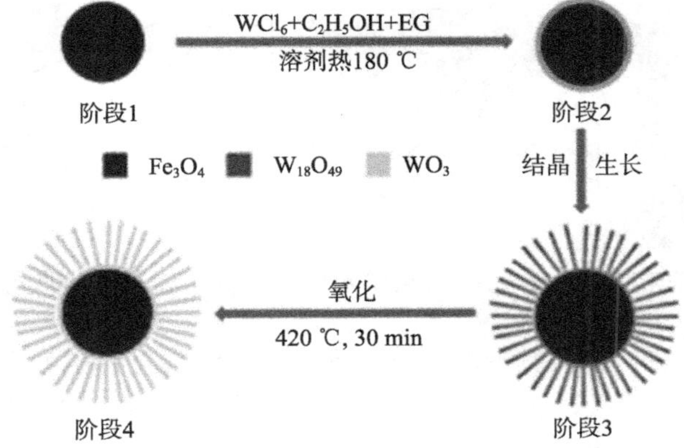

图 17-12　α-Fe_2O_3/WO_3 复合纳米颗粒的制备原理示意图[111]

近年来，一些新型金属氧化物半导体材料被发展并应用于光催化中，如 V_2O_5，Nb_2O_5，Ta_2O_5，CeO_2，Ga_2O_3[114]，但还未见其与磁性铁氧体复合形成铁氧体-半导体复合纳米材料的报道，值得研究人员关注。

17.4.2 磁性铁氧体-金属硫化物半导体复合光催化剂

近年来，金属硫化物半导体光催化材料也逐渐引起研究人员的关注，并将其与磁性铁氧体纳米材料进行耦合，实现磁性铁氧体-金属硫化物半导体复合光催化剂的制备。

应用于光催化的金属硫化物主要有 ZnS，CdS，Bi_2S_3，SnS_2，ZnSe 等[115-120]，将金属硫化物半导体应用于光催化中，一方面是利用其自身所具有的优异的光催化性能，另一方面是利用其光学性质。例如，Liu 等[121]通过超声化学法制备了具有荧光效应的 Fe_3O_4/CdS 复合纳米颗粒，并将其应用于光催化降解有机染料亚甲基橙，结果表明其在紫外光下的降解能力接近于 P25，但在 12 次循环后其光催化降解性能仍然十分稳定。最近 Shi 等[122]通过湿化学法制备的玉米状 α-Fe_2O_3/CdS 复合纳米杆对 MB 表现出极佳的光催化降解能力(图 17-13)。在可见光照射条件下，光催化性能明显优于任一单组分物质以及商品化的 P25 二氧化钛。Luo 等[123]通过超声化学法合成了海胆状的 Fe_3O_4/Bi_2S_3 复合纳米颗粒。该复合纳米颗粒对有机染料罗丹明 B 具有光催化降解能力，磁回收利用 4 次循环降解结果表明其光催化性能十分稳定。除二元金属硫化物被应用于光催化中，三元硫化物如 $Zn_xCd_{1-x}S$，$ZnIn_2S_4$ 等也被作为光催化材料，但其与磁性铁氧体的复合还未见报道。

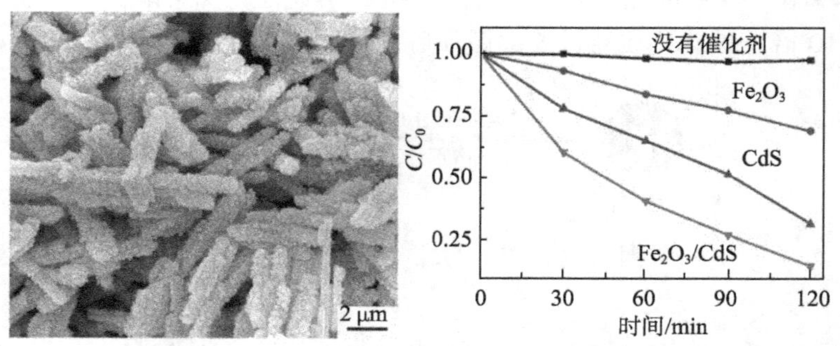

图 17-13 玉米状 α-Fe_2O_3/CdS 复合纳米杆的 SEM 和对亚甲基蓝光催化性能[122]

当前将金属硫化物与宽带隙半导体进行复合以增强其在可见光区域的光吸收也是光催化研究中的热点之一。在将其应用到光催化中时，应认真考虑金属硫化物本身对环境存在的影响，因此，从回收的角度来看，可简易回收的磁性铁氧体-金属硫化物半导体复合光催化剂的研究还亟待加强。

17.4.3　多半导体壳层复合光催化剂

纳米异质结光催化材料结合了纳米材料和异质结的优势，其内建电场能够抑制光致电荷复合，提高量子效率，若在体系中引入窄带隙半导体，其敏化作用能够拓展宽带隙半导体的响应光谱范围，因此在光催化应用领域得到快速发展[124-126]。实际上，Fe_2O_3/半导体光催化材料也是一种典型的异质结结构。当前为进一步增强光催化性能，结合磁回收利用需求，如图 17-14 所示，将半导体异质结引入铁氧体表面，实现了基于磁性铁氧体的多半导体壳层复合光催化材料的制备[127-130]。

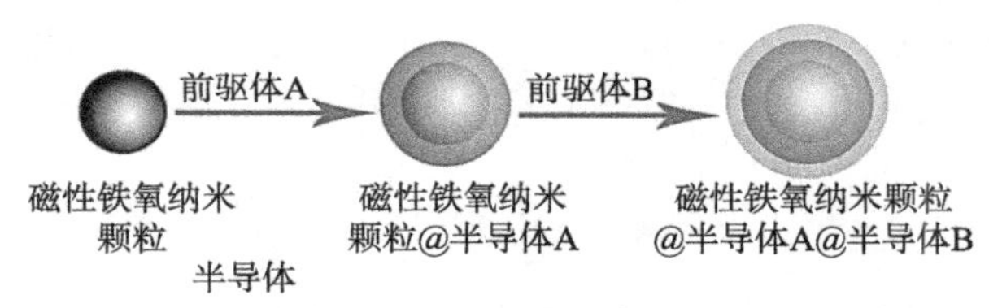

图 17-14　铁氧体-多半导体壳层复合纳米材料制备示意图

例如，如图 17-15 所示，Chen 等[131]以椭圆状 α-Fe_2O_3/SiO_2 为种子，在其表面上先通过水热法沉积上 SnO_2，接着再通过溶剂热法包覆 TiO_2，实现了 α-Fe_2O_3/SiO_2/SnO_2/TiO_2 多半导体壳层复合光催化材料的制备。该材料对亚甲基蓝的光催化降解实验表明其光催化性能要大大优于 P25 商品化二氧化钛。最近，Dong 等[132]通过溶胶-凝胶法和浸泡法合成了 CdS 修饰的 TiO_2/Fe_3O_4 复合纳米颗粒。该复合纳米材料在可见光照射下对有机染料 X-3B 的光催化降解能力要明显优于纯 TiO_2 和 TiO_2/Fe_3O_4 二元复合纳米颗粒，其主要原因是 CdS 可增强对光生电子的捕获能力。可见，在磁性铁氧体-半导体二元复合体系的基础上，发展磁性铁氧体-多半导体多元复合体系有利于光催化性能的进一步提高。

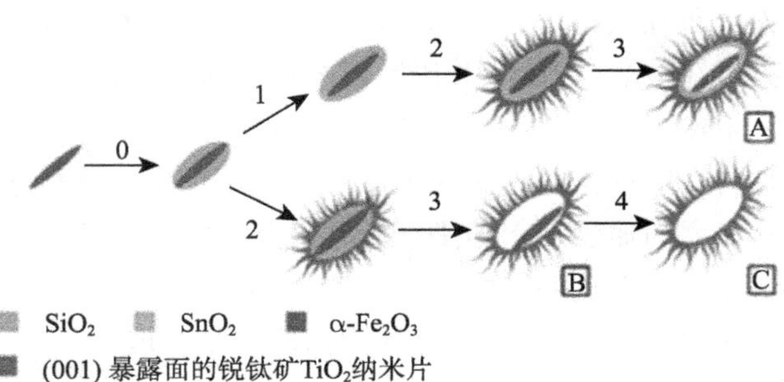

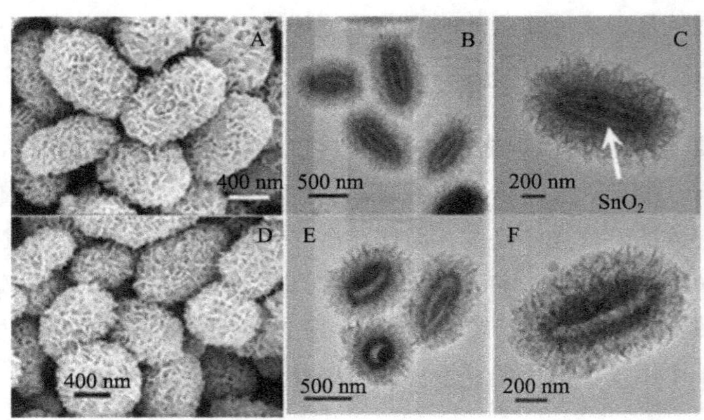

图 17-15　椭圆状 $\alpha\text{-}Fe_2O_3/SiO_2/SnO_2/TiO_2$ 多半导体壳层复合光催化材料的制备原理示意图和 SEM、TEM 照片[131]

17.5　总结与展望

综上所述，出于光催化实际应用中回收和循环利用光催化剂的考虑，若将铁氧体磁性纳米材料与半导体光催化材料进行有效整合，可实现其快捷的回收，并且进一步增强宽带隙半导体的光响应范围，促进电子与空穴的分离，最终实现光催化性能的提高。

尽管铁氧体-半导体复合光催化体系的研究已取得了巨大的进展，在以下几个方面的研究还亟待加强：

(1) 若能在铁氧体-半导体复合光催化体系中引入贵金属纳米材料，将进一步增强其光催化性能。贵金属与半导体进行复合可将宽带隙半导体氧化物的光吸收扩展至可见光范围，影响半导体材料的表面性质，还可降低电子-空穴的复合率，改善其可见光催化活性。另外，纳米尺度的贵金属材料具有强烈的表面局域等离子效应(LSPR)会增强光与颗粒表面物质的相互作用。近年来，贵金属-半导体复合材料用于光催化降解污染物研究获得了一定的进展，但关于磁性铁氧体-贵金属-半导体复合光催化体系的报道还较少[133]，相关研究还需进一步加强。

(2) 石墨烯(graphene)是由单一层碳原子构成的二维晶体，是一种结合了半导体和金属属性的新材料。将石墨烯或其氧化物与半导体光催化材料进行复合，将有利于电子在半导体材料之间通过石墨烯进行转移，大大增强半导体的光催化性能，这已经成为光催化研究的热点之一[134-136]。但将石墨烯或其氧化物引入铁氧体-半导体二元光催化体系的研究还较少[137]，可在此方面进一步扩展。

(3) 当前存在的大量光催化基础研究和应用研究往往只是侧重于催化剂改性技

术和新型催化剂的开发，而对于催化材料微观结构会对光催化性能产生什么影响，如何影响；什么结构会对材料的应用产生何种限制，如何限制，以及其间存在的界面效应、耦合机理、光催化剂寿命、失活和再生机理等方面的研究还相对薄弱。作为多相催化反应催化剂，半导体材料在对实际环境污染物处理过程中会遇到催化剂失活的问题(如 P25 在太阳光下经过 3 次循环反应以后催化活性就已经很低)，光催化剂在不同应用体系中的失活(deactivation)或中毒机理的研究亟需加强，对失活光催化材料回收后进行再生(regeneration)处理以及再利用的相关机理研究也鲜有报道[138]。

(4) 半导体光催化材料的光催化机制十分复杂，对于弱磁性 α-Fe_2O_3/半导体光催化材料、其他无磁性或磁性较弱的单一半导体或复合半导体材料，回收较为困难，如图 17-16 所示。若能结合高速印刷制备阵列化或图案化的半导体材料，发展一种基于刚性或柔性衬底的半导体纳米材料阵列，不但可实现光催化剂的回收，大大增加半导体材料的反应活性位点，防止光催化剂本身对环境造成的破坏，还可对失活光催化剂进行回收、再生处理，实现循环使用，大大减少光催化剂材料的使用量，进一步降低使用成本。若能实现半导体纳米材料的图案化，对其光催化效率的调控和相关机制的研究具有重大的前景和科学意义。

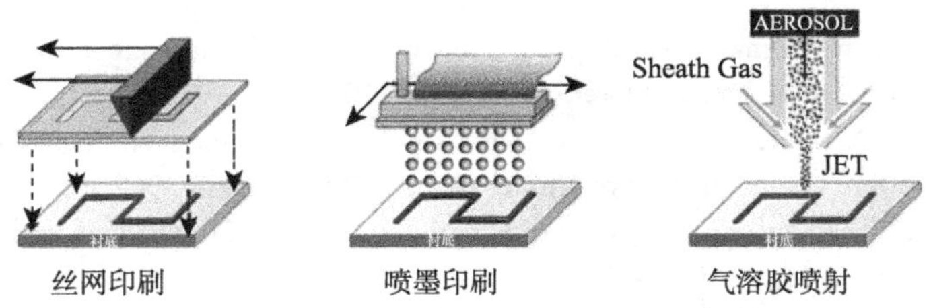

图 17-16　常见半导体材料阵列化或图案化的印刷方式

参 考 文 献

[1] Hoffmann M R, Martin S T, Choi W, et al. Environmental applications of semiconductor photocatalysis. Chem. Rev., 1995, 95: 69-96.

[2] Chen X, Mao S S. Titanium dioxide nanomaterials: Synthesis, properties, modifications, and applications. Chem. Rev., 2007, 107: 2891-2959.

[3] Liu S, Yu J, Jaroniec M. Anatase TiO_2 with dominant high-energy {001} facets: Synthesis, properties, and applications. Chem. Mater., 2011, 23: 4085-4093.

[4] Papageorgiou A C, Beglitis N S, Pang C L, et al. Electron traps and their effect on the surface chemistry of TiO_2(110). PNAS, 2010, 107: 2391-2396.

[5] Kudo A, Miseki Y. Heterogeneous photocatalyst materials for water splitting. Chem. Soc. Rev., 2009, 38: 253-278.

[6] Kumar S G, Devi L G. Review on modified TiO_2 photocatalysis under UV/visible light:

Selected results and related mechanisms on interfacial charge carrier transfer dynamics. J. Phys. Chem. A, 2011, 115: 13211-13241.
[7] Cole-Hamilton D J. Homogeneous catalysis-new approaches to catalyst separation, recovery, and recycling. Science, 2003, 299: 1702-1706.
[8] Lu A H, Salabas E L, Schuth F. Magnetic nanoparticles: Synthesis, protection, functionalization, and application. Angew. Chem. Int. Ed., 2007, 46: 1222-1244.
[9] Laurent S, Forge D, Port M, et al. Magnetic iron oxide nanoparticles: Synthesis, stabilization, vectorization, physicochemical characterizations, and biological applications. Chem. Rev., 2008, 108: 2064-2110.
[10] Wei W, He Q G, Hong C. Surface functionalization and application for magnetic iron oxide nanoparticles. Prog Chem, 2008, 20: 265-272.
[11] Wu W, He Q G, Jiang C Z. Magnetic iron oxide nanoparticles: Synthesis and surface functionalization strategies. Nanoscale Res. Lett., 2008, 3: 397-415.
[12] Zhou L, Yuan J, Wei Y. Core-shell structural iron oxide hybrid nanoparticles: From controlled synthesis to biomedical applications. J. Mater. Chem., 2011, 21: 2823-2840.
[13] Cornell R M, Schwertmann U. The Iron Oixdes: Structures, Properties, Reactions, Occurences and Used. Wiley-VCH, 2003.
[14] Yamaura M, Camilo R L, Sampaio L C, et al. Preparation and characterization of (3-aminopropyl) triethoxysilane-coated magnetite nanoparticles. J. Magn. Magn. Mater., 2004, 279: 210-217.
[15] Levy M, Quarta A, Espinosa A, et al. Correlating magneto-structural properties to hyperthermia performance of highly monodisperse iron oxide nanoparticles prepared by a seeded-growth route. Chem. Mater., 2011, 23: 4170-4180.
[16] Wu W, Xiao X H, Ren F, et al. A comparative study of the magnetic behavior of single and tubular clustered magnetite nanoparticles. J. Low Temp. Phys., 2012, 168: 306-313.
[17] Massart R. Preparation of aqueous magnetic liquids in alkaline and acidic media. IEEE Trans. Magn., 1981, 17: 1247-1248.
[18] Wu W, He Q G, Hu R, et al. Preparation and characterization of magnetite Fe_3O_4 nanopowders. Rare Met. Mater. Eng., 2007, 36: 238-243.
[19] Suh S K, Yuet K, Hwang D K, et al. Synthesis of nonspherical superparamagnetic particles: In situ coprecipitation of magnetic nanoparticles in microgels prepared by stop-flow lithography. J. Am. Chem. Soc., 2012, 134: 7337-7343.
[20] Park J, An K, Hwang Y, et al. Ultra-large-scale syntheses of monodisperse nanocrystals. Nat. Mater., 2004, 3: 891-895.
[21] Park J, Lee E, Hwang N M, et al. One-nanometer-scale size-controlled synthesis of monodisperse magnetic iron oxide nanoparticles. Angewandte Chemie, 2005, 117: 2932-2937.
[22] Amara D, Grinblat J, Margel S. Solventless thermal decomposition of ferrocene as a new approach for one-step synthesis of magnetite nanocubes and nanospheres. J. Mater. Chem., 2012, 22: 2188-2195.
[23] Wu W, Xiao X H, Zhang S F, et al. Large-scale and controlled synthesis of iron oxide magnetic short nanotubes: Shape evolution, growth mechanism, and magnetic properties. J.

Phys. Chem. C, 2010, 114: 16092-16103.

[24] Wu W, Xiao X H, Zhang S F, et al. Synthesis and magnetic properties of maghemite (gamma-Fe_2O_3) short-nanotubes. Nanoscale Res. Lett., 2010, 5: 1474-1479.

[25] Tian Y, Yu B, Li X, et al. Facile solvothermal synthesis of monodisperse Fe_3O_4 nanocrystals with precise size control of one nanometre as potential MRI contrast agents. J. Mater. Chem., 2011, 21: 2476-2481.

[26] Wu W, Xiao X H, Zhang S F, et al. One-pot reaction and subsequent annealing to synthesis hollow spherical magnetite and maghemite nanocages. Nanoscale Res. Lett., 2009, 4: 926-931.

[27] Dong W T, Zhu C S. Use of ethylene oxide in the sol-gel synthesis of alpha-Fe_2O_3 nanoparticles from Fe(Ⅲ) salts. J. Mater. Chem., 2002, 12: 1676-1683.

[28] Qi H, Yan B, Lu W, et al. A non-alkoxide sol-gel method for the preparation of magnetite (Fe_3O_4) nanoparticles. Current Nanoscience, 2011, 7: 381-388.

[29] Wongwailikhit K, Horwongsakul S. The preparation of iron (Ⅲ) oxide nanoparticles using W/O microemulsion. Mater. Lett., 2011, 65: 2820-2822.

[30] Han L H, Liu H, Wei Y. In situ synthesis of hematite nanoparticles using a low-temperature microemulsion method. Powder Technol., 2011, 207: 42-46.

[31] Ladj R, Bitar A, Eissa M, et al. Individual inorganic nanoparticles: Preparation, functionalization and in vitro biomedical diagnostic applications. Journal of Materials Chemistry B, 2012, 1(10): 1381-1396.

[32] Abu Mukh-Qasem R, Gedanken A. Sonochemical synthesis of stable hydrosol of Fe_3O_4 nanoparticles. J. Colloid Interface Sci., 2005, 284: 489-494.

[33] Abu-Much R, Gedanken A. Sonochemical synthesis under a magnetic field: Structuring magnetite nanoparticles and the destabilization of a colloidal magnetic aqueous solution under a magnetic field. J. Phys. Chem. C, 2008, 112: 35-42.

[34] Morel A L, Nikitenko S I, Gionnet K, et al. Sonochemical approach to the synthesis of Fe_3O_4@SiO_2 core-shell nanoparticles with tunable properties. Acs Nano, 2008, 2: 847-856.

[35] Wu W, He Q G, Chen H, et al. Sonochemical synthesis, structure and magnetic properties of air-stable Fe_3O_4/Au nanoparticles. Nanotechnology, 2007, 18: 145609.

[36] Zhang S G, Zhang Y, Wang Y, et al. Sonochemical formation of iron oxide nanoparticles in ionic liquids for magnetic liquid marble. PCCP, 2012, 14: 5132-5138.

[37] Hu X, Yu J C, Gong J, et al. α-Fe_2O_3 nanorings prepared by a microwave-assisted hydrothermal process and their sensing properties. Adv. Mater., 2007, 19: 2324-2329.

[38] Wu L H, Yao H B, Hu B, et al. Unique lamellar sodium/potassium iron oxide nanosheets: Facile microwave-assisted synthesis and magnetic and electrochemical properties. Chem. Mater., 2011, 23: 3946-3952.

[39] Ai Z, Deng K, Wan Q, et al. Facile microwave-assisted synthesis and magnetic and gas sensing properties of Fe_3O_4 nanoroses. J. Phys. Chem. C, 2010, 114: 6237-6242.

[40] Qiu G, Huang H, Genuino H, et al. Microwave-assisted hydrothermal synthesis of nanosized α-Fe_2O_3 for catalysts and adsorbents. J. Phys. Chem. C, 2011, 115: 19626-19631.

[41] Vali H, Weiss B, Li Y L, et al. Formation of tabular single-domain magnetite induced by geobacter metallireducens GS-15. PNAS, 2004, 101: 16121-16126.

[42] Scheffel A, Gruska M, Faivre D, et al. An acidic protein aligns magnetosomes along a filamentous structure in magnetotactic bacteria. Nature, 2006, 440: 110-114.

[43] Bazylinski D A, Frankel R B. Magnetosome formation in prokaryotes. Nat. Rev. Microbiol., 2004, 2: 217-230.

[44] Pascal C, Pascal J L, Favier F, et al. Electrochemical synthesis for the control of γ-Fe_2O_3 nanoparticle size. Morphology, microstructure, and magnetic behavior. Chem. Mater., 1998, 11: 141-147.

[45] Starowicz M, Starowicz P, Żukrowski J, et al. Electrochemical synthesis of magnetic iron oxide nanoparticles with controlled size. J. Nanopart. Res., 2011, 13: 7167-7176.

[46] Wang G, Ling Y, Wheeler D A, et al. Facile synthesis of highly photoactive α-Fe_2O_3-based films for water oxidation. Nano Lett., 2011, 11: 3503-3509.

[47] Salazar-Alvarez G, Muhammed M, Zagorodni A A. Novel flow injection synthesis of iron oxide nanoparticles with narrow size distribution. Chem. Eng. Sci., 2006, 61: 4625-4633.

[48] Huang H Y, Shieh Y T, Shih C M, et al. Magnetic chitosan/iron (Ⅱ, Ⅲ) oxide nanoparticles prepared by spray-drying. Carbohydr. Polym., 2010, 81: 906-910.

[49] Morjan I, Alexandrescu R, Dumitrache F, et al. Iron oxide-based nanoparticles with different mean sizes obtained by the laser pyrolysis: Structural and magnetic properties. J. Nanosci. Nanotechnol., 2010, 10: 1223-1234.

[50] Martínez G, Malumbres A, Mallada R, et al. Use of a polyol liquid collection medium to obtain ultrasmall magnetic nanoparticles by laser pyrolysis. Nanotechnology, 2012, 23: 425605.

[51] Thurston T, Wilcoxon J. Photooxidation of organic chemicals catalyzed by nanoscale MoS_2. J. Phys. Chem. B, 1999, 103: 11-17.

[52] Wu W, Zhang S F, Zhou J, et al. Controlled synthesis of monodisperse sub-100 nm hollow SnO_2 nanospheres: A template- and surfactant-free solution-phase route, the growth mechanism, optical properties, and application as a photocatalyst. Chem-Eur J, 2011, 17: 9708-9719.

[53] Shakir I, Shahid M, Kang D J. MoO_3 and $Cu_{0.33}$ MoO_3 nanorods for unprecedented UV/visible light photocatalysis. Chem. Commun., 2010, 46: 4324-4326.

[54] Wu W, Xiao X H, Peng T C, et al. Controllable synthesis and optical properties of connected zinc oxide nanoparticles. Chem. Asian J., 2010, 5: 315-321.

[55] Wu W, Xiao X H, Zhang S F, et al. Controllable synthesis of TiO_2 submicrospheres with smooth or rough surface. Chem. Lett., 2010, 39: 684-685.

[56] Chen D, Huang F, Ren G, et al. ZnS nano-architectures: Photocatalysis, deactivation and regeneration. Nanoscale, 2010, 2: 2062-2064.

[57] Zhang L, Cheng H, Zong R, et al. Photocorrosion suppression of ZnO nanoparticles via hybridization with graphite-like carbon and enhanced photocatalytic activity. J. Phys. Chem. C, 2009,113: 2368-2374.

[58] Vu T T, del Río L, Valdés-Solís T, et al. Fabrication of wire mesh-supported ZnO photocatalysts protected against photocorrosion. Appl. Catal. B, 2013, 140-141: 189-198.

[59] Salvador P. Mechanisms of water photooxidation at n-TiO_2 rutile single crystal oriented electrodes under UV illumination in competition with photocorrosion. Prog. Surf. Sci., 2011,

86: 41-58.

[60] Vinu R, Madras G. Environmental remediation by photocatalysis. J. Indian Inst. Sci., 2010, 90: 189-230.

[61] Zhang J, Liu X H, Wang L W, et al. Synthesis and gas sensing properties of alpha-Fe_2O_3@ZnO core-shell nanospindles. Nanotechnology, 2011, 22: 185501.

[62] Yan W, Fan H, Yang C. Ultra-fast synthesis and enhanced photocatalytic properties of alpha-Fe_2O_3/ZnO core-shell structure. Mater. Lett., 2011, 65: 1595-1597.

[63] Peng L, Xie T, Lu Y, et al. Synthesis, photoelectric properties and photocatalytic activity of the Fe_2O_3/TiO_2 heterogeneous photocatalysts. PCCP, 2010, 12: 8033-8041.

[64] Yu X, Wan J, Shan Y, et al. A facile approach to fabrication of bifunctional magnetic-optical Fe_3O_4@ZnS microspheres. Chem. Mater., 2009, 21: 4892-4898.

[65] Chiu W, Khiew P, Cloke M, et al. Heterogeneous seeded growth: Synthesis and characterization of bifunctional Fe_3O_4/ZnO core/shell nanocrystals. J. Phys. Chem. C, 2010, 114: 8212-8218.

[66] Wu W, Xiao X H, Zhang S F, et al. Facile method to synthesize magnetic iron oxides/TiO_2 hybrid nanoparticles and their photodegradation application of methylene blue. Nanoscale Res. Lett., 2011, 6: 533.

[67] Li W, Yang J, Wu Z, et al. A versatile kinetics-controlled coating method to construct uniform porous TiO_2 shells for multifunctional core-shell structures. J. Am. Chem. Soc., 2012, 134: 11864-11867.

[68] Buonsanti R, Snoeck E, Giannini C, et al. Colloidal semiconductor/magnetic heterostructures based on iron-oxide-functionalized brookite TiO_2 nanorods. PCCP, 2009, 11: 3680-3691.

[69] Buonsanti R, Grillo V, Carlino E, et al. Architectural control of seeded-grown magnetic-semicondutor iron oxide-TiO_2 nanorod heterostructures: The role of seeds in topology selection. J. Am. Chem. Soc., 2010, 132: 2437-2464.

[70] Zeng L, Ren W, Xiang L, et al. Multifunctional Fe_3O_4-TiO_2 nanocomposites for magnetic resonance imaging and potential photodynamic therapy. Nanoscale, 2013, 5: 2107-2113.

[71] Schneider G, Decher G. From functional core/shell nanoparticles prepared via layer-by-layer deposition to empty nanospheres. Nano Lett., 2004, 4: 1833-1839.

[72] Wang Y, Angelatos A S, Caruso F. Template synthesis of nanostructured materials via layer-by-layer assembly. Chem. Mater., 2007, 20: 848-858.

[73] Srivastava S, Kotov N A. Composite layer-by-layer (LBL) assembly with inorganic nanoparticles and nanowires. Acc. Chem. Res., 2008, 41: 1831-1841.

[74] Liu H, Gao L. Preparation and properties of nanocrystalline α-Fe_2O_3-sensitized TiO_2 nanosheets as a visible light photocatalyst. J. Am. Ceram. Soc., 2006, 89: 370-373.

[75] Li Y, Wu J S, Qi D W, et al. Novel approach for the synthesis of Fe_3O_4@TiO_2 core-shell microspheres and their application to the highly specific capture of phosphopeptides for MALDI-TOF MS analysis. Chem. Commun., 2008, 8(5): 564-566.

[76] Abramson S, Srithammavanh L, Siaugue J M, et al. Nanometric core-shell-shell γ-Fe_2O_3/SiO_2/TiO_2 particles. J. Nanopart. Res., 2009, 11: 459-465.

[77] Wang C, Yin L, Zhang L, et al. Magnetic (γ-Fe_2O_3@ SiO_2) n@ TiO_2 functional hybrid

nanoparticles with actived photocatalytic ability. J. Phys. Chem. C, 2009, 113: 4008-4011.

[78] Qi D W, Lu J, Deng C H, et al. Magnetically responsive Fe_3O_4@C@SnO_2 core-shell microspheres: Synthesis, characterization and application in phosphoproteomics. J. Phys. Chem. C, 2009, 113: 15854-15861.

[79] Sarkar A, Biswas S K, Pramanik P. Design of a new nanostructure comprising mesoporous ZrO_2 shell and magnetite core (Fe_3O_4@ mZrO_2) and study of its phosphate ion separation efficiency. J. Mater. Chem., 2010, 20: 4417-4424.

[80] Li W, Deng Y, Wu Z, et al. Hydrothermal etching assisted crystallization: A facile route to functional yolk-shell titanate microspheres with ultrathin nanosheets-assembled double shells. J. Am. Chem. Soc., 2011, 133: 15830-15833.

[81] Peng H P, Liang R P, Zhang L, et al. Sonochemical synthesis of magnetic core-shell Fe_3O_4@ZrO_2 nanoparticles and their application to the highly effective immobilization of myoglobin for direct electrochemistry. Electrochim. Acta, 2011, 56: 4231-4236.

[82] Wang Z, Wu L, Chen M, et al. Facile synthesis of superparamagnetic fluorescent Fe_3O_4/ZnS hollow nanospheres. J. Am. Chem. Soc., 2009, 131: 11276-11277.

[83] Liu X, Hu Q, Zhang X, et al. Generalized and facile synthesis of Fe_3O_4/MS (M = Zn, Cd, Hg, Pb, Co, and Ni) nanocomposites. J. Phys. Chem. C, 2008, 112: 12728-12735.

[84] Sun L L, Wu W, Zhang S F, et al. Novel doping for synthesis monodispersed TiO_2 grains filled into spindle-like hematite bi-component nanoparticles by ion implantation. AIP Adv., 2012, 2: 032179.

[85] Sun L L, Wu W, Zhang S F, et al. Spindle-like alpha-Fe_2O_3 embedded with TiO_2 nanocrystalline: Ion implantation preparation and enhanced magnetic properties. J. Nanosci. Nanotechnol., 2013, 13: 5428-5433.

[86] Li Y, Hu Y, Jiang H, et al. Phase-segregation induced growth of core-shell α-Fe_2O_3/SnO_2 heterostructures for lithium-ion battery. Crystengcomm, 2013, 15: 6715-6721.

[87] Xuan S, Jiang W, Gong X, et al. Magnetically separable Fe_3O_4/TiO_2 hollow spheres: Fabrication and photocatalytic activity. J. Phys. Chem. C, 2008, 113: 553-558.

[88] Yuan Q, Li N, Geng W C, et al. Preparation of magnetically recoverable Fe_3O_4@SiO_2@meso-TiO_2 nanocomposites with enhanced photocatalytic ability. Mater. Res. Bull., 2012, 47: 2396-2402.

[89] Wang Y Z, Fan X B, Wang S L, et al. Magnetically separable gamma-Fe_2O_3/TiO_2 nanotubes for photodegradation of aqueous methyl orange. Mater. Res. Bull., 2013, 48: 785-789.

[90] Cui B, Peng H X, Xia H Q, et al. Magnetically recoverable core-shell nanocomposites gamma-Fe_2O_3@SiO_2@TiO_2-Ag with enhanced photocatalytic activity and antibacterial activity. Sep. Purif. Technol., 2013, 103: 251-257.

[91] Wang Z H, Shen L, Zhu S Y. Synthesis of core-shell Fe_3O_4@SiO_2@TiO_2 microspheres and their application as recyclable photocatalysts. Int. J. Photoenergy, 2012, 202519.

[92] Chalasani R, Vasudevan S. Cyclodextrin-functionalized Fe_3O_4@TiO_2: Reusable, magnetic nanoparticles for photocatalytic degradation of endocrine-disrupting chemicals in water supplies. Acs Nano, 2013, 7: 4093-4104.

[93] Zhou W, Fu H, Pan K, et al. Mesoporous TiO_2/α-Fe_2O_3: Bifunctional composites for effective elimination of arsenite contamination through simultaneous photocatalytic

oxidation and adsorption. J. Phys. Chem. C, 2008,112: 19584-19589.

[94] Chen F X, Fan W Q, Zhou T Y, et al. Core-shell nanospheres (HP-Fe_2O_3@TiO_2) with hierarchical porous structures and photocatalytic properties. Acta Phys. Chim. Sin., 2013, 29: 167-175.

[95] Tung W S, Daoud W A. New approach toward nanosized ferrous ferric oxide and Fe_3O_4-doped titanium dioxide photocatalysts. ACS Appl. Mater. Interfaces, 2009, 1: 2453-2461.

[96] Peng L L, Xie T F, Lu Y C, et al. Synthesis, photoelectric properties and photocatalytic activity of the Fe_2O_3/TiO_2 heterogeneous photocatalysts. PCCP, 2010, 12: 8033-8041.

[97] Palanisamy B, Babu C M, Sundaravel B, et al. Sol-gel synthesis of mesoporous mixed Fe_2O_3/TiO_2 photocatalyst: Application for degradation of 4-chlorophenol. J. Hazard. Mater., 2013, 252/253: 233-242.

[98] Niu M T, Huang F, Cui L F, et al. Hydrothermal synthesis, structural characteristics, and enhanced photocatalysis of SnO_2/α-Fe_2O_3 semiconductor nanoheterostructures. Acs Nano, 2010, 4: 681-688.

[99] Zhang S W, Li J X, Niu H H, et al. Visible-light photocatalytic degradation of methylene blue using SnO_2/-Fe_2O_3 hierarchical nanoheterostructures. Chempluschem, 2013, 78: 192-199.

[100] Zhu L P, Bing N C, Yang D D, et al. Synthesis and photocatalytic properties of core-shell structured α-Fe_2O_3@SnO_2 shuttle-like nanocomposites. Crystengcomm, 2011, 13: 4486-4490.

[101] Wu W, Zhang S F, Ren F, et al. Controlled synthesis of magnetic iron oxides@SnO_2 quasi-hollow core-shell heterostructures: formation mechanism, and enhanced photocatalytic activity. Nanoscale, 2011, 3: 4676-4684.

[102] Zhang S F, Ren F, Wu W, et al. Controllable synthesis of recyclable core-shell gamma-Fe_2O_3@SnO_2 hollow nanoparticles with enhanced photocatalytic and gas sensing properties. PCCP, 2013, 15: 8228-8236.

[103] Zhang X, Ren H, Wang T, et al. Controlled synthesis and magnetically separable photocatalytic properties of magnetic iron oxides@SnO_2 yolk-shell nanocapsules. J. Mater. Chem., 2012, 22: 13380-13385.

[104] Hernandez A, Maya L, Sanchez-Mora E, et al. Sol-gel synthesis, characterization and photocatalytic activity of mixed oxide ZnO-Fe_2O_3. J. Sol-Gel Sci. Technol., 2007, 42: 71-78.

[105] Chiu W, Khiew P, Cloke M, et al. Heterogeneous seeded growth: Synthesis and characterization of bifunctional Fe_3O_4/ZnO core/shell nanocrystals. J. Phys. Chem. C, 2010, 114: 8212-8218.

[106] Sui J H, Li J, Li Z G, et al. Synthesis and characterization of one-dimensional magnetic photocatalytic CNTs/Fe_3O_4-ZnO nanohybrids. Mater. Chem. Phys., 2012, 134: 229-234.

[107] Wu W, Zhang S F, Xiao X H, et al. Controllable synthesis, magnetic properties, and enhanced photocatalytic activity of spindlelike mesoporous alpha-Fe_2O_3/ZnO core-shell heterostructures. ACS Appl. Mater. Interfaces, 2012, 4: 3602-3609.

[108] Liu Y, Yu L, Hu Y, et al. A magnetically separable photocatalyst based on nest-like

gamma-Fe_2O_3/ZnO double-shelled hollow structures with enhanced photocatalytic activity. Nanoscale, 2012, 4: 183-187.

[109] Bi D, Xu Y. Improved photocatalytic activity of WO_3 through clustered Fe_2O_3 for organic degradation in the presence of H_2O_2. Langmuir, 2011, 27: 9359-9366.

[110] Tong H, Ouyang S, Bi Y, et al. Nano-photocatalytic materials: Possibilities and challenges. Adv. Mater., 2012, 24: 229-251.

[111] Xi G, Yue B, Cao J, et al. Fe_3O_4/WO_3 hierarchical core-shell structure: High-performance and recyclable visible-light photocatalysis. Chem-Eur J, 2011, 17: 5145-5154.

[112] Li S K, Huang F Z, Wang Y, et al. Magnetic Fe_3O_4@ C@ Cu_2O composites with bean-like core/shell nanostructures: Synthesis, properties and application in recyclable photocatalytic degradation of dye pollutants. J. Mater. Chem., 2011, 21: 7459-7466.

[113] Wang Y, Li S, Xing X, et al. Self-assembled 3D flowerlike hierarchical Fe_3O_4@ Bi_2O_3 core-shell architectures and their enhanced photocatalytic activity under visible light. Chem-Eur J, 2011, 17: 4802-4808.

[114] Di Paola A, García-López E, Marcì G, et al. A survey of photocatalytic materials for environmental remediation. J. Hazard. Mater., 2012, 211: 3-29.

[115] Lei Y, Song S, Fan W, et al. Facile synthesis and assemblies of flowerlike SnS_2 and In^{3+}-doped SnS_2: Hierarchical structures and their enhanced photocatalytic property. J. Phys. Chem. C, 2009,113: 1280-1285.

[116] Wang L, Wei H, Fan Y, et al. One-dimensional CdS/α-Fe_2O_3 and CdS/Fe_3O_4 heterostructures: Epitaxial and nonepitaxial growth and photocatalytic activity. J. Phys. Chem. C, 2009,113: 14119-14125.

[117] Hu Y, Liu Y, Qian H, et al. Coating colloidal carbon spheres with CdS nanoparticles: Microwave-assisted synthesis and enhanced photocatalytic activity. Langmuir, 2010, 26: 18570-18575.

[118] Wu T, Zhou X, Zhang H, et al. Bi_2S_3 nanostructures: A new photocatalyst. Nano Res, 2010, 3: 379-386.

[119] Zhang Y C, Li J, Zhang M, et al. Size-tunable hydrothermal synthesis of SnS_2 nanocrystals with high performance in visible light-driven photocatalytic reduction of aqueous Cr (Ⅵ). Environmental Science & Technology, 2011, 45: 9324-9331.

[120] Cao F, Shi W, Zhao L, et al. Hydrothermal synthesis and high photocatalytic activity of 3D wurtzite ZnSe hierarchical nanostructures. J. Phys. Chem. C, 2008,112: 17095-17101.

[121] Liu X, Fang Z, Zhang X, et al. Preparation and characterization of Fe_3O_4/CdS nanocomposites and their use as recyclable photocatalysts. Cryst. Growth Des., 2008, 9: 197-202.

[122] Shi Y, Li H, Wang L, et al. Novel α-Fe_2O_3/CdS cornlike nanorods with enhanced photocatalytic performance. ACS Appl. Mater. Interfaces, 2012, 4: 4800-4806.

[123] Luo S, Chai F, Zhang L, et al. Facile and fast synthesis of urchin-shaped Fe_3O_4@ Bi_2S_3 core-shell hierarchical structures and their magnetically recyclable photocatalytic activity. J. Mater. Chem., 2012, 22: 4832-4836.

[124] 于洪涛，全燮．纳米异质结光催化材料在环境污染控制领域的研究进展．化学进展，2009, 21: 406-419.

[125] Teoh W Y, Scott J A, Amal R. Progress in heterogeneous photocatalysis: From classical radical chemistry to engineering nanomaterials and solar reactors. J. Phys. Chem. Lett., 2012, 3: 629-639.

[126] Zhang Z, Yates J T. Band bending in semiconductors: chemical and physical consequences at surfaces and interfaces. Chem. Rev., 2012, 112: 5520-5551.

[127] Shaogui Y, Xie Q, Xinyong L, et al. Preparation, characterization and photoelectrocatalytic properties of nanocrystalline Fe_2O_3/TiO_2, ZnO/TiO_2, and $Fe_2O_3/ZnO/TiO_2$ composite film electrodes towards pentachlorophenol degradation. PCCP, 2004, 6: 659-664.

[128] Liao Y, Li H, Liu Y, et al. Characterization of photoelectric properties and composition effect of $TiO_2/ZnO/Fe_2O_3$ composite by combinatorial methodology. J. Comb. Chem., 2010, 12: 883-889.

[129] Kim H I, Kim J, Kim W, et al. Enhanced photocatalytic and photoelectrochemical activity in the ternary hybrid of $CdS/TiO_2/WO_3$ through the cascadal electron transfer. J. Phys. Chem. C, 2011, 115: 9797-9805.

[130] Qu Y, Duan X. Progress, challenge and perspective of heterogeneous photocatalysts. Chem. Soc. Rev., 2013, 42: 2568-2580.

[131] Chen J S, Chen C, Liu J, et al. Ellipsoidal hollow nanostructures assembled from anatase TiO_2 nanosheets as a magnetically separable photocatalyst. Chem. Commun., 2011, 47: 2631-2633.

[132] Dong X L, Mou X Y, Ma H C, et al. Preparation of $CdS-TiO_2/Fe_3O_4$ photocatalyst and its photocatalytic properties. J. Sol-Gel Sci. Technol., 2013, 66: 231-237.

[133] Zhang Y, Yu X, Jia Y, et al. A facile approach for the synthesis of Ag-coated Fe_3O_4@ TiO_2 core/shell microspheres as highly efficient and recyclable photocatalysts. Eur. J. Inorg. Chem., 2011(13): 5096-5104.

[134] Zhang N, Zhang Y, Xu Y J. Recent progress on graphene-based photocatalysts: Current status and future perspectives. Nanoscale, 2012, 4: 5792-5813.

[135] An X, Yu J C. Graphene-based photocatalytic composites. RSC Advances, 2011, 1: 1426-1434.

[136] Xiang Q, Yu J, Jaroniec M. Graphene-based semiconductor photocatalysts. Chem. Soc. Rev., 2012, 41: 782-796.

[137] Lin Y, Geng Z, Cai H, et al. Ternary graphene-TiO_2-Fe_3O_4 nanocomposite as a recollectable photocatalyst with enhanced durability. Eur. J. Inorg. Chem., 2012, 2012: 4439-4444.

[138] 唐玉朝，胡春，王怡中，等．TiO_2 光催化剂失活机理研究进展．化学进展，2005，17: 225-230.

第 18 章　TiO_2 纳米管阵列的可控生长和生长机理

18.1　引　　言

纳米结构的 TiO_2 特别是具备独特管状结构的 TiO_2 纳米管(TiO_2 nanotube, TNT)因为具备众多新奇的特性，引起了广大科学工作者极大的研究热情。许多研究结果表明，TiO_2 纳米管可以通过模板辅助法、水热法、阳极氧化法等方法进行制备，其中以阳极氧化法制备的 TiO_2 纳米管最为引人关注。阳极氧化法制备的 TiO_2 纳米管呈现整齐有序的阵列式排布，结构独特，并且直接生长在作为基体的 Ti 金属表面，非常适合作为纳米光催化材料。同时，阳极氧化方法简单，可以通过微调其工艺参数来实现 TiO_2 纳米管阵列形貌与结构的精确可控，适合大规模的生产与应用。

自从 2001 年 Grimes[1] 研究小组首次报道了在含氢氟酸(HF)电解液中阳极氧化 Ti 金属制备出均匀有序的 TiO_2 纳米管阵列以来，在其形貌与结构控制方面，研究者做了很多研究工作。研究表明，阳极氧化的电参数(电压、时间等)，电解液体系的各种参数(成分、pH 等)都对 TiO_2 纳米管阵列的形貌与结构有重要的影响[2-15]，然而其生长机理还比较模糊，需要进一步研究。本章在三种电解液体系(含 F^-水溶液、有机溶液以及水和有机溶液的混合物)中，通过改变电解液的成分以及阳极氧化电参数，详细论述了电解液参数和电参数对生成的 TiO_2 纳米管阵列形貌与结构的影响，并解释了各种参数对其形貌与结构影响的原因，有力地补充和完善了 TiO_2 纳米管阵列的生长机理。

18.2　不同电解液体系中 TiO_2 纳米管阵列的制备

本节主要介绍在 HF 水溶液、HF/乙二醇有机溶液和 HF/丙三醇/H_2O 混合溶液这三种电解液体系中，分别用阳极氧化方法在 Ti 金属表面制备排列高度有序的 TiO_2 纳米管阵列。

18.2.1　HF/H_2O 电解液中 TiO_2 纳米管阵列的制备

最早关于阳极氧化法制备 TiO_2 纳米管阵列的报道是 2001 年 Grimes 小组在 HF

水溶液中阳极氧化 Ti 金属片，发现在 Ti 金属表面生成了排列有序的 TiO_2 纳米管阵列。本工作在研究初期重复了 Grimes 小组的研究工作，在含有 0.5 wt%氢氟酸的水溶液中，用 20 V 的直流电压阳极氧化 Ti 金属片 1 h 制备了 TiO_2 纳米管阵列，并对其进行了形貌与结构的表征，本工作中采用纯度为分析纯、浓度为 40%的氢氟酸。

图 18-1 是在 5 V 直流电压下，在 0.5 wt% HF 水溶液中阳极氧化 Ti 片过程中的电流-时间曲线。从图中可以看出，氧化过程可分为三个阶段：阳极电流在施加电压的瞬间非常大，这是因为 Ti 在阳极电压的作用下在电解液中急速溶解，生成大量 Ti^{4+}；接着阳极电流急剧减小，是因为 Ti^{4+}与溶液中的含氧离子反应，在金属 Ti 表面生成致密的 TiO_2 氧化膜阻挡层，造成阳极电流急剧减小；随着 Ti 表面致密 TiO_2 氧化膜阻挡层的生成，膜层会承受急剧增大的电场强度，在溶液中 HF 的作用下，氧化层被击穿溶解，形成大量小孔，并均匀分布于 Ti 金属的表面，大量小孔的存在，使得 Ti^{4+}较容易通过阻挡层进入溶液，同时含氧离子也较容易通过阻挡层与 Ti^{4+}形成新的阻挡层，因此阳极电流会逐渐增大；最后阶段的阳极电流是因为阻挡层两侧的离子迁移而形成，比较稳定。

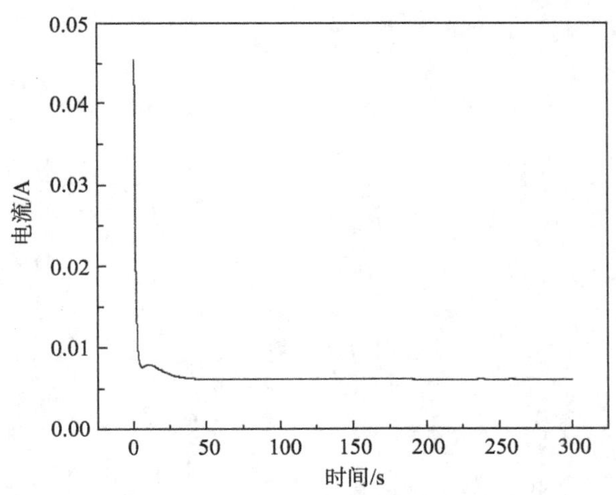

图 18-1　Ti 片在 0.5 wt% HF 水溶液中阳极氧化电流-时间曲线

图 18-2 是在含有 0.5 wt%氢氟酸水溶液中，用 20 V 直流电压阳极氧化 1 h 后 Ti 金属片表面的扫描电镜(SEM)形貌图。图 18-2(a)和(b)是阳极氧化后 Ti 金属表面形貌的低倍 SEM 图像，可以看到其表面是一层多孔薄膜，薄膜上还存在一些残留的氧化物；图 18-2(c)和(d)是高倍 SEM 图像，可以看到这层多孔薄膜的详细情况，与氧化铝多孔薄膜不同，各个小孔之间是分离而非连续的；从图 18-2(e)和(f)是多孔薄膜的截面形貌，可以清楚地看到多根尺寸在纳米级管状物的存在，因此这层薄膜实际上是由有序排布的多根纳米管构成的。

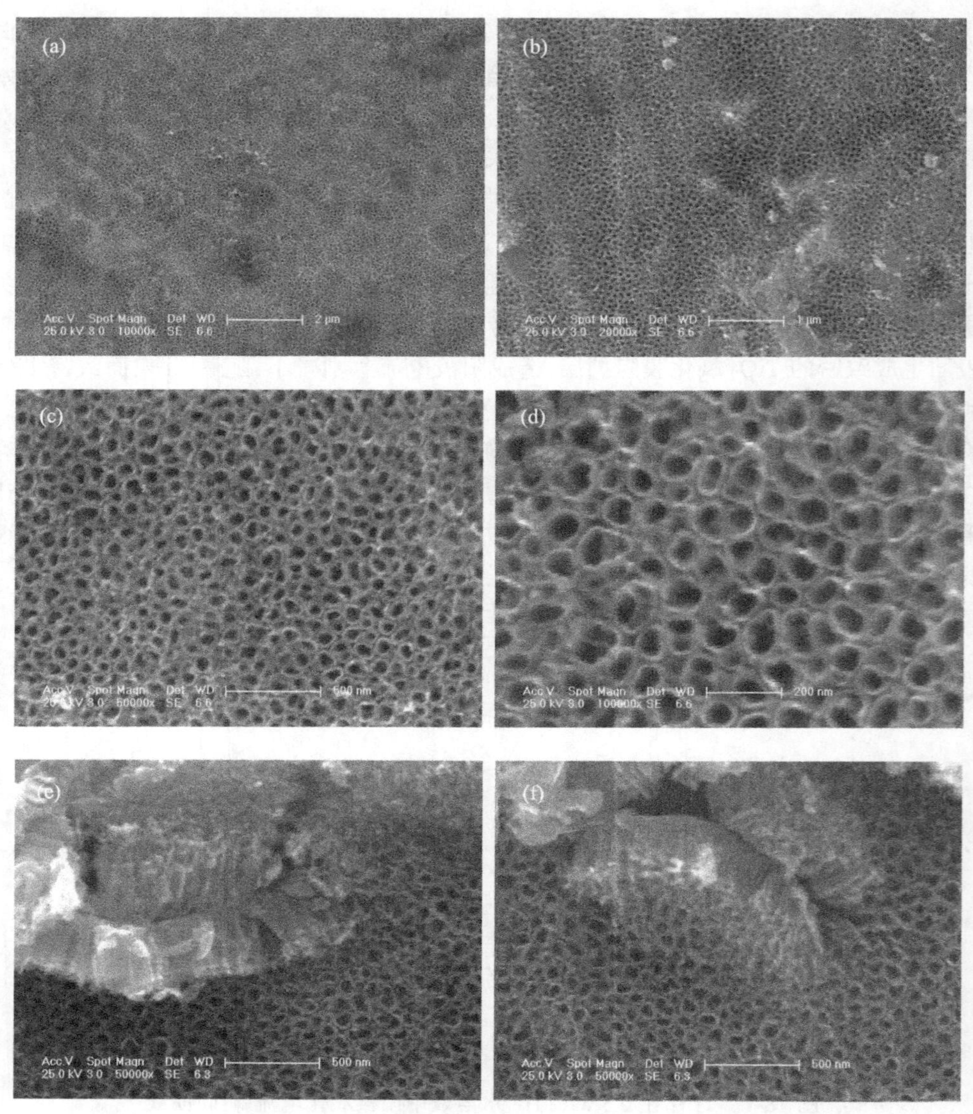

图 18-2　0.5 wt% HF 水溶液中阳极氧化生成的 TiO_2 纳米管阵列形貌

由此可见，Ti 金属片用 20 V 直流电压在含有 0.5 wt%氢氟酸的水溶液中阳极氧化 1 h 后，表面生成了一层多孔的氧化物薄膜。从多孔膜表面和截面的高倍 SEM 形貌图可以看出，这层氧化物薄膜实际上是由排列非常有序纳米管构成的阵列，这种有序的纳米结构薄膜，通常被称为 TiO_2 纳米管阵列。在本实验的条件下，生成的 TiO_2 纳米管管径在 80～100 nm，管壁厚度为 10 nm 左右，管的长度在 400～500 nm。

18.2.2　HF/乙二醇电解液中 TiO_2 纳米管阵列的制备

继 2001 年 Grimes 的小组在 HF 水溶液中阳极氧化 Ti 金属片在 Ti 表面制备出 TiO_2 纳米管阵列后，科学工作者们尝试了在各种不同电解液体系中用阳极氧化法制备 TiO_2 纳米管阵列，其中一个有益的尝试是将水溶液体系变为有机溶液体系。为了考察在不同的电解液中阳极氧化制备的 TiO_2 纳米管阵列的形貌、结构差异，本工作尝试了 HF/乙二醇的有机电解液体系。本工作使用 30 V 外加直流电场，HF 浓度为 0.2 M 的 HF/乙二醇电解液，采用纯度为分析纯、浓度为 40 %的氢氟酸，阳极氧化时间 1 h。

与上节所述的工作类似，我们首先研究了在 HF/乙二醇的有机电解液体系中阳极氧化 Ti 片的电流-时间变化。受限于测试设备的工作参数，这个测试中的阳极氧化电压为 10 V，所得的电流-时间曲线如图 18-3 所示。

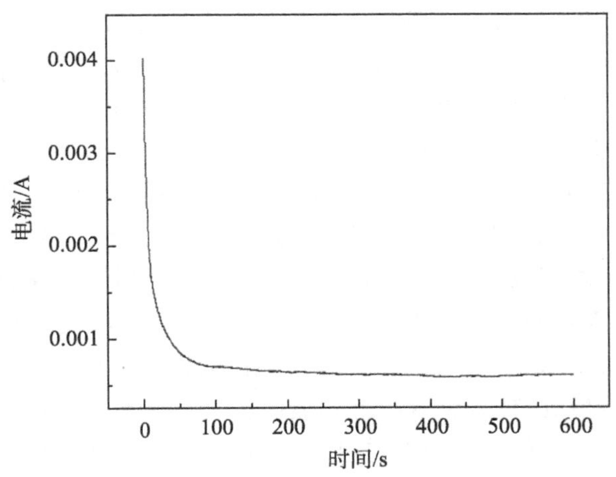

图 18-3　Ti 片在 0.2 M HF/乙二醇溶液中阳极氧化电流-时间曲线

对比上节中 Ti 金属片在 HF 水溶液中阳极氧化过程中的电流-时间曲线，可以发现在 HF/乙二醇这种有机电解液中，阳极氧化过程中的电流-时间曲线与前者有不同之处：在施加电压的瞬间，两者的电流都是非常大的，这是因为 Ti 在阳极电压作用下在电解液中急速溶解，生成大量 Ti^{4+}；随后两者电流都有一个急剧减小的过程，是因为 Ti^{4+}与溶液中的含氧离子反应，在金属 Ti 表面生成致密的 TiO_2 氧化膜阻挡层；接下来的过程两者就存在不同之处，在水溶液中，电流在急剧下降之后有一个略微上升然后下降最后平稳的过程；而在有机溶液中，电流下降的速率是逐渐降低的，直至达到一个特定的值后一直保持稳定。同时可以看到，在水溶液中，电流从变化到稳定的过程持续时间很短，大概在 50 s 以内就达到稳定阶段。而在有机溶液中，电流从变化到稳定的过程持续时间较长，一直到 100 s 以后才相对稳定。这是因为在水溶液中，各种离子在电场作用下是非常活跃的，Ti 金属表面生成的氧化膜在电化学氧化和电化学腐蚀共同作用下生成大量小孔并最终达到稳定状态的过程用时较短，而且这个过程中由于离子的活动剧烈，体系的电流值也会有波动；在有机溶液中，有机分子间的空隙远小于水分子，使得电解液中的离子活动受到限制，因此 Ti 金属表面生成的氧化膜在电化学氧化和电化学腐蚀共同作用下生成大量小孔并最终达到稳定状态的过程所用时间也会比在水溶液中长，同时因为有机分子对离子运动的限制作用，体系的电流值也相对稳定。

我们用 SEM 对在 HF/乙二醇有机电解液体系中生成的 TiO_2 纳米管阵列进行了形貌与结构的表征，如图 18-4 所示，图 18-4(a)～(d)是在 0.2 M HF/乙二醇溶液中阳极氧化生成的 TiO_2 纳米管阵列的表面形貌，图 18-4(e)和(f)是 TiO_2 纳米管阵列的截面形貌 SEM 图像。可以看到在这种有机溶液中生成的 TiO_2 纳米管形貌与在水溶液中生成的有许多不同之处：1) 有机溶液中生成的 TiO_2 纳米管形状更加一致，非常接近理想的圆柱形，而水溶液中生成的则形状不太一致，离圆柱形也有一段距离；2) 有机溶液中生成的 TiO_2 纳米管的管径较小，为 40～50 nm，管壁则较厚，约为 20 nm，水溶液中生成的管径较大，同时管壁较薄；3) 有机溶液中生成的 TiO_2 纳米管长度更长，为 3～4 μm，而水溶液中生成的长度只有 500 nm 以下。同时，从图 18-4(e)和(f)中可以看到，有机溶液中生成的 TiO_2 纳米管阵列中的纳米管排布更加有序，各个纳米管之间也更加相对独立，纳米结构尤其突出，显然比在水溶液中生成的 TiO_2 纳米管阵列的形貌、结构更加理想。另外，应该注意的是，在图 18-4(b)和(d)中都可以观察到在这种 TiO_2 纳米管阵列的表面有一层残留的氧化物，这种残留物在水溶液中生成的 TiO_2 纳米管阵列表面也能观察到(图 18-2(a)和(b))，只不过在水溶液中这种残留物较少，而在有机溶液中这种残留物比较疏松，厚度也较大。一般情况下，在表征之前应该将样品在去离子水中超声清洗一定时间，可以有效去除这层残留物，便于对 TiO_2 纳米管阵列形貌的观察。

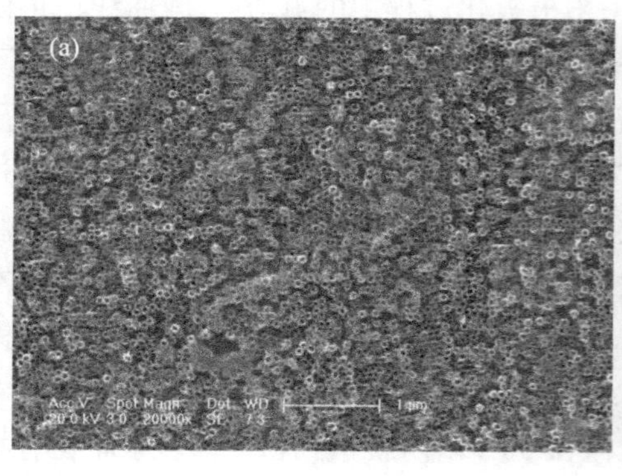

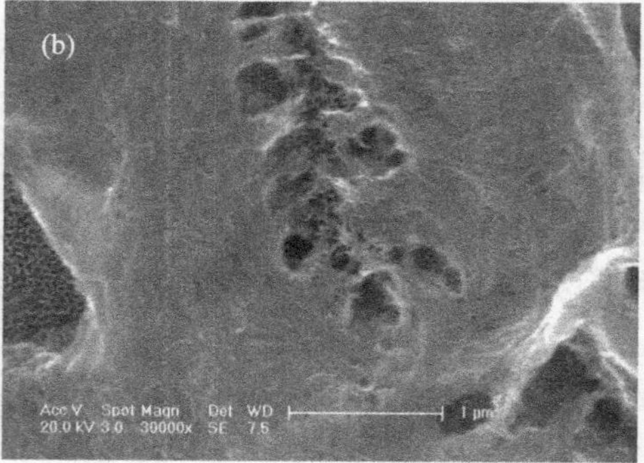

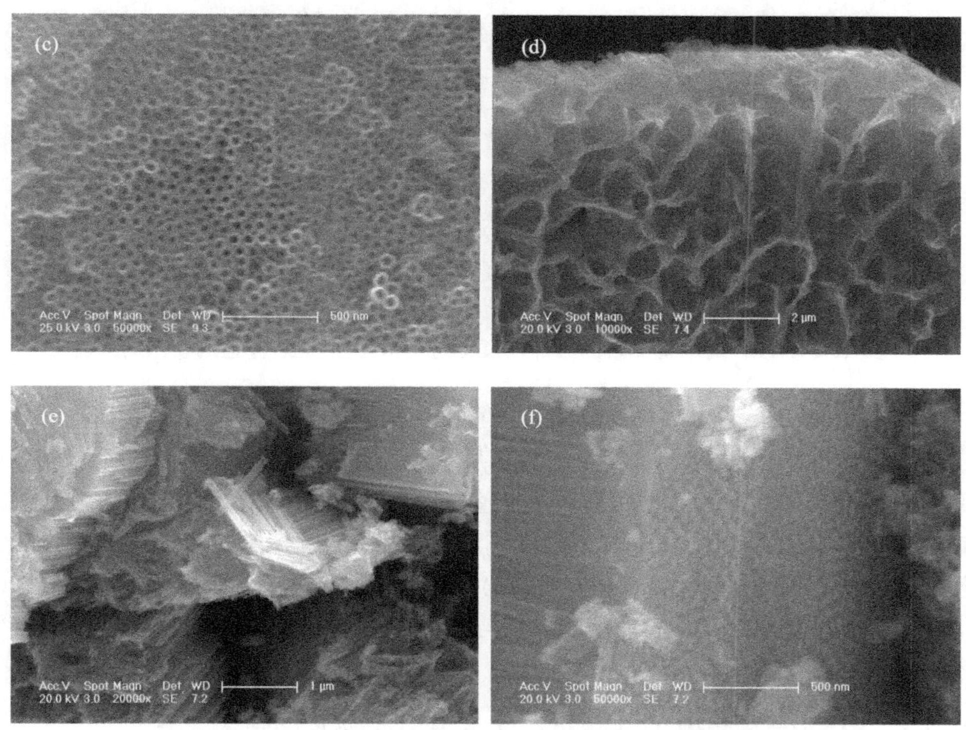

图 18-4　0.2 M HF/乙二醇溶液中阳极氧化生成的 TiO_2 纳米管阵列形貌

为了更加深入地了解这种 TiO_2 纳米管阵列的形貌结构及其生长机理，我们也对这种 TiO_2 纳米管阵列的底部，底部与 Ti 金属的结合部，以及去除 TiO_2 纳米管阵列之后 Ti 金属片的表面形貌进行了表征，如图 18-5 所示。

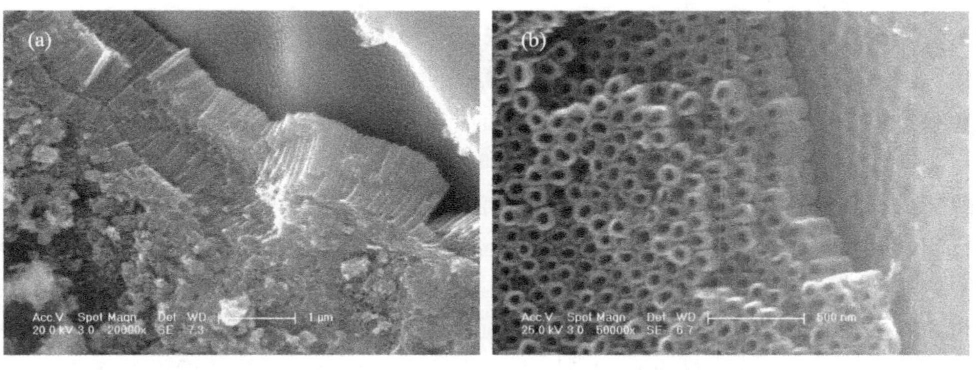

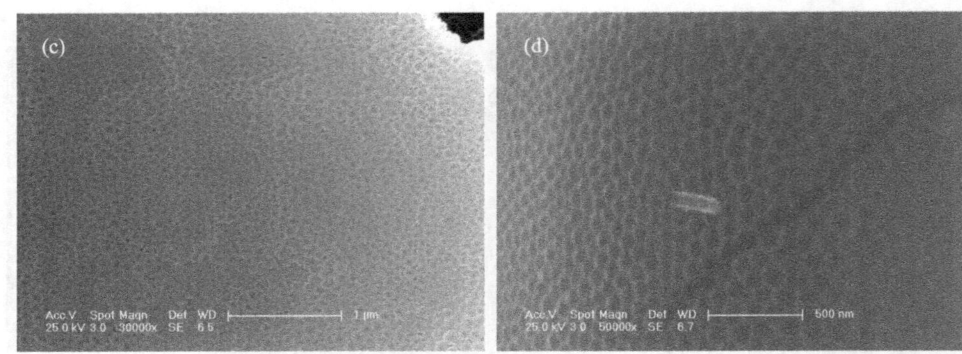

图 18-5　TiO_2 纳米管阵列的底部以及剥离纳米管阵列后 Ti 金属表面的形貌

由图 18-5(a)和(b)可以清晰地看到，TiO_2 纳米管阵列与 Ti 金属的表面接触非常良好，是直接从 Ti 金属的表面生长的。从图 18-5(c)中可以看到，TiO_2 纳米管的底部形貌接近于圆形，相互之间排列非常整齐。而在图 18-5(d)中则可以看到，剥离 TiO_2 纳米管阵列之后的 Ti 金属表面留下了许多接近于圆形的凹陷，与 TiO_2 纳米管阵列的底部形貌是相对应的。在图 18-5(d)中还可以看到一根独立的未被剥离的 TiO_2 纳米管，可以直观地看到它的形貌以及与 Ti 金属集体的结合情况，对理解 TiO_2 纳米管阵列的生长方式有帮助。

18.2.3　NH_4F/丙三醇/H_2O 电解液中 TiO_2 纳米管阵列的制备

考察了在酸性水溶液以及酸性有机溶液两种电解液体系中阳极氧化制备 TiO_2 纳米管阵列的相关情况之后，本小节尝试了 NH_4F/丙三醇/H_2O 这种中性有机物与水混合的电解液体系，进行了在这个体系下制备 TiO_2 纳米管阵列的研究工作。本小节使用 15 V 的外加直流电场，NH_4F 浓度为 0.27 M 的 NH_4F/丙三醇/H_2O 电解液，阳极氧化时间 1 h。

与前述工作类似，我们首先研究了在 NH_4F/丙三醇/H_2O 的电解液体系中阳极氧化 Ti 片过程中的电流-时间变化情况。尝试了多个电参数后选择阳极氧化电压为 5 V，所得的电流-时间曲线如图 18-6 所示。

对比 18.2.1 节与 18.2.2 节中的电流-时间曲线，可以发现本小节中的 NH_4F/丙三醇/H_2O 混合电解液体系中的阳极氧化电流-时间曲线与前两者都有不同：在施加电压的瞬间，三者的电流都是非常大的，这是因为 Ti 在阳极电压的作用下在电解液中急速溶解，生成大量 Ti^{4+}；随后三者的电流都有一个急剧减小的过程，是因为 Ti^{4+} 与溶液中的含氧离子反应，在金属 Ti 表面生成致密的 TiO_2 氧化膜阻挡层；接下来的阶段，HF 水溶液中的电流在急剧下降之后有一个略微上升然后再下降最后平稳的过程，HF/乙二醇的电解液中电流下降的速率逐渐降低直至达到一个特定的值后

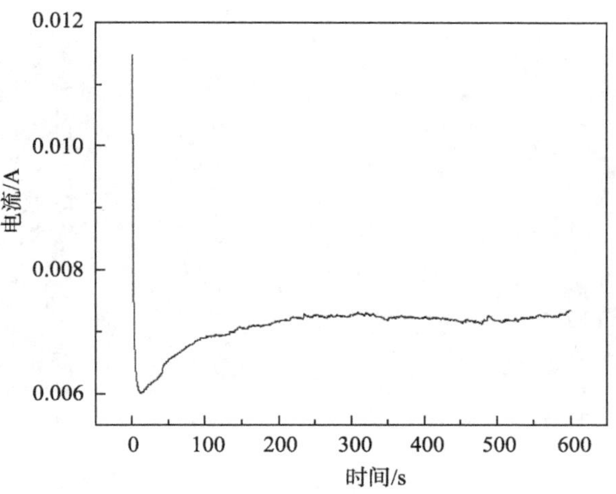

图 18-6　Ti 片在 0.27 M NH_4F/丙三醇/H_2O 溶液中阳极氧化电流-时间曲线

保持稳定，而 NH_4F/丙三醇/H_2O 的电解液中的电流则是急速下降后缓缓上升达到一定值后保持稳定状态。另外可以看到，在 HF 水溶液中，电流从变化到稳定的过程持续时间很短，大概在 50 s 以内就达到稳定阶段，而在 HF/乙二醇以及 NH_4F/丙三醇/H_2O 的电解液中，电流从变化到稳定的过程持续时间则较长，一直到 100 s 以后才相对稳定，这说明在后两种电解液中，离子运动的活跃程度远小于第一种。同时应该注意到，在 HF/乙二醇的电解液中，阳极氧化的电压为 10 V，而在其他两种电解液中，电压只有 5 V，这说明离子运动最活跃的情况是在 HF 水溶液中，其次是在 NH_4F/丙三醇/H_2O 的电解液中，再次是在 HF/乙二醇的电解液中。通常认为使电解液体系的 pH 偏中性以及引入有机溶剂，可以减缓阳极氧化过程中电化学腐蚀程度，对于生成的 TiO_2 纳米管阵列的形貌和结构有重要影响。

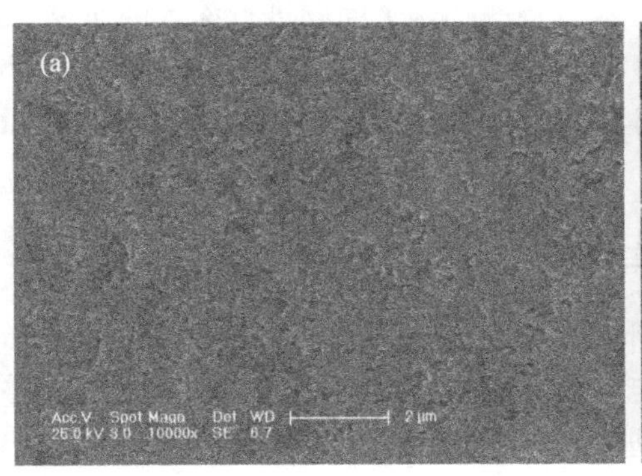

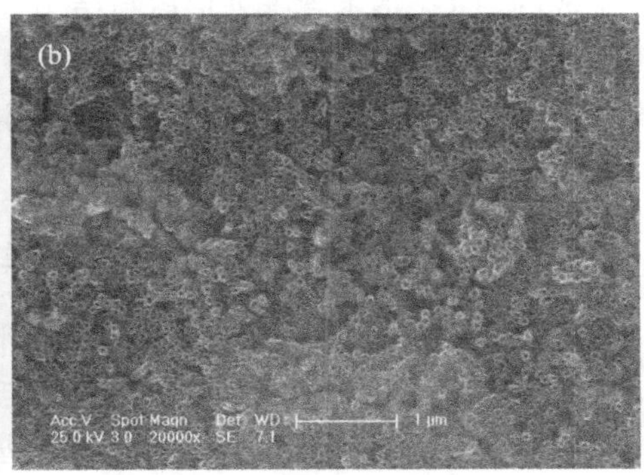

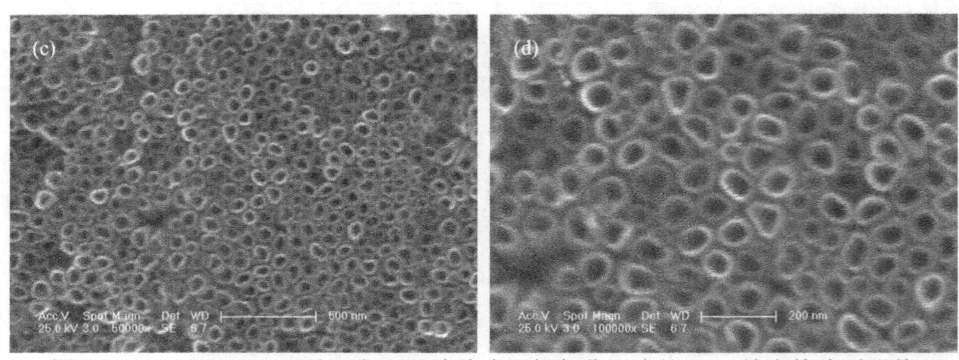

图 18-7　0.27 M NH_4F/丙三醇/H_2O 溶液中阳极氧化生成的 TiO_2 纳米管阵列形貌

我们利用 SEM 对在 NH_4F/丙三醇/H_2O 电解液体系中生成的 TiO_2 纳米管阵列进行了形貌与结构的表征，如图 18-7 所示。可以看到在这种中性的有机溶剂与水混合电解液中生成的 TiO_2 纳米管阵列与在前面两种电解液中生成的有所不同，可以说是介于两者形貌之间。管径为 60～70 nm，管口形状比 HF 水溶液中的规则，但比 HF/乙二醇溶液中的差，管壁则厚于前者，小于后者，在 10～15 nm。同样的，在这种 TiO_2 纳米管阵列表面也存在一层残留的氧化物，在使用 SEM 观察之前同样需要经过超声清洗处理。

18.3　TiO_2 纳米管阵列形貌与结构的控制

在 18.2 节中，详细论述了在三种不同的电解液体系中制备与表征 TiO_2 纳米管阵列的情况。改变电解液体系的种类，固然可以制备不同形貌与结构的 TiO_2 纳米管阵列，但是在同一类电解液体系中，能否通过改变阳极氧化实验的其他参数来改变生成的 TiO_2 纳米管阵列形貌与结构？本节将围绕这个问题进行深入的研究。由于在 HF 水溶液中制备的 TiO_2 纳米管阵列形貌与结构都不太好，本节选择另外两种电解液作为研究对象，深入研究除电解液类型外阳极氧化实验的其他参数对 TiO_2 纳米管阵列形貌与结构的影响。

18.3.1　外加电场类型对 TiO_2 纳米管阵列形貌与结构的影响

本小节主要考察外加电场的类型在阳极氧化过程中对 TiO_2 纳米管阵列形貌与结构的影响。选用 0.2 M HF/乙二醇的电解液，考察了直流、正向单脉冲、方波交流以及换向双脉冲四种外加电场，分别进行了详细论述。阳极氧化的时间都是 1 h。

1) 直流外加电场

实验中使用电压为 30 V 的直流外加电场，制备的 TiO_2 纳米管阵列形貌与结构在 18.2.2 节已经详细介绍过，在这里不再重复。在直流外加电场的作用下，可以制备出形状规则、排列有序的 TiO_2 纳米管阵列形貌与结构，纳米管的直径为 40～50 nm，长度为 3～4 m。

2) 正向单脉冲外加电场

实验中使用了一种正向单脉冲外加电场，图 18-8 是这种电场的输出示意图，脉冲电压值设为 30 V，脉冲的占空比设为 40%。在这种外加电场的作用下，使用阳极氧化方法生成的 TiO_2 纳米管阵列形貌与结构如图 18-9 所示。

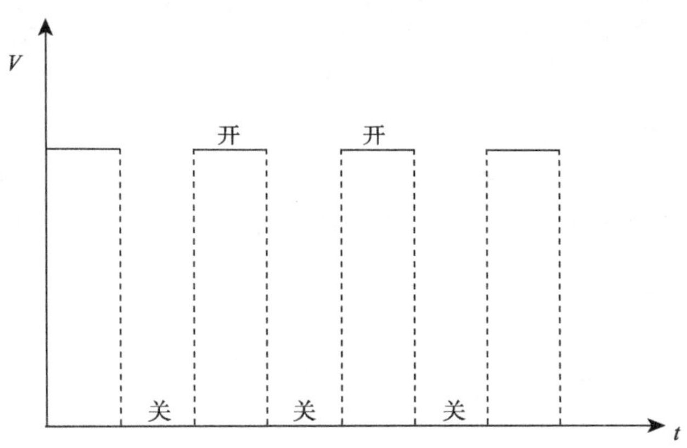

图 18-8　正向单脉冲外加电场示意图

从图 18-9 可以看到，在正向单脉冲外加电场下，排列有序的 TiO_2 纳米管阵列也被顺利合成出来，形貌和结构与在直流电场下差不多，只是表面产生的阻挡层较厚，类似多孔的絮状结构，在表征前应去除；纳米管的长度小了不少，只有 1 μm 左右。脉冲电场并未影响 TiO_2 纳米管阵列的形貌，只是改变了 TiO_2 纳米管的长度。

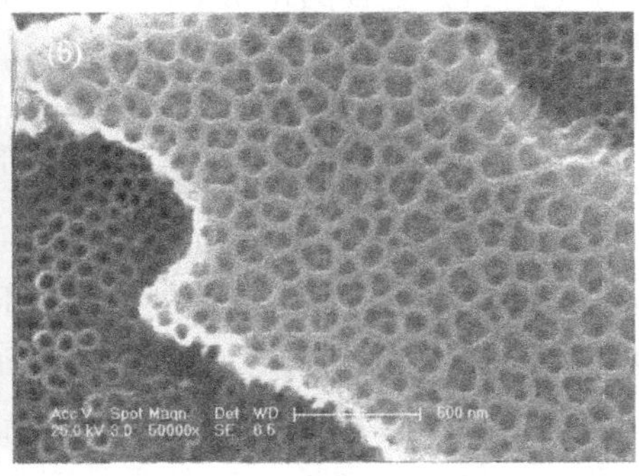

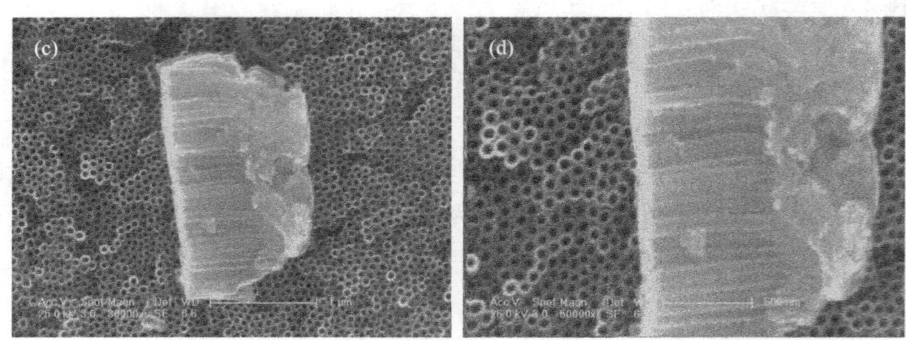

图 18-9　正向单脉冲外加电场下阳极氧化生成的 TiO_2 纳米管阵列形貌

3) 方波交流外加电场

实验中使用了一种方波交流的外加电场，图 18-10 是这种电场的输出示意图，正向方波电压值设为 30 V，负向方波电压值设为–5 V，脉冲的占空比设为 40%。

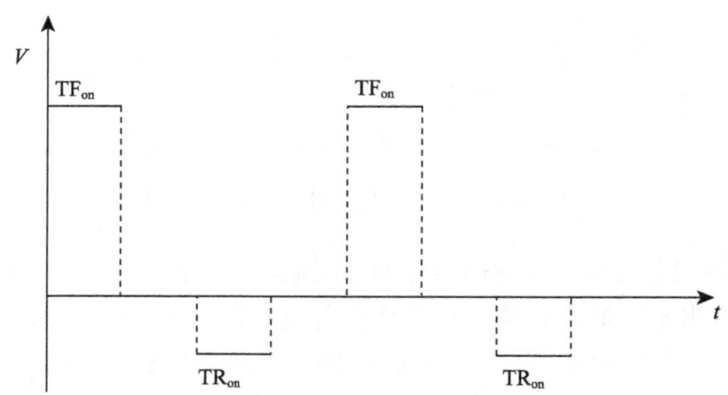

图 18-10　方波交流外加电场示意图

在这种外加电场的作用下，使用阳极氧化方法生成的 TiO_2 纳米管阵列的形貌与结构如图 18-11 所示。可以看到，在方波交流外加电场下，也能够制备出排列有序的 TiO_2 纳米管阵列，形貌和结构与在直流电场下制备的 TiO_2 纳米管阵列差异不大，但是 TiO_2 纳米管阵列的表面有一层很厚的氧化物阻挡层，在与前述两种外加电场下制备 TiO_2 纳米管阵列同样的超声清洗条件下，仍然无法完全清除。并且从图 18-11(d)中可以看到，这种外加电场下制备的 TiO_2 纳米管阵列长度更短，只有 500 nm 左右，可见负向电场对生成的 TiO_2 纳米管阵列的形貌影响比较大。也就是说，负向电场阻碍了电解液中电化学腐蚀反应的进行，影响了表面氧化物阻挡层的去除，同时也抑制了 TiO_2 纳米管阵列的生长，表现为其长度明显减小。

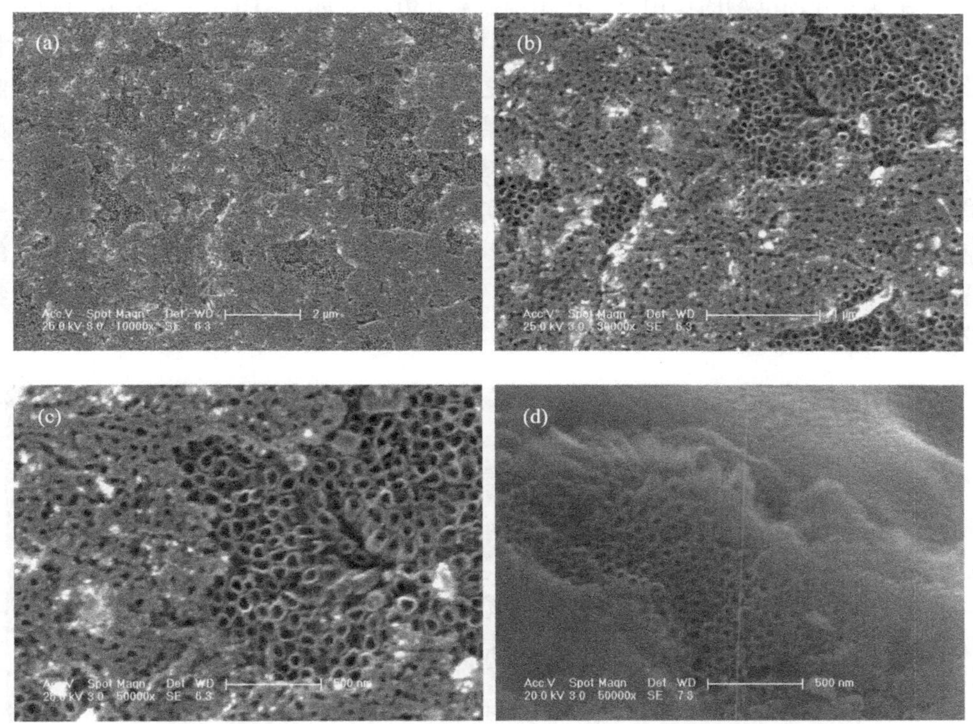

图 18-11　方波交流外加电场下阳极氧化生成的 TiO_2 纳米管阵列形貌

4) 换向双脉冲外加电场

在上一个实验中我们发现负向外加电场对于制备的 TiO_2 纳米管阵列的形貌与结构有较大的影响，于是采用了一种换向双脉冲外加电场，强化了负向电压的作用。图 18-12 是这种外加电场的输出示意图，正向脉冲电压值设为 30 V，负向脉冲电压值设为−5 V，两种脉冲的占空比均设为 40%，一个周期由 4 个正脉冲和 6 个副脉冲组成。

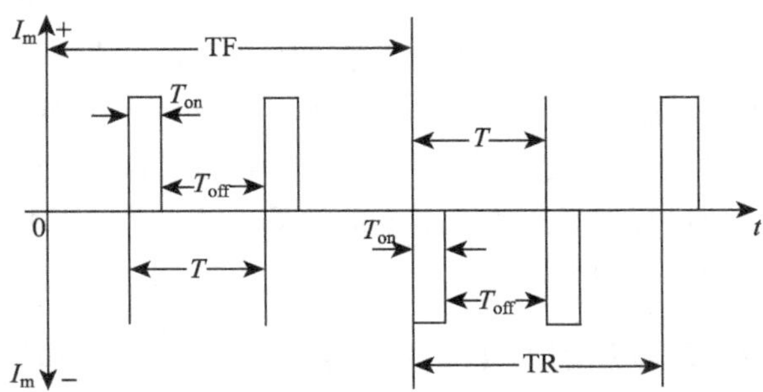

图 18-12　换向双脉冲外加电场示意图

在这种外加电场的作用下，使用阳极氧化方法生成的 TiO_2 纳米管阵列的形貌与结构如图 18-13 所示。可以看到，在换向双脉冲外加电场下，制备的 TiO_2 纳米管阵列形貌与结构都非常差，TiO_2 纳米管之间并未相对独立，仅能看到管状结构的雏形，并且在其表面的氧化物阻挡层非常厚而致密，经过长时间的超声清洗仍然不能去除。可见负向电场对生成的 TiO_2 纳米管阵列的形貌影响很大，负向电场阻碍了电解液中电化学腐蚀反应的进行。在本实验中，负向电场时间超过了正向电场，这使得电解液中电化学腐蚀反应的进行受到了很大的阻碍，导致 TiO_2 纳米管之间的氧化物去除非常困难，影响了独立 TiO_2 纳米管的生成，同时也影响了表面氧化物阻挡层的去除。

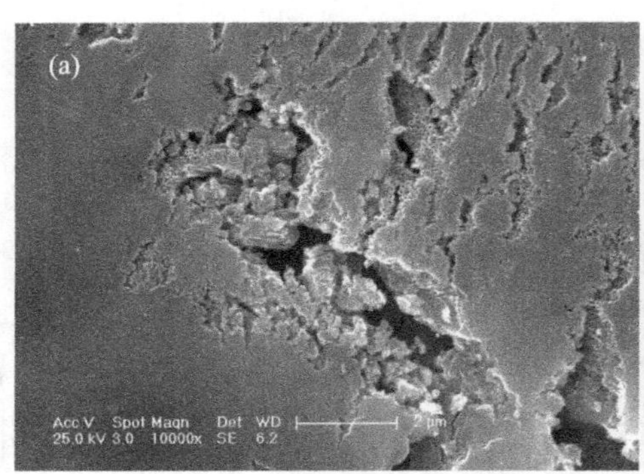

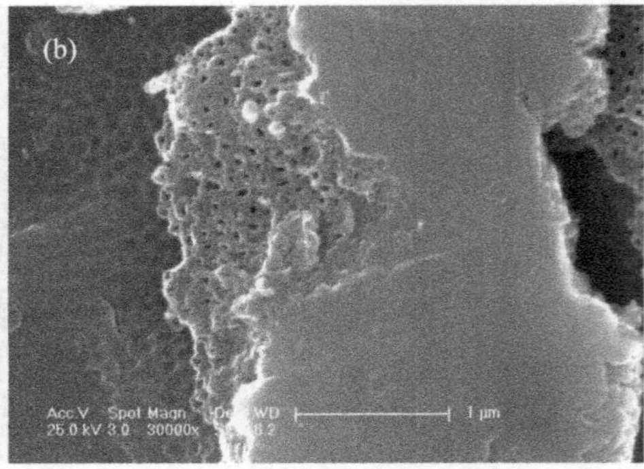

图 18-13　换向双脉冲外加电场下阳极氧化生成的 TiO_2 纳米管阵列形貌

在本小节中，在 0.2 M HF/乙二醇的电解液中，考察了直流、正向单脉冲、方波交流以及换向双脉冲四种外加电场对阳极氧化制备 TiO_2 纳米管阵列的形貌与结构的影响。研究结果表明，外加电场的类型对于 TiO_2 纳米管阵列的形貌与结构有重大影响：直流电场下 TiO_2 纳米管阵列的形貌最好，TiO_2 纳米管长度最长；正向单脉冲相比直流电场，相当于变相减少了 Ti 金属承受外加电场的时间，即减少了阳极氧化的时间，因而制备的 TiO_2 纳米管阵列形貌与前者类似，只是 TiO_2 纳米管长度较短；方波交流的外加电场引入了负向的电压，也能够制备出 TiO_2 纳米管阵列，只是表面存在较难去除的氧化物阻挡层，影响观察，同时 TiO_2 纳米管的长度也更短；换向双脉冲的外加电场下，负向电压的作用更加明显，TiO_2 纳米管阵列的形貌非常差，TiO_2 纳米管甚至难以独立存在，同时表面的氧化物阻挡层更加厚而致密。

总之，阳极氧化过程中采用直流电场的效果最佳，在后面的研究中，除非特殊说明，都将采用直流外加电场。

18.3.2　外加直流电场电压值对 TiO_2 纳米管阵列形貌与结构的影响

本小节使用直流外加电场，主要考察外加电场的电压值在阳极氧化实验中对

TiO_2 纳米管阵列形貌与结构的影响，选用 0.2 M HF/乙二醇的电解液，考察了 15 V、30 V 和 40 V 外加电压，进行了对比，阳极氧化的时间设为 1 h。

图 18-14 是在三种外加电压下阳极氧化生成的 TiO_2 纳米管阵列形貌与结构的 SEM 图像。图 18-14(a)和(b)是 15 V 直流电压下生成的 TiO_2 纳米管阵列的形貌图，放大倍数分别为 50000 倍和 100000 倍。同样的，图 18-14(c)和(d)是 30 V 直流电压下的形貌图，图 18-14(e)和(f)是 40 V 直流电压下的形貌图。我们统计出这三种 TiO_2 纳米管的形貌参数在表 18-1 中给出。

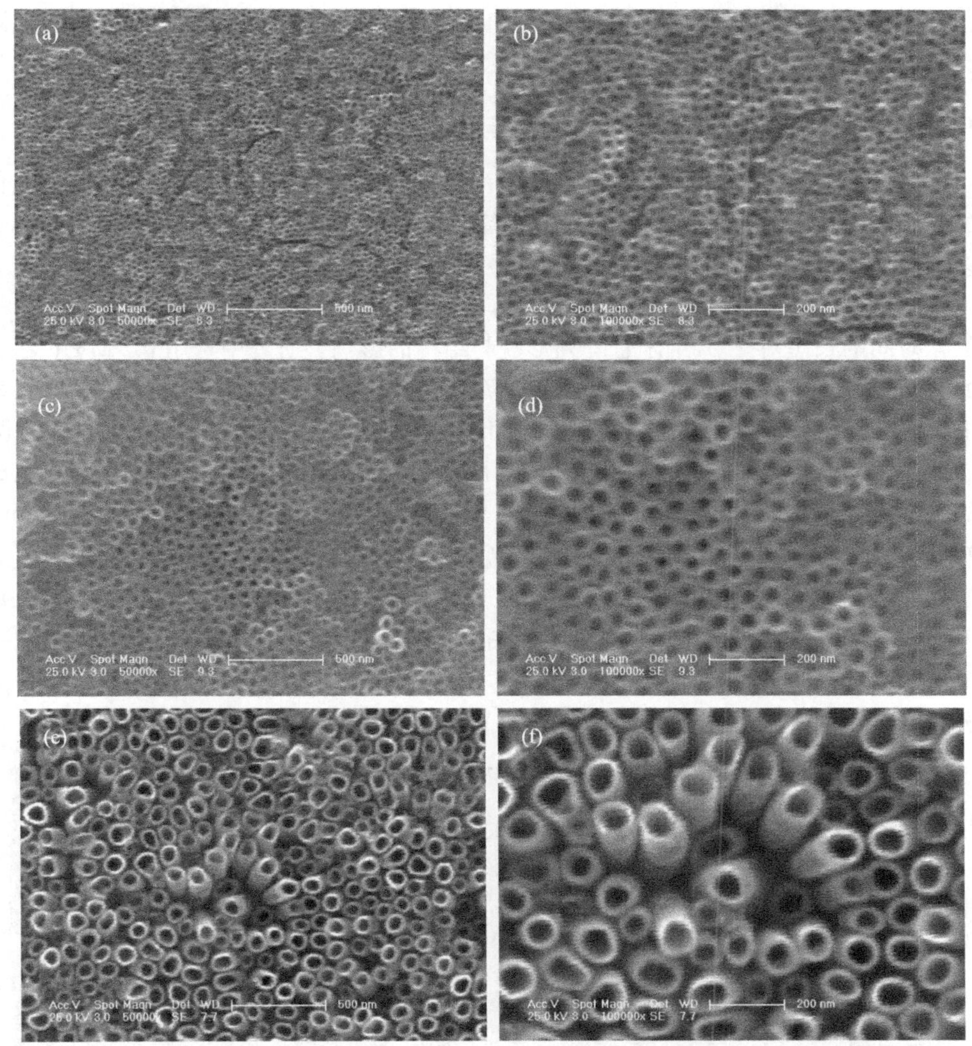

图 18-14　不同直流电压下阳极氧化生成的 TiO_2 纳米管阵列形貌与结构的 SEM 图像

(a)、(b)15 V；(c)、(d)30 V；(e)、(f)40 V

表 18-1　不同直流电压下阳极氧化生成的 TiO_2 纳米管阵列的管径与管壁厚度

直流电压/V	纳米管内径/nm	纳米管外径/nm	纳米管壁厚/nm
15	15～20	35～45	8～10
30	40～45	85～90	20
40	65～75	110～120	20

可见，外加电场的电压值直接影响 TiO_2 纳米管的管径与管壁厚度，TiO_2 纳米管的管径基本是随着外加电场电压值的增大呈现线性增长趋势，管壁厚度也有变化，但没有明显的线性趋势，这一结果与 Schmuki[14] 研究小组在水溶液中的类似研究结果吻合。

18.3.3　阳极氧化时间对 TiO_2 纳米管阵列形貌与结构的影响

时间的长短是阳极氧化实验中的一个重要参数。很多研究表明，只有阳极氧化的持续时间达到一定的值，才能成功制备出 TiO_2 纳米管阵列。时间太短只能得到多孔的 TiO_2 薄膜，同时时间的长短也在一定程度上决定制备 TiO_2 纳米管的长度。本小节在确定能够制备出 TiO_2 纳米管阵列的前提下延长阳极氧化时间，研究阳极氧化时间的长短对 TiO_2 纳米管阵列形貌与结构的影响。研究中选用 0.2 M HF/乙二醇(直流电压 30 V)和 0.27 M NH_4F/丙三醇/H_2O(直流电压 15 V)这两种电解液，在两种电解液中分别阳极氧化 Ti 金属片 3 h 和 6 h，观察所得的 TiO_2 纳米管阵列的形貌变化。

图 18-15 反映了在 0.27 M NH_4F/丙三醇/H_2O 电解液中不同阳极氧化时间下生成的 TiO_2 纳米管阵列形貌。可以看到经过 3 h 阳极氧化制备的 TiO_2 纳米管管径为 60～70 nm，而经过 6 h 阳极氧化后生成的 TiO_2 纳米管管径为 90～120 nm，比前者明显增加。从图 18-15(c)和(d)中标注出的 A、B、C 三个部位可以看到，管径的增长是因为在溶液中电化学腐蚀的作用下，相邻的 TiO_2 纳米管管壁被腐蚀，最终形成一根新的 TiO_2 纳米管，管径会有比较大的增加。阳极氧化时间的增加导致了这种情况的增多，进而导致 TiO_2 纳米管阵列中的 TiO_2 纳米管整体管径增大。

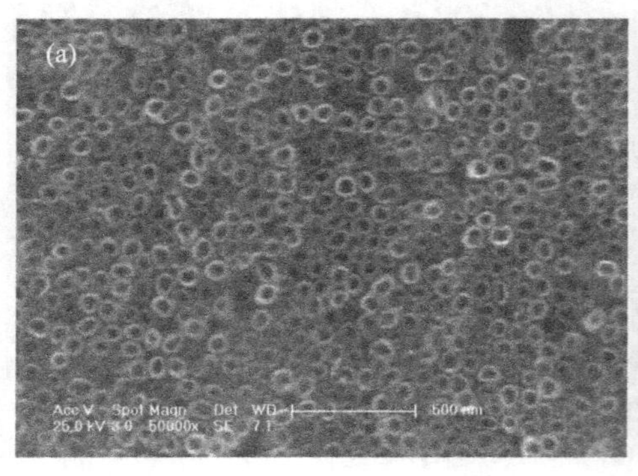

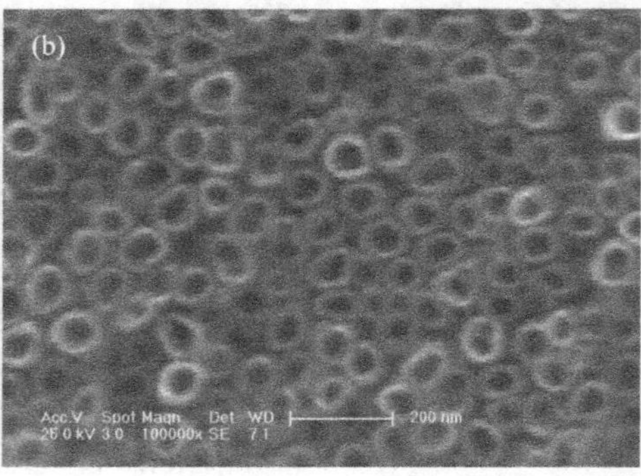

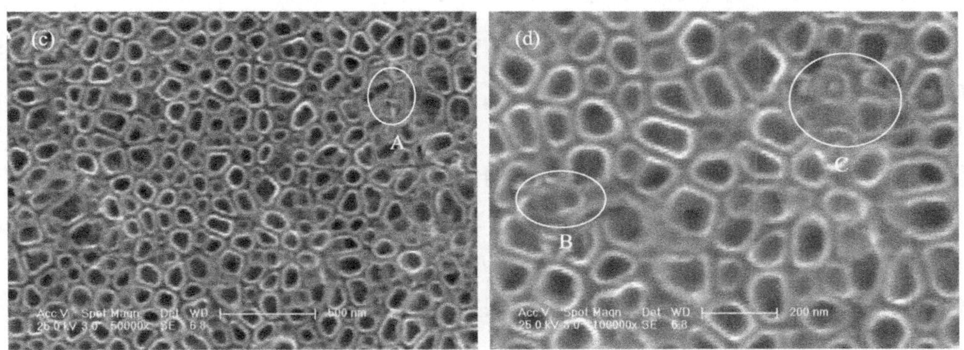

图 18-15　0.27 M NH_4F/丙三醇/H_2O 电解液中不同阳极氧化时间下生成的 TiO_2 纳米管阵列形貌

(a)、(b)3 h；(c)、(d)6 h

图 18-16 反映了在 0.2 M HF/乙二醇电解液中不同阳极氧化时间下生成的 TiO_2 纳米管阵列形貌。可以看到经过 3 h 的阳极氧化生成的 TiO_2 纳米管管径约为 50 nm，而经过 6 h 阳极氧化后生成的 TiO_2 纳米管管径同样约为 50 nm，两者形貌差别很小，基本可以认为没有什么变化。这说明在有机电解液中，由于有机分子对离子运动的限制作用，电化学腐蚀的过程比较慢，阳极氧化时间对于 TiO_2 纳米管的形貌影响不大。然而最近 Grimes[16] 研究小组发现，在 60 V 的直流电场下，经过长达 120 h 阳极氧化可以制备出管径接近 500 nm 的 TiO_2 纳米管阵列，阳极氧化得到如此大管径的 TiO_2 纳米管阵列还从未被报道过，研究者表明可能是超长的阳极氧化持续时间导致了如此大的管径。因此，我们认为很可能在 HF/乙二醇的电解液中阳极氧化制备的 TiO_2 纳米管，其管径也会随着时间的增加而增大，只不过这个过程非常缓慢。

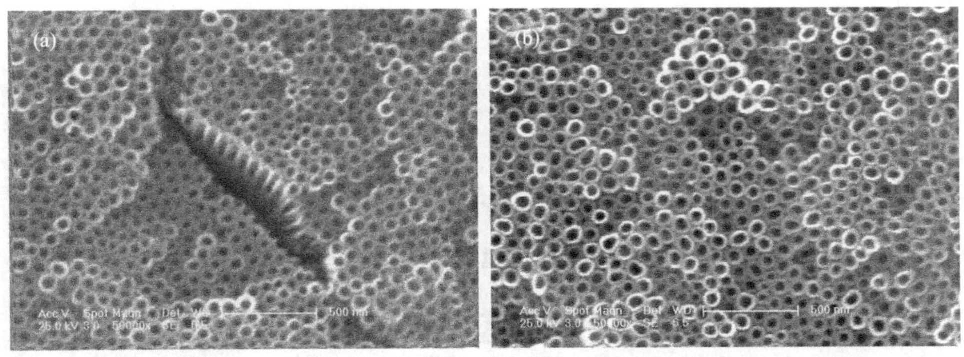

图 18-16　0.2 M HF/乙二醇电解液中不同阳极氧化时间下生成的 TiO_2 纳米管阵列形貌

(a)3 h；(b)6 h

18.3.4　电解液中的电解质含量对 TiO_2 纳米管阵列形貌与结构的影响

在 18.2 节中，详细论述了在三种不同的电解液体系中阳极氧化 Ti 金属制备 TiO_2 纳米管阵列。研究结果表明，在这三种不同的电解液体系中，阳极氧化过程中的电化学行为有类似之处，也有不同之处。在这三种不同的电解液体系中，阳极氧化制备的 TiO_2 纳米管阵列的形貌与结构相互之间有很多差异，这是由三种电解液体系的溶剂、电解质成分各不相同所造成的。然而在确定一种电解液体系的情况下，固定其他参数，只是微调这种体系中的电解质含量，能否也对阳极氧化制备的 TiO_2 纳米管阵列形貌与结构产生影响？本小节针对这个问题，作了详细而深入的研究。

本小节选定 HF/乙二醇有机电解液体系，微调其中电解质 HF 的含量，研究了在不同 HF 含量电解液中阳极氧化制备的 TiO_2 纳米管阵列的形貌与结构是否会随着电解质含量的变化而产生变化，并对变化的原因给出了合理而详尽的解释。

1. HF 含量变化对 TiO_2 纳米管阵列形貌的影响

研究中考察了在 5 种不同 HF 含量的 HF/乙二醇电解液中，阳极氧化 Ti 金属的行为，用 SEM 对 5 片分别在 0.1 M，0.2 M，0.3 M，0.4 M，0.5 M HF 含量的电解液中阳极氧化过的 Ti 金属片的表面形貌进行了表征。阳极氧化实验使用电压为 30 V 的外加直流电场，持续时间为 1 h。

由图 18-17，可以看到在本小节采用的实验体系下，当 HF 含量小于 0.2 M 或大于 0.4 M 时，都无法通过阳极氧化使 Ti 金属表面生长出 TiO_2 纳米管阵列；只有当 HF 含量为 0.2 M，0.3 M 和 0.4 M 时， TiO_2 纳米管阵列才能通过阳极氧化的方法生长出来。在这三种电解液中制备出的 TiO_2 纳米管的管径分别是 41 nm，20 nm 和 37 nm；纳米管管壁的厚度分别是 22 nm，8 nm 和 13 nm，详细的情况列在表 18-2 中。

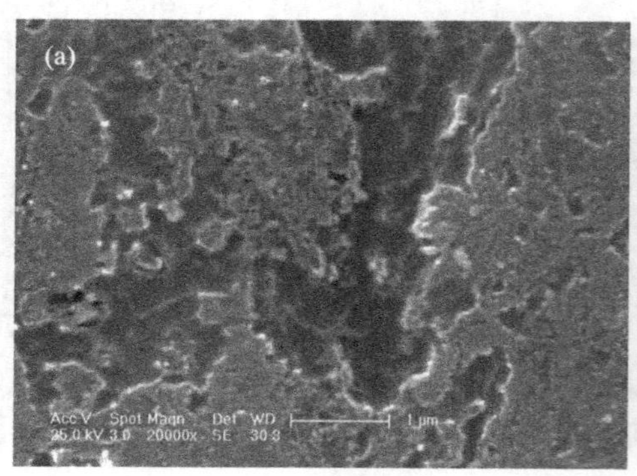

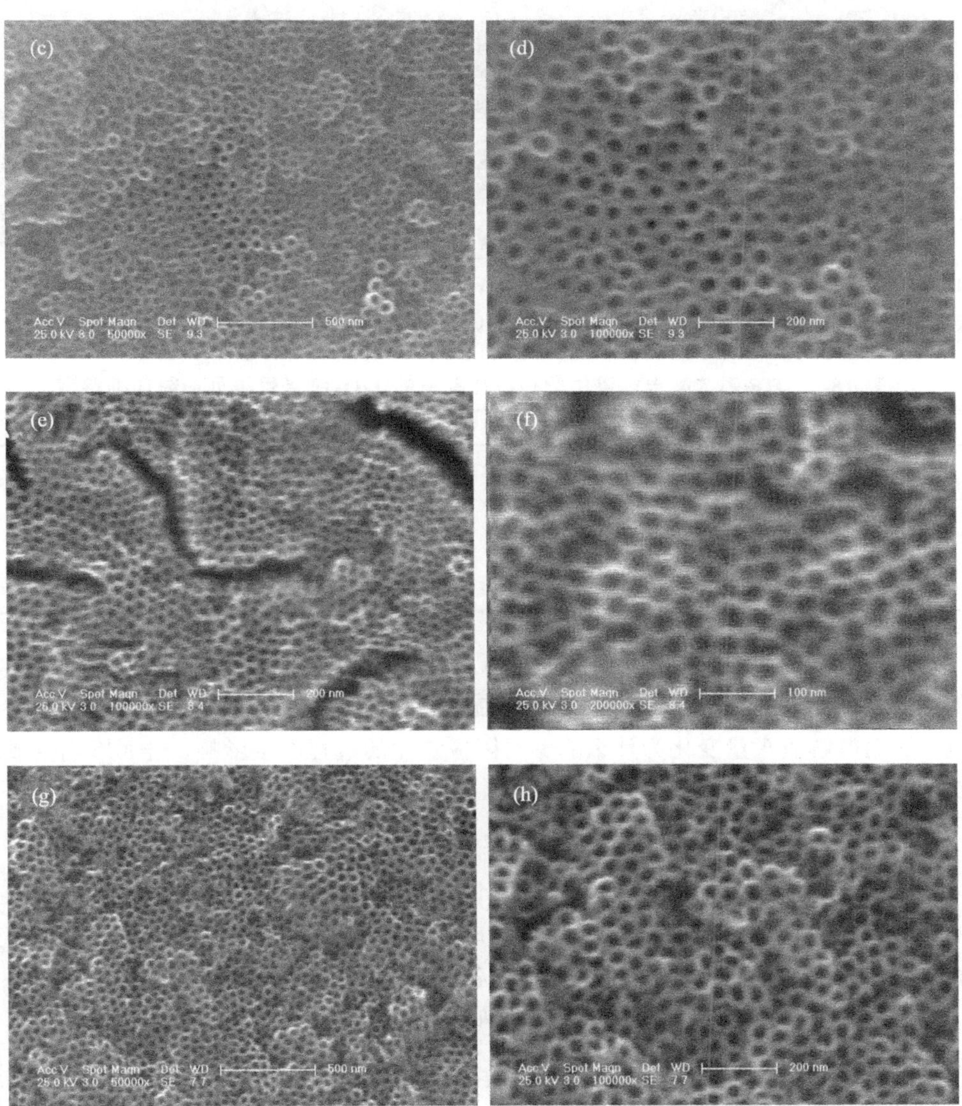
(c)
Acc.V Spot Magn Det WD 500 nm
25.0 kV 3.0 50000x SE 9.3
(d)
Acc.V Spot Magn Det WD 200 nm
25.0 kV 3.0 100000x SE 9.3
(e)
Acc.V Spot Magn Det WD 200 nm
25.0 kV 3.0 100000x SE 8.4
(f)
Acc.V Spot Magn Det WD 100 nm
25.0 kV 3.0 200000x SE 8.4
(g)
Acc.V Spot Magn Det WD 500 nm
25.0 kV 3.0 50000x SE 7.7
(h)
Acc.V Spot Magn Det WD 200 nm
25.0 kV 3.0 100000x SE 7.7

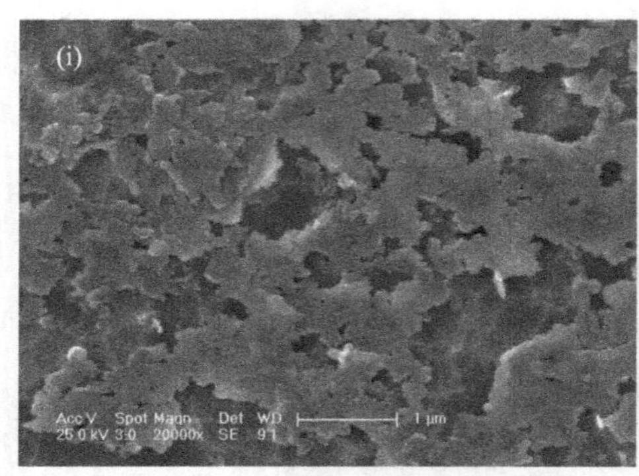

图 18-17　Ti 金属在不同 HF 含量的 HF/乙二醇电解液中阳极氧化后的表面形貌

(a)、(b) 0.1 M；(c)、(d) 0.2 M；(e)、(f) 0.3 M；(g)、(h) 0.4 M；(i)、(j) 0.5 M

表 18-2　HF/乙二醇电解液中阳极氧化制备的 TiO_2 纳米管阵列形貌详细参数

Fluoride concentration/M	Inner diameter/nm	Outer diameter/nm	Wall thickness/nm
0.1	—	—	—
0.2	41	78	22
0.3	20	38	8
0.4	37	59	13
0.5	—	—	—

可见，在确定一种电解液体系的情况下，固定其他参数而只是微调这种体系中的电解质的含量，同样能够对阳极氧化制备 TiO_2 纳米管阵列的形貌与结构产生影响。然而电解质含量变化为什么能够对阳极氧化的过程产生影响，进而影响生成的 TiO_2 纳米管阵列的形貌与结构？

2. HF 含量变化影响 TiO_2 纳米管阵列形貌的原因

在本小节考察的电解液体系中，为什么 HF 含量的改变能够引起阳极氧化制备的 TiO_2 纳米管阵列的形貌的变化？我们应该从阳极氧化法中 TiO_2 纳米管阵列的生长机理以及 TiO_2 纳米管阵列生长过程中各个阶段的情况加以分析。

在 Ti 金属表面阳极氧化生成 TiO_2 纳米管阵列是一个比较复杂的过程，其生长机理最早由 Grimes[1] 研究小组提出：首先，作为阳极的 Ti 金属在外加电场以及电解液的共同作用下，在表面生成致密的 TiO_2 氧化膜阻挡层；然后，电解液中的氟离子在电场的作用下富集于阳极，与 TiO_2 阻挡层发生化学反应，生成可溶性的 TiF_6^{2-}，使 TiO_2 氧化膜表面生成不规则的小孔；随着阳极氧化时间的增长，小孔密度不断增加，均匀分布在表面形成有序结构；进一步，在电化学腐蚀作用下，小孔表面的 TiO_2 被溶解，电化学氧化及电化学腐蚀的共同作用使得小孔的深度不断增加；与此同时，小孔之间的氧化膜相对凸起，引发电场集中，增强了电化学腐蚀反应，使氧化膜加速溶解，产生小空腔。逐渐加深的小空腔将连续的小孔分离，就形成相对独立的纳米管阵列结构；最后，电化学氧化及电化学腐蚀将处于动态平衡的状态，于是小孔深度不再增加，也即纳米管的长度不再增加，同时其顶端不整齐的部分被腐蚀掉，最终形成高度有序的 TiO_2 纳米管阵列。这个过程中的化学反应可以用以下方程来表示：

$$2H_2O \longrightarrow 4H^+ + 4OH^- \tag{18-1}$$

$$4OH^- \longrightarrow 2H_2 + O_2 + 4e^- \tag{18-2}$$

$$Ti^{4+} + 2O^{2-} \longrightarrow TiO_2 \tag{18-3}$$

$$H^+ + 4e^- \longrightarrow 2H_2 \tag{18-4}$$

$$TiO_2 + 6F^- + 4H^+ \longrightarrow [TiF_6]^{2-} + 2H_2O \tag{18-5}$$

其中，式(18-1)～式(18-4)反映电化学氧化过程，式(18-5)反映电化学腐蚀过程，生长机理可以用图 18-18 来表示。

要解释为何电解液中 HF 的含量变化会对阳极氧化制备的 TiO_2 纳米管阵列的形貌产生影响，需要弄明白 TiO_2 纳米管阵列生长过程中各个阶段的具体情况，Macak 等[83]给出了其生长过程中的各个阶段的示意图(图 18-19)。

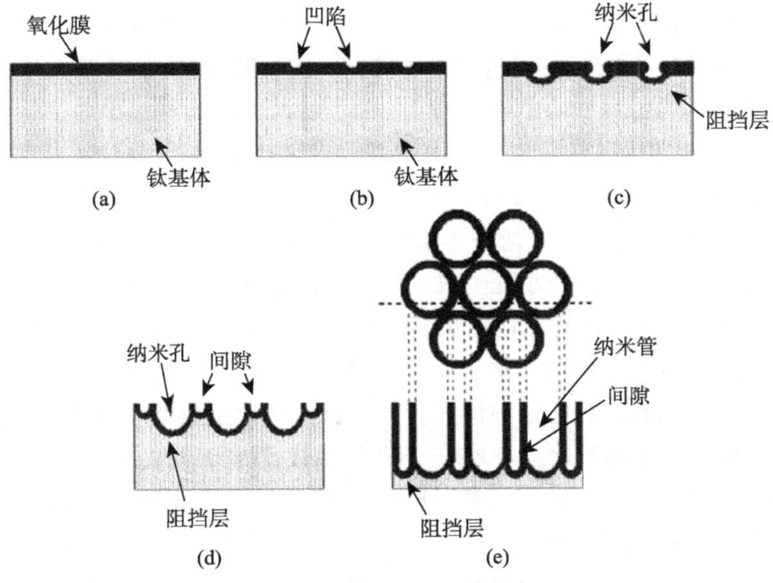

图 18-18　TiO_2 纳米管阵列的生长机理

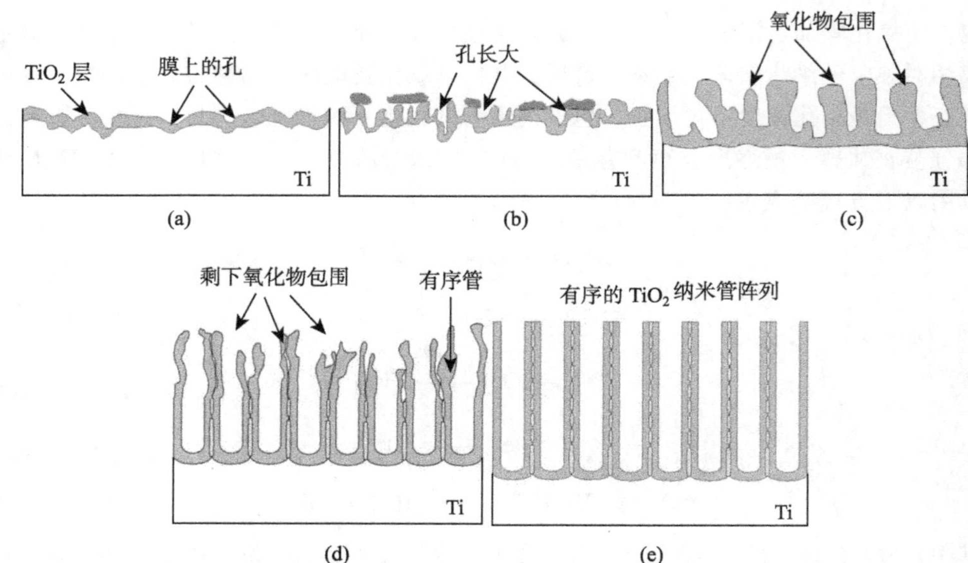

图 18-19　TiO_2 纳米管阵列生长过程中的各个阶段的示意图

根据前一部分给出的 Ti 金属片在不同 HF 含量的电解液中阳极氧化后的形貌图像，并结合图 18-19，可以得出以下结论：1) 在所有的电解液中，电场诱导的电化学氧化都在 Ti 金属表面形成了一层氧化膜；2) 在 HF 含量为 0.1 M 的电解液中，我们看到阳极氧化过程中的电化学腐蚀只是在氧化膜表面腐蚀出了一些痕迹，并没能形成多孔膜并进一步生成 TiO_2 纳米管阵列，这是因为 HF 的含量太低，导致电化学腐蚀的程度不够；3) 当 HF 含量增加到 0.2 M 时，就顺利地生成了管径约 40 nm 的 TiO_2 纳米管组成的阵列；4) 当 HF 含量继续增加达到 0.3 M 时，可以看到生成了管径约 20 nm 的 TiO_2 纳米管组成的阵列，管径远小于在 0.2 M HF 的电解液中形成的 TiO_2 纳米管，这是因为溶液中电解质含量的增大增加了电化学腐蚀反应的剧烈程度，导致孔径小得多的小孔生成，最终导致生成的 TiO_2 纳米管管径也小得多；5) HF 的含量达到 0.4 M 时，可以看到生成了管径也是 40 nm 左右的 TiO_2 纳米管组成的阵列，但同时这种纳米管的管壁厚度只有 13 nm，远小于 0.2 M 电解液中 TiO_2 纳米管的 21 nm。对于这种情况，我们认为开始生成的 TiO_2 纳米管管径也比较小，但组成其管壁的氧化物在比较高的 F^- 浓度下由于电化学腐蚀作用被腐蚀掉了一部分，导致管径扩大的同时管壁厚度减小；6) HF 含量达到 0.5 M 以后，也无法观察到 TiO_2 纳米管阵列的存在，这是因为电解液中过高的 F^- 浓度导致电化学腐蚀的反应过于剧烈，把生成的纳米结构都给破坏掉了，于是导致 TiO_2 纳米管阵列无法生成。

至此，本小节结合阳极氧化制备 TiO_2 纳米管阵列的生长机理以及 TiO_2 纳米管阵列生长过程中的各个阶段的情况，对 HF/乙二醇电解液体系中 HF 含量的变化对在其中阳极氧化生成的 TiO_2 纳米管阵列的形貌与结构的影响进行了详细而合理的解释，这个研究和解释是目前其他的研究没有进行过的。这一研究也可以帮助我们对阳极氧化制备 TiO_2 纳米管阵列的生长机理有更深入的理解。

18.4 不同形貌的 TiO_2 纳米管阵列的光电性能

本节主要对 18.3.4 节中制备所得的管径和管壁厚度不同的 TiO_2 纳米管组成的阵列的光电性能进行了测试并加以比较，分析了其存在差异的原因，给出了合理解释。

本节对 18.3.4 节中制备所得的管径和管壁厚度不同的 TiO_2 纳米管组成的阵列作了光生电流的测试，测试在一台电化学工作站上进行。测试中使用三电极体系：表面生长了 TiO_2 纳米管阵列的 Ti 金属片作为工作电极，铂丝作为对电极，标准饱和甘汞电极作为参比电极。电解液使用浓度为 0.5 M 的 Na_2SO_4 水溶液，一个 160 W 的高压汞灯加上可以过滤 390 nm 波长以下紫外光的滤波片作为光源，光源与工作电极距离设为 15 cm，实验温度为室温。测试所得的光生电流的曲线如图 18-20 所示。

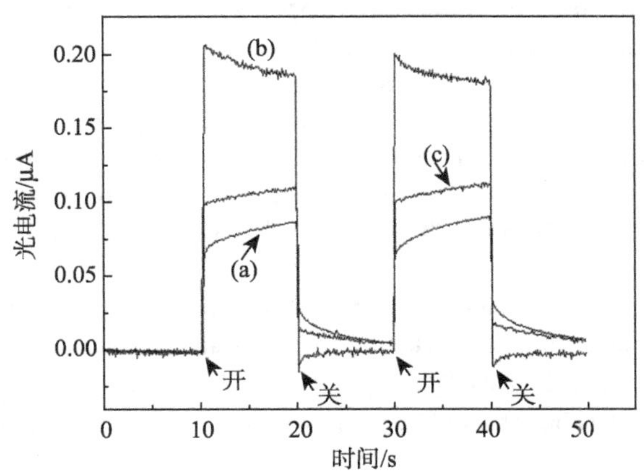

图 18-20 不同管径和管壁厚度的 TiO_2 纳米管组成的阵列在脉冲紫外光照射下的光电流曲线

(a)41 nm，22 nm；(b)20 nm，8nm；(c)37 nm，13 nm

根据图示，可以看到管径、管壁厚度不同导致了对应的 TiO_2 纳米管阵列的光生电流值的不同，反映了各自的光电性能。管径 20 nm，壁厚 8 nm 的 TiO_2 纳米管组成的阵列显然具有最高的光电响应。它在光源的照射下的光生电流值为 0.19 A，远高于管径、壁厚分别为 41 nm、22 nm 和 37 nm、13 nm 的 TiO_2 纳米管组成的阵列所产生的光电流值。同时，管径、壁厚为 41 nm、22 nm 的 TiO_2 纳米管组成的阵列所产生的光电流值在三者中最低。

显然，在这三种 TiO_2 纳米管阵列中，管径、壁厚为 20 nm、8 nm 的 TiO_2 纳米管组成的阵列表面积最小，管径、壁厚为 41 nm、22 nm 的表面积最大。而 TiO_2 的电子迁移率主要是由其材料的表面积决定的[18]，这也就解释了上述三种 TiO_2 纳米管阵列在同样光源的照射下光电性能存在差异的原因。

参 考 文 献

[1] Dong L, Jiao J, Coulter M, et al. Catalytic growth of CdS nanobelts and nanowires on tungsten substrates. Chemical Physics Letters, 2003, 376: 653.

[2] Cui D L, Hao X P, Yu X Q, et al. A novel route to synthesize diphenylene by the catalytic effect of GaP nanocrystals. Science in China Series B-Chemistry, 2001, 44: 627.

[3] Gates B C, Supported. metal clusters: Synthesis, structure, and catalysis. Chemical Reviews, 1995, 95: 511.

[4] Jestin J L, Kristensen P, Winter G, A method for the selection of catalytic activity using phage display and proximity coupling. Angewandte Chemie International Edition, 1999, 38: 1124.

[5] Fujishima A, Honda K. Electrochemical photolysis of water at a semiconductor electrode. Nature, 1972, 238: 37.

[6] 杨莺歌. 纳米光催化 TiO_2 的应用领域及现状. 2005.

[7] Alfano O M, Bahnemann D, Cassano A E, et al. Photocatalysis in water environments using artificial and solar light. Catalysis Today, 2000, 58: 199.

[8] Ching W H, Leung M, Leung D Y C. Solar photocatalytic degradation of gaseous formaldehyde by sol-gel TiO_2 thin film for enhancement of indoor air quality. Solar Energy, 2004, 77: 129.

[9] Nishikawa N, Kaneco S, Katsumata H, et al. Photocatalytic degradation of allergens in water with titanium dioxide. Fresenius Environmental Bulletin, 2007, 16: 310.

[10] 鲁秀国，刘秀兰. TiO_2 掺杂 Pd^{2+}吸附剂去除废水中 Cr^{6+}的实验研究. 工业用水与废水, 2002, 33: 27.

[11] Blanco J, Malato S, Fermandez P, et al. Compound parabolic concentrator technology development to commercial solar detoxification applications. Solar Energy, 1999, 67: 317.

[12] Maness P C, Smolinski S, Blake D M, et al. Bactericidal activity of photocatalytic TiO_2 reaction: Toward an understanding of its killing mechanism. Applied and Environmental Microbiology, 1999, 65: 4094.

[13] 肖新颜，陈焕钦. TiO_2 光催化空气净化及抗菌材料的研究与应用,化学研究与应用, 2002, 14: 507.

[14] 董素芳. 纳米 TiO_2 光催化作用的影响因素及应用现状分析. 硅酸盐通报, 2005, 24: 85.

[15] 赵峰，蔡一湘，陈平，等. 国内钛粉应用进展. 金属学报, 2002, 38(z1): 528, 529.

[16] Liu L, Zhao Y P, Liu H J, et al. Directed growth of TiO_2 nanorods into microspheres. Nanotechnology, 2006, 17: 5046.

[17] Dong L, Jiao J, Coulter M, et al. Catalytic growth of CdS nanobelts and nanowires on tungsten substrates. Chemical Physics Letters, 2003, 376: 653.

[18] Li X X, Xiong Y J, Li Z Q, et al. Large-scale fabrication of TiO_2 hierarchical hollow spheres. Inorganic Chemistry, 2006, 45: 3493.

第 19 章　碳修饰 TiO_2 纳米管阵列的制备及其光催化性能

19.1　引　　言

许多研究表明，与传统 TiO_2 材料相比，TiO_2 纳米管阵列具备非常独特的纳米结构，组成阵列的 TiO_2 纳米管具有很大的长径比，并且排列规则而有序，具有相当大的比表面积。同时，TiO_2 纳米管阵列是生长在 Ti 金属表面，与基体 Ti 金属的结合非常牢固，TiO_2 纳米管阵列的独特结构结合其本身大的比表面积，意味着其在光催化领域的应用前景相当广阔，已经有很多的科学研究验证了这一点。

即使 TiO_2 纳米管阵列的结构再优异，这种材料的化学组分仍然是 TiO_2，不能改变其天生具备的缺陷：禁带宽带(3.2 eV)过大导致其只能吸收波长小于 387 nm 的紫外光，对太阳能(紫外光能量仅占总能量的 4%)的利用率偏低；光生电子-空穴对的高复合率导致其光生载流子迁移率过低，不利于光催化反应的进行。许多研究成果表明，对 TiO_2 材料进行改性可以改善其固有缺陷从而提高其光催化的性能，通常对 TiO_2 材料改性的研究是从减小其禁带宽度以提高对太阳光能的利用效率，以及降低其光生电子-空穴对的复合率以改善其光生载流子迁移率这两方面来进行，这些改性方式也同样适用于对 TiO_2 纳米管阵列的改性。

通常情况下，将合适的贵金属或半导体材料与 TiO_2 纳米管阵列进行复合，被认为是非常有效的降低其光生电子-空穴对复合率的方法。例如，在 TiO_2 纳米管上光分解沉积 Ag[1]，或者将 Fe_2O_3[2,3]、WO_3[4-6]、CdS[7-9]等半导体纳米颗粒与 TiO_2 纳米管阵列进行复合，都可以达到降低其光生电子-空穴对复合率，提高光催化效率的目的。碳材料，特别是碳单质是一种非常优秀的功能材料，将碳与传统的 TiO_2 材料进行复合被证明是一种成功地提高 TiO_2 材料光催化性能的手段[10-13]。然而迄今为止，将碳单质与 TiO_2 纳米管阵列进行复合并改善其光催化性能的研究非常少见。本章通过简单的水热方法，成功将碳单质与 TiO_2 纳米管阵列进行了复合，并对这种复合材料的形貌与结构进行了全面的表征，对其光催化降解有机污染物的性能也进行了测试，并对其在可见光下光催化性能的提升给出了合理的解释。

19.2　碳修饰 TiO_2 纳米管阵列的制备

本节主要介绍样品制备以及样品形貌表征。研究中用阳极氧化的方法在 NH_4F/丙三醇/H_2O 电解液中制备 TiO_2 纳米管阵列，并对其进行热处理，得到晶化的 TiO_2 纳米管阵列。同时将阳极氧化制备的原始 TiO_2 纳米管阵列在葡萄糖水溶液中进行水热处理使其与碳单质复合，然后热处理使 TiO_2 纳米管阵列晶化，得到与碳单质复合后的 TiO_2 纳米管阵列。

19.2.1　TiO_2 纳米管阵列的制备与热处理

在本小节研究中，用阳极氧化方法在 NH_4F/丙三醇/H_2O 这种电解液中制备 TiO_2 纳米管阵列，电解液中丙三醇与去离子水的体积比为 1:1，NH_4F 的含量为 0.27 M，阳极氧化使用电压值为 15 V 的直流电场，持续时间 3 h。

阳极氧化制备的 TiO_2 纳米管阵列，其晶型通常是无定形的。Varghese 等[14] 研究了不同热处理温度对 TiO_2 纳米管阵列晶体结构转变的影响，发现在空气中热处理时，热处理温度低于 450 ℃可以将无定形的 TiO_2 纳米管阵列转变为锐钛矿结构，温度高于 450 ℃就会有金红石相出现。本研究将制备的 TiO_2 纳米管阵列样品在空气中进行热处理，温度保持在 450 ℃，持续 3 h 后自然冷却至室温，研究热处理对样品形貌与晶型的影响。

图 19-1 是 TiO_2 纳米管阵列在空气中 450 ℃下热处理前后的 SEM 形貌图，从图中可以看到，热处理前后 TiO_2 纳米管阵列的形貌并没有什么改变，管径都是 60～70 nm，可见 450 ℃的热处理温度并不会对 TiO_2 纳米管阵列的形貌产生影响。

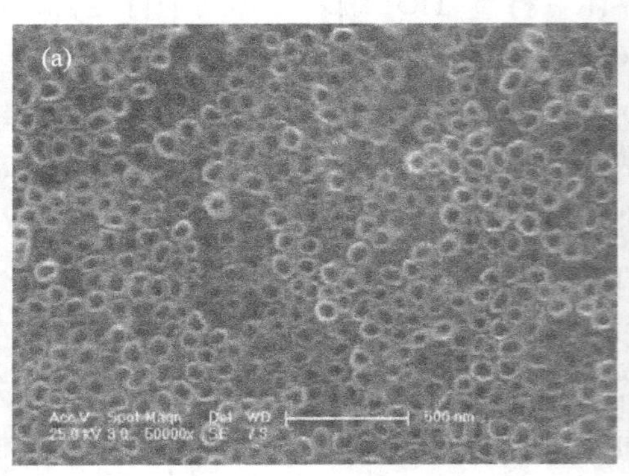

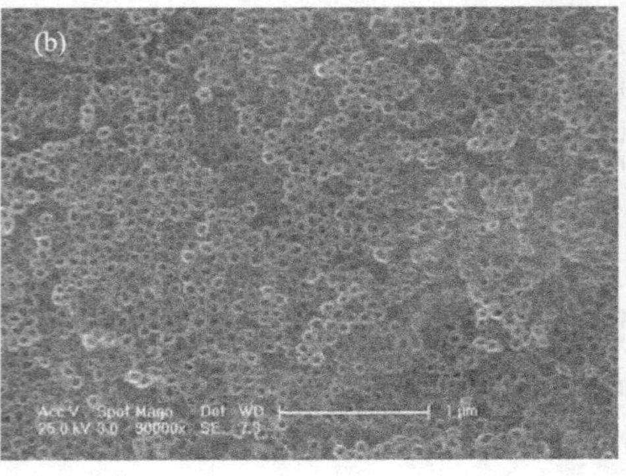

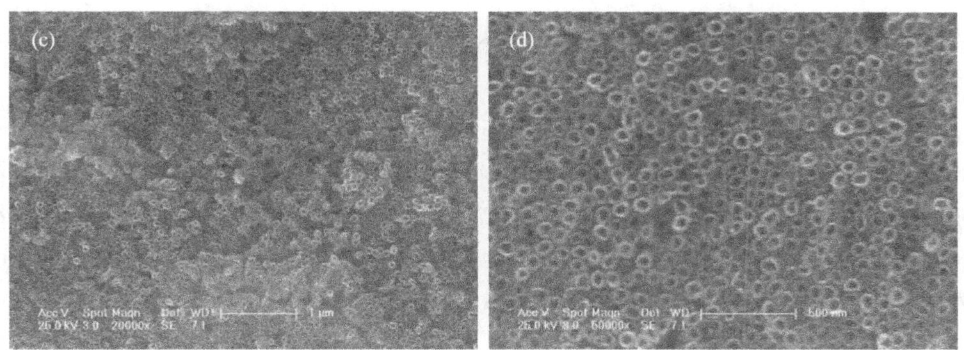

图 19-1　TiO_2 纳米管阵列在空气中 450 ℃下热处理前(a)、(b)和热处理后(c)、(d)的 SEM 形貌

图 19-2 是 TiO_2 纳米管阵列在空气中 450 ℃下热处理前后的 XRD 图，可以看出，未经热处理的 TiO_2 纳米管阵列的晶型是无定形的，从图中既无法找到锐钛矿型也无法找到金红石型的 TiO_2 衍射峰；经过 450 ℃下持续 3 h 的热处理，TiO_2 纳米管阵列的晶型已经全部转换为锐钛矿。本研究将如此处理过的 TiO_2 纳米管阵列样品命名为 TNT(指代 titania nanotube arrays)，在以后的内容中都将使用这个简称。

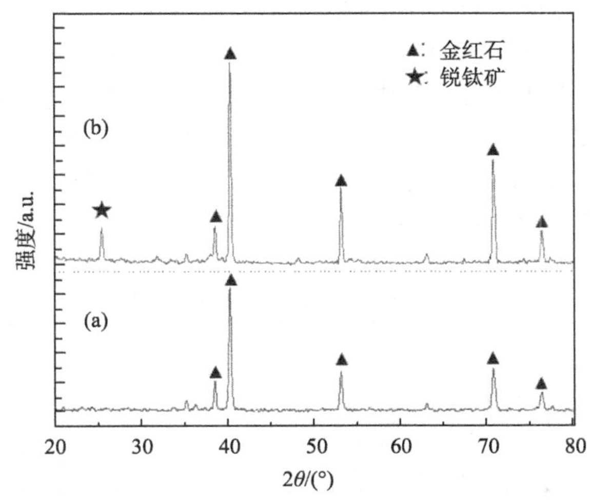

图 19-2　TiO_2 纳米管阵列在空气中 450 ℃下热处理前(a)后(b)的 XRD 图

19.2.2　碳单质与 TiO_2 纳米管阵列的复合

碳材料，特别是碳单质是一种非常优秀的功能材料，将碳与传统的 TiO_2 材料进行复合被证明是一种成功地提高 TiO_2 材料光催化性能的手段。受到前人工作的

启发，本小节研究了如何通过水热方法实现碳单质与 TiO_2 纳米管阵列的复合，并对复合后的产物进行了详细的表征。

1. 水热实验参数的选择

本研究选用葡萄糖(glucose)水溶液作为水热实验的溶液，将阳极氧化制备的 TiO_2 纳米管阵列样品放入其中。在高温高压的作用下，葡萄糖将发生水解反应，分解为单质碳和水，单质碳会沉积在 TiO_2 纳米管阵列表面，从而实现碳单质与 TiO_2 纳米管阵列的复合。这个过程可以用图 19-3 来描述。

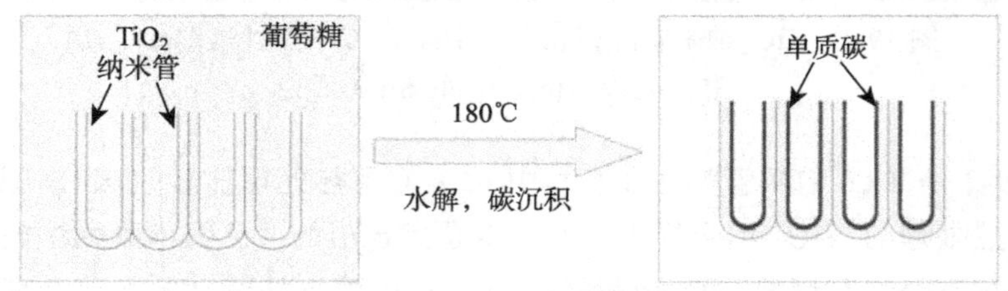

图 19-3 单质碳与 TiO_2 纳米管阵列复合过程示意图

实验中将制备好的 TiO_2 纳米管阵列样品放入水热反应釜中，然后加入一定浓度的葡萄糖水溶液，闭紧反应釜后将之放入烘箱并在 180 ℃下保温，4 h 后取出样品洗涤，在空气中烘干，实验参数如表 19-1 所示。由于沉积在 TiO_2 纳米管阵列表面的碳单质可能在高温下与空气中的 O_2 反应，本研究中复合了碳单质的 TiO_2 纳米管阵列样品是在氩气(Ar)气氛中进行热处理，温度和时间都与前述的 TNT 样品相同，分别是 450 ℃和 3 h。本研究尝试了两种浓度的葡萄糖水溶液，分析了葡萄糖的浓度对碳单质复合效果好坏的影响。

表 19-1 水热反应参数说明

样品编号	溶液成分	反应温度/℃	反应时间/h
C1	0.1 g 葡萄糖 16 mL 去离子水	180	4
C2	0.2 g 葡萄糖 16 mL 去离子水	180	4

2. 单质碳与 TiO_2 纳米管阵列复合材料的表征

本研究对编号为 C1 和 C2 的两个样品热处理后的形貌分别进行了表征，如图 19-4 所示。从图中可知葡萄糖的浓度对复合后样品的形貌有很大影响。C1 号样品表面形貌与没有复合过的 TNT 样品几乎一样，而 C2 号样品则覆盖了比较厚的一层单质碳，甚至很多 TiO_2 纳米管的内部都已经填满了碳。在制备 C2 号样品的实验条件下，水热溶液中过高的葡萄糖含量导致了水解反应中生成的碳过多，过量的单质碳沉积在 TiO_2 纳米管阵列的表面，影响了 TiO_2 纳米管阵列的形貌，甚至改变了它的纳米结构，降低了它的表面积。这种实验条件显然不适合用来对 TiO_2 纳米管阵列进行复合。

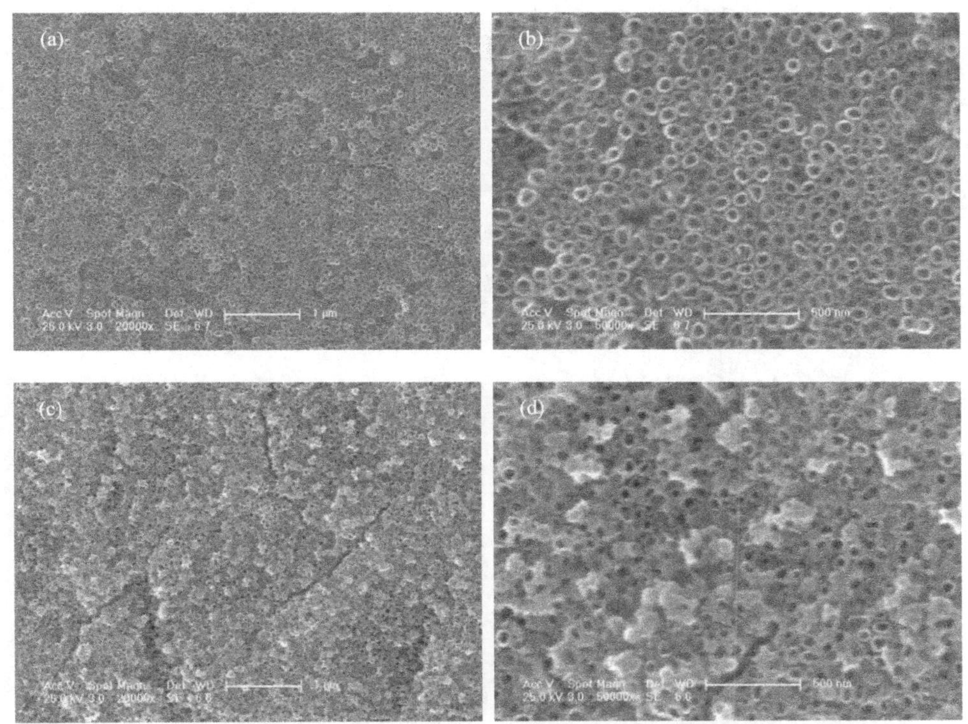

图 19-4 TiO_2 纳米管阵列在不同浓度葡萄糖水溶液中水热处理后的形貌

然而 C1 号样品是否就是单质碳与 TiO_2 纳米管阵列的良好复合的情况呢？从 SEM 形貌图中并不能得出结论，因为也有可能单质碳并没有与 TiO_2 纳米管阵列形成复合。基于这个疑问，本研究对 C1 号样品分别进行了 EDS 测试，分析其元素成分，测试的结果如图 19-5 所示。可以看到 C1 号样品的 EDS 图中出现了很强的 Ti 与 O 元素的元素峰，而 C 元素的峰则很弱；元素成分的分析结果表明，C 原子具有 10%左右的原子百分比，这证明了 C 元素的存在。

通常情况下，EDS 这种测试手段对于 C、H 等轻元素并不能给出准确的元素含量测定，因此本研究中获得的关于 C 元素含量的结果并不完全可靠，并且也无法确定 C 的存在形态， C1 号样品中碳单质与 TiO_2 纳米管阵列的复合情况仍然无法明确。基于以上原因，本研究又采用 HRTEM 对 C1 号样品进行了表征，分析了其微观结构，如图 19-6 所示。

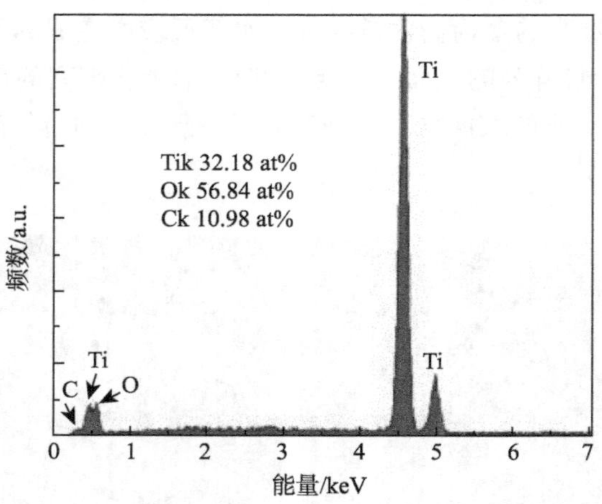

图 19-5　C1 号样品表面的 EDS 衍射图

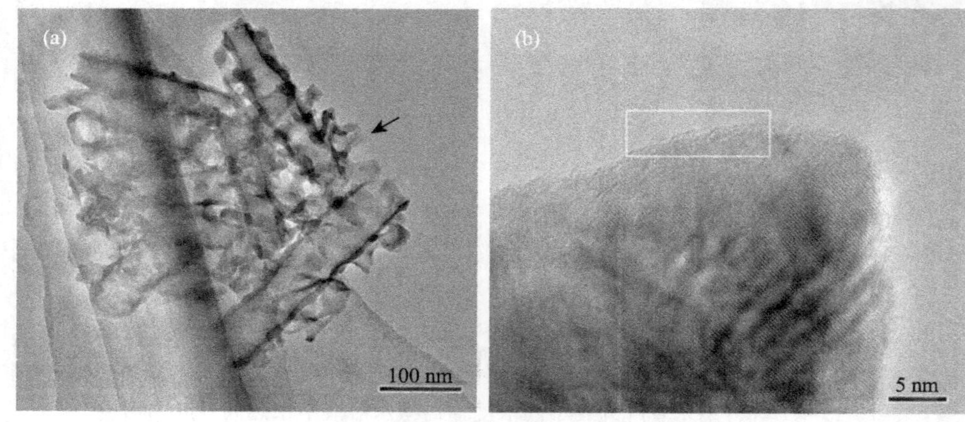

图 19-6　C1 号样品的 HRTEM 微观形貌观察

从图中可以看到，C1 号样品表面的 TiO_2 纳米管阵列被超声振荡处理后分散为相对独立的 TiO_2 纳米管，形貌和结构都与图 19-4 中的吻合；图 19-6(b)是图 19-6(a)中箭头指向的微区的高分辨形貌图，它揭示了 C1 号样品中 TiO_2 纳米管的晶格相，可以明显地看出是锐钛矿的晶格相。同时，在白色框标注出的部位表明，这一块微区表面有一层无定形的非晶物质存在。在本研究采用的实验方法中，热处理(450 ℃)和水热实验的温度(180 ℃)都比较低，远低于无定形碳石墨化转变温度，因此结合本研究中其他的实验数据，可以推断那是一层非常薄的无定形碳，其厚度不到 1 nm，只是几个原子层的厚度。

至此，结合 SEM、EDS、XRD 以及 HRTEM 等表征与测试方法给出的结果，我们能够确定采用 C1 号样品的制备条件，可以将单质碳与 TiO_2 纳米管阵列进行良好复合。这种条件下制备出的样品，有一层厚度不到 1 nm 的无定形单质碳沉积在 TiO_2 纳米管表面，形成了单质碳与 TiO_2 纳米管的良好接触，复合情况相当出色。这种复合样品在本研究中被命名为 C-TNT(指代 carbon-modified titania nanotube arrays)，在后面的内容中将反复使用这个简称。

19.2.3　碳修饰 TiO_2 纳米管阵列的形貌、结构与元素成分

本研究对 TNT 和 C-TNT 两种样品的形貌与组成元素的成分进行了表征，并进行了对比，结果如图 19-7 所示。从中可以看到：两种样品的形貌几乎一样，都具有很大的比表面积；TNT 样品的组成元素只有 Ti 和 O，两者的原子比约为 1:2，证明它是纯粹的 TiO_2；而在 C-TNT 样品的 EDS 衍射图中出现了很强的 Ti 与 O 元素峰和较弱的 C 元素峰，元素成分的分析结果表明，C 具有 10%左右的原子百分比，这证明了在 C-TNT 样品中存在 C 元素。图 19-8 是 TNT 和 C-TNT 两种样品的 X 射线衍射图，可见二者都是纯锐钛矿的晶型，都具备在光催化方面的应用潜质。

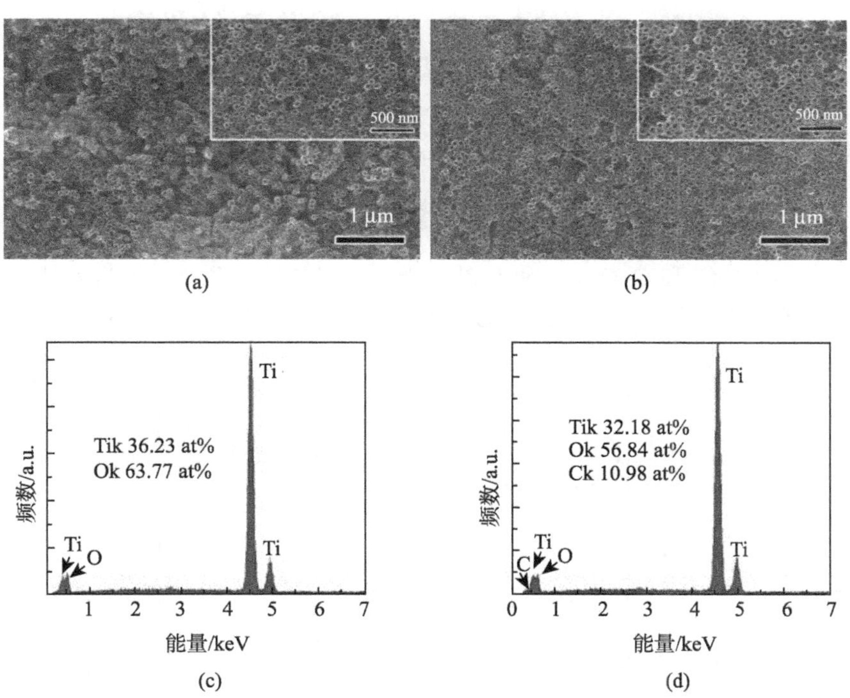

图 19-7　TNT 样品(a)、(c)和 C-TNT 样品(b)、(d)的形貌与元素成分分析

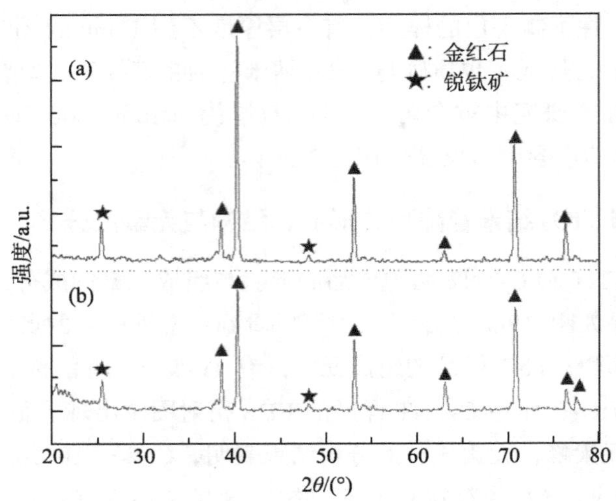

图 19-8　TNT 样品(a)和 C-TNT 样品(b)的 X 射线衍射图

19.3　碳修饰 TiO_2 纳米管阵列的性能

本节主要介绍对 C-TNT 样品的各种物理和化学性能进行检测，并与 TNT 样品的各种性能进行对比，给出它们的性能为何存在差异的合理解释。

19.3.1　TNT 与 C-TNT 样品的光学性能

本研究对 TNT 和 C-TNT 两种样品的光学性能进行了测试并加以对比，结果如图 19-9 所示。可以看到，TNT 样品的紫外-可见漫反射谱线与传统的 TiO_2 材料的很

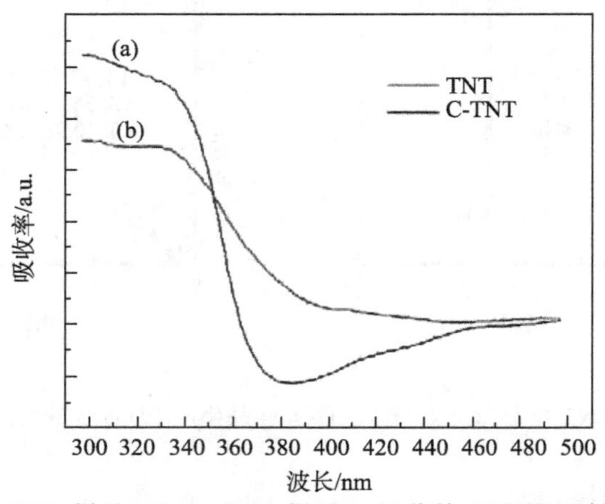

图 19-9　TNT 样品(a)和 C-TNT 样品(b)的紫外-可见漫反射光谱图

像：对波长大于 390 nm 的波段的可见光吸收很弱，对波长小于 390 nm 的波段的紫外光吸收很强。C-TNT 样品的紫外-可见光谱的谱线则与前者有很大不同，表现在 C-TNT 样品在紫外光波段的吸收比 TNT 样品弱，而在波长大于 400 nm 的可见光波段比 TNT 样品强。可见 C-TNT 样品具备在可见光下实现光催化的潜质，同时在紫外光下的光催化性能可能不如 TNT 样品。

19.3.2　TNT 与 C-TNT 样品的光催化性能

本小节分别考察了 TNT 和 C-TNT 样品在紫外和可见光照射下的光催化性能，评价标准是它们在紫外和可见光照射下光催化降解有机污染物的能力强弱。实验中用亚甲基蓝的水溶液模拟有机污染物环境，以相同光源照射下单位光照时间内降解的亚甲基蓝的量作为衡量样品光催化活性强弱的标准，实验中选取单位时间为 1 h，每隔 1 h 测量一次溶液中的亚甲基蓝残余含量。亚甲基蓝的紫外-可见吸收光谱谱线如图 19-10 所示，其峰值在 665 nm，因此本小节以亚甲基蓝在 665 nm 光照射下的吸收率作为其中溶液中含量标准。

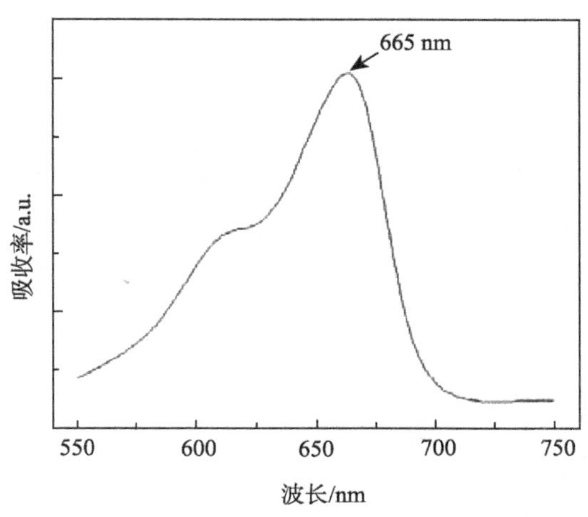

图 19-10　亚甲基蓝的紫外-可见吸收光谱谱线

1. 紫外光照射下 TNT 与 C-TNT 样品光催化性能的比较

考察了 TNT 与 C-TNT 两种样品在紫外光照射下的光催化性能，以溶液中的亚甲基蓝含量为纵坐标，辐照时间为横坐标，作出了亚甲基蓝含量随光照时间变化的曲线，如图 19-11 所示。

结果表明，经过 5 h 的紫外光照射，没有放置任何样品的溶液中，亚甲基蓝的含量几乎没有变化；而 TNT 样品将溶液中的亚甲基蓝几乎全部降解掉了，同时 C-TNT 样品只降解了 60%左右的亚甲基蓝。这说明在紫外光的照射下，TNT 样品显示出了优秀的光催化活性，C-TNT 样品的光催化活性则不如前者，这个结果与两者的紫外-可见吸收谱的结果是一致的。这是由于 C-TNT 样品上的 TiO_2 纳米管表面被沉积了一层单质碳，有可能是因为单质碳的存在阻碍了 C-TNT 样品对于紫外光的吸收，导致其光催化活性不如没有与单质碳复合的 TNT 样品。

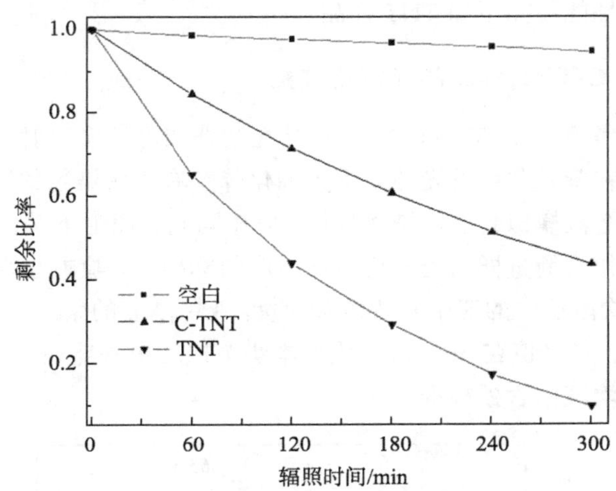

图 19-11　紫外光照射下 TNT 与 C-TNT 光降解体系中亚甲基蓝含量随时间的变化

2. 可见光照射下 TNT 与 C-TNT 样品光催化性能的比较

同上面采用的方法类似，这里考察了二者在可见光照射下光催化降解亚甲基蓝的能力强弱，以此来判断二者在可见光照射下的光催化活性，使用同样的方法，作出了图 19-12。

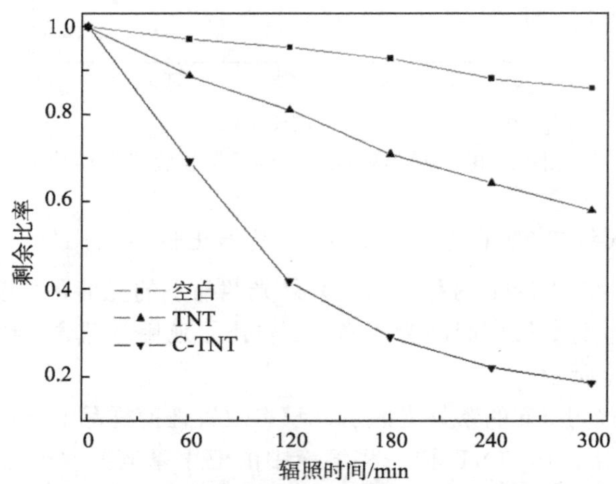

图 19-12　可见光照射下 TNT 与 C-TNT 光降解体系中亚甲基蓝含量随时间的变化

结果表明，经过 5 h 的可见光照射，没有放置任何光催化剂的溶液中，亚甲基蓝的含量变化很小；TNT 样品所在的溶液中的亚甲基蓝还剩下 60%以上，而 C-TNT 样品降解了体系中 85%以上的亚甲基蓝。这说明在可见光的照射下，TNT 样品光催化活性非常差，与此同时，C-TNT 样品则表现出优秀的光催化活性，这个结果与两者的紫外-可见吸收谱的结果同样保持一致。

通常认为，半导体的光催化活性主要取决于它的晶体结构和表面积大小。而对比前面的研究结果我们知道，TNT 与 C-TNT 样品具有几乎相同的表面形貌，这意味着二者具有相同的比表面积；同时 XRD 的结果显示，二者也具备几乎相同的晶体结构，那么为何二者在可见光下的光催化活性相差这么大呢？在 19.2.2 节中，HRTEM 的结果证明，C-TNT 样品上的 TiO_2 纳米管的表面沉积了一层厚度非常小的单质碳，这层单质碳与 TiO_2 之间的界面效应可能就是上述问题的答案。为此，我们继续对 TNT 和 C-TNT 样品进行了可见光下的光生电流测定实验，以此来考察两者表面的光生载流子迁移率。

19.3.3　TNT 与 C-TNT 样品的光电性能

1. 可见光下 TNT 与 C-TNT 样品的光电性能

本小节测定了可见光照射下 TNT 与 C-TNT 样品各自的光生电流，结果如图 19-13 所示。光生电流响应的测试结果表明，C-TNT 样品在相同条件的可见光照射下产生的光生电流值几乎是 TNT 样品的两倍，这意味这 C-TNT 样品表面的光生载流子迁移率远高于 TNT。具体到本研究中，光生电流的提高意味着 C-TNT 样品的光生电子-空穴对复合率比 TNT 样品的低，同时 C-TNT 样品对可见光的吸收也可能比 TNT 样品强，这自然是由单质碳与其表面的界面效应引起的电子迁移现象导致的。

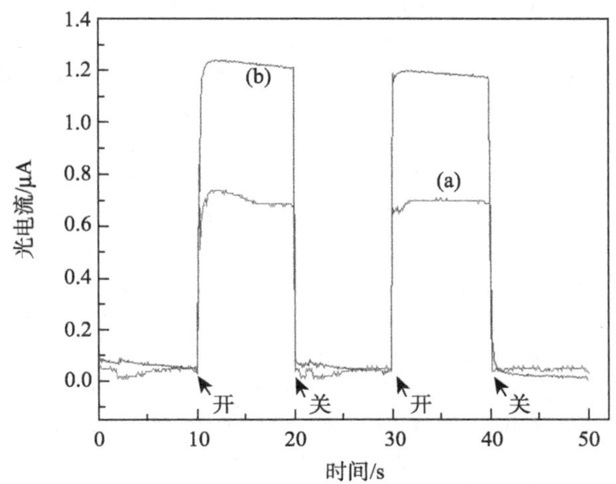

图 19-13　可见光照射下 TNT 样品(a)和 C-TNT 样品(b)的光生电流曲线

2. 可见光下 C-TNT 样品光催化行为推测

根据前述的各个研究的结果，可以推测在可见光照射下 C-TNT 样品的光催化过程：单质碳吸收了可见光的能量，产生激发态电子；处于激发态的电子因为单质碳与 TiO_2 表面的界面效应而转移到 TiO_2 并迁移到 TiO_2 的表面；处于 TiO_2 表面的激发态电子与溶液中的氧作用，产生了强氧化型的 O^{2-}，氧化降解掉了 TiO_2 表面吸附的亚甲基蓝分子。这个电子产生并迁移的过程可以用图 19-14 表示。根据这个推测，不难解释为何 C-TNT 样品在可见光照射下具有比 TNT 样品好得多的光催化活性。

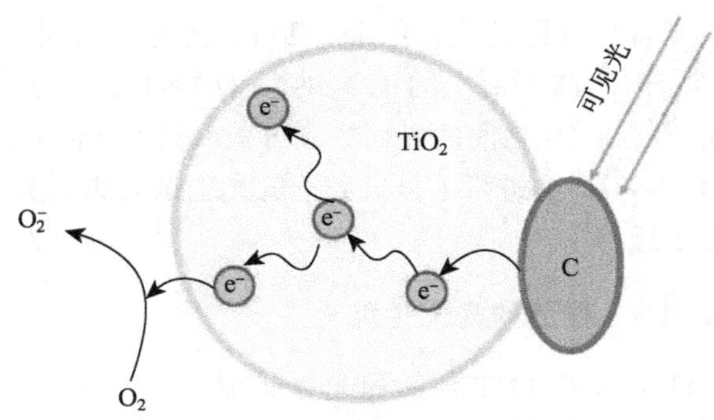

图 19-14　C-TNT 样品表面电子迁移过程示意图

参 考 文 献

[1] Paramasivam I, Macak J M, Ghicov A, et al. Enhanced photochromism of Ag loaded self-organized TiO_2 nanotube layers. Chem. Phys. Lett., 2007, 445: 233-237.

[2] Kontos A I, Likodimos V, Stergiopoulos T, et al. Self-organized anodic TiO_2 nanotube arrays functionalized by iron oxide nanoparticles. Chem. Mater., 2009, 21(4): 662-672.

[3] Mohapatra S K, Banerjee S, Misra M. Synthesis of Fe_2O_3/TiO_2nanorod-nanotube arrays by filling TiO_2 nanotubes with Fe. Nanotechnology, 2008, 19(31): 315601.

[4] Xie Y B. Photoelectrochemical reactivity of polyoxophosphotungstates embedded in titania tubules. Nanotechnology, 2006, 17(14): 3340-3346.

[5] Park J H, Park O O, Kim S. Photoelectrochemical water splitting at titanium dioxide nanotubes coated with tungsten trioxide. Appl. Phys. Lett., 2006, 89(16): 163106.

[6] Nah Y C, Ghicov A, Kim D, et al. TiO_2-WO_3 composite nanotubes by alloy anodization: Growth and enhanced electrochromic properties. J. Am. Chem. Soc., 2008, 130(48): 16154, 16155.

[7] Chen S, Paulose M, Ruan C, et al. Electrochemically synthesized CdS nanoparticle-modified TiO_2 nanotube-array photoelectrodes: Preparation, characterization, and application to photoelectrochemical cells. J. Photochem. Photobio. A: Chem., 2006, 177(2/3): 177-184.

[8] Yin Y X, Jin Z G, Hou F. Enhanced solar water-splitting efficiency using core/sheath heterostructureCdS/TiO_2 nanotube arrays. Nanotechnology, 2007, 18(49): 495608.

[9] Banerjee S, Mohapatra S K, Das P P, et al. Synthesis of coupled semiconductor by filling 1D TiO_2 nanotubes with CdS. Chem. Mater., 2008, 20(21): 6784-6791.

[10] Zhang L W, Fu H B, Zhu Y F. Efficient TiO_2 Photocatalysts from surface hybridization of TiO_2 particles with graphite-like carbon. Adv. Funct. Mater., 2008, 18: 2180-2189.

[11] Xu C K, Killmeyer R, Gray M M, et al. Photocatalytic effect of carbon-modified n-TiO_2 nanoparticles under visible light illumination. Appl. Catal. B: Environ., 2006, 64: 312-317.

[12] Ren W J, Ai Z H, Jia F L, et al. Low temperature preparation and visible light photocatalytic activity of mesoporous carbon-doped crystalline TiO_2. Appl. Catal. B: Environ., 2007, 69: 138-144.

[13] Lei Z, Xiao Y, Dang L, et al. Nickel-catalyzed fabrication of SiO_2, TiO_2/graphitized carbon, and the resultant graphitized carbon with periodically macroporous structure. Chem. Mater., 2007, 19(3): 477-484.

[14] Varghese O K, Gong D, Paulose M, et al. Crystallization and high-temperature structural stability of titaniumoxide nanotube arrays. J. Mater. Res., 2003, 18(1): 156-165.

第20章 氮掺杂TiO_2纳米管阵列的制备及其光催化性能

20.1 引　　言

与传统 TiO_2 材料相比，TiO_2 纳米管阵列显然具备非常独特的纳米结构，组成阵列的 TiO_2 纳米管具有很大的长径比，排列也非常规则有序，这意味这它具有相当大的比表面积。同时，TiO_2 纳米管阵列是生长在 Ti 金属的表面的，与基体 Ti 金属的结合牢固，接触也非常良好，这种独特的结构意味着这种材料具有非常好的光催化性能，在光催化领域具备广阔的应用前景。

但是这种材料的化学组分仍然是 TiO_2，仍然具有 TiO_2 材料在光催化应用方面的固有缺陷：因禁带宽带(3.2 eV)过大，TiO_2 只能吸收波长小于 387 nm 的紫外光，所以对太阳能(紫外光能量仅占总能量的 4%)的利用率太低；TiO_2 的光生电子-空穴对的复合率过高，导致其光生载流子迁移率过低而不利于光催化反应的进行。为了拓展 TiO_2 纳米管阵列的应用前景，需要对其进行改性以改善其光催化性能。

在传统的 TiO_2 材料光催化领域，对 TiO_2 进行改性可以改善其固有缺陷从而提高其光催化性能，科学工作者在这一研究领域已经取得了很多成果。适用于传统 TiO_2 材料改性的方式也同样适用于 TiO_2 纳米管阵列的改性，可以从减小其禁带宽度以提高对太阳光能的利用效率，以及降低其光生电子-空穴对的复合率以改善其光生载流子迁移率这两方面来进行。本章将围绕如何改性 TiO_2 纳米管阵列以降低 TiO_2 的禁带宽带，达到提高其可见光催化性能的目的进行详细的论述。

通常可以通过金属离子、非金属离子的掺杂，来对 TiO_2 纳米管阵列进行改性。例如，可以使用离子注入、CVD 等方法，对 TiO_2 纳米管阵列实现 Cr[1]、Fe[2]、Al[3]、Mo[4] 等金属离子的掺杂，也可用类似的方法实现对其进行 N[5-8]、C[9-12]、S[13]等非金属离子的掺杂。通常情况下，金属离子掺杂会在 TiO_2 的晶体中引入新的电子-空穴复合中心，在降低其禁带宽度的同时却增加了光生电子-空穴的复合率，可能并不利于光催化性能的提高，因此现在对于 TiO_2 纳米管阵列掺杂改性的研究主要集中在非金属离子掺杂方面。本章通过化学热处理的手段对 Ti 金属进行了离子渗氮处理，将处理后的 Ti 金属阳极氧化制备出氮(N)掺杂的 TiO_2 纳米管阵列，对这种材料的形貌与结构进行了全面表征，对其光催化降解有机污染物的性能也进行了测试，并对其在可见光下光催化性能的提高给出了合理的解释。

20.2　氮掺杂 TiO_2 纳米管阵列的制备

本节主要介绍样品制备以及样品形貌表征。研究中通过化学热处理的手段对 Ti 金属进行了离子渗氮处理，未处理和处理后的 Ti 金属都用阳极氧化的方法在 HF/乙二醇电解液中制备了 TiO_2 纳米管阵列，并对其进行热处理得到晶化的 TiO_2 纳米管阵列。

20.2.1　Ti 金属的离子渗氮处理

本研究制备氮掺杂的 TiO_2 纳米管阵列是通过阳极氧化离子渗氮过的 Ti 金属片来实现的。Ti 金属离子渗氮处理的工艺条件和详细过程在第 4 章中有过详细的介绍，在这里就不再赘述。根据阳极氧化制备 TiO_2 纳米管阵列的生长机理，TiO_2 纳米管阵列生长在 Ti 金属表面，因此离子渗氮处理后 Ti 金属的表面状况显然是需要关注的重要问题，可能影响 TiO_2 纳米管阵列的生长。

图 20-1 是离子渗氮处理后 Ti 金属表面状况的 SEM 形貌图。样品表面的元素成分也用 EDS 进行了分析。可以看到 Ti 金属在离子渗氮之后表面形貌发生了很大的变化，Ti 金属的表面出现了很多凸起和凹陷。对其表面进行了 EDS 面扫描，发现表面主要含有 Ti 元素与 N 元素，由此推测其表面的层状结构可能是由 Ti 的氮化物组成。对样品表面进行 XRD 测试，确实可以观察到 Ti 的氮化物的衍射谱线，初步认定为 Ti_2N，如图 20-1(d)所示。

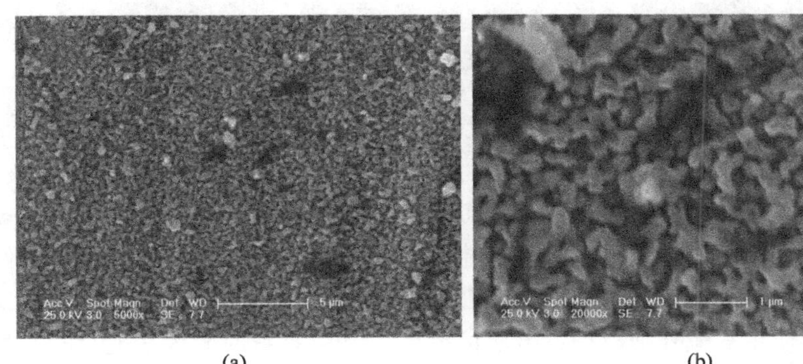

(a)　　(b)

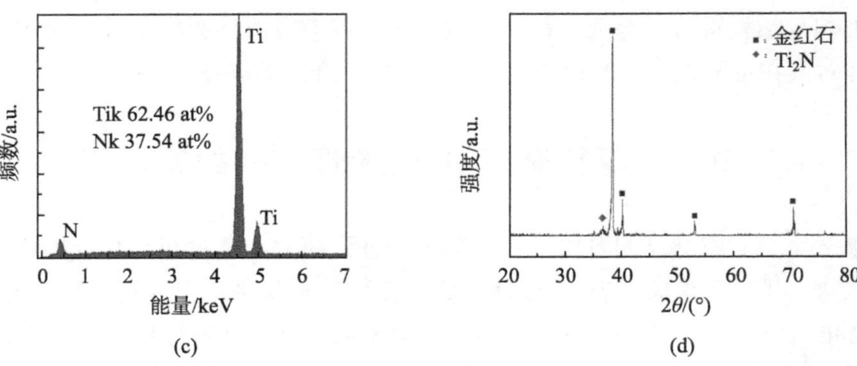

图 20-1　离子渗氮处理后的 Ti 金属的表面形貌、元素成分与晶体结构

为了更深入地了解 Ti 金属在离子渗氮之后的表面状况，本研究对样品的横截面也进行了形貌的观察和元素成分的分析，研究结果如图 20-2 所示。图 20-2(a)和(b)是上述样品的横截面的 SEM 形貌图。可以清晰地看到样品表面存在一个层状结构。为了分析这一层状结构的成分，对扩散区域进行了 EDS 的线扫描分析，可以看到沿着 Ti 金属基体到其表面的层状结构，Ti 元素分布呈逐渐减少的趋势，而 N 元素的分布情况则正好相反，结合图 20-1，以及图 20-2 中样品表面与横截面形貌给出的信息，可以证明 Ti 金属经过离子渗氮处理后，表面存在 Ti 的氮化物层状结构，这层 Ti 的氮化物的厚度在 1～2 μm。

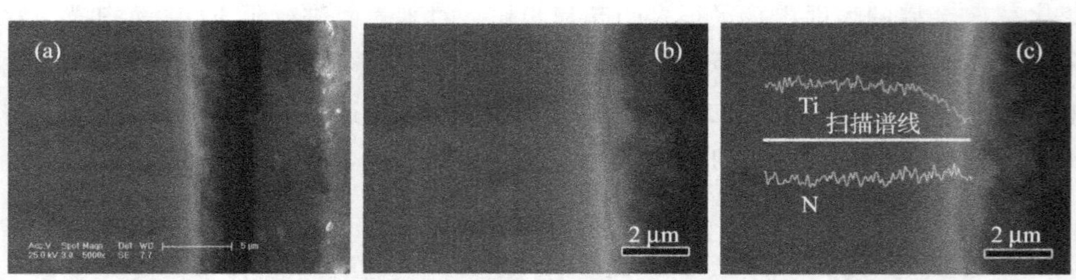

图 20-2　离子渗氮处理后的 Ti 金属的横截面形貌与元素成分

20.2.2　氮掺杂 TiO_2 纳米管阵列的制备

20.2.1 节的结果证明了经过离子渗氮处理后的 Ti 金属表面会生长一层 1～2 μm 厚的 Ti 的氮化物。要想在这样的样品上制备 TiO_2 纳米管阵列，需要 TiO_2 纳米管比较长，基于这个原因本研究选用了 HF/乙二醇电解液体系，HF 的含量设为 0.2 M，阳极氧化实验使用直流外加电场，电压值设为 30 V，持续时间为 3 h。作为对比使用相同的条件分别对未经过和经过离子渗氮处理的 Ti 金属进行阳极氧化，然后在 450 ℃下于空气中热处理 3 h。

对未经过和经过离子渗氮处理的 Ti 金属阳极氧化后的表面形貌进行了表征，如图 20-3 所示。可以看到二者在阳极氧化后都在表面生成了排列有序的 TiO_2 纳米管阵列，而且形貌也没有什么差别。为了叙述的方便，本研究将图 20-3 中描述的两种样品分别命名为 TNT 和 N-TNT(指代 N-doped titania nanotube arrays)。本研究继续用 XRD 对二者的晶体结构进行了表征，结果在图 20-4 中给出。可以看到，经过热处理后，TNT 与 N-TNT 的晶型都是纯的锐钛矿结构，这意味着二者都具备在光催化方面得到应用的优秀潜质。另外可以看到，N-TNT 样品的 XRD 谱线比 TNT 样品的杂乱，这说明 N-TNT 样品的结晶化程度不如 TNT，可能是因为离子渗氮前处理引入氮元素。

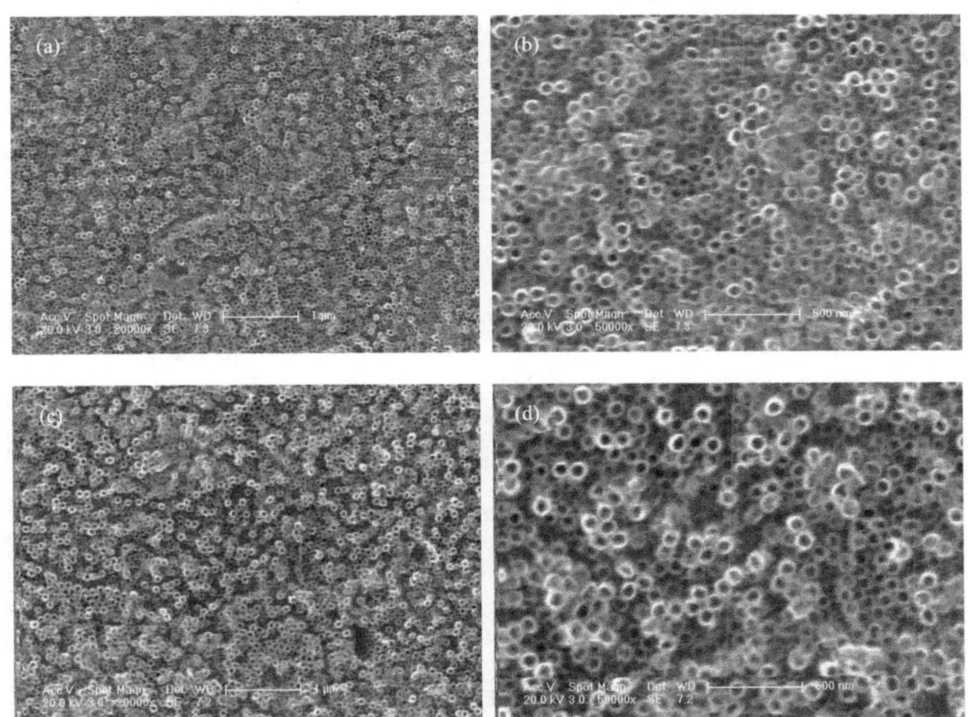

图 20-3　未经过(a)、(b)和经过(c)、(d)离子渗氮处理的 Ti 金属阳极氧化后的表面形貌

通常情况下，判断某种样品的元素掺杂情况需要对其进行 XPS 测试来确定样品的元素成分和化学态，以此来判断样品的掺杂情况。本研究使用 XPS 对 N-TNT 样品进行了元素成分和化学态的测定，结果在图 20-5 中给出。图 20-5(a)是 N-TNT 样品的全谱图，可以看到主要由 Ti 2p，O 1s，C 1s 和 N 1s 谱线组成，C 1s 的存在是因为在 XPS 测试过程中引入了 C 元素。N 1s 谱线非常不明显，因为根据 XPS 测试给出的结果，N 元素的原子百分比只有 1%左右，但是也能够说明样品的 TiO_2 晶

格中掺入了 N 元素。图 20-5(b)是 N 1s 谱线的详细信息，可以看到 N 1s 的结合能为 399.5 eV，这说明 N 元素以 Ti—O—N 的形式存在，这与已经报道过的研究结果[14]是一致的。

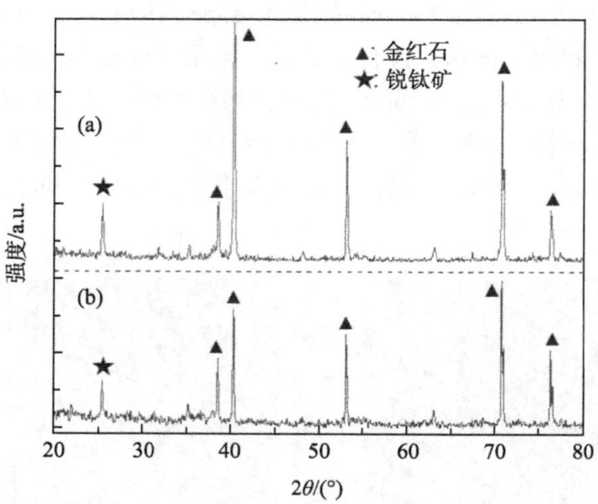

图 20-4　TNT 样品(a)与 N-TNT 样品(b)的 XRD 图谱

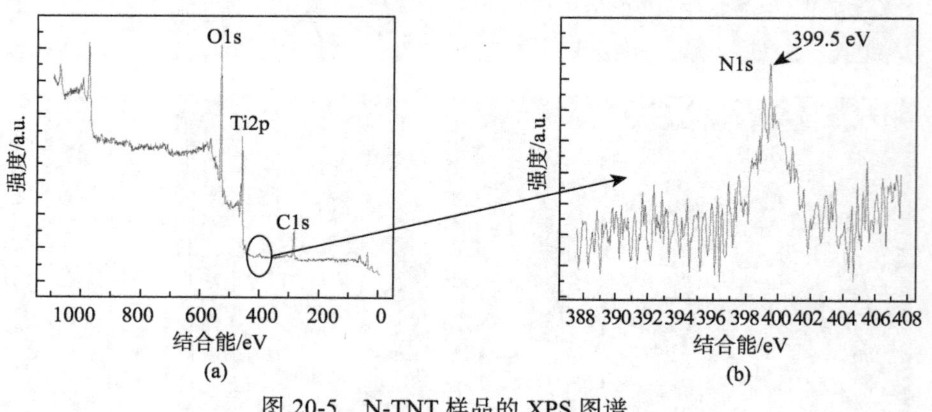

图 20-5　N-TNT 样品的 XPS 图谱

综合本工作中各个研究的结果，我们可以确定 N-TNT 样品中确实存在 N 元素掺杂，即通过 Ti 金属离子渗氮处理结合阳极氧化的手段，确实成功制备了 N 掺杂的 TiO_2 纳米管阵列。

20.3　氮掺杂 TiO_2 纳米管阵列的性能

本节主要对未掺杂和掺杂了 N 元素的 TiO_2 纳米管阵列，即编号为 TNT 和

N-TNT 的样品进行了各种性能的测试和对比，并给出了它们性能为何存在差异的合理解释。

20.3.1　TNT 和 N-TNT 样品的光学性能

本研究对 TNT 和 N-TNT 两种样品的光学性能进行了测试并加以对比，结果如图 20-6 所示。图 20-6(a)是两种样品的紫外-可见漫反射谱线图，可见 TNT 样品的紫外-可见漫反射谱线与传统的 TiO_2 材料的很像，在紫外光波段具有较强的吸收率，但是在 400 nm 左右以后的波段吸收率迅速下降，这说明 TNT 样品的光学性能与传统的 TiO_2 材料的类似，对紫外光的吸收较强但对可见光吸收很弱。N-TNT 样品的谱线则明显向红外波段进行了移动，这说明 N-TNT 样品对可见光的吸收比 TNT 样品的强。

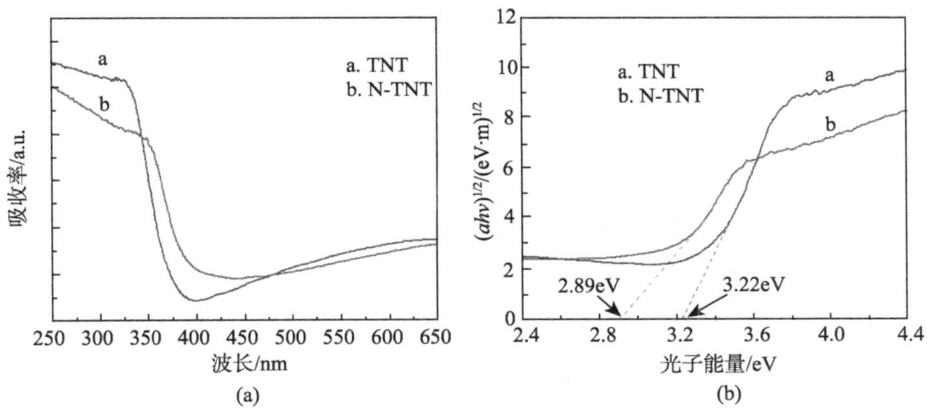

图 20-6　TNT 样品(a)和 N-TNT 样品(b)的紫外-可见漫反射光谱图

根据 Kubelka-Munk 方程：$\alpha h\nu = \mathrm{const}(h\nu - E_g)^2$ 可以作出 $(\alpha h\nu)^{1/2}$ 与 $h\nu$ 的关系曲线，其中，$\alpha=(1-R)^2/2R$，$R=10^{-A}$，A 为漫反射谱中样品的吸收系数。根据 Kubelka-Munk 方程和图 20-6(a)的谱线图，作出了图 20-6(b)，得到了 TNT 和 N-TNT 两种样品各自的能带宽度值。TNT 样品的能带宽度值为 3.22 eV，与锐钛矿的能带宽度一致；而 N-TNT 样品的能带宽度值为 2.89 eV，比 TNT 样品的明显减小。这意味着 N-TNT 样品对光的吸收范围比 TNT 样品要大，能够吸收可见光的能量。

20.3.2　TNT 和 N-TNT 样品的光催化性能

从 20.3.1 节对 TNT 和 N-TNT 样品光学性能的考察中发现，N-TNT 样品的能带宽度因为 N 元素掺杂而减小了，这可能导致它能够吸收可见光进而具备在可见光下的光催化能力。本小节分别考察了 TNT 和 N-TNT 样品在紫外和可见光照射下的光催化性能，以它们在紫外和可见光照射下光催化降解有机污染物的能力强弱作为评价标准。

1. 紫外光照射下 TNT 与 N-TNT 样品光催化性能的比较

考察了 TNT 与 N-TNT 两种样品在紫外光照射下的光催化性能，以溶液中的亚甲基蓝含量为纵坐标，辐照时间为横坐标，作出了亚甲基蓝含量随光照时间变化的曲线，如图 20-7 所示。结果表明，经过 5 h 的紫外光照射，在没有放置任何样品的溶液中，亚甲基蓝的含量几乎没有变化；TNT 样品将溶液中的亚甲基蓝几乎全部降解完毕，N-TNT 样品的表现比 TNT 样品的稍差，只降解掉 80%左右的亚甲基蓝。这个结果与两者的 DRS 曲线的结果保持一致，TNT 样品对紫外光的吸收确实强于 N-TNT 样品。注意到两者 XRD 的结果，N-TNT 样品的结晶化程度可能因为氮元素掺杂而不如 TNT，这可能是 N-TNT 样品的紫外光吸收能力弱于 TNT 样品，进而导致紫外光下的光催化能力弱于 TNT 样品的原因。

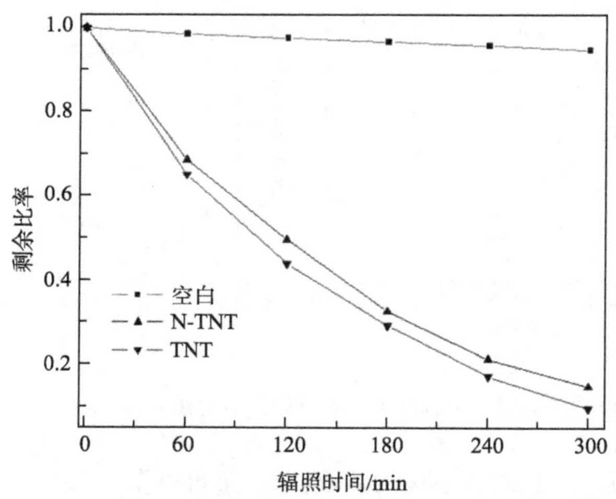

图 20-7　紫外光照射下 TNT 与 N-TNT 光降解体系中亚甲基蓝含量随时间的变化

2. 可见光照射下 TNT 与 N-TNT 样品光催化性能的比较

考察了 TNT 与 N-TNT 样品在可见光照射下的光催化性能。同上面采用的方法类似，这里考察了二者在可见光照射下光催化降解亚甲基蓝的能力强弱，以此来判断二者在可见光照射下的光催化性能。使用同样的方法，作出了图 20-8。结果表明，经过 5 h 的可见光照射，没有放置任何光催化剂的溶液中，亚甲基蓝的含量变化很小；TNT 样品所在的溶液中的亚甲基蓝还剩下 80%以上，而 N-TNT 样品降解了溶液中 75%左右的亚甲基蓝。这说明在可见光的照射下，TNT 样品光催化活性非常差，与此同时，N-TNT 样品则表现出较优秀的可见光光催化活性，这个结果与两者的紫外-可见吸收谱的结果同样保持一致。

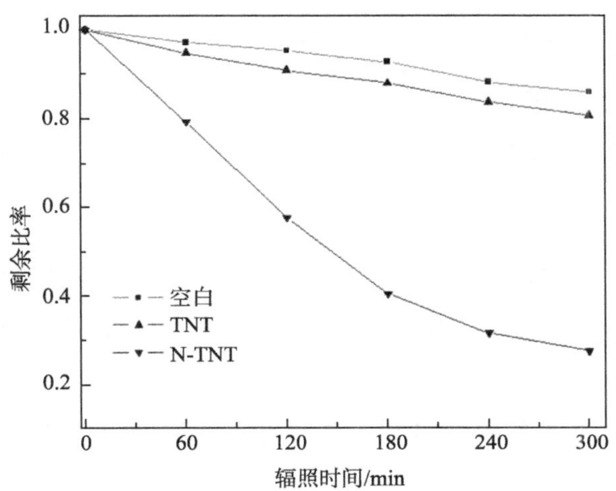

图 20-8　可见光照射下 TNT 与 N-TNT 光降解体系中亚甲基蓝含量随时间的变化

20.3.3　TNT 和 N-TNT 样品的光电性能

在可见光照射下，N-TNT 样品显现出比 TNT 样品高得多的光催化活性。通常材料表面的光生载流子迁移率可以在一定程度上反映材料光催化活性的强弱，那么在可见光的照射下，N-TNT 样品是否也比 TNT 样品的光生载流子迁移率高呢？在本研究中就采用与前面研究工作中相同的电化学体系，分别对二者进行了可见光下光生电流响应的测试，结果如图 20-9 所示。测试结果表明，N-TNT 样品在相同条件的可见光照射下产生的光生电流值是 TNT 样品的两倍多，这意味这 N-TNT 样品表面的光生载流子迁移率远高于 TNT。具体到本研究中，光生电流的提高意味着 N-TNT 样品对可见光的吸收比 TNT 样品强，同时也有可能是 N-TNT 样品光生电子-空穴对的复合率比 TNT 样品的低，这个结果也验证了为何在可见光下 N-TNT 样品的光催化活性远强于 TNT 样品。

综合以上的各个研究结果，对于在可见光下 N-TNT 样品的光催化活性远强于 TNT 样品的原因，可以推断如下：N 元素的掺杂引起的 TiO_2 的晶格畸变，使得 N-TNT 样品对可见光的吸收强于未经掺杂的 TNT 样品，在可见光的照射下，N-TNT 样品比 TNT 样品能够产生更多的光生载流子参与光催化反应，因而 N-TNT 样品在可见光下的光催化活性比 TNT 样品强得多。

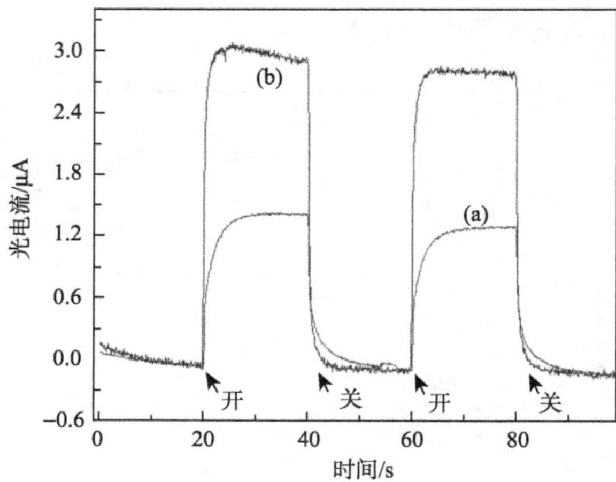

图 20-9　可见光照射下 TNT 样品(a)和 N-TNT 样品(b)的光生电流曲线

参 考 文 献

[1] Ghicov A, Schmidt B, Kunze J, et al. Photoresponse in the visible range from Cr doped TiO_2 nanotubes. Chem. Phys. Lett., 2007, 433(4-6): 323-326.

[2] 李静，云虹，林昌健. 铁掺杂 TiO_2 纳米管阵列对不锈钢的光生阴极保护. 物理化学学报，2007, 23(12):1886-1892.

[3] Tsuchiya H, Berger S, Macak J M, et al. Self-organized porous and tubular oxide layers on TiAl alloys. Electrochem. Commun., 2007, 9(9): 2397-2402.

[4] Zhang W Y, Li G Z, Li Y N, et al. Fabrication of TiO_2 nanotube arrays on biologic titanium alloy and properties. Trans. Nonferrous Met. Soc. China, 2007, 17(S1): S692-S695.

[5] Ghicov A, Macak J M, Tsuchiya H, et al. Ion implantation and annealing for an efficient N-doping of TiO_2 nanotubes. Nano Lett., 2006, 6(5): 1080-1082.

[6] Vitiello R P, Macak J M, Ghicov A, et al. N-doping of anodic TiO_2 nanotubes using heat treatment in ammonia. Electrochem. Commun., 2006, 8(4): 544-548.

[7] Shankar K, Tep K C, Mor G K, et al. An electrochemical strategy to incorporate nitrogen in nanostructured TiO_2 thin films:Modification of bandgap and photoelectrochemical properties. J. Phys. D: Appl. Phys., 2006, 39(11): 2361-2366.

[8] Kim D, Fujimoto S, Schmuki P, et al. Nitrogen doped anodic TiO_2 nanotubes grown from nitrogen-containing Ti alloys. Electrochem. Commun., 2008, 10(6): 910-913.

[9] Hahn R, Ghicov A, Salonen J, et al. Carbon doping of self-organized TiO_2 nanotube layers by thermal acetylene treatment. Nanotechnology, 2007, 18(10): 105604.

[10] Shankar K, Paulose M, Mor G K, et al. A study on the spectral photoresponse and photoelectrochemical properties of flame-annealed titania nanotube-arrays. J. Phys. D: Appl. Phys., 2005, 38(18): 3543-3549.

[11] Mohapatra S K, Misra M, Mahajan V K, et al. A novel method for the synthesis of titania nanotubes using sonoelectrochemical method and its application for photoelectrochemical

splitting of water. J. Catal., 2007, 246(2): 362-369.

[12] Xu C K, Shaban Y A, Ingler Jr W B, et al. Nanotube enhanced photoresponse of carbon modified(CM)-n-TiO_2 for efficient water splitting. Sol. Energy Mater. Sol.Cells, 2007, 91(10): 938-943.

[13] Tang X H, Li D Y. Sulfur-doped highly ordered TiO_2 nanotubular arrays with visible light response. J. Phys. Chem. C, 2008, 112(14): 5405-5409.

[14] Di Valentin C, Finazzi E, Pacchioni G, et al. N-doped TiO_2: Theory and experiment. Chem. Phys., 2007, 339: 44-56.

第 21 章　静电纺丝法制备高光催化活性的 TiO_2-Bi_2WO_6 纳米异质纤维

21.1　引　　言

TiO_2 所具有的优异光催化性能引起了众多研究者的兴趣，也是目前研究最多的光催化剂。一般认为，虽然 TiO_2 的光催化性能优于大多数金属氧化物，但进一步克服或改善其固有的两个缺陷可以使光催化性能得到进一步提升：①锐钛矿 TiO_2 的宽带隙(3.20 eV)使得其只能吸收波长小于 387 nm 的紫外光，这造成了对自然界太阳光利用率的低下；②极高的光生电子-空穴复合效率，使得光生电子-空穴很大一部分不能参与光催化反应[1]。将 TiO_2 与其他半导体复合并形成异质结构已被证明是一种解决上述两个问题的有效办法。例如，当 TiO_2 与宽禁带半导体(如 ZnO 和 SnO_2)复合时，光生电子-空穴可以在两种半导体的能级之间相互传输，从而达到增加光生电子-空穴分离时间、抑制其复合的目的[2]。而当 TiO_2 与一种窄禁带半导体(如 CdS 和 Cu_2O)复合时，可以在提高光生电子-空穴分离效率的同时达到吸收可见光的目的[3]，可见这种复合方式能在两方面提高 TiO_2 的光催化性能，但要达到这种效果，与 TiO_2 复合的半导体能级要达到两个要求：①其禁带宽度小于 TiO_2，能吸收可见光；②导带和价带必须高于 TiO_2。满足这两个条件时，复合物半导体与 TiO_2 之间能够发生协同作用：复合物半导体吸收可见光，产生光生电子-空穴，光生电子能够从复合物半导体的导带注入 TiO_2 的导带，同时 TiO_2 产生的光生空穴从其价带注入复合物半导体的价带，以此达到分离光生电子-空穴的目的，提高光催化效率。

随着研究的深入，结构简式如同 $Bi_2A_{n-1}B_nO_{3n+3}$(A=Ca, Sr, Ba, Pb, Bi, Na, K; B=Ti, Nb, Ta, Mo, W, Fe)的层状钙钛矿结构由于独特的性能和广泛的应用前景开始引起人们的注意。在这些化合物中，Bi_2WO_6(BWO)是最为简单的一种。大量的研究发现，它在可见光下具备优异的光催化性能[4-6]。例如，Zhang 等[7] 通过低温燃烧合成法(LCS)成功制备出粒径在 30 nm 左右的 BWO 纳米颗粒，并且通过可见光(λ> 420 nm)催化降解罗丹明 B 的实验发现，相比于固态反应法(SSR)，LCS 法制备出的 BWO 表现出更好的光催化性能。Ren 等[8]采用水热法制备出 Ag-BWO 纳米复合材料，由于贵金属和半导体的协同作用，其光催化性能得到了很大的改善。

静电纺丝法是一种制备 TiO_2 多晶纳米纤维的有效方法，产物具有多孔疏松结构，其大比表面积及可固定性很适合光催化应用，并且也提供了一个框架用于半导体复合。本章试图通过溶剂热法制备出粒径足够小，可见光下光催化活性高的 BWO 纳米颗粒，并通过静电纺丝法将其与 TiO_2 复合，得到能在紫外光和可见光下同时响应，光生载流子分离效率高的 TiO_2-BWO 纳米异质纤维新型光催化剂。

21.2　Bi_2WO_6-TiO_2 复合纳米纤维的制备

Bi_2WO_6(BWO)纳米颗粒的制备：采用溶剂热法制备 BWO 纳米颗粒。0.97g $Bi(NO_3)_3·5H_2O$ 和 0.33 g $Na_2WO_4·2H_2O$ 混合加入到 30 mL 乙二醇溶剂中，混合液在室温下搅拌 5～6 h 后形成均匀澄清溶液，然后将澄清溶液加入到 50 mL 内衬为聚四氟乙烯的高压反应釜中，升温至 180 ℃保持 24 h，其中升温速率为 1 ℃/min。待反应完成后，让反应釜自然冷却至室温，将生成物依次用水洗、酒精洗，最后在空气中 80 ℃干燥，便可得到 BWO 纳米颗粒。

TiO_2-BWO 纳米异质纤维的制备：采用静电纺丝法制备 TiO_2-BWO 纳米异质纤维。1 g 钛酸四丁酯加入到 40 mL 乙醇和 10 mL 乙酸的混合溶液中，然后缓慢加入 4 g polyvinylpyrrolidone (PVP)，室温下搅拌几小时直至 PVP 完全溶解。为了制备不同配合比例的 TiO_2-BWO 纳米异质纤维，分别将 0 mg，15mg，50 mg 和 123 mg BWO 纳米颗粒分散于上述溶液中，使得 BWO 在纳米纤维中所占重量百分比为 0 wt %，5 wt %，15 wt %和 30 wt %。将反应前驱液注入容量为 5 mL 的塑料注射器中(不锈钢针尖的内径为 0.4 mm)进行电纺实验，所采用的最佳参数：电纺电压为 12 kV，注射器针尖距离收集器 100 mm，注射器的推液速率为 1 mL/h，为了制备出连续的纳米纤维，将铝箔包裹在旋转柱体上作为收集器(转速为 1000 r/min)。电纺完成后，将样品在 500 ℃下煅烧 5 h(升温速率为 2 ℃/min)，以除去纳米纤维中的 PVP，然后在 600 ℃下退火 10 min，提高样品结晶化程度。

21.3　Bi_2WO_6-TiO_2 复合纳米纤维的形貌结构表征

所有样品(原始 TiO_2 电纺纤维，BWO 及三组复合样品)的 XRD 图谱如图 21-1 所示。可以看出，所有样品都具有良好的结晶度。BWO 的 XRD 图谱显示，在衍射角分别为 28.3°, 32.7°, 47.1°, 55.8°和 58.5°出现特征峰，与晶格点阵常数 a=5.457 Å，b=5.436 Å，c=16.435 Å 的钨铋矿型 BWO 对应。将不同 BWO 含量所制备的 TiO_2 + BWO 的静电纺纤维进行煅烧退火处理后，发现 TiO_2 为锐钛矿+金红石混晶相，而与煅烧后颗粒尺寸略有增大的纯 BWO 相比，在 TiO_2-BWO 纳米异质纤维中的 BWO 颗粒尺寸没有增大。这是由于电纺纤维中的 PVP 抑制了 BWO 纳米颗粒的长大。

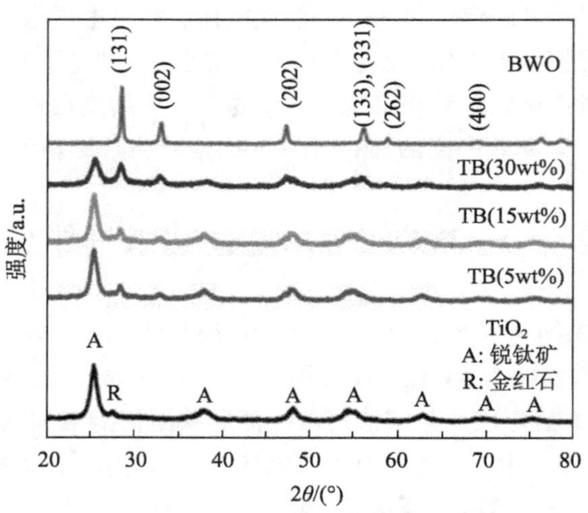

图 21-1　所有样品的 XRD 图谱

图 21-2 为电纺纳米纤维的 SEM 形貌图。由图可见，不同配合比的纳米纤维直径大致相同，都在 100 nm 左右的范围内。对于纯 TiO_2 纳米纤维，其表面光滑平整，而当与 BWO 复合形成纳米异质纤维后，其表面变得粗糙不平。

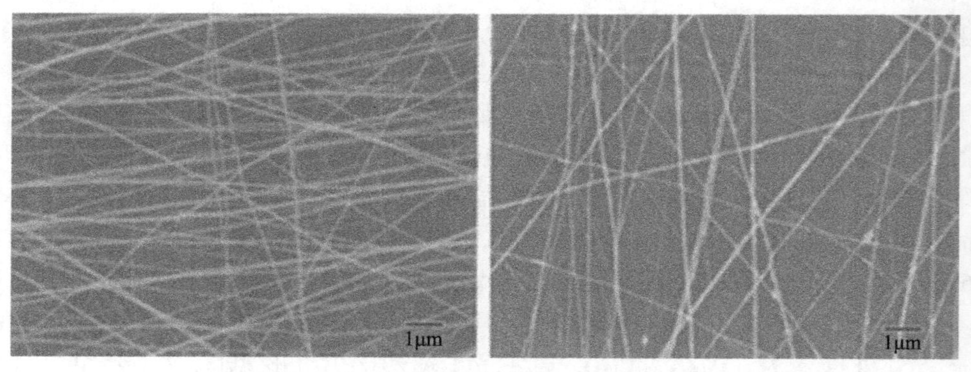

图 21-2　电纺纳米纤维的 SEM 形貌图

与此同时，我们采用 TEM 对 BWO 纳米颗粒以及纳米异质纤维的微观形貌和结构进行分析与表征。图 21-3(a)为 BWO 纳米颗粒的低倍 TEM 照片。观察显示，BWO 纳米颗粒的粒径均匀分布在 10～15 nm 的范围内，这与由谢乐公式计算 XRD 图谱中基于(131)衍射峰的晶粒尺寸 13 nm 基本一致。选区电子衍射花样结果与 XRD 一样，显示出 BWO 纳米颗粒为钨铋矿型结构。图 21-3(d)为煅烧退火处理后的 TiO_2 + 15 wt%BWO 样品的 TEM 照片。研究发现，在 SEM 图片中所出现的粗糙不平是由于在纤维表面出现开裂的状况，这种开裂结构很像树干刚刚开始萌发枝叶时的结构。我们认为这是因为 TiO_2 和 BWO 纳米颗粒的热传导率不同，在电纺纤维烧结退火过程中，热扩散不均匀，大量热量集中在 BWO 存在的地方，最终导致这些位置出现开裂。EDS 面扫描表征证实在这些开裂位置的确存在大量 BWO 纳米颗粒，如图 21-3(e)所示。同时，我们通过对开裂位置进行 HRTEM 表征可以看出，TiO_2 与 BWO 纳米颗粒间形成良好的接触，从而形成良好的异质结，使得光生载流子可以在两种半导体界面发生有效分离，提高光催化效率。

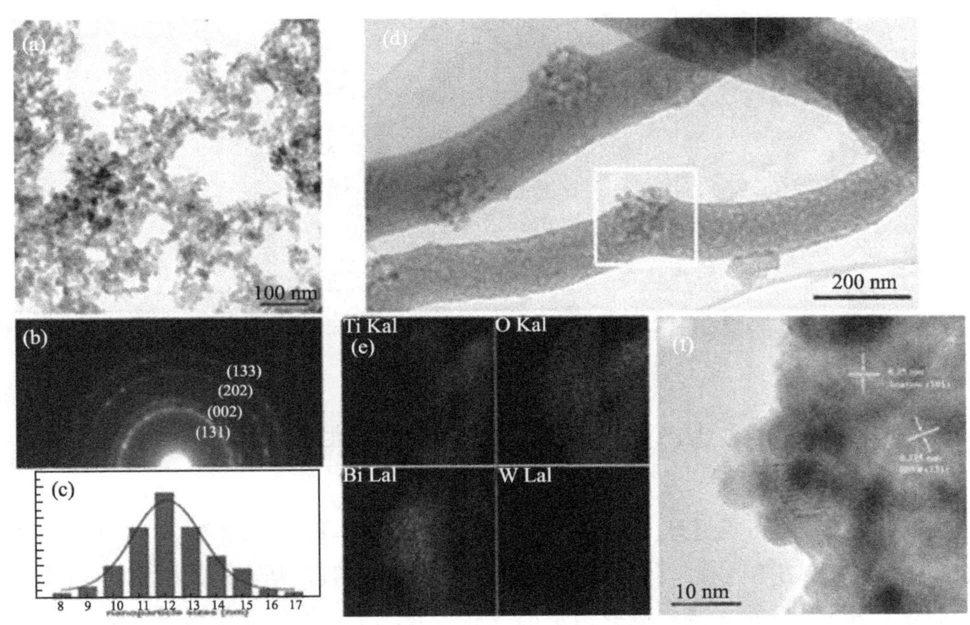

图 21-3　(a) BWO 纳米颗粒的低倍 TEM 图像；(b) TEM 图像对应的衍射花样；(c)粒径分布；(d)BWO-TiO_2 复合异质纤维的 TEM 图像；(e) EDS 面扫描；(f) BWO-TiO_2 复合异质纤维的 HRTEM 图像

相对于纯 TiO_2 纳米纤维而言，TiO_2-BWO 纳米异质纤维的这种表面开裂结构可以在很大程度上提高其比表面积，从而提高其表面吸附能力。我们知道，吸附是光催化过程中的一个重要步骤，而影响光催化剂吸附能力的关键因素就是其比表面积的大小。对不同 BWO 含量的纳米异质纤维进行 BET 比表面积测试，表 21-1 列出了 BET 比表面积的测试结果。可以看出，随着 BWO 含量的增加，纤维的比表面积依次增加。同时，将光催化样品置于亚甲基蓝溶液中在黑暗环境下不断搅拌进行吸附实验，如图 21-4 所示。从吸附曲线可看出，样品的吸附性也同样随着 BWO 含量的增加而增强，例如，BWO 含量为 30 wt%的样品在 1 h 内的吸附量约为纯 TiO_2 样品的两倍，这也从侧面证明纤维中的开裂结构导致比表面积的增大。

表 21-1　所有光催化剂的比表面积

	TiO_2	TB 5 wt%	TB15 wt %	TB30 wt %	BWO
比表面积/(m^2/g)	58.81	61.12	64.54	67.02	45.11

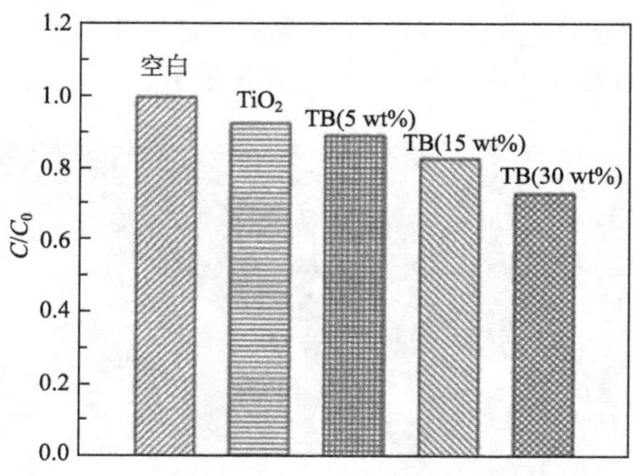

图 21-4　不同光催化剂对亚甲基蓝的暗吸附曲线

21.4　Bi_2WO_6-TiO_2复合纳米纤维的光催化性能

图 21-5(a)为不同组分 TiO_2 + BWO 复合电纺纳米纤维的紫外-可见漫反射谱。显然，纯 TiO_2 纳米纤维的吸收谱线截止于 400 nm 左右，基本不能吸收可见光进行光催化。纯 BWO 纳米颗粒吸收谱线的吸收边界几乎拓展到整个可见光波段，表明它在可见光波段下具有良好的光催化性能。而对于 TiO_2 + BWO 复合电纺纳米纤维，则在紫外光和可见光下都有良好的吸收，并且随着 BWO 含量的增加，可见光波段下的吸收逐渐增强。

根据 TiO_2 纳米纤维、BWO 纳米颗粒的紫外-可见漫反射谱和 Kubelka-Munk 方程：

$$\alpha h\nu = \text{const}(h\nu - E_g)^2$$

作出 TiO_2 和 BWO 的$(\alpha h\nu)^{1/2}$与 $h\nu$关系曲线，其中，$\alpha = (1-R)^2/2R$，R=10−A，A 为漫反射谱中样品的吸收系数。如图 21-5(b)所示，曲线在拐点处的切线与图像横坐标轴的交点值即为样品对应的能带宽度 E_g。由图可见，TiO_2 纳米纤维的能带宽度约为 3.10 eV, BWO 纳米颗粒的能带宽度为 2.75 eV，这与文献报道一致。

图 21-5(c)是不同组分 TiO_2 + BWO 复合电纺纳米纤维在紫外-可见光下对亚甲基蓝溶液的降解曲线。结果显示，纯 BWO 纳米颗粒在 3 h 降解了大约 40%的亚甲基蓝，TiO_2 纳米纤维则降解了 75%左右。而对于 TiO_2-BWO 复合纳米异质纤维，它

们都表现出更好的光催化性能，这其中 TB15 的性能最好，它在 3 h 内基本将相同浓度的亚甲基蓝溶液完全降解。从 $\ln(C/C_0)$-t 曲线图(图 21-5(d))可以看出，$\ln(C/C_0)$与光照时间基本呈线性关系，TiO_2 纳米纤维的光催化反应常数 k 为 0.0079 min^{-1}，而 BWO 含量为 15 wt%样品的反应常数高达 0.0231 min^{-1}，显示其光催化效率提高了两倍左右。

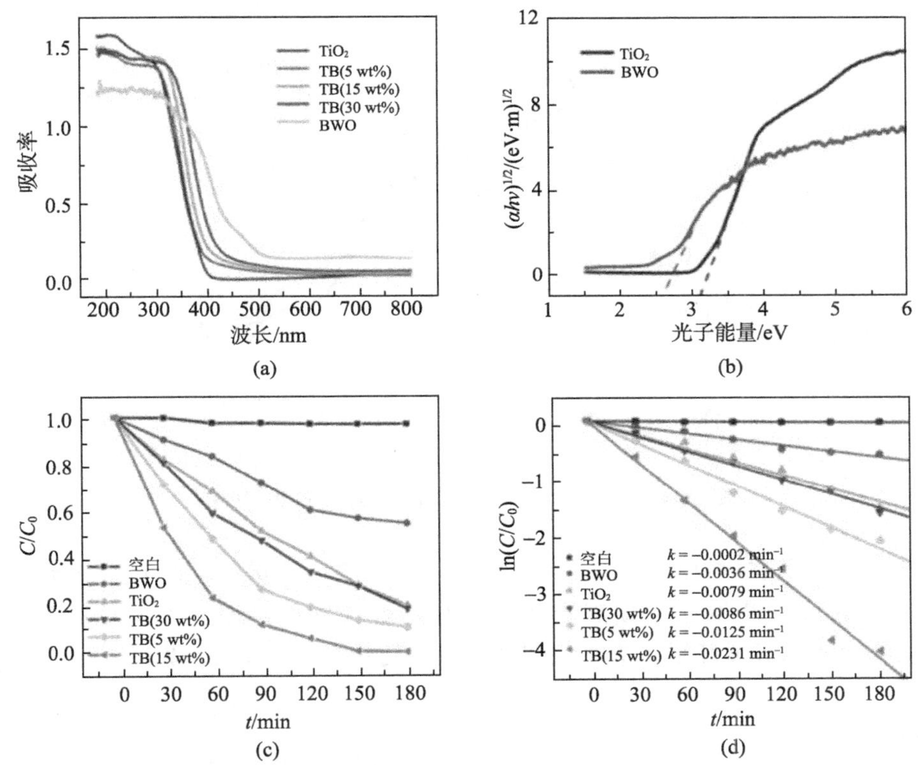

图 21-5　(a)所有光催化样品的紫外-可见漫反射谱；(b) 能带计算图；(c)和(d)降解亚甲基蓝曲线

21.5　Bi_2WO_6-TiO_2 复合纳米纤维的光催化降解机理

将光催化曲线与前面的光催化剂吸附曲线比较，发现并不是吸附性最好的样品光催化性能最好。这是因为吸附是光催化过程中的一个重要但并不是唯一的因素，相较而言，光生载流子的产生以及光生电子-空穴对的分离效率对光催化性能的影响更大。我们利用 325 nm 的激发光对不同组分 TiO_2 + BWO 复合电纺纳米纤维的测试显示，BWO 含量为 15 wt %的样品的荧光发射(PL)光谱强度最低，如图 21-6 所示。也就是说，它在光照下所产生的光生载流子体内复合效率是最低的。因此，综合光催化剂的吸附能力、光生载流子的产生以及分离效率三方面的因素，可以发现在我们所选择的配比组分中，TiO_2 + 15 wt%BWO 复合电纺纳米纤维的光催化性能是最为优异的。

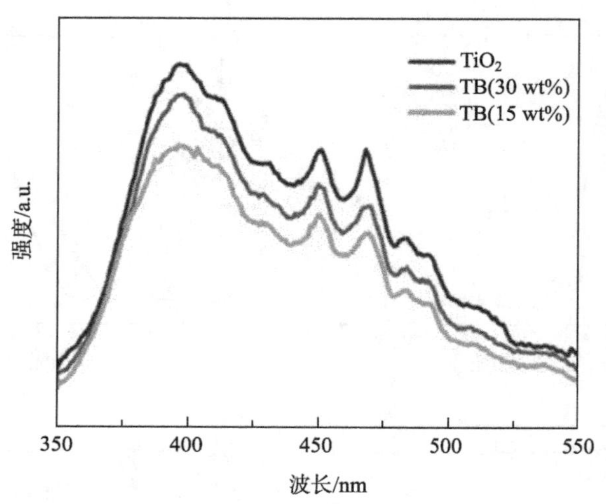

图 21-6　TiO_2, TB15 wt%和 TB30 wt%的 PL 光谱

如前所述，BWO 纳米颗粒的带隙宽度仅为 2.75 eV。因此，在可见光激发下，BWO 同样可以产生光生载流子并且具有足够的氧化还原能力，也就是说，TiO_2-BWO 纳米异质纤维在紫外-可见光下具有两种光催化模式，如图 21-7 所示。

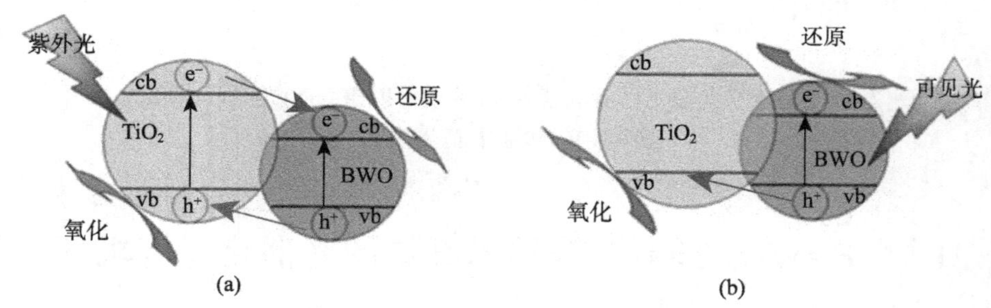

图 21-7　TiO_2-BWO 异质结的光生载流子分离示意图

(a)紫外模式；(b)可见光模式

(1) 紫外模式。当紫外光照射在样品上时，TiO_2 和 BWO 价带上的电子同时激发到各自导带，同时在价带上产生空穴。由于 TiO_2 和 BWO 的能级较为匹配，TiO_2 导带上的电子容易转移到 BWO 的导带，而 BWO 价带上的空穴则可转移到 TiO_2 的

价带上，从而提高了光生载流子的分离效率。

(2) 可见光模式。与紫外模式不同的是，TiO_2 在可见光的照射下并不能受激产生光生载流子，而 BWO 价带上的电子可跃迁到导带，形成电子-空穴对。此时 BWO 价带上的空穴同样可转移到 TiO_2 的价带上，从而实现光生载流子的分离，提高光催化效率。

参 考 文 献

[1] Zhang J, Pan C, Fang P, et al. Mo + C codoped TiO_2 using thermal oxidation for enhancing photocatalytic activity. ACS Applied Materials & Interfaces, 2010, 2: 1173-1176.

[2] Zhang Q, Fan W, Gao L. Anatase TiO_2 nanoparticles immobilized on ZnO tetrapods as a highly efficient and easily recyclable photocatalyst. Applied Catalysis B: Environmental, 2007, 76: 168-173.

[3] Banerjee S, Mohapatra S K, Das P P, et al. Synthesis of coupled semiconductor by filling 1D TiO_2 nanotubes with CdS. Chemistry of Materials, 2008, 20: 6784-6791.

[4] Alfaro S O, Cruz A M. Synthesis, characterization and visible-light photocatalytic properties of Bi_2WO_6 and $Bi_2W_2O_9$ obtained by co-precipitation method. Appl. Catal. A, 2010, 383: 128-133.

[5] Shang M, Wang W, Ren J, et al. A practical visible-light-driven Bi_2WO_6 nanofibrous mat prepared by electrospinning. J. Mater. Chem., 2009, 19: 6213-6218.

[6] Shang M, Wang W. Sun S, et al. Bi_2WO_6 nanocrystals with high photocatalytic activities under visible light. J. Phys. Chem. C, 2008, 112: 10407-10411.

[7] Zhang Z, Wang W, Shang M, et al. Low-temperature combustion synthesis of Bi_2WO_6 nanoparticles as a visible-light-driven photocatalyst. J. Hazard. Mater., 2010, 177: 1013-1018.

[8] Ren J, Wang W, Sun S, et al. Enhanced photocatalytic activity of Bi_2WO_6 loaded with Ag nanoparticles under visible light irradiation. Appl. Catal. B, 2009, 92(1): 50-55.

第 22 章　TiO_2/石墨烯复合材料的制备及其光催化性能

22.1　引　　言

基于纳米二氧化钛(TiO_2)的光催化技术是 20 世纪 70 年代发现并逐渐发展起来的。TiO_2 基光催化材料具有生产工艺简单、成本低廉、无二次污染、无毒无刺激性、净化效率高、能广谱净化有机污染物和杀灭各种有害细菌等突出特点。经过多年的快速发展，基于纳米 TiO_2 基光催化材料的光催化环保技术和净化器日趋成熟，并开始得到广泛应用。纳米 TiO_2 光催化空气自清洁净化原理是：当 TiO_2 受到紫外或可见光照射时，价带的电子(e^-)被激发到导带，并在价带留下空穴(h^+)。由光激发产生的电子(e^-)可直接还原有机污染物；而光激发产生的空穴(h^+)能够氧化有机污染物。这两个反应几乎能将所有的有机污染物、氮氧化物、硫氧化物、卤化物等，以及各种细菌、真菌、霉菌等进行分解，转变为无害的 H_2O 分子或 CO_2 分子，达到空气和污水净化的目的。高性能 TiO_2 光催化材料已成为国际研究热点，光催化技术能对有毒、有害气体和细菌进行深度降解，达到无害化处理，是未来环境净化的主流技术之一[1]。

TiO_2 基光催化材料存在的主要问题是：①TiO_2 半导体的能带结构(E_g = 3.2 eV)决定其只能吸收利用紫外光，难以采用可见光驱动光催化；②TiO_2 的电子-空穴对分离率低、光生载流子浓度低，导致其光催化效率低；③光催化反应机理尚不十分明确，使得改进和开发新型高效，特别是可见光敏感光催化材料的研究工作盲目性大；④TiO_2 粉末难于回收，传统的负载型 TiO_2 薄膜与基体的结合力不牢固，易脱落，不利于长期使用，且会造成二次污染[2, 3]。

根据上述光生电子-空穴迁移的原理，可以从以下两个方面提高 TiO_2 的光催化效率：①提高光生电子-空穴的产生效率；②降低光生电子-空穴的复合效率。例如，通过在 TiO_2 表面吸附电子受体或者供体的办法，来促进界面电荷的迁移与俘获过程，一般利用 TiO_2 与其他的半导体材料进行复合，来减少光生电子-空穴的复合；再如，通过对 TiO_2 进行非金属掺杂，可以提高 TiO_2 晶体对光子的吸收效率，达到提高光生电子-空穴产生率的目的[4-7]。

由于石墨烯优异的物理、化学和力学性能，特别是高比表面积(2630 m^2/g)、单层石墨烯的高透光率(98%)、高室温热导率(5000 W/(m·K))和高电子迁移率(200000 cm^2/(V·s))、高抗拉强度(125 GPa)和高弹性模量(1.1 TPa)等，将其作为添加剂与半导体材料进行复合，制备用于光催化领域的石墨烯/半导体复合材料已经越来越受到重视。例如，Zhang 等[8]采用水热法制备出了 P25(TiO_2)/还原氧化石墨烯(RGO)复合材料，通过降解亚甲基蓝(MB)溶液展现出石墨烯基复合材料优异的光催化活性。这项开创性的工作带动了石墨烯基光催化复合材料从制备、修饰到应用等方面的广泛研究。到目前为止，已经开发出的石墨烯/半导体复合材料有石墨烯/TiO_2，石墨烯/ZnO，石墨烯/Bi_2WO_4，石墨烯/MoS_2[9-15]。

本章率先开展了石墨烯/TiO_2 复合材料体系的制备及其在光催化领域中的应用，提出了一些新颖的复合制备方法，得到了好的实验结果，发表了多篇论文。其中 2011 年发表在 *Journal of Materials Science* 上的论文至今已被引用 200 多次，并且从 2012 年至今一直位于 ESI 高被引论文行列。下面对热处理制备石墨烯/TiO_2 复合材料及其可见光催化性能，以及高催化活性的石墨烯/TiO_2 层状复合材料等研究内容分别进行详细论述[16, 17]。

22.2　热处理法制备具有高光催化性能的石墨烯/TiO_2 复合材料

实验材料的选择：本实验利用化学剥离法制备氧化石墨烯，并与 TiO_2 纳米颗粒进行复合，其中所用到的实验材料及药品如表 22-1 所示。

表 22-1　石墨烯/TiO_2 光催化复合材料制备所需的原料

样品名称	规格	来源
石墨粉	分析纯	上海国药
$K_2S_2O_4$	分析纯	上海国药
P_2O_5	分析纯	上海国药
浓硫酸	N/A	上海国药
$KMnO_4$	分析纯	上海国药
TiO_2	P25	Degussa
无水乙醇	分析纯	上海国药
氩气	99.99%	武汉翔云

22.2.1　石墨烯/TiO_2 光催化复合粉体的制备

(1) 采用前述化学剥离法制备出石墨烯氧化物。

(2) 将 10 mg 石墨烯氧化物和 90 mg TiO_2 纳米颗粒加入到 100 mL 蒸馏水中，超声分散 1 h 时，离心并在 30 ℃下干燥。然后，将得到的混合物放入管式炉中，并在氩气气氛保护下 300 ℃热处理 1 h。在石墨烯氧化物高温还原成石墨烯的过程中使 P25 纳米颗粒与石墨烯复合。最终得到石墨烯/TiO_2光催化复合粉体。

22.2.2　石墨烯/TiO_2光催化复合薄膜的制备工艺

(1) 采用旋转涂覆法，依次交替制备大面积均匀的氧化石墨烯与 TiO_2 纳米颗粒复合薄膜。通过控制氧化石墨烯和 TiO_2 纳米颗粒的浓度、旋转涂覆的转速来调节每一层薄膜厚度和比例。

(2) 将制备好的层状复合薄膜放置于紫外灯下照射 2～3 h。在此过程中，TiO_2产生的光生电子能将氧化石墨烯还原成石墨烯[18]，最终形成石墨烯/TiO_2层状复合材料。

22.3　热处理法制备石墨烯/TiO_2复合粉体及其可见光光催化性能

利用热处理法制备石墨烯/TiO_2 复合材料的基本思路和原理是：在热处理还原氧化石墨烯的过程中，同时加入 P25(TiO_2) 纳米颗粒，使得石墨烯在还原过程中与 P25 颗粒进行复合。该方法的主要特点是，由于热处理过程中氧化石墨烯表面官能团的裂解，部分碳(C)原子进入 TiO_2表面晶格，形成局部 C 掺杂，从而显著提高该复合材料的可见光催化效率。

22.3.1　石墨烯/TiO_2复合粉体的微结构特征

图 22-1 分别为石墨烯/TiO_2复合材料的 X 射线衍射(XRD)图谱、高分辨透射电镜(HRTEM)图和傅里叶变换红外光谱(FTIR)表征图。可以明显看出，TiO_2纳米颗粒均匀分布在石墨烯表面。红外光谱显示位于 1045 cm^{-1} 的 C-O 振动峰，1250 cm^{-1} 左

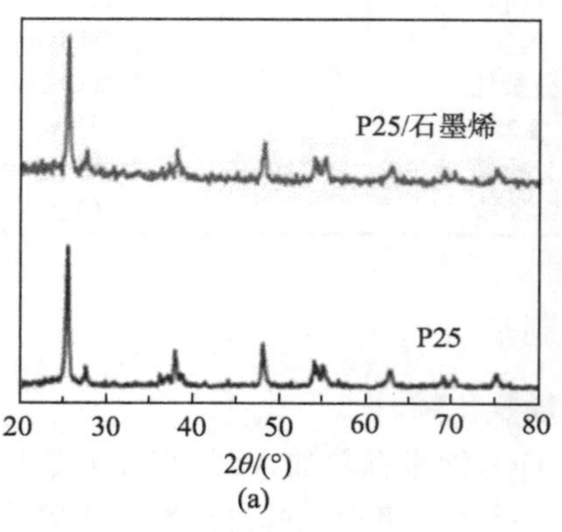

(a)

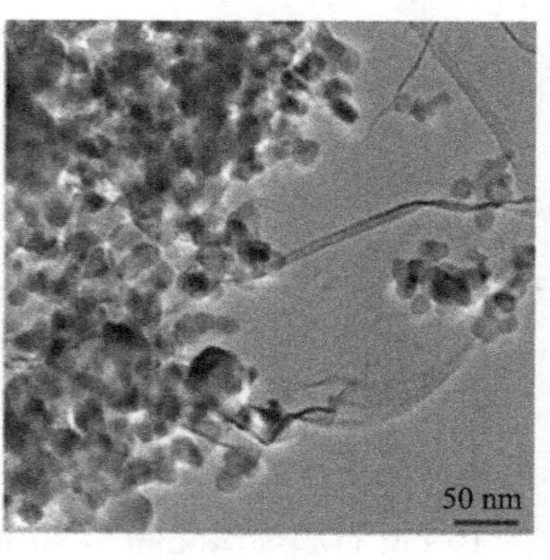

(b)

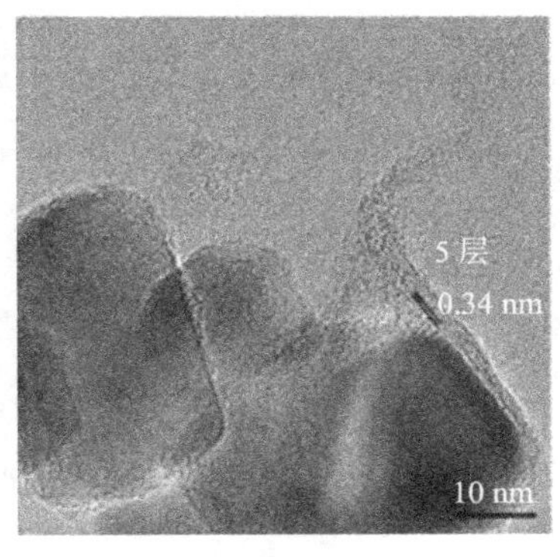

(c)

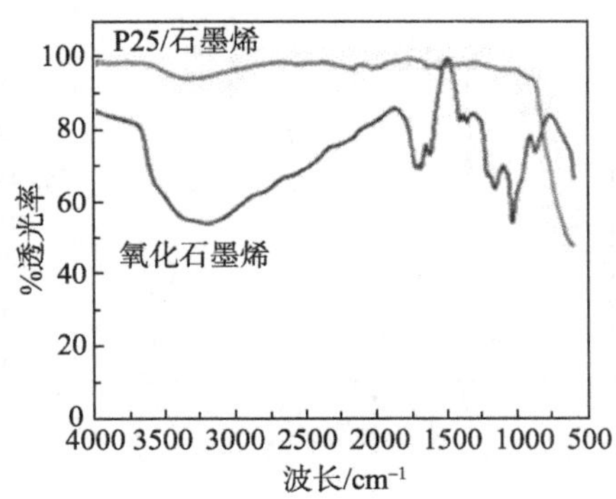

(d)

图 22-1　热处理制备石墨烯/TiO_2 复合材料的形貌结构表征图

(a) XRD; (b)和(c)HRTEM; (d) 红外光谱

右的 C-O-C 振动峰，1365 cm^{-1} 的 C-OH 振动峰，以及位于 1720 cm^{-1} 左右的 C═O(羧基)基本消失[19,20]，这说明在热处理还原过程中氧化石墨烯表面的含氧官能团发生断裂生成了石墨烯。这就为石墨烯与 TiO_2 的复合提供了可能，也有助于复合体系之间形成化学接触甚至是化学键合。

22.3.2　石墨烯/TiO_2 复合粉体的光催化性能

对复合材料进行可见光催化实验，如图 22-2 所示。结果显示：①相对于纯 TiO_2 纳米颗粒，复合材料的漫反射谱吸收边界有 20 nm 左右的红移，这就使其禁带宽度从 3.10 eV 降低到 2.95 eV，并且可见光波段的吸收明显增强；②可见光生电流测试结果显示，复合材料的光生电流约为纯 P25 的 15 倍，这也证明石墨烯的复合一方面拓展了 TiO_2 可见光响应范围，另一方面大大降低了 TiO_2 光生载流子的体内复合效率；③通过降解亚甲基蓝溶液发现，复合材料的可见光催化活性大大提高，其 5 h 可降解 70%左右的亚甲基蓝溶液，而 TiO_2 纳米颗粒仅能降解 20%左右。

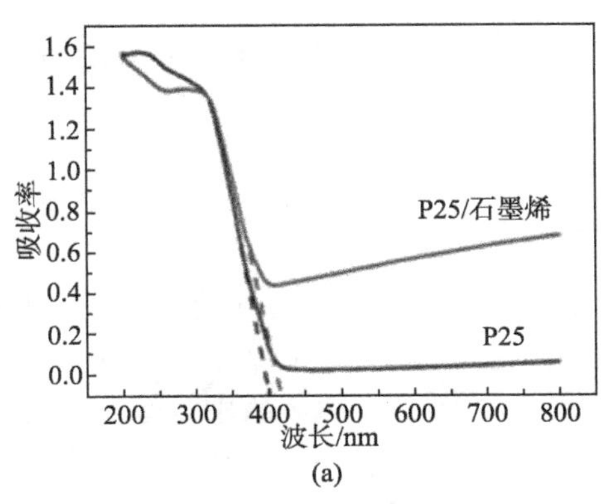

(a)

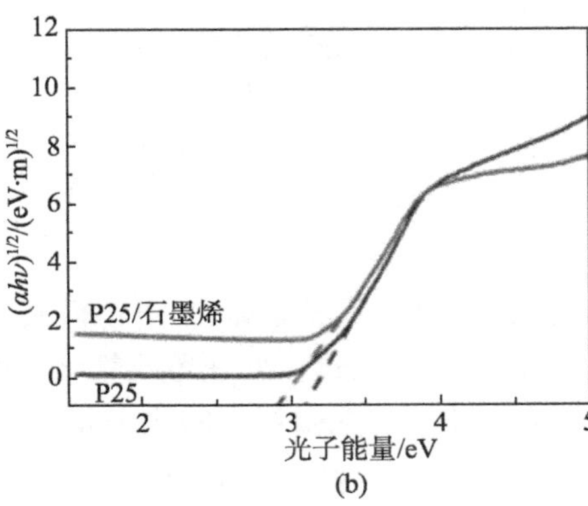

(b)

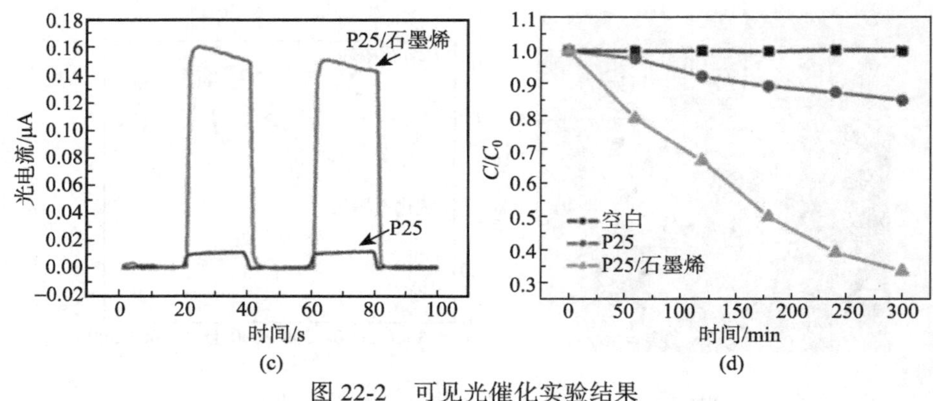

图 22-2 可见光催化实验结果

(a)漫反射谱；(b)能带计算图；(c)光生电流曲线；(d)降解亚甲基蓝曲线

22.3.3 石墨烯对光催化性能的影响分析

从石墨烯/TiO_2复合材料的 XPS 测试谱图中可以看出，样品中包含有 Ti, O, C 三种元素，如图 22-3(a)所示。为了研究复合状态下 C 和 TiO_2 的结合情况，选择 C 1s 附近进行测试，如图 22-3(b)所示，结果显示在 285 eV，286.6 eV 和 288.1 eV 处有三个特征峰，分别代表 C—C, C—OH 和 Ti—O—C 键[21]。这就说明在热处理复合过程中，石墨烯中少量的 C 原子会进入 TiO_2 晶格，形成 C 掺杂。

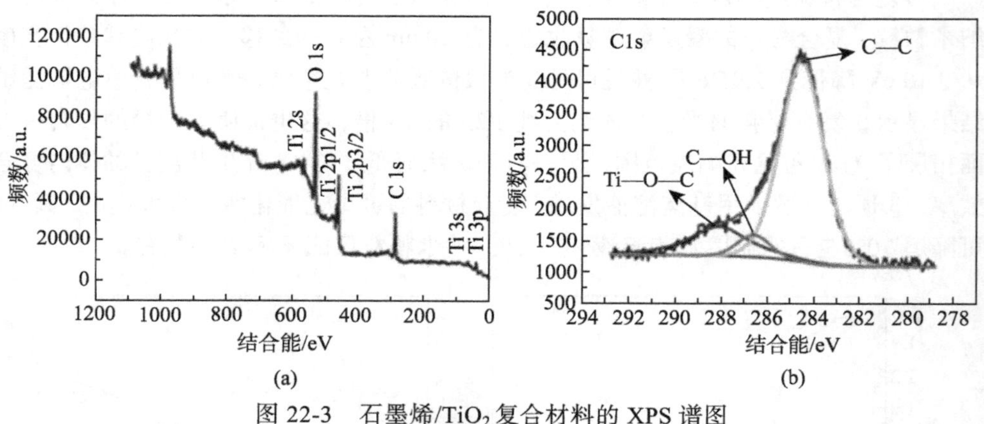

图 22-3 石墨烯/TiO_2复合材料的 XPS 谱图

(a)纵览图；(b)C 1s 谱

表 22-2 列出了石墨烯、TiO_2以及石墨烯/TiO_2复合材料的 BET 比表面积测试结果。可以看出，通过热处理还原氧化石墨烯制备出的石墨烯比表面积高达 757.380 g/m^2。正是由于石墨烯巨大的比表面积，石墨烯/TiO_2复合体系的比表面积从 55.725 g/m^2 增加到 78.678 g/m^2。BET 比表面积测试结果充分体现了石墨烯作为良好载体在光

催化过程中的作用。

表 22-2　TiO_2、石墨烯以及石墨烯/TiO_2复合材料的比表面积

	石墨烯	TiO_2	石墨烯/TiO_2
比表面积/(g/m^2)	757.380	55.725	78.678

综合而言，石墨烯在复合光催化剂中的作用主要体现在三方面：

(1) 促进 TiO_2 的光生载流子分离效率。如前所述，石墨烯的每个碳原子均为 sp^2 杂化，剩余的一个 p 轨道电子在石墨烯表面形成大 π 键，π 电子可以自由移动，赋予了石墨烯优异的导电性能。由于原子间作用力非常强，在常温下，即使周围碳原子发生挤撞，石墨烯中电子受到的干扰也很小，电子迁移率可达到 200000 $cm^2/(V{\cdot}s)$。在复合体系中，由于石墨烯的费米能级较低，电子迁移率高，光生电子会从费米能级较高的 TiO_2 输运到石墨烯表面，直到二者能级平衡，形成能捕获光生电子的肖特基(Schottky)势垒，从而达到抑制光生电子-空穴复合、提高 TiO_2 的光催化效率的目的。

(2) 石墨烯具有巨大的比表面积和良好的吸附能力。在光催化过程中，石墨烯可利用其巨大的比表面积吸附待降解物质。同时，由于大量光生电子转移到石墨烯表面，石墨烯还可作为光催化还原反应的载体，进一步提高光催化效率。

(3) 由于热处理过程中氧化石墨烯表面官能团的裂解，部分 C 原子进入 TiO_2 表面晶格，形成局部 C 掺杂，这就使得 C 以复合和掺杂两种形式存在，从而显著提高了可见光催化效率。

22.4　高催化活性的石墨烯/TiO_2层状复合材料及光催化性能

以上介绍的石墨烯/TiO_2 复合材料制备方法有一个共同特点，即制备出的复合材料均以微纳米尺度的粉末形式存在，这就导致光催化剂在循环使用过程中，存在回收困难的问题，并给其光催化效率及寿命带来很大影响。目前，越来越多的研究集中在如何解决光催化材料的寿命问题及其器件化应用，其中薄膜材料在光催化领域的应用就是一种很好的解决途径。固定化的光催化薄膜材料克服了传统悬浮体系中光催化纳米颗粒难于分离回收的难题，因而被广泛地研究和应用。

本节主要介绍一种石墨烯/TiO_2 层状复合材料的制备方法。这种层状复合薄膜能够很好地解决纳米材料难于分离回收，以及薄膜材料难于复合改性的问题。其优势在于不同性能的材料可以很好地协同在一起，最大效率地发挥各自优势；另外，膜层与基体间结合紧密，从而增强了石墨烯/TiO_2 复合材料的光催化性能和循环寿命，在功能化和器件化的应用方面有很好的前景[22,23]。

22.4.1 石墨烯/TiO_2复合薄膜的微结构特征

图 22-4 分别为石墨烯/TiO_2层状复合材料和纯 TiO_2薄膜的 XRD 图谱和 FTIR 图谱。对比 XRD 可见，层状复合材料在 26.3°左右出现了新的衍射峰(石墨烯{002}峰)，这说明紫外光照使氧化石墨烯还原成了 。FTIR 也给出了类似结论，即位于 1045 cm^{-1}的 C—O 振动峰，1250 cm^{-1}左右的 C—O—C 振动峰，1365 cm^{-1}的 C—OH 振动峰，以及位于 1720 cm^{-1}左右的 C ═ O(羧基)基本消失。

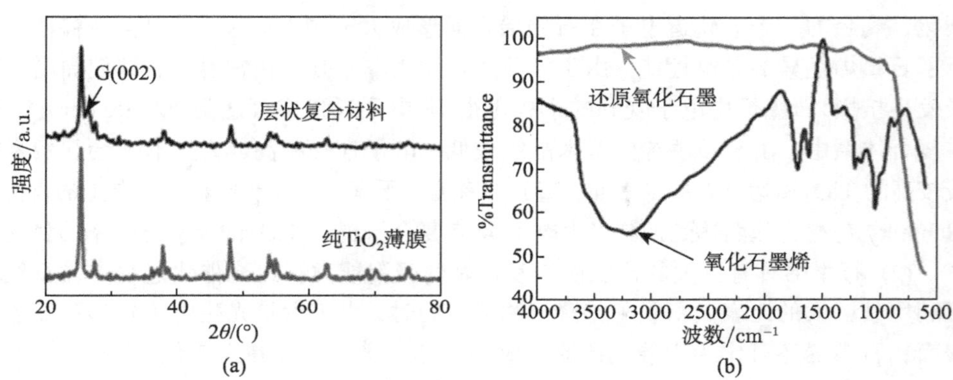

图 22-4　石墨烯/TiO_2层状复合材料和纯 TiO_2薄膜的结构表征

(a)XRD；(b)FTIR

图 22-5 分别为层状复合材料的 SEM 剖面图和 TEM 图。从剖面图中可以看出，石墨烯与 TiO_2形成良好的层状复合，每一层的厚度均控制在 50～100 nm 的范围内。进一步的 TEM 观察显示，在层状复合中，TiO_2纳米颗粒均匀地附着在石墨烯片层之上。这就为光生载流子的分离提供了良好路径，从而极大地提高了光催化效率。

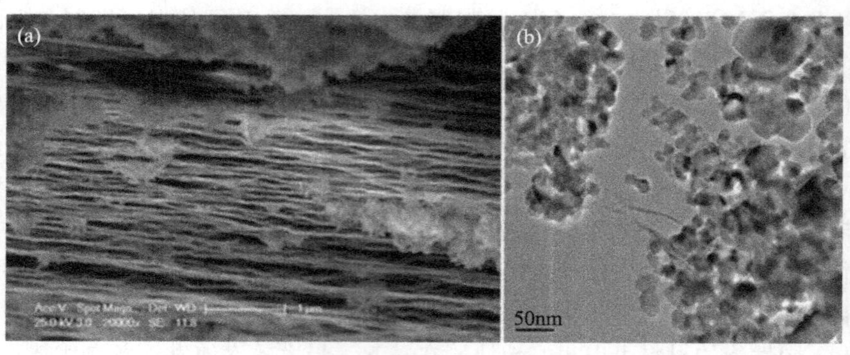

图 22-5　石墨烯/TiO_2层状复合材料的形貌表征

(a) SEM 剖面图；(b)TEM 图

22.4.2　石墨烯/TiO_2 复合薄膜的光催化性能

如图 22-6 所示，光催化实验显示，与纯 TiO_2 纳米薄膜相比，石墨烯/TiO_2 层状复合材料漫反射谱的吸收边界有 30 nm 左右的红移，也就是说，其禁带宽度从 3.1 eV 降低到了 2.9 eV，这使得层状复合薄膜具有可见光催化性能。另外，实验还发现，当氧化石墨烯的含量为 10 wt%时，层状复合薄膜的光催化效率达到最优。

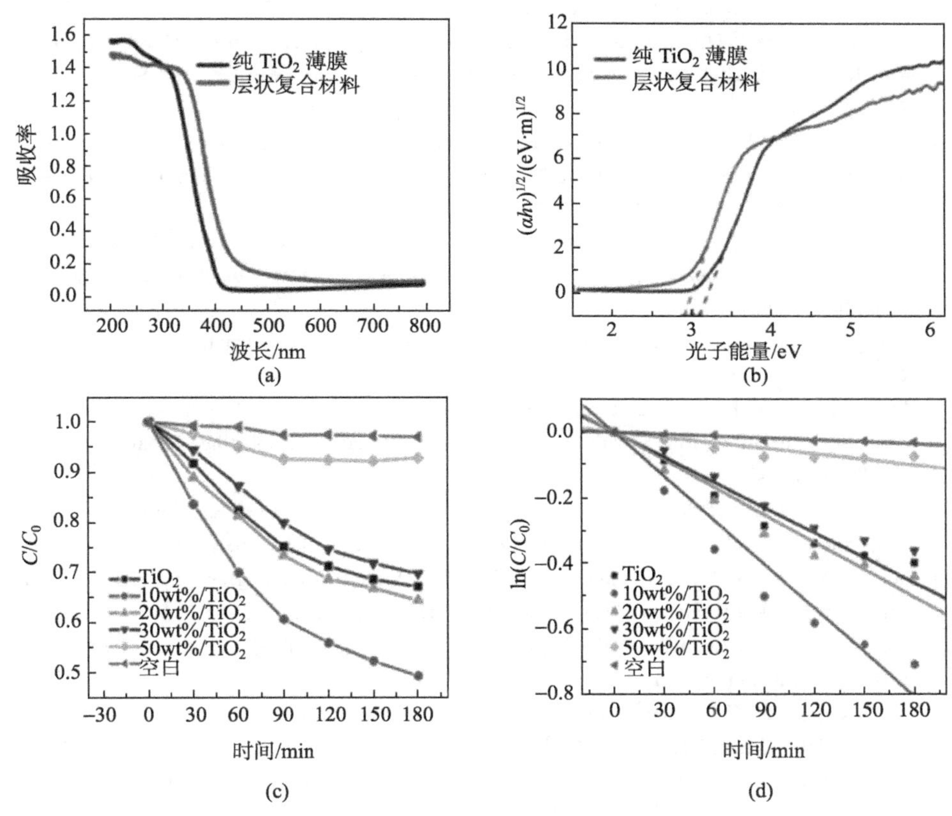

图 22-6　光催化实验结果

(a) 漫反射谱；(b) 能带计算图；(c)和(d)降解亚甲基蓝曲线

参 考 文 献

[1] Anpo M. Preparation, characterization, and reactivities of highly functional titanium oxide-based photocatalysts able to operate under UV-visible light irradiation: Approaches in realizing high efficiency in the use of visible light. Bulletin of the Chemical Society of Japan, 2004, 77: 1427-1442.

[2] Anpo M. Preparation, characterization, and reactivities of highly functional titanium oxide-based photocatalysts able to operate under UV-visible light irradiation: Approaches in realizing high

efficiency in the use of visible light. Bulletin of the Chemical Society of Japan, 2004, 77: 1427-1442.

[3] Zhang J, Xu Q, Feng Z, et al. Importance of the relationship between surface phases and photocatalytic activity of TiO_2. Angewandte Chemie International Edition, 2008, 47(9): 1766-1769.

[4] Bessekhouad Y, Robert D, Weber J V. Bi_2S_3/TiO_2 and CdS/TiO_2 heterojunctions as an available configuration for photocatalytic degradation of organic pollutant. Journal of Photochemistry and Photobiology A: Chemistry, 2004, 163 (3): 569-580.

[5] Chao H E, Yuna Y U, Xingfang H U, et al. Effect of silver doping on the phase transformation and grain growth of sol-gel titania powder. Journal of the European Ceramic Society, 2003, 23 (9): 1457-1464.

[6] Yu J G, Xiong J F, Cheng B, et al. Fabrication and characterization of Ag-TiO_2 multiphase nanocomposite thin films with enhanced photocatalytic activity. Applied Catalysis B: Environmental, 2005, 60 (3/4): 211-221.

[7] Rengaraj S, Li X Z. Enhanced Photocatalytic activity of TiO_2 by doping with Ag for degradation of 2, 4, 6-trichlorophenol in aqueous suspension. Journal of Molecular Catalysis A: Chemical, 2006, 243 (1): 60-67.

[8] Zhang H, Lu X, Li Y, et al. P25-graphene composite as a high performance photocatalyst. ACS Nano, 2010, 4(1): 380-386.

[9] Zhang X Y, Li H P, Cui X L, et al. Graphene/TiO_2 nanocomposites: Synthesis, characterization and application in hydrogen evolution from water photocatalytic splitting. J Mater Chem, 2010, 20: 2801-2806.

[10] Perera S D, Mariano R G, Vu K, et al. Hydrothermal synthesis of graphene-TiO_2 nanotube composites with enhanced photocatalytic activity. ACS Catal, 2012, 2(6): 949-956.

[11] Pan X, Zhao Y, Liu S, et al. Comparing graphene-TiO_2 nanowire and graphene-TiO_2 nanoparticle composite photocatalysts. ACS Appl Mater & Interfaces, 2012, 4(8): 3944-3950.

[12] Ding S, Chen J S, Luan D, et al. Graphene-supported anatase TiO_2 nanosheets for fast lithium storage. ChemCommun, 2011, 47: 5780-5782.

[13] Li B, Cao H. ZnO@graphene composite with enhanced performance for the removal of dye from water. J Mater Chem, 2011, 21: 3346-3349.

[14] Gao E, Wang W, Shang M, et al. Synthesis and enhanced photocatalytic performance of graphene-Bi_2WO_6 composite. 2011, 13: 2887-2893.

[15] Xiang Q, Yu J, Jaroniec M. Synergetic effect of MoS_2 and graphene as cocatalysts for enhanced photocatalytic H_2 production activity of TiO_2 nanoparticles. J Am ChemSoc, 2012, 134(15): 6575-6578.

[16] Zhang Y, Pan C. TiO_2/graphene composite from thermal reaction of graphene oxide and its photocatalytic activity in visible light. Journal of Materials Science, 2011, 46: 2622-2626.

[17] Zhang Y, Xu J, Sun Z, et al. Preparation of graphene and TiO_2 layer by layer composite for high photocatalytic activity. Progress in Natural Science: Materials International, 2011, 21(6): 467-471.

[18] Williams G, Seger B, Kamat P V. TiO_2-graphene nanocomposites UV-assisted photocatalytic reduction of graphene oxide. ACS Nano, 2008, 2 (7): 1487-1491.

[19] Si Y, Samulski E T. Synthesis of water soluble graphene. Nano Lett, 2008, 8(6): 1679-1682.

[20] Zhang T, Zhang D, Shen M. A low-cost method for preliminary separation of reduced graphene oxide nanosheets. Mater Lett, 2009, 63(23): 2051-2054.

[21] Zhang J, Pan C, Fang P, et al. Mo + C codoped TiO_2 using thermal oxidation for enhancing photocatalytic activity. ACS Appl Mater Interfaces, 2010, 2(4): 1173-1176.

[22] Kim T H, Sohn B H. Photocatalytic thin films containing TiO_2 nanoparticles by the layer-by-layer self-assembling method. Appl Surf Sci, 2002, 201: 109-114.

[23] Daranyi M, Csesznok T, Kukovecz A, et al. Layer-by-layer assembly of TiO_2 nanowire/carbon nanotube films and characterization of their photocatalytic activity. Nanotechnology, 2011, 22: 195701.

第 23 章　利用 Raman 光谱测定锐钛矿相 TiO_2 (001)面暴露比例

23.1　引　　言

自日本科学家 Fujishima 和 Honda[2]发现 TiO_2 在光的照射下可以光解水制氢以来，TiO_2 纳米材料作为一种宽禁带的 n 型半导体材料，以其无毒，催化活性高，抗氧化能力强，以及生物、化学、光电化学稳定性好等性质，被广泛应用于感应器、太阳能电池、光催化等领域。TiO_2 主要有板钛矿、锐钛矿和金红石等三种晶型，其中锐钛矿型 TiO_2 因光催化活性最高而受到人们的青睐。为了解决锐钛矿 TiO_2 禁带宽(3.2 eV)，可见光波段利用率低，以及电子-空穴容易复合，光催化效率低等问题，人们在 Co、Pt、Fe、Ni、Cu 等金属元素掺杂[1]，C、N 等非金属掺杂[2,3]，Au 等贵金属沉积[4]，CdS 等半导体复合[5]等方面进行了大量的研究工作。

众所周知，在锐钛矿型 TiO_2(101)、(100)和(001)三个主要晶面中，表面能大小顺序为{001} 0.90 J/m^2 > {100} 0.53 J/m^2 > {101} 0.44 J/m^2。其中，(001)面的表面能最大，其光催化活性也最高。但是，在晶体生长过程中，暴露在最外边的晶面主要是表面能最低的(101)面，而不是(001)面。因此，如果能够使(001)面暴露在最外边，则锐钛矿型 TiO_2 晶体的光催化性能还可以有大幅度的提高。2008 年，Lu 等[6]首先通过氟离子吸附的方法，制备出了微米量级的高活性面(001)面暴露在外的锐钛矿 TiO_2 晶体，暴露比例约为 47%，且具有更高的光催化降解污染物和光解水制氢效率。之后，各种高活性(001)面暴露的 TiO_2 制备方法受到广泛的重视和研究。例如，Han 等[7]和 Xiang 等[8]通过改进配方，直接用钛酸四丁酯($CTi(C_4H_9O)_4$)与氢氟酸(HF)混合水热制备了(001)面大量暴露的 TiO_2 纳米片，其光催化效率比商业 P25 提高了 9 倍，且方法更为简单方便，可控性和重复性好。还有许多研究工作集中在化学制备[7-12]，形貌控制[8-13]，C、N、S 掺杂[13,14]，以及半导体复合[15]等方面。

一般来说，(001)晶面暴露的比例达到最佳时，材料的光催化性最好。目前表征 TiO_2 高活性(001)晶面比例的主要方法是 XRD，即由 XRD 的测试结果，根据(004)衍射峰和(200)衍射峰的半高宽可以得到 TiO_2 纳米片在[001]方向的厚度和[100]方向的边长，计算晶面比例时，理论上认为 TiO_2 纳米片是规则的形状，根据边长和厚度的几何关系，可得 TiO_2 纳米片(001)面的面积和 TiO_2 纳米片的总表面积，相比即可粗略得到高活性(001)晶面的暴露比例。该方法所需的样品量较多，并且需要很慢的扫描速率。

高分辨电子显微镜(HRTEM)也可以用于测量(001)活性面暴露的 TiO_2 晶面比例。它是选择其中的少量 TiO_2 纳米片来直接测量(001)活性面暴露的 TiO_2 纳米片的长度及宽度。由于水热法制备的(001)活性面暴露的 TiO_2 纳米片样品很难是均匀的，因此，该方法反映的只能是单个(001)活性面暴露的 TiO_2 纳米片的精确比例，存在着不能整体客观地反映所有样品的(001)活性面的暴露比例的问题。因此，需要一种能精确表征(001)活性面暴露的 TiO_2 纳米片的晶面比例的方法，这对其光催化机理的研究十分有益。

Raman 光谱是一种常用的表面结构表征手段，可以对样品的空间均匀性、组成、结构、相变、结晶度和缺陷等精细结构进行研究，同时还能获得晶体表面形态、配位基团的空间分布等重要信息。目前，一般利用 Raman 光谱研究氧缺陷会导致高活性(001)面 TiO_2 的表面发生重构[16]，非金属元素 S 掺杂引起的 E_g 振动模式(144 cm^{-1})向低波数偏移[17]，以及随着高活性(001)面 TiO_2 纳米片厚度的增加，Raman 振动模式会发生明显的变化[18]。

为了从分子键的角度精确表征(001)高活性面 TiO_2 纳米片的晶面暴露比例，本章首次发现了 Raman 光谱法是一种可以精确表征(001)高活性面 TiO_2 纳米片的晶面暴露比例的方法。与 XRD 相比，该方法所需的样品量少，且更为简单和方便。另外，我们利用水热法制备了不同高活性(001)晶面比例的锐钛矿型 TiO_2，对其光催化性能也进行了研究。

23.2　(001)活性面暴露 TiO_2 纳米片的制备

本节在分别加入不同氢氟酸的情况下制备了不同(001)活性面暴露比例的单相锐钛矿 TiO_2 纳米片，具体制备过程如下：实验采用水热法制备，将 50 mL 钛酸四丁酯($Ti(C_4H_9O)_4$)和 15 mL、10 mL 的氢氟酸(HF)，5 mL 蒸馏水(H_2O)和 5 mL HF，以及 10 mL 蒸馏水分别加入到 100 mL 的放置于容量为 100 mL 的聚四氟乙烯水热釜内胆中，密闭后在恒温箱中 180 ℃保温 24 h，再依次经水洗、干燥、碾磨可得不同晶面比例的 TiO_2 样品，分别标记为 TF15、TF10、TF5、TF0，如表 23-1 所示，并且用 1mol/L 的 NaOH 去除 TF15 表面的 F^-后的样品标注为 TF15-F。

之后改变配方再次制备了(001)活性面暴露的锐钛矿型 TiO_2：将 25 mL 钛酸四丁酯($Ti(C_4H_9O)_4$)和 3 mL、4 mL、5 mL、6 mL、7 mL、8 mL 的氢氟酸(HF)分别加入到 100 mL 的高压釜中，在恒温箱中 180 ℃保温 24 h，再依次经水洗、干燥、碾磨可得不同晶面比例的 TiO_2 样品，分别标记为 TF3、TF4、TF5、TF6、TF7、TF8，将制备的各样品分别放入马弗炉中 600 ℃保温 2 h 后的样品标记为 TF3-600、TF4-600、TF5-600、TF6-600、TF7-600、TF8-600。

表 23-1　样品制备的参数

样品编号	$Ti(C_4H_9O)_4$/mL	HF/mL	H_2O/mL
TF0	50	0	10
TF5	50	5	5
TF10	50	10	0
TF15	50	15	0

TF3 吸附 MB 样品制备：100 mg 的 TF10 和 100 mL 的亚甲基蓝(MB)(20 mg/L)溶液在黑暗环境中搅拌 30 min 后，离心，50 ℃烘干，标记为 TMB0。光照降解之后的样品标记为 TMB1。P25 吸附 MB 样品制备：100 mg 的 P25 和 100 mL 的 MB(20 mg/L)溶液在黑暗环境中搅拌 30 min 后，离心，50℃烘干，标记为 P25-MB。

23.3　XRD 测定 TiO_2(001)活性面暴露比例的原理

众所周知，高速运动的高能射流在高压下轰击靶材被突然减速时会产生 X 射线。当 X 射线投射到晶体中时，会受到晶体中原子的散射，由于晶体中原子的周期性排列，这些原子散射波之间存在着固定的相位关系，从而在空间相互干涉，导致在某些散射方向的原子散射波相互加强，而在某些方向上相互抵消，出现了衍射现象，即偏离原入射线方向。只有在特定的方向上出现散射线加强时存在衍射斑点或 Debye 环。一般情况下，在特定的方向上，X 射线在晶体中衍射遵循波动性，满足 Bragg 公式：$2d\sin\theta = n\lambda$。

一般而言，晶体所产生的衍射反映了晶体内部的原子结构等微观信息，晶体衍射的位置、数目及相对强度等宏观信息可以反映出晶体结构，所以物质(特别是晶体)对 X 射线的散射能够传递极其丰富的微观结构信息。

目前，所有测量(001)活性面的晶面比例最常见的方法是 XRD 法或者是 HRTEM。XRD 法的测量原理是根据 X 射线在原子周期排列晶体中的衍射效应进行测量，具有统计平均效应。由 XRD 的测试结果，根据(004)衍射峰和(200)衍射峰的半高宽可以得到 TiO_2 纳米片在[001]方向的厚度 d 和[100]方向的边长 l。计算晶面比例时，理论上认为 TiO_2 纳米片是规则形状，根据边长和厚度的几何关系，可得 TiO_2 纳米片(001)面的面积和总表面积，相比即可粗略得到高活性(001)晶面的暴露比例。如图 23-1 所示。

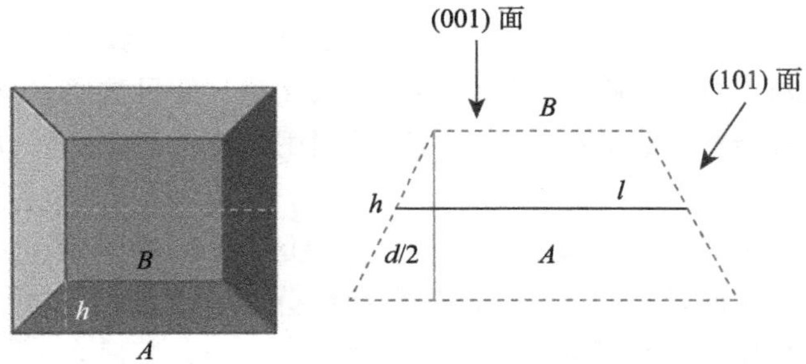

图 23-1　(001)活性面暴露的 TiO_2 纳米片及其侧面示意图

如图 23-1 所示，$B = l - \dfrac{d}{2\tan\theta}$，则{001}面的总表面积为

$$S_{001} = 2 \times B \times B = 2\left(l - \frac{d}{2\tan\theta}\right)^2$$

$$A = l + \frac{d}{2\tan\theta}, \quad h = \frac{d}{2\sin\theta}$$

{101}面的总表面积为

$$S_{101} = 8 \times \frac{1}{2}(A + B) \times h = \frac{4dl}{\sin\theta}$$

{001}的晶面暴露比例为

$$P = \frac{S_{001}}{S_{001} + S_{101}}$$

利用 XRD 进行晶体结构分析一般具有很高的精度，但是其受晶体质量的影响较大。对于纳米尺度的 TiO_2 颗粒，由于纳米效应，晶体内部的缺陷环境增加，产生晶体膨胀现象，从而会影响 XRD 峰的宽度和形状。另外，在计算时，需要测量衍射峰的高度和半高宽这两个参数，增加了可能的测量误差。再者，XRD 法在计算(001)活性面暴露的 TiO_2 晶面比例时，是把 TiO_2 纳米片假设为完全规则的几何形状，这与实际也有偏差。因此，XRD 法用来测量(001)活性面暴露的 TiO_2 晶面比例时误差较大。

23.4　Raman 光谱测定 TiO_2(001)面暴露比例的原理

Raman 光谱是一种可以很好地反映被测物表面信息的技术。我们知道，当光源照射样品时，光与样品发生相互作用，包括光的散射在内的光的吸收、反射、透射和发射都是重要的光学效应和现象，把它们的强度相对于能量的关系(即频谱)加以记录，就分别得到了散射、吸收、反射和光致发光谱，并且这些光谱分别给出样品的内部结构等重要微观信息。Raman 光谱则是利用光的散射来反映样品微观信息的一种技术。

Raman 光谱的原理从宏观经典的角度而言，是光子与分子发生非弹性碰撞，从而发生能量交换，并且光子的一部分能量传递给分子，或者分子的振动和转动能量传递给光子，从而改变了光子的运动方向、频率和波长，根据光子的变化可以推测出分子的具体信息。而从其量子角度而言，假设散射物分子原来处于基电子态，当受到入射光照射时，激发光与此分子的作用引起的极化可以看作虚的吸收，表述为电子跃迁到虚态，并且虚能级上的电子立即跃迁到下一能级而发光，即为散射光，根据散射光的信息可以推测出分子的具体微观信息。

一般来说，Raman 光谱的频率只取决于分子振动和转动能级的改变，适用于分子结构的研究。因此，在一定程度上反映的是样品内部分子键的振动。若分子键的振动模式不同，则在电场作用下其分子中电子云变形的程度不同，反映在 Raman 光谱上，样品的振动频率不同；若分子键的类型不同，理论上会在样品的 Raman 光谱强度上有所反映。

我们知道，对于锐钛矿型 TiO_2，在晶体制备过程中暴露在外的晶面主要可以为(101)晶面以及(001)晶面，并且这两个晶面的区别在于其表面的分子键类型：对于无高活性(001)晶面暴露在外的 TiO_2 纳米片表面是(101)表面，主要分布着饱和的 6c-Ti 和 3c-O 以及 5c-Ti 和 2c-O 的成键方式；而对于高活性(001)晶面暴露在外的 TiO_2 纳米片表面，主要分布着不饱和的 5c-Ti 和 2c-O 成键方式，如图 23-2 所示[19]。

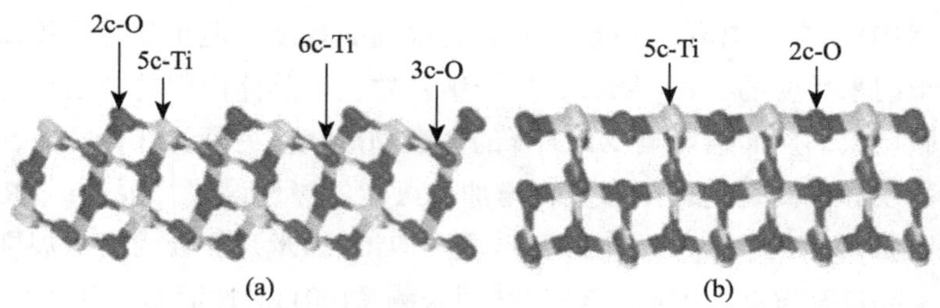

图 23-2　(101)晶面以及(001)晶面的成键方式的分布

特别是对于激光共焦显微 Raman 光谱测量法，Raman 峰是来自于分子键的振动模式，具有极高的灵敏度。当锐钛矿型 TiO_2 不同比例的(001)晶面暴露在外时，由于不同晶面的分子成键方式不同，所以当样品中具有不同的晶面暴露比例时，其 Raman 振动模式的强度会有所不同。Raman 光谱实际上是从分子成键方式的微观角度测量晶面暴露比例，更接近于真实情况。另外，在计算中仅涉及峰高的测量，测量误差也较 XRD 小。因此，相对于 XRD 法以及 HRTEM 技术，我们认为 Raman 光谱法的测量值更准确，同时，它还有所需的样品量少、测量快速、便捷等独特的优势，应该得到广泛的应用。

23.5　Raman 法与 XRD 法的对比讨论

图 23-3 为所制备的样品 TF15 的 HRTEM 形貌。可以看出，TiO_2 纳米薄片平均边长在 28 nm 左右，厚度在 3 nm 左右，且分散性很好。选取一个纳米片的侧面观察，能分辨出晶面间距为 0.235 nm，证实其为(001)面的晶面间距，即纳米片的正面为锐钛矿型 TiO_2 的(001)面。

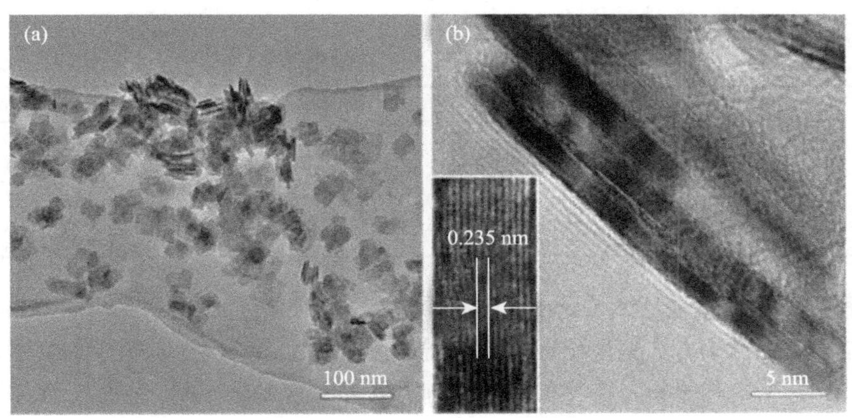

图 23-3　样品 TF15 的 HRTEM 形貌图

图 23-4 为加入不同含量氢氟酸后所制备的锐钛矿型 TiO_2 的 XRD 谱。可以明显看出，随着氢氟酸加入量的增加，(004)特征峰的强度逐渐降低，且峰的半高宽增加，说明 TiO_2 纳米片[001]方向的边长随着氢氟酸加入量的增加而减小。而(200)特征峰的强度升高，峰变得尖锐，半高宽减小，这说明 TiO_2 纳米片[200]方向的边长随着氢氟酸量的增加而增长。根据这两个特征峰可以得到 TiO_2 纳米片在[001]方向的厚度，以及[100]方向的边长，从而可以得到(001)晶面暴露比例[21]。表 23-2 列出了本实验的测量结果，即随着氢氟酸量的增加，TiO_2 纳米片的厚度从 10 nm 减少到 3 nm，边长从 19 nm 增加到 28 nm，相应的(001)晶面的暴露比例从 38%增加到 80%，这结果与文献报道一致[22]。

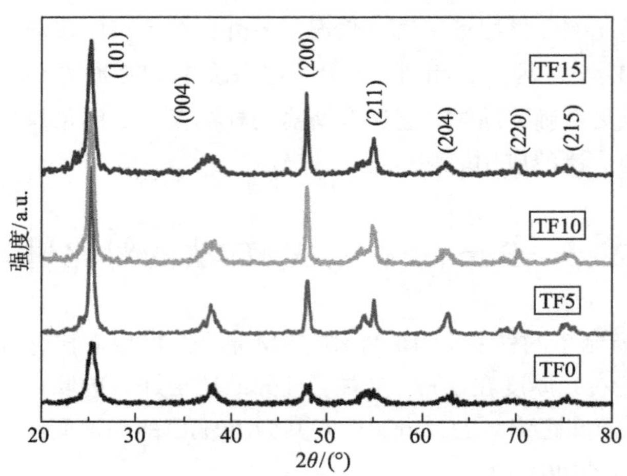

图 23-4　样品的 XRD 图谱

表 23-2　样品的结构信息

样品	平均厚度/nm	平均边长/nm	{001}晶面的暴露比例
TF0	10	8	11 %
TF5	10	19	38 %
TF10	4	21	68 %
TF15	3	28	80 %

我们用激光共焦显微 Raman 光谱仪检测锐钛矿 TiO_2 纳米片的晶体结构以及表面的信息。众所周知，锐钛矿型 TiO_2 和金红石型 TiO_2 都是由相同的 TiO_6 八面体结构单元组成的，但是由于其八面体的排列方式和畸变程度不同，它们分属于不同的空间群，Raman 光谱也具有不同的特征。锐钛矿相 TiO_2 属于 *D*194 *h* (*I*41/ *amd*)空间群，每个晶胞中含有 4 个 TiO_2 分子，其 6 种允许出现的 Raman 振动模式为 $A_{1g}+2B_{1g}+3\ E_g$，锐钛矿的 TiO_2 单晶的 Raman 峰主要有 144 cm^{-1}、197 cm^{-1}、399 cm^{-1}、513 cm^{-1}、519 cm^{-1}、639 cm^{-1}。

图 23-5 为利用激光共焦 Raman 光谱仪对上述样品的测量结果。可以看出，所有样品在 144 cm^{-1}、394 cm^{-1}、514 cm^{-1}、636 cm^{-1} 位置附近出现了 Raman 峰，说明所有样品均为锐钛矿 TiO_2 结构，这与 XRD 的结果一致。

实验还发现随着氢氟酸加入量的增加，TiO_2 纳米片位于 144 cm^{-1} 和 636 cm^{-1} 的 E_g 峰的强度逐渐降低，而位于 394 cm^{-1} 的 B_{1g} 峰和 514 cm^{-1} 的 A_{1g} 峰的强度逐渐增强，如图 23-5(a)所示。

一般认为，E_g 峰主要是由 TiO_2 中 O—Ti—O 对称伸缩振动所引起的，B_{1g} 峰是由 TiO_2 中 O—Ti—O 的对称弯曲振动所引起的，而 A_{1g} 峰是由 TiO_2 中 O—Ti—O 的反对称弯曲振动所引起的。

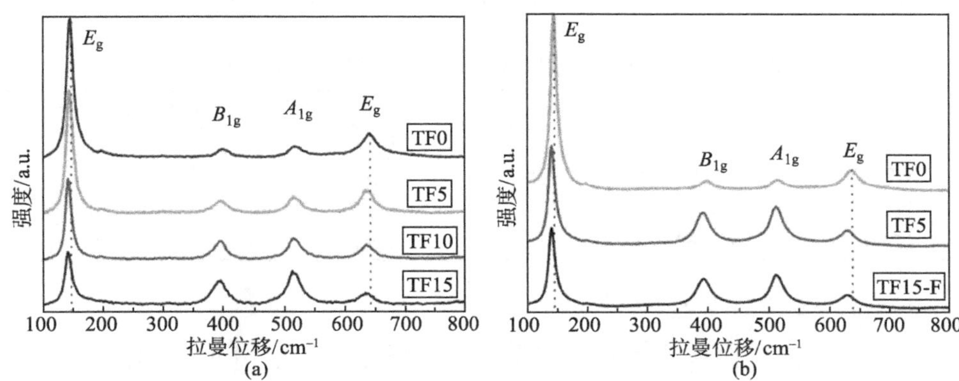

图 23-5 样品的 Raman 光谱图

对于无高活性(001)晶面暴露在外的 TiO_2 纳米片表面，主要分布着饱和的 6c-Ti 和 3c-O 以及 5c-Ti 和 2c-O 的成键方式；而对于高活性(001)晶面暴露在外的 TiO_2 纳米片表面，主要分布着不饱和的 5c-Ti 和 2c-O 的成键方式[1]。即与无(001)面暴露情况相比，当(001)晶面暴露在外时，O—Ti—O 对称伸缩振动模式减少。也就是说，(001)晶面暴露的比例越高，O—Ti—O 对称伸缩振动模式所占比例越小，则 Raman 光谱上 E_g 峰的强度降低。与此相反，当(001)晶面暴露在外时，O—Ti—O 的对称弯曲振动和反对称弯曲振动增加。也就是说，(001)晶面暴露的比例越高，O—Ti—O 的对称弯曲振动和反对称弯曲振动模式所占的比例增加，则 Raman 光谱上 A_{1g} 峰和 B_{1g} 峰的强度均增大。

此外，图 23-5(b)显示样品 TF15 和样品 TF15-F 中 TiO_2 纳米片的 Raman 峰位完全相同，说明高活性(001)暴露表面上的 F^-不会影响其 Raman 峰的位置和振动模强度，它们与样品 TF0 具有相同的峰位偏移。实验中还观察到 TiO_2 纳米片的 E_g 峰(144 cm^{-1} 和 636 cm^{-1})有着向低波数平移的趋势，这可能是由 TiO_2 纳米片的厚度变化或者纳米粒子的声子限域效应引起的[23]。

以上实验结果和理论分析都表明，高活性(001)面 TiO_2 的 Raman 振动模式 E_g 和 A_{1g} 峰的强度与其晶面暴露的比例具有一定的关系。因此，我们提出可以通过测量 E_g 峰与 A_{1g} 峰的强度比值，来定量计算锐钛矿型 TiO_2(001)晶面的暴露比例，计算结果如表 23-3 所示。

与 XRD 的测试结果相比，(001)晶面暴露比例随氢氟酸加入量增加的变化趋势是一致的，但是 Raman 的测量结果偏低。由于没有更准确的方法来测量锐钛矿型 TiO_2(001)晶面暴露比例值，因此，从它们的测量原理和误差方面进行分析，XRD

法和 Raman 法测量(001)晶面暴露的比例时，Raman 光谱法是从分子键的角度来测量，因此会更加准确，并且需要的样品量更少，制备样品更简单、方便、快捷。

表 23-3　Raman 振动模式 E_g 峰和 A_{1g} 峰的强度以及比值

样品	E_g 峰强度/144 cm^{-1}	A_{1g} 峰强度/514 cm^{-1}	{001}晶面的暴露比例
TF0	1869.68	149.64	8%
TF5	1502.07	299.26	20%
TF10	754.74	394.70	53%
TF15	625.75	488.21	78%

23.6　不同晶面暴露比例 TiO_2 的光催化性能

此外，我们还测试了各样品的光催化性能。图 23-6 为样品的紫外-可见漫反射光谱和$(\alpha h\nu)^{1/2}$ 与光子能量关系图，紫外-可见吸收光谱测量结果显示，在紫外光区域中，样品 TF10 的吸收值最大，并且 TF0 和 TF15-F 的 TiO_2 的吸收谱线截止于 386 nm，对应于 3.21 eV 的禁带宽度，样品 TF5、TF10 及 TF15 的吸收谱带截止于 397 nm，对应于 3.12 eV 的禁带宽度，相对于样品 TF0 和 TF15-F，高活性(001)面 TiO_2 纳米片 TF5、TF10 和 TF15 的吸收边缘具有很明显的红移，根据 Kubelka-Munk 方程[24] $\alpha h\nu=\text{const}(h\nu-E_g)^2$，作出$(\alpha h\nu)^{1/2}$ 与 $h\nu$ 的关系曲线，其中，$\alpha=(1-R)^2/2R$，$R=10-A$，A 为漫反射谱中样品的吸收系数。如图 23-6(b)所示，曲线在拐点处的切线与图像横坐标轴的交点值即为样品对应的能带宽度 E_g，由图可见，样品 TF0 和 TF15-F 的带隙宽度约为 3.2 eV，而样品 TF5、TF10、TF15 的带隙宽度略微减小，约为 3.12 eV，据文献[21]报道，在用 HF 溶液制备的高活性(001)TiO_2 纳米片，表面的 F^-有以 F—Ti 化学键的形式存在的，因此，吸收值红移以及带隙变小可能是由在表面 F^-取代 O

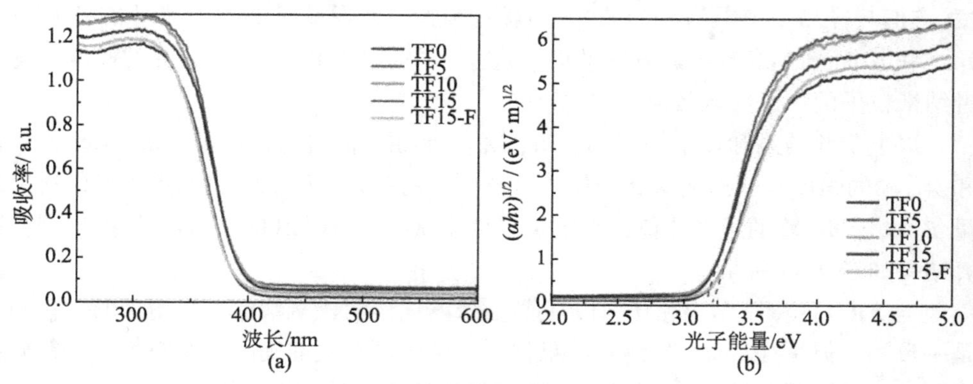

图 23-6　UV-Vis 漫反射谱(a)和$(\alpha h\nu)^{1/2}$ 与光子能量关系图(b)

形成的取代型表面掺杂而引起的。

对样品进行光催化降解亚甲基蓝废水实验来测试其光催化性能，结果如图 23-7 所示。可以看出，TiO_2 样品的光催化活性由高到低依次为 TF10 > TF15 > TF15-F > TF5 > TF0，从中可以看出，添加 HF 的样品的光催化活性均比 TF0 的效率要高，即高活性(001)面暴露在外的 TF5、TF10、TF15、TF15-F 的光催化活性均大于(101)面暴露在外的 TiO_2 样品 TF0，这可能是因为高活性(001)面的 TiO_2 纳米片的表面能高，同时表面 F^- 的掺杂会使 TiO_2 的带隙减小，可以拓展光吸收范围，使吸收的光谱向可见光的蓝光方向平移，因此也有助于光催化效率的提高。表面去除 F^- 后的样品 TF15-F 的光催化效率小于 TF15，也可能是因为去除表面的 F^- 后，带隙会恢复到 3.21 eV，光吸收范围减小，光催化能力降低。并且可以得到样品 TF10 的光降解 MB 的效率最高，说明并不是(001)面暴露的比例越大，光催化降解的效率就越高，可能是因为(001)面还原能力大于(101)面，氧化能力则是(101)面大于(001)面，而 TiO_2 光催化降解 MB 的氧化还原反应则是(001)面的还原能力和(101)面的氧化能力的协同作用，因此，当晶面暴露的比例达到最佳时，光催化效率最高，这种现象与其他报道类似[25]。

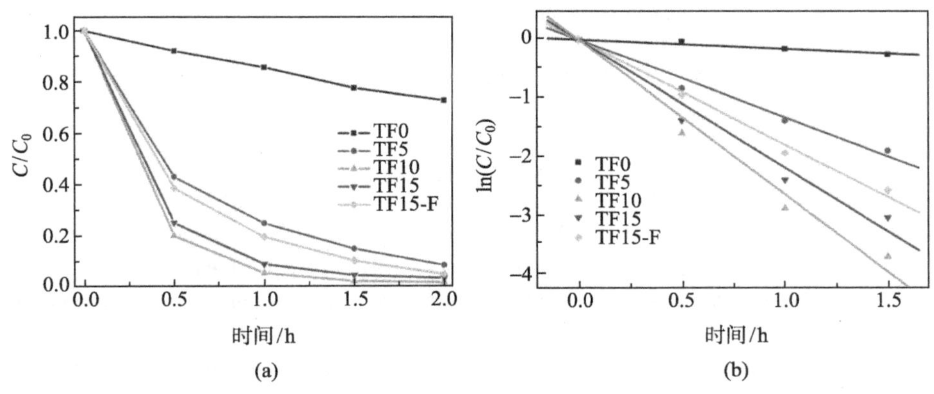

图 23-7　样品 TiO_2 降解亚甲基蓝的光催化测试

荧光光谱能反映半导体物质中载流子的捕获、迁移、转换以及分离等信息，并可以用来测试光生电子-空穴对的分离情况[26]，为了测试各样品的电子-空穴对的分离效率，对样品进行荧光测试，结果如图 23-8 所示。

图 23-8 显示在波长 350～550 nm 的范围内，各样品的荧光光谱的峰位形状基本相似，其中三个主要的特征峰出现在 398 nm、451 nm 和 468 nm，对应的能级分别为 3.12 eV、2.75 eV、2.65 eV，其中最强的峰 398 nm 对应于 TiO_2 中光电子从导带跃迁到价带时放出的光子，与锐钛矿型的 TiO_2 的吸收截止波长 387.5 nm 近似。另外，在波长 440～500 nm 范围内出现了 4 个特征峰，这几个特征峰主要来自 TiO_2

表面氧空位以及缺陷的光生反应，其中锐钛矿 TiO_2 的特征峰 451 nm、468 nm 与 TiO_2 带隙中的能级激发有关。由文献[27]可知，荧光光谱中的发射光谱信号主要来自于光生电子-空穴对的复合，则荧光光谱强度越低标志着光催化效率越高，由图 23-8 可以明显看出，各样品的荧光光谱的强度由高到低分别为 TF0 > TF5 > TF15 > TF10，说明各样品的光催化效率由高到低分别为 TF10 > TF15 > TF5 > TF0，这与样品降解 MB 的结果是相符合的。

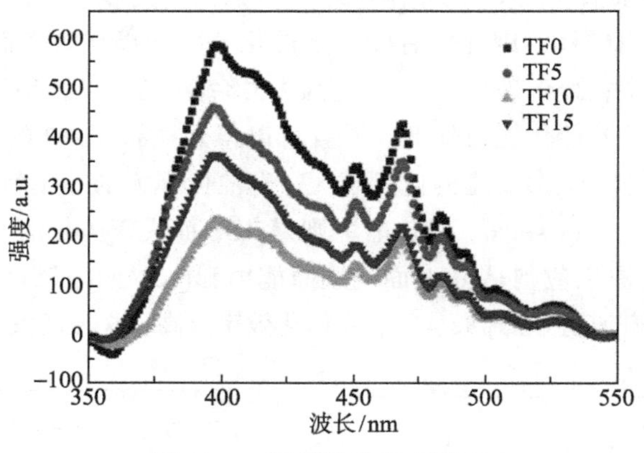

图 23-8　样品的荧光光谱图

参 考 文 献

[1] Choi J, Park H, Hoffmann M R. Effects of single metal-ion doping on the visible-light photoreactivity of TiO_2. The Journal of Physical Chemistry C, 2010, 114: 783-792.

[2] Leary R, Westwood A. Carbonaceous nanomaterials for the enhancement of TiO_2 photocatalysis. Caron , 2011, 49: 741-772.

[3] Valentin C D, Finazzia E, Pacchioni G, et al. N-doped TiO_2: Theory and experiment. Chemical Physics , 2007, 339.

[4] Primo A, Corma A, Garcıa H. Titania supported gold nanoparticles as photocatalyst. Physical Chemistry Chemical Physics, 2011, 13 (3): 886-910.

[5] Bessekhouad Y, Robert D, Weber J V. Bi_2S_3/TiO_2 and CdS/TiO_2 heterojunctions as an available configuration for photocatalytic degradation of organic pollutant. Journal of Photochemistry and Photobiology A: Chemistry, 2004, 163 (3): 569-580.

[6] Yang H G, Sun C H, Qiao S Z, et al. Anatase TiO_2 single crystals with a large percentage of reactive facets. Nature, 2008, 453: 638-641.

[7] Han X G, Kuang Q, Jin M S, et al. Synthesis of titaniananosheets with a high percentage of exposed (001) facets and related photocatalytic properties. Journal of the American Chemical Society, 2009, 131(9): 3152, 3153.

[8] Zhang D Q, Li G S, Yang X F, et al. A micrometer-size TiO_2 single-crystal photocatalyst with remarkable 80% level of reactive facets. Chemical Communications, 2009, 29: 4381-4383.

[9] Zhang D, Li G, Wang H, et al. Biocompatible anatase single-crystal photocatalysts with tunable percentage of reactive facets. Crystal Growth & Design, 2010, 10 (3): 1130-1137.

[10] Feng J, Yin M, Wang Z, et al. Facile synthesis of anatase TiO_2 mesocrystal sheets with dominant {001} facets based on topochemical conversion. Cryst Eng Comm, 2010, 12: 3425-3429.

[11] Liu G, Sun C, Yang H G, et al. Nanosizedanatase TiO_2 single crystals for enhanced photocatalytic activity. Chemical Communications, 2010, 46 (3/4): 755-757.

[12] Alivov Y, Fan Z Y. A method for fabrication of pyramid-shaped TiO_2 nanoparticles with a high {001} facet percentage. The Journal of Physical Chemistry C, 2009, 113 (30): 12954-12957.

[13] Liu G, Yang H G, Wang X, et al. Visible light responsive nitrogen doped anatase TiO_2 sheets with dominant {001} facets derived from TiN. Journal of the American Chemical Society, 2009, 131: 12868, 12869.

[14] Zhao Y, Zhao Q D, Li X Y, et al. Synthesis and photo activity of flower-like anatase TiO_2 with {001} facets exposed. Materials Letters, 2012, 66: 308-310.

[15] Wang X, Liu G, Wang L, et al. TiO_2 films with oriented anatase {001} facets and their photoelectrochemical behavior as CdS nanoparticle sensitized photoanodes. Journal of Materials Chemistry, 2011, 21: 869-873.

[16] Liu G, Yang H G, Wang X W, et al. Enhanced photoactivity of oxygen-deficient anatase TiO_2 sheets with dominant {001}. The Journal of Physical Chemistry C, 2009, 113: 21784-21788.

[17] Liu G, Sun C, Smith S C, et al. Sulfur doped anatase TiO_2 single crystals with a high percentage of {001} facets. Journal of Colloid and Interface Science, 2010, 349: 477-483.

[18] Yang X H, Li Z, Liu G, et al. Ultra-thin anatase TiO_2 nanosheets dominated with {001} facets: Thickness-controlled synthesis, growth mechanism and water-splitting properties. Cryst Eng Comm, 2011, 13: 1378-1383.

[19] Chen X, Mao S S. Titanium dioxide nanomaterials: synthesis, properties, modifications, and applications. Chemical Reviews, 2007, 107(7): 2891-2959.

[20] Fujishima A, Honda K. Electrochemical photocataslysis of water at a semiconductor electrode. Nature, 1972, 238(5358): 37, 38.

[21] Yang H G, Sun C H, Qiao S Z, et al. Anatase TiO_2 single crystals with a large percentage of reactive facets. Nature, 2008, 453: 638-641.

[22] Frank S N, Bard A J. Heterogeneous photocatalytic oxidation of cyanide and sulfite in aqueous solution at TiO_2 power. Journal of American Chemical Society, 1977, 99: 303, 304.

[23] Choi J, Park H, Hoffmann M R. Effects of single metal-ion doping on the visible-light photoreactivity of TiO_2. The Journal of Physical Chemistry C, 2010, 114: 783-792.

[24] Leary R, Westwood A. Carbonaceous nanomaterials for the enhancement of TiO_2 photocatalysis. Caron, 2011, 49: 741-772.

[25] Xiang Q, Lv K, Yu J. Pivotal role of fluorine in enhanced photocatalytic activity of anatase TiO_2 nanosheets with dominant (001) facets for the photocatalytic degradation of acetone in air. Applied Catalysis B: Environmental, 2010, 96: 557-564.

[26] Zhang W F, Zhang M S, Yin Z, et al. Photoluminescence in anatase titanium dioxide nanocrystals. Applied Physics B, 2000, 70 (2): 261-265.

[27] Yu J C, Yu J G, Ho W K, et al. Effects of F doping on the photocatalytic activity and microstructures of nanocrystalline TiO_2 powders. Chemistry of Materials, 2002, 14 (9): 3808-3816.

第 24 章　二步水热法制备 N+Ni 共掺杂(001)面暴露的 TiO_2 纳米晶及其光催化性能

24.1　引　　言

自从 1972 年 Fujishima 和 Honda 发现 TiO_2 电极可以光催化裂解水制氢以来，关于 TiO_2 在光催化领域的研究和应用逐渐受到重视。由于 TiO_2 具有良好的化学稳定性、优异的光氧化能力、无毒性以及廉价等优点，人们越来越期待它能在环境保护和污染治理方面发挥重要作用。然而，本身固有的宽禁带(3.2 eV)使得 TiO_2 仅能吸收太阳光中的紫外光(约为太阳光谱的 4%)，这极大地限制了 TiO_2 光催化材料的应用。基于此，近些年来大量研究着力于拓展 TiO_2 的光吸收范围，使其吸收边界从紫外频移至可见光波段。目前的拓展手段主要包括金属、非金属掺杂，复合，表面修饰等[1, 2]。这其中，掺杂起到了极为重要的作用。

一般说来，非金属原子掺杂(如 C 和 N 等)主要通过非金属原子取代部分氧原子，达到提升 TiO_2 的价带高度，缩小禁带宽度，使吸收光红移，从而增加可见光利用率的目的。金属原子掺杂(如 Ni，Mo，Cr 等)则是通过掺杂过渡金属离子，形成深层能级，使能量较小的光子也能激发产生电子和空穴，提高光的利用率。然而，实验结果显示，单一原子掺杂并不能在很大程度上提高光催化反应的活性，这是由于单一掺杂所引入的杂质能级极有可能形成新的电子-空穴复合中心。因此，对 TiO_2 进行非金属-金属共掺杂逐渐被认为是最具优势的掺杂方式。这种共掺杂方式不仅可以有效拓展 TiO_2 的可见光响应范围，还能够在很大程度上减小光生载流子的复合效率，从而极大地提高光催化活性。

一般认为，催化剂的不同晶面由于表面能以及原子结构的差别，催化能力会表现出很大的不同，锐钛矿 TiO_2 的三个晶面的表面能分别为{001} 0.90 J/m^2> {100} 0.53 J/m^2>{101}0.44 J/m^2[3]，因此(001)面的催化能力高于(100)及(101)面。在制备锐钛矿 TiO_2 光催化剂时，如果能得到(001)面大量暴露的晶体，其光催化性能将得到很大的提高。但一般情况下，锐钛矿 TiO_2 由于(001)的表面能高于(101)面，在结晶生长的时候，高能的(001)面容易被掩盖而不易暴露出来，得到的颗粒 94%都是(101)面暴露在外面。Yang 等[4]通过在水热反应前躯体中加入 HF 成功制备出(001)面大量暴露的微米级锐钛矿 TiO_2 颗粒，计算结果表明，水热反应中存在的 HF 能使 TiO_2

表面氟化，氟化情况下，(001)面的表面能低于(101)面的表面能从而能保留下来。之后的研究通过水热水解 $Ti(OC_4H_9)_4$ 时加入 HF 制得边长在 20～50 nm，厚度在 10 nm 以内的(001)面大量暴露的锐钛矿 TiO_2 纳米薄片[5]。大量研究证实这种(001)面大量暴露的 TiO_2 具有比(101)面大量暴露的 TiO_2 更为优异的光催化性能。

虽然(001)晶面暴露的锐钛矿 TiO_2 具有很高的光催化活性，但由于禁带宽度以及光生电子-空穴的复合率和一般的 TiO_2 一样高，这在很大程度上限制了光催化效率和活性。因此，对其进行非金属、金属掺杂显得至关重要。目前，制备方面最大的挑战在于 TiO_2 纳米结构结晶程度高，通过化学方法难于直接将金属或非金属离子掺入 TiO_2 晶格。另一方面，前驱体中的金属或非金属离子(氟离子除外)会在很大程度上影响{001}面暴露 TiO_2 纳米结构的成核和生长。迄今为止，只有非金属元素(N, S, C)成功掺入{001}面暴露的 TiO_2 结构中[6-8]。但由于前驱体(TiN, TiS_2, TiC)的尺寸较大，制备出的非金属掺杂 TiO_2 颗粒均为微米或亚微米级，这在很大程度上影响了其光催化效率。此外，金属掺杂及非金属-金属共掺杂{001}面暴露 TiO_2 纳米结构的制备技术还未见报道。因此，寻找一种有效的方法制备共掺杂{001}面暴露 TiO_2 纳米结构，将会克服其光催化效率低、无可见光催化性能等劣势。

在本章中，我们采用二次水热法制备出了 N+Ni 共掺杂{001}面暴露 TiO_2 纳米晶，从而在能带结构上对{001}面暴露 TiO_2 进行一定调控，使其在可见光下具有优异的光催化性能。

24.2　N+Ni 共掺杂(001)面暴露 TiO_2 纳米晶的制备

首先采用碱热法制备 N+Ni 共掺杂 $H_2Ti_3O_7$ 纳米管。具体方法如下：将 10 g 商用 P25 纳米颗粒，2.9 g 硝酸镍($Ni(NO_3)_2·6H_2O$)，以及 1.1 g 氟化铵(NH_4F)均匀分散在 10 M 氢氧化钠(NaOH)水溶液中；然后将混合溶液转移至水热反应釜中 130 ℃保持 72 h；待反应完成后，将产物经酸洗、水洗并烘干，即可得到 N+Ni 共掺杂 $H_2Ti_3O_7$ 纳米管。

将上述 N+Ni 共掺杂 $H_2Ti_3O_7$ 纳米管作为二次水热反应的前驱体制备 N+Ni 共掺杂{001}面暴露 TiO_2 纳米晶。具体方法如下：将 1 g $H_2Ti_3O_7$，25 mL 蒸馏水，以及 2.4 mL 氢氟酸(HF，40 wt%)混合后转移至水热反应釜中，在 180 ℃的温度下水热反应 24 h，待反应完成后，将产物水洗、酒精洗并烘干，即可得到 N+Ni 共掺杂{001}面暴露 TiO_2 纳米晶。

24.3　N+Ni 共掺杂(001)面暴露 TiO_2 纳米晶的微结构表征

N+Ni 共掺杂 TiO_2 纳米晶及 N+Ni 共掺杂{001}面暴露 TiO_2 纳米晶的 XRD 图谱

如图 24-1 所示。从中可以看出，两种样品均为纯锐钛矿相结构，且结晶程度良好。随着 HF 的添加，TiO_2 的(200)特征峰的强度升高，同时峰变尖锐、半高宽减小，这说明与特征峰相对应的 TiO_2 纳米片的[100]方向的边长随 HF 的增加而增长；反之，TiO_2 的(004)特征峰的强度降低，同时峰不断宽泛、半高宽增加，这说明与特征峰相对应的 TiO_2 纳米片的[001]方向的边长随 HF 的增加而减小。根据(200)和(004)两个特征峰可以算出锐钛矿 TiO_2 在[100]方向的边长和[001]方向的厚度，进而可以计算出(001)面所占的比例。在本样品中，当 HF 的添加量为 2.4 mL 时，{001}面的暴露比例约为 28%。由于水热过程中 HF 的存在会溶解 $H_2Ti_3O_7$ 纳米管，因此，{001}面的暴露比例难于进一步得到提高。

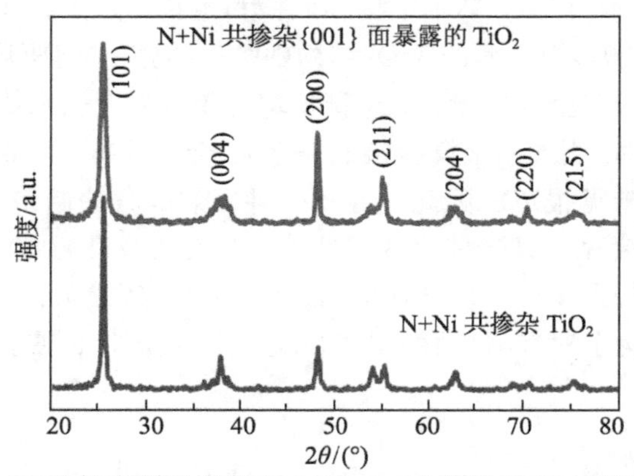

图 24-1　N+Ni 共掺杂锐钛矿相 TiO_2 和 N+Ni 共掺杂{001}面暴露锐钛矿相 TiO_2 纳米晶的 XRD 图谱

图 24-2 为 $H_2Ti_3O_7$ 纳米管的 HRTEM 形貌与微结构图像。由图可见，所有样品均为管状结构，经统计可知，$H_2Ti_3O_7$ 纳米管的直径为 8～10 nm，长度为 200～300 nm。

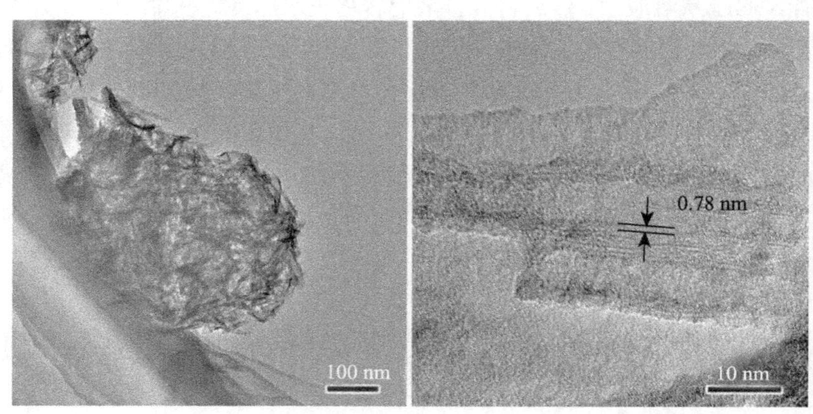

图 24-2　$H_2Ti_3O_7$ 纳米管的 TEM 和 HRTEM 图像

由高分辨图像可见，$H_2Ti_3O_7$ 纳米管的管壁为 3～4 层，层间距为 0.78 nm。同时，实验结果显示，N，Ni 元素的掺入并不会改变 $H_2Ti_3O_7$ 纳米管的微观形貌，这为后续二次水热反应提供了条件。

当我们将制备出的 N+Ni 共掺杂 $H_2Ti_3O_7$ 纳米管进行二次水热反应时，若不加入 HF，会形成大小均匀分布在 10 nm 左右范围的 TiO_2 方形纳米颗粒，并且纳米颗粒暴露在外的表面主要是热力学稳定的{101}面，如图 24-3 所示。

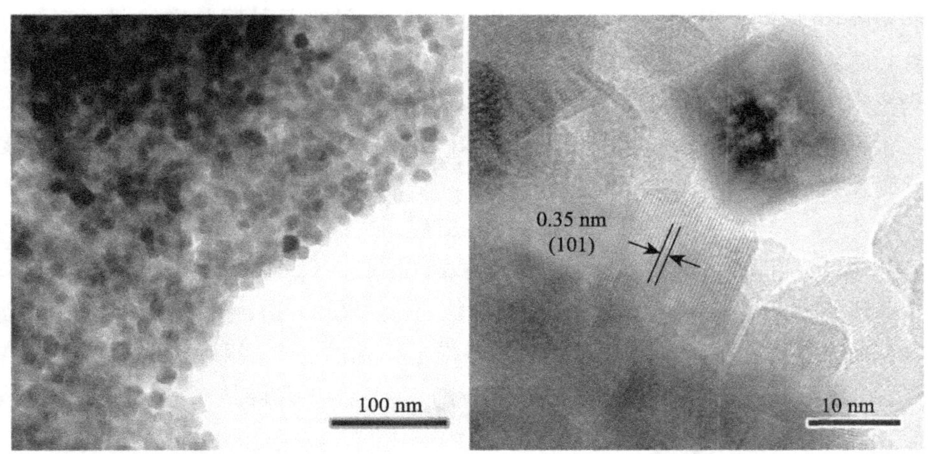

图 24-3　N+Ni 共掺杂锐钛矿相 TiO_2 纳米晶的 TEM 和 HRTEM 图像

然而，当我们在二次水热过程中加入 HF 时，即可得到 N+Ni 共掺杂{001}面暴露锐钛矿相 TiO_2 纳米晶，如图 24-4 所示。单个纳米晶的微观形貌为截角八面体，对纳米晶进行 HRTEM 观察，可以看出，0.35 nm 对应为{101}面的晶面间距，而 0.47 nm 对应为{001}面的晶面间距。与此同时，傅里叶变换衍射花样结果显示，上述两晶面的晶面夹角为 68.3°，这与{101}面和{001}面晶面夹角的理论值相吻合。因此，可以确定截角八面体的上下两个面均为{001}面。也就是说，通过 F^-的引入，可以降

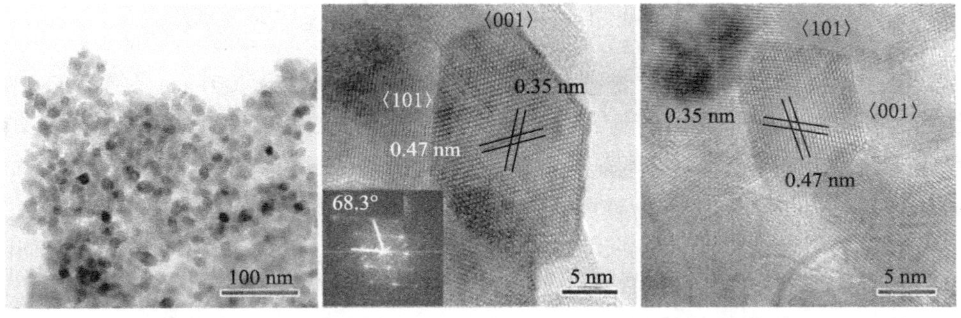

图 24-4　N+Ni 共掺杂{001}面暴露锐钛矿相 TiO_2 纳米晶的 TEM 和 HRTEM 图像

低掺杂 TiO_2 {001}面的表面能，从而形成 N+Ni 共掺杂{001}面暴露 TiO_2 纳米晶。

24.4 N+Ni 共掺杂(001)面暴露 TiO_2 纳米晶的光催化性能

图 24-5(a)分别为纯锐钛矿相 TiO_2 纳米晶和 N+Ni 共掺杂{001}面暴露 TiO_2 纳米晶的紫外-可见漫反射谱。显然，纯锐钛矿相 TiO_2 纳米晶的吸收谱线截止于 400 nm 左右，它基本不具备可见光催化性能。而 N+Ni 共掺杂 TiO_2 则在 400～500 nm 的可见光范围内具有很强的光吸收性能。

根据纯锐钛矿相 TiO_2 纳米晶和 N+Ni 共掺杂{001}面暴露 TiO_2 纳米晶的紫外-可见漫反射谱和 Kubelka-Munk 方程：

$$\alpha h\nu = \mathrm{const}(h\nu - E_g)^2$$

作出纯锐钛矿相 TiO_2 纳米晶和 N+Ni 共掺杂{001}面暴露 TiO_2 纳米晶的 $(\alpha h\nu)^{1/2}$ 与 $h\nu$ 关系曲线，其中，$\alpha = (1-R)^2/2R$，$R=10^{-A}$，A 为漫反射谱中样品的吸收系数。如图 24-5(b)所示，曲线在拐点处的切线与图像横坐标轴的交点值即为样品对应的能带宽度 E_g。由图可见，N，Ni 两种元素的共掺杂，使得 TiO_2 的带隙从 3.1 eV 降低至 2.9 eV。

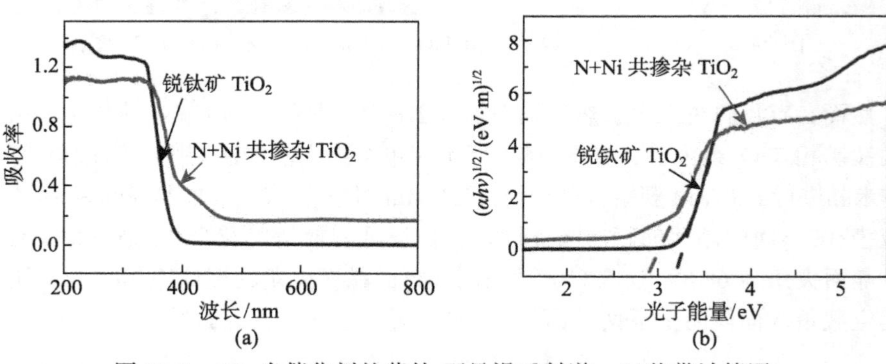

图 24-5 (a) 光催化剂的紫外-可见漫反射谱；(b)能带计算图

基于上述紫外可见吸收光谱，可以推测，N+Ni 共掺杂{001}面暴露 TiO_2 纳米晶在紫外及可见光范围内应具有良好的光催化性能。因此，我们采用商用 P25 纳米颗粒、N+Ni 共掺杂 TiO_2 纳米晶、N+Ni 共掺杂{001}面暴露 TiO_2 纳米晶三种样品分别在紫外–可见光(300～500 nm)以及可见光(400～500 nm)下对亚甲基蓝进行光催化降解，从而分析上述样品的光催化性能，如图 24-6 所示。在紫外光下，N+Ni 共掺杂{001}面暴露 TiO_2 纳米晶在 1 h 内即可降解完 100% MB，而 N+Ni 共掺杂 TiO_2 纳米晶和 P25 分别只能降解 70%和 60%。在可见光下，N+Ni 共掺杂{001}面暴露

TiO_2 纳米晶在 2h 内即可降解 60%MB，而 N+Ni 共掺杂 TiO_2 纳米晶和 P25 分别只能降解 40%和 10%。上述光催化实验结果显示，N+Ni 共掺杂{001}面暴露 TiO_2 纳米晶在紫外及可见光范围内均显示出优异的光催化性能。

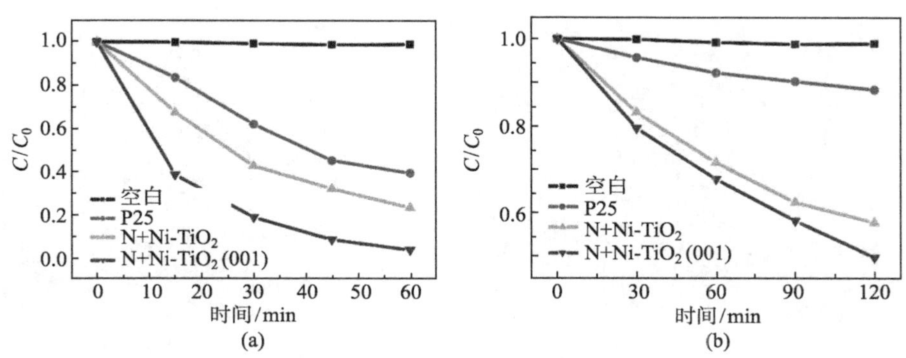

图 24-6 光催化剂对 MB 溶液的降解曲线

(a) 紫外-可见光(300～500 nm)；(b) 可见光(400～500 nm)

24.5 N+Ni 共掺杂(001)面暴露 TiO_2 纳米晶的形成机制与光催化机理

首先，在二次水热制备 N+Ni 共掺杂{001}面暴露 TiO_2 纳米晶的过程中，有如下几个关键步骤：①当原始 TiO_2(如 P25 等)与 NaOH 发生碱热反应时，部分 Ti—O—Ti 键会发生破坏，同时形成 Ti—O—Na 键；②当对上述产物进行酸洗和水洗后，Na^+会被 H^+取代，形成 Ti—O—H 键，从而得到 $H_2Ti_3O_7$ 纳米管；③$H_2Ti_3O_7$ 是一种亚稳相，在一定温度下即可脱水形成 TiO_2。上述过程可用如下方程来概括：

$$TiO_2 + NaOH \xrightarrow{\text{hydrothermal}} Na_2Ti_3O_7$$

$$Na_2Ti_3O_7 + HCl \longrightarrow H_2Ti_3O_7$$

$$H_2Ti_3O_7 \xrightarrow{\text{hydrothermal}} TiO_2 + H_2O$$

当第一步碱热反应中加入 NH_4F 和 $Ni(NO_3)_2$ 时，Ni^{2+}和 NH_4^+会在碱热反应中取代一定的 Na^+。因此，N 和 Ni 原子可以在一定程度上进入 $H_2Ti_3O_7$ 纳米管的晶格中，从而在二次水热中形成 N+Ni 共掺杂{001}面暴露 TiO_2 纳米晶。

与此同时，我们利用 TEM 观察 $H_2Ti_3O_7$ 纳米管转变为 N+Ni 共掺杂{001}面暴露 TiO_2 纳米晶的形貌变化过程，如图 24-7 所示。具体过程如下：①在经过 2 h 的水热反应后，由于高温下的脱水作用，$H_2Ti_3O_7$ 纳米管逐渐转变为不规则的 TiO_2 空心结构；②随着水热反应的继续，当这种不规则 TiO_2 空心结构表面被 F^- 所包围后，{001}面的表面能不断降低，TiO_2 纳米晶优先沿着[010]和[100]轴生长，最终得到{001}面暴露 TiO_2 纳米晶。

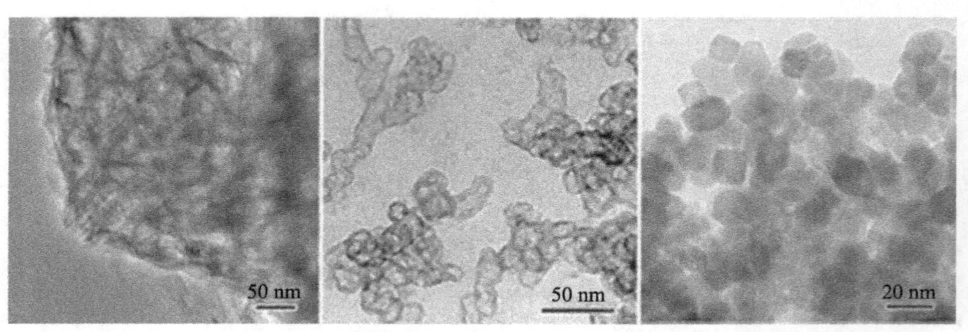

图 24-7　$H_2Ti_3O_7$ 纳米管转变为 N+Ni 共掺杂{001}面暴露 TiO_2 纳米晶形貌变化过程的 TEM 图像

为了研究 N 及 Ni 在 TiO_2 中的存在状态，对 N+Ni 共掺杂{001}面暴露 TiO_2 纳米晶进行 XPS 测试，如图 24-8 所示。从 XPS 测试谱可以看出，样品中包含 Ti、O、N 和 Ni 四种元素，其中 Ti $2p_{3/2}$ 的结合能为 458.6 eV，O 1s 的结合能为 532.0 eV，N 1s 的结合能为 400.1 eV，Ni $2p_{3/2}$ 的结合能为 856.0 eV。为了研究 N 元素在 TiO_2 中的存在情况，选择 N 1s 附近进行测试，如图 24-8(b)所示。发现有两个特征峰分别在 399.5 eV 和 399.5 eV 处，其中 399.5 eV 特征峰由间隙 N 原子或 O—Ti—N 键所引起；而 399.5 eV 特征峰则是由表面吸附所影响。对于 Ni 元素而言，XPS 结果显示，Ni 在样品中以 Ni^{2+} 形式存在，由于 XRD 结果中并没有发现 NiO 相，可以认为，N，Ni 共掺杂进入锐钛矿相 TiO_2 晶格中。计算结果显示，N，Ni 含量分别为 2.06 at%和 1.03 at%。

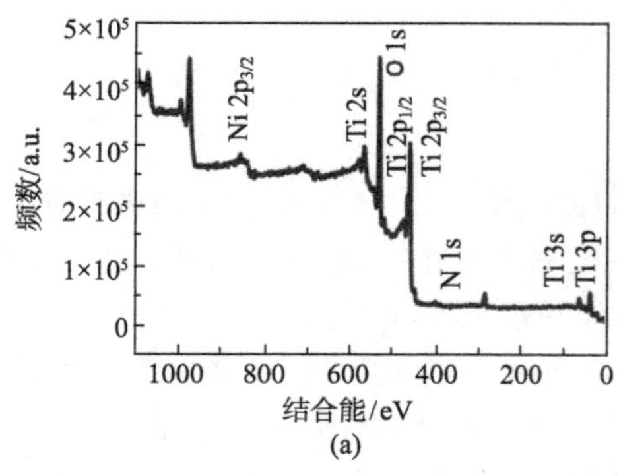

(a)

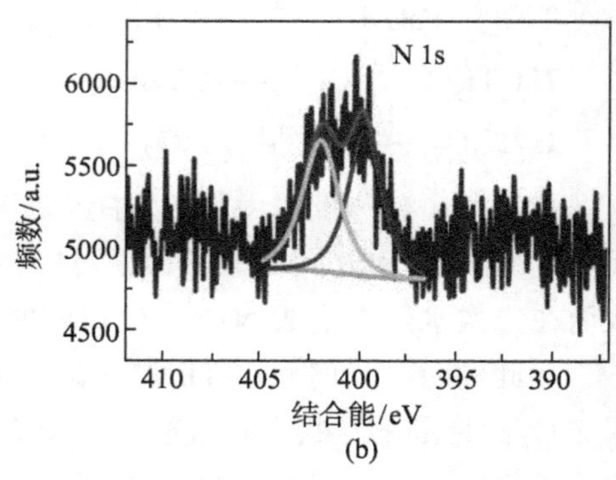

(b)

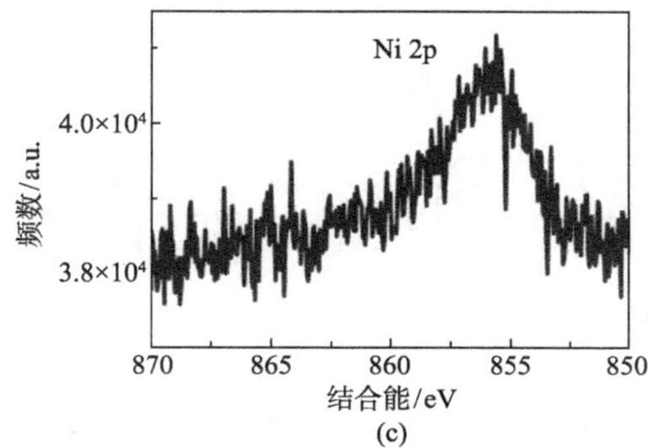

图 24-8　N+Ni 共掺杂{001}面暴露 TiO_2 纳米晶的 XPS 测试光谱

(a) 纵览谱；(b) N 1s 谱；(c) Ni 2p 谱

我们利用第一性原理来描述 N，Ni 原子的掺入对 TiO_2 能带结构的影响规律。计算采用的是基于 DFT 理论的 VASP 软件来对晶体结构和电子进行优化，势能用的是 GGA 的 PW91 交换关联势。为了克服单纯 GGA 势能计算出来的能带偏窄问题，我们用了 GGA+U (U=10 eV, J=1 eV)的方法来处理 Ti 原子的 3d 轨道电子，这时计算出来的带隙是 3.0 eV。计算构建的 3×3×1 的超胞包含 36 个 Ti 原子和 72 个 O 原子，截断能是 400 eV。TiO_2 的晶格常数是 a=3.981 Å, c=9.772 Å, 这符合实验的结果。采用了 Monkhorst-Pack 的方法在第一布里渊区分成了 8×8×8 的网格点进行积分计算。所有的超胞和原子优化的收敛限是 0.01 eV/Å。如图 24-9 所示，由 DOS 能带计算结果可知，纯锐钛矿相 TiO_2 的带隙为 3.0 eV，这与我们的实验结果一致。在 3×3×1 的超胞中，当我们用两个 N 原子取代 O 原子，一个 Ni 原子取代 Ti 原子时，其 DOS 能带结构发生明显变化。N 原子会在 TiO_2 的价带顶形成受主能级，而 Ni 原子同样会影响 TiO_2 的能带结构，在导带底形成施主能级。从而使得锐钛矿相 TiO_2 的带隙减小 1.2 eV，进而使得其吸收光谱向可见光波段频移。计算结果很好地印证了前述实验结果。

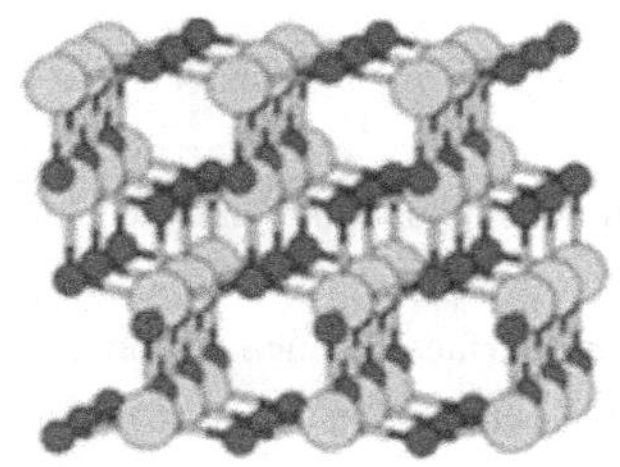

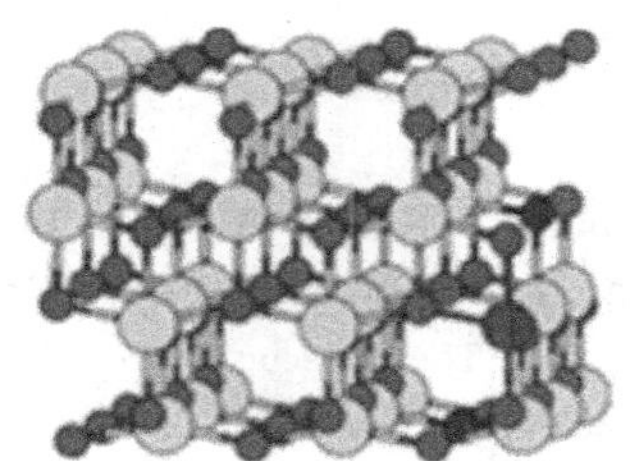

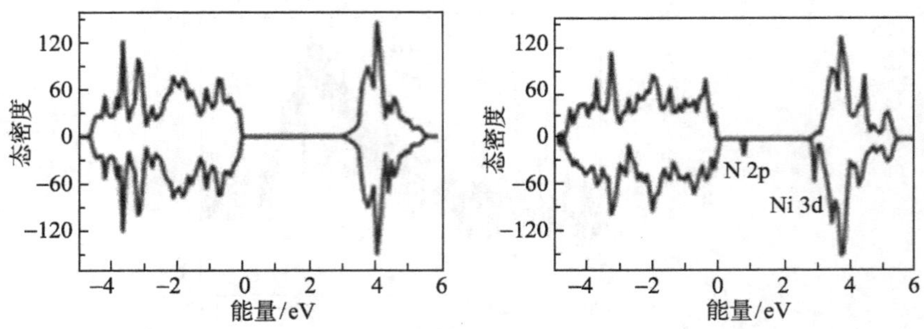

图 24-9　锐钛矿相 TiO_2 和 N+Ni 共掺杂锐钛矿相 TiO_2 的结构模型与 DOS 能带图

利用 325 nm 的激发光对不同样品进行 PL 测试。结果显示，N+Ni 共掺杂{001}面暴露 TiO_2 纳米晶的荧光发射光谱强度最低，如图 24-10 所示。也就是说，它在光照下所产生的光生载流子体内复合效率是最低的。因此，综合光催化剂的光吸收范围、光生载流子的产生以及分离效率三方面的因素，可以认为 N+Ni 共掺杂{001}面暴露 TiO_2 纳米晶具有极其优异的光催化性能。

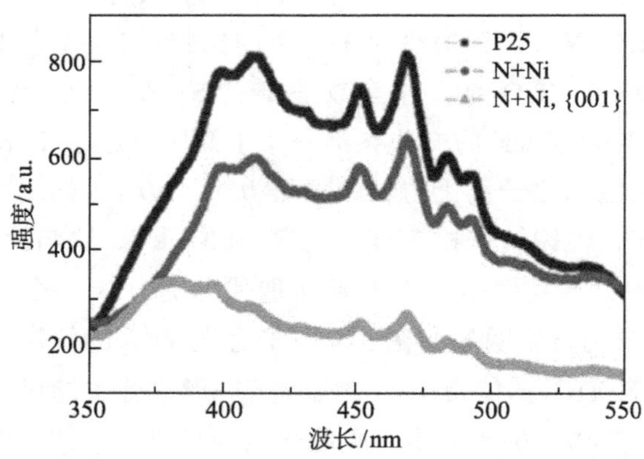

图 24-10　P25，N+Ni 共掺杂 TiO_2 纳米晶，以及 N+Ni 共掺杂{001}面暴露 TiO_2 纳米晶的 PL 光谱

参 考 文 献

[1] Fujishima A, Zhang X, Tryk D A. TiO_2 photocatalysis and related surface phenomena. Surface Science Reports, 2008, 63: 515-582.

[2] Diebold U. The surface science of titanium dioxide. Surface Science Reports, 2003, 48: 53-229.

[3] Lazzeri M, Vittadini A, Selloni A. Structure and energetics of stoichiometric TiO_2 anatase surfaces. Physical Review B, 2002, 65: 119901.

[4] Yang H G, Sun C H, Qiao S Z, et al. Anatase TiO_2 single crystals with a large percentage of reactive facets. Nature, 2008, 453: 638-641.

[5] Han X, Kuang Q, Jin M, et al. Synthesis of Titaniananosheets with a high percentage of exposed (001) facets and related photocatalytic properties. Journal of the American Chemical Society, 2009, 131: 3152, 3153.

[6] Liu G, Yang H G, Wang X, et al. Visible light responsive nitrogen doped anatase TiO_2 sheets with dominant {001} facets derived from TiN. J. Am. Chem. Soc., 2009, 131: 12868, 12869.

[7] Liu G, Sun C, Smith S C, et al. Sulfur doped anatase TiO_2 single crystals with a high percentage of {001} facets. J. Colloid and Inerface Sci., 2010, 349: 477-483.

[8] Yu J, Dai G, Xiang Q, et al. Fabrication and enhanced visible-light photocatalytic activity of carbon self-doped TiO_2 sheets with exposed {001} facets. J. Mater. Chem., 2011, 21: 1049-1057.

第 25 章 正电子湮没技术在 TiO_2 光催化研究中的应用

25.1 引　　言

正电子寿命谱对半导体中的缺陷非常敏感，是一种有效测量半导体中缺陷的方法[1,2]。其原理是：当正电子进入晶格后，在极短的时间内与晶格作用，并迅速热化，最后与物质内部的电子发生湮没，湮没的同时会释放出包含正电子寿命信息的 γ 射线。相对于样品中晶格完整的部分，正电子更倾向于分布在空位型缺陷、空位团和微空洞等电子云密度较低的区域，因此，正电子的寿命谱中会包含各种缺陷的信息[3,4]。

在本章的研究中，我们将商用的 P25 TiO_2 在常压 H_2 气氛中进行 400 ℃热处理 10 h 制备出氢化 TiO_2 样品(H-P25)，通过正电子寿命谱研究氢化 TiO_2 中缺陷的类型及其对氢化 TiO_2 光催化性能的影响。另外，还利用正电子湮没谱仪研究了 TiO_2 在光催化降解过程中的缺陷种类与浓度变化过程，获得了一些新的结果，对光催化机理有了新的认识。特别是发现利用正电子湮没谱可以测量 TiO_2 中的氧空位浓度。这也是我们最先将正电子湮没技术应用到了光催化领域。下面进行详细介绍。

25.2 正电子寿命谱的基本原理

正电子是电子的反粒子，所带电荷大小与电子相等，但符号相反，其他特征两者完全相同。电子-正电子是物质-反物质的一个特例。两者相遇，会同时放射两个或三个湮没光子。用核谱学方法探测这些湮没辐射光子，可以得到有关物质微观结构的信息，如图 25-1 所示。在半导体化合物中，正电子寿命谱对半导体中的缺陷非常敏感，是一种有效测量半导体中缺陷的方法。

正电子寿命谱仪有两种，即快-快符合谱仪和快-慢符合谱仪。快-慢符合谱仪比较复杂，且谱计数率较低。近年来，人们都采用快-快符合谱仪，具有调节方便、 计数率高等优点。常用的快-快符合正电子谱仪的装置实物图和示意图如图 25-2 所示。

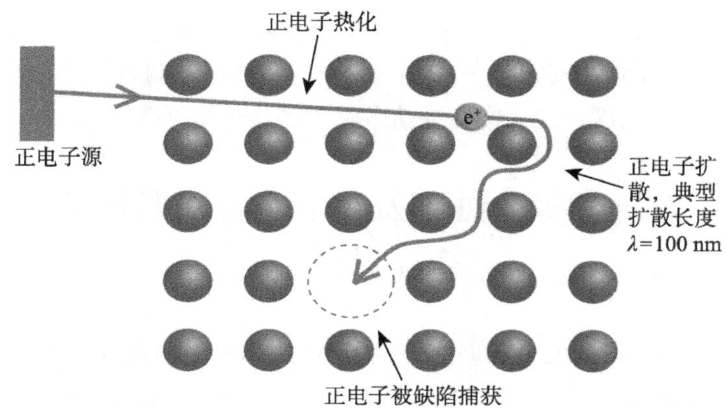

图 25-1　正电子湮没反映材料中微结构状态与缺陷信息的原理示意图

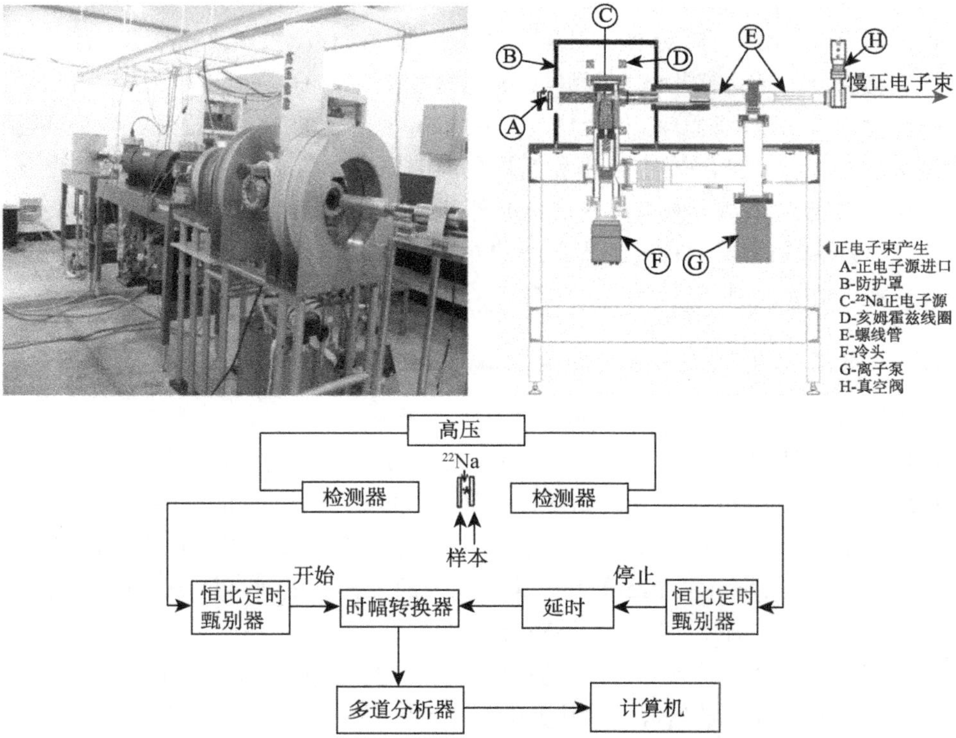

图 25-2　快-快符合正电子谱仪的装置实物图和结构示意图

正电子源夹在两片样品之间，并置于两探头之间。探头由 BaF_2 闪烁体(或塑料闪烁体)、光电倍增管及分压线路组成。恒比定时甄别器(CFDD)具有两种功能，既可以对所探测的 γ 光子进行能量选择，又可以在探测到 γ 光子时产生定时信号，调节

CFDD 的能窗，使两探头分别记录同一个正电子所发出的起始信号(1.28 MeV 的 γ 光子)和终止信号(0.511 MeV 的 γ 光子)。时幅转换器(TAC)将这两个信号之间的时间间隔转换为一个与高度成正比的脉冲信号输入多道分析器(MCA)。

25.3　TiO_2 的氢化处理及其氧空位关联体的正电子寿命谱研究

氢化 TiO_2 是近两年发展起来的一种新型的 TiO_2 光催化改性的方法[5-9]。Chen 等[5]首先将自制的 TiO_2 纳米粉末在 H_2 气氛下加压至 20 atm(1 atm=1.01325×10^5 Pa)，并加热到 200 °C 保持 5 天，得到黑色的氢化 TiO_2。其禁带宽度由原来的 3.3 eV 降低到 1.54 eV，吸收光谱的吸收边缘拓展到红外附近，因此在紫外-可见光区表现为全吸收，从而呈现出黑色。然而，对氢化 TiO_2 光催化改性的机理，目前还没有定论。

紧接着，Zheng 等[10]将自制的 TiO_2 纳米线微球在 H_2 气氛中热处理，制备出黑色的氢化 TiO_2 纳米线微球。作者认为氢化 TiO_2 中产生的 Ti—H 键及其紫外-可见吸收光谱的提高，是氢化 TiO_2 光催化活性提高的原因。与此同时，Naldoni 等[11]也用 H_2 气氛热处理的办法，制备出内部结晶外部非晶的核-壳结构的 TiO_2 纳米晶。作者认为，是外部非晶层与 TiO_2 纳米晶中的 O 空位的协同作用，使 TiO_2 的带隙变窄并具有更好的光催化活性。

25.3.1　氢化 TiO_2 的正电子寿命谱测试方法

本研究中，在对 P25 及 H-P25 进行正电子寿命谱测试前，需将 P25 及 H-P25 粉末进行压片处理，以满足正电子寿命谱测试的需要。具体步骤为：称取 300 mg 的 P25 粉末，置于 Φ = 13 mm 的压片模具中，加压至 10 MPa，保持 5 min 后取出样品，再称取 300 mg 的 P25 粉末，以同样的工艺压制，共制得两片完全相同的 Φ = 13 mm，厚度约 1 mm 的 P25 圆片。再以同样的工艺，压制两片 Φ = 13 mm，厚度约 1 mm 的 H-P25 圆片，供正电子寿命谱测试使用。

利用 ORTEC-265 快-快符合型正电子寿命谱测试样品中的空位和缺陷。使用 ^{22}Na (～1.3MBq)作为放射源，将其置于两片 P25 圆片(或 H-P25 圆片)之间形成类似三明治夹心结构。仪器的时间分辨率(FWHM)为 150 ps，使用 PATFIT 程序进行解谱，计数达 10^6。

25.3.2　氢化 TiO_2 的吸收光谱和微结构表征

图 25-3 为原始 P25 与氢化后的 H-P25 的 XRD 图谱。原始 P25 含有 70%～80%

的锐钛矿与 20%～30%的金红石，这与之前的报道一致[12]。非常尖锐的 XRD 峰，证明其结晶很好。利用谢乐公式可以计算出锐钛矿的晶粒约 16 nm。氢化后的 H-P25 与原始 P25 的 XRD 图谱并无明显区别。

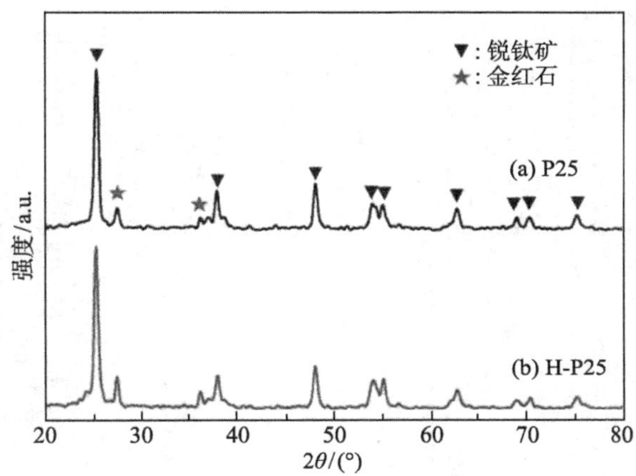

图 25-3　P25 (a)和 H-P25(b)的 XRD 图谱

图 25-4 为原始 P25 与氢化后 P25 的紫外-可见吸收光谱图。从图中可以看出，氢化对 P25 在紫外光区的吸收光谱影响不大，但对其可见光区的吸收光谱有明显提高，这与 Chen 等[1]的报道一致。然而，H-P25 的颜色仅变灰色，而并未完全变黑，这可能与实验过程中，氢化后没有快速冷却有关[11]。

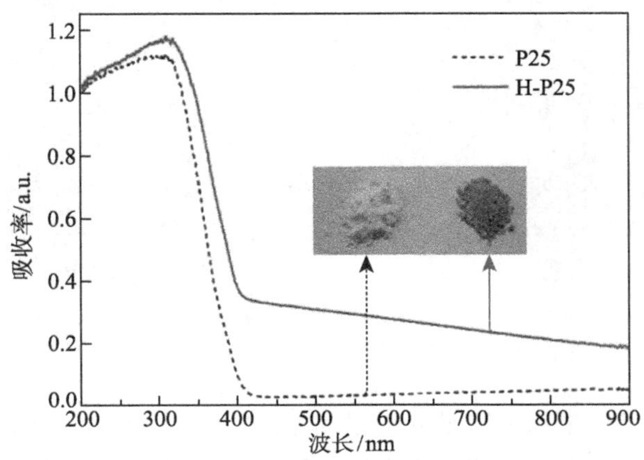

图 25-4　P25 和 H-P25 的紫外-可见吸收光谱

为了观察 P25 在氢化前后的形貌，我们对其进行了 HRTEM 表征，分别如图 25-5 与图 25-6 所示，高倍图对应低倍图中的虚线方框所在的区域，插图为对应的傅里叶变换(FFT)图像。对比可知，P25 具有清晰的晶格条纹和明锐的 FFT 图像，证明其结晶度很高；然而 H-P25 的晶格条纹与 FFT 图像变得模糊，说明氢化使 TiO_2 晶格结构产生畸变。

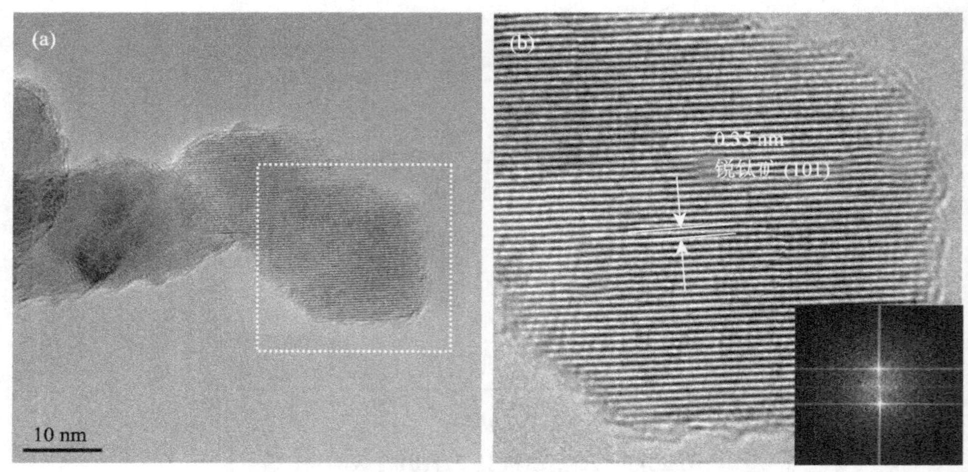

图 25-5　P25 纳米颗粒的 HRTEM 形貌图

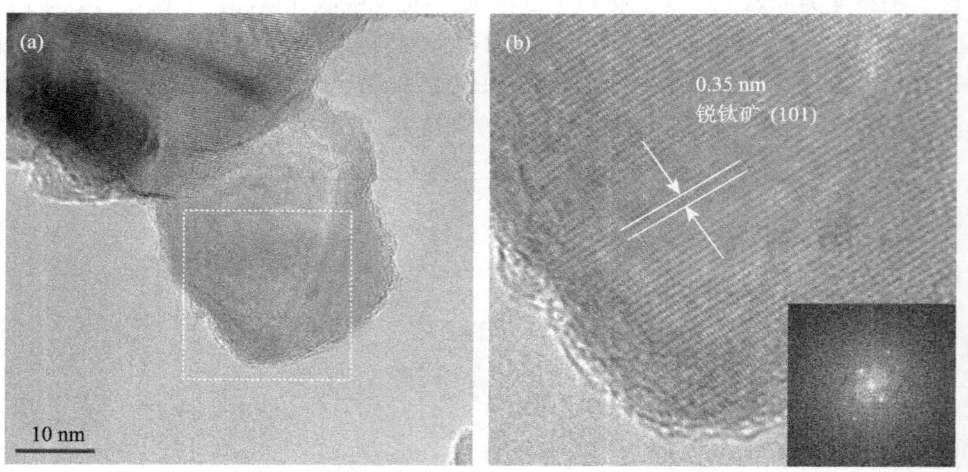

图 25-6　H-P25 纳米颗粒的 HRTEM 形貌图

Raman 光谱是一项用来测量分子振动光谱的技术。因此，我们可以将它用于测量 P25 在氢化前后表面晶格结构的变化。如图 25-7 所示，原始 P25 的 Raman 光谱包含三个 E_g(143 cm^{-1}, 198 cm^{-1} 和 639 cm^{-1})、一个 B_{1g}(399 cm^{-1})和一个 A_{1g}(515 cm^{-1} 与 519 cm^{-1} 叠加)振动模式，这与以前的报道一致。对比 P25 的 Raman 光谱，我们发现，H-P25 的 Raman 光谱的噪声变得强烈，同时在 316 cm^{-1} 和 810 cm^{-1} 处出现两个振动峰，如图 25-7(b)所示。据以往的报道，在 320 cm^{-1} 处的振动峰可以认为是 TiO_2 的 Raman 振动谱中，与 A_{1g} 振动模式对称的隐藏的二阶散射谱[13]。在之前表面氢化 TiO_2 纳米线微球的报道中，也曾观察到 321.1 cm^{-1} 处新的 Raman 振动谱[10]。因此，新出现的二阶散射谱和 810 cm^{-1} 处的振动峰可能是由氢化造成 TiO_2 表面晶格变化引起的。然而，810 cm^{-1} 处的振动谱目前还无法归结到 TiO_2 的任何振动模式。

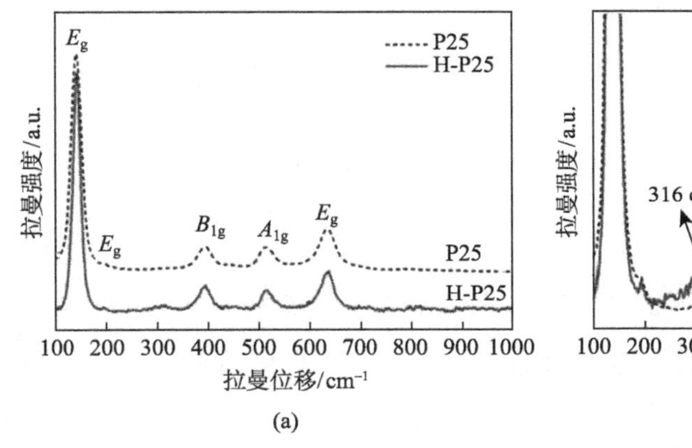

(a)

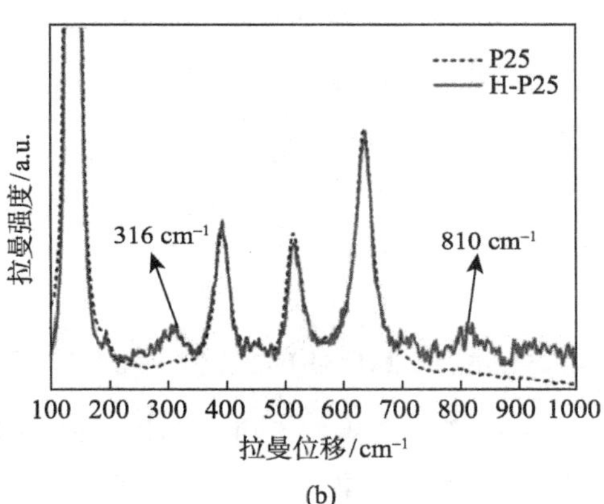

(b)

图 25-7　P25 和 H-P25 的 Raman 光谱

(a) 全谱；(b) 局部放大图

为了研究氢化对 TiO_2 中元素价态的影响，对 P25 与 H-P25 进行 XPS 测试。图 25-8 为 P25 与 H-P25 的 Ti 2p 峰 XPS 测量结果。P25 的 Ti 2p 谱显示了良好的高斯对称，H-P25 的 Ti 2p 谱相对 P25 却向低结合能方向有所偏移，说明其中有少量低价 Ti 存在，如图 25-8(b)所示。一般来说，TiO_2 中 458.3 eV 处的 Ti $2p_{3/2}$ 与 464.0 eV 处的 Ti $2p_{1/2}$ 峰可以认为由 Ti^{4+}贡献，因此在 H-P25 中，457.6 eV 处的 Ti $2p_{3/2}$ 与 463.3 eV 处的 Ti $2p_{1/2}$ 峰可以说明其中 Ti^{3+}的存在。通过 Ti^{3+}与 Ti^{4+}的峰面积比可以计算出 Ti^{3+}约占 Ti^{4+}的 14%。H-P25 中 Ti^{3+}的存在，一般是由其中存在 O 空位而为保持电荷平衡所引起的，其过程可以由如下方程表示：

$$4Ti^{4+} + O^{2-} \longrightarrow 4Ti^{4+} + 2e^-/\square + 0.5O_2 \longrightarrow 2Ti^{4+} + 2Ti^{3+} + \square + 0.5O_2$$

式中，“□”代表 O 空位。从方程中可以看出，每产生一个 O 空位的同时，会相应产生两个 Ti^{3+}。因此，根据这一关系，利用前面得到的 Ti^{3+}/Ti^{4+}=14%，可以计算出 H-P25 中 O 空位的浓度约为 3%。Naldoni 等[11]的报道中，O 空位浓度可以达到 5%，这也证明了快速的冷却过程有助于将 O 空位保持在 TiO_2 晶格内，因此其颜色也比我们的样品更黑。

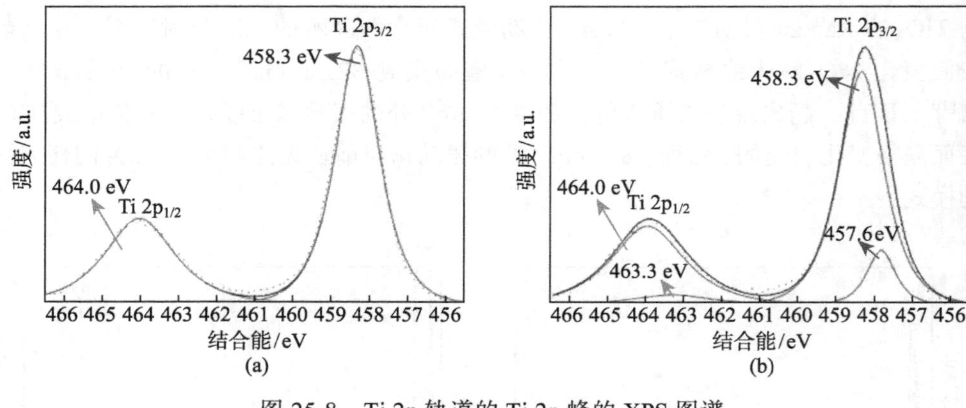

图 25-8　Ti 2p 轨道的 Ti 2p 峰的 XPS 图谱

(a)P25；(b)H-P25

25.3.3　氢化 TiO_2 中氧空位关联体的正电子寿命谱

正电子寿命谱技术可以利用正电子寿命长短提供样品中空位的尺寸、类型及其相对含量[7,8]。通常来讲，正电子进入晶格后，在极短的时间内与晶格作用，并迅速热化，然后在平均自由程内进行无规律热扩散，最后与物质内部的电子发生湮没。一般认为正电子在锐钛矿中的扩散长度为 45 nm 左右[14]，这远大于我们实验中锐钛矿的粒径(约 16 nm)。因此，正电子可以在锐钛矿的内部晶格和表面进行湮没。

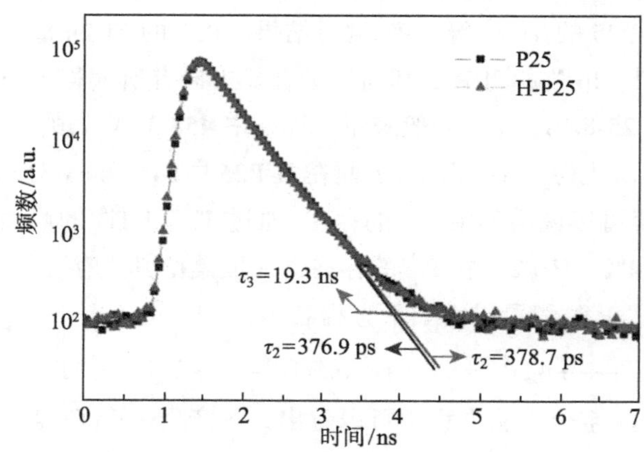

图 25-9　P25 和 H-P25 典型的正电子寿命谱及其拟合曲线

图 25-9 为 P25 与 H-P25 典型的正电子寿命谱图及其拟合曲线。正电子寿命谱可以看作由若干个具有不同寿命值的指数曲线按不同强度的叠加，用公式表示为

$N(t) = \sum_i I_i/\tau_i \exp(-t/\tau_i)$。利用 PATFIT 进行解谱，可以得到 P25 与 H-P25 的三个寿命值 τ_1, τ_2 和 τ_3 及其相对含量 I_1, I_2 和 I_3，见表 25-1。其中，P25 的 τ_2、H-P25 的 τ_2 和 τ_3 部分如图 25-9 中的直线所示。直线对应的斜率 $\Delta \ln D(t)/\Delta t$ 与湮没率 λ 相等，而湮没率 λ 与寿命值 τ 互为倒数，即 $1/\tau = \lambda = \Delta \ln D(t)/\Delta t$。$\tau_1$ 部分因为与仪器的时间分辨率接近，因此在图中无法表示。

表 25-1　P25 和 H-P25 的正电子寿命值和相对强度及偏差

样品		τ_1/ps	τ_2/ps	τ_3/ns	I_1/%	I_2/%	I_3/%
P25	值	140.5	376.9	NA	11.22	88.78	NA
	偏差	14.1	2.1	NA	1.08	1.08	NA
H-P25	值	188.1	378.7	19.3	14.3	85.45	0.25
	偏差	19.9	3.8	10.7	2.74	2.75	0.07

最短的寿命值 τ_1，也就是第一寿命，通常是由正电子在无缺陷的晶体中湮没引起的[15]。在有缺陷体系中，较小的空位(如单空位)或者浅正电子捕获陷阱(如 CeO_2 中的 O 空位)可能引起周围电子云密度下降，从而延长 τ_1 的寿命值[1]。在原始的 P25 中，τ_1 为 140.5 ps，一般认为是由其晶格中固有的单空位引起，因此可以认为是 P25 中正电子的本征寿命。然而 H-P25 中的 τ_1 显著延长到 188.1 ps，较 P25 增加了 33%。因此，H-P25 中 τ_1 的延长说明氢化过程将大量的 Ti^{3+}-O 空位关联体引入到 TiO_2 晶格中。H-P25 中 τ_1 的相对含量 I_1 也有明显的提高，由原来 P25 中的 11.22%提高到 14.3%。

较长的寿命值 τ_2，也就是第二寿命，通常是由正电子被尺寸较大的缺陷捕获引起的[15]。在较大尺寸的缺陷周围，其电子云密度更低，从而降低了正电子的湮没率并延长了其寿命。因此，τ_2 的寿命值要远大于 τ_1。P25 与 H-P25 中存在大量的晶界，因而观察到 P25 与 H-P25 均有 τ_2 产生，并占据很大的比例。在 P25 中，τ_2 为 376.9 ps，其相对含量为 88.78%。显而易见，P25 中晶界之类的缺陷所占的比例远高于其中本来存在的单空位的比例，因此 $I_2 > I_1$。在 H-P25 中，τ_2 被延长到 378.7 ps。这表明，部分由氢化作用引入的 Ti^{3+}-O 空位关联体之间相互结合产生少量的空位团，从而延长了 τ_2 的寿命值。但 τ_2 相对于氢化前仅延长了 0.4%，这说明氢化过程在 P25 中主要引入了单空位的 Ti^{3+}-O 空位关联体，同时有部分单空位相互结合，形成少量的空位团。同时，我们注意到，H-P25 中 τ_2 的相对含量 I_2 较 P25 有所减少，这是因为对于同一个样品，其中各寿命谱的含量之和为 100%，即 $I_1+I_2+I_3=100\%$。H-P25 中 τ_1 的相对含量 I_1 较 P25 有显著增长，因此 I_2 会相应减少。

最长的寿命值 τ_3，也就是第三寿命，通常由正电子在纳米尺度的孔洞中形成正电子素而产生[15]。通过解谱发现，仅在 H-25 中发现有 τ_3 存在，寿命值为 19.3 ns，但其含量仅为 0.25%。这可能是因为 H-25 中有极少量的空位团聚成纳米尺度的孔洞。

TiO_2 在 H_2 气氛中热处理时，由于 H_2 的还原作用，会在 TiO_2 晶格中引入大量 O 空位，并在邻近的位置产生 Ti^{3+}。O 空位同时会与周围的 Ti^{3+}结合，形成 Ti^{3+}-O 空位关联体，如图 25-10 所示。O 空位关联体附近的电子云密度下降，从而延长了 H-P25 中的 τ_1。同时，部分 O 空位关联体相互结合，形成空位团和极少量纳米尺度的孔洞，从而相应延长了 τ_2 并产生了 τ_3。O 空位关联体存在，同时会扭曲 TiO_2 表面的晶格结构，使 H-P25 的 HRTEM 像变模糊。另外，表面晶格结构的变化会引起 Raman 振动谱的改变，使 H-P25 中出现了新的二阶散射谱和 810 cm^{-1} 处的振动峰。TiO_2 表面中的 O 空位吸附 O_2 分子后，容易成为电子捕获陷阱，吸收电子后形成 O_2^-[16]。同时，Ti^{3+}也倾向于与空穴结合，成为 Ti^{4+}。这些作用都有利于抑制光生电子和空穴的复合，从而提高 TiO_2 的光催化效率。

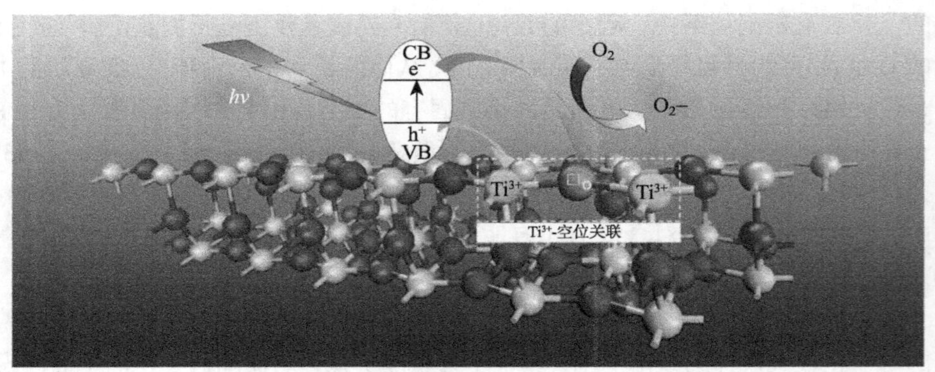

图 25-10　H-P25 中 Ti^{3+}-O 空位关联体分离光生电子-空穴示意图

25.3.4　氢化 TiO_2 中氧空位关联体及其对光催化性能的影响

荧光光谱可以用来反映半导体中载流子的捕获、迁移、转换及分离等信息，因此可以用来测试光生电子和空穴的分离情况[17]。图 25-11 为 P25 与 H-P25 在 300 nm 波长的激发光下产生的荧光发射光谱图。P25 的主峰出现在 400 nm 与 412 nm 处，分别对应两个能级：3.10 eV 和 3.01 eV。其中 400 nm 与 412 nm 分别对应于锐钛矿与金红石中光电子从导带跃迁至价带放出的光子，400 nm 与锐钛矿的吸收截止频率 387 nm 之间的 13 nm 位移可能由斯托克斯位移引起。一般来讲，TiO_2 中光生电子与空穴的复合率越高，则光谱的主峰越高。对比 H-P25 的荧光光谱图，我们发现它在 400 nm 与 412 nm 处主峰的强度仅为 P25 的三分之一，这说明氢化过程在 P25 中引入的 O 空位成为电子的捕获陷阱，有效地抑制了 H-P25 中光生电子与空穴的复合，使 H-P25 的荧光峰强度明显减弱。

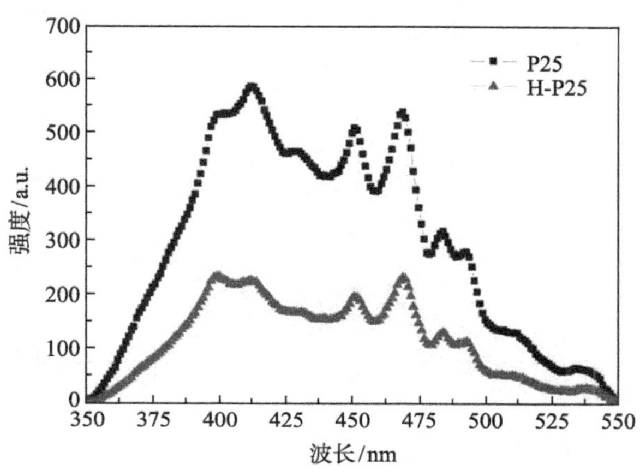

图 25-11　P25 和 H-P25 的荧光发射光谱

众所周知，光电流测试也是检验 TiO_2 中光生载流子浓度的有效办法。光生电流强度越高，则说明 TiO_2 中光生载流子的浓度越高。图 25-12 为 P25 和 H-P25 的光生电流曲线。我们可以明显看出，H-P25 光生电流强度约为 P25 的 3 倍，同样说明了 H-P25 中光生载流子的浓度远高于 P25，这与前面荧光光谱的结果完全一致。

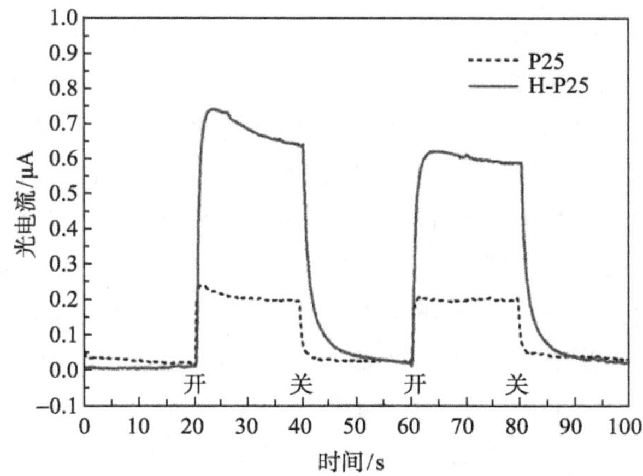

图 25-12　P25 和 H-P25 的光生电流曲线

图 25-13 为在紫外-可见光照下 P25 和 H-P25 对亚甲基蓝溶液的降解曲线。$\ln(C_0/C)$与降解时间呈良好的线性证明 TiO_2 降解的稳定性。H-P25 降解曲线的斜率约为 P25 的两倍，说明 H-P25 比 P25 具有更好的光催化性能。

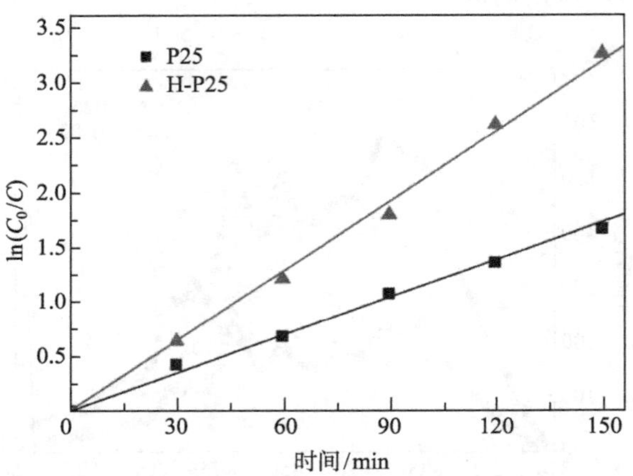

图 25-13　P25 和 H-P25 降解亚甲基蓝曲线

25.4　利用正电子湮没寿命谱研究 TiO_2 在光催化过程中的缺陷变化

25.4.1　样品制备

实验采用商用 P25 粉末为原始的 TiO_2 样品与光催化后的样品作参考。所用的 P25(购买自 Degussa 公司)为金红石和锐钛矿混合相的 TiO_2 晶体(S_P)。光催化组的样品采用去离子水配置 12 mg/L 亚甲基蓝溶液(TiO_2 比例为 1:1)。制备好的溶液在黑暗中搅拌 24 h 后静置，取出后倒出上层清液得到吸附后样品(S_A)。重新制备样品再吸附 24 h 后，在紫外-可见光下光催化 24 h，静置 12 h 后，倒出上层清液，烘干得到降解后样品(S_D)。最后一个样品再经过两步的完全吸附并光催化降解完全后，静置 12 h，然后倒出上层清液，在干燥箱中放置 30 天后得到样品(S_{D30})。在制备样品的过程中，需要不断磁性搅拌以保证 TiO_2 与亚甲基蓝溶液充分接触。

利用精密电子天平(精度为 0.1 mg)进行称量。量取同一样品粉末 300 mg，在 10 MPa 下压制 5 min，成为直径为 12 mm，厚度为 1 mm 的圆片，同样的样品需制备两个相同的圆片以测量正电子湮没寿命谱。

本节中是在室温下用常规 ORTEC-265 快速一致测量系统测量正电子寿命谱。符合能谱仪有着非常灵敏的时间分辨能力，分辨率达到 280 ps。实验需要两片相同的圆片状样品，^{22}Na 源在两圆片中间位置。为了保证有足够小的统计误差，每个谱累积计数在 10^6 以内，最后利用 PATFIT 程序进行拟合两分量解谱。实验得到的正电子寿命谱扣除本底和能源效应后得到三组拟合寿命组分(τ_1，τ_2，τ_3)及其相应强度密度(I_1，I_2，I_3)。

25.4.2　TiO_2 光催化过程中缺陷变化的正电子寿命谱特征

图 25-14 是测得的四个样品典型的正电子湮没寿命谱。表 25-2 为对应的寿命 τ_1、τ_2 和 τ_3 以及相应的相对强度值 I_1、I_2 和 I_3。3 个强度值相加具有非常好的归一性，I_1/I_2 比值用以判定不同类型缺陷的比例关系。正电子时间衰减函数是通过分光仪得到的一个高斯分辨函数(Gaussian resolution function)。我们由 PATFIT 程序对时间寿命 $N(t)=\Sigma_i I_i/\tau_i \exp(-t/\tau_i)$进行卷积。其中，$\tau_2$ 值为图 25-14 中曲线的斜率，通过 $\lambda=\Delta \ln D(t)/\Delta t$ 计算得出[18]；由于 τ_1 值均小于对应的时间分辨率 280 ps，τ_3 值很小(小于 1%)，因此它们直接通过软件计算获得。

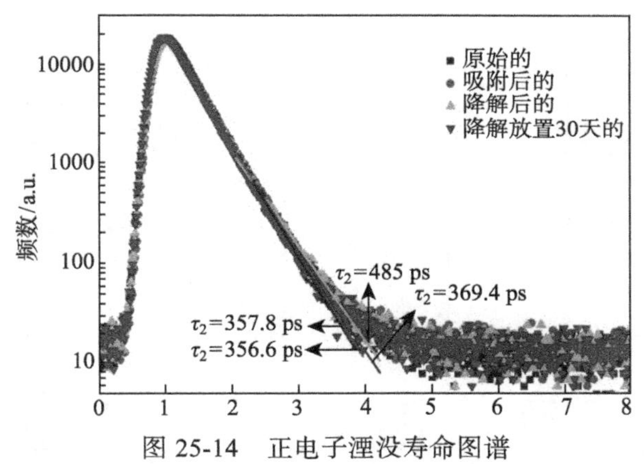

图 25-14　正电子湮没寿命图谱

表 25-2　正电子湮没寿命及相对强度

样品		τ_1/ps	τ_2/ps	τ_3/ns	I_1	I_2	I_3	I_1/I_2
原始的	值	139	365	None	11.22	88.78	None	0.13
吸附后的	值	194	366.6	3.6	13.2	86.7	0.1	0.15
降解后的	值	327	485	4.5	85	14.9	0.1	5.7
降解放置30 天的	值	230	369.4	7	18.6	81.2	0.2	0.23

从表 25-2 中可以看出：①随着亚甲基蓝的吸附和降解，τ_1 值逐渐增加，降解样品(S_D)所对应的 τ_1 值最高，而放置 30 天以后，τ_1 值又有所降低。相对应，其相对强度 I_1 也有相同的变化规律。②对应 τ_2 值，除了降解样品(S_D)最大以外，其他样品的值没有很大的变化。图 25-15 和图 25-16 给出了 τ_1 和 τ_2 之间，以及 I_1 和 I_2 之间的变化规律对比图。③与 τ_1 和 τ_2 相比，τ_3 的值很大，并且在吸附、降解和长期放置以后，

其值逐步增加，但是 τ_3 所对应的相对强度 I_3 一直很小。

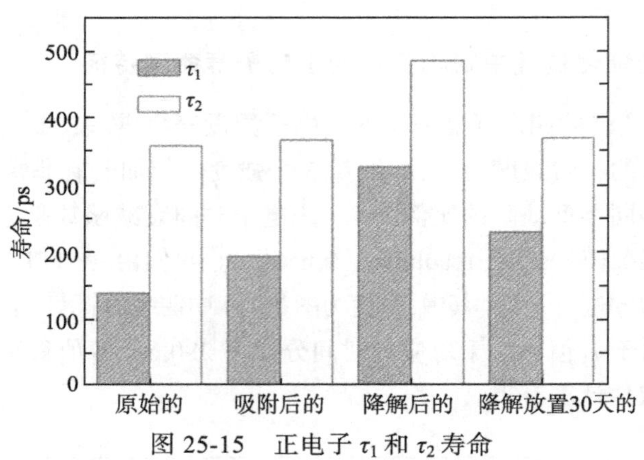

图 25-15 正电子 τ_1 和 τ_2 寿命

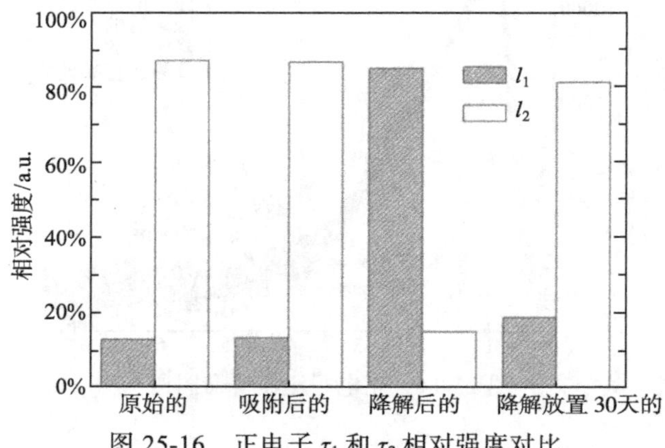

图 25-16 正电子 τ_1 和 τ_2 相对强度对比

众所周知，在半导体材料中，正电子的寿命湮没率同湮没处的电子密度成正比。τ_1 是最短的寿命时间，一般认为在基本无缺陷的材料中是自由电子的湮没时间；而在有缺陷的材料中，τ_1 通常由自由电子或接近自由电子单空位体积的缺陷，如晶格间隙、位错、晶界和相界等产生。更长的 τ_2 一般来自更大体积缺陷，如氧空位团、晶界孔洞等产生。达到纳秒尺度的 τ_3 主要是由纳米尺度大小的孔洞等缺陷形成[19]。

对于 τ_1，随着亚甲基蓝的吸附和降解，τ_1 值逐渐增加，说明样品在吸附和降解过程中，样品中自由电子或接近自由电子单空位体积的小缺陷在不断增加。这是由于在 TiO_2 吸附 MB 过程中，MB 的主要分子在水中电离出 Cl^- 和主要的阳离子官能团。库仑效应会使阳离子官能团直接吸附到 TiO_2 表面直至完全降解[19]。由 τ_1 的增加得到结论：MB 主要是物理性吸附在 TiO_2 表面上，吸附的同时会有少量 S^+—O^-

等成键[20]。表面分子与晶格不匹配，成键由于势垒的作用，会使表面的原子发生发生畸变。吸附过程的这种畸变是局部的和轻微的，仅限于分子键形成部分，这样就导致晶格的小型空位缺陷有所增加。τ_1 达到最大值的降解样品(S_D)，相对于上一步吸附过程而言，有紫外-可见光不断地给 TiO_2 提供能量，晶格吸收光子后导致大量空穴-电子对形成，参与降解过程，打开与 MB 的甲基苯环等的成键[21]。降解 MB 以及降解中间物是一个由内至外光子产生的化学反应过程，这种畸变可以在体内和表面同时发生，形成了小缺陷。但是，当样品放置一段时间(30 天)以后，由于在紫外-可见光催化降解产生的畸变是处于能量较高的状态，会有趋向于恢复到晶格能量更低的状态。因此代表体内和表面的小缺陷 τ_1 较大幅度地减小，但仍大于原始 P25(S_P)，这一结果根据 Zhang 等[22]所做的 TiO_2 多次降解 MB 的实验说明恢复过程是不完全可逆的。

对于对应较大缺陷浓度的 τ_2，除了降解样品(S_D)最大以外，其他样品的值没有很大变化。其中吸附为物理过程，没有影响 TiO_2 内部晶格，仅限于表面部分产生畸变。由于 τ_2 氧空位团、晶界孔洞等较大缺陷，因此吸附样品(S_A)基本没有变化。然后，对于降解样品(S_D)，晶格畸变量大，产生的单个空位型小缺陷多，会有表面和体内部分小缺陷聚集形成较大缺陷。此外，表面吸附物分子在降解过程中使得 TiO_2 表面畸变相对于 TiO_2 体内缺陷大，较大的畸变会在表面直接形成氧空位团、晶界孔洞等小缺陷，导致 τ_2 增加至最大。与吸附过程相同，降解后放置一段时间(30 天)的样品(S_{D30})τ_2 同原始 P25(S_P)基本相同。这是因为放置 30 天后，对于形成 τ_2 较大缺陷的畸变已经恢复到自由能较低的正常晶格状态，同时没有吸附降解物。

对应较大缺陷的 τ_3 是由正态电子偶素湮没在纳米尺度的孔洞中形成的。除了在原始 P25 中没有探测到 τ_3，后三个样品中 τ_3 是逐渐增加的，但所占的比例 I_3 值均非常小(小于 0.2%)。这一实验结果说明，在光催化降解中会形成纳米尺度缺陷，这种缺陷的形成是一个完全没有回复的过程。

除了 τ_1、τ_2 和 τ_3 外，从表 25-2 和图 25-16 得到相对 I_1、I_2 和 I_3 的值提供不同类型缺陷对应的相对强度比例关系。I_1 值是不断增大的，降解样品(S_D)值最大为 85%，而放置一段时间的样品(S_{D30})减小至 18.6%。I_1/I_2 与 I_1 变化规律相同，然而 I_2 的变化规律与 I_1 完全相反。在降解样品(S_D)中，I_1 增加而 I_2 减少，推测有部分单个空位型缺陷由于晶格畸变量大而聚集形成大的孔洞。同时 I_1/I_2 值迅速增加至 5.4，相比于其他样品的比值，这可以证明在降解过程中晶格引入了大量的缺陷，并且单个空位类型的缺陷相比于较大孔洞空位团类型的缺陷大大增加。一般认为，τ_1 主要代表了 TiO_2 晶格内部缺陷，继而证明晶格畸变过程引入小缺陷是在整个 TiO_2 晶格内产生的[19]。同时放置样品(S_{D30})I_1/I_2 值恢复到 0.23，代表恢复过程是在整个晶格内部发生，且主要恢复的为单个空位型缺陷。

25.4.3　TiO_2 光催化过程中缺陷变化的其他表征验证

荧光光谱是自由电子复合产生的。因此，通过荧光光谱可以获得 TiO_2 在吸附、降解与恢复过程中，载流子的迁移、转移、分离和俘获等信息。图 25-17 为利用 300 nm 光源激发四个样品所得到的在 350~500 nm 波段的荧光光谱。考虑到样品颜色会受到 MB 少量吸附的影响，因此利用紫外光谱，扣除了 300 nm 激发光处的吸收峰强度。从图中可以看出，四个样品的荧光峰出现的位置基本相同，但是峰的强度存在较大差异。6 个峰的峰位分别是 396 nm，411 nm，451 nm，468 nm，482 nm 和 492 nm，其中最强峰出现在 396 nm 和 411 nm，对应的能量分别为 3.10eV 和 3.02eV。实际上，这两个最强峰来自于锐钛矿 TiO_2(3.2eV)和金红石 TiO_2(3.0eV)的本征发光，以及所对应的带间电子跃迁。而位于 450～500 nm 的 4 个峰则是由荧光激发表面缺陷产生的缺陷峰。其中，位于 451 nm 和 468 nm 的峰是由于能带边缘电子激发所产生的缺陷峰；位于 482 nm 和 492 nm 的峰则是因为能带束缚电子的荧光激发所产生的缺陷峰[23]。

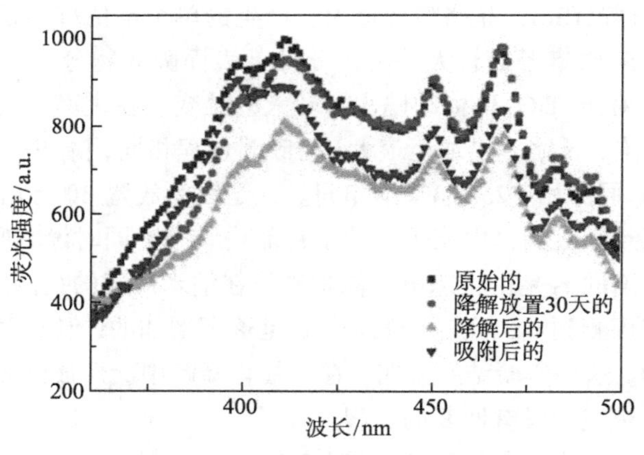

图 25-17　四组样品的荧光光谱

对比四个样品的荧光光谱，可以看到 S_A 和 S_D 样品在 450～500 nm 荧光强度有着明显的降低，这可以归结于在吸附过程中，少量的物理吸附成键会使样品表面晶格出现畸变以及少量缺陷。同时。MB 离子自身带有正电荷吸附在样品表面，致使样品表面的电荷分布出现不均。电荷的分布不均会使得 TiO_2 电子和空穴的产生减少，最后导致荧光强度降低。

而对于放置一段时间的降解完全的样品(S_{D30})，与原始样品(S_P)相比，在 450～500 nm 的缺陷峰的强度变化不大，但是其本征峰强度略有降低。结合上面正电子湮没寿命谱结果可以认为，由于正电子湮没所探测缺陷为负电荷及中性缺陷，本征峰强度的降低表明表面晶格畸变会导致 TiO_2 晶格内部缺陷增加，产生不同电荷类型的缺陷，使电子和空穴的产生减少，导致荧光强度降低。这也说明晶格畸变的产生与回复是一个不完全可逆的过程。其缺陷峰强度变化不大说明，在放置 30 天后，表面已经没有吸附物的影响和紫外-可见光的激发，晶格已经恢复到自由能较低的状态。

Raman 光谱不仅可以对纳米 TiO_2 进行各种定量和定性分析，如空间均匀性、组成、结构、相变、结晶度和缺陷等精细结构进行研究，同时还可以对晶体的表面形态、配位基团的空间分布等提供重要信息。因此，用 Raman 光谱法研究 TiO_2 表面原子结构对光催化性能的影响有着重要的意义。

紫外 Raman 光谱对样品的表面结构有非常强的敏感性。由于 TiO_2 对于紫外光有着强烈的吸收，可以利用紫外 Raman 光谱来检测 TiO_2 在降解 MB 过程中样品表面的变化情况。图 25-18 为四组样品的紫外 Raman 光谱，其主要由位于 324 cm^{-1}，398 cm^{-1}，515 cm^{-1}，637 cm^{-1} 的 4 个峰组成，一般认为是对应于锐钛矿 TiO_2 的 4 个波数的峰，但是也可能有金红石 TiO_2 的峰与之叠加[16,17]。从图中可以看出，在吸附样品(S_A)中，4 个峰的峰强没有变化，而峰位向高波数段有极小的偏移(3～5 cm^{-1})。降解样品(S_D)峰强没有变化而峰位向低波数段偏移明显(10 cm^{-1})。

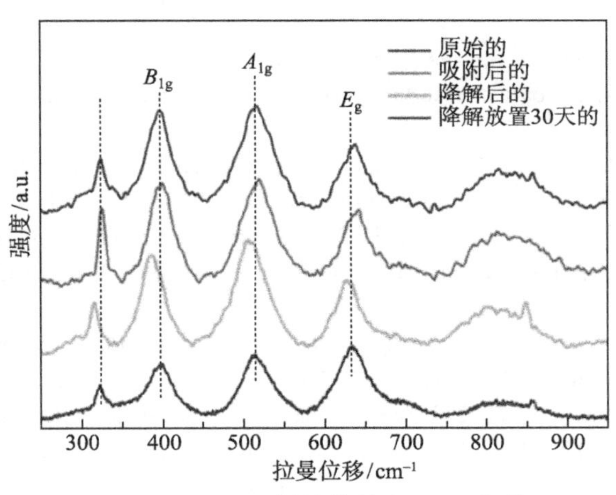

图 25-18　四组样品紫外 Raman 光谱

对于吸附 MB 的样品(S_A)，TiO_2 表面与 MB 产生物理吸附，有少量成键。由于 MB 离子吸附在样品表面，成键的影响而对样品表面原子有挤压，会导致 TiO_2 晶格的键长减小，对应 Raman 峰略有偏移。

然而，对于降解样品(S_D)，4 个峰对应着都有向低波数段 10 cm^{-1} 左右的偏移。一般认为 TiO_2 在表面更易产生较大的缺陷。在降解完的样品中，晶格处于不完全稳定状态，存在大量的晶格畸变缺陷。这些由晶格畸变产生的缺陷(主要是较大缺陷)会导致 TiO_2 表面原子层的键长增加，处于拉应力状态，导致紫外 Raman 结果向低波数段偏移。

对于降解放置一段时间(30 天)的样品(S_{D30})，晶格畸变在回复过程中体内小缺陷减少；表层原子缺陷状态恢复到与原始样品(S_P)基本一致的状态，即缺陷数量和类型基本无变化。因此 Raman 结果恢复到与原始 P25 相同。

紫外 Raman 结果相比于正电子所得结论，可以进一步推论得到在吸附和降解阶段，TiO_2 表面的缺陷变化情况。同时，放置一段时间的样品(S_{D30})的回复过程得到了表面恢复到单个空位缺陷和孔洞型缺陷，基本与原始 P25 相同。

参 考 文 献

[1] Liu X, Zhou K, Wang L, et al. Oxygen vacancy clusters promoting reducibility and activity of ceria nanorods. Journal of the American Chemical Society, 2009, 131(9): 3140, 3141.

[2] Kong M, Li Y, Chen X, et al. Tuning the relative concentration ratio of bulk defects to surface defects in TiO_2 nanocrystals leads to high photocatalytic efficiency. Journal of the American Chemical Society, 2011, 133(41): 16414-16417.

[3] De La Cruz R, Pareja R, Gonzalez R, et al. Effect of thermochemical reduction on the electrical, optical-absorption, and positron-annihilation characteristics of ZnO crystals. Physical Review B, 1992, 45(12): 6581.

[4] Dutta S, Chattopadhyay S, Jana D, et al. Annealing effect on nano-ZnO powder studied from positron lifetime and optical absorption spectroscopy. Journal of Applied Physics, 2006, 100(11): 114328-114328-6.

[5] Chen X, Liu L, Peter Y Y, et al. Increasing solar absorption for photocatalysis with black hydrogenated titanium dioxide nanocrystals. Science, 2011, 331(6018): 746-750.

[6] Zhang Z K, Bai M L, Guo D Z, et al. Plasma-electrolysis synthesis of TiO_2 nano/microspheres with optical absorption extended into the infra-red region. Chemical Communications, 2011, 47(29): 8439-8441.

[7] Wang G, Wang H, Ling Y, et al. Hydrogen-treated TiO_2 nanowire arrays for photoelectrochemical water splitting. Nano Letters, 2011, 11(7): 3026-3033.

[8] Lu J, Dai Y, Jin H, et al. Effective increasing of optical absorption and energy conversion efficiency of anatase TiO_2 nanocrystals by hydrogenation. Phys. Chem. Chem. Phys., 2011, 13(40): 18063-18068.

[9] Zuo F, Wang L, Wu T, et al. Self-doped Ti^{3+} enhanced photocatalyst for hydrogen production under visible light. Journal of the American Chemical Society, 2010, 132(34): 11856, 11857.

[10] Zheng Z, Huang B, Lu J, et al. Hydrogenated titania: Synergy of surface modification and morphology improvement for enhanced photocatalytic activity. Chemical Communications, 2012, 48(46): 5733-5735.

[11] Naldoni A, Allieta M, Santangelo S, et al. Effect of nature and location of defects on bandgap narrowing in black TiO_2 nanoparticles. Journal of the American Chemical Society, 2012, 134(18): 7600-7603.

[12] Zhang J, Zhang Y, Lei Y, et al. Photocatalytic and degradation mechanisms of anatase TiO_2: A HRTEM study. Catalysis Science & Technology, 2011, 1(2): 273-278.

[13] Giarola M, Sanson A, Monti F, et al. Vibrational dynamics of anatase TiO_2: Polarized Raman spectroscopy and ab initio calculations. Physical Review B, 2010, 81(17): 174305.

[14] Zhang Y, Ma X, Chen P, et al. Enhancement of electroluminescence from TiO_2/p-Si heterostructure-based devices through engineering of oxygen vacancies in TiO_2. Applied Physics Letters, 2009, 95(25): 4428.

[15] Sanyal D, Banerjee D, De U. Probing $(Bi_{0.92}Pb_{0.17})_2Sr_{1.91}Ca_{2.03}Cu_{3.06}O_{10+\delta}$ superconductors from 30 to 300 K by positron-lifetime measurements. Physical Review B, 1998, 58(22): 15226-15230.

[16] Thompson T L, Yates Jr J T. TiO_2-based photocatalysis: Surface defects, oxygen and charge transfer. Topics in Catalysis, 2005, 35(3/4): 197-210.

[17] Xiang Q, Lv K, Yu J. Pivotal role of fluorine in enhanced photocatalytic activity of anatase TiO_2 nanosheets with dominant (001) facets for the photocatalytic degradation of acetone in air. Applied Catalysis B: Environmental, 2010, 96(3): 557-564.

[18] Jiang X D, Zhang Y P, Jiang J. Characterization of oxygen vacancy associates within hydrogenated TiO_2 :A positron annihilation study. J. Phys. Chem., 2012, 116: 22619-22624.

[19] Kong M, Li Y Z, Chen X, et al. Tuning the relative concentration ratio of bulk defects to surface defects in TiO_2 nanocrystals leads to high photocatalytic efficiency. J. Am. Chem. Soc., 2011, 133: 16414-16417.

[20] Houas A, Lachheb H, Ksibi M. Photocatalytic degradation pathway of meothylene blue in water. Applied Catalysis B: Environmental，2001, 31: 145-157.

[21] Zhang T Y, Oyama T, Aoshima A. Photooxidative N-demethylation of methylene blue in aqueous TiO_2 dispersions under UV irradiation. Journal of Photochemistry and Photobiology A: Chemistry，2001, 140: 163-172.

[22] Zhang J, Zhang Y P, Lei Y K, et al. Photocatalytic and degradation mechanisms of anatase TiO_2: A HRTEM study. Catalysis Science & Technology, 2011, 1: 273-278.

[23] Xiang Q J, Lv K L, Yu J G. Pivotal of fluorine in enhanced photocatalytic activity of anatase TiO_2 nanosheets with dominant (001) facets for the photocatalytic degradation of acetone in air. Applied Catalysis B : Environmental , 2010, 03: 020.

第 26 章　锐钛矿纳米 TiO_2 光催化降解过程的 HRTEM 研究

26.1　引　　言

TiO_2 由于其高效的光催化性能而引起了人们极大的研究热情。研究的重点多集中于通过掺杂、复合、染料敏化及暴露活性面等手段提高其光催化性能[1-3]，而在原子尺度研究光催化过程和机理的报道比较少见。

有一些研究是利用原位傅里叶变换红外光谱测试技术(FTIR)跟踪监测 TiO_2 光催化过程中的化学键、官能团的变化来推测光催化反应的化学路径[4-23]。这种方法的缺点是不能得到有关 TiO_2 结构在光催化中变化的信息，因而难以全面了解光催化过程的机理。另一方面，有人研究了光照对 TiO_2 表面晶格的影响。Nakato 等[24, 25]利用 AFM 研究了光解水时光照对金红石单晶 TiO_2 表面晶格的影响，发现光照能使金红石 TiO_2 表面变粗糙，并认为 TiO_2 晶格变化是光催化的一个重要过程。Hashimoto 等[26]发现光照能调控 TiO_2 亲水疏水的性能变化，表明光照影响了 TiO_2 的表面基团及晶格排列。近年来，超高真空扫描隧道显微镜(STM)技术被用来研究 TiO_2 特定晶面上的吸附及化学反应过程。Thornton 等[27]利用 STM 观察到了水分子在金红石相 TiO_2(110)表面与氧空位发生的羧基化分裂作用。Diebold 等[28]则利用 STM 观察了水分子在锐钛矿相 TiO_2(101)表面的排列，发现水分子最终形成了 2×2 的超晶格排列，并通过模拟计算证实这种排列方式的表面结合能最低，因而最稳定。但是关于 TiO_2 光催化的 STM 的观察研究未见报道，因为这种技术虽然能“原位”观察到 TiO_2 表面结构的变化，但是对样品要求很高，“原位”光催化很难进行，而常用的 TiO_2 纳米颗粒又不符合样品要求，很难用这种技术进行研究。

相比于 STM 高分辨透射电子显微镜(HRTEM)是一种能有效观察晶体超微结构的技术，且样品要求相对较低，用一般的纳米材料很容易制样观察。有研究报道了利用 HRTEM 技术研究 TiO_2 在制备反应中的相变过程，Daoud 等[29]利用 HRTEM 研究了水热法制备 TiO_2 纳米颗粒不同阶段的结构变化，但没有用 HRTEM 观察 TiO_2 光催化过程的研究。本章研究工作利用 HRTEM 技术研究了 P25 TiO_2 光催化降解亚甲基蓝过程中的微结构变化，分别观察了原始 P25、吸附亚甲基蓝、光催化降解亚甲基蓝、实验室条件下放置 30 天，以及循环降解 20 次之后失效的 TiO_2 样品的 HRTEM 图像，力求从原子尺度揭示 TiO_2 晶格结构的变化与光催化的关系，并与模拟计算结果相佐证，从全新角度认识 TiO_2 的光催化过程及机理。另外也用相同的方法研究了 TiO_2 降解罗丹明 B、甲基橙的光催化过程，并与亚甲基蓝的观察结果相比较，以得到普遍性的光催化机制。

26.2　锐钛矿纳米 TiO_2 光催化降解亚甲基蓝的 HRTEM 研究

26.2.1　锐钛矿纳米 TiO_2 光催化降解亚甲基蓝不同阶段的微结构特征

首先将商业购买的 P25 粉末进行了 XRD 表征，如图 26-1 所示。可以看出其为锐钛矿相与金红石相的混晶结构，其中锐钛矿相占了大部分，这与其他文献报道的一致[30]。在光催化实验中，将 100 mg P25 放入 100 mL 浓度为 12 mg/L 的亚甲基蓝溶液中，混合液不断搅拌，在黑暗环境中静置 10 h，让其产生充分的吸附；接着在光照下进行光催化作用，反应使用 250 W 高压汞灯照射。大概经过 4 h，亚甲基蓝被完全降解。共有四组样品从溶液中取出以观察 HRTEM 形貌：原始 P25 样品、吸附亚甲基蓝之后的样品、光催化完成之后的样品、光催化完成之后在实验室环境下静置 30 天的样品。所有的样品经过离心将 TiO_2 分离出来之后制作 HRTEM 观测样品。

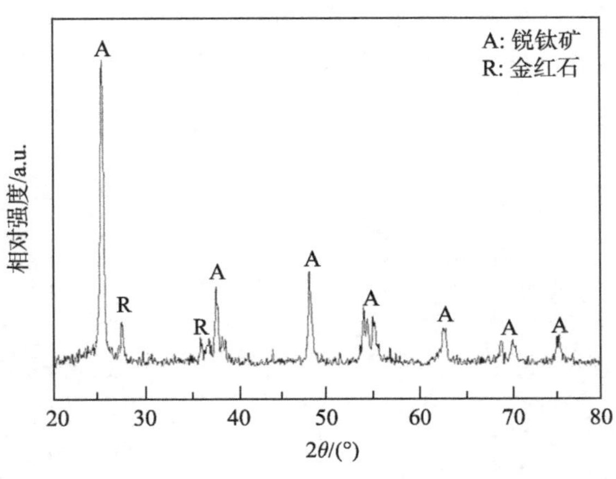

图26-1　P25的XRD谱

图26-2(a)为P25的低倍HRTEM形貌图。可以看出P25纳米颗粒分散性比较好，

粒度大小分布范围集中于10~30 nm，少数颗粒在80 nm左右；原始P25具有清晰的高分辨晶格像，如图26-2(b)所示，可以分辨出三个纳米颗粒都是锐钛矿结构，且颗粒表面干净，没有发现其他的杂质。

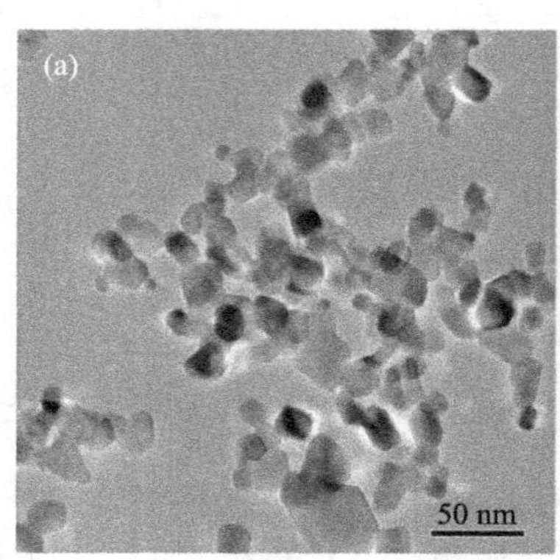

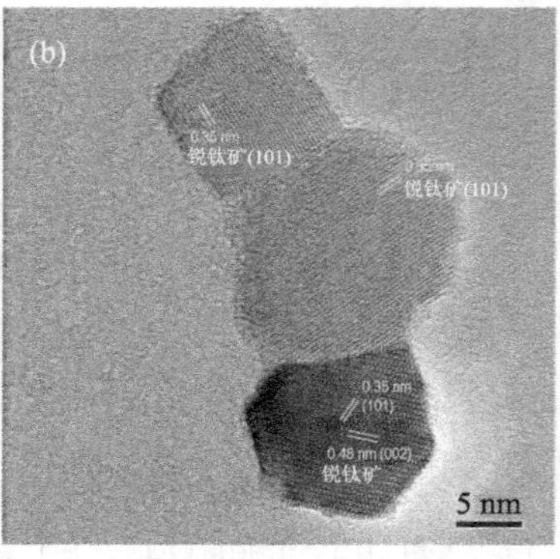

图26-2　P25的低倍(a)及高倍(b)HRTEM形貌图

原始P25与亚甲基蓝水溶液混合后在黑暗环境中静置的吸附样品如图26-3所示。从其低倍形貌图可以很清楚地看到TiO_2颗粒表面均匀吸附了很多大小在1 nm左右的纳米点，且高倍下无法使吸附有纳米点的TiO_2颗粒形成清晰明锐的高分辨晶格像，这说明纳米点的吸附导致了高分辨晶格像分辨率的下降。经过光催化降解之后的TiO_2表面依旧吸附有1 nm左右的纳米点，且高分辨晶格像依然模糊，如图26-4所示。TiO_2的HRTEM图像模糊并非是由聚焦不足、样品漂移等成像质量问题所致，我们进行了重复实验并观察了多个区域，依然不能得到清晰的HRTEM晶格图像，由此推测亚甲基蓝分子的吸附对TiO_2表面晶格排列产生了影响，导致其晶格像模糊。HRTEM模糊的样品在实验室环境中放置一个月之后再进行观测，发现光催化

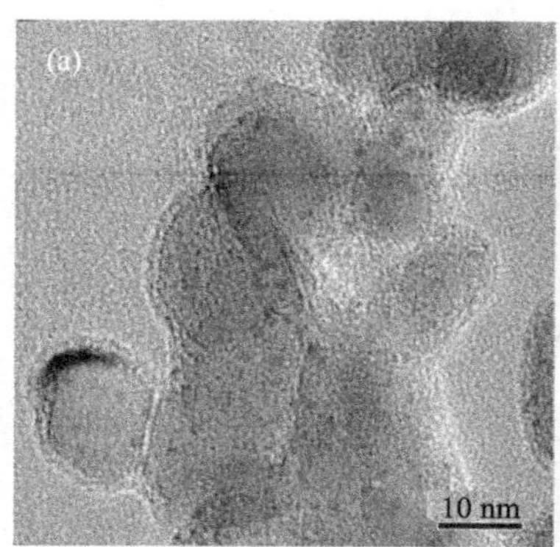

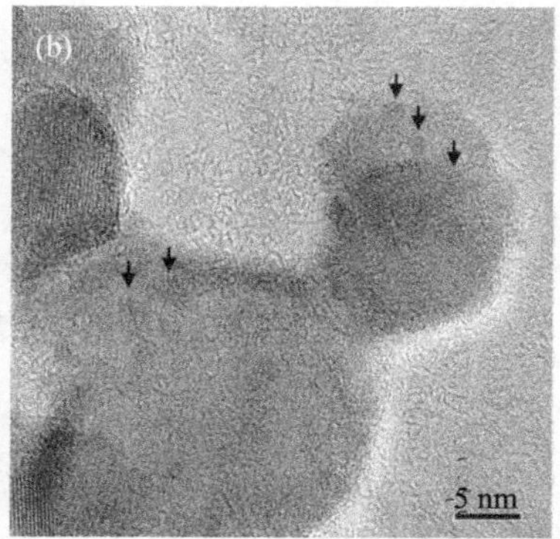

图26-3　吸附亚甲基蓝TiO_2的低倍(a)及高倍(b)HRTEM形貌图

降解之后的 TiO_2 表面吸附的纳米点消失，同时能够再次形成清晰明锐的高分辨晶格像，如图 26-5 所示。

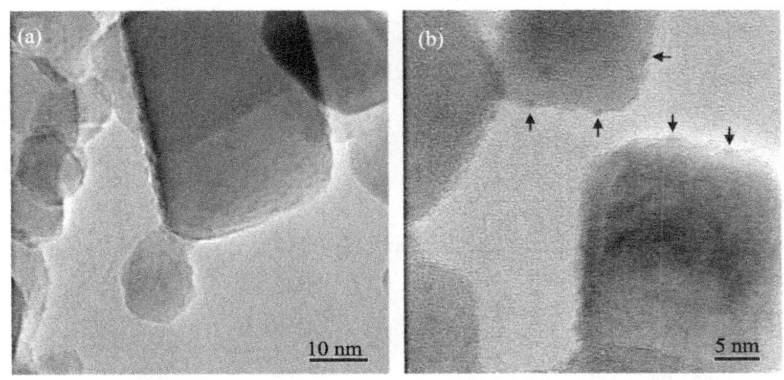

图26-4　降解亚甲基蓝TiO_2的低倍(a)及高倍(b)HRTEM形貌图

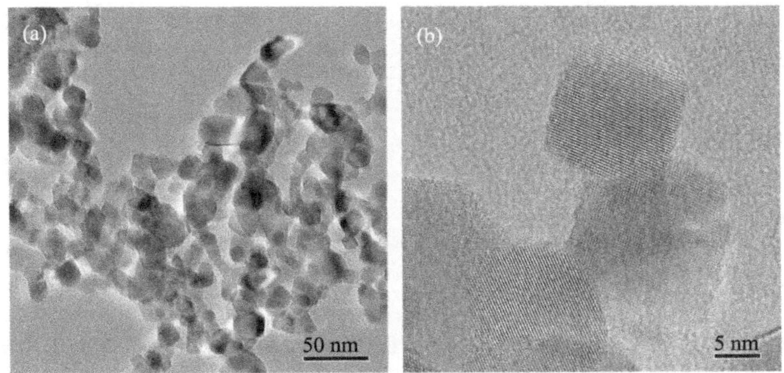

图26-5　放置30天之后TiO_2的低倍(a)及高倍(b)HRTEM形貌图

为了验证样品中 TiO_2 颗粒表面吸附的纳米点的成分，对吸附亚甲基蓝的 TiO_2 样品进行了 XPS 测试。从图 26-6(a)的 XPS 测试谱中可以看出，样品中包含 Ti，O，C，N，S，Cl 六种元素，其中 Ti $2p_{3/2}$ 的结合能为 458.6 eV，O 1s 的结合能为 530.4 eV，C 1s 的结合能为 284.7 eV。N，S，Cl 三种元素的含量很少，分别选择 N 1s、S 2p、Cl 2p 附近进行测试，如图 26-6 所示。其中 N 1s、S 2p、Cl 2p 的结合能分别为 399.7 eV、167.5 eV、198.3 eV。对三种元素的峰进行积分以得到面积，并乘以元素因子，再与总的面积相比，可以算出三种元素的含量分别为 1.17%、0.49%、0.5%。而亚甲基蓝的分子式为 $C_{16}H_{18}ClN_3S$，其中 H 元素 XPS 不可测量，由于外来 C 元素不可避免，C 的测试含量也不能反映真实情况。比较 N、S、Cl 三种元素的原子数比值为 1.17:0.49:0.5，与亚甲基蓝分子中 N、S、Cl 三种元素 3:1:1 的原子数比值差不多相符，说明样品中除了 TiO_2 外还含有亚甲基蓝分子，亦即吸附样品和光催化样品中高分辨像下看到的纳米点成分是亚甲基蓝。这说明了亚甲基蓝分子的吸附在 TiO_2 晶格 HRTEM 图像的“清晰-模糊-清晰”变化中起了关键作用。尽管亚甲基蓝分子都由轻原子组成，单独状态下在 HRTEM 中没有衬度，而吸附在 TiO_2 表面的亚甲基蓝分子在合适的聚焦下可以观察到。

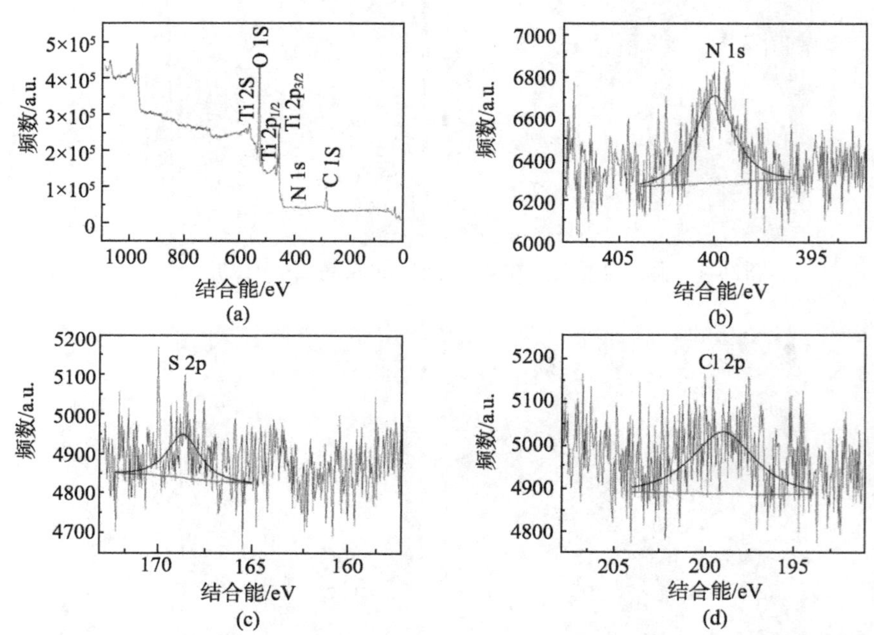

图 26-6　吸附亚甲基蓝 TiO_2 的 XPS 谱(a)及 N 1s(b)、S 2p(c)、Cl 2p(d)元素峰位

26.2.2　金红石纳米 TiO_2 光催化降解亚甲基蓝的研究

为了对比研究金红石与锐钛矿 TiO_2 的降解行为，还观察了纯金红石 TiO_2 降解亚甲基蓝的 HRTEM 图像，如图 26-7 所示。纯金红石由 P25 在 900 ℃的环境中热处理 30 min 得到。分别观察了原始金红石 TiO_2 的 HRTEM 图像(图 26-7(a))与降解亚甲基蓝之后的 HRTEM 图像(图 26-7(b))。由于实验中金红石 TiO_2 不能将亚甲基蓝完全降解，选取光催化进行 3 h 之后的样品进行观察。

从 HRTEM 图像中可以看到金红石 TiO_2 颗粒尺寸较大，在降解亚甲基蓝之后的晶格表面也发现了一些与图 26-3 和图 26-4 类似的纳米点，但密度比锐钛矿 TiO_2 上面的要稀疏一些，说明金红石 TiO_2 对这种纳米点的吸附能力弱于锐钛矿 TiO_2。此外还注意到：即便表面有纳米点，金红石 TiO_2 的晶格并没有变得模糊，这可能与金红石晶格结构和锐钛矿不同及平均颗粒尺寸不同有关。相比于 P25 TiO_2，金红石

TiO_2 对亚甲基蓝的降解能力很差，相同实验条件下，3 h 的照射只让亚甲基蓝降解了不到 10%，如图 26-8 所示。

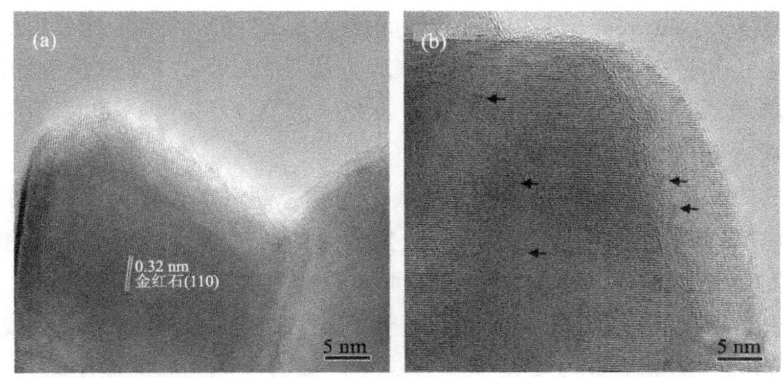

图 26-7　原始(a)及降解亚甲基蓝之后(b)金红石 TiO_2 的 HRTEM 高倍形貌图

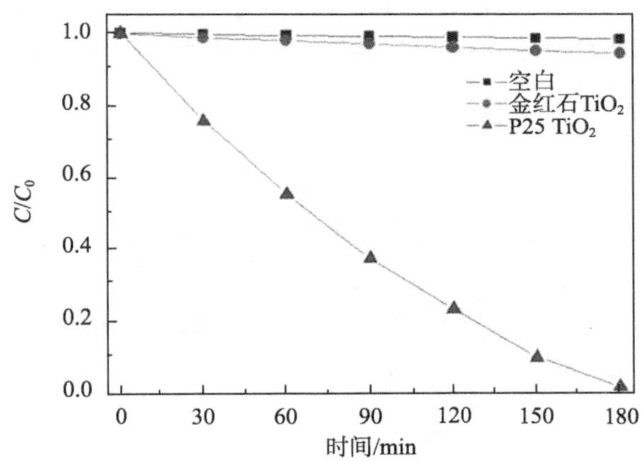

图26-8　金红石与P25 TiO_2降解亚甲基蓝对比测试图

26.2.3　锐钛矿纳米 TiO_2 吸附亚甲基蓝的模拟计算

为了研究吸附亚甲基蓝分子对 TiO_2 表面晶格排列的影响，我们对亚甲基蓝分子吸附在锐钛矿 TiO_2 表面时对表面晶格排列的改变进行了模拟计算。我们的计算基于半经验的量子力学自恰场计算软件 MSINDO[31]。计算方法是改进的半经验自恰场分子轨道方法 SINDO1。MSINDO 采用了最小赝 Slater 基组，(3d, 4s, 4p)的轨道被用来描述 Ti 原子，C, N, O 原子用(2s, 2p)轨道描述，S 原子则用(3s, 3p)轨道描述[32-34]。

由于颗粒、分子以及吸附了分子的颗粒都是闭壳层的，我们采用了 RHF(restricted Hartree-Fock)形式的波函数来描述这些体系。Pongor’s level-shifting

算法[35]被用来加速 SCF(self-consistent field)的收敛过程，收敛限为 10^{-8}Hartree。其中，为了实现收敛，对于吸附了分子的 125 个(TiO_2)的颗粒，第一个 SCF 循环的虚轨道的能量被提升了 2.0 个 Hartree，其余体系的第一个 SCF 循环的虚轨道的能量被提升了 0.8 个 Hartree。所有体系的最后一个 SCF 循环没有能量提升，以保证收敛的波函数的可靠性。结构优化采用 BFGS 方法，并结合了 Pulay 收敛加速方法[36]，收敛条件为原子最大受力小于 10^{-3}a.u.，最大原子位移小于 10^{-2}a.u.，并且位移和受力的均方根小于其均值的 1/3。

基于 TiO_2 锐钛矿表面能的考虑，我们选择了两种颗粒作为吸附颗粒，一种由 44 个(TiO_2)组成，另一种由 125 个(TiO_2)组成。两种颗粒都有 4 个(101)面和两个(001)面。其中每种颗粒都有两个很大的(101)面可以用来吸附亚甲基蓝分子。尽管 TiO_2 表面存在—OH 与 H_2O_{ad} 基团，亚甲基蓝分子能够通过一个湿润过程直接与 TiO_2 表面的原子成键[37]。颗粒和分子都被单独优化，然后与优化后的吸附结构进行比较。对比吸附点附近的 Ti 原子的相对位置来判断是否存在可见的晶格畸变。亚甲基蓝分子的结构及计算时采用的模型示意图如图 26-9 所示，其中所有的 C、N、S 原子在同一平面内，而亚甲基蓝分子中的 Cl 原子在水溶液中呈离子态，对吸附成键无影响，故计算模型中不考虑。

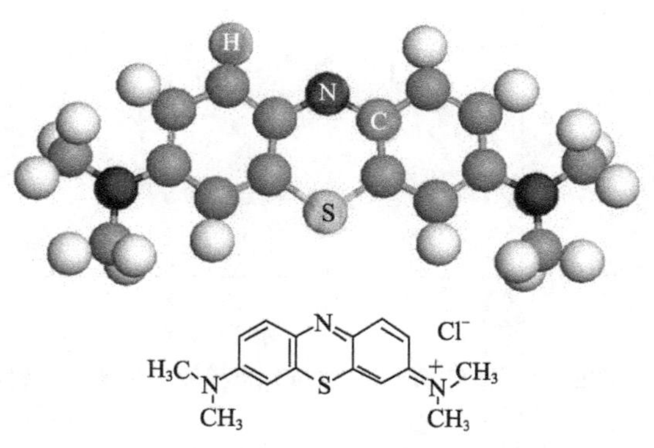

图26-9　亚甲基蓝分子模型图

计算结果如图 26-10 所示，单个亚甲基蓝分子吸附在 TiO_2(101)表面，中间环的 N 原子与一个 Ti 原子 A 形成化学键，而另两个苯环相应位置的 C 原子则与该钛原子相邻的两个 O 原子形成化学键。表面的吸附化学键导致被吸附的 Ti、O 原子附近原子排列发生重构。

由于高分辨晶格像中 Ti 原子对相位衬度的影响远高于 O 原子，故比较吸附 Ti 原子 A 与相邻的两个 Ti 原子 B、C 之间的距离来考察原子排列的变化，不同状态的 Ti 原子间距见表 26-1。44 个(TiO_2)的 TiO_2 颗粒 Ti 原子 A_0 与 B_0 的间距为 3.4139 Å，

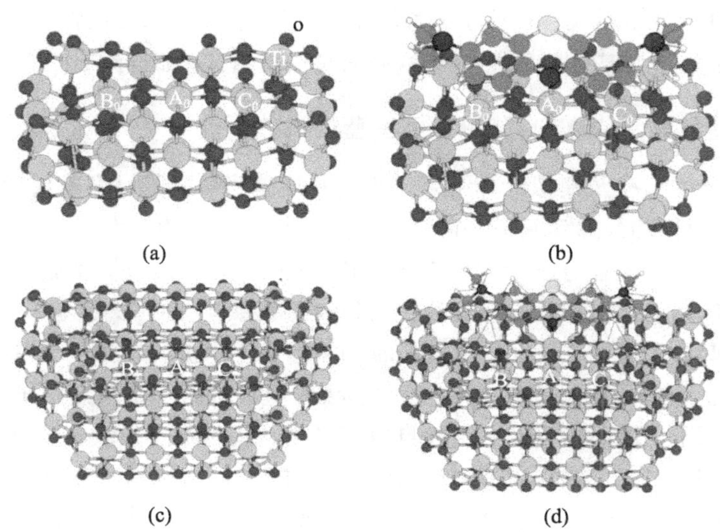

图 26-10　原始 44 个分子(a)、吸附亚甲基蓝之后的 44 个分子(b)、原始 125 个分子(c)及吸附亚甲基蓝之后的 125 个分子(d)的锐钛矿 TiO_2 分子模型图

Ti 原子 A_0 与 C_0 的间距为 3.3853 Å，吸附亚甲基蓝之后分别扩大至 3.6370 Å 与 3.5483 Å，变化率分别为 6.54%和 4.81%；而 125 个(TiO_2)的 TiO_2 颗粒 Ti 原子 A_1 与 B_1 的间距为 3.6416 Å，Ti 原子 A_1 与 C_1 的间距为 3.6416 Å，吸附亚甲基蓝之后分别扩大至 3.8192 Å 与 3.8153 Å，变化率分别为 4.88%和 4.77%。计算结果说明亚甲基蓝的吸附能够引起 TiO_2 颗粒表面原子排列的变化，且变化量与 TiO_2 颗粒大小关系不大，单个亚甲基蓝分子引起的晶格间距变化在 5%左右。

表26-1　44分子及125分子的锐钛矿TiO_2颗粒中吸附亚甲基蓝分子前后相邻Ti原子的间距

Two adjacent Ti atoms	The distance between two adjacent Ti atoms/Å	The distance between two adjacent Ti atoms after adsorption of methylene blue /Å
A_0, B_0	3.4139	3.6370
A_0, C_0	3.3853	3.5483
A_1, B_1	3.6416	3.8192
A_1, C_1	3.6416	3.8153

理论模拟结果显示：亚甲基蓝分子与锐钛矿 TiO_2 纳米颗粒表面 Ti 原子及 O 原子成一个化学键，由于亚甲基蓝分子与 TiO_2 的晶格不匹配，化学成键能引起 TiO_2 表面原子扭曲，扭曲的原子进一步引起附近原子的重新排列，从而造成 TiO_2 晶格的重新排布和畸变，其结果是原本在一个晶面上的 Ti 原子不再在一个平面上，这会降

低 HRTEM 成像的衬度，Ti 原子偏移原来晶面越远，HRTEM 图像衬度越低，直至完全模糊。所以亚甲基蓝分子能使 TiO_2 表面晶格扭曲，进而导致 HRTEM 晶格像模糊。

26.2.4　锐钛矿纳米 TiO_2 降解亚甲基蓝的机理研究

从以上的实验及模拟计算结果，我们发现需要从原子尺度重新考虑 TiO_2 的光催化过程，即 TiO_2 降解亚甲基蓝时晶格变化与光催化的关系。

显然，亚甲基蓝分子吸附引起的 TiO_2 表面晶格畸变在其光催化过程中具有重要作用。依据以上的实验结果，我们可以推测锐钛矿 TiO_2 降解亚甲基蓝的过程为：①亚甲基蓝分子吸附在 TiO_2 晶格表面，并形成化学键，较强的化学键会造成成键原子的重新匹配，从而造成 TiO_2 表面晶格的重新排列。②在光照作用下，TiO_2 扭曲的晶格原子不断吸收光子，引起自由能升高，从而倾向于恢复至自由能更低的原始晶格状态。晶格这种从扭曲/恢复至正常的能力可以称为“晶格畸变驱动力”，相似的光照造成 TiO_2 表面晶格原子扭曲/恢复的现象同样被观察到[24, 26]。TiO_2 表面晶格的恢复会将吸附在其表面的亚甲基蓝分子键断开，将其上面的甲基断键或将苯环打开，从而将其降解。③吸附在 TiO_2 表面的亚甲基蓝被完全降解后，TiO_2 晶格随之恢复如初。

由此看出，在光催化过程中，TiO_2 晶格的“扭曲-恢复-扭曲-恢复…”的不断变化直接导致亚甲基蓝的降解，这种过程中 TiO_2 可以形象地称为“晶格发动机”。在金红石 TiO_2 的对比测试实验中，亚甲基蓝分子在金红石 TiO_2 表面的吸附作用对其晶格的影响很小，这点可以从图 26-7 中看出，这里主要有几个原因：①金红石晶格结构比锐钛矿稳定，相应的要改变金红石(110)面的原子排列所需要的吸附分子结合键能比锐钛矿(101)面要高，从而亚甲基蓝分子在金红石(110)面上的吸附对其晶格原子排列的影响甚小；②金红石表面的氧空位较少，这使晶格畸变更加困难；③金红石 TiO_2 颗粒尺寸比锐钛矿大，因而其吸附表面也相应地较大，边界能的影响降低，这也是其表面晶格排列难以改变的直接原因。因为金红石的表面晶格排列不易发生畸变，从而难以发生降解作用，所以能解释为何金红石 TiO_2 的光催化降解能力大大弱于锐钛矿 TiO_2。这种理论还能解释为何锐钛矿(001)具有更高的光催化能力，锐钛矿(001)面的表面能高于(101)面，更容易吸附有机物分子，并形成键能更高的结合键，更高的结合键能引起更大的晶格畸变，从而提高光催化能力。

26.2.5　锐钛矿纳米 TiO_2 循环降解亚甲基蓝的失效测试

为了研究 TiO_2 的失效，将 TiO_2 循环降解亚甲基蓝直至其失效，实验参数与之前相同。结果显示随着降解次数的增多，TiO_2 将亚甲基蓝降解掉 90%所需的时间逐渐增长，说明其降解能力逐渐变差。循环降解 20 次之后，TiO_2 完全失去降解能力，如图 26-11 所示。为了研究失效 TiO_2 的微结构，观察了失效之后 TiO_2 的 HRTEM 晶格像，发现其表面粗糙不平，晶格像模糊不清，还有少量亚甲基蓝吸附，并且与初始 TiO_2 不同，失效之后的 TiO_2 即使在实验室环境中放置 30 天，其晶格结构也完全不能恢复，如图 26-12 所示，说明其“晶格畸变驱动力完全消失”。

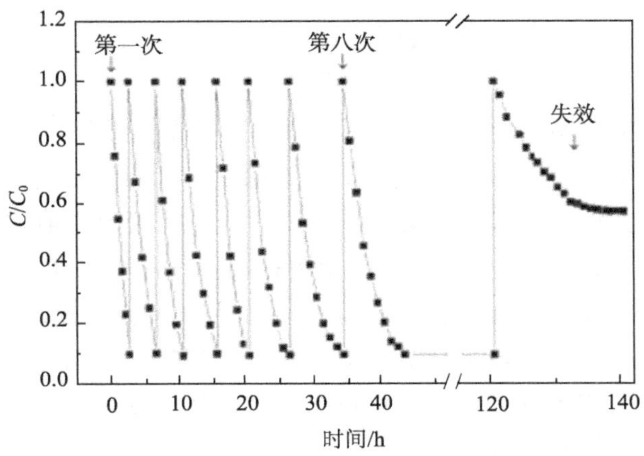

图26-11　TiO_2循环降解亚甲基蓝20次的测试图

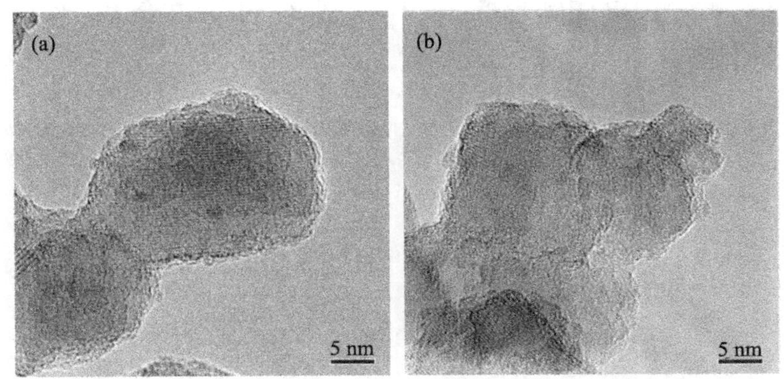

图 26-12　失效 TiO_2(a)及失效 TiO_2 放置 30 天之后(b)的 HRTEM 图

以上结果说明“晶格畸变驱动力”决定 TiO_2 的光催化降解能力，随着降解次数的增加，“晶格畸变驱动力”逐渐减弱，这是因为每一次 TiO_2 晶格的“扭曲-恢复”过程都会伴随缺陷的引入，导致晶格不能恢复如初；降解次数的增加导致缺陷累加，最终表面晶格完全处于非晶态而不能恢复，“晶格畸变驱动力”随之完全消失，TiO_2 失去光催化降解能力。可见，TiO_2 晶格“扭曲-恢复”降解有机物的光催化理论能很好地解释其失效过程，而这正是光生载流子理论难以解释的。

为了深化研究 TiO_2 对其他有机物的光催化降解规律，比较其与亚甲基蓝降解过程的异同，我们还对罗丹明 B 及甲基橙这几种常用染料的光催化过程进行了 HRTEM 观察。

26.3　锐钛矿纳米 TiO_2 光催化降解罗丹明 B 的 HRTEM 研究

原始 P25 与罗丹明 B 水溶液混合后在黑暗环境中静置的吸附样品，如图 26-13 所示。与吸附亚甲基蓝类似，从其低倍形貌图也可以很清楚地看到 TiO_2 颗粒表面均匀吸附了很多大小在 1 nm 左右的纳米点，且高倍下吸附有纳米点的 TiO_2 颗粒也无法形成清晰明锐的高分辨晶格像，说明罗丹明 B 分子在 TiO_2 表面的吸附作用也能引起晶格畸变，从而导致高分辨衬度的下降，使其图像变模糊。进一步比较吸附亚甲基蓝和罗丹明 B 的 TiO_2 的 HRTEM 形貌图，可以发现两者还是有一定区别：

(1) 吸附亚甲基蓝的 TiO_2 上面的纳米点密度高于吸附罗丹明 B 的 TiO_2，这与不同有机物的吸附能力不同有关。

(2) 罗丹明 B 分子在 TiO_2 表面吸附造成的畸变程度弱于亚甲基蓝，虽然大部分 TiO_2 纳米颗粒的 HRTEM 形貌模糊不清，少部分区域在合适的聚焦条件下还能隐约辨别其晶格像。

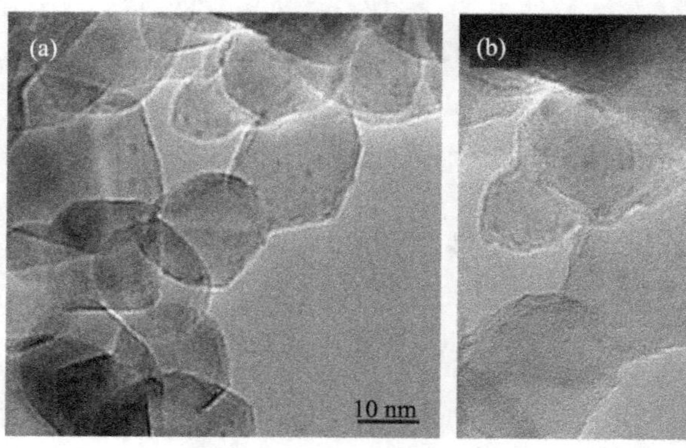

图 26-13　吸附罗丹明 B TiO_2 的低倍(a)及高倍(b)HRTEM 形貌图

罗丹明B降解之后的TiO_2形貌图如图26-14所示。相比于光催化反应过程开始之前的吸附样品，降解罗丹明B之后TiO_2表面的纳米点大为减少，只在高倍下可以比较清楚地辨别。相应地，虽然大部分区域的晶格像仍然模糊，局部的晶格像已经能够比较明显地辨别，说明其畸变的晶格已经在一定程度上有所恢复，且晶格恢复速度快于亚甲基蓝分子吸附造成的形变。降解罗丹明B之后的TiO_2样品微栅同样在实验室环境中放置30天，之后观察HRTEM图像，如图26-15所示。和降解亚甲基蓝结果类似，降解罗丹明B之后的TiO_2在放置的时间内晶格已经恢复如初。

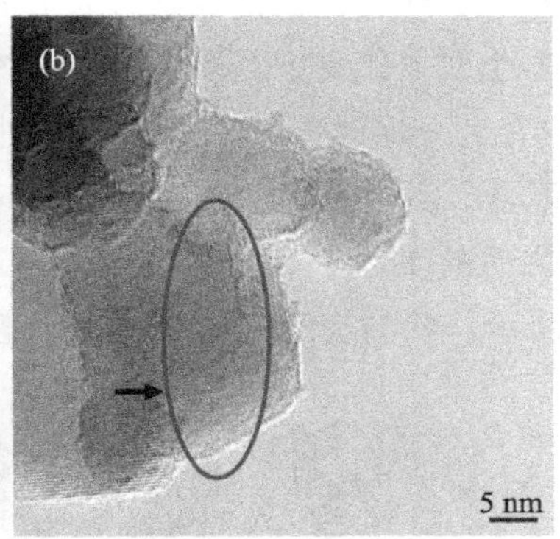

图 26-14　降解罗丹明 B TiO_2 的低倍(a)及高倍(b)HRTEM 形貌图

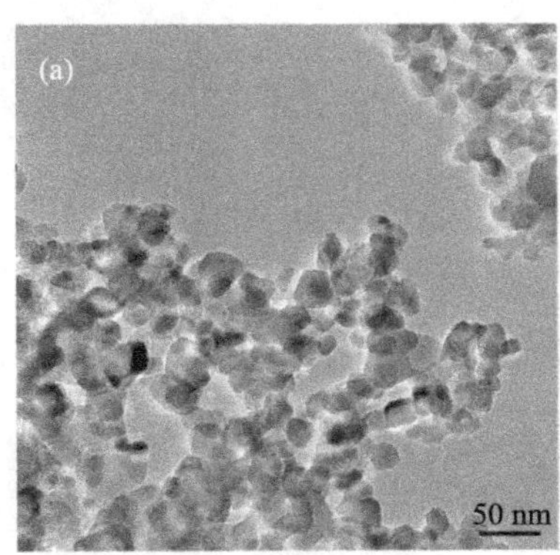

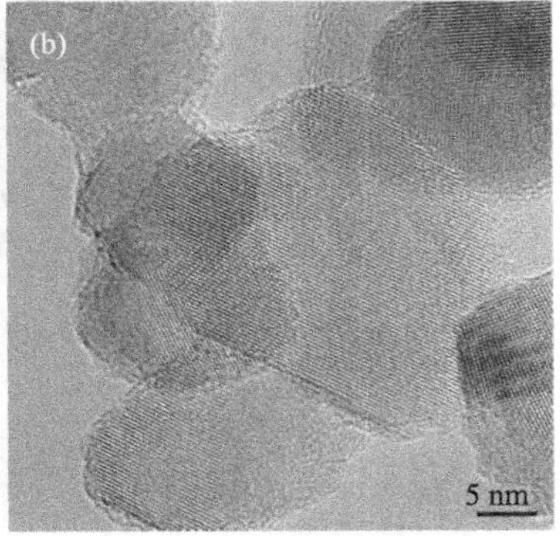

图26-15　放置30天之后TiO_2的低倍(a)及高倍(b)HRTEM形貌图

26.4　锐钛矿纳米 TiO_2 光催化降解甲基橙的 HRTEM 研究

原始 P25 与甲基橙水溶液混合后在黑暗环境中静置的吸附样品，如图 26-16 所示。与之前的结果类似，TiO_2 纳米颗粒上也有直径小于 1 nm 的纳米点，但相对于亚甲基蓝和罗丹明 B 的吸附结果，甲基橙吸附的 HRTEM 图像中，纳米点的密度及大小都明显低于前两者，这与甲基橙的分子大小及吸附性有关；此外，观察到大

部分吸附甲基橙的 TiO_2 颗粒 HRTEM 图像模糊，同时也有少部分表面没有吸附甲基橙分子或吸附较少的 TiO_2 颗粒可以较明显地分辨晶格像，如图 26-16(b)中的箭头所示。说明甲基橙分子在 TiO_2 表面的吸附能力及对其表面晶格的畸变作用比罗丹明 B 更弱。甲基橙降解完成之后的 TiO_2 的 HRTEM 形貌图如图 26-17 所示，其中纳米点的密度及晶格像模糊程度与吸附甲基橙之后的结果类似，即纳米点的密度没有进一步发生明显的变少，图 26-17(b)中的晶格像可辨别的部分的分辨程度相比图 26-16(b)没有进一步提高，可见甲基橙吸附使 TiO_2 表面晶格的畸变程度不及罗丹明 B 与亚甲基蓝，但畸变的 TiO_2 晶格恢复速度却慢于罗丹明 B，与亚甲基蓝类似。降解甲基橙之后的 TiO_2 样品微栅在实验室环境中放置 30 天之后的 HRTEM 形貌图如图 26-18 所示，其畸变的 TiO_2 晶格已经恢复如初。

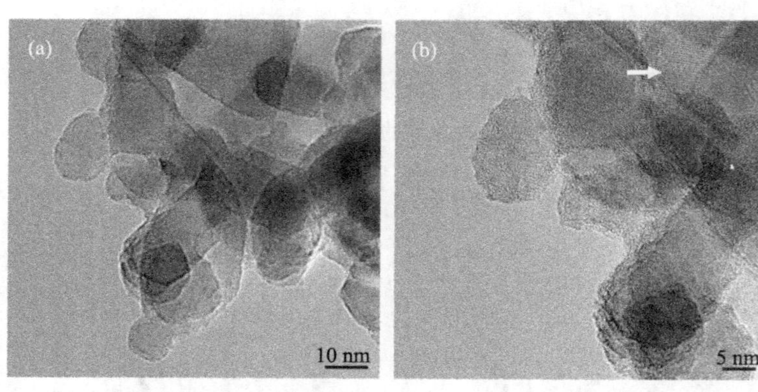

图 26-16　吸附甲基橙 TiO_2 的低倍(a)及高倍(b)HRTEM 形貌图

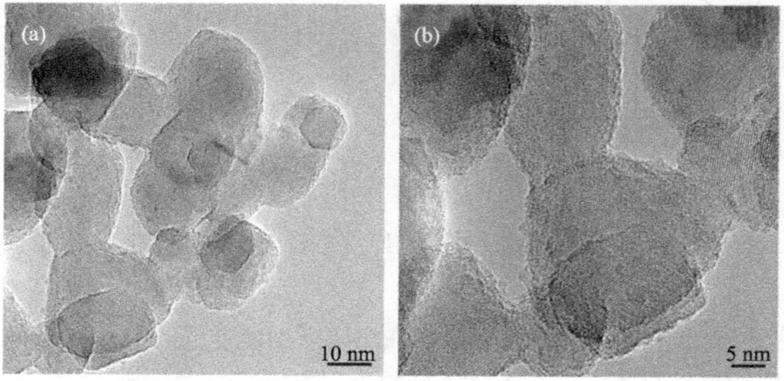

图26-17　降解甲基橙TiO_2的低倍(a)及高倍(b)HRTEM形貌图

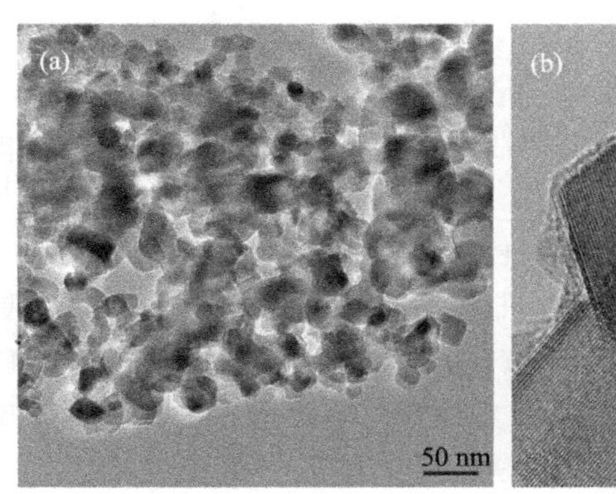

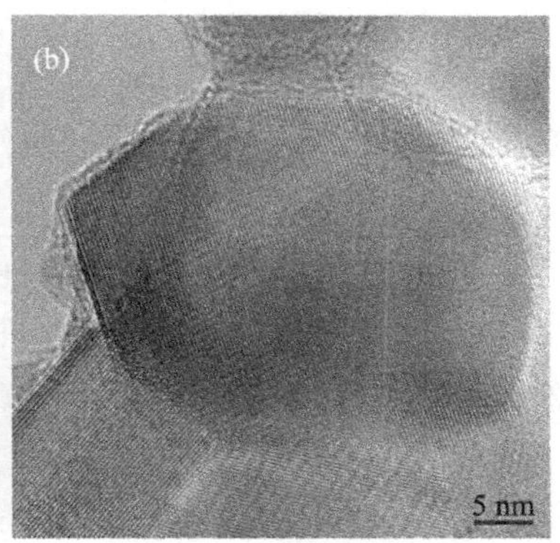

图26-18　放置30天之后TiO_2的低倍(a)及高倍(b)HRTEM形貌图

26.5　锐钛矿纳米 TiO_2 降解不同有机染料的光催化对比测试

为了对比研究 TiO_2 光催化降解亚甲基蓝、罗丹明 B 及甲基橙三种常用染料的光催化过程及区别，对三种有机物相同质量浓度的水溶液进行光催化降解实验，实验条件与降解亚甲基蓝一致，其降解曲线图如图 26-19 所示。从中可以看到 TiO_2 对三种染料光催化降解的速率排列为亚甲基蓝(MB)>甲基橙(MO)>罗丹明 B(RB)。三种染料被降解至 10%所需的时间大约为：亚甲基蓝为 90 min、甲基橙为 180 min、罗丹明 B 为 270 min。此外还注意到，甲基橙降解曲线中前期较快，而当浓度小于 10%时降解速率下降不少。三种染料的分子结构及吸附性具有差异，因此带来降解速率的差异。

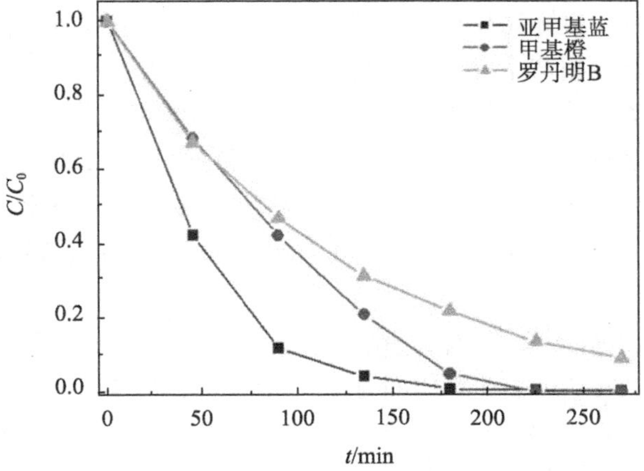

图26-19　TiO_2光催化降解亚甲基蓝、罗丹明B、甲基橙对比测试图

26.6　锐钛矿纳米 TiO_2 降解不同有机染料的机理研究

从以上罗丹明 B 的降解过程的 HRTEM 观察分析中可以看出，TiO_2 光催化降解罗丹明 B 的过程与亚甲基蓝基本一致，即罗丹明 B 分子吸附造成 TiO_2 表面晶格畸变，畸变的晶格在光照下趋向于还原并以此分裂罗丹明 B 分子以使其降解，随着罗丹明 B 逐渐降解殆尽，TiO_2 分子恢复如初。可见之前提出的 TiO_2 晶格"畸变-恢复"的降解机理也适用于解释罗丹明 B 的降解。但罗丹明 B 的降解与亚甲基蓝也有一定的差异：TiO_2 对罗丹明 B 的吸附能力弱于亚甲基蓝，由此带来的晶格畸变程度小于亚甲基蓝分子，降解罗丹明 B 之后的 TiO_2 晶格恢复速度也明显快于降解亚甲基蓝之后。这种差异造成 TiO_2 对相同质量的不同染料的降解速度有所差别。

TiO_2 光催化降解甲基橙也遵循之前提出的模式，即甲基橙分子吸附造成 TiO_2 表面晶格畸变，畸变的晶格在光照下趋向于还原并以此分裂甲基橙分子以使其降解，随着甲基橙的逐渐降解，TiO_2 分子慢慢恢复如初。对比 TiO_2 对亚甲基蓝、罗丹明 B、甲基橙的降解，其主要过程一致，但由于三者在分子结构上存在差异，在降解过程中也有所区别，最典型的体现在吸附性能、对 TiO_2 晶格的影响程度及畸变晶格的恢复速率上。

如前所述，P25 光催化降解亚甲基蓝、甲基橙、罗丹明 B 三种有机物染料的基本过程一致，在上述实验结果的基础上，我们从原子-分子角度提出了一个"**基于晶格畸变驱动力的 TiO_2 光催化降解理论**"，其观点可以阐述为：降解物首先吸附在锐钛矿 TiO_2 表面，并形成较强的化学键，由于吸附分子与 TiO_2 表面分子的晶格不匹配，吸附作用会使锐钛矿 TiO_2 表面原子产生位移、晶格结构发生畸变，从而提高了局部化学势能。在光照作用下，畸变的晶格倾向于恢复到自由能较低的正常晶格状态，这种恢复作用产生的驱动力可以称为晶格畸变驱动力，它的作用是使吸附分子的分子键断裂，使一个较大分子裂解成几部分小分子，再配合自由羟基的氧化作用将其降解。这种表面原子的畸变与恢复，可以通过 HRTEM 晶格像的模糊与清晰程度进行观察和判断。与公认的"光生电子-空穴"理论相比，该理论还能解释 TiO_2 的失效过程，即由于畸变-恢复过程中缺陷的引入，晶格畸变力会随降解次数的增多而逐渐减弱，以至于失效。

但由于三种染料的分子结构、化学性质具有差异，在原子尺度与 TiO_2 的作用不尽相同，并且 TiO_2 对三种物质的光催化降解速率也有很大差别，我们力求基于本章提出的光催化降解机制，在原子尺寸解释三种有机染料的结构差异，由此带来与 TiO_2 晶格作用异同和催化性能的关系。

首先研究三种染料分子结构的异同，亚甲基蓝的分子结构如图 26-9 所示，由三个环接两个二甲基胺基团组成，中间的环有两个 C 原子分别被 N、S 原子代替。已有研究发现其降解次序为[17]：先是 N—CH_3 键断开，甲基脱落被氧化；接着接在苯环上的胺基键 N—C 断开，二甲基胺基团完全脱落氧化；之后中间的环被打开，两个苯环最后被打开氧化。从中可见，苯环的降解难度高于中间的 N、S 原子部分取代环，而中间的环又比二甲基胺基团难降解。

罗丹明 B 的分子结构如图 26-20 所示，和亚甲基蓝类似，罗丹明 B 中的 Cl 原子在水溶液中会电离，可以不用考虑。罗丹明 B 的分子结构相比于亚甲基蓝多了一个苯甲酸根，而中间的苯环有一个 C 原子被 O 原子代替，另一方面，和亚甲基蓝不同，罗丹明 B 中的苯甲酸与其他三个环的原子不在同一个平面上。

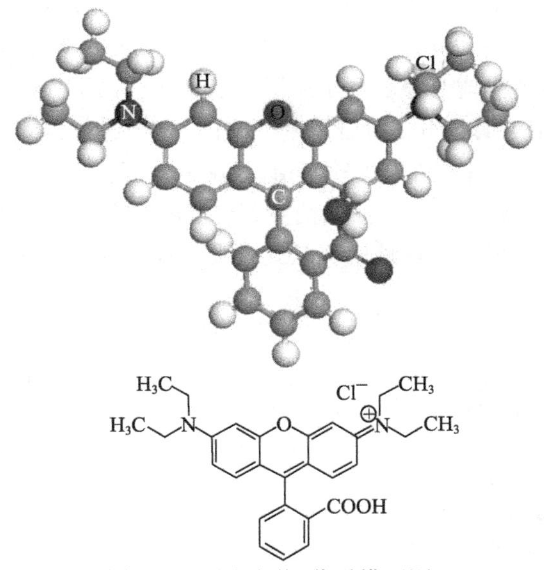

图26-20　罗丹明B分子模型图

甲基橙的分子结构如图 26-21 所示，其中有两个苯环靠—N═N—连接，一个苯环接有二甲基胺基团，另一苯环接有—$NaSO_3$，水溶液中 Na^+电离，剩下 SO_3^-基团。和亚甲基蓝类似，甲基橙中所有原子处于同一个平面上。

罗丹明B的所有原子不在一个平面上，这可能是造成其吸附能力比亚甲基蓝差的原因，此外也使其与TiO_2的吸附成键较弱。较差的吸附能力及较弱的吸附成键使罗丹明B分子在TiO_2表面吸附造成的晶格畸变程度不及亚甲基蓝分子，因此根据本章提出的TiO_2晶格“畸变-恢复”造成光催化降解理论，TiO_2对罗丹明B分子的降解能力不及对亚甲基蓝分子。此外，罗丹明B分子比亚甲基蓝分子多一个苯甲酸基团，在降解的后期需要氧化三个苯环，这也让降解罗丹明B所需时间较长。

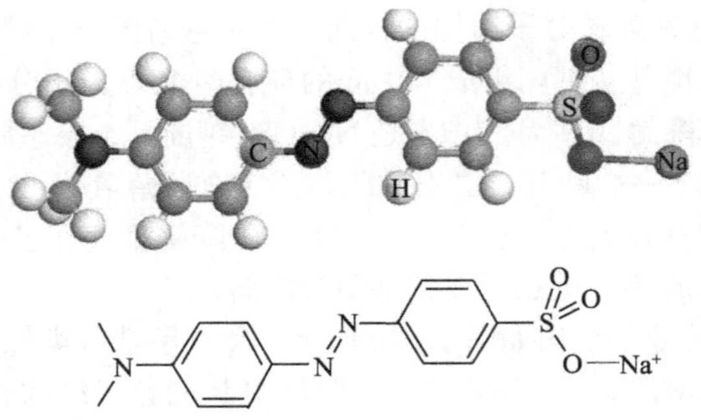

图26-21　甲基橙分子模型图

亚甲基蓝的三个环结构牢固，与TiO_2表面晶格的吸附、成键容易造成其晶格畸变，而甲基橙的两个苯环由—N═N—连接，其相互位置不如亚甲基蓝稳定，由此吸附作用带来的晶格畸变程度弱于亚甲基蓝，甚至弱于罗丹明B。通过比较图26-3、图26-14和图26-16可以看出，所有甲基橙中的—N═N—连接键比亚甲基蓝中间的环难以断裂，这造成甲基橙的降解速率低于亚甲基蓝；但相比于罗丹明B，甲基橙分子中少一个苯环，降解速率要高于前者，这样就可以从三种染料的分子结构结合本章提出的光催化机理，较好地解释其光催化速率差别的原因。

参 考 文 献

[1] Khan S U M, Shahry M A, Ingler Jr W B. Efficient photochemical water splitting by a chemically modified n-TiO_2. Science, 2002, 297: 2243-2245.

[2] Asahi R, Morikawa T, Ohwaki T, et al. Visible-light photocatalysis in nitrogen-doped titanium oxides. Science, 2001, 293: 269-271.

[3] Yang H G, Sun C H, Qiao S Z, et al. Anatase TiO_2 single crystals with a large percentage of reactive facets. Nature, 2008, 453: 638-641.

[4] Ekstro G N, McQuillan A J. In situ infrared spectroscopy of glyoxylic acid adsorption and photocatalysis on TiO_2 in aqueous solution. The Journal of Physical Chemistry B, 1999, 103: 10562-10565.

[5] El-Maazawi M, Finken A N, Nair A B, et al. Adsorption and photocatalytic oxidation of acetone on TiO_2: An in situ transmission FT-IR study. Journal of Catalysis, 2000, 191: 138-146.

[6] Sato S, Ueda K, Kawasaki Y, et al. In situ IR observation of surface species during the photocatalytic decomposition of acetic acid over TiO_2 films. The Journal of Physical Chemistry B, 2002, 106: 9054-9058.

[7] Yu Z, Chuang S S C. In situ IR study of adsorbed species and photogenerated electrons during photocatalytic oxidation of ethanol on TiO_2. Journal of Catalysis, 2007, 246: 118-126.

[8] Ho C, Shieh C, Tseng C, et al. Decomposition pathways of glycolic acid on titanium dioxide. Journal of Catalysis, 2009, 261: 150-157.

[9] Almeida A R, Moulijn J A, Mul G. In situ ATR-FTIR study on the selective photo-oxidation of

cyclohexane over anatase TiO_2. The Journal of Physical Chemistry C, 2008, 112: 1552-1561.

[10] Kang M, Lee J H, Lee S, et al. Preparation of TiO_2 film by the MOCVD method and analysis for decomposition of trichloroethylene using in situ FT-IR spectroscopy. Journal of Molecular Catalysis A: Chemical, 2003, 193: 273-283.

[11] Tseng C, Chen Y, Wang S, et al. 2-ethanolamine on TiO_2 investigated by in situ infrared spectroscopy. Adsorption, photochemistry, and its interaction with CO_2. The Journal of Physical Chemistry C, 2010, 114: 11835-11843.

[12] Roddick-Lanzilotta A D, McQuillan A J. An in situ infrared spectroscopic investigation of lysine peptide and polylysine adsorption to TiO_2 from aqueous solutions. Journal of Colloid and Interface Science, 1999, 217: 194-202.

[13] Nakamura R, Ueda K, Sato S. In situ observation of the photoenhanced adsorption of water on TiO_2 films by surface-enhanced IR absorption spectroscopy. Langmuir, 2001, 17 (8): 2298-2300.

[14] Nakamura R, Imanishi A, Murakoshi K, et al. In situ FTIR studies of primary intermediates of photocatalytic reactions on nanocrystalline TiO_2 films in contact with aqueous solutions. Journal of the American Chemical Society, 2003, 125: 7443-7450.

[15] Nakamura R, Nakato Y, Primary intermediates of oxygen photoevolution reaction on TiO_2 (rutile) particles, revealed by in situ FTIR absorption and photoluminescence measurements. Journal of the American Chemical Society, 2004, 126: 1290-1298.

[16] Dolamic I, Bürgi T. Photocatalysis of dicarboxylic acids over TiO_2: An in situ ATR-IR study. Journal of Catalysis, 2007, 248: 268-276.

[17] Yu Z, Chuang S S C. Probing methylene blue photocatalytic degradation by adsorbed ethanol with in situ IR. The Journal of Physical Chemistry C, 2007, 111: 13813-13820.

[18] Kataoka S, Lee E, Tejedor-Tejedor M I, et al. Photocatalytic degradation of hydrogen sulfide and in situ FT-IR analysis of reaction products on surface of TiO_2. Applied Catalysis B: Environmental, 2005, 61: 159-163.

[19] Mul G, Zwijnenburg A, Linden B, et al. Stability and selectivity of Au/TiO_2 and Au/TiO_2/SiO_2 catalysts in propene epoxidation: An in situ FT-IR study. Journal of Catalysis, 2001, 201: 128-137.

[20] Kim M R, Woo S I. Poisoning effect of SO_2 on the catalytic activity of Au/TiO_2 investigated with XPS and in situ FT-IR. Applied Catalysis A: General, 2006, 299: 52-57.

[21] Chen T, Feng Z, Wu G, et al. Mechanistic studies of photocatalytic reaction of methanol for hydrogen production on Pt/TiO_2 by in situ fourier transform IR and time-resolved IR spectroscopy. The Journal of Physical Chemistry C, 2007, 111: 8005-8014.

[22] Chen T, Wu G, Feng Z, et al. In situ FT-IR study of photocatalytic decomposition of formic acid to hydrogen on Pt/TiO_2 catalyst. Chinese Journal of Catalysis, 2008, 29 (2): 105-107.

[23] Panagiotopoulou P, Kondarides D I, Verykios X E. Mechanistic study of the selective methanation of CO over Ru/TiO_2 catalyst: Identification of active surface species and reaction pathways. The Journal of Physical Chemistry C, 2011, 115: 1220-1230.

[24] Nakamura R, Okamura T, Ohashi N, et al. Molecular mechanisms of photoinduced oxygen evolution, PL emission, and surface roughening at atomically smooth (110) and (100) n-TiO_2 (rutile) surfaces in aqueous acidic solutions. Journal of the American Chemical Society, 2005, 127: 12975-12983.

[25] Imanishi A, Okamura T, Ohashi N, et al. Mechanism of water photooxidation reaction at atomically flat TiO_2 (rutile) (110) and (100) surfaces: dependence on solution pH. Journal of the American Chemical Society, 2007, 129: 11569-11578.

[26] Sakai, N.; Fujishima, A.; Watanabe, T.; Hashimoto, K. Enhancement of the photoinduced hydrophilic conversion rate of TiO_2 film electrode surface by anodic polarization [J]. The Journal of Physical Chemistry B, 2001, 105: 3023-3026.

[27] Bikondoa, O.; Pang, C. L.; Ithnin, R.; Muryn, C. A.; Onishi, H.; Thornton. G. Direct visualization of defect-mediated dissociation of water on TiO2 (110) [J]. Nature materials, 2006, 5: 189-192.

[28] He, Y.; Tilocca, A.; Dulub, O.; Selloni, A.; Diebold, U. Local ordering and electronic signatures of submonolayer water on anatase TiO2 (101) [J]. Nature Maternials, 2009, 8: 585-589.

[29] Daoud W A, Xin J H. Microstructural evolution of titania nanocrystallites by a hydrothermal treatment: a HRTEM study. Journal of the American Ceramic Society, 2005, 88 (2): 443-446.

[30] Ohno, T.; Sarukawa, K.; Tokieda, K.; Matsumura, M. Morphology of a TiO2 photocatalyst (Degussa, P-25) consisting of anatase and rutile Crysalline Phases [J]. Journal of Catalysis, 2001, 203: 82-86.

[31] Bredow, T. Jug, K. Theory and range of modern semiempirical molecular orbital methods [J]. Theoretical Chemistry Accounts, 2005, 113: 1-14.

[32] Ahlswede B, Jug K. Consistent modifications of SINDO1: I. Approximations and parameters. Journal of Computational Chemistry, 1999, 20: 563-571.

[33] Jug K, Geudtner G, Homann T. MSINDO parameterization for third-row main group elements. Journal of Computational Chemistry, 2000, 21: 974-987.

[34] Bredow T, Geudtner G, Jug K. MSINDO parameterization for third-row transition metals. Journal of Computational Chemistry, 2001, 22: 861-887.

[35] Pongor G. On the application of Saunders' level shifting technique to CNDO/2 calculations. Chemical Physics Letters, 1974, 24: 603-605.

[36] Császár P, Pulay P. Geometry optimization by direct inversion in the iterative subspace. Journal of Molecular Structure: THEOCHEM, 1984, 114: 31-34.

[37] Yu, Z.; Chuang, S. S. C. Probing methylene blue photocatalytic degradation by adsorbed ethanol with in situ IR [J]. The Journal of Physical Chemistry C, 2007, 111: 13813-13820.

第 27 章　上转换纳米晶/TiO_2/石墨烯复合材料及其宽光谱吸收光催化特性

27.1　引　　言

近来，石墨烯基复合材料因其出色的性能在各应用领域崭露头角，特别是在光催化应用方面。石墨烯与二氧化钛(TiO_2)复合材料的光催化能力在紫外光下会有大幅提高，这是因为作为支撑体的石墨烯不仅可以很好地承载和分散二氧化钛颗粒，而且利用石墨烯优越的电子传输能力，在二氧化钛表面存在的光生电子会很快地被转移至石墨烯上，大大增加了光生电子-空穴的分离速率，降低了复合概率，使催化剂具有更强的氧化还原性，大幅提高光催化能力[1-3]。另外，其吸收光谱由于C—Ti 键的生成，还可以扩展至蓝紫光区域[1]。但是，这种二元复合结构对光波的利用仍然局限于紫外光和极其有限的蓝紫光，对长波段特别是红外光的利用相当匮乏。在太阳光谱中，紫外光只占 4%，可见光占 48%左右，而红外光占 44%[4]。

为了更高效地利用太阳光，本章工作将具有上转换能力的稀土掺杂纳米晶和二氧化钛共同负载到石墨烯基体上，同时利用组成单元的上转换能力和高效电子输运能力，大幅提高二氧化钛的光催化能力。作为一种新型复合材料，其在其他方面的应用也拥有广阔的前景。

27.2　石墨烯基三元复合材料的制备

27.2.1　上转换材料的制备

利用水热法制备上转换材料(UC)$YF_3:Yb^{3+},Tm^{3+}$纳米晶，具体方法为：将$YCl_3\cdot 6H_2O$ (1.59 mmol), $YbCl_3\cdot 6H_2O$ (0.4 mmol), $TmCl_3\cdot 6H_2O$ (0.01 mmol)按比例溶解于去离子水中快速搅拌；在搅拌的同时，缓慢滴加质量分数为 40%的氢氟酸，直至溶液呈胶状。将胶状溶液转移至 50 mL 聚四氟乙烯内衬中，装入反应釜外壳中，加热至 130℃，保持 20 h。反应的产物经离心、洗涤、干燥得白色固体粉末，将所得白色粉末置于氩气保护气氛中，加热至 500℃煅烧 1 h，所得白色固体粉末便是本实验所需上转换材料 $YF_3:Yb^{3+},Tm^{3+}$纳米晶。

27.2.2　三元复合材料的制备

我们利用简单的水热法将各个功能单元整合到一起组成三元复合材料，这些功能分别包括石墨烯、上转换材料(UC)和商用二氧化钛颗粒 P25(Degussa)，其中石墨烯是由氧化石墨烯在水热反应中还原而得。具体实验步骤为：称量 4 mg 的氧化石墨烯放入由 20 mL 去离子水和 10 mL 无水乙醇混合的溶剂中，超声 1 h 使其分散均匀。依次向分散均匀的氧化石墨烯分散液中加入 0.1 g 的上转换纳米晶材料和 0.2 g 的 P25 颗粒，搅拌至均匀浑浊溶液。将浑浊溶液转移至 50 mL 聚四氟乙烯内衬中，转入反应釜中加热至 200℃，保持 6 h 后取出反应沉淀物，离心、洗涤、干燥即得所需要的三元复合材料。

27.3　石墨烯基三元复合材料的表征

为了表征和研究三元复合材料的形貌及结构特征，我们分别利用 XRD、SEM、TEM 对样品进行了表征。根据图 27-1 所示各样品的 XRD 图谱可知，合成的三元石墨烯基复合材料，其特征峰包含了 P25 和上转换材料的特征峰，而碳的特征峰在 25°左右，被 UC 和 P25 的特征峰所掩盖。总的来说，XRD 图谱证明了所合成的样品的成分确实包含制备时的三种基本单元。

根据各组分和复合物的 SEM 图，我们可以发现，石墨烯可以很好地支撑和负载纳米颗粒(图 27-2)。通过比较 P25、上转换材料和三元复合纳米结构的形貌，也

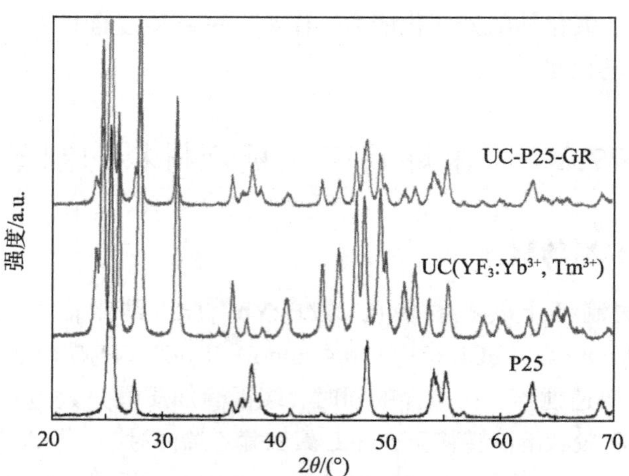

图 27-1　单纯的 P25 和上转换材料 YF_3:Yb^{3+},Tm^{3+}，以及三元复合材料 UC-P25-GR 的 XRD 图谱

证明了颗粒状的 P25 纳米颗粒和纺锤状的上转换纳米晶很好地负载在石墨烯上，形成三元复合纳米材料。图 27-3 为三元复合纳米材料的 TEM 微观形貌。我们可以看

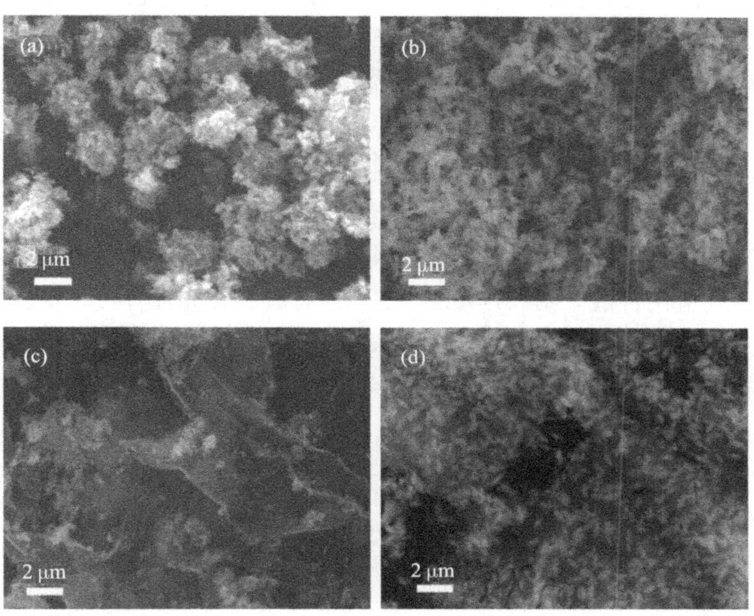

图 27-2　单独的 P25 颗粒(a)，单独的上转换材料纳米晶(b)， P25 与石墨烯的二元复合材料(c)，以及 UC-P25-GR 三元复合材料(d)的 SEM 图

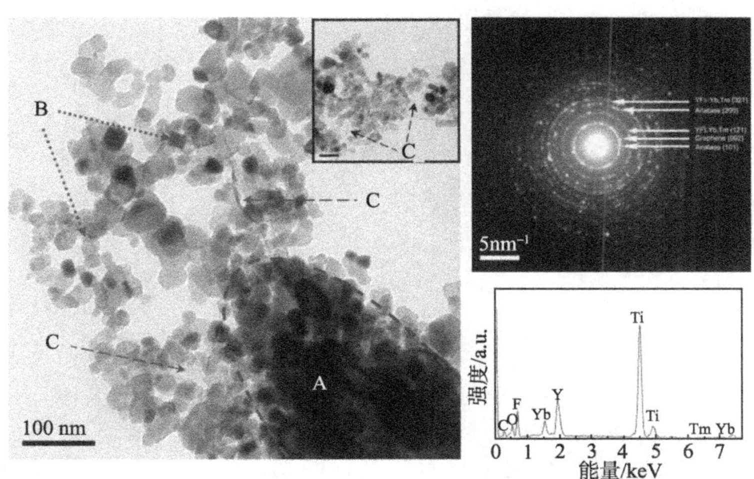

图 27-3　三元石墨烯基复合材料的 TEM 图，以及对应的电子衍射花样和能谱分析

A 为上转换纳米晶颗粒，B 为 P25，C 为石墨烯

到，纺锤状的上转换材料和颗粒状的二氧化钛很好地负载在透明柔软的石墨烯上。通过选区电子衍射花样，可以看出该处呈现出多晶环，且分别对应于锐钛矿型 TiO_2 的(101)、(200)面，上转换材料 $YF_3:Yb^{3+},Tm^{3+}$的(121)、(321)面，以及石墨烯的(002)面。另外，通过 EDS 能谱分析，发现三元复合材料的组成成分包括了三种功能材料的元素，且其比例也与给料比例相差无几。

27.4　石墨烯基三元复合材料的光催化性能研究

利用负载在石墨烯上各组分的功能性，所制备的三元复合材料在光催化领域有着极大的潜在应用价值。图 27-4 是该三元复合材料在光催化过程中的作用机理示意图，在太阳光的照射下，一方面 P25 颗粒吸收紫外光产生电子-空穴对；另一方面上转换材料吸收较长波长的光，通过多光子过程将长波辐射转换为短波辐射，对于我们选择的 $YF_3:Yb^{3+},Tm^{3+}$，它可以吸收红外光而发射出紫外光，上转换材料发出的紫外光又被 P25 所吸收，激发出电子-空穴对。由于二氧化钛与具有超高导电率的石墨烯紧密结合，激发到导带上的电子会快速转移到石墨烯上，二氧化钛内部和表面的电子-空穴对复合概率减小，使得光催化能力大幅上升。

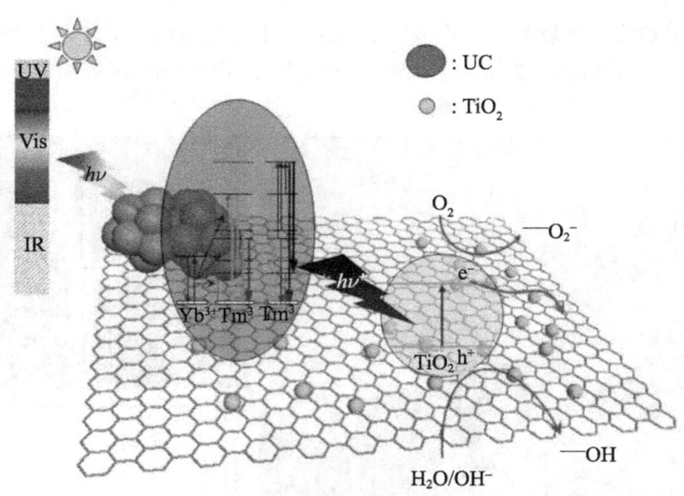

图 27-4　三元复合材料在光催化过程中的作用机理示意图

为了证明所制备的三元复合材料的良好的光催化能力，我们通过光电响应测试、染料吸附解吸附测试，以及光降解染料测试来综合评价这种特殊的三元复合材料的光催化能力。

27.4.1　石墨烯基三元复合材料的光电响应

为了弄清所制备的三元复合材料在红外光照射下是否会有电子-空穴对产生，我们对不同样品在 980 nm 波长的激光照射下，光电流的产生情况进行测试及分析。通过对不同样品光响应的测试，可以发现三元复合材料对红外光响应明显，且光电流值大。表面负载在石墨烯上的 P25 成功吸收了上转换材料吸收红外光后发射的紫外光，并产生了电子-空穴对，而且石墨烯由于优越的电子传输能力，光响应剧烈，光电流值较大，如图 27-5 所示。

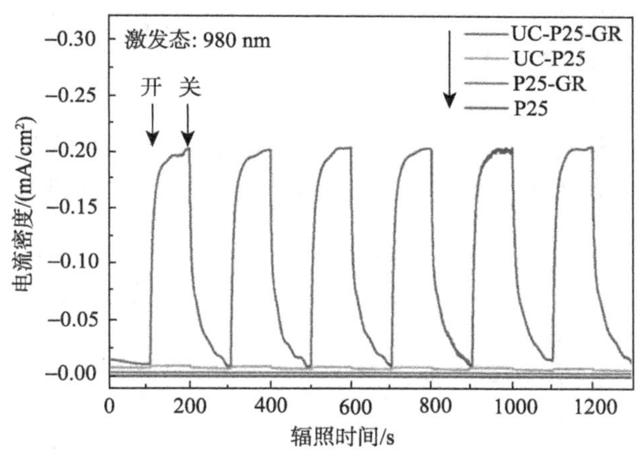

图 27-5　不同样品在 980 nm 波长激发下光响应测试

27.4.2　石墨烯基三元复合材料的染料吸附能力

对染料的吸附能力是光催化剂在降解有机物中的性能评价标准之一。如图 27-6 所示，三元复合材料对染料甲基橙(MO)的吸附能力与单纯的 P25 和石墨烯复合材

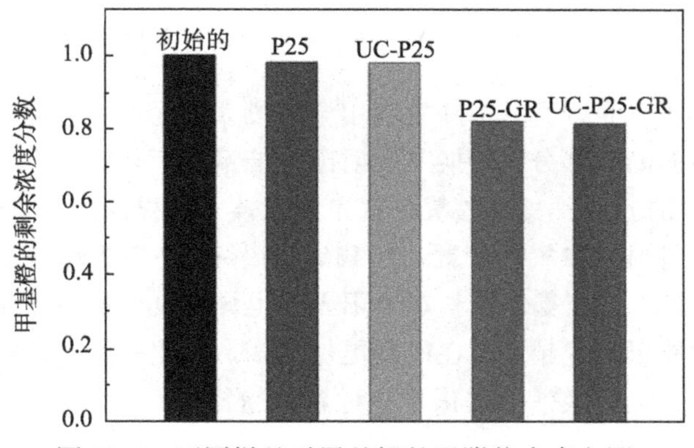

图 27-6　不同样品对甲基橙的吸附能力直方图

料相差无几，而且明显强于不含石墨烯的样品，说明所制备的三元石墨烯基复合材料对染料的吸附能力较强。

27.4.3　石墨烯基三元复合材料的光降解性能测试

对石墨烯基三元复合材料的光降解性能评估，是以甲基橙为牺牲试剂、以模拟太阳光或 980 nm 的激光作为光源的标准化模型测试。为了方便对比，我们对不同样品都做了在相同条件下的光降解实验。通过比较可以发现，在模拟太阳光的照射下，三元复合纳米材料对甲基橙的降解能力最好，在 1 h 内就可以将有机物浓度降解到 20%左右，如图 27-7 所示。说明三元复合材料在太阳光下有很好的光催化降解能力。而在 980 nm 单色光源照射下时，只有三元复合纳米材料和上转换材料与二氧化钛的混合物表现出光降解活性，而且三元复合材料的光催化能力最强，大大优于普通的上转换材料与二氧化钛混合物的降解能力，如图 27-8 所示。这也进一步验证了我们所制备的三元复合材料在全光谱照射下的光催化作用的机理。

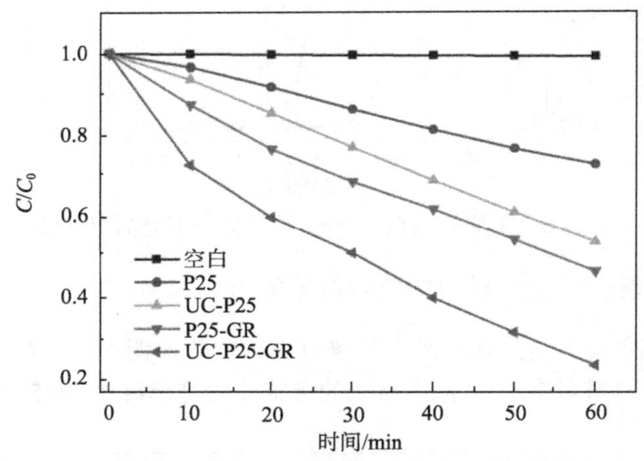

图 27-7　不同样品在模拟太阳光辐照下对甲基橙的降解速率图

综上所述，我们提出了一种高效利用全波段太阳光的新思路，即通过上转换材料吸收太阳光中的高频部分，转换并发射出高能量的紫外光；同时借助石墨烯促进光生电子-空穴对的分离，实现二氧化钛光催化效率的提高。通过简单的水热处理，成功地将上转换材料和二氧化钛颗粒负载到石墨烯上，制备出新型三元复合光催化纳米材料。研究表明，该复合材料在太阳光下也具有良好的光催化活性，相比于传统光催化材料性能更加优越，潜在应用更加广阔。这种三元复合结构为提高材料的光催化性能以及光电转换效率提供了一种新的途径。

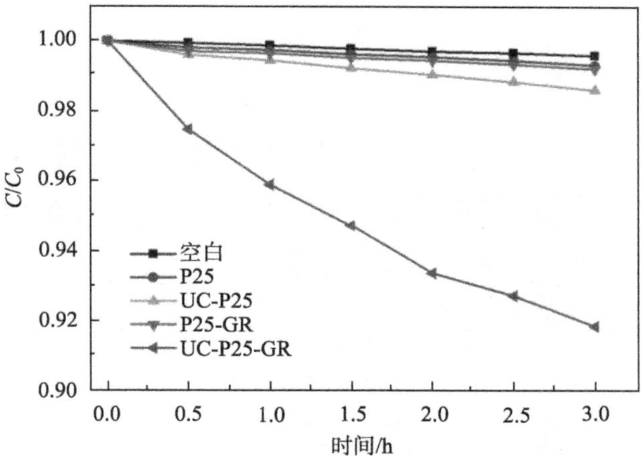

图 27-8　不同样品在 980 nm 激光辐照下对甲基橙的降解速率图

参 考 文 献

[1] Xiang Q J, Yu J G, Jaroniec M. Graphene-based semiconductor photocatalysts. Chemical Society Reviews, 2012, 42(1): 782.

[2] An X Q, Yu J C. Graphene-based photocatalytic composites. RSC Advances, 2011, 1(8): 1426-1434.

[3] Zhang H, Lv X J, Li Y M, et al. P25-graphene composite as a high performance photocatalyst. ACS Nano, 2010, 4(1): 380-386.

[4] Liang Y Y, Wang H L, Casalongue H S, et al. TiO_2 nanocrystals grown on graphene as advanced photocatalytic hybrid materials. Nano Research, 2010, 3(10): 701-705.

第 28 章　TiO_2、CdS 纳米粒子共混的三维石墨烯凝胶及其宽光谱吸收特性

28.1　引　　言

和其他碳材料相比，石墨烯作为一种由碳原子以 sp^2 杂化轨道组成六角形呈蜂巢晶格的平面薄膜，具有高的比表面积、快速的二维电荷转移动力学、优异的机械延展性和超高的稳定性等特性，使得它成为一种极具吸引力的支撑材料来负载纳米物质[1,2]。更重要的是，氧化石墨烯前驱体表面含有丰富的含氧官能团，为纳米功能粒子装载提供了良好的位点[3]。联合石墨烯和纳米粒子的优势和特性使得石墨烯基纳米复合材料成为理想的材料，这样可以合成多种功能材料，这些材料在相关领域有广泛的应用，如光催化剂、电化学、电子器件、光电器件、能源及传感器等[4-6]。虽然石墨烯基二元或者三元复合材料具有很好的性能，但是它们都不能避免在制备过程中石墨烯片间不可能逆转的堆叠，这种堆叠限制了电解质离子向表面区域的渗透，从而导致损失了很多电活性中心[7,8]。这些问题可以被最近研究发现的石墨烯基气凝胶来解决，这种气凝胶是一种独特的三维介孔石墨烯结构。石高全教授[9]和他的团队首次报道了一种简单水热过程制备这种独特的柱状石墨烯气凝胶，同时表明这种石墨烯气凝胶是一种可用来最大化比表面积及发展高性能光催化剂和电化学器件的理想模型[10]。

受三维石墨烯水凝胶/气凝胶合成方法研究的启发，在水热还原和自组装过程中制备出三维石墨烯嵌入纳米粒子的纳米复合材料是完全可行的[11-14]。如果纳米粒子可以在氧化石墨烯前驱体溶液中均匀分散，那么这些纳米粒子在网状结构形成的过程中被俘获到这种网状结构中[15]。有人将这种现象生动地比喻成渔网捕鱼过程，将纳米粒子比作鱼，渔网就是有石墨烯和氧化石墨烯纳米片，这样就在还原过程中自组装形成多孔的网状结构[16]。这也表明多类型的纳米粒子嵌入到石墨烯气凝胶网状结构上的可能性和共性。

最近，很多石墨烯基纳米复合水凝胶和气凝胶材料被报道[16, 17]，并且具有广泛的应用，如催化剂、能源储存等。这些水凝胶和气凝胶常表现出加强的性能，这些都是受益于这种三维内连接网状多孔结构可以加强电荷转移和提升比表面积。但

是，最近所报道的这些自组装三维石墨烯基气凝胶，大部分的复合材料都是由石墨烯和一种纳米粒子所组成的。根据前期关于三元石墨烯基复合材料的研究[18, 19]，我们发现三元复合材料具有更高的性能，这种显著增加的性能来源于所有组成部分的优势和三种组成材料的协同效应。

综合考虑三元石墨烯基复合材料和石墨烯基气凝胶的优势，在本章中，我们成功地将两种纳米粒子(CdS 和 P25)负载在石墨烯纳米片上，合成三维石墨烯基气凝胶复合材料。TiO_2 是一种很常见的光催化材料，据报道，TiO_2 与 CdS 的耦合和石墨烯与 TiO_2 的耦合均可以提高光生电子-空穴对的分离来提高光电催化性能，这是由于石墨烯促进了电荷转移和 CdS 可以将光吸收范围扩宽到可见区域[20-22]。在此，我们通过一步水热法合成 CdS/P25/石墨烯。所制备的 CdS/P25/石墨烯表现出由石墨烯纳米片形成的内连接多孔结构，且石墨烯片上均匀地沉积上了宽禁带的 TiO_2 和较窄禁带的 CdS。另外，这种三元气凝胶具有三种组成部分间协同作用的电荷转移和费米能级的偏移等优势。作为一种新型的催化剂，这种三元气凝胶具有新奇的物理化学性能，表现出增强的光吸收、提高光电流、极有效的电荷分离和超级稳定的性能。这种独特的性能证明此种三维 CdS/P25/石墨烯气凝胶可以作为一种光催化剂表现出很好的光电化学制氢性能。

28.2　TiO_2 和 CdS 纳米粒子共混的三维石墨烯凝胶的制备

实验用材料部分。天然鳞片石墨(325 目)：分析纯，AlfaAesar；盐酸：化学纯，34 wt%~37 wt%，上海国药；浓硫酸：化学纯，98 wt%，上海国药；高锰酸钾：化学纯，上海国药；双氧水：分析纯，30 wt%，上海国药；五氧化二磷：化学纯，上海国药；过硫酸钾：化学纯，上海国药；商用二氧化钛颗粒 P25(Degussa)；商用硫化镉粉末：AlfaAesar。

制备氧化石墨：本章实验中用到的氧化石墨烯是运用 Hummers 方法，通过浓硫酸、高锰酸钾等物质的强氧化而得到。

制备三维 CdS/P25/石墨烯气凝胶[9]：首先，通过超声 1 h 配制出 3mg/mL 的氧化石墨烯水溶液；然后，在搅拌过程中向这种 GO 胶体溶液中加入 0.2 g TiO_2(P25) 和 0.1g CdS，搅拌 2 h 达到均匀的分散体系；最后将得到的混合溶液转移到 50 mL 密封水热反应釜内，180℃水热 12 h，在水热还原的过程中形成网状结构，并将 P25 和 CdS 纳米粒子沉积到石墨烯片上。然后自然冷却到室温，用去离子水清洗 3 次，冷冻干燥。

对比样的制备：为了体现出我们三维气凝胶中各组成部分的最优配比，在相同条件下制备出不同含量的 TiO_2(P25)和 CdS 来作为对比。为了体现出三元三维复合气凝胶的性能较二维复合材料与其他二元和单元气凝胶的性能要好，在相同条件下制备出对比样：二维的 CdS/P25/graphene 复合材料、CdS/graphene、P25/graphene 和 CdS/P25。

28.3　CdS/P25/graphene 气凝胶的微结构特征

为了避免石墨烯片的团聚，便于研究所制备产物的微观形貌和结构特征，我们将所生成的三维石墨烯气凝胶复合材料经过冷冻以维持其微观结构，随后在真空中保持−60℃的条件下干燥 24 h，如图 28-1 所示，其中图 28-1(a)中的插图表明所制备的样品是一个柱状气凝胶。由 SEM 图反映出三元气凝胶的内部形貌特点是：三维交联的多孔网状结构，而且孔的大小从几微米到十几微米不等。从高倍 SEM 图 28-1(b)和 TEM 图 28-1(c)中，很容易发现 CdS 和 TiO_2 纳米粒子是均匀致密地嵌入在气凝胶的网状结构上，在石墨烯支撑面上没有发现纳米粒子的团聚现象，并且石墨烯片是很薄而褶皱的，这进一步表明石墨烯片的自组装过程是较成功的。从高

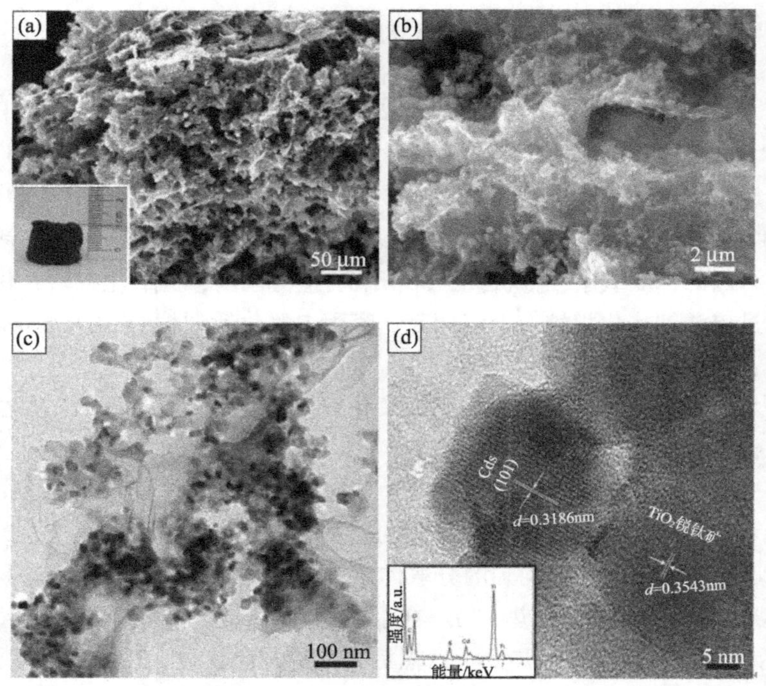

图 28-1　CdS/P25/石墨烯气凝胶的 SEM 图(a)、(b)，CdS/P25/石墨烯气凝胶的 TEM 图(c)、(d)

其中图(a)中的插图是气凝胶的数码照片，图(b)中的插图是 CdS/P25/石墨烯气凝胶的 EDS 图

倍的 HRTEM 图 28-1(d)中可以发现：粒子间的连接是很紧密的。晶格条纹间距 d=0.354 nm 对应的是 TiO_2 锐钛矿相(101)面，晶格间距 d=0.318 nm 对应的是 CdS 硫镉矿(101)面。这就证明了嵌入的 CdS 和 TiO_2 纳米粒子是共存的，且连接紧密。另外，通过图 28-1(d)中的插图 EDS 能谱分析，发现在三元气凝胶的组成成分中包括了三种功能材料的元素，且其比例也与给料比例相差无几。从以上形貌表征可以看出，我们通过水热反应成功地将这两种功能纳米材料负载到了石墨烯片上，且得到的产物是自组装三维交联的网状多孔结构。

图 28-2 是 CdS/P25/石墨烯气凝胶与单纯的 P25、CdS 纳米粒子的 XRD 图谱。由图中可以看出 CdS/P25/石墨烯气凝胶表现出很好的结晶性。CdS 纳米粒子和 P25 纳米粒子所表现出来的特征峰分别与标准的 PDF 卡片里的硫镉矿相(JCPDS file no. 41-1049)和锐钛矿相(JCPDS file no. 21-1272)、金红石相(JCPDS file no. 21-1276)对应。水热处理后，三元气凝胶表现出了 P25 和 CdS 的所有特征峰，这与 TEM 表征的结果相吻合。但是在 CdS/P25/石墨烯气凝胶的 XRD 图谱中我们没有发现碳的峰，这可能是由于石墨烯具有相对较低的衍射强度。因此，在水热反应处理过程中没有破坏原材料所固有的结构。

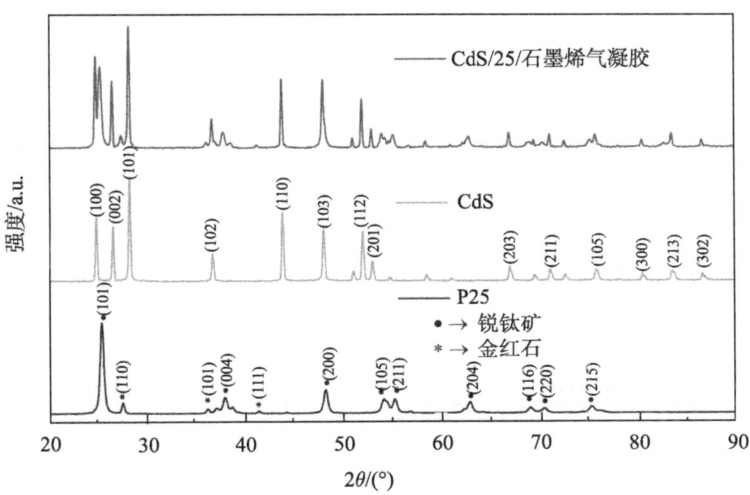

图 28-2　单纯 P25 和 CdS 纳米粒子，以及 CdS/P25/石墨烯气凝胶的 XRD 图谱

为了进一步加深对其结构的表征，我们做了单纯的 GO、P25 和 CdS 纳米粒子与 CdS/P25/石墨烯气凝胶的 Raman 光谱对比分析。从图 28-3 可以看出，对于单纯的 CdS 纳米粒子在 305 cm^{-1} 和 602 cm^{-1} 所表现出的 Raman 峰对应的是 CdS 的 A1 LO 和 2LO 振动模式[23]；对于 P25，其在 143 cm^{-1} 处的峰位很强，这可能是由金红石

相的 B_{1g} 振动模式和锐钛矿在 144 cm^{-1} 处的 E_g 振动模式所造成的。另外，在 396 cm^{-1}，513 cm^{-1} 和 639 cm^{-1} 处的 Raman 峰可以归属于锐钛矿的 B_{1g}，A_{1g} 和 E_g 振动模式[24]。CdS 和 P25 的特征峰都可以在三元 CdS/P25/石墨烯气凝胶里发现，这说明水热处理没有破坏 CdS 和 P25 的结构，这和 XRD 的测试结果相吻合。对于 GO，其在 1603 cm^{-1} 和 1358 cm^{-1} 处的峰位对应 G-峰和 D-峰[25]，水热处理后，在 CdS/P25/石墨烯气凝胶中 G-峰和 D-峰移动到了 1611 cm^{-1} 和 1338 cm^{-1} 处。但是峰值强度比(I_D/I_G)明显增强，表明相对于水热反应前，sp^3 杂化显著增强。这是因为经过水热还原后，所生成石墨烯中的缺陷浓度相对于氧化石墨烯来说明显增大。而且相对于氧化石墨烯，我们所制备的石墨烯中的 sp^2 区域面积减小，数量增多。这种独特的三元复合多孔结构以及各组成部分的完整性，使其在光电化学产氢测试中表现出优异的性能。

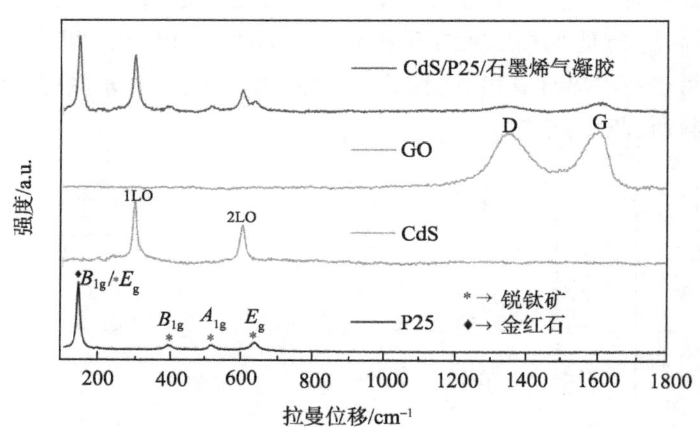

图 28-3　单纯 GO、P25 和 CdS 纳米粒子，以及 CdS/P25/graphene 气凝胶的 Raman 图谱

28.4　CdS/P25/graphene 气凝胶的性能测试

为了有效地将所制备的样品应用到光电化学产氢上，我们通过紫外-可见漫反射光谱图研究其对光的吸收情况，如图 28-4 所示。将复合样品的吸收图谱与 P25 相比，可以看出引入 CdS 对吸收强度有了很大的提高。当与 CdS/P25 复合物、P25/石墨烯气凝胶、单纯的 CdS 和 P25 纳米粒子相对比时，CdS/P25/石墨烯气凝胶表现出红移现象，这可以归功于三种不同组成材料间的协同效应，类似于以前报道的，当 TiO_2 或者 CdS 引入石墨烯后其能带变窄[26]。CdS/P25/石墨烯气凝胶在可见光区的吸收能力和 CdS/石墨烯气凝胶的差不多，这就表明加入宽带隙 TiO_2 半导体不会

阻碍其在可见光区的吸收。在这里，三元复合气凝胶的光吸收增强主要是由于第三组成部分 CdS 的引入和三元间的协同效应。令我们惊奇的是纯石墨烯气凝胶在 200~800 nm 区域都表现出很好的吸收性能，这就意味着此种三维石墨烯交联的网状结构在三元气凝胶对光吸收的情况上起到了重要作用。

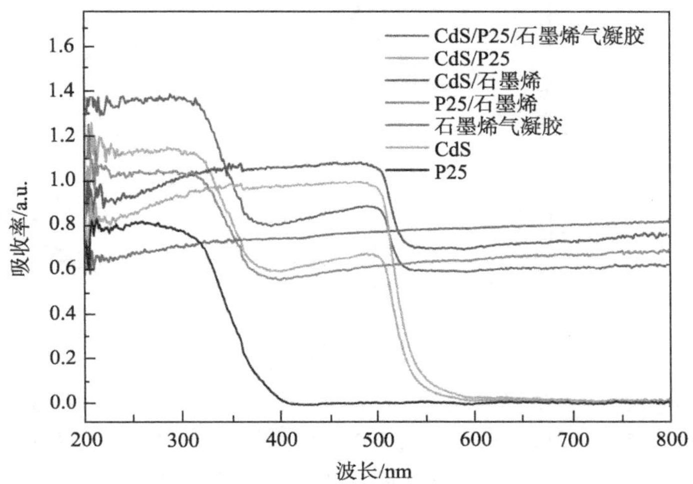

图 28-4　单纯 P25 和 CdS 纳米粒子，石墨烯 气凝胶，P25/石墨烯，CdS/石墨烯，CdS/P25，以及 CdS/P25/石墨烯气凝胶紫外-可见漫反射光谱图

众所周知，对于纳米复合光催化剂，颗粒间的优异电荷传输可以有效地提高其光催化活性。当一个二元复合半导体中导带处于合适的位置时，光生电荷可以更容易地从一个半导体转移到另外一个半导体上，这就使得电荷的有效转移为 H^+还原提供了可能[27]。在本章中，所有电极都是用 ITO 玻璃作为衬底。实验中，三元的 CdS/P25/石墨烯气凝胶电极用作光阳极(有效面积 0.7 cm^2)，在硫化亚硫酸(S^{2-}/SO_3^{2-})电解液中，在光强为 100 mW/cm^2 的模拟太阳光照射下，在标准的三电极系统中(电化学工作站 CHI660D 型：上海辰华；铂片为对电极，Ag/AgCl 为参比电极)测其光电催化产氢活性。作为对比，在相同条件下测试其他样品的光电催化产氢性能。图 28-5 通过展现所有光电极的光电化学反应和其对应的光电流来反映其产氢活性。根据法拉第定律，光电化学测试得到的光电流正比于其产氢量的[28]。这就证明了在这个系统中所测得的电流来源于产氢效应而不是催化剂的光腐蚀。所有的结果都是以电流密度的形式呈现。为了优化三元气凝胶中三元组成部分的配比，我们做了不同配比的三元气凝胶来体现所合成的 90 mg GO 在 30 mL 的水溶液中加入 0.2 g TiO_2/0.1 g CdS 的 CdS/P25/石墨烯气凝胶是最佳配比。从图 28-6 可以看出，在电压为 0.48V

时，其电流是 15.2 mA/cm^2，也是三个对比样中最大的，所以是最优配比。

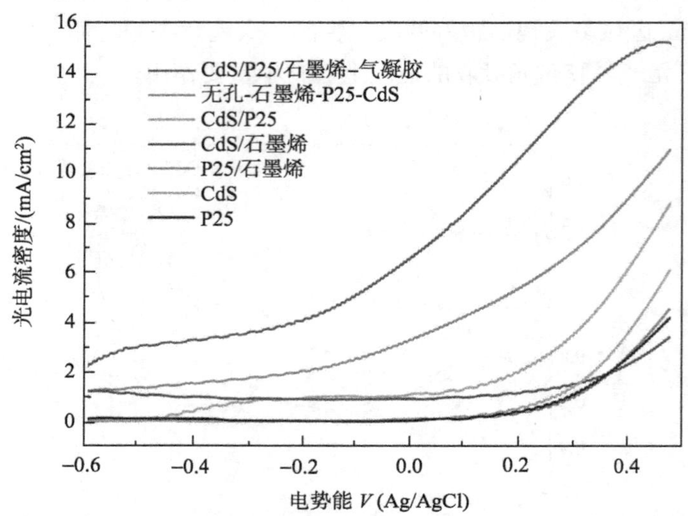

图 28-5　单纯 P25 和 CdS 纳米粒子，石墨烯气凝胶，P25/石墨烯，CdS/石墨烯，CdS/P25，无孔石墨烯-P25-CdS 复合物，以及 CdS/P25/石墨烯气凝胶在硫化亚硫酸(S^{2-}/SO_3^{2-})电解液中，在模拟太阳光下所测的光电流

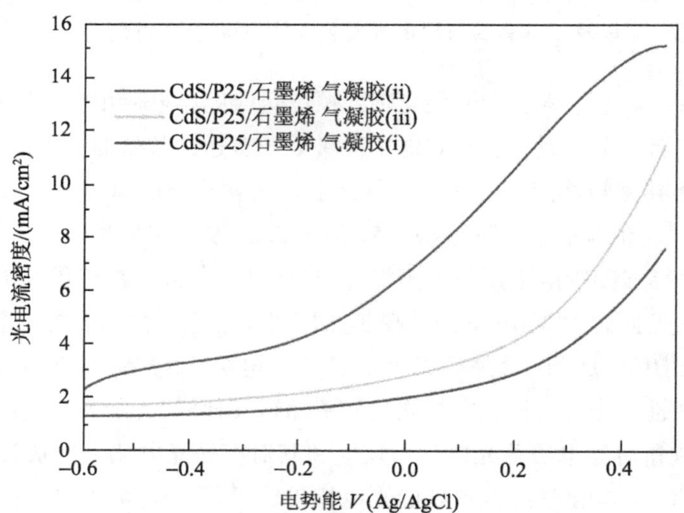

图 28-6　CdS/P25/石墨烯 气凝胶(i)(90 mg GO, 30 mL, 0.1 g TiO_2/0.1 g CdS)，CdS/P25/石墨烯 气凝胶(ii) (90 mg GO, 30 mL, 0.2 g TiO_2/0.1 g CdS)，CdS/P25/石墨烯 气凝胶(iii) (90 mg GO, 30 mL, 0.4 g TiO_2/0.1 g CdS)在硫化亚硫酸(S^{2-}/SO_3^{2-})电解液中，在模拟太阳光下所测的光电流

由图 28-5 可以看出，三元气凝胶的光电流大约是单纯 P25(4.21 mA/cm^2)和单纯 CdS(5.89 mA/cm^2)光阳极的 3~4 倍。与单纯的 P25 和 CdS 纳米半导体相比，二元复合物表现出加强的活性，它们的光电流在 0.48 V 处分别是 8.8 mA/cm^2, 4.51 mA/cm^2, 6.52 mA/cm^2，但是这些都比无孔石墨烯-P25-CdS 复合物，以及 CdS/P25/石墨烯气凝胶的要小。这都表明，协同作用在三元石墨烯基复合材料中能大幅度提高光催化活性，而且当三维石墨烯内连接的网状结构存在时可以有效地提高光催化活性。

对于光催化剂，界面间光生电子和空穴的有效分离对其光催化活性是一个非常关键的因素。为了进一步研究这种催化剂，我们利用电化学工作站测试了所有样品在硫化亚硫酸(S^{2-}/SO_3^{2-})电解液中，在模拟太阳光下的电化学阻抗谱。图 28-7 展示了各个电极的 Nyquist 曲线。图中的圆弧反映了发生在电极表面的阻抗，圆弧越小就暗示高效的电荷转移。从图中很容易看出，CdS/P25/石墨烯气凝胶的圆弧半径是最小的，CdS/P25 的内部阻抗比 CdS 和 P25 的都小，这是这两种粒子间的电荷有效地转移所致，与前面的紫外漫反射相吻合。将实验样品中含石墨烯和不含石墨烯的光阳极作对比，可以看出由于石墨烯优异的导电性能，在石墨烯存在时可以有效地加快光生电荷的转移。另外，由无孔石墨烯-P25-CdS 复合物以及 CdS/P25/石墨烯

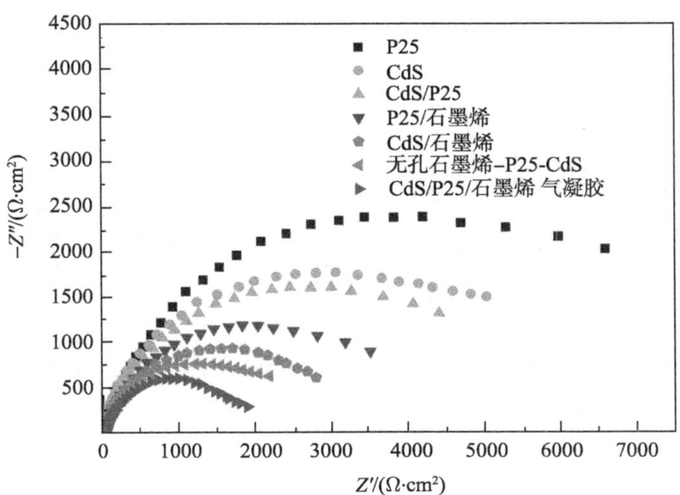

图 28-7 单纯 P25 和 CdS 纳米粒子，石墨烯 气凝胶，P25/石墨烯，CdS/石墨烯，CdS/P25，无孔石墨烯-P25-CdS 复合物，以及 CdS/P25/石墨烯 气凝胶在硫化亚硫酸(S^{2-}/SO_3^{2-})电解液中，在模拟太阳光下所测的电化学阻抗谱

气凝胶的对比可以看出，此种独特的三维多孔结构也是提高电荷转移效率的重要因素。以上阻抗结果和讨论表明，当这种独特的三维多孔结构嵌入多种半导体后，能够通过 P25、CdS 和石墨烯界面间的相互作用来有效地加快光生电子-空穴对的分离和转移。

为了研究 CdS/P25/石墨烯气凝胶对模拟太阳光的响应，在 0 V 外加电压下，在硫化亚硫酸(S^{2-}/SO_3^{2-})电解液中，Pt 片为对电极，Ag/AgCl 电极为参比电极，对所有光阳极在模拟太阳光的均匀间隔照射下，测其 *I-t* 图，如图 28-8 所示。可以看出，CdS/P25/石墨烯气凝胶对光的每次开闭有快速的响应光电流，且其光电流随时间没有表现出明显的衰减。相比之下，在没有 CdS 存在的光阳极(纯 P25 和 P25/石墨烯)表现出微弱甚至可以忽略的光电流密度，这都比三元复合物的光电流密度小很多，表明 CdS 的引入可以有效地提高对可见光的吸收利用率。有趣的是，单纯的 CdS 表现出较弱的光响应电流密度，而当 P25 存在时(CdS/P25/石墨烯气凝胶和 CdS/P25)可以很大程度地提高光电流，这都归功于 P25 和 CdS 界面间的电荷转移。

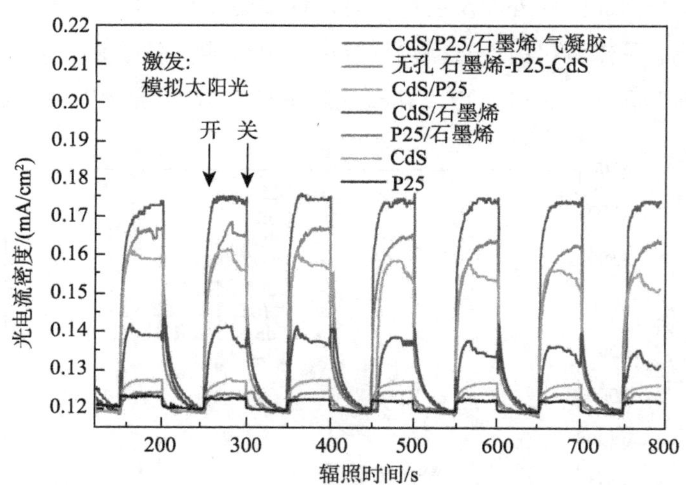

图 28-8　单纯的 P25 和 CdS 纳米粒子，石墨烯 气凝胶，P25/石墨烯，CdS/石墨烯，CdS/P25，无孔石墨烯-P25-CdS 复合物，以及 CdS/P25/石墨烯气凝胶在硫化亚硫酸(S^{2-}/SO_3^{2-})电解液中，在模拟太阳光下的光响应图

此外，CdS/P25/石墨烯气凝胶光电流密度大约是 0.2 mA/cm^2，是 CdS/P25 的千倍，这是由于这种独特的三维结构大大提高了光生电子-空穴对的分离效率。另外，我们也研究了 CdS/P25/石墨烯气凝胶的稳定性，对其进行了一个较长时间的测试。从图 28-9(a)可以看出，在 6000 s 的测试中，只在开始阶段表现出微弱的衰减，光

响应电流在 60 个循环后维持得很稳定。通过图 28-9(b)可以看出，CdS/P25/石墨烯气凝胶电极在 60 个循环前后的线性伏安曲线基本相同。这些都表明三元气凝胶结构在电化学过程中表现出极好的稳定性，并且这种混合气凝胶中的各个组成部分在光响应过程中表现出良好的活性。

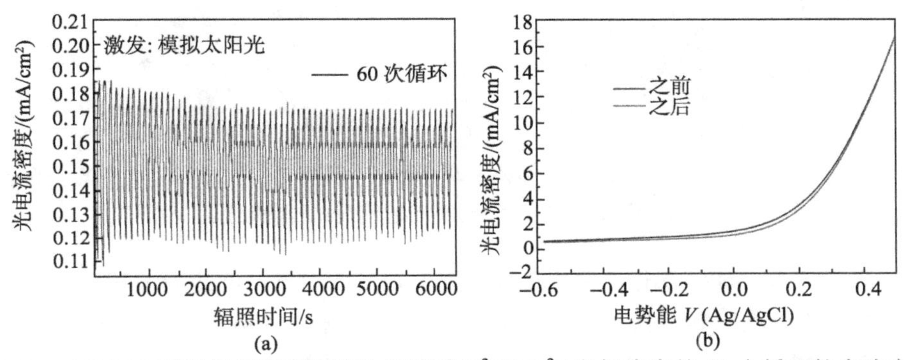

图 28-9　CdS/P25/石墨烯气凝胶在硫化亚硫酸(S^{2-}/SO_3^{2-})电解液中的 60 个循环的光响应测试(a)，以及 CdS/P25/石墨烯气凝胶在 60 个循环前后的线性伏安曲线(b)

28.5　光催化反应机理分析

基于以上的分析结果，我们推理出 CdS/P25/石墨烯气凝胶表现出增强的光催化活性大致可以归结为以下几点：①这种三维石墨烯多孔的纳米自组装网状结构；②石墨烯，CdS 和 P25 间的协同效应大大降低了光生电子-空穴对的复合。在这里，我们提出一种可能的反应机理，如图 28-10 所示。当此系统在模拟太阳光的照射下时，CdS 和 P25 半导体都被激发了，价带上的电子被激发移动到相对应的导带上，形成了光生电子-空穴对。众所周知，CdS/P25 复合材料是一种常见的 type-Ⅱ band gap alignment，这就意味着 TiO_2 的导带边位于 CdS 的导带和价带间。在这种能级结构中，一种典型的电荷传输在界面间发生。即当 CdS 纳米粒子被光照射产生电子-空穴对时，光生电子可以转移到 TiO_2 的导带上，这就有效地促进了光生电子-空穴对的分离，避免了复合。与此同时，CdS 和 P25 上部分光生电荷可以转移到石墨烯片上，这也有效地延长了电荷载流子的寿命。CdS 和 P25 价带上的光生空穴将与电解液中的某些物质发生反应来减少空穴堆积，保持反应的正常进行。另外，硫化亚硫酸(S^{2-}/SO_3^{2-})电解液可以有效地避免 CdS 的光腐蚀[29]。总而言之，CdS 导带的光生电子可以通过这种自组装三维内连接网状结构转移到 TiO_2 上，然后和 H^+ 反应生成 H_2。

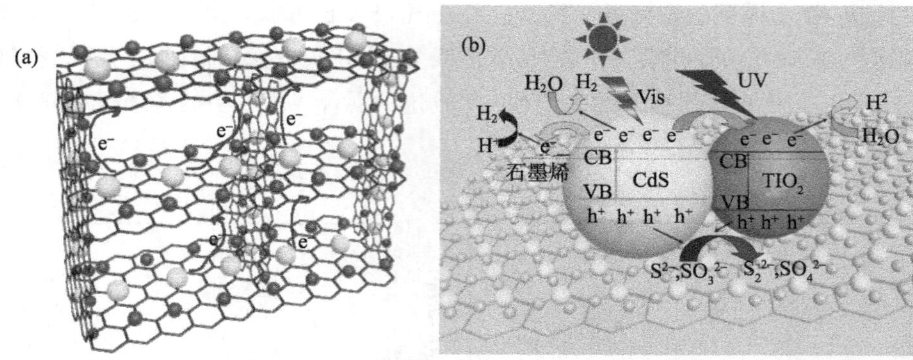

图 28-10　CdS/P25/石墨烯气凝胶的结构示意图(a)，以及 CdS/P25/石墨烯气凝胶在硫化亚硫酸($S^{2-}/SO_3{}^{2-}$)电解液的反应机理图(b)

综上所述，本章提出了一种高效利用太阳光的思路：借助三维石墨烯气凝胶的多孔结构负载吸附能力强、高比表面积、导电性能优异等特点，引入 CdS 纳米粒子与 TiO_2形成 type-Ⅱ band alignment 结构，通过功能协同提高复合结构的整体性能。采用水热处理的方法成功地把 CdS 和 TiO_2(P25)两种纳米粒子自组装嵌入到三维石墨烯气凝胶上，制备出了 CdS/P25/石墨烯气凝胶三元复合光电材料。对得到的三元石墨烯基气凝胶进行光催化测试，发现此种三元多孔的石墨烯基气凝胶具有较无孔三元石墨烯基复合材料和二元和单元材料更好的光催化性能，相比于传统光催化材料性能更加优越，潜在应用更加广阔。

参 考 文 献

[1] Stankovich S, Dikin D A, Dommett G H B, et al. Graphene-based composite materials. Nature, 2006, 442: 282-286.

[2] Rao C N R, Sood A K, Subrahmanyam K S, et al. Graphene: The new two-dimensional nanomaterial. Angew Chem Int Edit, 2009, 48: 7752-7777.

[3] Kamat P V. Graphene-based nanoassemblies for energy conversion. J Phys Chem Lett, 2011, 2: 242-251.

[4] Das B, Choudhury B, Gomathi A, et al. Interaction of inorganic nanoparticles with graphene. Chemphyschem, 2011, 12: 937-943.

[5] Dai L M. Functionalization of graphene for efficient energy conversion and storage. Accounts Chem Res, 2013, 46: 31-42.

[6] Chen D, Zhang H, Liu Y, et al. Graphene and its derivatives for the development of solar cells, photoelectrochemical, and photocatalytic applications. Energy & Environmental Science, 2013, 6:1362-1387.

[7] Yu D S, Nagelli E, Du F, et al. Metal-free carbon nanomaterials become more active than metal catalysts and last longer. J Phys Chem Lett, 2010, 1: 2165-2173.

[8] Hu C G, Cheng H H, Zhao Y, et al. Newly-designed complex ternary Pt/PdCu nanoboxes anchored on three-dimensional graphene framework for highly efficient ethanol oxidation. Advanced Materials, 2012, 24: 5493-5498.

[9] Xu Y X, Sheng K X, Li C, et al. Self-assembled graphene hydrogel via a one-step hydrothermal process. ACS Nano, 2010, 4: 4324-4330.

[10] Lee W, Suzuki S, Miyayama M. Electrochemical properties of poly(anthraquinonyl sulfide)/graphene sheets composites as electrode materials for electrochemical capacitors. Nanomaterials-Basel, 2014, 4: 599-611.

[11] Chen W F, Yan L F. In situ self-assembly of mild chemical reduction graphene for three-dimensional architectures. Nanoscale, 2011, 3: 3132-3137.

[12] Cong H P, Ren X C, Wang P, et al. Macroscopic multifunctional graphene-based hydrogels and aerogels by a metal ion induced self-assembly process. ACS Nano, 2012, 6: 2693-2703.

[13] Worsley M A, Pauzauskie P J, Olson T Y, et al. Synthesis of graphene aerogel with high electrical conductivity. Journal of the American Chemical Society, 2010, 132: 14067-14069.

[14] Sui Z Y, Zhang X T, Lei Y, et al. Easy and green synthesis of reduced graphite oxide-based hydrogels. Carbon, 2011, 49: 4314-4321.

[15] Kamat P V. Graphene-based nanoarchitectures. Anchoring semiconductor and metal nanoparticles on a two-dimensional carbon support. J Phys Chem Lett, 2010, 1: 520-527.

[16] Chen W F, Li S R, Chen C H, et al. Self-assembly and embedding of nanoparticles by in situ reduced graphene for preparation of a 3D graphene/nanoparticle aerogel. Advanced Materials, 2011, 23:5679-5683.

[17] Biener J, Stadermann M, Suss M, et al. Advanced carbon aerogels for energy applications. Energy & Environmental Science, 2011, 4:656-667.

[18] Wang P, Han L, Zhu C Z, et al. Aqueous-phase synthesis of Ag-TiO_2-reduced graphene oxide and Pt-TiO_2-reduced graphene oxide hybrid nanostructures and their catalytic properties. Nano Res, 2011, 4: 1153-1162.

[19] Ren L, Qi X, Liu Y D, et al. Upconversion-P25-graphene composite as an advanced sunlight driven photocatalytic hybrid material. Journal of Materials Chemistry, 2012, 22: 11765-11771.

[20] Zhang H, Lv X J, Li Y M, et al. P25-graphene composite as a high performance photocatalyst. ACS Nano, 2010, 4:380-386.

[21] Zhang Y P, Pan C X. TiO_2/graphene composite from thermal reaction of graphene oxide and its photocatalytic activity in visible light. Journal of Materials Science, 2011, 46:2622-2626.

[22] Luo J S, Ma L, He T C, et al. TiO_2/(CdS, CdSe, CdSeS) nanorod heterostructures and photoelectrochemical properties. J Phys Chem C, 2012, 116:11956-11963.

[23] Rossetti R, Nakahara S, Brus L E. Quantum size effects in the redox potentials, resonance Raman-spectra, and electronic-spectra of CdS crystallites in aqueous-solution. J Chem Phys, 1983, 79: 1086-1088.

[24] Ohsaka T, Izumi F, Fujiki Y. Raman-spectrum of anatase, TiO_2. Journal of Raman Spectroscopy, 1978, 7:321-324.

[25] Ferrari A C, Basko D M. Raman spectroscopy as a versatile tool for studying the properties of graphene. Nat Nanotechnol, 2013, 8:235-246.

[26] Zhang N, Zhang Y H, Pan X Y, et al. Assembly of CdS nanoparticles on the two-dimensional

graphene scaffold as visible-light-driven photocatalyst for selective organic transformation under ambient conditions. J Phys Chem C, 2011, 115:23501-23511.

[27] Sasaki Y, Nemoto H, Saito K, et al. Solar water splitting using powdered photocatalysts driven by Z-schematic interparticle electron transfer without an electron mediator. J Phys Chem C, 2009, 113:17536-17542.

[28] Banerjee S, Mohapatra S K, Das P P, et al. Synthesis of coupled semiconductor by filling 1D TiO_2 nanotubes with CdS. Chemistry of Materials, 2008, 20:6784-6791.

[29] Emin S, Fanetti M, Abdi F F, et al. photoelectrochemical properties of cadmium chalcogenide-sensitized textured porous zinc oxide plate electrodes. ACS Applied Materials & Interfaces, 2013, 5:1113-1121.

第 29 章　MoS_2 助催化 TiO_2 纳米粒子的三维多孔石墨烯复合凝胶的光催化性能增强

29.1　引　　言

作为一种最常见的功能型半导体光催化剂材料，二氧化钛(TiO_2)具有无毒害、价格低廉、效率高，以及稳定性高等优点，被广泛地应用到环境污染处理和能源转换等领域。但是，其光催化活性严重地被只能对紫外光吸收利用和光生电子-空穴对的高复合率所制约[1,2]。为了解决以上不足，人们提出了很多积极有效的方法来提高其光催化性能，例如，对其表面进行修饰[3]，优化其结构[4]，掺杂金属或者非金属元素[5-8]，还有就是和其他对光较敏感的物质耦合来调整其对光的吸收和加快电荷的分离与转移[9,10]。

自 2004 年英国曼彻斯特大学的两位科学家 Geim 和 Novoselov 因发现石墨烯而获得 2010 年诺贝尔物理学奖[11]，石墨烯的制备及其性能的研究引起了全世界各个领域科学家的广泛兴趣。由于石墨烯具有高的比表面积、快速的二维电荷传输特性、优异的机械性能、热传导性能，以及良好的化学稳定性，被人们广泛认为是一种能负载其他功能材料很好的支撑基底[12-15]。二氧化钛作为一种常见的半导体材料经常被用来与石墨烯复合制备出二氧化钛/石墨烯复合材料。虽然这些复合物都能表现出加强的光催化性能，但是它们仍然存在对自然光的利用率不够高，电子-空穴对的高复合率，以及反应活性位点不足等缺点[16-21]。最近，二硫化钼(MoS_2)作为一种准二维的层状过渡金属硫化物，因具有很好的催化制氢性能而备受关注。例如，Chhowalla 课题组报道通过化学剥离得到的 MoS_2 纳米片表现出优异的产氢性能[22]。Zong 等认为有限层的 MoS_2 可作为一种高活性的助催化剂来取代金属 Pt 沉积到石墨烯表面来制备氢气[23]。特别的是，余家国课题组报道当 MoS_2 和石墨烯共同作为 TiO_2 的助催化剂时，表现出优异的产氢活性[24]。这些研究结果有力地证明了超薄 MoS_2 纳米片在光催化领域具有很大的潜在利用价值。最近有报道，以上石墨烯为基底的二维复合材料都会表现出比表面积减少的现象，这是由于在合成过程中，石墨烯纳米片形成了不可逆转的堆叠，限制了电解液中离子的渗透，从而导致了大量活性位点的丢失。为了解决这种不足，石高全课题组报道了一种独特的三维石墨烯多孔结构来克服这些缺点。研究表明，这种结构不仅保留了石墨烯纳米片的有效比表面积，而且表现出高度均匀的多孔结构，其孔径一般在十几微米。这使其具有高的电荷传导和更多的有效反应位点，从而在水热还原自组装形成多孔结构的过程中可以更容易嵌入多种功能粒子。到目前为止，这些复合材料大部分都是石墨烯和一种功能纳米结构，很少有这种独特三维多孔结构里嵌入多类型功能纳米材料的研究被报道。更有趣的是，一系列的石墨烯为基的二维三元复合材料被报道，且其性能较二元复合材料和单元材料有很大的提高，这主要归功于每个组成部分的优势，和这三种物质组合到一起后表现出的协同作用[24-28]。

在本章中，为了解决 TiO_2 光生电子-空穴对高复合率和其在紫外光照下反应活性位点有限等问题，我们通过一步水热法自组装将 TiO_2(P25)嵌入到三维石墨烯基多孔结构中，并沉积 MoS_2 纳米片作为助催化剂。实验得到的三维多孔的 MoS_2/P25/石墨烯表现出增强的光电化学性能和优异的光催化降解特性，表明此种方法可以有效地加强 TiO_2 对光的吸收，加快电荷分离，增加更多的反应活性位点，是一种有效提高 TiO_2 光催化性能的方法。

29.2　MoS_2 助催化 TiO_2 纳米粒子的三维多孔石墨烯复合凝胶的制备

实验材料部分。天然鳞片石墨(325 目)：分析纯，AlfaAesar；盐酸：化学纯，34 wt%~37 wt%，上海国药；浓硫酸：化学纯，98 wt%，上海国药；高锰酸钾：化学纯，上海国药；双氧水：分析纯，30 wt%，上海国药；五氧化二磷：化学纯，上海国药；过硫酸钾：化学纯，上海国药；商用二氧化钛颗粒 P25(Degussa)；二硫化钼 AlfaAesar。

制备氧化石墨：本章实验中用到的氧化石墨烯是运用 Hummers 方法[29]，通过浓硫酸、高锰酸钾等物质的强氧化而得到。

制备 MoS_2 纳米片：本章实验中用到的二硫化钼纳米片是在乙二醇溶液中锂离子水热插层剥离得到的[30]。

制备三维 MoS_2/P25/石墨烯气凝胶：首先，通过超声 1 h 配制出 3 mg/mL 的氧化石墨烯水溶液；然后，在搅拌过程中向这种 GO 胶体溶液中加入 0.36 g TiO_2(P25)和 2.5 mg MoS_2 纳米片，搅拌 2 h 达到均匀分散体系；最后将得到的混合溶液转移到 50 mL 密封水热反应釜内，180 ℃水热 12 h，在水热还原过程中形成网状结构，并将 P25 和 MoS_2 纳米片沉积到石墨烯片上。然后自然冷却到室温，用去离子水清洗，冷冻干燥。

对比样的制备：为了体现出三元三维复合气凝胶的性能较二维复合材料与其他二元和单元气凝胶的性能要好，在相同条件下制备出对比样品，即二维无孔的石墨烯/P25/MoS_2复合材料、MoS_2/石墨烯、P25/石墨烯和 MoS_2/P25。

29.3　MoS_2/P25/石墨烯气凝胶的结构与形貌表征

图 29-1(a)是所制备的 MoS_2/P25/石墨烯气凝胶与单独的 P25、MoS_2纳米片对比的 XRD 图谱，由图中可以看出 MoS_2/P25/石墨烯气凝胶表现出很高的结晶性。MoS_2纳米片和 P25 纳米粒子所表现出来的特征峰分别与标准 PDF 卡片里的 2H 型辉钼矿(JCPDS file no. 37-1492)和锐钛矿相(JCPDS file no. 21-1272)与金红石相(JCPDS file no. 21-1276)对应。水热处理后，MoS_2/P25/石墨烯气凝胶展现了 P25 和 MoS_2的所有特征峰。但是，在 MoS_2/P25/石墨烯气凝胶 XRD 图谱中我们完全没有发现碳的峰，这可能是 P25 纳米粒子嵌入到石墨烯表面阻止了石墨烯的堆叠所致。因此，在水热反应处理过程中没有破坏原材料所固有的结构。

为了进一步研究三维 MoS_2/P25/石墨烯气凝胶的结构，我们对其作了 Raman 光谱分析，并与单独的 P25 纳米粒子、MoS_2纳米片和 GO 作了对比分析。从图 29-1(b)中可以看出，在 MoS_2的 384 cm^{-1}和 406 cm^{-1}峰分别对应其 E^1_{2g}和 A_{1g}振动模式[31]。对于 P25，其在 143 cm^{-1}处的峰位很强，这可能是由金红石相的 B_{1g}振动模式和锐钛矿在 144 cm^{-1}处的 E_g振动模式所造成的。另外，在 396 cm^{-1}, 513 cm^{-1}和 639 cm^{-1}处的 Raman 峰可以归属于锐钛矿的 B_{1g}，A_{1g}和 E_g振动模式[32]。也就是说，MoS_2和 P25 的特征峰都出现在三维 MoS_2/P25/石墨烯气凝胶图上，这表明水热没有破坏其固有的结构，这与 XRD 的结果是对应的。对于 GO，其在 1603 cm^{-1}和 1358 cm^{-1}处的峰位对应 G-峰和 D-峰，水热处理后，在三维 MoS_2/P25/石墨烯气凝胶中 G-峰和 D-峰移动到了 1602 cm^{-1}和 1352 cm^{-1}处[33]。但是，峰值强度比(I_D/I_G)明显增强，这是因为经过水热还原后所生成的石墨烯中的缺陷浓度相对于氧化石墨烯来说明显增大，而且相对于氧化石墨烯，石墨烯中的 sp^2区域面积减小，数量增多了。因此，我们相信水热过程没有破坏原材料的固有结构。

为了保持其三维的整体结构，我们将水热得到的三元水凝胶直接冷冻干燥，最终产物就是一个黑色的柱状混合气凝胶，如图 29-2(a)中的插图所示。由图 29-2(a)和图 29-2(b)可以看出，水热处理使得石墨烯片物理交联形成三维孔状结构，孔径一般在几微米，孔壁由石墨烯片组成且致密地嵌入了 TiO_2纳米粒子，没有明显的团聚现象出现。但是，由于 MoS_2的含量太低，在 SEM 图中不能看到。

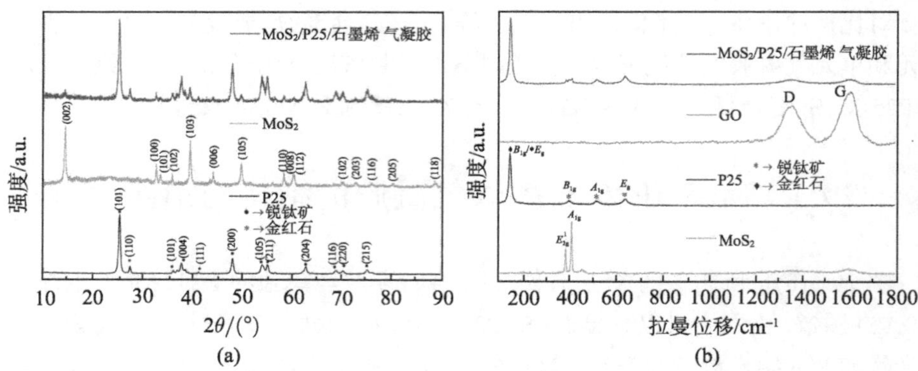

图 29-1　MoS_2/P25/石墨烯气凝胶、单独 P25 和 MoS_2 纳米结构的 XRD 图谱(a)及 Raman 图谱(b)

为了更精确地反映三维气凝胶的内部结构，我们对其作高分辨 TEM 观察，从图 29-2(c)可以发现 MoS_2 纳米片的表面被 TiO_2 纳米粒子覆盖，密集地嵌入到石墨烯支撑上。图 29-2(d)中晶格条纹间距为 d=0.350 nm 对应的是 TiO_2 的锐钛矿相的

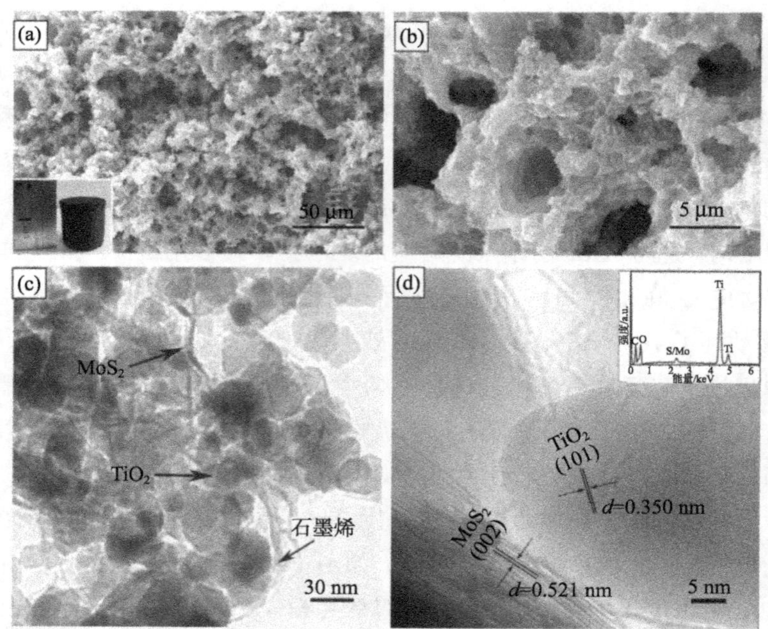

图 29-2　MoS_2/P25/石墨烯气凝胶的 SEM 图(a)、(b)，以及 MoS_2/P25/石墨烯气凝胶的 TEM 图(c)、(d)

其中图(a)中的插图是气凝胶的数码照片，图(d)中的插图是 MoS_2/P25/石墨烯气凝胶的 EDS 图

(101)面，晶格间距是 0.621 nm 对应的是 MoS_2 的 2H 型辉钼矿的(002)面。另外，可以看出 MoS_2 和 TiO_2 是紧密连接的，这表明水热处理成功地将 TiO_2 纳米粒子和 MoS_2 纳米片嵌入到石墨烯片上。图 29-2(d)中插图是三元气凝胶的 EDS 能谱分析，发现三维 MoS_2/P25/石墨烯气凝胶的组成成分包括了三种功能材料的元素，且其比例也与给料比例相差无几。

综上所述，我们通过水热处理将 TiO_2 纳米粒子和 MoS_2 纳米片这两种不同类型的纳米功能材料成功嵌入到石墨烯片上，且在这个过程中实现了氧化石墨烯的还原和三维内连接的多孔结构自组装成型。

29.4　MoS_2/P25/石墨烯气凝胶的性能测试

29.4.1　光学性能表征

众所周知，电荷的复合率对于催化剂的光催化活性是一个非常关键的因素，而光激发光谱是载流子复合的结果，因此它可以作为一个有效的手段来判断电荷载流子的捕获和转移，从而评定半导体中电子-空穴对的复合分离情况。图 29-3 为 MoS_2/P25/石墨烯气凝胶、MoS_2/P25、P25/石墨烯和 P25 的光致发光光谱。对于 P25，在 370 nm 和 379 nm 处的峰反映出锐钛矿的带隙，而 394 nm 对应的是金红石的带隙[34, 35]。407 nm、420 nm 和 441 nm 处的峰可以归结到正八面体 TiO_6 激子的自我

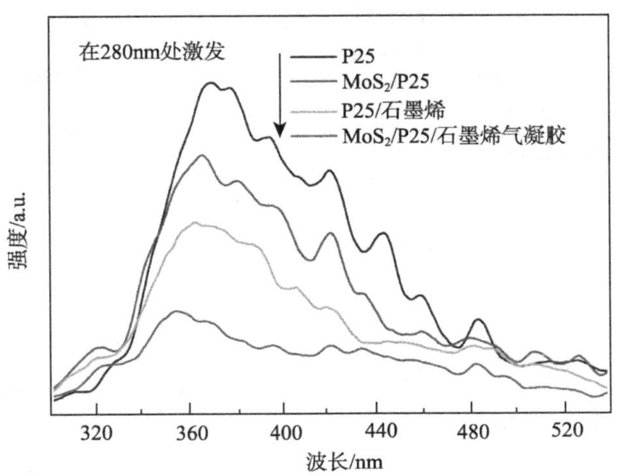

图 29-3　MoS_2/P25/石墨烯气凝胶、MoS_2/P25、P25/石墨烯和单独 P25 的光致发光光谱

捕获，465 nm (459 nm 和 483 nm)附近和 525 nm 附近的峰可以归结为氧空位捕获电子所激发出来的峰。与单独的 P25 对比，其他样品的光致发光光谱都比较弱。因为光致发光光谱是光生电子-空穴对的复合所发出的，其峰的强度越弱表明其复合率越低。从图中很容易看出，MoS_2/P25/石墨烯气凝胶的相对峰值较 MoS_2/P25 和 P25/石墨烯均偏低，表明引入 MoS_2 纳米片和这种独特的三维石墨烯基内连接网状结构可以最大化有效面积，加强电荷的分离和转移，延长载流子寿命，抑制光生电子-空穴对的复合，从而提高其光催化性能。

为了进一步研究材料对光的吸收情况，我们对三维 MoS_2/P25/石墨烯气凝胶、无孔石墨烯/P25/ MoS_2 复合物，MoS_2/P25、P25/石墨烯，MoS_2/石墨烯，石墨烯-气凝胶，以及单纯的 P25 纳米粒子和 MoS_2 纳米片作了紫外-可见漫反射测试，如图 29-4 所示。由图中可以看出，MoS_2/P25 和 P25/石墨烯复合物较单独的 P25 有了明显的红移，并且吸收强度也加强了，原因是引入的窄带隙的 MoS_2 纳米片可以改变对光的吸收范围；这种独特的三维多孔石墨烯基气凝胶结构具有优异的吸光性能也增强了其对光的吸收。当三维 MoS_2/P25/石墨烯气凝胶和二元材料(MoS_2/P25 和 P25/石墨烯)、单独的 P25 相比较时，其吸收强度有明显加强，并且在 385~405 nm 有明显的红移，这都归功于这种三维内连接多孔网状结构和这三种材料间的协同效应。另外，MoS_2/石墨烯复合气凝胶在 200~800 nm 表现出相对较宽的吸收范围，这意味着这种独特的三维结构沉积上 MoS_2 纳米片后对光吸收也表现出积极的作用。

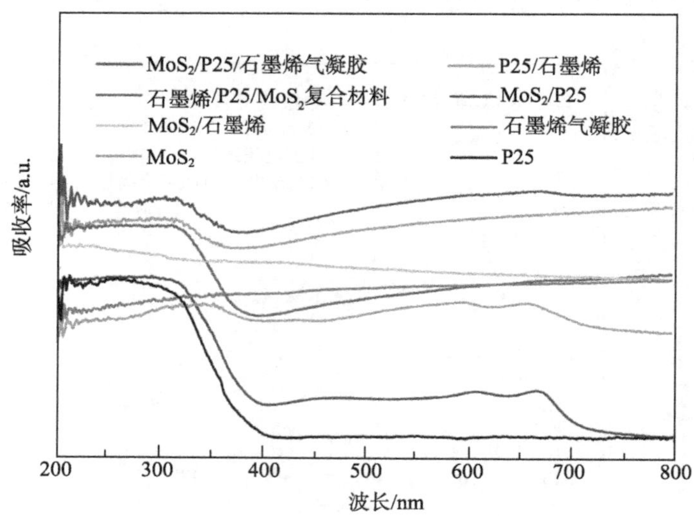

图 29-4　三维 MoS_2/P25/石墨烯气凝胶、无孔石墨烯/P25/ MoS_2 复合物，MoS_2/P25、P25/石墨烯，MoS_2 /石墨烯，石墨烯气凝胶，以及单纯 P25 纳米粒子和 MoS_2 纳米片的紫外-可见漫反射图谱

从以上的光学性能可以看出，三维 MoS_2/P25/石墨烯气凝胶表现出优异的电荷分离和增强的光吸收特性。让我们有理由相信它将在光电化学测试和光催化降解实验中表现出很好的性能。

29.4.2 光电化学性能表征

在本节中，三维 MoS_2/P25/石墨烯气凝胶电极作为光阳极，在硫化亚硫酸(S^{2-}/SO_3^{2-})电解液中，在紫外光照射下，在标准的三电极系统中(铂片为对电极，Ag/AgCl 为参比电极)进行光电化学活性测试。所有光阳极都是在 ITO 导电玻璃上制作得到的。为了体现这种三维多孔结构的优异导电性和加入 MoS_2 纳米片的好处，与无孔石墨烯/P25/ MoS_2 复合物，MoS_2/P25、P25/石墨烯，MoS_2/石墨烯，以及单纯的 P25 纳米粒子的线性伏安测试对比实验也在图 29-5 中给出。因为阳极的光电流密度和相同条件下的产氢量是成正比的，所以实验中测得的光电流可以用来反映其产氢性能。从图中可以看出，三维 MoS_2/P25/石墨烯气凝胶在紫外光照射下在−1.2~+1.2 V 电位窗上表现出明显的增长趋势，且在−1.0 V 左右表现出快速的增强，在 0.6 V 时达到 37.45 mA/cm²，这大约是单独 P25 在+0.6 V 时的 6 倍。MoS_2/P25、P25/石墨烯，无孔石墨烯/P25/ MoS_2 复合物在+0.6 V 处的光电流分别是 8.92 mA/cm²、19.6 mA/cm² 和 12.35 mA/cm²，比 P25 高，但都比三维 MoS_2/P25/石墨烯气凝胶小，

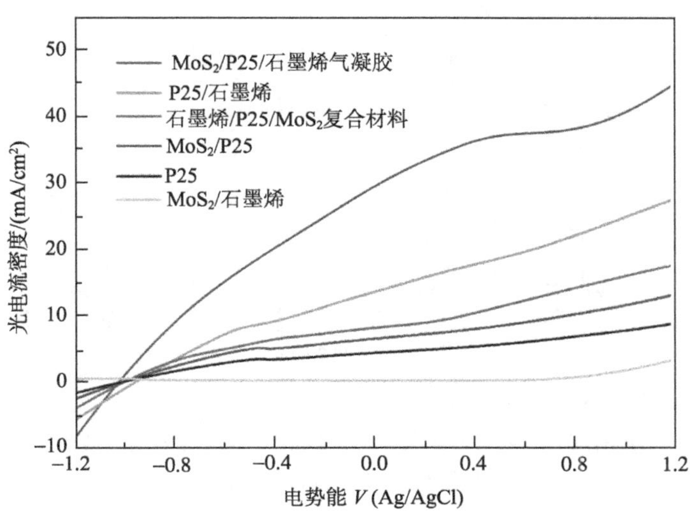

图 29-5 三维 MoS_2/P25/石墨烯气凝胶、无孔石墨烯/P25/ MoS_2 复合物，MoS_2/P25、P25/石墨烯，MoS_2 /石墨烯，以及单纯的 P25 纳米粒子在硫化亚硫酸(S^{2-}/SO_3^{2-})电解液中，在紫外光照射下的线性伏安曲线

这表明此种独特的三元石墨烯基气凝胶可以有效地提高光催化活性，特别是在和 MoS_2 纳米片作为助催化剂存在时效果更好。

为了研究 P25 纳米粒子、MoS_2 纳米片和石墨烯片间的电子相互作用，我们对所制备样品的电极在标准的三电极系统(在硫化亚硫酸(S^{2-}/SO_3^{2-})电解液中，在偏压为 0V 下，以 Pt 片电极为对电极，Ag/AgCl 电解为参比电极)中测光电流响应 *I-t* 曲线，如图 29-6 所示。很有趣的是，三维 MoS_2/P25/石墨烯气凝胶在 0V 时的光响应电流大约是单独 P25 的 20 倍，并且光响应电流很稳定，没有明显的衰减。对比之下，在没有 MoS_2 存在的条件下(单独的 P25 和 P25/石墨烯)，光电流密度比包含 MoS_2 纳米片复合物的要小，这表明 MoS_2 作为助催化剂可以加快电荷分离和转移。另外，无孔石墨烯/P25/ MoS_2 复合物的光电流密度比三维 MoS_2/P25/石墨烯气凝胶的要小很多，这主要归功于三维多孔结构。此外，三维 MoS_2/P25/石墨烯气凝胶的光响应电流密度是 MoS_2/P25 的 8 倍，究其原因，我们认为是三维石墨烯内连接的多孔结构所具有的高比表面积和优异的电荷传导等特性导致产生这种加强的现象。

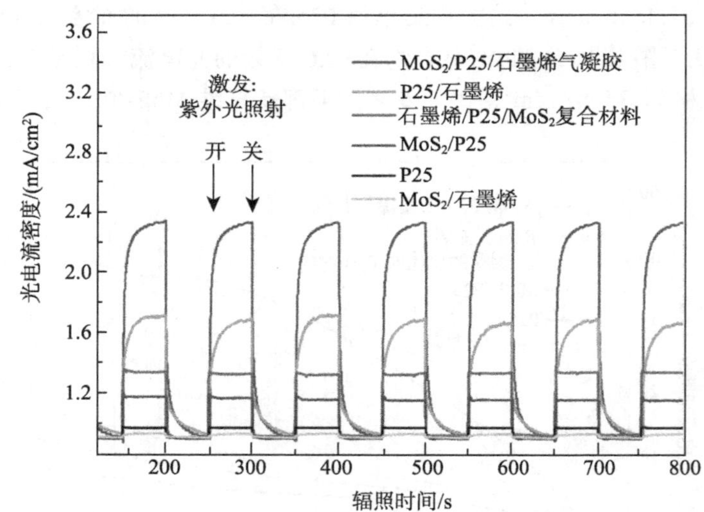

图 29-6　三维 MoS_2/P25/石墨烯气凝胶、无孔石墨烯/P25/ MoS_2 复合物，MoS_2/P25、P25/石墨烯，MoS_2 /石墨烯，以及单纯 P25 纳米粒子在硫化亚硫酸(S^{2-}/SO_3^{2-})电解液中的光响应 *I-t* 曲线

为了研究三维 MoS2/P25/石墨烯气凝胶的稳定性，对其进行了一个较长时间的测试。从图 29-7 可以看出，在 8000 s 的测试中，只在开始阶段表现出微弱的衰减，光响应电流在 80 个循环后维持得很稳定。这些都表明此种三元气凝胶结构在电化

学过程中表现出极好的稳定性，并且各个组成部分在光响应过程中也表现出良好的活性。

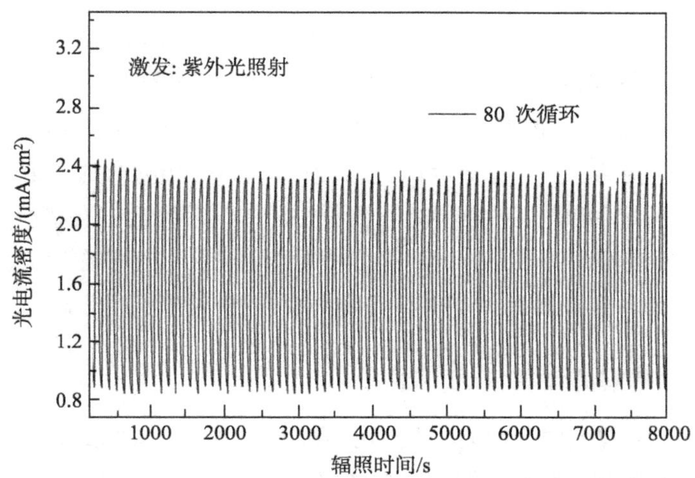

图 29-7　三维 MoS_2/P25/石墨烯气凝胶在硫化亚硫酸(S^{2-}/SO_3^{2-})电解液中的 80 个循环的光响应测试

为了更好地理解三维 MoS_2/P25/石墨烯气凝胶的增强的电荷转移特性，我们测试了其在紫外光照射下的电化学交流阻抗图谱。图 29-8 是三维 MoS_2/P25/石墨烯气

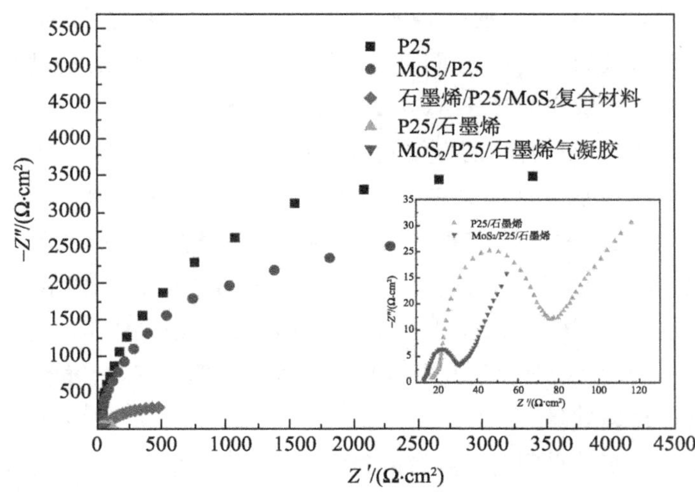

图 29-8　三维 MoS_2/P25/石墨烯气凝胶、无孔石墨烯/P25/ MoS_2 复合物，MoS_2/P25、P25/石墨烯，MoS_2/石墨烯，以及单纯 P25 纳米粒子在硫化亚硫酸(S^{2-}/SO_3^{2-})电解液中的电化学阻抗图谱

凝胶、无孔石墨烯/P25/ MoS_2 复合物、MoS_2/P25、P25/石墨烯和单独的 P25 电极的 Nyquist 曲线。从图中可以看出，三维 MoS_2/P25/石墨烯气凝胶和 P25/石墨烯的阻抗相对于无孔石墨烯/P25/MoS_2 复合物、MoS_2/P25 和 P25 基本可以忽略，这表明引入三维石墨烯气凝胶可以降低界面层间接触阻抗和表面电荷转移的阻力。三维 MoS_2/P25/石墨烯气凝胶和 P25/石墨烯的 Nyquist 曲线以插图的形式插入图 29-8 中，三维 MoS_2/P25/石墨烯气凝胶比 P25/石墨烯的阻抗小，这说明 MoS_2 纳米片可以加强颗粒间的电荷转移，这与紫外-可见漫反射的结果是相吻合的。因此，从以上电化学阻抗结果可以看出，这种独特的三维石墨烯基气凝胶具有孔状结构、优异的电荷传导和高的比表面积等特点，当嵌入多种功能材料后，可以在很大程度上加快光生电子-空穴对的分离和转移，从而为光催化反应提供更多的反应活性位点。

29.4.3　光催化降解的表征

为了全面研究其光催化性能，我们用传统的光催化降解模式研究了所制备样品在紫外光照射下对甲基橙染料(20 mg/L)的吸附和降解性能。

在光照之前，我们对其暗处理 1 h，其吸附情况如图 29-9(a)所示。可以看出，三维 MoS_2/P25/石墨烯气凝胶表现出更好的吸附性能，这主要归功于这种三维的内连接多孔结构具有高的比表面积，可以提供更多的反应位点，从而提高了其对染料的吸附。随后我们测试了样品对甲基橙染料的降解，如图 29-9(b)所示，其中 X 轴对应的是反应时间，Y 轴对应的是 C(不同取样时所对应的甲基橙溶液浓度)/C_0(吸附完成后的甲基橙溶液的浓度)。很明显，三维 MoS_2/P25/石墨烯气凝胶在 15 min 内可以将甲基橙全部降解完，而石墨烯/P25/MoS_2 复合物还有 9%，所有二元复合物和单独的半导体都比三元复合物的降解能力要差。15 min 后，MoS_2/P25 和 P25/石墨烯分别剩下 14%和 18%，这都比三维 MoS_2/P25/石墨烯气凝胶慢，从这不难发现在提高光催化性能方面，这种独特的三维气凝胶多孔结构比 MoS_2 的引入做出了更大的贡献，即在 MoS_2/P25/石墨烯气凝胶中，三维结构是起主导作用的。另外，我们将三维 MoS_2/P25/石墨烯气凝胶的降解性能与相关研究结果作了对比，见表 29-1。结果表明三维 MoS_2/P25/石墨烯气凝胶具有优异的光催化降解性能，可作为首选材料应用到污染处理领域。

为了研究其在紫外光照射下降解的稳定性，我们对其作了循环降解，一共四次，每次 30 min。从循环降解图 29-10 中可以看出，四个循环没有明显的光降解速率变低的现象出现，可以断定三维 MoS_2/P25/石墨烯气凝胶具有很好的循环稳定性。

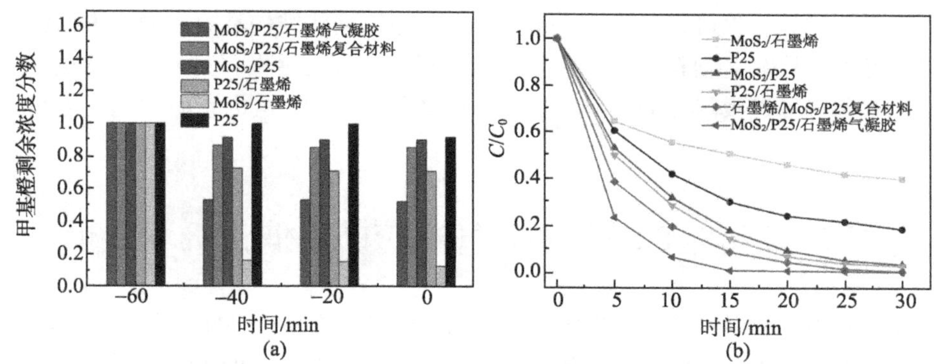

图 29-9　三维 MoS_2/P25/石墨烯气凝胶、无孔石墨烯/P25/ MoS_2 复合物，MoS_2/P25、P25/石墨烯，MoS_2 /石墨烯，以及 P25 纳米粒子对甲基橙的吸附图(a)和降解图(b)

表 29-1　三维 MoS_2/P25/石墨烯气凝胶与其他含 MoS_2 复合光催化剂的光催化降解性能对比

Photocatalysts	Light source	Photocatalyst /(mg/mL)	Organic Dyes/(g/L)	% degradation (after 15 min irradiation)	Ref.
TiO_2@MoS_2 (50wt% of MoS_2)	Visible light	10 mg/100mL	Rhodamine B 0.015 g/L	75	[31]
nano-MoS_2/TiO_2	Visible light	100 mg/150mL	Methyl Orange 0.020 g/L	18.75	[32]
TiO_2/MoS_2	Visible light	35 mg/100mL	Methylene Blue (8 mg/L)	3.75	[33]
MoS_2/P25/graphene aerogel (0.5 wt% of MoS_2)	UV light	25 mg/100mL	Methyl Orange 0.020 g/L	100	This work

注：表中 15 min 百分降解含量都是根据其实验数据计算得到的

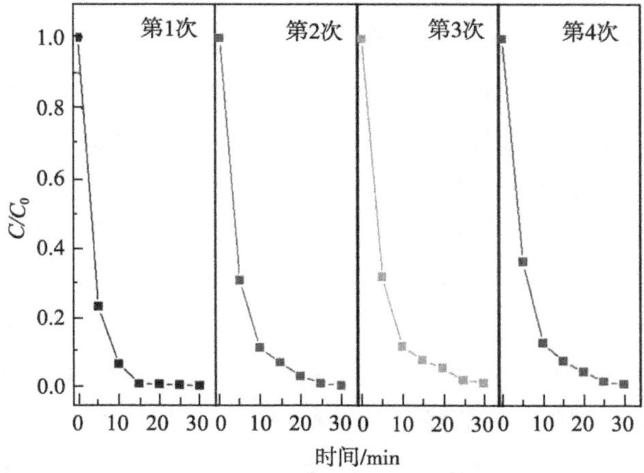

图 29-10　三维 MoS_2/P25/石墨烯气凝胶对甲基橙的循环降解图

由以上实验结果可以看出：这种三维的内连接网状结构具有高的比表面积，可以很大程度上提高对染料的物理吸附，从而提高光催化活性；另外，引入的 MoS_2 纳米片有利于活性吸附点和光催化反应中心数量的增加，这也有助于光催化性能的提高。

29.5　MoS_2/P25/石墨烯气凝胶的光催化机理分析

鉴于三维 MoS_2/P25/石墨烯气凝胶表现出优异的光催化性能，我们分析其原因可能是以下三点：①三维石墨烯多孔结构所具有的高比表面积和优异的电荷传导特点；②MoS_2 纳米片的引入增加了更多的反应活性位点；③石墨烯、TiO_2 纳米粒子和 MoS_2 纳米片间的协同效应促进了光生电子-空穴对的分离和转移。在此，我们画出了其结构图和光催化反应机理图，如图 29-11 所示。分析了其可能的反应机理：当系统在紫外光照下时，TiO_2 半导体价带上的电子被激活运动到导带上，留下空穴在价带中，这就形成了光生电子-空穴对。由于石墨烯/石墨烯•—的还原电位较 TiO_2 的导带能级略低，TiO_2 导带上的电子就可以运动到石墨烯上，有效地加快了电荷的转移。另外，纳米级的 MoS_2 晶体具有量子尺寸效应，其边界可以增加反应活性位点来加快水的分裂和氢气的生成，在本实验中其还可以诱导电荷的转移来增加反应空间。因此，TiO_2 导带上的光生电荷通过这种独特的三维石墨烯基气凝胶结构转移到 MoS_2 上，从而和 H^+反应生成 H_2，或者氧化分解甲基橙溶液，这表明 TiO_2、MoS_2 和石墨烯间的协同效应可以抑制电荷载流子的复合，提高界面间的电荷转移，增加活性吸附点和增大反应空间。与此同时，TiO_2 上的部分光生电子可以直接转移到 MoS_2 片上来加快反应，TiO_2 价带中的空穴与电解液中的物质反应来保持反应的正常进行。总而言之，TiO_2 导带上的光生电子可以直接或者通过三维石墨烯气凝胶结构转移到 MoS_2 上来延长光生电荷的寿命，加快分离和转移，增加更多的反应活性位点来提高光催化制氢和降解性能。

综上所述，我们借助三维石墨烯气凝胶的多孔结构负载吸附能力强、高比表面积、导电性能优异等特点，引入 MoS_2 纳米片作为助催化剂，提出了一种有效解决 TiO_2 光生电子复合速率高、反应活性位点有限等不足的新思路；通过一步水热处理方法成功地将 TiO_2(P25)纳米粒子自组装嵌入到三维石墨烯气凝胶上，同时负载上 MoS_2 纳米片；对得到的三元石墨烯基气凝胶进行光催化测试，发现具有较无孔三元石墨烯基复合材料和二元和单元材料更好的光催化性能，成功解决了 TiO_2 作为光催化剂的不足。

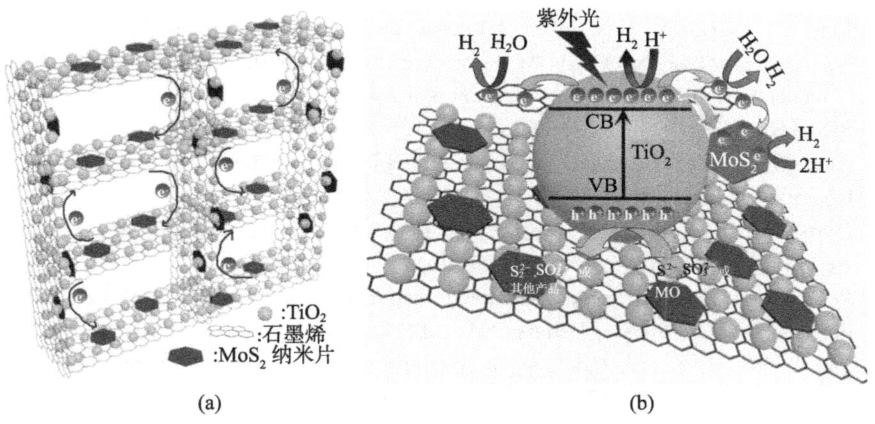

图 29-11 MoS_2/P25/graphene 气凝胶的结构示意图(a)及光催化应机理图(b)

参 考 文 献

[1] Ni M, Leung M K H, Leung D Y C, et al. A review and recent developments in photocatalytic water-splitting using for hydrogen production. Renewable and Sustainable Energy Reviews, 2007, 11:401-425.

[2] Linsebigler A L, Lu G, Yates J T. Photocatalysis on TiO_2 surfaces: Principles, mechanisms, and selected results. Chemical Reviews, 1995, 95:735-758.

[3] Elahifard M R, Rahimnejad S, Haghighi S, et al. Apatite-coated Ag/AgBr/TiO_2 visible-light photocatalyst for destruction of bacteria. Journal of the American Chemical Society, 2007, 129:9552-9553.

[4] Tao J, Luttrell T, Batzill M. A two-dimensional phase of TiO_2 with a reduced bandgap. Nat Chem, 2011, 3:296-300.

[5] Wang C, Hu Q Q, Huang J Q, et al. Effective water splitting using N-doped TiO_2 films: Role of preferred orientation on hydrogen production. International Journal of Hydrogen Energy, 2014, 39:1967-1971.

[6] Bae E, Choi W. Highly enhanced photoreductive degradation of perchlorinated compounds on dye-sensitized metal/TiO_2 under visible light. Environmental Science & Technology, 2002, 37:147-152.

[7] Chen X, Burda C. The electronic origin of the visible-light absorption properties of C-, N- and S-doped TiO_2 nanomaterials. Journal of the American Chemical Society, 2008, 130: 5018, 5019.

[8] Serrano D P, Calleja G, Pizarro P, et al. Enhanced photocatalytic hydrogen production by improving the Pt dispersion over mesostructured TiO_2. International Journal of Hydrogen Energy, 2014, 39:4812-4819.

[9] Liu Y, Zhou H, Zhou B, et al. Highly stable CdS-modified short TiO_2 nanotube array electrode for efficient visible-light hydrogen generation. International Journal of Hydrogen Energy, 2011, 36:167-174.

[10] Lee Y L, Lo Y S. Highly efficient quantum-dot-sensitized solar cell based on co-sensitization of CdS/CdSe. Advanced Functional Materials. 2009;19:604-609.

[11] Novoselov K S, Geim A K, Morozov S V, et al. Electric field effect in atomically thin carbon films. Science, 2004, 306:666-669.

[12] Kamat P V. Graphene-based nanoassemblies for energy conversion. The Journal of Physical Chemistry Letters, 2011, 2:242-251.

[13] Stankovich S, Dikin D A, Dommett G H B, et al. Graphene-based composite materials. Nature, 2006, 442:282-286.

[14] Pei T, Xu H, Zhang Z, et al. Electronic transport in single-walled carbon nanotube/graphene junction. Applied Physics Letters, 2011, 99(11): 787.

[15] Sun Y, Wu Q, Shi G. Graphene based new energy materials. Energy & Environmental Science, 2011, 4:1113-1132.

[16] Zhang H, Lv X, Li Y, et al. P25-graphene composite as a high performance photocatalyst. ACS Nano, 2009, 4:380-386.

[17] Zhang Y, Tang Z R, Fu X, et al. TiO_2-graphene nanocomposites for gas-phase photocatalytic degradation of volatile aromatic pollutant: Is TiO_2-graphene truly different from other TiO_2-carbon composite materials?. ACS Nano, 2010, 4:7303-7314.

[18] Zhang Y, Pan C. TiO_2/graphene composite from thermal reaction of graphene oxide and its photocatalytic activity in visible light. Journal of Materials Science, 2011, 46:2622-2626.

[19] Perera S D, Mariano R G, Vu K, et al. Hydrothermal synthesis of graphene-TiO_2 nanotube composites with enhanced photocatalytic activity. ACS Catalysis, 2012, 2:949-956.

[20] Xiang Q, Yu J, Jaroniec M. Graphene-based semiconductor photocatalysts. Chemical Society Reviews, 2012, 41:782-796.

[21] Zhang X, Sun Y, Cui X, et al. A green and facile synthesis of TiO_2/graphene nanocomposites and their photocatalytic activity for hydrogen evolution. International Journal of Hydrogen Energy, 2012, 37:811-815.

[22] Voiry D, Salehi M, Silva R, et al. Conducting MoS_2 Nanosheets as catalysts for hydrogen evolution reaction. Nano Letters, 2013,13:6222-6227.

[23] Zong X, Yan H, Wu G, et al. Enhancement of photocatalytic H_2 evolution on CdS by loading MoS_2 as cocatalyst under visible light irradiation. Journal of the American Chemical Society, 2008, 130:7176, 7177.

[24] Xiang Q, Yu J, Jaroniec M. Synergetic effect of MoS_2 and graphene as cocatalysts for enhanced photocatalytic H_2 production activity of TiO_2 nanoparticles. Journal of the American Chemical Society, 2012, 134:6575-6578.

[25] Wang P, Han L, Zhu C, et al. Aqueous-phase synthesis of Ag-TiO_2-reduced graphene oxide and Pt-TiO_2-reduced graphene oxide hybrid nanostructures and their catalytic properties. Nano Res, 2011, 4:1153-1162.

[26] Ren L, Qi X, Liu Y, et al. Upconversion-P25-graphene composite as an advanced sunlight driven photocatalytic hybrid material. Journal of Materials Chemistry, 2012, 22:11765-11771.

[27] Han W, Ren L, Gong L, et al. Self-assembled three-dimensional graphene-based aerogel with embedded multifarious functional nanoparticles and its excellent photoelectrochemical

activities. ACS Sustainable Chemistry & Engineering, 2013,2:741-748.

[28] Yang Y, Liu E, Dai H, et al. Photocatalytic activity of Ag-TiO_2-graphene ternary nanocomposites and application in hydrogen evolution by water splitting. International Journal of Hydrogen Energy, 2014, 39:7664-7671.

[29] Hummers W S, Offeman R E. Preparation of graphitic oxide. Journal of the American Chemical Society, 1958, 80:1339.

[30] Ren L, Qi X, Liu Y, et al. Large-scale production of ultrathin topological insulator bismuth telluride nanosheets by a hydrothermal intercalation and exfoliation route. Journal of Materials Chemistry, 2012, 22:4921-4926.

[31] Lee C, Yan H, Brus L E, et al. Anomalous lattice vibrations of single- and few-layer MoS_2. ACS Nano, 2010, 4:2695-2700.

[32] Ohsaka T, Izumi F, Fujiki Y. Raman spectrum of anatase, TiO_2. Journal of Raman Spectroscopy, 1978, 7:321-324.

[33] Ferrari A C, Basko D M. Raman spectroscopy as a versatile tool for studying the properties of graphene. Nat Nano, 2013, 8:235-246.

[34] Cong Y, Zhang J, Chen F, et al. Synthesis and characterization of nitrogen-doped TiO_2 nanophotocatalyst with high visible light activity. The Journal of Physical Chemistry C, 2007,111:6976-6982.

[35] Li F B, Li X Z. The enhancement of photodegradation efficiency using Pt-TiO_2 catalyst. Chemosphere, 2002,48:1103-1111.

第 30 章　TiO_2 第一性原理研究中的理论基础和计算方法

30.1　引　　言

正确描述材料的各种物理、化学性质，是一项复杂的工作，因为这涉及电子和原子核的相互作用问题，有时还要考虑外部场的影响。过去几十年来，密度泛函理论(DFT)作为最成功的理论工具之一，广泛应用于凝聚态物理、材料科学和量子化学等领域，用以研究凝聚态体系的各种物理、化学性质。这些体系不仅包含较为简单的块体材料，还包括诸如分子、蛋白质、表面与界面以及纳米颗粒等复杂体系。密度泛函理论的核心就是解薛定谔方程，主要思想是要借助多电子体系的电子密度及其波函数来获得这个体系内离子间相互作用的信息以及各种性质。从理论上讲，通过解薛定谔方程，可以得到材料的包括几何结构在内的几乎所有物理性质。然而，实际上问题要复杂得多。在真实情况下的材料中，相互作用的电子和原子核的数量十分庞大，数量级可能达~10^{23}，要解包含这么大数量粒子体系的薛定谔方程，几乎是不可能的。因而对实际模型进行一定的简化，就十分有必要了。DFT 的优点就是把 N 个粒子体系的 $3N$ 个自由度的函数减少到关于粒子在三维空间的密度的函数。

最初的密度泛函理论可以上溯到由 Thomas 和 Fermi 在 20 世纪 20 年代发展的 Thomas-Fermi 模型[1]。在这个模型中，他们提出了一个用以描述非同质电子气的泛函理论。通过忽略电子之间的交换关联作用，他们得到了一个关于电子气总能的泛函。他们采用电子密度而非坐标作为泛函的变量，使描述系统状态的方程大为简化，使体系的自由度由 $3N$ 减小到 1。当然，由于缺少电子之间的关联作用项，他们的模型得到的结果并不是十分准确，但是这个基于电子密度的泛函为人们解决多体问题指明了新的方向。直到 Hohenber-Kohn(HK)定理[2]提出后，DFT 才有了明显改进。Hohenber 和 Kohn 提出的这个理论的依据在于，如果给定了一个外部势场，在系统总能的表达式中存在一个普适的密度泛函足以确定电子气的基态。后来，这种思想扩展到自旋密度泛函和有限温度体系[3,4]。

HK 定理只是证明了存在这样一个密度泛函，但是没有给出这个密度泛函的具体形式。1965 年，Kohn 和 Sham 提出了自洽程序以将 DFT 理论应用于原子和固态系统的计算[5]。他们将所有的多体效应融合在交换-关联能泛函之中，然后将这个能量泛函取极值来得到关于单粒子运动的 Kohn-Sham 变分方程。在 Hartree 项的基础上，多体效应产生了一个新的交换-关联势能项 V_{xc}。

要解这个泛函，需要找到交换-关联项的具体形式。一般来说，关于交换-关联项有两种近似，分别为局域密度近似(LDA)和广义梯度近似(GGA)。交换-关联能可以通过在全空间中对交换-关联能密度得到。LDA 假定交换-关联能密度在空间中每一点与同质电子气的密度相同。而 GGA 近似采用了一种更加精确的方法，即局域密度的梯度项。后来，在这些近似的基础上又逐渐出现了一些新的扩展形式，例如，B88[6]，PW91 (Perdew and Wang)[7]，PBE (Perdew-Burke-Ernzerhof)[8]等交换-关联泛函。

自 1970 年以来，密度泛函理论在固体物理学计算中得到广泛的应用。多数情况下，与其他解决量子力学多体问题的方法相比，采用定域密度近似的密度泛函理论能给出令人非常满意的结果。相比传统的一些基于复杂的多体体系波函数的理论(如 Hartree-Fock 理论)，DFT 只需要较少的计算资源，同时固体计算结果相比实验测量来说，需要的费用更少。随着现代计算机技术的飞速发展，这种方法在材料研究领域中的作用越来越重要。尽管如此，人们普遍认为量子化学计算还不能给出足够精确的结果，直到 20 世纪 90 年代，理论中所采用的近似被重新提炼成更好的交换-关联作用模型。密度泛函理论是目前多种领域中电子结构计算的领先方法。密度泛函理论尽管得到不断改进，但到目前为止，在某些方面，如准确描述分子间作用力，以及涉及范德瓦耳斯力的计算、激发态的电子传输、一些强关联体系和半导体的能隙等方面，还存在一些困难。

30.2　玻恩-奥本海默(BO)近似

一个包含 M 个原子核和 N 个电子的体系，其薛定谔方程可以写为

$$H\psi = W\psi \tag{30-1}$$

其中，哈密顿量 H 可以写为

$$\begin{aligned} H = &\sum_{i=1}^{N} -\frac{\hbar^2}{2m_e}\nabla_{r_i}^2 + \sum_{j=1}^{M} -\frac{\hbar^2}{2M_j}\nabla_{R_j}^2 + \\ &-\sum_{i=1}^{N}\sum_{j=1}^{M}\frac{e^2 Z_j}{|r_i - R_j|} + \sum_{i<j}\frac{e^2}{r_{ij}} + \sum_{i<j}\frac{e^2 Z_i Z_j}{R_{ij}} \end{aligned} \tag{30-2}$$

这里的 W 和 ψ 分别为体系的总能量和本征态，m_e 和 M_j 为电子和原子核的质量，$-e$ 和 eZ_j 分别为电子和原子核的电量，r_i (i=1,2,⋯,N)和 R_j (j=1,2, ⋯,M)分别表示电子和原子核的坐标，$R_{ij}=|R_i-R_j|$, $r_{ij}=|r_i-r_j|$。方程(30-2)的前两项分别表示电子和原子核的动能，而后面三项分别表示电子与原子核、电子与电子、原子核与原子核的相互作用能。

理论上讲，只要能得到方程(30-2)的解，我们就可以获得体系的一切性质。然而要得到这个方程的准确解是非常困难的，需要一些近似的方法来得到体系基态的能量 W_0 和波函数 ψ_0。玻恩和奥本海默在 1927 年提出玻恩-奥本海默(BO)近似[9]，在这个近似里忽略了电子与原子核运动的庞大自由度。因为原子核的质量远大于电子的质量(二者相差 10^3~10^5 倍)，原子核的运动比电子要慢得多。在考虑电子运动时，原子核的动能就可以忽略。因此，问题就简化为，离子是固定的而且被视作 N 个电子相互作用的外部势场。因而，方程(30-2)就可以看作原子核坐标为 R_j 时的常量，这时只需要解电子的哈密顿量，离子坐标简化为一个状态参量：

$$H_{\mathrm{el}}(\{r_i\};\{R_j\})\varphi_n(\{r_i\};\{R_j\})=E_n(\{R_j\})\varphi_n(\{r_i\};\{R_j\}) \tag{30-3}$$

在这里

$$\begin{aligned}H_{\mathrm{el}}(\{r_i\};\{R_j\})=&\sum_{i=1}^{N}-\frac{\hbar^2}{2m_e}\nabla_{r_i}^2\\&-\sum_{i=1}^{N}\sum_{j=1}^{M}\frac{e^2Z_j}{|r_i-R_j|}+\sum_{i<j}^{N}\frac{e^2}{r_{ij}}+\sum_{i<j}\frac{e^2Z_iZ_j}{R_{ij}}\end{aligned} \tag{30-4}$$

其中，φ_n 为电子体系的本征态，脚标 n 表示电子的量子数。方程(30-4)与原子核的构型有关，由其可得到绝热近似的势能面 $E_n(\{R_j\})$，而其中最重要的为绝热近似的基态势能面 $E_0(\{R_j\})$。一旦电子的波函数确定，我们就可以利用玻恩-奥本海默近似得到总体系的波函数 $\psi(\{r_i\};\{R_j\})$：

$$\psi(\{r_i\},\{R_j\})=\chi(\{R_j\})\varphi_0(\{r_i\};\{R_j\}) \tag{30-5}$$

其中，φ_0 为电子体系的基态波函数，参量 χ 只是原子核坐标的函数。利用方程(30-5)，可以得到电子在原子核绝热近似势能面中某一固定构型下的波函数，沿着势能面调整原子核系统的构型，即可得到这一新构型下的体系波函数。当我们用由方程(30-5)所定义的动态波函数 ψ 来描述方程(30-2)中的全电子哈密顿量时，参量 $\chi(\{R_j\})$ 的薛定谔方程即可写为

$$\left[\sum_{j=1}^{M}-\frac{\hbar^2}{2M_j}\nabla_{R_j}^2+E_0(\{R_j\})\right]\chi(\{R_j\})=W\chi(\{R_j\}) \tag{30-6}$$

因此，原子核的运动即由绝热近似的势能面所确定，同时，我们也就得到了电子的动能和所有电子之间的相互作用。

30.3　密度泛函理论

密度泛函理论(DFT)提供了一套简化电子间相互作用的方法，这种思路由 Hohenberg 和 Kohn 于 1964 年提出[10]。在解决多电子体系的问题时，DFT 没有把基态波函数建立在电子体系的 $3N$ 个自由度上，而是认为 N 个相互作用电子这一系统的基态能量取决于处于基态的电子密度的泛函：

$$n(r) = \langle \varphi_0(\boldsymbol{r}_1,\cdots,\boldsymbol{r}_N) | \sum_{i=1}^{N} \delta(\boldsymbol{r}-\boldsymbol{r}_i) | \varphi_0(\boldsymbol{r}_1,\cdots,\boldsymbol{r}_N) \rangle \tag{30-7}$$

其中，φ_0 为电子基态的波函数。相比 φ_0 来说，作为电子密度的函数 $n(\boldsymbol{r})$ 处理起来要容易得多，因为它仅是三维空间坐标的函数。

电子的哈密顿量可以写为

$$H = T_{\mathrm{e}} + V_{\mathrm{ee}} + V_{\mathrm{ext}} \tag{30-8}$$

其中，T_{e} 为电子动能，V_{ee} 为电子的库仑作用，V_{ext} 为外部势场。在处理电子问题时，原子核的坐标是固定的，原子核之间的相互作用势可以看作一个常量，要得到体系的总能只需要将其加入到电子的总能上。Hohenberg 和 Kohn 假定，不仅基态的电子密度由外部势场 V_{ext} 唯一确定，反过来也是如此，即外部势场 V_{ext} 也由电子密度函数 $n(\boldsymbol{r})$ 所唯一确定。由于哈密顿量由外部势场和 N(即电子密度在空间上的积分)来完全表征，因此，确定了电子密度函数 $n(\boldsymbol{r})$，也就确定了电子的基态波函数 φ_0。电子体系的总能量因而就可以写作

$$E[n] = F[n] + \int v_{\mathrm{ext}}(\boldsymbol{r}) n(\boldsymbol{r}) \mathrm{d}\boldsymbol{r} \tag{30-9}$$

式中，$F[n]$为 $n(\boldsymbol{r})$ 的通用函数，这个函数与外部势场无关，其定义是

$$F[n] = \langle \varphi_0[n] | T + V_{\mathrm{ee}} | \varphi_0[n] \rangle \tag{30-10}$$

其中，$\varphi_0[n]$ 为电子对应于 $n(\boldsymbol{r})$ 的基态波函数。式(30-9)后面的一项为电子与外部势场 V_{ext} 的相互作用，其具体表达式源自方程(30-7)中对电子密度的定义。事实上，外部势场 V_{ext} 可以具体表述为

$$V_{\mathrm{ext}}(\boldsymbol{r}_1,\cdots,\boldsymbol{r}_N) = \sum_{i}^{N} \int v_{\mathrm{ext}}(\boldsymbol{r}) \delta(\boldsymbol{r}-\boldsymbol{r}_i) \mathrm{d}\boldsymbol{r} \tag{30-11}$$

$$v_{\mathrm{ext}}(\boldsymbol{r}) = -\sum_{j}^{M} \frac{e^2 Z_j}{|\boldsymbol{r} - R_j|} \tag{30-12}$$

在体系的基态密度下，$E[n]$最小，此时的$E[n]$即为体系在基态下的总能量。根据这个理论，一旦我们获得了$F[n]$以及外部势场的表达式，那么体系在基态下的能量和密度也就确定。不幸的是，$F[n]$的确切表达式是未知的，因而，一个近似的方法就有必要了。

Kohn 和 Sham 于 1965 年提出了著名的 Kohn-Sham 近似[5]，其思想就是将$F[n]$视作一个已知主要项(较大)和一个未知次要项(较小)之和，以期将这个近似尽量简单化。因而，$F[n]$即可表述为

$$F[n]=T_0[n]+E_H[n]+E_{\mathrm{xc}}[n] \tag{30-13}$$

其中，$T_0[n]$为包含着非相互作用电子的辅助体系的动能，与真实体系相比，它有着同样的电子密度。$E_H[n]$为电子与电子之间的排斥能：

$$E_H[n]=\frac{e^2}{2}\int\frac{n(\boldsymbol{r})n(\boldsymbol{r}')}{|\boldsymbol{r}-\boldsymbol{r}'|}\mathrm{d}\boldsymbol{r}\mathrm{d}\boldsymbol{r}' \tag{30-14}$$

而$E_{\mathrm{xc}}[n]$为交换-关联能，即为$F[n]$的未知部分。

包含着非相互作用电子辅助系统的密度可以表述为一个关于单粒子轨道ϕ_i的表达式：

$$n(\boldsymbol{r})=\sum_{i=1}^{N}|\phi_i(\boldsymbol{r})|^2 \tag{30-15}$$

要最小化体系的总能就要涉及ϕ_i，我们利用拉格朗日乘子对ϕ_i进行正交归一化：

$$\int\phi_i^*(\boldsymbol{r})\phi_j(\boldsymbol{r})\mathrm{d}\boldsymbol{r}=\delta_{ij} \tag{30-16}$$

我们就可以得到 Kohn-Sham 的单粒子薛定谔方程：

$$\left[-\frac{\hbar^2}{2m_{\mathrm{e}}}\nabla^2+V^{\mathrm{KS}}(\boldsymbol{r})\right]\phi_i(\boldsymbol{r})=\varepsilon_i\phi_i(\boldsymbol{r}) \tag{30-17}$$

其中，势$V^{\mathrm{KS}}(\boldsymbol{r})$可由下式给出：

$$V^{\mathrm{KS}}(\boldsymbol{r})=v_{\mathrm{ext}}(\boldsymbol{r})+V_H(\boldsymbol{r})+V_{\mathrm{xc}}(\boldsymbol{r}) \tag{30-18}$$

$$V_H[\boldsymbol{r}]=e^2\int\frac{n(\boldsymbol{r}')}{|\boldsymbol{r}-\boldsymbol{r}'|}\mathrm{d}\boldsymbol{r}' \tag{30-19}$$

$$V_{\mathrm{xc}}(\boldsymbol{r})=\frac{\delta E_{\mathrm{xc}}[n]}{\delta n(\boldsymbol{r})} \tag{30-20}$$

方程(30-17)可以利用数值迭代法来解，而V_{xc}与V_H都取决于ϕ_i的解。在这个方法里，我们先给出波函数ϕ_i和$V^{\mathrm{KS}}(\boldsymbol{r})$的初始猜测，然后在一步步迭代过程中其值得

到不断更新，直到最终自洽完全收敛。

因而，N 电子体系的总能可由 Kohn-Sham 本征值利用下面的方程得到：

$$E=\sum_{i=1}^{N}\varepsilon_i-\frac{e^2}{2}\int\frac{n(\boldsymbol{r})n(\boldsymbol{r}')}{|\boldsymbol{r}-\boldsymbol{r}'|}\mathrm{d}\boldsymbol{r}\mathrm{d}\boldsymbol{r}'-\int V_{\mathrm{xc}}(\boldsymbol{r})n(\boldsymbol{r})\mathrm{d}\boldsymbol{r}+E_{\mathrm{xc}}[n] \tag{30-21}$$

方程(3-21)即为体系总能的精确表述。其中的 $E_{\mathrm{xc}}[n]$ 为交换-关联能。这样，系统的总能就被分为四个部分：①非相互作用系统的动能；②电子之间的排斥能；③电子与外势场的相互作用能；④交换-关联能。利用这一方程，理论上可以根据基态的电子密度来得到体系的基态性质。然而，这个方程所用到的交换-关联能这一项的具体形式却是未知的。要得到体系的确切总能，我们还需要对这一项作一近似处理。在下面的部分中，我们将介绍几种常用的交换-关联能近似。

30.4　交换-关联能近似

30.4.1　局域密度近似

如上所述，只有得到了交换-关联能近似，才能使 Kohn-Sham 方程具有实际上的应用意义。在 Kohn-Sham 方程提出后，最简单的交换-关联能近似即为局域密度近似(LDA)[11]。LDA 的提出基于同质电子气模型，在这种模型里电子密度在全空间中为一常量。LDA 的思想就是，在实际的非同质体系中，将点 $\boldsymbol{r}$ 处的交换-关联能密度近似表达为具有相同的能量密度 $e_{\mathrm{xc}}^{\mathrm{hom}}[n(\boldsymbol{r})]$：

$$E_{\mathrm{xc}}^{\mathrm{LDA}}=\int n(\boldsymbol{r})e_{\mathrm{xc}}^{\mathrm{hom}}(n(\boldsymbol{r}))\mathrm{d}\boldsymbol{r} \tag{30-22}$$

将该式求导，即可得到交换-关联泛函：

$$V_{\mathrm{xc}}^{\mathrm{LDA}}=n(\boldsymbol{r})\frac{\mathrm{d}e_{\mathrm{xc}}^{\mathrm{hom}}(n(\boldsymbol{r}))}{\mathrm{d}n(\boldsymbol{r})}+e_{\mathrm{xc}}^{\mathrm{hom}}(n(\boldsymbol{r})) \tag{30-23}$$

在 LDA 的大部分应用中，体系的关联能被认为是对同质电子气参量化分析的结果[12]，这种分析方法首先由 Ceperley 和 Alder[13]基于量子蒙特卡罗模拟得到：

$$e_{\mathrm{c}}(n(\boldsymbol{r}))=-0.1423/(1+1.9529r_{\mathrm{s}}^{1}/2+0.03334r_{\mathrm{s}}),\qquad r_{\mathrm{s}}\geqslant 1 \tag{30-24}$$

以及

$$e_{\mathrm{c}}(n(\boldsymbol{r}))=-0.0480+0.0311\ln r_{\mathrm{s}}-0.0116r_{\mathrm{s}}+0.002r_{\mathrm{s}}\ln r_{\mathrm{s}},\qquad r_{\mathrm{s}}<1 \tag{30-25}$$

其中

$$r_{\mathrm{s}}=\left(\frac{3}{4\pi n(r)}\right)^{1/3} \tag{30-26}$$

称为维格纳-塞茨(Wigner-Seitz)半径[14,15]。交换能表达式可由全同电子气轨道的Slager行列式的Fock积分得到，这种表达式目前已被广泛接受：

$$E_{\mathrm{xc}}^{\mathrm{LDA}}[n(r)]=-\frac{3}{2}\left(\frac{3}{4\pi}\right)^{1/3}\int n(r)^{4/3}(r)\mathrm{d}r \tag{30-27}$$

一般情况下，采用交换-关联泛函的定域密度近似对于一些电子密度变化平缓体系的结构性质能给出较好的结果，在描述离子键、共价键和金属键的时候也非常成功。然而，LDA通常高估了体系的结合能，特别是在一些成键相对较弱的体系中尤为明显。由于存在这些不足，后来在LDA的基础上又提出了另一种交换-关联泛函的近似——广义梯度近似(GGA)。

30.4.2　广义梯度近似

在GGA里，交换关联能E_{xc}不仅考虑了电子气的密度，还考虑了电子气密度的梯度：

$$E_{\mathrm{xc}}^{\mathrm{GGA}}=\int n(\boldsymbol{r})e_{\mathrm{xc}}(n(\boldsymbol{r});\nabla n(\boldsymbol{r}))\mathrm{d}\boldsymbol{r} \tag{30-28}$$

因此，GGA理论相比于LDA来说，有了明显的改进[16]。GGA更适合处理非同质体系，在计算固体的键长、晶格常数等结构参量以及结合能方面，GGA能给出更好的结果。目前采用的广义梯度近似方法中比较常见的交换-关联泛函有PBE泛函[8,17]、Becke-Lee-Yang-Parr (BLYP)泛函[18,19]以及PW91泛函[16]等。其中，PBE泛函最为常用也是应有最为成功的泛函。PBE的能量相关项为

$$E_{\mathrm{c}}^{\mathrm{PBE}}=\int n(\boldsymbol{r})[e_{\mathrm{c}}^{\mathrm{hom}}(\boldsymbol{r}_{\mathrm{s}})+G(\boldsymbol{r}_{\mathrm{s}},t)]\mathrm{d}\boldsymbol{r} \tag{30-29}$$

其中，$t=|\nabla n(\boldsymbol{r})|/2k_{\mathrm{s}}n(\boldsymbol{r})$是对$k_{\mathrm{s}}=\sqrt{4k_{\mathrm{F}}/\pi}$的密度梯度，无量纲，$k_{\mathrm{F}}=(3\pi^2n(\boldsymbol{r}))^{1/3}$为托马斯-费米(Thomas-Fermi)屏蔽波数。考虑梯度G的贡献，其表达式为

$$G=\gamma\ln\left\{1+\frac{\beta}{\gamma}t^2\left[\frac{1+At^2}{1+At^2+A^2t^4}\right]\right\} \tag{30-30}$$

其中

$$A=\frac{\beta}{\gamma}[\exp(-e_{\mathrm{c}}^{\mathrm{hom}}/\gamma)-1]^{-1},\quad \beta\approx0.066725,\quad \gamma\approx0.031091$$

梯度修正的关联能可以表述为

$$E_{\mathrm{x}}^{\mathrm{PBE}}=\int n(\boldsymbol{r})e_{\mathrm{x}}^{\mathrm{hom}}(n(\boldsymbol{r}))F_{\mathrm{x}}(s)\mathrm{d}\boldsymbol{r} \tag{30-31}$$

式中，$F_{\mathrm{x}}(s)=1+\kappa-\dfrac{\kappa}{1+\mu s^2/\kappa}$，其中$\kappa=0.804$，$\mu=0.219$。增强因子$F_{\mathrm{x}}$为

$s=|\nabla n(\boldsymbol{r})|/2k_{\mathrm{F}}n(\boldsymbol{r})$ 的函数，也是一个无量纲的对密度的梯度。PBE 泛函作为最成功的泛函之一，对于原子之间的化学成键的描述有了明显改进，对体系的结合能也能给出较理想的结果。但也存在不足，例如，对于晶格常数的计算，相比实验值来说有偏大的趋势。更为准确的交换-关联泛函为杂化泛函。

30.4.3　杂化泛函

杂化泛函也是轨道的泛函，其交换-关联势由一部分非局域的 Fock 交换势与一部分半局域化的势共同组成[20]。在实际应用中，有多种杂化泛函形式可以采用。对固体材料，最常用的杂化泛函有 PBE0 泛函和 HSE 泛函[21]。PBE0 普遍采用的形式被称为 PBE$h(\alpha)$，即 PBE 交换势的一部分被非局域化的 Fock 交换势所取代：

$$E_{\mathrm{x}}^{\mathrm{PBEh}}(\alpha)=\alpha E_{\mathrm{x}}^{\mathrm{exact}}+(1-\alpha)E_{\mathrm{x}}^{\mathrm{PBE}} \tag{30-32}$$

当 α=0.25 时，即得到 PBE0 泛函。

HSE 泛函的交换-关联能可以写为

$$E_{\mathrm{x}}^{\mathrm{HSE}}(\alpha,\omega)=\alpha E_{\mathrm{x}}^{\mathrm{exact,SR}}(\omega)+(1-\alpha)E_{\mathrm{x}}^{\mathrm{PBE,SR}}(\omega)+E_{\mathrm{x}}^{\mathrm{PBE,LR}}(\omega) \tag{30-33}$$

其中，α=0.25，ω=0.106bohr^{-1}[22,23]。$E_{\mathrm{x}}^{\mathrm{HSE}}$ 可以视为 $E_{\mathrm{x}}^{\mathrm{PBE0}}$ 的一般形式。当将其中取 α=0.25，ω=0 时，它就转变为 $E_{\mathrm{x}}^{\mathrm{PBE0}}$ 了。当 ω 取到极限形式 $\omega\to\infty$ 时，方程(30-33)即变为 $E_{\mathrm{x}}^{\mathrm{PBE}}$。而当 $\alpha\to 0$ 时，方程(30-32)与方程(30-33)就都变为 $E_{\mathrm{x}}^{\mathrm{PBE}}$ 了。

非局域的 Fock 交换能 E_{x} 在实空间里的形式为

$$E_{\mathrm{x}}=-\frac{e^2}{2}\sum_{kn,qm} w_{\boldsymbol{k}} f_{kn} w_{\boldsymbol{q}} f_{qm}\iint \mathrm{d}^3\boldsymbol{r}\mathrm{d}^3\boldsymbol{r}'\frac{\varphi_{kn}^{*}(\boldsymbol{r})\varphi_{qm}(\boldsymbol{r})\varphi_{qm}^{*}(\boldsymbol{r}')\varphi_{kn}(\boldsymbol{r}')}{|\boldsymbol{r}-\boldsymbol{r}'|} \tag{30-34}$$

其中，$\{\varphi_{kn}(\boldsymbol{r})\}$ 为单电子布洛赫态。上式表示为在布里渊区对所有的 $\boldsymbol{k}$ 点取样，然后在所有的 $\boldsymbol{k}$ 点和 $\boldsymbol{q}$ 点对能量求和，以及在同一 $\boldsymbol{k}$ 点处在不同的 m、n 的基础上求和。$w_{\boldsymbol{k}}$ 表示 $\boldsymbol{k}$ 点的权重。

相应地，Fock 交换势可以表述为

$$\begin{aligned}V_{\mathrm{x}}(\boldsymbol{r},\boldsymbol{r}')&=-e^2\sum_{qm} w_{\boldsymbol{q}} f_{qm}\frac{\varphi_{qm}^{*}(\boldsymbol{r}')\varphi_{qm}(\boldsymbol{r})}{|\boldsymbol{r}-\boldsymbol{r}'|}\mathrm{e}^{\mathrm{i}\boldsymbol{q}\boldsymbol{r}}\\&=-e^2\sum_{qm} w_{\boldsymbol{q}} f_{qm}\mathrm{e}^{-\mathrm{i}\boldsymbol{q}\boldsymbol{r}'}\frac{u_{qm}^{*}(\boldsymbol{r}')u_{qm}(\boldsymbol{r})}{|\boldsymbol{r}-\boldsymbol{r}'|}\mathrm{e}^{\mathrm{i}\boldsymbol{q}\boldsymbol{r}}\end{aligned} \tag{30-35}$$

其中，$u_{qm}(\boldsymbol{r})$ 为布洛赫态的周期性部分，$\varphi_{qm}(\boldsymbol{r})$ 表示在带指数为 m 且在 $\boldsymbol{k}$ 点 $\boldsymbol{q}$ 处的布洛赫波。

与 LDA 和 GGA 泛函相比，杂化泛函能够对体系的多种性质有更好的描述，如离子势、亲电性以及晶格常数等。但人们喜欢用这种泛函的原因最主要还是在于它能够更准确地预测半导体的带隙。然而，杂化泛函需要的计算资源往往比 LDA 和 GGA 方法多得多，这也成为限制其应用的一面。

30.4.4　LDA+U 方法

在描述过渡金属半导体时，常规的 LDA 或 GGA 方法对体系的带隙预测总是偏低的，这是因为 LDA 或 GGA 常常忽略电子之间的相互作用。对大多数含有 s 电子或 p 电子的体系而言，这些电子的相互作用较弱，这种忽略引起的误差并不大。但对于含有未填满的 d 或 f 轨道的体系而言，这些电子之间的相互作用较强，因而这种忽略造成的结果就与实验值有较大的误差。在这种情况下，就必须对 d 或 f 电子的描述进行校正。基于这种思想，Anisimov 等[24-26]提出了 LDA+U 总能泛函：

$$E_{\mathrm{LDA+U}}=E_{\mathrm{LDA}}+E_{\mathrm{U}}-E_{\mathrm{dc}}=E_{\mathrm{LDA}}+\frac{1}{2}U\sum_{i\neq j}n_in_j-U\frac{N_{\mathrm{d}}(N_{\mathrm{d}}-1)}{2} \tag{30-36}$$

其中，n_i 为 d 轨道的占据数，第二项 E_U 描述 d-d 电子的相互作用，最后一项 E_{dc} 为重复计算修正项。

考虑一个依赖于轨道的交换-关联势 $E_{\mathrm{LDA+U}}$：

$$v_{\mathrm{LDA+U}}(\boldsymbol{r})=\sum_i v_i(\boldsymbol{r})\,|\,i\rangle\langle i\,| \tag{30-37}$$

其中，i 遍及所有可能的主量子数 n 和角量子数 l 以及原子位置。$v_i(\boldsymbol{r})$ 为体系总能对局域电子密度 $\rho_i(\boldsymbol{r})$ 的导数。例如，对 s 和 p 电子，即 i=s、p，势 $v_i(\boldsymbol{r})$ 可写为

$$v_i(\boldsymbol{r})=\frac{\mathrm{d}E_{\mathrm{LDA+U}}}{\mathrm{d}\rho_i}=\frac{\mathrm{d}E_{\mathrm{LDA}}}{\mathrm{d}\rho_i}=v_{\mathrm{LDA}}(\boldsymbol{r}) \tag{30-38}$$

其本征值 $\varepsilon_i=\varepsilon_i^{\mathrm{LDA}}$ 即与 LDA 方法的结果一致。然而，当体系中存在 d 电子，即 i=d 时，势 $v_i(\boldsymbol{r})$ 为

$$v_i(\boldsymbol{r})=v_{\mathrm{LDA}}(\boldsymbol{r})+U\left(\frac{1}{2}-n_i\right) \tag{30-39}$$

其本征值为

$$\varepsilon_i=\varepsilon_{i,\mathrm{LDA}}+U\left(\frac{1}{2}-n_i\right) \tag{30-40}$$

由此可以看出，当 d 轨道被占据(n_i=1)时，LDA+U 得到的能量与 LDA 得到的相比偏离了$-U/2$。而当 d 轨道未被占据时，能量将会偏离$+U/2$。因此，满带与空带相差一个能量间隙 $\Delta=U$。LDA+U 倾向于将电子局域在占据数大于 1/2 的 d 轨道上。

LDA+U 方法较好地解决了含有 d 电子和强关联体系的带隙问题，并未增加多少计算资源消耗，因而在处理 d 电子和强关联体系时是对杂化泛函一个较好的补充。此外，这种方法在重复计算修正项的处理上，仍然有提升与改进的空间[27]。

30.5　赝势平面波方法

在上面进行密度泛函理论概述的过程中我们发现确定式(30-17) Kohn-Sham 方程中的本征值和本征态十分重要。在晶体材料中，势能项 $V^{\mathrm{KS}}(\boldsymbol{r})$ 是布拉维晶格的周期性函数：

$$V^{\mathrm{KS}}(\boldsymbol{r}+\boldsymbol{R})=V^{\mathrm{KS}}(\boldsymbol{r}) \tag{30-41}$$

其中，$\boldsymbol{R}$ 为布拉维格的位置矢量。根据布洛赫定理，这种势函数哈密顿量的解可以写作

$$\phi_i(\boldsymbol{r})\equiv\phi_{n\boldsymbol{k}}(\boldsymbol{r})=\mathrm{e}^{\mathrm{i}\boldsymbol{k}\cdot\boldsymbol{r}}u_{n\boldsymbol{k}}(\boldsymbol{r}) \tag{30-42}$$

式中，$u_{n\boldsymbol{k}}(\boldsymbol{r})$ 为同一布拉维格的周期性函数，n 为电子的能带指数，$\boldsymbol{k}$ 为第一布里渊区的基矢。

将式(30-42)代入方程(30-17)中，我们可以得到如下方程：

$$\left[\frac{\hbar^2}{2m_{\mathrm{e}}}(-\mathrm{i}\nabla+\boldsymbol{k})^2+V^{\mathrm{KS}}(\boldsymbol{r})\right]u_{n\boldsymbol{k}}(\boldsymbol{r})=\varepsilon_{n\boldsymbol{k}}u_{n\boldsymbol{k}}(\boldsymbol{r}) \tag{30-43}$$

要解这个方程，我们需要将周期性平面波 $u_{n\boldsymbol{k}}(\boldsymbol{r})$ 展开：

$$u_{n\boldsymbol{k}}(\boldsymbol{r})=\frac{1}{\sqrt{\Omega}}\sum_{\boldsymbol{G}}\mathrm{e}^{\mathrm{i}\boldsymbol{G}\cdot\boldsymbol{r}}c_{n\boldsymbol{k}}(\boldsymbol{G}) \tag{30-44}$$

其中，$\boldsymbol{G}$ 为倒空间的位置矢量，Ω 为原胞的体积。将式(30-44)代入方程(30-43)中，我们可得

$$\sum_{\boldsymbol{G}'}\left[\frac{\hbar^2}{2m_{\mathrm{e}}}|\boldsymbol{k}+\boldsymbol{G}|^2\delta_{\boldsymbol{G},\boldsymbol{G}'}+V^{\mathrm{KS}}(\boldsymbol{G}-\boldsymbol{G}')\right]c_{n\boldsymbol{k}}(\boldsymbol{G}')=\varepsilon_{n\boldsymbol{k}}c_{n\boldsymbol{k}}(\boldsymbol{G}) \tag{30-45}$$

要精确解方程(30-45)，理论上需要先对这无限个 $\boldsymbol{G}$ 矢量求和。在实际情况中，我们只取了由截断参量 E_{cut} 所决定的一组有限个 $\boldsymbol{G}$ 矢量。截断参量 E_{cut} 通常定义为

$$\frac{\hbar^2}{2m}|\boldsymbol{k}+\boldsymbol{G}|^2\leqslant E_{\mathrm{cut}} \tag{30-46}$$

其含义为平面波的动能最大值。通过提高 E_{cut} 的值我们就能提高单电子波函数的展

开精度，体系总能的精度也就相应提高，但相应地对计算资源的要求也会增加。

基态的电子气密度 $n(\boldsymbol{r})$ 可以通过在整个第一布里渊区积分，以及对所有的占据态求和获得：

$$n(\boldsymbol{r})=\sum_{\boldsymbol{k}}\sum_{n}w_{\boldsymbol{k}}\theta(\varepsilon_{\mathrm{F}}-\varepsilon_{n\boldsymbol{k}})|u_{n\boldsymbol{k}}(\boldsymbol{r})|^2 \tag{30-47}$$

其中，ε_{F} 为费米能量，$w_{\boldsymbol{k}}$ 为 $\boldsymbol{k}$ 点在第一布里渊区的权重。电荷密度也可展开为平面波的形式：

$$n(\boldsymbol{r})=\frac{1}{\Omega}\sum_{\boldsymbol{G}}\mathrm{e}^{\mathrm{i}\boldsymbol{G}\cdot\boldsymbol{r}}\tilde{n}(\boldsymbol{G}) \tag{30-48}$$

上式中的 $\boldsymbol{G}$ 矢量可以由另一个截断参量 E_{cutrho} 来确定：

$$\frac{\hbar^2}{2m}|\boldsymbol{G}|^2\leqslant E_{\mathrm{cutrho}} \tag{30-49}$$

将式(30-44)代入方程(30-47)中，我们可以发现方程(30-48)所定义的 $\boldsymbol{G}$ 矢量的模刚好为方程(30-44)中的 $\boldsymbol{G}$ 模的 2 倍。因而要得到电子气密度的准确解，参量 E_{cutrho} 与参量 E_{cut} 的对应关系为 $E_{\mathrm{cutrho}}=4E_{\mathrm{cut}}$。两个截断参量越高，计算的时间就越长，所需要的内存也越多。

在实际计算中，往往需要对计算精度要求与计算时间、内存消耗等因素折中考虑。由于芯电子一般具有高度定域化的特征，价电子的波函数由于与芯电子正交而在核心区域会产生剧烈振荡，因而描述电子波函数 $\boldsymbol{G}$ 矢量的数目会十分大。对这种问题的一个解决方案就是赝势方法。赝势方法的基本思想就是忽略核心电子的作用。核心电子的结合能比化学键的结合能要高得多，而且它们对我们所要关心的体系化学性质并没有直接的影响。因而，在赝势方法里，核心电子与原子核被当作一个整体来处理，体系视为由离子(原子核+核心电子)与价电子构成。在 Kohn-Sham 方程中，势 $V^{\mathrm{KS}}(\boldsymbol{r})$ 由下式替代：

$$V^{\mathrm{PS}}(\boldsymbol{r},\boldsymbol{r}')=V^{\mathrm{eff}}(\boldsymbol{r})\delta(\boldsymbol{r}-\boldsymbol{r}')+V_{nl}(\boldsymbol{r},\boldsymbol{r}') \tag{30-50}$$

其中，$V^{\mathrm{eff}}(\boldsymbol{r})$ 为赝势的长程定域部分，它只考虑了电子与原子核的相互作用以及价电子之间的交换-关联作用；而第二项中的 $V_{nl}(\boldsymbol{r},\boldsymbol{r}')$ 为赝势的短程非定域部分，它定义为如下形式：

$$V_{nl}(\boldsymbol{r},\boldsymbol{r}')=\sum_{l=0}^{l_{\max}}V_{nl,l}(\boldsymbol{r},\boldsymbol{r}')P_l(\hat{\boldsymbol{r}},\hat{\boldsymbol{r}}') \tag{30-51}$$

式中，$V_{nl,l}(\boldsymbol{r},\boldsymbol{r}')$ 由角动量 l 决定，$P_l(\hat{\boldsymbol{r}},\hat{\boldsymbol{r}}')$ 为角动量的投影算符。$V_{nl,l}(\boldsymbol{r},\boldsymbol{r}')$ 考虑了价

电子与芯电子的相互作用(即静电作用与交换-关联作用，以及价电子波函数与芯电子波函数间的正交化)。

$V_{nl,l}(\boldsymbol{r},\boldsymbol{r}')$这一项用于对整个体系的每一个原子作全电子计算。特别地，对每个原子来说，其核半径被假定为r_c，当$r \geqslant r_c$时，全电子波函数与赝波函数要求具有一致的形式，且本征值相同；而当$r \leqslant r_c$时，赝波函数及其一阶导数是平滑且连续的，且在r_c处与$r \geqslant r_c$的赝波函数平滑相接。由赝波函数计算得到的核心区的总电荷必须与全电子波函数算得的总电荷相等，以此来保证赝波函数的正交归一性。具有这种特性的赝势，被称为模守恒赝势(NCPP)[28-31]。

一般说来，赝波函数的模守恒特性导致赝势比较“硬”，这种赝势在处理原子核周围较高定域性的价电子时往往需要较高的截断E_{cut}。这种情况一般发生在一些 d 电子定域化为芯电子，而这些 d 电子的能量又与价电子的能量相差不大的元素上(如过渡金属元素)，因而这些 d 电子实际上不能仅被当作芯电子。在这种情况下，模守恒赝势就需要较大数量的平面波来保证足够的精度用以描述体系性质，因而对计算资源的消耗也往往比较大。1990 年，Vanderbilt 提出了比 NCPP 更加通用的赝势表示形式，即超软赝势(USPP)[32,33]。在超软赝势里，只有较少数目的平面波被用来表达赝势波函数，其唯一的要求即赝波函数在$r \geqslant r_c$的区域能给出与全电子波函数相同的结果，而且这里的r_c比 NCPP 所用的r_c更大，这进一步降低了对计算资源的要求。超软赝势中的赝波函数与电子波函数相比有着不同的归一化要求，在芯区所得到的电荷密度也不同。因此，需要在芯区引入一个适当的定域项。由于存在额外电子，需要对超软赝势中展开成电荷密度的平面波基组进行额外的测试，因而，截断参量E_{cutrho}一般大于 4 倍的E_{cut}(在实际计算中我们往往取 8~10 倍)。另外，赝势的品质主要由其可移植性来决定，这种移植性赋予其在一定的电子构型和能量范围给出与全电子计算一致结果的能力。超软赝势通过放宽赝势的模守恒要求，使赝波函数变得更加平滑，结果超软赝势降低了对计算资源的要求，大大提高了计算速度，因而变得更加具有普适性和通用性。超软赝势在较低的计算资源消耗率的基础上还能给出相当好的计算结果，目前被各种 DFT 软件包(如本章所用的 QUANTUM ESPRESSO 程序包)所广泛采用。

30.6　QUANTUM ESPRESSO 程序包简介

QUANTUM ESPRESSO 计算软件包[34]是意大利理论物理研究中心开发的用于电子结构计算和材料性质模拟的一整套软件的总称，主要基于密度泛函理论、平面波基组和赝势方法，并采用一系列方法、算法，从纳米尺度来模拟真实材料中电子-离子的相互作用。这套软件目前是完全免费且开源的，其开发遵守 GNU 自由软件的协议。

这套软件的构建基于周期性边界条件，可以用来处理无穷大的晶体材料，也适用于一些扩展的非周期性系统，如液体或非晶材料；另外，也可以通过构建超胞方法来模拟一些有限系统的性质，如分子和团簇。因而，QUANTUM ESPRESSO 可以被直接用于一些诸如金属、半导体和绝缘体等晶体材料的结构、性质模拟。对于原子的描述，可以选用模守恒赝势法(NCPP)、超软赝势法(USPP)或投影缀加平面波方法(PAW)。基于局域密度近似或广义梯度近似框架内的交换-关联泛函等常规泛函，以及一些高级泛函，例如，Hubbard U 修正、meta-GGA 和杂化泛函等，都可以在计算中根据需要而自由选用。

该套软件可以处理的一些基本计算内容与模拟对象分别如下：

(1) 计算周期性系统和一些非周期系统(分子、团簇)的 Kohn-Sham (KS)轨道及其能量以及系统的基态总能；

(2) 利用 Hellmann-Feynman 力与张量来对微观(原子坐标)与宏观(晶体超胞)系统进行结构优化；

(3) 计算磁性或自旋极化体系的基态能量，如自旋-轨道耦合体系与非线性磁性体系等；

(4) 从头分子动力学模拟，包括玻恩-奥本海默(BO)面的 Car-Parrinello 拉格朗日动力学或 Hellmann-Feynman 动力学，以及一套包括 NPT 可变晶胞动力学在内的热动力学方法；

(5) 利用密度泛函微扰论(DFPT)来计算总能在任意波长下的二阶、三阶导数，计算声子扩散、电子-声子和声子-声子相互作用，以及静态响应函数(电介质张量、玻恩有效电荷、红外吸收谱和 Raman 张量等)；

(6) 利用 NEB (nudged elastic band)方法搜索反应路径中的鞍点与过渡态，以及反应路径的优化；

(7) 利用 Landauer-Büttiker 理论及散射方法计算弹道导电性；

(8) 生成高度定域化的 Wannier 函数；

(9) 计算核磁共振与电子顺磁共振参数；

(10) 计算 X 射线的 K-边吸收谱。

另外，该软件的最新版本还包含含时密度泛函理论与多体微扰论的应用。一些数据处理与图像分析功能也附带在软件包中，例如，扫描隧道显微镜(STM)图像的模拟；电子局域化函数(ELF)；计算 Löwdin 电荷；赝势的生成；电子的态密度(DOS)以及两个辅助性的图形界面模块用于输入参数的设定。

第一性原理模块(PWscf)和分子动力学模块(CPMD)为该软件包的两大主要模

块。后面章节的计算主要应用了 PWscf 模块，例如，结构优化、电荷分布、态密度、Gamma 点的振动频率以及 neb 等计算。

参 考 文 献

[1] Fermi E. Un metodo statistico per la determinazione di alcune priorieta dell'atome. Rend. Accad. Naz. Lincei, 1927, 6: 32.

[2] Hohenberg P, Kohn W. Inhomogeneous electron gas. *Physical Review*, 1964, 136: B864.

[3] von Barth U, Hedin L. A local exchange-correlation potential for the spin polarized case. i. *Journal of Physics C: Solid State Physics*, 1972, 5: 1629.

[4] Mermin N D. Thermal properties of the inhomogeneous electron gas. *Physical Review*, 1965, 137: A1441.

[5] Kohn W, Sham L J. Self-consistent equations including exchange and correlation effects. *Physical Review*, 1965, 140: A1133-A1138.

[6] Becke A D. Density-functional exchange-energy approximation with correct asymptotic behavior. *Physical Review A*, 1988, 38: 3098.

[7] Perdew J P, Wang Y. Accurate and simple analytic representation of the electron-gas correlation energy. *Physical Review B*, 1992, 45: 13244-13249.

[8] Perdew J P, Burke K, Ernzerhof M. Generalized gradient approximation made simple. *Physical Review Letters*, 1996, 77: 3865-3868.

[9] Born M, Huang K, Born M, et al. Dynamical Theory of Crystal Lattices. Oxford: Clarendon Press, 1954.

[10] Hohenberg P, Kohn W. Inhomogeneous electron gas. Physical Review, 1964, 136: B864-B871.

[11] Kohn W, Sham L J. Self-consistent equations including exchange and correlation effects. APS, 1965.

[12] Perdew J P, Zunger A. Self-interaction correction to density-functional approximations for many-electron systems. *Physical Review B*, 1981, 23: 5048-5079.

[13] Ceperley D M, Alder B J. Ground state of the electron gas by a stochastic method. *Physical Review Letters*, 1980, 45: 566-569.

[14] Wigner E, Seitz F. On the constitution of metallic sodium. *Physical Review*, 1933, 43: 804-810.

[15] Wigner E, Seitz F. On the constitution of metallic sodium. Ⅱ. *Physical Review*, 1934, 46: 509-524.

[16] Perdew J P, Chevary J A, Vosko S H, et al. Atoms, molecules, solids, and surfaces: Applications of the generalized gradient approximation for exchange and correlation. *Physical Review B*, 1992, 46: 6671-6687.

[17] Perdew J P, Burke K, Ernzerhof M. Generalized gradient approximation made simple [Phys. Rev. Lett. 77, 3865 (1996)]. *Physical Review Letters*, 1997, 78: 1396-1396.

[18] Becke A D. Density-functional exchange-energy approximation with correct asymptotic behavior. *Physical Review A*, 1988, 38: 3098-3100.

[19] Lee C, Yang W, Parr R G. Development of the Colle-Salvetti correlation-energy formula into a functional of the electron density. *Physical Review B*, 1988, 37: 785-789.

[20] Becke A D. A new mixing of Hartree–Fock and local density-functional theories. *The Journal of*

Chemical Physics, 1993, 98: 1372.

[21] Komsa H P, Broqvist P, Pasquarello A. Alignment of defect levels and band edges through hybrid functionals: Effect of screening in the exchange term. *Physical Review B*, 2010, 81: 205118.

[22] Heyd J, Scuseria G E, Ernzerhof M. Hybrid functionals based on a screened Coulomb potential. *The Journal of Chemical Physics*, 2003, 118: 8207-8215.

[23] Heyd J, Scuseria G E, Ernzerhof M. Erratum: "Hybrid functionals based on a screened Coulomb potential" [J. Chem. Phys. [bold 118], 8207 (2003)]. *The Journal of Chemical Physics*, 2006, 124: 219906-219901.

[24] Anisimov V I, Solovyev I V, Korotin M A, et al. Density-functional theory and NiO photoemission spectra. *Physical Review B*, 1993, 48: 16929-16934.

[25] Anisimov V I, Zaanen J, Andersen O K. Band theory and mott insulators: Hubbard U instead of stoner I. *Physical Review B*, 1991, 44: 943-954.

[26] Liechtenstein A I, Anisimov V I, Zaanen J. Density-functional theory and strong interactions: Orbital ordering in Mott-Hubbard insulators. *Physical Review B*, 1995, 52: R5467-R5470.

[27] Seo D K. Self-interaction correction in the LDA+U method. *Physical Review B*, 2007, 76: 033102.

[28] Hamann D R, Schlüter M, Chiang C. Norm-conserving pseudopotentials. *Physical Review Letters*, 1979, 43: 1494-1497.

[29] Bachelet G B, Hamann D R, Schlüter M. Pseudopotentials that work: From H to Pu. *Physical Review B*, 1982, 26: 4199-4228.

[30] Kleinman L, Bylander D M. Efficacious form for model pseudopotentials. *Physical Review Letters*, 1982, 48: 1425-1428.

[31] Troullier N, Martins J L. Efficient pseudopotentials for plane-wave calculations. *Physical Review B*, 1991, 43: 1993-2006.

[32] Vanderbilt D. Soft self-consistent pseudopotentials in a generalized eigenvalue formalism. *Physical Review B*, 1990, 41: 7892-7895.

[33] Laasonen K, Pasquarello A, Car R, et al. Car-Parrinello molecular dynamics with Vanderbilt ultrasoft pseudopotentials. *Physical Review B*, 1993, 47: 10142-10153.

[34] Giannozzi P, Baroni S, Bonini N, et al. QUANTUM ESPRESSO: A modular and open-source software project for quantum simulations of materials. *Journal of Physics: Condensed Matter*, 2009, 21: 395502.

第 31 章　甲醛(HCHO)在 TiO_2 表面吸附的第一性原理研究

31.1　引　　言

甲醛(HCHO)是一种无色、有强烈刺激性气味的有毒气体，是现代居家环境里的主要空气污染物。这种气体能使人体产生多种不适，例如，恶心，流泪，眼睛、喉部的灼伤，甚至呼吸困难，严重的能引发哮喘与心脏病[1-4]。在室内，这种气体常常由一些建筑材料和漆器家具所发出[1-4]。因此，开发对这种气体足够敏感且廉价用于室内或工作环境中的传感器，以及吸收甲醛的材料无疑将是非常有意义的。

金属氧化物半导体材料因为敏感度高、价格低廉，常常用于有害气体监测领域[3,5-10]。多种半导体材料被证明都可以应用于甲醛的监测，例如，SnO_2 薄膜，WO_3，NiO 薄膜，CdO/In_2O_3 复合体，以及掺杂的 ZnO 薄膜等。这些材料对于 ppm 浓度或亚 ppm 浓度下的甲醛气体都有较好的探测能力，但它们都有一个共同的缺点，即工作温度相比于室内环境来说高得多，大都在 200~400℃。这种传感器通常需要整合一个加热器才能正常工作，在一定程度上限制了其推广与应用。近年来，TiO_2 基半导体光催化材料，在甲醛气体监测应用上被发现有着较高的敏感度，较快的响应速度，良好的稳定性，低廉的价格，以及较低的工作温度，因而更适合用于有害气体监测的应用上。Yang 等[11]发现 TiO_2/UV 在室温环境下能够有效降解甲醛分子，从而证明 TiO_2 基光催化材料在室温下处理这类有害气体在技术上的可行性及经济上的应用前景。Li 等[12]发现用 Y_2O_3 复合的 TiO_2 作为探测材料制成的传感器有着良好的稳定性，较高的敏感度，以及较快的响应速率，因而很适合用来持续监测空气中的甲醛污染情况。Chen 等[13]在利用紫外光活化的多孔 TiO_2 与 ZnO 薄膜传感器来探测甲醛气体的研究中发现，与用 ZnO 来探测甲醛气体相比，TiO_2 展现出更优异的性能。另外，很有应用前景的 TiO_2 纳米管也被发现能在室温中监测甲醛气体[14]。这些研究证明，利用 TiO_2 基催化剂在室温条件下探测居住环境中的甲醛气体是十分有应用前景的。

在 TiO_2 催化剂材料中，锐钛矿晶粒的主要暴露面为(101)面，而金红石型晶粒的主要暴露面为(110)面。但这些面比较稳定，活性较低。虽然一般情况下锐钛矿(001)面所占的比例较小，但由于活性高，在与表面分子相互作用时往往起主要作用。主要暴露面和高活性面在催化反应中都有重要的作用，一直以来都得到较多的研究[15-29]。虽然有不少的关于甲醛与 TiO_2 表面的实验研究，但关于甲醛与 TiO_2 的理论研究并不多，因此，从理论特别是第一性原理的角度来研究甲醛与 TiO_2 的相互作用，将是对实验研究的一个重要而有益的补充。在本章中，我们将主要讨论甲醛分子在锐钛矿(101)面、金红石(110)面及锐钛矿(001)面(包含 1×4 重构面)上的稳定吸附构型、电子结构、振动频率等，并与相关的实验数据对比。掌握这些面与甲醛分子相互作用的信息，将有助于我们对 TiO_2 基催化剂与甲醛的相互作用机制有一个更加全面的认识，为设计更好的 TiO_2 基甲醛气体探测材料提供参考。

31.2　计算方法与结构模型

计算软件为开源软件包 QUANTUM ESPRESSO 中的 PWscf 模块，采用基于广义梯度近似(GGA)中 PBE 交换-关联泛函的超软赝势方法。在平面波基组的截断中，电子波函数的光滑部分截断设为 30 Ry，缀加电荷密度截断设为 350 Ry。用以描述超软赝势中价电子波函数的电子构型为：Ti，$3d^24s^2$；O，$2s^22p^4$；C，$2s^22p^2$；H，$1s^1$。自洽计算的收敛阈值为 1.0×10^{-8} Ha，电子自洽场的总能收敛阈值为 1.0×10^{-5} Ha。在优化体结构超胞和表面超胞时，稳定体系内各原子之间的残余应力被设为低于 1.0×10^{-3} Ha/Å 时，优化即完成。在计算体结构的超胞时，金红石的 k 点 Monkhorst-Pack (MP)网格为(4×4×6)，锐钛矿的 k 点 MP 网格为(4×4×2)。利用这一系列的参数设置，算得体结构金红石超胞的晶格常数为 a=4.629 Å 及 c=2.959 Å，锐钛矿超胞的晶格常数为 a=3.795 Å 及 c=9.595 Å。这些结果都与实验值及理论值吻合得很好[30-34]。

在构建表面结构中，所有表面都采用周期性的片层超胞来模拟表面结构。为了使 z 方向片层之间不至于互相影响，片层与片层之间的真空间隔为 15 Å。为模拟金红石(110)面，我们构建了一个包含四层 O—Ti—O 重复单元的片层超胞，如图 31-1 所示。在金红石(110)面上，最外层暴露的原子由 2 配位与 3 配位的 O 原子，以及 5 配位的 Ti 原子组成。表面内部即体结构内的 O 原子与 Ti 原子分别为 3 配位与 6 配位。为了寻找一个合适的超胞大小以消除表面上吸附的甲醛分子之间的侧向排斥力，我们构建了一系列从(1×1)(即满覆盖率)到(2×3)(即 1/6 覆盖率)大小不等的超胞，并计算了甲醛在这些超胞上的吸附能。结果表明，(3×1)超胞(即表面 a 方向上最小单元的重复数为 3，而 b 方向上最小单元的重复数为 1，已经足够大来避免超胞上所吸附甲醛分子侧向排斥力的影响。因此，我们采用有着四层 O—Ti—O 重复单元的(3×1)超胞来模拟金红石(110)表面，该超胞的面积为 8.88 Å×6.55 Å。在以前的报道中，厚度为四层 O—Ti—O 重复单元的金红石片层超胞已经足够用于模拟金红石的表面性质[35-37]。另外，含有偶数层 O—Ti—O 重复单元的片层被认为比奇数层更接近于真实表面的性质[36,37]。除了最底下那一层 O—Ti—O 原子按优化好的体结构坐标固定外，所有其他原子都经过充分弛豫。k 点按照 Monkhorst-Pack 网格在布里渊区中撒点，分别从(1×2×1)到(3×4×1)网格计算金红石(110)的清洁表面以及吸附分子后表面的总能。结果表明，利用(2×3×1)和(3×4×1)网格算得的吸附能的差别不足 0.01 eV，证明(2×3×1)的 k 点网格已经足够精确，因此在所有的涉及金红石(110)面计算中均采用这一网格。金红石(110)面的表面能算得为 0.53 J/m^2，这一结果与报道中用 GGA 方法得到的 0.48~0.73 J/m^2 这一范围相吻合[29,34]。

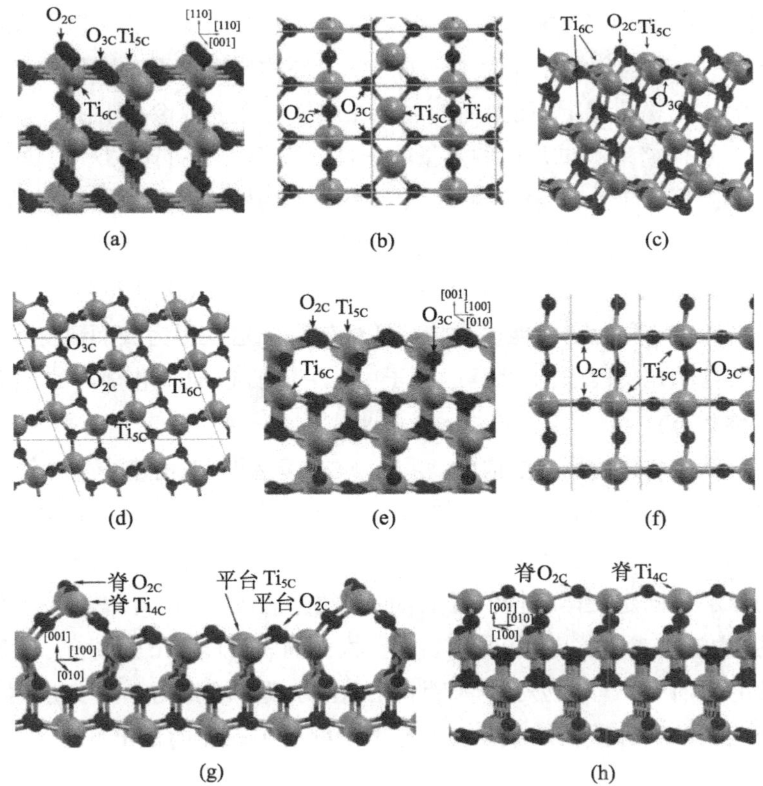

图 31-1　金红石(110)面、锐钛矿(101)面、锐钛矿(001)面以及锐钛矿(001)-(1×4)重构面的优化结构：金红石(110)面的侧视图(a)以及俯视图(b)；锐钛矿(101)面的侧视图(c)以及俯视图(d)；锐钛矿(001)面的侧视图(e)以及俯视图(f)；钛矿(001)-(1×4)重构面沿[010]方向侧视图(g)以及沿[100]方向的侧视图(h)

黑色小球为 O 原子，灰色小球为 Ti 原子锐钛矿(101)表面采用(2×2)超胞模拟，超胞面积为 10.99 Å×7.59 Å。超胞由三层 O—Ti—O 重复单元所组成，其中最底层的 O—Ti—O 亚层以优化的体结构坐标来固定，上面的两个亚层让其充分弛豫。表面为锯齿状结构，表面暴露的原子有 2 配位及 3 配位 O 原子，5 配位及 6 配位 Ti 原子。由于表面含有成键饱和的 O 原子与 Ti 原子，因而活性比锐钛矿(001)面低得多。计算表面所采用的 k 点网格为(2×2×1)，由这些基本参数得到的表面能为 0.43 J/m^2，与报道中利用 GGA 方法得到的结果相接近[25,38,39]。

锐钛矿(001)非重构面由包含 4 个 O—Ti—O 亚层的(2×2)超胞模拟，共 12 层原子和 16 个 TiO_2 结构单元，超胞面积为 7.59 Å×7.59 Å。这种(2×2)超胞能够提供足够的表面分子间距，因而侧向排斥力可以忽略，也常常用在其他一些表面吸附的研究中[40-43]。而 4 个 O—Ti—O 亚层厚度常常也被认为足够模拟表面的各种性质[17,20,22,41,43]。在这个包含 4 个 O—Ti—O 亚层片层模型里，底下的 2 个亚层被固定于优化的体结构位置上，而上面的 2 个亚层经过充分弛豫。利用(1×1×1)到(3×3×1)的一系列 k 点网格来测试片层的能量收敛性，发现(2×2×1)与(3×3×1)的 k 点网格算得的吸附能差别小于 0.01 eV，可以认为(2×2×1)的网格对于这些片层结构已经足够了，因此所有的(2×2)超胞的(001)非重构面均采用这一 k 点网格。利用这些参数得到(001)非重构面的表面能为 0.98 J/m^2，与报道中用 GGA 方法得到的 0.90~0.98 J/m^2 相吻合[20,44,45]。较高的表面能也意味着活性较高，这是因为表面成键不饱和的 Ti、O 原子有较高的比例(表面上暴露的原子中，一般的 O 原子和全部的 Ti 原子全部为不饱和成键状态)。

对于锐钛矿(001)-(1×4)重构面，采用 ADM 模型[18]来构建一个(2×4)表面超胞结构，这种超胞结构中包含 3 个 O—Ti—O 亚层，其中共有 26 个 TiO_2 结构单元，超胞的表面积为 7.59 Å×15.18 Å。模型为非对称结构，只考虑了上表面的(1×4)重构。最底下的亚层被固定在体结构位置上。由于超胞比较大，(2×1×1)的 k 点密度经测试是足够的。由这些参数，得到(001)-(1×4)重构面的表面能为 0.52 J/m^2，明显低于(001)非重构面的表面能，与 Lazzeri 等[168]利用 ADM 模型算得的 0.51 J/m^2 结果接近。较低的表面能表明这种重构现象在相当程度上提高了表面的稳定性。

31.3　HCHO 在金红石型 TiO_2(110)面的吸附

HCHO 在金红石型 TiO_2(110)面的吸附构型是将 HCHO 分子放在一个(3×1)表面超胞上(即覆盖率为 0.33)，经过充分弛豫后得到。理论和实验研究表明，HCHO 分子在金属氧化物表面的稳定吸附过程中，HCHO 的 O 原子与表面的金属阳离子一般都存在成键[46-48]。因此，在所有的吸附模式中，只考虑有着相反电性原子之间的成键，即 HCHO 的 O 原子与表面 Ti 原子连接，C 原子与表面的 O 原子连接。经过不同的结构搜索与优化，一共得到了四种不同的稳定结构，分别记为 A1，A2，A3，A4，如图 31-2 所示。其中两种为化学吸附模式，两种为物理吸附模式。在化学吸附模式中，一种为桥位吸附模式，一种为对角吸附模式。两种模式里，HCHO 分子都是通过 O 原子与表面的 5 配位 Ti 原子成键；同时，C 原子与表面的 2 配位或 3 配位 O 原子成键。在物理吸附模式中，HCHO 分子仅通过 O 原子与表面的 5 配位 Ti 原子成键。

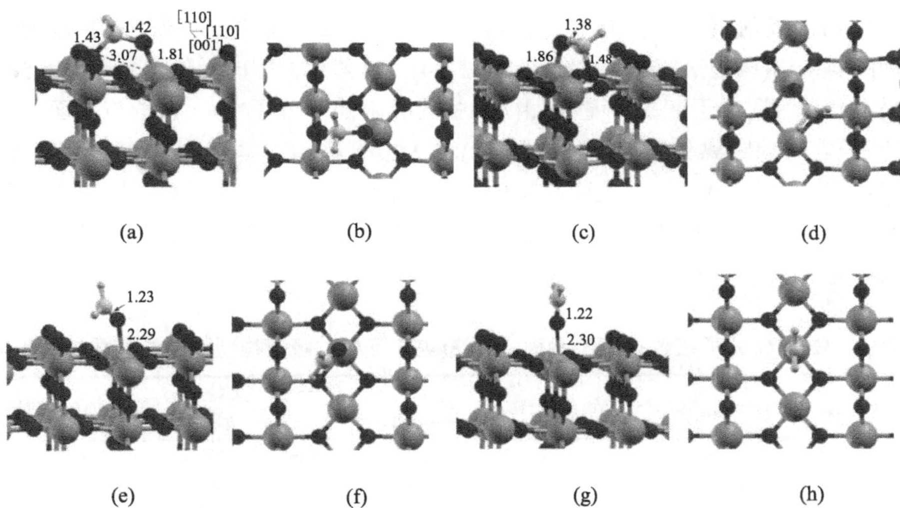

图 31-2　HCHO 在金红石型 TiO_2(110)面上 0.33 覆盖率时的吸附构型：构型 A1 的侧视图(a)与俯视图(b)；构型 A2 的侧视图(c)与俯视图(d)；构型 A3 的侧视图(e)与俯视图(f)；构型 A4 的侧视图(g)与俯视图(h)

红色球为 O 原子，灰色球为 Ti 原子，黄色球为 C 原子，蓝色球为 H 原子

HCHO 分子在桥位的化学吸附模式如图 31-2(a)和图 31-2(b)所示(构型 A1)。分子通过 O—Ti_{5C} 与 C—O_{2C}(这种表述中，前面的原子指 HCHO 的原子，后面的原子指 TiO_2 表面原子)连接形成一个拱桥结构，此时分子中的 C═O 键沿着金红石(110)面的[$\bar{1}$10]方向。这种构型为 HCHO 在金红石(110)面上最稳定的吸附构型，其吸附能为 1.10 eV。O—Ti_{5C} 与 C—O_{2C} 两个键同时形成使得这种吸附有较高的吸附能。表面上吸附位置附近的晶格呈现一定程度的扭曲效应，吸附导致 Ti_{5C} 原子被拔出表面约 0.56 Å。C—O 键与 O—Ti_{5C} 键的键长分别为 1.424 Å 与 1.814 Å，与 Haubrich 等算得的 1.42 Å 和 1.83 Å 结果相近[28]。轻微的差异可能是由采用不同的赝势所致。

与 HCHO 分子连接的 O_{2C} 和 Ti_{5C} 之间的距离为 3.066 Å，与未吸附分子时它们之间的距离相比缩短了 0.51 Å。吸附的 HCHO 分子与表面的 O_{2C} 原子一起形成了双氧甲基(CH_2O_2)结构，这种结构常常在甲醛分子的分解过程中可以观察到。

HCHO 分子也能在金红石(110)面上通过 O—Ti_{5C} 和 C—O_{3C} 连接形成另一种化学吸附，分子中的 C═O 键沿着表面超胞的对角线方向，如图 31-2(c)和图 31-2(d)所示。分子的吸附导致表面晶格呈现局部扭曲，O_{3C} 与 Ti_{5C} 分别被拔出表面大约 0.41 Å 与 0.40 Å。吸附能为 0.40 eV，表明这种吸附形式的稳定性比前面那种弱得多。这种较弱的吸附可能源自旁边的桥 O 原子对吸附分子的静电斥力[48]，与分子成键的 O_{3C} 本身也是成键饱和状态，因此在一定程度上削弱了这种吸附模式。

甲醛分子在金红石(110)面上的另外两种吸附模式均为物理吸附，如图 31-2(e) ~(h)所示。在物理吸附模式里，分子通过 O 原子与表面的 5 配位 Ti 原子单独成键，形成一种倾斜结构(构型 A3)或直立结构(构型 A4)。这两种构型的吸附能分别为 0.56 eV 与 0.35 eV，均远低于双氧甲基构型(A1)中的吸附能。分子中 O 原子与表面的 5 配位 Ti 原子之间的距离分别为 2.286 Å(A3)和 2.298 Å(A4)。与之成键的 5 配位 Ti 原子被拔出表面 0.12~0.13 Å，表面晶格的变形很微小。同时，分子的结构也很接近于自由气体中的结构，表明这两种典型的物理吸附比化学吸附弱得多，对晶体表面晶格的影响也非常小。具体参数见表 31-1。

表 31-1　HCHO 分子在金红石(110)面 0.33 覆盖率下各种吸附构型的结构参数与吸附能

0	O—Ti_{surf}/Å	C—O_{surf}/Å	C—O/Å	C—H/Å	∠H—C—H/(°)	∠O—C—O_{surf}/(°)	∠C—O—Ti_{surf}/(°)	E_{ads}/eV	图号
A1	1.814	1.429	1.424	1.104	111.35	113.06	126.49	1.10	图 31-3(a)、(b)
A2	1.860	1.484	1.383	1.108	110.13	105.78	104.13	0.40	图 31-3(c)、(d)
A3	2.286	—	1.228	1.108	118.56	—	128.66	0.56	图 31-3(e)、(f)
A4	2.298	—	1.216	1.112	117.76	—	177.46	0.35	图 31-3(g)、(h)

注：带有脚标 surf 的原子表示为 TiO_2 表面上与 HCHO 成键的原子，没有带脚标的则表示该原子源自 HCHO 分子。这种符号表示也适用于本章中的其他表格。

31.4　HCHO 在锐钛矿型 TiO_2(101)面的吸附

HCHO 在(101)面的吸附构型是通过将 HCHO 分子放在(2 × 2)表面超胞上(即覆盖率为 0.25)，经过弛豫后得到。经过吸附位置的搜索与结构优化，一共得到了四种吸附构型，分别为 B1，B2，B3 和 B4，如图 31-3 所示。与在金红石(110)面类似，其中两种为化学吸附，两种为物理吸附。在第一种吸附构型即构型 B1 中，HCHO 以 O 原子连接到表面的 5 配位 Ti 原子上，以 C 原子连接到相邻的 2 配位 O 原子上(图 31-3(a)、(b))。O—Ti_{5C} 与 C—O_{2C} 的键长分别为 1.87 Å 与 1.43 Å。HCHO 分子中的羰基 C═O 键长变为 1.40 Å，与自由气体分子相比延长了 16%。吸附导致分子结构明显变形，分子与表面 2 配位 O 原子一起形成双氧甲基结构(CH_2O_2)。HCHO 分子的吸附导致了表面上吸附位置附近晶格的明显变形，这些变形参数分别列于表 31-2 中。由表可见在 HCHO 分子的吸附位置附近，Ti_{5C}—O_{2C} 与 Ti_{5C}—$O_{3C(1)}$分别被拉长 15.8%与 10.7%。同时，Ti_{5C}—$O_{3C(2)}$与 Ti_{6C}—$O_{3C(1)}$都被缩短。可见 HCHO 的吸附对表面结构有明显影响，是典型的化学吸附。这种构型的吸附能为 0.70 eV，为四种吸附中最稳定的构型。这是因为 HCHO 分子与表面的成键不饱和 O 原子和成键不饱和的 Ti 原子同时成键，因而导致了这种吸附为(101)面上的最稳定吸附。

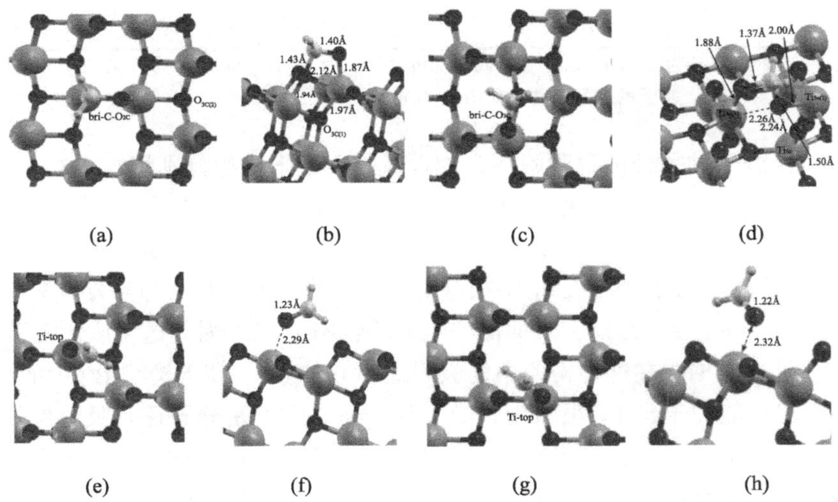

图 31-3 HCHO 在锐钛矿(101)面上 0.25 覆盖率时的吸附构型：构型 B1 的俯视图(a)与侧视图(b)；构型 B2 的俯视图(c)与侧视图(d)；构型 B3 的俯视图(e)与侧视图(f)；构型 B4 的俯视图(g)与侧视图(h)

在 HCHO 分子第二种吸附构型 B2 中，与构型 B1 相比，HCHO 分子沿着表面旋转了 100°，甲醛分子的 O 原子与表面 5 配位 Ti 原子成键，同时，C 原子与相邻的 3 配位 O 原子成键(图 31-3(c)、(d))。C—O_{3C} 与 O—Ti_{5C}的键长分别为 1.50 Å 与 1.88 Å，吸附能为 0.22 eV。吸附导致 HCHO 分子明显变形，羰基 C═O 的长度变为 1.37 Å，与自由气体分子相比延长了 13%，略短于构型 B1 中羰基的长度，表明表面对分子的变形作用低于构型 B1，这与其较小的吸附能是一致的。分子的吸附也导致吸附位置附近的晶格明显扭曲，例如，吸附位置附近的 5 配位 Ti 原子与 3 配位 O 原子均被拔出表面。这种明显的分子与表面晶格的变形表明这种吸附仍是化学吸附。详细的结构参数变化列于表 31-3 中。由表中可见，3 配位 O 原子被 HCHO 分子拔出表面，导致 O_{3C} 与表面其他原子之间成键的键长被拉长超过 10%。

表 31-2　HCHO 分子在锐钛矿型 TiO_2(101)面吸附构型 B2 时吸附位置附近表面晶格的结构变化

化学键	吸附前/Å	吸附后/Å	绝对变化/Å	相对变化/%
Ti_{5C}—O_{2C}	1.83	2.12	0.29	15.8
Ti_{6C}—O_{2C}	1.85	1.94	0.09	4.9
Ti_{5C}—$O_{3C(1)}$	1.78	1.97	0.19	10.7
Ti_{5C}—$O_{3C(2)}$	2.05	1.95	−0.10	−4.9
Ti_{6C}-$O_{3C(1)}$	2.10	1.97	−0.13	−6.2

注：所选表面原子为 HCHO 分子成键或近邻的原子。其中 Ti_{5C} 与 O_{2C} 为与 HCHO 分子直接成键的原子，$O_{3C(1)}$与 $O_{3C(2)}$ 原子的位置如图 31-3(a)、(b)所示。

HCHO 分子的另外两种吸附均为物理吸附，吸附构型分别记为 B3，B4。在吸附构型 B3 中，HCHO 分子通过 O 原子与表面 5 配位 Ti 原子单独成键，同时 H 原子指向相邻“台阶”上的 O_{2C} 原子。O—Ti_{5C} 键的键长为 2.29 Å。整个分子变形微弱，分子仍保持平面结构，分子中羰基 C═O 的键长为 1.23 Å，与自由分子中羰基的长度(1.21 Å)接近。另外，表面晶格也几乎没有变化，因此这种吸附对表面的影响非常微弱。HCHO 在这种构型中的吸附能为 0.58 eV，高于构型 B2 中的吸附能。其中的原因可能在于，B2 虽然为化学吸附，但是无论是分子还是吸附位置附近的表面晶格都严重变形，这些变形使整个体系的稳定性下降，体系总能上升，这导致了 B2 的吸附强度较弱。另外，C 原子与成键饱和的 3 配位 O 原子成键，这种较弱的成键也使得 HCHO 的吸附能较低。与此相比，在 B1 构型中 C 原子与表面不饱和的 2 配位 O 原子之间的成键比较强，因而导致 B1 为 HCHO 最稳定的吸附构型。

表 31-3　HCHO 分子在锐钛矿型 TiO_2(101)面吸附构型 B2 时吸附位置附近表面晶格的结构变化

化学键	吸附前/Å	吸附后/Å	绝对变化/Å	相对变化/%
$Ti_{5C(1)}$—O_{3C}	1.98	2.56	0.58	14.1
$Ti_{5C(2)}$—O_{3C}	1.98	2.01	0.03	1.5
Ti_{6C}—O_{3C}	2.00	2.24	0.24	12.0

注：其中 $Ti_{5C(1)}$与 $Ti_{5C(2)}$ 以及 Ti_{6C} 原子的位置如图 31-3(c)、(d)所示。

在吸附构型 B4 中，HCHO 也是通过 O 原子与表面 5 配位 Ti 原子单独成键。与 B3 不同的是，其中的一个 H 原子指向最近邻的 2 配位 O 原子。吸附能为 0.48 eV。O—Ti_{5C} 键的键长为 2.32 Å，略长于 B3 中的该键长，表明这种构型弱于 B3，与较小的吸附能相吻合。分子结构的变形非常微弱，整个分子仍保持平面结构。同时，表面晶格因吸附导致的变形也不明显，这些都表明与 B3 构型一样，这也是一种典型的物理吸附。

31.5　HCHO 在锐钛矿型 $TiO_2(001)$-(1×1)表面的吸附

HCHO 分子在 $TiO_2(001)$-(1×1)表面的吸附是通过将 HCHO 分子放在一个(2×2)表面超胞里在所有可能的吸附位置优化后得到的。优化完成后，一共得到了四种不同的稳定吸附构型 C1，C2，C3 和 C4，如图 31-4 所示。其中两种为化学吸附模式(C1，C2)，两种为物理吸附模式(C3，C4)。在化学吸附模式中，两种吸附构型里 HCHO 的 O 原子都与表面上一个 5 配位 Ti 原子成键。不同的是，在构型 C1 中，HCHO 的 C 原子与 Ti_{5C} 原子最近邻的 2 配位 O 原子即 O_{2C} 原子成键；而在 C2 构型中，HCHO 的 C 原子与 Ti_{5C} 原子次近邻的 2 配位 O 原子即 O'_{2C} 成键。在物理吸附模式中，HCHO 分子仅通过 O 原子与表面的 5 配位 Ti 原子成键。

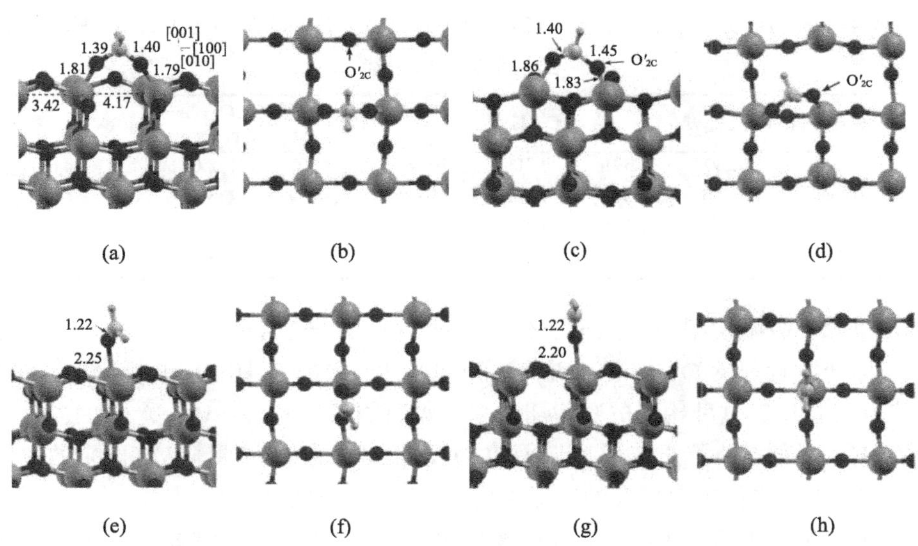

图 31-4　HCHO 分子在锐钛矿型 $TiO_2(001)$-(1×1)面上 0.25 覆盖率时的吸附构型：构型 C1 的侧视图(a)与俯视图(b)；构型 C2 的侧视图(c)与俯视图(d)；构型 C3 的侧视图(e)与俯视图(f)；构型 C4 的侧视图(g)与俯视图(h)

HCHO 分子在锐钛矿型 $TiO_2(001)$-(1×1)面的第一种构型，也是最稳定的构型，标记为 C1(图 31-4(a)、(b))。在这种构型中，HCHO 分子的 O 原子与表面上一个成

键不饱和的 Ti_{5C} 原子成键，同时，C 原子与最近邻的 O_{2C} 原子成键。羰基 C═O 沿着表面上的[100]方向。这种构型的吸附能为 1.91 eV，大大高于 HCHO 在金红石(110)面上最稳定构型的吸附能(1.10 eV)。与 HCHO 分子相连的 O_{2C} 原子被完全拔出表面，与其原来的位置相比，偏离了 1.67 Å。与 HCHO 分子成键的 O_{2C} 与 Ti_{5C} 原子之间的距离被拉伸了 1.61 Å。O—Ti_{5C} 与 C—O_{2C} 键的键长分别为 1.806 Å 与 1.397 Å(表 31-4)。因为局部晶格的明显变形，与 HCHO 分子相连的 Ti_{5C} 原子和 O_{2C} 原子都被推离原来的位置分别达 0.12 Å 与 0.26 Å。羰基 C═O 键的键长为 1.391 Å，与自由气体分子中的羰基键长(1.214 Å)相比拉伸了 16%。这表明吸附导致分子内原子之间的相互作用明显减弱。分子完全变形，结构与 HCHO 分子在金红石(110)面上最强的吸附模式中的构型类似，与表面 O_{2C} 一起形成了双氧甲基(CH_2O_2)结构。但是与在金红石(110)面上的吸附相比，这种吸附强得多。这主要是因为在锐钛矿型 TiO_2(001)-(1×1)面上，所有的 Ti 原子均为不饱和成键的 5 配位形式，而在金红石(110)面上只有 50%的 Ti^{4+} 为 5 配位不饱和成键原子。因而，锐钛矿型 TiO_2(001)-(1×1)面的活性更高，吸附更稳定，吸附能也就高得多。

表 31-4　HCHO 分子在锐钛矿型 TiO_2(001)-(1×1)面上各种吸附构型(0.25 覆盖率时)的结构参数与吸附能

0	O—Ti_{surf}/Å	C—O_{surf}/Å	C—O/Å	C—H/Å	∠H—C—H/(°)	∠O—C—O_{surf}/(°)	∠C—O—Ti_{surf}/(°)	E_{ads}/eV	图号
B1	1.806	1.397	1.391	1.109	109.69	112.07	152.62	1.91	图 31-4(a)、(b)
B2	1.863	1.450	1.396	1.106	110.84	115.09	133.06	0.49	图 31-4(c)、(d)
B3	2.245	—	1.224	1.110	118.41	—	128.25	0.43	图 31-4(e)、(f)
B4	2.196	—	1.219	1.111	118.14	—	173.17	0.33	图 31-4(g)、(h)

在第二种吸附构型中，HCHO 分子通过 O 原子与 Ti_{5C} 原子，以及 C 原子与这个 Ti_{5C} 原子次近邻的 O_{2C} 原子成键。这种构型即为 C2，如图 31-4(c)和图 31-4(d)所示。与 C1 相比，这种构型的吸附弱得多，吸附能只有 0.49 eV。受 HCHO 分子吸附的影响，局部晶格严重变形，与 HCHO 分子成键的 O'_{2C} 原子从其原来的位置移动了 1.29 Å。这种较大幅度的变形不仅发生在吸附位置的表面晶格上，也发生在 HCHO 分子上。甲醛分子的 C═O 键被拉伸以匹配晶格，同时晶格也变形来适应分子的吸附。虽然与 HCHO 分子成键的 O 原子和 Ti 原子均为不饱和成键原子，但这种明显的晶格变形使得体系能量升高，稳定性下降，抵消了部分吸附能，因而这种构型的吸附能大大低于 HCHO 在构型 C1 中的吸附能。

HCHO 分子也能在 TiO_2(001)-(1×1)面上形成两种较弱的物理吸附，即 C3 与 C4，如图 31-4(e)~(h)所示。在这两种物理吸附构型中，HCHO 分子均通过 O 原子与表面的 Ti_{5C} 原子单独成键。在构型 C3 中，分子为倾斜平面结构，通过 O 原子与 Ti_{5C} 原子相连，吸附能为 0.43 eV；在构型 C4 中，分子为平面构型且通过 O 原子直立地吸附在 Ti_{5C} 原子上，吸附能为 0.33 eV。两种构型中的羰基 C ═O 键的长度均为 1.22 Å 左右，与甲醛气体分子中的羰基相比只延长了 1%左右，分子变形非常微弱。两种构型中，甲醛的 O 原子到与之相连的 Ti_{5C} 原子的距离分别为 2.245 Å 与 2.196 Å。两种构型中分子均保持了自由气体分子中的平面结构，且吸附位置附近的晶格变形非常微弱，表明这两种较弱的吸附均为典型的物理吸附。

这些计算结果与实验数据相吻合[46,49-51]。程序升温脱附法(TPD)实验结果表明，HCHO 分子在 TiO_2 表面主要有两种吸附模式，一种为 η^1 构型，即物理吸附模式；另一种为 η^2 构型，即化学吸附模式[49,50]。作为强化学吸附的产物，双氧甲基物种常常被发现形成于 HCHO 分子在 TiO_2[46,49-52]、ZnO[53]、MgO[54]以及 CeO_2[55,56]的表面吸附过程中。HCHO 的分子吸附主要是通过 σ 孤对电子从羰基的 O 原子转移到表面的刘易斯酸性位(在本章的构型中指 TiO_2 表面的 Ti^{4+})来实现的[50,57]。这种电荷的重新分布导致羰基中 C 原子的亲电子特性增强，使其更容易与具有亲核特性的表面氧离子成键，从而导致吸附的 HCHO 形成双氧甲基物种。上述计算也证明了双氧甲基结构为 HCHO 分子在 TiO_2 表面最稳定的吸附形式。

31.6　HCHO 在锐钛矿型 TiO_2(001)-(1 × 4)重构面的吸附

锐钛矿型 TiO_2(001)-(1×4)重构面的 ADM 模型[18]，如图 31-1(g)和图 31-1(h)所示。这个面被证实比非重构的(001)面稳定得多。在 ADM 模型中，(1×4)重构面可以看作在(1×1)非重构面上将[010]方向上每四列中的一列 O_{2C} 原子替换成 TiO_3 结构，形成在每一个(1×4)表面超胞上有三列 O_{2C} 原子和一列 TiO_3(此结构顶上为一个 4 配位 Ti 原子)结构单元。因此，锐钛矿型 TiO_2(001)-(1×4)重构面可以看作一系列的“脊”(ridge)和“台”(terrace)均匀地交错排列而成。“脊”，即重构面上凸起的结构，可以看作由非重构面上的 O_{2C} 原子加上一个 TiO_2 单元所形成，脊与脊之间的低而平坦的区域即为“台”，台的宽度为三倍 a 方向的晶格常数。脊上的 Ti 原子为 4 配位不饱和成键状态，被证实比台上的 5 配位 Ti 原子的活性高得多[20,22,58,59]。这可能是锐钛矿型 TiO_2(001)-(1×4)重构面有着较高活性的主要原因。

HCHO 分子在锐钛矿型 TiO_2(001)-(1×4)重构面吸附后的优化构型，如图 31-5 所示，一共有 6 种不同的稳定吸附构型，分别记为 D1~D6。表 31-5 列出了 HCHO 分子在锐钛矿型 TiO_2(001)-(1×4)重构面上不同吸附位置的结构参数与吸附能。优化结果表明，HCHO 分子在脊上与台上均可以形成稳定的化学吸附，且当 HCHO 吸附在台上时有多重吸附构型(D4~D6)，但靠近中间位置的吸附(D5)略强。但不管吸附在台上什么位置，台上所有的吸附都比脊顶上的吸附(D1)弱得多。但在脊侧位的吸附比较弱，吸附能仅为 0.04 eV。表明这种吸附构型很不稳定，因而实际上难于形成。HCHO 在脊上还可以形成物理吸附，吸附能为 0.48 eV。在这种构型里，HCHO 以 O 原子单独与脊上的 4 配位 Ti 原子成键，羰基 C═O 斜立于 4 配位 Ti 原子之上，并以其中的一个 H 原子指向近邻的 O_{2C} 原子(图 31-5(b)，构型 D2)。HCHO 分子在锐钛矿型 $TiO_2(001)$-(1×4)重构面上最稳定的吸附构型为 D1，如图 31-5(a)所示。HCHO 在这种构型里的吸附方式类似于在 $TiO_2(001)$-(1×1)面上，HCHO 分子打破 Ti_{4C}—O_{2C}—Ti_{4C} 桥链，通过 O 原子与一个 Ti_{4C} 原子相连，同时 C 原子与一个 O_{2C} 原子相连，构成双氧甲基结构。这证实了文献中所报道的脊的活性比台的高得多，因而 HCHO 在脊顶上的这种双氧甲基式的吸附要牢固得多，吸附能为 2.18 eV，明显高于 HCHO 在 $TiO_2(001)$-(1×1)非重构面上的吸附，脊的这种高活性在以前的相关研究中已被证实[20,22]。

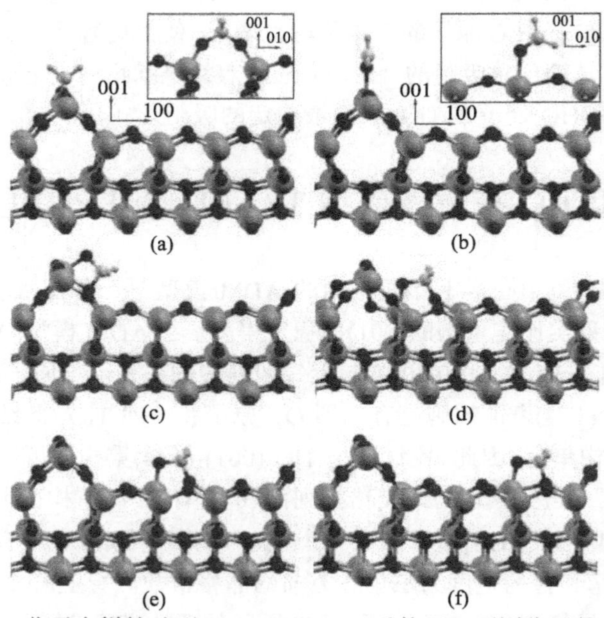

图 31-5　HCHO 分子在锐钛矿型 $TiO_2(001)$-(1×4)重构面上不同位置的吸附构型

(a)脊顶位的化学吸附(构型 D1);(b)脊顶位的物理吸附(构型 D2);(c)脊侧位的化学吸附(构型 D3);(d)~(f)分别为台上的几种化学吸附(构型 D4~D6)

据报道，由于脊的高活性，其他分子在脊上的吸附也比在台上高得多。例如，水分子与甲酸分子能在 $TiO_2(001)$-(1×4)重构面上自发地分解，其过程主要发生在脊上[20,58]，且这一分解过程在实验上被观察到[59]。甲基磷酸二甲酯在(1×4)重构面上的分解并形成稳定的钛氧基(Ti═O)这一反应过程也被证实发生在脊上的 Ti_{4C} 原子

而非台上的 Ti_{5C} 原子上，且该分子在脊上的吸附能比台上的高得多[22]。这种现象的本质就在于脊上 4 配位 Ti 原子只与近邻的 4 个 O 原子成键，有着较高的成键不饱和特性，这种不饱和特性使其对吸附各种分子有着高度的倾向性。

表 31-5　HCHO 分子在锐钛矿型 TiO_2(001)-(1×4)重构面上 p(2×4)超胞中不同位置吸附构型的结构参数与吸附能

	O—Ti_{surf}/Å	C—O_{surf}/Å	C—O/Å	C—H/Å	∠H—C—H/(°)	∠O—C—O_{surf}/(°)	∠C—O—Ti_{surf}/(°)	E_{ads}/eV	图号
C1	1.798	1.395	1.394	1.107	109.96	111.10	153.89	2.18	图 31-6(a)
C2	2.289	—	1.229	1.109	121.31	—	130.00	0.48	图 31-6(b)
C3	1.900	1.501	1.374	1.106	111.88	102.96	98.02	0.04	图 31-6(c)
C4	1.981	1.438	1.399	1.106	110.92	105.42	106.43	0.20	图 31-6(d)
C5	1.892	1.444	1.384	1.108	110.78	103.70	104.72	0.48	图 31-6(e)
C6	1.895	1.462	1.377	1.106	111.04	102.60	103.43	0.35	图 31-6(f)

尽管脊有着较高的活性，但计算发现这种(1×4)重构仍能明显提高表面的稳定性。这种重构面的表面能为 0.52 J/m^2，比(1×1)非重构面的小得多，因而重构面的稳定性也相应地高得多。Gong 等[20]将这种稳定性的提高归因于重构导致表面应力较大程度的释放。实际上计算表明，(1×1)非重构面上最长的 Ti_{5C}—O_{2C} 键的键长为 2.233 Å，而重构面的台上这种相应的键长缩短为 1.81~1.85 Å。键长缩短表明在台上原子之间的相互作用增强，这种增强使得台上的 Ti_{5C} 与 O_{2C} 原子的活性下降，结果导致重构面的整体稳定性提高。因此，(1×4)重构面的高活性实际上完全是由脊产生的。因而，研究分子在脊上的吸附行为对掌握脊在催化反应中的地位有着重要的意义。

31.7　电子结构分析

为了深入理解 HCHO 分子在 TiO_2 表面上吸附时的成键机制，下面将分析 HCHO 在各个表面上吸附的局域态密度(LDOS)与差分电荷密度(CDD)，以及化学吸附与物理吸附中最稳定构型的 Löwdin 电荷布居分析。气态 HCHO 分子、清洁的金红石(110)、锐钛矿(001)-(1×1)表面以及锐钛矿(001)-(1×4)重构面的局域态密度如图 31-6 所示。在这些局域态密度中，对于 HCHO 气体分子只考虑了 C 与 O 原子的贡献，而对于表面，则只考虑了最表层的 Ti 与 O 原子的贡献。如图 31-6(a)所示，气态 HCHO 分子的态密度峰都比较尖而窄，具有较高的定域性，这与一般分子的 DOS 特征相符。金红石(110)面、锐钛矿(101)面的 DOS 分布相似，因而在这两种较为稳定的表面中只呈现了活性稍高的金红石(110)面。如图 31-6 所示，将 DOS 分别投影到表面片层中不同类型的 O 原子上，我们可以看出，价带顶的能态主要由表面的 O_{2C} 原子所贡献，片层内部 O_{3C} 原子的能态则主要分布在价带内较深的位置。由此可知，表面活性实际上源自表面的 O_{2C} 原子。在锐钛矿(001)-(1×4)重构面中，价带顶的能态主要由脊上的 O_{2C} 原子所贡献，而台上的 O_{2C} 的能态移动到价带中较低的位置。这表明台上 O_{2C} 原子的活性由于重构有所降低。这就证实了脊的形成给表面带来了更高的活性，这与以前关于 TiO_2 表面的实验与理论研究结果是一致的。脊的形成也会产生很多成键高度不饱和的 Ti_{4C} 原子，这些原子是(001)-(1×1)面所没有的，因而进一步提高了(001)-(1×4)重构面的活性。

HCHO 分子吸附在金红石(110)面的局域态密度图，如图 31-6(b)所示。在化学吸附构型中，成键显示出明显的共价特征。HCHO 分子中 O 原子与 Ti 原子成键时其轨道有明显的展宽；C 原子与 O_{2C} 原子作用时，其轨道展宽也非常明显，显示出 C 与 O_{2C} 之间较强的相互作用。然而，在物理吸附中，主要呈现出静电吸附特征，几乎看不到轨道展宽，HCHO 中 O 的能态及与之相连的 Ti_{5C} 的能态几乎没有什么变化。

HCHO 分子吸附在锐钛矿(101)面的局域态密度图，如图 31-6(c)所示。在化学模式中，O—Ti_{5C} 与 C—O_{2C} 的成键也导致在价带顶形成了新的共价能态。由于 HCHO 与表面形成了化学键，所以 HCHO 分子能态也有明显的展宽，特别是在 HCHO 的 O 原子与 C 原子上，电子离域化尤为明显。而在物理吸附中，几乎看不到 HCHO 中 C 或 O 原子与表面原子之间的轨道重叠。在其吸附构型中，分子与表面有较大的距离，分子变形很小，且仅靠 O 原子与表面 Ti 原子间的静电作用相连，这种较弱的物理作用过程与 LDOS 图中微量的轨道重叠是相符的。

HCHO 分子吸附在锐钛矿(001)非重构面的局域态密度图，如图 31-6(d)所示。与自由 HCHO 分子相比，HCHO 吸附在(001)面上后，其轨道能态的明显变化意味着分子在表面上发生了较强的相互作用。吸附导致分子的定域峰发生了明显的展宽，这种展宽往往与电子的离域化相关，表明 HCHO 分子的轨道与 TiO_2 价带发生了交叠。吸附态 HCHO 分子的 DOS 在能量上明显向下移动，同时，费米能级位置附近的能态也有明显的变化。对于片层的局域态密度，我们可以看到，在 HCHO 吸附之后产生了两个新的定域峰，一个位于带隙中间，另一个位于价带底部。这种变化表明 HCHO 分子与表面之间有一定程度的电子共享。这些峰由 HCHO 分子与 TiO_2 表面上的原子共同贡献，当 HCHO 分子吸附在 Ti_{5C} 位置时，HCHO 的 2p 轨道与 Ti 3d 轨道就会在价带里形成较强的杂化，这种杂化导致吸附体系的电子结构有了显著变化。

HCHO 分子吸附在锐钛矿(001)-(1×4)重构面的局域态密度图，如图 31-6(e)所示。与吸附在(001)非重构面上相比，Ti_{4C} 所对应的峰更高，O_{2C} 轨道重叠对应的态更宽，这些特点都显示 HCHO 分子与(001)-(1×4)重构面之间有着更强的相互作用。HCHO 中 O 原子态的分布与通过 C 原子相连的 O_{2C} 原子的态的分布非常相似，这是因为在脊的桥链结构中，这两种原子对称地分布在 C 原子两边。实际上，HCHO 吸附形成的双氧甲基中与表面的两个成键 Ti—O 的键长均为 1.80 Å，这种对称的结构导致两种原子在 DOS 中的峰的相似性。由于活性原子 O_{2C} 与高度成键不饱和的 Ti_{4C} 原子都分布在脊上，因此可以推知(001)-(1×4)重构面上的脊将在探测 HCHO 气

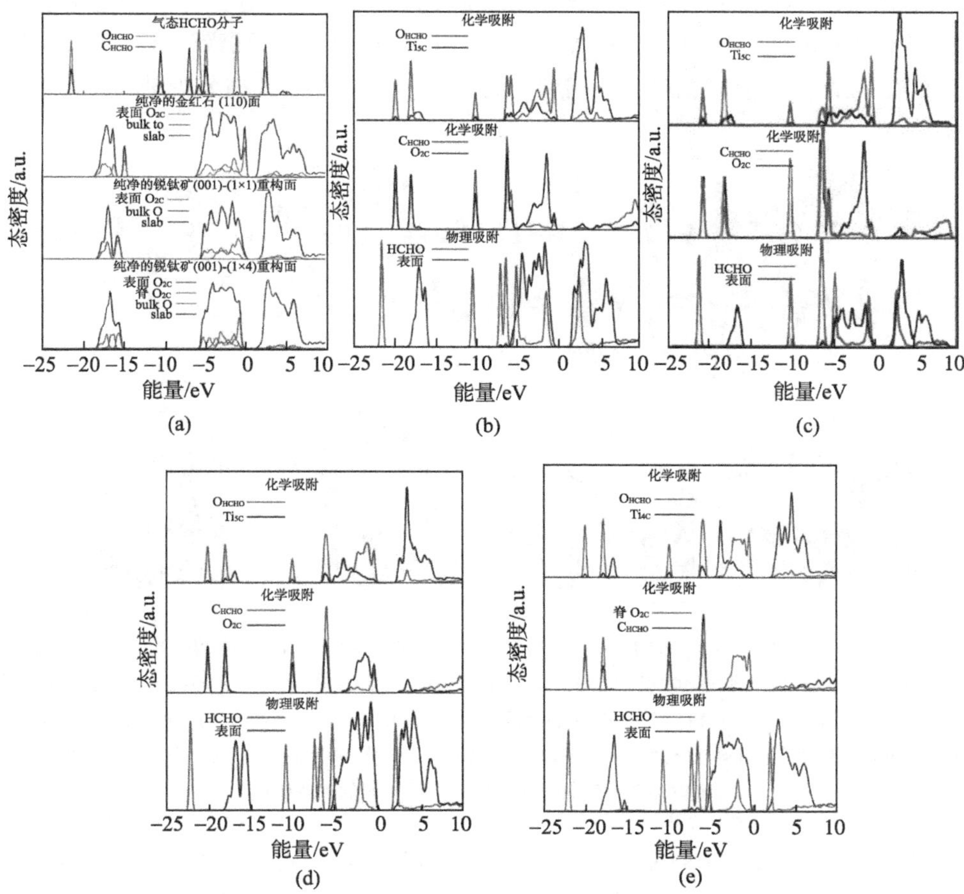

图 31-6　HCHO 在 TiO_2 各表面上吸附的局域态密度(LDOS)图

(a)气态 HCHO 分子、清洁的金红石(110)面、锐钛矿(001)面以及锐钛矿(001)-(1×4)重构面的局域态密度；(b)HCHO 吸附在金红石(110)面的局域态密度；(c)HCHO 吸附在锐钛矿(101)面的局域态密度；(d)HCHO 吸附在锐钛矿(001)非重构面的局域态密度；(e)HCHO 吸附在锐钛矿(001)-(1×4)重构面的局域态密度

体分子的过程中起着关键作用。HCHO 分子在(001)重构面与非重构面上的局域态密度分布也非常相似，表明在这种吸附模式中 HCHO 分子与表面之间的相互作用较弱。在这种构型中只有 HCHO 分子中的 O 原子与表面的 Ti 原子之间有微弱的静电吸附作用。因而在物理吸附中 HCHO 分子的态密度与自由 HCHO 气体分子的态密度是相似的。

HCHO 在 TiO_2 各表面的差分电荷密度(CDD)显示了 HCHO 分子吸附后电荷重新分布的情况，如图 31-7 所示。CDD 定义为吸附体系与清洁表面、气态 HCHO 分子之间的电荷差。可以看出，在几乎所有的化学吸附模式中，被吸附的 HCHO 分子与表面之间都有大量的电荷转移。这些电荷转移主要发生在 C 原子与表面的 O_{2C} 原子，即 HCHO 的 O 原子与表面的 Ti_{5C} 原子之间。而在物理吸附模式中，HCHO 分子与表面之间只有少量的电荷转移。这样的结果与 LDOS 的分析是相符的。

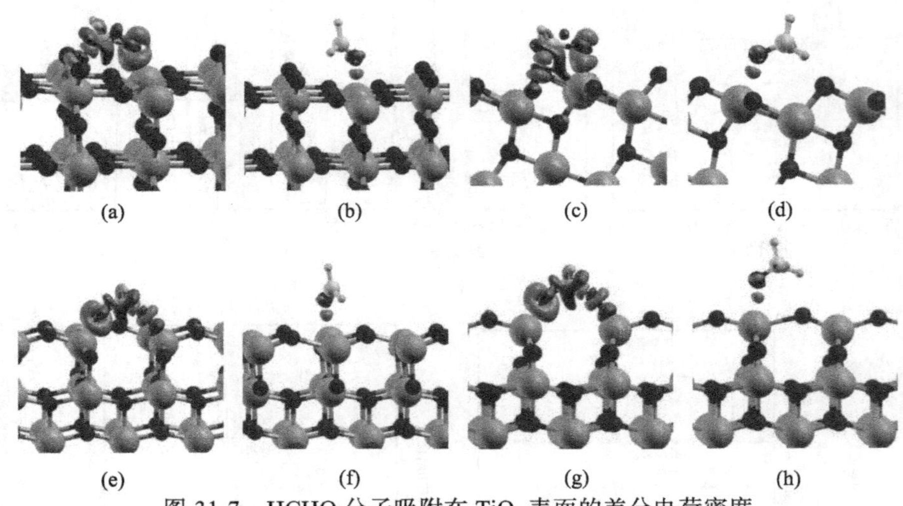

图 31-7　HCHO 分子吸附在 TiO_2 表面的差分电荷密度

(a)HCHO 在金红石(110)面的化学吸附；(b)HCHO 在金红石(110)面的物理吸附；(c)HCHO 在锐钛矿(101)面的化学吸附；(d)HCHO 在锐钛矿(101)面的物理吸附；(e)HCHO 在锐钛矿(001)非重构面的化学吸附；(f)HCHO 在锐钛矿(001)非重构面的物理吸附；(g)HCHO 在锐钛矿(001)-(1×4)重构面的化学吸附；(h)HCHO 在锐钛矿(001)-(1×4)重构面的物理吸附

表 31-6 中列出了各个表面上 HCHO 分子最稳定吸附构型中的 Löwdin 电荷布居分析。可以看出，在化学吸附模式中，HCHO 分子是从表面得到电子；而在物理吸附中，电子从 HCHO 分子转移向表面。在化学吸附情形汇总，HCHO 分子从金红石(110)面和锐钛矿(101)面分别得到 0.111*e* 和 0.131*e* 的电荷，而从活性较高的(001)-(1×1)面得到的电子稍多，为 0.139*e*。这说明在活性面高的表面，电荷转移的

量也比较多，这与前面分析 HCHO 分子在活性面吸附得更加稳固是一致的。而在(001)-(1×4)重构面上的化学吸附中，不论是 HCHO 内的原子还是表面上的原子，其电荷转移的数量均比(001)非重构面上多，这进一步证实重构后形成的脊能够提高表面活性，表面的吸附能力增强。更多的电荷转移能够导致 TiO_2 表面吸附位置附近电子浓度更明显的降低，因此导致的电流的变化也更加显著，这种电压或电流的变化信号可以用于 HCHO 分子的探测。而重构所导致的表面电子更显著的浓度变化，能够增强探测器对 HCHO 分子的感知与探测能力。

表 31-6　HCHO 分子在 TiO_2 表面上最稳定吸附构型中的 Löwdin 电荷布居

吸附面	吸附类型	$q(C_{HCHO})$	$q(O_{HCHO})$	q(HCHO)	$q(Ti_{-O})^a$	$q(O_{-C})^a$
金红石(110)	化学吸附	0.035	0.180	0.111	−0.003	−0.042
	物理吸附	−0.022	0.017	−0.080	−0.016	—
锐钛矿(101)	化学吸附	0.007	0.203	0.131	−0.077	−0.030
	物理吸附	−0.036	0.042	−0.065	−0.020	—
锐钛矿(001)-(1×1)	化学吸附	0.003	0.022	0.139	0.017	−0.225
	物理吸附	−0.018	−0.012	−0.091	−0.014	—
锐钛矿(001)-(1×4)	化学吸附	−0.002	0.247	0.154	0.037	−0.289
	物理吸附	−0.022	0.020	−0.088	0.004	—

注：表中正值表示得到电子，负值表示失去电子。

a. Ti_{-O} 表示 TiO_2 表面上与 HCHO 分子中的 O 原子成键的 Ti 原子，O_{-C} 表示 TiO_2 表面上与 HCHO 中 C 原子成键的 O 原子。

31.8　振动频率分析

振动频率计算能提供可与实验对比的数据，因此这里也对 HCHO 分子在各个表面上最稳定吸附构型进行了振动频率分析。HCHO 分子在自由气态与吸附在各 TiO_2 表面时的振动频率的计算和实验值，如表 31-7 所示。由表中可知，与自由气态的振动相比，CH_2 基团的非对称拉伸($\nu_{as}(CH_2)$)与对称拉伸($\nu_s(CH_2)$)的振动模式所对应的频率在化学吸附与物理吸附中普遍蓝移了 30~170 cm^{-1}。同时，在化学吸附模式中，HCHO 分子与表面的耦合，导致了羰基键拉伸模式(ν(C═O))振动频率以及 CH_2 基团摆动模式($\rho(CH_2)$)振动频率的红移分别达 670~730 cm^{-1} 与 150~170 cm^{-1}，而 CH_2 基团横向摇摆模式(τ (CH_2))的振动频率则表现出一个明显的蓝移量，为 180~210 cm^{-1}。在物理吸附构型中，这些振动模式的频率与自由气态相比微乎其微。据报道，HCHO 分子在 TiO_2 表面吸附时其特征振动频率范围对应于 1200~1500 cm^{-1}[28,60]，而

2865~2870 cm^{-1}，2755~2766 cm^{-1}，1454~1459 cm^{-1}，1301~1303 cm^{-1}，1115~1115 cm^{-1}，以及 1035~1062 cm^{-1} 这些范围内的振动频率则对应于表面上形成的双氧甲基基团[46,50,61,62]。对于物理吸附，计算所得的振动频率值与实验值较为接近[63,64]。这些计算结果较好地与实验结果相吻合，证实了 HCHO 分子在 TiO_2 表面的强吸附模式中主要形成双氧甲基物种，这一基团为 HCHO 分子在吸附与分解中的重要中间产物。

表 31-7　HCHO 分子在自由气态与吸附在 TiO_2 表面时计算所得的振动频率和实验结果　(单位：cm^{-1})

吸附类型	吸附面	$\nu_{as}(CH_2)$	$\nu_s(CH_2)$	$\nu(C=O)$	$\rho(CH_2)$	$\delta(CH_2)$	$\tau(CH_2)$
双氧甲基	文献[46]	2950	2868	1172,1156	1113,1070	1482, 1464	1300
	文献[50]、[61]、[62]	2945	2882	1086	1186	1473	1302
化学吸附	金红石(110)	2978	2920	1034	1064	1435	1352
	锐钛矿(101)	2933	2888	1075	1062	1449	1321
	锐钛矿(001)-(1×1)	3004	2815	1086	1057	1445	1330
	锐钛矿(001)-(1×4)	2923	2884	1053	1071	1448	1363
	modes	$\nu_{as}(CH_2)$	$\nu_s(CH_2)$	$\nu(C=O)$	$\delta(CH_2)$	$\omega(CH_2)$	$\gamma(CH_2)$
气态分子	文献[63]、[64]	2843	2782	1746	1500	1249	1167
	本章	2833	2782	1758	1477	1216	1145
物理吸附	金红石(110)	2979	2876	1693	1460	1212	1149
	锐钛矿(101)	2934	2847	1731	1477	1217	1141
	锐钛矿(001)-(1×1)	2946	2847	1708	1463	1217	1144
	锐钛矿(001)-(1×4)	2977	2854	1681	1410	1209	1175

参 考 文 献

[1] Gupta K C, Ulsamer A G, Preuss P W. Formaldehyde in indoor air: Sources and toxicity. Environment International, 1982, 8: 349-358.

[2] Pickrell J A, Mokler B V, Griffis L C. Formaldehyde release rate coefficients from selected consumer products. Environmental Science and Technology, 1983, 17: 753-757.

[3] Wang J, Zhang P, Qi J Q, Yao P J. Silicon-based micro-gas sensors for detecting formaldehyde. Sensors and Actuators, B: Chemical, 2009, 136: 399-404.

[4] Wang J, Liu L, Cong S Y, et al. An enrichment method to detect low concentration formaldehyde. Sensors and Actuators, B: Chemical, 2008, 134: 1010-1015.

[5] Yamazoe N. Toward innovations of gas sensor technology. Sensors and Actuators, B: Chemical, 2005, 108: 2-14.

[6] Han N, Tian Y, Wu X, et al. Improving humidity selectivity in formaldehyde gas sensing by a two-sensor array made of Ga-doped ZnO. Sensors and Actuators, B: Chemical, 2009, 138: 228-235.

[7] Daza L, Dassy S, Delmon B. Chemical sensors based on SnO_2 and WO_3 for the detection of formaldehyde: Cooperative effects. Sensors and Actuators: B. Chemical, 1993, 10: 99-105.

[8] Dirksen J A, Duval K, Ring T A. NiO thin-film formaldehyde gas sensor. Sensors and Actuators, B: Chemical, 2001, 80: 106-115.

[9] Lee C Y, Chiang C M, Wang Y H, et al. A self-heating gas sensor with integrated NiO thin-film for formaldehyde detection. Sensors and Actuators, B: Chemical, 2007, 122: 503-510.

[10] Chen T, Zhou Z, Wang Y. Effects of calcining temperature on the phase structure and the formaldehyde gas sensing properties of CdO-mixed In_2O_3. Sensors and Actuators, B: Chemical, 2008, 135: 219-223.

[11] Yang L, Liu Z, Shi J, et al. Degradation of indoor gaseous formaldehyde by hybrid VUV and TiO_2/UV processes. Separation And Purification Technology, 2007, 54: 204-211.

[12] Li S, Li F, Rao Z. A novel and sensitive formaldehyde gas sensor utilizing thermal desorption coupled with cataluminescence. Sensors and Actuators, B: Chemical, 2010, 145: 78-83.

[13] Chen H, Liu Y, Xie C, et al. A comparative study on UV light activated porous TiO_2 and ZnO film sensors for gas sensing at room temperature. Ceramics International, 2012, 38: 503-509.

[14] Lin S, Li D, Wu J, et al. A selective room temperature formaldehyde gas sensor using TiO_2 nanotube arrays. Sensors and Actuators, B: Chemical, 2011, 156: 505-509.

[15] Lazzeri M, Vittadini A, Selloni A. Structure and energetics of stoichiometric TiO_2 anatase surfaces. Physical Review B-Condensed Matter and Materials Physics, 2001, 63: 1554091-1554099.

[16] Herman G S, Sievers M R, Gao Y. Structure determination of the two-domain (1×4) anatase TiO_2(001) surface. Physical Review Letters, 2000, 84: 3354-3357.

[17] Gong X Q, Selloni A. Reactivity of anatase TiO_2 nanoparticles: The role of the minority (001) surface. Journal of Physical Chemistry B, 2005, 109: 19560-19562.

[18] Lazzeri M, Selloni A. Stress-driven reconstruction of an oxide surface: The anatase TiO_2(001)-(1×4) surface. Physical Review Letters, 2001, 87: 2661051-2661054.

[19] Barnard A S, Zapol P, Curtiss L A. Modeling the morphology and phase stability of TiO_2 nanocrystals in water. Journal of Chemical Theory and Computation, 2005, 1: 107-116.

[20] Gong X Q, Selloni A, Vittadini A. Density functional theory study of formic acid adsorption on anatase TiO_2(001): Geometries, energetics, and effects of coverage, hydration, and reconstruction. Journal of Physical Chemistry B, 2006, 110: 2804-2811.

[21] Barnard A S, Curtiss L A. Prediction of TiO_2 nanoparticle phase and shape transitions controlled by surface chemistry. Nano Letters, 2005, 5: 1261-1266.

[22] Bermudez V M. First-principles study of adsorption of dimethyl methylphosphonate on the TiO_2 anatase (001) surface: Formation of a stable titanyl (Ti=O) site. Journal of Physical Chemistry C, 2011, 115: 6741-6747.

[23] Silly F, Castell M R. Formation of single-domain anatase TiO_2(001)-(1×4) islands on $SrTiO_3$(001)

after thermal annealing. Applied Physics Letters, 2004, 85: 3223-3225.
[24] Yang H G, Sun C H, Qiao S Z, et al. Anatase TiO_2 single crystals with a large percentage of reactive facets. Nature, 2008, 453: 638-641.
[25] Diebold U. Surface Science Reports, 2003, 48: 53-229.
[26] Zeng W, Liu T, Wang Z, et al. Oxygen adsorption on anatase TiO_2 (101) and (001) surfaces from first principles. Materials Transactions, 2010, 51: 171-175.
[27] Liu H, Zhao M, Lei Y, et al. Formaldehyde on TiO_2 anatase (101): A DFT study. Computational Materials Science, 2012, 51: 389-395.
[28] Haubrich J, Kaxiras E, Friend C M. The role of surface and subsurface point defects for chemical model studies on TiO_2: A first-principles theoretical study of formaldehyde bonding on rutile TiO_2(110). Chemistry - A European Journal, 2011, 17: 4496-4506.
[29] Perron H, Domain C, Roques J, et al. Optimisation of accurate rutile TiO_2 (110), (100), (101) and (001) surface models from periodic DFT calculations. Theoretical Chemistry Accounts, 2007, 117: 565-574.
[30] Perdew J P, Burke K, Ernzerhof M. Generalized gradient approximation made simple. Physical Review Letters, 1996, 77: 3865-3868.
[31] Vanderbilt D. Soft self-consistent pseudopotentials in a generalized eigenvalue formalism. Physical Review B, 1990, 41: 7892-7895.
[32] Burdett J K, Hughbanks T, Miller G J, et al. Structural-electronic relationships in inorganic solids: powder neutron diffraction studies of the rutile and anatase polymorphs of titanium dioxide at 15 and 295 K. Journal of The American Chemical Society, 1987, 109: 3639-3646.
[33] Huang W F, Chen H T, Lin M C. Density functional theory study of the adsorption and reaction of H_2S on TiO_2 rutile (110) and anatase (101) surfaces. Journal of Physical Chemistry C, 2009, 113: 20411-20420.
[34] Zhao Z, Li Z, Zou Z. Surface properties and electronic structure of low-index stoichiometric anatase TiO_2 surfaces. Journal of Physics: Condensed Matter, 2010, 22:175008.
[35] Bermudez V M. Ab initio study of the interaction of dimethyl methylphosphonate with rutile (110) and anatase (101) TiO_2 surfaces. Journal of Physical Chemistry C, 2010, 114: 3063-3074.
[36] Labat F, Baranek P, Adamo C. Structural and electronic properties of selected rutile and anatase TiO_2 surfaces: An ab initio investigation. Journal of Chemical Theory and Computation, 2008, 4: 341-352.
[37] Scaranto J, Giorgianni S. Adsorption of CH_2CHF on the anatase (101) surface: A quantum-mechanical study. Journal of Physical Chemistry C, 2007, 111: 11039-11044.
[38] Diebold U, Ruzycki N, Herman G S, et al. One step towards bridging the materials gap: Surface studies of TiO_2 anatase. Catalysis Today, 2003, 85: 93-100.
[39] Chen Q, Tang C, Zheng G. First-principles study of TiO_2 anatase (101) surfaces doped with N. Physica B: Condensed Matter, 2009, 404: 1074-1078.
[40] Vittadini A, Selloni A, Rotzinger F P, et al. Structure and energetics of water adsorbed at TiO_2 anatase (101) and (001) surfaces. Physical Review Letters, 1998, 81: 2954-2957.
[41] Erdogan R, Ozbek O, Onal I. A periodic DFT study of water and ammonia adsorption on anatase TiO_2 (001) slab. Surface Science, 2010, 604: 1029-1033.
[42] Guo J, Watanabe S, Janik M J, et al. Density functional theory study on adsorption of thiophene

on TiO_2 anatase (001) surfaces. Catalysis Today, 2010, 149: 218-223.

[43] Hussain A, Gracia J, Nieuwenhuys B E, et al. Chemistry of O- and H-containing species on the (001) surface of anatase TiO_2: A DFT study. Chemphyschem, 2010, 11: 2375-2382.

[44] Lazzeri M, Vittadini A, Selloni A. Structure and energetics of stoichiometric TiO_2 anatase surfaces. Physical Review B - Condensed Matter and Materials Physics, 2001, 63: 1554091-1554099.

[45] Diebold U. Surface Science Reports, 2003, 48: 53-229.

[46] Busca G, Lamotte J, Lavalley J C, et al. FT-IR study of the adsorption and transformation of formaldehyde on oxide surfaces. Journal of The American Chemical Society, 1987, 109: 5197-5202.

[47] Cain S R, Emmi F. How formaldehyde interacts and reacts with chromium and chromium oxide surfaces: A model for chromium-polyimide binding. Surface Science, 1990, 232: 209-218.

[48] Kieu L, Boyd P, Idriss H. Modelling of the adsorption of formic acid and formaldehyde over rutile TiO_2(110) and TiO_2(011) clusters. Journal of Molecular Catalysis A: Chemical, 2001, 176: 117-125.

[49] Idriss H, Kim K S, Barteau M A. Surface-dependent pathways for formaldehyde oxidation and reduction on TiO_2(001). Surface Science, 1992, 262: 113-127.

[50] Raskó J, Kecskés T, Kiss J. Adsorption and reaction of formaldehyde on TiO_2-supported Rh catalysts studied by FTIR and mass spectrometry. Journal of Catalysis, 2004, 226: 183-191.

[51] Kecskés T, Raskó J, Kiss J. FTIR and mass spectrometric study of HCOOH interaction with TiO_2 supported Rh and Au catalysts. Applied Catalysis A: General, 2004, 268: 9-16.

[52] Lavalley J C, Lamotte J, Busca G, et al. Fourier transform i.r. evidence of the formation of dioxymethylene species from formaldehyde adsorption on anatase and thoria. Journal of the Chemical Society, Chemical Communications, 1985, 14(14): 1006, 1007.

[53] Vohs J M, Barteau M A. Conversion of methanol, formaldehyde and formic acid on the polar faces of zinc oxide. Surface Science, 1986, 176: 91-114.

[54] Peng X D, Barteau M A. Adsorption of formaldehyde on model magnesia surfaces: Evidence for the Cannizzaro reaction. Langmuir, 1989, 5: 1051-1056.

[55] Li C, Domen K, Maruya K i, et al. Spectroscopic identification of adsorbed species derived from adsorption and decomposition of formic acid, methanol, and formaldehyde on cerium oxide. Journal of Catalysis, 1990, 125: 445-455.

[56] Zhou J, Mullins D R. Adsorption and reaction of formaldehyde on thin-film cerium oxide. Surface Science, 2006, 600: 1540-1546.

[57] Busca G, Lorenzelli V. Infrared study of methanol, formaldehyde, and formic acid adsorbed on hematite. Journal of Catalysis, 1980, 66: 155-161.

[58] Blomquist J, Walle L E, Uvdal P, et al. Water dissociation on single crystalline anatase TiO_2(001) studied by photoelectron spectroscopy. Journal of Physical Chemistry C, 2008, 112: 16616-16621.

[59] Tanner R E, Sasahara A, Liang Y, et al. Formic acid adsorption on anatase TiO_2(001)-(1×4) thin films studied by NC-AFM and STM. Journal of Physical Chemistry B, 2002, 106: 8211-8222.

[60] Sun S, Ding J, Bao J, et al. Photocatalytic oxidation of gaseous formaldehyde on TiO_2: An in situ DRIFTS study. Catalysis Letters, 2010, 137: 239-246.

[61] Nukada K. Infra-red and Raman spectra of dimethoxy methane and its deuterated compounds. Spectrochimica Acta, 1962, 18: 745-773.

[62] Saur O, Travert J, Lavalley J C, et al. Détermination de l'anharmonicité de la vibration de cisaillement $\delta(CH_2)$: Etude de la résonance de Fermi entre le niveau de la vibration symétrique $VS(CH_2)$ et celui de l'harmonique $2\delta(CH_2)$. Spectrochimica Acta Part A: Molecular Spectroscopy, 1973, 29: 243-252.

[63] Khoshkhoo H, Nixon E R. Infrared and Raman spectra of formaldehyde in argon and nitrogen matrices. Spectrochimica Acta Part A: Molecular Spectroscopy, 1973, 29: 603-612.

[64] Brown L R, Hunt R H, Pine A S. Wavenumbers, line strengths, and assignments in the Doppler-limited spectrum of formaldehyde from 2700 to 3000 cm^{-1}. Journal of Molecular Spectroscopy, 1979, 75: 406-428.

第32章 氢对O_2分子在锐钛矿型TiO_2(101)面吸附与解离的影响

32.1 引 言

TiO_2是一种重要的功能材料，广泛地用于光催化剂、异相催化剂以及太阳能电池[1-3]。在各种TiO_2晶相中，锐钛矿型TiO_2的纳米颗粒比较稳定，同时具有较高的光催化活性[4,5]。氧气分子在许多以TiO_2为基础的光催化过程中起到重要的作用，尤其是吸附在表面的氧气分子可以用作电子的捕获剂，从而抑制了光生电子-空穴的复合，提高了激发态的寿命和光催化反应的效率。因而O_2分子和TiO_2表面之间相互作用的研究吸引了人们数十年持续的关注[6,7]。电子从表面转移到O_2分子是O_2分子吸附的核心。事实上，O_2分子很难吸附在干净表面的TiO_2上[8,9]，那就需要在TiO_2中引入过量的电子。由于TiO_2样品总是具有还原性的，这些过量电子可能来源于表面的氧空位、Ti间隙、H原子等[10-13]。因此研究O_2分子吸附在有缺陷的表面将是一件有意义的事情，一旦O_2分子吸附在TiO_2的表面，这些O_2分子可能会发生解离，产生一些活性O原子，从而改变表面的催化活性。

水分子吸附在TiO_2的表面，可能会和TiO_2表面的O空位发生相互作用，最后H_2O分子在表面解离留下了两个氢原子[14-18]；氢气分子也可能在表面发生解离产生两个氢原子[19,20]，这些都是二氧化钛表面氢的重要来源。表面吸附的氢对TiO_2表面的化学反应起到重要的影响。例如，Tilocca等研究了O_2分子在氢化的金红石型TiO_2(110)面的反应活性，表面的氢原子会提高O_2分子的吸附能力，一旦O_2分子吸附在了氢化的金红石的(110)面后，发现在表面会有OOH和OH基团、H_2O分子、吸附O_{ad}原子产生[21-25]。相较于大量研究关注了O_2分子与氢化金红石型TiO_2表面的相互作用，O_2分子和锐钛矿表面相互作用的研究还很有限。特别对于锐钛矿的(101)面，氢对O_2分子吸附、解离的影响还不清楚。相关研究发现对于锐钛矿(101)面，表面的氢倾向于向体相内扩散[19,26,27]。以前的研究表明氢能够明显降低O_2解离的能垒，但是表面和亚表面氢对O_2吸附、解离的影响还不清楚[28]。因此，在本章中我们就计算了氢在锐钛矿(101)的表面或亚表面对O_2分子吸附、解离的影响。在氢化的锐钛矿(101)面，相较于干净表面O_2分子的吸附强度明显增强，尤其是亚表面吸附的 H 原子能够有效降低表面吸附 O_2 分子解离的能垒。

32.2 计算方法和模型

本章通过第一性原理计算研究了 O_2 分子在氢化的锐钛矿型 $TiO_2(101)$面的吸附和解离过程。所用到的软件是基于密度泛函理论(DFT)的 VASP[29-31]，整个计算采用的是投影缀加波赝势和广义梯度近似(GGA-PBE)的方法。虽然标准的广义梯度(GGA)近似方法并不能够准确描述二氧化钛中 n 型掺杂所引入过量电子的局域性，但当 O_2 分子吸附在具有还原性的锐钛矿表面后，电荷转移的情况类似于用 GGA+U 方法，同时 O_2 分子在不同位置吸附能和吸附稳定性的变化趋势也都一样[32-34]。GGA 近似的方法还能够正确描述 O_2 分子在 TiO_2 表面的吸附、解离过程[16,28,33,35]，因此本章的整个工作也采用 GGA-PBE 近似方法计算了 O_2 分子在锐钛矿型 TiO_2 (101)面的吸附、解离过程[36-38]。在整个弛豫、吸附和解离的计算过程中，采用的是 Monkhorst-Pack 方法在第一布里渊区选取 k 点积分，网格大小是 2×2×1。平面波的截断能(E_{cut})设置为 400 eV，电子能量和超胞中每一个离子所受力的收敛限分别是 10^{-4} eV 和 0.05 eV/Å，达到了收敛后整个弛豫才会结束。通过 Bader 电荷数分析计算了电荷转移的数目[39]。

单个 O_2 分子或解离后的两个 O 原子在氢化后的锐钛矿(101)面吸附能的计算是根据下面公式得到的：

$$E_{O_2ad} = E_{surf+O_2} - E_{surf} - E_{O_2} \tag{32-1}$$

$$E_{2Oad} = E_{surf+O_2} - E_{surf} - E_{O_2} \tag{32-2}$$

其中，E_{O_2ad} 和 $E_{2O_{ad}}$ 分别是计算出的 O_2 分子和 O 原子的吸附能；E_{surf+O_2} 为 O_2 吸附在锐钛矿(101)面后整个系统的能量，$E_{2O_{ad}}$ 为两个 O 原子吸附在锐钛矿(101)面后整个系统的能量；E_{surf} 是表面没有吸附 O_2 分子或者 O 原子的系统能量；E_{O_2} 是一个氧气分子在真空中的能量。

对于 O_2 分子在锐钛矿(101)面扩散、解离的过程采用的是 Henkelman 小组的 CI-NEB (climbing-image nudged elastic band) 的方法来寻找反其鞍点的位置[40-42]。在初始和末态结构之间有四个 images 作为初始猜测的反应路径，然后再通过频率计算来验证过渡的结构是否只在一个方向上存在虚频。

在构建锐钛矿(101)表面结构模型中，所用的锐钛矿晶格常数和以前研究所用的一致[43]，$a = b = 3.830$ Å，$c = 9.6133$ Å。一个 3×2 的计算超胞用来研究表面 O_2 分子的吸附和解离。这个超胞中包含 3 个 TiO_2 层的超胞(共 108 个原子)，面积为 11.49 Å×

11.49 Å，如图 32-1 所示。在所有的计算过程中，第三个 TiO_2 原子层(36 个原子)，也就是最底层的 TiO_2 层是固定的，用来模拟体相结构。其他两个 TiO_2 层可以充分弛豫，从而可以得到最稳定的吸附构型[32]。在最上面一个 TiO_2 层中，有一个 Ti_{5C} 层和一个 Ti_{6C}。层，已在图中标注。在 z 方向有 10 Å 厚度的真空层用来消除周期性超胞之间的影响。根据这个计算模型，我们计算出来的表面能大小是 0.49 J/m^2，这和前人的结果是一致的[44]，说明计算模型是合理的[45]。

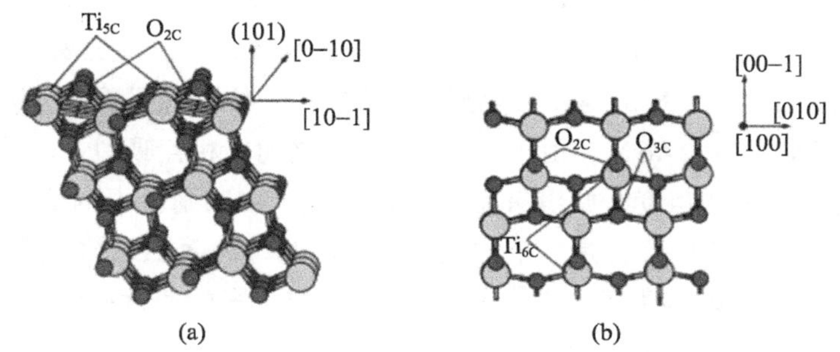

图 32-1　锐钛矿(101)面的侧视图(a)和俯视图(b)

浅色小球表示钛原子，深色小球氧原子

32.3　O_2 分子吸附在表面氢化的锐钛矿型 TiO_2 (101)面

TiO_2 表面水分子和氢分子的解离可以在表面产生一些吸附的氢[20,46-48]，先前的研究已经关注了 O_2 分子与氢化金红石型 TiO_2(110)面之间的相互作用，科研人员通过 STM 观测到了 O_2 吸附在其表面有 OOH、吸附原子 O_{ad}、OH 和 H_2O 分子的生成[22,23,25]。类似的，表面 H 原子吸附也可能影响锐钛矿(101)面的化学活性。因此本节重点研究了 H 原子对 O_2 分子在锐钛矿(101)面吸附、解离的影响。我们在这里关注了表面有一个 H 或两个 H 原子的影响，表面或亚表面更多的 H 原子吸附并不能明显改变 O_2 分子的吸附强度[13,34]。在整个计算过程中，中性 H 原子被加在锐钛矿(101)表面，H 原子吸附到平面后，所提供的电子会转移到邻近 Ti 的 3d 轨道上[49,50]，在表面留下了 H^+，但整个计算超胞仍是电中性的。

32.3.1　O_2 分子在有一个 H 原子的锐钛矿型 TiO_2 (101)表面吸附

原则上 H 原子是可能吸附在(101)表面的任何位置，根据前人的研究发现，解离后的 H 原子吸附在 O_2。位置是最稳定的[19,27]，其他吸附位的 H 会很容易扩散到 O_{2C}。上面。因此在我们计算的模型中，H 原子吸附在了最稳定的位置 O_{2C} 上面，如图 32-2 所示。这个 H 原子的吸附能是−2.25 eV，和文献中的数值(−2.15 eV)接近[19]。H 原子吸附能的计算是采用了文献中的方法，用 H 原子吸附后系统的总能量减去一个 H 原子的能量和吸附之前系统的总能量(表 32-1)。图 32-3 中表面有六个 Ti_{5C} 和六个 Ti_{6C} 原子，并从 1 到 12 标记了这些原子的位置。我们计算了 O_2 分子在到六个不同的 Ti_{5C} 上面吸附，结果发现 5 和 6, 10 和 12 位置的 O_2 吸附能大小相等，表 32-1 中列出了 O_2 分子在不同 Ti_{5C} 位置的吸附能。对于所有不同的 Ti_5 吸附位，O_2 分子的 O—O 键长都是 1.32 Å，接近于超氧根 O_2^- 的典型数值 1.33 Å。5 和 6 位置最靠近 H 原子，这两个位置上面的 O_2 分子的吸附能数值最低，也就是吸附得最稳定。对于稳定吸附构型 A1 (图 32-4)，O_2 分子吸附在 6 号位，和下面的 Ti_{5C} 形成了两个 Ti—O 键，键长都是 2.06 Å。由于 H 和 O_2 分子之间的相互吸引，O_2 分子朝氢离子的方向旋转了一定的角度，并没有完全沿着[010]方向吸附。根据公式计算出的 O_2 分子的吸附能是−0.82 eV，是一个放热过程。因此，表面 H 原子的存在使 O_2 在锐钛矿的(101)面的吸附成为了可能，因为 O_2 不能在干净的锐钛矿(101)面吸附[9]。

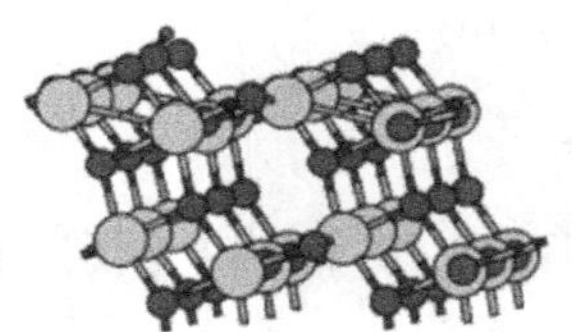

(a) 构型 A0, 侧视

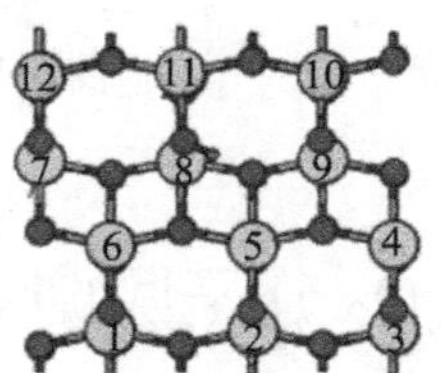

(b) 构型 A0, 俯视

图 32-2　一个 H 原子吸附在锐钛矿(101)面的 O_{2c} 上

表面的 Ti_{5c} 和 Ti_{6c} 由数字 1~12 标注，这些是 O_2 分子或者解离后 O 原子的不同吸附位。灰色小球是 Ti 原子，红色小球是 O 原子，绿色小球是 H 原子

表 32-1　一个 O_2 分子和两个 O 原子在锐钛矿(101)面的吸附能

A0	ΔE	B0	ΔE	C0	ΔE	D0	ΔE
4	−0.71	4,6	−1.35	4,11	−1.36	4,6	−1.03
5,6(A1)	−0.82	5(B1)	−1.67	5(C1)	−1.43	5(D1)	−1.07
10,12	−0.73	10	−1.25	6,10	−1.13	10,11	−1.02
11	−0.78	11,12	−1.45	12	−1.23	12	−0.93
A2	−0.56	B2	−1.71	C2	−1.51	D1′	−0.76
		B3	−1.83	C1′	−1.34	D1″	−0.94
		B1′	−1.55	C1″	−1.04		
		B2′	−2.11	C2′	−1.92		
		B3′	−2.27	C2″	−1.73		

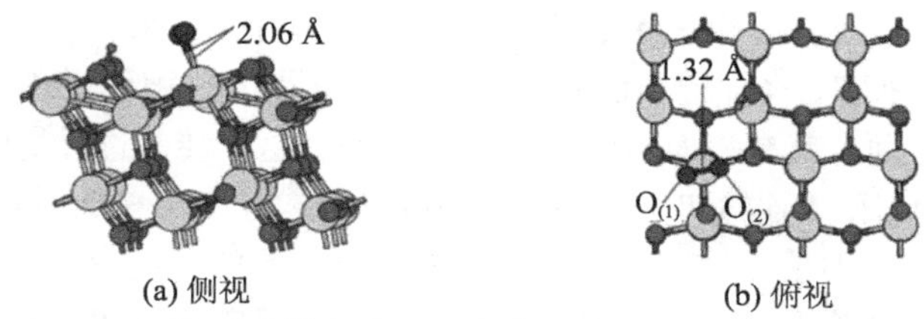

(a) 侧视　(b) 俯视

图 32-3　O_2 分子吸附在表面 6 号位 Ti_{5c} 上得到的稳定构型 A1

蓝色小球是吸附的 O_2 分子，绿色小球是 H 原子

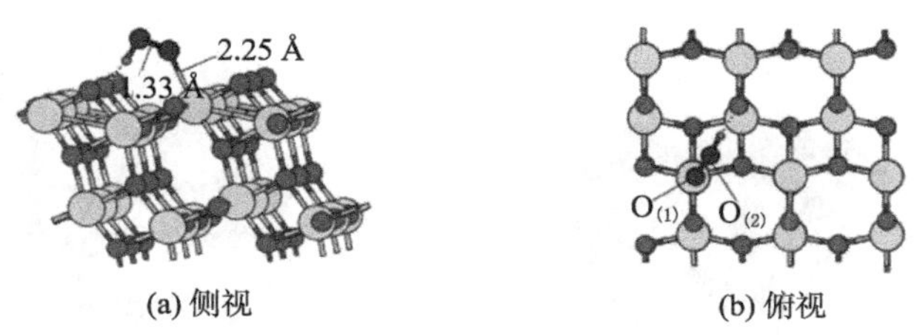

(a) 侧视　(b) 俯视

图 32-4　A1 构型中的表面氢离子从 O_{2c} 转移到了 O_2 分子上得到的 A2 构型

由于表面氢离子和吸附 O_2 分子之间较强的相互吸引，表面的氢离子能够转移到 O_2 分子上。通过 NEB 计算了 H 的扩散过程，能垒是 0.41 eV。在 H 转移过程中，Ti—$O_{(2)}$键自动断开了，H 吸附在了 $O_{(2)}$原子上面，形成了一个拱形的 OOH 基团，得到了吸附构型 A2。在 A2 构型中，$O_{(1)}$—$O_{(2)}$键长是 1.33 Å, Ti—$O_{(1)}$键长由 A1 构型中的 2.06 Å 增长到了 2.25 Å，计算出的 O_2 分子吸附能升高到了−0.56 eV，并没有 A1 稳定。这说明在表面吸附一个 H 原子的情况下，能量上不倾向于形成 OOH 基团，而是以 O_2 形式吸附在表面。进一步，我们考虑了 A1 结构中 O_2 分子的解离，计算发现 O_2 解离构型的系统能量比初始构型 A1 的系统能量提高了 1 eV。因此，表面有一个 H 原子的时候，增强了 O_2 分子的吸附，但很难发生解离。

32.3.2　O_2 分子在有两个 H 原子的锐钛矿 TiO_2(101)表面吸附

在这里，我们考虑了表面有两个邻近 H 原子吸附的情况(图 32-5)，根据 Aschauer 的研究，这是一个最稳定的吸附构型[19]。然后我们计算了 O_2 分子在表面不同 Ti_{5c} 位置的吸附能，见表 32-1。对于所有不同的吸附位，O_2 分子的键长都是 1.44 Å，说明吸附后 H 原子提供的电子转移到了 O_2 分子上面，形成了超氧根离子 O_2^{2-} 。对于吸附构型 B1 (图 32-6)，O_2 分子吸附在 5 号位 Ti_{5c} 上面，形成的两个 Ti—O 键长都是 1.91 Å，吸附能是−1.67 eV，是 A1 构型中 O_2 分子吸附能的两倍。另一个吸附构型 B2，表面 O_{2c} 上面的 H 被 O_2 分子吸引过去，转移到了 O_2 分子上面，另外一个 H 仍在 O_{2c} 原子上面。从构型 B1 到 B2 这个转变过程的能垒是 0.18 eV。在表面形成了一个 OOH 基团，吸附能是−1.71 eV，这个比 B1 结构的 O_2 分子吸附能要低。

在 B2 构型中，O_2 分子的 O—O 键长是 1.46 Å，其中 Ti_{5c} 和 $O_{(2)}$ 之间的 Ti—O 键增长到了 2.22 Å，而 Ti—$O_{(1)}$ 键长没有明显变化。当另外一个吸附 H 也从 O_{2c} 转移到了吸附的 O_2 分子上面，就在表面形成了一个 HOOH，这个转变过程的能垒是 0.32 eV。在 B3 构型中，$O_{(2)}$ 和 Ti_{5c} 的 Ti—O 键已经断开，只剩下 Ti_{5c}—$O_{(1)}$ 键，键长是 2.28 Å，O_2 分子的吸附能大小是−1.83 eV，是三个构型中最低的。这说明随着氢离子从表面的 O_{2c} 转移到 O_2 分子上面，系统的能量越来越低，倾向于在表面形成 OOH、HOOH 基团。H_2O_2 在锐钛矿型 TiO_2(101)面的吸附能大小是−0.74 eV，这接近于 Mattioli 的计算结果[51]。

(a) 构型B0, 侧视

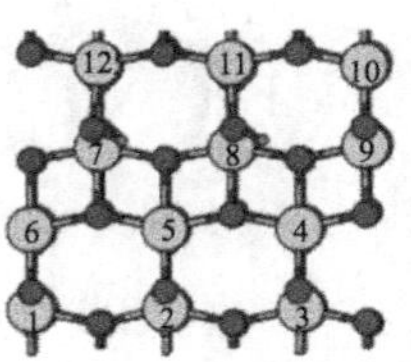

(b) 构型B0, 俯视

图 32-5　两个 H 原子吸附在锐钛矿(101)面

表面 Ti 原子从 1 到 12 作了标注。灰色小球是 Ti 原子；红色小球是 O 原子；绿色小球是 H 原子

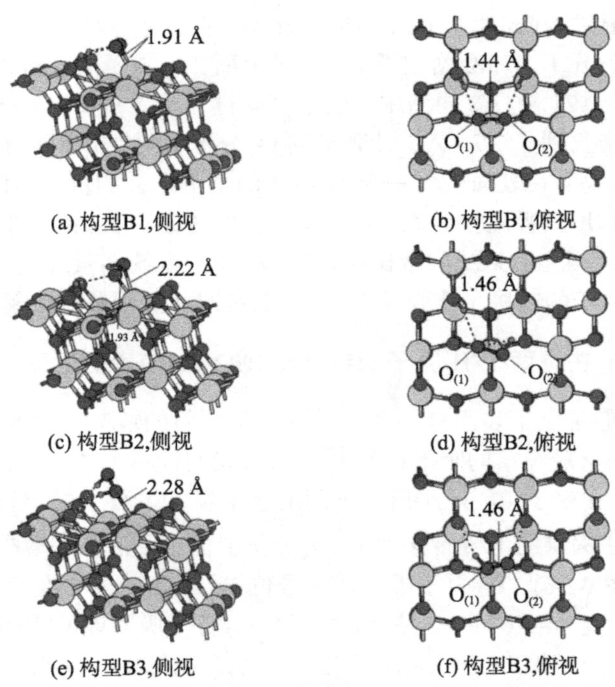

图 32-6　O_2 分子在有两个 H 原子的锐钛矿(101)面的吸附构型

蓝色小球是吸附的 O_2 分子，绿色小球是 H 原子

32.3.3　O_2 分子解离后的吸附构型

在氢化的金红石型 $TiO_2(110)$面 O_2 分子吸附后，在表面发现了 OH 基团、H_2O 分子和吸附 O_{ad} 原子的生成[22,23]。那么 O_2 分子在氢化的锐钛矿(101)面吸附后也有可能发生解离，我们考虑了 O_2 分子解离后的吸附情况，得到了三个稳定的吸附构型 B1′、B2′、B3′，如图 32-7 所示。当 B1 结构中的吸附 O_2 分子解离，一个 O 原子仍然吸附在 5 号位的 Ti_{5c} 上面，键长缩短到了 1.70 Å。与此同时，另外一个 O 原子和表面的 O_{2c} 共用一个晶格位置，形成了一个桥氧对。在构型 B2′中，表面 O_{2c} 上的一个氢离子转移到了吸附 $O_{(2)}$原子上面，在表面形成了 OH 基团，同时这个氢离子弱化了这个 $O_{(2)}$—Ti_{5c} 键的强度，它的键长由 B1′中的 1.70 Å 增加到了 1.85 Å。这两个 O 原子的吸附能大小是−2.11 eV，比 B1′中的要低一些。从 B1′转变成 B2′，氢离子扩散能垒是 0.19 eV，说明这个转变很容易发生。当表面的 OH 基团进一步吸引了表面另一个氢离子，在表面形成了 H_2O 分子，得到了构型 B3′。从构型 B2′ 转变成 B3′ 的能垒是 0.32eV，系统的能量也降低了。在 B3′ 构型中，当 H_2O 作为一个整体的时候，H_2O 分子在表面的吸附能是−0.80 eV，这个数值接近于 Vittadini 等的计算结果−0.74 eV[48]。

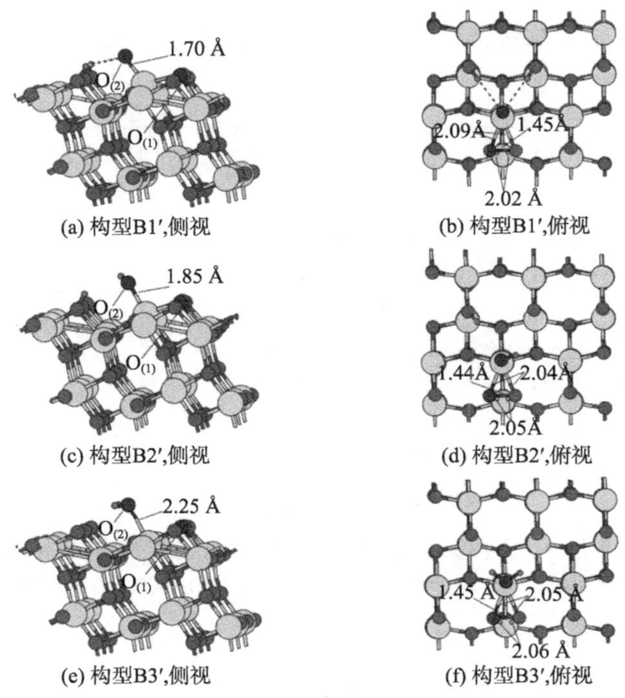

(a) 构型B1′,侧视　(b) 构型B1′,俯视
(c) 构型B2′,侧视　(d) 构型B2′,俯视
(e) 构型B3′,侧视　(f) 构型B3′,俯视

图 32-7　O_2 分子解离以后的吸附构型

为了更清楚地描述表面电荷转移情况，我们计算了图 32-6 和图 32-7 中吸附结构的电子态密度(DOS)，如图 32-8 所示。对于 O_2 分子吸附在表面氢化的锐钛矿(101)面，两个 H 原子提供的额外电子从 TiO_2 表面转移到了 O_2 分子的反键轨道(π^*_{2p})上面，在带隙中引入了两个局域峰。从图 32-8 中的 B1~B3 可以看出，随着表面 H^+ 转移到 O_2 分子上面，O_2 分子的两个反键轨道峰向左偏移，O_2 分子吸附变得越来越稳定，系统能量也随之降低。进一步，Bader 电荷数量分析计算发现，构型 B1~B3 中吸附 O_2 分子得到的电荷数分别是 1.18 e^-、1.57 e^-和 2.0 e^-，吸附能也依次降低。可以看出，转移到 O_2 分子上面的电子越多，O_2 分子吸附得越稳定，O_2 分子吸附过程释放的能量也就越多。这个现象和 Tilocca 的研究结果相类似[21, 52]。对于解离后的构型 B1′、B2′、B3′(图 32-7)，我们也分析了它们的电荷分布情况。对于构型 B1′，从图 32-8 中 B1′的态密度可以看到，两个解离后吸附的 $O_{(1)}$和 $O_{(2)}$原子的原子轨道都是填满的，并没有空态。这是由于表面 H 原子提供的两个电子大部分都转移到了 $O_{(2)}$原子(1.5 e^-，Bader 计算)，$O_{(2)}$原子的两个空 p 轨道也就基本填满了，而 $O_{(1)}$原子也和表面的 O_{2c}、Ti 原子形成了稳定的化学键，因此两个原子都稳定地吸附在了表面。对于构型 B2′和 B3′，H 转移到 $O_{(2)}$原子上面，相似于 O_2 分子吸附的情况，会有更多的电子转移到 $O_{(2)}$原子上，释放出更多的热量，吸附也就更加稳定。

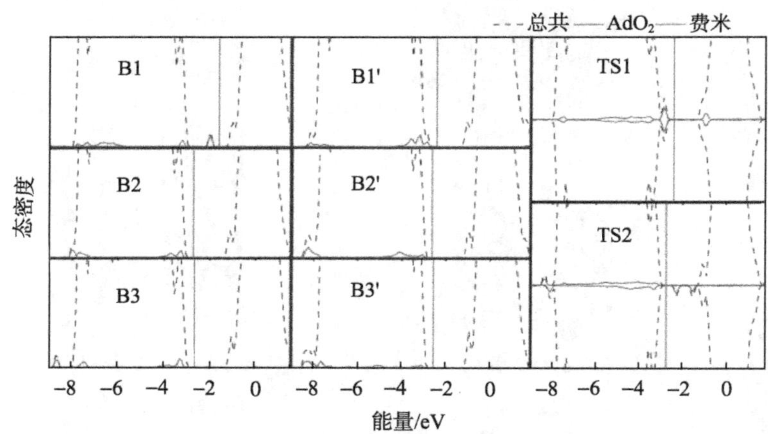

图 32-8　O_2 分子吸附构型、解离构型，以及所对应过渡态结构(TSs)的电荷态密度

虚线是整个系统的电荷态密度，实线是来自于吸附 O_2 分子或解离后两个 O 原子的贡献

32.4　吸附 O_2 分子在氢化锐钛矿型 TiO_2(101)面的解离过程

根据上面的计算我们得到了三个吸附构型和三个解离构型，因此我们就在本节讨论所有可能解离的路径。首先我们考虑从构型 B1 到 B1′中 O_2 分子的解离情况，解离的过程在图 32-9 中列出，O_2 分子解离几乎是沿着[101]方向，能垒是 1.78 eV。在过渡态结构 TS1 中，两个吸附原子 $O_{(1)}$和 $O_{(2)}$的距离是 2.06 Å，$O_{(1)}$和 O_{2c} 的距离是 1.78 Å，这说明 O_2 分子的 O—O 键已经断开，$O_{(1)}$和 O_2 之间没有形成新的化学键。TS1 结构的电荷分布图也显示 $O_{(1)}$和 $O_{(2)}$，$O_{(1)}$和 O_{2c} 原子之间都没有电荷分布。既然这两个吸附 O 原子之间没有了化学键，那么这两个 O 原子的 p 轨道也没有被填满，会有空态，可以从图 32-8 中 TS1 的电荷密度图看到。O_2 分子解离后，虽然 B1′系统的能量相对 B1 升高了 0.13 eV，但是 B1′只需 0.19 eV 的能量就能转化为更加稳定的 B2，系统能量随之降低了 0.56 eV。

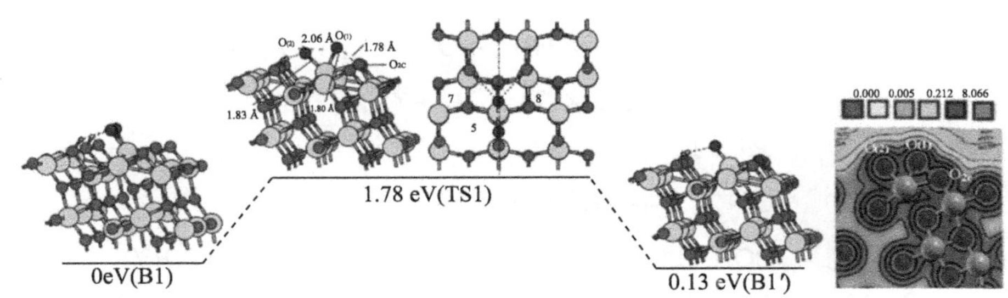

图 32-9　O_2 分子在氢化锐钛矿(101)面的解离过程

B1 是初始结构，作为势能的零点，B1′是末态结构。中间的 TS1 是过渡态结构，能垒是 1.78 eV。右图对应的是 TS1 沿虚线方向的电荷分布截面图

O_2 分子的第二条解离路径是从初始结构 B2 到结构 B1′，能垒为 1.75 eV (图 32-10)。这个能垒的大小接近于第一条解离路径的能垒(B1 →B1′)。解离以后系统的能量降低了，有 0.4 eV 的热量放出。TS2 的电荷分布表明 $O_{(1)}$和 $O_{(2)}$原子之间的 O—O 键已经断裂，也没有和表面 O_{2c} 原子形成新的化学键。在图 32-8 的 TS2 中，带隙中的两个空态主要来自 $O_{(1)}$的贡献，也说明 $O_{(1)}$没有和表面原子形成化学键。进一步通过 Bader 分析电荷转移的数目，结果显示转移到 $O_{(1)}$和 $O_{(2)}$原子上面的电荷数目分别是 0.3 e^-、1.5 e^-，说明 H 原子提供的大部分电子都转移到了 $O_{(2)}$原子上。

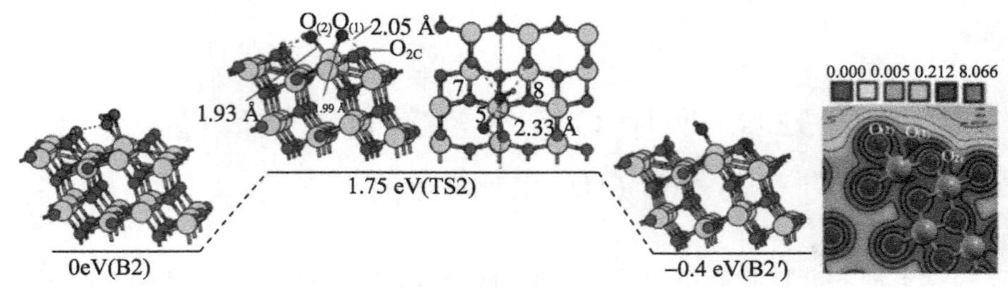

图 32-10　初始构型 B2 中的 O_2 分子的解离过程

过渡态、末态结构分别是 B2, TS2、B2′，解离的能垒是 1.75 eV。
右图是 TS2 构型中沿虚线部分的电荷密度分布情况

最后，第三条 O_2 的解离路径 B3 是初始结构，在这种情况下，H_2O 分子解离成两个 OH 基团吸附在表面的 4 号和 5 号 Ti_{5c} 上面，然而系统的能量升高了 1.4 eV，说明解离后的构型极其不稳定，因此这个解离过程很难发生。

在这里我们可以对上一部分的结果作一个小结。当表面吸附有一个 H 原子的时候，这个 H 原子有助于 O_2 分子的吸附，但是 O_2 分子很难发生解离。对于另一种情况，表面有两个 H 原子的时候，也大大增强了 O_2 分子的吸附，并得到了两条 O_2 分子解离的路径：Path 1 和 Path2。

Path 1:

$$O_2+2e^- \longrightarrow O_2^{2-}(B1) \rightarrow O_{ad}^{2-}+O_{ad}(B1') \xleftrightarrow{+H^+}$$

$$OH^-+O_{ad}(B2') \xleftrightarrow{+H^+} H_2O+O_{ad}(B3')$$

Path 2:

$$O_2+2e^- \longrightarrow O_2^{2-}(B1) \xleftrightarrow{+H^+}$$

$$OOH^-(B2) \rightarrow OH^-+O_{ad}(B2') \xleftrightarrow{+H^+} H_2O+O_{ad}(B3')$$

然而这两条 O_2 分子的解离路径，能垒都高于 1.7 eV，说明在表面有 H 原子的情况下，可以增强 O_2 分子的吸附，但很难发生解离。如果 O_2 分子解离的能垒能够降低，这样就可以在表面产生更多的活性 O 原子，来提高氧化表面有毒分子的效率，那么降低 O_2 解离的能垒将是非常有意义的。最近研究发现，锐钛矿(101)表面吸附的 H 原子倾向于往亚表面扩散，进而我们在下面重点研究了亚表面 H 原子对表面 O_2 分子吸附、解离的影响，结果显示亚表面 H 原子能够有效地降低 O_2 分子解离的能垒。

32.5　O_2 分子和 O 原子在表面和亚表面都有 H 原子的锐钛矿型 TiO_2(101)面的吸附

既然锐钛矿(101)表面吸附的 H 原子能够很容易地扩散到亚表面位置，那么研究表面和亚表面 H 原子协同作用下对 O_2 分子吸附、解离的影响将是非常有必要的[19,27]。如图 32-11 所示，一个 H 原子吸附在表面 O_{2c}，另一个 H 原子吸附在亚表面位置，根据 Islam 的研究工作，这个组合形式是相对最稳定的[27]。接着我们计算了 O_2 分子在表面不同位置的吸附能，见表 32-1，可以看出 C1 是最稳定的吸附构型。对于构型 C1，O_2 分子 O—O 键长是 1.44 Å，吸附能大小是−1.43 eV。根据图 32-14 中电子态密度可以看到，H 原子中电子有一部分转移到了 O_2 分子的反键轨道，形成了两个小的局域峰。这两个峰的形状类似于 B1 构型中 O_2 分子的反键轨道峰(图 32-8)，但是峰值所对应的能量比 B1 的要高，因此 C1 中 O_2 分子的吸附能绝对值也就小于了 B1 中 O_2 分子的吸附能绝对值。通过 Badeir 进一步分析了转移到 C1 中 O_2 分子的电荷数目，得到了 1.09 e^-，而B1 中 O_2 分子得到了 1.18 e^-。

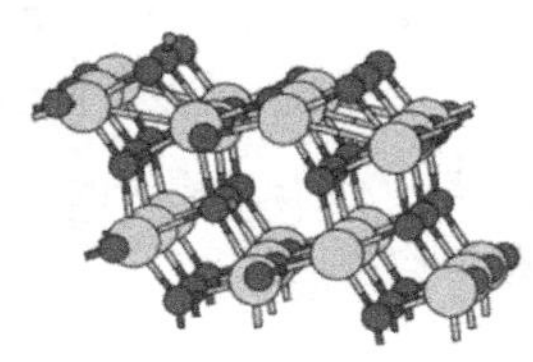

(a) 构型C0,侧视

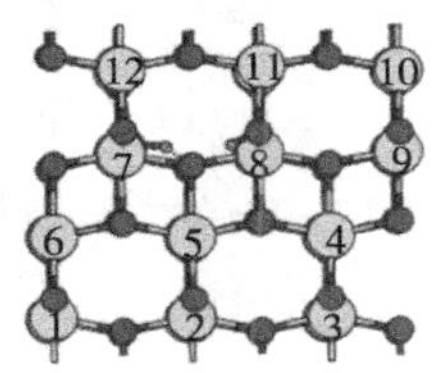

(b) 构型C0,俯视

图 32-11　表面系统有两个 H 原子吸附的构型：一个在表面，一个在亚表面位

表面 Ti 原子由数字 1~12 标注，O_2 分子和解离的 O 原子吸附在这些表面 Ti 原子上面

对于另一个 O_2 分子吸附构型 C2 (图 32-12)，表面 O_{2c} 上吸附的氢离子由于 O_2 分子的吸引转移到了 O_2 分子，在表面形成了 OOH 基团。从构型 C1 转变成了 C2，能垒大小是 0.24 eV。这时 O_2 分子的吸附能大小是−1.52 eV。Bader 分析表明转移到 O_2 分子上面的电荷数目是 1.50 e^-，比 C1 构型中 O_2 分子所带电荷多了 0.43 e^-。因此 O_2 分子的局域态密度朝能量更低的方向移动了(C2，见图 32-14)，系统的能量也随之降低了。在 C2 构型中，O—O 的键长是 1.46 Å，表面 Ti_{5c} 和两个吸附 O 原子的键长分别是 1.91 Å 和 2.17 Å。

我们计算了 O_2 分子解离以后的吸附构型。C1 构型中吸附的 O_2 分子发生解离，得到了两个稳定的解离构型 C1′和 C1″，如图 32-13 所示。对于这两个解离构型，一个 O 原子仍然在表面的 Ti_{5c} 原子上面，另一个 $O_{(1)}$原子和表面的 O_{2c} 共用一个晶格位置。如果初始 O_2 分子的吸附构型是 C2，解离以后得到了 C2′和 C2″这两个构型。同时由于 $O_{(2)}$原子对表面氢离子的吸附，C1′和 C1″中的 H 可能从表面的 O_{2c} 转移到 $O_{(2)}$原子上，从而 C1′和 C1″分别转变成 C2′和 C2″。这两个过程的转变能垒 C1′→C2′: 0.28 eV，C1″→C2″: 0.22 eV，能垒并不高，说明很容易发生，而且从表 32-1

可以看出 C2′和 C2″的系统能量也都比 C1 和 C1″低。

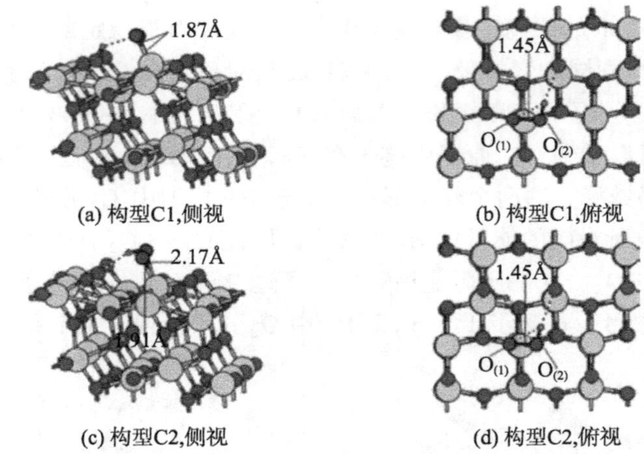

(a) 构型C1,侧视　(b) 构型C1,俯视

(c) 构型C2,侧视　(d) 构型C2,俯视

图 32-12　O_2 分子吸附在表面和亚表面都有一个 H 原子的锐钛矿(101)面上得到的稳定构型

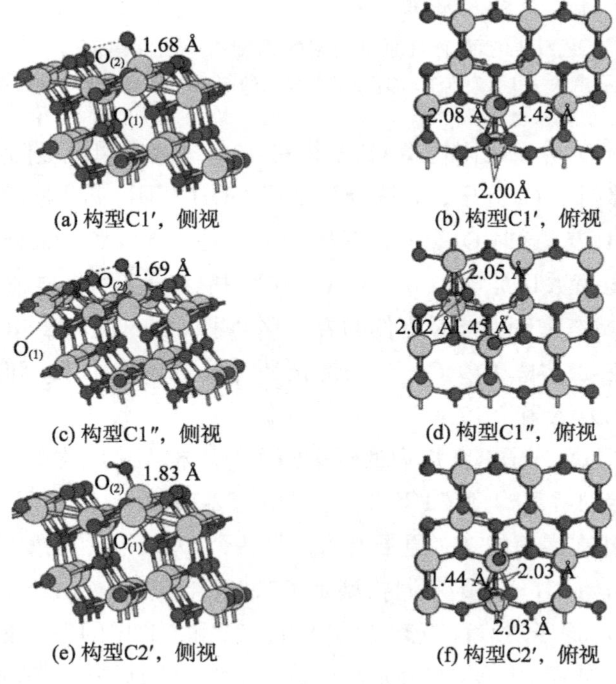

(a) 构型C1′，侧视　(b) 构型C1′，俯视

(c) 构型C1″，侧视　(d) 构型C1″，俯视

(e) 构型C2′，侧视　(f) 构型C2′，俯视

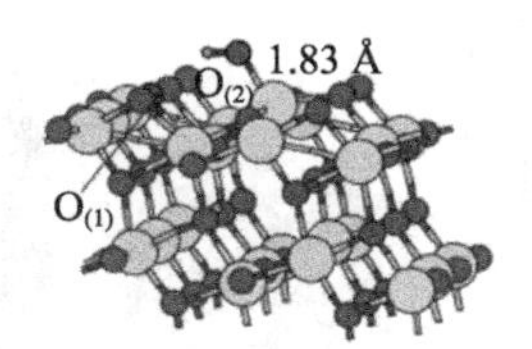

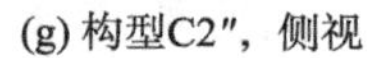

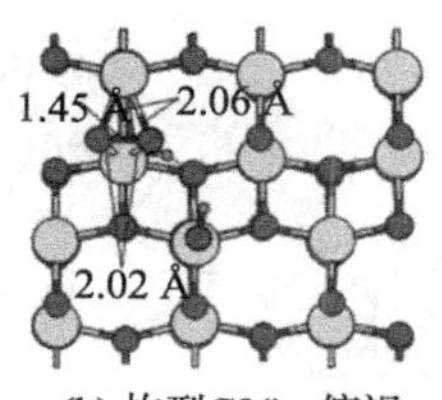

图 32-13　O_2 分子吸附在表面和亚表面都有一个 H 原子的锐钛矿(101)面解离以后的吸附构型

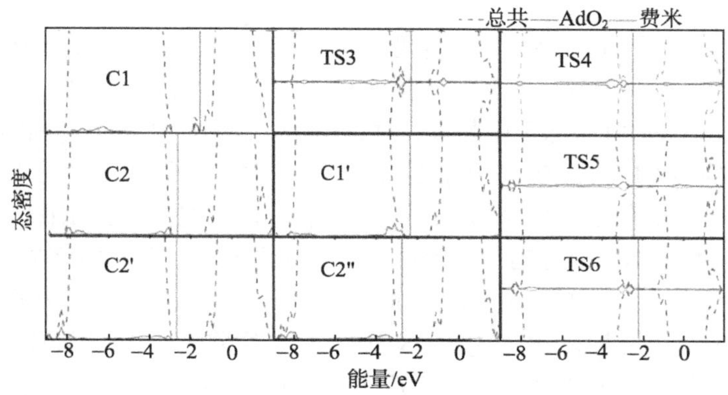

图 32-14　O_2 分子吸附构型、解离构型，以及所对应过渡态结构(TSs)的电荷态密度

虚线是整个系统的电荷态密度，实线是来自于吸附 O_2 分子或解离后两个 O 原子的贡献

32.6　O_2 分子在表面和亚表面都有 H 原子的锐钛矿型 TiO_2 (101)面的解离过程

本节研究了 O_2 分子在表面和亚表面都有 H 原子的锐钛矿(101)面的解离过程。首先考虑，若初始型是 C1，末态构型是 C1′，则计算出的解离能垒大小是 1.82 eV，如图 32-15 所示。这个能垒的大小接近于两个 H 原子都在表面时 O_2 解离的能垒(图 32-9 和图 32-10)。根据过渡态 TS3 的电荷密度分布可以看出，在过渡态结构中，$O_{(1)}$和$O_{(2)}$原子之间的 O—O 键已经断开，同时 $O_{(1)}$原子和表面的 $O_{(2c)}$之间也没有形成新的化学键。解离以后系统能量稍微升高了 0.09 eV，但是 C1′又会很容易转变成 C2′，转变能垒只有 0.28 eV，系统能量也随之降低了 0.58 eV。

初始构型 C1 的第二条解离路径是从 C1 到末态结构 C1″(图 32-16)，能垒是 1.25 eV，这个能垒远低于图 32-15 中解离路径的能垒 1.82 eV。在过渡态构型 TS4 中，

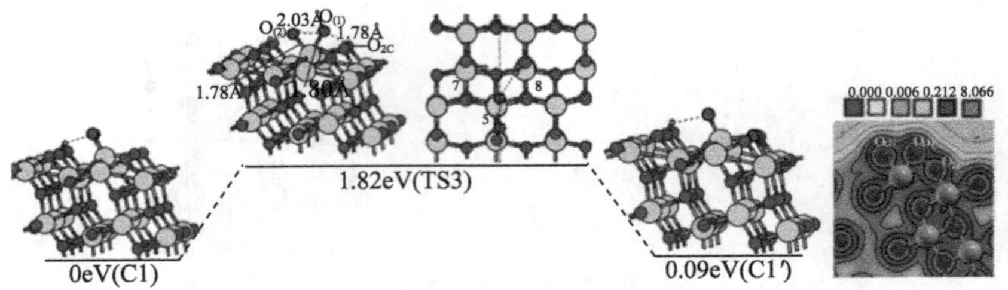

图 32-15　O_2分子解离过程从构型 C1 到 C1′，中间是 TS3 过渡态构型

右边的图是 TS3 中沿虚线部分的电荷密度分布截面图。

$O_{(1)}$扩散到了对面的 Ti_{6c}上面，而 $O_{(2)}$仍然在 Ti_{5c}原子上。Ti_{5c}—$O_{(2)}$的键长是 1.75 Å，这比初始构型 C1 中 Ti_{5c}—$O_{(2)}$键长短了 0.12 Å，Bader 计算出 $O_{(2)}$原子得到的电荷数 1.02 e^-，也比 C1 中 $O_{(2)}$原子带的多，这说明在 TS4 中，Ti_{5c}—$O_{(2)}$键的结合强度明显大于初始构型 C1 中的 Ti_{5c}—$O_{(2)}$键。O_2分子的两个 O 原子之间的距离是 1.98 Å，它们之间没有了电荷分布，因此 O_2分子的 $O_{(1)}$—$O_{(2)}$共价键已经断开，与此同时，在 $O_{(1)}$和 O_{2c}之间有大量电荷聚集说明它们之间形成了一个新的化学键，键的长度是 1.69 Å。相应的，在 TS4 态密度图中，两个吸附 O 原子的电荷态都已经被占据。根据以上分析可以看出，在过渡态 TS4 中，两个吸附 O 原子与表面结合得都很紧密，进而解离的能垒也就大大地降低了。虽然解离以后系统的能量升高了，但是只需 0.22 eV 的能量 C1″就可以转化成更加稳定的构型 C2″。

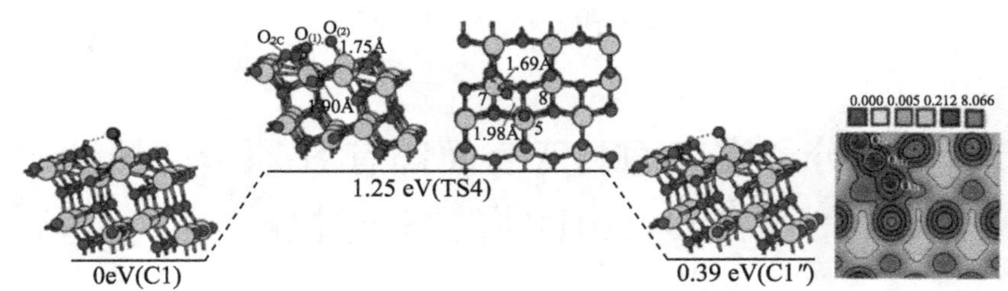

图 32-16　O_2分子解离的过程从构型 C1 到 C1″，中间的构型 TS4 是过渡态构型

右边的图是在(101)面上方的俯视图，TS4 结构的电荷密度分布图

C1 构型中氢离子从表面 O_{2C}。转移到了吸附 O_2分子上，得到了吸附构型 C2，然后计算了 C2 结构中 O_2分子的解离过程。解离以后，得到末态结构有 C2′和 C2″。列出的是从 C2 到 C2′的解离过程，能垒是 1.17 eV，这个能垒也低于从 B2 到 B2′的解离能垒(图 32-17)。在过渡态 TS5 中，Ti_{5c}—$O_{(1)}$键长是 1.81 Å，$O_{(1)}$和表面 O_{2c}的距离是 1.65 Å，在 $O_{(1)}$和 O_2之间有大量的电荷分布，说明在这两个原子之间也形成一个共价键。类似于 TS4 的情况，TS5 构型 OH 基团较初始结构和表面结合更加紧密，$O_{(1)}$也和表面 O_{2C}。形成了化学键，这些和表面较强的结合形式大大降低了解

离过程中的能垒。

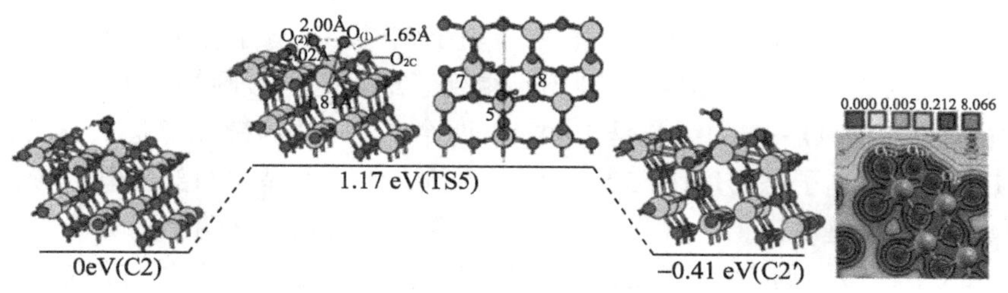

图 32-17 O_2 分子解离的过程从构型 C2 到 C2′，中间是 TS5 过渡态构型
右边的图是 TS5 中沿虚线部分的电荷密度分布截面图

O_2分子在氢化的锐钛矿(101)面由构型 C2 到 C2″解离的过程在图 32-18 中给出，能垒是 0.83 eV，这个能垒比以上所有计算出来的 O_2 解离过程的能垒都要低(表 32-1)。在这个过渡态 TS6 中，在亚表面 H 原子上面的那个 Ti_{6c}(7 号位的表面 Ti 原子)朝表面方向凸起，连接了解离过程中的 O_2，进而和 O_2 分子中的 $O_{(1)}$原子形成了 Ti_{6c}—$O_{(1)}$键，键长是 2.10 Å。有趣的是，在这个解离过程中，O_2 分子键长并没有断开，整个结构已经到达鞍点位置，O—O 键长仍然是 1.44 Å，和初始结构 C2 中 O_2 分子键长一样。表面 Ti_{6c} 原子和 O_2 分子的这个协同作用使解离的能垒非常低。对于这个解离过程，初始构型 C_2 的 O_2 分子吸附能是−1.51 eV，那么吸附过程中放出的热量已足以使 O_2 分子发生解离。解离以后系统的能量也降低了，这是个放热过程，反应能是 0.22 eV。

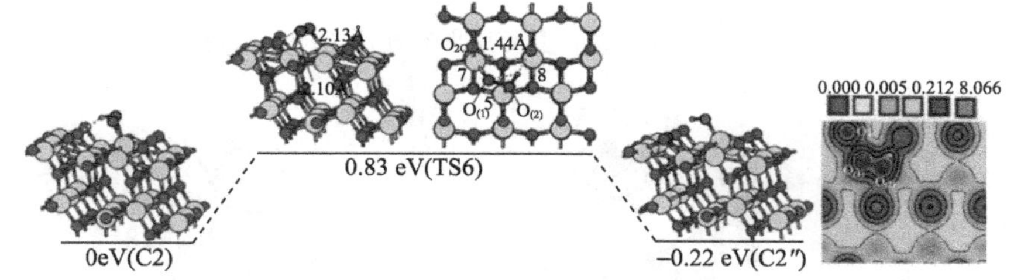

图 32-18 O_2 分子解离的过程从构型 C2 到 C2″，中间的构型 TS6 是过渡态构型
右边的图是 TS6 中沿虚线部分的电荷密度分布截面图

32.7 O_2 分子和 O 原子在亚表面有两个 H 原子的锐钛矿型 $TiO_2(101)$面的吸附构型

本节和接下来的部分将会重点研究亚表面 H 原子对 O_2 分子在锐钛矿(101)吸

附、解离的影响。在图 32-19 的 D0 构型中，两个 H 原子都吸附在亚表面 O_{3c} 位置，根据 Aschauer 的研究，这是 H 在亚表面位最稳定的吸附形式[19]，因此 D0 这个表面模型用来研究 O_2 分子的吸附和解离。首先计算了 O_2 分子在表面所有可能的吸附位，所对应的吸附能在表 32-1 中列出，得到了最稳定的吸附构型 D1。在吸附构型 D1 中(图 32-20)，O—O 的键长是 1.44 Å，两个 Ti_{5c}—O 的键长都是 1.88 Å。从计算出的 D1 构型的电子态密度(图 32-21)可以看到，H 原子提供的部分电子转移到了吸附 O_2 分子的反键轨道上，在带隙中出现了两个局域峰，这两个局域峰的形状类似于 B1 和 C1 构型中的 O_2 分子反键轨道峰，但是 D1 中的两个局域峰能量要比 B1 和 C1 中的高。因此 D1 中 O_2 分子的吸附能数值也就都比 B1 和 C1 的高。通过 Bader 电荷进一步分析发现，转移到 D1 构型 O_2 分子上的电荷数目是 1.01 e^-，而转移到 B1 和 C1 构型 O_2 分子上的电荷数分别是 1.18 e^-和 1.09 e^-，再次说明了转移到表面 O_2 分子的电荷越多，O_2 分子吸附得越稳定。

在 D1 结构解离以后，O_2 分子会转变成两个吸附 O 原子，我们共得到了两个稳定的吸附构型 D1′和 D1″(图 32-20)。一个 O 原子仍在表面的 Ti_{5c} 上面，另一个 O 原子和表面的 O_{2c} 共用了一个晶格位置。这两个构型 D1′和 D1″的两个 O 原子吸附能分别是−0.76 eV 和−0.94 eV，也都稳定地吸附在了表面。

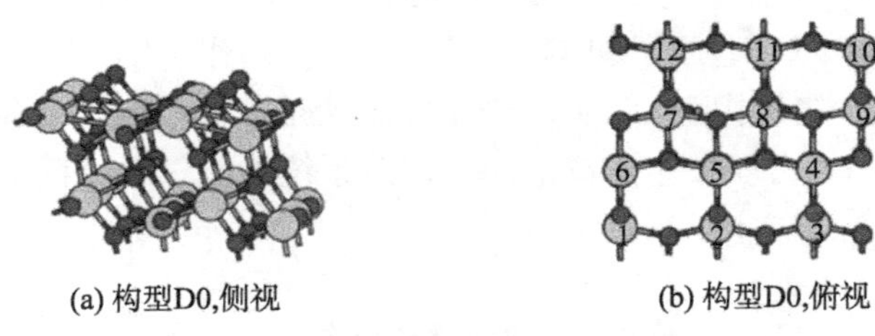

(a) 构型D0,侧视　　(b) 构型D0,俯视

图 32-19　表面系统有两个 H 原子的吸附构型

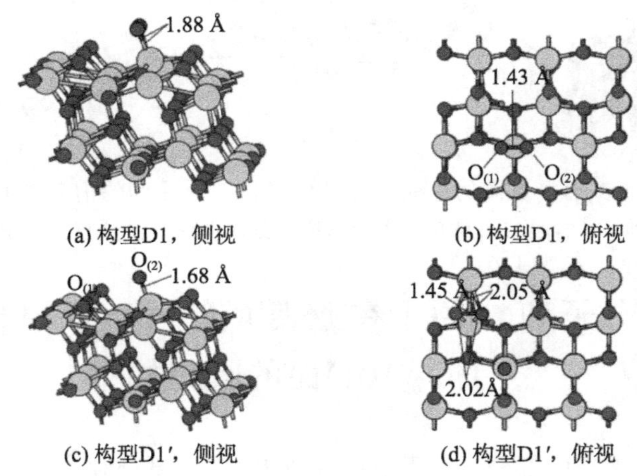

(a) 构型D1，侧视　　(b) 构型D1，俯视

(c) 构型D1′，侧视　　(d) 构型D1′，俯视

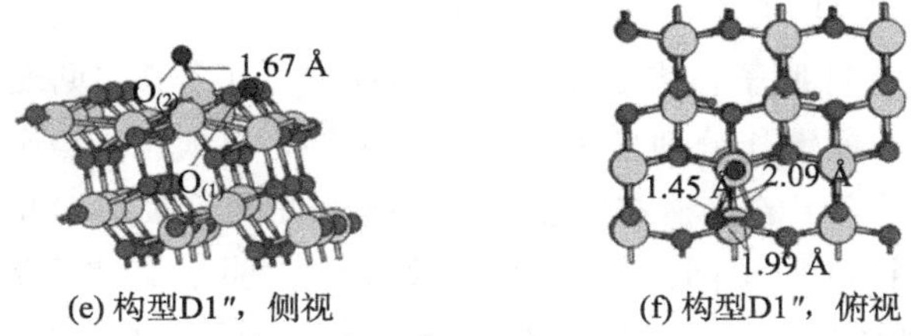

(e) 构型D1″，侧视　　(f) 构型D1″，俯视

图 32-20　O_2 分子和解离的两个 O 原子吸附在亚表面有两个 H 原子的锐钛矿(101)面的构型

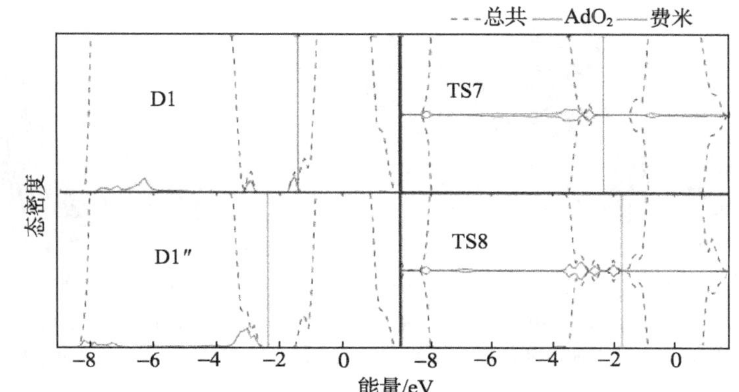

图 32-21　O_2 分子吸附构型、解离构型，以及所对应过渡态结构(TSs)的电荷态密度

虚线是整个系统的电荷态密度，实线是来自于吸附 O_2 分子或解离后两个 O 原子的贡献

32.8　O_2 分子在亚表面有两个 H 原子的锐钛矿型 TiO_2(101)面的解离过程

本节将研究 O_2 分子在亚表面有两个 H 原子的锐钛矿(101)面的解离过程，如图 32-22 所示，初始构型是 D1，末态构型 D1′。这个解离的路径和能垒都类似于图 32-16 (TS4)的解离过程，TS4 路径是一个 H 在表面，一个 H 在亚表面。在过渡态构型 TS7 中，$O_{(1)}$和表面的一个 O_{2C}。原子之间也有大量的电荷聚集，形成了新的化学键。$O_{(2)}$也和表面 Ti_{5c} 原子形成了更加紧密的 Ti—O 键，这些都类似于图 32-16 中的解离过程，能垒(1.19 eV)也接近于 TS4 路径的能垒，明显低于两个 H 原子都在表面时 O_2 分子的解离能垒(表 32-2)。然而这个解离过程是个吸热过程，解离后系统的能量升高了 0.31 eV。解离系统并不十分稳定，解离的两个 O 原子可能会重新复合成 O_2 分子。

我们计算了构型 D1 中 O_2 分子的解离过程，D1→D1″。这个过程解离的能垒大小是 1.13 eV，比 H 原子在表面情况的解离能垒低了很多，见表 32-2。对于 TS8, Ti_{5c}—$O_{(2)}$和 $O_{(1)}$—O_{2c} 的键长分别是 1.67 Å 和 1.42 Å。有大量的电荷分布在 $O_{(1)}$和 O_{2c} 之间，进而形成了稳定的化学键。过渡态 TS8 表面两个吸附 O 的电荷态也都被占据，说明吸附的两个 O 原子都紧紧地和表面结合。因此，如果亚表面有两个 H 原子吸附，在解离过程中 O_2 分子的两个 O 原子会和表面形成稳定的化学键，相比较两个 H 原子都在表面的情况，解离的能垒明显降低了。

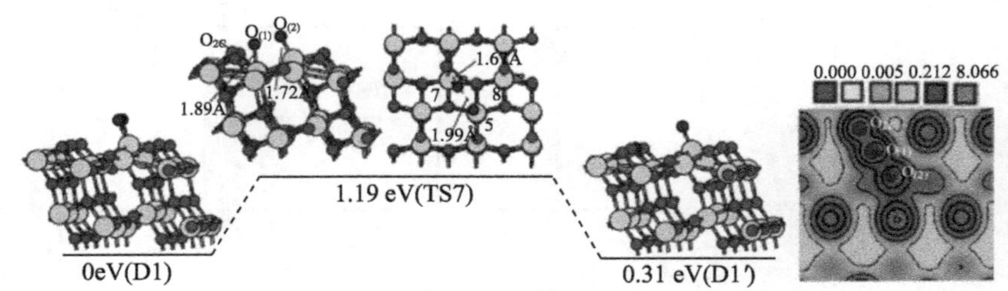

图 32-22　O_2 分子在氢化的锐钛矿(101)面的解离

初始和末态结构是 D1，D1′，中间的构型 TS7 是过渡态构型，解离的能垒为 1.19 eV。右图是从(101)面上俯视 TS7 结构的电荷密度分布图。蓝色小球是吸附的 O 原子，绿色小球是 H 原子

32.9　讨论与分析

在具有还原性的锐钛矿表面，不管 H 原子是吸附在表面还是亚表面位置，这些未配对的电子都会局域在 Ti 原子的 3d 轨道，在带隙中引入了杂质能级。一旦 O_2 分子吸附在了这个表面，这些过量电子就会从 Ti 原子转移到 O_2 分子。对于 O_2 分子在氢化的锐钛矿(101)面解离过程，H 原子的吸附位会明显影响 O_2 分子解离的能垒，尤其是两个 H 原子都吸附在亚表面的情况或者一个在表面另一个在亚表面的情况。

在本章中计算出的 O_2 分子解离路径可以分为三类。第一类包括 TS1，TS2 和 TS3，解离的能垒都接近 1.80 eV (表 32-2)，在鞍点位置，O_2 分子的 O—O 键断开了，同时吸附的 O 原子也没有和表面的 O_{2c}原子形成新的化学键。第二类包括 TS4, TS5, TS7 和 TS8，解离的能垒都接近于 1.20 eV(表 32-2)，在这些解离路径中鞍点位置，O_2 分子的 O—O 键也断开了，但是其中的一个吸附 O 原子和表面的一个 O_{2C}。原子形成了新的化学键，所以明显地降低了 O_2分子的解离能垒。最后一类是 TS6，解离能垒只有 0.83 eV。在这条解离路径的鞍点位置，由于表面 Ti 原子的协同作用，O_2 分子的 O—O 键并没有断开，这使整个解离过程的能垒非常低。因此可以看出，解离能垒的大小是由过渡态结构中吸附 O 原子的成键形式决定的。

既然 H 原子的吸附位会导致在 O_2分子解离过程的成键形式有所不同，进而影响了解离能垒，那么下面我们就重点分析 H 原子不同的吸附位为什么会导致在过渡态结构中吸附 O 原子出现不同的成键形式。对于图 32-9、图 32-15 和图 32-23 (TS1，TS3 和 TS8)中的 O_2 分子解离路径，初始吸附构型、末态构型和反应能((0.11 ± 0.02) eV)都非常相似，但是解离能垒大小并不一样。因此，可以看出这个能垒的差别主要来自于过渡态。例如，在图 32-23 这条解离路径中，过渡态构型 TS8 的一个吸附 O 原子和表面的 O_{2C}。原子形成了一个化学键。与此同时，在 TS8 中，表面 5、7、8 号位置的表面 Ti_{5c}原子和它下面的亚表面 O_{3c}之间的距离比 TS1、TS3 中的要大一些，见表 32-2。可以看出，由于 H 原子吸附在亚表面位置，在过渡态 TS8 中表面扭曲得更加严重，这样使吸附 O 原子和表面 O_{2c}形成一个新的 O—O_{2c} 键。在这种情况下，表面能够发生较大扭曲的原因是 H 原子吸附在了亚表面的 O_{3c}上面，形成了一个稳定的 O—H 键，这样亚表面的 O_{3c}就会被钝化，它和表面 Ti 原子之间的相互作用也就减弱了，从而 Ti 原子更容易从表面凸出，反过来表面 Ti 原子和吸附 O 原子的相互作用增强了。对于 TS3，它的表面也发生了扭曲，但是还不足以形成新的化学键 O_{ad}—O_{2c}，因此能垒也就没有降低。相似的，H 原子能够弱化 Ti—O 强度，导致在 TiO_2 纳 米 管 中 也 发 现 了 扭曲的现象。对于图 32-10 和图 32-17，初始吸附构型、解离后的构型和反应能也都相似，但是解离的能垒不同，也是由于过渡态 TS2 和 TS5 不同。在 TS5 中，亚表面 H 同样引起了表面扭曲，有利于其中的一个吸附 O 原子和表面 O_{2c}形成化学键。这种协同效应大大降低了过渡态的系统能量和解离能垒。这样相似的现象还可以在过态度 T4 和 TS7 中发现。最极端的过渡态构型是 TS6，表 面 Ti_{6c}的凸起去承接了解离的 O_2分子，使吸附 O_2分子的 O—O 键并没有断开，已经到达鞍点位置，这导致解离的能垒极低。

表 32-2　O_2 分子在锐钛矿(101)面的解离能垒(E_a)和解离后复合的能垒(E_b)

start	TS	end	ΔE_a/eV	ΔE_b/eV	Ti_{5c5}—O_{3c}	Ti_{6c7}—O_{3c}	Ti_{6c8}—O_{3c}
B1	TS1	B1′	1.78	1.65	2.37	1.92	1.92
B2	TS2	B2′	1.75	2.15	2.30	1.91	2.04
C1	TS3	C1′	1.82	1.73	2.50	2.25	1.95
C1	TS4	C1″	1.25	0.86	2.37	2.62	1.95
C2	TS5	C2′	1.17	1.58	2.20	2.26	2.10
C2	TS6	C2″	0.83	1.05	1.96	2.81	2.01
D1	TS7	D1′	1.19	0.88	2.44	2.61	2.27
C2	TS8	D1″	1.13	1.00	2.92	2.30	2.32

注：表中，$\Delta E_a = E_2 - E_1$，$\Delta E_b = E_2 - E_3$是初始吸附构型的能量，E_2是鞍点能量，E_3是解离后构型的能量。

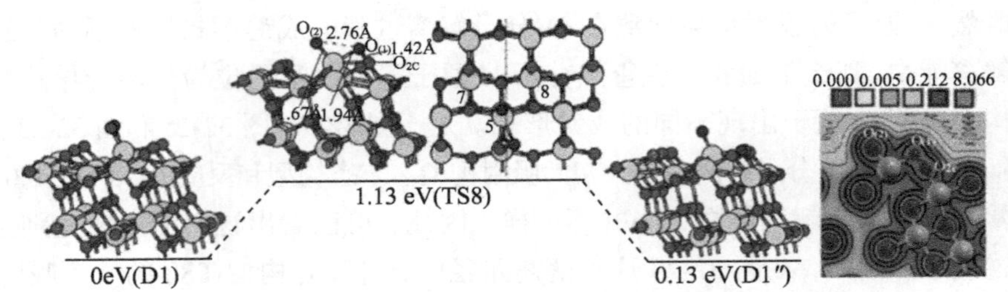

图 32-23　O_2 分子在氢化的锐钛矿(101)面的解离

初始和末态结构是 D1, D1″，中间的构型 TS8 是过渡态构型，解离的能垒为 1.13 eV。右图是 TS8 中沿虚线部分的电荷密度分布截面图

总之，亚表面 H 原子能够钝化亚表面的 O_{3c} 原子，导致表面 Ti 原子和亚表面的 O_{3c} 原子之间的相互作用就会减弱，从而使表面在过渡态过程中更加容易发生扭曲，这样有助于吸附 O 原子之间或者和表面 O_{2c} 形成化学键，也就大大降低了 O_2 分子的解离能垒。从而解释了 H 原子的吸附位为什么会影响过渡态的构型和 O_2 分子的解离能垒。特别需要指出的是，从构型 C2 到 C2″，这里解离过程的能垒只有 0.83 eV，这个能垒也小于 O_2 分子在 Co 或者 Ni 掺杂的石墨烯上的解离能垒(大约 1 eV)[54]。既然 O_2 分子在金属 Pt (111) 面的解离能垒是 0.86 eV，那么亚表面吸附有 H 原子的 TiO_2 纳米颗粒能够非常有效地使 O_2 分子发生解离，进而提高了 TiO_2 的氧化活性。

综上所述，本章通过第一性原理计算研究了 O_2 分子在氢化锐钛矿型 TiO_2(101)面的吸附、解离。表面或亚表面的 H 原子都能够明显增强 O_2 分子的吸附，但对于 O_2 分子解离作出主要贡献的是亚表面 H 原子。O_2 分子在表面和亚表面都有一个 H 原子，或者亚表面有两个 H 原子的锐钛矿(101)面解离的能垒会非常低。在本章我们也给出了详细的讨论，并解释了 H 原子的吸附位置会影响 O_2 分子解离的能垒。O_2 分子解离以后，在表面会有 OH 基团、H_2O 分子和吸附 O 原子形成。由于表面的 H 原子能够很容易扩散到亚表面位置，在 TiO_2 表面引入 H 原子又能够明显地降低 O_2 分子解离的能垒。因此对于氧化表面吸附的有毒气体，氢化的 TiO_2 纳米颗粒是一种很好的催化剂。

参 考 文 献

[1] Emeline A, Ryabchuk V, Serpone N. Photoreactions occurringon metal-oxide surfaces are not all photocatalytic: Description of criteria and conditions for processes to be photocatalytic. Catal. Today, 2007, 122: 91-100.

[2] Fujishima A, Zhang X, Tryk D A. TiO_2 photocatalysis and related surface phenomena.Surf. Sci. Rep., 2008, 63: 515-582.

[3] Zhu Y, Ding C. Characterization of plasma sprayed nano-titania coatings by impedance

spectroscopy. J. Eur. Ceram. Soc., 2000, 20: 127-132.

[4] Linsebigler A L, Lu G, Yates J T. Photocatalysis on TiO_2 surfaces: Principles, mechanisms, and selected results.Chem. Rev., 1995, 95: 735-758.

[5] Xu M, Gao Y, Moreno E M, et al. Photocatalytic activity of bulk TiO_2 anataseand rutile single crystals using infrared absorption spectroscopy. Phys. Rev. Lett., 2011, 106: 138302.

[6] Mitsuhara K, Okumura H, Visikovskiy A, et al. Reaction of CO with O adatoms on rutile TiO_2 surfaces. Chem. Phys. Lett., 2011, 513: 84-87.

[7] Wang Z, Zhao Y, Cui X, et al. Adsorption of CO on rutile TiO_2(110)-1×1 surface with preadsorbed O adatoms.J. Phys. Chem. C, 2010, 114: 18222-18227.

[8] Filippone F, Mattioli G, Bonapasta A A. Reaction intermediates and pathways in the photoreduction of oxygen molecules at the (101) TiO_2 (anatase) surface.Catal.Today, 2007, 129: 169-176.

[9] Muhich C L, Zhou Y, Holder A M, et al. Effect of surface deposited Pt on the photoactivity of TiO_2. J. Phys. Chem. C, 2012, 116: 10138-10149.

[10] Aschauer U, Selloni A. Influence of subsurface Ti interstitialson the reactivity of anatase (101). *Proc. SPIE*, 2010, 7758: 77580B.

[11] Hussain A, Gracia J, Nieuwenhuys B E, et al. Chemistry of O- and H-containing species on the (001) surface of anatase TiO_2: A DFT study. Chem Phys Chem, 2010, 11: 2375-2382.

[12] Deskins N A, Rousseau R, Dupuis M. Defining the role of excess electrons in the surface chemistry of TiO_2. J. Phys. Chem. C, 2010, 114: 5891-5897.

[13] Nakamura R, Imanishi A, Murakoshi K, et al. In situ FTIR studies of primary intermediates of photocatalytic reactions on nanocrystalline TiO_2 films in contact with aqueous solutions. J. Am.Chem. Soc., 2003, 125: 7443-7450.

[14] Henderson M A, Epling W S, Peden C H F, et al. Insights into photoexcited electron scavenging processes on TiO_2 obtained from studies of the reaction of O_2 with OH groups adsorbed at electronic defects on TiO_2 (110). J. Phys. Chem. B, 2003,107: 534-545.

[15] Li Y F, Liu Z P, Liu L, et al. Mechanism and activity of photocatalytic oxygen evolution on titania anatase in aqueous surroundings. J. Am. Chem. Soc., 2010, 132: 13008-13015.

[16] Tilocca A, Selloni A. Reaction pathway and free energy barrier for defect-induced water dissociation on the (101) surface of TiO_2-anatase. J. Chem. Phys., 2003, 119: 7445-7450.

[17] Schaub R, Thostrup P, Lopez N, et al. Oxygen vacancies as active sites for water dissociation on rutile TiO_2(110). Phys. Rev. Lett., 2001, 87: 266104.

[18] Aschauer U, Selloni A. Hydrogen interaction with the anatase TiO_2(101) surface. *Phys. Chem. Chem. Phys.*, 2012, 14: 16595-16602.

[19] Jiang X, Zhang Y, Jiang J, et al. Characterization of oxygen vacancy associates within hydro-genated TiO_2: A positron annihilation study. *J. Phys. Chem. C*, 2012, 116: 22619-22624.

[20] Tilocca A, Di Valentin C, Selloni A. O_2 interaction and reactivity on a model hydroxylated rutile (110) surface. *J. Phys.Chem. B*, 2005, 109: 20963-20967.

[21] Zhang Z, Du Y, Petrik N G, et al. Water as a catalyst: Imaging reactions of O_2 with partially and fully hydroxylated TiO_2(110) surfaces. *J. Phys. Chem. C*, 2009, 113: 1908-1916.

[22] Du Y, Deskins N A, Zhang Z, et al. Imaging consecutive steps of O_2 reaction with hydroxylated TiO_2(110): Identification of HO_2 and terminal OH intermediates. *J. Phys. Chem. C*, 2009, 113:

666-671.

[23] Matthiesen J, Wendt S, Hansen J, et al. Observation of all the intermediate steps of a chemical reaction on an oxide surface by scanning tunneling microscopy. *ACS Nano*, 2009, 3: 517-526.

[24] Dohnálek Z, Lyubinetsky I, Rousseau R. Thermally-driven processes on rutile TiO_2(110)-(1′1): A direct view at the atomic scale. *Prog. Surf. Sci.*, 2010, 85: 161-205.

[25] Enevoldsen G H, Pinto H P, Foster A S, et al. Imaging of the hydrogen subsurface site in rutile TiO_2. *Phys. Rev.Lett.*, 2009, 102: 136103.

[26] Islam M M, Calatayud M, Pacchioni G. Hydrogen adsorption and diffusion on the anatase TiO_2(101) surface: A first-principles investigation. *J. Phys. Chem. C*, 2011, 115: 6809-6814.

[27] Liu L, Wang Z, Pan C, et al. Effect of hydrogenon O_2 adsorption and dissociation on a TiO_2 anatase (001) surface.*Chem Phys Chem*, 2013, 14: 996-1002.

[28] Kresse G, Hafner J. Ab initio molecular dynamics for liquid metals. *Phys. Rev. B.*, 1993, 47: 558-561.

[29] Kresse G, Hafner J. Ab initio molecular-dynamics simulationof the liquid-metalamorphous-semiconductor transition in ger-manium. *Phys. Rev. B.*, 1994, 49: 14251-14269.

[30] Kresse G, Furthmüller J. Efficiency of Ab-initio total energy calculations for metals and semiconductors using a plane-wave basisSet. *Comput. Mater. Sci.*, 1996, 6: 15-50.

[31] Aschauer U, Chen J, Selloni A. Peroxide and superoxidestates of adsorbed O_2 on anatase TiO_2 (101) with subsurface defects. *Phys. Chem. Chem. Phys.*, 2010, 12: 12956-12960.

[32] Du Y, Deskins N A, Zhang Z, et al. Formation of O adatom pairs and charge transferupon O_2 dissociation on reduced TiO_2(110). *Phys. Chem. Chem. Phys.*, 2010, 12: 6337-6344.

[33] Liu L M, McAllister B, Ye H Q, et al. Identifying an O_2 supply pathway in CO oxidation on Au/TiO_2(110): A density functional theory study on the intrinsic role of water. *J. Am. Chem. Soc.*, 2006, 128: 4017-4022.

[34] Tan S, Ji Y, Zhao Y, et al. Molecular oxygen adsorption behaviors on the rutile TiO_2(110)-1′1 surface: An in situ study with low-temperature scanning tunneling microscopy. J. Am. Chem. Soc., 2011, 133: 2002-2009.

[35] Blöchl P E. Projector augmented-wave method. Phys. Rev. B, 1994, 50: 17953−17979.

[36] Kresse G, Joubert D. From ultrasoft pseudopotentials to the projector augmented-wave method. *Phys. Rev. B.*, 1999, 59: 1758-1775.

[37] Kresse G, Hafner J. Ab initio molecular dynamics for open-shell transition metals. *Phys. Rev. B.*, 1993, 48: 13115-13118.

[38] Sanville E, Kenny S D, Smith R, et al. Improved grid-based algorithm for bader charge allocation. *J. Comput. Chem.*, 2007, 28: 899-908.

[39] Jósson H, Mills G, Jacobsen K W. Nudged Elastic Band Method for Finding Minimum Energy Paths of Transitions.Classicaland Quantum Dynamics in Condensed Phase Simulations. Singapore: World Scientific, 1998.

[40] Henkelman G, Uberuaga B P, Jósson H. A climbing image nudged elastic band method for finding saddle points and minimum energy paths. *J. Chem. Phys.*, 2000, 113: 9901-9904.

[41] Henkelman G, Jósson H. Improved tangent estimate in the nudged elastic band method for finding minimum energy paths and saddle points. *J. Chem. Phys.*, 2000, 113: 9978-9985.

[42] Liu H, Zhao M, Lei Y, et al. Form aldehyde on TiO_2 anatase (101): A DFT study. *Comput. Mater.*

Sci., 2012, 51: 389-395.

[43] Lazzeri M, Vittadini A, Selloni A. Structure and energetics of stoichiometric TiO_2 anatase surfaces. *Phys. Rev. B.*, 2001, 63: 155409.

[44] Hu X, Tu R, Wei J, et al. Nitrogen atom diffusion into TiO_2 anatase bulk via surfaces. *Comput. Mater. Sci.*, 2014, 82: 107-113.

[45] Aschauer U, He Y, Cheng H, et al. Influence of subsurface defects on the surface reactivity of TiO_2: Water on anatase (101). *J. Phys. Chem. C*, 2010, 114: 1278-1284.

[46] Chen X, Liu L, Yu P Y, et al. Increasing solar absorption for photocatalysis with black hydrogenated titanium dioxide nanocrystals. *Science*, 2011, 331: 746-750.

[47] Vittadini A, Selloni A, Rotzinger F P, et al. Structureand energetics of water adsorbed at TiO_2 anatase (101) and (001) surfaces. *Phys. Rev. Lett.*, 1998, 81: 2954-2957.

[48] Di Valentin C, Pacchioni G, Selloni A. Electronic structure of defect states in hydroxylated and reduced rutile TiO_2(110) surfaces. *Phys. Rev. Lett.*, 2006, 97: 166803.

[49] Bonapasta A A, Filippone F, Mattioli G, et al. Oxygen vacancies and OH species in rutile and anatase TiO_2 polymorphs.*Catal. Today*, 2009, 144: 177-182.

[50] Mattioli G, Filippone F, Bonapasta A A. Reaction intermediates in the photoreduction of oxygen molecules at the (101) TiO_2(anatase) surface. *J. Am. Chem. Soc.*, 2006, 128: 13772-13780.

[51] Tilocca A, Selloni A. O_2 and vacancy diffusion on rutile (110): Pathways and electronic properties. *Chem Phys Chem*, 2005, 6: 1911-1916.

[52] Lin F, Zhou G, Li Z, et al. Molecular and atomic adsorption of hydrogen on TiO_2 nanotubes: An ab initiostudy. *Chem. Phys. Lett.*, 2009, 475: 82-85.

[53] Zheng Y, Xiao W, Cho M, et al. Density functional theory calculations for the oxygen dissociation on nitrogen and transition metal doped graphenes. *Chem. Phys. Lett.*, 2013, 586: 104-107.

[54] Eichler A, Hafner J. Molecular precursors in the dissociative adsorption of O_2 on Pt(111). *Phys. Rev. Lett.*, 1997, 79: 4481-4484.

附录一　TiO_2 基光催化材料的先进表征技术：研究现状与展望

1 引　言

During the past decades, photocatalysis has been identified as a sustainable and environmentally-friendly method for the degradation of pollutants and hydrogen generation.[1-9] This artificial photochemical process has the potential to solve many serious environmental and energy challenges, which are receiving increasing global concern.[10-14] Due to its non-toxicity, low cost, chemical stability, and strong photooxidative ability, titanium dioxide (TiO_2) has become the most promising semiconductor in photocatalysis.[15-17] Studies have showed that both morphology and microstructure can affect the photocatalytic efficiency of TiO_2.[18-21] Therefore, significant advances have been made to enhance the photocatalytic performance of TiO_2 and TiO_2-based photocatalysts through methods such as, surface modification, structure optimization, doping, and preparing composites with other photosensitive materials.[22-24] Moreover, many fundamental issues concerning the structure-property relationship, light-matter interaction, and photocatalyst-pollutant interaction are also essential for the performance optimization of photocatalyts.[25-28] Therefore, accurate characterization of the crystal and electronic structures, and the corresponding performance in TiO_2-based materials during the photocatalytic process is crucial not only for understanding the photocatalytic mechanism but also for providing experimental guidelines as well as a theoretical framework for the synthesis of high performance photocatalysts.

Recently, various advanced characterization techniques have been used to provide high-resolution images of the atomic structure of materials as well as direct observation of the photocatalytic process in the space and time domains, respectively.[29-33] For instance, X-ray diffraction (XRD) has become a fundamental tool in investigating the relationship between crystal phase and the photocatalytic ability of TiO_2. High-resolution transmission electron microscopy (HRTEM) and scanning tunneling microscopy (STM) provide insights into the effect of microstructures on photocatalytic properties of TiO_2[34-35] as well as the distribution of reaction sites, helping to track the chemical reactions on the surface of photocatalysts (especially for transition-metal oxides).[36-37] In addition, analytical spectroscopy techniques such as, Raman spectroscopy (Raman), Fourier Transform Infrared spectroscopy (FTIR) and Photoluminescence (PL), provide multi-scale information of TiO_2

in photocatalysis, which indirectly describe the photocatalytic reaction process and illustrate the mechanism of photocatalysis.[38-42] In addition, time-resolved spectroscopies, such as time-resolved PL, time-resolved Infrared spectroscopy (IR), positron annihilation lifetime spectroscopy (PALS), two-photon photoemission (2PPE), and transient absorption spectroscopy (TAS), are utilized to quantitatively study the diffusion/transfer mechanism of photo-induced carriers in TiO_2 based photocatalysts.[43-46] Thorough investigation of the photocatalytic process and mechanism using these newly developed characterization techniques will provide detailed experimental evidence for the structure-property relationship, light-matter interaction, and photocatalyst-pollutant interaction in photocatalysis.

Herein, this review mainly focuses on the advanced characterization techniques that are used to study the structures and photocatalytic performances of TiO_2 and TiO_2-based materials. We believe that this review can give us a novel perspective to contribute to the fundamental studies of photocatalysis and inspire the development of new photocatalysts with superior performances.

2 TiO_2结构与性能简介

TiO_2 has three important crystalline phases, anatase, rutile, and brookite. In all three forms, titanium (Ti^{4+}) atoms are surrounded by six O^{2-} ions, forming the TiO_6 octahedron, as shown in Figure 1(a).[47] The octahedron in rutile TiO_2 is irregular, showing slightly orthorhombic distortion, whereas the anatase TiO_2 shows obvious orthorhombic distortion, resulting in lower symmetry than the orthorhombic system. For brookite, both edges and corners are shared to give an orthorhombic structure. These polymorphs have different structures that lead to different photocatalytic activities. In general, rutile and anatase TiO_2 are widely used in photocatalysis while brookite TiO_2 receives limited research interest. Therefore, this present review mainly focuses on rutile and anatase TiO_2. The properties of rutile and anatase TiO_2 are summarized in Table 1.[48-54] As is known, the band gap of anatase TiO_2 is about 3.2 eV, while it is 3.0 eV for rutile TiO_2.[50] Due to its lower packing density (3.8-3.9 g/cm^3), anatase TiO_2 exhibits superior photoactivity compared to rutile TiO_2.[48] The binding energies are also different for the rutile and anatase TiO_2, as shown in Figure 1(b).

For rutile, the electron energy at the conduction band minimum (CBM) and hole carrier energy in the valence band maximum (VBM) are 0.22 and 0.39 eV, respectively, which are much higher compared to anatase.[55] Figure 1(c) shows the typical density of states (DOS) of anatase and rutile TiO_2, in which the conduction and valence bands are both composed of Ti *3d* and O *2p* states.[55-56] However, the crystal momentums in the Brillouin zone are totally different. The same k-vectors for electrons and holes provide a direct gap at $\Gamma \rightarrow \Gamma$ transitions for rutile TiO_2 while anatase TiO_2 has an indirect gap between $\Gamma \rightarrow$M.[57-58] Due to the fast radiative recombination in direct band gap materials, the photocarrier diffusion length/recombination lifetime in anatase TiO_2 are much longer than that in rutile TiO_2. In addition, the photo-induced carriers of anatase TiO_2 have the lowest average effective masses, meaning that the photocarriers of anatase TiO_2 have faster migration from the interior to surface, as well as a lower recombination rate.[59] On the basis of the effective electron mass and carrier relaxation time, the initial carrier recombination time in anatase TiO_2 can be estimated as ~100 ps, and the diffusion length is as large as ~24 nm.[60] As the recombination rate is much higher than the separation rate,[61] it is important to regulate the optical and electronic structures of TiO_2.

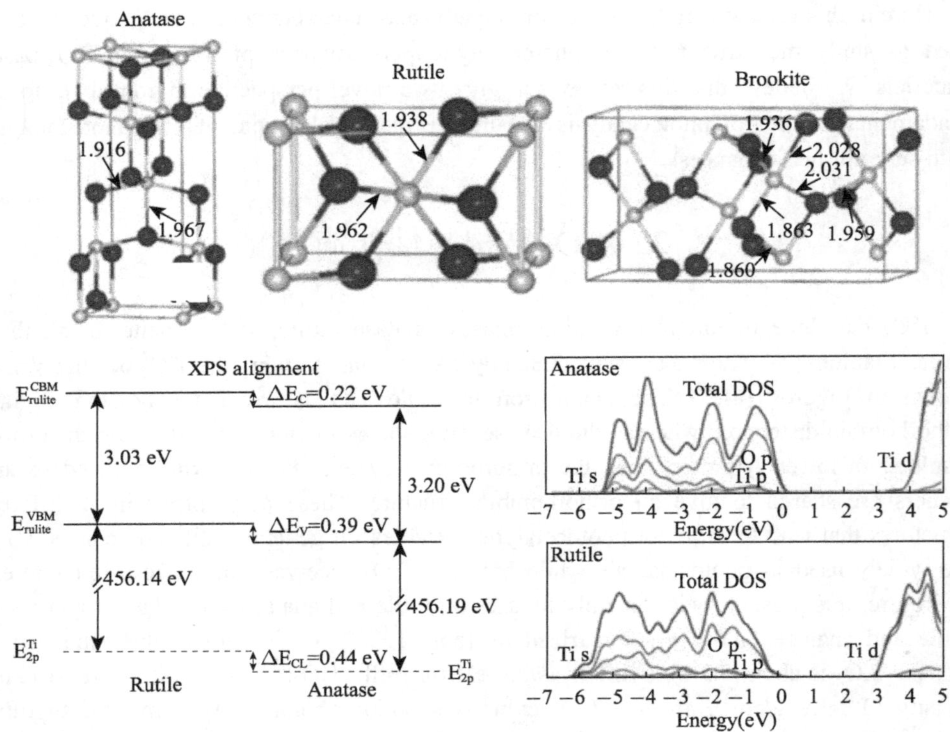

Figure 1　Lattice and electronic structure of TiO_2. (a) Bulk structures of anatase, rutile, and brookite phases.[47] (b) Schematic of the binding energy difference between rutile and anatase. (c) Comparison of the total and ion-decomposed electronic density of states (DOS) of anatase and rutile[55]

Doping pure TiO_2 with other elements is a useful approach to modify the band structure and increase the lifetime of photo-induced carriers. Crystal facet engineering of TiO_2 is another important way to tune the surface properties in order to improve the photocatalytic activity of TiO_2. Generally, in different phases of TiO_2, the dominant facets are different. The dominant facets for rutile TiO_2 are {110}, {100}, and {101}, while {101} and {001} are the dominant facets for anatase TiO_2.[62] The {110} facet of rutile TiO_2 has been widely studied because of its lowest energy. For anatase TiO_2, scientists have demonstrated that the {001} facet exhibits remarkable photocatalytic activity,[63] because the {001} facet possesses a large number of under-bonded Ti atoms and large Ti-O-Ti bond angles.[64]

Table 1　The physical and structural properties of anatase and rutile TiO_2

Property	Anatase	Rutile	Ref
packing density (g/cm^3)	3.79	4.13	[48]
Lattice constants (Å)	a=3.78 c=9.52	a=4.59 c=2.96	[49]
Band gap (eV)	3.2	3.0	[50]
Valence band (eV)	−2.8	−2.4	[51]
Conduction band (eV)	0.4	0.6	[51]
Dielectric constant	31	114	[49]
Light absorption (nm)	<390	<415	[49]
Refractive index	2.55	2.75	[49]
Electron mobility ($cm^2/(V·s)$)	10	1	[52-54]

In short, various strategies have been developed to enhance the photocatalytic performance of TiO_2,[65-70] which have extended the light absorption region to the entire spectrum, enhanced the optical absorption and light collecting efficiency, and improved the separation efficiency of carriers. However, there are still a few important questions about the excited state properties of TiO_2-based photocatalysts, i.e., what is the intrinsic mechanism that causes the recombination of photo-induced carriers? How do the structures and chemical compositions affect the dynamic properties of the photo-induced carriers? How do the photo-induced carriers diffuse/transfer over the interface in TiO_2-based photocatalysts? Therefore, it is of fundamental importance to elucidate the physical mechanism of generation, separation and transfer of the photo-induced carriers in TiO_2-based photocatalysts using advanced characterization techniques in order to understand the working principle, and for the further performance optimization of TiO_2-based photocatalysts.

3　具有空间分辨的先进表征技术

3.1　XRD 表征技术

Since W. H. Bragg and V. L. Bragg used XRD in 1912 to characterize the structural properties of the NaCl crystal, this technique has become a popular tool to identify the atomic and molecular structures of a crystal. XRD measurement is based on the manner in which the crystalline atoms cause a beam of incident X-ray to diffract into many specific directions. The XRD technique is highly useful to determine the structural information such as crystallite size, size distribution, morphology, crystal structure, and crystallinity of TiO_2

and TiO_2-based photocatalysts, which can reveal the relationships between the structure and photocatalytic performance of TiO_2-based photocatalysts.

As mentioned in Section 33.2, the crystal phase in TiO_2 is important for surface adsorption as well as photo-induced carrier recombination during the photocatalytic process. Previous studies have shown that both anatase-rutile and anatase-brookite mixtures of a certain percentage exhibit higher photocatalytic activity than pure anatase, owing to the synergetic effect.[71-72] It is thus desirable to unravel the mystery of the synergetic effect by quantitatively measuring the phase proportions in the mixed phase TiO_2 crystal. For this purpose, XRD is an effective approach, as it allows the anatase-to-rutile ratio to be determined by the peak intensities of anatase and rutile phases.[73-75] Based on many XRD studies, the synergetic effect in photocatalysis is found to be distinct when the well-defined anatase content ranges from 40% to 80%, and the optimum mixture is found to be 60% anatase and 40% rutile. This method can be also applied to the anatase-brookite TiO_2 system.[73]

XRD is also an effective method to determine the orientations and the exposed crystal facets of TiO_2. Recently, anatase and rutile TiO_2 with tailored crystal facets have received great attention, because different facets with different surface atomic structures exhibit distinct photocatalytic abilities. For instance, recent researches reveal that the {001} facetsof anatase TiO_2, as shown in Figure 2(a), demonstrate higher photocatalytic activity than the thermodynamically stable {101} facets.[76-79] In this regard, it is important to quantitatively investigate the percentage of the exposed facets. As an example, the (001) facets of anatase TiO_2 can be determined by XRD based on the structural information of anatase TiO_2 and the full width at the half-maximum of (004) and (200) diffraction peaks. The thickness and side length of anatase TiO_2 crystal can be calculated from XRD peaks, thus the percentage of the exposed {001} facets in anatase TiO_2 can be roughly calculated, as shown in Figure 2(b) and 2(c).[80-81] The calculation of the thickness and side length is based on the Scherrer Formula: $D=K\lambda/B\cos\theta$, where K, λ, B, θ are the Scherrer constant, incident radiation wavelength, full width at half-maximum and diffraction angle, respectively. Theoretically, the shape of the TiO_2 nanosheets is supposed to be a standard cuboid. According to the geometrical relationships between thickness in [001] direction and the length in the [100] direction, the surface area of the exposed {001} facets and the total area of the TiO_2 nanosheets can be calculated.

Moreover, the effects of dopants on the crystallinity and phase transformation of TiO_2 have also been investigated using XRD, since the presence of dopants (such as Nb,[82] Ce,[83] Li[84]) lower the degree of crystallinity and also induce phase transformation if the dopants are preferentially present in one of the phases (Figure 2c). For example, doping Ce in rutile TiO_2 rapidly decreases the intensity of signature peaks of the rutile phase,[83] while a new peak corresponding to the (121) crystal plane of brookite appears simultaneously, which indicates that a small amount of dopant exerts a great influence on the photocatalytic properties of TiO_2.

"In-situ" XRD is a powerful semi-quantitative tool to study crystallization behavior by changing the external conditions. The use of *"in-situ"* technique allows for the direct monitoring of the evolution of phase composition and crystallization. Lü *et al.*[82] prepared Nb-TiO_2 nanoparticles for *"in-situ"* high-pressure XRD. Their study revealed that the increase in pressure gradually induced a red shift of the 2θ value and broadened the peak width of all diffraction peaks, indicating that the pressure promoted the growth of baddeleyite phase. It was also observed that the phase transition was completed at the pressure of 25 GPa and remained stable until the pressure was up to 40 GPa. Shen *et al.*[85] used *"in-situ"* XRD to study the complex phase transformation in anatase TiO_2 and found that the phase transition was a particle size-dependent non-equilibrium process. Similarly, the crystal growth, structural change and dynamic morphological evolution of the F-doped TiO_2 from the initial intermediate NH_4TiOF_3 to $HTiOF_3$ and $TiOF_2$ were verified through *"in-situ"* temperature-dependent XRD.[86] Moreover, *"in-situ"* synchrotron powder XRD technique can provide the hydrothermal/solvothermal crystallization information of TiO_2. Extent of crystallization as well as quantitative information on the crystallite mean size and size distribution of anatase TiO_2 can be obtained from the crystallization curves of *"in-situ"* PXRD, as shown in Figure 2(d).[87]

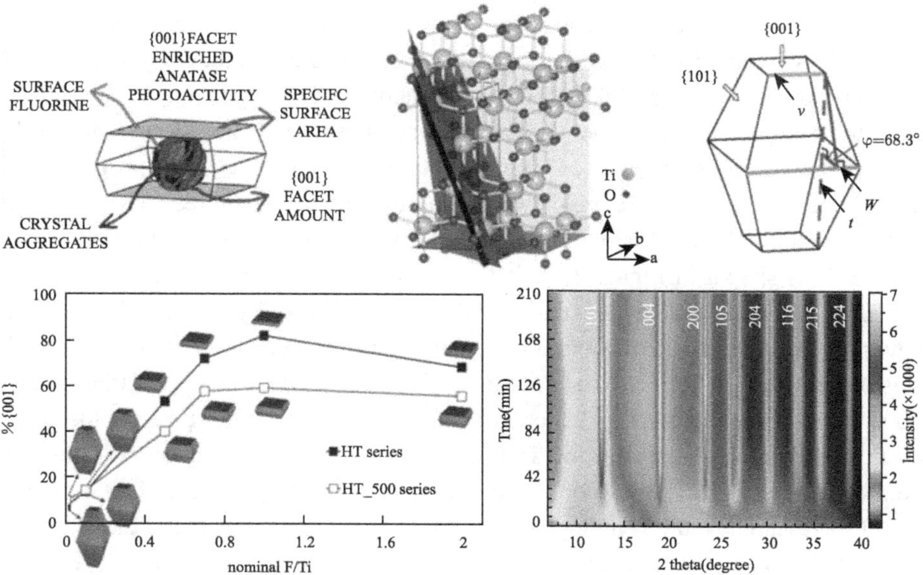

Figure 2　(a) Schematic illustration about recent focuses on {001} facet enriched anatasephotoactivity.[79] (b) Simulate demonstration of {101} and {001} Facets of anatase TiO_2: (left) Molecular Simulation Model; (right) Crystal Model.[80] (c) Percentage of exposed {001} facets and relative crystal shapes obtain from hydrothermal (HT) method and annealed at 500℃ (HT_500) as a function of the F/Ti ratio.[81] (d) Time resolved in-situ PXRD patterns for extent of crystallization as well as quantitative information about anatase TiO_2.[87]

XRD measurement is a feasible tool to investigate crystal structure and crystallographic phases. Its many advantages provide us a valid method to analyze the phase transformation, phase content, and changes in orientation and lattice spacing in TiO_2-based photocatalysts.

3.2 具有原子尺度的 TEM 和 EELS 表征技术

TEM (or HRTEM) is generally used for direct observation of the grain size, crystal structure, and interface in nanomaterials.[88-90] As is known, the catalytic behavior of TiO_2 is strongly dependent on its microstructures (e.g., phase, crystallinity, grain size, specific surface area, pore size). Regarding the detailed investigation of the microstructures, TEM has been used for identifying microstructures, revealing the nature of defects and monitoring the kinematics progress at each stage of photocatalysis.

Many researches have shown that TEM observation provides a powerful approach for revealing the microstructural evolution and morphology transformation of TiO_2 nanocrystals during the preparation processes, such as hydrothermal treatment,[91] micro-arc oxidation,[92] ion implantation,[93] thermal annealing, as shown in Figure 3(a),[94] *etc*. For example, Liu *et al.* [93] investigated the influence of Ti ion implantation on the growth process and the formation mechanism of TiO_2 nanofilms by TEM at different accelerating voltages. They found that a thick TiO_2 nanofilm was formed on the surface of SiO_2 for the annealed samples implanted at a lower accelerating voltage of 20 kV. When the accelerating voltage was higher than 50 kV, most of the TiO_2 nanocrystals were embedded in the substrate with thin layers of TiO_2 on their surfaces. The SAED patterns showed a phase change from anatase to rutile after the TiO_2 nanoparticles were embedded into substrate.[93] In order to gain further insights into the relationship between microstructures and photocatalytic property, it is necessary to observe TiO_2 at the atomic level during the photocatalytic reaction. Zhang and Pan *et al.* [95] directly observed lattice distortion of TiO_2 during the degradation process by using HRTEM, as shown in Figure 3(b). It was noticed that the lattice distortion of TiO_2 occurred after the sample degraded under UV-vis light irradiation. When the degraded sample was placed in the ambient environment with solar illumination for about 30 days, the lattice distortion of the TiO_2 recovered. These results revealed that the degradation process can induce lattice distortion of TiO_2, which in turn plays a key role during the photocatalytic process. Further in-situ observation of TiO_2 during light irradiation in water vapor was conducted by Zhang *et al.* [96] to explore the photocatalytic splitting of water. Different from previous TEM researches, they employed atomic resolution environmental TEM, in which TiO_2 could be observed in the presence of reactant, water and light illumination. They found that the initially crystalline surface of TiO_2 was transformed into a disordered layer in the presence of light illumination and water vapor, as shown in Figure 3(c). When TiO_2 was subjected to light illumination without water vapor, the TiO_2 surface remained unchanged, which indicates that water is a key factor for inducing crystal structure transformation on the TiO_2 surface. These TEM observations provide a direct evidence for further understanding the photocatalytic mechanism on an atomic scale.

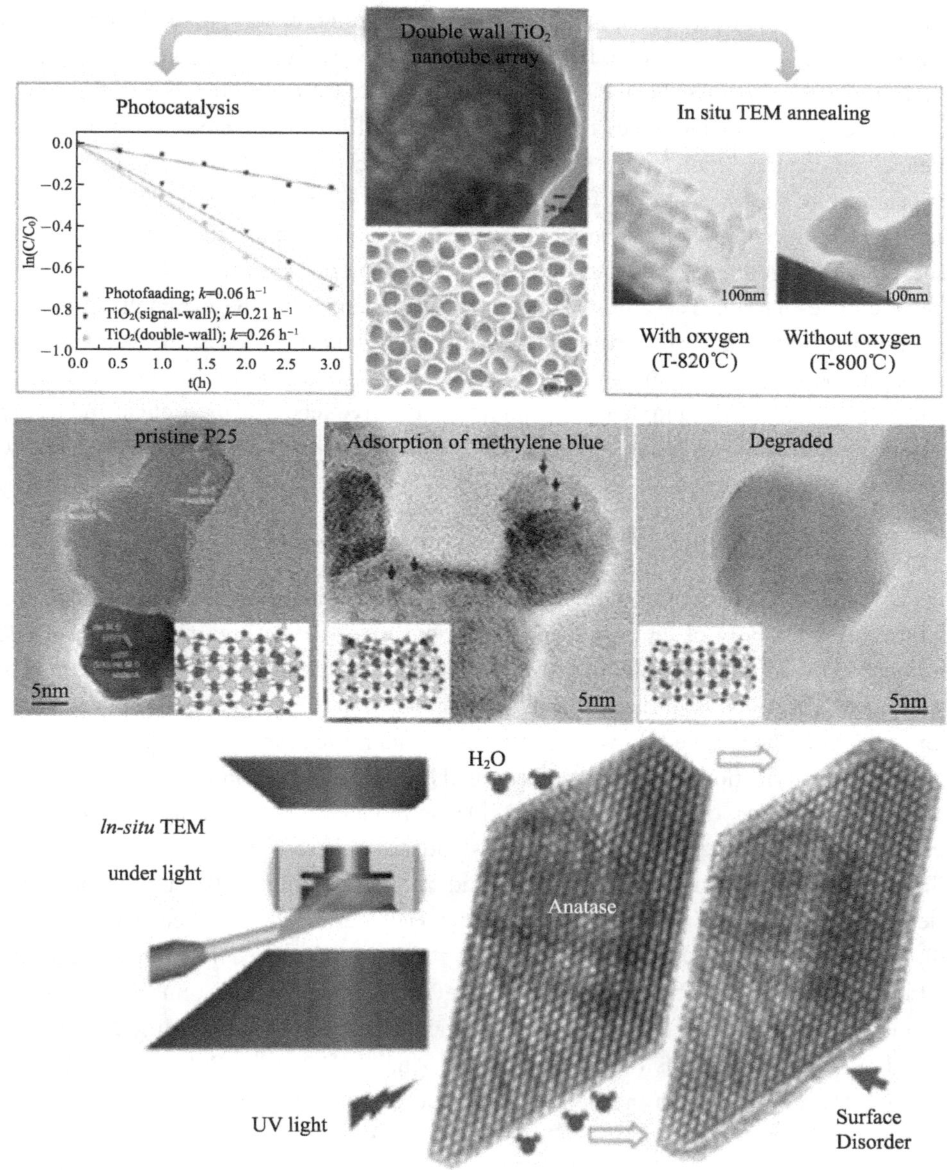

Figure 3　Directly observe the photocatalytic process of TiO_2 by using HRTEM. (a) In-situ TEM observations of the annealing at high temperature.[94] (b) Observation of photocatalytic and degradation mechanisms of anatase TiO_2 using HRTEM.[95]　(c) "*In-situ*" HRTEM observation of surface amorphization in anatase nanocrystals during lightirradiation in water vapour [96]

In addition to the observation of atomic structure, TEM (or HRTEM) equipped with electron energy-loss spectroscopy (EELS) can provide various types of information, including chemical compositions, lattice and crystal structure, band-gap, oxidation state, *etc*., to provide more comprehensive results. For example, spatially resolved EELS on an aberration corrected HRTEM can be utilized to investigate the oxidation state of the titanium atoms in the center and surface of the TiO_2 crystal.[96] EELS measurements can provide the evidence for charge transfer from the TiO_2 surface to the O_2 molecule based on disappearance of the vacancy loss feature.[97] Liberti *et al.* [98] combined valence EELS with scanning TEM to obtain the dielectric response of anatase nanoplatelets, and they were able to characterize the complex dielectric properties with superior spatial (<1 nm) and energy (<100 meV) resolution. The authors found that the energies of the symmetric mode and antisymmetric mode shifted toward lower and higher energy-losses, respectively, with decrease in the thickness of the anatase nanoplatelet. This study provided a direct clue that the thickness of anatase nanoplatelet could affect the frequency of the optical modes, and also indicated that the regulation of the nanoplatelets size is essential to optimize the optical properties in photocatalysis.

3.3 具有原子尺度的 STM 表征技术

Recent developments in STM have stimulated the investigations on atomic-scale structure and diffusivity of the surface defects. Generally, the working mechanism of STM instrument is based on the quantum tunnel effect, and the tunneling current between probe tip and material surface is measured to determine the atomic arrangement on the surface of material. STM can serve the following functions: (1) identification of the surface structure of TiO_2, (2) characterization of surface defects on TiO_2, (3) observation of the adsorption and dissociation behavior of adsorbates, and (4) introduction of light source for in-situ investigation of photocatalytic reaction process under atomic resolution.

Extensive investigations of rutile TiO_2 and its most stable (110) surface have been carried out by using STM in ultrahigh-vacuum (UHV) during the past decades.[99] Early in 1990, Rohrer *et al.* [100] investigated the surface structure of reduced TiO_2 (110), and found that the topography of nonstoichiometric oxide surfaces is complex. Subsequent studies about electronic structure effects,[101] structural transformation[102] and modification of rutile TiO_2 (110) surface by metals (such as Pd,[103,104] Au,[105,106] Nb,[107] Pt[108]) have also been performed using STM, which provided a great deal of knowledge about the distribution of defects and adsorption behavior of the TiO_2 surface.

Surface defects, such as point-defects, line defects and step edges have strong effects on the surface chemistry of metal oxides. The relationship between the surface defects and TiO_2 activity can be summarized as follows:[109,110] (1) Surface defects can affect the band gap width of TiO_2, which is important for the light absorption efficiency of TiO_2. (2) Surface defects can act as photo-induced carrier traps that prevent the recombination of photo-induced electrons and holes. (3) Surface defects are closely related to the electron chemical potential and number of surface active sites. (4) Surface defects also influence the near-surface properties of TiO_2 as the defects affect the electric field in the near-surface layer, which can lower the energy losses due to recombination of the photo-induced carriers. Therefore, the characterization of the surface defects may help to further improve the photocatalytic activity of TiO_2. Among various point-defects, oxygen vacancies (O_V) and adsorbed hydroxyl (OH) impurities provide specific catalytic properties.[111] O_V are intrinsic point defects that originate in the partially reduced TiO_2 (110) surface. OH species are the dissociation products of water in the O_V of the surface. Recently, a new three-dimensional spectroscopy technique has been presented to evaluate point defects on the surface of TiO_2 (110) by combining AFM/STM experiments as shown in Figure 4(a) and 4(b).[112] The high spatial resolution of 3D-AFM/STM provided a reliable method to investigate atomic effects in the subsurface with high resolution as well as study the underlying mechanisms of chemical reactions. Different from point defects,[113] line points were found to be formed on the TiO_2 (110) surface along the <001> direction, which were induced by UV irradiation.[114] It was reported that UV irradiation with energy between 1.6 to 5.6 eV would produce line defects on the TiO_2 (110) 1×2 surface. Moreover, the observation of step edges, where atoms are not coordinated with each other, demonstrated high chemical and electronic activities in a variety of equilibrium processes.[115] Experimental studies on the interplay between steps and O_V revealed that O_V and steps equally contribute to the crystal doping. Characterization of surface defects has crucial importance for understanding the photocatalytic processes catalyzed by them. Hence, the information of defect structures may be useful for understanding the photocatalytic activity of TiO_2 and designing high performance TiO_2-based photocatalysts.

Several studies have used STM characterization to investigate the adsorption behavior of adsorbates (such as O_2,[116] CO,[117] CO_2,[118] water[119] and organic molecules[120,121]) on TiO_2. Studies showed that O_2 molecules can be adsorbed on both bridge-bonded oxygen vacancies (BBO_V) and the OH sites,[36,122,123] while CO molecules are more likely to be adsorbed on the next nearest-neighbor Ti_{5c} atoms, which are close to the bridge-bonded oxygen vacancies BBO_V, rather than be adsorbed on BBO_V itself.[117] Recently, investigations of the photocatalytic dissociation of CO_2 and water are of profound significance. Conversion of CO_2 and H_2O into useful products by solar energy is an effective strategy to use clean energy.[118,124] Tan *et al.* [125] demonstrated that CO_2 molecules can be converted to O atoms and CO molecules, and the dissociation rate can be controlled by adjusting the distance of tip-sample, as shown in Figure 4(c). The ability to use tunneling current to enhance the conversion efficiency of CO_2 or H_2O to other valuable products enables us to understand and control this complicated photocatalytic process, which in turn would help us to design better photocatalysts for efficient water splitting and reduction of CO_2.

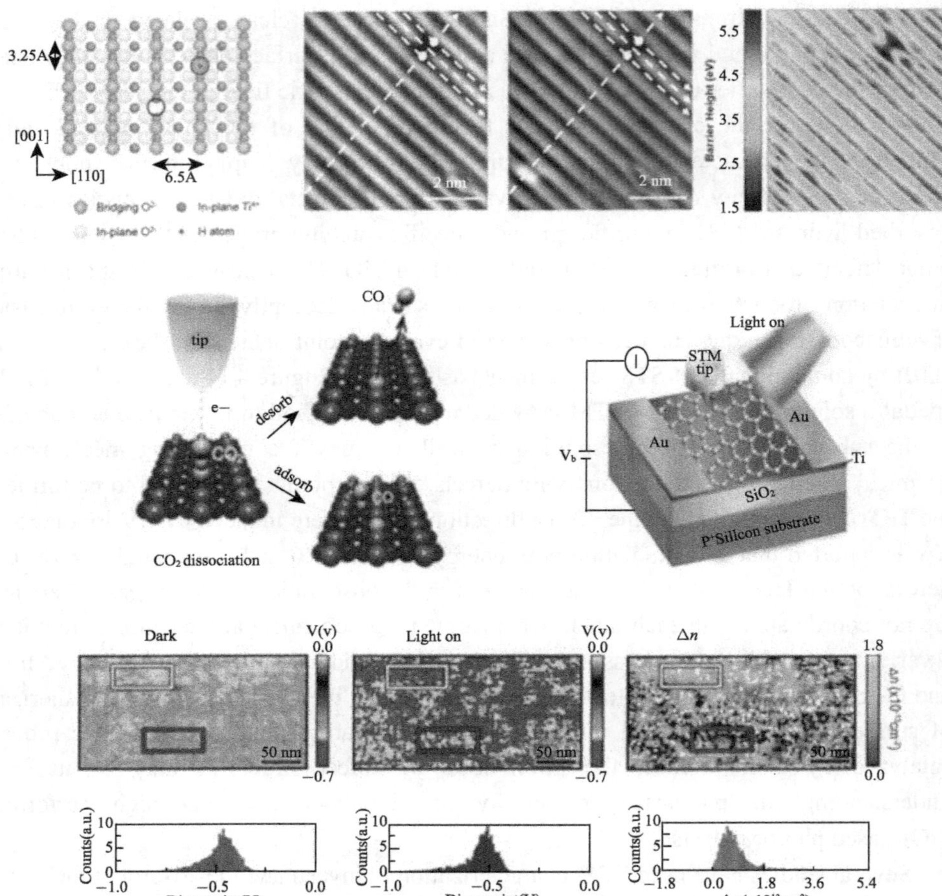

Figure 4 (a) Structural model illustrating the rutile TiO_2 (110) surface as well as the two most commonly observed defects: Oxygen vacancies (red circle) and OH groups (green circle). (b) Two-dimensional interaction force and tunneling currentslices (left) extracted from the 3D-AFM/STM data as well astunneling barrier height map (right) corresponding to the region of the TiO_2 surface.[112] (c) Schematic drawing of the tip-induced CO_2 dissociation, leading to the healing of the BBO_V and either desorbed CO or adsorbed CO at Ti^{4+} site.[125] (d) Schematic representation of the light-modulated STM measurement for a graphene/TiO_x heterostructure.[128] (e) Dirac point mapping and relative statistic histograms of graphene/TiO_x heterostructure in dark (left) and under illumination (middle). Spatial variation of the carrier concentration (right) resulted from photo-induced charge transfer at the graphene/TiO_x heterostructure and quantitative analysis of photo-induced carrier concentrations [128]

"*In situ*" STM studies may provide a more relevant view of the photocatalyst surface transformation during the adsorption and reaction processes, as the surface may remain unchanged in UHV after the photocatalytic process. In order to further investigate the surface changes occurring in the photocatalytic process, many studies have introduced the light source into STM to serve as illumination. For instance, Zuleta *et al.* [126] studied photo-induced molecular rearrangement behaviors by STM. The STM images obtained before and after illumination reveal that conventional dyes used in dye-sensitized solar cells undergo a photo-rearrangement reaction when they are adsorbed on anatase TiO_2 (101). Recently, Shih *et al.*[127] obtained high resolution interfacial band mapping images by cross-sectional STM. Based on the previous study, "*in situ*" light-modulated scanning tunneling microscopy (LMSTM) revealed an atomic scale visualization of photo-induced carrier transfer at the graphene/TiO_X heterojunction.[128] As shown in Figure 4(d) and 4(e), the corresponding distributions of Dirac points at the graphene/TiO_X heterojunction with and without light illumination were further demonstrated by the LMSTM measurements. This technique provided a precise control over the photo-induced doping level by light modulation. Similar results could also be obtained by using near-field scanning optical microscope (NSOM).[129]

As presented in the above section, STM provides opportunities for real-space and real-time imaging of surface atoms and adsorbates under specific conditions. However, the biggest limitation of the STM technique so far is the lack of chemical sensitivity. Considering that real photocatalytic processes can be complex, STM methods which are capable of analyzing multi-elemental systems will provide a deeper understanding of catalytic progress and would have immeasurable value for atomic resolution characterization.

3.4　多种表征技术相结合获取多尺度信息

Although significant efforts have been devoted for characterization techniques to explore high efficiency photocatalysts based on TiO_2, there are still some challenges in investigating the mechanism of photocatalysis due to the inherent limitations of individual characterization methods. According to the concepts of contemporary characterizations, combined characterization techniques such as fluorescence microscopy together with molecular probes or atomic force microscopy (AFM) together with STM are anticipated to deliver deep spatial and kinetic information on TiO_2 and TiO_2-based photocatalysts. These combined methods have made it possible to uncover the photocatalytic mechanism and explore photocatalysts with high activity. Single-molecule fluorescence measurement is a powerful tool to probe the catalytically active sites and electron transfer reactions on the surface of photocatalysts. Tachikawa *et al.* [130] applied single-molecule-single-particle fluorogenic probes and AFM imaging to “*in-situ*” observe the fluorescence trajectories and directional photo-induced electron transportation of TiO_2 in different crystal facets. The results suggested that the photocatalytic reaction preferentially occurs on the energetically stable {101} facets rather than the higher surface energy {001} facets of TiO_2 crystal. Additionally, the fluorescence trajectories of dye sensitizers and directional photo-induced electron transportation can also be measured for investigating the adsorption dynamics on

TiO_2.[131] Moreover, single-molecule kinetics of interfacial electron transfer can be effectively evaluated by using AFM in association with fluorescence microscopy. With the advantages of piconewton level force sensitivity as well as atomic positional accuracy, AFM can provide valuable topological information and force measurements.[132] Also, AFM can recognize distinct surface features correlated with electronic distribution and transportation.[133] Most recently, Liu *et al.* [134] investigated the photoinduced ultrafast charge transfer dynamics in TiO_2 nanoparticles through a combination of high spatial-resolved AFM and temporal-resolved fluorescence microscopy, and found that it is a feasible method to acquire high-resolution duplicates for studying the photocatalytic reaction dynamics in space domain.

Furthermore, a combination of STM and scanning tunneling spectroscopy (STS) measurements reported by Setvin *et al.* [135] investigated the locations of trapped electrons at the step edges of the anatase (101) surface. In addition, noncontact AFM-STM has been successful applied to directly investigate and manipulate the charge state of atoms and molecules. Stetsovych *et al.* [136] provided atomic resolution identification about the species on the surface of TiO_2 and pushed forward the understanding of photocatalytic processes by AFM-STM characterizations. Setvin *et al.* [137] demonstrated a valid observation of chemical states of adsorbed O_2 molecules and electron transfer on the surface of anatase TiO_2 though a combined AFM-STM. The ability to manipulate such associated characterizations can allow the detailed elucidation of the photocatalytic reaction mechanism in TiO_2 and other photocatalysts, and help the design and development of novel materials for optoelectronic applications.

4 先进光谱表征技术

4.1 拉曼光谱表征技术

Raman spectroscopy (Raman) has unique advantages in probing the structural characteristics of semiconductors because of its high sensitivity to phonon characteristics.[138] Raman is a particularly powerful method for investigating semiconductor photocatalysts and photocatalytic products during the photocatalytic process in the region $<1100\ cm^{-1}$ in which the vibration mode of semiconductor photocatalyst appears. Therefore, Raman is suitable to characterize the structural and photocatalytic properties of TiO_2.[139] Three main aspects are included in the use of Raman to characterize TiO_2: (1) characterize the percentage of {001} facets in anatase TiO_2, (2) analyze the surface phase of TiO_2, (3) monitor the photocatalytic reaction by using surface-enhanced Raman spectroscopy (SERS).

It is desirable to accurately characterize the percentage of {001} facets in anatase TiO_2.[140] For a long time, XRD was the only technique that could achieve this objective. The drawbacks of XRD are its requirement for large amount of sample and its slow scan rate.

Recently, Raman was demonstrated to be another effective technique for characterization of the percentage of {001} facets in anatase TiO_2.[140] Compared to XRD, Raman is more simple, efficient, and accurate. Actually, in the early research, Raman was used to investigate oxygen deficiency due to the high activity {001} TiO_2 surface reconstruction,[141] element S doping-induced Eg vibrational mode shifting,[142] and Raman shift with the increase in thickness of the {001} TiO_2 nanosheets.[143] Followed by these researches, Tian, Zhang and Pan *et al.* [140] further developed Raman as a useful technique to determine the percentage of the {001} facets. The theoretical foundation of the Raman technique is as follows: when the percentage of {001} facets increases, the amount of bending vibrations of O-Ti-O increases, thus the intensity of the A_{1g} and B_{1g} peaks would increase. Similarly, when the percentage of {001} facets decreases, the amount of stretching vibration of O-Ti-O increases, thus the intensity of the E_g peak would increase, as shown in Figure 5a, 5b and 5c. Therefore, based on the different vibrations of O-Ti-O, Raman is a highly sensitive and accurate technique for determining the percentage of {001} facets, as shown in Figure 5(a)-(c).

At present, the mainly used excitation source in Raman technique is visible lasers (such as 488, 514, 633, and 725 nm lasers). One of the drawbacks of these lasers is strong fluorescence emission that would weaken the Raman peaks. Since fluorescence can originate from defect states in solids as well as fluorophores, more than one source may simultaneously contribute to the Raman background (e.g., fluorophore plus defect fluorescence or defect fluorescence plus anharmonic interaction), and one source may affect the other. The fluorescence background can be significantly reduced or avoided with UV excitation because the defect emission (fluorescence and phosphorescence) appears predominantly in the near UV to near IR region. With UV excitation, a clear Raman band can be observed. This demonstrates that UV excitation is important to obtain spectra from weak Raman scattering materials, when they are in a highly defective, high surface area form. In addition to avoiding fluorescence, UV laser excitation is also advantageous for investigating wide band gap metal oxides, including TiO_2.[144] UV Raman allows selective detection on the TiO_2 surface because the strong absorption of UV light.[144] These unique properties enable UV Raman to characterize TiO_2 from the aspect of surface phase, such as monitoring phase transformation,[144] understanding the relationship between surface structures and photocatalytic properties,[145] investigating the interfacial structures of TiO_2 mixed oxides,[146] etc. Zhang *et al.*[145] systematically studied the phase transformation of TiO_2 at different temperatures by using UV Raman spectroscopy, as shown in Figure 5(d) and 5(e). The experimental results revealed that the anatase to rutile phase transformation began at the bulk and then ended at the surface with increasing temperature, as shown in Figure 5(f). This work showed that the sample that contained mixed phases of anatase and rutile would exhibit highest photocatalytic performance, indicating that the surface-phase has a significant effect on the photocatalytic property of TiO_2.

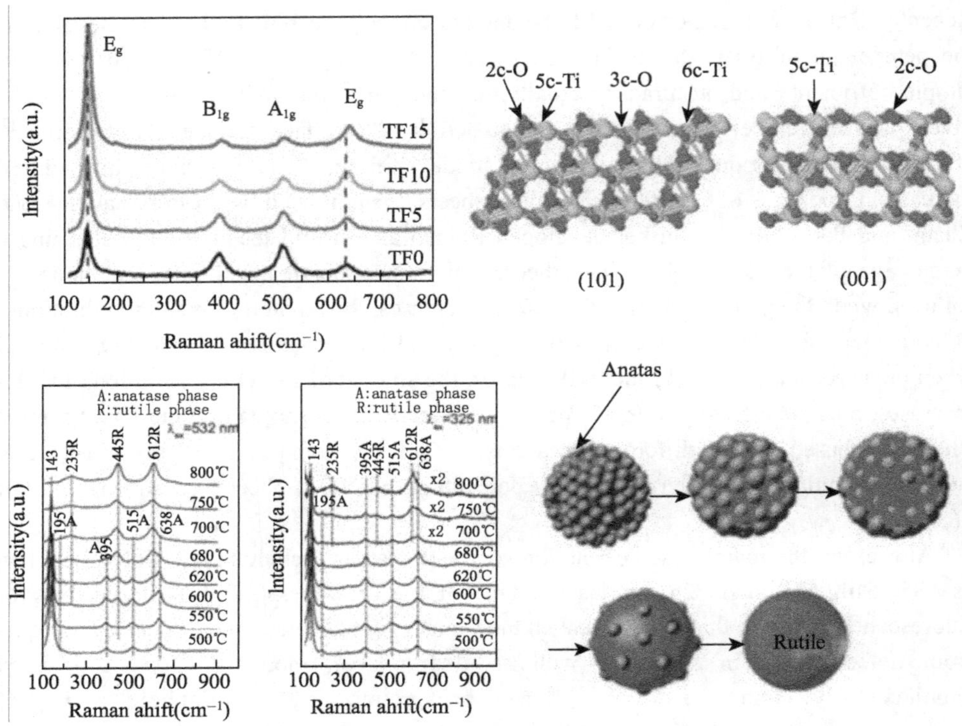

Figure 5　(a) Measure the percentage of anatase TiO_2 exposed (001) facets by Raman.The TiO_2 nanosheets were prepared with varying volumes of HF. Structural models of the anatase TiO_2 (b) (101) surface and (c) (001) surface.[140] (d) Visible Raman spectra and (e) UV Raman spectra of TiO_2 calcined at different temperatures. (f) schematic diagram of the TiO_2 phase transformation[145]

In order to investigate the mechanism occurring at the active sites within TiO_2, techniques capable of in-situ detection at the molecular level are required. As a highly sensitive, selective, and non-destructive technique for the detection of molecules and ions, surface-enhanced Raman spectroscopy (SERS) has the unique advantage in revealing the charge transfer process between adsorbed molecules and TiO_2. The enhancement of Raman signals is due to the magnified molecular polarizability during the process of electron transfer between TiO_2 and adsorbed molecules.[147] Yang *et al.* [148] first reported the use of SERS for studying the molecules adsorbed on TiO_2. Their research revealed the charge transfer process from TiO_2 to the adsorbed molecules. The significance of this research is that it not only developed a novel semiconductor SERS substrate, but also extended the applicability of SERS to investigate the adsorption problems on TiO_2 surface. Moreover, the reverse process of electron transfer from adsorbed molecules to TiO_2 has also been observed by SERS.[149] SERS can also be used to investigate the charge transfer process in a semiconductor-molecule-metal system. Zhang *et al.* [150] successfully fabricated a charge transfer system based on Ag NPs/4-mercaptobenzoic acid/TiO_2 and found that the incident photon (1.96 eV) had enough energy to transfer the excited electrons into a new electronic state.

4.2 红外光谱表征技术

Fourier transform infrared (FTIR) spectroscopy is a useful tool to investigate the functional groups and chemical structure of adsorbates by measuring the absorption spectra. The recent development of "*in situ*" FTIR has extended the infrared analysis of photocatalytic reaction under real time conditions. "*In situ*" FTIR allows for monitoring the evolution of the initial compounds and the transformation of functional groups, while obtaining actual reaction information without disturbing the system. Using "*in situ*" FTIR to characterize TiO_2 involves two main aspects: (1) monitoring the adsorption and degradation of organics on TiO_2, (2) investigating the surface state of TiO_2 after the adsorption and splitting of water molecules.

As early as 1999, an "*in situ*" FTIR study had been conducted by Ekstrolm *et al.* to monitor the adsorption and degradation of glyoxylic acid on TiO_2 particle in an aqueous solution.[151] Zhang *et al.* [152] extended the detection region of FTIR to far infrared range and “*in situ*” characterized the adsorption and photocatalytic reaction of toluene gas on the surface of TiO_2. They found that the OH group attached to the toluene molecule at the ortho-, meta-, and para-positions, as shown in Figure 6(a). The methyl group was degraded first in the photocatalytic reaction, as shown in Figure 6(b).152 Sezen *et al.* [153] studied the electrons in TiO_2 polaronic trap states by using FTIR on TiO_2 powders and single-crystals, as shown in Figure 6(c) and 6(d). They found that the infrared bands for single crystals and powders were different. The TiO_2 single crystals exhibited extra infrared bands produced by the excited electrons that were trapped from a higher final state. From the FTIR results, the final states were assigned to hydrogenic states within the polaron potential.[153]

The adsorption of water molecules on the TiO_2 surface and the photocatalytic splitting reaction were also studied by FTIR technique. In 2001, Nakamura *et al.* reported the photoenhanced adsorption of water on thin TiO_2 films by “*in situ*” surface-enhanced infrared absorption spectroscopy (SEIRAS).[154] In their experiment, TiO_2 films were coated with an island Au film for the surface-enhanced effect. In their later work, they used multiple internal reflection infrared absorption spectroscopy (MIRIR) to “*in situ*” investigate the O_2 reduction and H_2O oxidation on TiO_2 surface.[155,156] The advantage of the MIRIR is that it can monitor the radical group even in extremely low amounts. These experiments give definite evidences for the photocatalytic water splitting. Based on the experiments, the authors suggested that at least two species were produced on the TiO_2 surface. First, O_2 and H_2O generate superoxo species (TiOO·) on the surface of TiO_2. Second, TiOO· converts into surface peroxo species ($Ti(O_2)$) with the participation of photoelectrons. Third, the $Ti(O_2)$ reacts with H^+ resulting in the final generation of hydroperoxo species (TiOOH). Kimmel *et al.* studied the surface state of TiO_2 (110) after the adsorption of water films by using FTIR

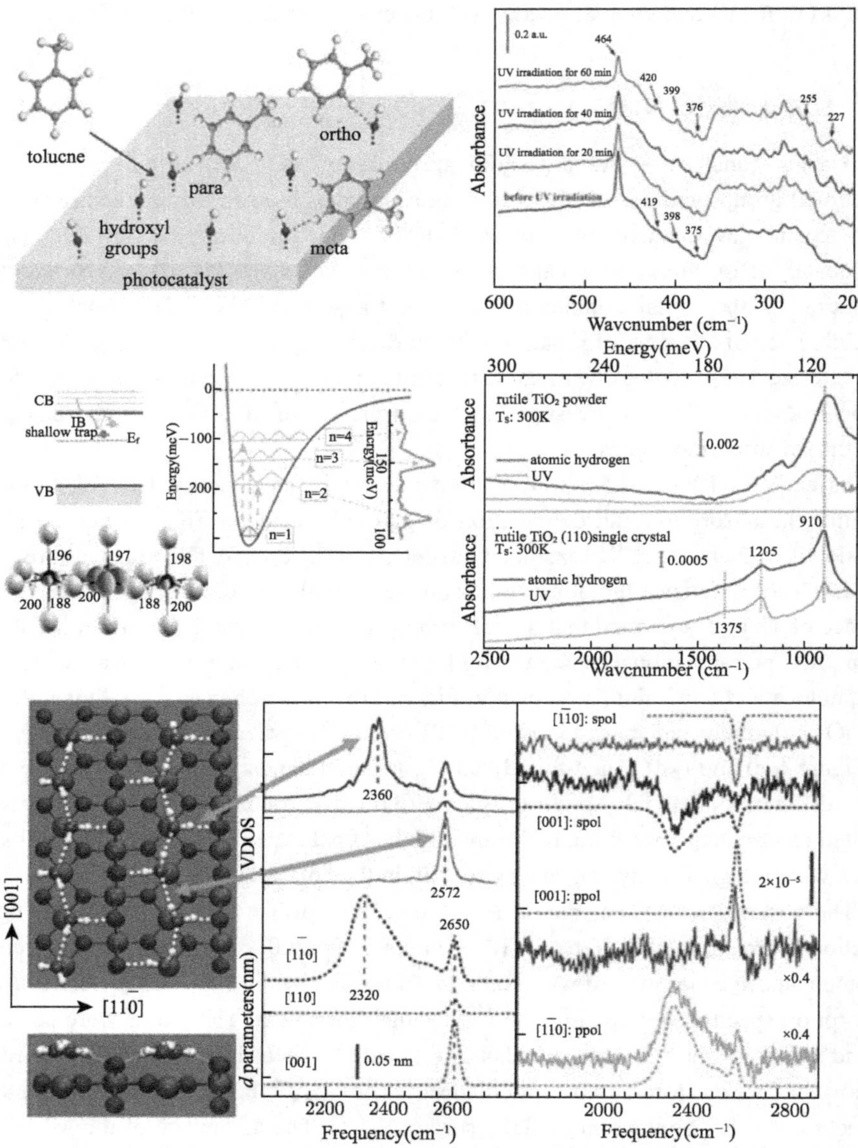

Figure 6　(a) Schematic diagram of three possible adsorption structure of toluene on hydroxyl groups over TiO_2 via weak hydrogen bonding. (b) In-situ far infrared spectra of toluene degradation on TiO_2 with UV irradiation.[152] (c) Probing electronic structure (left panel, top), the hydrogenic potential (left panel, bottom), and the electron spin density (right panel) of in TiO_2 polaronic trap states by IR-absorption. (d) Recorded after the exposure of powders (top panel) and r-TiO_2 (110) single crystal (bottom panel) to UV-light or atomic H.[153] (e) Calculated structure and (f) calculated vibrational density of states (solid lines) and d(ω) parameters (dashed lines) versus frequency. (g) IRAS spectra for s- and p-polarized light along both azimuths (solid lines) and simulated spectra (dashed lines)[157]

and theoretical calculations.[157] As shown in Figure 6(e), 6(f) and 6(g), the infrared spectra indicated strong anisotropy in the adsorbed water films, which was consistent with the theoretical calculation. Their research provided new information on the surface state of TiO_2 (110) after the adsorption of water films.

By monitoring the changes in functional groups, "*in situ*" FTIR can indirectly infer the photocatalytic reaction pathway for a particular substance. It is still difficult to illustrate the in-depth photocatalytic mechanism. The combination of FTIR with other techniques such as time-resolved spectroscopies is a promising direction.[158] It is likely that we can combine FTIR with HRTEM or STM to obtain multiple information from functional groups on an atomic scale in the near future.

4.3 光致发光光谱表征技术

Photoluminescence (PL) spectroscopy is widely utilized in investigating the physical and chemical properties of photocatalysts because of its non-destructive sampling and high sensitivity. PL spectroscopy can provide useful information about various factors which affect the photocatalytic performance of TiO_2, such as defects, electronic structures, the separation and recombination of photo-induced carriers.[159] PL has been used to characterize TiO_2 in terms of: (1) studying the oxygen vacancies in TiO_2, (2) characterizing the photocatalytic activity of TiO_2 based on morphology, contact environment, hydrogen-treatment, surface capping, *etc*., (3) investigating the production of active OH• radicals.

TiO_2 is an indirect semiconductor, thus photoluminescence from undoped TiO_2 is still difficult to observe.[160] The PL of TiO_2 is broad and featureless, due to the recombination of the photon-generated carriers by thermal activation.[161] In general, anatase TiO_2 displays a broad visible emission while rutile TiO_2 exhibits a near-infrared emission.[159] This phenomenon has been fully studied by Shi *et al.* during the phase transformation from anatase to rutile.[162] They demonstrated that the visible luminescence of anatase was due to oxygen defects, while the near-infrared luminescence in rutile was due to intrinsic defects. That means the structure of TiO_2 affects the luminescence center. In a subsequent study, Santara *et al.* [163] further confirmed the oxygen vacancies-induced visible PL and intrinsic defects-induced near-infrared PL. Furthermore, the "*in-situ*" PL study provided conclusive evidence that the oxygen vacancies-induced visible PL can be easily manipulated under controlled environment.

In the past few years, the characterization of TiO_2 with PL spectroscopy has been mainly based on morphology,[161,164] contact environment,[165] hydrogen-treatment,[166] surface capping,[167] *etc*. Regarding morphology, understanding the spatial distribution of trap states is essential to optimize the morphology for a particular application. Mercado *et al.* [164] reported the defect photoluminescence from TiO_2 for anatase nanosheets, conventional anatase nanoparticles, and TiO_2 nanotubes. They found that nanotubes exhibited blue-shifted and much weaker photoluminescence while nanosheets and nanoparticles showed similar photoluminescence.[164] Regarding the hydrogen-treatment aspect, Rex *et al.* [166] studied the spectro-electrochemical PL of trap states in hydrogen-treated rutile nanowires. It was found that the near infrared PL of rutile nanowires increased due to the radiative recombination of trapped electrons with valence band holes. Therefore, the valence band holes play a more important role in photocatalytic water splitting, as shown in Figure 7(a), 7(b) and 7(c).[166] Yoo *et al.* [161] investigated the PL spectra of anatase TiO_2 nanotubes by adjusting the wall thicknesses (t_{wall}) of nanotubes, as shown in Figure 7(d), 7(e) and 7(f). Their results

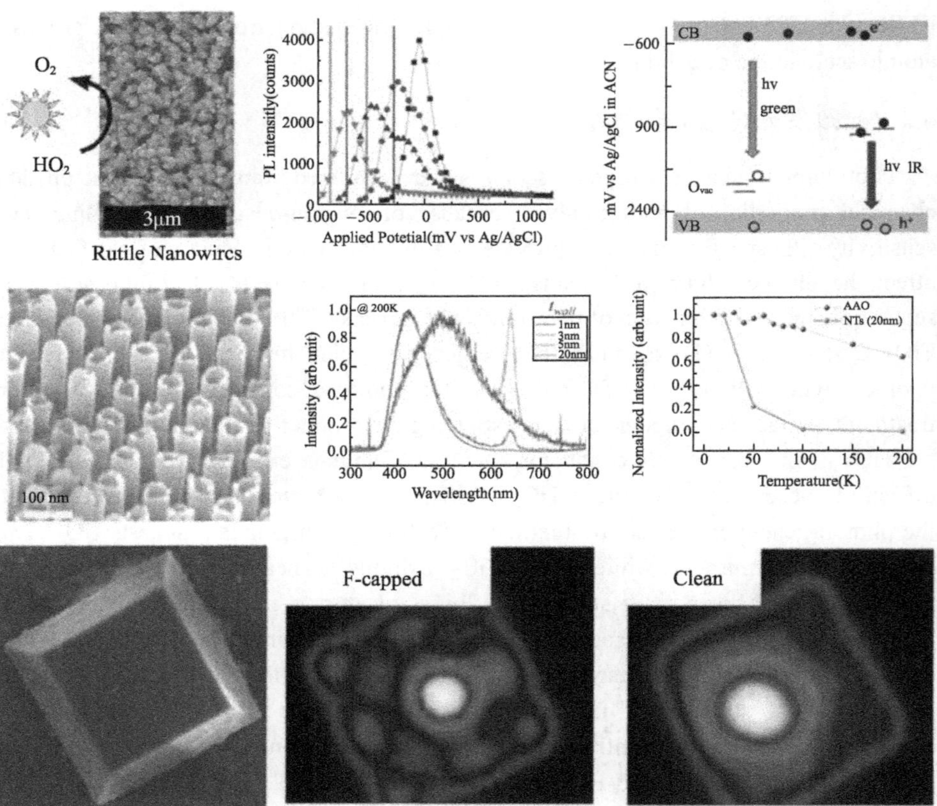

Figure 7　(a) SEM micrograph of rutile TiO_2 nanowires for investigating trap states in H-treated rutile TiO_2 nanowires. (b) Photoluminescence intensity at 835 nm as a function of applied potential for H-treated rutile TiO_2 nanowires in 0.2 M $NaClO_4$ aqueous solutions pH 1.8 (black squares), pH 6.1 (red circles), pH 9.5 (blue triangles), and pH 12.5 (pink inverted triangles). (c) Scheme of proposed locations and identities of luminescent traps in rutile TiO_2.[166] (d) SEM micrograph of anatase TiO_2 nanotube arrays. (e) Normalized results of PL spectra for TiO_2 nanotube arrays with different wall thickness. (f) Normalized the maximum peak intensity of PL signals of TiO_2 nanotube (wall thickness = 20 nm) and templates at various temperatures, indicative of different decay dynamics.[161] (g) SEM micrographs of an example of anatase crystal for imaging luminescent traps on single anatase TiO_2 crystal. PL images of (h) F-capped and (i) uncapped anatase TiO_2 crystal [167]

indicated that the properties of TiO_2 nanotubes were surface-dominated when t_{wall}<~3 nm and bulk-dominated when t_{wall}>~3 nm. These results suggested that the morphology of TiO_2 could have a significant influence on the distribution and activity of surface traps.[161] Rex *et al.* [167] explored the spatial distribution of intra band gap traps in anatase TiO_2 crystal by using PL spectroscopy. Fluorine was used as a capping agent to anneal anatase TiO_2 crystal. The PL spectra revealed stronger photoluminescence in the annealed crystal, indicating that there were fewer surface defects in the capped crystal. PL images showed that the remaining surface defects in the fluorine-capped particles were concentrated on the edges and corners of the crystal, as shown in Figure 7(g), 7(h) and 7(i).[167]

In addition to the direct characterization of TiO_2, PL can also be used to study the formation of photocatalytic active OH• radicals, which is another route to measure the photocatalytic property of TiO_2.[168] However, the short lifetime and high activity of OH• create difficulties in the measurement. An effective solution is to introduce probe molecules that react with OH•, resulting in the generation of compounds that are strongly luminescent for a long time. Terephthalic acid (TA) and coumarin (COU) are the frequently used molecules for the detection of OH•. In this field, Yu's group has done a lot of work.[168-171] For example, they quantitatively characterized OH• production on various semiconductor photocatalysts by using COU as the probe molecule. Their research confirmed the high OH• formation rate on the surface of commercial TiO_2 powder (Degussa P25). This study was the first measurement of the formation rates of OH• on various semiconductor surfaces by using COU as the probe molecule.[168]

5 先进时间分辨光谱表征技术

5.1 时间分辨光谱表征技术

Although various techniques have been utilized to characterize the photocatalytic properties of TiO_2 and TiO_2-based photocatalysts as discussed above, it is still difficult to study the fast or ultrafast charge separation, recombination, and transfer processes using the conventional characterization methods. The newly developed ultrafast time-resolved spectroscopy is a good solution for these problems. Time-resolved spectroscopy is very effective for characterizing the carrier dynamics of photocatalysts, especially the photocatalytic processes. Time-resolved PL,[172] time-resolved infrared (IR),[173] and transient absorption spectroscopy (TAS)[174,175] are three main time-resolved spectroscopies used in photocatalytic mechanism studies. Time-resolved PL detects the radiation recombination of photo-induced carriers. TAS gives separate absorption signals for the photo-induced electrons and holes. Moreover, free electrons and shallowly trapped electrons absorb IR light, thus making time-resolved IR a powerful tool to study the excited states of electrons. By combining the results from these different time-resolved spectroscopies, we can determine the key steps in photocatalytic processes, and then help to design new photocatalysts with high solar energy conversion efficiency.

The main application of time-resolved PL spectroscopy is to monitor the carrier transfer.[176,177] He *et al.* [176] has used time-resolved PL spectroscopy to measure the electron transfer from organic molecules to TiO_2. They found that excitation of anthracene-9-carboxylic acid with both visible light (around 470 nm) and UV light (about 355 nm) caused electron transfer from the singlet state into the conduction band (CB) of TiO_2 ($k_{et} = 2.30 \times 10^8 \cdot s^{-1}$). Time-resolved PL can also be used to investigate the functions of different defects in TiO_2. Wang *et al.* [172] investigated anatase and rutile TiO_2 with time-resolved PL under weak excitation conditions. As shown in Figure 8(a)-8(d), the visible luminescence in anatase and the near-infrared luminescence in rutile reached lifetimes up to the millisecond scale. The visible luminescence peak was due to the donor-acceptor recombination, whereas the near-infrared emission was assigned to the trapped electrons-holes recombination. The trap states in TiO_2 can affect the redox reaction of TiO_2 and thus determine the photocatalytic performance under static conditions. By using time-resolved PL, the relationship between the photocatalytic performance of TiO_2 and surface defects can be investigated. Dozzi *et al.* [178] used time-resolved PL to investigate the surface defects induced by fluorine doping and calcinations. They found that the surface defects caused an increase in the long-lasting component for the PL signal. Thus, they concluded that doping and high temperature treatment would increase the amount of surface traps and result in a long-lasting PL signal. These effects can benefit the photocatalytic performance by producing long-lived photo-induced carriers.

Time-resolved infrared (IR) spectroscopy is another useful technique to characterize the charge transfer process in TiO_2.[179] At present, it is still unclear whether the photo-induced carriers are transferred from anatase to rutile or from rutile to anatase. Time-resolved IR spectroscopy can help us to understand this process. Shen *et al.* [158] have studied the transfer of photo-induced carriers in anatase, rutile, and mixed phase TiO_2 using time-resolved mid-IR spectroscopy. They found that the anatase showed a transient mid-IR absorption signal while rutile had no detectable mid-IR absorption in the microsecond range, as shown in Figure 8(e). Based on the absorption signal of mixed phase TiO_2, they determined that the electrons were transferred from anatase to rutile at the anatase-rutile heterojunction, as shown in Figure 8(f).[158] Time-resolved IR absorption of electrons injected from sensitizers into TiO_2 was studied using femtosecond IR spectroscopy by Ghosh *et al.*[180] Using this technique, they determined that the electron injection time from coumarin 343 to TiO_2 in D_2O was about 125 fs, and the decay kinetics of the injected electrons were different from the CB electrons of a bulk TiO_2 crystal. The observation of electronic dynamics in a femtosecond range offered a new method to investigate the ultrafast electron transfer between TiO_2 and organic dyes.

Time-resolved TAS is a powerful tool to detect short-lived intermediate products by using pulsed light to excite the photocatalyst. It has been shown that the trapping time for electrons (<200 fs) and holes (500 ps) on TiO_2 is different.[181] The TAS observations of the

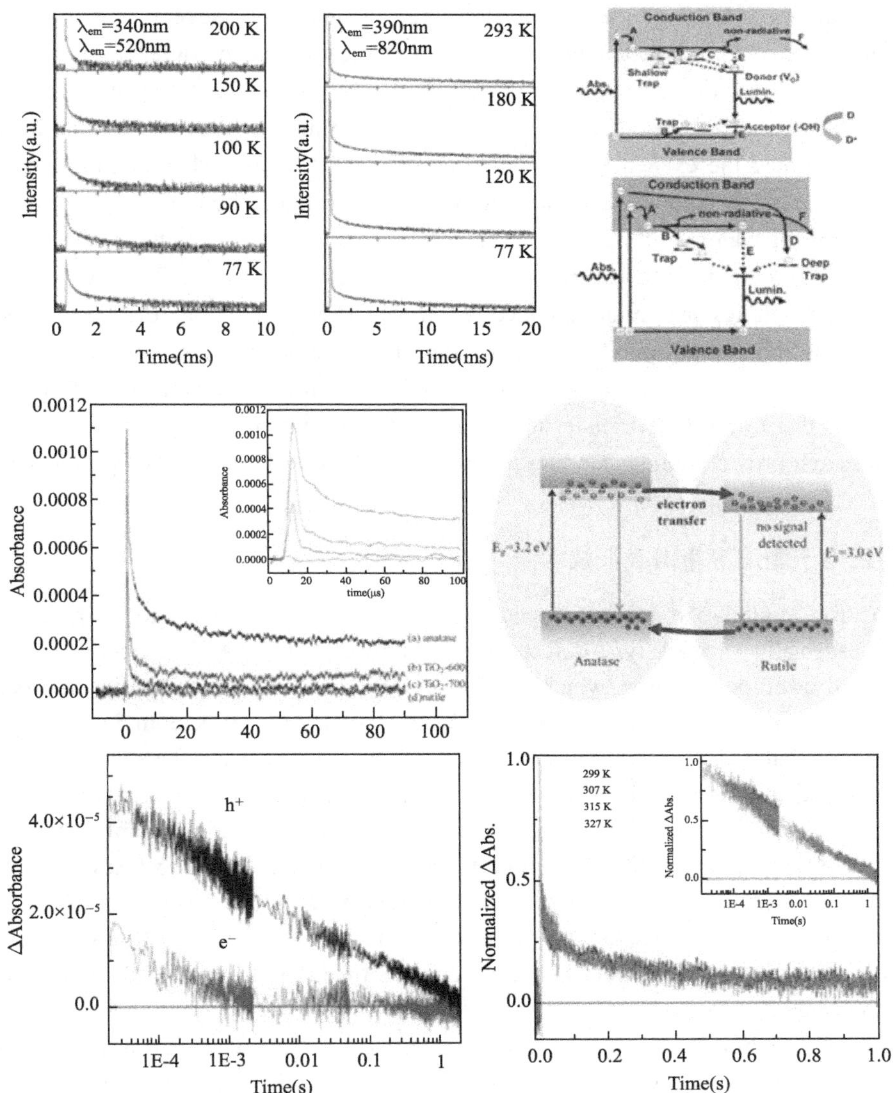

Figure 8 Time-resolved PL spectra of (a) anatase and (b) rutile TiO_2 depending on measured temperature. The monitored wavelengths were 520 nm for anatase TiO_2 and 820 nm for rutile TiO_2. Schematic illustration of relaxation processes of the photogenerated carriers in (c) anatase and (d) rutile TiO_2.[172] (e) Transient mid-IR absorption decays of anatase, anatase-rutile mixed phase TiO_2-600, anatase-rutile mixed phase TiO_2-700, and rutile in a vacuum excited by 355 nm laser pulse of 6-8 ns duration. (f) Schematic band structure of anatase and rutile under UV light irradiation.[158] (g) TAS decay traces of the photohole (460 nm) and photoelectron (900 nm) at 299 K. (h) Variable-temperature TAS decay traces recorded of the photohole (460 nm). TAS experiments were carried out following UV excitation (50 $\mu J \cdot cm^{-2}$, 355 nm) of TiO_2 held at 245 mV vs Ag/AgCl in 0.05 M NaOH/0.5 M $NaClO_4$[175]

recombination of photo-induced carriers have been conducted by several researchers.[182,183] Yamada *et al.* [44] investigated the lifetimes of photo-induced carriers in TiO_2 by using time-resolved TAS. In their work, the decays of photo-induced carriers in rutile and anatase exhibited different features. The exponential decays in rutile and non-exponential decays in anatase indicated the existence of multiple processes for trapped electron-holes. By using TAS, Tang *et al.* [174] showed that the lifetime of photo-induced hole in TiO_2 can determine the property of water splitting. Cowan *et al.* [175] used TAS to characterize the long-lived holes on TiO_2 in photoelectrochemical cells, and Figure 8(g) shows the TAS decay times for photo-induced holes and photo-induced electrons. They found that the decay time for electron was about 10 ms and there was no significant variation in the hole decay time with the temperature change, as shown in Figure 8(h). Therefore, they concluded that the hole decay was due to the hole transfer to water and the excitation energy was very small.[175] This research provided understanding on the energy barrier that controls the photocatalytic rate.

5.2 正电子湮没寿命谱表征技术

Positron annihilation lifetime spectroscopy (PALS) is often used to study defects in solids, especially vacancy type defects in semiconductors.[184] PALS is determined by the lifetime of ortho positronium, which is affected by the vacancy defects in its environment. Thus, PALS can be viewed as a characterization technique in the time domain. Many studies have shown that PALS is powerful in investigating native vacancy defects in TiO_2.[109,185,186] Compared to the traditional techniques of investigating the photocatalytic mechanism of TiO_2, PALS can monitor the dynamics of the vacancy defects during the process of phase transformation or photocatalytic reaction in time domain. The PALS features of TiO_2, i.e., the positron lifetimes and the Doppler broadening effect, are extremely sensitive to the charge state, size, and concentration of vacancy defects. Therefore, PALS provides a novel method to study the electron density, concentration of different types of defects, and even the photocatalytic process.

Several experiments have already been reported on the use of PALS to characterize vacancy defects in TiO_2. Kong *et al.* [109] used PALS to identify the bulk defects in the TiO_2 samples that were prepared at different temperatures and concluded that the decreased bulk defects could enhance the photocatalytic performance of TiO_2. Ghosh *et al.* [187] investigated the dynamics of vacancy defects during the phase transformation of TiO_2 from anatase to rutile by using PALS, as shown in Figure 33-9(a)-9(e). Their experiments revealed that the positron annihilation at the crystal boundary resulted in the long lifetime component. Moreover, they also observed changes due to the annealing process as a result of annihilation inside the vacancy clusters.

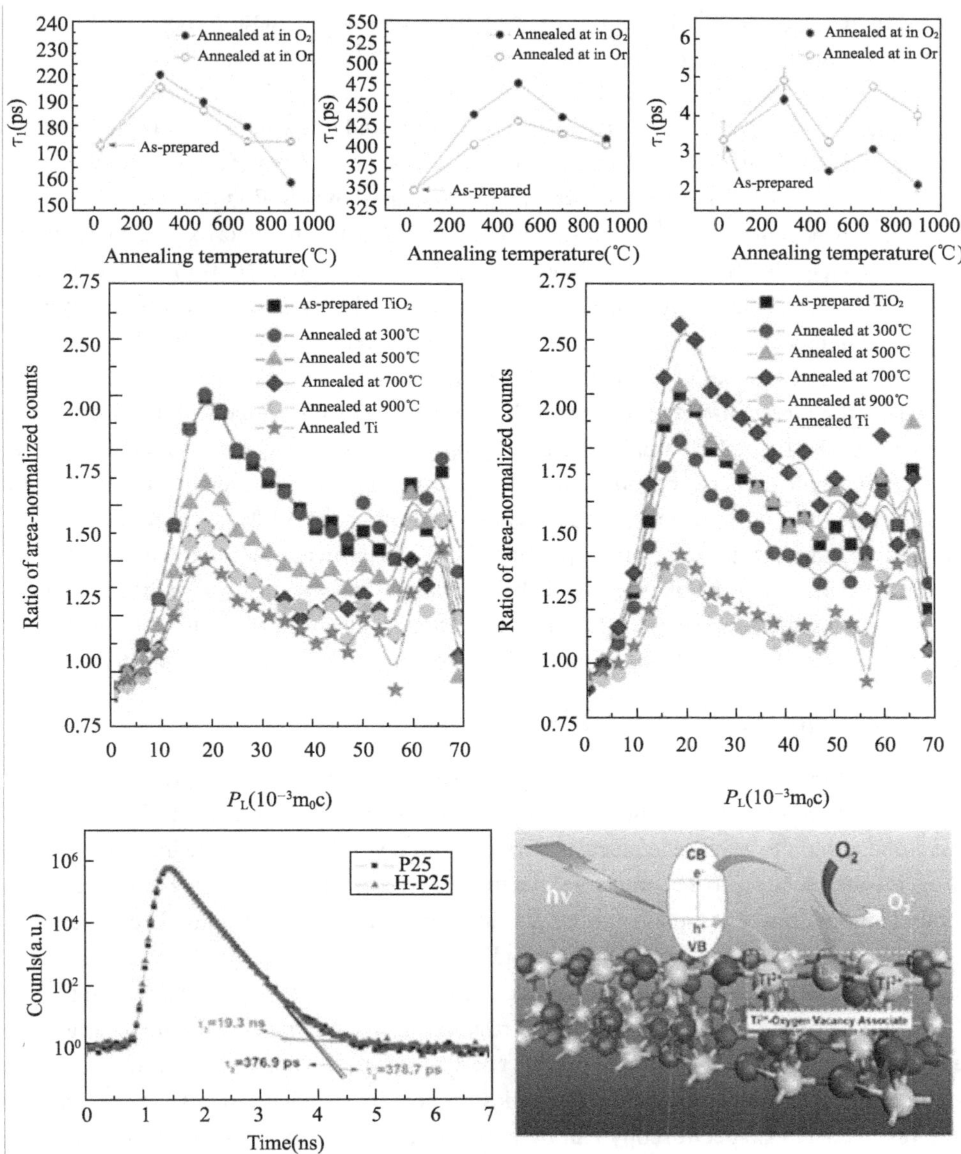

Figure 9 Positron lifetimes (a) τ_1, (b) τ_2, and (c) τ_3 versus the annealing (●: in oxygen; ○: in argon) temperature of TiO_2 nanoparticles. Ratio curves generated from the coincidence Doppler broadened spectra of the TiO_2 nanoparticles annealed in (d) O_2 and in (e) Ar.[187] (f) Positron lifetime spectra with fitting lines of P25 and H-P25. (g) Schematic diagram of the oxygen vacancy associates within H-TiO_2 [185]

In our previous research[184-186], we introduced PALS to characterize the oxygen vacancy associates in hydrogenated TiO_2. Figure 9(f) shows the spectra from the P25 and hydrogenated P25 (H-P25) samples. The components τ_1, τ_2, and τ_3 are due to positron annihilation in defect-free crystal, larger size defects, and large voids, respectively.[188] Based on the experimental results, we proposed that a large amount of small neutral Ti^{3+}-oxygen vacancy associates, some larger size vacancy clusters, and a few voids of vacancy associates are generated in H-P25, which would play a key role in suppressing the recombination of photo-induced carriers in the photocatalytic process, as shown in Figure 9(g).

In a subsequent study, [186] we directly used PALS to characterize the photocatalytic process of TiO_2. PALS measurements were recorded over the four steps in the photocatalytic process, and the variations in τ_1 and τ_2 values indicated the generation of different types and number of defects in the photocatalytic process. Compared to pristine TiO_2, there were small increases in τ_1 values after complete adsorption of methylene blue molecules, which was caused by the larger distortion of the surface lattice, and some defects induced on the TiO_2 surface. For the degraded sample, the greatly prolonged τ_1 and τ_2 demonstrated that a large number of small defects and boundary-like defects were introduced into the TiO_2 lattice. Finally, when the fully degraded TiO_2 was exposed in air for 30 days, the values of both τ_1 and τ_2 dropped close to those of the pristine TiO_2, which meant that the defects with higher energy formed during the photocatalysis had vanished, and the distorted lattice recovered to the more integrated lattice with lower energy states. These results further confirmed the lattice distortion theory that was proposed based on our previous HRTEM observations.[95]

5.3 时间分辨的双光子光电发射谱表征技术

Two-photon photoemission (2PPE) spectroscopy is a useful technique for studying the electronic structure and dynamics of empty surface states. The mechanism of 2PPE involves using one photon to excite the electron above Fermi level, followed by using another photon to excite the electron to become free electron. By measuring the energy and angle of the photoelectrons, one can obtain the empty surface states of the sample. The advantage of 2PPE is the high resolution in femtosecond scale compared to STM. In addition, 2PPE is also useful for characterizing the excited electronic structure changes during surface chemical reactions.[189] Furthermore, time-resolved measurements on the unoccupied states reveal important dynamic details of the charge transport, localization, and the electron population and energy relaxation dynamics in the intermediate states.[190,191] Therefore, time-resolved 2PPE spectroscopy can be used to investigate the charge transport dynamics of surface photocatalysis of TiO_2. There are several reviews that have already illustrated the features of time-resolved 2PPE spectroscopy,[192,193] so here we only focus on the adsorption and photocatalytic splitting of H_2O and methanol on TiO_2.

In the study of H_2O/TiO_2 (110) surfaces by using time-resolved 2PPE, Petek et al. found an excited electronic state about 2.4 eV above the Fermi level.[194] This state attained the maximum intensity during the coexistence of the H_2O and -OH species, which were generated from H_2O splitting at defect sites on TiO_2 (110), at ~1-monolayer coverage. Based on the experimental results and theoretical calculations, the authors indicated that this resonance belongs to partially hydrated, or "wet" electron states.

The adsorption and photocatalytic splitting of methanol on TiO_2 (110) surface can also be monitored by using 2PPE. Petek's group [195] has performed a lot of research in this area. One of their excellent studies is the use of time-resolved 2PPE technique to investigate the electronic structure of methanol covered TiO_2 (110), as shown in Figure 10(a), 10(b) and 10(c). They observed an excited electronic state that was about 2.3 eV above the Fermi level, which was attributed to a "wet electron state" that intrinsically existed on the methanol-TiO_2 (110) surface. Recently, Zhou *et al.* reported the site-specific photocatalytic splitting of methanol on TiO_2 (110) facet using time-resolved 2PPE, STM and density functional theory calculations (DFT).[169] The experimental scheme is shown in Figure 10d. Briefly, upon 400 nm light illumination on the methanol/TiO_2 (110) surface, the resulting 2PPE spectra showed an excited resonance signal around 5.5 eV, which is attributed to dissociated methanol species at Ti_{5c} sites according to the DFT calculations, as shown in Figure 10(e)

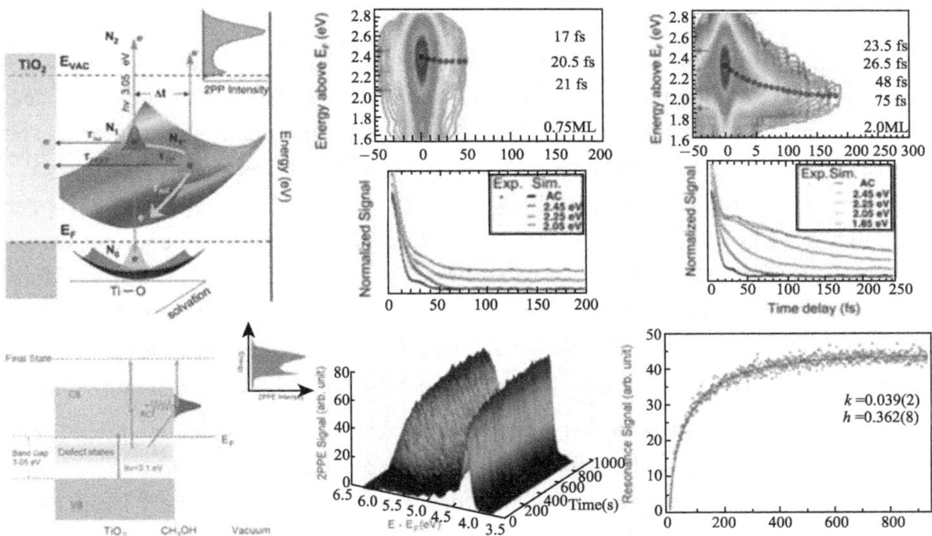

Figure 10　Using 2PPE to characterize the photocatalytic adsorption and dissociation of methanol on TiO_2 (110). (a) Schematic diagram for the 2PPE excitation at the photoinduced charge transfer from the CH_3OH/TiO_2 interface. (b, c) The top panels show three-dimensional (3D) plots of the energy and population dynamics of the wet electron state on CH_3OH/TiO_2(110) surfaces for 0.75- and 2-ML coverages that show the strong dependence of the wet electron state dynamics on the methanol coverage and D isotope substitution. The bottom panels show the original two-pulse correlation measurements used to construct the 3D plots at several characteristic energies.[195] (d) The scheme of the 2PPE experiment on photocatalytic splitting of methanol on TiO_2 (110). (e) Time-dependent 2PPE spectra for the freshly CH_3OH adsorbed stoichiometric TiO_2 (110) surface after it had been exposed for different time durations. (f) The time dependent signal of the excited resonance feature integrated between 4.9 and 6.1 eV measured with the laser power of 64 mW [169]

and 10(f). STM images further confirmed that the dissociation of methanol occurred at Ti_{5c} sites. The kinetic monitoring of the excited resonance signal clearly suggested that the dissociation of methanol is photo-induced rather than spontaneous.

5.4 光电流测试技术

It is known that the kinetic behaviors of carriers in photocatalysis such as photogeneration, recombination, and interfacial transfer can influence the photocatalytic behavior of TiO_2. In principle, if we can monitor the behavior of carriers with time as photocatalysis proceeds, we could study the photocatalytic process. As the photocurrent is a result of directional flow of carriers, the analysis of "*in-situ*" photocurrent during the photocatalytic oxidations of organics may provide useful information. Based on this motivation, the "*in-situ*" photocurrent has been used to study the carrier kinetics for the photocatalytic behavior of TiO_2.[196] One of the applications is to study the electron kinetics based on the response speed of photocurrent. Another application is to investigate the separation efficiency of photo-induced electrons or holes based on the intensity of photocurrent.

The application of photocurrent technique to study the electron kinetics of the photocatalytic oxidation process of TiO_2 is based on the photocurrent which is related to the free-electron concentration (n_c) in the CB of TiO_2, in which the response speed of photocurrent becomes a key factor. As early as 1989, Pujadas and Salvador [197] have characterized the behavior of platinized TiO_2 single crystal in contact with H_2 saturated electrolyte based on the photocurrent. They found the persistent photocurrent transients at elevated band bending. In the study of electron kinetics in nano-TiO_2,[198] it was found that the photocurrent sharply increased after the lamp was turned on, indicating the generation of electrons in the CB. After the lamp was turned off, several hundreds of seconds were required for the complete recombination. It indicated that this recombination is not a CB→VB direct recombination, which is generally very fast. The authors claimed that the delayed recombination was due to the trapping and release of electrons at band-tailed states within the bandgap of TiO_2. After excitation, electrons were trapped immediately in the band-tailed defects and became localized. It required some time for the electrons to get released from the defects to the CB. So, the recombination is not an instantaneous process.

An important application of the photocurrent technique is to investigate the separation efficiency of photo-induced electrons or holes.[199,200] A higher photocurrent means lower recombination efficiency of photo-induced carriers. Thus, by comparing the photocurrent intensities, one can infer the separation efficiency of photo-induced carriers. Pan's group [9,201-203] has conducted various studies on characterizing the separation efficiency of photo-induced carriers in TiO_2 by using photocurrent. These photocurrent characterizations provided direct evidence that doping,[202] semiconductor coupling,[201] and conductor coupling[9] can inhibit the recombination of photo-induced electrons and holes in TiO_2.

Photocurrent is particularly effective for investigating the heterostructure-induced enhancement of photocatalytic performance. Xiong *et al.* [204] tested the transient photocurrent responses of pure TiO_2 and $CuCrO_2/TiO_2$ heterojunction. Figure 11(a) shows the comparison of TiO_2 and $CuCrO_2/TiO_2$ photocurrent measurements that were conducted by turning on or turning off the UV lamp. It was observed that $CuCrO_2/TiO_2$ had a higher

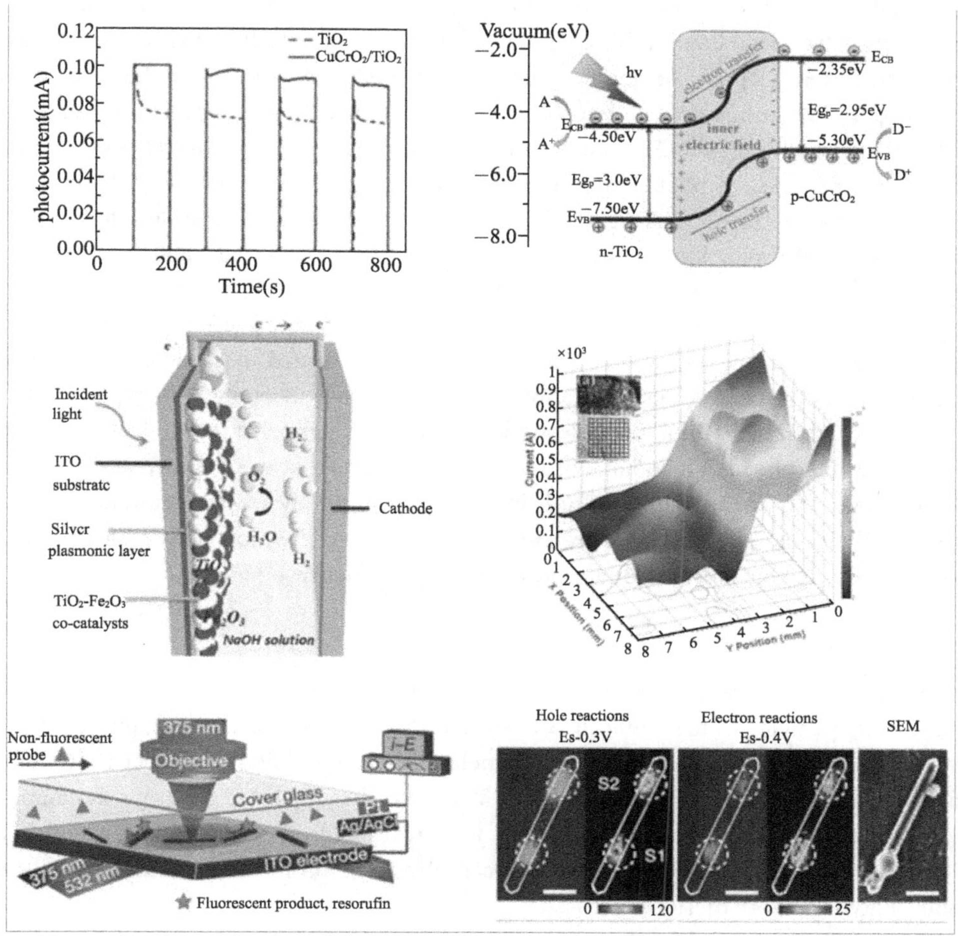

Figure 11 The application of photocurrent technique to study the electron kinetics of TiO_2. (a) Photocurrent response of TiO_2 and $CuCrO_2/TiO_2$. (b) Proposed schematic diagram of electron-hole pairs separation in $CuCrO_2/TiO_2$.[204] (c) Schematic of the plasmonic TiO_2-Fe_2O_3 cocatalyst photoelectrode and water-splitting process. (d) Photocurrent mapping across both plasmon-enhanced and non-plasmon-enhanced regions. The inset shows optical image of the step design photoelectrode.[205] (e) Experimental setup for photocurrent mapping. (f) Scatter plot and two-dimensional histogram of all individual resorufin product molecules generated from hole-induced amplex red oxidation reactions at $E \geqslant -0.3$ V (left) and $E \leqslant -0.4$ V (middle) on a single TiO_2 nanorod with two localized hotspots. The solid white line is the outline of the nanorod, determined using SEM in the right pixels, scale bars are 400 nm [206]

current than TiO_2, which means that the $CuCrO_2/TiO_2$ heterojunction can effectively inhibit the recombination of photo-induced carriers. Figure 11(b) is the proposed schematic diagram of $CuCrO_2/TiO_2$ that shows the carriers transfer direction in the $CuCrO_2/TiO_2$ heterojunction.

Although the photocurrent technique is useful for measuring the separation efficiency of photo-induced carriers, it is still difficult to distinguish the photo-induced carriers with sufficient spatial resolution. In this case, photocurrent mapping technique is a good solution. The photocurrent mapping technique allows the "*in-situ*" imaging of both the particles and other active sites in liquids (i.e., grain boundaries) with even higher resolution. Hung *et al.* [205] introduced a plasmonic Ag nanoparticles coupled TiO_2-Fe_2O_3 cocatalyst-photoelectrode system and recorded its photocurrent mapping characteristics in a step design structure, as shown in Figure 11(c) and 11(d). Their experimental results indicated that the Ag nanoparticles allowed the non-uniform mapping of photocurrent and resulted in a photocurrent that was four times higher than that of pure TiO_2-Fe_2O_3 cocatalyst. This improvement provides a new insight to enhance the photocatalytic performance by introducing a plasmonic cocatalyst. *Sambur et al.* [206] conducted the photocurrent mapping of single TiO_2 nanorod by using spatiotemporal resolution mapping. Figure 11(e) shows their experimental setup in a three-electrode microfluidic photoelectrochemical cell. Figure 11(f) shows the potential mappings of resorufin molecules that were adsorbed on the TiO_2 nanorod and the corresponding SEM images. Based on these photocurrent mappings associated with the photocatalytic reaction, they found that the most active sites for water oxidation are also the most important sites for charge-carrier recombination.

5.5　光伏安测试技术

In a typical photodegradation process, the reduction and oxidation reactions occur on the single TiO_2 particle, which would accelerate the recombination of photo-induced carriers. One solution to this problem is to use photoelectrocatalysis (PEC). Different from normal photocatalysis, a voltage is applied in PEC. Thus, the photo-induced electrons are attracted by the external electric field which leaves the photo-induced holes in the TiO_2 surface. Therefore, the recombination of photo-induced electrons and holes was decreased and the photocatalytic activity of TiO_2 increased.[207]

In the PEC, the photocatalytic efficiency depends on the recombination rate of photo-induced electrons and holes. Therefore, the key to characterize the photoelectrocatalytic process is to monitor the behavior of photo-induced carriers with time as PEC proceeds. In this case, photovoltammetry has proved to be a good technique. Similar to the photocurrent technique, photovoltammetry also collects the current signal under illumination, however, the difference is that in photovoltammetry, the current is collected under applied potential.

In photovoltammetry test, the collected photocurrent can reflect the rate of photo-induced carriers in the PEC process.[208] Jiang *et al.*[209] used photovoltammetry to quantitatively characterize the PEC process on porous TiO_2 films. Their experimental results showed that the separation of photo-induced electrons and holes was realized by interfacial reaction. In other words, the free electron concentration in the TiO_2 was determined by interfacial reaction rate. Therefore, the external potential can help to reduce the recombination of free electrons in surface oxidation reactions. Photovoltammetry can also be used to investigate the effects of doping, decorating, and morphology control of TiO_2 in PEC. For example, Sene *et al.*[210] showed that V-doping can affect the flat band potential of TiO_2. In the photovoltammetry test, the valence band position of TiO_2 is increased to a more positive value with the increase in vanadium content, which results in increased oxidizing ability of the photo-induced holes. Jia *et al.*[211] used photovoltammetry to investigate the characteristics of the Au decorated TiO_2. They observed that the PEC under UV illumination can generate large photo-induced current and reversible voltammetric characteristics, indicating that the synergistic effect between TiO_2 and Au particle can reduce the gold surface passivation. To investigate the effect of morphology of TiO_2 in PEC, Zhang *et al.*[207] prepared nanorod-like TiO_2 nanowires and tested the photoelectrocatalytic properties. In this experiment, the photovoltammetry technique was applied to determine the inherent resistance of the nanorod-like TiO_2 nanowire, which showed superior photo-induced electron transfer property.

6 总结与展望

In summary, conventional characterization techniques and recent advances in the characterization of TiO_2 and TiO_2-based photocatalysts have been reviewed and discussed in detail, including: 1) Brief introduction to TiO_2 structure and properties; 2) Advanced characterization techniques (XRD, TEM, STM) that can investigate the atomic-scale structure, grain size, crystal structure, interface, and surface defects of TiO_2 from space domain; 3) Advanced spectroscopies, such as Raman, FTIR, and PL, which are useful in characterizing the percentage of {001} facets, analyzing the surface phase, monitoring the photocatalytic reaction, investigating the functional groups, and measuring the photo-induced carriers' recombination rate of TiO_2; 4) Advanced time-resolved spectroscopies, such as time-resolved PL, time-resolved IR, TAS, 2PPE, PALS, photocurrent, and photovoltammetry measurements, which are effective for measuring bulk defects and empty surface states, and for "*in situ*" monitoring the dynamics of photoinduced carriers during the photocatalytic processes.

Many researchers have tried for a long time to control the atomic surface structure of photocatalysts in many different ways. However, the lack of comprehensive characterization tools is the main hurdle for elucidating the photocatalytic mechanism and developing novel photocatalysts with high efficiency. Fortunately, present strategies toward a detailed characterization can describe both the physicochemical properties and photocatalytic processes, which can also be used to evaluate the performance of photocatalysts. Traditional characterizations focus on macrostructures and microscopic morphologies of TiO_2, collecting low resolution information about the surface of the materials, which limit further investigation on the atomic-level photocatalytic process. In the other hand, the newer characterization techniques usually exhibit higher resolution ability, and can provide atomic resolution data relating to microscopic structures and separation behaviors of the photo-induced charge carriers of photocatalysts in both space domain and time domain. These results can allow the detailed mechanistic study of the photocatalytic process.

Despite extraordinary developments in novel characterization techniques, "*in-situ*" observation of microstructure changes and atomic kinetics of the photo-induced charge carriers during photocatalytic process are still the main challenges and opportunities. Time-resolved techniques can be used to study the separation, trapping, and transfer of photo-induced carriers. However, the lack of atomic scale resolution makes it difficult for these techniques to observe the dynamics of photo-induced carriers from the micro perspective, to determine which semiconductor surface sites give optimal improvement, and to determine whether sites catalyzing water oxidation also contribute to competing charge-carrier recombination with photogenerated electrons. Therefore, combined characterization techniques in space and time domain are extremely important to explore the catalytic reaction mechanism. Such developments of advanced characterization techniques would not only expand rational contribution to fundamental studies of photocatalysis, but also facilitate the design of novel TiO_2-based photocatalysts with high solar energy conversion efficiency.

参 考 文 献

[1] Chen, X.; Shen, S.; Guo, L.; Mao, S. S. Semiconductor-Based Photocatalytic Hydrogen Generation. *Chem. Rev.* **2010,** *110*, 6503-6570.

[2] Kudo, A.; Miseki, Y. Heterogeneous Photocatalyst Materials for Water Splitting. *Chem. Soc. Rev.* **2009,** *38*, 253-278.

[3] Hoffmann, M. R.; Martin, S. T.; Choi, W.; Bahnemann, D. W. Environmental Applications of Semiconductor Photocatalysis. *Chem. Rev.* **1995,** *95*, 69-96.

[4] Tran, P. D.; Wong, L. H.; Barber, J.; Loo, J. S. Recent Advances in Hybrid Photocatalysts for Solar Fuel Production. *Energy Environ. Sci.* **2012,** *5*, 5902-5918.

[5] Xiang, Q.; Cheng, B.; Yu, J. Graphene-Based Photocatalysts for Solar-Fuel Generation. *Angew. Chem. Int. Ed.* **2015,** *54*, 11350-11366.

[6] Inoue, T.; Fujishima, A.; Konishi, S.; Honda, K. Photoelectrocatalytic Reduction of Carbon Dioxide in Aqueous Suspensions of Semiconductor Powders. *Nature* **1979,** *277*, 637-638.

[7] Low, J.; Cao, S.; Yu, J.; Wageh, S. Two-Dimensional Layered Composite Photocatalysts. *Chem. Comm.* **2014,** *50*, 10768-10777.

[8] Zhang, Y.; Fei, L.; Jiang, X.; Pan, C.; Wang, Y.; Srivastava, A. Engineering Nanostructured

Bi_2WO_6-TiO_2 Toward Effective Utilization of Natural Light in Photocatalysis. *J. Am. Ceram. Soc.* **2011,** *94*, 4157-4161.

[9] Zhang, Y.; Pan, C. TiO_2/Graphene Composite from Thermal Reaction of Graphene Oxide and Its Photocatalytic Activity in Visible Light. *J. Mater. Sci.* **2010,** *46*, 2622-2626.

[10] Sordello, F.; Minero, C. Photocatalytic Hydrogen Production on Pt-Loaded TiO_2 Inverse Opals. *Appl. Catal. B Environ.* **2015,** *163*, 452-458.

[11] Zhang, K.; Wang, L.; Kim, J. K.; Ma, M.; Veerappan, G.; Lee, C.-L.; Kong, K.-J.; Lee, H.; Park, J. H. An Order/Disorder/Water Junction System for Highly Efficient Co-Catalyst-Free Photocatalytic Hydrogen Generation. *Energy Environ. Sci.* **2016,** *9*, 499-503.

[12] Chu, S.; Majumdar, A. Opportunities and Challenges for A Sustainable Energy Future. *Nature* **2012,** *488*, 294-303.

[13] Schloegl, R. Energy: Fuel for Thought. *Nat. Mater.* **2008,** *7*, 772-774.

[14] Lu, Q.; Yu, Y.; Ma, Q.; Chen, B.; Zhang, H. 2D Transition-Metal-Dichalcogenide-Nanosheet-Based Composites for Photocatalytic and Electrocatalytic Hydrogen Evolution Reactions. *Adv. Mater.* **2016,** *28*, 1917-1933.

[15] Fujishima, A.; Honda, K. TiO_2 Photoelectrochemistry and Photocatalysis. *Nature* **1972,** *238*, 37-38.

[16] Zhang, Y.; Li, C.; Pan, C. N+Ni Codoped Anatase TiO_2 Nanocrystals with Exposed {001} Facets Through Two-Step Hydrothermal Route. *J. Am. Ceram. Soc.* **2012,** *95*, 2951-2956.

[17] Zhang, Y.; Xu, J.; Sun, Z.; Li, C.; Pan, C. Preparation of Graphene and TiO_2 Layer by Layer Composite with Highly Photocatalytic Efficiency. *Prog. Nat. Sci. Mater.* **2011,** *21*, 467-471.

[18] Wu, N.; Wang, J.; Tafen, D. N.; Wang, H.; Zheng, J.-G.; Lewis, J. P.; Liu, X.; Leonard, S. S.; Manivannan, A. Shape-Enhanced Photocatalytic Activity of Single-Crystalline Anatase TiO_2 (101) Nanobelts. *J. Am. Chem. Soc.* **2010,** *132*, 6679-6685.

[19] Han, X.; Kuang, Q.; Jin, M.; Xie, Z.; Zheng, L. Synthesis of Titania Nanosheets with A High Percentage of Exposed (001) Facets and Related Photocatalytic Properties. *J. Am. Chem. Soc.* **2009,** *131*, 3152-3153.

[20] Sambandam, B.; Surenjan, A.; Philip, L.; Pradeep, T. Rapid Synthesis of C-TiO_2: Tuning the Shape from Spherical to Rice Grain Morphology for Visible Light Photocatalytic Application. *ACS Sustain. Chem. Eng.* **2015,** *3*, 1321-1329.

[21] Thompson, T. L.; Yates, J. T. Surface Science Studies of the Photoactivation of TiO_2 New Photochemical Processes. *Chem. Rev.* **2006,** *106*, 4428-4453.

[22] Yang, Z.; Wang, B.; Cui, H.; An, H.; Pan, Y.; Zhai, J. Synthesis of Crystal-Controlled TiO_2 Nanorods by A Hydrothermal Method: Rutile and Brookite as Highly Active Photocatalysts. *J. Phys. Chem. C* **2015,** *119*, 16905-16912.

[23] Al-Azri, Z. H.; Chen, W.-T.; Chan, A.; Jovic, V.; Ina, T.; Idriss, H.; Waterhouse, G. I. The Roles of Metal Co-Catalysts and Reaction Media in Photocatalytic Hydrogen Production: Performance Evaluation of M/TiO_2 Photocatalysts (M= Pd, Pt, Au) in Different Alcohol-Water Mixtures. *J. Catal.* **2015,** *329*, 355-367.

[24] Liu, C.; Wang, L.; Tang, Y.; Luo, S.; Liu, Y.; Zhang, S.; Zeng, Y.; Xu, Y. Vertical Single or Few-Layer MoS_2 Nanosheets Rooting into TiO_2 Nanofibers for Highly Efficient Photocatalytic Hydrogen Evolution. *Appl. Catal. B Environ.* **2015,** *164*, 1-9.

[25] Cong, Y.; Zhang, J.; Chen, F.; Anpo, M. Synthesis and Characterization of Nitrogen-Doped TiO_2 Nanophotocatalyst with High Visible Light Activity. *J. Phys. Chem. C* **2007,** *111*, 6976-6982.

[26] Chen, X.; Burda, C. The Electronic Origin of the Visible-Light Absorption Properties of C-, N- and S-Doped TiO_2 Nanomaterials. *J. Am. Chem. Soc.* **2008,** *130*, 5018-5019.

[27] Erdem, B.; Hunsicker, R. A.; Simmons, G. W.; Sudol, E. D.; Dimonie, V. L.; El-Aasser, M. S. XPS and FTIR Surface Characterization of TiO_2 Particles Used in Polymer Encapsulation. *Langmuir* **2001,** *17*, 2664-2669.

[28] Chiarello, G. L.; Zuliani, A.; Ceresoli, D.; Martinazzo, R.; Selli, E. Exploiting the Photonic Crystal Properties of TiO_2 Nanotube Arrays to Enhance Photocatalytic Hydrogen Production. *ACS Catal.* **2016,** *6*, 1345-1353.

[29] Liu, X.; Dong, G.; Li, S.; Lu, G.; Bi, Y. Direct Observation of Charge Separation on Anatase TiO_2 Crystals with Selectively Etched {001} Facets. *J. Am. Chem. Soc.* **2016,** *138*, 2917-2920.

[30] Zhao, D.; Yang, C.-F. Recent Advances in the TiO_2/CdS Nanocomposite Used for Photocatalytic Hydrogen Production and Quantum-Dot-Sensitized Solar Cells. *Renew. Sustain. Energy Rev.* **2016,** *54*, 1048-1059.

[31] Ibhadon, A. O.; Fitzpatrick, P. Heterogeneous Photocatalysis: Recent Advances and Applications. *Catalysts* **2013,** *3*, 189-218.

[32] Lazar, M. A.; Varghese, S.; Nair, S. S. Photocatalytic Water Treatment by Titanium Dioxide: Recent Updates. *Catalysts* **2012,** *2*, 572-601.

[33] Maeda, K.; Domen, K. Photocatalytic Water Splitting: Recent Progress and Future Challenges. *J. Phys. Chem. Lett.* **2010,** *1*, 2655-2661.

[34] Henderson, M. A.; Lyubinetsky, I. Molecular-Level Insights into Photocatalysis from Scanning Probe Microscopy Studies on TiO_2 (110). *Chem. Rev.* **2013,** *113*, 4428-4455.

[35] Li, Y.-F.; Aschauer, U.; Chen, J.; Selloni, A. Adsorption and Reactions of O_2 on Anatase TiO_2. *Acc. Chem. Res.* **2014,** *47*, 3361-3368.

[36] Setvín, M.; Aschauer, U.; Scheiber, P.; Li, Y.-F.; Hou, W.; Schmid, M.; Selloni, A.; Diebold, U. Reaction of O_2 with Subsurface Oxygen Vacancies on TiO_2 Anatase (101). *Science* **2013,** ***341***, 988-991.

[37] Setvin, M.; Aschauer, U.; Hulva, J.; Simschitz, T.; Daniel, B.; Schmid, M.; Selloni, A.; Diebold, U. Following the Reduction of Oxygen on TiO_2 Anatase (101) Step by Step. *J. Am. Chem. Soc.* **2016,** *138*, 9565-9571.

[38] Yoo, H.; Kim, M.; Bae, C.; Lee, S.; Kim, H.; Ahn, T. K.; Shin, H. Understanding Photoluminescence of Monodispersed Crystalline Anatase TiO_2 Nanotube Arrays. *J. Phys. Chem. C* **2014,** *118*, 9726-9732.

[39] Wu, Y.-T.; Yu, Y.-H.; Nguyen, V.-H.; Wu, J. C. In-Situ FTIR Spectroscopic Study of the Mechanism of Photocatalytic Reduction of NO with Methane over Pt/TiO_2 Photocatalysts. *Res. Chem. Intermediat.* **2015,** *41*, 2153-2164.

[40] Rex, R. E.; Knorr, F. J.; Mchale, J. L., Surface Traps of TiO_2 Nanosheets and Nanoparticles as Illuminated by Spectroelectrochemical Photoluminescence. *J. Phys. Chem. C* **2014,** *118*, 16831-16841.

[41] Yang, J.; Liu, B.; Xie, H.; Zhao, X.; Terashima, C.; Fujishima, A.; Nakata, K. In Situ Photoconductivity Kinetic Study of Nano-TiO_2 During the Photocatalytic Oxidation of Formic

Acid: Effects of New Recombination and Current Doubling. *J. Phys. Chem. C* **2015,** *119*, 21711-21722.

[42] Martínez Tejada, L.; Muñoz, A.; Centeno, M.; Odriozola, J. In-Situ Raman Spectroscopy Study of Ru/TiO_2 Catalyst in the Selective Methanation of CO. *J. Raman Spectrosc.* **2016,** *47*, 189-197.

[43] Dozzi, M. V.; D'Andrea, C.; Ohtani, B.; Valentini, G.; Selli, E. Fluorine-Doped TiO_2 Materials: Photocatalytic Activity vs Time-Resolved Photoluminescence. *J. Phys. Chem. C* **2013,** *117*, 25586-25595.

[44] Yamada, Y.; Kanemitsu, Y. Determination of Electron and Hole Lifetimes of Rutile and Anatase TiO_2 Single Crystals. *Appl. Phys. Lett.* **2012,** *101*, 133907.

[45] Shen, S.; Wang, X.; Chen, T.; Feng, Z.; Li, C. Transfer of Photoinduced Electrons in Anatase-Rutile TiO_2 Determined by Time-Resolved Mid-Infrared Spectroscopy. *J. Phys. Chem. C* **2014,** *118*, 12661-12668.

[46] Patrocinio, A.; Schneider, J.; Franca, M.; Santos, L.; Caixeta, B.; Machado, A.; Bahnemann, D. W. Charge Carrier Dynamics and Photocatalytic Behavior of TiO_2 Nanopowders Submitted to Hydrothermal or Conventional Heat Treatment. *RSC Adv.* **2015,** *5*, 70536-70545.

[47] Zhang, Y.-F.; Lin, W.; Li, Y.; Ding, K.-N.; Li, J.-Q. A Theoretical Study on the Electronic Structures of TiO_2: Effect of Hartree-Fock Exchange. *J. Phys. Chem. B* **2005,** *109*, 19270-19277.

[48] Liu, G.; Wang, L.; Yang, H. G.; Cheng, H.-M.; Lu, G. Q. Titania-Based Photocatalysts-Crystal Growth, Doping and Heterostructuring. *J. Mater. Chem.* **2010,** *20*, 831-843.

[49] Pelaez, M.; Nolan, N. T.; Pillai, S. C.; Seery, M. K.; Falaras, P.; Kontos, A. G.; Dunlop, P. S. M.; Hamilton, J. W. J.; Byrne, J. A.; O'shea, K.; Entezari, M. H.; Dionysiou, D. D. A Review on the Visible Light Active Titanium Dioxide Photocatalysts for Environmental Applications. *Appl. Catal. B Environ.* **2012,** *125*, 331-349.

[50] Kumar, S. G.; Devi, L. G. Review on Modified TiO_2 Photocatalysis under UV/Visible Light: Selected Results and Related Mechanisms on Interfacial Charge Carrier Transfer Dynamics. *J. Phys. Chem. A* **2011,** *115*, 13211-41.

[51] Gai, Y.; Li, J.; Li, S.-S.; Xia, J.-B.; Wei, S.-H. Design of Narrow-Gap TiO_2: A Passivated Codoping Approach for Enhanced Photoelectrochemical Activity. *Phys. Rev. Lett.* **2009,** *102*, 036402.

[52] Hendry, E.; Koeberg, M.; O'regan, B.; Bonn, M. Local Field Effects on Electron Transport in Nanostructured TiO_2 Revealed by Terahertz Spectroscopy. *Nano Lett.* **2006,** *6*, 755-759.

[53] Forro, L.; Chauvet, O.; Emin, D.; Zuppiroli, L.; Berger, H.; Lévy, F. High Mobility N-Type Charge Carriers in Large Single Crystals of Anatase (TiO_2). *J. Appl. Phys.* **1994,** *75*, 633.

[54] Kavan, L.; Grätzel, M.; Gilbert, S.; Klemenz, C.; Scheel, H. Electrochemical and Photoelectrochemical Investigation of Single-Crystal Anatase. *J. Am. Chem. Soc.* **1996,** *118*, 6716-6723.

[55] Scanlon, D. O.; Dunnill, C. W.; Buckeridge, J.; Shevlin, S. A.; Logsdail, A. J.; Woodley, S. M.; Catlow, C. R. A.; Powell, M. J.; Palgrave, R. G.; Parkin, I. P. Band Alignment of Rutile and Anatase TiO_2. *Nat. Mater.* **2013,** *12*, 798-801.

[56] Schneider, J.; Matsuoka, M.; Takeuchi, M.; Zhang, J.; Horiuchi, Y.; Anpo, M.; Bahnemann, D. W. Understanding TiO_2 Photocatalysis: Mechanisms and Materials. *Chem. Rev.* **2014,** *114*, 9919-9986.

[57] Mo, S. D.; Ching, W. Y. Electronic and Optical Properties of Three Phases of Titanium Dioxide: Rutile, Anatase, and Brookite. *Phys. Rev. B* **1995,** *51*, 13023-13032.

[58] Labat, F.; Baranek, P.; Domain, C.; Minot, C.; Adamo, C. Density Functional Theory Analysis of the Structural and Electronic Properties of TiO_2 Rutile and Anatase Polytypes: Performances of Different Exchange-Correlation Functionals. *J. Chem. Phys.* **2007,** *126*, 154703.

[59] Zhang, J.; Zhou, P.; Liu, J.; Yu, J. New Understanding of the Difference of Photocatalytic Activity among Anatase, Rutile and Brookite TiO_2. *Phys. Chem. Chem. Phys.* **2014,** *16*, 20382-20386.

[60] Matsuzaki, H.; Matsui, Y.; Uchida, R.; Yada, H.; Terashige, T.; Li, B. S.; Sawa, A.; Kawasaki, M.; Tokura, Y.; Okamoto, H. Photocarrier Dynamics in Anatase TiO_2 Investigated by Pump-Probe Absorption Spectroscopy. *J. Appl. Phys.* **2014,** *115*, 053514.

[61] Indrakanti, V. P.; Kubicki, J. D.; Schobert, H. H. Photoinduced Activation of CO_2 on Ti-Based Heterogeneous Catalysts: Current State, Chemical Physics-Based Insights and Outlook. *Energy Environ. Sci.* **2009,** *2*, 745-758.

[62] Daghrir, R.; Drogui, P.; Robert, D. Modified TiO_2 for Environmental Photocatalytic Applications: A Review. *Ind. Eng. Chem. Res.* **2013,** *52*, 3581-3599.

[63] Song, G.; Luo, C.; Fu, Q.; Pan, C. Hydrothermal Synthesis of the Novel Rutile-Mixed Anatase TiO_2 Nanosheets with Dominant {001} Facets for High Photocatalytic Activity. *RSC Adv.* **2016,** *6*, 84035-84041.

[64] Gong, X.-Q.; Selloni, A. Reactivity of Anatase TiO_2 Nanoparticles: The Role of the Minority (001) Surface. *J. Phys. Chem. B* **2005,** *109*, 19560-19562.

[65] Li, D.; Pan, C. Fabrication and Characterization of Electrospun TiO_2/CuS Micro-Nano-Scaled Composite Fibers. *Prog. Nat. Sci. Mater.* **2012,** *22*, 59-63.

[66] Zhang, J.; Pan, C.; Fang, P.; Wei, J.; Xiong, R. Mo+C Codoped TiO_2 Using Thermal Oxidation for Enhancing Photocatalytic Activity. *ACS Appl. Mater. Interfaces* **2010,** *2*, 1173-1176.

[67] Yang, H. G.; Sun, C. H.; Qiao, S. Z.; Zou, J.; Liu, G.; Smith, S. C.; Cheng, H. M.; Lu, G. Q. Anatase TiO_2 Single Crystals with A Large Percentage of Reactive Facets. *Nature* **2008,** *453*, 638-641.

[68] Chen, H.; Chen, S.; Quan, X.; Zhang, Y. Structuring a TiO_2-Based Photonic Crystal Photocatalyst with Schottky Junction for Efficient Photocatalysis. *Environ. Sci. Technol.* **2009,** *44*, 451-455.

[69] Chen, J. I.; Von Freymann, G.; Choi, S. Y.; Kitaev, V.; Ozin, G. A. Amplified Photochemistry with Slow Photons. *Adv. Mater.* **2006,** *18*, 1915-1919.

[70] Chen, J. I.; Von Freymann, G.; Choi, S. Y.; Kitaev, V.; Ozin, G. A. Slow Photons in the Fast Lane in Chemistry. *J. Mater. Chem.* **2008,** *18*, 369-373.

[71] Kawahara, T.; Konishi, Y.; Tada, H.; Tohge, N.; Nishii, J.; Ito, S. A Patterned TiO_2 (Anatase)/TiO_2 (Rutile) Bilayer-Type Photocatalyst: Effect of the Anatase/Rutile Junction on the Photocatalytic Activity. *Angew. Chem.* **2002,** *114*, 2935-2937.

[72] Hurum, D. C.; Agrios, A. G.; Gray, K. A.; Rajh, T.; Thurnauer, M. C. Explaining the Enhanced Photocatalytic Activity of Degussa P25 Mixed-Phase TiO_2 Using EPR. *J. Phys. Chem. B* **2003,** *107*, 4545-4549.

[73] Choudhury, B.; Choudhury, A. Local Structure Modification and Phase Transformation of TiO_2 Nanoparticles Initiated by Oxygen Defects, Grain Size, and Annealing Temperature. *Int. Nano*

Lett. **2013,** *3*, 1-9.

[74] Zhang, H.; Banfield, J. F. Understanding Polymorphic Phase Transformation Behavior During Growth of Nanocrystalline Aggregates: Insights from TiO_2. *J. Phys. Chem. B* **2000,** *104*, 3481-3487.

[75] Gribb, A. A.; Banfield, J. F. Particle Size Effects on Transformation Kinetics and Phase Stability in Nanocrystalline TiO_2. *Am. Mineral.* **1997,** *82*, 717-728.

[76] Liu, S.; Yu, J.; Jaroniec, M. Anatase TiO_2 with Dominant High-Energy {001} Facets: Synthesis, Properties, and Applications. *Chem. Mater.* **2011,** *23*, 4085-4093.

[77] Zhang, H.; Banfield, J. F. Structural Characteristics and Mechanical and Thermodynamic Properties of Nanocrystalline TiO_2. *Chem. Rev.* **2014,** *114*, 9613-9644.

[78] Selç Uk, S.; Selloni, A. Surface Structure and Reactivity of Anatase TiO_2 Crystals with Dominant {001} Facets. *J. Phys. Chem. C* **2013,** *117*, 6358-6362.

[79] Xu, H.; Reunchan, P.; Ouyang, S.; Tong, H.; Umezawa, N.; Kako, T.; Ye, J. Anatase TiO_2 Single Crystals Exposed with High-Reactive {111} Facets Toward Efficient H_2 Evolution. *Chem. Mater.* **2013,** *25*, 405-411.

[80] Maisano, M.; Dozzi, M. V.; Coduri, M.; Artiglia, L.; Granozzi, G.; Selli, E. Unraveling the Multiple Effects Originating the Increased Oxidative Photoactivity of {001}-Facet Enriched Anatase TiO_2. *ACS Appl. Mater. Interfaces* **2016,** *8*, 9745-9754.

[81] Wang, W.; Lu, C.; Ni, Y.; Xu, Z. Crystal Facet Growth Behavior and Thermal Stability of {001} Faceted Anatase TiO_2: Mechanistic Role of Gaseous HF and Visible-Light Photocatalytic Activity. *Crystengcomm* **2013,** *15*, 2537-2543.

[82] Lü , X.; Yang, W.; Quan, Z.; Lin, T.; Bai, L.; Wang, L.; Huang, F.; Zhao, Y. Enhanced Electron Transport in Nb-Doped TiO_2 Nanoparticles via Pressure-Induced Phase Transitions. *J. Am. Chem. Soc.* **2013,** *136*, 419-426.

[83] Kityakarn, S.; Worayingyong, A.; Suramitr, A.; Smith, M. Ce-Doped Nanoparticles of TiO_2: Rutile-to-Brookite Phase Transition and Evolution of Ce Local-Structure Studied with XRD and XANES. *Mater. Chem. Phys.* **2013,** *139*, 543-549.

[84] Hoshina, K.; Harada, Y.; Inagaki, H.; Takami, N. Characterization of Lithium Storage in TiO_2 (B) by 6Li-NMR and X-Ray Diffraction Analysis. *J. Electrochem. Soc.* **2014,** *161*, A348-A354.

[85] Shen, K.; Chen, H.; Klaver, F.; Mulder, F. M.; Wagemaker, M. Impact of Particle Size on the Non-Equilibrium Phase Transition of Lithium-Inserted Anatase TiO_2. *Chem. Mater.* **2014,** *26*, 1608-1615.

[86] Zhang, P.; Tachikawa, T.; Fujitsuka, M.; Majima, T. In Situ Fluorine Doping of TiO_2 Superstructures for Efficient Visible-Light Driven Hydrogen Generation. *Chemsuschem* **2016,** *9*, 617-623.

[87] Xia, F.; Chen, D.; Scarlett, N. V.; Madsen, I. C.; Lau, D.; Leoni, M.; Ilavsky, J.; Brand, H. E.; Caruso, R. A. Understanding Solvothermal Crystallization of Mesoporous Anatase Beads by In Situ Synchrotron PXRD and SAXS. *Chem. Mater.* **2014,** *26*, 4563-4571.

[88] Luo, C.; Li, F.; Li, D.; Fu, Q.; Pan, C. Bioinspired Single-Walled Carbon Nanotubes as a Spider Silk Structure for Ultrahigh Mechanical Property. *ACS Appl. Mater. Interfaces* **2016,** *8*, 31256-31263.

[89] Luo, C.; Wan, D.; Jia, J.; Li, D.; Pan, C.; Liao, L. A Rational Design for the Separation of

Metallic and Semiconducting Single-Walled Carbon Nanotubes Using A Magnetic Field. *Nanoscale* **2016,** *8*, 13017-13024.

[90] Luo, C.; Qi, X.; Pan, C.; Yang, W. Diamond Synthesis from Carbon Nanofibers at Low Temperature and Low Pressure. *Sci. Rep.* **2015,** *5*, 13879.

[91] Daoud, W. A.; Xin, J. H.; Pang, G. K. H. Microstructural Evolution of Titania Nanocrystallites by A Hydrothermal Treatment: A HRTEM Study. *J. Am. Ceram. Soc.* **2005,** *88*, 443-446.

[92] Jiang, X.; Shi, A.; Wang, Y.; Li, Y.; Pan, C. Effect of Surface Microstructure of TiO_2 Film from Micro-Arc Oxidation on Its Photocatalytic Activity: A HRTEM Study. *Nanoscale* **2011,** *3*, 3573-3577.

[93] Liu, Y.; Ren, F.; Cai, G.; Zhou, X.; Hong, M.; Li, W.; Xiao, X.; Wu, W.; Jiang, C. Energy Dependence on Formation of TiO_2 Nanofilms by Ti Ion Implantation and Annealing. *Mater. Res. Bull.* **2014,** *51*, 376-380.

[94] Xue, C.; Narushima, T.; Ishida, Y.; Tokunaga, T.; Yonezawa, T. Double-Wall TiO_2 Nanotube Arrays: Enhanced Photocatalytic Activity and In Situ TEM Observations at High Temperature. *ACS Appl. Mater. Interfaces* **2014,** *6*, 19924-19932.

[95] Zhang, J.; Zhang, Y.; Lei, Y.; Pan, C. Photocatalytic and Degradation Mechanisms of Anatase TiO_2: A HRTEM Study. *Catal. Sci. Technol.* **2011,** *1*, 273-278.

[96] Zhang, L.; Miller, B. K.; Crozier, P. A. Atomic Level In Situ Observation of Surface Amorphization in Anatase Nanocrystals During Light Irradiation in Water Vapor. *Nano Lett.* **2013,** *13*, 679-684.

[97] Henderson, M. A.; Epling, W. S.; Perkins, C. L.; Peden, C. H.; Diebold, U. Interaction of Molecular Oxygen with the Vacuum-Annealed TiO_2 (110) Surface: Molecular and Dissociative Channels. *J. Phys. Chem. B* **1999,** *103*, 5328-5337.

[98] Liberti, E.; Menzel, R.; Shaffer, M. S.; Mccomb, D. W. Probing the Size Dependence on the Optical Modes of Anatase Nanoplatelets Using STEM-EELS. *Nanoscale* **2016,** *8*, 9727-9735.

[99] Sánchez-Sánchez, C.; González, C.; Jelinek, P.; Méndez, J.; De Andres, P.; Martín-Gago, J.; López, M. Understanding Atomic-Resolved STM Images on TiO_2 (110)-(1×1) Surface by DFT Calculations. *Nanotechnology* **2010,** *21*, 405702.

[100] Rohrer, G. S.; Henrich, V. E.; Bonnell, D. A. Structure of the Reduced TiO_2 (110) Surface Determined by Scanning Tunneling Microscopy. *Science* **1990,** *250*, 1239-1241.

[101] Diebold, U.; Anderson, J. F.; Ng, K.-O.; Vanderbilt, D. Evidence for the Tunneling Site on Transition-Metal Oxides: TiO_2 (110). *Phys. Rev. Lett.* **1996,** *77*, 1322.

[102] Onishi, H.; Iwasawa, Y. Reconstruction of TiO_2 (110) Surface: STM Study with Atomic-Scale Resolution. *Surf. Sci.* **1994,** *313*, L783-L789.

[103] Howard, A.; Mitchell, C.; Egdell, R. Real Time STM Observation of Ostwald Ripening of Pd Nanoparticles on TiO_2 (110) at Elevated Temperature. *Sur. Sci.* **2002,** *515*, L504-L508.

[104] Bennett, R.; Stone, P.; Bowker, M. Pd Nanoparticle Enhanced Re-Oxidation of Non-Stoichiometric TiO_2: STM Imaging of Spillover and a New Form of SMSI. *Catal. Lett.* **1999,** *59*, 99-105.

[105] Matthey, D.; Wang, J.; Wendt, S.; Matthiesen, J.; Schaub, R.; Lægsgaard, E.; Hammer, B.; Besenbacher, F. Enhanced Bonding of Gold Nanoparticles on Oxidized TiO_2 (110). *Science* **2007,** *315*, 1692-1696.

[106] Lira, E.; Hansen, J. Ø.; Merte, L. R.; Sprunger, P. T.; Li, Z.; Besenbacher, F.; Wendt, S. Growth of Ag and Au Nanoparticles on Reduced and Oxidized Rutile TiO_2 (110) Surfaces. *Top. Catal.* **2013,** *56*, 1460-1476.

[107] Sasahara, A.; Tomitori, M. XPS and STM Study of Nb-Doped TiO_2 (110)-(1×1) Surfaces. *J. Phys. Chem. C* **2013,** *117*, 17680-17686.

[108] Rieboldt, F.; Vilhelmsen, L.; Koust, S.; Lauritsen, J.; Helveg, S.; Lammich, L.; Besenbacher, F.; Hammer, B.; Wendt, S. Nucleation and Growth of Pt Nanoparticles on Reduced and Oxidized Rutile TiO_2 (110). *J. Chem. Phys.* **2014,** *141*, 214702.

[109] Kong, M.; Li, Y.; Chen, X.; Tian, T.; Fang, P.; Zheng, F.; Zhao, X. Tuning the Relative Concentration Ratio of Bulk Defects to Surface Defects in TiO_2 Nanocrystals Leads to High Photocatalytic Efficiency. *J. Am. Chem. Soc.* **2011,** *133*, 16414-16417.

[110] Nowotny, M. K.; Sheppard, L. R.; Bak, T.; Nowotny, J. Defect Chemistry of Titanium Dioxide. Application of Defect Engineering in Processing of TiO_2-Based Photocatalysts. *J. Phys. Chem. C* **2008,** *112*, 5275-5300.

[111] Cui, X.; Wang, Z.; Tan, S.; Wang, B.; Yang, J.; Hou, J. Identifying Hydroxyls on the TiO_2 (110)-1×1 Surface with Scanning Tunneling Microscopy. *J. Phys. Chem. C* **2009,** *113*, 13204-13208.

[112] Baykara, M. Z.; Mönig, H.; Schwendemann, T. C.; Ünverdi, Ö.; Altman, E. I.; Schwarz, U. D. Three-Dimensional Interaction Force and Tunneling Current Spectroscopy of Point Defects on Rutile TiO_2 (110). *Appl. Phys. Lett.* **2016,** *108*, 071601.

[113] Cui, X.; Wang, B.; Wang, Z.; Huang, T.; Zhao, Y.; Yang, J.; Hou, J. Formation and Diffusion of Oxygen-Vacancy Pairs on TiO_2 (110)-(1×1). *J. Chem. Phys.* **2008,** *129*, 044703.

[114] Mezhenny, S.; Maksymovych, P.; Thompson, T.; Diwald, O.; Stahl, D.; Walck, S.; Yates, J. STM Studies of Defect Production on the TiO_2 (110)-(1×1) and TiO_2 (110)-(1×2) Surfaces Induced by UV Irradiation. *Chem. Phys. Lett.* **2003,** *369*, 152-158.

[115] Gong, X.-Q.; Selloni, A.; Batzill, M.; Diebold, U. Steps on Anatase TiO_2 (101). *Nat. Mater.* **2006,** *5*, 665-670.

[116] Wang, Z. T.; Du, Y.; Dohnálek, Z.; Lyubinetsky, I. Direct Observation of Site Specific Molecular Chemisorption of O_2 on TiO_2 (110). *J. Phys. Chem. Lett.* **2010.** *1*, 3524-3529.

[117] Zhao, Y.; Wang, Z.; Cui, X.; Huang, T.; Wang, B.; Luo, Y.; Yang, J.; Hou, J. What are The Adsorption Sites for CO on The Reduced TiO_2 (110)-1×1 Surface? *J. Am. Chem. Soc.* **2009,** *131*, 7958-7959.

[118] Lee, J.; Sorescu, D. C.; Deng, X. Electron-Induced Dissociation of CO_2 on TiO_2 (110). *J. Am. Chem. Soc.* **2011,** *133*, 10066-10069.

[119] Hammer, B.; Wendt, S.; Besenbacher, F. Water Adsorption on TiO_2. *Top. Catal.* **2010,** *53*, 423-430.

[120] Godlewski, S.; Tekiel, A.; Prauzner-Bechcicki, J. S.; Budzioch, J.; Gourdon, A.; Szymonski, M. Adsorption of Organic Molecules on the TiO_2 (011) Surface: STM Study. *J. Chem. Phys.* **2011,** *134*, 224701.

[121] Iwasawa, Y.; Onishi, H.; Fukui, K.-I.; Suzuki, S.; Sasaki, T. The Selective Adsorption and Kinetic Behaviour of Molecules on TiO_2 (110) Observed by STM and NC-AFM. *Faraday Discuss.* **1999,** *114*, 259-266.

[122] Tan, S.; Ji, Y.; Zhao, Y.; Zhao, A.; Wang, B.; Yang, J.; Hou, J. Molecular Oxygen Adsorption Behaviors on the Rutile TiO_2 (110)-1×1 Surface: An In Situ Study with Low-Temperature Scanning Tunneling Microscopy. *J. Am. Chem. Soc.* **2011,** *133*, 2002-2009.

[123] Scheiber, P.; Riss, A.; Schmid, M.; Varga, P.; Diebold, U. Observation and Destruction of an Elusive Adsorbate with STM: O_2/TiO_2 (110). *Phys. Rev. Lett.* **2010,** *105*, 216101.

[124] Brookes, I.; Muryn, C.; Thornton, G. Imaging Water Dissociation on TiO_2 (110). *Phys. Rev. Lett.* **2001,** *87*, 266103.

[125] Tan, S.; Zhao, Y.; Zhao, J.; Wang, Z.; Ma, C.; Zhao, A.; Wang, B.; Luo, Y.; Yang, J.; Hou, J. CO_2 Dissociation Activated Through Electron Attachment on the Reduced Rutile TiO_2 (110)-1×1 Surface. *Phys. Rev. B* **2011,** *84*, 155418.

[126] Zuleta, M.; Edvinsson, T.; Yu, S.; Ahmadi, S.; Boschloo, G.; Göthelid, M.; Hagfeldt, A. Light-Induced Rearrangements of Chemisorbed Dyes on Anatase (101). *Phys. Chem. Chem. Phys.* **2012,** *14*, 10780-10788.

[127] Shih, M.-C.; Huang, B.-C.; Lin, C.-C.; Li, S.-S.; Chen, H.-A.; Chiu, Y.-P.; Chen, C.-W. Atomic-Scale Interfacial Band Mapping Across Vertically Phased-Separated Polymer/Fullerene Hybrid Solar Cells. *Nano Lett.* **2013,** *13*, 2387-2392.

[128] Ho, P. H.; Chen, C. H.; Shih, F. Y.; Chang, Y. R.; Li, S. S.; Wang, W. H.; Shih, M. C.; Chen, W. T.; Chiu, Y. P.; Li, M. K. Precisely Controlled Ultrastrong Photoinduced Doping at Graphene-Heterostructures Assisted by Trap-State-Mediated Charge Transfer. *Adv. Mater.* **2015,** *27*, 7809-7815.

[129] Zhang, Y.; Wang, Y.; Xu, Z. Q.; Liu, J.; Song, J.; Xue, Y.; Wang, Z.; Zheng, J.; Jiang, L.; Zheng, C.; Huang, F.; Sun, B.; Cheng, Y. B.; Bao, Q. Reversible Structural Swell-Shrink and Recoverable Optical Properties in Hybrid Inorganic-Organic Perovskite. *ACS Nano* **2016,** *10*, 7031-7038.

[130] Tachikawa, T.; Yamashita, S.; Majima, T. Evidence for Crystal-Face-Dependent TiO_2 Photocatalysis from Single-Molecule Imaging and Kinetic Analysis. *J. Am. Chem. Soc.* **2011,** *133*, 7197-7204.

[131] Naito, K.; Tachikawa, T.; Fujitsuka, M.; Majima, T. Single-Molecule Observation of Photocatalytic Reaction in TiO_2 Nanotube: Importance of Molecular Transport Through Porous Structures. *J. Am. Chem. Soc.* **2008,** *131*, 934-936.

[132] Hinterdorfer, P.; Dufrêne, Y. F. Detection and Localization of Single Molecular Recognition Events Using Atomic Force Microscopy. *Nat. Methods* **2006,** *3*, 347-355.

[133] Lu, H. P.; Xie, X. S. Single-Molecule Kinetics of Interfacial Electron Transfer. *J. Phys. Chem. B* **1997,** *101*, 2753-2757.

[134] Liu, Z.; Zhu, H.; Song, N.; Lian, T. Probing Spatially Dependent Photoinduced Charge Transfer Dynamics to TiO_2 Nanoparticles Using Single Quantum Dot Modified Atomic Force Microscopy Tips. *Nano Lett.* **2013,** *13*, 5563-5569.

[135] Setvin, M.; Hao, X.; Daniel, B.; Pavelec, J.; Novotny, Z.; Parkinson, G. S.; Schmid, M.; Kresse, G.; Franchini, C.; Diebold, U. Charge Trapping at the Step Edges of TiO_2 Anatase (101). *Angew. Chem. Int. Ed.* **2014,** *53*, 4714-4716.

[136] Stetsovych, O.; Todorović, M.; Shimizu, T. K.; Moreno, C.; Ryan, J. W.; León, C. P.; Sagisaka, K.; Palomares, E.; Matolín, V.; Fujita, D. Atomic Species Identification at the (101) Anatase

Surface by Simultaneous Scanning Tunnelling and Atomic Force Microscopy. *Nat. Comm.* **2015,** *6*, 7265.

[137] Setvin, M.; Hulva, J.; Parkinson, G. S.; Schmid, M.; Diebold, U. Electron Transfer Between Anatase TiO_2 and An O_2 Molecule Directly Observed by Atomic Force Microscopy. *Proc. Natl. Acad. Sci.* **2017**, 201618723.

[138] Taniguchi, T.; Watanabe, T.; Sugiyama, N.; Subramani, A.; Wagata, H.; Matsushita, N.; Yoshimura, M. Identifying Defects in Ceria-Based Nanocrystals by UV Resonance Raman Spectroscopy. *J. Phys. Chem. C* **2009,** *113*, 19789-19793.

[139] Kim, H.; Kosuda, K. M.; Van Duyne, R. P.; Stair, P. C. Resonance Raman and Surface- and Tip-Enhanced Raman Spectroscopy Methods to Study Solid Catalysts and Heterogeneous Catalytic Reactions. *Chem. Soc. Rev.* **2010,** *39*, 4820-4844.

[140] Tian, F.; Zhang, Y.; Zhang, J.; Pan, C. Raman Spectroscopy: A New Approach to Measure the Percentage of Anatase TiO_2 exposed (001) Facets. *J. Phys. Chem. C* **2012,** *116*, 7515-7519.

[141] Liu, G.; Yang, H. G.; Wang, X.; Cheng, L.; Lu, H.; Wang, L.; Lu, G. Q.; Cheng, H.-M. Enhanced Photoactivity of Oxygen-Deficient Anatase TiO_2 Sheets with Dominant {001} Facets. *J. Phys. Chem. C* **2009,** *113*, 21784-21788.

[142] Liu, G.; Sun, C.; Smith, S. C.; Wang, L.; Lu, G. Q.; Cheng, H. M. Sulfur Doped Anatase TiO_2 Single Crystals with A High Percentage of {001} Facets. *J. Colloid Interf. Sci.* **2010,** *349*, 477-483.

[143] Yang, X. H.; Li, Z.; Liu, G.; Xing, J.; Sun, C.; Yang, H. G.; Li, C. Ultra-Thin Anatase TiO_2 Nanosheets Dominated with {001} Facets: Thickness-Controlled Synthesis, Growth Mechanism and Water-Splitting Properties. *Crystengcomm* **2011,** *13*, 1378-1383.

[144] Zhang, J.; Li, M.; Feng, Z.; Chen, J.; Li, C. UV Raman Spectroscopic Study on TiO_2. I. Phase Transformation at the Surface and in the Bulk. *J. Phys. Chem. B* **2006,** *110*, 927-935.

[145] Zhang, J.; Xu, Q.; Feng, Z.; Li, M.; Li, C. Importance of the Relationship Between Surface Phases and Photocatalytic Activity of TiO_2. *Angew. Chem.* **2008,** *120*, 1790-1793.

[146] Fang, J.; Bi, X.; Si, D.; Jiang, Z.; Huang, W. Spectroscopic Studies of Interfacial Structures of CeO_2-TiO_2 Mixed Oxides. *Appl. Surf. Sci.* **2007,** *253*, 8952-8961.

[147] Qi, D.; Lu, L.; Wang, L.; Zhang, J. Improved SERS Sensitivity on Plasmon-Free TiO_2 Photonic Microarray by Enhancing Light-Matter Coupling. *J. Am. Chem. Soc.* **2014,** *136*, 9886-9889.

[148] Yang, L.; Jiang, X.; Ruan, W.; Zhao, B.; Xu, W.; Lombardi, J. R. Observation of Enhanced Raman Scattering for Molecules Adsorbed on TiO_2 Nanoparticles: Charge-Transfer Contribution. *J. Phys. Chem. C* **2008,** *112*, 20095-20098.

[149] Musumeci, A.; Gosztola, D.; Schiller, T.; Dimitrijevic, N. M.; Mujica, V.; Martin, D.; Rajh, T. SERS of Semiconducting Nanoparticles (TiO_2 Hybrid Composites). *J. Am. Chem. Soc.* **2009,** *131*, 6040-6041.

[150] Zhang, X.; Yu, Z.; Ji, W.; Sui, H.; Cong, Q.; Wang, X.; Zhao, B. Charge-Transfer Effect on Surface-Enhanced Raman Scattering (SERS) in An Ordered Ag NPs/4-Mercaptobenzoic Acid/TiO_2 System. *J. Phys. Chem. C* **2015,** *119*, 22439-22444.

[151] Ekstroem, G. N.; Mcquillan, A. J. In Situ Infrared Spectroscopy of Glyoxylic Acid Adsorption and Photocatalysis on TiO_2 in Aqueous Solution. *J. Phys. Chem. B* **1999,** *103*, 10562-10565.

[152] Zhang, F.; Zhu, X.; Ding, J.; Qi, Z.; Wang, M.; Sun, S.; Bao, J.; Gao, C. Mechanism Study of

Photocatalytic Degradation of Gaseous Toluene on TiO_2 with Weak-Bond Adsorption Analysis Using In Situ Far Infrared Spectroscopy. *Catal. Lett.* **2014,** *144*, 995-1000.

[153] Sezen, H.; Buchholz, M.; Nefedov, A.; Natzeck, C.; Heissler, S.; Di Valentin, C.; Wöll, C. Probing Electrons in TiO_2 Polaronic Trap States by IR-Absorption: Evidence for the Existence of Hydrogenic States. *Sci. Rep.* **2014,** *4*, 3808.

[154] Nakamura, R.; Ueda, K.; Sato, S. In Situ Observation of the Photoenhanced Adsorption of Water on TiO_2 Films by Surface-Enhanced IR Absorption Spectroscopy. *Langmuir* **2001,** *17*, 2298-2300.

[155] Nakamura, R.; Imanishi, A.; Murakoshi, K.; Nakato, Y. In Situ FTIR Studies of Primary Intermediates of Photocatalytic Reactions on Nanocrystalline TiO_2 Films in Contact with Aqueous Solutions. *J. Am. Chem. Soc.* **2003,** *125*, 7443-7450.

[156] Nakamura, R.; Nakato, Y. Primary Intermediates of Oxygen Photoevolution Reaction on TiO_2 (Rutile) Particles, Revealed by In Situ FTIR Absorption and Photoluminescence Measurements. *J. Am. Chem. Soc.* **2004,** *126*, 1290-1298.

[157] Kimmel, G. A.; Baer, M.; Petrik, N. G.; Vandevondele, J.; Rousseau, R.; Mundy, C. J. Polarization-and Azimuth-Resolved Infrared Spectroscopy of Water on TiO_2 (110): Anisotropy and the Hydrogen-Bonding Network. *J. Phys. Chem. Lett.* **2012,** *3*, 778-784.

[158] Shen, S.; Wang, X.; Chen, T.; Feng, Z.; Li, C. Transfer of Photoinduced Electrons in Anatase-Rutile TiO_2 Determined by Time-Resolved Mid-Infrared Spectroscopy. *J. Phys. Chem. C* **2014,** *118*, 12661-12668.

[159] Ma, Y.; Wang, X.; Jia, Y.; Chen, X.; Han, H.; Li, C. Titanium Dioxide-Based Nanomaterials for Photocatalytic Fuel Generations. *Chem. Rev.* **2014,** *114*, 9987-10043.

[160] Emeline, A.; Ryabchuk, V.; Serpone, N. Dogmas and Misconceptions in Heterogeneous Photocatalysis. Some Enlightened Reflections. *J. Phys. Chem. B* **2005,** *109*, 18515-18521.

[161] Yoo, H.; Kim, M.; Bae, C.; Lee, S.; Kim, H.; Ahn, T. K.; Shin, H. Understanding Photoluminescence of Monodispersed Crystalline Anatase TiO_2 Nanotube Arrays. *J. Phys. Chem. C* **2014,** *118*, 9726-9732.

[162] Shi, J.; Chen, J.; Feng, Z.; Chen, T.; Lian, Y.; Wang, X.; Li, C. Photoluminescence Characteristics of TiO_2 and Their Relationship to the Photoassisted Reaction of Water/Methanol Mixture. *J. Phys. Chem. C* **2007,** *111*, 693-699.

[163] Santara, B.; Giri, P. K.; Imakita, K.; Fujii, M. Evidence for Ti Interstitial Induced Extended Visible Absorption and Near Infrared Photoluminescence from Undoped TiO_2 Nanoribbons: an In Situ Photoluminescence Study. *J. Phys. Chem. C* **2013,** *117*, 23402-23411.

[164] Mercado, C. C.; Knorr, F. J.; Mchale, J. L.; Usmani, S. M.; Ichimura, A. S.; Saraf, L. V. Location of Hole and Electron Traps on Nanocrystalline Anatase TiO_2. *J. Phys. Chem. C* **2012,** *116*, 10796-10804.

[165] Knorr, F. J.; Mercado, C. C.; Mchale, J. L. Trap-State Distributions and Carrier Transport in Pure and Mixed-Phase TiO_2: Influence of Contacting Solvent and Interphasial Electron Transfer. *J. Phys. Chem. C* **2008,** *112*, 12786-12794.

[166] Rex, R. E.; Yang, Y.; Knorr, F. J.; Zhang, J. Z.; Li, Y.; Mchale, J. L. Spectroelectrochemical Photoluminescence of Trap States in H-Treated Rutile TiO_2 Nanowires: Implications for Photooxidation of Water. *J. Phys. Chem. C* **2016,** *120*, 3530-3541.

[167] Rex, R. E.; Knorr, F. J.; Mchale, J. L. Imaging Luminescent Traps on Single Anatase TiO_2 Crystals: The Influence of Surface Capping on Photoluminescence and Charge Transport. *J. Phys. Chem. C* **2015,** *119*, 26212-26218.

[168] Xiang, Q.; Yu, J.; Wong, P. K. Quantitative Characterization of Hydroxyl Radicals Produced by Various Photocatalysts. *J. Colloid Interf. Sci.* **2011,** *357*, 163-167.

[169] Zhou, C.; Ren, Z.; Tan, S.; Ma, Z.; Mao, X.; Dai, D.; Fan, H.; Yang, X.; Larue, J.; Cooper, R.; Wodtke, A. M.; Wang, Z.; Li, Z.; Wang, B.; Yang, J.; Hou, J. Site-Specific Photocatalytic Splitting of Methanol on TiO_2 (110). *Chem. Sci.* **2010,** *1*, 575.

[170] Yu, J.; Qi, L.; Jaroniec, M. Hydrogen Production by Photocatalytic Water Splitting over Pt/TiO_2 Nanosheets with Exposed (001) Facets. *J. Phys. Chem. C* **2010,** *114*, 13118-13125.

[171] Lv, K.; Yu, J.; Deng, K.; Li, X.; Li, M. Effect of Phase Structures on the Formation Rate of Hydroxyl Radicals on the Surface of TiO_2. *J. Phys. Chem. Solids* **2010,** *71*, 519-522.

[172] Wang, X.; Feng, Z.; Shi, J.; Jia, G.; Shen, S.; Zhou, J.; Li, C. Trap States and Carrier Dynamics of TiO_2 Studied by Photoluminescence Spectroscopy under Weak Excitation Condition. *Phys. Chem. Chem. Phys.* **2010,** *12*, 7083-7090.

[173] Yamakata, A.; Ishibashi, T.-A.; Onishi, H. Water-and Oxygen-Induced Decay Kinetics of Photogenerated Electrons in TiO_2 and Pt/TiO_2: A Time-Resolved Infrared Absorption Study. *J. Phys. Chem. B* **2001,** *105*, 7258-7262.

[174] Tang, J.; Durrant, J. R.; Klug, D. R. Mechanism of Photocatalytic Water Splitting in TiO_2. Reaction of Water with Photoholes, Importance of Charge Carrier Dynamics, and Evidence for Four-Hole Chemistry. *J. Am. Chem. Soc.* **2008,** *130*, 13885-13891.

[175] Cowan, A. J.; Barnett, C. J.; Pendlebury, S. R.; Barroso, M.; Sivula, K.; Gratzel, M.; Durrant, J. R.; Klug, D. R. Activation Energies for the Rate-Limiting Step in Water Photooxidation by Nanostructured Alpha-Fe_2O_3 and TiO_2. *J. Am. Chem. Soc.* **2011,** *133*, 10134-10140.

[176] He, J.; Zhao, J.; Shen, T.; Hidaka, H.; Serpone, N. Photosensitization of Colloidal Titania Particles by Electron Injection from An Excited Organic Dye-Antennae Function. *J. Phys. Chem. B* **1997,** *101*, 9027-9034.

[177] Lin, Y.-T.; Zeng, T.-W.; Lai, W.-Z.; Chen, C.-W.; Lin, Y.-Y.; Chang, Y.-S.; Su, W.-F. Efficient Photoinduced Charge Transfer in TiO_2 Nanorod/Conjugated Polymer Hybrid Materials. *Nanotechnology* **2006,** *17*, 5781-5785.

[178] Dozzi, M. V.; D'Andrea, C.; Ohtani, B.; Valentini, G.; Selli, E. Fluorine-Doped TiO_2 materials: Photocatalytic Activity vs Time-Resolved Photoluminescence. *J. Phys. Chem. C* **2013,** *117*, 25586-25595.

[179] Heimer, T. A.; Heilweil, E. J. Direct Time-Resolved Infrared Measurement of Electron Injection in Dye-Sensitized Titanium Dioxide Films. *J. Phys. Chem. B* **1997,** *101*, 10990-10993.

[180] Ghosh, H. N.; Asbury, J. B.; Lian, T. Direct Observation of Ultrafast Electron Injection from Coumarin 343 to TiO_2 Nanoparticles by Femtosecond Infrared Spectroscopy. *J. Phys. Chem. B* **1998,** *102*, 6482-6486.

[181] Yang, X.; Tamai, N. How Fast is Interfacial Hole Transfer? In Situ Monitoring of Carrier Dynamics in Anatase TiO_2 Nanoparticles by Femtosecond Laser Spectroscopy. *Phys. Chem. Chem. Phys.* **2001,** *3*, 3393-3398.

[182] Yoshihara, T.; Katoh, R.; Furube, A.; Tamaki, Y.; Murai, M.; Hara, K.; Murata, S.; Arakawa, H.; Tachiya, M. Identification of Reactive Species in Photoexcited Nanocrystalline TiO_2 Films by

Wide-Wavelength-Range (400-2500 nm) Transient Absorption Spectroscopy. *J. Phys. Chem. B* **2004,** *108*, 3817-3823.

[183] Yoshihara, T.; Tamaki, Y.; Furube, A.; Murai, M.; Hara, K.; Katoh, R. Effect of Ph on Absorption Spectra of Photogenerated Holes in Nanocrystalline TiO_2 Films. *Chem. Phys. Lett.* **2007,** *438*, 268-273.

[184] Xue, X.; Wang, T.; Jiang, X.; Jiang, J.; Pan, C.; Wu, Y. Interaction of Hydrogen with Defects in ZnO Nanoparticles-Studied by Positron Annihilation, Raman and Photoluminescence Spectroscopy. *Crystengcomm* **2014,** *16*, 1207.

[185] Jiang, X.; Zhang, Y.; Jiang, J.; Rong, Y.; Wang, Y.; Wu, Y.; Pan, C. Characterization of Oxygen Vacancy Associates within Hydrogenated TiO_2: A Positron Annihilation Study. *J. Phys. Chem. C* **2012,** *116*, 22619-22624.

[186] Wu, W.; Xue, X.; Jiang, X.; Zhang, Y.; Wu, Y.; Pan, C. Lattice Distortion Mechanism Study of TiO_2 Nanoparticles During Photocatalysis Degradation and Reactivation. *AIP Adv.* **2015,** *5*, 057105.

[187] Ghosh, S.; Khan, G. G.; Mandal, K.; Samanta, A.; Nambissan, P. M. G. Evolution of Vacancy-Type Defects, Phase Transition, and Intrinsic Ferromagnetism During Annealing of Nanocrystalline TiO_2 Studied by Positron Annihilation Spectroscopy. *J. Phys. Chem. C* **2013,** *117*, 8458-8467.

[188] Sanyal, D.; Banerjee, D.; De, U. Probing $(Bi_{0.92}Pb_{0.17})_2Sr_{1.91}Ca_{2.03}Cu_{3.06}O_{10+\delta}$ Superconductors from 30 to 300 K by Positron-Lifetime Measurements. *Phys. Rev. B* **1998,** *58*, 15226.

[189] Zhou, C.; Ma, Z.; Ren, Z.; Wodtke, A. M.; Yang, X. Surface Photochemistry Probed by Two-Photon Photoemission Spectroscopy. *Energy Environ. Sci.* **2012,** *5*, 6833-6844.

[190] Bovensiepen, U. Ultrafast Electron Transfer, Localization and Solvation at Ice-Metal Interfaces: Correlation of Structure and Dynamics. *Prog. Surf. Sci.* **2005,** *78*, 87-100.

[191] Szymanski, P.; Garrett-Roe, S.; Harris, C. B. Time- and Angle-Resolved Two-Photon Photoemission Studies of Electron Localization and Solvation at Interfaces. *Prog. Surf. Sci.* **2005,** *78*, 1-39.

[192] Haight, R. Electron Dynamics at Surfaces. *Surf. Sci. Rep.* **1995,** *21*, 275-325.

[193] Petek, H.; Ogawa, S. Femtosecond Time-Resolved Two-Photon Photoemission Studies of Electron Dynamics in Metals. *Prog. Surf. Sci.* **1997,** *56*, 239-310.

[194] Onda, K.; Li, B.; Zhao, J.; Jordan, K. D.; Yang, J.; Petek, H. Wet Electrons at the H_2O/TiO_2 (110) Surface. *Science* **2005,** *308*, 1154-1158.

[195] Li, B.; Zhao, J.; Onda, K.; Jordan, K. D.; Yang, J.; Petek, H. Ultrafast Interfacial Proton-Coupled Electron Transfer. *Science* **2006,** *311*, 1436-1440.

[196] Yang, J.; Liu, B.; Xie, H.; Zhao, X.; Terashima, C.; Fujishima, A.; Nakata, K. In Situ Photoconductivity Kinetic Study of Nano-TiO_2 During the Photocatalytic Oxidation of Formic Acid: Effects of New Recombination and Current Doubling. *J. Phys. Chem. C* **2015,** *119*, 21711-21722.

[197] Pujadas, M.; Salvador, P. EER and Photocurrent Transient Investigation of the Photoassisted Evolution of Hydrogen at An Electroplatinized TiO_2 Single Crystal Implications to Water Splitting at Suspensions. *J. Electrochem. Soc.* **1989,** *136*, 716-723.

[198] Liu, B.; Wang, X.; Wen, L.; Zhao, X. Investigation of Electron Behavior in Nano-TiO_2 Photocatalysis by Using In Situ Open-Circuit Voltage and Photoconductivity Measurements.

Chemistry **2013,** *19*, 10751-10759.

[199] Luo, C.; Li, D.; Wu, W.; Zhang, Y.; Pan, C. Preparation of Porous Micro-Nano-Structure NiO/ZnO Heterojunction and Its Photocatalytic Property. *RSC Adv.* **2014,** *4*, 3090-3095.

[200] Luo, C.; Li, D.; Wu, W.; Yu, C.; Li, W.; Pan, C. Preparation of 3D Reticulated ZnO/CNF/NiO Heteroarchitecture for High-Performance Photocatalysis. *Appl. Catal. B Environ.* **2015,** *166-167*, 217-223.

[201] Wang, Y.; Jiang, X.; Pan, C. "In Situ" Preparation of A TiO_2/Eu_2O_3 Composite Film upon Ti Alloy Substrate by Micro-Arc Oxidation and Its Photo-Catalytic Property. *J. Alloys Compd.* **2012,** *538*, 16-20.

[202] Jiang, X.; Wang, Y.; Pan, C. High Concentration Substitutional N-Doped TiO_2 Film: Preparation, Characterization, and Photocatalytic Property. *J. Am. Ceram. Soc.* **2011,** *94*, 4078-4083.

[203] Yang, Y.; Zhang, T.; Le, L.; Ruan, X.; Fang, P.; Pan, C.; Xiong, R.; Shi, J.; Wei, J. Quick and Facile Preparation of Visible Light-Driven TiO_2 Photocatalyst with High Absorption and Photocatalytic Activity. *Sci. Rep.* **2014,** *4*, 7045.

[204] Xiong, D.; Chang, H.; Zhang, Q.; Tian, S.; Liu, B.; Zhao, X. Preparation and Characterization of $CuCrO_2/TiO_2$ Heterostructure Photocatalyst with Enhanced Photocatalytic Activity. *Appl. Surf. Sci.* **2015,** *347*, 747-754.

[205] Hung, W.-H.; Chien, T.-M.; Tseng, C.-M. Enhanced Photocatalytic Water Splitting by Plasmonic TiO_2-Fe_2O_3 Cocatalyst under Visible Light Irradiation. *J. Phys. Chem. C* **2014,** *118*, 12676-12681.

[206] Sambur, J. B.; Chen, T. Y.; Choudhary, E.; Chen, G.; Nissen, E. J.; Thomas, E. M.; Zou, N.; Chen, P. Sub-Particle Reaction and Photocurrent Mapping to Optimize Catalyst-Modified Photoanodes. *Nature* **2016,** *530*, 77-80.

[207] Zhang, H.; Liu, X.; Li, Y.; Sun, Q.; Wang, Y.; Wood, B. J.; Liu, P.; Yang, D.; Zhao, H. Vertically Aligned Nanorod-Like Rutile TiO_2 Single Crystal Nanowire Bundles with Superior Electron Transport and Photoelectrocatalytic Properties. *J. Mater. Chem.* **2012,** *22*, 2465-2472.

[208] Georgieva, J.; Valova, E.; Armyanov, S.; Philippidis, N.; Poulios, I.; Sotiropoulos, S. Bi-Component Semiconductor Oxide Photoanodes for the Photoelectrocatalytic Oxidation of Organic Solutes and Vapours: A Short Review with Emphasis to TiO_2-WO_3 Photoanodes. *J. Hazard. Mater.* **2012,** *211*, 30-46.

[209] Jiang, D.; Zhao, H.; Zhang, S.; John, R. Characterization of Photoelectrocatalytic Processes at Nanoporous TiO_2 Film Electrodes: Photocatalytic Oxidation of Glucose. *J. Phys. Chem. B* **2003,** *107*, 12774-12780.

[210] Sene, J. J.; Zeltner, W. A.; Anderson, M. A. Fundamental Photoelectrocatalytic and Electrophoretic Mobility Studies of TiO_2 and V-Doped TiO_2 Thin-Film Electrode Materials. *J. Phys. Chem. B* **2003,** *107*, 1597-1603.

[211] Jia, C.; Yin, H.; Ma, H.; Wang, R.; Ge, X.; Zhou, A.; Xu, X.; Ding, Y. Enhanced Photoelectrocatalytic Activity of Methanol Oxidation on TiO_2-Decorated Nanoporous Gold. *J. Phys. Chem. C* **2009,** *113*, 16138-16143.

本章内容引自：Chengzhi Luo, Xiaohui Ren, Zhigao Dai (前三位作者同等贡献), Yupeng Zhang*, Xiang Qi*, Chunxu Pan*: "Present perspectives of advanced characterization techniques in TiO2-based photocatalysts", ***ACS Applied Materials and Interface***, 2017, 9: 23265-23286. DOI: 10.102 acsami. 7b00496.

附录二　发表论文列表

2017 年

[1] Jun Wu, Chentian Shi, Yupeng Zhang, Qiang Fu, Chunxu Pan: "Photocatalytic mechanism of high-activity anatase TiO2 with exposed (001) facets from molecular-atomic scales: HRTEM and Raman studies", Frontiers of Materials Science, 2017, accepted.

[2] Xu, Jianle; Qi, Xiaosi; Luo, Chengzhi; Qiao, Jie; Xie, Ren; Sun, Yuan; Zhong, Wei; Fu, Qiang; Pan, Chunxu: "Synthesis and enhanced microwave absorption properties: a strongly hydrogenated TiO2 nanomaterial", Nanotechnology, 2017, DOI:10.1088/1361-6528/aa81ba

[3] Chengzhi Luo, Xiaohui Ren, Zhigao Dai (前三位作者同等贡献), Yupeng Zhang, Xiang Qi, Chunxu Pan. Present perspectives of advanced characterization techniques in TiO_2-based photocatalysts. ACS Applied Materials and Interface, 2017, 9: 23265-23286.

[4] Jun Wu, ChengZhi Luo, Delong Li, Qiang Fu, and Chunxu Pan. Preparation of Au nanoparticles decorated ZnO/NiO heterostructure via a physical method for high-performance photocatalysis. Journal of Materials Science, 2017, 52: 1285-1295.

[5] J. Zhang, L. Huang, H. Jin, Y. Sun, X. Ma, E. Zhang, H. Wang, Z. Kong, J. Xi, Z. Ji. Constructing two-dimension MoS_2/Bi_2WO_6 core-shell heterostructure as carriers transfer channel for enhancing photocatalytic activity. Materials Research Bulletin, 2017, 85: 140-146.

[6] J. Zhang, X. Ma, L. Zhang, Z. Lu, E. Zhang, H. Wang, Z. Kong, J. Xi, Z. Ji. Constructing a Novel n–p–n Dual Heterojunction between Anatase TiO_2 Nanosheets with Coexposed {101}, {001} Facets and Porous ZnS for Enhancing Photocatalytic Activity. Journal of Physics and Chemistry C, 2017, 121: 6133-6140.

[7] J. Zhang, L. Zhang, Y. Shi, G. Xu, E. Zhang, H. Wang, Z. Kong, J. Xi, Z. Ji. Anatase TiO_2 nanosheets with coexposed {101} and {001} facets coupled with ultrathin SnS_2 nanosheets as a face-to-face n-p-n dual heterojunction photocatalyst for enhancing photocatalytic activity. Applied Surface Science, 2017, 420: 839-848.

[8] Yueli Liu, Linlin Wang, Wei Jin, Chao Zhang, Min Zhou, Wen Chen. Synthesis and photocatalytic property of $TiO_2@V_2O_5$ core-shell hollow porous microspheres towards gaseous benzene. Journal of Alloys and Compounds, 2017, 690: 604-611.

2016 年

[9] Gongsheng Song, Chengzhi Luo, Qiang Fu, Chunxu Pan. Hydrothermal Synthesis of the Novel Rutile-mixed Anatase TiO_2 Nanosheets with Dominant {001} Facets for High Photocatalytic Activity. RSC Advances, 2016, 6: 84035-84041.

[10] Wei, Jianhong; Xiao, Xiaoping; Yang, Yang; Xiong, Rui; Pan, Chun-Xu; Shi, Jing. Photo-reactivity and Mechanism of $g\text{-}C_3N_4$ and Ag Co-modified Bi_2WO_6 Microsphere under

Visible Light Irradiation. ACS Sustainable Chemistry & Engineering, 2016, 4: 3017-3023.

[11] 王中驰，黎德龙，潘春旭. 纳米TiO_2光催化材料及其在潜艇内空气净化中的应用. 中国舰船研究, 2016, 11(3): 107-121.

[12] Liangliang Liu; Qin Liu; Wei Xiao; Chunxu Pan, Zhu Wang. O_2 adsorption and dissociation on an anatase (101) surface with a subsurface Ti interstitial. Physical Chemistry Chemical Physics, 2016, 18(6): 4569-4576.

[13] Delong Li, Chengzhi Luo, Chunxu Pan. A Physical Route to High Performance Heterojunction Composites: Experiments, Mechanism and Applications. MRS Advances, 2016, 1(06): 441-446.

[14] Delong Li, Miaosheng Wang, Chengzhi Luo, Chunxu Pan. Preparation of TiO_2 coated Mo powders for high photocatalytic property. Journal of the American Ceramic Society, 2016, 99(1): 79-83.

[15] J. Zhang, L. Huang, P. Liu, Y. Wang, X. Jiang, E. Zhang, H. Wang, Z. Kong, J. Xi, Z. Ji. Heterostructure of epitaxial (001) $Bi4Ti_3O_{12}$ growth on (001) TiO_2 for enhancing photocatalytic activity. Journal of Alloys and Compounds, 2016, 654: 71-78.

[16] J. Zhang, L. Huang, Z. Lu, Z. Jin, X. Wang, G. Xu, E. Zhang, H. Wang, Z. Kong, J. Xi, Z. Ji. Crystal face regulating MoS_2/TiO_2 (001) heterostructure for high photocatalytic activity. Journal of Alloys and Compounds, 2016, 688(Part B): 840-848.

[17] J. Zhang, L. Huang, L. Yang, Z. Lu, X. Wang, G. Xu, E. Zhang, H. Wang, Z. Kong, J. Xi, Z. Ji. Controllable synthesis of $Bi_2WO_6(001)/TiO_2(001)$ heterostructure with enhanced photocatalytic activity. Journal of Alloys and Compounds, 2016, 676: 37-45.

[18] J. Zhang, B. Wu, L. Huang, P. Liu, X. Wang, Z. Lu, G. Xu, E. Zhang, H. Wang, Z. Kong, J. Xi, Z. Ji. Anatase nano-TiO_2 with exposed curved surface for high photocatalytic activity. Journal of Alloys and Compounds, 2016, 661: 441-447.

[19] Xiaohui Ren, Xiang Qi, Yongzhen Shen, Si Xiao, Guanghua Xu, Zhen Zhang, Zongyu Huang, Jianxin Zhong. Two dimensional co-catalytic MoS_2 nanosheets embedded with 1D TiO_2 nanoparticles for enhancing photocatalytic activity. Journal of Physics D: Applied Physics, 2016, 49(31): 315304.

2015 年

[20] Chengzhi Luo, Delong Li, Wenhui Wu, Chaozhi Yu, Weiping Li, Chunxu Pan. Preparation of 3D Reticulated ZnO/CNF/NiO Heteroarchitecture for High Performance Photocatalysis. Applied Catalysis B: Environmental, 2015, 166-167: 217-223.

[21] Wenhui Wu, Xudong Xue, Xudong Jiang, Yupeng Zhang, Yichu Wu, Chunxu Pan. Lattice distortion mechanism study of TiO2 nanoparticles during photocatalysis degradation and reactivation. AIP Advances, 2015, 5: 057105 (1-8) .

[22] J. Zhang, P. L. Liu, Z. D. Lu, G. L. Xu, X. Y. Wang, L. S. Qian, H. B. Wang, E. P. Zhang, J. H. Xi, Z. G. Ji. One-step synthesis of rutile nano-TiO_2 with exposed {111} facets for high photocatalytic activity. Journal of Alloys and Compounds, 2015, 632: 133-139.

[23] F.-F. Zhou, P. Wang. Zhao, B. Jing, W. Wu, C. Pan. Dark photovoltaic effects of Ti-rooted TiO_2 nanopillars as the anode in CdSe-sensitised solar cell. Materials Research Innovations, 2015, 19: S7-25-29.

[24] Weijia Han, Long Ren, Zhen Zhang, Xiang Qi, Yundan Liu, Zongyu Huang, Jianxin Zhong. Graphene-supported flocculent-like TiO_2 nanostructures for enhanced photoelectrochemical activity and photodegradation performance. Ceramics International, 2015, 41(6): 7471-7477.

2014 年

[25] Huazhong Liu, K. M. Liew, Chunxu Pan. The role of F-dopants in adsorption of gases on anatase TiO_2 (001) surface: a first-principles study. RSC Advances, 2014, 4(68): 35928-35942.

[26] Fufang Zhou, Delong Li, Weiping Li, Xilou Zhu, Ping Wang, Yuanming Huang, Chunxu Pan. Photo-anodic Polymerization of Pyrrole on Nanoclustered TiO_2 from Hydrothermal One-step on Pure Ti. Polymer & Polymer Composites, 2014, 22(8): 653-660.

[27] Yucheng Yang, Ting Zhang, Ling Le, Xuefeng Ruan, Pengfei Fang, Chunxu Pan, Rui Xiong, Jing Shi, Jianhong Wei. Quick and Facile Preparation of Visible light-Driven TiO_2 Photocatalyst with High Absorption and Photocatalytic Activity. Scientific Reports, 2014, 4: 07045 (pages 1-7)

[28] Y. C. Yang, Y. Liu, J. H. Wei, C. X. Pan, R. Xiong, J. Shi. Electrospun nanofibers of p-type BiFeO3 / n-type TiO_2 hetero-junctions with enhanced visible-light photocatalytic activity. RSC Advances, 2014, 4(60): 31941-31947.

[29] Fufang Zhou, Delong Li, Wenhui Wu, Liuying Zhao, Ping Wang, Yuanming Huang, Chunxu Pan. High Visible Response of Vertical TiO_2 Nanoclusters-CdSe Linked by Cystein. Asian Journal of Chemistry, 2014, 26(17): 5557-5562.

[30] Xue, Xudong; Wang, Tao; Jiang, Xudong; Jiang, Jing; Pan, Chun-Xu; Wu, Yichu: "Interaction of Hydrogen with Defects in ZnO Nanoparticles – Studied by Positron Annihilation, Raman and Photoluminescence Spectroscopy", CrystEngComm, 2014, 16(6): 1207-1216.

[31] Liu, Liangliang; Liu, Qin; Zheng, Yongping; Wang, Zhu; Pan, Chunxu; Xiao, Wei. O_2 adsorption and dissociation on a hydrogenated anatase (101) surface. Journal of Physics and Chemistry C, 2014, 118(7): 3471-3482.

[32] Yang Liu, Xinzhao Liu, Dingze Lu, Pengfei Fang, Rui Xiong, Jianhong Wei, Chunxu Pan. Carbon deposited TiO_2-based nanosheets with enhanced adsorptionability and visible light photocatalytic activity. Journal of Molecular Catalysis A: Chemical, 2014, 392: 208-215.

[33] Ren, Lu; Li, Yuanzhi; Hou, Jingtao; Zhao, Xiujian; Pan, Chunxu. Preparation and Enhanced Photocatalytic Activity of TiO_2 Nanocrystals with Internal Pores. ACS Applied Materials & Interfaces, 2014, 6: 1608-1615.

[34] Delong Li, Yupeng Zhang, Wenhui Wu, Chunxu Pan. Preparation of ZnO/TiO_2 vertical-nanoneedle- on-film heterojunction and its photocatalytic property. RSC Advances, 2014, 4 (35), 18186-18192.

[35] Xuan Hu, Rui Tu, Jianhong Wei, Chunxu Pan, Jindong Guo, Wei Xiao. Nitrogen atom diffusion into TiO_2 anatase bulk via surfaces. Computational Materials Science, 2014, 82:107-113.

[36] Delong Li, Wenhui Wu, Yupeng Zhang, Liangliang Liu, Chunxu Pan. Preparation of ZnO/Graphene Heterojunction via High Temperature and Its Photocatalytic Property. Journal of Materials Science, 2014, 49: 1854-1860.

[37] Chengzhi Luo, Delong Li, Wenhui Wu, Yupeng Zhang, Chunxu Pan. Preparation of porous micro-nano-structure NiO/ZnO heterojunction and its photocatalytic property. RSC Advances,

2014, 4: 3090-3095.

[38] J. Zhang, S. Chen, L. S. Qian, X. Tao, L. X. Yang, H. B. Wang, Y. Y. Li, E. P. Zhang, J. H. Xi, Z. G. Ji. Regulating Photocatalytic Selectivity of Anatase TiO_2 with {101}, {001}, and {111} Facets. Journal of the American Ceramic Society, 2014, 97: 4005-4010.

[39] J. Zhang, L. S. Qian, W. Fu, J. H. Xi, Z. G. Ji. Alkaline-Earth Metal Ca and N Codoped TiO_2 with Exposed {001} Facets for Enhancing Visible Light Photocatalytic Activity. Journal of the American Ceramic Society, 2014, 97: 2615-2622.

[40] J. Zhang, L. S. Qian, L. X. Yang, X. Tao, K. P. Su, H. B. Wang, J. H. Xi, Z. G. Ji. Nanoscale anatase TiO_2 with dominant {111} facets shows high photocatalytic activity. Applied Surface Science, 2014, 311: 521-528.

[41] Yueli Liu, Guojie Yang, Hao Zhang, Yuqing Cheng, Keqiang Chen, Zhuoyin Peng, Wen Chen. Enhanced visible photocatalytic activity of Cu_2O nanocrystal/titanate nanobelt heterojunctions by self-assembly process. RSC Advances, 2014, 4(46): 24363-24368.

[42] Yueli Liu, Keqiang Chen, Mengyun Xiong, Peng Zhou, Zhuoyin Peng, Guojie Yang, Yuqing Cheng, Ruibing Wang, Wen Chen. Influence of interface combination of reduced graphene oxide/P25 composites on their visible photocatalytic performance. RSC Advances, 2014, 4(82): 43760-43765.

[43] Weijia Han, Long Ren, Lunjun Gong, Xiang Qi, Liwen Yang, Jun Li, Xiaolin Wei, Jianxin Zhong. Self-assembled three-dimensional graphene-based aerogel with embedded multifarious functional nanoparticles and its excellent photoelectrochemical activities. ACS Sustainable Chemistry & Engineering, 2014, 2(4): 741-748.

[44] Weijia Han, Chen Zang, Zongyu Huang, Han Zhang, Long Ren, Xiang Qi, Jianxin Zhong. Enhanced photocatalytic activities of three-dimensional graphene-based aerogel embedding TiO_2 nanoparticles and loading MoS_2 nanosheets as co-catalyst. International Journal of Hydrogen Energy, 2014, 39(34): 19502-19512.

[45] Weijia Han, Long Ren, Xiang Qi, Yundan Liu, Xiaolin Wei, Zongyu Huang, Jianxin Zhong. Synthesis of CdS/ZnO/graphene composite with high-Efficiency photoelectrochemical activities under Solar Radiation. Applied Surface Science, 2014, 299: 12-18.

2013 年

[46] Yucheng Yang, Junwei Wen, Jianhong Wei, Rui Xiong, Jing Shi, Chunxu Pan. Polypyrrole-Decorated Ag-TiO_2 Nanofibers Exhibiting Enhanced Photocatalytic Activity under Visible-Light Illumination. ACS Applied Materials and Interfaces, 2013, 5(13): 6201-6207.

[47] C. J. Leng, J. H. Wei, Z. Y. Liu, R. Xiong, C. X. Pan, J. Shi. Facile synthesis of PANI modified $CoFe_2O_4$-TiO_2 hierarchical flowerlike nanoarchitectures with high photocatalytic activity. Journal of Nanoparticle Research，2013, 15:1643 (11 pages).

[48] Bin Zhang, Rui Shi, Yupeng Zhang, Chunxu Pan. CNTs/TiO_2 composites and its electrochemical properties after UV light irradiation. Progress in Natural Science-Materials International, 2013, 23(2): 164-169.

[49] Huazhong Liu, K. M. Liew, Chunxu Pan. Influence of hydroxyl groups on the adsorption of HCHO on TiO_2-B(100) surface by first-principles study. Physical Chemistry Chemical Physics,

2013, 15: 3866-3880.

[50] Liangliang Liu, Zhu Wang, Chunxu Pan, Wei Xiao, Kyeongjae Cho. Effect of Hydrogen on O_2 Adsorption and Dissociation on a TiO_2 Anatase (001) Surface. ChemPhysChem, 2013, 14(5): 996-1002.

[51] Delong. Li, Xudong Jiang, Yupeng Zhang, Bin Zhang, Chunxu Pan. A Novel Route to ZnO/TiO_2 Heterojunction Composite Fibres. Journal of Materials Research, 2013, 28(3): 507-512.

[52] J. Zhang, W. Fu, J. H. Xi, H. He, S. C. Zhao, H. W. Lu, Z. G. Ji. N-doped rutile TiO_2 nano-rods show tunable photocatalytic selectivity, Journal of Alloys and Compounds, 2013, 575: 40-47.

[53] Yueli Liu, Wei Shu, Zhuoyin Peng, Keqiang Chen, Wen Chen. Self-assembly of Au nanocrystals/titanate nanobelt heterojunctions and enhancement of the photocatalytic activity, Catalysis Today, 2013, 208: 28-34.

2012 年

[54] Xudong Jiang, Yupeng Zhang, Jing Jiang, Yongsen Rong, Yancheng Wang, Yichu Wu, Chunxu Pan. Characterization of Oxygen Vacancies Associates within the Hydrogenated TiO_2: a Positron Annihilation Study. Journal of Physical Chemistry C, 2012, 116 (42): 22619-22624.

[55] Yupeng Zhang, Chenzhe Li, Chunxu Pan. N + Ni codoped anatase TiO_2 nanocrystals with exposed {001} facets through two-step hydrothermal route. Journal of the American Ceramic Society, 2012, 95 (9): 2951-2956.

[56] Yongqian Wang, Xudong Jiang, Chunxu Pan. "In-situ" Preparation of a TiO_2/Eu_2O_3 Composite Film upon Ti Alloy Substrate by Micro-arc Oxidation and Its Photo-catalytic Property. Journal of Alloys and Compounds, 2012, 538: 16-20.

[57] Yinkai Lei, Chunxu Pan, Wei Xiao. Adsorption and diffusion studies of an O adatom on anatase surfaces with first principles calculations. Computational Materials Science, 2012, 63 (10): 58-65.

[58] Juan Liu; Qin Liu; Pengfei Fang; Chunxu Pan; Wei Xiao. First principles study of the adsorption of NO molecule on N-doped anatase nanoparticles. Applied Surface Science, 2012, 258: 8312-8318.

[59] Huazhong Liu, Xiao Wang, Chunxu Pan, K. M. Liew. First Principles Study of Formaldehyde adsorption on TiO_2 rutile (110) and anatase (001) surfaces. Journal of Physical Chemistry C, 2012, 116(14), 8044-8053.

[60] Fang Tian, Yupeng Zhang (与第一作者相同贡献), Jun Zhang, Chunxu Pan. Raman Spectroscopy：A New Approach to Measure the Percentage of Anatase TiO_2 Exposed (001) Facets. Journal of Physical Chemistry C, 2012, 116 (13): 7515-7519.

[61] LI Delong, PAN Chunxu. Fabrication and characterization of electrospun TiO_2/CuS micro-nano-scaled composited fibers. Progress in Natural Science: Materials International, 2012, 22(1): 59-63.

[62] Huazhong Liu, Mingtian Zhao, Yinkai Lei, Chunxu Pan, Wei Xiao. Formaldehyde on TiO_2 anatase (101): a DFT study. Computational Materials Science, 2012, 51: 389-395.

[63] J. Zhang, W. K. Chen, J. H. Xi, Z. G. Ji. {001} Facets of anatase TiO2 show high photocatalytic selectivity. Materials Letters, 2012, 79: 259-262.

[64] J. Zhang, J. H. Xi, Z. G. Ji, Mo plus N Codoped TiO_2 sheets with dominant {001} facets for

enhancing visible-light photocatalytic activity. Journal of Materials Chemistry, 2012, 22: 17700-17708.

[65] Yueli Liu, Wei Shu, Keqiang Chen, Zhuoyin Peng, Wen Chen. Enhanced photothermocatalytic synergetic activity toward gaseous benzene for Mo+C -codoped titanate nanobelts. ACS Catalysis, 2012, 2: 2557-2565.

[66] Long Ren, Xiang Qi, Yundan Liu, Zongyu Huang, Xiaolin Wei, Jun Li, Liwen Yang, Jianxin Zhong. Upconversion-P25-graphene composite as an advanced sun light driven photocatalytic hybrid material. Journal of Materials Chemistry, 2012, 22: 11765-11771.

2011 年

[67] Jianhong Wei, Qi Zhang, Yang Liu, Rui Xiong, Chunxu Pan, Jing Shi. Synthesis and photocatalytic activity of polyaniline–TiO_2 composites with bionic nanopapilla structure. Journal of Nanoparticle Research, 2011, 13(8): 3157-3165.

[68] ZHANG Yupeng, XU Junjie, SUN Zhihua, LI Chenzhe, PAN Chunxu. Preparation of Graphene and TiO_2 Layer by Layer Composite for High Photocatalytic Activity. Progress in Natural Science: Materials International, 2011, 21(6): 467-471.

[69] Yupeng Zhang, Linfeng Fei, Xudong Jiang, Chunxu Pan, Yu Wang. Engineering Nanostructured Bi_2WO_6@TiO_2 towards Effective Utilization of Natural Light in Photocatalysis. Journal of the American Ceramic Society, 2011, 94 (12): 4157-4161.

[70] Xudong Jiang, Anqi Shi, Yongqian Wang, Yuanzhi Li, Chunxu Pan. Effect of surface microstructure of TiO_2 film from micro-arc oxidation on its photocatalytic activity: a HRTEM study. Nanoscale, 2011, 3 (9): 3573-3577.

[71] Xudong Jiang, Yongqian Wang, Chunxu Pan. High concentration substitutional N-doped TiO_2 film: preparation, characterization and photocatalytic property. Journal of the American Ceramic Society, 2011, 94(11): 4078-4083.

[72] Jun Zhang, Yupeng Zhang, Yinkai Lei, Chunxu Pan. Photocatalytic and Degradation Mechanisms of Anatase TiO_2: A HRTEM Study. Catalysis Science & Technology, 2011, 1: 273-278.

[73] Hui Li, Yinkai Lei, Rui Tu, Yongping Zheng, Chunxu Pan, Wei Xiao. Hole distribution in nitrogen doped TiO_2 anatase nanoparticles. Physica Status Solidi B, 2011, 248(7): 1665-1670.

[74] Jiang Xudong, Wang Yongqian, Pan Chunxu. Micro-arc oxidation of TC4 substrates to fabricate TiO_2 / YAG: Ce^{3+} compound films with enhanced photocatalytic activity. Journal of Alloys and Compounds, 2011, 509(8): L137-L141.

[75] Yupeng Zhang, Chunxu Pan. TiO_2/Graphene Composite from Thermal Reaction of Graphene Oxide and Its Photocatalytic Activity in Visible Light. Journal of Materials Science, 2011, 46: 2622-2626.

[76] Yueli Liu, Lei Zhong, Zhuoyin Peng, Yi Cai, Yanbao Song, Wen Chen. Self-assembly of Pt nanocrystals/one-dimensional titanate nanobelts heterojunctions and their great enhancement of photocatalytic activities._CrystEngComm, 2011, 13(17): 5467-5473.

[77] Jingjing Du, Wen Chen, Chao Zhang, Yueli Liu, Chunxia Zhao, Ying Dai. Hydrothermal synthesis and characterization of porous TiO_2 microspheres and their photocatalytic degradation of gaseous benzene. Chemical Engineering Journal, 2011, 170(1): 53-58.

2010 年

[78] Yongqian Wang, Xudong Jiang, Chunxu Pan. "In-situ" Preparation of TiO_2 Composite Layer upon Ti Alloy Substrate Using Micro-arc Oxidation and Its Photocatalytic Property. Materials Science Forum. 2010, 663-665:3-11.

[79] Leng, Chunjiang, Wei, Jianhong, Liu, Zhengyou, Shi, Jing, Pan, Chunxu. Synthesis of polyaniline-Fe_3O_4 nanocomposites and their conductivity and magnetic properties", Journal Wuhan University of Technology, Materials Science Edition, 2010, 25(5): 760-764.

[80] 许平昌，柳阳，魏建红，熊锐，潘春旭，石兢. 溶剂热法制备 Ag/TiO_2 纳米材料及其光催化性能. 物理化学学报, 2010, 26(8): 2261-2266.

[81] Han Yang, Chunxu Pan. Synthesis of carbon-modified TiO_2 nanotube arrays and the enhanced photocatalytic performance under visible light irradiation. Journal of Alloys and Compounds, 2010, 501: L8-L11.

[82] Y. Liu, C.Y. Liu, J.H. Wei, R. Xiong, C.X. Pan, J. Shi. Enhanced adsorption and visible-light-induced photocatalytic activity of hydroxyapatite modified Ag TiO_2 powders. Applied Surface Science, 2010, 256: 6390-6394.

[83] Jun Zhang , Chunxu Pan, Pengfei Fang, Jianhong Wei, Rui Xiong. Mo+C codoped TiO_2 using thermal oxidation for enhancing visible-light photocatalytic activity. ACS Applied Materials & Interfaces, 2010, 2(4): 1173-1176.

[84] 王永钱，江旭东，潘春旭. 钛及钛合金表面微弧氧化技术及应用. 材料保护，2010, 43(4): 15-18.

[85] 王永钱，江旭东，潘春旭. 微弧氧化法原位生长 TiO_2 光催化薄膜及其复合技术. 金属热处理, 2010, 35(3): 20-25.

[86] Han Yang, Chunxu Pan. Diameter-controlled growth of TiO_2 nanotubes by anodization and its photoelectric property. Journal of Alloys and Compounds, 2010, 492: L33-L35.